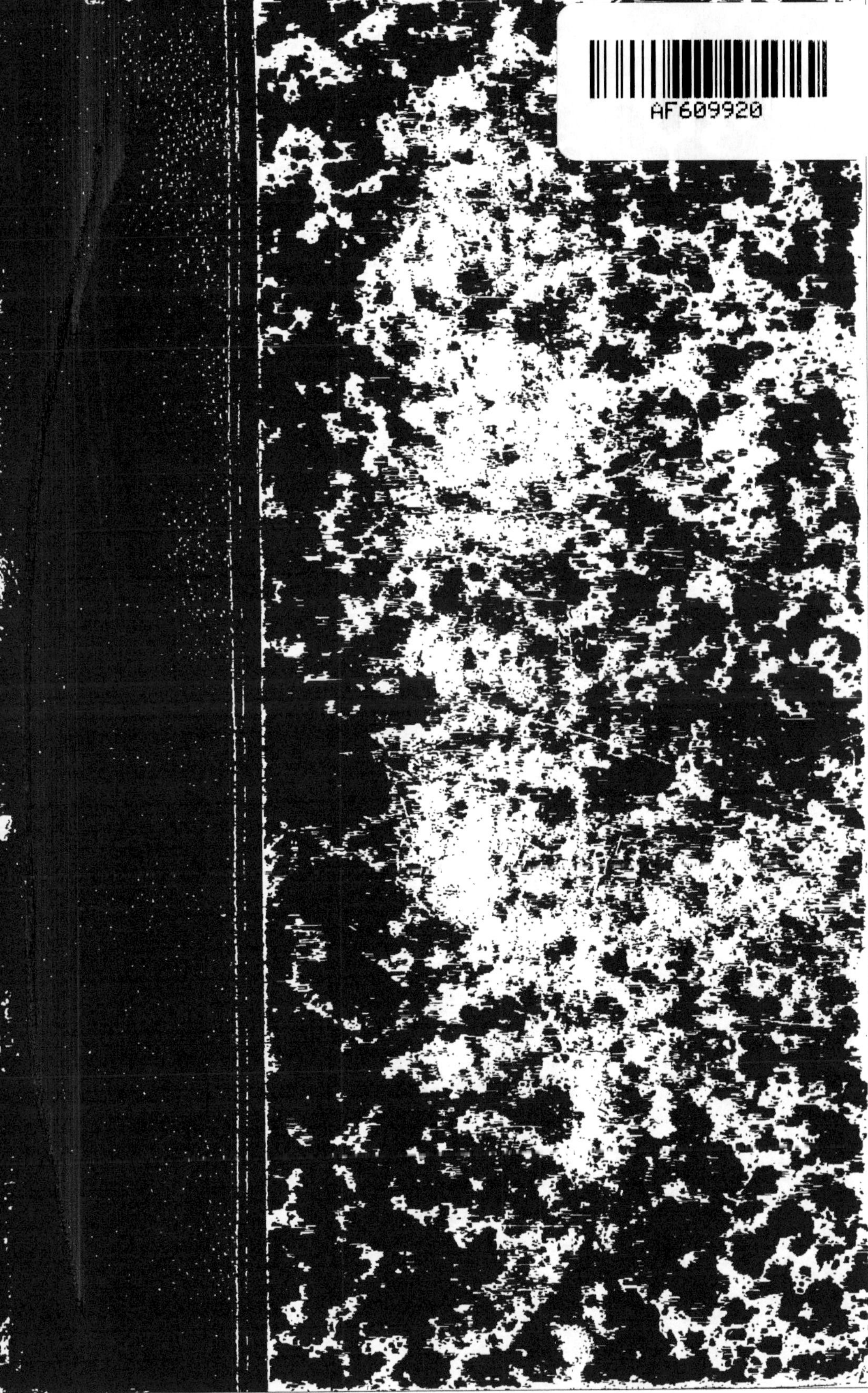
AF609920

6998

NOUVEAUX ÉLÉMENTS

DE

PHYSIOLOGIE

NOUVEAUX ÉLÉMENTS

DE

PHYSIOLOGIE

PAR LES DOCTEURS

PAUL LANGLOIS
Licencié ès Sciences,
Chef du Laboratoire de Physiologie
à la Faculté de Médecine de Paris
Membre de la Société de Biologie.

HENRY DE VARIGNY
Docteur ès Sciences.
Préparateur de la Chaire
de Pathologie Comparée du Muséum,
Membre de la Société de Biologie.

PRÉCÉDÉS D'UNE INTRODUCTION

PAR

M. CH. RICHET
Professeur de Physiologie à la Faculté de Médecine de Paris

Avec 153 figures dans le texte

PARIS
OCTAVE DOIN, ÉDITEUR
8, PLACE DE L'ODÉON, 8

1893

INTRODUCTION

Voici un nouveau traité de physiologie. Cependant il en existe déjà beaucoup qui sont fort bons, avec des qualités différentes. Mais le renouvellement rapide des sciences exige le perpétuel remaniement des ouvrages didactiques, et, tout compte fait, si les traités de physiologie se ressemblent plus ou moins, ils sont tous bons à consulter les uns après les autres ; car chaque nouveau venu est en progrès sur ceux qui l'ont précédé.

MM. P. Langlois et de Varigny ont eu la prétention, d'ailleurs parfaitement justifiée, de présenter sous une forme claire et simple l'état actuel de la science physiologique, sans entrer dans les développements considérables qu'elle comporterait s'ils avaient voulu tout dire. Mais peut-on jamais tout dire ? et des étudiants ont-ils besoin de savoir le pour et le contre des questions scientifiques que les savants ont à débattre lorsqu'ils traitent des questions scientifiques ?

Il ne s'agit donc pas d'un traité complet, dogmatique, mais d'un résumé, d'un livre élémentaire. Quoique ces deux jeunes savants aient souvent et longtemps participé à mes expériences et suivi mes leçons, et qu'ils se disent mes élèves, leur œuvre leur est personnelle, et tout le mérite de la composition leur revient. Je suis donc bien à mon aise pour louer le soin avec lequel cet ouvrage a été fait, et l'esprit dans lequel il a été conçu Ils ont fait d'ailleurs l'un et l'autre, en physiologie, des expériences fort ingénieuses.

Dans la composition d'un traité élémentaire de physiologie, ce qui est le plus difficile, c'est de savoir où il faut s'arrêter, ce qu'il faut dire et ce qu'il faut passer sous silence ; car on se trouve en présence d'une telle quantité de faits contradictoires, avec des chiffres disparates et des détails infinis, qu'on doit sans cesse se limiter. Il faut se résigner d'avance à être incomplet ; mais on n'arrive à cette résignation que si l'on veut se rendre compte des conditions de l'enseignement.

Supposons, comme c'est le cas le plus fréquent, qu'il s'agisse des étudiants en médecine. Ils ont cinq ans environ pour faire leurs études, et, sur ces cinq années, la première est consacrée à la chimie et à la physique. Je n'ai pas à examiner ici si c'est un bien ou un mal. Je ne fais que constater la réalité des choses. Restent quatre ans. Eh bien ! il faut que les deux années qui suivent soient consacrées à l'anatomie et à la physiologie ; car c'est la base des sciences médicales, et l'enseignement en est donné dans notre faculté de telle manière, avec des applications médicales si nombreuses et si utiles qu'il n'est pas d'introduction plus efficace à la médecine.

C'est donc en somme deux ans pour l'anatomie, la

physiologie, l'histologie, la pathologie expérimentale et l'anatomie pathologique.

Dans ces deux ans d'études, c'est évidemment l'anatomie qui joue le rôle principal ; car c'est la partie la plus difficile à apprendre, celle que l'on oublie le plus vite, et qu'il faut avoir apprise dix fois pour en retenir quelques bribes plus tard. Sans de solides connaissances anatomiques, il n'y a pas de bon médecin, encore moins de bon chirurgien.

Il ne reste donc qu'un an pour l'histologie, la physiologie et la bactériologie. Ce n'est pas beaucoup ; mais vraiment il est impossible de demander davantage à des jeunes gens qui n'ont pas à devenir des savants, mais des médecins, et qui, en fait d'instruction, n'ont besoin que d'une instruction professionnelle. En faisant part égale à ces trois sciences, cela fait quatre mois pour la physiologie exclusivement.

Il est vrai que, toutes les connaissances étant solidaires les unes des autres, à supposer qu'un jeune homme sache très bien la chimie, la physique, l'anatomie et l'histologie, il sera tout près de savoir très bien la physiologie, n'ayant plus alors qu'un petit effort à faire pour en connaître les éléments. De même, au bout de trois années d'études, s'il connaît bien les sciences dites accessoires, et qu'on a bien plus justement nommées fondamentales, il apprendra très vite la médecine proprement dite et la chirurgie ; car tout s'enchaîne, et une fois les phénomènes normaux bien connus avec leurs applications immédiates, les phénomènes pathologiques seront tout de suite appris, et presque sans effort, par une déduction normale.

Il en résulte cependant que, tout compte fait, il ne lui reste plus que quatre mois pour la physiologie. Eh bien, je prétends que ces quatre mois peuvent suffire, au cas, bien entendu, où la chimie et l'anatomie sont déjà connues.

Mais comment étudier la physiologie ? Est-ce dans les livres élémentaires, dans les livres plus savants, dans les cours ou dans les laboratoires ?

Nous pouvons d'abord hardiment éliminer les laboratoires ; car il y a pour la physiologie des difficultés telles que deux et même trois ans ne suffisent pas à faire un médiocre physiologiste. Même ceux qui ont passé plusieurs longues années dans les laboratoires, sont à tout instant déroutés par des difficultés nouvelles ; la technique devient chaque jour plus compliquée. Pour bien prendre un tracé myographique, il faut une éducation de plusieurs mois ; car cela suppose la connaissance pratique de quantité de détails. On ne manie pas au pied levé une grenouille, une pile électrique, un enregistreur qui marque les millièmes de seconde. Et, s'il est difficile de prendre un tracé myographique, la mesure d'une pression artérielle n'est pas plus commode ! Certes quatre mois de séjour dans un laboratoire de physiologie ne seront jamais inutiles à l'éducation d'un jeune médecin, mais il ne faudra pas que ces quatre mois d'expérience le dispensent de passer de nouveau quatre mois à l'étude plus complète du reste de la physiologie. Or c'est là un luxe que peu de jeunes gens ont le moyen de se donner, tant le temps qui leur est laissé pour leurs études médicales est court, grâce à la loi militaire ; grâce aux nécessités de la vie qui exigent qu'au bout de six ans ils soient en état d'aller dans leur province gagner leur vie par l'exercice de leur noble profession médicale.

Mais, par les cours et les livres, ils peuvent devenir pendant ces quatre mois bien suffisamment savants en physiologie.

D'abord, dans un cours, ils trouveront des notions générales qui leur aplaniront certaines difficultés, leur montrant les côtés intéressants de la science, leur ouvrant certaines vues larges. C'est un travail d'éclaircissement, de débrouillement, si je puis ainsi parler, que le professeur doit leur faire. Il leur indique les points qui sont douteux, ceux qui sont certains ; il distingue l'essentiel de l'accessoire, les tient au courant des travaux qui se font au moment présent, leur donne des conseils sur les livres qu'il faut lire, leur présente quelques expériences fondamentales qu'ils n'oublieront pas une fois qu'ils les auront vues, ouvre leur intelligence aux grands problèmes de la biologie, et tâche de parler à leur jugement plus qu'à leur mémoire.

La physiologie, dans tout l'ensemble des sciences médicales, est peut-être la science où la logique tient le plus de place. Il y a un petit groupe de faits dominateurs qu'il suffit de connaître pour avoir la clef de tous les autres, qui en sont comme la conséquence nécessaire,

Les schémas, les tableaux graphiques, les chiffres à retenir, ne sont pas bien nombreux. Par exemple, pour comprendre l'acte réflexe, qui est la base de la physiologie nerveuse, un schéma, qu'on peut faire soi-même, est suffisant; une fois qu'on l'a bien saisi, on ne l'oublie plus, quoi qu'il arrive ; et alors toute la physiologie des nerfs est facile à saisir, dans son ensemble comme dans ses détails.

La physiologie est plus facile à retenir que l'anatomie ; car on a l'occasion, pour peu qu'on réfléchisse, d'en faire sur soi-même de constantes applications. En s'étudiant avec soin, on passe en revue la physiologie tout entière ; l'étudiant pourra ainsi se donner à lui-même de perpétuelles répétitions de physiologie. Il devra sans cesse se demander le pourquoi des phénomènes dont il est l'acteur et dont il faut qu'il devienne alors le spectateur. En examinant la manière dont il respire, en comptant les battements de son pouls et ses respirations; en s'intéressant à la constitution chimique des aliments qu'il consomme, en analysant ses sensations visuelles ou auditives, il fera sans peine nombre de petites expériences ou observations, et il aimera la physiologie, s'il s'habitue à cette petite analyse de lui-même.

Mais ni les cours, ni la réflexion, ne suffisent pour savoir la physiologie ; il faut encore avoir recours aux livres.

Or, en fait de livres, il faut avant tout un bon traité, très élémentaire, donnant toutefois d'une manière à peu près complète les faits principaux ; et puis, en manière de délassement, ou de perfectionnement, il faut des livres plus détaillés, plus faciles à lire, qui se trouveront dans les bibliothèques publiques. Il faut avoir toujours sur soi le manuel, ou livre élémentaire, et consulter souvent les livres détaillés.

Pour prendre un exemple, les ouvrages de Claude Bernard se lisent avec la plus grande facilité. On n'a pas besoin pour les comprendre de les relire dix fois ; une bonne lecture, faite la plume à la main, en prenant quelques notes (qui forcent l'attention à se fixer), en apprendra fort long au jeune homme qui voudra bien passer deux heures à ce très agréable travail. Que de choses intéressantes encore dans le *Cours de physiologie* de Bérard, ou dans les *Leçons* de Magendie sur les phénomènes physiques de la vie, ou dans l'admirable ouvrage de Milne-Edwards sur la *Physiologie comparée !*

J'ai entrepris l'année dernière la publication d'une *Bibliothèque rétrospective*, où se trouvent les œuvres des principaux maîtres de la physiologie. Il ne faut guère plus d'une heure pour lire ce que Lavoisier a dit de la respiration. Trouverait-on une lecture plus attrayante et plus profitable ? Les vérités que Lavoisier a découvertes sont encore vraies aujourd'hui, et il semble que le livre ait été écrit hier.

Bien souvent j'ai été surpris de voir avec quelle passion les gens du monde, de tout âge et de toute profession, prenaient de l'intérêt à la physiologie, alors que les étudiants en médecine la traitent souvent comme une science rebutante. Je crois que c'est un peu la faute des manuels, qui veulent condenser le plus de faits, de noms et de chiffres dans un minimum de pages. Comme la physiologie est, en somme, de toutes les sciences médicales, la plus facile à connaître, il me semble que le principal rôle du professeur de physiologie est, non pas tant de faire connaître la physiologie que de la faire aimer, de montrer ce qu'elle a de profond et de logique, de rattacher entre eux les faits épars, qui sont innombrables, en cherchant le lien qui les unit. Si un étudiant s'intéresse à la physiologie et y prend goût, au bout de quatre mois, il la saura tout à fait bien, et je suis absolument sûr que, dans les deux années qui suivent, il comprendra alors sans peine toute la médecine.

Revenons à l'ouvrage de MM. P. Langlois et H. de Varigny. Je crois que, comme livre classique élémentaire, il peut absolument suffire. Quelque résumé qu'il soit, s'il avait un défaut, ce serait d'être encore trop détaillé, et d'avoir plus de noms divers et de citations que le strict nécessaire; mais ce luxe d'érudition et de science (luxe tout relatif évidemment, puisqu'il ne s'agit que d'un résumé) est si bien disposé que je ne peux vraiment le blâmer.

CH. RICHET.

NOUVEAUX

ÉLÉMENTS DE PHYSIOLOGIE

LA CELLULE

ET LE PROTOPLASMA

La Physiologie est une des branches de la Biologie, et celle-ci constitue l'étude de l'être vivant au sens le plus large du mot : l'étude de sa forme extérieure, de ses fonctions, de ses rapports avec les autres organismes et avec le milieu tant organique qu'inorganique. La Biologie comprend donc l'*Anatomie*, l'*Histologie* et la *Morphologie* (forme et structure), la *Physiologie* (fonctions), la *Physiologie des organismes* (rapports des êtres entre eux, et avec leur milieu), et enfin la *Pathologie* (étude des altérations de structure et de fonction). De la Physiologie, qui seule doit nous occuper ici, nous n'envisagerons qu'une partie, nous laisserons de côté la physiologie des plantes et celle des animaux dans leur ensemble, de même que la physiologie pathologique, pour ne considérer que la physiologie des organes et des principaux tissus des organismes supérieurs, pour n'exposer que les principes généraux de la *physiologie spéciale* des organes et de la *physiologie générale* des tissus. La physlologie spéciale possède quelque antiquité : elle a commencé avec Galien : mais elle sommeilla longuement après cet homme de génie, elle sommeilla jusqu'au XVIIe siècle où Harvey et quelques autres la firent sortir de sa torpeur : elle ne se réveilla réellement qu'il y a cent ans, avec les Lavoisier, puis les Galvani, les Volta, les Magendie, les Bell; et plus tard, avec les Bernard, Brown-Séquard, Chauveau, Marey, Ludwig, Pflüger, Helmholtz, elle a pris l'essor que nous savons. En cent ans, elle a fait plus de chemin qu'en dix-huit ou vingt siècles. — La physiologie générale, qui est l'étude des propriétés physiologiques des tissus, des éléments dont sont composés les organes, et qui pénètre plus intimement dans la nature des phénomènes essentiels, la physiologie générale est d'origine beaucoup plus récente : elle a été fondée au début du siècle par Xavier Bichat (1771-1802) qui, après avoir créé l'histologie, l'étude des éléments des tissus, devait nécessairement se préoccuper des phénomènes vitaux de ceux-ci ; et Cl. Bernard (1813-1878) est à coup sûr le physiologiste qui a étudié, avec le plus de pénétration et de succès, les phénomènes dont il s'agit. Son œuvre lui fut d'ailleurs facilitée par les travaux de Schwann et par l'établissement de la théorie cellulaire (1839). Schwann montra, et en cela il fut suivi et appuyé d'une pléiade de zoologistes et de physiologistes, que la cellule est une image abrégée, un raccourci de l'organisme entier, que c'est un organisme ayant sa vie particulière, individuelle, tout en concourant, par ses diverses connexions, et par diverses spécialisations qui n'empêchent d'ailleurs point d'apercevoir le substratum commun, la communauté fondamentale, à la vie de l'ensemble constitué par les éléments cellulaires.

La physiologie générale, ou physiologie des tissus, ou des cellules, et la physiologie spéciale, ou physiologie des mécanismes, se complètent donc mutuellement : toutes deux sont indispensables à l'intelligence des phénomènes de la vie. Aussi s'entremêleront-elles au cours des pages qui vont suivre : à l'exposé des mécanismes fera suite l'exposé des procédés intimes sous-jacents à ces mécanismes, et des phénomènes dont ils facilitent l'accomplissement : nous verrons, par exemple, comment l'animal respire, par quels actes l'air est renouvelé sans cesse dans les poumons, et nous verrons ensuite à quoi est utilisé cet air, et de quelle façon ; du poumon et du thorax nous passerons au sang et aux tissus.

Nous avons dit que la cellule peut être considérée comme un abrégé de l'organisme, comme un organisme en elle-même : il sera peut-être bon de montrer rapidement la vérité de cette assertion.

Physiologie cellulaire. Protoplasma. — A l'origine de tout être, soit-il protozoaire, soit-il homme, éléphant ou baleine, il y a une cellule, et une cellule fort petite, dont les dimensions s'évaluent en *millièmes de millimètres* (μ) le plus souvent microscopique sauf chez les oiseaux (*jaune de l'œuf*) : c'est l'œuf. *Omnis cellula* (*et omne corpus*) *a cellula.* Fécondée par une autre cellule, le spermatozoïde, cette cellule unique donne naissance à l'organisme tout entier. Elle se divise et subdivise de façons variées, forme un amas toujours grossissant de cellules qui se disposent de manière variable, et qui, à mesure qu'elles vont à leur tour se multipliant ou subdivisant, se spécialisent de façons variées, parfois très profondes. L'organisme étant tout entier dérivé d'une cellule unique, c'est de cette cellule unique que dérivent les éléments cellulaires qui composent chaque organe, les cellules nerveuses, osseuses, musculaires, cartilagineuses, sécrétrices, etc. Au début, durant les premiers temps du développement, les différences sont peu de chose ; les cellules se ressemblent beaucoup : mais à mesure que l'organisme se développe, elles se ressemblent moins, elles se spécialisent plus ou moins, en des sens variés. Mais, en raison de leur communauté d'origine, elles conservent sous leurs dissemblances extérieures des analogies considérables : il y a un « air de famille » incontestable : les traits différentiels ne masquent pas totalement les traits communs, et entre la cellule conjonctive, le leucocyte, la cellule épithéliale, la cellule musculaire et la cellule nerveuse, il y a des ressemblances fondamentales : n'ont-elles pas le même ancêtre en effet ; ne dérivent-elles pas toutes, si diverses qu'aient été leurs fortunes, d'une même cellule ?

Voyons donc quels sont ces traits communs.

Rappelons d'abord, toutefois, qu'une cellule consiste essentiellement en une petite masse de substance organisée, de substance vivante. Schwann et ses disciples ne donnaient le nom de cellule qu'aux éléments comprenant en sus de cette masse organisée, une membrane d'enveloppe et un noyau, contenant lui-même un nucléole : mais on ne tarda pas à voir que membrane, noyau et nucléole peuvent souvent manquer en partie ou en totalité et que la masse organisée est le seul élément constant. C'est donc à cette dernière qu'on applique le nom de cellule.

Cette masse vivante c'est ce que Dujardin (1835) appelait

Fig. 1. — *Bathybius Haeckelii,* simple réseau protoplasmique.

le *sarcode* (chez les protozoaires). Le sarcode étant commun à toutes les cellules animales, du protozoaire à l'homme, et à toutes les cellules végétales, il a paru bon de lui donner un nom plus général, celui de *protoplasma* (πρωτος, premier, πλάσμα de πλάσσω, je forme : formateur primordial). Comme l'a dit Huxley, ce protoplasma est *la base physique de la vie;* c'est la substance vivante élémentaire, et c'est d'elle que dérivent les formes les plus élevées, les plus spécialisées des cellules, et par conséquent des tissus, des organes, des organismes. Ce protoplasma se rencontre souvent à l'état libre de cellule sans membrane : telles les *plasmodies* des myxomycètes, masses mobiles et vivantes ; telles les amibes de la terre humide ou des mares ; tel encore ce *Bathybius* (hypothétique) qui tapisserait le fond des mers, se mouvant lentement dans l'obscurité des grands fonds où il se nourrirait des débris qui lui tombent sans cesse de la surface ; ce protoplasma se retrouve dans toutes les cellules. La forme des cellules (et du protoplasma) varie beaucoup : elles sont sphériques, polyédriques, étoilées, etc.

Il se montre toujours comme une substance semi-liquide ou pâteuse, selon les cas, homogène, réfringente, renfermant des granulations très variées. Cette substance fondamentale renferme beaucoup d'eau (70 p. 100) et des matières azotées. On a beaucoup discuté sur la structure des granulations et de la substance fondamentale. Cette dernière est-elle formée d'un réseau de filaments fins qui s'entre-croisent en tous sens (Heitzmann) et dans les mailles duquel se trouve un liquide, les granulations devenant les points d'intersection, épaissis, des filaments ; ou bien consiste-t-elle en molécules imperméables mais susceptibles d'imbibition (Sachs), et les granulations nagent-elles entre les molécules ; ou bien, enfin, (Haeckel) les granulations (ou *plastidules*) sont-elles les éléments primaires du protoplasma, reliés entre eux par des filaments? La réponse est encore incertaine ; mais, à la vérité, au point de vue qui nous occupe, elle est d'importance secondaire. Il est certain que le protoplasma a une consistance semi-liquide, et qu'il renferme des granulations diverses de nature graisseuse, amylacée, etc. Il est certain encore qu'il renferme des vacuoles, de petites cavités pleines d'eau qui apparaissent et disparaissent en des points différents, contractiles, et parfois rythmiquement contractiles, cavités complètes ici, là traversées par des filaments de protoplasma, et qui sont le point d'origine de tout un réseau de canaux qui parcourent le protoplasma (chez les infusoires ciliés, du moins, d'après Fabre-Domergue : *Soc. Biol.*, 1890, p. 391). Enfin, il est certain que ce protoplasma renferme des *matières albuminoïdes* en nombre considérable ; de l'eau, des *matières grasses*, du *glycogène*, des *sels* et substances *inorganiques*, des *matières extractives* diverses, cholestérine, cérébrine, et lécithine. Rien ne montre mieux la complexité de composition chimique du protoplasma que la variabilité d'action des matières colorantes. La fuchsine acide colore les parties les plus différenciées, et la fuchsine basique les moins différenciées de cette substance. (On notera que le protoplasma vivant ne se colore pas comme le protoplasma mort : Pfeffer a vu que le premier ne se colore pas par le bleu de méthylène par exemple.) Ehrlich, d'après les réactions de coloration affirme que les leucocytes possèdent cinq différentes sortes de granulations spécifiques.

Le protoplasma est motile et irritable. — Il est irritable, et c'est là une de ses propriétés fondamentales. Quand on l'excite par l'électricité, la chaleur, ou une excitation mécanique, il réagit en exécutant un mouvement visible, car le mouvement est sa façon de répondre à l'excitation dans la majorité des cas. Pourtant il n'en est pas toujours ainsi : le protoplasma peut réagir autrement : il peut secréter au lieu de se mouvoir, ou encore il peut se diviser, etc. Mais la nature de la réaction importe peu : l'essentiel est qu'il ne demeure pas inerte en présence des excitations, et qu'il réagit : tantôt, il réagit par un mouvement visible, par une contraction ou rétraction ; d'autres fois par un mouvement invisible, une vibration moléculaire qui ne peut se percevoir que dans certaines conditions. Il suffit de regarder quelque temps une amibe, par exemple, pour la voir se mouvoir et se déplacer en changeant de forme, émettant ses pseudopodes — des prolongements en forme de bras, de sa propre substance — en tous sens, englobant telles par celles et laissant de côté telles autres[1]. Les *chromatophores* de la grenouille, les céphalopodes, etc., qui sont des cellules pigmentées de la peau, réagissent en changeant de forme, étant tantôt sphériques, tantôt étoilées (Pouchet, R. Blanchard, Phisalix, etc.). Ou encore en considérant le protoplasma situé à l'intérieur de certaines cellules végétales, on voit à l'intérieur de la masse protoplasmique des courants, des déplacements qui changent sans cesse de forme ou de sens : le protoplasma possède le mouvement total et le mouvement intérieur de façon très nette. Ce mouvement peut être spontané, ou provoqué. Nous disons qu'il est spontané quand il nous paraît indépendant de toute influence extérieure : mais, étant donnée l'influence considérable qu'exercent toutes les modifications ambiantes, chaleur, composition chimique, lumière, etc., il est permis de se demander ce que vaut cette spontanéité, et si chaque mouvement, chaque modification, n'est point lié à des influences extérieures ou intérieures plus ou moins dissimulées. L'expérience pourrait en décider s'il était possible de mettre du protoplasma dans un état où les influences extérieures ne pourraient agir : mais c'est formuler une hypothèse irréalisable, manifestement.

On observera bien les mouvements de *courant* dans les cellules de *Chara*, de *Tradescantia*, de *Nitella syncarpa*, etc. On verra à l'intérieur de la masse protoplasmique irrégulière des courants qui, dans certains cas, sont de sens identique et constants (*cyclose*), et dans d'autres, irréguliers et changeants, dont le sens, la forme, la vitesse se modifient nécessairement, et varient, non pas seulement d'une espèce ou d'une cellule à l'autre (dix millimètres par minute pour le *Didymium serpula*, et *neuf millièmes de millimètre* pour le *Potamogeton crispus*) mais dans une même cellule, à intervalles rapprochés.

[1] On a souvent insisté sur la *sélection* que le protoplasma exercerait sur les substances ambiantes : mais on l'a fort exagérée. (Voy. les travaux de Greenwood sur la digestion chez les protozoaires. *Rev. Scientifique*, 21 janvier 1888.) Elle existe toutefois, ainsi qu'une certaine *répulsion* pour les changements de composition chimique, et c'est ainsi que le protoplasma peut garder sa *composition fixe*. Quand celle-ci est atteinte, ou altérée, le protoplasma ou la cellule meurt.

Les mouvements de *déplacement* sont des plus clairs ; naturellement ils s'observent dans les masses protoplasmiques libres, plus que dans les cellules à parois rigides, mais même dans les cellules végétales à parois de cellulose d'où le protoplasma ne peut guère sortir (bien que Gardiner ait démontré que ces parois sont percées d'orifices par lesquels le protoplasma communique au moyen de filaments avec celui des cellules adjacentes, ce qui permet d'admettre la *continuité* du protoplasma) celui-ci prend des formes différentes — car il ne remplit pas la totalité de la cellule — et, sous l'influence d'excitations variées, il se déplace plus ou moins d'une paroi à l'autre, s'accumulant plus dans telle extrémité ou dans telle autre, se promenant dans sa prison à tout moment. (Corti, 1774, Kühne, 1864, etc.) Les masses protoplasmiques libres, nues, ou à membrane mince, non enfermées dans une cellule à parois dures se déplacent beaucoup plus : voyez les amibes (Dujardin, 1835), les plasmodies (Hofmeister), ou les leucocytes (globules blancs du sang, Wharton Jones, 1846); voyez-les étendre leurs pseudopodes, ici et là, changer de forme et changer de lieu : ce mouvement amiboïde, ou sarcodique peut sans doute n'entraîner qu'un changement temporaire de forme, mais il s'accompagne dans beaucoup de cas d'un déplacement véritable.

L'irritabilité du protoplasma est donc manifeste, mais répétons-le, le mouvement visible n'est qu'une forme de cette irritabilité : la sécrétion des cellules sécrétoires, et la conductibilité des cellules nerveuses sont également des manifestations de l'irritabilité : la *forme* de la réaction varie, mais la propriété fondamentale de réagir ne fait jamais défaut.

Les influences extérieures jouent un rôle dans la mise en jeu de l'irritabilité. Les variations de *température* sont très efficaces : Nageli a vu que chez la *Nitella syncarpa* un même déplacement (un dixième de millimètre) s'opère en 60 secon- à 1 degré, en $0^s,6$ à 37 degrés. Le froid ralentit le mouvement : la chaleur l'accélère. Ceci, toutefois, n'est vrai que si l'on reste dans les limites compatibles avec la vie, car au-dessus de 40 à 50 degrés (en général, et sauf exceptions, puisqu'il y a des cellules végétales qui s'accommodent de températures plus élevées, et que d'aucunes habitent normalement des eaux thermales à 50, 60 et 70 degrés), les mouvements se ralentissent, et la mort survient bientôt, le protoplasma étant tué par la chaleur, tout comme par le froid ; mais la résistance au froid varie aussi, la congélation n'étant pas toujours et fatalement mortelle.

Le curare, l'opium, etc., — et cela dépend des doses, — semblent agir faiblement sur l'irritabilité du protoplasma; les anesthésiques suspendent son irritabilité pour un temps (Cl. Bernard), mais n'arrêtent pas sa respiration comme on peut le voir en plaçant des graines en germination dans une atmosphère d'éther ou de chloroforme ; la quinine, la vératrine arrêtent sa motilité. Les alcalins sont généralement favorables, et les acides défavorables à la vie du protoplasma. Toutefois, à l'exemple des organismes eux-mêmes (poissons anadromes et animaux divers, résistant au passage de l'eau douce à l'eau de mer ou réciproquement : expériences de Beudant, 1816, Bert, Plateau, Schmankevitsch, Richet, de Varigny), celui-ci peut s'adapter, dans une certaine mesure, à des modifications lentes et graduelles ; mais la mesure varie beaucoup, selon la nature même de la modification imposée au milieu. Les *variations brusques de lumière* agissent comme un excitant d'après Engelmann. La *pesanteur* agit égalemement, mais de façon variée : on voit des spirilles qui ont un égal besoin d'oxygène s'accumuler les uns au fond, les autres à la surface du même tube ; les uns sont positivement, les autres négativement géotaxiques, d'autres indifférents (négatifs : *Polytoma uvella*, *Chlamydomonas*, *Chromulina;* positifs : un spirille; indifférents : *Vorticella*, d'après J. Massart). Enfin les *excitations mécaniques et électriques* agissent nettement sur le protoplasma, et l'excitent, comme l'ont vu Engelmann et Kühne ; on voit le protoplasma changer de forme, et se déplacer au bout d'un temps variable.

C'en est assez pour montrer que le protoplasma est irritable : toute variation, de quelque intensité ou de quelque rapidité, retentit sur lui, et en accélère, ralentit, ou modifie le mouvement ou la réaction propre, l'activité qui le caractérise [1].

Le protoplasma respire. — Privées d'air, la plupart des cellules meurent — à moins qu'à l'exemple des ferments elles ne jouissent de la faculté de décomposer certaines substances et d'en extraire l'oxygène — et leur mouvement, leur irritabilité, leur vie s'arrêtent. Disposées de façon à ne pouvoir avoir accès à l'air que dans une seule direction, elles s'orientent généralement dans cette direction. Ranvier a vu des

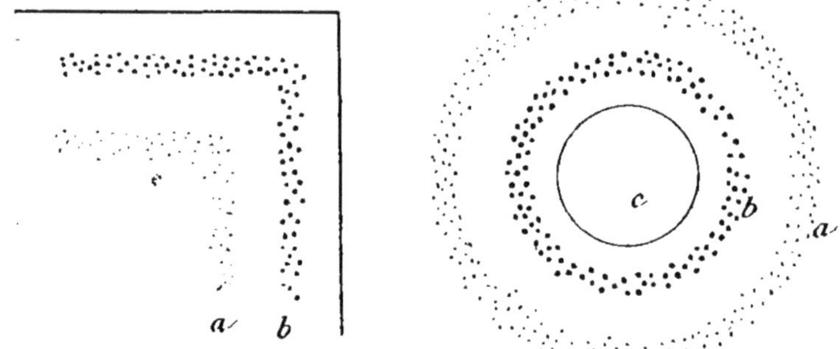

Fig. 2. — D'après J. Massart. Coin d'une préparation (à gauche) et bulle d'air au milieu du liquide. Dans les deux cas les *Anophrys* recherchent plus avidement l'air qui ne font les spirilles.
a, zone à spirilles. — *b*, zone à Anophrys. — *c*, bulle d'air.

leucocytes envoyer leurs prolongements les plus nombreux et les plus volumineux vers la partie aérée; Kühne a montré que des cellules isolées absorbent l'oxygène de l'oxyhémoglobine en réduisant celle-ci; Ehrlich a montré que les cellules de l'organisme sont capables de réduire le bleu d'alizarine dont la résistance à la réduction est pourtant très grande, et en employant le bleu d'indo-phénol il a vu que presque *tous* les tissus réduisent cette substance, c'est-à-dire qu'ils respirent. Dans les gaz inertes, le protoplasma meurt;

[1] Voir sur les mouvements du protoplasma : Max Verworn : *Die Bewegung der lebendigen Substanz*, 1892. Iéna. Voir aussi au chapitre *Sang*, ce qui est dit des leucocytes.

il lui faut de l'oxygène, mais il possède à cet égard des goûts variés. Les microbes anaérobies ne veulent point d'oxygène en nature : ils veulent le prendre à des corps dans lesquels il se trouve en combinaison, et parmi les organismes aérosbies, il y a des différences. M. Jean Massart met une goutte d'eau de mer contenant des spirilles et des *Anophrys* sous une lamelle de verre. L'air manque bientôt, et alors on voit les Anophrys s'accumuler le long des bords de la préparation, ou autour des bulles d'air qui ont pu être emprisonnées ; ils se mettent le plus près qu'ils peuvent de l'oxygène : les spirilles s'accumulent un peu en arrière, ayant des exigences moindres, mais encore bien nettes (fig. 2). Le protoplasma recherche l'air, et au besoin se porte à sa rencontre, parce qu'il respire ; et il meurt dans les gaz inertes, faute d'oxygène, asphyxié.

On remarquera que la forme du protoplasma peut jouer un rôle dans sa respiration : plus il est étalé en couche mince et étendue, plus il peut absorber d'oxygène. Ehrlich a fait sur ce sujet des études très intéressantes qu'on trouvera résumées dans Lauder Brunton (*Introduction to modern therapeutics*, 1892), qui, en s'aidant des recherches de Binz, a édifié à ce sujet une curieuse théorie des antipyrétiques : il suppose que les antipyrétiques diminuent la calorification en amenant une contraction du protoplasma, lequel, devenu sphérique au lieu d'être étalé en couche étendue, absorbe moins d'oxygène, et produit moins de chaleur.

Le protoplasma a besoin d'eau et est sensible aux variations de milieu. — Le protoplasma ne peut vivre sans *eau*, car alors il se dessèche. Il peut revenir à la vie après dessiccation, dans certaines conditions du moins : les animaux ressuscitants ou réviviscents en sont la preuve — peut-être insuffisante d'ailleurs, car les expériences de Spallanzani et de Broca ont été fort contestées[1] ; les spores de différents microorganismes toutefois montrent que le dessèchement peut être poussé très loin sans éteindre la vitalité ; placées à l'eau de nouveau,

[1] En particulier par M. Faggioli, tout récemment (*Arch. Ital. de Biologie*, XVI, p. 360).

elles germent normalement. Il faut remarquer que la proportion des sels contenus dans l'eau joue un rôle considérable dans la vie du protoplasma; la concentration des solutions est un facteur important, et le protoplasma est sensible à l'hyperisotonisme à l'hypoisotonisme (concentration supérieure ou inférieure à celle du milieu normal); mais il l'est à des degrés variables; il peut ne pas être sensible à des différences même marquées ; il peut être sensible à des différences dans les deux sens, ou dans un sens seulement. C'est dire que le protoplasma s'accommodera de façons variées de différences dans le *milieu chimique*. Telles substances agiront peu sur lui, ou temporairement ; telles agiront avec force.

Le protoplasma se nourrit. — Il absorbe certaines substances, les modifie, transforme ou dissout, et se les incorpore, en partie, et rejette le reste ; il absorbe et il excrète, il assimile et désassimile. Mais il y a ceci d'intéressant que, tandis qu'il se nourrit des mêmes substances, il les transforme, selon les êtres, ou selon les cellules, en des produits particuliers et différents. Toutes les cellules — ou masses protoplasmiques — de l'organisme se nourrissent du même sang ; à supposer même qu'elles choisissent parmi les éléments de ce sang telles substances de préférence à d'autres au lieu de se nourrir de toutes indifféremment, il n'en est pas moins certain qu'elles fabriquent, en vertu de leur activité individuelle, des produits très variables : de la cellulose, de la fécule, du sucre, des substances azotées, des acides, etc. Pareillement, dans le même jardin, et se nourrissant des mêmes éléments minéraux, des arbres différents portent des fruits différents.

Le protoplasma meurt. — A la vérité, il meurt en pratique, mais non en théorie. Les amibes actuelles ne sont que des fragments de leurs parents, lesquels n'étaient que des fragments des amibes qui leur ont donné naissance, de sorte que les amibes actuelles sont des fragments des premières qui ont existé. Toutefois l'*immortalité* des organismes unicellulaires est chose relative et conditionnelle, et beaucoup d'entre eux meurent par le froid, la chaleur, la dessiccation, l'influence des milieux contraires, etc. (Voir les *Essais sur l'hérédité* de Weismann, et l'*Essai sur la vie et la mort*, de A. Sabatier, où sont résumées les vues de Goette, Maupas, Delbœuf, Minot, etc.) Les cellules de l'organisme meurent toutes, mais telles — la cellule nerveuse — meurent plus vite que d'autres — la cellule à cils vibratiles par exemple.

Le protoplasma se reproduit. — Ses modes de reproduction sont très variés : la reproduction peut avoir lieu par *division*, la cellule se divisant en deux ou plusieurs cellules (voir les traités d'embryologie : segmentation) ; cette division peut se faire à l'intérieur de l'enveloppe cellulaire (formation *endogène*) ou en dehors, et, dans ce cas, on dit qu'il y a gemmation. Dans beaucoup de cas, chez les masses protoplasmiques pourvues d'un noyau, la segmentation commence par le noyau : il y a *caryokinèse*, c'est-à-dire une série de phénomènes très compliqués se passant dans le noyau avant que la cellule ne se divise. Il n'y a pas lieu d'insister ici sur ces phénomènes dont la description se trouve dans les traités d'histologie et d'embryologie. (Voir les travaux de Strasburger, Balbiani, Guignard, etc.)

Si, aux faits qui précèdent, nous ajoutons que la cellule meurt au bout d'un certain temps qui varie d'ailleurs, nous voyons, en résumé, que le protoplasma naît, se développe, se nourrit, absorbe, excrète, respire, se reproduit, se meut, est doué de sensibilité et d'irritabilité, — l'une suppose l'autre, — en un mot, il naît, il vit et meurt, tout comme l'organisme le plus développé, la différence étant de degré, mais non de nature. La cellule est donc véritablement un abrégé de l'organisme polycellulaire plus développé, et nous ne trouverons, dans l'étude de ce dernier, rien qui diffère essentiellement des phénomènes présentés par l'amibe ou le protozoaire le plus simple. Les microbes, qui sont des organismes unicellulaires des plus simples, reproduisent ceux-ci de la façon la plus claire. Ils se nourrissent, et par là épuisent leur bouillon de culture qui, devenu pauvre en éléments nourriciers ne peut plus les soutenir; ils respirent — de façon variable il est vrai, mais positive; — ils excrètent des produits solubles nombreux et variés : sont-ce des diastases (Roux et Yersin), des toxalbumines (Brieger), des nucléines (Gamaléia) : nous ne savons au juste, mais ces *toxines* (nom commode et qui ne préjuge point leur nature chimique) ont une existence très positive et on les trouve dans les cultures tuberculeuses (Richet et Héricourt) dans les cultures du bacille de Nicolaïer, du staphylocoque de l'érysipèle (Roger) de la bactéridie charbonneuse, du staphylocoque pyogène (Rodet et Courmont), lesdites substances ayant d'ailleurs des analogues dans les ptomaïnes de Selmi (1870), les leucomaïnes de Gautier, etc.; ils ont souvent la motilité; ils ne se reproduisent que trop — les médecins en savent quelque chose; — ils sont très sensibles aux changements de milieu, et cela est fort heureux, car cette sensibilité permet de les combattre; en un mot, les microbes présentent tous les caractères de la la substance vivante, et toutes les grandes fonctions sont là, à l'état rudimentaire, mais bien reconnaissables.

Ceci brièvement dit, abordons l'étude des fonctions des organismes les plus perfectionnés, en rappelant d'abord que ces fonctions peuvent se classer en deux grandes catégories : les fonctions de *nutrition*, qui sont la digestion, la circulation, la respiration et la sécrétion, et les fonctions de *relation*, qui comprennent l'innervation et les différentes formes de la sensibilité et du mouvement. Toutes ces fonctions ont ceci de commun qu'elles tendent à la conservation de l'individu; une dernière fonction, la reproduction, tend à la *conservation de l'espèce*, c'est-à-dire de la collectivité des individus.

LA DIGESTION

La digestion est la fonction qui a pour but, d'une façon générale, de fournir à l'organisme les matériaux propres à remplacer ceux qui ont été usés par le fait de sa vie. Les organismes supérieurs ne sont pas aptes à emprunter ces matériaux au milieu inorganique comme les plantes : ils ne peuvent absorber l'azote, l'oxygène, le carbone, etc., pour se les incorporer directement ; il faut que ces éléments leur soient fournis sous forme de matière organique, et même alors celle-ci n'est pas directement utilisable ; il faut qu'elle subisse des transformations plus ou moins profondes pour être en partie absorbée, en partie expulsée sans avoir été utilisée. L'ensemble des opérations par lesquelles les matières alimentaires sont transformées, et ainsi triées, porte le nom de digestion.

Elle est présente à tous les degrés de l'échelle animale [1], même chez les plus bas placés dans la série : les simples cellules des protozoaires, non différenciées en organes, ont toutefois une nutrition très simple, où la digestion est rudimentaire, bien que de nombreuses transformations chimiques

[1] C. Morren fait remarquer qu'elle existe également chez les végétaux. Il serait plus exact de dire que la *nutrition* est parallèle dans les deux règnes. Il ne faut pas oublier, d'ailleurs, que les plantes carnivores (Drosera, Dionée, etc.) possèdent des sucs digestifs, de la pepsine (Frankland, Rees et Will). Voy. G. Morren : *La Digestion Végétale* (Ac. Roy. de Belgique, 1876).

intracellulaires s'y présentent, comme celle de l'urée en carbonate d'ammoniaque, du sucre en alcool et acide carbonique, et de l'alcool en acide acétique.

L'histoire des phénomènes digestifs n'est guère ancienne. Les premières expériences méritant ce nom remontent à 1690, époque où les membres de l'*Accademia del Cimento* constatèrent la force trituratrice considérable du gésier des oiseaux qui peut, par la contraction de ses épaisses parois, broyer des substances fort dures, comme le verre. Ces expériences mirent en lumière le rôle mécanique de l'estomac, dans la classe des oiseaux. La notion d'un rôle chimique ne se fit jour qu'en 1730, époque où Réaumur constata que des aliments enfermés dans des sphères à claire-voie, envoyées dans l'estomac, y subissent une désagrégation et une réduction notables, bien que l'action mécanique ne puisse trouver à s'exercer dans ces conditions. Spallanzani reprit, quelques années plus tard, ces expériences. Un nouveau pas important se fit en 1820, quand Magendie découvrit l'absorption par les veines intestinales. Puis les découvertes se précipitent : en 1831, c'est Leuchs qui signale l'action chimique de la salive sur les féculents; c'est en 1836, Schwann qui découvre la pepsine et son action sur les albuminoïdes; Mialhe, en 1846, montre les différences entre l'albumine digérée et l'albumine normale; Claude Bernard, en 1852, montre l'action du suc pancréatique sur les graisses ; et toutes ces recherches concourent à démontrer que l'idée de Réaumur est exacte, que la digestion est bien, dans son essence, un phénomène chimique.

Si la digestion consiste essentiellement en une action d'ordre chimique, il est d'autres activités connexes dont on ne peut se dispenser de dire un mot ; elles tendent vers le but commun final. Avant de transformer des aliments, il faut les avoir saisis (*préhension*), il faut encore le plus souvent les avoir désagrégés mécaniquement pour en permettre l'accès au lieu où s'opère la transformation (*mastication*). Certains êtres inférieurs n'ont point de ces fonctions accessoires, mais déjà chez les échinodermes, on voit un appareil préhensile fort développé (les ambulacres) et un appareil masticateur capable d'entamer la roche (armature buccale ; lanterne d'Aristote) ; chez la plupart des cœlentérés, les parois de l'estomac renferment des glandes digestives. A mesure que nous nous élevons, toutefois, la spécialisation des organes va croissant. Il y a *division du travail* (Henri Milne-Edwards) toujours plus prononcée, et l'appareil digestif comprend un nombre toujours plus grand de parties dont chacune joue un rôle très nettement délimité, très spécial. Elles sont dix là où il n'y en avait qu'une, mais chacune n'exerce qu'une partie des fonctions qu'exerçait le tout originel. Les glandes annexes (salivaires, biliaire, etc.) sont bien différenciées chez les mollusques; l'armature buccale se modifie de façons très différentes chez les divers ordres d'insectes, selon qu'ils mordent ou sucent, etc., et chez les vertébrés, la spécialisation va plus loin encore. L'oiseau a des appareils de préhension (bec et griffes), de réception ou emmagasinement (jabot), de mastication (gésier), joints aux appareils fondamentaux de la transformation chimique (estomac), et de l'absorption (intestin); le mammifère a des dents spécialement destinées à déchirer la proie où à la couper (incisives et canines) distinctes en structure de celles qui ont la mission de triturer (molaires). L'homme ne le cède à aucun des autres animaux au point de vue de la perfection des organes; il est au contraire mieux doué encore en raison de la finesse de son appareil de gustation.

Faim et Soif. — Pourquoi l'animal prend-il des aliments? Pour réparer ses tissus et ses forces, sans doute; mais où prend-il la notion qui le pousse à s'alimenter? Ce ne peut être un raisonnement scientifique; c'est une sensation. Cette sensation est celle de la faim ou de la soif, selon le cas.

Le siège de ces sensations a été l'objet de discussions nombreuses, mais peu fructueuses encore. *Où* a-t-on faim, dans quelle partie du corps peut-on nettement objectiver la sensation de faim? Il semble que ce soit dans la région épigastrique, mais la section du pneumogastrique (nerf sensitif de l'estomac) n'abolit pas cette sensation (Sédillot).

Par contre le tabac, l'alcool, etc., l'apaisent; mais agissent-ils sur le point de départ de la sensation, comme la cocaïne sur les terminaisons nerveuses de la peau, ou sur le centre où la sensation est perçue, comme le chloroforme? Et d'autre part le contact de substances non digestibles avec l'estomac calme la faim pour un temps. Est-elle due à des contractions des muscles de l'estomac? On ne sait. Le siège central de perception doit toutefois se trouver hors du cerveau, le fœtus sans cerveau (anencéphale) tette et doit avoir faim.

La soif semble avoir son siège dans le pharynx, mais elle se calme par des injections intravasculaires de liquides. Celles-ci diminueraient-elles la soif en rendant la muqueuse pharyngienne moins sèche? En tout cas, ce serait la sécheresse de celle-ci qui provoquerait la soif, et tout ce qui provoque la première provoque la seconde (sueur abondante, diarrhée, arrêt de la salivation, etc.). Mais par quels nerfs se transmettrait la sensation? Ce ne peut être par le glosso-pharyngien, le pneumogastrique ou le lingual : leur section ne supprime pas la soif : est-ce donc par le sympathique? On ne sait non plus.

En tout cas, il est admis que la faim et la soif indiquent le besoin qu'a l'organisme d'ingérer des aliments ou des boissons. La soif est peut-être plus exacte dans son indication que la faim, car on voit des animaux obèses continuer à manger alors que certainement il n'y a pas *besoin* véritable et physiologique. La soif est plus douloureuse que la faim : il est encore plus urgent de satisfaire la première que la dernière : un chien soumis à l'inanition, mais à qui l'eau est permise, vit le double de la vie d'un chien sans aliments ni eau : le premier meurt au bout de vingt jours, et le second est encore vivant au 39e jour, où l'on met fin à l'expérience (Laborde, *C. R. Soc. de Biologie*, 1886, p. 632). Notons en passant que les herbivores ont plus souvent et plus longtemps faim parce que leur alimentation est peu riche en principes nutritifs : 100 grammes d'herbe nourrissent moins que 10 grammes de viande. En outre, beaucoup des principes du fourrage passent à travers le tube digestif sans être digérés (jusqu'à 40 et 50 p. 100).

Inanition. — Quand l'organisme ne soulage pas sa faim au moyen d'aliments appropriés, il entre en état d'*inanition*. L'organisme continue à vivre, mais au lieu d'user les aliments, il s'use, il se brûle lui-même ; son poids diminue progressivement, et, les excrétions continuant à se faire par le rein, le poumon, l'intestin, la mort arrive nécessairement, de même que la lampe s'éteint faute d'huile. La fin arrive plus ou moins vite selon les cas : le chien peut résister trente-cinq jours ; le chat, le cheval, l'homme, une vingtaine de jours — ce qui ne signifie pas que l'homme résiste toujours aussi longtemps, tant s'en faut, mais il faut faire une distinction entre les expériences volontaires de jeûne, et les accidents où l'homme est privé d'aliments, et où, à l'abstinence se joint une angoisse morale, — le lapin, quatorze jours ; le pigeon, dix jours, le cobaye, six, le moineau deux seulement. On remarquera que la résistance varie selon l'*espèce*.

En réalité ce sont sans doute les différences de *taille* qui jouent le rôle important : les petits animaux ont une combustion vitale bien plus active que les gros ; ils perdent plus de chaleur, et leurs réserves sont moindres. Ces réserves consistent surtout en graisse. Ces limites peuvent être dépassées, car un chien a pu vivre 61 jours, et Tanner et Merlatti ont jeûné (?) 40 et 50 jours. Après la taille, la *température* propre de l'organisme joue un grand rôle dans la résistance au jeûne. On sait qu'il y a des organismes à sang chaud ou, pour mieux dire, à température constante, ou à peu près telle (animaux *homéothermes*) qui ont de 35 à 40 degrés, et ne peuvent sans danger être refroidis au-dessous de ces limites, tandis que les animaux à sang froid (*hétérothermes*) ont la température du milieu ambiant, et en suivent les variations, ou bien ne présentent que 2, 3 ou 4 degrés de plus que celui-ci (reptiles, amphibiens, et tous les animaux situés au-dessous dans l'échelle zoologique) : d'autres font le passage entre ces deux catégories, étant tour

tour homéothermes et hétérothermes, ce sont les animaux hibernants : l'écureuil, la marmotte, la chauve-souris, etc.

Les animaux hétérothermes et ceux qui se trouvent en hibernation, ont des combustions très faibles : leurs tissus se consument très peu, très lentement, et c'est pourquoi ils n'ont qu'une chaleur propre très faible. C'est là une économie considérable pour eux : aussi résistent-ils beaucoup plus longtemps à l'inanition, n'ayant pas à brûler des aliments ou des réserves, pour produire de la chaleur. Les reptiles et batraciens peuvent donc vivre un an, et même deux ou trois ans (Cl. Bernard), sans manger (expériences sur les crapauds) ; ils perdent peu de leur poids, et les hibernants restent engourdis des mois durant, sans manger, et sans pour cela perdre beaucoup de leur poids. Que dépensent-ils, en effet, en dehors du travail du cœur et des muscles respiratoires ? Presque rien [1].

La perte de poids par inanition peut néanmoins devenir considérable chez certains animaux inférieurs : on a observé une diminution de 75 p. 100 chez un cœlentéré soumis à l'inanition (de Varigny). Chez les organismes supérieurs, elle ne peut atteindre ce point ; la mort survient auparavant. Chossat qui a fait là-dessus de belles recherches, devenues classiques, a vu qui ceux-ci ne peuvent subir une perte supérieure à 40 p. 100 du poids initial : la mort arrive toujours quand la perte a atteint ce point. Cette perte peut se mesurer jour par jour, heure et par heure ; chez le chien elle est de 0 gr. 7 par kilogramme et par heure ; chez le lapin, de 1, 2 ; chez le cobaye de 2, 5 grammes. D'une façon générale, on peut dire que l'inanition tue d'autant plus vite que l'organisme est plus actif, et cela est naturel.

Il semblerait que dans l'inanition provoquée par l'abstention des aliments suggérée à des hystériques hypnotisés (Debove), la faim n'existe pour ainsi dire pas, et que la perte de poids est

[1] On n'accueillera toutefois qu'avec scepticisme les récits — souvent rencontrés dans des journaux anglais — concernant des crapauds ou grenouilles qu'on aurait trouvés dans des pierres creuses, intactes, hermétiquement fermées, datant, par leur constitution propre et par l'étage géologique où on les a rencontrées, de l'époque tertiaire, ou même de l'âge carbonifère, c'est-à-dire de plusieurs milliers d'années.

ralentie et diminuée par rapport à ce qu'elle est chez les sujets sains, non hypnotisés. Y aurait-il auto-suggestion de ce genre chez les jeûneurs de profession, comme le pense Bernheim ?

Dans cette perte de poids, les différents tissus prennent une part très différente : tels perdent énormément, comme

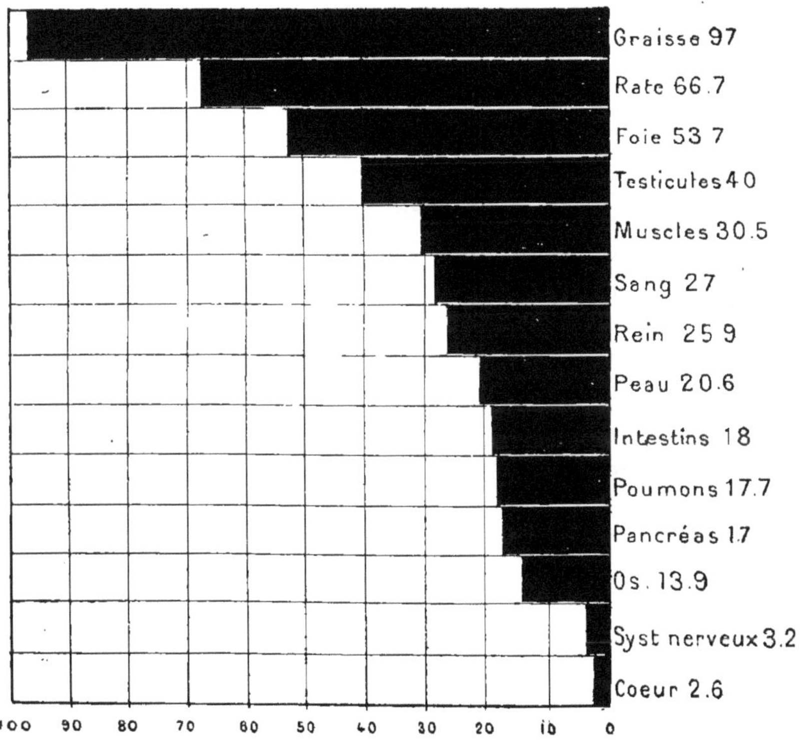

Fig. 3. — Tableau graphique des pertes proportionnelles de poids des organes ou tissus durant l'inanition (d'après Voit). Les pertes, au moment de la mort, sont représentées par la partie ombrée.

le tissu adipeux (et cela est naturel puisqu'il représente une réserve alimentaire que l'organisme utilise et consomme dès les aliments du dehors n'arrivent plus en quantité suffisante), qui perd jusqu'à 93 (Chossat) et 97 p. 100 (Voit) :

le foie et les muscles perdent de 30 à 50 p. 100, les os de 13 à 16 p. 100, et les centres nerveux et le cœur ne perdent presque rien (2 ou 3 p. 100). Les pertes sont sans doute proportionnelles à la quantité de matières grasses contenues dans les organes. Schématiquement on pourrait dire que le cœur ne perd rien, que le foie perd moitié, et le tissu adipeux, tout (fig. 3).

En même temps que le poids diminue, la température propre s'abaisse, d'abord assez rapidement, de 0°,3 par jour (Chossat), puis lentement, pour tomber rapidement à l'approche de la mort; la respiration et la circulation se ralentissent de même, puisque les combustions vitales sont diminuées. Ces symptômes sont d'autant plus prononcés que l'alimentation a été auparavant plus surabondante, une partie de l'*alimentation de luxe* ayant été brûlée directement, et l'autre emmagasinée dans les tissus, d'où à la fois, température maintenue à un niveau élevé, et accroissement de poids. La mort est le terme inévitable de l'inanition. Mais il est certain que, chez l'homme, ce terme arrive à des époques très variables, selon l'état de l'organisme et du système nerveux.

Les échanges sont ralentis chez les hystériques, ou durant la léthargie, d'où une résistance plus longue et plus facile qu'en d'autres cas. Au contraire, si l'angoisse morale se joint à la privation d'aliments, les symptômes apparaissent plus vite et plus intenses. Différentes catastrophes ont montré quels sont les symptômes psychiques qui, chez l'homme, accompagnent l'inanition : à côté de l'amaigrissement et de l'affaiblissement, il y a des hallucinations et du délire; on sait qu'une partie des naufragés du radeau de la *Méduse* voulait tuer les autres et détruire le radeau; et récemment, par le récit des survivants de l'expédition Flatters, on a vu qu'une folie véritable peut accompagner la privation d'aliments. De Meersman a observé, en 1846-47, les symptômes dus à la famine en Belgique; il note également des aberrations de l'intelligence, et on retrouve celles-ci durant la famine de 1892 en Russie [1].

Tels sont les effets de l'inanition. Il nous faut entrer maintenant dans l'étude de la fonction digestive, dans l'étude de la transformation des aliments qui leur permet de devenir assimilables et utilisés par l'organisme.

Et tout d'abord que sont les aliments? En quoi consistent-ils ? Quels sont ceux dont l'homme a besoin, et quelles sont les principales substances véritablement alimentaires ?

Aliments. — Les aliments sont les combustibles nécessaires à l'entretien de la machine animale, à sa production de chaleur et de force. Il y a corrélation assez intime entre la constitution d'un organisme et les aliments qu'il doit ingérer, mais il ne faut pas oublier que d'une part beaucoup d'aliments renferment des substances peu ou point assimilables (chlorophylle, matières de désassimilation, etc.) et que d'un autre côté l'organisme est en état de faire subir à certains aliments des transformations chimiques telles qu'elles peuvent suppléer à l'absence de certaines autres substances alimentaires qui paraîtraient indispensables : c'est ainsi que l'abeille fabrique de la cire aux dépens d'aliments purement sucrés; que le foie prépare du glycogène aux dépens de substances albuminoïdes ; que la poule et le crabe peuvent, le cas échéant, transformer le sulfate de chaux en carbonate, etc.

A en juger par le nombre des définitions proposées, il n'est pas très aisé de définir l'aliment. On ne peut le définir comme étant l'ensemble des substances introduites dans le corps et modifiées par les processus digestifs, car, d'une part, l'eau et divers sels alimentaires ne sont pas modifiés, alors que d'autres substances non alimentaires sont modifiées.

Le définira-t-on comme l'ensemble des substances assimilables fixées dans l'organisme ? A ce compte, les sels de plomb,

[1] Voir entre autres Hodgett : *In the track of the Russian Famine.*

de mercure, d'argent, seraient des aliments, ce qui n'est point admissible.

Une définition rigoureuse n'est encore guère possible. On peut dire que les aliments sont les substances aptes à réparer les pertes de l'organisme et faisant partie de la constitution normale de nos tissus, tout en réservant la question de savoir quelle est au juste cette constitution normale. En effet, si nous savons bien positivement pour nombre de sels ou d'éléments qu'ils font partie intégrante de notre organisme, et qu'ils lui sont nécessaires, pour beaucoup d'autres qui s'y rencontrent en faible proportion, il nous est impossible de savoir dans quelle mesure ils sont utiles, quel est leur rôle, quelle est leur provenance.

Les éléments nécessaires au corps sont évidemment ceux dont il se compose normalement, ceux qui sont constants dans sa composition. Ces corps simples de l'organisme sont d'ailleurs peu nombreux ; ce sont : carbone, oxygène, azote, hydrogène, soufre, phosphore, chlore, sodium, calcium, potassium, fer, *corps indispensables ;*

Magnésie, manganèse, silice, fluor, *corps accessoires.*

Ces éléments sont également indispensables aux végétaux : mais tandis que le végétal (sauf les champignons sans chlorophylle) peut les prendre directement et tels quels au sol ou à l'eau, pour se les incorporer; l'animal a besoin qu'ils lui soient fournis sous une forme plus complexe et élaborée, groupés en *aliments* ou *substances alimentaires.* Sans le règne végétal, et son aptitude à former des aliments au moyen des éléments chimiques, le règne animal ne pourrait exister.

Donc, pour qu'une substance puisse être alimentaire, il faut qu'elle renferme une partie au moins des éléments indiqués plus haut, il faut encore qu'elle les renferme groupés dans des combinaisons ou sous des formes telles que non seulement ils ne puissent être nuisibles, mais qu'ils soient encore susceptibles d'assimilation, après élaboration digestive, ou sans celle-ci. Ainsi les alcaloïdes sont composés en général des mêmes principes essentiels que les albuminoïdes (C. H. Az. O) : nul ne saurait pourtant les vanter comme aliments, pour les animaux du moins ; on a bien dit que certains alcaloïdes sont des *engrais* pour les plantes : mais la chose n'est nullement démontrée. Il faut noter d'ailleurs que l'aliment le plus alimentaire n'est tel que dans des conditions déterminées. Il faut que chaque chose soit à sa place : le riz de veau — ou thymus — est chose fort bonne à manger, à mâcher, à avaler et à faire digérer par l'estomac : exprimez-en le suc et injectez-le dans les veines d'un animal, et celui-ci mourra incontinent, le sang coagulé *in toto* (Wooldridge). Les peptones mêmes, injectées dans le sang, sont toxiques, et il en est de même de l'*extrait* de la plupart des substances alimentaires (muscle, etc.).

On a proposé de nombreuses classifications des aliments. Les plus connues sont celles de Magendie et de Liebig. Magendie prenait un critérium d'ordre chimique, ce qui était assez juste : mais il ne s'y tint point exactement. Il forma deux classes : aliments renfermant *beaucoup d'azote*, et aliments renfermant *peu ou point d'azote* (albuminoïdes d'une part, hydrocarbonés et graisses de l'autre). Liebig prit un critérium physiologique : il distingua les aliments *plastiques* (albuminoïdes) des aliments *respiratoires* (hydrocarbonés) supposant les premiers destinés à former les tissus du corps, alors que les derniers serviraient à produire de la chaleur par les combustions respiratoires. Cette classification est défectueuse en ce que les aliments plastiques sont aussi respiratoires, et en ce que les derniers, au lieu de se brûler aussitôt, se déposent souvent dans les tissus sous forme de graisse. Actuellement on classe les aliments de la façon suivante : aliments *minéraux* (sels, eau, etc., sans carbone ; aliments *ternaires* (corps gras et hydrocarbonés) ; aliments *azotés* (albuminoïdes).

Bunge a récemment proposé l'intéressante classification que voici (*Cours de Chimie biologique*) :

1° Aliments servant à la réparation des tissus, en même temps qu'à la production d'énergie : albuminoïdes et graisses.

2° Aliments qui sont uniquement source d'énergie : l'oxygène, les hydrates de carbone, et la gélatine.

3° Corps qui ne font que remplacer des éléments disparus sans produire d'énergie : sels inorganiques et eau.

Aliments minéraux. — Passons rapidement en revue chacun de ces groupes. Comme la plus grande partie de notre organisme (66 p. 100) consiste en *eau*, et comme celle-ci s'élimine sans cesse par la peau, par les muqueuses digestive et respiratoire, par les reins et diverses autres glandes, il faut la remplacer incessamment. L'organisme a besoin de trois litres d'eau par vingt-quatre heures, en moyenne : une partie de celle-ci est fournie par la boisson, et une forte proportion par les aliments qui en renferment parfois beaucoup ; le fromage par exemple en contient 369 p. 1000, la viande et le poisson, 700 environ ; le riz 92 seulement ; les fruits 700 ou 800 ; la salade 940 p. 1000. (Moleschott). Si l'organisme n'a pas la quantité d'eau nécessaire, il dépérit rapidement, et, dans l'inanition absolue, le manque d'eau joue un rôle considérable. En effet, Laborde a montré que de deux chiens soumis au jeûne, celui qui peut boire survit deux fois plus longtemps que ne survit celui qui ne mange ni ne boit. L'eau est donc un aliment primordial, essentiel, dont la privation retentit aussitôt sur l'organisme entier.

Pour être réellement potable, l'eau doit être aérée, et renfermer de 25 à 50 centimètres cubes de gaz par litre : ces gaz sont de l'air très oxygéné (30-37 p. 100 d'oxygène, et 63-70 p. 100 d'azote) et de l'acide carbonique. Privée de ces gaz, l'eau est lourde, indigeste — (eau bouillie, eau des glaciers). L'eau contient encore des substances en solution, des sels. La proportion de ceux-ci ne doit pas dépasser 50 centigrammes par litre. Enfin l'eau renferme des micro-organismes, les uns inoffensifs, les autres nuisibles : on y peut trouver des germes de maladies contagieuses, des bacilles du choléra, de la fièvre typhoïde, etc., des œufs d'entozoaires. L'eau de source, convenablement captée et soustraite aux chances de pollution, reste la meilleure eau potable : celle des rivières qui traversent les villes sera toujours impure et dangereuse tant que l'on y déversera des immondices. Rien ne constitue une preuve plus nette de ce fait que l'accroissement de mortalité qui survient infailliblement dès que Paris ou ses environs sont alimentés d'eau de Seine. A Vienne, par contre, où l'eau est prise à des sources pures, la fièvre typhoïde a pour ainsi dire disparu.

Il a été beaucoup discuté sur l'influence qu'exerce l'eau sur la nutrition. Il semble, d'après les récentes expériences, que l'abondance d'eau active les oxydations puisqu'elle augmente l'excrétion d'urée (Genth). Mais jusqu'à quelle limite s'exerce cette action ? Toujours est-il que les boissons abondantes sont recommandées pour la cure de l'obésité par Landois, Heuneberg, Zuntz, Robin, G. Sée, contrairement à l'opinion jusqu'ici courante.

Les eaux minérales naturelles sont agréables à boire, mais il n'en faut pas abuser : elles fatiguent l'estomac à la longue. L'eau de Seltz est souvent trop chargée de gaz ; elle distend l'estomac, l'eau avec laquelle elle est faite n'est pas toujours très pure ; enfin, Gautier y a signalé la présence de plomb provenant de l'armature des siphons.

Parmi les *sels* nécessaires à l'alimentation, la plupart sont fournis par les aliments mêmes et par l'eau, où ils se trouvent normalement ; il n'y a pas à s'en occuper spécialement. Il n'en est pas de même pour le *chlorure de sodium*, ou sel marin ; celui-ci n'existe pas en quantité suffisante dans les aliments ; force nous est d'en rajouter, car l'organisme en élimine de 12 à 20 grammes par jour, et il est indispensable de les remplacer. Les religieux ont vainement essayé de supprimer cet aliment de leur régime, et les éleveurs savent l'influence favorable qu'il exerce sur les troupeaux : les physiologistes enfin ont montré qu'il est indispensable à l'organisme; il se trouve dans presque tous les tissus, dans le sang et autres liquides; il concourt à la production du suc gastrique.

Bunge fait remarquer que le sel n'est nécessaire qu'aux peuplades et animaux *végétariens ;* les carnivores n'en usent point, et n'en ont point besoin. Cette nécessité de l'adjonction du sel au régime végétal exclusif, s'expliquerait par le fait que le NaCe de l'organisme, rencontrant une grande quantité de sels de potasse venant des végétaux, serait décomposé en chlorure de potassium et, par exemple, carbonate de soude. Ce chlorure serait éliminé, aussi bien que le carbonate, et l'organisme serait en déficit de chlore et de potassium à la fois ; d'où la nécessité de consommer du sel. La population rurale consomme trois fois plus de sel, par bouche, que la population urbaine, parce qu'elle consomme surtout des aliments végétaux. L'impôt sur le sel pèse donc surtout sur la population des campagnes.

Le *chlorure de potassium* est encore un aliment minéral ; mais l'organisme en renferme très peu ; il est donc d'importance secondaire pour ce dernier. Le règne végétal, au contraire du règne animal, demande beaucoup de chlorure de potassium, alors que le sel de sodium lui est beaucoup moins utile. Il y a là une différence caractéristique.

On comprendra la nécessité des *phosphates* quand on se rappellera que le squelette est principalement formé de phosphate de chaux (plus de 50 p. 100 de son poids) et que les dents et diverses humeurs en renferment une quantité appréciable. Ce sont des phosphates encore qui donnent aux fluides du corps leur réaction alcaline ; et le carbonate de soude, les sulfates de potasse et de soude, le phosphate de magnésie, etc., sont également présents dans l'organisme, et nécessaires à l'alimentation On en peut dire autant du fer, du soufre, etc.

Enfin il est un aliment véritable, l'*oxygène*, qui ne peut être rangé parmi les substances alimentaires au sens commun du terme. Il n'en est pas moins un aliment essentiel, le grand générateur d'énergie.

Voilà pour les principes minéraux qui, en somme, sont fournis par l'eau et les aliments.

Aliments organiques. — Parmi les *principes organiques*, nous avons les principes *azotés* et les principes *non azotés*.

Les *albuminoïdes* ou principes azotés, ou encore matières

protéiques, nous sont fournis par la viande et par certains aliments végétaux. Notons en passant que le fromage représente une substance des plus riches en albumine ; il en renferme 334 p. 1000, alors que le blanc d'œuf et le foie de veau ou de mouton n'en contiennent que de 120 à 130 ; il en renferme *près du double* de ce qu'en contient la viande de bœuf. Du reste divers aliments végétaux sont fort riches en albumine, c'est une erreur de croire la viande indispensable à la nutrition. Les pois, les haricots, les lentilles contiennent de 220 à 260 p. 1000 d'albumine, c'est-à-dire plus que la viande de boucherie.

Au point de vue chimique, les albuminoïdes sont des matières azotées composées de façon variable, et encore peu précise, comprenant du *carbone* (45-54 p. 100), de l'*hydrogène* (6,3-7,3), de l'*azote* (13,3-25), de l'*oxygène* (20,8-28), du *soufre* (0,3-2,3), avec un peu de *phosphore*, de *fer*, etc. ; au point de vue physique ils sont caractérisés par leur indialysabilité (état *colloïdal* de Graham) et par le fait qu'ils dévient tous à gauche le plan de la lumière polarisée, et ils ne deviennent dialysables qu'après transformation en peptones, comme l'a montré Claude Bernard.

Ces peptones représentent une étape dans l'évolution des albuminoïdes, dont le terme final paraît être l'urée et l'acide carbonique qui proviennent sans doute de nombreuses métamorphoses chimiques. Mais ni l'urée, ni les substances analogues, malgré leur composition chimique (C, H, Az, O) ne peuvent servir d'aliments.

Les albuminoïdes principaux sont les suivants :

Albumines proprement dites comprenant l'*ovalbumine* ou albumine du blanc d'œuf, la *sérine* du sérum (et de plusieurs autres liquides des organes, qui a la propriété de rétablir les pulsations du cœur arrêté depuis peu, propriété que n'ont point les autres albumines), l'*albumine du muscle*, très voisine de la sérine, et qu'il ne faut point confondre avec la myosine ; la *fibrine* qui se forme lors de la coagulation du sang sous l'influence du *fibrinogène;* différentes *caséines* animales et végétales ; la *légumine* ou caséine végétale ; différentes *globulines*. La gélatine et les glutinogènes ont été fort discutés au point de vue alimentaire. Sans aller aussi loin que Darcet qui en fait un aliment précieux, ou ses détracteurs qui lui refusent toute valeur alimentaire, on peut lui attribuer un rôle alimentaire faible.

Pour Bunge la gélatine peut être utilement jointe aux albuminoïdes, mais elle ne peut les remplacer, étant une albumine en quelque sorte dédoublée et oxydée. On a cru pouvoir la rendre utile en y joignant de la tyrosine (Lehmann), mais ces deux produits n'ont pu reconstituer une albumine.

Les *alcaloïdes* principalement employés dans l'alimentation sont ceux du thé, du café, du cacao, de la coca. Ce ne sont pas à vrai dire des aliments malgré leur formule qui les rapproche des albuminoïdes. La coca est stimulante et anesthésiante, mais ne remplace pas un repas; ceux qui l'emploient mangent abondamment dès qu'ils en ont le temps et l'occasion. Pour le thé, le café et le cacao, ce sont aussi surtout des stimulants, bien plus que des aliments.

Les *graisses* (combinaison de glycérine avec un acide gras, Chevreul, 1823) représentent une seconde catégorie d'aliments. Ils sont fournis par la graisse et les corps gras des animaux et des végétaux. Ils sont abondants dans la moelle des os (960 p. 1000) ; il y en a 240 dans le fromage, et de 20 à 50 dans les diverses viandes de boucherie. Les légumes féculents en renferment de 1 à 20 p. 1000 ; les amandes, par contre, en contiennent 540.

Les graisses n'ont pas besoin d'une digestion véritable pour pouvoir être absorbées. Elles sont absorbées en nature, par la peau comme par la muqueuse digestive. Etant moins comburés que les sucres, les corps gras sont d'importants producteurs de chaleur, et l'on comprend qu'ils jouent un rôle considérable dans l'alimentation des habitants des régions froides (Cosaques, Lapons, Esquimaux) qui n'ont point attendu que Liebig formulât sa théorie pour reconnaître que ces substances sont d'excellents calorificateurs en raison de leur richesse en C et H.

Les *hydrates de carbone* ou *hydrocarbonés* (mais non hydrocarbures comme on le dit parfois à tort) sont les sucres, l'amidon, et d'autres substances ternaires, non azotées, composées de C, H, et O. Leur origine est surtout végétale, et pourtant il y a du sucre dans le foie, le lait, les muscles, les épithéliums, etc. ; c'est par conséquent du sucre d'origine animale. L'amidon est indialysable et insoluble, mais la digestion le rend dialysable et soluble ; chez les animaux, c'est la salive qui opère cette transformation ; chez les végétaux, c'est la diastase. Les hydrocarbonés sont l'aliment musculaire par excellence. La *cellulose* qui est aussi une matière hydrocarbonée est presque entièrement inattaquable par les sucs digestifs ; c'est un microbe, le *Bacillus amylobacter*, qui, chez les herbivores, l'attaque et la dissout.

Toutefois les ruminants en digèrent jusqu'à 60 et 70 p. 100, et d'après Weiske l'homme en digère parfois jusqu'à 60 p. 100. Bunge considère cependant que la cellulose est utile à l'alimentation humaine, en servant d'excitant mécanique du péristaltisme intestinal. Ce rôle semble bien établi par des expériences faites sur le lapin, par exemple, et si l'homme, par la brièveté relative de son tube digestif, est moins exposé aux dangers résultant de l'absence de cellulose, Bunge se demande si la crainte des aliments dits « indigestes » n'est pas en partie la cause de l'affaiblissement des mouvements intestinaux des classes aisées. Le pain de son est recommandé contre la constipation ; mais il ne faut pas abuser de la cellulose, néanmoins, car Hofmann a montré que sa présence diminue l'absorption de la viande.

Les hydrocarbonés des légumes féculents oscillent entre 500 et 800 p. 1000. Les matières sucrées sont solubles, mais non facilement assimilables ; elles ont besoin de subir une modification chimique (en glycose).

Jusqu'ici nous n'avons envisagé que les aliments *simples*

(albuminoïdes, hydrocarbonés, minéraux, corps gras) ; considérons maintenant les aliments *complexes*, c'est-à-dire les substances alimentaires qui sont en elles-mêmes des aliments complets.

Qu'est-ce donc qu'un aliment complet? C'est une substance qui renferme naturellement en elle-même les différents aliments simples nécessaires à l'entretien de la vie, ou à ce qu'on a nommé la *ration d'entretien*. Le corps animal est formé, comme nous l'avons vu, d'un certain nombre d'éléments ; il a donc besoin de renouveler sans cesse sa provision de ces substances pour faire face à l'usure et aux dépenses qui résultent de sa vie même. Mais ces substances concourent à former l'organisme dans des proportions très différentes ; le corps n'est pas seulement formé de différentes *qualités* de substances, celles-ci se rencontrent encore en *quantité* différente.

Il ne s'agit donc pas, pour un aliment, de contenir « de tout un peu » ou beaucoup, il faut pour qu'il puisse à lui seul, suffire aux besoins de l'organisme, qu'il renferme les *qualités* différentes dans les *quantités* voulues. Et c'est là ce que sont les aliments *complets*. Un aliment non complet, employé exclusivement, est impuissant à entretenir la vie. C'est ce que Magendie a démontré très clairement, en nourrissant des chiens uniquement avec de la viande ou des féculents ; la mort, tôt ou tard, a toujours été la suite de ces expériences.

Parmi les aliments complets, nous citerons les œufs et le lait. Les *œufs* ne présentent pourtant pas un aliment pleinement satisfaisant ; ils ne renferment pas de sucre, ou n'en contiennent que très peu. Toutefois ils suffisent aux besoins de l'embryon ; c'est donc un aliment suffisamment complet. Il est très riche en albuminoïdes, et avec 900 grammes d'œuf par jour, l'adulte obtient les éléments nécessaires à sa nutrition ; il a les albuminoïdes et les hydrocarbonés essentiels. L'œuf cru ou peu cuit est le plus digestible.

Le lait est l'aliment complet par excellence. Il renferme de l'albumine et de la caséine, du beurre, du sucre de lait, et des sels, c'est-à-dire des albuminoïdes, un corps gras, un hydrocarboné, des principes minéraux, et enfin de l'eau. On comprend d'autant plus aisément qu'il suffise à lui seul à entretenir la vie, ce que ne peut aucun autre aliment, pris exclusivement, qu'il est l'aliment suffisant et nécessaire de l'enfant au rapide développement duquel il subvient sans difficulté. En maint cas, chez le vieillard ou chez les albuminuriques il suffit seul à l'alimentation pendant un temps assez long. Le beurre est beaucoup moins complet comme aliment que le lait, mais le fromage est une des substances les plus nourrissantes qu'il y ait. Il n'est point de viande qui renferme autant d'albuminoïdes que le fromage, comme on peut le voir par le tableau donné plus loin. Le *koumys*, lait de jument fermenté, est moins nourrissant ; il est cependant plus réellement alimentaire que les autres alcooliques, car il renferme des albuminoïdes dissous. Il ne faut pas oublier que le lait peut être pathogène, le coupage avec de l'eau impure peut lui conférer la propriété de transmettre diverses affections microbiennes ; il peut être toxique par le fait que l'animal qui le fournit a mangé certaines herbes, ou absorbé certaines drogues ; fourni par une vache tuberculeuse, il peut renfermer les bacilles de la phtisie.

Aliments complexes. — Quelques mots maintenant sur les substances alimentaires qui ne sont point des aliments complets, et c'est l'immense majorité.

Voici d'abord les viandes, de boucherie, gibier ou poisson. Elles renferment surtout des albuminoïdes et des graisses, pas d'hydrocarbonés pour ainsi dire. Aussi faut-il, dans l'alimentation normale, ajouter le pain à la viande ; ces deux substances suffisent amplement aux besoins de l'organisme. Encore y a-t-il viande et viande : celle d'oiseau est plus azotée que celle de mammifère, et moins grasse. La viande est surtout un aliment de réparation des tissus : elle ne produit guère plus de chaleur que les hydrocarbonés (la moitié de ce que produisent les graisses) et d'autre part, elle ne sert guère au travail musculaire qui est alimenté surtout par les hydrocarbonés.

En plus des albumines ou matières protéiques qu'elle renferme, la viande est riche en sels de potasse. Elle en abandonne la plus grande partie au bouillon, mais cela ne suffit point à faire de ce dernier un aliment sérieux. C'est une stimulant, si l'on veut, un cordial temporaire riche en gélatine, pauvre en albumine, il ne peut prétendre à mieux. L'extrait de viande ne contient pas de viande, ou du moins n'en renferme pas les éléments essentiels. On y trouve les sels minéraux de celle-ci (potasse surtout et phosphates) et c'est tout. Mieux vaut prendre quelques bouchées de viande, quelques grammes de fromage.

Le bouillon contient de la gélatine, ce qui n'est guère nourrissant ; de la créatine et de la créatinine, qui sont des matières de désassimilation et enfin des sels. Mais parmi ceux-ci, la chaux, qui serait utile, est rare, et la potasse d'une assiette de bouillon n'est pas plus abondante que celle d'une petite pomme de terre (Bunge). Le bouillon ne peut donc être un aliment véritable : c'est un stimulant.

Les végétaux fournissent une grande variété d'aliments. Ce sont les céréales, très riches en hydrocarbonés et féculents (50-80 p. 100), mais pauvres en azote. Il faudrait manger plusieurs kilogrammes de pain par jour pour en tirer la quantité d'albuminoïdes nécessaires à la ration d'un adulte, mais ce pain est un admirable complément des aliments azotés, de la viande et du fromage. Les légumineuses sont par contre très riches en albuminoïdes (20-25 p. 100) ; elles en renferment plus que la viande elle-même, et seul le fromage l'emporte sur elles à ce point de vue ; les hydrocarbonés sont abondants : mais les graisses font défaut. L'albumine est à tel point abondante (caséine) que les Chinois font avec les pois un fromage véritable. Mais — et c'est là un point essentiel à noter — les albuminoïdes des légumineuses sont moins facilement et moins complètement assimilés par l'organisme que ceux de la viande. Woroschiloff a constaté le fait par des expériences très directes et concluantes. Ce n'est pas à dire que le régime végétarien ne soit possible pour l'homme, toutefois; il serait absurde de nier ce que démontre l'expérience. L'homme peut très bien vivre de légumes — il est d'ailleurs omnivore par la structure de ses dents et de son appareil digestif; des millions d'êtres humains sont à peu près exclusivement végétariens (Chinois, Hindous etc.)[1], et le paysan français est loin de manger de la viande toutes les semaines. Du pain, du fromage, des légumes (ou encore des pois, du pain et du sucre, comme dans les expériences de Woroschiloff, ou bien de la farine et du saindoux) suffisent amplement à entretenir les forces de l'organisme.

La pomme de terre, très pauvre en albuminoïdes (1-2 p. 100), est fort riche en hydrocarbonés (amidon surtout) : aussi est-ce un médiocre aliment : il en faudrait manger 5 kilogrammes par jour pour avoir la quantité d'albuminoïdes nécessaire à la ration d'entretien. Les légumes herbacés, pauvres en albuminoïdes et en hydrocarbonés, sont surtout riches en cellulose et eau (94 p. 100). Les fruits, riches aussi en eau, contiennent beaucoup de sucre et des acides organiques.

Ces indications suffisent à montrer de quelle façon il convient de régler l'alimentation pour obtenir de la plus petite quantité possible d'aliments, les éléments différents, et la proportion voulue de ces éléments, pour constituer la ration d'entretien. Il faut demander chacun d'eux à la catégorie d'aliments qui le renferme en plus grande quantité : on ne demandera pas les hydrocarbonés à la viande, ou la graisse

[1] Voir le très intéressant *Cours de chimie biologique* de Bunge.

aux légumineuses ; on associera une petite quantité de viande ou de fromage à la quantité nécessaire de légumes ou de fruits, etc., et si l'on voulait se nourrir physiologiquement, on s'apercevrait qu'il faut une bien moindre quantité d'aliments que celle que l'on absorbe chaque jour. On mange beaucoup trop... Cela est permis aux herbivores, qui ne peuvent guère utiliser que la moitié des aliments consommés en raison de la pauvreté de ceux-ci en principes alimentaires : de là la continuité pour ainsi dire ininterrompue de leurs repas, et l'abondance de leurs excréments, 100 grammes d'herbe ne contenant pas plus d'azote que 10 grammes de viande, et cet azote, étant, dans l'herbe, noyé dans des torrents de cellulose peu digestible. Hofmann a montré que l'homme digère imparfaitement certaines substances végétales : par exemple, sur 100 grammes d'albumine végétale, il en reste 53 non digérés, alors qu'il n'en reste que 18 si l'albumine est animale ; et la même différence s'observe à l'égard des hydrocarbonés. D'autres expériences montrent que la proportion d'albuminoïdes non absorbée peut varier de 25 p. 100 (viande de bœuf) à 53 p. 100 (lentilles, pommes de terre, et pain).

On a souvent étendu le terme d'*aliment* en y faisant entrer différentes substances comme les vins, les alcooliques, le thé, le café, les condiments. Ce ne sont pas des aliments véritables. Les condiments n'ont d'autre rôle que de flatter le goût et de pousser à manger. Le thé, le café, la coca, le maté, la coumarine, sont des stimulants nerveux et circulatoires : mais s'ils ralentissent peut-être la désassimilation, ou en masquent pour un temps les conséquences physiologiques, ils ne nourrissent ni ne réparent l'organisme. Les alcooliques enfin sont des stimulants, utiles chez le malade ou le convalescent, mais dont l'individu sain n'a pas réellement besoin. On dit que l'alcool réchauffe, pour un moment : cela est vrai, mais cet effet se dissipe bientôt. Beaucoup d'autres substances, comme le quinquina, la strontiane (La borde), etc., exercent une influence heureuse sur l'alimentation, ou sur la nutrition pour mieux dire ; ce ne sont pas non plus des substances alimentaires, à vrai dire : elles ne s'incorporent pas aux tissus, comme les albuminoïdes, les graisses, etc.

Une alimentation rationnelle est (ou plutôt *devrait être*) basée sur la connaissance des besoins de l'organisme ; les besoins varient selon l'âge, le sexe, le climat, les dimensions, le travail à effectuer, etc. L'enfant et l'adolescent ont besoin d'une quantité d'aliments qui fasse plus que compenser la dépense organique, et permette l'accroissement du corps et des tissus, alors que l'adulte doit viser à réparer ses pertes, simplement. Dans les pays froids, il y a un désir instinctif des aliments féculents et des graisses, les aliments respiratoires ou thermogènes de Liebig, désir qui disparaît dans les pays chauds : au bout d'un court séjour dans les régions glacées, l'Européen le plus civilisé éprouve un grand plaisir à ronger de la graisse froide ; et il est de règle que le septentrional mange plus et a besoin de plus de nourriture que le méridional : il a à produire plus de chaleur pour lutter contre le froid. Enfin, Moleschott, Voit, Pettenkofer, etc., ont montré que les dépenses de l'organisme qui exécute un travail sont plus fortes que celles de l'organisme au repos ; de là la nécessité d'une ration alimentaire plus abondante pour l'organisme plus actif. Sans entrer dans le détail des modifications à apporter au régime selon les cas précédents, nous nous contenterons d'indiquer ici la ration d'entretien de l'adulte normal (Européen du nord). Ses aliments devront, par jour, lui fournir environ :

130 grammes d'albuminoïdes ;
50 — de corps gras ;
400 — d'hydrocarbonés ;
30 — de sels, plus deux ou trois litres d'eau[1].

[1] D'après A. Gautier, la ration alimentaire moyenne du Parisien (calculée d'après les entrées des octrois) est de 115 grammes d'albuminoïdes, 48 grammes

Le tableau suivant indique les proportions (p. 1000) où se trouvent les principaux aliments, dans différentes substances alimentaires, et chacun peut en déduire la manière dont celles-ci peuvent être associées pour répondre aux besoins de l'organisme.

	Eau	Albuminoïdes.	Graisses	Hydrocarbonés.	Sels.
Viande de boucherie . .	730	175	40		11
— d'oiseau.	730	200	20		13
— de poisson. . . .	740	135	45		15
Bouillon.	985				3
Œuf.	735	145	150		8
Lait de vache	855	55	45	40	5
Fromage	370	335	240		55
Riz	90	50	7	845	5
Pain	430	90		550	10
Pois.	145	225	20	575	23
Lentilles.	115	265	25	580	16
Pommes de terre. . . .	725	15	1	235	10
Chou-rave.	820	20	3	170	50
Pomme	820	5		80	5
Raisin.	810	7		150	5

Mastication. — Chacun sait que la plupart des aliments usuels, avant de devenir assimilables, doivent subir un certain nombre de métamorphoses qui varient selon la nature de ceux-ci. Pour préparer ces métamorphoses, il est le plus souvent nécessaire de réduire les aliments en parcelles que les sucs digestifs pourront mieux entamer (*prima digestio in ore*, selon l'aphorisme ancien) : chez les oiseaux, cette trituration s'opère dans le gésier; chez les mammifères elle se fait dans la bouche, par la mastication, et les dents en sont les agents. Il est essentiel de bien mâcher toute substance solide, de la bien réduire en fragments, pour faciliter le processus de la digestion ; une mastication incomplète suffit à expliquer mainte difficulté de diges-

de graisses et 333 grammes d'hydrocarbonés par tête d'habitant, enfant, adulte ou vieillard.

tion ; elle oblige l'estomac à un travail plus long ; elle expose enfin l'organisme à perdre le bénéfice des aliments, et à gaspiller une grande partie des principes nutritifs. N'est-il pas évident que le même poids de viande divisé en dix bouchées soigneusement mâchées, présentant à l'action des sucs digestifs une surface considérable, se digèrera mieux et plus vite qu'une seule bouchée massive, à peine dissociée? Et plus une substance est pauvre en principes nutritifs, plus il faut qu'elle soit mastiquée. On croirait que les herbivores connaissent ce principe, à la conscience avec laquelle ils mâchent et remâchent (rumination) leurs aliments. Du reste, il y a corrélation manifeste entre le mode d'alimentation et la dentition : les molaires qui sont les véritables organes de la trituration sont d'autant plus développées que celle-ci est plus nécessaire, et par la seule inspection de la mâchoire on peut maintenant, depuis Cuvier, dire ce que doit être la structure de l'animal à qui elle appartient. Chacun connaît les dispositions anatomiques de la mâchoire et des muscles qui la meuvent. Elle constitue un levier dont le point fixe est en arrière, aux condyles, et le point d'application au niveau de l'insertion des muscles masséter et temporal, la résistance étant généralement située en avant de ceux-ci (levier de 3e genre), mais parfois en arrière d'eux, quand on mâche sur les dents du fond, seules (levier de 2e genre). La trituration s'opère par l'écrasement des aliments entre les molaires (ou machelières) des deux mâchoires, et chez les herbivores cette trituration est grandement favorisée par les mouvements de latéralité dont jouit la mâchoire inférieure. Mais ce mouvement est très restreint chez l'homme et surtout les carnivores qui, au surplus, en ont moins besoin que les ruminants.

Des différents actes de la digestion, la mastication est à coup sûr le plus totalement volontaire, bien qu'à certains points de vue elle se rapproche des réflexes. La mastication a pour but de réduire les aliments en une masse pâteuse, facile à avaler. Elle y est aidée par la salive. Celle-ci ne joue pas seulement ce rôle mécanique, elle exerce une action physiologique, et d'autre part, les conditions de sa sécrétion sont si intéressantes que nous nous arrêterons quelque peu sur ce point.

Insalivation. — Qu'est-ce que la salive, quelle est sa composition et son action, et comment se produit-elle ? Elle est sécrétée par les glandes salivaires qui sont : les *Parotides* (au nombre de deux), situées sur le côté de la mâchoire inférieure, près de l'oreille, et s'ouvrant par les conduits de Sténon au niveau des deux grosses molaires droite et gauche de la mâchoire supérieure ; les *Sous-maxillaires* plus petites, situées (deux également) au-dessous et en dedans du corps de la mâchoire inférieure, s'ouvrant par les canaux de Wharton, près du frein de la langue ; les *Sublinguales*, plus petites encore (les deux sublinguales jointes aux deux sous-maxillaires ont un poids inférieur à une seule parotide), situées dans le plancher de la bouche, près du frein de la langue, où elles s'ouvrent par de nombreux (15-30) canalicules (conduits de Rivinus) ; et enfin une infinité de *glandules* disséminées dans les parois de la bouche, près des lèvres, dans le plancher de la bouche et près du palais, très petites et peu connues. Toutes sont des glandes en grappe, en forme de grappe de raisin où le pédoncule représente le canal excréteur principal, les petits rameaux les canaux secondaires, et où les grains représentent les *acini* ou culs de sac glandulaires pourvus de cellules sécrétoires. Toutes reçoivent des filets nerveux, et des vaisseaux sanguins importants. Les canaux sécréteurs sont pourvus d'une couche de fibres musculaires lisses ; les cellules des acini sont généralement grosses, et Heidenhain en a distingué deux sortes : les muqueuses, claires, et renfermant de la mucine, disposées en couche unique, et çà et là séparées des parois de l'acinus par de petites cellules en forme de croissant (croissants de Gianuzzi) sans mucine ; les cellules séreuses ou albumineuses, grosses et *granuleuses*. Ces dernières se rencontrent seules dans la parotide ; les premières se voient seules dans la sous-maxillaire de l'homme. D'où la subdivision en glandes muqueuse, séreuse et mixte, selon la présence exclusive de l'un ou l'autre élément, ou leur mélange dans une glande donnée.

Le liquide alcalin[1] mixte (600-1200 grammes par adulte et par jour) sécrété par l'ensemble de ces glandes porte le nom de salive. Celle-ci joue un rôle multiple : 1° Elle aide à la mastication, en *humectant* les aliments secs. Aussi est-elle très abondante chez les herbivores nourris de foin (de 40 à 60 *litres* par jour, chez le cheval et le bœuf) et fait-elle défaut par contre chez les poissons ; en humectant les aliments, elle en fait une masse plus cohérente, et le rôle mécanique est, pour quelques auteurs, le rôle principal de ce liquide ;

2° Elle exerce une action chimique, *digestive*, en dissolvant certains éléments contenus dans les aliments, ce qui en permet l'absorption ;

3° Elle sert d'*arme défensive*, par sa toxicité parfois considérable. Chez les serpents venimeux, ce rôle de la salive est en quelque sorte poussé à ses dernières limites. Nous voyons la mâchoire et les dents modifiées dans leur structure et leur fonctionnement pour favoriser l'utilisation des propriétés toxiques qui, de leur côté, sont extraordinairement intensifiées. Certaines dents sont canaliculées pour que la salive s'écoule aisément dans la plaie ; elles sont disposées de façon à ne devenir dangereuses qu'à la volonté de l'animal qui les redresse, et la salive, encore peu connue, détermine des accidents parfois très dangereux et mortels ; il se produit une douleur intolérable, le système musculaire s'affaiblit, le sang se désorganise, le venin provoque des hémorragies locales qui s'étendent ; en une minute parfois, l'homme

[1] Il peut devenir acide après les repas par fermentation lactique, et ce suc acide attaque les dents. D'où l'utilité de se laver les dents après chaque repas.

meurt, et il n'est pas d'année où, aux Indes, par exemple, il ne périsse des milliers d'hommes tués par les serpents. Le cas de la salive des serpents n'est point exceptionnel ; les fourmis, certaines araignées et scolopendres le présentent à un moindre degré d'intensité, et en réalité, la salive de tous les animaux est toxique, en raison des ptomaïnes ou diastases toxiques qu'elle renferme. Elle contient d'ailleurs de très nombreux microbes (Vignal en décrivait 19 espèces en 1887), dont les uns peuvent être utiles à la digestion, sans doute par leur action sur les aliments, mais dont beaucoup sont pathogènes et guettent en quelque sorte l'occasion propice pour pénétrer dans l'organisme. Il est à peine besoin de rappeler que la salive des rabiques est très toxique ; elle renferme sans doute le microbe de la rage ;

4° La salive joue un rôle *éliminatoire*. Beaucoup de substances s'éliminent par cette voie, l'iode, le brome, l'acide urique, les chlorates, certains poisons. Elle élimine aussi beaucoup d'eau, mais celle-ci peut rentrer dans l'organisme par l'estomac, chargée de principes alimentaires si la digestion est en cours ; la salive est donc une sécrétion excrémento-récrémentitielle.

La salive est surtout composée d'eau (995 p. 1000) ; mais il s'y joint quelques matières organiques (3-5) et inorganiques (1-5).

Les substances inorganiques sont des chlorures et des phosphates, surtout[1] ; il y a encore du sulfocyanure de potassium, de l'urée (1 p. 1000), de la graisse, de l'albumine et de la mucine, des gaz dissous (O, CO^2, et Az) et enfin une diastase, un ferment, qui est la *ptyaline* (découverte par Leuchs, 1831, et étudiée avec soin par Mialhe, 1838 et 1845). La ptyaline est une des nombreuses diastases de l'organisme, elle manque généralement chez le chien et le cheval, c'est une substance

[1] Frédéricq pense que les sels calcaires de la salive servent à réparer l'usure des dents consécutive à l'ingestion de substances acides, ou à la fermentation acide qui se produit souvent dans la bouche.

azotée ; la salive en renferme environ 1,12 p. 1000. Sa solubilité permet de lui appliquer aussi le nom de ferment soluble : c'est ainsi qu'on appelle un certain nombre de corps jouissant de la propriété d'opérer certaines transformations chimiques dans une mesure qui est tout à fait hors de proportion avec leur quantité. Comme certains d'entre eux, la ptyaline a son maximum d'action à 40 degrés, tandis qu'au-dessus et au-dessous elle agit moins, pour perdre toute aptitude diastasique à 60 degrés.

La ptyaline opère dans l'amidon, et dans les féculents en général, une *transformation* en dextrine, laquelle, en s'hydratant devient du *glycose*, si toutefois les phénomènes ne sont pas plus complexes. Cette *saccharification de l'amidon* est indispensable pour la digestion ; sans elle il ne pourrait être absorbé. Chacun peut se rendre compte de cette transfortion chimique en mâchant quelque peu longuement une bouchée de pain ; celui-ci finit par présenter une légère saveur sucrée due au glycose formé. Si l'on avait dans la bouche de l'amidon cru, le phénomène ne se produirait que beaucoup plus tard, la saccharification de l'amidon cuit étant très rapide, et celle de l'amidon cru très lente. En outre, les différents amidons se saccharifient dans un temps très variable selon leur provenance ; celui de la pomme de terre, par exemple, exige de 2 à 4 heures (cru) alors que celui du maïs se contente de 2 ou 3 minutes (Hammarsten) ; mais la pulvérisation de l'amidon semble avoir pour résultat que la saccharification se fait dans un temps uniforme pour les différentes espèces. La saccharification se fait dans un milieu neutre, ou alcalin ou même un peu acide, mais un excès d'alcali ou d'acide l'arrête.

On ne sait pas encore quelle action la ptyaline exerce sur le sucre de canne ; peut-être contribue-t-elle à le changer en glycose, pour qu'il devienne absorbable ? La ptyaline s'extrait aisément de la salive par l'alcool, ou encore, dans le procédé de Cohnheim, par l'acide phosphorique ordinaire, et la chaux. Et d'autre part, on peut reconnaitre et doser le sucre formé par la ptyaline aux dépens de l'amidon, au moyen de la liqueur de Fehling, ou encore par la fermentation (par l'addition de levure de bière). L'action chimique de la salive, en ce qui concerne l'amidon, est toute due à la présence de la ptyaline. Aussi le rôle chimique de ce liquide est-il très faible chez les animaux qui, comme les carnivores, sont presque privés de cet élément, alors que la salive des herbivores, très riche en ptyaline, est très saccharifiante. Cl. Bernard tendait à faire du rôle mécanique de la salive le rôle principal, l'action chimique étant regardée comme secondaire, puisqu'elle manque totalement chez certains animaux. En tous cas, on a certainement exagéré le rôle chimique de la salive dans la digestion. Nous avons signalé la présence du sulfocyanure de potassium découvert par Tréviranus et Longet; on ne sait quel rôle il peut bien jouer là. Il manque chez le chien et les herbivores.

Nous venons de considérer la salive mixte, celle qui s'écoule de la bouche, et qui, chez l'homme et le chien se produit en quantité variant de 800 à 1 500 centimètres cubes par jour. Considérons maintenant le liquide fourni par les différentes glandes individuellement, ce qui est facile en le recueillant au moyen d'une canule dans le conduit excréteur. Cl. Bernard a poussé fort loin cette étude des différentes salives, et voici les résultats qu'elle a donnés.

La salive *parotidienne*, très fluide et limpide, neutre dans l'abstinence, alcaline au moment des repas, et acide deux heures après ceux-ci (80-100 grammes par 24 heures) renferme la ptyaline et les différents éléments de la salive mixte, sauf la mucine. (Chez le chien un peu de mucine, pas de ptyaline, et la salive *cérébrale*, produite par excitation du glosso-pharyngien, est opalescente, au lieu de se prendre en gelée, par la chaleur, comme la salive produite par excitation du sympathique.) La salive *sublinguale*, peu étudiée chez l'homme, car on n'en peut obtenir qu'une petite quantité, est *très viqueuse* chez les animaux, *très alcaline*, très riche en principes fixes (presque 1 p. 10 parties) : c'est elle qui semble fournir le plus de ptyaline. La salive *sous-maxillaire*, enfin, limpide filante, renferme de la mucine, et les sels sont abondants quand on considère la salive sécrétée sous l'influence d'une excitation de la corde du tympan, et celle-ci ne renferme pas d'éléments morphologiques, au lieu que ces éléments abondent quand elle est due à l'excitation du sympathique[1].

A en juger par les conditions qui, à l'état normal, provoquent l'hypersécrétion d'une glande plutôt que d'une autre, on peut penser que la salive parotidienne est surtout utile à la mastication, ce sont les mouvements des mâchoires qui en déterminent l'afflux ; la salive sous-maxillaire est surtout provoquée par les saveurs, tandis que l'épaisse salive sublinguale doit surtout servir à agglomérer les aliments mastiqués et à donner de la cohésion au bol alimentaire.

Au point de vue de l'action chimique sur l'amidon, c'est la salive parotidienne qui est la plus active chez l'homme et les rongeurs, elle est peu active chez les ruminants et herbivores, inactive chez les carnivores.

Et pourtant c'est encore la salive *mixte* qui jouit de la plus grande activité, la salive mixte, prise dans la bouche, et non pas opérée par le mélange des salives partielles recueillies isolément. Les microorganismes de la bouche joueraient-ils un rôle encore inconnu ?

Sécrétion salivaire. — La production et l'excrétion de la salive ne sont ni un phénomène volontaire, ni un phénomène fatal et inconditionné. Elles sont toutes deux sous la dépendance du système nerveux, et l'étude de cette dépendance est une des plus intéressantes de la physiologie. Voici peu de temps seulement que le mécanisme de la sécrétion salivaire est connu, et nous ne sommes peut être pas à bout de nos découvertes sur ce point. Nous nous y arrêterons avec quelque détail en raison non seulement de l'intérêt propre de la question, mais de sa portée pour l'étude générale des mécanismes sécrétoires.

Considérons d'abord l'innervation de la glande *sous-maxillaire*. Elle reçoit ses nerfs de deux côtés différents : du ganglion sous-maxillaire, alimenté lui-même par le lingual, et

[1] Ces éléments abondent dans la sécrétion salivaire des *Collocalia* qui fournissent le nid d'hirondelle comestible. La soupe renommée des Chinois a pour base essentielle de la mucine des glandes salivaires.

la corde du tympan, et du grand sympathique. Voilà bien des nerfs ; mais quelle est leur fonction ? Si nous suivons l'ordre historique des découvertes, voici ce que nous relevons.

En 1851, Ludwig constate que la section du lingual, au-dessus du point où aboutissent les rameaux venant de la glande, arrête la sécrétion salivaire. Ceci se voit aisément, si l'on introduit une canule dans le canal de Wharton et compte les gouttes de salive, si l'on mesure la quantité de salive écoulée. La section du lingual *arrête* la sécrétion, et par contre son excitation (celle du bout périphérique, si le nerf est coupé) détermine une forte sécrétion. Donc *le lingual est excito-sécrétoire*. Il le semblerait : en réalité ce n'est pas le lingual qui est réellement en jeu ici, ce sont des fibres provenant d'un autre nerf, et ce nerf est la corde du tympan. La section et l'excitation de ce nerf, avant qu'il ne se joigne au lingual, déterminent exactement les effets observés lors de la section ou de l'excitation du lingual, après fusion avec la corde. C'est donc la *corde du tympan* qui est *excito-sécrétoire* (Cl. Bernard, 1852). Et, peu de temps après, Czermak montre que l'excitation du sympathique neutralise l'influence de l'excitation de la corde du tympan : le premier est donc considéré comme l'antagoniste de la dernière. Soit, mais en quoi consiste cette action des nerfs sur la sécrétion salivaire, quel en est le mécanisme ?

Cl. Bernard répond à cette question en 1858. Il excite la corde du tympan, et observe l'accroissement de l'écoulement salivaire, comme toujours; mais il a mis la glande elle-même à nu, et remarque que durant les intervalles de repos, de non-excitation, le sang qui en revient est noir et s'écoule lentement, tandis que durant l'excitation du nerf, les vaisseaux semblent avoir un calibre plus considérable, le cours du sang est plus rapide, et ce dernier de noir est devenu rouge. Et ceci s'observe aussi bien avec l'excitation réflexe qu'avec l'excitation directe de la corde. La salive qui s'écoule durant cette excitation est limpide et aqueuse ; la pression est fort accrue dans le canal de Wharton, et la salive présente une température plus élevée que celle du sang. Que signifie tout cela ? Cela signifie, dit Claude Bernard, que la corde du tympan stimule la sécrétion salivaire *indirectement*, au moyen de la *vaso-dilatation :* elle détermine une dilatation des vaisseaux, d'où circulation (quatre fois) plus rapide du sang qui reste rouge par cela même. A coup sûr l'interprétation est logique et plausible, mais elle est inexacte, bien que la section de la corde détermine les effets inverses, et bien que l'excitation du sympathique, qui arrête la sécrétion, diminue le calibre des vaisseaux (1858). Elle est inexacte, et c'est Ludwig qui le démontre. Il prouve que la corde du tympan, lorsqu'elle est excitée, produit deux actions distinctes et indépendantes : une action *sur les vaisseaux*, une autre sur les *éléments glandulaires.* En effet, empêchez le sang d'arriver à la glande, mécaniquement ou en opérant sur une tête décapitée : la sécrétion se produit quand même ; en effet encore, comment la simple vaso-dilatation pourrait-elle expliquer que la salive présente une température et une pression supérieures à celles du sang ? Conclusion : il y a dans la corde des filets excito-sécrétoires indépendants des vaso-dilatateurs, et s'il est vrai que le fonctionnement de l'appareil est optimum quand il y a à la fois abondance de sang et activité plus considérable des éléments glandulaires, il n'en est pas moins aisé de dissocier ces deux facteurs, et de montrer que chacun a son action propre et indépendante, ici en interrompant la circulation, ce qui n'empêche point l'action excito-sécrétoire de se produire ; là en paralysant les éléments glandulaires par des produits chimiques, ou les filets glandulaires par l'atropine (Heidenhain, 1872) ce qui n'empêche point la vaso-dilatation, lors de l'excitation de la corde. Donc la corde renferme des filets excito-sécrétoires allant à la glande, et des filets dilatateurs allant aux vaisseaux de celle-ci. Et nul doute n'est permis : la physiologie établit l'existence de ces dernières, et Pflüger joint la preuve anatomique à la démonstration physiologique de l'existence des premiers, en découvrant les terminaisons nerveuses des filets sécrétoires? Ce n'est pas tout, Heidenhain (1872), qui a montré que l'atropine paralyse les filets sécrétoires sans atteindre les filets dilatateurs, pousse plus loin l'analyse, il distingue deux catégories de filets sécrétoires : les uns qui agissent sur les cellules muqueuses et sont nommés trophiques ou *mucipares*, les autres, fibres *sécrétoires* simples, qui agissent sur les cellules albumineuses. Ajoutons une fois encore que toutes ces fibres vaso-dilatatrices, mucipares et sécrétoires, sont renfermées dans le même tronc nerveux, la corde du tympan : exciter celle-ci, c'est exciter toutes celles-là.

Tel est, pour la sous-maxillaire, le mécanisme de la sécrétion expérimentale en ce qui concerne la corde du tympan. On remarquera en passant que la *salive tympanique* (salive produite par l'excitation expérimentale de la corde) est claire, très alcaline, de densité faible, sans éléments figurés, sans sulfocyanure, un peu effervescente avec les acides. Il convient maintenant de voir comment les choses se passent à l'état physiologique. D'où vient l'excitation de la corde, en dehors de l'expérimentation? Quel en est le point de départ? C'est une sensation ou une idée. Il y a ici un réflexe très net. Nous aurons à parler plus loin des réflexes, qu'il nous suffise donc de dire ici que tout reflexe suppose trois éléments : une surface sensitive ou au moins un nerf sensitif, aboutissant à un centre (ganglion par exemple) où le mouvement moléculaire du nerf sensitif peut être dirigé dans une voie différente, dans un nerf efférent (moteur, sécrétoire, etc.) qui naît dans ce centre, et va produire une action qui varie selon la fonction même de ce nerf. Ces trois éléments forment l'*arc réflexe*. Nous possédons cet arc, dans le cas présent. L'élément sensitif est représenté par une excitation des nerfs du goût, de l'olfaction, de la muqueuse buccale, de l'estomac, de la vue (la simple idée des aliments peut faire partir une excitation sensitive du cerveau; la vue ou le souvenir d'un aliment « fait venir l'eau à la bouche »); il semble même que beaucoup d'autres nerfs sensitifs peuvent retentir sur la salivation (moelle, Bochefontaine; sciatique, etc.). Le centre est représenté par différentes parties du système nerveux : par le ganglion sous-maxillaire d'après Cl. Bernard (et Wertheimer, 1890), par un centre encore mal localisé dans la moelle allongée (Cl. Bernard), et un autre dans le cerveau, assez problématique (Beaunis). Enfin le nerf efférent n'est autre que la corde du tympan du nerf facial. Selon le cas, l'impulsion sensitive naît en un point ou un autre : ici c'est une simple idée, un souvenir, là c'est une saveur, ailleurs une odeur, un mouvement buccal, une sensation d'origine alimentaire (nausée, arrivée des aliments dans l'estomac) ; elle se réfléchit en des points divers (ganglion sous-maxillaire, bulbe, cerveau ?) mais toujours elle agit, elle excite par un même nerf, la corde, et toujours à l'état normal la salivation est due à une excitation réfléchie, à un reflexe.

Considérons maintenant l'influence du sympathique sur la salivation : nous avons vu en effet que la glande sous-maxillaire reçoit des filets de ce nerf. Quelle est leur action ?

Czermak excite ces filets, et voilà les vaisseaux qui se rétrécissent (*vaso-constriction*) et leur sang qui de rouge devient noir, mais la glande se met à sécréter pour un moment, puis la sécrétion s'arrête. C'est l'effet opposé à celui de l'excitation de la corde. Et de même que la section de la corde détermine la cessation ou le contraire des effets de son excitation, la section des filets sympathiques détermine l'action inverse de celle de leur excitation. Pourtant ceux-ci renferment quelques filets excito-sécrétoires, et surtout des filets mucipares (Heidenhain), et dans ce cas comme dans celui de la corde, les filets sécrétoires sont indépendants des filets vaso-contricteurs. Nous n'insisterons pas davantage sur le rôle du sympathique. Il est fort obscur encore, et si Kühne en fait l'antagoniste de la corde, Heidenhain leur attribue à tous deux une même action, mais différente en degré. Quoi qu'il en soit, la salive ainsi sécrétée sous l'influence de l'excitation du sympathique est filante, visqueuse, très opaque, elle renferme beaucoup d'éléments morphologiques et beaucoup de principes solides; très alcaline, elle contient beaucoup de mucine, et sa sécrétion est de *très courte durée*, malgré la prolongation de l'excitation. On donne à cette salive, ainsi produite, le nom de *salive sympathique*. La *salive paralytique* est celle qui se produit après section de la corde (2 ou 3 jours après) du même côté, et aussi, chose singulière, après section de la corde du côté opposé seul. Elle s'écoule d'une façon continue, pour ne s'arrêter que lors de la dégénérescence des nerfs sectionnés. Langley l'attribue à une excitation plus grande du centre cérébral.

Les faits qui précèdent s'appliquent aussi à la sécrétion de la *glande sublinguale*.

Pour la *parotide*, nous serons brefs, ayant insisté longuement sur les phénomènes de la sous-maxillaire. Cette glande ne renferme *pas de cellules muqueuses*, avons-nous dit. Ici encore nous avons deux catégories de nerfs, vaso-moteurs et glandulaires :

Vaso-constricteurs fournis par le sympathique;

Vaso-dilatateurs fournis par le glosso-pharyngien.

Nerfs glandulaires cérébraux, venant du facial et peut-être du glosso-pharyngien par le petit pétreux superficiel, excito-sécrétoires (*salive cérébrale*).

Nerfs glandulaires sympathiques, excito-secrétoires mucipares (Heidenhain). Ces derniers sont niés par quelques auteurs.

D'une façon générale on a ici les mêmes catégories de nerfs que dans le cas de la sous-maxillaire ; mais la question demeure obscure, bien qu'il soit clair que les effets sécrétoires et vasculaires sont indépendants[1].

Dans l'excitation normale, il y a ici encore un réflexe : les fibres sensitives sont celles du trijumeau et du glosso-pharyngien à coup sûr, peut-être aussi du pneumogastrique et du sympathique; les

[1] Moussu a récemment décrit des nerfs excito-sécrétoires de la parotide chez le cheval, le mouton et le porc : ils naitraient tous de la racine motrice du trijumeau.

centres sont les mêmes que pour la sous-maxillaire, et les voies centrifuges sont le nerf de Jacobson, et le petit pétreux superficiel.

Ayant considéré l'influence des nerfs sur la sécrétion salivaire, voyons maintenant ce qui se passe dans l'intimité des organes salivaires eux-mêmes lors de la sécrétion. Deux mots d'abord pour rappeler la structure histologique de ceux-ci. Ce sont des glandes en grappe, à lobules réunis en lobes, et subdivisés en acini, le tout étant relié par une trame conjonctive. Les acini ou alvéoles sont entourés de capillaires, et leurs parois sont tapissées de cellules sécrétantes spéciales. Dans la parotide surtout, on trouve les *cellules albumineuses* ou *séreuses* de Heidenhain, en couche simple, remplissant totalement l'acinus et ne laissant guère de cavité centrale appréciable. Leur contenu est granuleux au repos, mais durant l'activité il s'éclaircit, par élimination des granules (Langley ?). Les glandes *muqueuses* (glande sous-maxillaire, par exemple) renferment dans les acini deux sortes de cellules : de grosses cellules claires à noyau et, ici et là, entre elles et la membrane de l'acinus, de petites cellules granuleuses (lunules ou croissants de Gianuzzi). Le contenu des grosses cellules est du *mucigène* qui se forme et s'accumule durant le repos et s'élimine en devenant mucine, durant la sécrétion. On ne sait si le contenu filtre simplement au dehors (glandes mérocrines de Ranvier) ou si les cellules se détruisent complètement (Heidenhain). Dans la première hypothèse, les croissants serviraient à produire la ptyaline et la salive proprement dite ; dans la seconde, ils se multiplieraient pour reproduire les cellules détruites. De toute façon il y a une fonte des éléments épithéliaux, ou une exsudation de leur contenu, et production dans certaines cellules de substances qui n'existent point dans le sang, production de ptyaline et de mucigène. Ce contenu remplit la cavité — virtuelle le plus souvent — de l'acinus, s'engage par la *vis à tergo* dans le conduit excréteur, et en vertu de sa pression (qui va jusqu'à 250 millimètres de mercure dans le canal de Wharton, mais n'atteint pas 200 millimètres dans le canal de Sténon) vient 'aillir ou sourdre au dehors, à la surface de la muqueuse buccale.

Les glandes salivaires ne sont pas excitables directement (sauf peut-être la parotide ?) : il faut une excitation indirecte par les nerfs. Et même dans des cas où il semblerait qu'il y eût excitation directe des cellules glandulaires, les faits indiquent que l'excitation porte en réalité sur les nerfs. C'est ce que prouve l'étude de l'action de la pilocarpine (jaborandi), la muscarine, la nicotine et quelques autres substances stimulant très fortement la sécrétion salivaire, et Vulpian a montré que l'excitation porte sur les terminaisons nerveuses du nerf sécrétoire dans les glandes, puisqu'elle est efficace même après section de ce dernier. Par contre, d'autres substances semblent paralyser ces terminaisons : l'atropine et la daturine, par exemple, qui injectées dans le sang viennent paralyser ces terminaisons et empêcher toute sécrétion salivaire, tout en n'exerçant aucune action sur les vaso-moteurs. On appelle *sialagogues* les substances qui provoquent la salivation ; elles agissent réflexement, en irritant les nerfs sensitifs de la bouche, comme les substancesà saveur forte, le mercure, etc. ; le *ptyalisme* (salivation exagérée) peut encore être amené par des irritations locales (lésions buccales, mal aux dents, névralgies) ou par des agents éloignés : la nausée, la grossesse, la rage, des excitations expérimentales lointaines, comme celle du sciatique (Gley), etc. ; d'autres substances agissent directement, comme le jaborandi. Par contre, les opiacés, la physostigmine, et les émotions sont *antisialiques :* la sécrétion est supprimée par voie réflexe (opiacés), ou directe (atropine). (N'oublions pas que l'action n'est pas réellement directe : elle porte sur les terminaisons nerveuses et non sur les éléments glandulaires.) On peut donc considérer l'atropine et la pilocarpine comme antagonistes, en ce qui concerne la sécrétion salivaire, comme elles le sont pour les sécrétions sudorale et mammaire. C'est là un fait utile à connaître dans les applications thérapeutiques. Notons que l'action de la pilocarpine est pourtant de moindre importance que celle de l'électrisation de la corde, car Langley a vu que cette dernière, durant la pilocarpinisation de la glande, ne provoque point d'écoulement plus notable que dans les cas où il n'y a pas de pilocarpine.

A l'état normal la sécrétion salivaire se fait de façon continue, de façon à entretenir l'humidité des muqueuses des premières voies digestives; elle se fait de façon réflexe, sans que la volonté y puisse rien, autrement qu'en suscitant une image mentale capable d'exciter la sécrétion réflexe (idée d'un mets préféré, etc.).

Une fois la mastication des aliments solides accomplie, une fois qu'ils ont été bien insalivés et réduits en une pâte plus ou moins fluide, il s'agit de les faire passer dans l'estomac. C'est alors que commence la déglutition.

Déglutition. — Haller désignait cette opération comme *difficillima particula physiologiæ*, et en vérité c'est un acte des plus compliqués. A dire vrai, c'est une série d'actes, en partie réflexes, et dont la coordination exige la mise en jeu d'excitations et de mouvements nombreux : il est juste de dire qu'on n'est arrivé à se faire quelque idée de ces actes qu'à la suite des recherches variées et nombreuses commençant avec Ferrein en 1741, et finissant en 1874, avec Arloing qui a donné un bon résumé des résultats acquis par lui et par ses devanciers. On divise communément la déglutition en trois temps : buccal, pharyngien, et œsophagien; mais à ce compte il manque un temps à la déglutition des liquides, le temps buccal, celui qui correspond à l'arrangement du bol alimentaire sur le dos de la langue. Aussi considérons-nous, avec Arloing, qu'il y a deux temps dans la déglutition, la formation du bol constituant la fin de la mastication qui se termine par la réunion des substances triturées sur le dos de la langue; la déglutition commencera donc au moment où le dos de la langue s'applique contre la voûte palatine, et elle comprendra deux temps : le temps bucco-pharyngien (ascension du larynx et passage du bol du fond de la bouche à l'entrée de l'œsophage) ; et le temps œsophagien (chute du larynx, et transport du bol du haut de l'œsophage jusque dans l'estomac). On a souvent voulu établir une distinction entre la déglutition des liquides et celle des solides, mais cela est inutile : les phénomènes sont les mêmes pour une goutte de salive, une gorgée de liquide ou un morceau de viande ; il n'y a de différence réelle qu'entre le cas où les gorgées sont successives et presque ininterrompues, et celui où elles sont tout à fait isolées ; mais nous signalerons ces différences.

Temps bucco-pharyngien. — Considérons le premier temps, et une gorgée isolée. Les aliments — pain et viande si l'on veut — viennent d'être mâchés, et la bouillie qui en résulte est placée sur le dos de la langue. La déglutition de ce bol s'annonce par un temps d'arrêt dans la mastication, et un *rapprochement des mâchoires* sans lequel — chacun peut l'essayer sur lui-même — la déglutition est difficile ; il s'y joint l'*application de la langue contre la voûte palatine.*

Le rapprochement des mâchoires s'effectue facilement, si le bol est gros, en ce sens qu'il suffit d'un rapprochement peu considérable ; mais s'il est petit, les masséters et temporaux se contractent, et ils se contractent d'autant plus que le bol est plus petit : chacun sait que pour avaler une pilule, il faut fermer la bouche avec force. A quoi sert cette contraction des muscles de la mâchoire ? A deux choses : d'abord à fixer le maxillaire inférieur de façon à fournir un point d'appui fixe aux muscles élévateurs du larynx ; puis à faciliter l'application de la langue contre la voûte palatine, c'est-à-dire à fermer la cavité bucco-pharyngienne. Etant ainsi poussé d'avant en arrière, ne pouvant s'échapper en avant, le bol glisse en arrière, et à ce moment la volonté perd tout contrôle sur les phénomènes ; on ne peut arrêter la déglutition une fois commencée, et le bol part. Mais pour le diriger dans la bonne voie, il est besoin de beaucoup de mouvements complexes et coordonnés. Quels sont ces mouvements ? Comment le bol passe-t-il de l'isthme du gosier dans le pharynx ?

Le *pharynx* s'élève en même temps que le *larynx ;* il s'élève et se contracte à la fois, il s'élève pour aller à la rencontre du bol, il se contracte pour le saisir, une fois à portée. L'élévation se fait à la fois par la contraction des muscles propres de celui-ci, et par suite de l'ascension du larynx, facilitée comme nous l'avons vu par la fermeture de la bouche, c'est-à-dire par la fixation du maxillaire inférieur. L'élévation du larynx se fait en deux temps : elle est d'abord faible et lente, puis le larynx s'élève brusquement, et vient se loger dans la fourche hyoïdienne, sous la base de la langue qui est gonflée, et rejetée en arrière. Quant à la contraction du pharynx, elle est très rapide : le bol arrivé à l'orifice du pharynx est entraîné par celui-ci ; le pharynx se contracte de haut en bas et entraîne le bol. Mais pourquoi le bol va-t-il plutôt vers le pharynx que vers les fosses nasales ou le larynx : ne peut-il donc pas passer dans l'une ou l'autre de ces voies ? Non, il ne le peut pas ; toutes deux sont obstruées.

L'*occlusion des fosses nasales* a fait le sujet de nombreuses discussions. Pour les uns, les piliers postérieurs du voile se contractent (Gerdy, Dzondi) et se rapprochent. Les fibres formeraient en quelque sorte un sphincter elliptique, et de la contraction de celles-ci résulterait la formation d'une sorte de cloison formée par l'avancement jusque sur la ligne médiane des deux piliers qui se tendent en formant deux rideaux arrivant au contact l'un de l'autre en bas, au contact de la luette en haut. Ces deux rideaux, complétés par un troisième petit rideau triangulaire qui est la luette, fermeraient la voie vers les fosses nasales, et formeraient une cloison empêchant le passage vers celles-ci et continuant la voûte palatine : l'occlusion serait complète et hermétique comme le pense Laborde d'après de récentes expériences (*Société de Biologie*, 1886). Pour d'autres (Arloing en particulier), ce n'est point ainsi qu'il faut comprendre la fonction du voile du palais. Il y a bien une contraction des piliers postérieurs, mais le voile se soulève (par la contraction des péristaphylins externes) et bascule vers le haut, car il imprime un mouvement à un stylet introduit dans l'arrière-bouche par les fosses nasales (Debrou), il se place horizontalement et s'appuie sur la paroi postérieure du pharynx, en déterminant une augmentation de pression dans les fosses nasales (Carlet). Cette manière de voir est appuyée par Maissiat, Debrou, Menière, Bidder, Kobelt, Maisonneuve et par les recherches graphiques d'Arloing. On remarquera toutefois que la privation du voile du palais, ou ses lésions, ne troublent pas trop la déglutition qui continue à s'effectuer : il est utile, mais non indispensable.

Le bol alimentaire ne tend donc guère à pénétrer dans les fosses nasales, même en l'absence du voile du palais.

Maintenant, pourquoi ne pénètre-t-il pas dans le larynx? Il y a à cela trois raisons. Il n'y pénètre pas parce que le gonflement de la langue, qui augmente à mesure que la déglutition pharyngienne est plus près de sa fin, couvre de plus en plus le larynx qui, en s'élevant, s'est pour ainsi dire niché sous la langue ; parce que l'épiglotte par cela même est rabattue sur le larynx, passivement ; enfin, parce que la glotte se ferme d'abord passivement, puis activement. A la vérité, il y a là un luxe de précaution presque surabondant. L'accolement de l'orifice du larynx contre la base de la langue est le phénomène essentiel ; c'est le principal mode de protection des voies respiratoires : il est dû à l'élévation du larynx tout autant qu'à l'épaississement de la langue. Le rabattement de l'épiglotte qui, à l'état normal, est dressée et laisse libre les voies aériennes, peut être totalement passif, il est la conséquence nécessaire du double mouvement du larynx et de la langue ; peut-être d'ailleurs, les muscles propres de l'épiglotte concourent-ils aussi à ce rabattement. Mais, il faut bien le dire, le rôle de l'épiglotte est d'ordre secondaire. Longet a excisé l'épiglotte sur le chien sans gêner la déglutition des solides (il est vrai que celle des liquides était légèrement troublée).

Comme la déglutition d'un bol imprégné d'encre laisse une tache noire sur la face antérieure de l'épiglotte (Guinier), il faut bien admettre que celle-ci protège l'entrée du larynx, mais d'autre part, on a remarqué que, chez l'homme, les lésions de l'épiglotte n'entraînent de troubles de la déglutition que d'une façon irrégulière (ce qui peut s'expliquer par la variabilité des lésions) et que chez un même animal, une lésion de l'épiglotte détermine ou ne détermine pas des troubles, selon les cas. Chez l'animal, il y a des troubles quand la déglutition est dérangée par quelque circonstance extérieure : Schiff a fait voir en effet que si l'animal, après avoir bu du liquide, ne peut se lécher, ou déglutir une fois ou deux tranquillement, il se produit de la toux, parce que les gouttes qui restent sur la langue après toute déglutition, n'étant pas dégluties par un nouveau mouvement ou enlevées par l'acte de lécher, tombent dans le larynx. Mais le chien privé d'épiglotte, et qui boit tranquillement, sans agitation quelconque, ne présente aucun trouble. On en peut conclure que l'épiglotte, très utile dans la déglutition, ne lui est pas indispensable. Enfin l'occlusion de la glotte, comme l'a montré Longet, est due à ce que le cartilage thyroïde est plié par la contraction du sphincter du pharynx, ce qui lui a permis de conclure que dans la déglutition les mouvements de la glotte sont dus à d'autres agents que ceux qui interviennent dans les mouvements phonateurs et respiratoires. On conçoit donc que la glotte puisse fonctionner normalement dans un cas et non dans l'autre, car l'énoncé de Longet a été complété par Cl. Bernard qui a montré que la glotte obéit au *spinal* dans la *déglutition*, et au *vague* dans les *mouvements respiratoires*. L'occlusion de la glotte est une précaution supplémentaire, car à la vérité, à l'état normal il n'y a contact d'aucune goutte d'eau ou parcelle alimentaire ; elle semble être complète (Magendie, Ludwig, Arloing) car la respiration est absolument suspendue, mais elle n'est pas indispensable, car la déglutition se fait encore si les cordes vocales sont maintenues écartées artificiellement (Longet). Elle est utile toutefois ; si une parcelle venait à s'engager dans le larynx, elle serait aussitôt expulsée par la toux, au lieu de s'engager dans la trachée. Les phénomènes dont il vient d'être parlé (occlusion de la glotte et rabattement de l'épiglotte) ne sont pas les seuls que l'on observe du côté des voies respiratoires. Il se passe encore une aspiration thoraco-diaphragmatique : le diaphragme se contracte, d'où une diminution de pression dans l'appareil trachéo-bronchique, et dans l'arrière-bouche (qui ne communique plus avec l'extérieur) : le bol alimentaire est aspiré, et cette même aspiration aide à l'occlusion de la glotte; du reste l'élévation du larynx a légèrement dilaté l'origine de l'œsophage, ce qui facilite encore le passage du bol. Celui-ci passe donc dans l'œsophage, et à partir de ce moment, le larynx retombe et s'ouvre, l'épiglotte se redresse, le pharynx reprend ses dimensions, et le voile du palais se relâche et quitte la paroi postérieure de l'arrière-bouche ; le tout se fait *brusquement*, comme par une détente. L'air se précipite vers l'arrière-bouche, comme cela se voit sur les graphiques.

Dans le cas où les déglutitions sont successives, associées (boisson), il y a des modifications sensibles. Les mâchoires demeurent dans un état d'écartement moyen qui s'accroît à l'introduction de chaque gorgée dans la bouche ; le larynx ne s'élève pas aussi haut que dans le cas de déglutitions isolées, et il subit autour de la position moyenne prise de petites oscillations ascendantes et descendantes : il n'y a pas de détente complète des organes qui oscillent autour d'une position moyenne : c'est là la principale différence. En résumé, le bol alimentaire comprimé par le dos de la langue contre la voûte palatine, ne peut s'échapper en avant, étant complètement séparé de la bouche par la langue ; il ne peut s'échapper en haut vers les fosses nasales, en raison du relèvement du voile du palais ; il ne peut passer dans le larynx couvert par la base de la langue, et où l'épiglotte s'est rabattue, tandis que la glotte s'est fermée ; il est saisi par le pharynx et entraîné à l'orifice de l'œsophage, ne pouvant revenir en arrière d'ailleurs, en raison de la contraction des piliers antérieurs qui se rapprochent et le séparent de la bouche.

Temps œsophagien. — Le bol alimentaire, saisi par l'œsophage traverse celui-ci sous l'influence des contractions des fibres qui composent ses parois ; il est refoulé peu à peu vers l'estomac par la contraction des fibres circulaires, tout comme on fait progresser une bille dans un gros tube de caoutchouc, en pressant le caoutchouc au-dessus de la bille, avec cette différence que la pression, au lieu de venir du dehors, est exercée par le tube œsophagien lui-même. La pesanteur ne joue aucun rôle dans ce passage du bol par l'œsophage : on avale parfaitement bien, la tête en bas. Ce passage se fait plus ou moins vite. Un bol petit ou liquide passera en un dixième de seconde, mais un bol volumineux ou solide passe avec plus de lenteur, s'arrêtant même de temps à autre, la contraction péristaltique qui le poussait, le dépassant sans le pousser, jusqu'à ce qu'une contraction plus forte arrive à l'entraîner. La vitesse avec laquelle le bol se rend du pharynx à l'estomac varie donc, non seulement selon les espèces, car l'œsophage possède chez les unes des muscles striés, rapides, chez d'autres des muscles lisses, lents, et chez d'autres encore un mélange des deux (comme chez l'homme, où la partie inférieure se comporte comme un muscle lisse), mais selon la nature du bol. Chez l'homme, la contraction totale de l'œsophage exige six secondes environ (Kronecker). Virchow avait pensé à la suite d'observations cliniques, que la déglutition œsophagienne se fait non pas tout d'un trait, mais en trois temps, en trois poussées, avec trois temps d'arrêt. Toutefois, des recherches plus récentes n'ont pas confirmé cette manière de voir. Sans doute, il y a un léger temps d'arrêt en arrière du cardia : Ranvier a vu que le bol s'y arrête un moment (de 5 à 20 secondes, dit-il, ce qui est beaucoup, et il donne à cet arrêt le nom de *temps cardiaque* de la déglutition), le cardia n'étant pas ouvert à l'état normal, étant fermé par un sphincter puissant qui ne s'ouvre que sous l'influence de la poussée imprimée au bol par les contractions œsophagiennes ; mais Kronecker et Meltzer (1880) n'ont pas pu constater le temps dont il a été parlé, et d'après eux le bol passe tout droit, sans arrêt, tout d'un trait. C'est ainsi qu'une gorgée d'eau arrive en moins d'un dixième de seconde à l'estomac. D'après Kronecker, la contraction de l'œsophage commence une demi-seconde après le début de la déglutition, et dure deux ou trois secondes dans la partie cervicale ; dans la partie moyenne, elle débute après trois secondes, et en dure de six à huit ; dans la portion inférieure, elle débute après six secondes et en dure de dix à douze. La force des contractions de l'œsophage varie selon les espèces. Mosso a vu l'œsophage entraîner un bol artificiel (bille de bois) retenu par un poids de 500 grammes environ : mais chez l'homme, les contractions œsophagiennes semblent ne pouvoir faire équilibre qu'à une force sensiblement inférieure : 15 grammes d'après Lannegrace. Peut-être conviendrait-il, toutefois, de vérifier ce dernier résultat. L'œsophage est actif dans les déglutitions isolées, mais on remarquera que dans les déglutitions du liquide (déglutitions successives et associées), il se comporte comme un tube inerte pendant un certain temps ; chaque gorgée pousse l'autre, comme dans un tube rigide ou non contractile, et ce n'est qu'après la dernière gorgée que l'œsophage se contracte et que ses fibres circulaires agissent. Il se contracte bien durant la déglutition associée ; mais ses fibres longitudinales seules se contractent, et c'est là la cause de la béance de l'œsophage et de la vitesse avec laquelle les bols arrivent à l'estomac.

Remarquons encore trois points : l'impossibilité de déglutir à vide, sans une parcelle ou une goutte quelconque : il semble (Magendie et Gosse) que l'on puisse avaler de l'air (mais pourrait-on avaler de l'air sans une goutte de salive par exemple ?) ; le fait que toute déglutition est généralement suivie d'une *déglutition secondaire* qui chasse les parcelles ou gouttes qui ont pu rester attachées à l'œsophage ; les bruits qui se produisent lors de la déglutition, au moment où le bol entre dans l'œsophage et où il franchit le cardia. Chacun sait que la déglutition agit sur l'audition. Bouchez les narines et avalez un peu de salive, l'ouïe devient plus dure parce qu'il y a raréfaction de l'air qui se transmet à la caisse, la trompe d'Eustache étant ouverte par la contraction des fibres du péristaphylin externe : mais une nouvelle déglutition, à narines ouvertes, rétablit les choses en l'état, parce que l'équilibre de pression est ramené en mettant la caisse en communication avec l'air extérieur, lors de la seconde ouverture de la trompe.

L'*innervation* de la déglutition est compliquée. Celle-ci consistant en une série de réflexes nombreux, il y a beaucoup de voies afférentes et efférentes. Les nerfs moteurs sont le glosso-pharyngien qui innerve les stylo-pharyngiens et le constricteur supérieur, et dont l'excitation (Biffi et Merganti) détermine les mouvements de ces muscles; l'hypoglosse qui innerve la langue; le trijumeau (muscle masticateur, subhyoïdien, etc.); le facial et le pneumogastrique. Ce dernier joue un rôle important. Chauveau et Vulpian ont vu que tous les muscles du pharynx se contractent quand on excite les racines de ce nerf, et Chauveau a constaté que le faisceau supérieur anime surtout le constricteur inférieur, le faisceau inférieur anime le constricteur supérieur, et le faisceau moyen, le constricteur moyen. Ceci prouve que l'influence exercée par le vague lui est propre, et n'est pas dû à des filets venant du spinal. Pourtant l'arrachement du spinal (Cl. Bernard, Chauveau, Vulpian) produit une certaine gène dans la déglutition due au fait que le spinal innerve le constricteur supérieur du pharynx. Le vague joue encore un rôle marqué dans la déglutition, en assurant la régularité du premier temps de celle-ci par ses rameaux laryngés : le laryngé supérieur innerve le crico-thyroïdien (et il possède des fibres motrices aussi bien que sensitives); le laryngé inférieur, surtout moteur, (par des filets venus du spinal) a son action liée à celle du larynx supérieur. Les voies afférentes ou sensitives sont le trijumeau (voile du palais), le glosso pharyngien (langue et pharynx) et le vague, nerf mixte dès son origine (Chauveau, Cl. Bernard, Valentin) qui agit par ses rameaux pharyngiens et les nerfs laryngés, et par ses rameaux œsophagiens.

Voilà donc le bol alimentaire transféré de la bouche dans l'œsophage, puis dans l'estomac. Il nous faut considérer maintenant les phénomènes dont ce dernier est le siège.

Digestion stomacale. — L'estomac est un sac composé d'une tunique musculo-cellulaire, tapissé sur sa face interne par une muqueuse très riche en glandes qui s'ouvrent toutes dans la cavité centrale et où s'opère le contact entre les aliments et le suc gastrique. C'est un organe très intéressant à étudier dans la série des animaux, par les complications graduelles qu'il subit. L'armature musculaire est très développée dans la classe des crustacés, où son action est facilitée par la présence de plaques calcaires servant au broiement des aliments. C'est qu'en effet l'estomac est à la fois un organe musculaire et sécrétoire. Là où les aliments sont préalablement soumis à la mastication, au broiement, le rôle musculaire de l'estomac est faible, et cet organe est surtout glandulaire : tel est le cas pour les carnassiers et l'homme. Mais chez les animaux dépourvus de dents, ou à dents faiblement masticatoires, l'estomac remplace ces organes, et opère l'attrition des aliments. Tel est le cas pour les poissons dont les dents sont préhensiles et non masticatrices, et qui avalent leur proie entière sans la fragmenter ; pour les crustacés dépourvus de dents véritables ; pour les oiseaux également anodontes — chez eux l'estomac se subdivise en deux parties, l'une broyeuse, le gésier, où ils introduisent de petites pierres qui facilitent l'action des muscles et jouent le rôle des pièces calcaires des crustacés, l'autre sécrétoire ; — chez les herbivores et l'homme, les traces persistent de cette division anatomique et physiologique du travail gastrique ; une partie de l'estomac est plus riche en muscles, c'est le pylore ; l'autre, plus riche en glandes, c'est la région du cardia. Le rôle physiologique de l'estomac consiste à réduire les aliments en une *bouillie*, voilà pour le rôle mécanique ; en une bouillie *assimilable*, voilà pour le rôle chimique. Tant que les aliments ne sont pas arrivés à l'état voulu de dissociation mécanique, ils restent dans l'estomac qui les agite doucement pour mieux les désagréger et pour en faciliter le mélange avec le suc gastrique. Le pylore est fort étroit, et ne peut donner passage qu'à une substance semi-liquide : cela est surtout net chez les poissons dont le détroit pylorique est très étroit.

Les glandes stomacales, dont on évalue le nombre à 5 millions environ pour l'homme, sont des glandes en tube composées, qui s'ouvrent toutes dans la cavité de l'estomac. On pourrait en considérer l'ensemble comme une glande unique, formée d'une infinité d'éléments sécréteurs, s'ouvrant tous dans un diverticule renflé du tube alimentaire. Les unes, *glandes muqueuses*, n'ont dans la digestion qu'un rôle mécanique secondaire. Elles sont localisées dans la région du pylore, et produisent du *mucus* de façon continue. Les glandes *pepsifères,* plus abondantes dans la région du cardia, bien qu'on les rencontre dans l'épaisseur de toute la muqueuse stomacale, seraient formées d'une couche unique de cellules prismatiques, claires (cellules *principales* ou *adélomorphes*) ; mais çà et là, entre ces cellules et la membrane qui les supporte, il existe des cellules plus petites, fortement granuleuses ; ces dernières (*bordantes* ou *délomorphes*) fourniraient un *acide* (chlorhydrique), et les *principales* sécréteraient de la *pepsine* (Heidenhain). Le liquide ainsi secrété est le *suc gastrique.* Il existe différents procédés pour le recueillir et l'étudier. Réaumur ouvrit la voie en 1720 : il introduisit dans l'estomac des tubes percés de petits trous et contenant de la viande, et montra que l'action de l'estomac sur celle-ci ne saurait être purement mécanique, puisque cette action persiste là où les phénomènes mécaniques sont impossibles.

En 1785, Spallanzani réalisa les premières digestions artificielles au moyen de suc gastrique ramené de l'estomac par des éponges attachées au bout de ficelles. En 1843, Blondlot imagina de créer des fistules gastriques artificielles ; Bassow fit de même, indépendamment, tous deux étant stimulés par le résultat des expériences de Beaumont, expériences qui datent de 1834, et qui portèrent sur un Canadien atteint de fistule gastrique, grâce à l'infirmité duquel d'importantes recherches purent être faites. Cette fistule d'origine pathologique donna naturellement l'idée d'en créer expérimentalement chez l'animal : Cl. Bernard, et à sa suite beaucoup d'autres physiologistes, pratiqua donc des fistules gastriques chez le chien, etc. Cette méthode est excellente ; il va sans dire que les fistules opératoires ou naturelles sont très utiles aussi, surtout quand elles se rencontrent chez l'homme comme le prouvent les recherches de Beaumont d'abord, puis les observations plus récentes faites par Ch. Richet (1876) et par Herzen, sur deux sujets présentant cet accident pathologique. Les fistules artificielles doivent se pratiquer plutôt sur des carnivores, le chien de berger surtout. On peut encore se servir d'un suc gastrique obtenu par infusion d'un estomac frais (porc plutôt que bœuf) ; le suc se dissout dans l'eau à laquelle on le reprend aisément (méthode d'Eberlé). Enfin on peut utiliser la faculté que possèdent différentes personnes de régurgiter à volonté leurs aliments (rumination ou mérycisme) ; mais on a ainsi le mélange du suc gastrique et des aliments : mieux vaut employer la sonde et la pompe stomacale pour entraîner le suc gastrique préalablement dilué par absorption d'eau.

Suc gastrique. — La composition du suc gastrique, qui forme un liquide *incolore*, ou jaunâtre d'odeur fade, fortement *acide*, de saveur aigrelette et saline (D = 1.003 — 1.010) est la suivante :

98 00	eau,
1 00	matériaux solides,
0 40	matières organiques,
0 60	matières minérales.
100 00.	

Parmi ces éléments nous avons un acide, l'*acide chlorhydrique* (1-2 p. 1000) et des ferments solubles, la *pepsine* (3 p. 1000) et la *présure* (*lab*, ou *pexine*). Ces trois éléments sont ceux qui nous intéressent le plus de beaucoup. Notons en passant que la quantité d'acide varie beaucoup, étant faible durant le jeûne (0gr.,5 par litre de suc) plus abondante durant la digestion (1gr.,25 à 2gr.,5).

Il a été beaucoup discuté sur la nature de l'acide du suc gastrique. Est-il libre ou combiné ? Est-ce l'acide lactique ou l'acide chlorhydrique ? Voici les théories. 1° l'*acide est libre, et c'est de l'acide chlorhydrique* (Braconnot). Les auteurs qui adoptent cette théorie se basent sur les faits suivants : Prout, par distillation du suc gastrique, obtient de l'acide chlorhydrique. Schmidt, dosant le chlore des chlorures et le chlore total du suc gastrique, trouve un excès de chlore qui ne peut être saturé par les bases, et qui par conséquent doit exister sous forme libre (acide chloré). Même résultat si l'on dose les bases à l'état de sulfate (C. Richet). Rabuteau sature le suc gastrique de quinine ; il se forme du chlorhydrate de quinine. Richet, se basant sur le fait que dans une solution d'eau, d'un acide et d'éther, ce dernier s'empare des acides minéraux et des acides organiques dans des proportions différentes, mais constantes (*coefficient de partage*, de Berthelot), et que le coefficient est très élevé pour les acides minéraux que l'éther enlève à peine, alors qu'il est très faible pour les acides organiques, mélange de l'éther et du suc gastrique, et peut reconnaître sans peine si l'acide est minéral ou organique : il est minéral mais n'est probablement pas libre ; 2° l'*acide est libre et c'est de l'acide lactique*. Cette opinion a été vivement défendue par Laborde, mais on a beaucoup critiqué ses méthodes. Du reste, l'existence de l'acide lactique dans le suc gastrique n'est pas chose discutable, il s'y trouve fréquemment, avec d'autres acides organiques ; il s'y développe quand on abandonne le suc à lui-même (C.Richet) et l'acide chlorhydrique, au cours de la digestion, provoque le développement de divers acides qui ne font pas partie intégrante du suc gastrique, acide lactique et autres ; 3° l'*acide chlorhydrique est combiné à de la pepsine*. C'est l'opinion de Schiff, Schmidt, von Wittich. Il manque à cette théorie la démonstration de l'existence de l'acide chlorhydropeptique ; 4° *il y a de l'acide chlorhydrique libre, mais il y a aussi de l'acide chlorydrique combiné avec de la leucine ou des corps analogues*. C'est là une opinion défendue par Ch. Richet (1878) mais sur ce point le débat n'est pas encore clos. C. Conte-

4.

jean nie que le suc gastrique normal de chien renferme jamais de HCl libre, mais Hayem et Winter (*Le Chimisme stomacal,* 1891) pensent qu'il y a du HCl libre et du HCl combiné.

En somme, il paraît certain que l'acide du suc gastrique est l'acide chlorhydrique. Il est encore vraisemblable que cet acide est combiné, comme l'a montré Ch. Richet. Cette hypothèse repose sur deux faits expérimentaux. L'un est que si l'on dialyse du suc gastrique et une solution d'acide chlorhydrique d'égale acidité, le premier est moins aisément dialysé que la seconde. L'autre, c'est que si un acétate alcalin est mis, en excès, en présence de l'acide chlorydrique, l'acide acétique est déplacé en entier, ce qui n'a pas lieu quand l'acétate est en présence du suc gastrique : l'acide de ce dernier ne déplace qu'une moitié de l'acide acétique. Mais la combinaison dans laquelle serait l'acide chlorhydrique serait *très faible;* si faible que bon nombre d'auteurs croient à sa liberté complète. L'acide lactique n'est probablement développé que par le processus digestif même, par fermentation, comme d'autres acides d'ailleurs (butyrique, acétique) et diverses substances. En effet, les digestions *in vitro* établissent l'augmentation de l'acidité du suc gastrique, et cette augmentation cesse ou diminue beaucoup après filtration. En outre, dans les cas de dyspepsie et de cancer, il se forme divers acides, non digestifs d'ailleurs, et différents de l'acide chlorhydrique (Uffelmann, Gunzburg).

L'acidité du suc gastrique est donc due principalement à l'acide chlorhydrique qui est le plus abondant, le plus constant, celui dont la présence est le mieux établie, celui enfin qui — les digestions au moyen de suc gastrique artificiel le démontrent — jouit de l'activité la plus grande [1].

Chez l'homme, l'acidité du suc gastrique peut varier entre 0gr.,5 et 2gr.,5 ou 3gr.,5 d'acide par litre. Chez les carnivores, dont les besoins en suc gastrique sont plus considérables, il y a 5 grammes en moyenne (chien); chez l'homme 1gr.,7 ou 2 grammes comme chez le porc); chez le mouton 1 gramme. Chez les poissons il peut y avoir jusqu'à 16 grammes d'acide par litre.

Pour en finir avec l'acide du suc gastrique, nous rappellerons

[1] L'exagération de la quantité de HCl dans le suc gastrique se présente à l'état pathologique (*hyperchlorhydrie*). On le reconnait avec le réactif de Gunzbourg ; mélange de phloroglucine (2) et de vanilline (1) dans 30 d'alcool absolu. Ce liquide est ajouté au suc retiré de l'estomac (par sonde œsophagienne) et s'il y a du HCl il devient rouge vif. On évalue la quantité du HCl à la coloration obtenue en ajoutant au mélange du *vert brillant :* la coloration est d'autant plus jaune que le mélange renferme plus HCl (Lépine).

que le chlore est sans doute fourni par le chlorure de sodium, si abondant dans l'organisme.

Relativement à la *pepsine* (découverte par Schwann en 1838), nous savons que c'est un ferment soluble[1] qui présente son maximum d'activité à la température de 40 degrés, sauf peut-être chez les animaux à sang-froid ; chez les grenouilles cependant ce ferment est certainement plus actif à 30 degrés qu'à 10. On la prépare industriellement par différents procédés.

Le *Codex* conseille de faire infuser, après les avoir lavées, puis brossées avec une brosse de chiendent, des caillettes de mouton fraîchement tué, pendant deux heures, dans de l'eau à 15 degrés ; on passe à travers une toile ; on ajoute un peu d'acétate neutre de soude : il se fait un précipité qu'on lave deux fois ; précipité et eau sont filtrés, et le liquide filtré et évaporé jusqu'à siccité. Il reste une substance blonde, une sorte de pâte sèche qui est de la pepsine, avec passablement d'autres substances.

Le procédé de Brücke consiste à faire infuser la muqueuse de l'estomac dans une solution d'acide phosphorique étendu : on ajoute de la chaux, et le phosphate de chaux entraîne mécaniquement la pepsine. Mais il est difficile de ravoir cette pepsine (par HCl), et cette méthode n'est pas à recommander. Von Wittich opère en faisant infuser l'estomac dans de la glycérine après trituration et acidulation. Au bout de huit jours on filtre, et l'on précipite la pepsine par l'alcool. Krasilnikoff soumet le suc gastrique à la dialyse : la pepsine ne dialyse pas et reste sur le dialyseur. Enfin A. Gautier prépare la pepsine par le sublimé et dialyse ensuite : son procédé donne de la pepsine pure. (*Cours de chimie*, t. III, p. 543.)

Les procédés industriels ne donnent qu'une pepsine très

[1] A. Gautier distingue la pepsine soluble ordinaire, et une pepsine insoluble ou pepsinogène. Il semble même y avoir deux pepsines solubles : la pepsine vraie et la *propepsine*.

impure : la pepsine commerciale ne contient que *de 1 à 10 p. 100 de pepsine pure*. Aussi est-il important de connaître les méthodes qui permettent de doser la pepsine dans un produit qui est supposé en renfermer (à condition que l'on possède aussi de la pepsine pure pour les opérations parallèles). L'une d'elles, celle de Grützner, consiste à colorer de la fibrine par du picrocarmin, et à la plonger dans une solution de la pepsine à essayer; à mesure que se fait la digestion, la matière colorante mise en liberté colore la solution, et plus la pepsine est active, plus la coloration est rapide et foncée. Ce procédé représente un bon moyen de démonstration. Enfin le Codex préconise l'essai par la fibrine de sang humide : un mélange de pepsine médicinale (0gr.,25), d'eau distillée (25 grammes) et d'acide lactique concentré (0gr.,40) doit dissoudre 10 grammes de fibrine en douze heures. La même expérience faite avec la pepsine à essayer montre la valeur relative de celle-ci.

La composition de la pepsine est mal connue : on admet cependant, en général (sauf Schiff), que c'est un corps azoté ; c'est à elle que le suc gastrique doit ses propriétés digestives. Son action maxima s'exerce à la température de 40 degrés. Elle se présente sous l'aspect d'une poudre blancheou jaune ; et dans le commerce elle est généralement falsifiée par addition de substances étrangères.

Comme tous les ferments solubles, la pepsine est fort sensible aux différences de température. C'est entre 35 et 45 degrés qu'elle est le plus active. Au-dessous, elle agit faiblement, bien qu'elle agisse certainement (animaux à sang-froid), au-dessus, elle perd graduellement ses propriétés qui ne sont presque plus appréciables à 90 degrés (von Wittich). Mais avant ce moment elle subit une transformation, et forme ce que Finkler a appelé l'*isopepsine,* qui est surtout caractérisée par sa faible activité. Comme les autres ferments solubles la pepsine étonne par la disproportion qui existe entre la cause et l'effet; il suffit de très peu de pepsine pour transformer une masse considérable d'albumine ou de fibrine. La pepsine ne se détruit pas par la digestion, bien que celle-ci puisse s'arrêter : en réalité la digestion cesse parce qu'elle est empêchée par ses propres produits : en délayant un peu la solution, en y ajoutant de l'eau (aciduléee), on voit reprendre le processus digestif; la pepsine n'avait donc pas disparu. Son action sur la fibrine consiste essentiellement à la dissoudre (Wurtz), et cette opération est facilitée par la présence d'un acide. Notons en passant que la pepsine a des homologues chez les plantes : on trouve (Gorup-Bésanez) dans le liquide sécrété par les *Drosera* un acide organique, accompagné d'un ferment analogue à la pepsine et qui agit comme elle sur les albumines. D'autre part, la *papaïne*, extraite du suc du *Carica papaya*, possède une action digestive du même genre (Würtz). J'ajouterai que Gorup-Bésanez a cru trouver dans les graines en germination un ferment peptique, et que les urnes des Népenthes semblent sécréter de la pepsine ; on sait d'ailleurs que ces plantes comme le *Drosera*, et d'autres encore, semblent digérer réellement les insectes qu'elles captivent. Comme la pepsine, leur ferment est actif surtout en milieu acide, alors que les trypsines au contraire veulent un milieu alcalin ou neutre.

Au ferment soluble il faut ajouter les ferments figurés : l'estomac en renferme un certain nombre qui peuvent aider à la digestion. La plupart de ceux qui se trouvent dans la bouche résistent à l'action du suc gastrique; ils peuvent donc continuer dans l'estomac à agir sur l'amidon, le sucre, les albumines, etc., comme le pensent Pasteur et Duclaux. Il est vrai que nombre de ces microbes sont pathogènes (Rapin, Vignal, etc.), mais de Bary, Duclaux, Vignal ont montré que d'autres sécrètent des ferments solubles doués des mêmes propriétés que la pepsine, la ptyaline, etc. D'autres encore déterminent des phénomènes de fermentation. Chez les ruminants, le *Bacillus amylobacter* exerce une action digestive sur l'amidon et la cellulose [1], et même sur les albuminoïdes, car il coagule la caséine (Fitz et Hueppe). D'autres microbes opèrent des transformations du même genre, et concourent ainsi au processus de la digestion. Bien que l'acide chlorhydrique du suc gastrique soit un antiseptique sérieux, il ne peut détruire tous les microbes qui se trouvent dans l'estomac ; il ne peut tuer le bacille de Koch, ni les spores du charbon, mais il tue le bacille virgule du choléra; par contre il ne tue pas les bactéries des fermentations lactique et butyrique, et on observe ces fermentations dans l'estomac des nouveau-nés principalement.

Le second ferment de l'estomac est la *chymosine* (Payen)

[1] Les ruminants digèrent la cellulose dans une proportion considérable : jusqu'à 70 p. 100.

ou la *présure*, ou encore la *pexine* (*lab* des Allemands). C'est aussi un ferment soluble, et il a la propriété spéciale de coaguler le lait : on le trouve surtout chez les jeunes mammifères. On démontre l'existence de la pepsine par ce fait que le suc gastrique, même s'il a été neutralisé, coagule le lait, et on sait d'autre part que la pepsine pure est sans action sur ce dernier. Ce ferment se trouve particulièrement dans l'estomac du veau et du mouton : et la présure des fromageries n'est qu'une solution formée aux dépens de cet organe [1].

Acide (combiné faiblement avec la pepsine ou avec de la leucine), *pexine*, et *pepsine* : voilà les éléments essentiels du suc gastrique. Il ne faudrait pas croire, cependant, que ces différents éléments se présentent à tout moment dans les mêmes proportions. Le suc gastrique est riche en pepsine surtout au moment de la digestion ; à jeun, il est pauvre en ferment (Schiff). En outre, le suc gastrique ne se produit que *par intermittences*, sauf chez les herbivores qui ont pour ainsi dire toujours l'estomac plein ; il est naturellement plus abondant quand les aliments arrivent dans la poche stomacale, et nous verrons plus loin que beaucoup de causes peuvent en accélérer ou en ralentir la sécrétion. Enfin, le suc varie d'une espèce à l'autre, selon le mode d'alimentation : les herbivores l'ont plus pauvre en acide et en pepsine ; les animaux à sang froid ont un suc qui demeure actif à des températures (basses) où celui des animaux homéothermes cesse d'agir (poissons, grenouilles, etc.) ; les invertébrés semblent l'avoir alcalin. Par contre, leur salive paraît jouir d'une acidité extrême. Troschel et Jean Muller ont remarqué que la salive d'un mollusque marin (*Dolium galea*), fait effervescence avec le marbre ; il se dégage CO^2 ; Frédéricq a noté la même acidité pour la salive du poulpe. Chez d'autres invertébrés, on a remarqué que cette acidité (insectes, mol-

[1] *Recherches sur la pexine* de A. Pagès, 1888.

lusques), est due à différents acides (formique, chez les fourmis, sulfurique, etc.); les poissons ont un suc gastrique très acide ; il renferme jusqu'à 15 p. 1000 de H Cl. (C. Richet.)

Pour Bunge, la raison d'être de l'acidité du suc gastrique doit être cherchée dans l'utilité de la présence de H Cl en tant qu'antiseptique, et de nombreuses expériences prouvent certainement que ce rôle d'antiseptique (exp. de Nencki et Sieber, etc.) déjà constaté par Spallanzani, il y a plus d'un siècle, est réel.

Sécrétion du suc gastrique. — Il nous faut maintenant considérer le mode de formation du suc gastrique et de ses deux principaux éléments, et l'influence de l'innervation sur leur sécrétion. Le *mucus* est fourni par les cellules épithéliales de la muqueuse stomacale, et principalement par les glandes pyloriques ; sa sécrétion serait continue. La pepsine et l'acide sont probablement sécrétés par deux catégories différentes de cellules situées dans la muqueuse. Les glandes gastriques présentent en effet à considérer deux catégories de cellules, dont, les unes (*principales* de Heidenhain, *adélomorphes* de Rollett) sécréteraient les ferments digestifs, et les autres (*bordantes* ou *délomorphes*) sécréteraient l'acide. Toutefois C. Contejean conclut d'expériences très méticuleuses faites dans le laboratoire de M. Chauveau, qu'en réalité toutes les cellules sécrètent des acides, et que les cellules principales produisent de la *propepsine soluble* alors que les cellules bordantes produisent surtout de la propepsine insoluble (*Arch. de Physiol.*, juillet 1892). Il est vraisemblable en effet que la pepsine ne se constitue pas directement de toutes pièces : il se forme une substance particulière, la *propepsine*, qui ne devient pepsine active que sous l'influence de l'acide chlorhydrique, et A. Gautier a montré qu'une partie de celle-ci est soluble, l'autre insoluble. En effet, après épuisement de la pepsine d'un estomac, on provoque l'apparition de pepsine nouvelle en traitant celui-ci par de l'acide chlorhydrique ou du chlorure de sodium. L'acide, ou le sel, agirait en séparant la pepsine d'albuminates auxquels elle serait combinée (Beaunis). D'après la théorie des *peptogènes* (ou mieux *pepsinogènes :* il s'agit en effet de l'origine de la pepsine et non celle des peptones) de Schiff, la pepsine se produirait mieux à la condition de l'ingestion préalable de certaines substances comme la dextrine, les peptones, le sucre, le bouillon, etc., surtout dans le cas où une digestion préalable aurait épuisé la provision de pepsine de l'estomac. Ces pepsinogènes, absorbés par l'estomac, sans action préalable nécessaire de la pepsine, encore absente ou très rare, pénétreraient dans le sang, qui fournirait alors aux glandes gastriques les matériaux nécessaires pour la production de la pepsine, ou de la propepsine tout au moins, et dès lors le suc gastrique deviendrait actif, riche en pepsine, et capable de digérer les aliments. Ces pepsinogènes ne seraient utiles qu'à la condition d'être absorbés par l'estomac, les veines ou le tissu sous-cutané; absorbés par l'intestin grêle, ils perdraient, d'après Schiff, leur propriété particulière. Ceci n'est pas aisé à comprendre, mais le fait paraît exact. Schiff l'attribue à une action des ganglions mésentériques, et non, comme on serait tenté de le faire, à l'action des sucs biliaire, intestinal, ou pancréatique. Quoi qu'il en soit, les pepsinogènes ont certainement un rôle important dans la digestion, et ils facilitent beaucoup celle-ci ainsi que l'expérience le montre dans beaucoup de cas de dyspepsie vraie où il a suffi de faire ingérer avant le repas (une heure ou une demi-heure) un bouillon ou une potion de dextrine, *per os* ou *per anum*, pour que tout accident dyspeptique disparut aussitôt. La théorie de Schiff a été confirmée par Vulpian, et tout récemment par Herzen et par H. Girard (*Arch. de Phys.* 1889), Herzen a vu, dans ses expériences sur un malade atteint de fistule gastrique, que la proportion d'albumine digérée se trouva être en moyenne de :

DURÉE DE LA DIGESTION	PROPORTION D'ALBUMINE DIGÉRÉE P. 100	
—	sans pepsinogènes	avec pepsinogènes
1 heure	2.33	12.00
2 —	23.66	45.00
3 —	51.00	76.00

Herzen admet que les pepsinogènes de Schiff agissent en facilitant la transformation de la propepsine en pepsine : mais le mécanisme de cette action est obscur. Les pepsinogènes provoqueraient-ils une production plus grande d'acide, lequel mettrait la pepsine en liberté ? Certaines expériences semblent l'indiquer : entre autre, le fait que la glycérine extrait plus de pepsine d'un estomac traité préalablement par l'acide, que d'un estomac qui n'a pas été ainsi traité.

Les pepsinogènes auraient des homologues, des trypsinogènes par exemple, et ce serait dans les deux cas les mêmes substances qui joueraient les deux rôles.

Il n'y a pas, semble t-il, d'acide dans la profondeur de la muqueuse. Brücke a en effet montré que la réaction des culs-de-sac est alcaline, et Cl. Bernard montrait ce fait en injectant du ferrocyanure de potassium dans une veine jugulaire, et du lactate de fer dans une autre : la coloration bleue se montrait à la surface mais non dans l'épaisseur de la muqueuse de l'estomac, quand on sacrifiait l'animal une heure après. Cette expérience, variée sous plusieurs formes, donne toujours les mêmes résultats, et montre que l'acide ne se formerait réellement qu'à la surface de la muqueuse, en dehors des cellules, probablement par décomposition des chlorures. Il est vrai que des expériences de même genre prouveraient l'existence de l'acide dans les culs-de-sac glandulaires (Edinger). Si nous acceptons la théorie de Brücke et Cl. Bernard, on se demande comment se ferait la décomposition des chlorures dont il est question. Y a-t-il électrolyse comme le pense Ralfe, un courant électrique venant transformer les éléments $NaHCO^3$ et $NaCl$ en : Na^2CO^3 et HCl ? Ou encore les chlorures seraient-ils décomposés par l'acide lactique en bases qui vont renforcer l'alcalinité du sang et s'éliminer par l'urine qu'elles rendent neutres ou alcalines, et en acide qui passe dans l'estomac (car l'absence de chlorure dans les aliments finit par empêcher la formation de H Cl); la décomposition serait-elle encore due à l'acide carbonique ou lactique? Faut-il admettre avec Brücke une force nerveuse d'ailleurs énigmatique? On ne sait au juste.

La sécrétion du suc gastrique est soumise évidemment à l'influence du système nerveux, mais cette question de l'innervation gastrique est encore fort obscure. A jeun, la sécrétion cesse presque complètement et l'estomac ne renferme qu'un mucus visqueux, sans acide ni pepsine. Les irritations mécaniques provoquent une sécrétion faible, localisée aux points excités. Les excitations fortes (irritation par un liquide caustique, éther, alcool, contact étendu, etc., présence d'aliments) provoquent une sécrétion générale. Certaines excitations éloignées provoquent une sécrétion réflexe, comme la vue des aliments (Bidder et Schmidt) ou la mastication de substances sapides (C. Richet). Les voies par où s'exerce l'influence du système nerveux sont mal connues.

Bien que la discussion soit encore pendante, il paraît établi que l'excitation du pneumogastrique détermine une production considérable de suc gastrique, peu acide il est vrai, mais pepsinifère et actif. La section de ce nerf (section double au cou) détermine des troubles nombreux : diminution et altération de la sécrétion, affaiblissement de la sensibilité et de la motilité de l'estomac; troubles vaso-moteurs notables; le pylore étant relâché, la bile passe à tout moment dans l'estomac et trouble la digestion; par contre l'absorption de l'estomac n'est pas altérée, et l'acidité du suc reste la même, à peu près. En somme la digestion de la viande est ralentie et rendue plus difficile. Mêmes symptômes si la section est pratiquée sous le diaphragme ; mais plus faibles : pourtant la sécrétion du suc est très diminuée (Contejean).

L'excitation du sympathique ne produit rien de net ; et l'extirpation du plexus cœliaque est sans résultat. Ceci semblerait indiquer qu'il y a dans l'estomac même des ganglions servant de centre à la sécrétion gastrique. Chez le chien, la sécrétion continue, active, même au septième jour après la section des deux pneumogastriques. Mais le suc cesse d'être acide graduellement, en même temps que l'estomac est frappé de paralysie, et si la section de ces nerfs ne devenait point mortelle par ses effets sur la respiration, elle le deviendrait par ses effets sur la digestion, et l'animal mourrait peut-être d'inanition, sans avoir perdu la faim. On remarquera que l'estomac a une sensibilité tactile très faible à l'état normal : il n'a que la sensibilité glandulaire réflexe ; à l'état pathologique cependant, il fournit des sensations de douleur.

Notons en passant que l'on ignore absolument le mécanisme intime de l'action des nerfs sur la sécrétion gastrique. Y a-t-il des filets excito-sécrétoires comme dans la corde du tympan par exemple, et des filets vaso-dilatateurs destinés à augmenter l'afflux sanguin de la muqueuse stomacale ? On ne sait. On remarquera toutefois que l'injection de pilocarpine dans le sang provoque une abondante sécrétion de suc gastrique, et cette identité d'action peut être invoquée à priori à l'appui de l'hypothèse de l'identité de mécanisme, et les expériences récentes de C. Contejean donnent à penser que le pneumogastrique et le sympathique renferment des filets vaso-moteurs, surtout dilatateurs dans le premier, et constricteurs dans le dernier. D'autre part, il y a évidemment une corrélation entre l'afflux sanguin et la digestion : la muqueuse stomacale est gonflée et rouge pendant le processus digestif, pendant la sécrétion du suc qu'on voit perler à la surface de la muqueuse, et après elle redevient pâle. L'estomac *s'échauffe* sensiblement durant la sécrétion.

Nul n'ignore que la digestion, c'est-à-dire la transformation des aliments, se fait avec une rapidité très variable, selon la nature de ceux-ci, selon leur quantité, et selon le contenu même de l'estomac. Il existe plusieurs substances susceptibles d'accélérer ou de ralentir le processus digestif. A petites doses, l'alcool stimule la sécrétion gastrique : à doses élevées (plus de 20 p. 100), la peptonisation est retardée ou arrêtée totalement par précipitation de la pepsine (qu'opèrent aussi différents sels, d'ailleurs). L'éther et le poivre stimulent la sécrétion à petites doses. D'après Fiumi et Farrat, le chloral ralentit la peptonisation ; les alcalins aussi ; l'iodure et le bromure de potassium retardent la digestion, comme la quinine. D'après Tcheltzoff, les amers, vantés comme stomachiques, retardent la digestion, et diminuent la proportion des peptones, comme les sels métalliques (KBr par exemple). Un peu de sel marin exerce une influence favorable (Grützner, Wolberg). L'abondance d'eau (dyspepsie des Américains, par ingestion excessive d'eau glacée) et le froid retardent la digestion. Il en est de même pour l'exercice violent ou les émotions vives à la suite des repas. La plupart des infusions : thé, café, cacao, agissent pareillement. Les affections de l'estomac affaiblissent la sécrétion gastrique qui devient pauvre en acide, parfois alcaline, et pauvre aussi en pepsine. D'après certains auteurs, l'acide chlorhydrique manquerait invariablement dans le cas de cancer de l'estomac (Van de Velde), mais cette opinion paraît exagérée. Il manquerait encore dans le cas de dégénérescence amyloïde, mais non lors de la dilatation simple. L'acidité du suc gastrique, qui persiste dans le cas de cancer, serait due aux acides lactique ou butyrique.

Il est très difficile de se faire quelque idée de la quantité de suc gastrique secrété par jour, chez l'individu sain, à alimentation normale. Les uns l'évaluent à un demi-litre par jour : d'autres à 3, 4 ou 6 litres. C'est assez dire combien nos connaissances laissent encore à désirer sur ce point.

Action du suc gastrique sur les aliments. — Il y a deux manières de se rendre compte de l'influence exercée par le suc gastrique sur les aliments. L'une consiste à recueillir ceux-ci au moyen d'une fistule gastrique, à condition que l'accès de la salive dans l'estomac soit rendu impossible ; l'autre consiste à pratiquer des digestions artificielles. Cette dernière est la plus usitée : elle a été imaginée par Spallanzani, et consiste à faire agir *in vitro*, à la température de 38 ou 40 degrés environ, le suc gastrique naturel, ou artificiel, sur un poids connu d'aliments simples. Le suc artificiel s'obtient, on le sait, en faisant macérer un estomac de porc par exemple dans de l'eau : la muqueuse abandonne à celle-ci sa pepsine, mais il est bon d'ajouter à cette solution un peu d'acide chlorhydrique (de 1 à 2 p. 100 ; plutôt 2 s'il s'agit d'albumine cuite : si on emploie de l'acide sulfurique, on en mettra 2 p. 100 ; d'ailleurs il faut, au cours de la digestion, toujours rajouter un peu d'eau acidulée). Pour bien faire, on joint un dyaliseur, de telle façon que les produits digérés puissent s'enlever : leur accumulation, on le sait, arrête le processus digestif. Pour l'étude de la digestion des albuminoïdes, on emploie généralement de petits cubes de blanc d'œuf cuit, bien préférable à la fibrine.

Quel que soit le procédé employé, d'ailleurs, on reconnait

sans peine que parmi les aliments, ce sont les *albuminoïdes* qui subissent les modifications les plus profondes. Le suc gastrique les *dissout*, et les transforme en *syntonine*, puis en *propeptones*, et enfin en *peptones*.

Chimiquement, les peptones semblent être de l'*albumine hydratée*, comme le soutiennent Schutzemberger et Henninger. En soumettant l'albumine à l'action de la chaleur humide (100° c.). Hoppe-Seyler et Meissner ont produit de la peptone dont la déshydratation par la dessiccation ou par l'anhydride acétique refait une albumine [1]. Les peptones sont très diffusibles, car elles dialysent aisément, ce qui n'est pas le cas pour les albuminoïdes; injectées dans le sang elles ne reparaissent pas à l'état d'albumine dans l'urine. Enfin, elles sont très solubles et ne précipitent ni par les acides, ni par la chaleur, elles empêchent ou retardent la coagulation du sang (chez le chien du moins); elles produisent un sommeil particulier, la *narcose peptonique*, après injection dans le sang. Ces peptones se présentent sous forme de masses blanchâtres analogues à de la caséine coagulée (à l'état sec ce sont des corps amorphes et transparents) qui fondent vers 80 ou 90 degrés, et se solidifient par refroidissement. Il convient de dire que l'accord n'est pas entièrement fait sur la nature chimique des peptones. Si pour Hoppe-Seyler et pour beaucoup d'autres les peptones sont des hydrates d'albuminoïdes, il est des physiologistes pour qui ce ne seraient que des albuminoïdes désagrégés, dissociés; leur composition chimique serait identique, à peu de chose près, à celles des albuminoïdes d'où ils dérivent. Il faut reconnaître cependant que les expériences de Hofmeister et de Henninger donnent beaucoup de vraisemblance à la première opinion, celle de Hoppe-Seyler. D'autre part, l'étude chimique des peptones n'est pas très aisée, par suite de l'existence de plusieurs sortes de ces produits. A côté de la peptone, Meissner a décrit une *parapeptone* et une *métapeptone*, et il y a des différences entre les peptones elles-mêmes selon qu'elles dérivent de l'albumine, de la fibrine, de la caséine, etc. Ces distinctions sont établies sur des réactions chimiques. Il y a encore une *dyspeptone*, peptone insoluble et non assimilable. En somme, les physiologistes pensent aujourd'hui que les catégories de Meissner et celles de Kühne et Chittenden (hémipeptone, antipeptone, etc.) répondent à des périodes différentes dans la transformation des albuminoïdes, ou

[1] Gorup-Bésanez et Schiff ont encore produit des peptones artificielles en faisant agir l'ozone pendant 16 ou 20 jours sur l'albumine de l'œuf.

correspondent à des mélanges de peptones avec d'autres substances plutôt qu'elles ne correspondent à des formes définies. Les peptones elles-mêmes ne sont pas très stables, car l'action de la trypsine en amène la transformation en leucine et en tyrosine, etc.

Des peptones se produisent dans beaucoup de circonstances en dehors de la digestion : par la cuisson, sous pression, d'albumine ou de caséine, par le contact prolongé avec un acide (sauf les acides butyrique et salicylique), etc. Du reste on en trouve dans quelques liquides de l'organisme, à l'état pathologique, dans le pus, les crachats, l'urine (*peptonurie*), on en trouve naturellement dans le sang des veines de l'intestin, dans les chylifères (ce sont les peptones absorbées dans l'intestin), et les végétaux eux-mêmes en présentent ; cela ne peut nous surprendre puisqu'ils possèdent — peut-être en très grand nombre, bien plus qu'on ne le soupçonne encore — des ferments analogues à la pepsine.

La *peptonogénie* ou transformation des albuminoïdes insolubles en matières solubles et absorbables, telle paraît être la fonction essentielle du suc gastrique [1]. Il est cependant des physiologistes pour lesquels cette fonction consisterait simplement en une dissociation générale des aliments quels qu'ils soient, sans autre action, et en particulier sans action chimique spéciale sur les albuminoïdes : l'estomac préparerait les aliments à la digestion par les sucs pancréatiques et biliaires. Cette opinion n'a que peu de défenseurs actuellement, et l'opinion générale est que l'estomac liquéfie et peptonifie les albuminoïdes, les rendant assimilables. L'albumine coagulée se gonfle et devient transparente, puis elle forme une sorte de pulpe qui se dissout en un liquide clair. La fibrine se dissout aussi très vite. Il en va de même pour la gélatine, mais le fait qu'elle est dissoute ne suffit pas à la rendre assimilable : injectée dans le sang, elle passe dans l'urine sans s'incorporer aux tissus. Les os eux-mêmes se dissolvent, lentement d'ailleurs. La caséine, le gluten, la syntonine, la chair muscu-

[1] La transformation en peptones ne semble toutefois pas indispensable : certaines albumines se résorberaient déjà sous forme de syntonine (Czerny, Gluzinski, Ogata, etc.).

laire, le sang, le lait, tout cela se dissout plus ou moins vite, plus ou moins complètement. Le suc gastrique est essentiellement l'agent de la digestion des albuminoïdes, car il *n'agit pas sur l'amidon.* Exerce-t-il une action sur les sucres? Cela est bien douteux, et on en peut dire autant de sa prétendue action sur les graisses. Son action essentielle porte donc sur les albuminoïdes qu'il transforme en albumose ou syntonine, et peptones; ces peptones, entraînées dans le sang, y disparaissent très vite sans que l'on sache bien comment. S'utilisent-elles directement dans les tissus ou encore se transforment-elles immédiatement en albumine du sang? Toujours est-il qu'elles vont servir à la nutrition de l'organisme.

Il est assez difficile de faire exactement la part qui revient à la pepsine et à l'acide dans la production des peptones. Si les deux éléments sont combinés, on conçoit aisément que l'un et l'autre soient également importants. D'autre part, de l'acide sans pepsine ne peut suffire à la tâche, et de la pepsine neutre (sans acide) demeure inactive. En effet, Schiff laisse de la tripe pendant plusieurs semaines à l'eau acidulée; elle se gonfle, mais ne s'altère pas. Il en met une partie dans du suc gastrique, elle se digère fort bien, l'autre est lavée, débarrassée d'acide, et mélangée de suc gastrique neutralisé : elle se putréfie, mais ne se digère pas. La pepsine est sans doute un élément principal, mais elle ne peut agir sans la présence d'un acide, que ce soit l'acide chlorydrique ou un autre, et c'est là le fait à retenir.

On notera en passant que la pepsine agit le mieux quand elle est dissoute dans une certaine proportion d'eau : si l'eau est trop ou trop peu abondante, la digestion souffre — surtout s'il y a défaut d'eau. — En ajoutant de l'eau à une digestion artificielle interrompue (par excès de peptones), on voit celle-ci reprendre, et c'est un des faits à invoquer pour démontrer que la pepsine est un ferment qui ne se détruit pour ainsi dire pas pendant la digestion.

Etant donnée l'action spéciale du suc gastrique sur les albuminoïdes, on est en droit de se demander comment il se fait que l'estomac n'est pas digéré par lui-même tout le premier. Cela a bien lieu après la mort, mais non durant la vie, sauf dans les cas d'ulcère de l'estomac : dans cette circonstance, il y a arrêt local de la circulation (comme dans les expériences de Pavy), arrêt de la vie et de la régénération épithéliale, et l'on comprend que le suc gastrique ait digéré l'estomac dans la région malade. On n'a pu encore expliquer d'une façon satisfaisante cette absence d'*autodigestion* à l'état de vie et de santé, étant donné que d'autres tissus, une oreille de lapin, une grenouille, par exemple, se digèrent *à l'état vivant*, quand on les met en présence du suc gastrique, naturel ou artificiel (Cl. Bernard, etc.), ce qui réduit à néant l'hypothèse de Hunter qui invoquait le « principe vital » comme s'opposant à cette digestion. Est-ce le mucus stomacal qui protège les parois ? Il est plus vraisemblable que le suc gastrique attaque bien un peu la muqueuse, mais que la régénération épithéliale continuelle suffit à établir une protection constante; ou bien l'*alcalinité* du sang et des tissus les protège-t-elle contre l'*acide* du suc gastrique? Une expérience de Pavy semblerait appuyer cette façon de voir : en augmentant la quantité d'acide dans l'estomac, on voit l'autodigestion se produire, la circulation demeurant intacte. Toujours est-il que l'autodigestion de l'estomac est fréquente après la mort, surtout si le cadavre est conservé à une température un peu élevée. Dans ce cas, en effet, il peut y avoir digestion des parties déclives de l'estomac — où la pesanteur a accumulé le suc gastrique — et même du foie, des intestins ou autres viscères voisins.

Ayant considéré jusqu'ici la digestion stomacale *in vitro*, il convient de dire quelques mots de la façon dont elle se passe *in vivo*. Les aliments arrivent insalivés dans l'estomac, avons-nous vu, les féculents étant en partie transformés en sucre. La salive et le sucre ne vont-ils pas troubler l'action du suc gastrique ou, réciproquement, celui-ci ne troublera-t-il pas la saccharification des féculents? L'expérience montre que non : les phénomènes se poursuivent sans encombre. Et les microbes de l'estomac, venus par la bouche ou les aliments? Ils ne gênent pas non plus le processus : certains d'entre eux y aident même d'une façon marquée [1]. Les albuminoïdes subissent les modifications dont nous avons parlé ; en outre, l'acide met en liberté les acides de différents sels ingérés avec les aliments : il transforme les carbonates en chlorures, etc. ; il dissout d'autres sels, et certaines matières organiques (gomme), et du moment où le suc renferme les proportions nécessaires d'acide et de pepsine, la digestion des albuminoïdes se fait correctement : si l'acide était en excès, il y aurait dyspepsie ; il y aurait encore dyspepsie s'il était en défaut. Il y aurait aussi des troubles si, par exemple, la bile pouvait refluer dans l'estomac [2]. C'est ce qui arrive parfois, mais alors la bile en précipitant les peptones et neutralisant l'effet détermine l'arrêt de la digestion, et souvent des vomissements. Les vomissements fécaloïdes démontrent surabondamment la possibilité du reflux des matières intestinales dans l'estomac. La différence principale, *in vivo*, consiste en ce que la digestion peut se poursuivre d'une façon continue, en raison de l'absorption constante par les parois de l'estomac, ou celles de l'intestin (après évacuation des produits dissous dans cette partie) des peptones produites ainsi que des autres produits solubles : de la sorte, la pepsine peut continuer à agir sur les matières non encore attaquées. La présence des graisses, mises en liberté par la désagrégation et la liquéfaction des albuminoïdes, ne gêne en rien la digestion ; on les retrouve intactes dans le *chyme* (ou bouillie stomacale) mélangées aux peptones, aux albumines non encore digérées, aux féculents plus ou moins entamés par la

[1] Abelous (*Soc. Biol.*, 1889) a étudié 16 espèces de microbes dans l'estomac humain : 3 peptonifient, et 13 coagulent le lait ; 5 dissolvent complètement et 5 dissolvent en partie l'albumine ; 4 dissolvent la fibrine ; 2 le gluten ; 8 transforment le lactose ; 3 intervertissent le sucre de canne ; 6 transforment le glycose en alcool ; 5 saccharifient l'amidon ; d'autres jouissent de l'une ou l'autre — ou de plusieurs — de ces propriétés à un moindre degré.

[2] Ces troubles étaient fort nets chez un sujet qui fut examiné en juillet 1892 au laboratoire de M. C. Richet.

salive, aux tissus restés intacts, comme le tissu élastique, les tendons, etc.

Pendant la digestion naturelle, l'estomac demeure clos aux deux extrémités : seul le pylore s'ouvre de temps à autre pour livrer passage à du liquide stomacal. Les aliments faciles à digérer passent donc rapidement ; les aliments indigestes restent plus longtemps, parfois assez longtemps pour fatiguer l'organe. Cela dépend donc de la nature des aliments et de l'espèce considérée [1].

On remarquera cependant que les observations directes sur le sujet Marcelin ont montré à C. Richet que les aliments passent *en bloc*, en une fois, tous ensemble, dans l'intestin. Chez le chien, toutefois, on voit nettement que l'estomac s'ouvre de temps à autre pour laisser passer le liquide ; tant qu'un aliment reste dur, il ne peut franchir le pylore. Tels aliments restent un quart d'heure, tels autres deux, trois, quatre ou cinq heures dans l'estomac. La durée du séjour ne saurait toutefois donner d'indications sur la *digestibilité* des aliments : tels étant digérés par l'estomac, et tels autres dans les intestins.

Il convient de faire remarquer que l'action chimique du suc gastrique sur les aliments est facilitée par les mouvements dont l'estomac est le siège, principalement durant la digestion.

Les mouvements normaux sont peu considérables, et la force n'en est pas grande, bien qu'elle ait été évaluée à 12,000, à 117,000 et à plus de 200,000 livres par différents auteurs d'après Haller qui attribuait à cet organe une action d'attrition alimentaire. Chez un chien à fistule gastrique on peut constater qu'ils sont très faibles. Ces mouvements ont pour rôle de mélanger les aliments, de ne point les laisser en un même contact incessant les uns avec les autres, ce qui rendrait l'action du suc gastrique très difficile ; ils stimulent, sans doute, par l'excitation mécanique résultant du contact plus fort avec les éléments, la sécrétion gastrique. Ce sont des mouvements lents, se propageant du cardia au pylore

[1] Salvioli a montré que l'exercice hâte le passage des aliments (digérés ou non) de l'estomac dans l'intestin, par exagération des contractions musculaires de l'estomac.

à intervalles assez réguliers, séparés par un temps de repos. La production doit en être attribuée à la tunique musculaire de l'organe. D'après Küss et Duval, la cravate de Suisse, en se contractant durant la digestion, diviserait l'estomac en une portion supérieure par où les liquides passeraient directement sans s'arrêter (chez un homme atteint de fistule de l'intestin grêle, l'eau ingérée parut à l'orifice de la fistule une demi-minute après l'ingestion, et Coleman a vu, chez un cheval, l'eau apparaître au cæcum au bout de six minutes), et une portion inférieure occupée par les éléments solides en voie de digestion. Ceci est cependant assez problématique malgré les observations de Larcher et de Laborde, et on ne voit guère où les fibres musculaires prendraient leur point d'appui fixe dans cette contraction. Les mouvements de l'estomac sont lents, doux, ainsi qu'on le peut présumer par la nature des fibres musculaires qui agissent, et par la rareté des lésions gastriques dans les cas ou un corps dur et piquant a été ingéré. Ils sont probablement rythmiques, et le contact même des aliments doit en constituer le principal stimulant. Sur ce point, du reste, la physiologie comparée nous fournit des données intéressantes. Dans des expériences faites sur la contractilité du jabot chez les céphalopodes (de Varigny), le jabot vide, *in situ*, ne se contracte guère, mais dès que l'on y introduit un corps étranger, de l'eau de mer par exemple, il y a des contractions amples, nombreuses et assez bien rythmées.

Leur importance est d'ailleurs bien démontrée par les effets fâcheux de la *dilatation de l'estomac*, où il y a atonie marquée des fibres musculaires de cet organe. Les mouvements rythmiques de l'estomac seraient sous la dépendance d'un ganglion situé dans sa paroi; l'action du pylore et du cardia, est sans doute aussi sous la dépendance d'un mécanisme réflexe du même genre. En tout cas l'excitation du pneumogastrique (bout périphérique) provoque les mouvements stomacaux, et la section de ce nerf les paralyse; l'excitation du sympathique et du plexus cœliaque provoque chez les batraciens un mouvement en bloc, très prononcé, de l'estomac.

La musculature de l'estomac joue parfois un rôle physiologique considérable. Chez les crustacés, cet organe est riche en muscles puissants destinés à broyer les aliments; leur action est renforcée par la présence de plaques et pièces calcaires jouant le rôle de meules. Chez les oiseaux granivores, — car chez les carnivores ou frugivores cela n'est point nécessaire, — une partie de l'estomac, la portion pylorique, s'isole et acquiert une armature musculaire puissante. C'est le gésier. Cet organe remplace les dents, et, par ses contractions vigoureuses que vient rendre plus efficaces encore la présence de petits cailloux avalés avec les graines, il écrase, il broye celles-ci, et permet aux sucs digestifs de bien imprégner la masse concassée. Chez les oiseaux granivores, le rôle musculaire de l'estomac est évidemment considérable : chez le dindon, le gésier pourrait développer une force d'environ 40 kilogrammes. Du reste, il suffit de comparer l'épaisseur de la couche musculaire chez un dindon, un rapace quelconque, et un mammifère carnivore pour voir que celle-ci est en raison directe de sa nécessité et du genre d'alimentation. Chez les mammifères, chez l'homme, la couche musculaire n'a qu'une action restreinte; elle ne sert qu'à bien mélanger la masse alimentaire avec les sucs digestifs, mais ce rôle est assez important pour que nous soyons assurés de l'existence des mouvements de l'estomac.

La *rumination* constitue une variété particulière de la motilité gastrique. C'est un phénomène souvent volontaire, qui n'a rien de morbide, et qui a pour but de permettre aux aliments insuffisamment mâchés de revenir à la bouche pour subir un broiement complet. La rumination, que les anciens ont cru pouvoir attribuer à beaucoup d'animaux (plusieurs insectes, crustacés, mollusques, poissons, etc.), n'existe en réalité que chez les herbivores polygastriques et quelquefois chez l'homme. Le *mérycisme* (c'est ainsi qu'on désigne la rumination chez l'homme) n'est pas fréquente, mais on en connaît d'assez nombreux exemples, et, chose singulière, la plupart des personnes présentant cette particularité y prennent du plaisir, trouvant aux aliments ainsi régurgités après digestion partielle un goût très agréable.

Le *vomissement* représente, semble-t-il, l'expression la plus vive des manifestations motrices de l'estomac. C'est un phénomène plutôt pathologique que physiologique, mais dont la production a un intérêt considérable pour le physiologiste. Le vomissement comprend deux stades : stade de nausée et stade d'expulsion. Les théories émises sur la production du vomissement ont été très variées et très opposées : les uns l'expliquent par des contractions gastriques (les anciens, Wepfer, Perrault, Haller, etc.); les autres le considérant comme due à l'action de la presse abdominale (Bayle, 1681, Chirac, 1700, Schwartz vers 1750, Magendie, 1813). Ce dernier physiologiste basait son opinion sur l'expérience suivante : Ayant réséqué l'estomac au-dessus du cardia et au niveau du pylore, il le remplace par une vessie inerte qu'il met en communication avec l'œsophage et l'intestin, et referme l'abdomen. Une injection d'émétique provoque des vomissements, lesquels n'ont pas lieu si l'estomac (véritable ou artificiel) est laissé au dehors de la cavité abdominale, comme l'avaient vu Schwartz et d'autres encore. D'où la conclusion que le seul agent actif dans le vomissement, c'est la presse abdominale (diaphragme et muscles des parois abdominales). Mais on remarquera que l'expérience de Magendie ne donne le résultat sus-énoncé qu'à la condition de la résection du cardia avec le reste de l'estomac. Si le cardia reste en place, la presse abdominale ne peut produire de vomissements. En réalité, le vomissement exige deux conditions. Il y faut une dilatation du cardia, phénomène actif dû à la contraction des dilatateurs du sphincter; il y faut ensuite l'action de la presse abdominale. A la rigueur, les mouvements propres de l'estomac pourraient peut-être suffire à produire le vomissement, mais celui-ci est impossible tant que le cardia n'est pas dilaté, comme l'a montré Schiff. Cet expérimentateur, ayant écrasé les dilatateurs du cardia sur des chiens, a vu que cette opération les met dans l'impossibilité de vomir, malgré l'injection d'émétique et des efforts de vomissement dus à l'influence réflexe du médicament nauséeux sur la presse abdominale et, d'autre part, il a pu constater avec exactitude l'existence de la dilatation du cardia avant le vomissement normal. En somme donc, cet acte comprend deux stades : le stade de dilatation du cardia que l'estomac seul peut produire; le stade d'expulsion des aliments qui est principalement, sinon exclusivement, dû à l'action de la presse abdominale. Le vomissement fait défaut quand l'un de ces deux facteurs manque, et la cause de la grande difficulté que le cheval rencontre à vomir se trouve dans la résistance qu'offre le cardia à la dilatation (Bertin, Flourens, Colin, etc.) et non dans l'action d'une valvule semi-lunaire qui n'existe pas. Chez cet animal, le cardia représente en effet un sphincter des plus puissants.

Le vomissement reconnaît tantôt une origine centrale, tantôt, et le plus souvent, une origine réflexe. Comme exemple de vomissements de la première catégorie, nous citerons ceux qui ont lieu après injection intra-veineuse d'émétique (Magendie) ou d'ipéca, et qui doivent s'expliquer par l'action du médicament sur un centre nerveux bulbaire; nous rappellerons encore ceux qui se produisent après injection abondante d'eau dans le système circulatoire. Là encore, il doit y avoir une excitation centrale en cause. Les émotions, la vue ou le souvenir de certains faits peuvent fort bien provoquer le vomissement : la vue d'une personne qui vomit agit dans ce sens (*réflexe psychique*). Il se produit comme réflexe, par irritation de l'estomac (dans l'indigestion, dans l'empoisonnement par certains vomitifs, le sulfate de cuivre, la moutarde, etc., et sous l'influence d'excitations de l'estomac, de l'intestin, hernie, péritonite, etc.), de l'oreille, de l'œil, etc.; par excitation du glosso-pharyngien, par la distension croissante de l'utérus dans la grossesse. Les agents qui réduisent le pouvoir réflexe (KBr, chloroforme, chloral) diminuent aussi les vomissements.

Le *mal de mer* est-il d'origine centrale ou réflexe? Sur ce point, l'accord est loin d'être fait. On a parlé de déplacement des viscères abdominaux, de l'influence d'excitations visuelles, etc. Il faut accorder plus d'importance aux oscillations du liquide céphalo-rachidien et du liquide contenu dans les canaux semi-circulaires, et surtout aux troubles de la circulation bulbaire. L'efficacité — très variable d'ailleurs — des différents remèdes proposés contre ce genre de vomissements ne donne que des indications contradictoires. On sait qu'un bon moyen — bon relativement : il n'agit pas chez tout le monde — consiste en applications de sacs d'eau glacée sur le trajet de la moelle ; chez d'autres l'alcool est utile, etc.

Le vomissement ne s'effectue pas chez tous avec la même facilité. Il est des personnes qui ne peuvent pas vomir, et chez ces personnes, surtout si elles sont âgées, il faut éviter l'emploi des vomitifs : les efforts pouvant provoquer des hémorragies graves ou mortelles par les artères athéromateuses. Le vomissement est généralement plus facile chez les enfants que chez les adultes. Il est à remarquer que plusieurs vomitifs, l'ipécacuanha par exemple, sont composés de substances exerçant une action différente. L'une est nauséeuse et agit sur le glosso-pharyngien et les olfactifs par exemple, c'est leur substance odorante : elle peut provoquer le vomissement avant même d'être ingérée, et l'ingestion n'est pas nécessaire ; l'autre, l'*émétine*, dans le cas présent, n'agit qu'après introduction dans l'organisme, par son influence sur l'estomac et le cerveau : elle n'a pas du tout besoin du concours de la substance nauséeuse.

Le réflexe du vomissement a donc des points de départ très variés; le centre se trouve évidemment dans le bulbe.

Pour en finir avec la digestion stomacale, nous signalerons deux points encore : l'un, c'est la présence de différents gaz dans l'estomac. Les uns ont été absorbés avec les aliments ; d'autres résultent de la décomposition des aliments ou de certains sels (décomposition de carbonates par l'acide chlorhydrique), d'autres encore sont exhalés par les parois stomacales (CO^2) en raison de leur respiration ; enfin il en est qui résultent de fermentations; parmi ceux-ci, certains sont inflammables. Quelques sujets ont observé que leurs éructations prennent feu si une lumière est proche, parfois en produisant une petite explosion. Dans un cas où ces gaz furent analysés on trouva une forte proportion d'hydrogène

(32 p. 100 contre 26 de CO^2, et 33 d'azote). Normalement CO^2 et Az sont prédominants.

Le second point est la possibilité d'extirper l'estomac sans nuire à la santé générale. Cette opération hardie a été pratiquée par Czerny sur le chien, avec un plein succès : l'animal a vécu cinq ans, jusqu'au moment où Ludwig voulut voir, en 1882, où en étaient les choses : on sacrifia le chien (à qui l'on avait réséqué l'estomac en affrontant le cardia au pylore), et on le trouva sans estomac, ou ne présentant du moins qu'une petite poche développée aux dépens d'un fragment de paroi gastrique, et n'ayant sans doute qu'une médiocre importance fonctionnelle. L'expérience serait à refaire pour montrer que réellement l'estomac n'est, chez le chien du moins, qu'un appareil de luxe.

On remarquera qu'au cours de la digestion stomacale, une partie des produits digérés doit déjà être absorbée par les parois de l'estomac. Bouley avait nié l'absorption stomacale en se fondant sur le fait que le cheval n'est pas empoisonné par une dose considérable de strychnine ingérée *per os*, si le pylore est lié : mais Schiff a montré qu'en réalité il y a absorption, mais absorption très lente, de sorte que par l'élimination urinaire, l'accumulation du poison serait impossible. En effet, si on enlève la ligature du pylore au bout d'un temps donné (assez long), il n'y a pas empoisonnement : la strychnine a été absorbée lentement et éliminée à mesure. Il semble donc impossible de douter du rôle absorbant de l'estomac.

Et maintenant, poursuivons l'étude de la digestion, au delà de l'estomac.

Le chyme, avons-nous dit, est expulsé, en bloc selon les uns qui l'ont vu chez l'homme (C. Richet), en détail, et par poussées successives, au fur et à mesure de la liquéfaction, selon les autres qui ont observé le chien, à travers le pylore vers l'intestin. D'après les observations de Magendie, c'est durant l'expiration que le pylore se relâcherait, car il tend au contraire à se resserrer durant l'inspiration. En tout cas, il faut admettre que ce contact avec un liquide détermine par voie réflexe le relâchement du sphincter pylorique, et le chyme se trouve déversé dans le duodénum. A chaque passage dans ce dernier, le chyme détermine une excrétion plus vive du suc pancréatique et de bile qui se mélangent avec lui pour continuer l'œuvre de la digestion. Considérons l'influence de ces deux produits en même temps que leur composition et leur mode de production.

Suc et digestion pancréatiques. — Le suc pancréatique, étudié avec un soin particulier par Cl. Bernard (1846), est d'une importance considérable pour la fonction digestive. Pendant longtemps l'étude en a été négligée : l'analogie de la structure du pancréas et des glandes salivaires avait fait considérer le suc pancréatique comme une salive (d'où le nom de *glande salivaire abdominale* attribué à cet organe), et on avait jugé inutile de plus approfondir la question.

Situé dans l'anse duodénale, près de la rate avec laquelle il a des rapports physiologiques encore obscurs, mais fort curieux, le pancréas envoie par deux canaux (le principal porte le nom de Wirsung, l'anatomiste qui le décrivit) s'abouchant dans l'intestin au voisinage immédiat du canal cholédoque, le produit de sa sécrétion.

C'est une glande en grappe, dont les lobes et lobules rappellent ceux des glandes salivaires, bien qu'ils soient moins pressés les uns contre les autres, possédant comme éléments sécréteurs des acini dont les cellules, en couche unique, sont fort granuleuses dans la partie non pariétale. Au conduit principal, dit de Wirsung (1622), et qui va aboutir à l' ampoule de Water (1720) où débouche également le canal cholé doque, se joint souvent un conduit accessoire (dit de Graaf, ou de Santorini) qui communique largement avec le premier, et aboutit égalcment à l'ampoule de Water. Le conduit principal peut exister seul ; il peut être de moindre importance que le conduit accessoire ; à cet égard on observe une grande variabilité, et souvent il existe des petits pancréas accessoires. Notons que chez le lapin, le conduit unique débouche dans l'intestin, 20 centimètres encore plus bas que le canal cholédoque, et ce fait a été utile à Cl. Bernard dans l'étude de l'action du suc pancréatique sur les graisses. Chez le lapin encore et les poissons osseux le pancréas est plus diminué et moins cohérent que chez l'homme ou le chien et les poissons cartilagineux. Le rôle physiologique du pancréas peut s'étudier par trois méthodes : méthode des fistules ; procédé des infusions ; ablation ou destruction du pancréas.

Par les *fistules* on ne peut obtenir de résultats bien précis. Celles-ci sont d'abord très difficiles à pratiquer ; et le suc qui s'en écoule subit très rapidement une modification analogue à celle de la salive paralytique ; ce n'est plus du suc pancréatique vrai, mais un liquide peu actif dont l'étude donnerait une très incomplète et fausse idée de l'utilité et de l'activité de la glande qui l'a sécrété. Cependant, par les fistules temporaires qui ont une durée de quelques jours seulement, et qui disparaissent par cicatrisation de la plaie, et à condition d'opérer sur le suc sécrété au début de l'établissement de celle-ci, on peut étudier d'une façon suffisante les caractères physiques et chimiques du suc pancréatique. On peut obtenir des fistules permanentes, mais on ne sait encore si le suc fourni de la sorte est bien normal, et il semble différer sensiblement de celui que donnent les fistules temporaires. L'*ablation* du pancréas est souvent suivie de mort ; la *ligature* des conduits semble préférable, ou bien encore la *destruction* de la glande par une injection de graisse et de paraffine. Les *infusions* de pancréas se feront dans de l'huile ou de la glycérine (après broyage) ou l'acide borique à 5 p. 100 ; on choisira le pancréas d'un animal en pleine digestion. Ou encore on fera une infusion aqueuse qu'on traitera par différentes méthodes qui permettent d'extraire ou bien le ferment diastasique, ou bien la trypsine.

Le suc pancréatique est un liquide incolore, aqueux,

un peu salé, *alcalin*, renfermant plus de matières solides que la salive. Il coagule par la chaleur (non celui du lapin toutefois), et précipite par l'alcool et les acides, etc., mais le précipité alcoolique est soluble dans l'eau ; le chlore le colore en rouge. La quantité sécrétée par jour n'est pas connue d'une façon précise : on l'évalue approximativement entre 100 et 350 grammes par vingt-quatre heures.

Au point de vue de la composition chimique, le suc pancréatique présente comme particularité une abondance de matières organiques. Il renferme 9 p. 100 de substances organiques, et 1 p. 100 de substances minérales. Ces dernières sont des phosphates, du chlorure de sodium surtout, de la chaux, de la magnésie, de la soude ; les premières consistent en ferments dont deux, la *trypsine* (ou pancréatine) et la *diastase* ont été isolés, mais on ne connaît guère encore le ferment qui agit sur les graisses. Du reste, il faut ajouter que la pureté des ferments isolés est fort douteuse, il y a encore à perfectionner notablement le mode d'extraction de ceux-ci, et ce qu'on entend par pancréatine, dans le commerce, est un mélange variable de substances diverses et médiocrement pures.

La sécrétion du suc pancréatique est intermittente ; elle ne se fait que durant la digestion, et principalement deux heures après l'ingestion des aliments. Le suc du commencement est toujours plus actif que celui de la fin de la digestion. Il y a évidemment un mécanisme nerveux qui préside à cette sécrétion, mais il est totalement inconnu jusqu'ici.

Le pancréas reçoit de nombreux nerfs, et certains d'entre eux doivent être excito-sécréteurs ; d'autre part il y a aussi des nerfs centripètes, stomacaux, qui réagissent sur ceux-ci par quelque centre réflexe encore inconnu, car l'arrivée des aliments dans l'estomac et dans le duodénum détermine une sécrétion pancréatique assez vive, mais en dehors de ces conjectures très vraisemblables, on ne possède aucune donnée certaine. L'excitation de la moelle allongée et du grand splanchnique détermine d'abord un écoulement de suc, mais celui-ci ne dure pas ; la section de tous les nerfs détermine une sécrétion paralytique. Enfin l'atropine diminue ou ralentit la sécrétion, sans que cependant la pilocarpine la stimule. En somme, on ne sait rien sur les filets sécréteurs et vaso-moteurs dont l'existence est vraisemblable.

Le mode de formation de la trypsine n'est guère plus connu que celui des autres ferments ; cependant Heidenhain a vu qu'il doit y avoir pour la trypsine une substance *zymogène* qui joue à son égard le rôle que joue la propepsine à l'égard de la pepsine, le rôle de substance mère.

Cette substance zymogène, qui serait une combinaison de trypsine avec un albuminoïde, constituerait les granulations de la zone non pariétale des cellules des acini (granulations ou *microzymas* de Béchamp), et ces granulations seraient fabriquées par la zone pariétale, après les repas (14 heures après surtout) pour être éliminées durant la sécrétion, et se dédoubler en trypsine et une autre substance sous une influence encore inconnue. Le dédoublement peut se faire expérimentalement *in vitro* par la chaleur, l'eau, l'oxygène, etc. ; mais rien n'indique encore comment il se fait sur le vivant, ou après la mort, car même dans l'animal mort, il se produit encore. Langendorff a conclu de ses expériences que le zymogène (ou trypsinogène) se forme non dans les acini, mais hors de la glande, auquel cas les cellules glandulaires ne seraient qu'un dépôt et non un lieu de production, un magasin et non une fabrique. Différents physiologistes, Schiff et Herzen en tête, ont pensé que la *rate* sert à fabriquer, avec les peptones, le zymogène qui va s'emmagasiner dans le pancréas. Cette opinion a pour elle le fait que le suc pancréatique d'animaux dératés est sans action sur les albuminoïdes, comme on peut le voir par des expériences variées. Que la substance zymogène se fabrique dans le pancréas ou non, il semblerait que sans une action encore inconnue de la rate le dédoublement de celle-ci n'a pas lieu.

Mais de nouvelles expériences seules pourront nous renseigner sur la valeur de cette *théorie des pancréatogènes* formulée par Schiff.

L'action du suc pancréatique sur les aliments est fort importante.

Action sur les albuminoïdes. — L. Corvisart (1855) et Cl. Bernard après lui ont eu le mérite de mettre en évidence une action niée jusqu'à eux, on interprétée d'une façon toute différente. Il *transforme les albuminoïdes en peptones* d'une façon très énergique. On a pensé qu'il ne peut agir que dans un milieu alcalin ou neutre, qu'à condition que la bile ait déjà fait disparaître l'acidité du chyme, mais Corvisart a démontré que le suc pancréatique suffit, sans la présence de la bile, à la transformation des albuminoïdes en peptones. Cette transformation va plus loin que ne va celle qu'opère le suc gastrique dans l'estomac. La digestion pancréatique ne s'en tient pas à la formation des peptones ; il se forme d'autres produits aux dépens de celles-ci ; leucine, tyrosine, indol, acides gras, gaz divers, etc., et ces produits sont considérés comme résultant d'une décomposition putride. Du reste, il faut bien reconnaître qu'il doit y avoir quelque vérité dans cette opinion, tant le pancréas lui-même est un organe rapidement et aisément décomposé. Corvisart et Schiff ont édifié une théorie des pancréatogènes identique à celle des pepsinogènes. Pour eux la trypsine ne préexiste pas dans le pancréas, mais se forme au moment de la sécrétion d'une substance zymogène, d'ailleurs hypothétique, par une oxygénation de celle-ci, et cette substance résulterait d'une transformation des pancréatogènes. Ce que Schiff a montré de plus curieux, à propos de la digestion pancréatique, c'est le rôle que posséderait la rate dans la formation de la trypsine. Selon lui, et Herzen confirme le fait, un animal dératé ne possède plus qu'un pancréas inutile, ou peu s'en faut ; mais si un pancréas d'animal dératé, après avoir été reconnu inactif, est broyé avec une rate d'un autre animal, le pancréas retrouve aussitôt ses propriétés digestives. Cette expérience variée de plusieurs façons, donne toujours à Schiff et à Herzen les mêmes résultats, et semble indiquer une relation fonctionnelle intime entre la rate et le pancréas. La nature de cette relation reste à élucider.

La digestion pancréatique des albuminoïdes diffère sur plusieurs points de la digestion gastrique. Elle se produit également bien en milieu neutre, alcalin, ou faiblement acide, et les albuminoïdes sont ramollis sans qu'ils se gonflent, bien que les peptones produites semblent identiques à celles du suc gastrique. D'autre part, ces peptones se décomposent, dans l'intestin même, en les produits cités plus haut : tyrosine, leucine, acide aspartique, glycocolle, phénol, indol (selon les aliments ingérés) : une partie se décomposerait de la sorte (c'est l'*hémipeptone* de Kühne), du moins ; une autre resterait inaltérée (*antipeptone*). On voit par là que le suc pancréatique pousse la digestion plus loin que ne le fait le suc gastrique, et on remarquera que les peptones diminuent à mesure qu'apparaissent les produits sus-énoncés, ce qui semble bien indiquer l'origine réelle de ces derniers. — Du reste, parmi ceux-ci, il en est qui sont intermédiaires aux peptones et aux produits ultimes ; par exemple, la leucine et la tyrosine. Mais est-ce de la digestion, ou bien un phénomène de putréfaction que cette mise en liberté du noyau aromatique des albuminoïdes ? Est-ce le ferment pancréatique qui agit, ou sont-ce les microbes du tube digestif ? En tout cas, ces derniers ont un rôle considérable, à coup sûr, dans la putréfaction qui se produit.

Cette action sur les albuminoïdes est due à la *trypsine* de Kühne qui, isolée par l'alcool agissant sur la solution glycérinée, se présente sous la forme d'une poudre amorphe plus ou moins blanche, soluble dans l'eau, insoluble dans l'alcool, qui, comme la pepsine, est un ferment soluble, et qui, comme elle, agit avec une intensité variable selon la nature chimique et les conditions physiques du milieu.

Action sur les hydrocarbonés. — A cette action sur les albuminoïdes se joint une action marquée sur les *féculents* et *hydrocarbonés*. Cette dernière (Valentin, 1844) est plus intense et plus rapide que celle de la salive tout en lui étant identique. L'amidon cru lui-même, que n'attaque pas la salive, est transformé par le suc pancréatique : celui-ci mérite donc bien le nom de *salive abdominale* qui lui a été depuis longtemps décerné, et c'est certainement un agent de beaucoup plus important que la salive dans la digestion des hydrates de carbone, bien qu'il n'agisse pas sur le sucre de canne et l'inuline. Cette action est exercée non plus par la trypsine, mais par une *diastase* ou *amylase* très analogue à la ptyaline, mais plus active qu'elle.

Action sur les graisses. — Enfin, le suc pancréatique exerce une *action sur les graisses*. Il est l'agent principal de l'*émulsion* des graisses qu'il opère d'une façon complète et permanente, à la différence de la bile. Le point de départ de cette découverte a été le fait remarqué par Cl. Bernard, que les chylifères ne sont blancs (graisseux) chez un lapin sacrifié durant la digestion, que dans la portion située au-dessous du point où débouche le canal pancréatique. Le suc pancréatique *décompose* encore les graisses neutres en acides gras et en glycérine, et quand il manque, la digestion des graisses est profondément troublée. Cette action sur les graisses est due à un troisième ferment, la *saponase*, qu'on devine, mais qu'on n'a pas pu isoler jusqu'ici.

Il résulte de ceci que le suc pancréatique est un *suc digestif complet :* c'est le seul qui agisse sur les trois catégories d'aliments, et *c'est celui qui agit avec le plus de puissance*[1]. Son importance digestive est donc bien autrement importante qu'on ne l'avait cru avant les recherches de Cl. Bernard, Valentin et Bouchardat. Ainsi le suc pancréatique est le seul suc digestif qui dédouble les graisses. On apprécie aisément ce phénomène en étudiant au papier de tournesol

[1] Le suc pancréatique renfermerait encore une sorte de pepsine : la *chymosine* qui coagule le lait (Roberts) et un *ferment glycolytique* qui détruirait le sucre dans le sang (Lépine).

la réaction d'une émulsion de graisse dans du suc pancréatique. Ce liquide prend une réaction acide due à la mise en liberté d'acides gras. Ce n'est pas à dire que le suc pancréatique soit le seul suc qui digère les graisses. La bile les digère bien un peu, mais le suc pancréatique est certainement l'agent le plus actif : en son absence (oblitération du canal de Wirsung), les selles sont graisseuses, seul il produit une émulsion *durable*, seul il produit un dédoublement des corps gras[1].

Nous aurons à parler plus loin du sort des *tryptones* (peptones pancréatiques) et autres produits de la digestion pancréatique (leucine, tyrosine, etc.) : pour le moment il nous faut achever l'étude des sucs digestifs, et nous passerons à la bile.

Appareil et suc biliaires. — A l'état complet, l'appareil biliaire présente à considérer plusieurs parties qui sont : les *conduits biliaires*, contenus dans l'épaisseur du foie, le *canal*

[1] D'après Hédon et Ville (*Soc. Biol.*, 1892), cette opinion serait exagérée : en l'absence totale de bile et de suc pancréatique il se ferait encore un « dédoublement très important » des graisses. Résulte-t-il de l'action de microbes ou de celle du suc entérique?

A propos du pancréas il convient de signaler les faits récemment mis en lumière par MM. Lancereaux et Thiroloix. Ils ont vu que l'extirpation totale du pancréas chez le chien amène constamment un diabète sucré à évolution plus ou moins rapide (28 à 120 jours). Toutefois, comme la destruction de la glande pancréatique sur place, par des injections de matière inerte, n'amène jamais ni glycosurie ni trouble important de dénutrition, tandis que la section du pancréas sain ou atrophié provoque une glycosurie passagère, M. Thiroloix en avait conclu que le traumatisme nerveux qui accompagne l'ablation de la glande est la condition générique du diabète sucré.

Mais des nouvelles expériences prouvent d'une façon positive qu'un certain diabète résulte de l'extirpation totale du pancréas, puisqu'il suffit d'une portion de cette glande ectopiée ou greffée pour éviter cette grave et terrible maladie, et d'autre part l'ablation des greffes produisant à tout coup le diabète sucré chez les chiens dépancréatés, il faut bien admettre que c'est, non par une influence nerveuse, mais par défaut d'une sécrétion interne, qu'est causée l'affection. C'est une nouvelle fonction de la glande pancréatique qui vient appuyer les recherches de M. Brown-Séquard sur l'action des sucs glandulaires.

Quant à la nature de cette sécrétion, quant à savoir s'il s'agit d'un ferment, comme le pense M. Lépine, c'est ce qu'il reste à déterminer exactement.

hépatique où aboutissent tous ces conduits auxquels il prend la bile pour la mener par le *canal cystique* à la vésicule biliaire, d'où le *canal cholédoque* la conduit dans l'intestin. Mais le canal cholédoque ne donne pas directement dans la vésicule biliaire ; il débouche dans le canal cystique, de sorte que la bile ne passe pas nécessairement dans la vésicule : elle ne s'y rend que dans le cas où la sécrétion l'emporte sur l'excrétion.

Les éléments ultimes des conduits biliaires sont les capillaires qui entourent les cellules hépatiques. Ces capillaires rampent entre les cellules hépatiques qu'ils entourent d'un réseau serré : ils n'ont qu'un ou deux millièmes de millimètre de diamètre. C'est là l'origine des conduits biliaires, ce sont les capillaires qui se réunissent pour former autour des lobules les canaux interlobulaires, à épithélium cubique, lesquels se réunissent pour former ensuite des conduits à paroi assez épaisse, munis de glandes, et ces conduits, en se réunissant, finissent par former le canal hépatique. Les recherches de Chrzonczewsky, Fleischl, et surtout de Legros, font admettre par beaucoup d'histologistes l'existence d'une membrane propre pour les capillaires biliaires, membrane très mince, du reste. Divers faits confirment cette manière de voir : c'est ainsi que Wyss a pu montrer, dans des cas de rétention biliaire, de petits calculs rameux, formés de biliverdine, véritables moules internes des capillaires, et indiquant bien qu'ils ont dû se former dans un espace clos, délimité par des parois propres. Les capillaires biliaires n'entrent nulle part en relations avec les capillaires sanguins dont ils restent toujours séparés par du protoplasma.

D'après les intéressantes recherches de M. Sabourin, on doit concevoir les canalicules biliaires comme se terminant « en un tube épithélial contourné et anastomosé, dont les sinuosités et les anastomoses laissent entre elles des mailles qui contiennent les capillaires sanguins du lobule ». La glande biliaire serait donc une glande à acini. « A la base de l'acinus, le tube se continue à plein canal avec l'une des dernières ramifications des voies biliaires, et cette continuité n'est marquée probablement que par le changement de forme et de nature des épithéliums ».

Mioura admet aussi que les capillaires biliaires ont une paroi propre, et qu'ils pénètrent entre les cellules hépatiques, sans y entrer, demeurant parfaitement distincts de celles-ci, auxquelles ils sont simplement accolés.

L'appareil biliaire est, chez les vertébrés, constitué comme chez l'homme d'une façon générale. Il y a cependant quelques particularités à signaler. C'est ainsi que la vésicule biliaire, et avec elle le canal cystique, font défaut chez le cheval, l'éléphant, le rhinocéros, les cétacés carnivores, l'autruche, le perroquet, le coucou, le pigeon, la pintade, la lamproie et quelques rares poissons. Ceci indique que la vésicule biliaire ne joue pas un rôle de bien grande importance : elle manque chez l'homme sans qu'aucun trouble vienne manifester cette anomalie. Parfois il y a un conduit hépatique allant du foie à la vésicule, un autre allant du foie à l'intestin : une partie seulement de la bile se rend à la vésicule. Parfois il y a plusieurs canaux hépatiques.

Chez les invertébrés, l'appareil biliaire varie fort, et la vésicule et le canal cystique font défaut. Il n'y a plus que les capillaires et conduits hépatiques qui s'ouvrent tantôt dans l'intestin, tantôt dans l'estomac. Chez les invertébrés inférieurs, l'appareil biliaire, comme le foie, consiste en un amas plus ou moins diffus de glandes à cellules hépatiques logées dans les parois digestives.

Pour étudier la bile, il faut s'adresser non à celle que l'on trouve dans la vésicule biliaire après la mort, — elle est altérée, — mais à celle que fournissent les fistules biliaires, artificielles ou naturelles, ou que l'on peut recueillir chez les suppliciés aussitôt après la mort. On pose deux ligatures sur le canal cholédoque et on l'incise entre celles-ci ; on détermine une adhérence de la vésicule avec les parois abdominales, et on incise le fond de la vésicule dans laquelle on place une canule pour en assurer l'écoulement au dehors. Ainsi obtenue, la bile se présente sous forme d'un liquide alcalin ou neutre, demi-transparent, vert jaunâtre, d'après la plupart des observateurs, brun jaunâtre chez les suppliciés, d'après MM. de Thierry et Jacobsen ; chez les animaux, sa couleur varie ; elle est d'un vert brun chez les solipèdes, vert d'émeraude chez la chèvre et le mouton, verte très pâle chez le lapin (Colin), verte chez la grenouille, les oiseaux, jaune ambrée chez le cobaye.

Du reste, la couleur de la bile varie encore selon les matières qu'elle renferme normalement, selon l'état de santé, etc. Charcot l'a vue presque incolore dans des cas de fièvre typhoïde ; Ritter l'a vue tout à fait décolorée (dégénérescence graisseuse du foie). Il ne faut pas confondre ces cas de bile incolore (où la chimie révèle l'existence des principes biliaires non colorants) avec ceux d'hydropisie de la vésicule biliaire, où la bile se résorbe entièrement et est remplacée par un liquide muco-séreux, incolore, mais ne contenant pas de sels biliaires, sécrété par la vésicule même. Ce sont là deux faits entièrement différents, et, dans ce dernier cas, on n'a pas affaire à de la bile véritable. La bile est très miscible à l'eau, très putrescible, elle ne se coagule pas par la chaleur ; sa saveur est amère avec arrière-goût douceâtre ; son odeur, nauséeuse. Elle jouit de la propriété de dissoudre les globules sanguins, et teint fortement les tissus en jaune (ictère, jaunisse). Elle renferme peu d'éléments visibles ; ce n'est qu'après séjour dans la vésicule qu'elle se charge de débris épithéliaux, de sédiments, de granulations calcaires, de gouttelettes huileuses, de cristaux divers, etc.

Sa *densité* est faible d'abord et s'accroît par le séjour dans la vésicule (de 1,005 à 1,025, à 1,040 et plus encore), grâce au mucus qui se joint à la bile et la rend visqueuse, filante, parfois poisseuse (Colin).

L'*alcalinité* de la bile est due à de la soude, c'est la soude qui permet la neutralisation du chyme acide qui sort de l'estomac. La composition de la bile est la suivante, en chiffres ronds :

Eau	85
Acides	8
Cholestérine	4
Matières colorantes	2
Sels	1

On y trouve encore des matières azotées (urée, lécithine), des substances grasses et un ferment diastasique.

Les *acides biliaires* sont les acides glycocholique et taurocholique (encore nommés : cholique et choléique; Gmelin et Demarçay.) On peut les précipiter par l'acétate de plomb; c'est le glycocholate qui précipite le premier, avec de l'acétate neutre ; puis par de l'acétate basique, on obtient le taurocholate. Ces deux acides sont composés d'acide *cholalique* combiné avec du *glycocolle* ou de la *taurine*. Ils existent à l'état de sels de sodium dans la bile, le glycocholate étant plus abondant chez l'homme, et le taurocholate, de beaucoup le plus abondant chez le chien. Chez les poissons, ces acides se trouvent à l'état de sels de potasse. L'origine du glycocolle et de la taurine doit être cherchée dans une oxydation d'albuminoïdes ; il en est peut-être de même pour l'acide cholalique. Ces corps se combineraient dans le foie, mais cela n'a pas été démontré. En tout cas, l'extirpation du foie n'amène pas d'accumulation d'acides biliaires dans le sang (Müller, Moleschott, etc.). Les acides biliaires passent dans l'intestin avec la bile, et s'y décomposent, au moins en partie. Que devient le restant ? S'arrête-t-il dans le sang et retourne-t-il au foie (Schiff) ? Y est-il détruit, comme le pense Huppert, avec d'assez bonnes raisons d'ailleurs ? Notons cependant que le fait fondamental sur lequel reposent les théories de Schiff et Huppert, Sarow, l'absorption de la bile par le sang, n'est pas encore bien établi. Cette résorption semble très limitée, et il se pourrait bien que la décomposition dans l'intestin fût totale.

On décèle la présence des acides biliaires au moyen de la réaction de Pettenkoffer. En ajoutant à un liquide contenant ces acides un peu de sucre de canne et d'acide sulfurique, et en chauffant, on obtient une coloration rouge cerise puis pourpre. Mais, pour que cette réaction ait sa valeur, il faut que le liquide ne contienne pas d'albuminoïdes. Haycraft a fait connaître une autre manière de s'assurer de la présence des acides biliaires. Il a constaté que du soufre en poudre jeté sur de l'eau ne s'enfonce pas, au lieu que si l'eau contient des acides biliaires, il s'enfonce rapidement. Il n'y a que les savons qui aient cette propriété, outre les acides biliaires, d'abaisser la tension de surface. Le soufre s'enfonce dès qu'il y a plus de 1 pour 5000 ou 10 000 d'acides biliaires. Pour employer cette méthode, il faut commencer par exclure les savons. Les deux sels biliaires dévient la lumière polarisée à droite, mais, chez le chien, le taurocholate est lévogyre. Tous deux encore présentent une certaine toxicité et sont antiseptiques ; ils détruisent les globules du sang, et sont des poisons cardiaques. Mis en présence des produits de la digestion ils précipitent l'albumine, la gélatine, les propeptones, les alcaloïdes (mais non les peptones vraies, d'après A. Gautier). Ils sont remplacés chez le porc par l'acide hyocholalique, et chez l'oie par l'acide chénocholalique, qui, en somme, se rapprochent fort des acides de la bile humaine.

Les *matières grasses* de la bile jouent peut-être un rôle dans l'émulsion des graisses, mais il est moins important que celui du suc pancréatique.

La *cholestérine*, alcool soluble dans la bile, est peut-être un produit de désassimilation du système nerveux principalement, comme le serait aussi la *lécithine*. On ne sait où elle se forme : on en trouve dans le sang, la rate, les centres nerveux, etc., et chez les végétaux aussi. Elle est plus abondante quand les oxydations organiques sont ralenties. Elle joue un rôle important dans les productions des calculs biliaires.

Les *matières colorantes* principales sont la bilirubine et la biliverdine. La composition chimique en est peu connue. Toutes paraissent se rattacher à la bilirubine et en constituer des produits d'oxydation différents (cholételine, hydrobilirubine ou urobiline, etc.). La bilirubine est peut-être dérivée elle-même du sang. L'hématoïdine des extravasations sanguines anciennes a la même composition que la bilirubine (Virchow) et tout ce qui détruit les globules sanguins détermine l'apparition de bilirubine dans l'urine. Cette transformation de la matière colorante sanguine en matière colorante biliaire se ferait dans le foie. Sert-il à la formation de nouveaux globules ? Les matières colorantes de la bile sont en partie décomposées dans l'intestin, le reste passe dans l'urine. Ce sont donc des produits de désassimilation, selon toute vraisemblance. La *réaction de Gmelin* met ces matières en évidence. En versant un peu d'acide nitrique concentré et dans un liquide qui les renferme, on voit se produire des anneaux verts, bleus, violets, rouges et jaunes. La coloration verte manque si la bilirubine fait défaut ; les autres couleurs correspondent à des produits d'oxydation différents de la bilirubine. C'est la bilirubine qui, dans les cas d'ictère, colore les tissus en jaune.

La bile présente d'ailleurs quelques variations intéressantes. Elle apparaît dans la vie fœtale dès une époque précoce. Beaunis et Ritter ont constaté l'existence de sels biliaires dès que le foie est formé, au troisième jour chez les poulets. Une fois formée, la bile ne varie guère selon l'âge. Chez l'homme les principes solides sont plus abondants que chez la femme. L'alimentation exerce une influence considérable. La bile est plus abondante avec une alimentation mixte de viande et de graisse, chez les carnivores. L'inanition en diminue, les boissons au contraire en augmentent la quantité. La bile augmente en quantité et aussi en teneur

6.

de matières solides vers la cinquième heure après l'ingestion des aliments (Hoppe-Seyler). Le taurocholate existe seul chez les carnivores ; chez les herbivores et chez l'homme on trouve les deux sels biliaires : le taurocholate et le glycocholate. Chez les poissons, le taurocholate domine.

Rôle de la bile dans la digestion. — Nous ne saurions entrer ici dans le détail de l'historique des opinions successivement émises sur le rôle de la bile dans la digestion : nous devrons nous borner à énumérer les points acquis. La bile *est sans action sur les albuminoïdes* qu'elle précipite, et n'est d'aucune utilité pour la digestion dont elle entraîne la pepsine : bien plus, elle arrête la digestion gastrique des albuminoïdes (R. Oddi pense cependant que l'on a exagéré l'influence nuisible de la bile sur la digestion gastrique, et en cela il adopte l'opinion déjà ancienne de Schiff : il déclare que la bile ne précipite pas les peptones « la digestion étant déjà avancée ». Reste à savoir ce qu'il entend par digestion avancée). Elle semble agir mais très faiblement sur la digestion des *hydrocarbonés*. Von Wittich et Hofmann lui reconnaissent une action saccharifiante sur l'amidon, mais Kühne ne l'admet que pour la bile de cochon. Tous les autres physiologistes la nient. Dans un récent travail, Gianuzzi déclare que cette action saccharifiante existe pour toute bile, bien qu'elle varie selon les individus. Nous serons d'autant plus disposés à nous ranger à l'avis de von Wittich et des observateurs italiens, que la faculté de saccharifier l'amidon appartient à la plupart des tissus et liquides de l'économie. Mais le rôle de la bile dans la digestion des féculents demeure insignifiant.

C'est sur les *graisses* que la bile agit avec le plus de netteté, mais encore son action est-elle temporaire. Toutefois au contact du suc pancréatique qui met en liberté les acides gras, il se forme des savons solubles qui, mélangés aux acides, émulsionnent très bien les graisses.

D'après Voit, la suppression de la bile fait qu'il n'est résorbé que 40 p. 100 de graisse au lieu de 99 p. 100. Ce fait a été confirmé par Rohmann. C.-H. Williams et Wistinghausen pensent que la présence de la bile favorise l'acte mécanique du passage des corps gras dans les pores ou canaux capillaires, surtout si elle est alcaline. La bile, pour bien digérer les matières grasses, a besoin d'être mélangée de suc pancréatique. Il en résulte que la bile a une influence directe moindre que ne l'ont supposé Voit et d'autres physiologistes, mais demeure nécessaire à la digestion des graisses.

L'étude des animaux chez lesquels on a pratiqué une fistule biliaire permettant l'écoulement hors de l'organisme, et immédiat, de la bile, a montré que la bile exerce d'autres actions que celle dont il vient d'être parlé, et ce sont les plus importantes à coup sûr. C'est ainsi que la bile *favorise le péristaltisme intestinal* en excitant la contraction des fibres lisses ; en effet, en injectant une certaine quantité de bile l'on provoque de la diarrhée et des vomissements dus à cette contraction des fibres gastriques et intestinales. La bile exercerait encore une *action antiseptique* (si le milieu est acide, Gley). Les animaux, pourvus de fistule biliaire, non seulement maigrissent et dépérissent (ce qui est dû à la non-digestion des matières grasses, Bidder et Schmidt, 1852, et aussi à la perte de matières qui normalement sont résorbées dans l'intestin) mais leurs excréments présentent une odeur particulièrement repoussante, ce que Maly et beaucoup d'autres ont attribué à l'absence de la désinfection qui serait normalement opérée par la bile. L'accord n'est cependant pas fait sur ce point. Rohmann ne croit guère à cette action antiseptique ou antiputride, non plus que Voit et Stolnikoff, et de ses expériences il se refuse à conclure que la bile empêche la fermentation ; pour lui, elle la retarde un peu, et ce qui fait que la fermentation est plus intense en l'absence de la bile, c'est que celle-ci opérerait normalement la résorption des matières qui produisent cette fermentation.

Bufalini, lui aussi, s'élève contre l'attribution d'un rôle antiputride à la bile. Mais chose singulière, si, d'après ses expériences, la bile est aisément putrescible, plusieurs de ses éléments jouissent d'un pouvoir antiseptique marqué (acides glycocholique, taurocholique, et cholalique, ce dernier surtout). Il serait donc légitime de conclure que la bile normale, complète, n'est point antiputride, mais qu'elle exerce une action antiseptique, une fois décomposée, par certains des produits de sa décomposition, laquelle s'effectue d'ailleurs à l'état normal dans l'intestin où l'on retrouve entre autres l'acide cholalique.

Peut-être sert-elle encore à amener après la digestion, la chute de l'épithélium intestinal qui serait devenu impropre à la digestion (Küss) ; enfin, elle sert par son alcalinité à neutraliser le chyme rendu acide par le suc gastrique. Mais, à tout prendre, tout ceci ne fait pas du foie, au point de vue de la digestion intestinale, un organe bien important, et la bile est bien loin, comme importance physiologique, du suc pancréatique. Aussi est-il logique de penser que le foie, cet organe si volumineux entre ceux qui sont annexés au tube digestif, dont le poids équivaut aux deux centièmes du poids du corps, joue un rôle autrement important dans la chimie de la nutrition que ne l'indiquent les propriétés de la bile. Nous verrons plus loin, d'ailleurs, la grande importance du foie en tant qu'organe glycogénique ; mais nous ne savons encore s'il ne remplit point d'autres fonctions aussi.

Quoi qu'il en soit, pour en finir avec le foie biliaire, il nous reste quelques faits à noter en passant.

Nous avons vu que, depuis les recherches de Schwann, (1843), il est assez aisé de pratiquer des fistules biliaires, et on a cherché, par cette opération, à se rendre compte de l'utilité de la bile. On a vu, de la sorte, que les animaux dont la bile est évacuée au dehors sans passer par l'intestin continuent, naturellement, à digérer les albuminoïdes et les hydrates de carbone, de façon normale. Par contre, l'absorption des graisses est notablement réduite (de plus de moitié au moins) ; les animaux sont pris d'une voracité inusitée, et leurs excréments sont gris ou blancs, en raison de l'abondance de la graisse qu'ils renferment, et qui d'ailleurs nuit à la digestion des autres aliments qu'elle enroule et soustrait à l'action du suc pancréatique. Aussi se produit-il un amaigrissement très marqué, et souvent mort par inanition. Ceci montre bien le rôle de la bile dans l'*absorption* (et non la *digestion*) des corps gras. La méthode des fistules fournit encore des renseignements utiles sur la sécrétion biliaire.

Sécrétion et production de la bile. — La bile est formée par le foie, cela est évident. Mais quel rôle le foie joue-t-il dans sa production ? Est-ce un simple filtre qui ne laisserait passer du sang que certains principes, ou bien est-ce un organe à activité spécifique, faisant subir à tels ou tels matériaux des transformations qui en font de la bile ?

La bile n'est pas préformée dans le sang, bien que les éléments de celle-ci s'y rencontrent. En effet, le sang contient l'eau, les chlorures, les phosphates de la bile, la cholestérine, mais non les sels biliaires, ni les matières colorantes (sauf cas pathologiques). Du reste, les sels biliaires ne sauraient exister dans le sang ; ils y subiraient des transformations et des altérations inévitables. On a vérifié le fait expérimentalement : l'extirpation du foie ne produit pas d'accumulation de sels ou matières colorantes biliaires, dans le sang (Müller, Kunde et Moleschott). Le foie fabrique donc ces éléments aux dépens d'autres substances, fournies par le sang de la veine porte. Pour la matière colorante, elle semble provenir de l'action des sels biliaires sur les globules sanguins ; mais pour les sels biliaires, on ne sait comment ils se produisent.

Maintenant, une dernière question se pose. Quels sont les éléments qui produisent la bile : sont-ce les cellules hépatiques ou les glandes des vaisseaux biliaires ? Pour Robin et

Cl. Bernard c'étaient ces derniers. On admet aujourd'hui que, pour la bile comme pour le glycogène, c'est la *cellule hépatique* seule qui est active. Autrement, comment expliquer que l'on trouve la bile dans les capillaires biliaires dépourvus de glandes, quelle est la raison d'être de ces capillaires, et comment se forme la bile chez les invertébrés dépourvus de glandes biliaires?

La sécrétion biliaire est soumise à des influences nombreuses. Il existe un grand nombre de substances susceptibles d'augmenter l'excrétion biliaire (ou cholagogues,) et la connaissance de celles-ci est utile pour la thérapeutique. Les résultats obtenus par Rutherford et Vignal indiquent une augmentation marquée par l'emploi des substances que voici : aloès, rhubarbe, évonymine, sanguinarine, ipécacuanha, coloquinte, jalap, physostigmine, phytaloccine, phosphate d'ammoniaque, benzoates, salicylate de soude, colchique, phosphate de soude, sublimé corrosif. Elle est plus faible avec le sucre, la leptandrine, l'hydrastine, la juglandine, le chlorure de sodium, le bicarbonate de potasse, le jaborandi.

D'après les expériences de Lewaschew et Klikowitsch, expériences qui ont porté sur l'action des alcalins en général, on obtient d'abord une diminution, puis une augmentation de la sécrétion biliaire, mais l'augmentation porte sur la partie liquide de la bile, et non sur les principes solides. On obtient le même résultat avec des solutions salines artificielles, avec le bicarbonate de soude, le salicylate de soude, d'après des recherches récentes des mêmes auteurs, qui notent encore en passant que l'ingestion des eaux minérales alcalines doit se faire à chaud, si l'on veut obtenir le maximum de leur effet, et non à froid.

Cette influence de la *température* a d'ailleurs été vue par d'autres observateurs encore. Dans de récentes recherches, Dockmann a établi que l'échauffement du corps provoque une hypersécrétion biliaire, alors que le refroidissement diminue la production de ce liquide ; il n'y a pas d'altération dans sa composition chimique.

L'influence de l'*alimentation* sur la sécrétion biliaire peut se résumer ainsi qu'il suit : sécrétion considérable après un repas composé de viande et de graisse ; sécrétion plus faible après alimentation végétale, très faible après alimentation avec corps gras seuls et pendant l'inanition. Au contraire, elle augmente sous l'influence de boissons copieuses, mais alors sa composition chimique est modifiée, en ce que sa teneur en matières solides n'augmente pas en proportion de l'eau. Les repas déterminent un maximum de sécrétion de trois à cinq heures après le moment où la nourriture a été ingérée (Ivo Novi, *Arch. Ital.*, XVII, p. 333) ; peut-être y a-t-il encore un second maximum, treize ou quinze heures après ce même moment.

L'*irrigation sanguine* exerce une influence évidente. Plus elle est abondante, et plus la sécrétion est forte, mais il est à noter que la simple augmentation de la pression sanguine hépatique ne stimule pas la sécrétion ; la ligature de la veine cave au-dessus du diaphragme, qui procure le maximum de pression, arrête la sécrétion, d'après Heidenhain. La ligature des veines porte et hépatique l'abolit également. Nous savons d'ailleurs que cette ligature provoque la mort rapidement, par nécrose du foie et par hémorragie abdominale.

L'influence du *système nerveux* s'exerce principalement par des actions vasomotrices, et l'on n'a point encore découvert de nerfs nettement sécrétoires pour la cellule hépatique, comme pour les glandes salivaires. L'excitation du bout phériphérique du sympathique détermine un ralentissement de la sécrétion ; celle du bout central une augmentation (Arthaud et Butte. *Soc. Biol.*, 1890).

La sécrétion de la bile est continue, tout en subissant des variations de quantité. La quantité de bile fournie par vingt-quatre heures est assez faible, eu égard au volume du foie et à l'activité sécrétoire de certaines glandes, les glandes salivaires par exemple. Cette quantité est évaluée à environ 10 ou 14 grammes par kilogramme de poids pour l'homme, ou, en gros, à 500 ou 1 000 grammes par vingt-quatre heures.

L'*excrétion* de la bile se produit par le fait de la poussée que la bile en formation imprime à la bile déjà formée, qui remplit les canalicules biliaires. D'autres agents encore favorisent l'expulsion de la bile. C'est ainsi que les inspirations profondes, en comprimant le foie, contribuent à le vider de bile. Une fois celle-ci arrivée dans les conduits musculeux, il se joint une autre influence, celle des contractions des fibres musculaires lisses de ces conduits et de la vésicule. Dans l'intervalle des digestions, la bile s'accumule, dans la vésicule qui, à ce moment, ne présente point de contractions et dont le rôle, surtout utile pour les animaux à digestion intermittente, comme les carnassiers, consiste à la tenir en réserve pour le moment où elle deviendra nécessaire. Il n'a pas été fourni encore d'explication satisfaisante du fait de l'écoulement de la bile dans la vésicule, et non dans l'intestin, en dehors de la digestion.

D'après R. Oddi, qui s'est récemment occupé de la question, il y aurait à l'embouchure du canal cholédoque un sphincter spécial, à la contraction duquel, en dehors de la digestion, serait due l'accumulation de la bile dans la vésicule. En temps de digestion, ce sphincter se relâcherait, en même temps que se contracterait la vésicule, sauf dans les cas de spasme de ce sphincter.

Le flux de la bile dans l'intestin, lors de la digestion, semble être déterminé par une action réflexe dont l'origine est dans les nerfs de l'orifice intestinal du canal cholédoque, et qui mettrait les fibres musculaires de la vésicule en excitation.

En somme, nous l'avons vu plus haut, le rôle digestif de la bile est assez médiocre, si nous nous en tenons à l'étude de son action sur les aliments. Et pourtant les animaux ne résistent pas aux fistules biliaires : ils en meurent à moins qu'on ne réussisse à les nourrir très abondamment, à leur faire manger le double de leur ration normale de viande, comme l'a remarqué Blondlot. Qu'est-ce donc que la bile ? Comme suc digestif, c'est peu de chose. Est-ce une excrétion ? Mais pourquoi le déversement dans l'intestin, dès son origine même, au lieu d'une expulsion directe, par un orifice spécial ? Le foie aurait-il, dans le passé, représenté une glande plus digestive qu'il ne l'est actuellement ; aurait-il, en raison de circonstances inconnues, perdu en partie son rôle digestif pour acquérir ou plutôt voir s'exagérer d'autres usages ? Rien ne permet de l'affirmer. Et pourtant la bile apparaît surtout comme une excrétion, bien qu'en réalité sa composition chimique varie relativement peu, et une excrétion importante, puisqu'elle se présente dès le troisième mois de la vie embryonnaire, et que le méconium est très riche en pigments biliaires. Il est à noter qu'une partie des substances excrétées avec la bile se résorbe dans l'intestin, mais l'autre est expulsée avec les excréments, et représente un excrément elle-même : par exemple la taurine, le glycocolle, et la plus grande partie de l'acide cholalique sont résorbés, alors que la cholestérine est évacuée comme la bilirubine en partie, la biliverdine, l'hydrobilirubine, etc. Ces produits excrémentitiels sont fabriqués par le foie, comme nous l'avons vu, aux dépens du sang de la veine porte (et non de l'artère hépatique comme on peut le voir en faisant la ligature de chacun de ces vaisseaux, alternativement) ; et aux dépens de ce même sang sont encore fabriqués les éléments qui sont résorbés dans le sang de l'intestin. De la sorte, il existe une circulation de certaines matières de l'intestin au foie, puis du foie à l'intestin. Quoi qu'il en soit, la bile joue un rôle important comme liquide excrémentitiel, et on remarquera que certaines des substances par elle excrétées puis résorbées dans l'intestin, vont s'éliminer ailleurs, par l'urine par exemple (taurine et glycocolle après transformation). Ceci n'est pas fait pour diminuer le caractère excrémentitiel de ce liquide, bien qu'en somme le rôle réel en demeure encore assez énigmatique. Signalons en passant l'opinion de MM. Viault et Jolyet, qui font, selon une formule pittoresque, de la bile « l'urine du foie », l'ensemble des déchets résultants de l'activité de cet organe. D'ailleurs la bile sert certainement à éliminer nombre de substances accidentellement introduites dans l'organisme. On y a trouvé du plomb lors d'intoxication saturnine aiguë ou chronique. Peiper a vu passer dans la bile, de l'iodure de potassium, le salicylate de soude, l'acide phénique (en petite quantité), le sulfo-cyanure de potassium (mais non le cyano-ferrure) lorsque ces médicaments ont été introduits par voie rectale. On rencontre aussi différents métaux : cuivre, plomb, nickel, zinc, argent, bismuth, arsenic, antimoine, du sucre (Cl. Bernard, Robin), du glycose, de l'urée (dans le choléra et l'albuminurie d'après Picard), de l'acide urique (après ligature des uretères), mais non la quinine, le calomel, l'iode, ni l'acide benzoïque. L'albumine ne s'y trouverait jamais ; toutefois différents observateurs croient l'avoir rencontrée dans des cas pathologiques. La rhubarbe injectée en lavements apparaît assez vite ; de même pour le curare et l'essence de térébenthine.

Digestion intestinale. — Il existe une digestion intestinale propre en dehors des opérations auxquelles sont soumis les aliments, de par la présence des sucs pancréatique et biliaire, et c'est d'elle qu'il convient de s'occuper maintenant.

L'intestin, de longueur très variable, plus développé chez les herbivores que chez les carnivores, représente un long, très long cylindre, que les aliments parcourent lentement, achevant de se transformer en produits solubles, et dont la surface dépasse celle du tégument extérieur du corps. La structure de l'intestin indique clairement ses fonctions. Il est pourvu de glandes, et c'est un organe de *sécrétion ;* il est pourvu de muscles, ce qui suppose des *fonctions motrices ;* enfin, il est pourvu d'une infinité de villosités, et nous ne sommes point surpris qu'il soit organe d'*absorption*. C'est à ce triple point de vue que nous l'allons envisager.

Fonctions sécrétoires. — Les glandes intestinales sont de trois sortes dans l'intestin grêle : il y a des glandes en grappe (dites de Brunner) spéciales au duodénum, et que Brunner regardait à tort comme les éléments d'un pancréas qui serait en quelque sorte disséminé dans les parois de l'intestin (*pancréas secondaire*), des glandes en tube (dites de Lieberkühn) répandues dans toute la longueur de l'intestin grêle, surtout développées chez les carnassiers, simples en général, parfois divisées en 2, 3 ou 4 culs-de-sac, et qui, chez l'homme, sont au nombre de 40 ou 50 millions peut-être (Sappey) ; des glandes vésiculeuses enfin (dites de Péyer), follicules clos sans orifice à la surface libre de l'intestin, les unes isolées, les autres réunies en grand nombre de façon à former des agglomérations (35 ou 40 en moyenne) en forme de plaques généralement circulaires, à surface légèrement saillante (plaques de Péyer). Dans le gros intestin, il n'existe que les glandes de Brunner et celles de Péyer ; encore ces dernières sont-elles peu abondantes comparées aux premières.

Ces éléments glandulaires — sauf les glandes de Péyer dont la fonction est inconnue, — sécrètent un liquide qui porte le nom de *suc entérique* ou intestinal. C'est un liquide limpide, jaunâtre ou incolore, très alcalin, faisant effervescence avec les acides en raison du carbonate de soude qu'il renferme, coagulable par la chaleur, assez riche en albuminoïdes. Il est sécrété par les glandes de Lieberkühn ; le produit des glandes de Brunner est assez mal connu, et les propriétés qu'on lui a attribuées sont sujettes à discussion.

Pour obtenir le suc entérique, on ne peut pas avoir recours à la méthode des fistules, à cause du mélange qui se ferait du suc entérique avec d'autres sucs digestifs : il a fallu imaginer un mode opératoire différent, et voici de quelle façon Thiry a résolu le problème. Il isole une anse intestinale sur l'animal vivant dont il ouvre l'abdomen, et sans détruire ses connexions mésentériques, il la sépare du reste de l'intestin. Il rapproche et réunit par une suture les deux segments inférieur et supérieur de l'intestin ; il ferme par une ligature l'une des extrémités de l'anse ; l'autre, il la réunit aux bords de la plaie des parois abdominales. Cette anse représente donc un cul-de-sac intestinal que ne traverse aucun aliment, aucune sécrétion, qui a conservé toute sa vitalité et dont on peut aisément étudier le produit et les propriétés.

On peut encore poser sur l'intestin deux ligatures temporaires, et recueillir le suc produit (Colin) ; chez l'homme, Busch a pu observer un cas de fistule intestinale intéressant ; mais naturellement le suc ne pouvait être pur, sans compter qu'en raison de son siège (duodénum), la fistule ne pouvait, en fait de suc entérique, fournir que du suc des glandes de Brunner. Enfin la méthode des infusions aqueuses de l'intestin peut être également employée pour l'étude du rôle digestif du suc entérique. Celui-ci renferme à part les éléments indiqués plus haut, des débris épithéliaux, une quantité énorme de microbes et un *ferment*, — non isolé encore, — qui saccharifie l'amidon.

Il est difficile de connaître la proportion de suc entérique sécrétée, à cause de l'absorption qui s'en fait dans l'intestin; mais on sait que la quantité en est assez grande. Ses propriétés varient d'ailleurs selon les circonstances où il est sécrété : normalement, c'est un suc alcalin (seul Leven le dit acide; mais cette affirmation demande à être confirmée), limpide, salé, qui coagule par la chaleur, mais qui renferme beaucoup moins de matières extractives quand il est sécrété par une anse *énervée* (A. Moreau), c'est-à-dire par une anse soustraite à l'influence du système nerveux par section des filets mésentériques.

L'action physiologique du suc entérique porte principalement, si ce n'est exclusivement, *sur les matières amylacées qu'il saccharifie.* Si l'on mélange un peu d'empois d'amidon avec une infusion de l'intestin coupé en petits morceaux après avoir été lavé à grande eau, et si l'on fait agir ensuite le réactif de Barreswill, il y a réduction très active du cuivre, indiquant la formation de glycose. Le suc entérique possède encore la propriété de dédoubler le sucre cristallisé en glycose et lévulose, grâce à la présence d'un second ferment, *le ferment inversif* de Cl. Bernard. Agit-il sur les albuminoïdes? La question est très controversée, et les résultats sont très différents, ce qui s'explique en partie par les différences, et surtout par les défectuosités des conditions où ont opéré la plupart des expérimentateurs. De toute façon, s'il agit et s'il les dissout, en les transformant en peptones, c'est très faiblement. Pourtant Schiff lui attribue une action puissante sur les albuminoïdes; mais ses propriétés digestives peuvent être dues aux microbes qui font aussi beaucoup pour la digestion de la cellulose. On remarquera que l'addition d'antiseptiques diminue et supprime le pouvoir peptonisant du suc entérique (Masloff et Winz). L'action sur les graisses est plus douteuse encore. En somme, le rôle chimique du suc entérique paraît limité à la *saccharification des hydrates de carbone*, bien que Leven y voie un succédané du suc pancréatique, capable de digérer les albuminoïdes, de saccharifier l'amidon, et même d'émulsionner les graisses, et que de nombreux auteurs lui aient attribué l'une ou l'autre de ces actions.

C'est une chose singulière de voir à quel point l'organisme a été richement doué pour la digestion des hydrates de carbone : le principal effort de cette fonction semble porter sur cette catégorie d'aliments, même chez les animaux qui, comme les poissons, ne doivent en absorber qu'une très faible proportion. Les poissons se nourrissent de matières animales surtout, et pourtant leur suc entérique est un puissant saccharifiant. Le rôle mécanique du suc entérique est au moins aussi important que son rôle chimique. Il dilue le chyme, en fait une bouillie plus liquide encore, ce qui facilite l'absorption.

Dans certains cas, quand les mouvements de l'intestin sont rapides, il semblerait que le passage de la bouillie fût trop accélérée pour que l'absorption des parties liquides se fît, et c'est ainsi que certains auteurs expliquent la diarrhée. Une autre théorie l'attribue — comme aussi l'effet des purgatifs — à une hypersécrétion de suc entérique. Il paraît établi que certains de ces derniersdéterminent une sécrétion considérable, une transsudation exceptionnelle, tantôt directe, par osmose (Dutrochet, 1828), les purgatifs salins sulfate de soude ou de magnésie) absorbant l'eau du sang, ou déterminant une irritation intestinale (Vulpian), tantôt indirecte, en passant dans le sang, et, lors de leur passage par les glandes de Lieberkuhn, excitant celles-ci, ou bien par action nerveuse réflexe sur ces glandes. D'après Hay, les purgatifs salins stimulent la secrétion en même temps qu'ils ralentissent l'absorption : de là accumulation de liquide qui exciterait les contractions intestinales; ils agissent d'autant plus que l'organisme a plus absorbé de liquides auparavant. Il y a cependant des purgatifs qui agissent en exagérant le péristaltisme : ce serait le cas des huiles purgatives et de différentes substances végétales.

Par les nombreux microbes qu'il renferme, le suc intestinal reçoit certainement un adjuvant physiologique important. Ils contribuent à la digestion en sécrétant des sucs qui agissent sur les aliments. Il est certain qu'ils produisent un suc saccharifiant l'amidon, et peut-être en fournissent-ils d'autres encore qui peuvent rendre de grands services à la digestion. Chez les herbivores, où ils se trouvent aussi en nombre énorme, ils contribuent à la digestion, et le *Bacillus amylobacter* contribue beaucoup à la digestion de la cellulose, si abondante dans les aliments herbacés et sur laquelle les sucs digestifs ont si peu d'action.

La sécrétion du suc intestinal est très nettement sous la dépendance du système nerveux qui agit sur la quantité comme sur la qualité de celui-ci. Tout candidat et tout soldat connaît l'émotion de l'examen, du concours, ou de la bataille ; tous deux connaissent, plus ou moins d'ailleurs, l'influence que ces émotions produisent sur leur intestin, comme sur leur vessie. L'émotion agit comme la section des nerfs de l'intestin. Le suc ainsi produit et dont l'abondance constitue le flux diarrhéique n'est pas un suc digestif, pas plus que la salive ou le suc pancréatique paralytiques, pas plus que le suc entérique de l'intestin énervé. C'est un liquide très aqueux, pauvre en ferment et en matières extractives.

On n'est point encore d'accord sur la question de savoir s'il y a dans ce cas sécrétion véritable, ou transsudation séreuse du plasma du sang hors des capillaires qui sont en état de dilatation marquée. L'énervation, ou section des nerfs qui se rendent à une partie quelconque de l'intestin, comme A. Moreau l'a le premier pratiquée, détermine en tout cas la production d'un liquide abondant mais très peu digestif (suc paralytique). Le pneumogastrique semble n'exercer aucune influence sur ces phénomènes, mais l'extirpation du ganglion solaire du plexus cœliaque agit comme l'énervation. C'est donc le sympathique qui agirait sur la sécrétion intestinale, mais son mode d'action est encore inconnu.

Fonctions motrices. — La progression des aliments depuis

le pylore jusqu'à l'anus est due aux mouvements péristaltiques de l'intestin. Ces mouvements (qu'on a encore désignés sous l'épithète de vermiculaires, parce que dans l'intestin *in situ*, les différentes parties de celui-ci se contractent comme le ferait une agglomération de vers), non continus, mais rythmés et espacés par des intervalles de repos, sont lents et graduels. Ils consistent en une série de resserrements annulaires, dus à la contraction des fibres circulaires qui se produit successivement de l'estomac vers l'anus. Les contractions pressent sur les aliments et chassent ceux-ci vers l'extrémité anale, exactement comme en serrant modérément un tube flexible rempli d'eau, ou d'une substance demi-liquide, l'on chasse celle-ci dans le sens où l'on déplace la pression. On observe aisément ces mouvements, en mettant simplement les intestins à découvert sur l'animal vivant ; mais il ne faut pas oublier que le contact de l'air est un excitant puissant : le phénomène s'observera dans des conditions plus normales en plongeant les intestins dans de l'eau salée à 6 p. 1,000, tiède. Il y aurait aussi des mouvements *antipéristaltiques* qui se feraient en sens inverse de celui des précédents ; c'est-à-dire de l'anus vers l'estomac, grâce à l'alternance des deux ordres de mouvements, les aliments pourraient monter, descendre, se mélanger, se brasser complètement : mais l'existence de cet antipéristaltisme n'est nullement chose certaine encore.

Ce mouvement des intestins, plus rapide chez les herbivores que chez les carnivores, est un acte réflexe, qui se trouve dépendre surtout des excitations locales produites par le contact des aliments, et peut-être de la bile. On sait encore que certains médicaments exagèrent beaucoup l'intensité du péristaltisme normal ; d'autres la diminuent : tels sont, pour le premier groupe, la muscarine, la nicotine (d'où l'emploi, dangereux d'ailleurs, des lavements purgatifs au tabac), la caféine et divers purgatifs, et pour la deuxième, l'opium, la morphine, la belladone, l'atropine. L'exagération des mouvements normaux s'accompagne de douleurs : douleurs de *colique*.

Le système nerveux exerce évidemment une influence considérable sur les mouvements de l'intestin. Tout d'abord, il y a dans les parois intestinales même un plexus nerveux important : le plexus d'Auerbach entre les deux couches musculaires, et le plexus de Meissner, qui entoure la couche sous-muqueuse. Les fibres et ganglions de ce plexus intestinal semblent former un centre réflexe avec des fibres centrifuges et centripètes : une anse intestinale séparée du corps exécute des mouvements très nets, pendant quelque temps, et ceux-ci sont, selon toute probabilité, sous la dépendance du plexus en question. En l'absence de toute excitation, l'intestin demeure immobile, ainsi que cela a lieu durant le sommeil. D'autre part, l'excitation du pneumogastrique détermine des mouvements péristaltiques, tandis que, comme Pflüger l'a montré, l'excitation du splanchnique produit l'arrêt des mouvements : ce nerf exerce donc une inhibition ; il renfermerait encore, d'après Nasse, des fibres vaso-constrictives (et sa section déterminerait une vaso-dilatation considérable, pouvant amener la mort par anémie de la moelle allongée), et enfin il renferme les filets sensitifs de l'intestin. En somme, le pneumogastrique serait le nerf moteur, et le splanchnique, le nerf sensitif, le vaso-constricteur et le nerf inhibiteur de l'intestin. Notons en passant que l'excitation de la moelle et du bulbe semble aussi activer les mouvements intestinaux.

Ceux-ci dépendent encore dans une grande mesure de la circulation et de l'état du sang. L'interruption de celle-là, par ligature ou compression de l'aorte, par exemple, provoque des mouvements considérables (Schiff), qui sont, en réalité, dus à l'accumulation d'acide carbonique dans le sang. C'est sans doute à ce début d'asphyxie locale que sont dues les évacuations involontaires qui précèdent, accompagnent ou suivent de près la mort.

Le péristaltisme a pour rôle d'amener peu à peu les aliments dans le gros intestin, d'où il leur est très difficile, mais non impossible, de refluer dans l'intestin grêle, à cause de la valvule iléo-cœcale. Mais ceci se fait lentement, les replis de l'intestin étant évidemment autant d'obstacles à une progression rapide. Les aliments sont agités, comprimés, brassés, mis en contact avec une surface absorbante considérable et très active ; aussi deviennent-ils de plus en plus pauvres en liquides et plus durs. Finalement ils arrivent dans la portion terminale du gros intestin, et s'accumulent dans le rectum et l'S iliaque, où les maintiennent les sphincters de l'anus.

Ils ne maintiennent les matières fécales, car nous ne pouvons plus les considérer comme des aliments, que pour un temps. A mesure que celles-ci s'accumulent, elles pressent sur le sphincter, qui joue en quelque sorte le rôle d'un diaphragme, leur présence agit comme un incitant, et détermine des contractions plus fortes et plus nombreuses de l'intestin. On peut résister quelque temps au besoin de la *défécation*, grâce au sphincter strié, soumis à la volonté, qui vient en aide au sphincter lisse, prêt à céder, et enfin, quand l'organisme cède au besoin, il aide à l'expulsion par des efforts, par des contractions des muscles abdominaux que facilite encore une inspiration profonde avec fermeture de la glotte, et compression des viscères par le diaphragme. Mais ces efforts ne sont pas toujours nécessaires : les contractions des fibres longitudinales de celui-ci, qui dilatent l'anus, et du rectum peuvent suffire, aidées de la contraction du muscle releveur de l'anus qui fait en quelque sorte glisser les parois de l'anus sur la masse fécale en venant au-devant d'elle.

Ici encore, le système nerveux joue un rôle considérable. Les contractions du rectum et de l'anus — ces dernières parfois très douloureuses, si on a résisté longtemps au besoin — sont sous sa dépendance ; elles sont réflexes, les nerfs sensitifs du rectum venant agir sur le centre ano-spinal de Budge et Masius dans la moelle lombaire. D'ailleurs les sensations ayant leur origine dans le rectum ne sont pas les seules qui amènent les contractions de celui-ci ; celles qui déterminent d'une façon ou d'une autre l'excitation de la moelle (asphyxie, etc.) ont leur contre-coup sur le rectum. Le sphincter anal semble présenter des alternatives de contraction et de relâchement : du moins on les observe quand un corps étranger est introduit dans l'anus. Mais existent-elles à l'état normal? A défaut de celles-ci, toutefois, car on n'est point encore bien assuré de ce point, le sphincter présente une certaine tonicité permanente

Fonctions d'absorption. — C'est une notion banale assurément que celle des fonctions d'absorption de l'intestin, et surtout de l'intestin grêle.

Bien que certaines substances solubles commencent réellement à être absorbées dès leur introduction dans le tube digestif, c'est-à-dire dans la bouche et l'estomac, la proportion des matériaux ainsi incorporés dans l'organisme est très faible. C'est l'intestin qui représente en somme le lieu d'élection de l'absorption digestive et, d'après Launois et Lépine, celle-ci se fait surtout dans les parties supérieures de cet organe (1888). Pourtant l'estomac absorbe avec une certaine activité. Colin a vu que la strychnine tue un chien presque aussi rapidement quand elle ne peut sortir de l'estomac, que dans le cas où elle a la facilité de gagner l'intestin. Il en est de même pour le lapin, le porc, le chat. Mais il n'en va pas ainsi pour le cheval, comme l'ont montré Bouley et Colin. Chez cet animal, et chez les solipèdes en général, l'estomac absorbe très peu : l'expérience précédente montre que la strychnine ne les tue pas tant qu'elle reste dans l'estomac : dès qu'elle peut passer dans l'intestin, l'empoisonnement se produit. Ce fait s'explique par la différence de la conformation anatomique de l'estomac du cheval. L'absorption stomacale donc assez prononcée chez les carnivores, elle est très faible chez les solipèdes. Mais, même chez les carnivores, elle est insignifiante comparée à ce qu'elle est dans l'intestin, organe bien autrement adapté à l'absorption, et dont la superficie active est considérablement accrue par la présence des *villosités* et *valvules conniventes*.

Nous savons que l'absorption consiste en un phénomène de diffusion, phénomène purement physique que la circulation favorise en général, mais ne détermine point, et qu'elle peut aussi contrecarrer dans certaines conditions, en vertu des lois mêmes qui président à la diffusion. Mettez deux liquides différents, susceptibles de se mélanger, en présence l'un de l'autre, mais en interposant entre eux une membrane animale ou végétale, et vous avez ce que Dutrochet appela l'endosmose et l'exosmose, ce que Graham a appelé osmose. Et cette osmose, c'est la diffusion des deux liquides l'un vers l'autre, à travers la membrane, de telle sorte qu'en fin de compte il y ait des deux côtés de celle-ci un même mélange des éléments d'abord séparés ; s'il y avait au début eau pure d'un côté, et de l'autre solution de sel concentrée, il y a à la fin deux solutions également salées. Mais nous savons que les différentes substances traversent très inégalement les membranes : les *colloïdes* passent en petite quantité ; les *cristalloïdes*, au contraire, en abondance ; et d'autre part nombre de circonstances favorisent ou entravent l'osmose, aussi bien sur le vivant, que dans les expériences de laboratoire. Ainsi, plus le milieu vers lequel diffuse une substance quelconque est chargé de cette substance, moins il se fait de diffusion. Si le sang est riche en eau ou en graisse, il absorbe fort peu d'eau ou de graisse, et l'état du sang exerce nécessairement une influence marquée sur l'absorption. Mais l'absorption n'est pas seulement soumise aux lois générales de diffusion dont elle est un cas particulier : un élément vient compliquer, ou plutôt altérer le processus : c'est la présence de l'épithélium intestinal qui facilite ou entrave la diffusion, en vertu de sa vie propre. Cet épithélium devient le théâtre d'opérations très intéressantes dès qu'il se trouve en contact avec des matières absorbables, et dans ce cas seulement. Il se gonfle, s'érige, devient turgescent, par suite du passage (vraisemblable pour toutes les substances absorbables, certain pour les graisses seulement) de ces matières à travers ses parois : de là elles passent aisément dans le sang par simple diffusion. Est-ce à dire que le mécanisme de cette absorption soit chose bien claire ? Loin de là : il suffit pour s'en rendre compte de voir combien l'on est peu d'accord sur le mécanisme de l'absorption de la graisse, bien que ce soit encore celui sur lequel on possède les données les plus positives. En effet, pour les uns, la graisse s'absorbe à l'état d'émulsion. Mais il n'est pas du tout prouvé que la graisse, si finement divisée qu'elle soit, puisse traverser les cellules épithéliales, quels que soient les moyens (hypothétiques d'ailleurs) que l'on imagine pour faciliter ou rendre possible le passage. Pour d'autres, elle s'absorbe à l'état de savons : les corps gras seraient décomposés en glycérine et en acides gras qui formeraient des savons avec les bases de la bile, ou encore les graisses seraient absorbées à l'état de savons et de glycérine que les villosités reconstitueraient en graisse. On voit qu'en somme le mode d'absorption de la graisse est loin d'être élucidé. Elle passe dans les cellules épithéliales, cela est certain, mais comment, sous quelle forme ? Gruenhagen, Heidenhain et d'autres pensent que les cellules des villosités s'emparent des substances qu'elles absorbent au moyen de sortes de pseudopodes comparables à ceux des amibes, alors que pour Zawarykin (*Die Fettresorption*, 1884, *Arch. f. d. Ges. Phys.*) la graisse est absorbée par des leucocytes qui se logeraient dans les interstices séparant les cellules épithéliales les unes des autres, happeraient au passage les globules de graisse, et s'en iraient vers les vaisseaux lymphatiques, une fois leur provision faite. Renaut adopte des vues analogues avec cette différence toutefois que pour lui les leucocytes ne se borneraient pas à passer *entre* les cellules épithéliales, mais les *traverseraient* de part en part, sans plus de façons. Quoi qu'il en soit, les leucocytes semblent jouer un rôle important, et avec ce que nous verrons à leur sujet au chapitre *sang*, il sera évident que la fonction de ces globules dans la vie de l'organisme est des plus considérables.

C'est par les villosités intestinales que se fait l'absorption du contenu de l'intestin.

Ces villosités, au nombre de plusieurs millions (4 d'après Krause), situées sur les valvules conniventes et entre elles, consistent en saillies allongées, minces, de la muqueuse, de forme conique ou cylindrique, recouvertes d'une couche unique d'épithélium cylindrique, qu'on a cru à tort pourvu de pores absorbants ; sous cet épithélium il y a une membrane de soutien mince, puis vient le corps même de la villosité, qui offre la même structure que la muqueuse de l'intestin. Au centre, nous trouvons l'origine des chylifères sous forme d'un canal probablement muni de parois propres, et autour de lui se répand un riche réseau de capillaires venant d'une artère et aboutissant à une veine. Les vaisseaux sont donc plus superficiels que le chylifère. Les chylifères des différentes villosités s'unissent entre eux pour former des réseaux, d'où partent des vaisseaux bien caractérisés qui vont aboutir à une série de ganglions lymphatiques appelés ganglions mésentériques. C'est l'amas ganglionnaire le plus vaste du corps. Ces ganglions sont renfermés dans les feuillets du mésentère. Près de l'intestin, ils sont petits et rares ; dans chacune des rangées plus distantes de l'intestin, ils sont serrés et volumineux, et enfin, à la racine du mésentère, le long de l'artère mésentérique supérieure, ils sont plus volumineux encore et serrés ; chez quelques mammifères ils forment une masse à laquelle on a donné le nom de *pancréas d'Aselli*. En tout, l'homme a de 100 à 200 ganglions mésentériques ; ils communiquent entre eux ; le chyle passe des uns aux autres et semble y subir quelque transformation, car avant d'y avoir passé, il ne peut coaguler, tandis qu'après les avoir traversés, il devient coagulable (Würtz, etc.).

De ces ganglions naissent alors des vaisseaux afférents, toujours des chylifères, qui s'unissent en un ou deux troncs principaux. Les chylifères, nés des ganglions mésentériques, forment la racine moyenne du *canal thoracique ;* ceux qui viennent des ganglions lombaires forment des racines latérales qui s'unissent plus haut à la racine moyenne ; le chyle pénètre donc dans le canal thoracique et par son intermédiaire va se jeter dans le tronc veineux brachiocéphalique gauche, pour pénétrer dans le torrent sanguin.

La fonction des chylifères est de puiser dans l'intestin certains produits de la digestion qui forment le *chyle* et d'amener celui-ci, par l'intermédiaire du canal thoracique, à pénétrer dans le torrent circulatoire, qui se charge de le distribuer dans tout l'organisme pour les besoins de la nutrition. Il est à noter que les chylifères sont particuliers aux animaux supérieurs et manquent chez les invertébrés (Colin) ; on remarquera encore qu'en somme les chylifères n'accomplissent qu'une partie de la besogne, et que les veines des villosités intestinales les aident dans une proportion qu'il n'est pas aisé de déterminer.

Les veines des villosités jouent en effet un rôle très important dans l'absorption, comme l'a montré Magendie : avant lui, les chylifères étaient considérés comme les seuls organes d'absorption.

L'épithélium intestinal n'absorbe pas seulement les graisses; il absorbe encore l'eau et les sels qu'elle renferme, par simple diffusion, et telle quelle, les albuminoïdes, à l'état de peptones, les hydrates de carbone, à l'état de glycose. Les syntonines et peptones sont absorbées déjà dans l'estomac et il est à noter que, pour quelques auteurs, la peptonisation ne serait pas indispensable, en tant que préliminaire de l'absorption : certains albuminoïdes pourraient ensuite être absorbés directement, sans peptonisation. Rappelons encore que l'absorption de la glycose commence dans la cavité buccale.

Ce n'est pas tout. En même temps que le tube digestif absorbe les matières alimentaires, il résorbe une certaine quantité de sucs digestifs, tels quels, sauf la bile, et peut-être le suc pancréatique. La bile subit des modifications considérables, et une partie seulement de ses éléments est résorbée : le reste est transformé, décomposé, expulsé. De même que pour les aliments, cette résorption se fait un peu dans toute l'étendue du tube digestif, mais principalement dans l'intestin grêle. Du reste, le gros intestin représente lui aussi une voie d'absorption assez active, comme le montre le succès de la pratique des lavements alimentaires (à la condition qu'ils soient *pancréatisés* afin qu'ils puissent être digérés).

Une fois que les matières absorbables ont traversé l'épithélium intestinal, quelles voies suivent-elles pour se répandre dans l'organisme ? On a cru autrefois que les *chylifères* ou lymphatiques de l'intestin représentent l'unique voie d'absorption : aujourd'hui l'on sait qu'il n'en est pas ainsi. Les chylifères absorbent les graisses presque exclusivement, celles-ci n'ont pas d'autre voie. Sur un animal tué pendant la digestion, on voit le réseau des chylifères devenir blanc par la graisse dont il se gorge. Des chylifères la graisse va au sang par les voies que l'on sait. Les peptones sont très faiblement absorbés par les chylifères : il en est de même pour la glycose. La principale voie d'absorption des matières alimentaires, en dehors des substances grasses, c'est le réseau capillaire sous-jacent avec villosités intestinales, et qui représente les origines de la veine porte (veines mésentériques). L'eau et les sels passent surtout par ces capillaires (Heidenhain a vu qu'il passe huit ou dix fois plus d'eau par les vaisseaux sanguins que par les chylifères). Les peptones y passent également, mais s'y transforment très vite en albumine (peut-être sont-ils, comme le pense Hofmeister, absorbés par les globules blancs), car ni dans le sang, ni dans le chyle on ne trouve de peptones en quantité bien considérable. Le glycose enfin passe par les capillaires, pour aller au foie, et c'est par la même voie que s'introduisent maintes substances non alimentaires, indifférentes ou toxiques. Les graisses n'y passent point : nous venons de voir qu'elles sont entraînées dans les lymphatiques, dans les chylifères.

Pour terminer, notons qu'après l'absorption par les cellules épithéliales et le passage des produits dans les vaisseaux, il y a une *mue épithéliale*, une chute de ces cellules, qui sont remplacées par une couche nouvelle. Küss croit que ce renouvellement se fait après chaque digestion, et il pense que la bile sert surtout à accélérer ce *balayage intestinal*. La théorie est intéressante, mais exagérée, semble-t-il ; en tout cas, la desquamation épithéliale paraît bien exister [1].

[1] « Je suis porté, écrivait Cl. Bernard (*De la Physiologie générale*, 1872), à admettre d'après mes expériences qu'il y a à la surface de la membrane mu-

Le chyle est l'ensemble des produits digestifs absorbés par les vaisseaux sanguins de l'intestin (des villosités en particulier) et par les chylifères. L'étude du chyle ne peut être faite que sur le contenu des chylifères. On doit considérer ce liquide comme une des métamorphoses des aliments ; il arrive dans l'intestin, préformé, résultant des actions des sucs digestifs sur les matières alimentaires, et il est absorbé purement et simplement pour être transporté dans le sang auquel il va s'incorporer, dont il va faire partie intimement constituante, et à qui il va donner de nouvelles propriétés nutritives. On peut étudier le chyle de plusieurs manières : la meilleure est celle qui consiste à établir une fistule au canal chylifère chez le bœuf (Colin). Le chyle est un liquide lactescent, blanc chez l'homme et les carnivores ; opalin, jaunâtre ou verdâtre chez les herbivores ; parfois rosé sans que l'on soit d'accord sur les causes du phénomène. Sa saveur est un peu salée ; son odeur est celle de l'animal qui la fournit ; sa densité varie de 1,012 à 1,022 ; sa réaction est alcaline.

Il consiste en un plasma analogue à celui de la lymphe, où nagent des leucocytes et des globules graisseux qui sont très abondants pendant la digestion des corps gras.

Sur 1,000 parties, il comprend 900 ou 980 parties d'eau ; le reste consiste en des sels minéraux, des matières extractives, de l'albumine, de la fibrine.

Il est coagulable ; la coagulation du chyle, extrait de l'animal, commence par les parties inférieures (Colin) ; elle est plus prononcée chez les herbivores ; le caillot est mou, gélatineux, et la coagulation est due à une petite quantité de fibrine qu'on peut obtenir par battage du chyle frais. Pour Würtz et d'autres, le chyle ne deviendrait apte à se coaguler qu'après avoir traversé les premiers ganglions mésentériques, où il acquerrait de la fibrine. Sur le mort ou sur le vivant, après l'ouverture du canal thoracique, la coagulation ne se produit qu'avec une extrême lenteur. La circulation du chyle, sa propulsion vers le canal thoracique, est due à des causes variées parmi lesquelles on peut citer la *vis a tergo*, la contraction des muscles lisses des villosités intestinales, où naît une partie des chylifères (on sait que les valvules des vaisseaux chylifères empêchent le reflux vers le lieu d'origine),

queuse intestinale une véritable génération d'éléments épithéliaux qui attirent les liquides alimentaires, les élaborent, et les versent ensuite par une sorte d'endosmose dans les vaisseaux. La digestion ne serait donc pas une absorption alimentaire simple et directe... Il y a un travail organique ou vital intermédiaire. Ce n'est pas une simple dissolution chimique comme l'avaient admis la généralité des physiologistes. »

les mouvements inspiratoires du thorax, la diastole cardiaque et les mouvements musculaires. Cette propulsion se fait d'ailleurs avec beaucoup de lenteur.

Il est bon de noter que si, à l'état normal, les chylifères paraissent transporter une grande partie des produits de la digestion, ils peuvent cesser de fonctionner sans trop grand dommage pour l'organisme. Les veines mésaraïques semblent suffire à la besogne quand les chylifères cessent de travailler. En effet, on comprend que le rôle des chylifères soit secondaire quand on sait qu'ils transportent surtout les matières grasses, et que c'est aux veines mésaraïques qu'incombe le soin de transporter les albuminoïdes et les sucres, comme on s'en est assuré par l'expérience.

Défécation. — Grâce aux vaisseaux chylifères, l'organisme absorbe une notable proportion des substances solubles fournies par la digestion des aliments. Toutefois il n'absorbe par toutes celles-ci, et elles restent dans l'intestin, poussées vers le rectum. Avec elles, se trouve tout un résidu de substances insolubles dont la défécation débarrassera l'organisme. Ce résidu, c'est la matière fécale dont il nous faut dire quelques mots ici, ayant parlé plus haut des phénomènes mécaniques de la défécation.

Son abondance varie fort selon le mode d'alimentation : il y en a peu avec le régime carnivore, par contre, avec le régime végétal, il y en a beaucoup, les substances végétales étant riches en cellulose et autres produits peu digestibles ou indigestes. Et pareillement la durée du séjour des aliments varie selon leur digestibilité ; aussi les herbivores mettent-ils plus de temps à digérer que les carnivores.

La digestion du carnivore se fait en vingt-quatre heures en tout, tandis que l'herbivore demande trois ou quatre jours (cheval) et jusqu'à huit jours (chèvre et mouton).

Ce n'est guère que dans le gros intestin que les aliments prennent le caractère fécal : là, en effet, chez l'homme et les carnivores (mais non chez les herbivores) l'intestin cesse de transformer les aliments, et il cesse aussi de les absorber. Devenus excréments, les aliments constituent une matière pâteuse, épaisse, de coloration brune (blanche si la bile n'a pas accès à l'intestin), de densité inférieure à celle de l'eau, généralement acide, pesant de 60 à 500 grammes par vingt-quatre heures. On y trouve de tout un peu. Tout d'abord, et naturellement, les éléments indigestibles : cellulose, tissu élastique, chlorophylle, sels insolubles ; des éléments digestibles qui n'ont point été modifiés ; passablement de sels ; des substances grasses variées, des principes biliaires.

Beaucoup de ces substances sont dues à l'activité des microbes de l'intestin et aux fermentations qu'ils produisent : ces organismes y pullulent de façon effrayante, Vignal en évaluant le nombre à 20 millions par décigramme de matière fécale ! Les uns agissent sur l'amidon et la cellulose ; d'autres sur les sucres ; d'autres sur les graisses dont ils font de la glycérine et un acide gras, sur les albuminoïdes, etc. Parmi les produits de cette putréfaction véritable dont l'intestin est le théâtre, nous citerons l'*indol* qui est en partie expulsé avec les excréments, en partie résorbé pour aller apparaître, oxydé, dans l'urine et s'éliminer sous forme d'indican ; le *scatol* voisin de l'indol, et dérivant comme lui de la putréfaction des albuminoïdes, comme lui aussi éliminé par les fèces et par l'urine. Ces deux substances préparées à l'état de pureté sont inodores ; mais extraites des excréments, elles renferment le principe qui donne à ceux-ci l'odeur que l'on sait. Marcet a extrait des excréments des herbivores principalement un corps qu'il appelle *excrétine* et qui est voisin de la cholestérine. Les produits de décomposition de la bile sont l'hydrobilirubine, l'acide glycocholique, l'acide cholalique, la cholestérine, etc. Enfin, d'après Bouchard, les excréments renferment encore des *ptomaïnes* dues aux fermentations intestinales, et qui donnent à ceux-ci leur toxicité. Leur présence est habituellement sans inconvénient, leur résorption étant lente, et leur élimination pouvant sans doute se faire par l'urine. Il convient de signaler aussi une quantité considérable de débris épithéliaux provenant de la desquamation de la muqueuse intestinale : à supposer que l'organisme ne reçût que des aliments en totalité absorbables, il rejetterait donc toujours une certaine quantité d'excréments formés par les débris épithéliaux, les produits de décomposition de la bile, etc., qui constituent le *méconium* de l'enfant nouveau-né.

En même temps que les microbes de l'intestin déterminent les fermentations qui aboutissent à la formation de substances variées, ils provoquent — surtout les anaérobies — un dégagement abondant de gaz. Aussi ces gaz font-ils défaut chez l'embryon. Ils consistent principalement en azote, acide carbonique, hydrogène, hydrogène sulfuré : l'oxygène fait absolument défaut. Les uns ont pu être ingérés avec les aliments ; d'autres sont exhalés par la muqueuse (CO^2) ; d'autres enfin sont le résultat des fermentations ; ils ont leur utilité en maintenant ouvert le tube intestinal, et en donnant de l'élasticité et du volume à l'abdomen, ce qui est d'un grand service dans l'effort.

NUTRITION

Nous avons vu que la digestion consiste à rendre les aliments assimilables. Grâce à elle, des substances qui n'étaient ni assimilables ni absorbables, se transforment de telle sorte qu'elles passent dans l'organisme et s'y incorporent. Dans la bouche, la salive commence à effectuer la saccharification de l'amidon qui se transforme en glycose ; cette saccharification continue d'ailleurs à s'opérer dans l'estomac, où, sous l'influence du suc gastrique, les albuminoïdes se transforment en peptones, c'est-à-dire en albumine soluble ; puis le suc pancréatique, à son tour, fabrique des peptones et de la glycose, et, en outre, émulsionne les graisses dont il décompose une partie — ce qui en fait le seul suc digestif complet de l'organisme — et ces mêmes actions sont exercées encore, mais à un degré plus faible, par la bile et le suc intestinal. Pratiquement, la digestion est terminée dès l'arrivée des aliments dans le gros intestin, et on ne trouve dans ce dernier que des matières indigestibles, ou indigérées, et des substances dont l'organisme ne peut rien tirer d'utile. A l'acte digestif succède l'absorption. Elle lui succède, logiquement et nécessairement, pour les substances qui ne sont point directement assimilables ; mais l'eau, les sels qu'elle renferme et d'autres substances (chlorure de sodium par exemple) s'absorbent directement sans subir de modifications préalables, d'autres s'absorbent directement aussi, mais subissent dans l'organisme des modifications ultérieures. Cette absorption se fait, à un très faible degré, dans la bouche, le pharynx et l'œsophage ; à un plus haut degré dans l'estomac ; mais elle se fait principalement dans l'intestin grêle. Somme toute, les graisses passent presque exclusivement par les chylifères qui les vont déverser dans le sang ; les peptones, les sels, l'eau, le glycose sont absorbés par les capillaires, et surtout par les capillaires intestinaux. Enfin l'organisme absorbe en nature différentes substances plus ou moins alimentaires aussi, comme l'eau, les sels inorganiques, l'oxygène les aliments d'épargne.

Il nous faut maintenant suivre ces substances dans leur trajet à travers l'organisme, et voir comment elles servent à la nutrition, c'est-à-dire à l'entretien de la machine animale, comment elles sont assimilées, quel rôle elles jouent, et quelle est leur destinée ultime. Nous considérerons donc les processus *anaboliques* ou constructifs, et les processus *cataboliques* ou destructifs, dont l'organisme est le siège, et dont les matières alimentaires font les frais ; puis nous considérerons les relations qui existent entre ces deux processus.

Processus anaboliques (assimilation ou synthèse). — Pour plus de clarté, nous diviserons ceux-ci en trois parties, et nous étudierons successivement le mode d'utilisation des graisses, des albuminoïdes et des sucres.

Adipogénie. — Les chylifères, nous le savons, fournissent à l'organisme une quantité considérable de graisses, et nous retrouvons celles-ci dans toutes les parties des corps, sauf l'urine ; elles nous sont fournies par la viande, par les végétaux, etc., et ce sont des substances formées d'une combinaison de glycérine avec un acide gras (palmitique, stéarique, oléique, etc.). Versées dans le sang, par l'intermédiaire du canal thoracique, les graisses y demeurent peu de temps reconnaissables : elles disparaissent bientôt. On pourrait être tenté de croire qu'elles sont immédiatement brûlées par l'organisme ; mais ce serait une erreur. En effet, les combustions interstitielles ne sont pas accrues ; l'absorption d'oxygène (pour brûler) et l'exhalaison d'acide carbonique (résultat de la combustion) ne changent pas sensiblement quand une grande quantité de graisse est ajoutée aux aliments. Alors que deviennent les globules de graisses apportés par les chylifères ? Ils se déposent tout simplement dans les tissus ; dans le foie, par exemple, qui est très riche en graisse, dans le tissu conjonctif où il forme la couche plus ou moins épaisse de graisse qui recouvre les muscles, dans la moelle des os, etc. ; il se forme de la sorte des *réserves* de graisse, surtout si la ration normale renferme assez d'albuminoïdes et de féculents pour suffire aux combustions, et si elle est telle que l'organisme, tout en conservant son activité habituelle, ne perde point de son poids, et ces réserves vont s'accumulant toujours plus. Le rôle de celles-ci est un rôle calorificateur, et elles accomplissent leur mission de deux façons bien différentes. Elles agissent *physiquement*, en qualité de corps mauvais conducteur de la chaleur, et qui s'oppose au rayonnement de la chaleur de l'organisme ; et c'est ainsi qu'agit la couche de graisse si fréquente chez les habitants des pays froids, chez les hommes (Lapons, Esquimaux, etc.), qui sont généralement gras, et chez les animaux (couche épaisse de graisse des Cétacès et mammifères marins ou terrestres des régions polaires, vivant presque toujours dans de l'eau voisine du point de congélation, et conservant néanmoins une température fixe de 38 ou 40 degrés). Elles agissent encore *chimiquement*, en brûlant au contact de l'oxygène, en dégageant de la chaleur, comme nous le verrons plus loin : elles sont donc calorigènes, et conservatrices de chaleur. Ajoutons que la graisse sert encore d'organe de protection ou de fixation pour les tissus.

Nous pourrions nous arrêter là, et clore ce chapitre, si des faits qui ne sont pas très anciens n'avaient suscité quelque discussion au sujet de l'origine de la graisse de l'organisme. Ces faits sont les suivants :

1° Boussingault et Persoz remarquent qu'une oie nourrie de maïs seul produit plus de graisse qu'elle n'en a reçu (et il en est de même pour d'autres animaux) ;

2° Chaque animal présente une composition chimique qui lui est spéciale, en ce qui concerne la graisse, et cette composition ne varie guère quand même on donne à l'animal des graisses de composition très variable, très différente de celles qui se trouvent dans ses tissus (Lébédeff a pourtant montré que cette affirmation est trop absolue, et que, selon la nature des graisses de l'alimentation, celle des graisses du corps peut varier assez considérablement) ;

3° Les abeilles, nourries de miel, ont pourtant de la graisse puisqu'elles en sécrètent, sous forme de cire ;

4° Une consommation plus considérable de féculents et de sucres détermine un engraissement notable (nègres des plantations de canne engraissant à l'époque de la récolte).

Ces faits ont naturellement donné à penser que la graisse du corps ne dérive pas exclusivement de celle que renferment les aliments, mais que l'organisme peut en *fabriquer* aux dépens de substances ou d'aliments dépourvus de corps gras.

Les faits qui plaident en faveur de cette manière de voir sont abondants, en dehors de ceux qui précèdent, et on accorde aujourd'hui que les graisses peuvent être fabriquées aux dépens des hydrocarbonés et des albuminoïdes.

Des hydrocarbonés : car la vache fournit plus de beurre (graisse) qu'elle ne reçoit de corps gras par le foin qui lui est servi ; car la levure, dans un milieu absolument dépourvu de graisse et formé d'eau, de sucre, etc., y fabrique des corps gras (Pasteur) ; car chez les graines riches en amidon, mais dépourvues de graisse, il se forme aussi des corps gras ; car l'oie sur 100 parties de graisse de ses tissus, n'en a reçu que 20 au plus du dehors, etc. A ceci, pourtant, il a été fait des objections, et Voit ne croit pas à cette transformation directe des hydrocarbonés en graisse : il croit à une influence indirecte : les hydrocarbonés, en s'oxydant, rendraient inutile l'oxydation de la graisse fournie par les albuminoïdes, qui, dès lors, se déposerait en réserve, ou se sécréterait sous forme de graisse (beurre). De la sorte, les hydrocarbonés ne favoriseraient qu'indirectement l'adipogénie, et ils ne pourraient ce faire que si l'alimentation contient assez ou plutôt trop d'albuminoïdes, en même temps qu'un excès de féculents. La théorie de Voit mérite d'être signalée, mais elle suscite des objections très sérieuses, basées sur des faits précis, et en fait, il nous paraît indiscutable que, même en accordant aux albuminoïdes une production de graisse énorme, il y a des cas où, à coup sûr, les féculents doivent jouer un rôle *direct* considérable. Par exemple, Soxhlet, en nourrissant un porc de quantités connues d'aliments qualitativement et quantitativement dosés avec grande précision, a montré que la plus grande partie de la graisse (80 p. 100) devait certainement provenir des hydrocarbonés, étant données les quantités fournies par les aliments, directement, et celles qui ont pu au maximum être fournies par les transformations d'albuminoïdes. Ajoutons que de toute façon, et à supposer l'opinion de Voit erronée, nous ignorons le mécanisme de la transformation des hydrocarbonés en graisse : nous ne savons qu'une chose, c'est que les premiers étant plus riches en O que les derniers, il faut qu'il y ait élimination d'une certaine quantité de ce gaz chez les premiers.

La graisse se formerait encore aux dépens des albuminoïdes. On a cité à l'appui de cette hypothèse de nombreux faits, on a invoqué de nombreuses analogies. Ici l'on montre les tissus azotés se transformant en gras de cadavre (certains cimetières, conditions diverses), ou du moins étant totalement remplacés par lui. Là, c'est la dégénérescence graisseuse de différents organes ou tissus sur le vivant ; plus loin, c'est la production de graisse par des organismes inférieurs (champignons, Naegeli) aux dépens d'un milieu qui ne contient que des sels et des matières albuminoïdes. Les arguments les plus probants ont été fournis par Pettenkofer et Voit qui ont, sur ce point, confirmé les vues de Boussingault, bien qu'on puisse discuter sur l'interprétation des faits. En nourrissant un chien de viande privée de graisse, et en dosant l'azote et le carbone éliminés, ils constatent qu'il y a fixation dans l'organisme d'une certaine quantité de carbone, et celui-ci ne peut avoir été fixé que sous forme de graisse. Il semble cependant que les albuminoïdes ne forment qu'une petite partie de la graisse de l'organisme (10 p. 100 et souvent moins, bien que certains auteurs parlent de 50 p. 100).

En somme, on doit admettre que la graisse de l'organisme est produite, en proportions variables et encore inconnues, aux dépens des corps gras, des féculents et des albuminoïdes absorbés. La nature intime de ces processus est plus obscure encore. Que les cellules de l'organisme jouent un rôle considérable, cela est certain. Il n'y a pas simple dépôt de substances graisseuses : il y a élaboration (parfois très active, par exemple, dans certains empoisonnements : phosphore, arsenic) de celles-ci, grâce à laquelle elles revêtent, dans chaque espèce, les caractères physiques et chimiques qui lui sont propres, quand même la matière première varierait considérablement, et une fois cette élaboration faite, elles sont, ou bien comburées, ou bien mises en réserve, comme il a été dit plus haut, pour servir, tôt ou tard, tantòt aux combustions, tantôt à remplacer les globules de graisse qui ont disparu dans le sang, la synovie, etc. Durant la lactation, il s'emmagasine beaucoup de graisse dans la mamelle : les cellules de cet organe en fabriquent une quantité notable qui est expulsée, et forme un élément important de la sécrétion lactée. Mais nous reviendrons sur ce point en parlant des processus cataboliques.

Dans l'organisme, la graisse se rencontre dans tous les tissus, avons-nous dit, sauf l'urine (à moins de *chylurie* pathologique).

Elle est tantôt renfermée dans les cellules dites adipeuses, tantôt libre, circulant dans les liquides sous forme de fines gouttelettes. Elle représente en moyenne le cinquième du poids du corps, et est particulièrement abondante dans le tissu adipeux, et surtout la moelle des os ; mais, dans certains cas, elle peut représenter la moitié du poids total de l'organisme.

Ajoutons qu'une partie de la graisse du corps peut être formée, semble-t-il, grâce à la recombinaison, dans celui-ci, de la glycérine et des acides gras en lesquels les corps gras de l'alimentation ont été décomposés dans l'intestin (Munk).

Albuminogénie. — Tous les tissus, tous les organes sans exception, renferment des albuminoïdes, en quantité d'ailleurs variable ; ici très faible 0,09 p. 100 dans le liquide cérébro-spinal, là abondante, 19,5 p. 100 dans le sang, 16,15 dans les muscles, 34,50 dans les os, etc. Qu'ils s'y trouvent en dissolution ou à l'état semi-liquide ou solide, ils viennent tous de l'alimentation, comme nous l'avons vu ; ils viennent des aliments et sont introduits dans l'organisme sous forme de peptones principalement, ou, si l'on préfère, d'albumine soluble, lesquelles sont absorbées par les capillaires des villosités intestinales, et pénètrent par là dans le sang pour être immédiatement portées à travers tout l'organisme aux tissus, en subissant une modification très rapide, pour être en partie incorporés à ceux-ci, et en partie demeurer dans le sang à l'état d'albumine circulante.

Nous savons que ces peptones ont une origine très variée, car elles proviennent de la transformation de substances albuminoïdes présentant entre elles des différences appréciables. Ces substances sont l'albumine musculaire, des globulines, de la myosine, de la fibrine, de la syntonine, de la caséine, de la gélatine, etc. ; la digestion les transforme toutes en peptones, et celles-ci servent à remplacer dans l'organisme les différents albuminoïdes qui concourent à le former.

Au point de vue chimique, ces substances sont toutes composées d'un radical cyanhydrique (C Az H) auquel seraient rattachés des groupes différents, et surtout des radicaux aldéhydiques (A. Gautier et Pflüger) ; leur composition est d'ailleurs fort complexe, et l'on n'est point d'accord sur la formule à leur attribuer.

Tandis que les plantes jouissent de la propriété d'opérer la synthèse des albuminoïdes au moyen des éléments minéraux par elles puisés dans le sol, et de former ceux-ci en groupant le carbone, l'hydrogène, l'azote et l'oxygène fournis par l'eau, le sol, et l'air, les animaux, si même ils sont capables de transformer les albuminoïdes fournis par les aliments en les différentes albumines qui les constituent, — l'organisme du nouveau-né forme différentes albuminoïdes aux dépens de la caséine et de l'albumine du lait qui forme sa seule nourriture, — ont besoin que les albuminoïdes en question leur soient fournis ; ils ne peuvent les créer de toutes pièces comme les végétaux. Les animaux et l'homme prennent donc leur albumine aux autres animaux ou aux végétaux, à ces derniers, donc, directement pour les herbivores, indirectement pour les carnivores. Nous avons vu, en parlant des aliments, que ceux-ci renferment des proportions très variables d'albumine, et même chez les substances végétales celle-ci est parfois très abondante. Cette albumine se transforme, comme nous l'avons encore vu, en peptones, et nous avons signalé les principaux caractères de celles-ci.

Chose curieuse, ces peptones, indispensables à l'entretien de la vie, sont des poisons violents. Injectées dans le sang (Schmidt-Mülheim et Hofmeister), elles déterminent une vaso-dilatation considérable, avec une chute marquée de la pression sanguine ; les urines diminuent ou cessent, et la mort survient. Pourquoi donc les peptones ne tuent-elles pas au moment de la digestion, quand elles pénètrent en si grande quantité dans le sang ? La question est embarrassante : il faut admettre que ces peptones, dont on ne retrouve d'ailleurs, même en pleine absorption digestive, que des traces dans le sang, se transforment très rapidement en une albumine inoffensive, ou bien en traversant les parois intestinales, ou en passant par le foie, où les conduit le torrent sanguin, ou encore dans le sang même, par un processus inconnu.

A leur tour, ces peptones, introduites dans le sang, se modifient, et on ne trouve dans celui-ci que différents albuminoïdes comme la sérine, la fibrine, la caséine, la globuline, etc. Donc les albumines très variées des aliments ne peuvent pénétrer dans l'organisme que sous une forme modifiée, celle de peptones, et à peine introduites elles reprennent par une nouvelle modification leur caractère primitif. Est-ce à dire que la caséine des aliments redevienne caséine du corps, la fibrine des aliments, fibrine, et ainsi de suite ? Non. D'ailleurs nous n'en savons rien en réalité ; mais les probabilités sont qu'il se forme aux dépens des peptones, une seule et même albumine aux dépens de laquelle les tissus de l'organisme forment ici de la fibrine, là de la myosine, etc., chacun selon ses aptitudes physiologiques spéciales, comme aux dépens d'éléments minéraux identiques, les différentes plantes produisent des substances très différentes, par exemple des alcaloïdes absolument dissemblables. En tout cas, cette transformation des peptones en une ou plusieurs albumines aux dépens desquelles les cellules diverses fabriqueraient ou plutôt composeraient les albumines variées dont l'organisme est possesseur, se ferait très vite, et celles-ci se fixeraient, pour un temps, dans les différents organes et tissus pour réparer les pertes dont ils ont été le siège. Toutefois, elles ne s'y fixeraient pas toutes. Voit pense que cette fixation n'a lieu que pour une partie de celles-ci, ou de l'albumine unique fournie par la transformation des peptones ; une autre partie resterait dans le sang et formerait l'*albumine circulante* qui se consommerait au fur et à mesure des besoins. Bidder et Schmidt ont formulé une théorie analogue quand ils ont supposé que l'organisme n'utilise réellement qu'une certaine proportion d'albumine qui répare les pertes des tissus (évaluées régulièrement à 1 p. 100 de l'albumine totale du corps), le reste étant détruit sans grand profit et représentant une *consommation de luxe*, ce *reste* serait l'albumine circulante de Voit. Dans l'inanition cette albumine de luxe faisant vite défaut, et étant bientôt consommée, une partie de l'albumine fixée dans les organes rentrerait dans la circulation où elle serait utilisée par d'autres organes qui ne diminuent pas de poids comme les autres ; par exemple, le cerveau et le cœur se nourriraient de l'albumine des muscles qui en perdent jusqu'à 50 p. 100, alors que les premiers conservent leur poids ; les organes et produits génitaux du saumon qui remonte le Rhin pour frayer se développent au détriment des muscles, qui diminuent dans des proportions telles que l'animal perd toute valeur commerciale, etc. Il paraît certain que l'organisme absorbe en général plus d'albuminoïdes qu'il ne lui en faut réellement, à en juger par la fixité de l'excrétion d'urée (excrétion qui est la mesure de la désassimilation des albuminoïdes, comme nous le verrons) par rapport au poids du corps durant l'inanition une fois passés les premiers jours, une fois l'albumine circulante ou de luxe consommée ; et on peut conclure de ceci qu'il se fait un gaspillage très inutile et sans doute nuisible des albuminoïdes dans l'alimentation, du moment où l'excrétion de l'urée dépasse le chiffre observé durant l'inanition. Mais nous empiétons ici sur la question de la désassimilation et du catabolisme, et nous résumerons ce qui précède en disant que les albuminoïdes pénètrent dans l'organisme sous forme de peptones (et peut-être de syntonine) pour se retransformer en albumine qui va réparer des pertes des tissus, en partie, et en partie circuler dans le sang pour réparer les pertes à mesure qu'elles se produisent. Mais, répétons-le, nous ignorons la nature et le caractère intime de ces processus ; nous les imaginons plus que nous ne les expliquons.

Glycogénie. — La saccharification de l'amidon qui s'opère

sous l'influence de la salive et du suc pancréatique, et la transformation du sucre de canne en glycose par le suc intestinal sont les conditions préliminaires de la pénétration du glycose dans l'organisme. Ces modifications opérées, le glycose est absorbé dans l'intestin par les villosités, et le sucre pénètre dans le torrent sanguin. C'est Claude Bernard qui a mis en lumière l'existence et l'importance de la glycogénie, et on peut dire que sa vie tout entière a été consacrée à l'étude de cette question.

En deux mots, nous pourrons dire que ce glycose est apporté au foie qui en fabrique du glycogène, lequel, quand il en est besoin, est retransformé en glycose par le même organe. Force nous sera d'entrer ici dans quelques détails pour retracer l'histoire de cette fonction importante de nutrition. Il y a trois faits fondamentaux dans l'histoire de la glycogénèse.

Premier fait. Il y a plus de sucre dans les veines sus-hépatiques que dans la veine porte (1849).

D'où vient ce glycose (déjà vu par Magendie) ? Des aliments, répond-on. Non : le glycose existe dans le sang sortant du foie, alors qu'il n'en existe ni dans le sang de la veine porte, ni dans les aliments : tuez un chien en pleine digestion après un repas d'albuminoïdes ; le sang de la veine porte allant au foie ne renferme pas du tout de sucre ; celui des veines sus-hépatiques et de la veine porte en renferme beaucoup ; le glycose *s'est donc formé dans le foie.* Ce fait, Cl. Bernard le vérifie sur un grand nombre d'animaux, et Moleschott montre qu'après extirpation du foie chez la grenouille le sucre disparaît définitivement. Les objections surgissent aussitôt. L'un invoque l'extrême délicatesse des réactions accusant la présence du sucre dans le sang. Un autre, — c'est L. Figuier, — montre que des peptones fournissent la même réaction que le sucre. Cl. Bernard reprend la question du dosage et s'assure de l'excellence de sa méthode.

Avec Barreswill, il imagine un procédé de dosage qui est très précis et très sûr, et il se sert, pour cela, d'une liqueur spéciale, connue sous le nom de liqueur de Barreswill. Pour confectionner celle-ci, on opère en mélangeant : sulfate de cuivre 40 gr., dissous dans 160 gr. d'eau ; sel de Seignette 160 gr. ; lessive de soude caustique (à 1,12 de densité), 600 c. c. ; on ajoute de l'eau, de façon à former un volume de 1154,4 c. c. Pour le dosage, on part du principe que le titrage de cette liqueur est ainsi établi que 10 c. c. sont réduits par 5 centigr. de glycose.

Un autre procédé consiste à ajouter de la levure de bière à un volume donné du liquide à examiner, et l'on détermine la proportion d'acide carbonique produite par la fermentation du glycose. C'est un procédé élégant, mais peu précis.

Les nouvelles expériences de Cl. Bernard montrent que les faits annoncés sont exacts, et répondent victorieusement aux critiques de fait : du reste, elles sont confirmées bientôt par Pavy, Lehmann, Poggiale, etc. L. Figuier fait encore une objection, d'ordre sentimental cette fois. Comment admettre, dit-il, cette dérogation aux lois de la nature. Ne voyons-nous pas toujours le sucre produit par les végétaux et détruit par les animaux? Les animaux seraient maintenant des producteurs de sucre? On conçoit que cette objection n'ait pas attiré l'attention de Cl. Bernard : les analogies et comparaisons sont de bonnes choses, mais il n'en faut pas abuser, surtout quand les faits leur sont contraires.

Autre objection. — Il y a du glycose dans les veines sus-hépatiques. D'accord, disent Colin et Sanson, mais cela ne peut-il provenir de ce que le foie accumulerait le sucre alimentaire, comme il accumule les poisons (métaux, nicotine, etc.), sans qu'il y ait lieu de le considérer comme un organe producteur de glycose ? A ceci il suffit de répondre qu'après six et huit mois de régime purement albuminoïde, le foie du chien continue à déverser du glycose dans les veines sus-hépatiques, et que la quantité de glycose par lui abandonnée au sang durant ce temps représente un volume supérieur à celui du foie lui-même. Il en est de même pour la chouette nourrie dès le jour de sa naissance de viande pure. Son foie contient du sucre, et d'ailleurs l'excès de féculents ou de sucres ne détermine pas d'accumulation appréciable de sucre dans le foie qui continue à n'en renfermer que la même proportion. En outre, chez le fœtus, à partir du premier mois, il y a du glycose dans le sang sortant du foie ; de quels aliments viendrait-il donc ? Ce n'est pas à dire que le sucre du sang ne reconnaisse en partie pour origine le sucre alimentaire : il est certain que le sucre est plus abondant après la digestion qu'auparavant, mais il est non moins évident que le glycose reconnaît une origine hépatique, dans les cas où son introduction de l'extérieur est impossible.

Soit, dit-on mais le prétendu, glycose du sang n'est-il pas de l'inosite ? Les réactions chimiques prouvent que non.

On fait alors une objection plus sérieuse. La glycogénèse n'est qu'une fonction d'altération cadavérique, dit Pavy, ou du moins d'altération vitale due à l'opération nécessaire pour la recherche du foie ou du sang. Cl. Bernard répond en perfectionnant sa méthode, en causant le moins de trouble possible. Mais ses expériences, provoquées par l'objection même de Pavy, lui font voir un fait nouveau, fondamental.

Deuxième fait. Ce fait, le deuxième des trois que nous exposons ici, c'est que le foie, *au lieu de produire directement le glycose*, comme le croyait d'abord Cl. Bernard, *contient une matière intermédiaire d'où dérive le sucre du sang*. En lavant le foie jusqu'à ce que l'eau qui le traverse passe absolument pure et incolore, Cl. Bernard constate que le sucre fait entièrement défaut. Mais ce foie mourant, lavé à fond, examiné une heure plus tard, *contient du sucre.*

Mais si le foie produit du glycose, et si celui-ci ne préexiste pas dans le foie, — l'expérience du foie lavé montre que le glycose ne préexiste pas — c'est donc que le foie renferme une substance qui, sous l'influence de certains agents contenus dans son tissu, se transforme en sucre.

Ceci expliquerait le fait que le dosage du sucre contenu dans le foie après la mort démontre l'existence d'une proportion toujours croissante de ce produit, à mesure qu'on l'éloigne de l'instant de la mort. Cette substance, c'est le *glycogène* (*zoamyline* de Rouget ; *inuline* de Schiff). Cl. Bernard a vu le glycogène sous la forme suivante. En faisant une décoction de foie lavé, il constata, dans le liquide, la présence de flocons légers, particuliers ; il les recueillit, et vit que ces flocons étaient composés d'une substance analogue à l'amidon se colorant en brun par l'iode et se transformant en glycose sous certaines influences. Cette substance est le glycogène ; l'agent qui le transforme en glycose est un *ferment* (1877), agissant comme les autres ferments solubles de l'organisme, comme la ptyaline, le suc pancréatique, la salive, ferment qui se trouve dans le foie même. Ce ferment est tué par l'ébullition, et pour bien observer le glycogène, il est bon de faire la décoction dans de l'eau bouillante pour empêcher que le ferment n'opère la transformation du glycogène en glycose ; on pile les morceaux de foie, on fait bouillir encore, on élimine les albuminoïdes en les précipitant par l'iodhydragyrate de potassium ; on filtre, et on précipite le glycogène par l'alcool. L'origine de ce ferment est inconnue. Est-ce de la ptyaline (diastase salivaire) résorbée par l'intestin? Est-ce un produit fabriqué par le foie ? Est-ce un dérivé des globules rouges ? (Les globules en se détruisant deviennent aptes, paraît-il, à opérer la transformation du glycogène en glycose.) Est-ce un produit de décomposition, comme le pense Schiff ? On ne sait.

Revenons à la matière glycogène. Où la rencontre-t-on dans l'organisme, que devient-elle ?

a. Le glycogène se rencontre un peu partout chez l'embryon : Cl. Bernard et Rouget l'ont trouvé dans le placenta, le vitellus, les muscles, les poumons, la peau, etc. Après la naissance, on en rencontre dans le foie, les muscles, et la plupart des tissus, et cela ne peut surprendre. Le glycogène est donc beaucoup plus abondant dans l'organisme, et moins localisé que ne l'avait pensé Cl. Bernard. Mais c'est toujours dans le foie qu'il est le plus abondant. Pourtant d'après Aldehoff, il diminue moins dans les muscles que dans le foie durant l'inanition.

Le foie en renferme de 1,5 à 4,5 p. 100, selon les espèces. Du reste, la quantité varie : elle diminue avec l'inanition, l'hibernation, le refroidissement, le travail musculaire, et, sous l'influence du curare, de la strychnine et différents corps organiques ou inorganiques ; elle augmente avec l'alimentation, et surtout avec les aliments sucrés ou féculents, et avec les injections de sucre dans le sang, à condition que ces injections aient été faites dans une branche de la veine porte : autrement, si elles traversent une grande quantité de sang avant de parvenir au foie, elles n'augmentent pas la proportion de glycogène dans cet organe,

On le trouve chez tous les animaux, plus abondant après l'alimentation (jusqu'à 13 et 17 p. 100) surtout quand elle est riche en féculents et sucres, plus rare durant la fièvre, l'inanition et la maladie. Après la mort, il disparaît rapidement, transformé en glycose.

b. D'où vient-il ? Ici, beaucoup d'obscurités. Il est certain que le glycogène peut avoir une origine alimentaire. Le glycose des aliments serait susceptible de se transformer en glycogène dans le foie, par déshydratation (glycose, $C^6H^{12}O^6H^2O - H^2O =$ glycogène). Et de fait le glycogène est plus abondant après les repas, et d'autre part le glycose injecté dans la veine porte est transformé en glycogène par le foie, puisqu'il ne se retrouve pas dans l'urine, comme cela se passe quand l'injection se fait dans toute autre veine ne dépendant pas du système porte (Cl. Bernard). Mais y a-t-il transformation directe du glycose alimentaire en glycogène ? Cela paraît assez vraisemblable, ou du moins les hypothèses contraires semblent insuffisamment fondées. Supposer que les hydrocarbonés augmentent la proportion de glycogène, non parce qu'ils se transforment en ce dernier corps, mais parce qu'ils sont avides d'oxygène et s'en emparent en le détournant du glycogène qui, cessant de se transformer, s'accumule dans le foie, c'est faire une hypothèse assez compliquée et qui ne se justifie guère encore. Pourtant nous admettrions volontiers que le glycose alimentaire peut retentir sur la glycogénie autrement que de la façon directe, puisque, comme le note Heidenhain, la quantité de sucre produite par les diabétiques qui reçoivent des féculents ou sucres est de beaucoup supérieure à celle qui est introduite avec ceux-ci. Quoi qu'il en soit, et quel que soit le mécanisme, les hydrocarbonés sont à coup sûr une source de glycogène.

Il est douteux qu'il en soit de même pour les graisses, bien que Seegen ait fait certaines expériences semblant prouver que la graisse peut former du sucre. Cela ne peut avoir lieu qu'avec absorption d'oxygène, et il est à noter que le sang des veines sus-hépatiques est très pauvre en oxygène, bien plus que le sang veineux ordinaire. D'autre part, nous savons que chez les plantes les graisses se transforment fort bien en amidon et sucre ; sur ce point d'ailleurs les expériences sont très discordantes ; mais le foie fabrique certainement du glycogène aux dépens des albuminoïdes. C'est du moins le résultat des expériences de Cl. Bernard, Naunyn, von Mering, Wolffberg, Seegen, qui ont étudié l'influence de l'ingestion et de l'injection de peptones sur la proportion de sucre dans le sang.

Il est certain aussi que le foie produit du glycogène en dehors de l'alimentation. Mais aux dépens de quelles substances ? Est-ce aux dépens des globules rouges du sang, ou, pour être plus précis, de l'hémoglobine, comme le veut Meissner. Cela paraît peu probable. Serait-ce aux dépens de glycocolle, comme le pensent Heynsius et Kühne (glycocolle = Urée + Glycose) ? L'ingestion de glycocolle augmente la production de glycogène et d'urée, et les analogies chimiques sont grandes entre le glycocolle et les albuminoïdes.

La glycogénie ne s'opère pas seulement dans le foie : elle s présente aussi dans d'autres organes et tissus :

1° Dans les muscles, où on en trouve de 200 à 300 grammes e tout chez l'adulte moyen (muscles lisses aussi bien que striés) ; le muscles très actifs ou tétanisés en renferment moins que le muscles inactifs ou reposés, ou énervés ; ce glycogène disparaî après la mort ; il existe en quantité variable, selon l'alimentation etc. : il ne vient pas du foie, car il existe chez l'embryon dans le muscles à une époque où le foie n'en renferme pas encore.

2° Chez l'embryon (tissus divers), où il disparaît des tissu (sauf les muscles), à mesure que le foie en fabrique une plu grande quantité, et surtout dans les premières heures qui suiven la naissance : il est particulièrement abondant dans l'allantoïde e le placenta, où il constitue des plaques de forme irrégulière D'ailleurs, on trouve le glycogène chez tous les animaux, vertébré ou invertébrés, que l'on a examinés à ce point de vue, et ce fait joint à ceux qui précèdent, donnerait à penser que la glycogéni est une fonction appartenant *à tous les tissus*, ou peu s'en faut mais particulièrement localisée dans le foie, une fois la formatio de ceux-ci à peu près achevée.

c. Que devient le glycogène et où se transforme-t-il ? On a tout lieu de supposer avec Cl. Bernard que le *glycogène*, qui provient en partie d'une déshydratation du glycose, *se transforme en glycose sous l'influence de la diastase hépatique.* Les agents qui entravent l'action des diastases empêchent cette transformation, qui se ferait dans le foie : le sang du système porte d'un chien nourri d'albuminoïdes ne contient pas de glycose, alors que le sang des veines sus-hépatiques en renferme (Cl. Bernard). En somme donc, le foie fabriquerait du glycogène aux dépens des glycoses et peptones de l'alimentation, et par le moyen d'un ferment retransformerait ce glycogène en glycose.

Le glycogène ne se détruit pas seulement dans le foie, comme l'a dit Cl. Bernard : il se transforme anssi dans les muscles, en glycose encore d'ailleurs. Notons toutefois que, pour Seegen, le glycogène se transformerait non en glycose mais en graisse, laquelle pourrait se transformer en glycose.

Et maintenant que devient le glycose ?

Il va dans le sang, où Mac Grégor en constata la présence en 1837; et il y a *glycémie*. On l'y trouve en petite quantité (0,090 pour 1000, d'après Cl. Bernard, chez l'homme). Si l'animal en expérience est au régime exclusivement albuminoïde, on le retrouve dans les veines sus-hépatiques, dans tout le système artériel ; mais dans les veines il est très peu abondant ; il manque tout à fait dans le système porte. Si l'animal reçoit du glycose dans ses aliments, le sang de la veine porte est riche en glycose, parfois *plus riche même que les veines sus-hépatiques :* pour les autres vaisseaux, les phénomènes sont les mêmes que dans le cas précédent. Le sucre semble donc disparaître dans les capillaires, dans les tissus, et dans le foie. Il y aurait une certaine destruction du glycose dans le sang déjà, car il diminue dans le sang artériel à mesure qu'on considère celui-ci en un point plus éloigné du cœur. C'est dans les tissus toutefois que se fait la principale destruction, surtout dans les muscles, le tissu nerveux, le tissu glandulaire : Chauveau et Kaufmann ont vu qu'il se détruit plus vite dans les muscles et glandes en activité que durant le repos. Comme le sang reçoit par vingt-quatre heures de 600 à 700 grammes de glycose, chez l'homme moyen, et comme on ne retrouve presque pas de ce sucre dans les urines ou d'autres excrétions, on est forcé de conclure que ce sucre est consommé par l'organisme : il sert en partie à constituer les tissus. Mais il est surtout employé à l'entretien : il fournit de la chaleur et du travail en s'oxydant, et son rôle physiologique est des plus importants.

Du sang, le glycose peut passer dans l'urine, mais non à l'état normal a-t-on affirmé. (Voir le chapitre *Urine* pour les réactions caractéristiques.) Dès que la teneur du sang en glycose dépasse une certaine proportion (3 p. 1000), celui-ci apparaîtra dans l'urine. On conçoit donc que, selon l'intensité normale de la glycogénèse, l'on puisse, à la suite des repas, constater l'un de ces trois cas :

Peu de sucre dans le sang ; pas du tout dans l'urine ;

Passablement dans le sang (*glycémie*); un peu dans l'urine ;
Beaucoup dans le sang ; beaucoup dans l'urine.

Il y a une oscillation physiologique dans la teneur du sang en glycose, et dans les cas où il y a glycémie normale prononcée, la *glycosurie* [1] survient aisément sous l'influence d'une alimentation fournissant des hydrates de carbone (hyperglycémie alimentaire). Le sucre du sang est renfermé dans le sérum.

En dehors du cas où le sucre passe dans l'urine, il disparaît entièrement dans les tissus, brûlé sans doute dans les capillaires ; il ne se dépose et s'accumule dans différents tissus, en attendant d'être utilisé, que du glycogène, non du glycose. Celui-ci est fort oxydable, mais il ne s'oxyde réellement que dans les tissus, non dans les poumons, comme l'a cru Pavy. C'est le tissu musculaire qui est le siège principal de cette oxydation, car le glycose disparait plus vite dans des muscles actifs que dans des muscles au repos (Chauveau) et le diabète curarique a été expliqué par l'impossibilité où se trouvent les muscles d'oxyder le glycose du sang.

Troisième fait. Ce fait, c'est que certaines lésions du système nerveux produisent la glycosurie, due à une hyperproduction de sucre. Cl. Bernard a montré ce fait, par sa célèbre expérience de la piqûre du plancher du quatrième ventricule.

[1] Quand la glycosurie, qui résulte de l'exagération de la glycémie, devient permanente, on dit qu'il y a *Diabète sucré* ou diabète vrai, distinct du *Diabète insipide,* où il y a polyurie, mais qui n'a aucun rapport avec le diabète vrai. La glycosurie est le plus souvent un phénomène passager : quand elle persiste et s'accompagne d'un ensemble bien connu de symptômes (polydipsie, polyurie polyphagie, troubles de la nutrition, etc.), il y a diabète vrai ; bien qu'il ne reçoive que des aliments azotés, l'organisme fabrique et excrète du sucre en abondance. Cl. Bernard explique le diabète par une production exagérée de sucre, due à une exagération du travail de désassimilation, et selon toute probabilité placé sous la dépendance du système nerveux. Mais y a-t-il exagération de production de sucre, ou bien (Lépine, Minkowski) diminution de la *glycolyse* ou destruction du sucre qui serait, elle, due à un *ferment glycolytique* lequel, capable de détruire 25 p. 100 chez l'homme sain, ne détruirait plus que 1,6 p. 100 chez le diabétique ? (M. Arthus considère, il est vrai, la glycolyse comme un phénomène cadavérique.)

Cette piqûre produit de la glycosurie et de la polyurie temporaires. Cependant la glycosurie ne se produit pas si le foie a été extirpé (Winogradoff), si le foie est dépourvu de glycogène, et si l'ingestion de sucre a lieu après la piqûre (Dock); la section préalable des splanchniques empêcherait l'action de la piqûre de se produire Il est très malaisé d'interpréter les résultats de l'expérience de Cl. Bernard. Non seulement le mécanisme de la glycosurie échappe, mais on ne voit guère par quelles voies s'opère l'influence du système nerveux sur le foie. Cl. Bernard a cru expliquer la glycosurie par une congestion, une vaso-dilatation du foie; mais celle-ci se rencontre sans qu'il y ait glycosurie. On a encore invoqué un réflexe du poumon sur le foie par les pneumogastriques, réflexe que l'excitation par piqûre près des origines du pneumogastrique, augmenterait. Mais la section des pneumogastriques n'empêche pas la glycosurie. Que les excitations périphériques aient une influence sur la glycogénèse, cela n'est point douteux : on produit sous leur influence un diabète temporaire, dû à une vaso-dilatation du foie, mais non la glycosurie expérimentale. La voie par laquelle l'encéphale agit sur la glycogénèse semble être plutôt le sympathique (Schiff, Moos, etc.) et non le pneumogastrique. La section des sympathiques du foie empêche la production de la glycosurie.

La nature de l'influence exercée par la piqûre du quatrième ventricule sur la production du sucre a été fort discutée. Il faut pour la glycosurie expérimentale, une *congestion* du foie, et l'on a discuté la question de savoir si celle-ci est directe ou indirecte. Laffont, qui a récemment étudié la question, croit à une vaso-dilatation directe, active, et non à une hypérémie passive due à une lésion de l'innervation vaso-constrictive. Cette dernière cause existe dans certains cas ; il peut y avoir des congestions hépatiques ayant pour origine une lésion, une paralysie des vaso-constricteurs, mais le plus souvent la lésion porte sur les vaso-dilatateurs, c'est-à-dire qu'il y a excitation des vaso-dilatateurs hépatiques. La piqûre du quatrième ventricule produit une vaso-dilatation directe ; celle-ci est réflexe quand elle résulte d'une excitation médullaire ou d'une excitation de nerfs sensitifs. Les dilatateurs passent par les deux ou trois premières paires dorsales, d'où ils rejoignent le sympathique et les splanchniques. La glycosurie par influence nerveuse peut donc reconnaitre deux causes : une action réflexe, et alors les nerfs sensitifs agissent indirectement par la moelle sur les centres dilatateurs du quatrième ventricule ; et une action directe, expérimentale ou traumatique, sur ces centres, ou sur les nerfs qui en transmettent les impulsions. En tout cas pour qu'il y ait glycosurie, il faut qu'il y ait glycémie, et cette dernière reconnaît pour cause une vaso-dilatation du foie. Notons qu'à l'exemple de la presque totalité des lésions de l'appareil nerveux, le surcroît d'activité produit dans le quatrième ventricule par la piqûre est bientôt suivi d'une paralysie due à la lésion même, paralysie telle que ni les excitations directes, ni les excitations réflexes ne peuvent faire reparaître la vaso-dilatation.

Il convient de remarquer que la théorie classique de Cl. Bernard, qui vient d'être exposée, a récemment été attaquée par des expérimentateurs de grand mérite. Seegen et Kratschmer concluent en effet de leurs expériences qu'il n'y a pas destruction de glycogène parallèle à la formation de glycose (sauf chez le lapin). Toutefois, ce n'est point assez pour faire abandonner la doctrine de Cl. Bernard.

En somme le glycose introduit dans l'organisme se transforme dans le foie en glycogène (isomère de l'amidon), et ce glycogène se dépose en partie dans le sang, en partie dans les tissus. Pour être utilisé, il est retransformé en glycose par un ferment hépatique spécial. Ce glycogène ne provient pas seulement du sucre des aliments : il provient aussi des transformations des albuminoïdes (peptones) et des graisses, peut-être. On se demande pourquoi s'opère cette transformation du glycose en glycogène et ensuite la transformation inverse. L'accumulation de glycogène serait-elle exempte d'inconvénients qu'offrirait l'accumulation de glycose? Cela est vraisemblable. Quoi qu'il en soit, le rôle du glycose dans l'organisme est très important.

D'une part, il sert à constituer les forces, et surtout à fournir du travail et de la chaleur par sa combustion : à lui seul il produit les trois quarts de la chaleur dégagée dans l'organisme, et on ne peut, avec Rouget et d'autres encore, le regarder comme un produit de désassimilation; c'est au contraire un aliment essentiel. D'un autre côté, il permet d'épargner l'albumine qui, n'ayant pas à être comburée pour les besoins de l'organisme, n'est pas soustraite aux tissus qu'elle concourt à former, et, si elle est en excès, peut se déposer en réserve sous forme de graisse, selon toute probabilité. Il concourt donc doublement à l'adipogénie et à l'entretien de la vie.

Eau et matières minérales. — Ces substances, nous l'avons vu, sont absorbées en nature, et n'ont point besoin, semble-t-il, de subir une élaboration digestive pour pouvoir pénétrer dans l'organisme; une réserve paraît nécessaire, car, en réalité, il n'a point été fait de recherches approfondies permettant de trancher la question. Elle ne s'applique point à l'eau, toutefois, cette substance pénètre directement, et sans modifications, dans l'organisme ; elle est absorbée par les veines de l'intestin, elle circule par tout le corps d'où elle est éliminée, plus ou moins chargée de produits de désassimilation solubles, par le rein, par la peau, par les poumons, par la muqueuse nasale, etc. Elle est le véhicule indispensable, c'est par elle que se font les transports de matériaux à l'intérieur du corps, les échanges, etc. Il s'en fait une déperdition incessante et dans l'inanition absolue, dans les cas où il y a privation de liquides aussi bien que de solides, cette déperdition hâte notablement l'échéance fatale (expérience de Laborde).

Certains sels subissent probablement des modifications plus ou moins importantes au cours de la digestion, et à l'intérieur de l'organisme. Nous savons par exemple qu'une poule pondeuse, privée de calcaire de façon à peu près absolue, continue néanmoins à pondre des œufs pourvus de leurs coquilles, à condition qu'une certaine quantité de sulfate de chaux soit ajoutée à sa ration alimentaire, comme l'ont montré Irvine et Woodhead [1]. Or, la coquille des œufs ainsi produits étant composée de carbonate et non de sulfate de chaux, il faut bien que le sulfate se soit transformé en carbonate dans l'organisme, et peut-être y a-t-il d'abord transformation en phosphate, puis enfin en carbonate? Quoi qu'il en soit de ce point délicat et encore peu connu, il était nécessaire de signaler la possibilité de certaines métamorphoses.

Il est certain que les sels inorganiques de l'alimentation sont nécessaires à l'organisme, pour remplacer ceux qui s'éliminent sans cesse sous une forme ou une autre. Michael Foster [2] a nourri des animaux avec des aliments artificiellement privés — ou a peu près privés — de leurs sels, et a constaté un dépérissement rapide, si rapide même que ses animaux mouraient plus tôt qu'ils ne l'eussent fait s'ils avaient été soumis à l'inanition pure et simple. C'est qu'en effet, non seulement il ne les nourrissait guère, mais par sucroît, il les empoisonnait. Les albuminoïdes contiennent du soufre (de 0, 5 à 1, 5 p. 100) qui forme de l'acide sulfurique, lequel, s'il ne peut être neutralisé par les sels basiques, s'attaque aux bases des éléments cellulaires et des tissus, et détruit ceux-ci (Bunge). Et ce qui le démontre, c'est qu'en ajoutant à l'alimentation privée de sels, la quantité de sels nécessaire pour cette neutralisation, la survie est beaucoup plus considérable, et celle-ci n'existe que si les sels ajoutés permettent cette

[1] Voir le résumé de ces expériences par H. de Varigny, *Rev. Scientifique*, 20 février 1892, p. 251.

[2] Voir son excellent *Text-Book of Physiology*.

neutralisation. Néanmoins les animaux meurent, et leur mort semble être due à l'absence d'éléments minéraux. Ces éléments sont très variés ; laissant de côté le carbone, l'oxygène, l'hydrogène et l'azote qui sont fournis par l'eau et les aliments organiques, ce sont : le soufre, qui forme partie de l'albumine, et qui se montre aussi sous forme de sulfates ; le phosphore qui se rencontre surtout à l'état de phosphates (de chaux, soude, potasse et magnésie) et qui contribue à former certaines substances organiques comme la lecthine, la nucléine, etc. ; il se trouve dans tous les tissus vivants, et c'est une indication suffisante de son importance ; le chlore, introduit sous forme de chlorure de sodium surtout, qui fournit l'acide chlorhydrique du suc gastrique, et qui se trouve dans tous les tissus sous forme de chlorure de potassium ou de sodium ; le fluor (traces dans les os, dents, sang, etc.), dont le rôle échappe ainsi que celui du silicium ; le sodium abondant à l'état de chlorure (200 grammes pour un corps d'adulte moyen) dans le sang, et les autres liquides, et qui est introduit sous cette forme avec les aliments ; il joue un rôle considérable dans la diffusion et la nutrition ; le potassium, abondant à l'état de chlorure, dans les parties solides du corps — alors que le chlorure de sodium domine dans les parties liquides — indispensable à l'alimentation comme l'a montré Kemmerich en privant un chien de sels de potasse, mais peut-être plus stimulant que nutritif, en tous cas aisément toxique ; le calcium, dans de nombreuses combinaisons dont les principales sont le phosphate (dans tous les liquides de tous les tissus : 80 p. 100 dans les os et dents) et le carbonate, qui provient des aliments et de l'eau surtout sous forme de carbonate et se transforme sans doute en phosphate dans le tube digestif, pour aller former le squelette, d'où la nécessité de beaucoup de calcium dans les aliments de l'enfant. « La chaux, dit Bunge, est la seule substance inorganique qui doive nous préoccuper dans le choix des aliments de l'enfant. » Mais il considère comme absolument irrationnelle l'habitude d'administrer cet élément sous forme inorganique, il le faut donner incorporé naturellement aux aliments, et un litre de lait renferme plus de chaux (1 gr. 7) qu'un litre d'eau de chaux artificielle (1 gr. 3). Citons encore le magnésium qui se trouve sous forme de phosphate surtout, dans la plupart des tissus; le fer enfin, indispensable à l'hémoglobine, et sur le mode de pénétration duquel on n'est guère fixé. Cet élément ne se résorbe guère, en effet, et Bunge pense qu'en réalité il ne pénètre dans l'organisme que sous forme de combinaisons encore obscures avec des substances organiques. Citons aussi — pour mémoire — le manganèse, le brome, l'iode, l'aluminium, le cuivre, peu abondants d'ailleurs, et dont le rôle physiologique échappe.

Nous avons dit plus haut que l'oxygène est fourni par les aliments, mais chacun sait que cela n'est vrai que d'une partie de ce gaz ; c'est la respiration qui en fournit le plus, et la majeure partie de cet *aliment*, véritable aliment au même titre que les hydrates de carbone par exemple, aliment d'entretien ou de combustion, est fournie non par le tube digestif, mais par le poumon. Et tandis que la plupart des substances minérales traversent l'organisme sans s'y modifier considérablement, ou bien en modifiant, sans servir à la production d'énergie, mais en servant un peu à la réparation des tissus, et surtout au remplacement de substances éliminées, l'oxygène, lui, se modifie dans sa presque totalité ; il va former des combinaisons nombreuses, avec dégagement d'énergie, de chaleur plus ou moins marquée, il va permettre l'oxydation des aliments dans les tissus, comme nous le verrons plus loin.

Il nous reste à considérer maintenant le rôle, dans l'anabolisme, des substances connues sous le nom d'aliments d'épargne : thé, café, alcool, coca, etc., peut-être le bouillon même, d'après Bunge.

Ces substances ont un rôle nutritif qui semble nul. Elles nous plaisent par leur odeur ou leur saveur, ou par leur fumet, par la sensation mixte d'odorat et de gustation qu'elles nous procurent ; elles nous stimulent encore. Voici l'alcool, par exemple : son goût, et son odeur nous attirent. D'autre part, il est comburé dans l'organisme, et on en conclura qu'il *épargnera* la combustion d'aliments véritables, d'où une économie sur ceux-ci, un avantage réel dans le cas où ces derniers manquent. Mais l'alcool ne peut remplacer les aliments dans la réparation des tissus, et d'autre part, s'il est brûlé, a-t-il produit un dégagement de chaleur, il accroît la perte de calorique par la vaso-dilatation : la température baisse en définitive et l'épargne est donc peu de chose, et, en somme, prendre de l'alcool pour accroître ses forces, c'est augmenter le tirage d'un foyer sans ajouter de charbon. Le thé et le café sont des excitants cérébraux, simplement ; le cacao est excitant aussi, mais il renferme encore quelques principes nutritifs. La coca est un excitant de la nutrition (d'après Rabuteau) : elle augmente les déperditions, en même temps qu'elle les masque ; elle produit en effet une sorte d'anesthésie (Gazeau). En somme, les prétendus aliments d'épargne excitent le système nerveux et accroissent la désassimilation, et traversent l'organisme sans se modifier. Ils ont d'ailleurs une composition chimique qui les rapproche bien plus des matières de désassimilation que des aliments, et ce sont bien plutôt des moyens de dépense organique que d'épargne.

Processus cataboliques. — Parvenues dans l'intimité des tissus, qu'elles aient ou non subi des modifications pour devenir assimilables, les substances alimentaires organiques ou inorganiques font partie de ces tissus pour un temps, ou servent à leur entretien. Quelle que soit leur fonction, il vient un moment où celle-ci est remplie, où ces substances, par cela même transformées en des combinaisons nouvelles, ont cessé de pouvoir être utiles à l'organisme, et où leur élimination est devenue nécessaire. Il nous faut considérer

9.

quelles sont ces combinaisons nouvelles, quels sont ces produits de désassimilation résultant de la vie même des tissus et de leur mode d'utilisation des substances alimentaires, et de quelle façon ils s'éliminent, étant devenus non seulement inutiles, mais même dangereux, comme l'air qui a passé par un foyer est non seulement devenu impropre à entretenir celui-ci, mais l'éteindrait sans faute si l'on s'avisait de l'y faire passer de nouveau.

Produits de désassimilation des hydrocarbonés. — Les hydrocarbonés présents dans l'organisme sont assez nombreux. Voici d'abord le glycogène. Une partie s'en transforme en glycose, et nous verrons plus loin quel est le sort de celui-ci. Mais le glycogène qui ne se transforme pas, que devient-il ? Sous quelle forme est-il éliminé, après utilisation ? Il s'oxyde, il se combine avec l'oxygène, en formant tantôt de l'*acide lactique* seul, ainsi que cela s'observe dans les muscles soumis à un travail excessif, ou tétanisés, mais l'acide lactique se produit aussi au cours de la destruction des albuminoïdes : tantôt de l'alcool et de l'acide carbonique, l'alcool se transformant à son tour en d'autres produits ; tantôt enfin, en acides carbonique, acétique, et formique, etc., et en eau. Le glycose, quelle que soit son origine, et nous avons vu qu'elle est multiple, se détruit dans tous les tissus, et surtout durant l'activité de ceux-ci, comme l'ont montré les expériences de Chauveau et Kaufmann sur le muscle masséter du cheval et sur les glandes. Comme le glycogène, il est oxydé ; il fournit de l'acide lactique, de l'acide carbonique, peut-être de l'alcool et de l'acide oxalique, ainsi que les acides acétique, formique, butyrique, etc. Mais, à la vérité, il n'y a peut-être pas toujours oxydation ; il peut y avoir aussi fermentation. Toutefois ce point est encore obscur. Cl. Bernard croyait surtout à la destruction par fermentation. L'inosite, sucre assez abondant dans le tissu musculaire (dans le cœur surtout), se transforme en acide carbonique et eau, probablement en donnant d'abord de l'acide lactique. Il n'y a pas à s'occuper spécialement de la dextrine, elle se transforme en glycose, et il en va de même du sucre de canne, et sans doute aussi du lactose ou sucre de lait, qui n'est du reste qu'une combinaison de glycose et de galactose, et du maltose.

En résumé, les sucres, dont il existe d'ailleurs une grande variété, dans les plantes principalement, se brûlent dans l'intimité des tissus, se combinent à l'oxygène, et forment de l'*acide carbonique*, qui est exhalé par les poumons (et la peau) et de l'*eau*, qui est expulsée par les mêmes voies. Ce sont là les termes ultimes du processus : la transformation peut être moins directe ; il peut se former de l'acide lactique ou plutôt des acides lactiques qui se décomposent directement en eau et acide carbonique, ou forment d'abord des acides divers (butyrique, acétique, etc.), en s'oxydant. Ces acides lactiques peuvent aussi se détruire par fermentation ; de toute façon ils concourent à la production de la chaleur animale.

Produits de désassimilation des matières grasses. — Ces substances peuvent bien s'éliminer en nature, dans une certaine proportion, par la matière sébacée, le lait, les épithéliums, etc., mais la plus grande partie s'élimine sous forme d'*acide carbonique* et d'*eau*, par les poumons et la peau : c'est-à-dire qu'ici aussi, il y a des transformations importantes. Comme la désassimilation et l'élimination des corps gras est proportionnelle à la consommation d'oxygène, on conclut que les graisses s'oxydent, se combinent avec l'oxygène, comme les hydrocarbonés. On sait d'ailleurs que les corps gras sont calorigènes par excellence : 100 grammes de graisse produisent autant de chaleur que 211 grammes d'albuminoïdes et que 240 grammes de fécule ; de là l'emploi abondant des corps gras dans l'alimentation sous les climats froids. Mais comment s'opère la désassimilation ? On ne sait trop. Il semble que ces corps se dédoublent en acides gras et en glycérine — sous l'influence de quelque ferment — qui, en s'oxydant ensuite, fournissent de l'acide carbonique et de l'eau.

Produits de désassimilation des albuminoïdes. — Acide carbonique et eau, tels sont les termes ultimes de la désassimilation des graisses et des sucres, qui sont des agents de calorification, des substances de combustion. Avec les albuminoïdes, la nature de ces termes est changée : ou plutôt leur nombre est accru : à l'*acide carbonique* et l'*eau* se joignent les *uréides*, ou en définitive, l'*urée*. Il y a toute une série de formes intermédiaires. Certaines d'entre elles sont si voisines des premiers que l'on n'ose encore les considérer comme des substances de désassimilation : tel est le cas pour la *lécithine* et le *protagon* qui se trouvent surtout dans le tissu nerveux, et qui servent peut-être à le nourrir, ou mieux à le protéger (A. Gautier). Mais l'hésitation n'est pas permise pour les autres corps, tels que l'*allantoïne*, l'*alloxane*, la *xanthine* qui se trouve dans presque tous les organes et liquides du corps; la *sarcine* qui accompagne généralement la xanthine; le *glycocolle*, qui contribue à la formation de l'acide glycocholique; l'acide *hippurique*, abondant chez les herbivores et rare chez les carnivores, dont l'origine et la formation sont encore peu claires, bien qu'il provienne incontestablement des aliments végétaux; la *leucine*, qui se rencontre surtout dans le tissu des glandes, et qui s'élimine non pas directement, mais après transformation en produits divers (acides gras, ammoniaque, urée?); la *tyrosine* qui accompagne la leucine et s'élimine principalement sous forme de phénol après avoir passé par une série complexe de transformations chimiques; le *phénol;* l'*indol* qui est éliminé sous forme d'indol et d'indican; la *créatine* qu'on trouve surtout dans les muscles, les nerfs, le sang (pas dans les glandes) et qui s'élimine par l'urine sous forme de *créatinine* en laquelle elle se transforme très facilement (lors de la contraction musculaire? dans le rein? etc.). La discussion des classifications proposées à l'égard de ces substances sort des cadres de cet ouvrage, mais nous tenons à signaler la classification établie par A. Gautier qui distingue :

a. Les *uréides* (alloxanes, alloxantine, murexide, acide oxalurique, allantoïne, urée, acide urique, urates), qui donnent toutes de l'urée, ou les éléments de l'urée, au nombre de leurs dérivés.

b. Les *leucomaïnes*, qui renferment l'azote sous forme d'amidogène (AzH^2) ou d'imidogène (AzH).

c. Les *acides amidés*, qui donnent des sels ammoniacaux : parmi ces acides, nous signalerons le glycocolle, la leucine, la sarcosine, la cystine, l'acide hippurique, la tyrosine, etc., dont il a été dit un mot. Mais nous n'avons guère parlé des leucomaïnes, ou bases animales qui proviennent, elles aussi, du dédoublement des albuminoïdes, et s'éliminent, normalement, par les urines. M. A. Gautier les divise en deux catégories : *leucomaïnes xanthiques*, voisines de la série urique, comprenant la sarcine, la xanthine et ses nombreux alliés (hydroxanthine, pseudoxanthine, paraxanthine, etc.), la guanine et son dérivé la guanidine, la carnine, la caféine et la théobromine ; *leucomaïnes créatiniques* dont la créatine est le type, et à laquelle il faut ajouter la créatinine et quelques corps voisins ; et enfin quelques *bases animales* qui ne rentrent pas dans les deux familles précédentes, comme la choline, la nervine, la lécithine, la protamine, la spermine, les venins (de la salamandre, du crapaud, du triton, du cobra, divers alcaloïdes de l'urine normale ou pathologique) ; enfin les ptomaïnes produites par la putréfaction des tissus : cadavérine, méthylamine, etc.

De ces nombreuses matières, l'urée est la plus importante; beaucoup d'entre elles finissent en effet par former ce composé qui, avec l'acide carbonique et l'eau, représente le terme ultime de la désassimilation de la plupart des albuminoïdes, et qui renferme la presque totalité de l'azote provenant de ceux-ci. C'est dire qu'on ne peut plus admettre la transformation *directe* des albuminoïdes en urée, comme on l'a fait : l'urée se forme en grande partie aux dépens des substances sus-énoncées qui représentent déjà des phases de désintégration. L'urée se forme probablement dans le foie : c'est dans le foie que la créatine, la sarcine, etc., formée dans les tissus, se transforment en urée ; le sang qui en sort en renferme deux fois plus que le sang qui y entre (de Cyon) ; peut-être la rate sert-elle aussi à former de l'urée ; et ce qui tend à faire attribuer au foie un rôle important dans la production de l'urée, c'est le fait que dans le cas d'atrophie aiguë de cet organe, l'urée disparaît ou diminue dans les urines, tandis que la leucine, la tyrosine, etc., s'y trouvent en quantité exagérée. Comme l'urée, l'*acide urique* est un des termes ultimes de la désassimilation des albuminoïdes. Il existe presque seul dans l'urine des oiseaux et reptiles, et dérive probablement de la guanine, de la sarcine, etc. ; à la différence de l'urée, il semble se former dans tous les tissus et non dans le foie. Une partie au moins de l'acide urique semble pouvoir se transformer en urée. Chez les herbivores l'acide urique est remplacé par l'*acide hippurique* formé d'acide benzoïque (fourni par les aliments végétaux) et de glycocolle.

Les processus cataboliques dont les produits viennent d'être énumérés sont de nature variée : il convient de les passer en revue.

Oxydations. — On a cru pendant un temps que les oxydations constituaient le processus chimique essentiel, unique, de la vie, et que la respiration et la digestion n'avaient d'autre but que de permettre à l'oxygène d'aller comburer les aliments qui, une fois oxydés, s'éliminaient au dehors. Assurément les oxydations jouent un rôle important, mais il y a d'autres processus. Ces oxydations mêmes, il n'est pas toujours aisé de se représenter leur production. L'oxygène ne peut, à la température du corps, se fixer sur nombre de substances, et ceci a fait penser que ce gaz doit subir quelque modification pour arriver à les oxyder, et se présenter ou bien à l'état naissant (Hoppe-Seyler), ou bien sous forme d'ozone (Gorup-Bésanez). L'oxydation doit s'en faire lentement, par degrés, et non avec la vivacité des combustions, et c'est dans les tissus et non dans les poumons, comme on l'a cru, qu'elle s'opère.

Réductions. — Elles s'accompagnent, le plus souvent, d'oxydations qui leur sont nécessaires ; mais on ne sait encore que peu de chose sur cet ordre de processus.

Hydratations. — L'hydratation des albuminoïdes est sans doute la cause de la production de nombreux produits de désassimilation qui sont ensuite oxydés : par exemple, l'urée, la leucine, la tyrosine, etc. Aussi A. Gautier pense-t-il que beaucoup d'albuminoïdes sont détruits par hydratation, qui en fait des graisses et des hydrates de carbone, lesquels sont ensuite oxydés, et le tout se fait avec production de chaleur.

Déshydratation et synthèse. — C'est par déshydratation que les peptones se transformeraient en albumine dans les chylifères : et dans les actions de ce genre il y a synthèse véritable ; mais ici il y a *absorption* et non dégagement de chaleur.

Ajoutons que les *fermentations* jouent certainement un rôle considérable dans la production de différentes substances de désassimilation.

Métabolisme général et bilan de la nutrition. — L'organisme a besoin d'aliments et se les assimile par la digestion, se les incorpore ; ils vont servir à la réparation des tissus et à l'entretien de la chaleur et de la vie, et par cela même, à des degrés divers, et avec une rapidité variable, les substances dérivées de ces aliments se désagrègent, se décomposent en une série de produits — l'eau, l'acide carbonique, l'urée, et quelques autres substances, principalement — qui sont éliminés par les poumons, les reins, la peau et les excréments, parce qu'ils n'ont plus de valeur alimentaire et ne peuvent que nuire à l'organisme qu'ils empoisonneraient.

Il y a donc là, entrée et sortie, recette et dépense.

Recette sous forme d'aliments et d'oxygène ; dépenses sous forme de frais de réparation et d'entretien des tissus, et aussi sous forme de travail produit. Ce dernier point est essentiel. Dans un budget bien organisé, il est nécessaire que ces deux termes soient équivalents. Mais, en physiologie, le cas est différent. Au début de la vie — durant la croissance — il faut qu'il y ait excès de recettes, pour permettre le développement; par la suite, il suffit qu'il y ait équilibre. Mais pour obtenir cet équilibre, il est indispensable de connaître le chiffre exact de la dépense nécessaire, inévitable, et cette dépense varie selon les conditions. Nous reviendrons plus loin sur ce point. D'autre part, pour fixer le bilan des recettes à opérer — qui est basé sur le chiffre des dépenses que l'on veut faire — il faut savoir quels sont les aliments les plus aptes à fournir ces recettes. Tous ne possèdent pas une valeur égale, et pour bien faire, il est indispensable de donner à l'organisme une *quantité* suffisante d'aliments de *qualité* différente.

Si la quantité est insuffisante, l'organisme perd sans cesse; il se consume, il se brûle, et l'inanition survient; le corps perd de son poids, et la mort survient plus ou moins vite, selon les espèces, et peut-être aussi selon l'état du système nerveux et du moral, car la nutrition semble être soumise en partie à une régulation nerveuse, et il y a des cas d'*auto-suggestion* (Debove, Bernheim) où l'abstinence est loin de produire les effets matériels tangibles que détermine l'abstinence involontaire ou forcée et accidentelle.

D'autre part, si la quantité est exagérée, il y a gaspillage (consommation de luxe), il y a encore emmagasinement de réserves adipeuses exagérées, d'où obésité et vices de nutrition avec leurs conséquences.

Et maintenant si nous considérons la qualité, nous savons qu'aucun régime exclusif ne peut suffire à entretenir la vie (sauf celui de la viande dégraissée pour les carnivores : et encore y suffirait-elle bien longtemps ?...) ; il faut un mélange d'albuminoïdes, de graisse et de sucre (pour l'homme), parce que ses tissus et l'entretien de la vie consomment de ces trois catégories d'aliments, comme nous l'avons vu.

Mais quelle quantité faut-il de ces différentes sortes d'aliments ? Cela dépend de la somme de travail à fournir, avons-nous dit, des conditions d'âge et de croissance, etc. Il faut de quoi réparer les pertes dues à l'usure normale des tissus qui se produit à chaque moment, dans l'immobilité la plus complète, et dans l'inactivité mentale et physique la plus parfaite ; il faut un excédent, s'il y a croissance ; il faut même un excédent proportionné à la quantité de travail à fournir.

A la vérité, on peut bien discuter un peu sur la valeur absolue des chiffres qui ont été donnés comme mesure de la ration alimentaire : ils peuvent varier légèrement, selon les races, les climats, etc. ; mais pour l'Européen des climats tempérés, on peut admettre que la ration alimentaire doit renfermer de 100 à 150 grammes d'albuminoïdes secs, 50 ou 60 grammes de graisses, et 400 grammes environ d'hydrates de carbone.

A. Gautier, faisant la moyenne des chiffres indiqués pour la ration alimentaire de l'homme au repos par des physiologistes de plusieurs pays européens trouve :

108 albuminoïdes ; 49 graisses et 403 hydrates de carbone.

D'autre part, calculant la ration alimentaire des Parisiens par jour et par tête, d'après les entrées aux octrois, A. Gautier arrive aux chiffres que voici :

115 albuminoïdes ; 48 graisses ; 333 hydrates de carbone, à supposer que tous les aliments fussent également répartis parmi la population.

Acceptons pour le moment les chiffres 108, 49 et 403 pour l'homme au repos. Que faut-il en cas de travail ? Par une moyenne du même genre que celle qui vient d'être rappelée, M. A. Gautier arrive aux chiffres :

150 albuminoïdes ; 60 graisses ; 563 hydrates de carbone.

L'observation pure montre donc que l'homme qui travaille a besoin d'une ration supérieure de moitié environ à celle de l'homme qui ne travaille pas.

Traduisant les poids d'aliments en leur équivalent thermique, en le nombre de calories produit par la combustion de ceux-ci — on sait en effet combien de calories dégage la combustion d'un gramme de telle ou telle substance (voir surtout les travaux de Berthelot : 4 et une fraction pour les albuminoïdes, et un peu moins pour les hydrates de carbone, alors qu'un gramme de graisse produit plus de 9 calories par son oxydation) — on voit que le total de calories produites par vingt-quatre heures par l'homme au repos nourri comme il a été dit est de :

108 × 4,6 =	497 calories par les	albuminoïdes.
49 × 9,3 =	455 —	graisses.
403 × 4,1 =	1,652 —	hydrates de carbone.
	2,604	

Ce total, pour l'homme qui travaille, est de 3,556 calories, comme on s'en assure aisément en faisant les calculs avec les chiffres 150, 60 et 563.

Cela paraît énorme, mais il faut tenir compte des déperditions de chaleur qui sont considérables :

1,700	calories environ pour	le rayonnement du corps ;
370	— —	la perspiration ;
190	— —	l'évaporation pulmonaire ;
80	— —	l'échauffement de l'air inspiré ;
45	— —	l'échauffement des aliments et boissons.
2,385		

Et alors il ne reste que 215 calories environ (ou leur équivalent) pour le travail de l'organisme qui, même dans le repos, continue toujours à s'effectuer : l'énergie répondant à 100 ou 120 de ces calories est absorbée par le cœur qui effectue quelques 35,000 kilogrammètres, le reste est absorbé par les petits mouvements des membres, les mouvements respiratoires, etc., etc.

Chez l'homme qui travaille, on conclura donc que les 956 calories supplémentaires dont il dispose, en raison de sa ration plus abondante (3556 — 2600) se transforment en travail ?... Il n'en est rien. Elles pourraient en théorie fournir 400,000 kilogrammètres : elles n'en fournissent que 60 ou 70,000, le sixième ou le cinquième. Cela prouve que ces calories, ou leur équivalent pour mieux dire, se transforment en chaleur plus qu'en travail, et A. Gautier montre qu'en somme pour 100 d'énergie latente dans les aliments, 74 passe à l'état de chaleur, et 26 seulement à l'état de travail, tandis que chez l'homme au repos nous avons :

91,5 chaleur
8,5 travail.

Nous ne pouvons insister plus longtemps ici sur cette intéressante question des sources de dépenses de l'énergie, mais nous ne saurions, en terminant ce chapitre, trop insister sur la nécessité physiologique absolue de la ration alimentaire mixte.

Aux chiffres que nous avons donnés plus haut, joignons-en quelques autres plus complets, résumant la ration alimentaire que les auteurs ont reconnu nécessaires et suffisantes pour eux-mêmes :

	Vierordt.	Zanke.	Moleschott.	C. Richet.
Albuminoïdes. . . .	120	100	130	140
Graisses	90	100	84	80
Hydrates de carbone.	330	240	404	350
Eau	2,800	2,600	2,800	3,000
Sels	32	25	30	15-20

Et maintenant, pour obtenir la quantité de ces différents aliments — en supposant qu'on adopte la ration proposée par Vierordt, — voici un tableau qui indique la quantité qu'il faut ingérer de quelques substances alimentaires pour avoir la ration :

POUR 120 GRAMMES d'albuminoïdes.	GRAMMES	POUR 420 GRAMMES d'hydrocarbonés et graisses.	GRAMMES
Fromage.	350	Riz	492
Lentilles	453	Maïs	532
Haricots	531	Pain de froment . .	543
Pois	537	Lentilles	693
Fèves	544	Pois	704
Viande de bœuf . .	566	Fèves	708
Œuf de poule . . .	893	Haricots	753
Pain de froment . .	1 332	Œuf de poule. . . .	776
Maïs.	1 515	Pain de seigle . . .	800
Riz.	2 364	Fromage	1 730
Pain de seigle . . .	2 653	Pommes de terre. .	1 751
Pommes de terre.	9 230	Viande de bœuf. . .	1 945

On voit par ce tableau qu'il serait parfaitement absurde de demander le *quantum* d'albuminoïdes à la pomme de terre, ou celui des principes non azotés à la viande. Par contre, des pois, des fèves seuls suffiraient à nourrir l'organisme ; mais nous savons que tous les principes qu'ils renferment ne sont pas également digestibles, et une association d'aliments animaux et végétaux est de beaucoup préférable.

Par exemple on peut, pour se procurer les 18 ou 20 grammes d'azote et les 300 grammes environ de carbone nécessaires, prendre :

			Azote.	Carbone.
Viande.	300 gr.	contenant	10	44
Pain	600 gr.	—	6,48	177,50
Beurre et graisse.	60 gr.	—	0,35	58,08
Haricots	50 gr.	—	2,00	21,50
Sel.	16 gr.	—	—	—
Eau	3,000 gr.	—	—	—

Et pourtant c'est là une ration d'entretien exagérée : des millions d'hommes — et qui travaillent — vivent de beaucoup moins : de 12 grammes d'azote et de 265 grammes de carbone, par exemple : Klemperer et Kumagawa ont récemment insisté sur ce fait. En réalité, l'homme mange beaucoup plus que cela ne lui est nécessaire, et cela est surtout vrai des classes chez qui le travail physique est le moindre[1].

Nous rappellerons simplement que la dénutrition ou désassimilation est accrue par la fièvre — d'où excrétion plus abondante d'urée et amaigrissement — et qu'elle est altérée dans l'obésité, la lithiase biliaire, la glycémie, la goutte, d'où accumulation dans l'organisme de produits de désassimilation qui ne s'oxydent et s'éliminent qu'avec lenteur.

[1] Voir entre autres : Tolstoï : *Notre alimentation* (*Rev. Scientifique*, 20 août 1892). L'article n'est pas strictement physiologique, mais il renferme beaucoup de vérité.

SANG ET LYMPHE

L'étude de circulation est l'étude des mouvements du sang et de la lymphe dans l'organisme, et il est logique, avant d'exposer la nature et le but de ces mouvements, d'exposer la nature, les fonctions, et la composition des liquides qui les exécutent. Ce chapitre sera donc consacré au sang et à la lymphe.

SANG

Les tissus vivants respirent : il leur faut donc de l'air pur ; et ayant respiré, ils ont produit de l'acide carbonique qui leur est nuisible ; il faut qu'ils s'en débarrassent. Les tissus vivants se nourrissent : il leur faut des aliments pour reconstituer leur propre substance, et pour leur permettre de fonctionner, et ayant consommé ces aliments, ils ont produit des substances de désassimilation qui sont toxiques, ou à tout le moins inutilisables désormais, et dont il leur faut se débarrasser. La cellule isolée qui vit dans l'eau par exemple exécute aisément ces nombreuses fonctions ; le va-et-vient des matières nutritive et respiratoire et des matières de désassimilation se fait par l'absorption et la diffusion, de façon directe. Mais chez les organismes polycellulaires, et surtout chez ceux dont les cellules sont non seulement nombreuses, mais considérablement différenciées et spécialisées, et constituent un corps de quelque volume, ce mode d'échanges direct n'est plus possible. Les cellules périphériques peuvent à la rigueur vivre de la sorte, mais que feront les cellules centrales, séparées du milieu ambiant ? Elles mourront, et l'organisme périra, s'il n'existe quelque manière de tourner la difficulté. Il en est une, et elle consiste en l'existence d'une intermédiaire entre les tissus et le milieu. Cet intermédiaire est double : c'est le sang et la lymphe. Le sang et la lymphe sont, au point de vue physiologique, essentiellement les intermédiaires entre les tissus et le milieu ambiant, empruntant à ce dernier l'air et les aliments (modifiés, rendus assimilables si c'est nécessaire, par les sucs digestifs), pour les porter à tous les tissus indistinctement ; reprenant à ces mêmes tissus l'acide carbonique produit par la respiration, et toutes les matières de désassimilation nutritive pour les reporter au dehors, ou mieux aux organes chargés de les expulser, comme le rein et le poumon. A la différence des autres tissus de l'organisme, le sang et la lymphe nous intéressent donc bien plus parce qu'ils véhiculent et transportent, que par leur vie propre, par ce qu'ils contiennent que par ce qu'ils sont.

Remarquons bien en passant que le sang sert doublement d'intermédiaire : il transporte les gaz, et une partie des matières alimentaires : la lymphe, elle, qui est du sang moins les globules rouges, transporte surtout les matières alimentaires : tous deux mettent donc le milieu extérieur à la portée de toutes les cellules de l'organisme, et on comprend que Cl. Bernard leur ait donné le nom de *milieu intérieur* si souvent employé. C'est bien en effet un milieu intérieur, en communication constante avec le milieu extérieur, ou cosmique, par le tube digestif, les poumons, le rein, etc.

Chez l'homme et les animaux supérieurs, tous les vertébrés notamment, le sang est un liquide rouge, légèrement visqueux, à la lumière réfléchie : vu par transparence, il est verdâtre et opaque. Couleur, opacité et viscosité sont dues au fait que ce liquide tient en suspension une énorme quantité de petits corps discoïdes de couleur rouge : dépouillé de ces globules, le sang est incolore, transparent et de densité faible. La *densité* du sang total varie non seulement selon les espèces et les sexes ; chez le même individu elle varie surtout selon l'alimentation et l'excrétion urinaire. Elle est de 1,055 en *moyenne* chez l'homme, moindre chez la femme et l'enfant : le sang veineux est plus dense que le sang artériel.

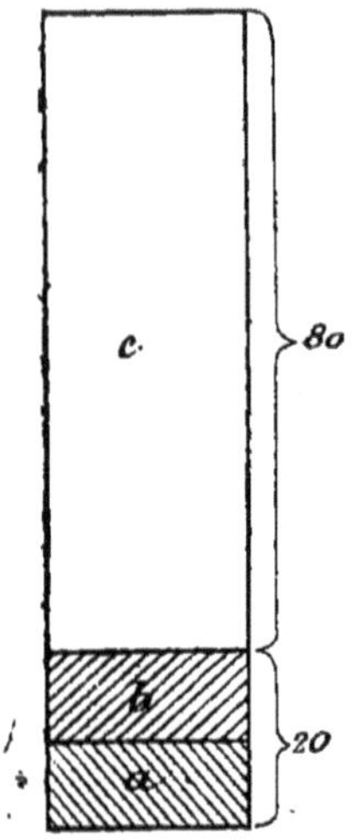

Fig. 4. — Proportions des solides et liquides du sang.

a et *b*, solides (*a*, hémoglobine et *b*, autres solides). — *c*, liquide.

Son *odeur* est à peu près celle de la sueur de l'espèce à laquelle il est emprunté ; elle est due à des acides gras et à des principes encore mal connus. Sa *saveur* est légèrement saline. Sa *réaction* est toujours alcaline, et cette alcalinité est due au phosphate et au bicarbonate de soude qu'il renferme (Rabuteau). Elle augmente avec l'alimentation alcaline ; mais l'alimentation la plus acide ne peut rendre le sang acide. L'alcalinité du sang correspond à celle d'une solution de soude à 2 ou 4 pour 1 000.

Sa *température* est variable selon les espèces ; elle oscille entre 36 et 40°. Sur le même individu elle varie encore selon les points de l'organisme : le sang du cœur droit est plus chaud que celui du cœur gauche ; le sang des parties centrales du tronc est plus chaud que celui des membres et de la peau. Chez les animaux *hétérothermes*, à température variable (animaux dits à sang froid, à température inconstante, comme les mammifères hibernants, les amphibiens, reptiles, poissons et tous les invertébrés), sa température est légèrement supérieure à celle du corps au même moment, au lieu que, chez les animaux *homéothermes* (animaux à sang chaud, comme l'homme, les mammifères et les oiseaux), elle ne varie pas d'un degré pour une même espèce du pôle à l'équateur. Enfin la *quantité totale* du sang peut être évaluée à cinq ou six litres pour l'adulte : un peu plus du treizième du poids du corps. Cette quantité est fort variable comme l'a vu Cl. Bernard : il peut y avoir des différences du simple au double selon qu'il y a inanition ou pleine digestion. De là les différences dans les doses toxiques, de la strychnine par exemple. A jeun il en faut moins qu'en digestion, parce que dans le premier cas il y a moins de liquide dans le sang et les tissus (Cl. Bernard). Mais il faut bien noter que dans ces variations, toute la différence porte dans la partie liquide (*liquor*) et non sur le *cruor* solide, sur les globules.

Il y a plusieurs procédés pour évaluer la quantité de sang d'un animal. La *saignée* à blanc (Herbst, Heidenhain) ; mais il reste toujours du sang : le tiers ou même la moitié ! La méthode des *mélanges* de Valentin : on saigne l'animal légèrement, et on recherche la quantité de principes fixes (pour 100), et on injecte une quantité connue d'eau distillée ; on fait une deuxième saignée, et on recherche encore la quantité de principes fixes ; elle est naturellement moindre, et la différence permet de calculer la quantité de sang par une opération très simple. Méthode *colorimétrique* de Welcker. On fait une saignée, et on garde le sang ; puis on saigne et tue l'animal, on fait passer de l'eau distillée par le système circulatoire jusqu'à ce qu'elle en sorte incolore ; on hache les tissus avec de l'eau distillée pour en tirer tout le sang et ce mélange de sang, avec une quantité connue d'eau distillée a une certaine coloration. On reprend le sang de la première saignée et on y ajoute ce qu'il faut d'eau pour que la couleur soit la même que celle du mélange. Avec trois quantités connues (sang et eau distillée dans un cas ; eau distillée dans l'autre), il est facile de calculer la quatrième quantité inconnue, celle de la proportion de sang mélangée à l'eau distillée qui a servi à laver les tissus, et qui contient le sang restant après la première saignée. Procédé *spectroscopique* de Preyer. Il consiste à doser l'hémoglobine du sang pur extrait par saignée, puis on remplace peu à peu tout le sang de l'animal par de l'eau salée en injectant celle-ci jusqu'à ce qu'elle sorte incolore du corps ; on dose l'hémoglobine de ce sang mélangé avec une quantité connue d'eau. La proportion du poids du sang à celui du corps est chez l'homme de 1 à 13, avons-nous dit ; chez d'autres espèces il varie : $\frac{1}{12}$-$\frac{1}{13}$ chez la souris et le chien ; $\frac{1}{20}$ chez le cobaye et le lapin ; $\frac{1}{21}$ chez le chat ; $\frac{1}{10}$ à $\frac{1}{13}$ chez les oiseaux ; $\frac{1}{15}$ à $\frac{1}{20}$ chez la grenouille ; $\frac{1}{11}$-$\frac{1}{19}$ chez les poissons (Landois). Ranke estime que 1/4 du sang total est contenu dans les poumons, cœur, artères et veines ; 1/4 dans le foie ; 1/4 dans les muscles ; 1/4 dans le reste des organes.

Tels sont les principaux caractères du sang des animaux supérieurs. Chez les organismes inférieurs, le sang est beaucoup moins constant et fixe. En général, il ne renferme que des leucocytes ; sa couleur varie beaucoup ; la proportion des sels est aussi très variable, comme celle des matières albuminoïdes. Au surplus, il a été encore peu étudié, et sa physiologie est à faire en grande partie [1].

Le sang, nous l'avons dit, doit plusieurs de ses caractères à des globules qu'il tient en suspension. Ces globules sont de deux sortes principales : les globules blancs ou *leucocytes*, les globules rouges ou *hématies*. Le sang renferme encore des *globulins* ou *hématoblastes* qui sont peut-être des hématies jeunes, — on en compte de 220 à 350 mille par millimètre cube de sang — et d'autres corps nommés *plaques de Bizzozero* qui doivent peut-être s'interpréter de même façon, *corpuscules de Norris*, leucocytes de Semmer, microcytes, etc. Nous considérerons successivement les *globules* (partie solide) et le *plasma* (partie liquide du sang).

[1] On consultera avec profit les recherches de Frédéricq et la récente thèse de doctorat ès sciences de M. F. Heim sur le *Sang des crustacés* (1892).

COMPOSITION DU SANG DE DIVERS ANIMAUX RAPPORTÉE A 1000 GRAMMES (A. Gautier)[1]

	HOMME de 25 ans (C. Schmidt)	FEMME de 30 ans (Schmidt)	CHEVAL (Hoppe-Seyler)	CHIEN (Sang veineux : Holbeck)	PORC (Bunge)	BŒUF (Bunge)
Globules humides	513.0[1]	396.2	326.2	357.0	436.8	318.7
Contenant :						
Eau	349.7	272.6	184.3	203.3	276.1	191.2
Hémoglobine et globulines . .	159.6	120.1	141.9	153.8	160.5	127.5
Sels minéraux .	3.7	3.55				
Plasma : . . .	486.9	603.8	673.8	643.0	563.2	681.3
Contenant :						
Eau	439.0	552.0	605.7	587.0	517.9	622.2
Fibrine	3.9	1.91	6.8			
Albumine et matières extractives.	39.9	44.79	55.8	56.0	45.3	59.1
Sels minéraux .	4.14	5.07	5.5			

[1] Ce chiffre est trop fort : il varie de 420 à 470.

Globules blancs ou leucocytes. — Les *leucocytes*, découverts en 1770 (Hewson), sont des corps de forme très variable et sans couleur. Ils sont plus volumineux que les hématies : leur diamètre ne dépasse toutefois pas 75 dix-millièmes de millimètre. Leur nombre varie beaucoup ; ils sont abondants durant la digestion, rares durant l'inanition ; aussi est-il difficile d'indiquer un chiffre moyen : mettons qu'il y en ait 1 pour 500 globules rouges environ, soit 15 000 par millimètre cube de sang.

[1] Chez l'adulte, car chez le fœtus les rapports sont inverses en ce sens qu'il y a plus de globules que de plasma : : 722 : 278.

Ils présentent deux caractères très intéressants. Leur motilité d'abord. Ce sont des amibes, en quelque sorte. En effet, ils se reproduisent, ils se nourrissent, ils excrètent, ils respirent, ils sont irritables et contractiles, ils se meuvent et se déplacent au moyen de pseudopodes, d'expansions de

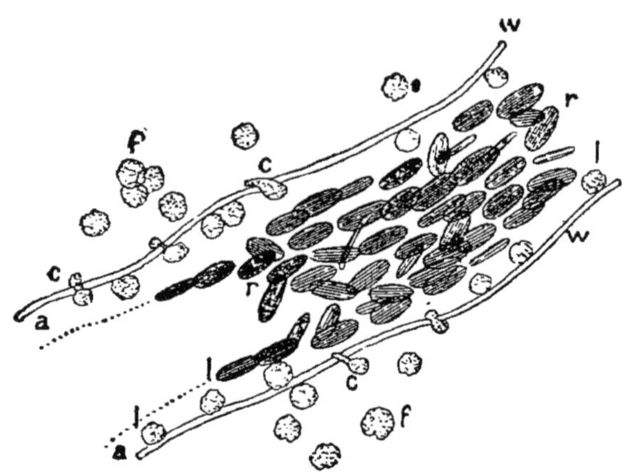

Fig. 5. — Cellules lympathiques émigrant à travers un capillaire du mésentère de la grenouille.

w paroi du vaisseau. — *aa* couche adhésive de Poiseuille. — *rr* hématies. — *ll* leucocytes cheminant le long de la paroi vasculaire. — *cc* leucocytes à un premier stade de migration à travers cette paroi. — *ff* leucocytes qui ont traversé la paroi.

leur substance, et changent de forme à tout moment, exactement comme une amibe. Ils ont une vie propre et très tenace, très indépendante de celle de l'organisme ; ce sont de petits individus, des parasites en quelque sorte. Lieberkühn a gardé en vie 85 jours durant les leucocytes du sang de la salamandre. Ils présentent des phénomènes tétaniques en présence de la chaleur ; l'électricité aussi les tétanise et les tue, le curare les paralyse, et ils sont, comme tous les organismes unicellulaires, très sensibles à beaucoup de poisons. Leur second caractère est leur ubiquité. Où ne peuvent-ils aller, en effet, puisqu'ils possèdent la locomotion ? Ils ne restent point dans le sang seul, ils traversent les pores des membranes organiques, ils sortent des vaisseaux, et on les trouve partout dans les mailles du tissu connectif, et ce sont eux qui forment la majeure partie du pus, par *diapédèse*, par migration hors des parois des vaisseaux. (Addison, puis Waller et Cohnheim, 1846 et 1868.) Sur le mésentère de la grenouille on voit les leucocytes s'arrêter le long des parois des veinules, et traverser celles-ci graduellement : le phénomène est plus

Fig. 6. — Quatre leucocytes de la grenouille renfermant des bactéridies mortes (colorées en noir).

facile à voir avec des leucocytes ayant absorbé des grains de bleu d'aniline. Les leucocytes passent-ils à travers des fissures qui existeraient entre les cellules endothéliales, ou passent-ils en se frayant de force un chemin entre ces cellules, ou à travers elles ? On ne sait encore ; toujours semble-t-il que la diapédèse consiste en les quatre phases suivantes. Les leucocytes adhèrent aux parois vasculaires; ils envoyent des processus à travers celles-ci; la substance qui les compose s'écoule de la masse principale dans le pseudopode qui, de la sorte, devient bientôt la masse principale, elle s'écoule graduellement de telle sorte que le leucocyte a la forme d'un sablier ; enfin, tout le leucocyte ayant traversé la paroi se détache de celle-ci et va plus loin. Le déplacement du leucocyte serait favorisé, dans la traversée des parois vasculaires, par la pression sanguine. Nous avons vu que pareille migration se ferait entre les cellules épithéliales de l'intestin.

De récents travaux ont donné à cette diapédèse des leucocytes, et, d'une façon générale, à leur motilité et à leur ubiquité, une signification très intéressante. Les leucocytes et un certain nombre de cellules analogues du tissu conjonctif, de la rate, etc., sont, d'après la théorie de la *phagocytose* de Carl Roser (1881) et de M. Metchnikoff, les défenseurs naturels de l'organisme contre certaines agressions, celle des microbes en particulier. A l'ensemble de ces cellules, dont font partie les leucocytes, M. Metchnikoff donne le nom de *phagocytes*. Ces phagocytes ne combattent pas dans tous les cas : dans le choléra des poules, des gallinacés, ils demeurent inertes, mais si l'on inocule la bactérie du choléra des poules au cobaye, il en guérit le plus souvent, grâce à ses phagocytes qui tout simplement dévorent les bactéries. C'est en englobant les microrganismes étrangers, en les détruisant (dans le foie d'après Werigo, *Annales de l'Institut Pasteur*, 1892), que les phagocytes, d'après la théorie en question, contribuent à protéger l'organisme, et dans la bataille entre ce dernier et la maladie virulente, c'est le leucocyte — entre autres — qui prendrait les armes. Cette manière de voir donne une importance toute spéciale à certains organes riches en cellules amiboïdes, mais dont on ne connaît guère les fonctions, comme la rate, les glandes lymphatiques, les amygdales, les plaques de Peyer, etc., et elle fournit un appui considérable à la diapédèse dont M. Metchnikoff considère l'existence comme parfaitement établie : la diapédèse est une des formes de la lutte contre l'ennemi ; les leucocytes accourent pour l'englober et le détruire, même s'il n'est ni vivant ni destructible par eux, comme des grains de carmin injectés sous la peau, et s'il est vivant, on le voit bientôt mourir et se désagréger à l'intérieur d'un phagocyte ; on peut, en particulier, parfaitement bien voir nombre de microbes morts ou mourants au centre des leucocytes. S'il en est ainsi, les leucocytes deviennent, avec les cellules analogues de l'organisme, des facteurs très

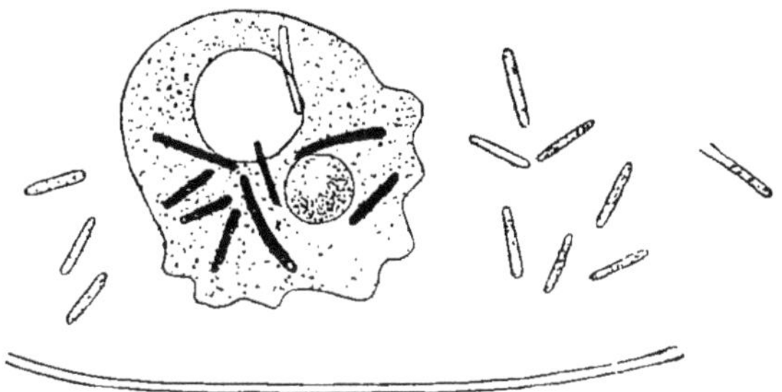

Fig. 7. — Une amibe vivant au milieu de bacilles, dont elle a englobé un certain nombre.

importants dans la pathologie infectieuse, et la diapédèse revêt une signification toute nouvelle[1].

Les leucocytes sont, a-t-il été dit, des cellules ; ils ont de un à quatre noyaux, et rien ne les distingue de ceux du pus ou de la lymphe. Ils paraissent formés d'une substance analogue à la mucine, nommée hyaline, et de deux globulines, avec un peu d'albumine, auxquelles se joignent de petites quantités de lécithine, de glycogène, de cérébrine, de cholestérine, et de matières minérales ; le noyau est formé d'une substance albuminoïde, la nucléine. A l'intérieur des leucocytes, on distingue un mouvement moléculaire marqué ; on le considère parfois comme de nature purement physique, mais il semble plutôt être une manifestation vitale. La tempéra-

[1] Voir entre autres travaux : Metchnikoff. *Leçons sur la Pathologie comparée de l'Inflammation*, 1892 (Masson). Voir aussi : Sims Woodhead. *A discussion on Phagocytosis and Immunity* (*Brit. Med. Journal*, février 1892).

ture de 50° C. tue les leucocytes, comme l'électricité ; le curare les paralyse ; dans un milieu privé d'oxygène, ils asphyxient et meurent. Ils sont très sensibles aux variations d'acidité et d'alcalinité ; les acides et alcalins dilués en excitent, puis en paralysent la motilité, le chlorure de sodium à 1 p. 100 les excite et tétanise, et leur fait en quelque sorte l'effet d'un vomitif ; ils expulsent les parcelles alimentaires qu'ils peuvent renfermer. La quinine, la cinchonidine, etc., à dose faible (1 p. 1 500), paralysent la locomotion, ils ne peuvent plus se déplacer ni traverser les parois des capillaires. La strychnine les tue rapidement : de 2 à 5 centigrammes tuent tous les lencocytes de 100 centigrammes de sang (Maurel)[1].

Leur nombre varie beaucoup, avons-nous dit : il y en a beaucoup plus dans la veine splénique que dans l'artère splénique (1 p. 60 globules rouges au lieu de 1 pour 2,260), et d'une façon générale les veines en contiennent plus que les artères. Il y en a plus après les repas et durant la grossesse que durant le jeûne. Il ne semble pas que le nombre en soit accru chez les individus lymphatiques, mais dans la *leucocythémie*, pendant la suppuration, et pendant certaines affections d'organes lymphatiques — comme la rate — le nombre des globules blancs s'accroît énormément dans le sang qui semble mélangé de lait ou de pus, et ceci peut être dû à ce qu'ils sont produits en plus grand nombre ou à ce qu'ils ne se transforment ou détruisent point. Il semble que les leucocytes proviennent pour la plus grande partie de la lymphe ; du reste, on admet l'existence de plusieurs lieux de formation. Les principaux sont la rate, la moelle des os et les glandes lymphatiques, car le sang et la lymphe qui en sortent sont plus riches en globules que ceux qui y entrent, et il semblerait que les leucocytes se

[1] Voir, sur la physiologie des leucocytes, la suite de travaux fort intéressants de E. Maurel (*Recherches Expérimentales sur les leucocytes*, Paris, 1892, Doin), relatifs à l'action de la température, des poisons, etc.

forment un peu partout où il y a du tissu connectif, aux dépens de l'épithélium des lymphatiques et des séreuses, aux dépens du tissu connectif lui-même, etc. Nous ne savons guère la durée de leur vie, non plus que leur destinée. Ils semblent bien servir à produire les globules rouges — et nous reviendrons plus loin sur ce point — ; ils semblent aussi, en se divisant, produire de nouveaux globules blancs; on ne peut leur refuser un rôle important dans la destruction de certains éléments étrangers à l'organisme comme les microbes ; ajoutons que M. A. Gautier croit que la fièvre est due à un ferment très actif qu'ils sécréteraient dans des conditions que nous ne connaissons point encore ; enfin, il paraît certain que les leucocytes en se détruisant donnent naissance à une substance d'où dérive la fibrine qui joue un rôle si important dans la *coagulation* du sang, dont nous parlerons plus loin.

Globules rouges. — Les *hématies* ou globules rouges, vus en 1658 par Swammerdam dans le sang de grenouille, et en

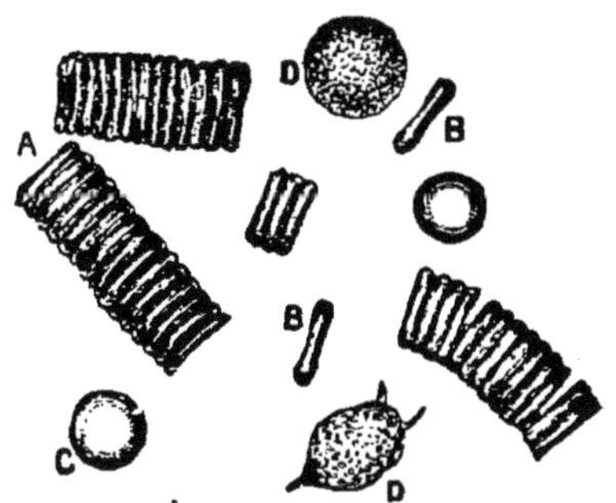

Fig. 8. — Globules du sang humain frais.
A, rouleaux de globules rouges. — B, globule rouge vu de profil
C, globule rouge vu de face. — D, leucocyte.

1673 dans le sang humain par Leeuwenhoek, sont de petites lentilles biconcaves dont le diamètre varie chez l'homme de

65 à 86 dix millièmes de millimètre. Magendie en niait encore l'existence au commencement du siècle.

Leur forme varie selon les espèces : ils sont circulaires chez l'homme et la plupart des mammifères, et elliptiques chez les amphibiens, poissons, oiseaux, reptiles, et, parmi les mammifères, chez les camélidés. Leurs dimensions varient

DIMENSIONS EN DIX-MILLIÈMES DE MILLIMÈTRE DES HÉMATIES DE QUELQUES VERTÉBRÉS

Globules ronds		Globules elliptiques (petit et grand diamètre).		
Eléphant .	94	Grenouille.	170	255
Homme. .	76	Crapaud. .	135	240
Chien. . .	73	Pigeon . .	65	147
Lapin. . .	69	Lama . . .	40	80
Chat . . .	65			
Mouton . .	50			
Chèvre . .	41			

plus encore, allant de $0^{mm},0041$ chez la chèvre (gl. circulaires), à $0^{mm},0135 \times 0,0240$ chez le crapaud (gl. elliptiques) et chez la grenouille. Il semble que les animaux lents aient les hématies plus volumineuses que les espèces agiles. Entre ces deux valeurs extrêmes on trouve tous les intermédiaires, et il est utile de connaître les dimensions des globules rouges des principales espèces animales quand il s'agit, en médecine légale, de déterminer la nature réelle de taches de sang, à condition qu'elles soient récentes, toutefois, car si elles sont anciennes, on ne peut guère avoir la prétention de reconnaître les globules qui se déforment et se détruisent bien vite. Le nombre des hématies varie également : chez l'homme, il s'en trouve en moyenne quatre millions et demi ou cinq millions par millimètre cube de sang, et s'il y a 4,5 litres de sang, celui-ci en renferme 250 000 *milliards*, et la superficie totale de ces globules équivaudrait à 2,816 mètres carrés, d'après Welcker. Le volume d'une hématie serait de 7 dix-millionièmes de millimètre cube ; son poids de huit cent-millièmes de milligramme. Ces chiffres sont des moyennes, et selon l'âge, le sexe, etc., le nombre des globules rouges peut être sensiblement inférieur ou supérieur. Le sang du fœtus en renferme moins que celui du nouveau-né ayant respiré, et moins aussi que celui de la mère. D'une façon générale, les hématies sont plus abondantes chez les individus vigoureux, chez les habitants de la campagne, après les repas (de 15 à 18 p. 100), chez les carnivores, chez les vertébrés supérieurs ; chez le même individu, le sang des muscles, des glandes, de la rate en renferme plus que le sang des autres parties du corps, et dans certains états pathologiques, comme l'anémie, la leucémie, la chlorose, les hématies diminuent beaucoup (de moitié). Pourtant elles ne sauraient diminuer au-dessous du chiffre de 500 000 par millimètre cube, sans issue fatale (Sorensen).

La numération des hématies se fait de différentes façons. *Vierordt* mélange une quantité connue de sang avec une quantité connue d'eau sucrée, et prélève une petite partie de ce mélange qu'il étale sur une plaque de verre avec un peu de gomme en solution : il laisse sécher et compte ensuite : un calcul facile donne le chiffre cherché. *Malassez* fait un mélange de proportions connues de sang et d'une solution de sulfate de soude à 5 ou 6 p. 100, au moyen d'une pipette spéciale (mélangeur Potain), et introduit ce mélange dans un tube fin en verre, de calibre connu (capillaire artificiel) ; on compte sur un micromètre quadrillé. En somme, les méthodes les plus récentes ne possèdent point sur celle de Vierordt de supériorité bien marquée, et ceux mêmes qui se sont le plus occupés de la question déclarent qu'on se trompe très facilement d'un demi-million de globules par millimètre cube. Dans ces conditions, on évitera de comparer entre eux les chiffres fournis — fût-ce par la même méthode — par des observateurs différents, et on n'accordera quelque confiance qu'aux valeurs données par le même observateur employant toujours le même procédé, l'erreur ayant plus de chances d'être constante et de même sens.

La densité des globules rouges est de 1,105 ; ils sont mous et remarquablement élastiques ; ils changent de forme quand le calibre des capillaires l'exige, et s'étirent pour reprendre ensuite leur forme quand les dimensions de ceux-ci le permettent. Ils semblent contractiles. La contractilité existe assurément chez les jeunes globules, mais moins prononcée chez les hématies adultes ; pourtant, dans certaines maladies, elle serait tout à fait comparable à ce qu'elle est chez les hématies de formation récente.

Quiconque a examiné au microscope du sang tiré des vaisseaux a remarqué la façon singulière dont les globules rouges s'agglomèrent en rouleaux ou en piles, en se superposant les uns aux autres en grand nombre, comme une pile d'assiettes ou un rouleau de pièces de monnaie. Cette particularité ne s'observe jamais sur le sang *in situ*, et les causes en sont mal connues. Il y a une attraction évidente d'hématie à hématie, et sur ce point Norris a fait des expériences ingénieuses montrant que des disques en liège suffisamment alourdis par de petits clous pour flotter entre deux eaux restent indépendants et isolés comme les hématies *in situ*, au lieu que les mêmes disques, allégés de façon à émerger partiellement de l'eau, s'attirent et se disposent en rouleaux grâce à la capillarité. La capillarité serait donc la cause de la formation des rouleaux, et ceci expliquerait pourquoi les rouleaux ne se forment que dans des préparations en surface. D'autres explications ont été proposées ; on a parlé d'une altération de l'enveloppe des hématies, d'une exsudation fibrineuse ou visqueuse déterminant une adhérence réciproque ; mais il ne semble pas que l'hypothèse de l'attraction soit exclue : il faut toujours une raison pour le rapprochement des hématies qui sont évidemment altérées. Les altérations sont considérables dans un autre cas dont il nous faut dire un mot, dans le cas où le sang extrait des vaisseaux est abandonné à lui-même. On voit alors les hématies prendre un aspect ridé ou crénelé : elles se rident et se déforment de telle sorte que chacune d'elles rappelle plus ou moins une petite mûre. Cette crénation est probablement due à des changements de composition provenant de courants osmotiques. Klebs l'attribue à une contraction active des hématies. En présence d'un certain nombre d'agents, les hématies se modifient beaucoup. La chaleur (vers 50° ou 52° C.) détermine des changements de forme ; les hématies s'étranglent, se fragmentent en parcelles qui restent souvent unies en forme de chapelet, et meurent bientôt. Par contre, le froid conserve les hématies intactes et vivantes : des hématies placées dans un vase entouré d'eau glacée restent vivantes quatre ou cinq jours ; mais passé cette limite, elles meurent : introduites dans le sang, elles se fragmentent. L'électricité statique produit la crénation, et parfois l'hématie revêt l'aspect d'une boule couverte de piquants. Si l'électrisation continue, les altérations sont plus profondes encore : les hématies prennent une forme sphérique par disparition des saillies pointues ou arrondies, et se fondent les unes avec les autres comme des gouttes d'huile ; en même temps elles se décolorent, leur hémoglobine passant dans le sérum et abandonnant les globules. Les courants induits agissant à peu près de même ; et le courant constant détermine l'électrolyse : Tarchanoff a vu se produire sous son influence un curieux mouvement des granulations vitellines d'un pôle à l'autre sur les hématies des têtards. L'eau rend les globules plus sphériques, mais à trente pour un, elle les décolore en dissolvant l'hémoglobine ; cette décoloration est du reste opérée par un grand nombre d'autres agents. Les alcalis et les acides déterminent des changements de forme des hématies, puis leur décoloration, puis leur dissolution. L'agitation avec le mercure détermine la destruction complète des hématies, à moins que l'on ait ajouté un peu d'acide pyrogallique (20 p. 100), ou de nitrate d'argent (3 p. 100). Si l'on traite les hématies par un peu de mercure pour défibriner du sang de grenouille mélangé d'un peu de solution de sel commun et si l'on examine ensuite le sang, on voit souvent s'échapper des hématies une masse protoplasmique que Gaule a appelée

« *würmchen* » ou petit ver, et qui se dissout bientôt. C'est probablement un cytozoaire, un parasite, le *Drepanidium ranarum* de Ray Lankester. La bile et les sels biliaires détruisent et dissolvent rapidement les hématies. L'urée fait de même, du moins chez les ovipares : encore cela n'est-il pas bien certain. L'acide urique semble inactif, mais la créatine et le carbonate d'ammonium seraient des dissolvants. Enfin le sérum détruit les globules du moment où ceux-ci viennent du sang d'une espèce animale différente ; ils s'y décolorent, puis se fondent sans laisser d'autres traces que des filaments inutiles, comme on peut le voir en injectant à un animal quelconque le sang d'un animal d'espèce différente. Ceci indique suffisamment que la transfusion du sang entre espèces différentes ne peut avoir d'utilité.

On rapprochera de cette action *globulicide* du sérum étranger, l'action *bactéricide* de ce même sérum pour certains micro-organismes.

Tandis que certaines espèces sont particulièrement, et même à l'état de nature, exclusivement sujettes à certaines maladies infectieuses, d'autres présentent à l'égard de ces mêmes maladies une immunité tout à fait caractéristique ; c'est ainsi que le chien et la chèvre sont peu aptes à prendre la tuberculose, et beaucoup d'exemples analogues pourraient être cités. Il se pourrait fort bien que cette immunité fût due, en partie, à une action bactéricide du sérum des espèces réfractaires (d'où l'idée de traiter certaines maladies infectieuses par injection de sang d'une espèce réfractaire, Rondeau, Richet, Héricourt, Bertin, Picq, etc.) et si l'on connaissait mieux les différences de composition chimique qui existent certainement entre le sérum d'espèces différentes, on comprendrait cette action. Jusqu'ici on a caractérisé les espèces animales ou végétales en termes morphologiques, au moyen de caractères extérieurs ; mais il ne faut pas oublier que derrière ces différences extérieures, il y a des différences plus intimes, moins apparentes, exigeant pour se révéler des méthodes délicates, des différences d'ordre chimique sur lesquelles on n'a point assez fait porter les investigations, et qui ont probablement, au point de vue de la biologie, une bien autre importance que les différences morphologiques ; des différences qui expliqueront maint fait pathologique et physiologique dont la cause nous échappe actuellement[1]. L'action bactéricide du sérum est encore mal connue, malgré quelques tentatives très intéressantes. Faggioli (*Arch. Ital. Biol.*, t. XVI) a vu que le sérum est fort délétère pour les protistes, protozoaires, etc., en général : mais il y a des exceptions. Chenot et Picq (*Soc. Biol.*, 1892) ont noté l'action bactéricide du sérum des bovidés sur le virus morveux. Tarnier et Chambrelent (*ibid.*) ont vu que la toxicité du sérum humain (10 centimètres cubes de sérum tuent 1 kilogramme de lapin d'après Rummo) est accrue durant l'éclampsie. Voir encore Charrin et Roger (*ibid.*, 1890) et Daremberg (*ibid.*, 1891) d'après les expériences duquel le sérum de chien dissout les globules de cobaye en deux ou trois minutes, de pigeon en vingt-cinq ou trente minutes. Il semble que le sérum du lapin bien portant est moins globulicide que celui du lapin amaigri. Le chauffage à 50-60° C. détruit la propriété globulicide qui, dans le sang abandonné à lui-même, disparait en dix jours (lapin). Maragliano et Castellino notent que le pouvoir globulicide est plus grand pour le sérum d'homme malade que pour celui d'homme sain. (Voir encore Hayem, *C. Rendus*, 1888[2].)

L'origine des hématies est encore l'objet de discussions nombreuses. Avant la naissance, avant le moment où l'embryon a acquis son développement, les hématies se forment dans le feuillet moyen du blastoderme en même temps que les vaisseaux, par des sortes d'ilots sanguins, dits de Wolff, qui se réunissent en un réseau à mailles multiples, les cellules centrales devenant globules rouges, et les cellules périphériques formant les parois des vaisseaux. Pour Ranvier, les ilots seraient précédés de cordons cellulaires pleins, anastomosés en réseau, et les ilots seraient formés d'hématoblastes qui par leur multiplication donnent des globules rouges. Ces globules rouges peuvent se multiplier par scission ; ils sont

[1] Voir *Experimental Evolution* par Henry de Varigny. Macmillan (Londres), 1892, ch. II et III.

[2] Voir en particulier les travaux de J. Héricourt et Ch. Richet. On trouvera une bonne bibliographie générale dans Héricourt : *Le sérum du chien dans la tuberculose* (*Arch. générales de médecine*, avril 1892). On remarquera que Flügge, Büchner et d'autres exaltent l'action bactéricide du sérum aux dépens de la phagocytose. Voir aussi le travail de Sims Woodhead déjà cité. D'après G. d'Abundo, le sérum des fous est moins toxique que celui des sains d'esprit.

pourvus d'un noyau. Il se forme encore des hématies après la naissance aux dépens de cellules dites vaso-formatives (Ranvier), qui se trouvent dans le tissu cellulaire ; mais ce mode n'a qu'une courte durée. (Pour détails voir les traités d'Embryologie et d'Histologie.) Chez l'adulte, il semble bien que les hématies dérivent en partie des globules blancs. et les globulins ou hématoblastes de Hayem seraient formés par les leucocytes, et se transformeraient en hématies. Recklinghausen a recueilli du sang de grenouille à l'abri de germes extérieurs, et a vu ce sang, conservé ainsi pendant plus d'un mois, présenter des globules rouges qui semblaient bien de formation nouvelle ; mais quel est le mécanisme de la transformation ? On ne sait encore, mais il y a des formes de passage entre le leucocyte et l'hématie. Notons en passant que, pour Pouchet, le leucocyte est non le père, mais le frère de l'hématie ; tous deux dériveraient d'un même élément qu'il nomme leucocyte primaire, et qui, selon les cas, donnerait naissance soit à des leucocytes, soit à des hématies. En somme donc, les hématies se formeraient (après le stade embryonnaire) aux dépens de leucocytes, de globules rouges à noyau ou cellules de Neumann, de myéloplaxes, d'hématoblastes ; et cette formation aurait lieu partout où se trouvent ces éléments, et principalement dans la moelle des os, le foie, la rate et les glandes vasculaires sanguines. (Voir le chapitre consacré à ces dernières.)

Que deviennent ces hématies une fois formées ? Elles se multiplient : cela est du moins probable, bien que le mécanisme exact de la multiplication prête encore à la discussion ; elles vivent un certain temps, accomplissent les fonctions physiologiques dont nous aurons à parler bientôt, et puis elles meurent. La durée de leur vie est inconnue. On voit bien que, parmi les hématies, il en est de très jeunes et que d'autres sont plus âgées ; les différences de volume, de couleur, de consistance, de composition chimique indiquent bien l'existence de quelque évolution, mais la durée normale de celle-ci est inconnue. Elles meurent enfin, et leur mort semble s'effectuer le plus souvent au lieu même où elles prirent naissance, dans le foie et la rate. Le foie, en effet, sécrète la bilirubine et celle-ci dérive de l'hémoglobine ; l'ingestion d'hémoglobine dans la veine porte est suivie d'une augmentation dans la production de la bilirubine (Naunyn), et la rate renferme beaucoup d'hématies âgées, en voie de désorganisation, souvent englobées par des leucocytes (qui peut-être s'en nourrissent ?) ; elle renferme aussi beaucoup de fer qui proviendrait de cette destruction (Picard). Il meurt évidemment beaucoup de globules rouges chaque jour, et il doit par conséquent s'en former beaucoup ; du reste, on sait combien la réparation sanguine est rapide après les hémorragies.

Et maintenant, examinons les hématies de plus près ; voyons ce qu'elles sont, et à quoi elles servent.

Anatomiquement, ce sont des cellules, et des cellules *sans noyau*. Elles en ont bien un durant la vie embryonnaire : chez l'homme adulte, elles en manquent absolument, sauf peut-être dans certains cas pathologiques ; les hématies des amphibiens possèdent toutefois un noyau. Ces cellules ont une membrane d'enveloppe que d'aucuns croient contractile ; cette membrane est-elle une membrane véritable ; une membrane d'enveloppe à double contour, comme le croient beaucoup d'histologistes ; ou bien n'est-ce qu'une vaine apparence, due à une sorte de condensation du protoplasma ; nous ne savons. Peut-être cela n'a-t-il d'ailleurs qu'une médiocre importance. Quoi qu'il en soit de cette dispute d'histologistes, l'hématie se présente à nous sous forme d'une masse demi-solide composée d'une charpente poreuse, réticulée, molle, transparente, que Brücke a nommée *oikoïde* par opposition au *zoïde*, substance contractile, colorée et vivante qui est logée dans les pores de l'oikoïde. On distingue plus communément l'okoïde sous le nom de *stroma*, et la substance liquide, épaisse, colorée, qui l'imprègne sous le nom d'*hémoglobine*. Ces deux parties peuvent être séparées l'une de l'autre, comme nous l'avons dit, par la réfrigération, par l'électricité ; Rollett opère en laissant tomber goutte à goutte du sang dans un milieu froid, puis il chauffe à 20° C. et l'hémoglobine se sépare du stroma; on a du sang *laqué* dont on peut analyser le stroma globulaire, et on constate que celui-ci consiste surtout en *globuline*, matière albuminoïde isolée par Denis, en *paraglobuline*, en *cholestérine* et en *lécithine* probablement combinée avec une albuminoïde ; on trouve en outre un *ferment* saccharifiant l'amidon, un *acide* organique, de l'eau (60 p. 100), un peu de fer et de cuivre, et des matières minérales (potasse, soude, chaux, magnésie à l'état de sulfates, chlorures et phosphates). La potasse est abondante, d'où l'alcalinité marquée des cendres des hématies. Signalons enfin quelques matières extractives mal connues, pour mémoire, et un peu de *nucléine* dans les hématies possédant un noyau. Le tableau qui suit, et qui résume la composition chimique de mille parties de globules rouges *complets*, à l'état sec, montre combien dans les hématies considérées *in toto*, le stroma représente proportionnellement peu de chose (A. Gautier).

	HOMME		CHIEN	BŒUF	PORC	OIE	COULEUVRE.
	maxim.	minim.					
Hémoglobine	943	867	865	700	712	626.5	467
Mat. albuminoïdes et nucléine . . .	122	51	125.5	268	234	364	458.8
Lécithine . .	7.2	3.5	5.9	18.5 (Lécithine et Cholestérine)	32.6	4.6	85 (Lécithine et Cholestérine)
Cholestérine .	2.5	2.5	5.6			4.8	
Autres matières organiques	1 à 2	—	—	—	—	—	65, (Autres matières organiques et Substances minérales)
Substances minérales.	Traces	—	—	12.0	24.2		

Aussi passerons-nous de suite à l'étude plus importante de l'autre élément des hématies, de leur élément essentiel au point de vue physiologique ; je veux parler de l'*hémoglobine*, qui se rencontre principalement à l'état de vie sous forme d'une *combinaison avec l'oxygène*, c'est-à-dire d'*oxyhémoglobine*.

L'hémoglobine porte encore les noms d'*hématoglobuline*, *hématocristalline*, et *cruorine*, et ce qu'on appelle hémoglobine réduite est l'hémoglobine non oxygénée, l'hémoglobine toute nue ; en réalité, on ne devrait point employer cette expression, les mots d'oxyhémoglobine et hémoglobine suffisant à nommer ce corps chimique combiné avec de l'oxygène et hors de cette combinaison.

PROPORTION D'HÉMOGLOBINE POUR 1000 DE SANG

Homme	119-130	Cheval	104-118
Femme	105-114	Porc	118-142
Vieillard	89-105	Lapin.	84
Taureau	108-123	Canard	80-90
Vache	95-104	Moineau	71-75
Chien	130-138	Tanche	24-38
Mouton	95-112	Grenouille	23-33

La découverte de l'hémoglobine est de date récente. Elle est due à Hoppe-Seyler et à Stokes, grâce à l'emploi du spectroscope, et date de 1862-1864 : le premier lui donna le nom qu'elle porte habituellement, le second la nomma cruorine, distinguant la cruorine écarlate (oxyhémoglobine) de la cruorine pourpre (hémoglobine) ; elle forme ce que Funke et Reichert avaient appelé *cristaux de sang*. L'hémoglobine est en effet cristallisable, bien qu'elle cristallise avec une facilité variable, selon les espèces animales, et sous des formes différentes, revêtant la forme de prismes ou de tables rhomboédriques chez l'homme, et beaucoup de vertébrés, et de cristaux tétraédriques chez le cobaye, et hexagonaux chez l'écureuil. Cette substance, comme nous le verrons, est d'une importance capitale dans la respiration ; c'est elle qui fixe l'oxygène de l'air, — et c'est ainsi que le sang renferme plus d'oxygène que ne fait l'eau, comme l'avaient vu Magnus et Berzélius ; c'est elle encore qui, dans l'empoisonnement par l'oxyde de carbone, comme l'avait vu Cl. Bernard, fixe ce gaz pour lequel elle a de très fortes affinités. Mais avant

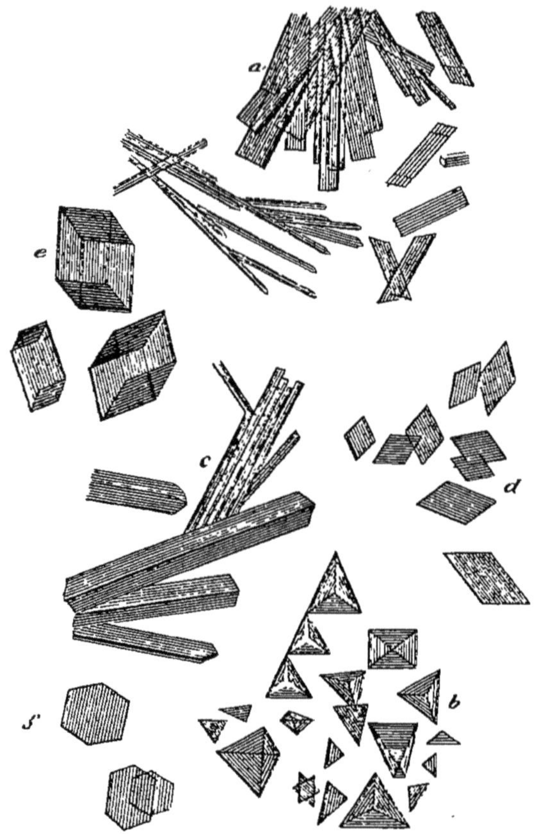

Fig. 9. — Cristaux d'oxyhémoglobine.
a homme et chien. — *b* cobaye. — *c* chat. — *d* homme (veine splénique). *e* hamster. — *f* écureuil (d'après Funke).

d'aborder l'étude de ses propriétés, quelques mots sur sa composition. Considérons-la à l'état d'*oxyhémoglobine*, c'est-à-dire d'*hémoglobine oxygénée* ou d'oxyde d'hémoglobine. C'est une *substance albuminoïde cristallisable, colorée*, et comme le sang renferme 100 grammes d'hémoglobine par litre, on peut dire qu'il renferme 10 p. 100 d'hémoglobine. Elle constitue la plus grande partie des globules rouges où elle se trouve, selon toute probabilité, *combinée* à l'état amorphe avec quelque autre substance; elle présente en effet des différences marquées, selon qu'elle est étudiée dans le globule ou à l'état pur. Il est facile de préparer les cristaux dans l'hémoglobine. Il suffit de prendre quelques gouttes de sang de cobaye ou de rat, peut-être encore de chien, chat ou souris (mais non de grenouille, veau, porc ou pigeon, car chez les animaux l'hémoglobine cristallise très difficilement, d'après Preyer); on congèle, on ajoute volume égal d'eau glacée, et enfin un peu d'éther; la cristallisation se fait aussitôt. Pour les autres animaux, il faut ajouter aussi de l'alcool en quantité notable.

On peut encore recueillir du sang qu'on a abandonné à l'air pendant vingt-quatre heures, dans des tubes qu'on ferme à la lampe et qu'on chauffe à 37° pendant quelques jours; on ouvre les tubes qu'on vide dans des verres de montre : l'oxyhémoglobine se montre en beaux cristaux. Pour un examen rapide on peut simplement ajouter un peu de chloroforme ou d'éther à une goutte de sang, et on recouvre le tout d'une lamelle de verre.

Ces cristaux sont formés d'oxyhémoglobine, de l'hémoglobine combinée avec de l'oxygène, qui a abandonné le stroma des hématies; aussi les opérations que l'on pratique sur le sang total peuvent-elles plus avantageusement se faire sur le caillot, ou encore sur le sérum dans lequel on aura préalablement forcé les hématies à déverser leur hémoglobine. Nous ne chercherons point à donner une formule chimique de cette substance; il semble en effet qu'il y a autant d'oxyhémoglobines que d'espèces animales, ou peu s'en faut — et nous nous contenterons d'indiquer qu'elle se compose essentiellement de carbone, hydrogène, azote, oxygène, soufre et fer : c'est en effet une substance albuminoïde particulièrement riche en fer.

La proportion de fer varie toutefois sensiblement, comme on le verra en comparant entre eux les chiffres du tableau que voici :

	Fer pour 1000 de sang	Hémoglobine pour 1000 de sang
Homme	0,537	126
Bœuf	0,547	126
Mouton	0,470	112
Canard.	0,343	91
Grenouille	0,425	28

L'hémoglobine de grenouille est donc extrêmement riche en fer.

Elle est faiblement acide, et se dissout abondamment dans les alcalis qui, s'ils sont concentrés, agissent comme les acides, et la décomposent en *hématine* et *albumine ;* le passage de gaz inertes la *réduit*, lui enlève son oxygène, comme le font d'autres corps dits réducteurs, et l'oxyde de carbone mis en présence de l'oxyhémoglobine chasse l'oxygène en prenant sa place, et en transformant l'oxyhémoglobine en *carboxyhémoglobine* (hémoglobine fixant de l'oxyde de carbone) qu'il est très difficile de détruire. De là la gravité des empoisonnements par l'oxyde de carbone ; ce gaz prend la place de l'oxygène, et comme le vide ou les gaz inertes ne réussissent que *difficilement* à le chasser de sa combinaison, la vie est un danger même avec un empoisonnement faible ; en présence d'un empoisonnement grave, il n'y a rien à faire. Les affinités de l'oxyhémoglobine non saturée pour l'oxygène sont telles qu'elle décompose l'eau oxygénée en absorbant de l'oxygène, et qu'elle transforme l'oxygène en ozone. L'hémoglobine saturée d'oxygène en dissout, ou fixe, de 150 à 170 centimètres cubes pour 100 grammes d'hémoglobine : on peut les chasser par le vide. L'*hémoglobine* réduite (par *dissociation* de l'hémoglobine d'avec l'oxygène qu'elle renfermait) est non moins variable que l'oxyhémoglobine ; il y en a autant de sortes qu'il y a d'oxyhémoglobines ; pour l'obtenir on abandonne dans l'eau, à la température de 25° C., des cristaux d'oxyhémoglobine additionnés d'un peu de sang putréfié, le tout en présence de l'hydro-

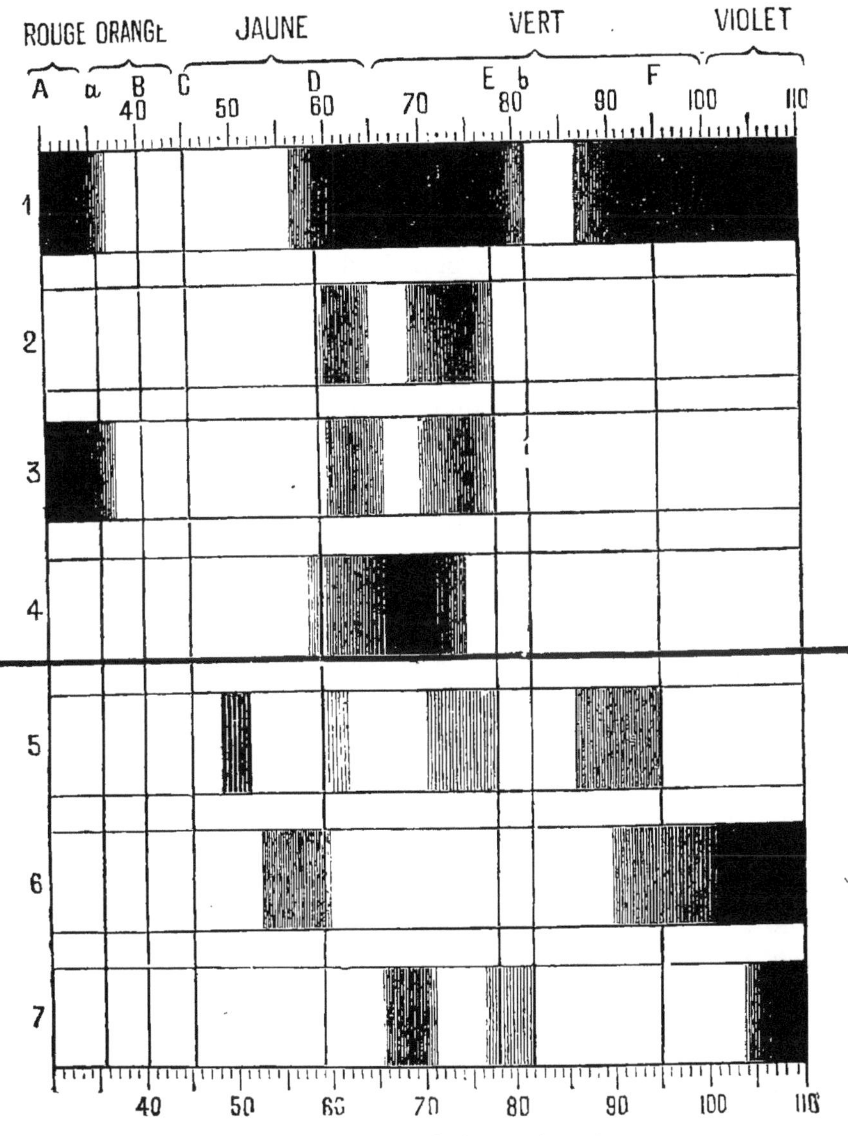

Fig. 10. — Spectres d'absorption du sang.

A a, B, C, D, E, b, F, raies de Frauenhofer. Les solutions sont vues sous l'épaisseur de un centimètre. 1. Oxyhémoglobine (concentrée). 2. Oxyhémoglobine diluée (typique). 3. Carboxyhémoglobine. 4. Hémoglobine réduite (très diluée). 5. Méthémoglobine. 6. Hématine en solution alcaline. 7. Hématine réduite.

gène. Les bactéries de la putréfaction consomment tout l'oxygène, et il reste de l'hémoglobine rouge violet qui cristallise par addition d'alcool absolu. Ces cristaux doivent être conservés à l'abri de l'air ; en présence de celui-ci, ils tombent en déliquescence, et se transforment en oxyhémoglobine par absorption d'oxygène ; il est vrai que par le vide on peut retransformer celle-ci en hémoglobine.

Le point essentiel de la chimie de l'hémoglobine est que, du moment où elle se trouve en présence d'une atmosphère où l'oxygène a une tension ou pression partielle de plus de 3 p. 100 d'une atmosphère, elle fixe l'oxygène, et en fixant de l'oxygène, elle devient oxyhémoglobine, et celle-ci, en perdant son oxygène, redevient hémoglobine ; telles sont les relations de ces deux corps. Si on les examine comparativement au spectroscope, on constate des différences notables qu'il est nécessaire de connaître, aussi bien pour la physiologie que pour la médecine légale. La lumière blanche à qui l'on fait traverser différents milieux ne donne point le spectre solaire ordinaire quand elle vient à toucher sur un prisme ; il se produit des modifications variées selon le milieu. Faisant donc tomber sur le prisme d'un spectroscope un faisceau de lumière blanche qui a traversé une solution d'oxyhémoglobine, nous constatons que le spectre ne donne que le rouge, de l'orangé et du jaune avec un peu de vert. En somme, il manque une partie des rayons jaunes et verts, et tout l'indigo et le violet ; ils sont remplacés par des *bandes d'absorption*, par l'obscurité, ou du noir, pour parler en termes vulgaires. Avec une solution d'oxyhémoglobine au millième, il y a deux bandes noires entre D et E de l'échelle de Frauenhofer. Le spectre est le même avec une solution de sang artériel. Avec du sang veineux ou avec de l'oxyhémoglobine qu'on réduit dans l'auge où elle est renfermée pour l'examen spectroscopique, en y faisant passer de l'acide carbonique que chasse l'oxygène et réduit l'oxyhémoglobine en hémoglobine, on constate un aspect différent ; il y a une large bande d'absorption, dite *bande de Stokes*, entre D et E, surtout prononcée entre les limites des bandes constatées dans le cas précédent. Cette bande est caractéristique de l'hémoglobine, c'est-à-dire l'oxyhémoglobine *réduite*, privée d'oxygène. Et maintenant si nous faisons passer dans notre solution d'oxyhémoglobine ou d'hémoglobine, un courant d'oxyde de carbone, nous obtenons de la carboxyhémoglobine dont nous pouvons examiner aussi le spectre, et nous voyons qu'il est presque identique à celui de l'oxyhémoglobine, bien que les deux bandes soient un peu plus rapprochées l'une de l'autre. Alors comment distinguer — en médecine légale — le sang normal du sang empoisonné par l'oxyde de carbone. A ceci : les corps réducteurs ne font point disparaître les bandes fournies par le sang oxycarboné ; ils ne font point apparaître la bande de Stokes caractéristique de l'hémoglobine désoxygénée ; le sang oxycarboné conserve son oxyde de carbone pour lequel l'hémoglobine, nous l'avons vu, a une affinité elle qu'il faut le vide pour les disjoindre.

On peut pratiquer l'examen spectroscopique du sang chez l'homme, sans saignée, en faisant tomber sur le prisme un rayon ayant passé entre deux doigts très rapprochés l'un de l'autre ; on obtient de la sorte les raies de l'oxyhémoglobine, et si l'on arrête la circulation au moyen d'un lien à la base des doigts, la bande de Stokes fait son apparition (Vierordt).

On voit, par ce qui précède, que l'hémoglobine diffère considérablement des autres albuminoïdes. Elle cristallise, elle est particulièrement riche en fer; elle condense l'oxygène d'une façon absolument remarquable.

Nous n'insisterons pas plus longuement sur ses caractères chimiques, dont le plus important assurément est sa grande affinité pour l'oxygène ; mais il convient de dire quelques mots de composés qui s'y rapportent. L'un d'eux est la *méthémoglobine* qui se forme parfois spontanément — on la trouve dans les urines en certains cas — et qu'on peut produire en soumettant l'hémoglobine à l'action des oxydants. C'est de l'hémoglobine oxygénée, mais contenant moins d'oxygène que l'oxyhémoglobine ; par contre, elle ne l'abandonne point dans le vide, bien que les réducteurs la transforment en hémoglobine ; peut-être faut-il la considérer comme un bioxyde d'hémoglobine ; mais, en ce cas, elle serait non pas moins, mais plus oxygénée que l'oxyhémoglobine.

Sur son rôle et son mode de formation, nous ne savons pas grand'chose : on a constaté seulement qu'un certain nombre de médicaments en détermine l'apparition dans le sang, qu'elle est amorphe, très soluble, très stable, absolument impropre à la respiration puisqu'elle garde pour elle son oxygène ; qu'elle se rencontre dans les globules rouges et aussi dans le plasma ; les acides et alcalis la dédoublent en hématine et une matière albuminoïde ; le sang qui la renferme présente un spectre spécial à bande d'absorption dans le rouge. De la *carboxyhémoglobine* il ne reste plus rien à dire. Le sang qui contient ce corps est d'un rouge superbe : il semble admirablement propre à la respiration ; mais ce n'est qu'un sang inerte, inutile. La combinaison de l'oxyde de carbone avec l'hémoglobine est très stable ; elle résiste à la putréfaction aussi bien qu'aux agents réducteurs ; aussi l'intoxication complète est-elle mortelle, et se révèle-t-elle au spectroscope même plusieurs jours après la mort.

De la physiologie de l'hémoglobine, ou de l'oxyhémoglobine, nous savons ceci : c'est qu'elle se trouve dans les hématies de tous les animaux supérieurs, et qu'on la trouve aussi en solution dans le sang de beaucoup d'animaux dépourvus de globules. C'est encore que l'oxyhémoglobine est plus abondante dans le sang artériel que dans le sang veineux où elle est en partie réduite à l'état d'hémoglobine, et ceci nous indique qu'elle doit jouer un rôle important dans la respiration. C'est enfin qu'elle est unie aux hématies par des liens que nous ne connaissons point encore de façon très précise, probablement *combinée,* sans quoi elle serait dissoute par le sérum. Son mode de formation nous est inconnu, bien que nous puissions, après l'avoir décomposée en albumine et hématine, la reconstituer en hémoglobine en agitant celles-ci avec de l'oxygène ; mais, par contre, cette reconstitution ne peut s'obtenir avec de l'albumine et de l'hématine pure ; il en faut conclure qu'il y a quelque chose en plus dans l'hémoglobine qui nous échappe. Où et comment les globules embryonnaires prennent-ils leur hémoglobine ? Nous n'en savons rien. Elle existe dans le sang, avons-nous dit, et exclusivement dans les hématies chez les animaux pourvus de celles-ci. La quantité en varie entre 8 et 13 p. 100 de sang ; le chien et le porc en ont plus que l'homme : le coq et le canard en ont moins : l'homme en a 12 p. 100 environ. Peut-être en existe-t-il un peu dans les muscles. Mais, à vrai dire, cela n'est nullement démontré. Il s'en rencontre parfois dans le sang (hémoglobinurie), à la suite de la destruction de globules rouges dans l'organisme. Normalement les éléments de ceux-ci sont excrétés par la bile, sous forme de bilirubine, mais si la destruction est abondante, comme dans le cas de transfusion du sang d'un animal d'espèce différente, le sérum est *globulicide* pour les globules d'autre espèce. L'hémoglobine passe en partie par les urines. A l'état normal, l'hémoglobine achève son existence et sa carrière dans le foie où elle est détruite et éliminée par les pigments biliaires.

Son rôle physiologique essentiel est de fixer l'oxygène dans les poumons, et de le porter aux tissus à qui elle l'abandonne en se réduisant, passant son temps à s'oxygéner et à se réduire tour à tour. Nous aurons à revenir sur les conditions dans lesquelles s'effectue cette importante fonction. Il nous reste seulement à indiquer le fait que, traitée par la chaleur, ou les acides ou alcalis, l'hémoglobine se transforme, à l'abri de l'air, en une substance albuminoïde et en hématine, laquelle hématine, en se combinant avec de l'acide chlorhydrique, donne de l'hémine. L'hématine renferme les mêmes éléments que l'hémoglobine, *moins le soufre*, et on en distingue deux sortes : hématine réduite ou *hémochromogène*, et non réduite ou *oxyhématine*. L'hématine est particulièrement riche en fer, et très pigmentée. C'est elle qui donne à l'hémoglobine sa coloration, et c'est d'elle que dérivent les pigments biliaires (bilirubine et urobiline). A l'état sec, c'est une poudre bleu noir, à reflets métalliques. Les réducteurs la transforment en hémochromogène, et l'acide chlorhydrique en fait de l'hémine, qui est fort importante en médecine légale : une tache de sang, même ancienne, lavée avec de l'acide acétique glacial et additionnée d'un peu de sel commun, fournit bien vite de petits cristaux d'hémine. Cette réaction est caractéristique du sang, même s'il est ancien et en très petite quantité, et permet d'affirmer avec certitude la présence de sang.

L'oxyhématine se rencontre dans les foyers hémorragiques anciens et dans le sang qui a subi l'action du suc gastrique, et encore dans le sang extravasé des ecchymoses, à qui elle donne, en partie, leur teinte spéciale.

On y trouve aussi un autre corps voisin de l'hémoglobine, l'*hématoïdine*, substance azotée, mais privée de fer et qui cristallise en prismes orangés ; et se rapproche des pigments biliaires. L'*hématoporphyrine* est également privée de fer ; on la prépare en faisant agir l'acide sulfurique sur l'hématine, et elle a beaucoup d'affinités avec la bilirubine.

L'hématine présente un spectre d'absorption spécial qui varie selon qu'elle est réduite ou bien en solution alcaline ou acide.

En somme, l'hémoglobine, alternativement oxygénée et désoxygénée, est la matière colorante des hématies, et sa destruction qui s'opère principalement dans le foie, donne naissance aux pigments biliaires, à la bilirubine en particulier (urobiline de l'urine), probablement d'une façon indirecte, c'est-à-dire par formation de produits, comme l'hématine, qui subissent ultérieurement la transformation en bilirubine, en perdant du fer et en gagnant de l'eau.

L'hémoglobine se rencontre chez certains invertébrés aussi, mais chez les crustacés et mollusques Frédéricq a décrit une substance qui la remplacerait et en remplirait les fonctions : l'*hémocyanine* (et *oxyhémocyanine*) où le fer de l'hémoglobine serait remplacé par du cuivre. M. Heim a récemment contesté ce point ; pour lui, l'hémocyanine n'est probablement qu'un pigment qui ne renfermerait pas de cuivre, et cette substance ne posséderait nullement une aptitude spéciale pour la fixation de l'oxygène : on pourrait la supprimer sans altérer la capacité respiratoire du sang.

L'importance physiologique considérable de l'hémoglobine fait qu'il est nécessaire d'en obtenir facilement des dosages précis; ils permettent en quelque sorte de mesurer la vitalité du sang et de l'organisme. Plusieurs méthodes sont possibles. On peut comparer la capacité respiratoire du sang avec une solution d'hémoglobine titrée. On sait qu'un gramme d'hémoglobine absorbe 1,68 centimètre cube d'oxygène : donc autant de fois une quantité donnée de sang absorbera 1,68 centimètre cube d'oxygène, autant elle contiendra de grammes d'hémoglobine. Pour savoir combien le sang contient d'oxygène, on peut, comme Cl. Bernard, extraire ce sang à l'abri de l'air et le mettre en contact avec l'oxyde de carbone qui déplace l'oxygène et en prend la place ; on dose les gaz obtenus (oxygène, acide carbonique, oxyde de carbone en excès) et on obtient la quantité d'oxygène contenue dans la quantité connue de sang, d'où l'on déduit la quantité d'hémoglobine. Ou encore, on peut soumettre le sang à l'action du vide (pompe à mercure : modèle de Gréhant et modèle perfectionné de Chauveau) et on analyse les gaz à l'eudiomètre.

Une autre méthode consiste à doser l'hémoglobine par l'hématine. On sait que un gramme d'hématine correspond à 21 gr. 31 d'hémoglobine ; on transforme donc l'hémoglobine en hématine et on pèse. Le dosage peut se faire encore par le fer. L'hémoglobine renferme 0,42 p. 100 de fer : on dose donc le fer des cendres du sang.

Les méthodes colorimétriques reposent sur le principe que deux solutions présentant, dans les mêmes conditions d'examen, la même teinte, due au même corps, sont également riches en matière colorante. Il faut donc un étalon, une solution titrée d'hémoglobine, et on recherche quelle est la quantité de sang qu'il faut ajouter à une quantité connue d'eau pour obtenir la même intensité de coloration : un calcul simple donne la valeur cherchée. Il y a plusieurs méthodes fondées sur ce principe : le *colorimètre* de Duboscq employé par Jolyet et Laffont est fort apprécié ; et l'*hémochronomètre* de Malassez est aussi très bon : l'étalon consiste en une solution d'hémoglobine ou de picrocarminate d'ammoniaque, et l'appareil permet la lecture directe, sans calculs. — Enfin, Vierordt a appliqué l'analyse spectroscopique au dosage de l'hémoglobine. Ces différents procédés montrent que la proportion d'hémoglobine varie selon les espèces (de 8 à 13 p. 100 chez les oiseaux et mammifères étudiés) et chaque procédé ayant ses petites causes d'erreur spéciales, il est bon de ne comparer entre eux que les résultats obtenus par un même expérimentateur avec le même procédé.

Plasma sanguin. — Le plasma forme la majeure partie du liquide sanguin : 650 parties pour 1000 de ce dernier, les globules formant 350 parties. Ce plasma est un liquide un peu visqueux, de couleur jaune verdâtre faible, ou ambrée. selon les espèces, alcalin, salé, d'odeur fade, rappelant celle de l'animal qui l'a fourni, et dont la densité est de 1,027 ou 1,028. Il est difficile à préparer, et cela tient à la rapidité avec laquelle, abandonné à lui-même hors des vaisseaux, il se coagule, et se divise en une partie gélatineuse opaque qui est de la fibrine, et l'autre liquide qui est le sérum. Nous allons parler plus loin de ce phénomène curieux de la coagulation avec les détails nécessaires, d'ailleurs. Pour préparer le plasma, il faut opérer avec du sang à coagulation lente, comme celui du cheval, qu'on reçoit dans un vase entouré de glace, le froid ralentissant la coagulation, et de la sorte on obtient la séparation du sang en deux parties : au fond, les globules se déposent lentement; au-dessus surnage le plasma. On pourrait encore isoler le plasma en mêlant au sang certains sels comme le sulfate de magnésie ou du sulfate de potassium qui empêchent la coagulation. Mais alors il faut débarrasser le plasma des matières ainsi ajoutées. Ce plasma ne se coagule point tant qu'il reste refroidi, ou s'il a été additionné de sel; sinon vers 12° C. il commence à se prendre en gelée, et le coagulum se forme. Au point de vue chimique, il se compose de substances nombreuses, et parmi celles-ci les albuminoïdes sont importants. Ce sont le fibrinogène, la sérum-globuline ou fibrinoplastique, et la sérum-albumine ou sérine. Le mélange de fibrinogène et le sérum-globuline est ce que Denis, de Commercy, a en 1859 appelé de la *plasmine*, et c'est Schmidt qui les a distinguées l'une de l'autre sous les noms qu'elles portent actuellement.

COMPOSITION DU PLASMA HUMAIN POUR 1000

Eau.	904	Sérine et globulines.	78,2
Albuminoïdes se coagulant à l'état de fibrine. . . .	3,5	Corps gras, lécithine, savons. . .	1,7
		Matières extractives.	3,9
		Sels minéraux. . .	8,6

Nous reviendrons plus loin sur ces deux substances. Pour la sérine, c'est une matière très voisine de l'albumine d'œuf; elles diffèrent par leur pouvoir rotatoire, et par quelques autres caractères; la sérine a un pouvoir rotatoire de 57° au lieu de 38°5; son précipité par l'alcool demeure soluble; elle ne précipite pas par l'éther, etc.; au surplus il semble y avoir plusieurs sérines qui diffèrent par leur température de coagulation. Les analogies de la sérine avec de l'albumine sont très grandes; elles coagulent toutes deux par les acides, la chaleur, de nombreux sels, et en définitive pour les distinguer l'une de l'autre, il faut avoir recours à des caractères très secondaires. Le sang contient environ 50 grammes de sérine par litre.

La sérine se prépare en précipitant les globulines du sérum sanguin par l'acide carbonique ou le sulfate de magnésie en excès; le liquide restant est filtré et dialysé. Desséchée, elle forme une matière d'un blanc jaune, translucide, amorphe, qu'on peut chauffer à 100° sans qu'elle perde sa solubilité, qui, dissoute et chauffée, se coagule entre 70 et 85° (d'après Halliburton : du reste, on peut hâter ou retarder la coagulation par l'addition de substances variées) : elle est soluble dans l'eau et les solutions salines; elle précipite par l'alcool, mais non par l'éther; elle précipite par le choral, les acides picrique et phénique et presque tous les acides minéraux (sauf l'acide phosphorique), mais non les acides organiques ; elle précipite par beaucoup de sels de plomb, d'argent, de cuivre, de mercure, etc., par le sulfate de sodium, le sulfate d'ammoniaque, le phosphate ou le carbonate de potassium, etc.

Sérum. — La sérine est le principal albuminoïde du *sérum*, c'est-à-dire du plasma *moins le fibrinogène et le fibrinoplastique*, car le sérum n'est autre chose que le plasma ayant subi la coagulation, laquelle a séparé le sérum du coagulum fibrineux constitué par les deux substances qui viennent d'être nommées, et par les globules. Comme la coagulation réclame une étude spéciale, achevons d'abord de décrire le *sérum* ou partie liquide du sang coagulé. (Pour avoir du sérum, il suffit de recueillir ce qui reste de liquide dans un vase où s'est coagulé du sang ; ou encore on peut séparer les globules du sang défibriné au moyen de la machine centrifuge : ce sang défibriné moins les globules est du sérum.) Un litre de sang renferme de 450 à 525 grammes de sérum contenant de 88 à 95 p. 100 d'eau, selon les espèces, et cette eau tient en dissolution de nombreuses substances. L'une d'elles est la *sérine* dont il vient d'être parlé. Une autre est de la *sérumglobuline* ou substance fibrinoplastique qui demeure en excès dans le sérum après la coagulation ; nous parlerons plus loin de ses caractères ; il y a encore une *caséine*. A ces albuminoïdes se joignent d'autres substances d'ordre différent, car il ne semble pas qu'il y ait de peptones dans le sang normal, bien que durant la digestion il en soit déversé dans le torrent circulatoire une grande quantité ; elles sont sans doute très rapidement transformées en une autre forme d'albuminoïde, et dans les veines mésentériques même, on n'en trouve pas. Ces substances sont principalement : un ferment qui saccharifie l'amidon, et peut-être (Lépine) un *ferment glycolytique* qui détruirait le sucre ; un peu de *matières grasses* représentées par des corps variés (oléates, margarates, butyrates, etc.) avec de la lécithine et de la *cholestérine ;* un peu d'*acide urique* — surtout chez les arthritiques, — de l'*urée* en proportion variable — nous avons vu qu'elle augmente avec la fièvre et varie selon l'alimentation, — du *sucre* (glycose) en très petite quantité, et quelques traces de pigments biliaires, diverses matières extractives en très petite quantité comme la *créatine*, la xanthine, l'hypoxanthine, l'acide lactique, peut-être un peu d'acide hippurique ; des *leucomaïnes* étudiées par R. Würtz, à toxicité marquée, enfin des *matières minérales* parmi lesquelles le chlorure de sodium est la plus abondante (5 ou 6 grammes par litre de sérum), et auquel se joignent des phosphates, chlorures, etc. Le sérum est particulièrement riche en chlore et en soude, et ceci est intéressant quand on le compare aux globules qui, eux, sont plus riches en potasse.

C'est à l'abondance de soude que le sérum doit son alcalinité qui correspond à celle d'une solution à 2 p. 1000; elle se présente sous la forme de carbonate et phosphate et ce sont ces phosphates et carbonates qui retiennent principalement les gaz du sérum. Il contient en effet des gaz, et surtout de l'acide carbonique. Tandis que 100 volumes de sérum de chien ne renferment au plus que 1 ou 2 volumes d'azote et d'oxygène, ils contiennent de 25 à 28 volumes d'acide carbonique (Schöffer et Pflüger). De la sorte l'antagonisme, ou du moins la différence entre les globules et le sérum s'accentue encore : les premiers, tout en contenant un peu d'acide carbonique, sont riches en oxygène ; le dernier, pauvre en oxygène, est surtout riche en acide carbonique.

Le tableau qui suit résume surtout, d'après Hammarsten, les proportions des substances constituantes du sérum (pour 1,000 grammes de sérum).

	HOMME	BOEUF	CHEVAL	LAPIN
	—	—	—	—
Globuline du sérum.	31.0	41.7	45.6	17.9
Sérine et autres albuminoïdes.	45.2	33.3	26.8	44.4
Total des albuminoïdes	76.2	75.0	72.6	62.2

	HOMME	BOEUF	CHEVAL	LAPIN
	—	—	—	—
Lécithine, graisses, urée, matières extractives	7.1	6.6	5,4	13.0
Sels minéraux . . .	8.8	8.1	8.0	
Eau	907.9	910.4	914.0	924.8

Coagulation du sang. — Quittons le sérum pour revenir au plasma. Nous avons dit qu'il renferme tous les éléments du sérum, le sérum lui-même pour mieux dire, *plus* la plasmine de Denis, ou la *fibrine* qui est un mélange de deux substances, d'après A. Schmidt, le *fibrinogène* et le *fibrinoplastique*. Et, d'après Schmidt encore, la production de la fibrine ou la coagulation du sang est due à ce que ces deux substances juxtaposées, coexistantes dans le sang, viennent à s'unir dans certaines conditions, en particulier sous l'influence d'un ferment spécial, d'un ferment de la fibrine. Le plasma renfermerait donc, en sus du sérum, trois substances qui concourent à former la fibrine, à déterminer la coagulation du sang.

Le fibrinoplastique répond à la fibrine soluble de Denis. Il existe dans le plasma et le sérum et dans la sérosité des épanchements de la plèvre, du péritoine, etc., d'où le nom d'*hydropisine* donné par Gannal qui a, le premier, isolé cette substance. Il est insoluble dans l'eau pure, mais soluble dans l'eau contenant de l'oxygène, de l'air ou de l'acide carbonique. Le sang n'en renferme que *très peu durant la vie*.

Le fibrinogène (fibrine concrète de Denis) s'extrait au moyen du sulfate de magnésie et du sel marin : le sang est additionné du quart de son volume d'une solution saturée de sulfate de magnésie ; la partie liquide, décantée, est additionnée de son volume d'une solution de Na Cl saturée ; le fibrinogène précipite seul. En solution, il se trouble à 56°. Dans certaines conditions, il donne de la fibrine. A la différence du fibrinoplastique, il existe dans le sang vivant en assez grande quantité.

Enfin, le ferment de la fibrine serait un ferment soluble produit comme les deux corps précédents aux dépens des leucocytes, — qui jouent ici un rôle considérable, — au moment de la coagulation, dès que le sang est hors des vaisseaux ou dans certaines autres conditions. Sa production est entravée par le froid (0° C.) par les solutions alcalines, d'où la coutume d'additionner de sulfate de soude ou d'autres sels alcalins le sang dont on veut empêcher la coagulation, par la mort foudroyante du sang recueilli directement dans l'alcool absolu par exemple; elle est favorisée au contraire par le contact avec l'air ou l'oxygène, le contact de corps étrangers, etc.; on prépare ce ferment en lavant du sérum à l'alcool (15-20 volumes); en trois ou quatre semaines on a un résidu d'albuminoïdes précipités insolubles qu'on fait sécher en une poudre dont il suffit de mettre une petite quantité dans l'eau pour dissoudre le ferment; cette eau jouirait de la propriété de faire coaguler un mélange de fibrinogène et de fibrinoplastique, d'après Schmidt.

En somme, Schmidt explique la formation de la fibrine dans la coagulation du sang par la combinaison de deux substances coexistantes dans celui-ci sous l'influence d'un ferment qui se produit dans certaines conditions, et Denis regarde sa plasmine comme préexistant dans le sang (au lieu de se *former* dans la coagulation) en dissolution, et se dédoublant en fibrine dissoute et fibrine concrète, quand le sang sort des vaisseaux.

Qu'est-ce que cette fibrine? Voici du sang qui sort des vaisseaux; ce sang, que nous abandonnons à lui-même, dans un vase quelconque, présente bientôt des modifications marquées. Au bout de quelques minutes déjà, on peut trouver à sa surface quelques fibres d'un gris jaunâtre, mais s'il est de ceux qui coagulent vite, si c'est du sang d'oiseau par exemple, c'est tout autre chose, et nous voyons au milieu de la masse sanguine une sorte de magma relativement solide, un gros caillot formé de globules du sang agglomérés, rapprochés, et en quelque sorte attachés entre eux par un réseau de fibres élastiques à mailles innombrables, et ce caillot baigne dans un liquide assez limpide, incolore ou jaunâtre. Dans la coagulation typique d'un sang à coagulation lente, comme celui du cheval qui présente encore cet avantage que les globules fort lourds gagnent rapidement le froid, nous avons d'une part le coagulum formé de globules dans sa masse principale, de globules rassemblés et resserrés les uns contre les autres par le réticulum fibrineux; au-dessus de cette masse nous voyons souvent une couche coagulée elle aussi, mais de couleur jaunâtre, les globules ayant eu le temps de tomber en partie au fond ; c'est ici du plasma coagulé, et il porte le nom de couenne inflammatoire (*crusta phlogistica*). Son nom vient de ce qu'on l'observe souvent dans le sang très riche en fibrine, lors des maladies inflammatoires (on dit alors qu'il y a *hypérinose* ou excès de fibrine), et ce caillot en partie jaunâtre, en partie rouge foncé, gélatineux, assez solide pour être coupé au couteau, baigne dans ce qu'on nomme le sérum, dans le plasma *moins* la fibrine : le caillot étant formé de globules *plus* la fibrine. Pour étudier cette fibrine, nous pouvons laver le caillot à grande eau, de façon à chasser peu à peu les globules emprisonnés dans ses mailles ; nous pouvons encore battre le sang qui sort des vaisseaux, le battre avec une baguette de verre ou une petite verge ; la fibrine, dont la production, — ou le dépôt, pour ne rien préjuger, — est favorisée par le contact de corps étrangers s'attache — le plus souvent, car il y a des exceptions (Dastre, *Soc. Biol.*, 1892) — aux brindilles sous forme de filaments d'un blanc jaunâtre qu'on lave ensuite à l'eau pour enlever les globules restés adhérents ; quand la substance est devenue blanche, on lave à l'alcool et à l'éther, et on conserve la fibrine dans de la glycérine étendue de son demi-volume d'eau. Le sang ainsi traité est défibriné : il contient les globules et le sérum; il a perdu sa fibrine, et le plasma dès lors est incomplet. Inutile de dire qu'on arriverait au même résultat en opérant sur du *plasma*, mais qu'on ne trouverait point de fibrine dans du *sérum*. Examinons cette fibrine. Elle est blanchâtre, élastique, translucide — si elle était colorée, c'est qu'elle renfermerait des restes d'hématies, — elle est formée de filaments entrelacés et renferme beaucoup d'eau (80 p. 100). Faisons-la dessécher, et voilà une substance dure, cassante, analogue à de la corne, mais apte à se regonfler par l'humidité. C'est une matière albuminoïde contenant un peu de soufre ; ses cendres renferment un peu de phosphate de chaux, de magnésie, de carbonate de chaux, etc. Insoluble dans l'eau pure, elle se dissout un peu dans une solution de sel marin, de sulfate et phosphate de soude, mais se coagule sous l'influence des acides. Elle décompose rapidement l'eau oxygénée, comme on peut le voir avec la teinture de gaïac. Son élasticité se décèle par le fait de la rétraction du coagulum, qui n'a point le calibre du diamètre intérieur du vase où s'est faite la coagulation; il est plus étroit tout en conservant la forme du vase. Le sang contient environ 3 p. 100 de fibrine.

Cette coagulation est un phénomène constant dans la série animale ; toutefois il se produit avec une rapidité très variable : presque instantanée chez les oiseaux, elle s'établit avec un peu plus de lenteur chez les mammifères, chez qui elle commence au bout de 1, 2, ou 3 minutes (chien), parfois 5, 10 ou 15 minutes (bœuf). Chez l'homme, elle commence au bout de 4 ou 8 minutes, un peu plus tôt chez la femme ; mais chez les *hémophitiques* elle semble retardée ou même absente, le sang étant très pauvre en fibrine. Chez le cheval elle est très lente, ne se faisant qu'au bout de plusieurs heures, en hiver ; elle est très rapide chez le cobaye.

Si, d'une façon générale, le sang normal renfermé dans des vaisseaux sains ne se coagule jamais, il n'en est pas moins certain que dans des vaisseaux malades la coagulation s'opère. Si les vaisseaux sont irrités, si leurs parois sont altérées comme dans l'artérite, la phlébite, l'anévrisme, etc., il se produit un thrombus, un coagulum local; il en est de même si le cours du sang est entravé quelque temps dans un vaisseau sain, et on donne le nom d'*embolies* aux caillots, ou fragments de caillots qui, se détachant, suivent le cours du sang et arrivent à déterminer des accidents très graves en oblitérant un vaisseau de calibre inférieur au leur.

Un fait ressort des lignes qui précèdent : c'est que les parois malades des vaisseaux agissent comme les corps étrangers, en déterminant la coagulation du sang. On sait en effet que l'introduction d'une aiguille ou d'un fil dans une artère vivante est rapidement suivie d'un dépôt de fibrine autour de l'objet. Quelques autres faits méritent d'être rappelés.

1° Hewson a montré en 1772 que, si l'on pose deux ligatures sur la jugulaire d'un cheval, et si l'on enlève la partie de vaisseau comprise entre les deux ligatures, le sang y reste longtemps fluide. Sans doute, les globules se déposent, mais le plasma reste liquide ; ce plasma se coagule toutefois dès qu'il est retiré de l'anse vasculaire isolée, mais il reste fluide, même si l'on ouvre l'extrémité supérieure, de façon à permettre le contact de l'air, et aussi si l'on verse le sang d'une anse vasculaire dans une autre ; au contraire, il se coagule si on le verse dans un verre. Hewson fut le premier à émettre l'hypothèse de l'existence de la fibrine.

2° Buchanan (1845) remarqua que, tandis que le sérum du sang et la sérosité de l'hydrocèle ou de l'épanchement pleurétique ne coagulent pas spontanément, il suffit de les mélanger pour obtenir un coagulum ; on peut même se contenter d'ajouter à la sérosité un fragment de muscle.

3° Plusieurs conditions retardent ou favorisent la coagulation : l'addition de petites quantités d'alcalins ou d'ammoniaque, d'acide acétique, — jusqu'à acidification, — le contact avec beaucoup d'acide carbonique, l'addition de glycérine, ou de sucre de canne (J. Müller), le froid, le très jeune âge — la coagulation du sang d'embryon de poulet n'est pas possible avant le douzième jour d'incubation, d'après Roll; — l'injection de peptones (0 gr. 3 par kilogramme d'animal) (Albertoni et Schmidt-Mülheim), d'extrait de sangsue (Haycraft), de venin de serpents, empêchent ou retardent la coagulation; par contre, le contact d'un corps étranger, la chaleur, l'agitation, l'injection d'hémoglobine dissoute et de lécithine vivant, l'addition d'un peu d'eau, le contact avec l'oxygène, différents gaz indifférents, etc., accélèrent la coagulation.

4° Lors de la coagulation du sang, il y a dégagement de chaleur appréciable avec les thermomètres délicats (quelques dixièmes de degré); il y a diminution d'alcalinité et diminution de l'oxygène.

Qu'est-ce que tout cela prouve ?

En comparant les expériences, on arrive bien à la conclusion qu'il ne faut pas chercher la cause de la coagulation dans le contact avec l'air, avec ses gaz ou ses germes, ou dans l'action de la température ; il ressort des expériences de Hewson et Brücke, en effet, que le sang contenu dans un vaisseau non altéré reste liquide même au contact de l'air, et à une température assez élevée, et il suit de là que les agents favorables à la coagulation ne peuvent exercer leur influence tant que le sang reste dans son contenant normal, et n'est pas en contact avec un corps étranger. Il faut pourtant faire une exception, en ce sens que les corps gras — huile, vaseline, graisse — semblent ne pas jouer le rôle de corps étrangers; le sang recueilli dans un vase enduit de ces substances ne se coagule point.

Faut-il donc conclure que le contact avec la paroi des vaisseaux exerce une action anti-coagulante ? Non : et une expérience bien simple le montre : injectez dans le sang resté fluide d'une anse vasculaire prise à un cheval ou à quelque autre animal, injectez un peu de ferment de la fibrine, et le sang se coagule aussitôt malgré son contact avec les parois normales ou saines. Ou bien encore videz de son sang une anse qui vient d'être isolée, et mettez-y de la plasmine (mélange de ferment, de fibrinogène et de fibrine plastique) la coagulation se fait aussi vite que dans un tube de verre témoin rempli de la même plasmine. Il résulte de ces expériences et de beaucoup d'autres encore que la fluidité du sang dans les vaisseaux est due non à son contact avec les parois de ceux-ci, mais à l'absence du ferment de la fibrine dans le sang normal et sain : dès que le sang sort des vaisseaux, ce ferment se forme et le sang se coagule ; il se coagule même dans les vaisseaux si on y injecte ce ferment (Schmidt) ou si certaines causes en permettent le développement. Aussi adopterons-nous, de préférence aux autres, la théorie de Schmidt sur la coagulation du sang. D'après cette théorie, il se forme un peu avant la coagulation un ferment spécial, aux dépens des leucocytes ou des hématoblastes ou même du protoplasma en général, et en présence de ce ferment qu'on peut isoler, le fibrinoplastique, qui se forme lui aussi aux dépens des leucocytes et au moment de leur sortie des vaisseaux, formerait avec le fibrinogène préexistant, et aux dépens de celui-ci pour la plus grande part, le coagulum : sans ferment pas de coagulum. Et ce qui le prouverait, c'est qu'en mélangeant une solution de fibrinogène avec une solution de fibrinoplastique, on obtiendrait la coagulation dès l'addition du ferment. L'argument serait excellent s'il n'était passible de l'objection faite par A. Gautier que cette coagulation ne se produit pas toujours. Toutefois A. Gautier ne peut refuser son adhésion au principe général de la théorie, et pour lui « la coagulation résulte de la transformation du fibrinogène sorti des globules ou préexistant dans le plasma à l'état soluble et durant la vie, substance qui devient insoluble et se change en fibrine en s'unissant aux sels de chaux du plasma sous l'influence du ferment-fibrine extravasé des globules blancs »[1].

Il est curieux que certains physiologistes dans les expériences sur la digestion fassent toujours usage de fibrine. Cette matière, en effet, semble être un produit de désassimilation et non un aliment, comme on l'a souvent dit. Elle est d'autant plus abondante dans le sang que l'organisme se consume plus (fièvre, marche fatigante, etc.) et elle a tout l'air d'un déchet, d'un produit excrémentitiel. Le muscle qui a beaucoup travaillé en renferme plus que le muscle au repos. Il est donc peu logique de la regarder comme une substance réparatrice et alimentaire.

La théorie de Schmidt a été précédée et suivie de plusieurs autres, que nous résumerons brièvement.

Hammarsten et *Howell* admettent la théorie du ferment, mais pour eux le ferment agit sur le fibrinogène seul, le fibrinoplastique ne jouant, selon eux, aucun rôle dans le processus. Le ferment pur suffirait à déterminer la coagulation du fibrinogène pur.

Eichwald ne croit point au ferment : pour lui, la fibrine préexiste dans le sang, et quand le sang sort des vaisseaux, l'acide carbonique de l'air et même celui qui se forme dans le sang se combine avec les bases de ce dernier, qui maintiennent la fibrine en dissolution : celle-ci se précipite.

Heynsius, sans s'expliquer bien clairement sur certains détails du processus, considère la fibrine comme résultant de quelque altération des globules.

Matthieu et *Urbain* considèrent la fibrine comme existant en dissolution dans le sang : et quand le sang sort des vaisseaux, l'acide carbonique qui existe bien en petite quantité dans les globules rouges serait chassé par l'oxygène de l'air et irait se dissoudre dans le plasma, et en s'unissant à la fibrine, la rendrait insoluble. A ceci, on peut objecter, avec F. Glénard, que le plasma mis en présence d'une atmosphère d'acide carbonique — dans une anse vasculaire isolée — ne se coagule point comme il le devrait.

[1] MM. Arthus et Pagès font jouer un grand rôle à la chaux dans la coagulation. Tout récemment M. Pekelharing, d'Utrecht, est arrivé à conclure que dans la coagulation le ferment de la fibrine, riche en CaO, abandonne celle-ci qui se combine avec le fibrinogène.

Wooldridge croit que la coagulation est due à une diffusion de lécithine hors des leucocytes dans le sang. Halliburton a fortement combattu cette manière de voir.

Lussana croit la coagulation due à une action d'une *globuline* provenant de la destruction des leucocytes et hématies, sur la fibrine provenant de la désassimilation. Il est certain que l'augmentation des processus vitaux détermine une augmentation de la quantité de fibrine.

Pawlow pense que la coagulabilité du sang est variable : elle décroît dans le poumon et augmente dans la grande circulation.

Laissant de côté les théories, pour n'envisager que le fait de la coagulation, nous ajouterons que celle-ci joue un rôle considérable dans la physiologie. C'est grâce à la coagulation que s'arrêtent les hémorragies, et on peut mesurer l'utilité de la coagulabilité aux dangers que fait courir l'incoagulabilité telle qu'elle se présente à nous chez les hémophiliques ; la moindre lésion vasculaire devient chez eux chose très grave. Peut-être conviendrait-il de la traiter comme l'a fait Hayem en leur injectant du sang normal coagulable ; mais il est curieux de noter que le sang défibriné est non moins curatif que le sang non défibriné ; peut-être n'agit-il que par le ferment qu'il renferme, et ceci viendrait à l'appui de l'hypothèse de Schmidt.

Remarquons d'ailleurs que la coagulabilité est utile non seulement pour arrêter les hémorragies dues aux plaies des muqueuses et de la peau ; elle joue encore un rôle considérable dans les hémorragies chirurgicales, et c'est sur le fait que le sang se coagule en un bouchon fibrineux résistant qu'est basée la pratique de la torsion des vaisseaux qui remplace si souvent la ligature ; les tuniques écrasées et brisées jouent le rôle de corps étranger et déterminent, par un processus encore inconnu, la coagulation du sang.

Gaz du sang. — Nous avons dit plus haut, à propos des hématies, qu'elles jouissent de la propriété de fixer ou d'absorber une quantité notable d'oxygène, grâce à l'hémoglobine qui forme avec ce gaz un composé appelé oxyhémoglobine, et nous avons dit aussi que le plasma tient en dissolution une quantité notable d'acide carbonique. Le sang, de la sorte, renferme ou dissout une beaucoup plus grande quantité d'oxygène que ne le ferait un égal volume d'eau pure. Il convient de revenir quelque peu sur cette question des *gaz du sang*. On sait de quelle façon s'extrayent et s'analysent ces gaz. Le sang est introduit dans une pompe à mercure (pompe de Pflüger, de Gréhant, de P. Bert, de Chauveau) et dans le vide ses gaz se dégagent. En soumettant le sang plusieurs fois de suite à l'action de ce vide, surtout si on a la précaution de le soumettre en même temps à l'action de la chaleur (bien qu'il y ait des inconvénients à agir ainsi, car il y a une perte d'oxygène qui va oxyder différentes matières, d'après Lambling, *Soc. Biol.*, 1889), on en chasse tous les gaz qu'on peut ensuite analyser à l'eudiomètre. L'oxyhémoglobine perd son oxygène et redevient hémoglobine; le plasma laisse échapper son acide carbonique; il y a dissociation, car l'hémoglobine et l'oxygène sont à l'état de *combinaison* instable il est vrai, et pareillement l'anhydride carbonique est en grande partie combiné avec les alcalins du plasma sous forme de carbonate et bicarbonate et phospho-carbonate de soude, et un peu avec les hématies (un dixième, peut-être même plus). Grâce à des expériences multipliées, on connaît bien la proportion de ces gaz dans le sang, et pour le chien par exemple, on sait que 100 centimètres cubes de sang contiennent 60 centimètres cubes de gaz environ (à 0° et 760 mm.). On sait encore que la nature de ces gaz varie selon que l'on considère du sang artériel ou du sang veineux, et par exemple :

	O	CO_2	Az
100 volumes de sang artériel renferment	20-24 vol.	39 vol.	1.5
— veineux —	8-12	46	1.5

et l'oxygène est toujours plus abondant dans le sang artériel, et l'acide carbonique plus abondant dans le sang veineux, d'où la couleur plus claire du premier et plus foncée du second, si bien que la couleur du sang mesure en quelque sorte la quantité d'oxygène qui s'y trouve. L'oxygène est principalement combiné avec l'hémoglobine : une petite proportion est dissoute dans le plasma. L'acide carbonique, lui, est surtout dissous et combiné dans le plasma ; les hématies pourtant en renferment un peu.

On remarquera toutefois que le sang veineux n'est point entièrement désoxygéné, pas plus que le sang artériel n'est saturé d'oxygène ; en un mot, l'hémoglobine n'est pas toute réduite dans les veines, ni toute à l'état d'oxyhémoglobine dans les artères. On comprend bien que dans le poumon le sang relativement désoxygéné reprenne de l'oxygène ; l'hémoglobine réduite est très avide de ce gaz, on comprend aussi que le plasma dissolve l'acide carbonique à la faveur des alcalins, mais comment abandonne-t-il ce gaz lors de son passage dans les poumons ? Nous verrons que l'hémoglobine joue là un rôle important. Remarquons en passant que l'analyse des gaz du sang ne fournit jamais de chiffres absolument exacts ; en dehors même des causes d'erreur dues aux méthodes employées, il y a ce fait que le sang, *tissu vivant*, ne perd point sa vie propre aussitôt qu'il est sorti des vaisseaux ; il consomme un peu de l'oxygène qu'il a mission de véhiculer (3 ou 4 centimètres cubes par heure et par 100 grammes, d'après Schutzenberger) et produit de l'acide carbonique.

Sang veineux et sang artériel. — Du moment où le sang circule sans relâche dans toutes les parties de l'organisme, apportant aux tissus l'oxygène nécessaire à leur respiration, et les aliments dont ils ont besoin, et remportant les produits de désassimilation, on devine que la composition de ce liquide varie selon les points de l'organisme considérés.

Entre le sang veineux et le sang artériel il y a des différences considérables, et entre le sang veineux revenant de telle partie, et celui qui revient de telle autre, il y a aussi des différences. Le sang artériel est beaucoup plus constant dans sa composition; il est, dans les artères du pied ou de la main, identique à ce qu'il est dans le cœur ou l'aorte; il ne perd ni n'acquiert dans le trajet, et ce n'est que dans les capillaires qu'il se modifie. Mais là les modifications sont nombreuses, et le sang en sort plus foncé, en raison de la réduction de l'oxyhémoglobine, plus riche en acide carbonique et plus pauvre en oxygène, plus dense parce qu'il a abandonné de l'eau aux tissus et parce qu'il s'est chargé d'urée et d'autres substances (tout en ayant perdu de la fibrine, ce qui le rend moins coagulable); il est plus riche en globules rouges, plus pauvre en fibrine, sels, matières extractives, sucre.

Je résumerai brièvement ici les principales variations du sang normal (sans toutefois revenir sur ce qui a été déjà dit au point de vue de la composition, des différences de nombre et de structure des éléments chez les différentes espèces, etc.).

Le sang mâle est plus dense que le sang femelle; le sang du nouveau-né est pauvre en fibrine (1,9 au lieu de 2,2 pour 1000): le sang des animaux bien nourris est plus riche en hémoglobine (Regnard); le sang est proportionnellement plus abondant chez les individus de taille moyenne, maigres, que chez les gros et grands; il est plus riche en hémoglobine et fer dans les habitats élevés (Müntz); le sang de la veine porte varie sensiblement de composition pendant et entre les digestions en raison de l'absorption intestinale; le sang des veines sus-hépatiques est particulièrement riche en leucocytes, et en glycose; le sang des veines spléniques est aussi très riche en leucocytes, et coagule lentement; le sang des veines rénales est très riche encore en oxygène, plus pauvre en eau, urée et matières minérales; le sang des veines jugulaires est particulièrement riche en cholestérine; le sang qui sort des glandes actives est presque artériel, du moins en ce qui concerne la teneur en gaz : il y circule trop vite pour se modifier beaucoup; le sang venant des muscles actifs est particulièrement pauvre en oxygène et en glycose (Chauveau, V. *Muscles*); le sang varie encore selon l'alimentation, étant riche en hématies, fibrine, acide urique, sels de potasse, avec l'alimentation animale; peu fibrineux, riche en sucre et graisses avec l'alimentation végétale ; le sang menstruel coagule lentement.

Saignée et hémorragie. — Rien ne montre mieux l'importance du rôle d'intermédiaire que nous avons signalé au début de ce chapitre comme la fonction essentielle du sang, que les effets de l'hémorragie, ou perte de sang, quelle qu'en soit la cause. Si l'hémorragie est abondante, la mort survient rapidement en quelques minutes, en quelques secondes même ; si elle est lente ou intermittente, il y a faiblesse pouvant aller jusqu'à l'épuisement, le moindre mouvement devient un effort presque surhumain, la syncope est sans cesse imminente, la respiration est accélérée comme pour compenser l'état débutant d'asphyxie intérieure dû à la pauvreté en globules rouges ; chez l'animal en expérience, ou chez le blessé, il s'y joint une soif due à la perte d'eau, et la mort survient au milieu de convulsions asphyxiques. Les animaux inférieurs pourtant peuvent subir impunément des pertes de sang considérables auxquelles les mammifères ou oiseaux ne résisteraient pas. C'est ainsi que Cohnheim a remplacé tout le sang de la grenouille par de l'eau salée (à 0,75 p. 100) en injectant cette eau jusqu'à ce qu'elle sorte incolore ; la grenouille ainsi *salée* vit plusieurs jours, comme l'ont constaté les nombreux imitateurs de Cohnheim [1]. Chez les animaux supérieurs ceci ne pourrait s'observer, et l'hémorragie devient mortelle avant même que la proportion de sang perdue ait atteint un chiffre tant soit peu élevé. Un chien résistera à la perte d'une quantité de sang représentant un trentième ou un quarantième du poids de son corps. (Encore faut-il remarquer qu'une même saignée exercera des effets différents selon l'état de l'animal.

[1] Dastre et Loye ont constaté qu'on peut pareillement saler le chien par exemple, on lui lave le sang, en lui injectant dans les vaisseaux jusqu'aux deux tiers de son poids d'eau salée. Mais il faut opérer avec lenteur, sans quoi on tue l'animal.

Il faudra une saignée de 30 grammes pour tuer un lapin bien portant; il suffira d'une saignée de 7 grammes pour tuer un lapin inanitié). Mais s'il en perd un vingtième, il est presque certainement perdu. Les hémorragies non mortelles sont suivies d'un processus de réparation intéressant. Cette régénération ne s'opère toutefois pas avec une égale rapidité pour les différentes parties; le plasma se reconstitue très vite, et le volume du sang reprend sa valeur primitive grâce à une résorption de la lymphe des tissus; le plasma que le sang avait chassé à travers les parois des capillaires dans les tissus revient au sang qui se trouve nécessairement plus dilué, plus riche en plasma qu'en globules, et grâce aux aliments et boissons, le plasma se trouve assez vite reconstitué pour que les tissus n'aient pas à souffrir beaucoup de cette interruption dans l'ordre normal des choses. Pourtant le sujet, ou l'animal, n'est point rétabli des effets de son hémorragie; il n'a pu encore reconstituer ses globules perdus, ses globules si importants pour la respiration des tissus. Il est en état d'*hydrémie* (sang aqueux) ou d'*hypoglobulie* (sang pauvre en globules), et si le sang reprend son volume en quelques heures il ne se retrouve en possession de son chiffre de globules qu'au bout de plusieurs jours; un chien qui a perdu le trentième ou le quarantième de son poids, en sang, a besoin de plusieurs semaines pour récupérer ses globules, même avec la meilleure alimentation. Inutile d'ajouter que l'hypoglobulie s'accompagne d'une diminution proportionnelle dans la teneur du sang en hémoglobine, et cette diminution contribue à déterminer l'état d'affaiblissement du patient, avec l'appauvrissement du plasma. On conçoit dès lors que la pratique de la saignée ne soit point exempte d'inconvénients, surtout si elle est fréquente et répétée; chacun sait combien, il y a cent et deux cents ans, la saignée passait pour la panacée universelle, et il n'y a pas cinquante ans, encore, beaucoup de médecins y avaient sans cesse recours pour calmer certains symptômes de la grossesse. On connait aussi l'observation d'une femme qui mourut en 1798 à l'Hôtel-Dieu de Nantes, à l'âge de trente et un ans, et qui, de l'âge de quatorze ans à sa mort, avait été saignée 1 309 fois!

Toute saignée ou hémorragie est naturellement suivie d'une chute de la pression sanguine qui diminue du quart, et de plus encore, selon l'abondance de l'hémorragie, mais grâce aux boissons (les hémorragies donnent toujours une soif marquée, et qui s'explique aisément) et à la résorption de la lymphe interstitielle, le sang, en reprenant son volume, reprend sa tension. Du reste, un autre facteur concourt à produire ce résultat : il s'agit de la contraction qui s'opère dans les vaisseaux. Quand la masse du sang diminue, en effet, les vaisseaux se rétrécissent, par voie réflexe, et le cœur s'accélère; dans le cas inverse, les effets inverses se produisent. Enfin, la saignée est suivie d'une légère diminution de la chaleur du corps, et d'une augmentation d'excrétion de l'azote.

Transfusion du sang. — Quand l'hémorragie n'est pas trop considérable, l'équilibre se rétablit, comme nous venons de l'indiquer. Mais quand l'organisme a perdu, en une ou plusieurs fois, une quantité considérable de sang, la vie est en danger, la mort est imminente, la perte étant trop grande pour que l'organisme puisse à la fois la réparer et continuer de subsister. Dans ces cas, la transfusion peut rendre des services considérables. La transfusion consiste, comme chacun le sait, en l'introduction dans le système circulatoire d'une quantité quelconque de sang empruntée à un autre individu. Préconisée en Europe dès le XVIe siècle, à la suite des tentatives de Cardan en 1556 et de J. Potter en 1638, pratiquée par de nombreux expérimentateurs sur l'animal, elle fut pratiquée pour la première fois sur l'homme en France par Jean Denis, en 1667, et souleva des discussions féroces, et dès le 17 avril 1668, le Châtelet interdisait de la pratiquer sur l'homme, à la suite d'un essai (avec du sang d'agneau), qui n'était pourtant pas décourageant, du moins en ce qui concerne l'opération elle-même, car on ne pouvait juger de ses effets d'après le cas particulier dont il s'agit. Depuis Denis, toutefois, on en est revenu des appréhensions du Châtelet, et la transfusion est parfois pratiquée sur l'homme, dans certains cas urgents où elle rend des services réels.

Voici un chien qui vient de subir une hémorragie considérable, il ne peut bouger, il est anhélant ; il n'y a point encore de convulsions, mais la mort est proche. Il n'est que temps d'agir. Mettons à nu une veine, adaptons-y une canule, et, avec une seringue, poussons 300 ou 500 centimètres cubes de sang dans le système circulatoire ; la vie qui s'en allait revient, et l'animal ne meurt point ; il suffit même, pour obtenir ce résultat d'injecter de l'eau salée légèrement alcalinisée, comme l'a fait Kronecker ; la tension du sang, — de ce qu'il en reste, — est rétablie, et si le liquide qui court dans les veines de l'animal est en réalité un sang très dilué, il permet du moins à l'organisme de subsister et de travailler à réparer la perte subie, pour peu qu'il reste assez d'hématies pour subvenir aux besoins respiratoires. Aussi l'injection d'une solution salée alcaline pourrait-elle rendre de grands services dans les cas d'hémorragie se produisant chez l'homme et où la transfusion du sang serait impossible pour une raison ou une autre : peut-être même ferait-on déjà beaucoup en pratiquant cette injection dans la cavité péritonéale, opération beaucoup plus facile et moins dangereuse que la transfusion de veine à veine, comme l'a proposé Ponfick pour le sang même (transfusion indirecte ou péritonéale).

Quand on pratique la transfusion de veine à veine, de vivant à vivant, chez l'homme par exemple, il faut des précautions attentives pour ne point introduire dans la circulation d'air ou de gaz qui pourrait déterminer des accidents mortels ; il faut encore opérer sur des vaisseaux suffisamment éloignés du thorax pour éviter l'aspiration d'air.

Quant au sang même (artériel de préférence, à moins que la respiration ne soit satisfaisante, auquel cas le sang veineux peut être employé, puisqu'il sera bientôt artérialisé), on peut l'injecter (dans les veines ou dans les artères), ou le transfuser, complet, ou défibriné par battage ; la défibrination ne lui enlève aucune de ses propriétés essentielles, et au point de vue spécial qui nous occupe en ce moment, l'essentiel, dans le sang, c'est le plasma et les globules, bien que le besoin d'un de ces éléments puisse l'emporter sur celui de l'autre, selon les circonstances. Toutefois, il est un point sur lequel on ne saurait trop insister : c'est la nécessité dans la transfusion, de n'injecter que du sang d'un individu de même espèce que celui qui le reçoit. Inutile de transfuser à l'homme du sang de bœuf ou de chien ; nous savons que le sérum détruit les globules des autres espèces, il les dissout, les désagrège, s'empare de leur hémoglobine et subit parfois des coagulations partielles. Transfusez du sang de mouton à l'homme, ou du sang de lapin ou de mouton au chien : au bout de quelques minutes, le travail de dissolution est en cours, et les globules du lapin en particulier disparaissent avec une rapidité surprenante. A quoi bon la transfusion dans ces cas ? à quoi sert-elle ? A rien. On n'injectera donc jamais à un individu que du sang d'un autre représentant de la même espèce : à l'homme, on n'injectera que du sang d'homme, et il n'est plus permis de croire, comme Magendie, qu'en transfusant à un loup du sang de mouton, on changera le caractère du premier. On ne change même pas son sang pour une période quelque peu durable. Du reste, l'opération n'est pas seulement inutile, dans la tranfusion du sang d'espèce différente ; elle peut être mortelle. La transfusion a déjà ses dangers et ses accidents, et même dans les meilleures conditions, elle ne va pas sans de la fièvre, parfois de l'hémoglobinurie ou de l'urémie, accidents qui ne sont d'ailleurs généralement pas graves et ne doivent pas empêcher d'utiliser la transfusion dans les cas d'hémorragie rapide et abondante (accouchement, plaies par armes à feu et autres traumatismes) ; mais pratiquée entre espèces différentes, elle équivaut le plus souvent à un véritable empoisonnement en raison de l'action globulicide et de la toxicité du sérum. Il est vrai que tous les sangs ne sont pas également toxiques, celui des murénides (anguilles, congres, etc.) est particulièrement venimeux, d'après Mosso, celui des oiseaux l'est un peu moins ; celui du chien est particulièrement globulicide ; alors que ses globules sont par contre très résistants et se laissent plus difficilement que d'autres entamer par le sérum des autres espèces, mais il est beaucoup moins toxique. La toxicité du sang des murénides est considérable, et amène la mort à des doses très faibles. Le sang des crustacés est peu toxique pour les mammifères ; il l'est fortement pour d'autres crustacés. Sa toxicité augmente aux époques de la mue et de la ponte (Heim).

LYMPHE

La lymphe est en somme du sang moins les hématies, et c'est ce qui ressort de l'étude de ce liquide retiré ou bien des sacs lymphatiques de la grenouille (sacs latéraux, dorsal et ventral, et surtout sac sublingual), ou bien du canal thoracique ou de tel tronc lymphatique important d'un mammifère. Si l'on opère sur le canal thoracique, on veillera toutefois à ce que l'animal soit à jeun depuis vingt-quatre heures pour ne point recueillir le chyle mélangé à la lymphe durant la digestion ; chez l'homme, on peut parfois étudier la lymphe grâce à des fistules lymphatiques. Elle se présente sous forme d'un liquide incolore, ou opalescent, si elle renferme beaucoup de leucocytes, alcalin (mais moins que le sang) de densité égale à 1,045 environ, coagulable comme le sang, ce qui la différencie du sérum. En fait de globules, elle renferme des leucocytes (8 000 par millimètre cube), et des hématoblastes avec de petits corps de rôle indéterminé, et parfois aussi des globules rouges ; dans ce dernier cas, elle offre une coloration rose. Saveur salée, odeur propre à l'animal qui l'a fournie, coagulation lente, à caillot mou et peu rétractile, mais ne survenant pas dans la lymphe gardée *in situ* dans une anse de lymphatique isolée du corps. Au point de vue chimique, même composition que le sang (le plasma, cela va de soi) ; mêmes sels, mêmes matières extractives. Mais Würtz a fait remarquer que la lymphe est plus riche en urée que ne l'est le sang ; de même le glycose est plus abondant dans la première que dans la dernière. Elle tient quelques gaz en dissolution, des traces d'oxygène seulement, un peu d'azote et surtout de l'acide carbonique (0, 1 centimètre cube d'oxygène ; 1,5 centimètre cube d'azote et 40 centimètres cubes CO^2 pour 100 centimètres cubes de lymphe, d'après Hammarsten), moins que le sang veineux, mais plus que le sang artériel.

Elle présente des variations de composition intéressantes : c'est ainsi qu'en passant par les ganglions lymphatiques elle se charge de globules et de fibrine ; la lymphe qui en sort est plus riche en ces deux éléments que celle qui y entre, elle contient aussi plus d'albumine et de matières grasses. Il est bien difficile d'évaluer la quantité totale de la lymphe des lymphatiques et des interstices des tissus. On sait seulement qu'une fistule lymphatique chez la femme a fourni 6 kilogrammes de lymphe en vingt-quatre heures (Gubler et Quévenne). Cohn sur le cheval et Lesser sur le chien ont obtenu 2 kilogrammes et 300 centimètres cubes par heure, respectivement. On ne peut guère déduire de ces données des chiffres précis. Il semble que la lymphe soit plus abondante dans les tissus en activité et lors de l'accroissement de la pression sanguine. Mais l'augmentation d'excrétion correspond-elle à une augmentation de production ? Cela n'est pas certain, et pourtant on comprend qu'avec une pression sanguine élevée, il soit chassé dans les tissus lymphatiques une plus grande quantité de plasma du sang, la lymphe n'étant en définitive que du plasma. La lymphe a évidemment son origine dans le sang : c'est du plasma que la pression a fait filtrer à travers les vaisseaux dans les interstices des tissus, qui se charge de leucocytes dans les glandes et ganglions, et qui se meut dans les vaisseaux lymphatiques, selon les différences de pression. La pression sanguine chasse le plasma hors des vaisseaux capillaires, et cette même pression, directe ou indirecte, le pousse dans les lacunes lymphatiques et le fait progresser dans les vaisseaux de même ordre jusqu'à ce qu'il entre dans le torrent circulatoire. En définitive c'est le cœur, ou le système circulatoire sanguin, qui met la lymphe en mouvement ; il y est aidé par la contraction des muscles des villosités intestinales où s'absorbe le chyle, et des vaisseaux lymphatiques eux-mêmes pourvus de valvules qui empêchent le reflux vers les tissus. Chez les batraciens, il s'y joint des organes moteurs spéciaux, les cœurs lymphatiques [1] qui sont près de l'épaule et du coccyx, et qui battent soixante fois par minute environ (fibres musculaires striées avec ganglions nerveux spéciaux).

La lymphe est chez les animaux supérieurs un complément du sang ; c'est un intermédiaire entre lui et les tissus qui leur porte peut-être les matières nutritives. Elle semble plus réellement *alimentaire* que le sang, lequel serait plus spécialement chargé de subvenir aux besoins respiratoires. Comme le sang elle se charge des déchets, des matériaux de désassimilation (urée et CO^2 par exemple) et, pour bien remplir son rôle, elle est en communication constante avec les tissus aussi bien qu'avec le sang. Il nous paraît qu'on n'a pas suffisamment mis en lumière la spécialisation différente qui semble exister dans ces deux liquides qui se complètent

[1] Voir E. Oehl : *Sur les cœurs lymphatiques postérieurs de la grenouille. Arch. Ital. Biol.*, XVII, p. 375.

mutuellement au point de vue physiologique. Chez les organismes inférieurs, le sang se rapproche beaucoup plus de la lymphe des animaux supérieurs que de leur sang ; il est pauvre en globules, surtout en hématies.

Pour le chyle, voir ce qui a été dit au chapitre *Digestion*.

CIRCULATION

Le sang, intermédiaire physiologique entre les tissus et le monde extérieur, ne peut jouer bien son rôle chez les organismes supérieurs à vitalité considérable, et chez qui la consommation d'aliments et d'air est active, qu'à la condition de se renouveler fréquemment. Il est si vite dépouillé de ses matières utiles, et celles-ci sont si vite remplacées par des substances de désassimilation inutiles ou nuisibles qu'il est de toute nécessité que le sang se meuve rapidement et se renouvelle de même, de façon à apporter constamment de l'oxygène et des aliments, et à emporter constamment aussi l'acide carbonique et les déchets de la nutrition. Le sang ne peut rendre de services qu'à la condition de circuler, et ceci est d'autant plus vrai qu'il s'agit d'un animal plus élevé : le crabe vivra plusieurs jours sans cœur; la grenouille, plusieurs heures; le chien ou l'homme à qui l'on aura excisé, ou encore comprimé le cœur de façon à en empêcher les battements, mourra en quelques secondes. La circulation existe chez tous les organismes. Chez les animaux et plantes unicellulaires, elle est sans doute réduite au minimum, mais, dès que l'on considère des organismes animaux plus élevés, il en va autrement ; on voit certaines de leurs cellules se différencier en tubes contractiles qui promènent par le corps un fluide respiratoire et nourricier à la fois. Chez les plantes, il n'y a point de contractilité des vaisseaux ; mais les fluides nourriciers sont mis en mouvement par des agents physiques : la sève circule en raison de la *vis à tergo* exercée par les racines où l'osmose détermine la pénétration des liquides du sol, et l'évaporation et la transpiration qui s'effectuent dans les parties hautes de la plante déterminent un appel des liquides contenus dans les parties inférieures : l'osmose, la capillarité, etc., remplacent l'organe moteur. Le système circulatoire ne se différencie toutefois nettement des systèmes respiratoire et digestif, — tout en conservant avec eux des liens étroits, d'ailleurs, — que chez les organismes supérieurs, chez les vertébrés en particulier. Parmi les mollusques encore, le système circulatoire est bien rudimentaire chez les formes inférieures : plus bas, chez beaucoup de vers, et surtout chez les cœlentérés, il est souvent difficile d'indiquer où cesse le système digestif et où commence l'appareil circulatoire. Arrivé à sa plus parfaite différenciation, ce dernier consiste, comme chacun sait, en deux parties essentielles : un *système de vaisseaux* ramifiés parcourant tout l'organisme, devenant très fins et très minces à mesure qu'ils pénètrent dans l'intimité des tissus, et contenant le sang qui peut en partie passer hors des vaisseaux, et aussi abandonner aux tissus une partie de son contenu à travers ces vaisseaux ; et un *organe moteur*, le cœur, qui, en comprimant à intervalles variables, généralement réguliers, le sang qu'il renferme, le chasse dans les vaisseaux, donnant ainsi une impulsion à tout le sang contenu dans l'ensemble de ces derniers, de telle sorte que, parti du cœur par exemple, le sang parcourt les vaisseaux et y revient : un jeu spécial de valvules dans le cœur et dans certains vaisseaux imprime au cours du sang une direction constante. Ce cœur est, chez l'homme et les mammifères, un organe fort perfectionné ; chez les animaux inférieurs, c'est le plus souvent un renflement d'un des gros vaisseaux, une sorte d'ampoule contractile, ou encore c'est une partie plus ou moins longue d'un de ces vaisseaux doués de contractilité, comme par exemple le *vaisseau dorsal* des insectes et de plusieurs vers, comme les chétopodes, qui sont pourvus d'un vaisseau dorsal et d'un vaisseau ventral. Chez les crustacés il y a une grande variabilité, mais certaines formes possèdent un système circulatoire bien développé avec un cœur uniloculaire. C'est toutefois chez les céphalopodes, parmi les invertébrés, que l'on rencontre l'appareil circulatoire le plus parfait, bien qu'entre les artères et veines soit encore interposé un sinus représenté par la cavité viscérale : il y a un cœur artériel et deux cœurs branchiaux, alors que l'Amphioxus ne possède que des vaisseaux contractiles, et chez les poissons encore le cœur est bien différent de ce qu'il devient chez les mammifères; chez les dipnoi pourtant, nous avons une oreillette où viennent à la fois le sang artérialisé par son passage dans les branchies et le sang veineux du corps; un ventricule, qui fait immédiatement suite à l'oreillette, chasse le sang reçu de celle-ci dans les artères. Il en est de même chez la grenouille ; pourtant elle a deux oreillettes recevant l'une le sang artériel, l'autre le sang veineux, et le déversant toutes deux dans le ventricule unique qui dès lors envoie au corps un mélange de sang veineux et de sang artérialisé. Chez les reptiles, le cœur est mieux organisé; il est quadriloculaire comme chez les mammifères, mais les deux ventricules communiquent, et le sang veineux se mélange au sang artériel, et il faut arriver aux oiseaux pour trouver un cœur parfait, identique dans le fond à celui de l'homme et des mammifères. C'est un organe essentiellement musculaire, un muscle creux, divisé en quatre loges communiquant deux à deux : une oreillette avec un ventricule. Il y a donc en réalité deux cœurs composés chacun d'une oreillette et d'un ventricule : un cœur droit, veineux, dont l'oreillette reçoit par les veines caves tout le sang veineux du corps, et qui le chasse dans le ventricule droit, le dit ventricule le chassant ensuite au poumon où il s'artérialise; un cœur gauche, artériel, dont l'oreillette reçoit du poumon le sang artérialisé qu'elle chasse dans le ventricule, lequel à son tour le chasse dans l'aorte et les artères. Cela fait bien deux cœurs, bien que les quatre loges soient juxtaposées et intimement unies. On remarquera que cela fait aussi deux cycles circulatoires. L'un commence au ventricule droit et finit à l'oreillette gauche : c'est la *petite circulation* ou circulation pulmonaire qui n'a d'autre but que d'envoyer le sang veineux au poumon pour s'y oxygéner et perdre son acide carbonique, sans servir à la nutrition des tissus ; l'autre commence au ventricule gauche et finit à l'oreillette droite : c'est la *grande circulation* où circulation générale qui subvient à la nutrition et à la respiration des tissus du corps, y compris le poumon. Ces deux cycles jouent donc un rôle tout à fait différent.

Telle est la disposition fondamentale de l'organe moteur central de la circulation chez l'oiseau et le mammifère. On remarquera toutefois en passant que cette disposition est celle de l'adulte : chez le fœtus du mammifère qui ne respire point par ses poumons, il y a bien deux oreillettes, mais physiologiquement elles n'en font qu'une, puisqu'elles communiquent par une ouverture, dite trou de Botal : le cœur du fœtus est donc pratiquement un cœur triloculaire : il devient réellement quadriloculaire, après la naissance, par l'oblitération du trou de Botal. Du reste, nous reviendrons plus loin sur ce point.

En résumé, l'appareil circulatoire consiste en un système de vaisseaux qui parcourent l'organisme tout entier et dans lequel le sang est renfermé, et la circulation de ce liquide est déterminée par les contractions d'un organe central, musculaire, qui est le cœur ; enfin cette circulation a pour but d'envoyer aux tissus un sang propre à entretenir leur vie ; d'envoyer au poumon le sang devenu impropre à cette fonction pour que son hémoglobine plus ou moins réduite par le passage à travers les tissus s'y retransforme en oxyhémoglobine ; et encore d'envoyer le sang au poumon et à d'autres organes, comme le rein, le foie, le poumon, etc.,

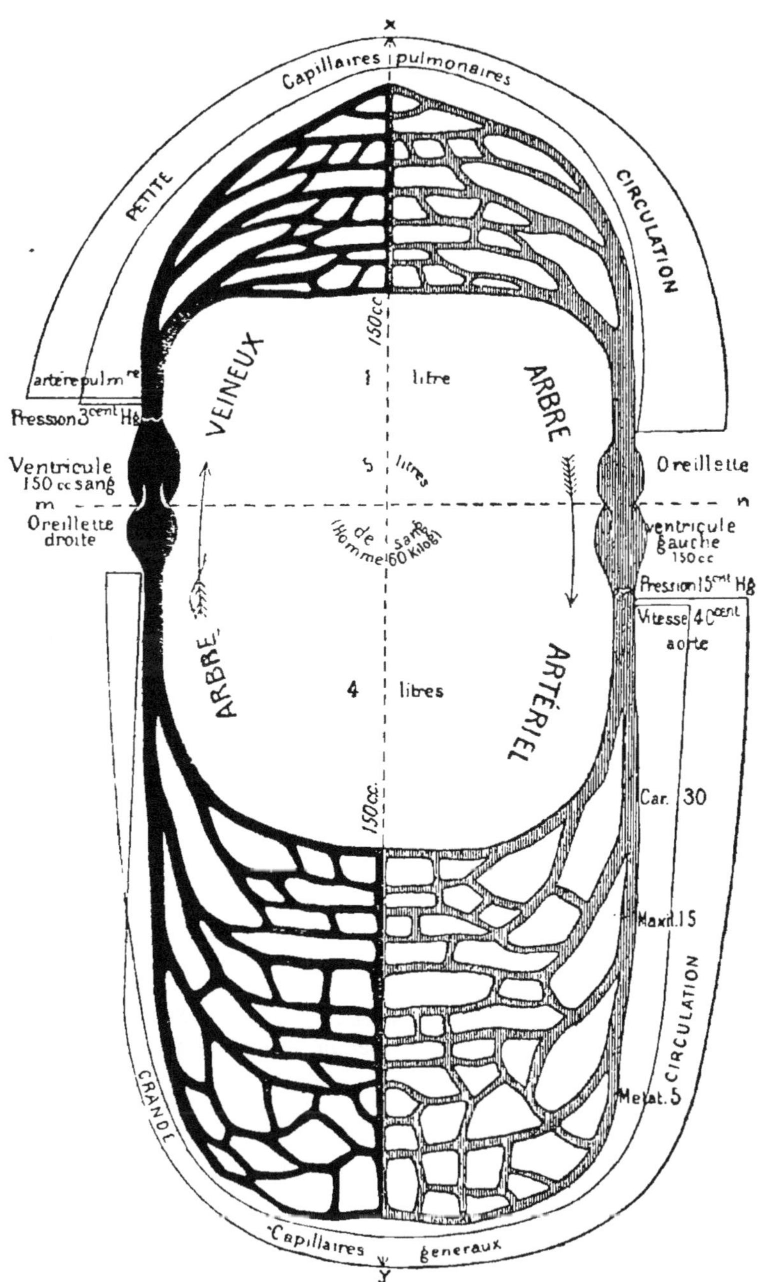

Fig. 11. — Schéma de la circulation.

afin qu'il s'y débarrasse de différentes substances inutiles ou nuisibles à l'organisme, et pour qu'il y acquière encore, dans quelques cas, des éléments nouveaux et nécessaires.

La connaissance exacte de la fonction circulatoire est de date récente. Les anciens n'en avaient aucune idée. Aristote pourtant comprenait que les vaisseaux nés du cœur renferment du sang, mais il crut que ce sang, « préparé » par le cœur, s'écoule dans le corps et n'y revient jamais. Peu de temps après lui, Hérophile et Erasistrate émirent l'opinion que les vaisseaux ne renferment que de l'air (d'où le nom d'*artères*) : les artères ne sont-elles pas en effet vides après la mort ? Mais cette erreur fut redressée par Galien, qui constata que toute blessure d'une artère est suivie d'une émission non d'air, mais de sang, et que tout segment d'artère sur lequel on a, *in vivo*, posé deux ligatures, renferme toujours du sang et rien que du sang. Galien toutefois ignora complètement la vraie nature du cycle circulatoire : pour lui, le sang du ventricule droit se rend en partie au poumon et s'y perd ; l'autre traverse la cloison qui sépare le ventricule droit du gauche, par une quantité de petits orifices — qui d'ailleurs n'existent point — pour se combiner dans le ventricule gauche avec de l'air venu des poumons, et de là passer dans l'aorte et dans le corps. D'autre part, la circulation hépatique avait attiré l'attention de Galien, et il soutint que les aliments vont de l'intestin au foie pour aller de là aux tissus. En somme, il n'eut qu'une idée très fausse et très incomplète de la circulation. Ses idées régnèrent néanmoins pendant près de quatorze siècles, jusqu'à l'époque de Michel Servet et Vésale. Ce dernier prouva qu'il n'y a pas communication entre les deux ventricules à travers leur paroi commune, et Michel Servet découvrit la circulation pulmonaire, déclarant que du ventricule droit une *veine artérieuse* porte le sang au poumon, non pour le nourrir, mais pour s'y purifier en exhalant des matières fuligineuses, et que le sang ainsi purifié revient du poumon au cœur gauche par une *artère veineuse*. C'était là une découverte de haute importance : elle n'empêcha toutefois pas Servet d'être brûlé en 1553 à Genève, à l'instigation de Calvin. R. Colombo et Césalpin confirmèrent la découverte de Servet, et Césalpin, déjà éminent comme botaniste, y joignit même une idée de la circulation générale, sans toutefois en fournir la démonstration, tandis qu'Estienne et Fabrice d'Acquapendente reconnurent l'existence des valvules des veines. C'est sur ces données, et sur celles, surtout, qu'il tira de ses observations et de ses expériences, que Guillaume Harvey, dans son *Exercitatio de motu cordis et sanguinis in animalibus* (1628) formula sa théorie de la circulation, celle qui est universellement acceptée de nos jours. Ce fut un des triomphes de la méthode expérimentale. Par ses expériences il constata le synchronisme du jet du sang hors des artères avec la dilatation de celles-ci, et avec la contraction du cœur ; il constata encore le cours centripète, qui avait jusque-là été méconnu, du sang contenu dans les veines ; il démontra la communication existant entre les veines et les artères, et la circulation des unes aux autres par le simple fait que l'ouverture de l'une ou de l'autre de ces sortes de vaisseaux détermine un écoulement de sang continu jusqu'à la mort, moment où le système des vaisseaux est vide de sang. Le livre de Harvey déchaîna une polémique furieuse ; mais la vérité triompha en fin de compte, et avant la fin du XVIIe siècle la théorie du grand savant était généralement admise. Sans doute il y demeurait quelques lacunes, mais elles se comblèrent peu à peu, en particulier grâce à un autre botaniste et anatomiste, Malpighi, qui découvrit les capillaires et les montra en vie, pleins de sang et de globules courant les uns après les autres, au moyen du microscope encore dans son enfance. La découverte de la circulation une fois faite, beaucoup de phénomènes de détail furent étudiés et utilisés pour la physiologie et la pathologie, mais les progrès les plus importants, à coup sûr, furent ceux qui, dans le siècle actuel, ont été réalisés grâce à l'emploi d'une méthode toute nouvelle : il s'agit de la *Méthode graphique* inaugurée par Ludwig, Marey, Chauveau, Vierordt, Helmholtz, et qui va chaque jour se perfectionnant. Elle consiste essentiellement en ceci : obliger un phénomène à s'enregistrer et à s'inscrire, de telle façon que l'intensité et la durée puissent en être facilement reconnaissables. Pour enregistrer et transmettre à distance, on emploie particulièrement les tambours à air — dont il existe beaucoup de modèles — et qui consistent essentiellement en ceci : deux ampoules élastiques, pleines d'air, mais non trop distendues, reliées entre elles par un tube élastique également plein d'air : le tout bien clos. Si l'on soumet l'une de ces ampoules à une légère compression, directe ou indirecte, l'air tend à distendre proportionnellement l'autre ampoule, et si sur cette seconde ampoule repose un brin léger et long, de paille, ou de verre étiré, fixé par une extrémité, mais pouvant pivoter autour d'elle, l'autre extrémité étant libre, le brin s'élèvera à chaque compression d'une quantité qui varie selon sa longueur et selon la distance qui sépare le point de contact avec l'ampoule d'avec l'extrémité fixe — il sert de *levier* en réalité ; — il s'abaissera et reviendra à son point de départ dès que cessera la compression, et, selon l'intensité de celle-ci, il prendra des positions très variées. Pour inscrire ces mouvements du levier, il suffit que son extrémité libre vienne frotter très légèrement contre une surface animée d'un mouvement uniforme : elle y fait un trait, et de la forme du trait on peut déduire mainte conclusion importante au sujet du phénomène ainsi traduit et enregistré ; on peut aussi obtenir des mesures de durée très précises, connaissant la longueur totale de la surface enregistrante et la vitesse de son mouvement, comme nous le verrons par les exemples nombreux qui se présenteront successivement à nous dans l'étude de la circulation.

Ayant déjà étudié le sang, nous avons à considérer dans la circulation l'organe moteur, une véritable pompe foulante qui est le cœur, et les vaisseaux où cet organe chasse le sang : les artères, capillaires et veines.

Le cœur, considéré chez un oiseau, ou un mammifère, le chien par exemple, dont la cage thoracique aura été ouverte à la face ventrale, se présente sous forme d'un organe rougeâtre, très mobile, alternativement distendu et contracté. Le premier phénomène qui nous frappe entre tous ceux que l'observation nous signale successivement est le rythme du cœur. Cet organe est alternativement en mouvement et en repos, et on constate aisément que ses battements ont une réelle régularité, pour peu que l'animal demeure immobile et que rien ne vienne le distraire : le cœur a un mouvement rythmique. On donne le nom de *systole* à la période de contraction, et le nom de *diastole* à la période de relâchement. Mais, en examinant de plus près la systole du cœur, on voit qu'elle se décompose en deux mouvements. L'un est localisé à la partie supérieure de l'organe, aux oreillettes, l'autre à la partie inférieure, pointue, aux ventricules, et le mouvement auriculaire précède le mouvement ventriculaire. De la sorte le rythme cardiaque comprend trois éléments : la systole auriculaire, la systole ventriculaire, et enfin la diastole générale du cœur. Il s'agit maintenant de s'expliquer ces mouvements et leur usage. Pour simplifier la question, laissons là le chien pour un moment, et adressons-nous à la grenouille dont la structure est plus simple et chez qui le cœur facilement mis à nu se prête, à certains égards, mieux à l'observation. Nous enlevons le sternum et le péricarde, et voici le cœur à nu. En haut les deux oreillettes, en bas le ventricule unique. Les deux oreillettes ouvrent dans le ventricule, et de celui-ci part l'aorte bientôt divisée en deux branches; à chacune des oreillettes arrive un tronc vasculaire, l'oreillette droite recevant le sinus veineux par où arrive tout le sang veineux du corps; l'oreillette gauche recevant le tronc commun des deux veines pulmonaires qui renferment le sang artérialisé revenant des poumons. Il est facile de voir sur ce cœur que, après la période de repos, les deux oreillettes sont rouges et distendues, tandis que le ventricule est mou et affaissé. Tout à coup les oreillettes se contractent, simultanément, et deviennent plus petites, tandis que le ventricule, rempli par le sang des oreillettes, se gonfle et rougit. Puis, les oreillettes reprennent lentement leur volume, en raison de l'apport constant de sang effectué par les vaisseaux qui y aboutissent, pendant que le ventricule, en se contractant à son tour, devient plus petit, plus pâle (rose au lieu d'être rouge) et chasse le sang dont il était empli dans l'aorte qui se dilate visiblement : après quoi il reste affaissé : ventricule et oreillettes se reposent, c'est la période de *repos* du cœur, ou diastole, durant laquelle le sang vient graduellement distendre les oreillettes. Les phases de repos et d'activité se succèdent ainsi, à intervalles réguliers. Il en est exactement de même chez l'homme et les autres mammifères : la systole du cœur se fait en deux temps successifs, les oreillettes se contractant d'abord, puis les ventricules, et le repos survient après la systole ventriculaire. Durant la systole auriculaire, le sang passe des oreillettes dans les ventricules : durant la systole ventriculaire il passe du ventricule, à droite, dans l'artère pulmonaire (artère qui contient du sang veineux pourtant), à gauche, dans l'aorte. La simple inspection à laquelle nous venons de nous livrer nous fournit bien quelques indications utiles ; mais si nous voulons en savoir plus long sur l'intensité des contractions, sur leur durée, sur le temps qui les sépare, il faut avoir recours à la méthode graphique, et obtenir des *cardiogrammes*.

Pour la grenouille, nous emploierons un cardiographe très simple, consistant en deux leviers légers reposant l'un sur les oreillettes, l'autre sur le ventricule. Tant que le cœur est en repos, les leviers restent abaissés, mais dès que les oreillettes se remplissent, le levier correspondant se relève légèrement pour s'élever brusquement et fortement quand se produit leur systole : il en est de même pour le ventricule. Si ces deux leviers, de même longueur, viennent se terminer par une pointe au contact d'un cylindre recouvert de papier enfumé, de façon à se trouver dans le même alignement, la pointe, en enlevant le noir de fumée, trace en blanc un dessin qui fournit tous les renseignements désirables sur l'intensité des contractions — l'élévation du levier étant proportionnelle à celle-ci — sur la succession des contractions, et, du moment où l'on connaît la vitesse de rotation du cylindre, et où chaque centimètre de longueur du papier total représente telle fraction de minute ou de seconde, sur la durée de chaque contraction et l'espace de temps qui la sépare de telle autre.

Pour les animaux plus élevés comme le chien ou le lapin, l'étude graphique du rythme du cœur est moins aisée ; mais cela n'a point d'importance en présence des beaux résultats obtenus par Chauveau et Marey sur des animaux voisins — au point de vue physiologique — comme le cheval. Au lieu d'enregistrer les variations extérieures de volume des oreillettes et des ventricules, pour connaître le rythme cardiaque, Chauveau et Marey ont enregistré ce dernier au moyen des variations de pression intra-cardiaque, ce qui revient exactement au même. Ces variations sont révélées par les *sondes cardiographiques*. Soit une ampoule allongée en forme de doigt de gant soutenue par une légère carcasse métallique à l'intérieur, et pleine d'air, portée au bout d'un tube flexible, mais non compressible, relié lui-même par un tube de caoutchouc à une autre ampoule formant tambour à levier, une ampoule mi-élastique, mi-rigide (caoutchouc fin et métal) pouvant actionner un levier très léger en contact avec une surface enregistrante, plane ou circulaire. On introduit une ampoule dans le ventricule droit du cheval (par la veine jugulaire), une autre par la même voie dans l'oreillette droite, et on relie chacune de ces ampoules à un tambour enregistreur de Marey (fig. 12). N'est-il pas évident qu'à chaque contraction de l'oreillette droite, par exemple, le sang qu'elle renferme est comprimé, et n'est-il pas évident que l'ampoule contenue dans cette oreillette sera également comprimée et que sa compression se traduira par un mouvement de levier du tambour ? C'est en effet ce qui arrive, et en s'assurant bien de l'alignement des leviers inscripteurs des tambours, on obtient une représentation graphique des variations de la pression intra-cardiaque qui sont des plus intéressantes, et qui nous fournissent des données très exactes, non seulement sur le cœur droit, mais aussi sur le cœur gauche, dont les mouvements sont identiques à ceux du cœur droit et synchrones avec lui. On peut même introduire une troisième ampoule dans le cœur gauche (ventricule) par la carotide, et obtenir un tracé des pressions des deux ventricules.

La figure 13 représente un cardiogramme du cheval renfermant les éléments suivants : pression du sang dans l'oreillette droite (O), dans le ventricule droit (V), et choc du cœur (P). Nous dirons plus loin comment s'obtient l'inscription du choc du cœur : pour le moment, ne considérons que les graphiques de l'oreillette et du ventricule. N'oublions pas que les pointes des leviers étant rigoureusement de même longueur et bien alignées, il y a synchronisme absolu des phénomènes inscrits selon la même verticale, et pour faciliter l'étude de ce synchronisme, on a tracé une série de verticales régulièrement espacées : et l'espace entre chaque verticale correspond à un dixième de seconde. Il est très clair, tout d'abord, que la systole de l'oreillette, marquée par l'élévation du tracé correspondant (de O à l'intersection avec la ligne A), ne coïncide nullement avec celle du ventricule, mais la précède, et est sensiblement plus courte que cette dernière : entre le début de l'une et celui de l'autre, il s'écoule deux dixièmes de seconde environ, et la systole auriculaire dure à peu près un dixième de seconde. Une fois la systole produite, l'oreillette se relâche, et la pression diminue, ainsi que l'indique la ligne descendante : elle est même inférieure à ce qu'elle était au moment où a débuté la systole. Pourquoi ? Parce qu'avant la systole l'oreillette était remplie de sang sous une certaine pression venant des veines caves, tandis qu'après, elle ne renferme presque plus de sang ; mais celui-ci recommence à arriver dès que l'oreillette se relâche, et la courbe s'élève un peu. Mais cette courbe nous offre un certain nombre d'oscillations : à quoi tiennent-elles? Elles s'expliquent par l'étude de ce qui se passe du côté du ventricule. Celui-ci en se contractant comprime un peu l'oreillette et y augmente

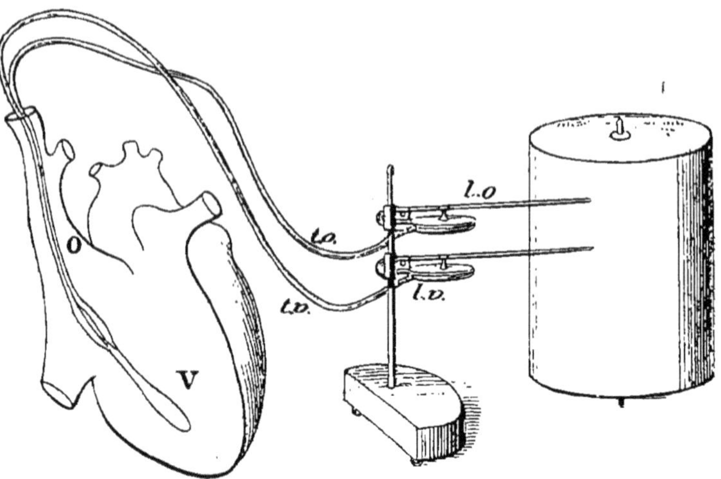

Fig. 12. — Schéma représentant la sonde cardiaque droite de Chauveau et Marey introduite dans le cœur. L'ampoule du ventricule V transmet les variations de pression par l'intermédiaire du tube *tv*, au tambour à levier *lv*; l'ampoule de l'oreillette O agit pareillement sur un tambour à levier *lo*. (D'après Frédéricq.)

la pression : de là un petit ressaut dans la courbe correspondant à l'ascension rapide de la courbe ventriculaire à la contraction du ventricule (V, ligne B) ; les autres ressauts sont le résultat du contre-coup des oscillations observées dans la suite de la courbe ventriculaire (clôture des valvules auriculo-ventriculaires). Puis la courbe cesse de présenter des ressauts, elle s'élève lentement, indiquant une augmentation graduelle de pression due à l'afflux du sang déversé par les veines caves jusqu'au moment où la systole auriculaire se reproduit. Du côté du ventricule (V), nous remarquons d'abord une légère élévation de pression au moment de la systole auriculaire. Elle tient au déversement du sang de l'oreillette dans le ventricule ; mais elle cesse bientôt, le ventricule se laissant distendre. Puis vient la contraction brusque et rapide du ventricule : la ligne est presque verti-

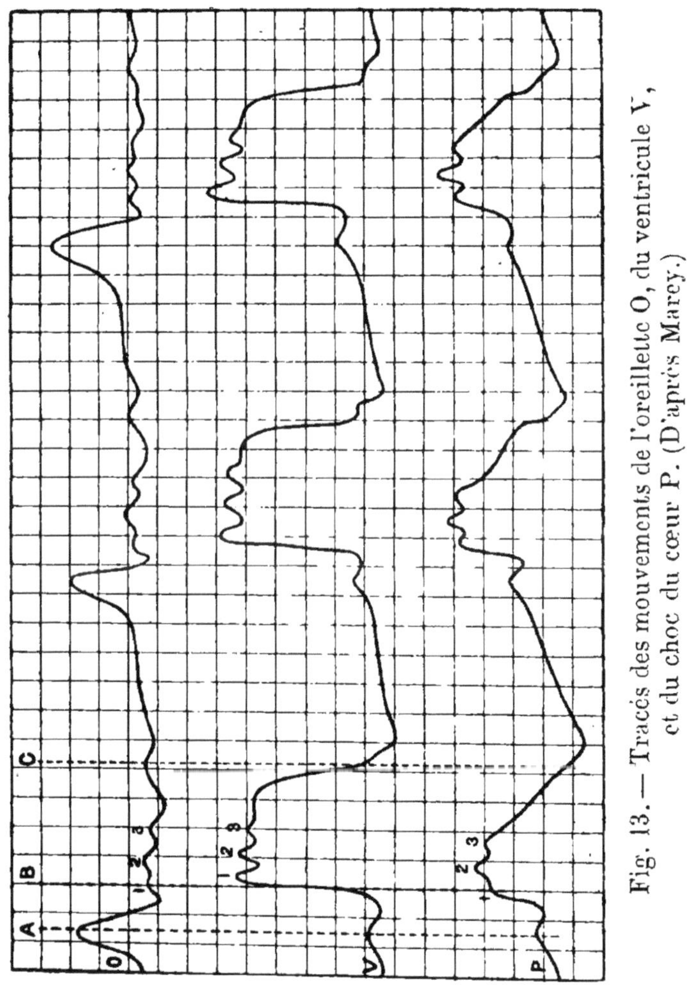

Fig. 13. — Tracés des mouvements de l'oreillette O, du ventricule V, et du choc du cœur P. (D'après Marey.)

cale dans son ascension, et indique un mouvement rapide ; mais au lieu de s'abaisser aussitôt comme la courbe auriculaire, elle forme un plateau légèrement descendant, coupé par deux ressauts. Pour s'expliquer ces ressauts, il faut savoir que l'artère pulmonaire est pourvue de valvules semi-lunaires qui, après le relâchement des ventricules, viennent fermer le retour du sang vers ceux-ci, et restent abaissées jusqu'à la prochaine systole ventriculaire. Elles restent abaissées jusqu'au moment où la pression intra-ventriculaire devient *supérieure* à celle de l'artère pulmonaire, et soulève celles-ci pressées par en haut par le sang et sa pression du moment. Les valvules sont refoulées le long des parois de l'artère et le sang passe jusqu'au moment où la pression ventriculaire devient inférieure à la pression dans l'artère pulmonaire et où celle-ci rabat les valvules. Il y a, selon toute probabilité, quelque connexion entre les mouvements des valvules et les ressauts indiqués par la couche auriculaire, mais ce point n'est pas encore élucidé de façon satisfaisante. Le graphique montre que la systole ventriculaire se maintient plus longtemps que la systole auriculaire ; mais elle cesse à son tour : la pression s'abaisse assez rapidement, pour commencer presque aussitôt à augmenter lentement. Cette augmentation est due à ce que le sang arrivant sans cesse à l'oreillette par les veines caves se déverse en grande partie dans le ventricule et le remplit : la pression augmente peu à peu dans ces deux chambres qui communiquent librement, et au moment où se produit la systole auriculaire, la pression augmente brusquement dans le ventricule, d'où le ressaut précédant l'ascension brusque due à la contraction du ventricule même. Nous avons de la sorte interprété la totalité d'une *révolution cardiaque* (activité et repos du ventricule et de l'oreillette). Le temps qu'elle occupe dans le cas qui vient d'être exposé est, comme on le voit, à la lecture directe du tracé où l'espace entre chaque ligne verticale équivaut à un dixième de seconde, d'un peu moins de 12 dixièmes de seconde : le cœur qui l'a fourni battait donc moins de soixante fois par minute.

Tout ce qui précède s'applique au cœur droit du cheval, et la question qui se pose est de savoir si les phénomènes sont les mêmes dans le cœur gauche. Cela est très vraisemblable ; mais il n'était pas mauvais de démontrer la chose, et c'est ce qu'ont fait Chauveau et Marey, en comparant le

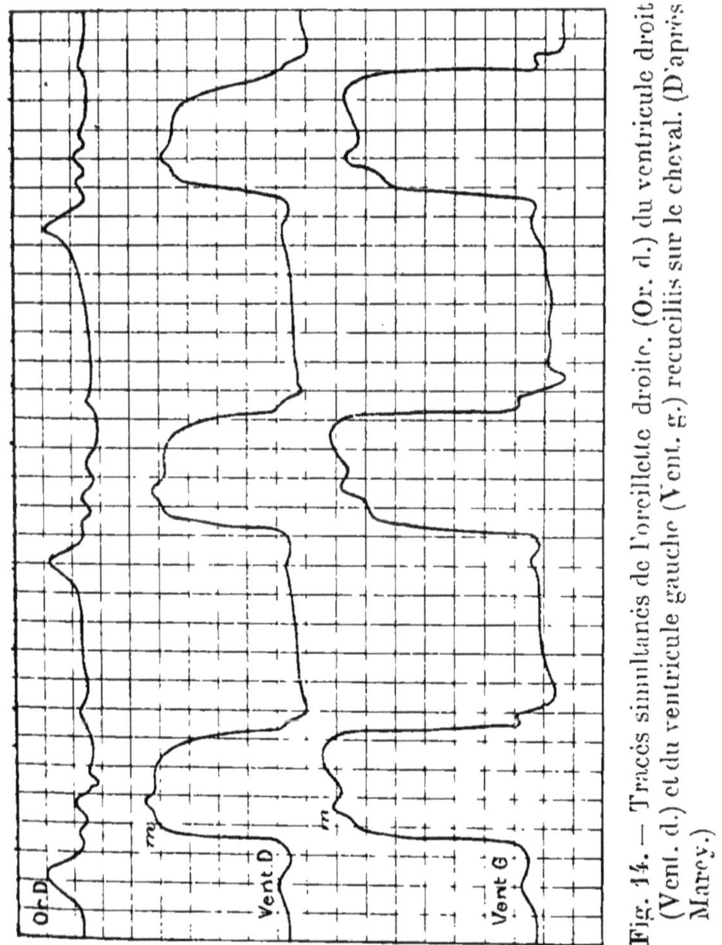

Fig. 14. — Tracés simultanés de l'oreillette droite. (Or. d.) du ventricule droit (Vent. d.) et du ventricule gauche (Vent. g.) recueillis sur le cheval. (D'après Marey.)

tracé du ventricule droit avec celui du ventricule gauche, en introduisant une sonde dans ce dernier, chez le cheval toujours, par la carotide et l'aorte. On le voit par la figure 14, les caractères des deux tracés sont les mêmes, le synchro-

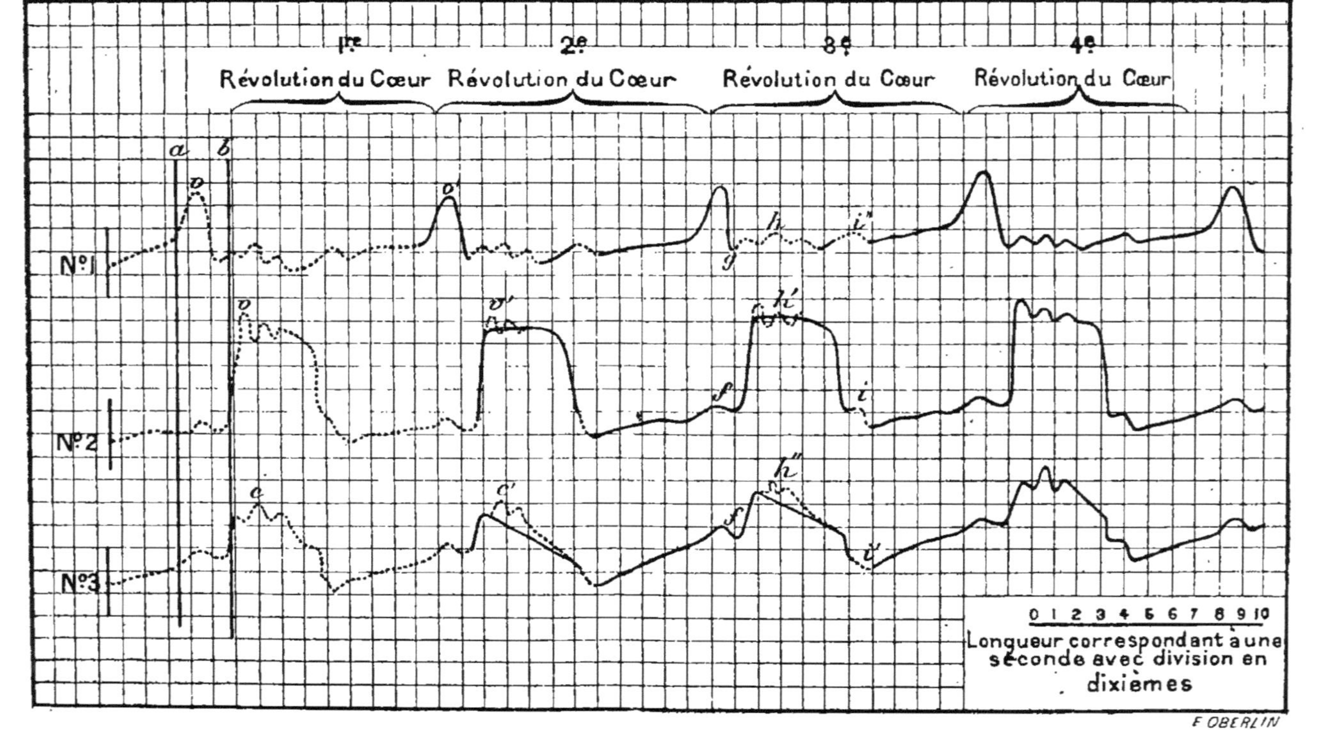

Fig. 15. — Graphiques : 1, de l'oreillette droite; 2, du ventricule droit; 3, du choc du cœur, d'après Chauveau et Marey. Figure à lire en suivant et en analysant pour soi-même chaque trait plein successivement.

nisme est parfait à quelques petites différences de détail près. Ce que nous avons dit du cœur droit s'applique donc aussi au cœur gauche, *mutatis mutandis*, en substituant aorte à artère pulmonaire, et veine pulmonaire à veine cave.

Mais pouvons-nous conclure du cheval à l'homme, et tenir pour démontrés à l'égard du dernier les faits démontrés à l'égard du premier? On ne peut évidemment pas introduire de sondes cardiographiques chez l'homme : il faut donc recourir à d'autres méthodes. L'une d'elles consiste à prendre le tracé cardiographique du choc du cœur chez le cheval, et à le comparer avec le tracé de l'oreillette et de l'aorte chez le même animal, et s'il y a quelque concordance entre eux, on prendra le même tracé chez l'homme pour y chercher les mêmes concordances. Nous expliquerons plus loin ce que c'est que le choc du cœur : disons simplement ici que c'est le soulèvement léger qui à chaque battement cardiaque se produit en dedans et au-dessous du mamelon gauche chez l'homme, et que chacun peut sentir sur soi-même. Ce soulèvement existe chez le cheval et les autres mammifères, et il est assez aisé de l'enregistrer au moyen du cardiographe de Marey qui est essentiellement un tambour mi-partie métallique, mi-partie élastique, maintenu distendu par un fort ressort métallique et qui se termine au dehors par un bouton qu'on applique au point où se fait sentir le plus fortement le choc : à chaque choc il y a une légère compression de l'air du tambour, et en reliant ce dernier à un tambour enregistreur, on peut obtenir l'inscription de ce choc et de ses détails. C'est ce qu'ont fait Chauveau et Marey encore, et le tracé du choc précordial est figuré dans la figure 15 au-dessous de ceux de l'oreillette et du ventricule. Or, que voyons-nous dans ce tracé? Nous remarquons d'abord un léger ressaut qui, cela est clair, correspond à la systole auriculaire ; puis une ascension brusque correspondant à la systole ventriculaire sans en excepter les ressauts — de cause encore indéterminée — du plateau systolique ventriculaire ; et enfin la chute de la courbe, correspondant au relâchement rapide du ventricule. En un mot, il y a concordance parfaite dans les grandes lignes, en ce sens qu'on peut lire sur le tracé du choc précordial les grandes lignes des phénomènes dont l'oreillette et le ventricule sont tour à tour le siège. En recueillant un tracé du choc chez l'homme, on voit que la concordance avec le tracé du cheval est amplement suffisante pour justifier l'idée que dans les deux cas les phénomènes sont les mêmes. Une autre méthode consiste à recueillir le tracé de la pression intra-aortique chez l'animal, au moyen d'une sonde, et à le comparer avec le tracé de la pression extérieure de l'aorte, pour comparer enfin ce dernier avec le même tracé chez l'homme. Mais comment obtenir ce tracé chez l'homme? Il y faut des circonstances bien particulières, et qui ne se rencontrent qu'occasionnellement : il y faut des cas pathologiques ou tératologiques. Les cas d'*ectopie* du cœur, où cet organe n'occupe pas sa situation accoutumée, et descend à travers le diaphragme dans la cavité abdominale, de telle sorte que le cœur bat sous la peau de l'épigastre, sont particulièrement favorables. Galien et Harvey en avaient rencontré et en ont tiré des indications utiles : mais avec la moderne méthode graphique il est possible d'obtenir beaucoup mieux et d'avoir des graphiques précieux. Un de ceux-ci a été obtenu il y a quelques années par François Franck ; il montre bien la similitude fondamentale entre le fonctionnement du cœur du cheval et celui du cœur de l'homme, ce qui est le point essentiel à mettre en lumière.

Il résulte donc des études faites tant sur les variations extérieures de volume des chambres cardiaques, que sur les variations intérieures de pression du sang contenu dans celles-ci, que le cycle cardiaque commence par la contraction des oreillettes, laquelle est rapidement suivie de la contraction des ventricules, après quoi survient une courte période de repos du cœur tout entier, et que le sang passe successivement des veines caves et pulmonaires dans les oreillettes, pour de là être chassé dans les ventricules qui le poussent dans l'aorte et l'artère pulmonaire, dans la grande et la petite circulation.

Sens de la circulation et valvules du cœur. — Mais une question se pose, à laquelle il faut répondre. Les vaisseaux afférents communiquent largement avec les oreillettes, et celles-ci avec les ventricules, puisque le sang passe de l'un à l'autre, comme il vient d'être dit ; mais comment se fait-il que, lors de la contraction de l'oreillette, le sang ne reflue pas vers les vaisseaux afférents, et que lors de la systole ventriculaire il ne revienne pas en arrière, et ne s'écoule autant dans l'oreillette que dans les vaisseaux efférents ? En un mot, pourquoi le *sens* de la circulation demeure-t-il invariable dans le cœur, et pourquoi le sang marche-t-il régulièrement de l'oreillette dans les ventricules, et de ceux-ci dans les vaisseaux efférents ? Ce résultat s'obtient d'une manière assez simple. Considérons d'abord les oreillettes. Le sang leur est apporté par les deux veines caves pour l'oreillette droite, par les quatre veines pulmonaires pour l'oreillette gauche, (veines qui, on le remarquera en passant, sont plutôt des *artères* au point de vue physiologique, puisqu'elles contiennent le sang le plus artériel de tout le corps, celui qui vient de se purifier dans le poumon) : comment pénètre-t-il dans l'oreillette que nous supposerons vide et venant de se contracter et en état de relâchement. On a parlé d'une aspiration du sang par les oreillettes (Chassaignac, Fink, Longet, etc.); on a dit que l'oreillette doit être considérée comme une ampoule en caoutchouc légèrement durci, qui peut bien être quelque peu distendue, qui peut bien aussi être comprimée au point de se vider totalement, mais qui, si elle pouvait prendre la position qui lui est naturelle, resterait sans cesse dans un état intermédiaire entre la distension et la compression, tout comme une balle de caoutchouc, fût-elle criblée de trous, demeure sphérique. Or, s'il en est ainsi, dès que l'oreillette s'est contractée, son relâchement doit s'accompagner d'un retour à la forme naturelle : elle doit se dilater, comme le font les parois momentanément déprimées par le doigt, de la balle perforée, et tendre à reprendre sa forme. Y tendre, c'est tendre aussi à établir le vide à l'intérieur de ses parois, c'est donc appeler le sang veineux, tout naturellement, et ce sang est d'autant mieux disposé à se rendre à cet appel qu'il est soumis à une certaine pression : il est pressé *a tergo* par le sang des capillaires, lequel est pressé par le sang artériel, et, si sa pression est faible, elle n'est toutefois pas négligeable. A cette hypothèse de l'aspiration du sang veineux qu'on a étayée sur l'existence du vide *post-systolique* (Marey), c'est-à-dire d'une dépression sensible dans le ventricule après sa contraction et au moment de son relâchement, on peut objecter qu'on ne voit guère comment s'opérait cette dilatation active des parois musculaires nécessaire à cette hypothèse du cœur « pompe aspirante et foulante ». Il y a pourtant une certaine aspiration très réelle : mais elle est tout autre; c'est l'aspiration constante du thorax, même en expiration, c'est la pression négative ou *dépression* qui ne cesse d'y exister, et dont la vacuité postsystolique n'est peut-être qu'une des manifestations; c'est encore le renforcement respiratoire de cette aspiration constante. Le thorax en se dilatant, lors de l'inspiration, tend à établir le vide dans la poitrine, et c'est grâce à la diminution de pression que l'air extérieur se précipite dans les voies respiratoires comme on le verra; mais cette diminution de pression peut fort bien agir sur l'oreillette et les veines qui y aboutissent, elle peut appeler le sang aussi bien que l'air, et c'est bien ce qui a lieu. Valsalva avait bien vu que le sang de la jugulaire s'écoule plus facilement vers la poitrine lors de l'inspiration, et Barry confirma cette observation en y joignant une expérience intéressante. Par la veine cave il introduisit un tube de verre en forme de siphon, pénétrant jusque dans la veine cave chez le cheval : l'autre extrémité du tube plongeait dans un vase plein d'eau, et il vit que lors de l'inspiration l'eau s'élève dans le tube, vers le cœur. C'était la preuve irréfutable du fait que l'aspiration thoracique s'exerce aussi bien sur le sang que sur l'air : et s'il était besoin de quelque autre preuve, il suffirait de rappeler la facilité avec laquelle l'air pénètre dans les vaisseaux veineux avoisinant la poitrine, durant l'inspiration, lorsque dans une expérience ou une opération, ceux-ci ont été ouverts. Nous aurons à revenir sur cette question : aussi nous suffira-t-il d'avoir indiqué en passant le rôle circulatoire de l'aspiration thoracique.

L'expérience de J. Müller, que chacun peut faire sur soi, mais qui ne va pas sans dangers, montre bien l'influence de l'aspiration sur la circulation. Expirez profondément, bouchez les narines, et faites un effort inspiratoire : le cœur se remplit et se distend comme tous les vaisseaux de la poitrine du reste, mais tandis que l'accès du sang dans le cœur droit est facilité, son expulsion du cœur gauche est au contraire contrariée. *L'expérience* inverse, dite de *Valsalva* (effort expiratoire après inspiration profonde) détermine la compression du cœur et des vaisseaux thoraciques : le cœur et les organes thoraciques sont relativement exsangues. Dans les deux cas, mais par un mécanisme différent, le cœur s'arrête et le pouls disparaît.

Mais cette aspiration suffit-elle pour expliquer la réplétion des oreillettes qui viennent de se vider ? Non, car l'aspiration se produit 12 ou 18 fois par minute seulement : et le cœur bat 50 ou 60 fois, et l'inspiration respiratoire ne coïncide pas plus avec la réplétion qu'avec la systole des oreillettes. L'aspiration thoracique aide à cette réplétion quand elle tombe au bon moment ; mais quelque autre agent doit y travailler de façon permanente. Cet agent est principalement la *vis à tergo* exercée sur le sang des veines caves et pulmonaires par le sang venu des capillaires et des artères : c'est encore une contraction de ces mêmes veines (avant la systole auriculaire), qui en diminue le calibre et chasse par conséquent un peu de sang dans l'oreillette où la pression est négative. L'oreillette se remplit donc peu à peu de liquide sanguin. Puis, avons-nous dit, elle se contracte brusquement, et cette contraction chasse le sang dans le ventricule correspondant. Mais, et c'est là la question que nous nous sommes posée plus haut, pourquoi dans le ventricule et non en arrière, dans les veines caves ou dans les veines pulmonaires, pourquoi n'y a-t-il pas de reflux ? Il y a deux raisons à invoquer. L'une, c'est que la contraction des oreillettes commence par la partie de leurs parois la plus voisine des veines caves ; la systole auriculaire est en quelque sorte la continuation de la contraction qui a commencé dans les parois des veines caves ; les choses se passent comme si, serrant légèrement entre les doigts la partie terminale des veines caves, on faisait ensuite glisser rapidement ceux-ci sur l'oreillette jusqu'au voisinage de l'orifice auriculo-ventriculaire, sans lâcher prise et sans relâcher la pression. En pareil cas, tout naturellement, le liquide est chassé surtout dans le sens du déplacement de la contraction, comme il est facile de s'en assurer avec des tubes de caoutchouc : le sens de la propagation de la contraction auriculaire, ou plutôt veino-auriculaire conduit donc naturellement la plus grande partie du sang vers le ventricule. Encore faut-il dire non « la plus grande partie », mais bien la totalité. Réfléchissons en effet, — et c'est ici la seconde raison — réfléchissons à la situation des ventricules et des veines : du côté des veines il y a du sang, et du sang poussé sans cesse vers l'oreillette, par la *vis à tergo :* la voie n'est pas libre ; du côté des ventricules, qu'y a-t-il ? Rien, ou pas grand' chose : il y a un peu de sang venu de l'oreillette, mais la pression en est très faible : c'est celle des parois ventriculaires à ce moment relâchées. D'un côté donc il y a une résistance assez forte ; de l'autre une résistance presque nulle : le sang passe là où la résistance est minima, dans le ventricule. Il y passe d'autant plus volontiers, pour ainsi dire, que la contraction auriculaire marche de l'embouchure des veines vers l'orifice auriculo-ventriculaire, et que dans les veines caves le reflux ne serait guère facile en raison de l'existence de petites valvules, situées à une certaine distance il est vrai, mais qui empêchent le sang veineux de rétrograder : il ne pourrait y avoir reflux qu'en

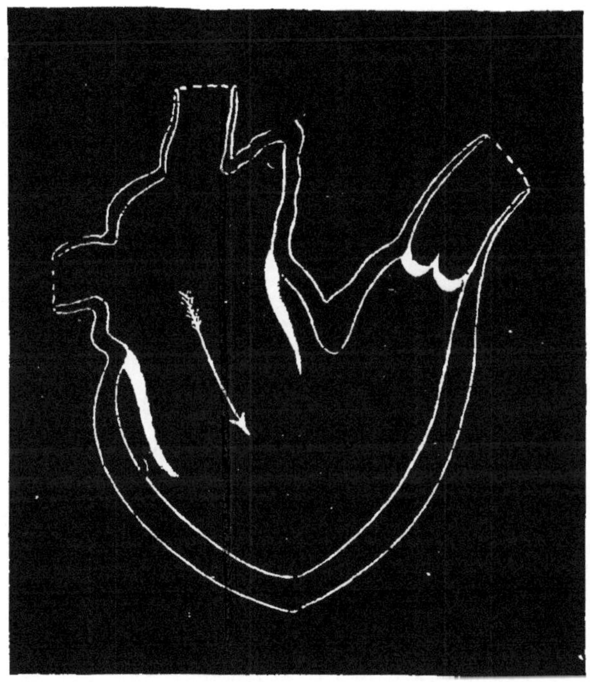

Fig. 16. — Oreillette et ventricule droits durant la systole auriculaire; valvule tricuspide ouverte; valvules semi-lunaires ou sigmoïdes fermées. (Viault et Jolyet.)

distendant les veines, et cette distension opposerait plus de résistance que les parois flasques du ventricule relâché. Voilà donc le sang projeté de l'oreillette dans le ventricule. Notons en passant que l'oreillette ne se vide pas entièrement : ses parois ne viennent pas au contact; notons aussi que, pendant même qu'elle se vide, elle commence à se remplir de nouveau : le sang entre déjà aux orifices veineux, alors que la contraction auriculaire n'est pas achevée. Notons encore que la pression exercée par l'oreillette est très faible : Fick a même cru — à tort — que lors de la contraction auriculaire la pression ne s'élève pas; elle s'élève en réalité, mais peu.

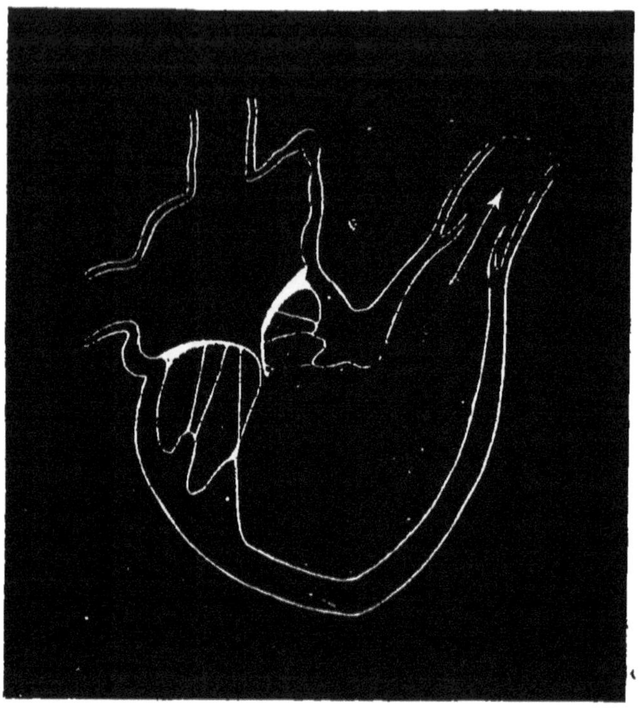

Fig. 17. — Oreillette et ventricule droits durant la systole ventriculaire. La valvule tricuspide est tendue en forme de dôme ; les valvules sigmoïdes se sont écartées, pressées par le sang qu'elles laissent passer vers l'aorte. (Viault et Jolyet.)

Maintenant le ventricule est rempli de sang : il se contracte à son tour, et derechef nous demandons pourquoi ce sang ne reflue pas vers l'oreillette, puisque les deux cavités sont en large communication. Peut-on invoquer encore une différence de pression ? Interrogeons les sondes cardiaques : elles nous montrent que dans l'oreillette la pression est à peu près nulle : dans le ventricule elle est très forte et elle est forte aussi dans l'aorte et la veine pulmonaire. Il serait donc tout naturel que le sang refluât vers l'oreillette, vers le lieu de moindre pression : et pourtant cela n'a pas lieu. Il y a donc autre chose qu'une question de pression ici : il y a des dispositions anatomiques toutes spéciales ; il y a les *valvules auriculo-ventriculaires*. Voici un cœur d'homme : ouvrons-en largement le côté droit, oreillette et ventricule, et nous avons sous les yeux la valvule *tricuspide*. Elle consiste, en somme, en trois valves inégales, irrégulières, de structure fibro-élastique, dont les bords sont attachés à un grand nombre (une centaine) de petits muscles capillaires qui vont s'insérer par leur autre extrémité sur les parois du ventricule ; trois rideaux triangulaires maintenus sur leurs côtés libres par des cordages légers. C'est cette valvule qui empêche le reflux du sang du ventricule vers l'oreillette, sans d'ailleurs gêner le passage de l'oreillette dans le ventricule; mais comment? On admet généralement avec Chauveau et Faivre que la pression exercée sur le sang par la contraction du ventricule tend les rideaux valvulaires qui, d'abord horizontaux, seraient bien vite refoulés dans l'oreillette, si les muscles papillaires ne les retenaient ; mais les muscles les retiennent horizontaux et affrontés les uns contre les autres ; comme ils sont élastiques, toutefois, ils se tendent, et font une légère saillie dans l'oreillette, de forme convexe, et si sur le cheval on introduit le doigt dans l'oreillette pour explorer l'orifice auriculo-ventriculaire, on sent, au moment de la systole ventriculaire, les valvules se redresser, s'affronter et « former un dôme multiconcave au-dessus de la cavité ventriculaire ». Cette manière de voir a été adoptée par Haller, Magendie et la plupart des physiologistes ; et dans cette hypothèse les muscles papillaires seraient les muscles de l'accommodation des valvules en réglant la situation de celles-ci.

D'après une autre théorie, le mécanisme de l'occlusion est tout différent. Lors de la systole ventriculaire les muscles papillaires se contracteraient aussi, de sorte que l'entonnoir formé en dehors de l'état de systole, par les trois rideaux valvulaires pendant dans la cavité ventriculaire, continuerait d'exister et même s'allongerait quelque peu, de telle sorte que les bords des rideaux se rapprocheraient encore et détermineraient l'occlusion complète des fentes existant entre eux : il se formerait une manière de *piston creux* qui s'enfoncerait dans le ventricule, et l'occlusion serait due à la fois au rapprochement des bords des valvules et à la contraction des muscles papillaires qui, en se gonflant, s'accoleraient les uns aux autres. Cette dernière hypothèse a été acceptée par Parchappe (1848), Burdach, Purkinje, Beclard, Marc Sée, Küss et Duval.

Ajoutons que dans la théorie qui vient d'être exposée il se produirait une sorte d'aspiration de l'oreillette sur le sang veineux, par l'allongement de sa cavité dans celle du ventricule, qui contribuerait à appeler le sang dans l'oreillette.

D'une façon ou de l'autre, donc, le sang ne peut refluer vers l'oreillette durant la contraction ventriculaire et la valvule mitrale joue dans le cœur gauche le même rôle que la tricuspide dans le droit. Mais maintenant une nouvelle question se pose. Le ventricule se contracte, avons-nous dit, et chasse le sang dans l'aorte, ou l'artère pulmonaire, puis se relâche. Il a déployé une force considérable pour expulser le sang, et celui-ci a distendu les artères : ne peut-on pas craindre que ce liquide ne revienne en arrière dès qu'aura commencé le relâchement des parois ventriculaires ? La crainte est fondée ; mais le sang ne reflue pas grâce à un mécanisme très simple, grâce aux *valvules sigmoïdes* placées à l'entrée de l'aorte ou de l'artère pulmonaire. Ce sont en quelque sorte des nids fixés aux parois de ces vaisseaux, des nids flexibles, élastiques, posés les uns à côté des autres, et dont les bords arrivent au contact ; quand le ventricule se contracte, le sang écarte ces nids et les refoule contre les parois, et passe du moment où la pression est supérieure à celle du sang contenu dans l'aorte ou l'artère pulmonaire : quand il a fini de se contracter, les valvules sigmoïdes se rabattent, et le sang qui est au-dessus d'elles ne peut refluer, car c'est lui-même, par sa pression, qui les a rabattues.

Toutes ces données peuvent se résumer dans le tableau qui suit :

RÉVOLUTION CARDIAQUE

1re *période*	2e *période*	3e *période*
Systole auriculaire. Achèvement de la réplétion ventriculaire.	Systole ventriculaire. Fermeture des valvules mitrale et tricuspide. Ouverture des sigmoïdes. Le sang est lancé dans les artères aorto-pulmonaires. Pulsation cardiaque suivie naturellement de la diastole artérielle et du pouls. Diastole auriculaire.	Diastole générale du cœur. Fermeture des sigmoïdes. Le sang arrive dans les oreillettes et un peu dans les ventricules.

Ce tableau peut encore être traduit graphiquement :

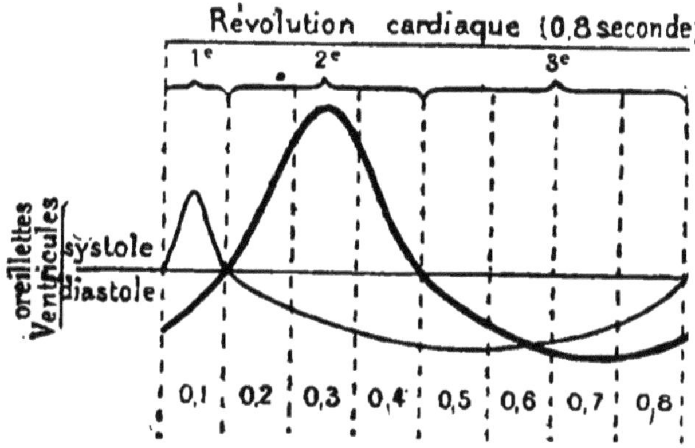

Pression intra-cardiaque. — Nous savons maintenant comment il se fait que, lors des contractions successives des chambres cardiaques, le sang suit toujours un trajet déterminé, et ne revient point — sauf cas pathologique — en arrière. Un mot est souvent revenu au cours de cette explication, c'est le mot *pression* : il y a lieu de s'y arrêter quelque peu. En réalité, toute la circulation est une affaire de pression : le sang à pression forte se dirige sur les points où la pression est faible, et le cœur n'a d'autre rôle que d'empêcher perpétuellement l'équilibre des pressions. Aussi y a-t-il quelque intérêt à connaître la valeur de la pression dans les différentes parties du cœur ; et cela est aisé, à l'aide des appareils *hémodynamométriques*.

Il y a beaucoup de modèles d'appareils de ce genre. Le plus simple consiste en un tube de verre qu'on introduit dans une artère, une veine, ou le cœur même, et dans lequel le sang s'élève plus ou moins selon sa pression du moment (Hales). Mais le sang se coagule bientôt dans le tube, et pour éviter cet inconvénient, on a recours à des manomètres *ouverts* dont la branche courbe est pleine de mercure, et entre le mercure et l'artère, le tube est plein d'un anticoagulant (sulfate ou carbonate de soude) : on lit la pression en millimètres ou centimètres de mercure. Tel est le principe de l'appareil de Poiseuille que l'on a perfectionné en le rendant enregistreur comme dans le *kymographe* de Ludwig : à la surface du mercure dans la branche libre flotte un cylindre en ivoire surmonté d'une longue tige fine portant une plume légère qui inscrit les oscillations de niveau sur un cylindre enregistreur ; ou bien encore, plus simplement, il suffit de relier la branche libre à un tambour de Marey. Un des meilleurs appareils, et des plus simples, est celui de Marey, le manomètre métallique inscripteur. On en trouvera la description dans la *Circulation du sang*, de Marey avec celle des autres appareils de Fick, François Franck, etc.

Quel que soit l'appareil employé, d'ailleurs, on relève des différences considérables dans la pression cardiaque. Elle est la plus considérable dans le ventricule gauche (128 millimètres de Hg sur le cheval, d'après Chauveau, ce qui ne peut surprendre, puisque ce ventricule a les parois les plus épaisses, et a pour fonction d'envoyer le sang jusque dans les parties les plus éloignées du corps, de lui faire traverser les capillaires et enfin les veines. Le ventricule droit vient ensuite, avec 25 millimètres : c'est peu de chose, mais le travail qu'il a à effectuer est bien moindre ; il envoie le sang au poumon ; dans l'oreillette droite enfin, elle tombe à 2,5 millimètres. (Les chiffres qui précèdent n'ont rien d'absolu ; ils peuvent être plus forts ou plus faibles selon les individus — chevaux — mais les différences relatives sont sensiblement constantes.) Ce sont là les pressions de *travail*, durant la contraction : en diastole, c'est tout autre chose, et la pression diminue beaucoup et devient même *négative*, c'est-à-dire qu'il y a tendance au vide (aspiration), il y a ce que Marey a appelé le vide post-systolique (— 52 millimètres dans le ventricule gauche, et — 17 dans le droit, après la systole, d'après Goltz et Gaule).

Nous avions donc raison de dire que le cœur travaille surtout à établir des différences de pression dans l'ensemble de l'appareil circulatoire. Mais on remarquera que sans les valvules sigmoïdes il ne remplirait que bien imparfaitement sa fonction : à la pression maxima produite par la systole ventriculaire dans les artères succéderait une brusque chute à 0, si ce n'est au-dessous. Les valvules en s'abaissant maintiennent la pression comme la pression des doigts sur le tube en caoutchouc maintient la compression de l'air qui vient d'y être insufflé avec force ; du reste nous verrons que l'élasticité artérielle joue là aussi un rôle important.

Il nous faut maintenant examiner quelques phénomènes accompagnant les battements cardiaques.

Travail du cœur. — Le phénomène essentiel au point de vue physiologique, c'est l'impulsion donnée au sang qui est chassé par le cœur vers le poumon et vers le corps. La quantité de sang ainsi chassée à chaque systole est évidemment la même pour chaque chambre cardiaque : elle est d'environ 180 grammes chez l'homme adulte, et comme l'adulte de poids moyen (70 kilogrammes) renferme 5 kilogrammes de sang, il résulte qu'après 28 systoles cardiaques, *tout le sang du corps a passé par le cœur :* et si le rythme cardiaque est de 60, le sang a fait deux fois le tour du corps en une minute, 120 fois en une heure et près de 3 000 fois en un jour. En second lieu, étant tour à tour plein et vide, ou au moins à moitié plein et vide, le cœur subit des variations de volume incessantes qu'on peut mesurer et inscrire soit en recueillant le tracé fourni par un appareil clos dans lequel bat un cœur de tortue excisé, soit sur soi-même, en enregistrant comme l'a fait Frédéricq, le graphique fourni par un tambour de Marey mis en communication avec une narine, l'autre étant close comme la bouche, et la respiration étant arrêtée.

Les changements de volume du cœur agissent sur celui de l'air des poumons, et ce sont les modifications de volume ou de pression de l'air pulmonaire qui s'inscrivent. En troisième lieu, le cœur travaille à peu près incessamment, pendant les sept dixièmes du temps : c'est le muscle le plus actif de l'organisme.

Le travail (Robert Mayer, 1845) qu'il effectue peut s'évaluer du moment où l'on connaît la quantité de sang, sa pression, ou sa vitesse. La quantité, c'est 180 grammes ; la pression est de 20 centimètres de mercure, ce qui équivaut à 2^{m},50 centimètres de sang. Donc à chaque systole le cœur fait un travail équivalent au soulèvement de 180 grammes de sang à 2^{m},50 de hauteur, c'est-à-dire à 0,45 kilogrammètre. S'il y a 60 systoles par minute, il y a 60 fois 0,45 kilogrammètre et 60 fois plus par heure. En tout on arrive à 45 000 kilogrammètres environ par jour pour le ventricule gauche. Le droit travaille moins ; il fournit environ 15 000 kilogrammes : les deux ventricules fournissent donc 60, 70 ou 75 kilogrammètres par jour, plus ou moins, selon les individus ou selon les espèces, puisque pression et rythme varient considérablement. C'est une somme énorme, si l'on considère que c'est le quart environ du total du travail fourni par un adulte travaillant huit heures par jour. On remarquera que la *force actuelle*, l'effort réel, ou le travail réel du cœur, est inférieur à sa *force possible*, comme on peut le voir, en prenant, comme l'a fait Marey, la pression exercée par une systole ventriculaire s'opérant en même temps que l'on comprime l'aorte : le manomètre indique une pression très supérieure à la pression ordinaire du sang. Enfin, nous considérerons le déplacement, le choc du cœur. On a cru à un *abaissement* du cœur lors de sa systole ventriculaire ; il est peu vraisemblable : toutefois il est certain que le cœur subit un léger mouvement de rotation de gauche à droite, et un certain redressement de la pointe. Ces phénomènes n'ont guère d'intérêt. Il n'en va pas de

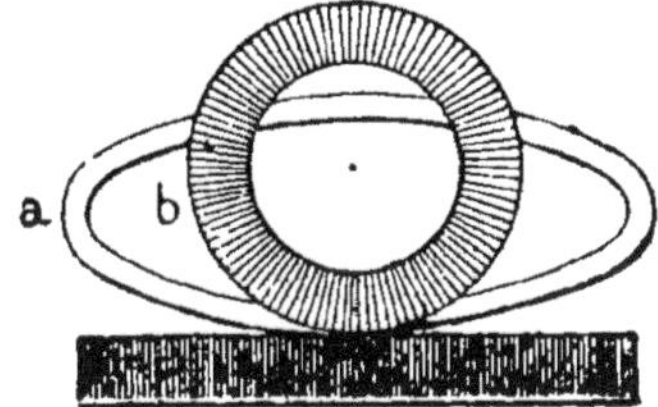

Fig. 18. — Coupe schématique du ventricule, *a* en diastole, *b* en en systole.

même pour le *choc* du cœur, pour le soulèvement perçu lors de chaque systole ventriculaire au cinquième espace intercostal chez l'homme, en dessous et en dedans du mamelon gauche, et qui, du reste, se présente chez tous les mammifères. On a rattaché ce choc aux mouvements de déplacement du cœur, mais à tort. Le cœur en effet ne quitte jamais la paroi thoracique pour venir la frapper à nouveau durant la systole ventriculaire. Ce qui a lieu, c'est un durcissement du ventricule lors de la systole — le choc et cette systole sont isochrones, — ce n'est pas comme l'a cru Hiffelsheim, un choc dû au *recul du cœur* comparable au recul d'un fusil qu'on décharge ; ce n'est pas un choc dû au redressement de la pointe du cœur par tendance au redressement des courbures de l'aorte et de l'artère pulmonaire (Sénac, Béclard), ce n'est pas non plus un choc dû à une *torsion* (réelle mais très faible) du cœur : il y a simplement durcissement du cœur et vibration qui se propage aux parois thoraciques voisines, ou à la main qui tient le cœur excisé, mais non encore mort. Ce choc précordial peut être enregistré avec le cardiographe de Marey, comme nous l'avons dit plus haut : le tracé reproduit page 235 montre les relations existant entre ce choc et les mouvements des différentes parties du cœur. On voit en particulier, comme l'a dit Harvey que le choc principal coïncide avec la systole ventriculaire ; mais la systole auriculaire est également représentée dans le tracé, de même que la réplétion graduelle des oreillettes ou ventricules.

Bruits du cœur. — Chacun sait que les mouvements cardiaques s'accompagnent de bruits qui se perçoivent par l'auscultation de la région précordiale, et l'étude de ces bruits rend des services sérieux au diagnostic des affections cardiaques depuis que Laënnec leur a consacré les mémorables travaux que tout médecin doit connaître. Toutes les hypothèses ont été émises sur la cause de ces bruits : on les trouvera dans le beau *Traité de physiologie* de Longet, et laissant de côté les considérations historiques, et la critique de la plupart de ces hypothèses, nous nous en tiendrons à l'exposé de la théorie la plus généralement acceptée. Ces bruits sont au nombre de deux : ils se succèdent de près, séparés par un petit silence, après quoi survient un grand silence séparant les deux bruits d'une révolution de ceux de la révolution suivante. Le premier bruit coïncide avec le choc précordial, avec le pouls et avec la systole ventriculaire; il est grave, sourd, et s'entend surtout au niveau du ventricule et vers la pointe du cœur; le second est plus clair, bref, aigu, et s'entend le mieux à la base du cœur. Rouanet a été le premier, en 1832, à formuler une bonne explication de ces bruits par l'occlusion des valvules. Il ne reste aucun doute à l'égard de l'interprétation du second bruit et qu'on l'explique par l'occlusion des valvules sigmoïdes. Rouanet l'a obtenu sur une aorte détachée du cœur avec ses valvules et mise en rapport avec une vessie représentant un cœur artificiel : en comprimant la vessie, il a vu les sigmoïdes s'effacer et laisser passer l'eau, et quand cessait la compression, les valvules s'abaissèrent en produisant le claquement du second bruit du cœur. Par contre, le premier bruit prête beaucoup plus à discussion. On admet généralement qu'il est dû à la tension des valvules auriculo-ventriculaires (Rouanet, 1832), mais il doit s'y joindre quelque chose de plus : le bruit musculaire de la contraction du ventricule dans son ensemble (Williams et Wintrich).

D'après Sandborg même, il serait tout entier dû au ventricule, et persisterait après destruction des valvules auriculo-ventriculaires. Pourtant, les affections de ces valvules modifient notablement le premier bruit, et on sait quel parti, à la suite de Laënnec, la pathologie a tiré de l'étude de ces modifications.

Une modification assez fréquente consiste en le dédoublement des bruits cardiaques : une fois sur cinq on peut — avec une oreille très exercée — entendre quatre bruits au lieu de deux, les deux cœurs droit et gauche ne marchant pas de façon exactement simultanée. Le dédoublement peut d'ailleurs ne porter que sur un seul des bruits; il paraît dû à l'influence de la respiration sur la pression sanguine.

Les bruits normaux peuvent être modifiés, et les traités de pathologie indiquent la signification des changements; il peut y avoir des bruits anormaux : les bruits de *souffle* qui accompagnent les rétrécissements et les insuffisances des valvules, et qui sont dus aux vibrations du jet de sang passant de la partie étroite dans la partie élargie. Les souffles accompagnant la systole ventriculaire se produisent durant le petit silence : ils indiquent un rétrécissement de l'aorte ou de l'artère pulmonaire ; ceux qui suivent le deuxième bruit indiquent ou bien un rétrécissement mitral ou tricuspidien, ou une insuffisance des valvules de l'aorte qui laissent revenir le sang de l'aorte dans le ventricule. Ces souffles s'entendent naturellement mieux, les uns à la base, les autres à la pointe.

Rythme cardiaque. — Chacun sait que ce rythme varie selon

Fig. 19. — Schéma des différences de l'état électrique du corps, dues aux pulsations cardiaques. (D'après A. Waller.)

O-O. — ligne neutre, A et A' base et pointe du cœur, positives et négatives tour à tour.

l'individu, l'âge, le sexe, les conditions physiologiques et pathologiques, etc. Selon l'*âge :* l'homme adulte a 72 pulsations par minute, en moyenne : l'enfant d'un an en a 120 ou 130; il en a 100 à 3 ans, 90 à 10 ans, 78 de 10 à 15, et 70 de 15 à 50; à 60 ans le chiffre s'élève un peu, et à 80 ou 90 ans, il monte à 80 (Quételet). Selon le *sexe :* la femme en a un peu plus que l'homme : dans l'utérus les filles en ont 140 contre 130 chez les garçons : de là la méthode — souvent trompeuse — pour diagnostiquer le sexe avant la naissance. Selon les *conditions physiologiques :* les battements sont plus nombreux pendant l'exercice, la station verticale, les émotions, la digestion, la douleur, etc. Selon l'*espèce :* cheval, 30 ou 40; bœuf, 35-42; mouton, 60-80; chien, 90-100; lapin, 140 et plus; éléphant, 25-28; lion, 40; chat, 120-140; souris, 120; poule, 140; cobaye, 180; carpe, 120; serpent, 24, etc. Il y a évidemment une certaine relation entre la fréquence des pulsations et la *taille;* à âge égal, dans la même espèce, l'individu le plus grand a le cœur plus lent (l'homme de 1m,50 a 72 ou 74 pulsations et celui de 1m,80 n'en a que 60), et les espèces volumineuses ont le cœur plus lent que les petites espèces : comparez par exemple l'éléphant, l'homme, le chien, le lapin, le cobaye. Ceci tient probablement, comme l'a dit Marey, à ce que le cœur bat d'autant moins souvent qu'il a un travail plus considérable à effectuer, qu'il a plus de peine à se vider, que la tension artérielle est plus forte. En effet, sur le même chien, par exemple, à mesure que la quantité et la tension du sang diminuent par les saignées, le cœur s'accélère; il se ralentit, si pour une raison quelconque, la tension artérielle vient à augmenter. Du reste, il y a compensation; quand les battements sont fréquents, le travail est faible, et s'ils sont rares, le travail est plus considérable. C'est un fait qu'on peut vérifier au moyen du cœur artificiel de Marey qui rend encore des services dans l'étude de l'origine des bruits normeaux ou pathologiques du cœur.

Variations électriques du cœur. — Chaque contraction du cœur s'accompagne d'une variation électrique marquée. Si l'on relie au galvanomètre de Lippmann deux points quelconques de la peau de la poitrine placés l'un au-dessus, l'autre au-dessous de la ligne de l'axe du cœur (ligne allant de l'attache de l'épaule droite à l'hypochondre gauche à peu près, en passant par le cœur), le mercure s'agite à chaque battement, ce qui n'a pas lieu si les deux points reliés à l'électromètre sont du même côté de la ligne en question. Si l'on trace la perpendiculaire à cette ligne, par le cœur, on voit que tout point situé au-dessous de cette ligne qui va de l'hypochondre droit à l'épaule gauche, est avant la systole, négatif par rapport à tout point situé au-dessus d'elle; l'inverse a lieu avant la diastole. On remarquera la différence d'étendue des deux zones : l'une comprend le bras droit, la tête et la partie supérieure droite du tronc; l'autre, tout le reste du corps. En cas d'invasion viscérale, les zones sont aussi renversées. L'excitation du cœur produit une variation *négative*, mais celle du vague, pendant que le cœur est au repos produit une variation positive (Gaskell) que l'atropine empêche de se manifester.

Nutrition et irrigation du cœur. — Considéré chez la plupart des invertébrés, et même chez les vertébrés inférieurs, le cœur est fort résistant. Détaché du corps, le cœur de la grenouille continue à battre pendant des heures, lentement s'il fait froid, assez rapidement à une température de 20° ; et si, comme l'a fait Kronecker, par exemple, on entretient dans ce cœur isolé une circulation de liquide nutritif (sang, albumine, etc.), ce cœur peut vivre des journées entières. Mais, sans liquide nutritif, il meurt tout naturellement après quelques heures. A l'état normal, *in situ*, ce cœur de grenouille se nourrit du sang qu'il charrie : il n'a point de vaisseaux, mais le sang le pénètre par imbibition. Chez les animaux plus élevés, le cœur est un organe très délicat. Il est nourri par des artères *coronaires*, les premières que donne l'aorte, à un centimètre de sa sortie du cœur, et le moindre trouble de la circulation de ce muscle si actif, fournissant tant de travail, est rapidement fatal. La ligature d'une seule coronaire est suivie de contractions irrégulières, incomplètes, puis de l'arrêt du cœur : le trouble porte d'abord sur le ventricule correspondant, puis sur l'autre, et en dernier seulement sur les oreillettes. Souvent la ligature d'une seule branche d'une coronaire produit de l'arythmie et de l'hétérochronisme des battements des deux cœurs. Tiré de la poitrine, le cœur du mammifère meurt rapidement ; il en est de même si, *in situ*, on lie les artères coronaires, ou si on les oblitère par injection de poudre de lycopode qui bouche les capillaires, ou d'air. La mort survient directement par anémie : l'hypothèse d'une substance toxique produite ou accumulée lors de l'anémie est bien peu défendable. La situation de l'embouchure des artères coronaires dans l'aorte a donné lieu à une curieuse théorie formulée par Thebesius et Brucke en particulier. Elles s'ouvrent si près de l'origine de l'aorte que leur embouchure est souvent recouverte par le bord libre des valvules sigmoïdes quand elles sont jetées contre les parois aortiques par le jet du sang expulsé lors de la systole ventriculaire, et Brücke a pensé que le sang ne pénétrerait dans les coronaires que durant la diastole, et amènerait de la sorte un élargissement passif des cavités, tandis que l'absence d'afflux sanguin durant la systole faciliterait la contraction des muscles du cœur : il y aurait là une sorte d'automatisme (*selbsteuerung*) du cœur. Il y a à cette vue, entre beaucoup d'autres, une objection bien précise : le synchronisme de la pulsation des coronaires et de l'aorte, constaté sur l'animal et sur l'homme (cas de C. Serafin, observé par Ziemssen) qui montre que le sang entre dans les coronaires au moment de la systole ventriculaire. Une autre théorie a été formulée par Lannelongue : la systole ventriculaire serait déterminée par la réplétion des vaisseaux irriguant le ventricule, et amènerait la déplétion de ceux-ci ; il en serait de même pour les oreillettes : bref, à la diastole du cœur correspondrait la réplétion des vaisseaux cardiaques déterminant la systole. Mais comment concilier cette vue avec le fait que le cœur privé de sang continue à battre quelque temps ?

Nature de la secousse cardiaque. — La nature de la secousse cardiaque a-t-elle quelque chose de particulier;

ou bien est-ce une contraction musculaire ordinaire? C'est une question que plusieurs physiologistes se sont posée, et qui se rattache à la question plus étendue de l'irritabilité du cœur. Cette irritabilité est la même que celle des muscles en général, mais est plus persistante, surtout dans l'oreillette droite qu'on a nommée l'*ultimum moriens*. Cette partie est sans doute celle qui survit le plus longtemps dans le cœur : mais bien d'autres parties de l'organisme conservent leur vitalité plus longtemps qu'elle. Pour bien étudier l'irritabilité du muscle cardiaque, il faut s'adresser à la pointe qui est dépourvue de nerfs et de ganglions (soit en la séparant du reste du cœur, *physiologiquement* par une forte ligature sur le tiers supérieur des ventricules, soit en l'excisant) et qui, abandonnée à elle-même, demeure immobile ; mais si on l'excite par des courants continus ou induits, ou par certains liquides, excitants ou nutritifs, si on la soumet à une certaine pression (cela est fort net si on dispose l'expérience de façon à faire varier celle-ci à volonté d'après Heidenhain), si on la met en contact avec certains gaz, elle se met à battre d'une façon rythmique du moment où elle est en présence d'une solution nutritive (sérum sanguin, ou mieux encore albumine ou paraglobuline), où la température est favorable (de 15 à 20° cent.) où l'oxygène est présent, et où l'acide carbonique produit peut s'échapper aisément. Considérons une pointe de cœur de mammifère isolée du reste de l'organe; nous voyons que 'excitation, mécanique ou électrique, détermine une contraction nette, mais dont la période latente est plus longue que dans les muscles striés ordinaires ; nous constatons aussi que la contraction est invariablement maximale, et que l'intensité de l'excitation est sans influence du moment où l'on emploie des excitations suffisantes : l'effet est le même, la contraction est maximale quand le courant électrique est tout juste suffisant, aussi bien que s'il est dix ou vingt fois plus intense : une excitation faible, insuffisante, ne donne rien. C'est donc « tout ou rien » selon l'expression de Ranvier. Pourtant Bowditch a noté ce qu'il appelle le phénomène de l'escalier : les premières secousses lors de l'excitation de la pointe iraient en augmentant peu à peu d'amplitude : « tout » ne s'obtiendrait pas d'emblée. Cela n'empêche d'ailleurs pas que la répétition rapide d'excitations en elle-même insuffisantes peut déterminer une contraction, comme chez les autres muscles : c'est le phénomène de l'*addition latente*. Mais un des caractères curieux de l'irritabilité de la pointe du cœur est son rythme très net. Excitez cette pointe avec des courants interrompus, et faites varier le rythme de l'interruption : le rythme du cœur sera le même. Il semble que la contraction, déterminée par une première excitation, diminue l'excitabilité du muscle, qui ne récupère celle-ci qu'après un temps donné : il est donc inutile de l'exciter durant cette période que Marey a nommée *période réfractaire* ou d'inexcitabilité, et qui d'ailleurs n'est point spéciale au cœur, mais s'observe sur un certain nombre de muscles, chez les invertébrés en particulier (Richet, Romanes, de Varigny). Si donc on veut que le muscle réponde à chaque excitation, il faut espacer celles-ci selon la convenance du cœur lui-même pour ainsi dire, et il est difficile de déterminer le tétanos du muscle cardiaque. Le cœur lui-même par ses alternatives d'excitabilité ou d'inexcitabilité a transformé l'excitation la plus constante en excitation intermittente.

Tétanos du cœur. — Ce tétanos, difficile à obtenir complet, présente les mêmes caractères que celui des autres muscles, et ceci permet de penser que la contraction normale du muscle cardiaque consiste en une *secousse simple* comme l'a dit Marey, et non en un *tétanos*, comme le pense Frédéricq. En effet, la patte galvanoscopique dont le nerf repose sur le cœur battant normalement ne donne qu'une secousse simple, et l'électromètre fournit une oscillation simple. Notons encore que l'excitation localisée à quelques fibres mucsulaires se transmet de proche en proche à toutes les fibres voisines, en toute direction, comme Engelmann l'a vu en découpant le ventricule en lanières reliées par de petits ponts de substance musculaire non divisée, avec une vitesse de 10-50 millimètres par seconde (125 d'après Page et Sanderson) ; signalons aussi le fait de la diastole locale, sorte de hernie musculaire à travers le péricarde blessé qui se produit lors d'une excitation mécanique un peu vive du cœur de la grenouille (Dogiel), et le fait de la contraction idiomusculaire qui se produit aussi par contact mécanique comme chez les autres muscles.

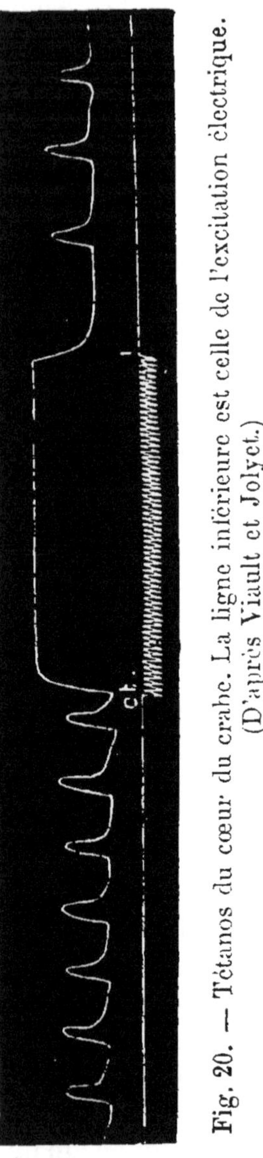

Fig. 20. — Tétanos du cœur du crabe. La ligne inférieure est celle de l'excitation électrique. (D'après Viault et Jolyet.)

L'excitation électrique du cœur *in toto* et *in situ* détermine elle aussi une contraction, une pulsation cardiaque *complète*, et la tétanisation d'un ventricule arrête les deux ventricules, mais non les oreillettes : celle d'une oreillette arrête les deux oreillettes, mais non les ventricules. Toutefois il faut distinguer les effets des courants modérés qui accélèrent le cœur de ceux des courants forts qui l'arrêtent et le tuent sur-le-champ (Vulpian). Le cœur est très sensible à la température : le froid le ralentit, une température tiède l'accélère : au-dessous de + 4° centigrades le cœur cesse de battre chez la grenouille : le cœur des mammifères ne supporte pas les variations que supporte celui de la grenouille ou de la tortue.

Comme l'avait vu Harvey sur un jeune homme atteint d'une perforation des parois thoraciques, le cœur est *insensible*

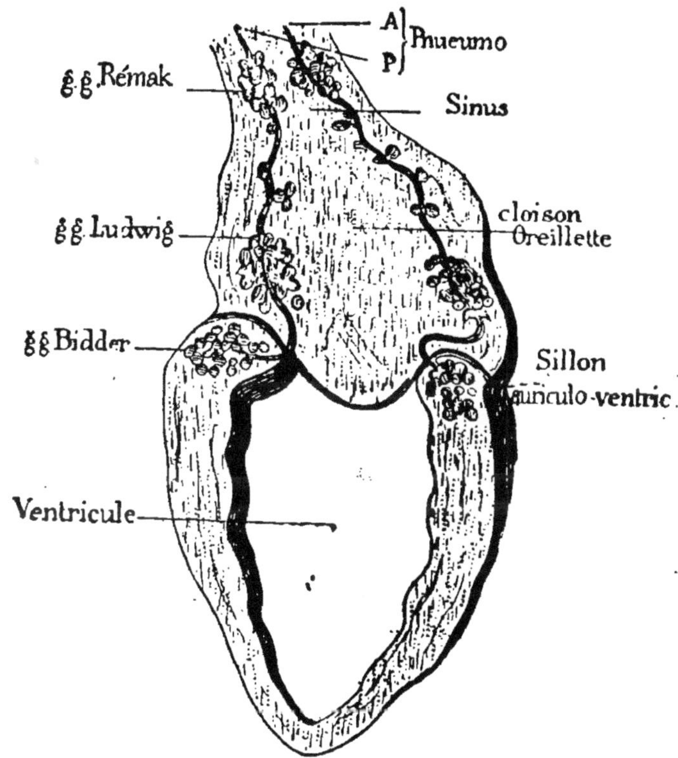

Fig. 21. — Schéma des ganglions du cœur. (D'après Pitres.)

en ce sens qu'on peut le toucher et même le blesser sans déterminer de douleur : il a pourtant au moins un nerf sensitif, le nerf dépresseur, dont l'excitation détermine le ralentissement des battements cardiaques, et des manifestations douloureuses.

Innervation du cœur. — Toute excitation pouvant agir de façon réflexe sur le cœur, il suit que cet organe possède un ou plusieurs centres d'innervation dans le système nerveux central. Ces centres sont reliés au cœur par le plexus cardiaque, formé de rameaux du pneumogastrique et du sympathique. Mais le cœur renferme encore dans lui-même des centres d'innervation, des ganglions et des nerfs, et ce sont ces ganglions qui président en particulier au rythme et à la succession des contractions des différentes parties du

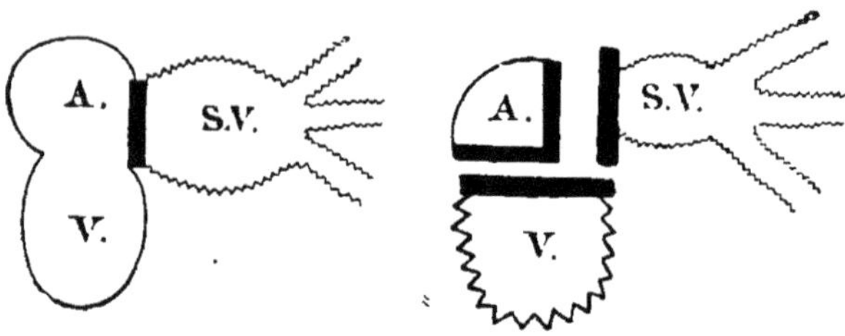

Fig. 22. — Expérience de Stannius, schématisée d'après L. Brunton.

A. auricule. — V. ventricule. — S. V. sinus veineux. Les parties délimitées par des traits en zigzag continuent à battre après les ligatures ou sections indiquées par les traits épais. Les parties à contour uniforme ne battent pas. La différence du zigzag indique une différence de rythme. (Figure de droite.)

cœur : ce sont eux qui envoyent les excitations successives. Un de ces ganglions porte le nom de Remak : il est dans la paroi du sinus veineux où s'ouvrent les veines caves — il s'agit ici de la grenouille — un autre est logé dans la cloison interauriculaire (G. de Ludwig), un troisième (G. de Bidder) est situé dans le sillon auriculo-ventriculaire. Le ganglion de Ludwig serait un ganglion d'arrêt, et serait en rapport avec le pneumogastrique et par lui avec le spinal, car ces deux nerfs s'anastomosent; les deux autres seraient auto-moteurs accélérateurs, et se relieraient au sympathique. Ajoutons que, parmi les rameaux du pneumogastrique il en est un, le *nerf de Cyon et Ludwig*, qui agit non sur les battements, mais par excitation réflexe sur la pression, qui est diminuée en raison de la vaso-dilatation produite particulièrement dans la cavité abdominale : c'est le nerf sensitif du cœur par excellence.

L'idée que le cœur renferme des ganglions moteurs et des ganglions d'arrêt est due à Stannius, qui en 1851 annonça que si l'on serre une ligature sur le sinus veineux de l'oreillette (7e et 10e expériences de Stannius), de façon à passer sur les ganglions de Remak, le cœur s'arrête tout entier, et si une autre ligature passe dans le sillon auriculo-ventriculaire, le cœur se remet à battre en entier ou en partie ; dans ce dernier cas le ventricule seul présente des pulsations, mais selon la direction de la ligature ou de l'incision — car celle-ci peut remplacer celle-là — on peut faire battre les oreillettes seules ou le ventricule seul, ou tous trois à la fois. (Descartes avait déjà fait une expérience analogue en 1644.) L'expérience est assez simple ; mais l'interprétation en est malaisée ; elle l'est peut-être même plus encore maintenant qu'autrefois quand on ignorait le caractère rythmique des contractions du muscle cardiaque en lui-même, privé de tout ganglion (pointe). On a supposé que les ganglions de Remak et de Bidder sont moteurs, et celui de Ludwig ou von Bezold, frénateur. Les deux premiers réunis seraient plus puissants que le dernier, mais chacun d'eux isolément le serait moins : la première ligature ou incision éliminerait l'influence de l'un d'eux, et dès lors le ganglion frénateur l'emporterait sur l'unique ganglion moteur restant ; mais la seconde ligature ou incision, éliminant l'influence du frénateur, le dernier ganglion moteur reprendrait son influence. Ce ne sont là que des hypothèses, et nous ne nous y arrêterons pas plus longtemps. Toutefois l'expérience de Stannius est très intéressante en ce sens qu'elle nous fournit le moyen d'étudier le cœur en dehors de son excitation et de sa contraction normales.

Examinons maintenant l'effet des nerfs extrinsèques du cœur, et commençons par le pneumogastrique. La découverte est-elle due aux frères Weber (1845) comme cela paraît généralement admis, ou à leur compatriote Budge, si même Galvani n'avait déjà connaissance de la chose? Nous ne savons, mais ceci est certain, c'est que l'*excitation forte du pneumogastrique détermine le ralentissement puis l'arrêt du cœur* en diastole, au lieu que *leur section détermine l'accélération de cet organe* (la section d'un seul pneumogastrique ne produit qu'un effet très faible). C'est là un phénomène qui s'observe chez tous les animaux sur lesquels l'expérience a été faite, bien qu'il s'obtienne plus difficilement chez les oiseaux. Mais cet arrêt dure quelques minutes au plus[1]. Le cœur reprend ses battements malgré la persistance de l'excitation. Si on laisse reposer le nerf une ou deux minutes, par exemple, on peut reproduire un arrêt temporaire (Tarchanoff) et il y a ce fait curieux que, pendant l'arrêt, on peut parfaitement obtenir une pulsation en excitant directement le cœur. Aussi comprend-on que l'excitation du pneumogastrique ne détermine pas la mort. L'effet est le même avec les deux pneumogastriques, mais il est plus marqué avec le droit qui abandonne au cœur plus de rameaux que ne le fait le gauche ; nous verrons plus loin que l'excitation faible de ces nerfs détermine une accélération au lieu de l'arrêt. En même temps que le cœur se ralentit et s'arrête, la pression artérielle diminue considérablement ; mais, entre le début de l'excitation et celui des deux phénomènes, il s'écoule toujours un temps perdu appréciable : le cœur exécute encore une ou deux systoles (Donders, Pflüger), et il reprend son activité (en cas d'excitation de courte durée) un peu de temps après la cessation de l'excitation. Il convient, pour bien voir les phénomènes qui viennent d'être décrits, de s'adresser à un animal adulte, l'action d'arrêt du pneumogastrique étant très faible ou nulle chez les nouveau-nés, et on remarquera que l'influence accélératrice de la section se voit mieux chez les animaux à cœur lent ; chez les animaux hétérothermes, elle n'existe pas du tout, les battements ne deviennent pas plus fréquents ; on les voit bien chez le chien, par contre, dont le cœur à battements

[1] Il est curieux de noter que le sulfure d'allyte exerce sur le cœur la même action que l'excitation du vague (Gley, *Soc. Biol.*, 1890).

irréguliers prend une activité régulière très marquée. Mais, en même temps qu'il bat plus vite après la section, le cœur

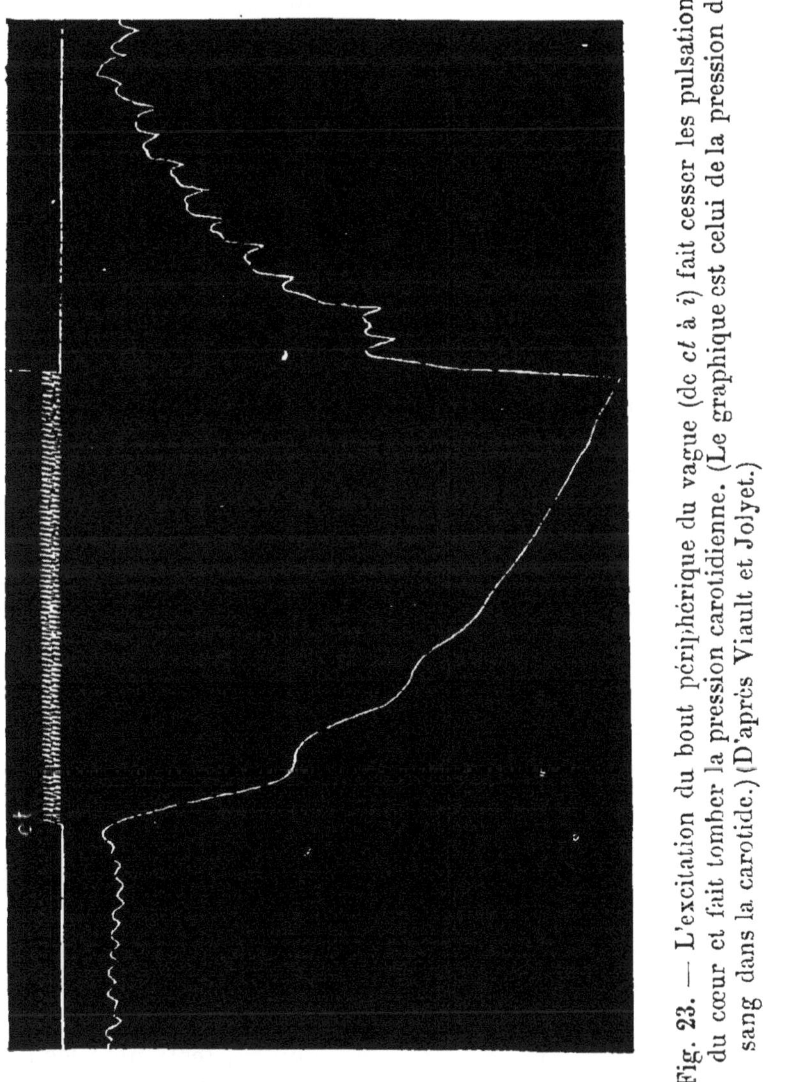

Fig. 23. — L'excitation du bout périphérique du vague (de *ct* à *i*) fait cesser les pulsations du cœur et fait tomber la pression carotidienne. (Le graphique est celui de la pression du sang dans la carotide.) (D'après Viault et Jolyet.)

bat plus faiblement, et exécute un travail moindre. C'est par le pneumogastrique qu'agit l'excitation du bulbe qui, on le sait, détermine l'arrêt du cœur, que cette excitation soit électrique (Budge, 1841) ou mécanique (Vulpian : choc bulbaire chez la grenouille), c'est par les pneumogastriques encore que s'exerce l'action de la digitale sur le cœur — et non directement sur le cœur lui-même — comme l'a montré Traube dans une expérience célèbre; la digitale agit sur le bulbe, et si, chez le chien à pneumogastrique intact, la digitale amène un ralentissement et une régularisation notables (le pouls tombant de 128 à 32), le cœur ne subit aucune modification chez le chien qui a absorbé de la digitale, les pneumogastriques étant coupés.

Au surplus, toute excitation psychique ou médullaire peut provoquer de façon réflexe l'activité du pneumogastrique, et agir comme l'excitation directe du bulbe ou de ce nerf, et c'est ce qui explique l'influence des émotions morales ou intellectuelles sur cet organe : on sait jusqu'où elle va, depuis le léger affaiblissement du cœur, jusqu'à l'arrêt complet, jusqu'à la syncope parfois mortelle sous l'influence d'une émotion profonde, ou sous l'influence d'une excitation sensitive vive, comme celle que détermine Goltz en donnant une chiquenaude à l'intestin d'une grenouille. Le pneumogastrique est évidemment en état de *tonus* permanent ; il exerce son activité à tout moment — comme le montre le résultat de sa section — mais toute excitation peut renforcer ce tonus et exagérer l'action modératrice de ce nerf, quel que soit le nerf — sensitif naturellement, sciatique, trijumeau, splanchnique, etc., etc., — par lequel cette excitation est transmise. Aussi peut-on dire que toute excitation psychique ou physique retentit sur le cœur, et ceci explique bien des phénomènes pathologiques et physiologiques : c'est par l'excitation réflexe du pneumogastrique que tuent un coup dans le ventre ou une contusion du testicule : les nerfs sensitifs atteints réagissent sur le nerf modérateur du cœur.

Il est vraisemblable que les deux pneumogastriques donnent des filets aux ganglions modérateurs du cœur.

Cela est vraisemblable, mais non démontré, il faut bien le reconnaître, et à ce propos on remarquera que ces ganglions s'épuisent rapidement alors que les pneumogastriques ne sont pas épuisés, ce qui ne facilite pas l'intelligence des phénomènes. Certains poisons agissent nettement sur les fibres terminales du pneumogastrique : tel est le cas pour le curare et surtout l'atropine. Celle-ci semble paralyser les terminaisons de ce nerf, car à la suite de son ingestion le cœur s'accélère considérablement, comme s'il y avait eu section des pneumogastriques. L'effet est surtout appréciable sur le chien ; il est moins marqué chez le lapin. L'excitation du pneumogastrique chez le chien atropinisé, est sans effet. Par contre la muscarine — alcaloïde de l'*Amanita muscaria*, qui se trouve aussi parmi les produits de la putréfaction de la viande — semble exciter les ganglions inhibiteurs du cœur qui s'arrête en diastole : peut-être excite-t-elle le pneumogastrique ?

Il est peut-être temps de dire qu'en réalité les effets que nous venons d'attribuer au vague ne lui appartiennent pas réellement. Il contient bien des fibres agissant sur cet organe, comme nous venons de le dire ; mais elles ne font pas réellement partie de lui : elles ne sont pas nées au point où il prend naissance ; ce sont des fibres d'emprunt, et comme l'avait annoncé Waller en 1856, *elles viennent du spinal*. En effet, si l'on arrache le spinal, on constate qu'au bout de quelques jours le pneumogastrique correspondant renferme des fibres dégénérées, et est sans action sur le cœur, au lieu que le pneumogastrique de l'autre côté, le spinal étant intact, agit comme il a été dit. Mais alors, l'arrachement des deux spinaux devrait agir comme la section des deux pneumogastriques, et déterminer l'accélération du cœur, et comme il n'est pas certain qu'il détermine ce phénomène, il est malaisé de conclure. Peut-être le pneumogastrique reçoit-il des fibres cardiaques de nerfs autres que le spinal ? Quoi qu'il en soit, il convient d'admettre que les fibres modératrices du pneumogastrique ont, en partie au moins, leur origine dans le spinal. Du reste, l'origine réelle de ces fibres ne présente qu'une importance secondaire dans la question qui doit maintenant nous occuper : l'interprétation des phénomènes exposés plus haut. Comment le pneumogastrique — ou le spinal — détermine-t-il l'arrêt ou le ralentissement du cœur ? Admettrons-nous un épuisement, et avec Moleschott et Schiff, regarderons-nous le vague comme un nerf moteur du cœur, très délicat, dont l'excitation faible détermine l'accélération cardiaque — fait douteux — mais que les excitations fortes fatiguent et paralysent en l'épuisant ? Considérerons-nous l'arrêt du cœur comme un simple phénomène de fatigue ? Cela est peu vraisemblable, d'après ce que nous savons des conditions où se produit la fatigue en général, et d'ailleurs cette théorie n'a plus de défenseurs. Il faut donc regarder l'arrêt du cœur par excitation du vague comme un phénomène d'*inhibition* (Brown-Séquard) ; il faut admettre que l'activité d'un nerf peut consister exactement à contre-balancer, à combattre, à vaincre parfois l'activité d'un autre nerf, que telle excitation nerveuse peut arrêter tel mouvement quelconque. Ce n'est pas d'ailleurs uniquement de la théorie : c'est un fait, nous en connaissons des exemples — le nerf splanchnique de l'intestin par exemple, qui arrête les mouvements de ce viscère, et les nerfs dilatateurs des vaisseaux dont nous parlerons plus loin ; — mais, à vrai dire, nous ne le comprenons pas. Nous ne savons même pas si l'inhibition porte sur les fibres musculaires ou sur les ganglions cardiaques. Pourtant elle semble ne pas porter sur les premières, qui demeurent excitables. Il y a quelque analogie entre l'inhibition et les phénomènes optiques de l'*interférence*, comme l'a signalé Cl. Bernard ; on sait en effet que telles vibrations lumineuses peuvent en annuler telles autres, de sorte que là où l'on s'attendrait à éprouver une sensation plus forte, on n'en éprouve point du tout ; mais comparaison n'est point raison, et si le fait est indéniable, nous sommes

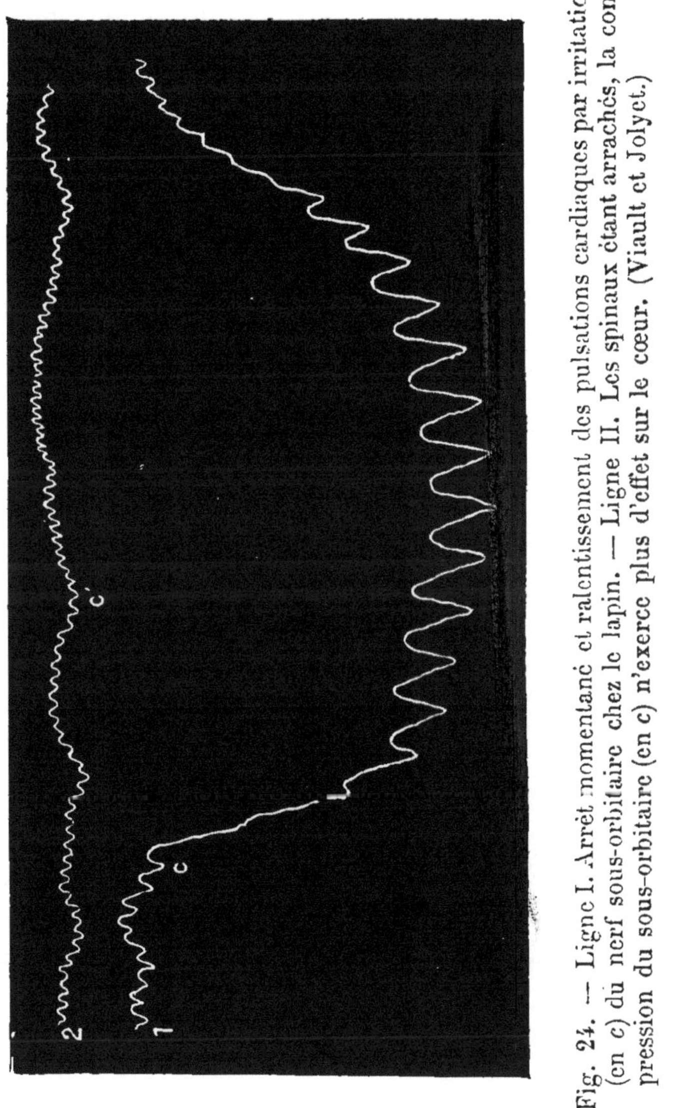

Fig. 24. — Ligne I. Arrêt momentané et ralentissement des pulsations cardiaques par irritation (en *c*) du nerf sous-orbitaire chez le lapin. — Ligne II. Les spinaux étant arrachés, la compression du sous-orbitaire (en *c*) n'exerce plus d'effet sur le cœur. (Viault et Jolyet.)

obligés de reconnaître qu'invoquer l'inhibition, c'est se contenter d'un mot qui en réalité n'explique rien, tant qu'une définition complète n'en a point été donnée, tant qu'on ne nous a point expliqué le mécanisme du phénomène.

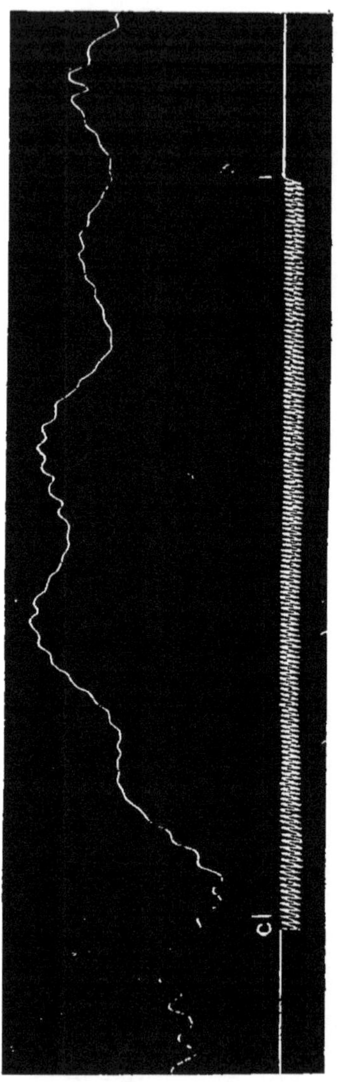

Fig. 25. Accélération des pulsations du cœur par excitation (de *cl* à *i*) des nerfs accélérateurs chez le chien.

En somme, nous avons dans le nerf vague un *nerf d'arrêt*, ou un *nerf modérateur du cœur*. S'il existait seul, le cœur ne battrait jamais : il existe donc des nerfs moteurs, des nerfs accélérateurs. Quels sont-ils ? Il semble exister des fibres accélératrices dans le nerf vague, si bizarre que semble la chose. Mais, après tout, pourquoi pas ? Nous savons que les fibres d'arrêt viennent du spinal : le vague ne peut-il avoir reçu des fibres accélératrices de quelque autre nerf, ou en contenir par lui-même ? Lors donc qu'on excite faiblement le pneumogastrique, le cœur s'accélère légèrement (Moleschott et Schiff) ; il en est de même si l'on excite fortement le cœur après atropinisation qui paralyse les fibres d'arrê (Schiff) et ces fibres accélératrices seraient propres au vague, selon les uns (Schiff), alors que pour d'autres elles viendraient du spinal. Mais *c'est dans le sympathique surtout qu'il faut chercher les fibres motrices du cœur.* Comme l'a vu von Bezold, on les trouve dans le sympathique au cou et dans le ganglion cervical supérieur : en excitant ce nerf, on détermine l'accélération des pulsations ; en le coupant, il y a un léger ralentissement ; mais les effets sont faibles, si bien qu'on les conteste souvent. Il n'en est plus de même quand on excite le ganglion cervical inférieur (il y a là des fibres accélératrices venues de la moelle) et les deux premiers ganglions dorsaux, qui reçoivent aussi leurs fibres accélératrices de la moelle. Ces fibres sont les antagonistes des fibres d'arrêt ; sous l'influence de leur excitation le cœur s'accélère, mais les systoles sont plus courtes, de sorte que le cœur ne travaille pas sensiblement plus. On ne peut déterminer de tétanos en les excitant, le curare ne les affecte pas, et ils diffèrent évidemment des nerfs moteurs ordinaires, se terminant sans doute dans les ganglions nerveux, ce qui expliquerait la durée considérable de leur période latente (une seconde à peu près). On remarquera que les fibres accélératrices ont moins d'excitabilité et de puissance que les fibres d'arrêt : car si l'on excite simultanément et également les deux groupes de fibres, c'est un ralentissement qui s'observe : l'action modératrice est plus forte que l'action accélératrice.

Les fibres accélératrices du cœur proviennent de la région cervicale de la moelle épinière et peut-être de la moelle allongée : les excitations de la zone motrice du cerveau ne sont d'ailleurs pas sans effet sur le rythme cardiaque, mais la question est encore bien embrouillée. C'est encore dans la moelle allongée que se trouve l'origine des fibres d'arrêt du vague ; il y a là un centre modérateur qui est excité par beaucoup d'excitations de toute origine ; non seulement par l'excitation directe (électrisation du cœur) ou par l'état du sang qui irrigue le bulbe (le sang asphyxique excite le centre des fibres d'arrêt, d'où cessation de la respiration : l'excitation est sans doute due à la présence de l'acide carbonique, mais par une foule de sensations de toute provenance. C'est dire que le cœur est très dépendant des centres nerveux, malgré ses ganglions spéciaux, et on le voit assez aux influences qui agissent sur lui par l'intermédiaire de ces centres : état du sang arrosant le bulbe, excitations sensitives (sensibilité générale, spéciale, ou organique : nerf de Cyon), émotions. Signalons en passant l'hypothèse de quelques physiologistes qui aux nerfs accélérateurs et d'arrêt ajoutent une troisième catégorie de fibres agissant non sur le rythme, mais sur la force du cœur. Pawlow a constaté en effet que le *Convallaria maïalis* détermine chez le chien un curieux effet : l'excitation du vague est suivie d'un abaissement de pression sanguine sans ralentissement du cœur ; ce nerf contiendrait donc des filets dépresseurs ; d'autres élèveraient au contraire la pression.

Etant ainsi soumis à l'action de deux groupes de nerfs antagonistes, dont l'un est d'ailleurs le plus puissant — le groupe d'arrêt, comme nous l'avons vu — le cœur est sujet à des variations de rythme incessantes, en raison de la multiplicité des réflexes dont il peut être le point terminal. D'une façon générale, les excitations sensitives faibles sont accélératrices : elles excitent les fibres motrices ; mais les mêmes excitations renforcées excitent aussi les fibres d'arrêt dont l'action est plus forte, et alors le cœur se ralentit et s'arrête. Il y a sans doute de nombreuses exceptions, mais c'est une loi générale. On remarquera que la douleur (perception consciente, cérébrale, des effets d'une excitation) n'est pas nécessaire à l'action réflexe des excitations sur le cœur : elle peut parfaitement manquer sans nuire à cette action : boire très froid ayant très chaud n'a rien de douloureux, et pourtant le cœur peut s'arrêter net. Mais à elle seule, elle peut déterminer des réflexes : douleur morale. En général, les excitations relativement lentes et faibles déterminent plutôt l'accélération que l'arrêt ; et en somme le système innervateur du cœur met la circulation totale en relation avec le milieu tant intérieur qu'extérieur. Cette relation est très intime : elle existe à tous les moments : à certains points de vue elle est utile assurément, surtout si l'on considère les relations de la circulation et de la respiration : mais il est permis de se demander si elle est toujours bienfaisante, et on ne voit guère l'utilité qu'il y a pour le cœur à ressentir sans cesse l'influence des émotions ou de la douleur.

Musculaire et riche en nerfs, le cœur est doublement exposé à l'influence des poisons : il y est doublement sensible. Les anesthésiques toutefois ne le touchent que tardivement, et dans l'immense majorité des cas, l'administration du chloroforme, — l'anesthésique le plus volontiers employé en France — n'est suivi d'aucun accident du moment où le cœur est sain. Mais il est essentiel de s'assurer *toujours* de l'état du cœur. Il est non moins essentiel de surveiller les doses, naturellement; car si, à dose faible, les anesthésiques abolissent les réflexes cardiaques et empêchent les excitations de retentir sur le rythme et les mouvements du cœur, ce qui est bien aussi important que de supprimer la douleur, à dose forte ils paralysent les ganglions du cœur, et cette paralysie se manifeste par une syncope, un arrêt des battements. De là la nécessité de surveiller le pouls tout le temps que dure l'anesthésie, car cette syncope est souvent mortelle. Les anesthésiques agissent comme le curare, l'atropine, la nicotine, en diminuant et même supprimant l'action d'arrêt du pneumogastrique; dès lors, on peut irriter même vivement les nerfs sensitifs sans que ces excitations retentissent sur le cœur, ce qui a toujours lieu quand il n'y a pas anesthésie. La *muscarine*, nous l'avons dit, arrête le cœur en diastole et abaisse la pression. Cet arrêt est dû à une excitation des centres d'arrêt intra-cardiaques; il se produit aussi bien par application locale du poison sur le cœur que par injection de celui-ci dans la circulation ; peut-être y a-t-il aussi une action directe sur les fibres musculaires du cœur, outre l'action sur les ganglions ; pourtant celles-ci répondent aux excitations directes. La physostigmine et la pilocarpine agissent en partie comme la muscarine. L'atropine, par contre, agit de façon opposée ; elle accélère fortement les pulsations (l'action est médiocre chez le lapin) et le cœur bat comme si les vagues avaient été coupés ; la pression s'élève. L'excitation des vagues est alors sans effet, et on en conclut que l'atropine paralyse les centres d'arrêt intra-cardiaques. Il y a donc antagonisme entre l'atropine et la muscarine, et si sur un cœur arrêté par la dernière, on met un peu de la première, les battements reprennent. La nicotine agit en partie comme l'atropine. Les sels de *potasse* qui, à faible dose, sont des stimulants du cœur, deviennent à dose plus élevée de véritables poisons, comme l'ont montré Grandeau et Cl. Bernard, et de là vient l'inconvénient des médicaments contenant de la potasse (iodure de potassium), que l'on remplace le plus souvent par de la soude, si la chose est possible.

Circulation artérielle. — A chaque systole ventriculaire il passe 180 grammes environ de sang dans les artères aorte et pulmonaire, dans la grande et la petite circulation, et ces artères conduisent le sang à sa destination : veineux, l'une le conduit au poumon ; artériel, l'autre le conduit dans les tissus, l'aorte se divisant en branches diverses qui se subdivisent à leur tour de façon que toutes les parties du corps sont arrosées. Les artères sont des conduits musculo-élastiques où les éléments principaux, — tissu élastique et muscle lisse, — sont différemment répartis, selon les régions. A l'origine du système artériel, dans l'aorte et les gros vaisseaux qui lui font suite, le tissu élastique est plus abondant ; dans les petites artères au contraire, le tissu musculaire prédomine, et dans les artères intermédiaires les deux éléments sont à peu près également représentés. Il en résulte que les artères sont d'autant plus élastiques qu'elles sont plus volumineuses et plus voisines du cœur, ou, pour parler plus exactement, de l'aorte et des gros vaisseaux, etc.

Tout le sang qui va nourrir le corps passe par l'aorte, et de là s'engage dans un nombre considérable de vaisseaux ramifiés. Si nous comparons l'aire d'une artère quelconque avec la somme des aires des deux vaisseaux (par exemple) en lesquels elle se divise, nous voyons que cette dernière l'emporte sur la première, et si nous comparons alors l'aire de l'aorte avec la somme des aires de toutes les petites artères nées directement et indirectement des vaisseaux intermédiaires, il devient évident que le sang coule dans un système à capacité qui va croissant de l'aorte aux capillaires. Ce système a reçu le nom de *cône artériel :* on comprendra la justesse de l'expression en figurant une artère qui se divise en deux artères dont les parois internes sont au contact, et en subdivisant encore celles-ci, et ainsi de suite ; puis on supprime les parois internes en contact pour ne laisser subsister que les parois extérieures de la figure ; c'est un cône plus ou moins régulier que l'on obtient. Cette figure du système artériel a de l'importance ; nous y reviendrons, car elle nous expliquera différents phénomènes.

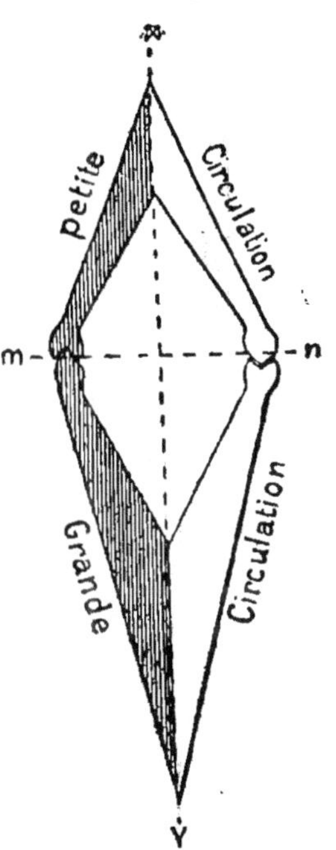

Fig. 26. — Schéma des cônes artériels et veineux de la grande et de la petite circulation.

Ce cône artériel de la circulation générale a son pendant dans la circulation pulmonaire artérielle, et à ces deux cônes artériels correspondent deux cônes veineux, puisque les veines sont elles aussi subdivisées et ramifiées. Chaque cône veineux est séparé du cône artériel correspondant par une base commune qui est le système capillaire, et les deux cônes correspondants s'accolent par leur base, ayant chacun leur sommet dans l'une des deux moitiés du cœur, comme le montre la figure 26.

Considérons d'abord le cône artériel. Il est, avons-nous dit, essentiellement élastique à son sommet, essentiellement musculaire à sa base. Cette disposition est importante. Voici un vase plein d'eau muni à sa partie inférieure d'un orifice et d'un tube d'écoulement sur lequel un tube bifurqué permet d'adapter un tube de verre et un tube de caoutchouc terminés tous deux par un ajutage étroit. Le tube bifurqué

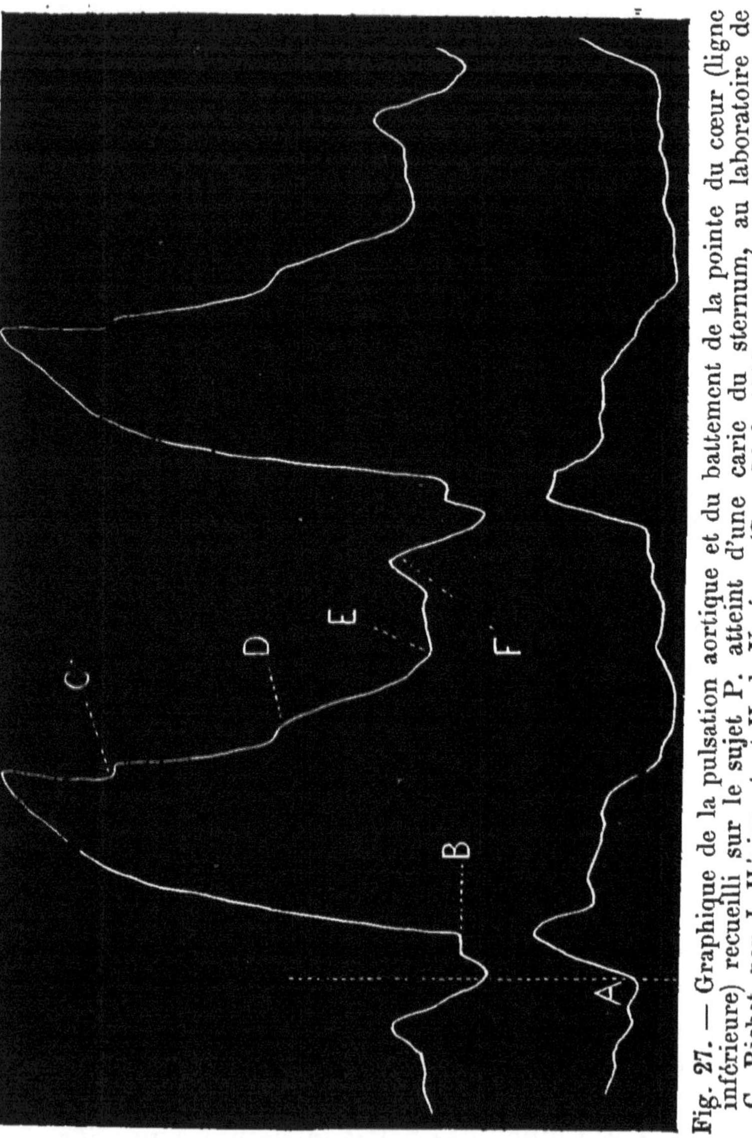

Fig. 27. — Graphique de la pulsation aortique et du battement de la pointe du cœur (ligne inférieure) recueilli sur le sujet P. atteint d'une carie du sternum, au laboratoire de C. Richet, par J. Héricourt et H. de Varigny (*Soc. Biol.*, 1888, p. 381). (La verticale A est poussée un peu trop sur la droite.) La pression aortique s'élève d'abord faiblement lors de la systole ventriculaire, puis, à partir de B, fortement. B correspond à l'écartement des sigmoïdes. En C, clôture des sigmoïdes, avec contre-coup en D. En E, la pression augmente jusqu'en F où se trahit la systole auriculaire (?) puis tombe au minimum (pression constante).

est en tissu élastique. Au niveau de ce tube, on peut abaisser un compresseur qui vient comprimer les deux branches de la bifurcation. Si l'on abaisse et élève ce compresseur de façon à interrompre momentanément, à courts intervalles réguliers, l'écoulement de l'eau, on constate que l'écoulement est intermittent dans le tube rigide, continu et régulier dans le tube élastique, qui a transformé le mouvement intermittent *grâce à l'élasticité de ses parois* (Marey).

L'élasticité des grosses artères opère exactement la même transformation. Le ventricule, en chassant le sang dans l'aorte par exemple, les distend, mais, grâce au retour de ce vaisseau à son calibre, en raison de son élasticité, le sang est chassé peu à peu vers les petites artères ; l'aorte emmagasine les impulsions intermittentes du ventricule et les transforme en impulsion continue ; le débit est régularisé. Et ce qui le prouve, c'est qu'à mesure qu'on s'éloigne du cœur, c'est-à-dire de l'impulsion intermittente, le choc de celle-ci se perçoit moins, et l'écoulement du sang est moins saccadé pour devenir enfin parfaitement uniforme. Cette élasticité est d'ailleurs précieuse à d'autres points de vue : c'est à elle que les artères doivent leur résistance — on le voit assez quand la tunique élastique vient à céder, dans les dilatations anévrismales ; — c'est à elle encore qu'est due la rétraction des artères blessées, et cette rétraction contribue à arrêter l'hémorragie.

Chaque ondée de sang projetée dans le système artériel détermine dans celui-ci une impulsion, une onde que chacun connait : c'est le *pouls* [1]. Cette impulsion se sent sur toutes les artères de quelque importance, quand on les presse avec le doigt, surtout si l'artère repose sur un plan osseux résistant ; elle est le résultat de la systole ventriculaire avec laquelle elle coïncide. On peut la sentir et l'enregistrer sur l'aorte même dans certains cas (carie du sternum). Chacun a senti battre le pouls au poignet, à la tempe, à la face, au pied, etc., chacun connait la sensation spéciale

[1] Fleischl attribue au pouls un rôle mécanique important ; il suppose que le choc du sang aide aux échanges chimiques dans les tissus.

de soulèvement que fournit l'artère lors de la systole ventriculaire : l'artère se dilate de proche en proche de l'aorte jusqu'aux capillaires, grâce à son élasticité toujours. On peut dire que le pouls est une dilatation artérielle née de la systole ventriculaire, et allant mourir — pas toujours toutefois — dans les capillaires; c'est une *onde*, une *vague;* il n'est pas dû au passage du sang même qui vient d'être expulsé de l'aorte, et le pouls n'indique point la vitesse du sang, comme on pourrait peut-être le croire : du reste, la définition de l'onde suffit à écarter toute confusion : *unda non est materia progrediens, sed forma materiæ progrediens* (Weber).

Tâter le pouls, c'est tâter le cœur, dans une grande mesure; c'est en mesurer le rythme et la force, et en pathologie la chose est utile. Toutefois l'étude scientifique du pouls n'a été chose réelle que du jour où la *sphygmographie* a existé : jusque-là la médecine ou le physiologiste ne pouvaient enregistrer que des indications peu précises, purement verbales dans leur expression. Le sphygmographe a été inventé par Vierordt (1855), et ce premier instrument a suggéré l'idée de nombre d'appareils similaires à Landois, Waldenburg, Marey (1860), Brondel, etc. Il serait bien superflu d'entrer ici dans le détail de la construction de ces instruments qui pour la plupart consistent essentiellement en un levier mis en mouvement par une artère ; ce levier porte une plume ou actionne un tambour enregistreur qui à son tour agit sur un tambour inscripteur. Le plus usité en France est celui de Marey, dont il existe deux modèles : un sphygmographe direct, où le levier enregistreur porte une plume inscrivant les oscillations du levier sur une plaque mue par un mouvement d'horlogerie placé dans l'appareil; un sphygmographe à transmission, où le levier agit sur un tambour enregistreur relié à un tambour inscripteur. Les tracés obtenus avec les sphygmographes, les *sphygmogrammes*, ne peuvent toutefois rendre de services véritables qu'à la condition qu'on sache les interprêter convenablement. Si nous considérons un sphygmogramme, nous y voyons une série de lignes brusquement ascendantes séparées par des lignes de descente plus allongées, plus obliques et interrompues par des ressauts. A chaque pulsation correspond une ligne ascendante et une ligne descendante : autant de pulsations, autant de lignes ascendantes-descendantes. Le sphygmogramme donne donc le

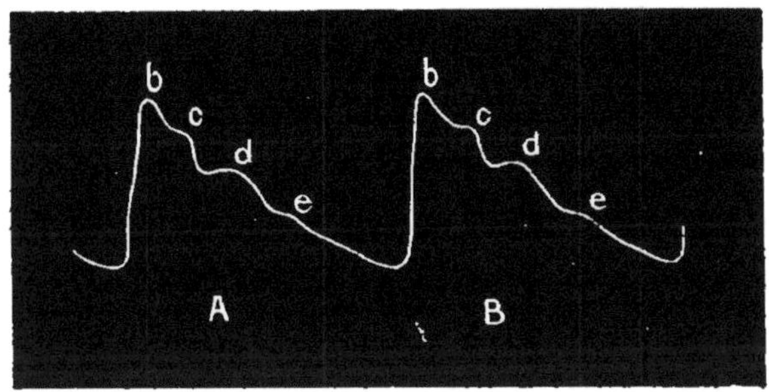

Fig. 28. — Type normal du pouls radial grandi. Les ondulations *b* et *c* appartenant à la phase systolique. (D'après Marey.)

nombre des pulsations, du moment où l'on connaît la vitesse de l'appareil enregistreur, et il indique si le pouls est fréquent, rare, ou moyen (65 ou 75 par minute); il indique aussi la durée totale de chaque pulsation, mais il n'en indique guère la force, soit dit en passant. La ligne ascendante, qui correspond au passage de l'onde de dilatation de l'artère (onde due à la systole ventriculaire) est généralement voisine de la verticale; dans ce cas, la *diastole artérielle* (qui suit la systole ventriculaire, y correspond, comme la *systole artérielle* correspond à la diastole cardiaque) est rapide et brève. Mais cette ligne peut être assez oblique : c'est ce qui arrive généralement dans le pouls lent; la diastole artérielle est plus lente, plus longue. Cette ligne d'ascension n'est pas toujours droite; on peut y observer un ressaut, un crochet; le pouls est *anacrote;* le crochet correspond parfois à une systole auriculairequi se fait sentir en raison d'une insuffisance des valvules aortiques; mais le plus souvent il indique une sys-

16.

tole ventriculaire faible, contrariée par une forte pression artérielle, et se faisant en deux fois. Cet anacrotisme est toutefois normal dans le pouls aortique. Le plus souvent, la ligne de descente suit immédiatement la ligne d'ascension : c'est du moins le cas normal; mais ces deux lignes sont parfois séparées par un plateau horizontal ou ascendant ; cela tient à une pression artérielle forte, en général. En tout cas, on notera que le début de la descente ne marque nullement la cessation de la systole; celle-ci continue mais en s'affaiblissant, durant une petite partie de la descente — jusque vers le milieu de la ligne CD de la figure ci-jointe ; la vraie diastole ne commence qu'après l'ondulation *dicrote* dont il va être question. La ligne de descente est toujours plus longue que la ligne d'ascension, l'artère mettant plus de temps à reprendre son calibre normal qu'elle n'en a mis à se distendre (et ceci se comprend facilement, puisque la nouvelle ondée de sang projetée dans l'aorte ne peut revenir en arrière à cause des valvules sigmoïdes, et dilate le système artériel tant qu'une quantité correspondante de sang n'a pas passé de celui-ci dans les capillaires). Cette ligne de descente présente toujours des crochets, mais on n'est pas d'accord sur l'interprétation du premier. Le second correspond à la clôture des valvules sigmoïdes de l'aorte, comme on peut s'en assurer en recueillant simultanément le graphique de la pression cardiaque et celui du pouls : on lui donne le nom d'ondulation *dicrote*. Elle disparaît après destruction des sigmoïdes. Le dicrotisme est donc un phénomène normal, constant, mais qui s'exagère considérablement dans beaucoup de maladies, dans d'autres, comme dans l'athérome des artères qui en fait des tubes presque rigides, au contraire, il diminue. Chez le sujet normal, d'ailleurs, il est plus ou moins prononcé : on le voit surtout quand la pression artérielle est faible, et dans les maladies à forme typhoïde, et à ceux qui pouvaient croire qu'il est dû à quelque imperfection des appareils enregistreurs, il suffit d'opposer un tracé hémautographique quelconque (projection directe du sang d'une artère coupée sur une feuille de papier à déplacement régulier); on y voit le dicrotisme parfaitement marqué; du reste, on le sent même à la main. Vierordt a donc eu tort de nier l'existence du dicrotisme normal. Il est vrai, ce dicrotisme devient de moins en moins apparent à mesure que l'on interroge les artères plus petites; mais il en est de même des autres caractères du pouls; l'amplitude diminue, et le pouls finit par n'être qu'un léger ressaut de l'artère où le sphygmographe ne révèle rien : le pouls s'est usé, c'est-à-dire que l'onde s'est usée, amoindrie, s'étant propagée du sommet à la base du cône artériel, perdant en force ce qu'elle gagne en étendue.

Fig. 29. — Tracé hémautographique de la tibiale postérieure du chien (d'après Landois). P, pulsation. R, rebondissement dicrote.

Le pouls varie à l'état physiologique; il varie plus encore à l'état pathologique. Dans les maladies générales il fournit donc des renseignements intéressants sur le rythme du cœur et la tension artérielle : dans les maladies du cœur ou des vaisseaux, il fournit des données capitales. L'étude des sphygmogrammes révèle parfaitement bien l'existence des anévrismes, et en comparant entre eux des sphygmogrammes pris sur différentes artères, on localise très exactement le siège de la dilatation artérielle; au-dessous de celle-ci, en effet, le pouls est plus faible, le sac anévrismal ayant absorbé une partie de l'onde en se dilatant; il est toujours plus retardé que dans l'artère homologue saine (de 5 ou 7 centièmes de seconde, selon Fr. Franck); et la forme même du pouls est altérée en raison de l'élasticité de la poche anévrismale, encore, qui transforme l'impulsion intermittente en impulsion uniforme, et régularise prématurément le mouvement du sang, comme l'indique le tracé de la figure 30 : on voit que la pulsation au delà d'une poche anévrismale prend exactement les caractères de la pulsation des petites

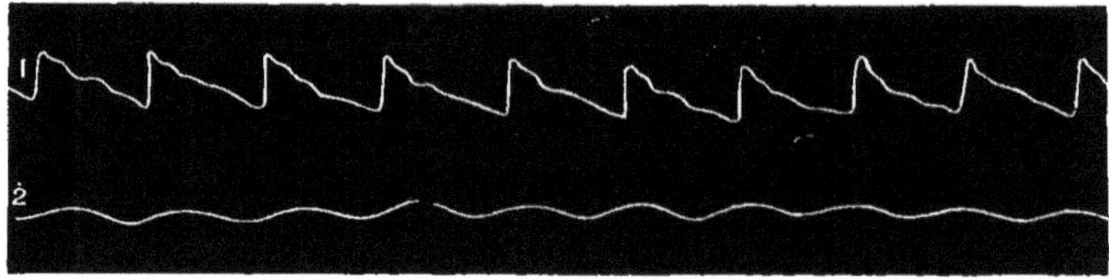

Fig. 30. — Formes différentes du pouls radial exploré au-dessous d'un anévrisme (ligne 2) et du côté sain (ligne 1). (D'après Marey.)

artères. Dans les affections valvulaires du cœur, encore, le pouls prend des caractères particuliers, qui, joints aux signes stéthoscopiques, permettent d'établir un diagnostic précis. Dans l'*insuffisance aortique* (occlusion imparfaite des valvules sigmoïdes de l'aorte) qui se présente spontanément, et que Chauveau et Marey ont aussi produite expérimentalement, le pouls est brusque et violent, très ample, la ligne descendante est très rapide et tend à devenir droite : le ressaut dicrotique est diminué ou aboli, naturellement : ceci se comprend sans qu'il soit besoin d'autres explications. La violence du pouls est due à l'hypertrophie qui accompagne généralement l'insuffisance aortique. Dans l'insuffisance mitrale et es autres lésions valvulaires on observe d'autres caractères, mais ce n'est point ici le lieu de les exposer.

Nous avons dit que le pouls des petites artères est moins ample, moins caractérisé que celui des gros vaisseaux de même ordre. L'onde sanguine, ou la pulsation artérielle, va s'affaiblissant à mesure qu'elle s'éloigne de son point d'origine, tout comme les ondulations que provoque dans l'eau la chute d'une pierre vont s'éteignant à mesure qu'elles s'éloignent. Il y a une autre analogie entre la pulsation artérielle et l'ondulation de l'eau : toutes deux se transmettent graduellement : entre le passage de l'onde à tel point, et à tel autre, plus éloigné, il s'écoule un intervalle de temps appréciable. Il semble pourtant à l'examen superficiel que le pouls bat en même temps au cou par exemple, et au poignet : c'est une erreur, et on a reconnu que le pouls présente une *vitesse de propagation* parfaitement mesurable, variant entre 6 et 9 mètres par seconde chez l'homme. Si l'on prend le pouls en deux points d'une même artère situés à quelque distance l'un de l'autre, le pouls retarde dans le point le plus éloigné du cœur. Est-il besoin de dire que cette vitesse de propagation du pouls n'a rien à faire avec la vitesse du sang, que la vitesse de la *forme* n'a rien de commun avec la vitesse de la *matière* même ? Cela nous semble superflu, après ce qui a été dit plus haut de la quantité de sang lancée dans les artères à chaque systole ventriculaire, et de la forme conique du système artériel. Comme nous le verrons plus loin, la vitesse du sang même n'est guère que de 50 centimètres par seconde.

Le sang lancé par le ventricule dans l'aorte rencontre un vaisseau déjà plein de sang, et contenant même plus de sang qu'il ne semblerait destiné à en contenir, puisque ce vaisseau est légèrement distendu, et que son contenu est soumis à une certaine pression. Ce nouvel afflux de sang va donc déterminer une augmentation de pression : cela est inévitable, et d'ailleurs cela est nécessaire; sans les constantes augmentations de pression dues aux contractions cardiaques, le sang, nous le savons, ne circulerait point. Il convient donc d'accorder quelque attention à ce point.

Coupez une artère ou piquez-la largement : le sang s'en échappe avec force, de façon saccadée, le jet étant plus fort après les systoles ventriculaires. Il est clair que la pression de ce sang est considérable. Pour la mesurer avec précision, on a recours à l'*hémodynamomètre*. Le premier instrument de ce genre fut un simple tube de verre que Stephen Hales, en 1733, lia sur une artère ouverte, et dans lequel il vit s'élever le sang à plusieurs pieds de hauteur, y oscillant

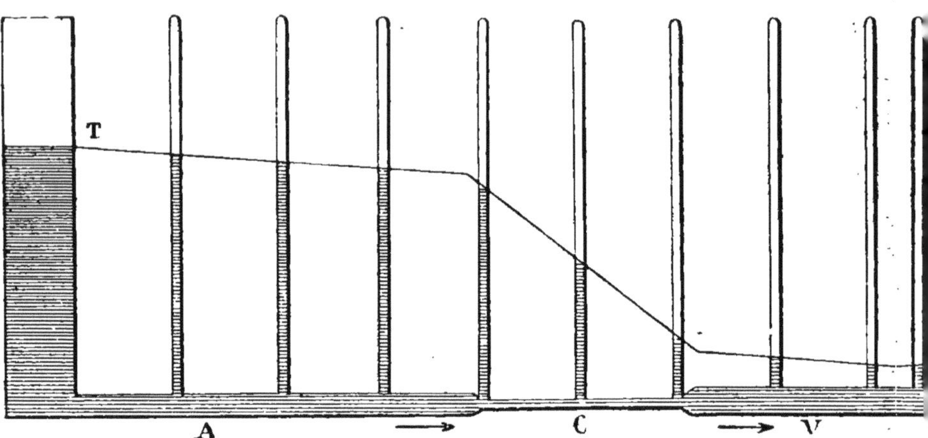

Fig. 31. — Décroissance graduelle de la pression dans une partie étroite C, occupant une assez grande longueur d'un conduit. (D'après Marey.)

d'ailleurs de façon régulière, selon les différentes phases de la pulsation cardiaque. Cet instrument primitif, qui est d'un maniement peu facile, et qui fausse quelque peu la mesure de la pression par la déplétion relativement considérable du système artériel qui perd tout le sang contenu dans le tube, sans compter d'autres inconvénients, a été remplacé par les manomètres à mercure et les manomètres élastiques.

Le premier manomètre à mercure a été celui de Poiseuille (1829) : c'était un tube en U à branche droite longue, à branche gauche plus courte et recourbée horizontalement vers son extrémité : on y versait du mercure; la branche gauche pénétrait dans l'artère, et pour empêcher le contact du mercure et du sang on interposait un liquide alcalin : la pression se lisait en mesurant la différence entre le niveau du mercure dans les deux branches verticales. Ludwig perfectionna cet instrument en y ajoutant un flotteur muni d'une tige portant une pointe légère qui, en glissant le long d'un cylindre enregistreur, y inscrit les oscillations de pression : ainsi modifié, c'est le *kymographion* de Ludwig (1847). Cet instrument représente un progrès notable : pourtant il a un inconvénient : l'extrême inertie du mercure empêche l'enregistrement de beaucoup de phases délicates dans les oscillations de la pression. Aussi emploie-t-on plus volontiers, quand il s'agit d'inscrire celles-ci, le manomètre de Marey, qui est le plus usité des manomètres *élastiques*. Ceux-ci sont ainsi nommés parce que le mercure y est remplacé par un corps élastique. L'instrument imaginé par Marey consiste en une capsule de baromètre anaéroïde, extensible, comme on sait, renfermée dans un vase inextensible, plein d'eau à très peu de chose près, et relié par un tube en caoutchouc à un tambour enregistreur. La capsule de baromètre communique avec l'artère par un tube à solution anticoagulante : elle communique aussi avec un petit manomètre à mercure, gradué. On peut donc à la fois inscrire les oscillations de pression, et les mesurer, et le manomètre sert constamment d'étalon pour la graduation de l'amplitude des oscillations inscrites, les capsules barométriques n'étant point uniformément élastiques. L'appareil est simple et commode. Le kymographion de Fick est encore un manomètre élastique : il rappelle le baromètre de Bourdon. Pour mesurer la pression artérielle sur l'homme, on a eu recours à différents procédés. On a chargé la peau de poids jusqu'à ce qu'elle pâlisse, ne recevant plus de sang. Marey procède autrement : il fait plonger le doigt dans un tube rempli d'eau, bien clos, communiquant avec un manomètre et avec une poire pleine d'eau. Au moyen de la poire il comprime l'eau du tube jusqu'à ce que le manomètre ne traduise plus par ses oscillations les variations d'afflux sanguin dans le doigt : on cherche donc à empêcher l'arrivée du sang. Mais ce moyen est défectueux, car il y a des oscillations même pour des pressions certainement supérieures à celle du sang : il ne peut donner qu'une valeur approchée de la contre-pression nécessaire pour empêcher l'accès du sang, c'est-à-dire pour faire exactement équilibre à sa pression. L'appareil de von Basch est tout autre : il exerce une pression (mesurée manométriquement) sur une artère, et note à quelle pression exactement on cesse de sentir le pouls en aval du point pressé.

Le tableau qui suit résume quelques chiffres obtenus pour la pression artérielle de différents animaux :

Cheval.	28 cent. de mercure.		Grenouille.	2-3
Homme.	11-12	—	Oiseaux de basse-cour.	14-20
Chien.	14-20	—		
Lapin.	9-10	—	Couleuvre.	7-8.

Hâtons-nous d'ajouter que ce sont là des chiffres moyens. N'est-il pas évident, à priori, après ce qui a été dit de l'élas-

Fig. 32. — Pression constante (P. C.) et pression variable (P. V.) dans un tracé manométrique de carotide de chat. Noter la faiblesse de la première comparée à la seconde. (D'après Viault et Jolyet.)

ticité des artères, de l'intermittence du cœur, et de l'accroissement de l'aire du cône vasculaire, que la pression doit varier dans une même artère, selon la phase cardiaque, et à un même moment, selon le vaisseau considéré ? N'est-il pas évident que la pression artérielle doit être maxima dans l'aorte au moment de la systole ventriculaire, et minima dans les artérioles en état de systole ? Et enfin, que les oscillations, les variations extrêmes doivent être plus grandes dans les gros vaisseaux voisins du cœur, et plus petites dans les petits vaisseaux qui en sont distants? L'expérience montre que ces prévisions sont exactes, et que la pression varie considérablement. Mais, d'autre part, il y a ceci de certain, c'est que dans les plus petites artères, où il est impossible de distinguer des oscillations de pression, le sang coule. S'il coule, c'est qu'il est sous une certaine pression, et d'autre part, dans les plus gros vaisseaux, aussi, il y a une certaine pression constante à laquelle se surajoute une nouvelle pression lors de la systole ventriculaire : jamais la pression n'est zéro. Il faut donc distinguer dans la *pression* artérielle deux éléments : l'un *variable*, l'autre *invariable;* l'un qui est l'effet immédiat de la systole cardiaque, l'autre qui persiste entre les systoles.

L'élément invariable, c'est la pression obtenue, en quelque artère que ce soit, *avant* le passage de l'onde artérielle : c'est l'élément invariable pour le moment, et pour le lieu, car, selon les conditions physiologiques ou pathologiques, et selon les artères, il présente des différences. L'élément variable, c'est la pression au moment de la diastole de l'artère, au moment du passage de l'onde qui a son origine dans la systole ventriculaire. Si, dans une artère donnée, la pression oscille entre 20 et 25 millimètres, 20 est la pression constante ou invariable ; 25 est la pression variable. Naturellement, plus on approche des capillaires, et plus les deux pressions tendent à l'égalité : il n'y a presque pas de différence entre elles. Naturellement aussi la pression constante est, comme l'invariable, l'effet des contractions cardiaques ; mais elle est le résultat des contractions cardiaques antérieures, plus celui de l'élasticité artérielle. On remarquera que les variations de la pression diminuent à mesure que la constante s'élève. La pression artérielle varie donc constamment, dans un même organisme, selon le lieu et le moment. Aux causes qui viennent d'être signalées il en faut joindre d'autres également physiologiques. Le sang n'est point chassé du cœur dans un système invariablement identique à lui-même. Nous verrons plus loin que sous différentes influences les artérioles varient continuellement de calibre, de sorte que, même en supposant

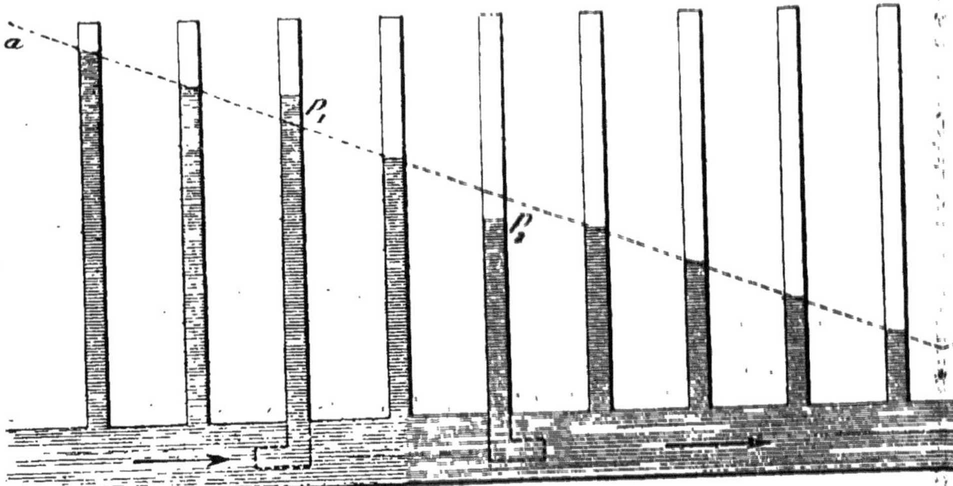

Fig. 33. — Changement de niveau dans les tubes de Pitot suivant leur orientation par rapport au courant du liquide. (D'après Marey.)

les systoles ventriculaires identiques en force et en durée, le sang est projeté dans un système de capacité variable : à supposer sa force de projection constante, la *résistance* qu'il rencontre varie, étant forte à tel moment, faible à tel autre. Cette variabilité de résistance a presque autant d'importance que la variabilité de force de projection : le *cœur périphérique*, s'il nous est permis de donner ce nom à l'ensemble des artérioles en voie de contraction et de décontraction irrégulièrement alternantes, exerce son action sur la pression tout autant que le cœur central, et on ne pourra être surpris de variations nettement appréciables se produisant dans la pression artérielle, malgré l'apparente identité des systoles ventriculaires : la pression varie parce que la résistance a changé. La pression dépend donc de deux influences :

du *cœur* et des *vaso-moteurs*, en dehors des autres facteurs dont il a été parlé. Il y a, toutefois, entre le cœur et les artérioles, des rapports intimes qui rendent très intéressante la relation qui vient d'être signalée. Ces deux cœurs ne sont point indépendants ; ils ne marchent pas chacun de son côté, sans égard l'un pour l'autre. Tous deux sont régis par le système nerveux qui coordonne leurs actions. Le cœur périphérique se dilate-t-il, amenant par là, nécessairement, une

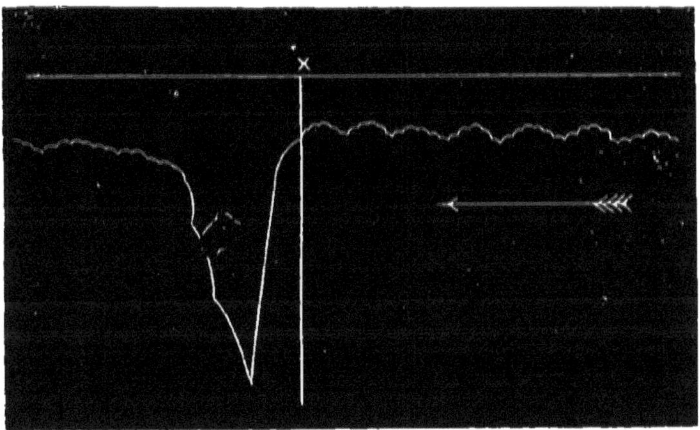

Fig. 34. — Montrant l'influence du cœur sur la pression artérielle. (D'après Foster.) En x on excite durant une seconde le vague, et le cœur s'arrête, d'où chute considérable de la pression. Les excitations cessant, le cœur reprend et la pression remonte.

diminution de pression ? Aussitôt le cœur central de battre plus vite. Se contracte-t-il, d'où augmentation de pression : le cœur bat plus lentement. Il y a là une régulation automatique opérée par le système nerveux : nous en reparlerons plus loin. « Le cœur bat d'autant plus vite qu'il éprouve moins de peine à se vider, » a dit Marey. La pression artérielle ne résulte pas seulement de la double influence du cœur central et du cœur périphérique : il faut tenir encore compte de la *quantité* de sang, naturellement. Or, elle varie sans cesse, selon les boissons et les excrétions rénale et cu tanée : plus il y a de sang et plus la pression est forte, moins il y en a et plus la pression est faible, comme on peut le voir par la transfusion et par la saignée. Toutefois ces variations sont très temporaires en général, et ceci tient à deux causes : d'une part, la capacité du système artériel varie sans cesse ; elle *s'adapte* à la quantité de sang, et si on injecte de l'eau ou du sang, la pression n'augmente que temporairement, parce que le cœur périphérique se dilate (dans l'abdomen en particulier) et parce que le rein travaille rapidement à éliminer l'excès de liquide. Enlève-t-on du sang au contraire ? Les artères se contractent parfois jusqu'à effacement de leur calibre, d'après J. Hunter, et le cœur s'accélère. Nous avons vu, en parlant de la saignée, que la masse, le volume normal se reconstituent très vite, grâce à la transsudation des tissus, grâce aux boissons : l'équilibre se rétablit donc. D'autre part, le système nerveux coordonnateur des deux cœurs collabore à cette reconstitution de l'équilibre : si la masse du sang est accrue, d'où élévation de pression, le cœur se ralentit, et donne moins d'impulsions, c'est-à-dire d'augmentation de pression ; diminue-t-elle, au contraire, il bat plus vite, travaillant à accroître la pression.

On remarquera l'influence de la respiration sur la pression du sang : cela se voit bien dans les sphygmogrammes du reste, la pression augmente durant l'expiration, et diminue avec l'inspiration ; mais pour ne point commettre d'erreur dans l'interprétation des tracés, il faut veiller aux conditions où l'on opère, et spécialement au mode respiratoire qui a une grande influence.

Vitesse du sang. — La vitesse du sang, c'est-à-dire la rapidité avec laquelle une portion de ce liquide, lancée dans l'aorte par le ventricule gauche, se porte vers la périphérie, est chose très distincte, avons-nous dit de la vitesse de l'onde sanguine ; cette dernière varie entre 6 et 9 mètres par seconde ; la première, dont il nous faut maintenant parler, n'atteint guère que 50 centimètres par seconde dans l'aorte, où elle est le plus rapide ; dans les grosses artères, elle varie entre 25, 30 ou 40 centimètres par seconde.

Pour mesurer cette vitesse, on a recours aux *hémodromomètres* et *hémotachomètres*. Le premier en date de ces appareils est celui de Volkmann (1850) : c'est un long tube en U rempli d'une solution alcaline incolore qu'on lie sur les deux tronçons d'une artère. Le sang entre par une des branches et sort par l'autre : on connaît la longueur du tube, et sachant le temps que le sang met à remplir le tube, en chassant la solution alcaline dans le tronçon périphérique de l'artère, on déduit facilement la vitesse du sang. Le *compteur* (*Stromuhr*) de Ludwig rappelle l'instrument de Volkmann, mais est d'un maniement plus facile : le tube en U est plus court, et porte deux ampoules de capacité connue dans lesquelles le sang passe alternativement : on mesure la vitesse en notant combien de fois, dans un temps donné, les deux ampoules ont été remplies de sang : on a ainsi le volume du sang, et le temps : on en déduit la vitesse. Tout différent est l'appareil de Vierordt (1858). C'est une petite cage rectangulaire en verre où est suspendu un pendule qu'on peut apercevoir à travers les parois : le sang en traversant la cage écarte le pendule de sa position verticale : l'écartement se lit sur un cercle gradué. C'est une application du pendule hydrostatique employé pour mesurer la vitesse des courants d'eau. L'*hémodromographe* de Chauveau et Lortet, imaginé en 1860, perfectionné depuis par Chauveau, repose sur le même principe : c'est un tube de laiton interposé sur le trajet d'une artère, et dans lequel est suspendue une aiguille terminée par une petite palette formant pendule : l'autre extrémité de l'aiguille traverse la paroi du tube et vient osciller le long d'un cercle gradué (on lit la vitesse après graduation de l'instrument qu'on fait traverser par des courants liquides de vitesse connue) ou bien actionne un tambour de Marey, ce qui en fait un hémodromographe. Un sphygmoscope se joint à l'appareil et indique la pression en même temps que la vitesse. Enfin le *photohémotachomètre* de Cybulski (1886) repose sur e principe des tubes de Pitot (fig. 33). Soit un tube percé de deux orifices latéraux à travers lesquels passent deux tubes plus petits, coudés, disposés de telle sorte que les coudes soient opposés l'un à l'autre : dans le gros tube passe un courant de liquide. Ce liquide s'élève dans les tubes latéraux, mais il s'élève plus dans celui qui a son coude dirigé contre le courant que dans le tube qui lui tourne le dos : il y a une différence très appréciable de niveau.

On gradue l'appareil en y faisant passer des courants de vitesse connue, et on photographie les variations de niveau sur une plaque animée d'un mouvement de translation. Enfin, Hering mesure la vitesse du sang et la durée de la circulation en injectant dans une jugulaire du ferro-cyanure de potassium (ou mieux de sodium, qui est moins toxique) et en recueillant de cinq en cinq secondes un peu de sang par l'autre jugulaire : il traite ce sang par le perchlorure de fer, et dès que celui-ci renferme du ferro-cyanure, il se forme du bleu de Prusse avec le perchlorure. On sait donc combien de temps le sang a mis à faire le tour de l'organisme. Vierordt a perfectionné cette méthode en imaginant un dispositif qui permet de recueillir du sang de demi-seconde en demi-seconde.

Les expériences faites par les nombreux expérimentateurs qui se sont occupés de la vitesse du sang ont montré que celle-ci est maxima dans l'aorte, et minima dans les artérioles. Cela n'a rien de surprenant : la rivière ne va-t-elle pas d'autant plus lentement qu'elle est plus large, et l'aire de l'aorte n'est-elle pas très petite comparée à celle de la base du cône artériel ? Chez le cheval, par exemple, la vitesse est de 300 millimètres par seconde dans la carotide : dans la maxillaire, déjà, elle tombe à 165 millimètres, et dans la métatarsienne à 56. En outre, si la vitesse est plus grande dans les grosses artères, elle est, par contre, moins régulière : il y a des oscillations de vitesse notables, celle-ci étant maxima après la systole ventriculaire, et minima durant le repos du cœur (520 et 140 millimètres comme maximum et minimum dans la carotide du cheval d'après Chauveau); il peut même, à la clôture des valvules sigmoïdes, y avoir vitesse négative dans les artères voisines du cœur) : dans les artérioles, la vitesse est constante, ou presque constante, tout comme la pression, l'élasticité des grosses artères régularisant le cours du sang. La vitesse du sang artériel varie, comme la pression, sous l'influence de différentes influences. Si le cœur bat plus fort et plus vite, la vitesse augmente naturellement, les artères recevant dans un temps donné une quantité de sang plus grande ; la vitesse augmente avec la pression. Mais s'il y a augmentation de pression par le fait du rétrécissement du cœur périphérique, la pression augmente seule : la vitesse ne s'accroît point, elle diminue même. Il n'y a donc pas de rapports constants entre la pulsation cardiaque, la pression et la vitesse du sang, parce que le cœur central et le cœur périphérique peuvent varier de façons très différentes. D'autre part, les mouvements respiratoires agissent sur la vitesse du sang comme sur sa pression. En général, — la question est encore discutée — la pression artérielle diminue pendant l'inspiration qui agit comme une dépression, pour augmenter pendant l'expiration, comme l'a dit Ludwig : la vitesse doit donc diminuer légèrement durant l'inspiration, la vitesse étant essentiellement fonction de la pression, ou mieux, des différences de pression. L'élément constant de la vitesse du sang est donc sans cesse additionné d'éléments variables d'origine diverse ; le courant sanguin est continu, avec renforcements (Marey). En somme, la vitesse du sang est relativement considérable. Il est facile de calculer — ou d'observer directement — cette vitesse, et on voit qu'en un temps très court, le sang a fait le tour complet de l'organisme. Ce temps varie naturellement selon les espèces, selon le cœur, la pression, la quantité de sang, les obstacles à son écoulement (activité ou repos : en activité les membres compriment les artères), etc. ; en moyenne, il faut de 25 à 30 pulsations du cœur pour que tout le sang du corps ait passé par cet organe, ce qui représente pour l'homme moins de 30 secondes. En une demi-minute, le sang parti du cœur y est revenu. On a vu que ce chiffre de 25 ou 30 systoles se présente chez la plupart des animaux étudiés (Héring et Vierordt) ; mais ceci ne veut pas dire que la durée de la circulation soit uniforme ; le cœur bat plus vite chez certaines espèces, chez les petites en particulier, et alors la durée est moindre : il y suffit de 6 à 7 secondes (chat, lapin), tandis que chez les espèces à cœur très lent, il faudra plus d'une demi-minute. Chez le chien, 16 secondes suffisent (Vierordt) ; chez le cheval, 31 ; chez l'oie et le canard, 10 ; chez la poule, 5 secondes (Héring). Si l'on ne peut mesurer directement la vitesse du sang, on peut toujours la calculer par la méthode de Héring, ou la déduire de la quantité totale de sang du corps, étant con-

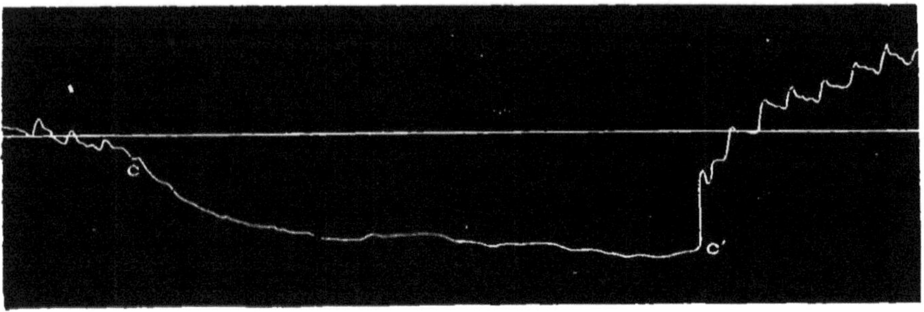

Fig. 35. — Diminution de volume de la main de c en c' sous l'influence de la compression de l'artère humérale. On cesse la compression en c' ; la main augmente de volume. (D'après Fr. Franck.)

nus la quantité de sang expulsée à chaque systole et le nombre des systoles.

La projection du sang dans les artères s'accompagne de quelques autres phénomènes dont il convient de dire un mot. Du moment où la capacité du système artériel est accrue temporairement, du moment où il se dilate pour renfermer le sang que lui envoie le ventricule, il doit y avoir un changement de volume des organes et parties. Ce changement existe, en effet, comme on peut s'en assurer au moyen des sphygmographes volumétriques, ou du *pléthysmographe* de Mosso, inspiré par les appareils ou expériences de Piégu (1846), Poiseuille, Chélius (1850) et Buisson (1862) qui fut le premier à inscrire ces changements. Ces appareils consistent essentiellement en un récipient rigide dans lequel on plonge une main, un bras, une jambe même. Le récipient est plein d'eau tiède par exemple, et il est clos de façon que le liquide ne puisse s'échapper (avec du caoutchouc autour du membre). En un point quelconque un tube ouvert vient s'attacher sur le récipient : le liquide qui s'y trouve présente des oscillations qu'on peut d'ailleurs enregistrer avec un tambour de Marey. On constate de la sorte qu'à chaque systole du cœur qui se vide dans les artères le membre se dilate légèrement, et le tracé reproduit même les variations d'origine respiratoire.

En même temps, une artère qui reçoit le sang chassé par le ventricule se dilate, elle subit un léger déplacement. Poiseuille a démontré la *dilatation* au moyen d'un petit appareil dans lequel il emprisonnait un segment d'artère *in situ*, et qui était rempli de liquide et pourvu d'un tube latéral où on pouvait lire les variations de volume de l'eau entourant l'artère. La *locomotion* des artères peut s'observer sans le secours d'appareils : on les voit s'allonger et devenir légèrement sinueuses — et non rectilignes, comme le croyait Bichat, — à chaque systole ventriculaire. Une artère qui se divise en deux branches séparées par un éperon s'allonge à chaque systole du cœur, l'éperon étant légèrement chassé dans la direction du cours du sang : cette locomotion longitudinale se voit très bien sur les artères qui ont été liées dans une opération chirurgicale : le bout lié fait saillie hors du moignon à chaque pulsation du cœur.

Enfin, chacun sait que le passage du sang dans les artères s'accompagne de la production de bruits spéciaux. Ils sont dus aux vibrations des particules liquides flottant les unes contre les autres, et renforcées par les vibrations ainsi déterminées dans les parois des vaisseaux : ils se produisent surtout là où le sang passe d'un endroit rétréci dans un endroit large. En comprimant légèrement une artère, on en détermine la production aisément, et ces bruits de *souffle*, — c'est ainsi qu'on les nomme — se rattachent souvent aussi à une diminution de la densité du sang : aussi les observe-t-on particulièrement chez les anémiques. Il ne faut pas les confondre avec des bruits propagés du cœur où nous savons qu'il s'en produit sous l'influence de différentes lésions des orifices et valvules, en dehors de ceux qui sont normaux et dont il a été parlé.

Les artères étant les conduits par où le sang propre à la nitration et à la respiration se rend dans les organes et tissus, on serait en droit de supposer que la ligature, ou la section d'une artère, suivie de la ligature de ses tronçons, doit entrainer la mort des parties auxquelles elle se distribue. Tel serait le cas, en effet, s'il n'y avait des anastomoses entre les artères, qui font que la section ou la ligature de celles-ci n'est généralement point nuisible. Si l'anatomie ne montrait ces vaisseaux anastomotiques, on en devinerait l'existence à voir les résultats de l'expérimentation. Coupez une artère et liez-en les deux tronçons après les avoir mis en rapport avec des manomètres ; le tronçon périphérique renferme du sang dont la pression est très appréciable, voisine de celle du tronçon central, mais inférieure naturellement (en vertu du principe des tubes de Pitot). Aussi la ligature d'une artère n'entrave-t-elle que temporairement et faiblement l'irrigation : la circulation se fait par les voies anastomotiques, collatérales, qui acquièrent par là un développement plus considérable, de sorte qu'en peu de temps les choses sont remises en l'état de façon très satisfaisante.

Innervation des artères ; vaso-moteurs. — Nous avons dit plus haut que les artères sont contractiles : les petites artères surtout, plus riches en éléments musculaires que les grosses, et nous avons fait allusion au *cœur périphérique* composé des artérioles contractiles, et non des capillaires à qui Bichat avait donné ce nom. Si les artères n'étaient composées que d'éléments élastiques, elles auraient sur le vivant la forme que nous leur voyons sur le cadavre, après pénétration d'air et après mort des fibres lisses, la forme de tiges cylindriques creuses. Si elles ont, durant la vie, la forme de ruban aplati, passant, lors de la diastole artérielle, à celle de tube cylindrique, c'est que les fibres musculaires lisses dont elles sont entourées sont plus ou moins contractées. En effet, ces fibres sont dans un état de contraction variable, mais permanent : elles ne se relâchent jamais d'une manière complète ; il y a là une *tonicité* très marquée en antagonisme constant avec l'élasticité. Cette tonicité est facile à mettre en lumière quand on étudie la contractilité des artères ; elle est naturellement, comme cette dernière, surtout marquée là où les fibres musculaires sont particulièrement abondantes dans des parois, c'est-à-dire dans les petites artères. J. Hunter fut le premier à remarquer la contractilité artérielle, et à voir qu'elle est surtout marquée sur les petits vaisseaux. Chacun peut l'observer en examinant une des artères de l'oreille du lapin : on y aperçoit des alternatives de resserrement et de relâchement, parfois rythmiques, non isochrones avec le pouls, et qu'on a, à tort, cru susceptibles d'aider au cœur. La durée de ces alternatives varie : la phase de resserrement peut durer longtemps; c'est ce qui a lieu pour les artères cutanées, quand la peau est soumise au froid; de là la pâleur de la peau plus pauvre en sang ; au contraire, en présence de la chaleur, ces vaisseaux se dilatent, et la peau est rouge ; le rayonnement et la sudation sont, ou peuvent être, plus actifs. Cette contractilité des artérioles, qui peut s'observer encore dans beaucoup d'autres parties du corps, se montre très nette lors des excitations expérimentales. Electrisez une artère ou excitez-la mécaniquement, elle se resserre, et le resserrement dure un certain temps : l'artère peut se réduire au septième de sa largeur originelle; grattez même une grosse artère, la carotide ou la crurale, comme le fit Verschuir en 1766, et le vaisseau se contracte, se resserre; faites encore une raie à la peau, avec l'ongle, la raie se montre en blanc ; la peau pâlit par la contraction des artères ; après quoi elle rougit, les mêmes artères se distendant. Cette contractilité est due à la présence d'abondantes fibres musculaires lisses, bien mises en lumière par Henle, de fibres contractiles, à contraction lente (période latente longue), mais durable.

A quoi est due la contraction des artères sur le vivant, en dehors de toute excitation extérieure? A cette question Cl. Bernard a répondu en 1851 au moyen d'une expérience fondamentale. Mettant à nu le grand sympathique dans la région cervicale chez le lapin, il *coupa le nerf*, et aussitôt survint, avec d'autres phénomènes oculo-pupillaires dont il n'y a pas à s'occuper ici, une *dilatation marquée* des vaisseaux de l'oreille du même côté. Le pouls en devint perceptible au doigt, et toute l'oreille devint *rouge* injectée de sang, les plus petits vaisseaux étant considérablement élargis, tant veines qu'artères. Cette dilatation de vaisseaux s'étendait à toute la moitié correspondante de la tête, aux muqueuses nasale et buccale, aux glandes salivaires, à l'œil, etc. : le sang était plus abondant, plus rouge, et s'écoulait en plus grande quantité ; il était moins veineux dans les veines où les pulsations cardiaques se faisaient sentir, et du côté du nerf sectionné, la *température* était de plusieurs degrés (5, 10 et 15) *plus élevée* (si bien que Cl. Bernard crut d'abord avoir découvert un nerf calorificateur). D'autre part, l'*excitation du sympathique* cervical, ou de son bout périphérique, déterminait les *effets inverses* (Brown-Séquard).

On en conclut que les mouvements de resserrement et de dilatation des artères sont sous l'influence du système nerveux, et en particulier du sympathique, et qu'il existe réellement des *vaso-moteurs*, comme l'avait pressenti Stilling — à qui ce nom est dû — quand il constata que des nerfs vont se perdre dans les parois des vaisseaux. Le fait est aujourd'hui bien prouvé, comme nous l'allons voir, et on a pu généraliser la conclusion qui découle de l'expérience de Cl. Bernard, en disant que toutes les artères ont des nerfs spéciaux qui président à leurs variations de calibre. La circulation dans son ensemble n'est donc pas uniquement sous la dépendance du cœur et de son innervation ; il y a bien réellement un énorme cœur périphérique constitué par les petites artères et innervé par des centres spéciaux, ou, autrement dit, il y a beaucoup de circulations locales dans la circulation générale.

D'où viennent ces nerfs vasculaires ? Du sympathique, avons-nous vu. Sans doute, ils ont leur origine réelle dans les centres nerveux, mais c'est dans les rameaux du sympathique qu'ils se trouvent, et dans ses ganglions, dans les nerfs splanchniques, etc. Il s'en trouve ailleurs aussi : dans les nerfs sciatiques, rachidiens, le trijumeau, le facial, les nerfs du bras, etc., etc., mais ce sont des fibres d'emprunt qui viennent soit du sympathique, soit de la moelle qui en renferme évidemment beaucoup. En effet, si l'on coupe un de ces nerfs, par exemple le sciatique, il y a une vaso-dilatation très marquée des doigts et de la membrane interdigitale (grenouille) : si chez un chien porteur d'une blessure à la patte gauche on coupe le sciatique correspondant, le sang coule abondant et il s'arrête si on électrise le nerf : dans les deux cas on a agi sur des filets sympathiques accolés au nerf.

D'autres recherches ont permis d'établir l'existence de nerfs dont l'action est inverse de ceux dont il vient d'être question, et en somme on conclut à l'existence de deux sortes de nerfs vasculaires ou vaso-moteurs : les *vaso-constricteurs* ou vaso-moteurs propres, et les *vaso-dilatateurs*.

Le grand sympathique cervical peut servir de type des vaso-constricteurs. Excitons-le directement, ou excitons encore le sciatique, ou le pneumo-gastrique, et tout un syndrome uniforme se présente. Les téguments, ou l'organe, pâlissent; ils diminuent de volume, ils saignent plus difficilement, leur température s'abaisse, leur poids diminue (Mosso) : le tout parce que les vaisseaux se sont contractés et que le sang y est moins abondant.

Coupons ces nerfs, et les phénomènes inverses, en tout point, surgissent.

On comprend facilement les vaso-constricteurs ; on comprend que l'excitation d'un nerf musculaire détermine la contraction des muscles auxquels il se rend, et qu'inversement la section de ce nerf détermine la paralysie de ces muscles; mais on comprend moins bien que l'excitation d'un nerf détermine un relâchement musculaire. Or c'est ce que produit l'excitation des vaso-dilatateurs. Mais comment cela se peut-il ? Schiff a cru à une dilatation active ; mais on ne voit point comment elle pourrait se produire ; on ne s'en figure pas le mécanisme : on ne voit pas une fibre musculaire s'allongeant ou se relâchant sous l'influence d'une excitation. Tout porte à croire qu'il y a plutôt dilatation passive, et comme l'ont dit Cl. Bernard et Vulpian, dilatation par *inhibition* des constricteurs, par paralysie de ceux-ci. Cela n'est pas encore d'une clarté parfaite : cela rappelle l'action du pneumo-gastrique sur le cœur, et le mécanisme ne semble pas bien clair, mais l'hypothèse de la paralysie des vaso-constricteurs nous paraît la plus rationnelle. D'ailleurs, qu'elle le soit ou non, ce qui est certain, et ce qui nous importe le plus, c'est la réalité de la vaso-dilatation.

Les exemples de celle-ci ne sont pas précisément abondants ; il en est un toutefois que tous connaissent : il s'agit de l'érection du pénis. On sait que celle-ci est due à l'afflux et à la stase du sang dans les mailles du tissu caverneux. Les corps caverneux reçoivent des nerfs — du plexus sacré — que Eckhard a nommés *nervi erigentes :* les excite-t-on, ou excite-t-on leur bout périphérique après les avoir sectionnés, le tissu caverneux se remplit de sang rutilant. Que se passe-t-il ? on ne sait. On ne peut, en effet, invoquer un rétrécissement des veines qui expliquerait l'érection, car la ligature de celles-ci ne provoque pas cette dernière (Lovèn). Le fait est là ; mais il demeure inexplicable ; il en est de même pour le gland de la verge et pour tous les organes érectiles, le clitoris et le bulbe du vagin chez la femme, les organes copulateurs des vertébrés, la crête des oiseaux, etc. C'est du sang artériel qui les remplit ; il y a une vaso-dilatation active très marquée, et non simplement stase de sang veineux. Chez l'homme, l'érection est du reste un acte réflexe : l'arc efférent est constitué par les nerfs érecteurs ; l'arc afférent par le nerf sensitif (nerf dorsal) de la verge, et aussi par la plupart des nerfs de sensibilité générale ou spéciale, l'érection pouvant se produire en effet sous l'influence d'excitations sensitives très variées, et aussi sous l'influence d'une excitation purement cérébrale (souvenir, lecture, etc.). (Voir *Reproduction.*) Mais, si l'érection semble bien être un

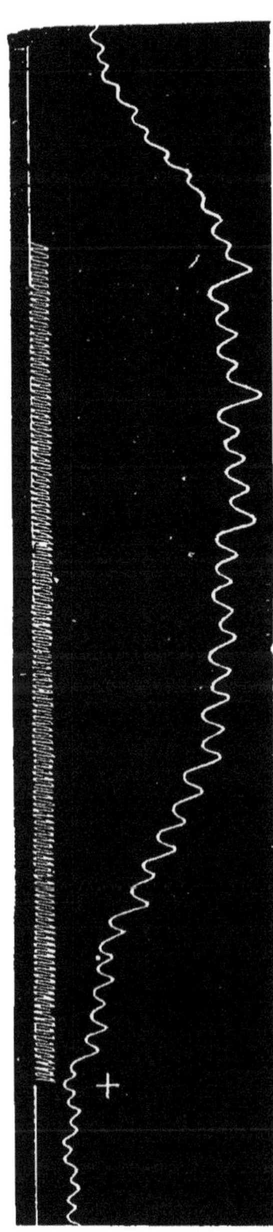

Fig. 36. — Expérience de Cyon. La pression carotidienne tombe et les pulsations se ralentissent lors de l'excitation (en +) du nerf dépresseur chez le lapin.

exemple de vaso-dilatation, à vra dire nous n'en comprenons pas le mécanisme. Nous ne comprenons pas plus celui de la vaso-dilatation dont la glande sous-maxillaire devient le siège lors de l'excitation de la corde du tympan. Nous voyons bien que, lors de cette excitation, il y a dilatation des vaisseaux glandulaires que le sang, rutilant, traverse en abondance (voir *Digestion*) ; nous savons que lors de l'excitation du glosso-pharyngien, il y a vaso-dilatation de la partie postérieure de la langue (Vulpian) ; Jolyet et Laffont ont montré que l'excitation du maxillaire inférieur et du nerf buccal donnent naissance à de la vaso-dilatation dans les parois du nez, de la bouche et des lèvres avec hyperthermie ; il y a même des vaso-dilatateurs dans le sympathique, car l'excitation de ce nerf du cou détermine une vaso-dilatation de la moitié de la cavité buccale (Dastre et Morat) ; mais le mécanisme nous échappe. Il en est de même pour l'action du nerf *dépresseur de Ludwig et Cyon*. Ce nerf sensitif du cœur jouit de la curieuse propriété que voici : on le sectionne au cou et on excite le bout périphérique ; rien ne se passe. Mais excite-t-on le bout central, il y a aussitôt une chute considérable de la pression sanguine (de 5 ou 6 centimètres de mercure). Il y a là un réflexe très intéressant, qui s'effectue par la moelle et les nerfs splanchniques principalement : l'excitation partie du cœur — ou artificiellement produite sur le trajet du nerf dépresseur — détermine une dilatation des artères de tout le corps, et particulièrement des organes abdominaux (intestin, etc.) d'où une chute de la pression qui permet au cœur de déployer un effort moindre : l'excitation cesse naturellement d'être efficace si les nerfs splanchniques ont été sectionnés.

Il semble encore que les nerfs moteurs renferment des filets vaso-dilatateurs, leur excitation déterminant une dilatation des vaisseaux des muscles (Ludwig, etc.) ; il y aurait donc des dilatateurs et des constricteurs accolés aux nerfs moteurs, et selon le cas, l'effet des uns l'emporterait sur celui des autres : même avec l'excitation du sciatique, surtout si l'on opère sur un sciatique sectionné depuis quelques jours, on peut obtenir d'emblée la vaso-dilatation.

Résumons les notions qui précèdent en les complétant. Il faut se représenter les *vaso-constricteurs* comme ayant leur source principale dans la moelle et dans le grand sympathique, un centre général se trouvant peut-être placé dans la partie supérieure de la moelle allongée, près des tubercules quadrijumeaux (Owsjannikoff), ou dans quelque autre région très voisine de la moelle : d'après Stricker, même, il y aurait un centre dans la partie antérieure des corps striés et peut-être dans la région psychomotrice des hémisphères. Ludwig et Thiry (1864) croient plutôt à l'existence d'un centre vaso-moteur général bulbaire, et Schiff et Owsjannikoff confirment cette hypothèse, la destruction de la partie supérieure du bulbe supprimant les réflexes vasculaires. Mais les supprime-t-elle vraiment ? Vulpian et Goltz ont vu qu'après cette destruction — ou la section du bulbe — de nouvelles lésions ou sections de la moelle — agissent encore sur la pression et la température. Il en faut conclure que, s'il existe un centre vaso-moteur général dans le bulbe, il existe aussi nombre de centres vaso-moteurs secondaires à action plus restreinte, mais jouissant encore de quelque autonomie, et qui siègent dans la moelle. Au centre bulbaire il faut donc ajouter plusieurs centres médullaires. Les vaso-moteurs bulbaires passeraient dans la moelle, y formeraient quelques centres, et de ces centres les fibres constrictives partiraient pour aller au sympathique. Autrement on ne comprendrait ni la vaso-dilatation très nette qui suit la section ou l'hémisection de la moelle (Brown-Séquard, 1853) et l'augmentation de température qui se produit dans les membres postérieurs (Nasse, 1839), ni la vaso-constriction non moins prononcée consécutive à l'électrisation de la moelle (Brown-Séquard et Waller, 1853). Les vaso-constricteurs passent de la moelle dans le sympathique et là encore, avant de se répandre de tous côtés, ils forment des centres qui sont les ganglions, et qui possèdent aussi une certaine autonomie. Tous ne passent pas nécessairement par le sympathique : il en est qui vont de la moelle à la périphérie en compagnie des nerfs mixtes nés de celle-ci. Les filets qui vont former le sympathique s'en détachent çà et là, pour se joindre aux nerfs moteurs, sensitifs ou mixtes, et aller innerver tous les vaisseaux. Les vaso-contricteurs de la tête accompagnent les nerfs craniens, le trijumeau surtout; ceux des membres y vont directement en suivant les artères, ou en compagnie des nerfs du plexus brachial, ou des sciatiques; ceux du thorax y vont directement du premier ganglion thoracique; ceux de l'abdomen suivent les splanchniques, etc. Ajoutons que ces fibres semblent se terminer à la périphérie dans de petits centres situés dans les parois des vaisseaux, qui formeraient une quatrième catégorie de centres vaso-moteurs (centre bulbaire, médullaire, sympathique et périphérique) : il semble, en effet, que le tonus vasculaire, supprimé par la section des constricteurs, puisse se reconstituer avec le temps, et ceci ne pourrait, semble-t-il, se faire que s'il y a dans les vaisseaux de petits centres autonomes. Mais personne n'a encore pu montrer ces derniers.

Pour les *dilatateurs*, il semble bien qu'en dehors des nerfs spéciaux dont il a été parlé — nerfs érecteurs, corde du tympan, etc., — il existe des filets analogues disséminés un peu partout, des filets accompagnant les nerfs craniens, médullaires, ou sympathiques, tout comme les constricteurs. C'est du moins l'opinion de Goltz qui s'appuie sur le fait que la vaso-dilatation avec hyperthermie locale, déterminée par la section du sciatique par exemple, est chose temporaire, l'équilibre se rétablissant en quelques jours, et qui conclut de ses expériences — confirmées par d'autres observateurs — qu'en réalité la vaso-dilatation consécutive à la section nerveuse est due, *non à une paralysie des constricteurs, mais à une excitation de dilatateurs :* l'excitation de ces derniers déterminerait une paralysie des petits centres périphériques, paralysie qui disparaîtrait avec le temps, ces petits centres reprenant leur activité et devenant aptes à rétablir le tonus vasculaire. La question est trop complexe pour que nous entrions ici dans les détails; mais il semble bien que la plupart des constricteurs sont accompagnés de dilatateurs. Ces dilatateurs auraient un centre général dans le bulbe ou peut-être le cerveau, et des centres secondaires dans la moelle et les ganglions sympathiques : passent-ils par les racines antérieures ou par les postérieures, on ne sait : en somme, la question demeure vague encore. On peut admettre, semble-t-il, la coexistence de fibres constrictrices et dilatatrices dans la plupart des nerfs; mais on ne sait guère pourquoi l'excitation d'un nerf renfermant ces deux ordres de fibres donne naissance à une dilatation plutôt qu'à une constriction, ou inversement. Pourtant les constricteurs semblent agir constamment, plus ou moins, tandis que les dilatateurs n'agissent que d'une façon intermittente ; par contre, l'excitabilité de ces derniers est plus durable.

Les vaso-moteurs, ou nerfs vasculaires, sont des agents importants dans la circulation générale. C'est à eux qu'est dû le *tonus vasculaire*, c'est-à-dire l'état de contraction — variable — des vaisseaux. Ce tonus est subordonné à de nombreuses influences, naturellement, puisqu'il dépend de fibres relevant des centres nombreux : centres périphériques peut-être, ganglions sympathiques, centres médullaires, centre bulbaire : le cœur périphérique subit la même loi que le cœur central sur lequel retentissent tant d'excitations lointaines. Cette dépendance se voit à des phénomènes multiples. Excitez les centres nerveux, et il y a un retentissement sur la vascularisation des extrémités ou de la périphérie : il y a vaso-constriction générale. Un chien est curarisé ou cicutinisé pour paralyser les nerfs moteurs (et les nerfs modérateurs du cœur), on pratique la respiration artificielle, et on prend la pression. Coupez alors le bulbe : la pression tombe, la température s'élève, et il y a vaso-dilatation manifeste, comme on le voit à l'hémorragie continue qui se fait par la blessure d'un orteil par exemple. Excitez ensuite le bout périphérique de la moelle sectionnée : il y a vaso-constriction générale, arrêt de l'hémorragie, refroidissement, élévation de la pression. Opérez sur le cerveau : et selon le point excité, il y a vaso-dilatation générale, ou vaso-constriction ; la question est encore assez vague, mais il y a une influence évidente. D'autre part, excitez la moelle, ou coupez-la en totalité ou en partie (hémisection) et il y a des effets vaso-moteurs parfaitement nets, plus ou moins localisés selon la région excitée ou lésée ; la section détermine une vaso-dilatation, avec les phénomènes concomitants énumérés plus haut : déperdition thermique, etc. ; l'excitation, une vaso-constriction. De même les poisons qui paralysent le système nerveux paralysent les vaso-constricteurs : la pression tombe ; les convulsivants au contraire élèvent la pression. Les poisons qui, comme la nicotine, sont d'abord excitants, puis paralysants, opèrent d'abord une vaso-constriction, puis une dilatation ; le nitrite d'amyle enfin jouit de la propriété d'agir tout spécialement sur les vaso-moteurs ; paralyse-t-il les constricteurs, ou excite-t-il les dilatateurs, toujours est-il qu'il détermine une dilatation considérable et générale des vaisseaux, surtout dans la tête, avec chute marquée de la pression sanguine.

A l'état physiologique, donc, le tonus vasculaire de chaque organe, de chaque partie peut varier et varie sous l'influence d'excitations multiples parties de points très nombreux. Mais en ce cas, l'excitation directe est remplacée par l'excitation réflexe : au lieu de l'opérateur agissant sur tel ou tel point du système nerveux, il y a une ou plusieurs excitations nées des points les plus variés de l'organisme, et venant se réfléchir dans tel ou tel centre où elles excitent telle ou telle catégorie de fibres. Une excitation psychique y suffit : une émotion détermine la rougeur ou la pâleur du visage ; un autre, un simple souvenir, détermine l'érection, et une excitation émotionnelle ou intellectuelle se traduit par des altérations de pression, de couleur, de température, et de calibre des vaisseaux. Sans doute le cœur central joue un rôle dans ces modifications ; mais le cœur périphérique en remplit un au moins aussi considérable.

Les excitations sensitives agissent encore sur ces variations du cœur périphérique : la plupart des excitations douloureuses déterminent de la constriction plus ou moins générale, et la régulation du cœur périphérique, par rapport au cœur central, s'opère par les excitations sensitives parties de ce dernier par le nerf dépresseur de Cyon. Et encore échauffez la peau : il y a vaso-dilatation, et elle est réflexe, car elle se montre aussi au point symétrique du corps non échauffé. Mettez un corps sapide ou irritant sur la langue, il y a vaso-dilatation aussi. Toutefois l'activité des nerfs vasculaires n'est pas invariablement réflexe à l'état normal. Ceux-ci peuvent être excités en même temps que d'autres nerfs (activité sympathique ou associée) par une même cause : la colère s'accompagne de vaso-constriction (la pression peut augmenter d'un quart, d'après Féré), la honte, d'une vaso-dilatation, etc. Et enfin, il ne faut pas oublier que l'état du sang qui agit sur les centres nerveux généraux agit aussi sur les centres vaso-moteurs; le sang asphyxique détermine d'abord une constriction des vaisseaux viscéraux avec dilatation des vaisseaux cutanés (et augmentation de pression), puis l'effet inverse avec chute de la pression, alors que le sang riche en oxygène détermine une dilatation vasculaire générale. C'est dire que la régulation du tonus vasculaire et du cœur périphérique est chose très complexe et très délicate. On entrevoit pourtant de manière distincte les principaux usages des nerfs vasculaires. Ils sont tout d'abord régulateurs de la circulation, non dans le même sens et de la même façon que l'appareil cardiaque, mais par la façon dont ils distribuent la répartition du sang. C'est là un fait très important. Voici un organe inactif, en repos à peu près absolu : il ne lui faut pas grand'chose, et, de fait, il reçoit peu de sang. Entre-t-il en activité? il a besoin d'aliments et d'air en grande quantité. Soit-il muscle ou glande, les vaisseaux se dilatent comme si l'excitation à l'activité fonctionnelle produite volontairement, expérimentalement, ou par voie réflexe, s'accompagnait d'une excitation appropriée des nerfs vasculaires. Par exemple, l'arrière-train d'un lapin, tétanisé, renferme 1/5 de son poids de sang, et 1/11 au repos (Spehl). Non moins important est le fait des relations du cœur périphérique avec le cœur central, l'un se réglant sur l'autre, de façon à éviter toute contradiction, tout antagonisme inutile et nuisible, le cœur périphérique étant pour ainsi dire sans cesse attentif aux besoins du cœur central.

Les nerfs vasculaires servent encore à régler la température du corps : est-elle excessive, il se produit une vaso-dilatation, d'où déperdition thermique plus considérable ; est-elle insuffisante, il y a vaso-constriction, d'où déperdition moindre.

Ils règlent la pression artérielle, et ce n'est point une sinécure : la quantité du sang varie sans cesse (boissons, excrétion urinaire, sudation, hémorragie, etc.), et il faut adapter le contenant au contenu ; ils s'en chargent. Et même, si la masse du sang ne change pas, telle excitation peut amener une vaso-constriction locale par exemple : vite il faut une compensation, une dilatation ailleurs, sous peine de fatiguer le cœur, et la dilatation se produit : les vaisseaux de la peau se contractent-ils, ceux de l'intestin se dilatent, etc. ; mais ces compensations ne sont pas quelquefois sans des dangers sérieux.

Ajoutons enfin qu'ils jouent un rôle capital dans la reproduction (en permettant l'érection) ; rappelons leur rôle — dont l'utilité nous échappe, dans l'expression des émotions ; enfin l'afflux sanguin dans les parties lésées peut être utile, et la dilatation locale consécutive aux blessures peut être considérée comme protectrice.

Voilà pour leur rôle physiologique. Ils jouent aussi un rôle en pathologie, mais un rôle qu'on a souvent exagéré, oubliant que les nerfs vasculaires, bien que modifiant la proportion de l'afflux sanguin, ne sauraient toutefois agir sur les échanges intimes dont les tissus sont le siège. Dans les cas, en effet, où nous voyons les nerfs agir manifestement sur ces échanges, comme dans la sécrétion glandulaire, il y a des nerfs spéciaux, absolument distincts des vaso-moteurs, préposés à cette action. Mais, s'il y a eu des exagérations, il reste assez de faits réels. N'y a-t-il pas, en effet, les *congestions*, dont le phénomène primaire, essentiel, est une vaso-dilatation des mieux caractérisées (rougeur, chaleur, augmentation de volume), quelle qu'en soit d'ailleurs l'origine, qu'elles soient dues à des irritations locales, comme la congestion de la conjonctive irritée par une parcelle de poussière, ou qu'elles proviennent de lésions nerveuses centrales (Brown-Séquard) qui équivalent pratiquement à une excitation directe des vaso-dilatateurs ; qu'elles soient réflexes, enfin, comme celle que chacun pourra donner à un lapin par exemple, en le plongeant dans l'eau froide, la vaso-constriction intense de la peau déterminant presque à coup sûr une vaso-dilatation viscérale compensatrice qui se traduit par une néphrite, comme beaucoup d'autres congestions des organes internes dues elles aussi à la vaso-dilatation compensatrice d'une vaso-constriction due au froid ? N'y a-t-il pas aussi l'*œdème*, l'infiltration séreuse du tissu conjonctif ? L'œdème n'est pas en effet dû à un obstacle à la circulation veineuse, seul : il y faut encore autre chose, et cet « autre chose », nécessaire et suffisant, d'après Ranvier, etc., c'est une vaso-dilatation. Et l'*anémie locale* (ou asphyxie locale), qu'est-ce donc si ce n'est une vaso-constriction intense et permanente ? Tous les signes y sont : décoloration, constriction des vaisseaux, abaissement de température : on exciterait le sympathique que les symptômes ne seraient pas plus nets, et si cette anémie persiste, si les tissus demeurent dans cet état d'asphyxie, c'est la mort qui survient, la mort locale des tissus privés de sang, la gangrène (gangrène généralement symétrique, et due sans doute à un trouble des centres vaso-constricteurs). A l'anémie locale s'oppose tout naturellement l'*inflammation :* là, c'était de la constriction, ici c'est de la dilatation typique : *rubor*, *calor*, *tumor*. Dans l'anémie cérébrale, encore, les vaso-moteurs jouent un rôle : ou, pour mieux dire, ils jouent mal leur rôle, soit que les constricteurs cérébraux agissent hors de saison et avec excès, soit que les constricteurs des autres organes aient perdu de leur tonus. Rappelons aussi que, pour Brown-Séquard, l'accès d'épilepsie est dû à une constriction des vaisseaux du cerveau, d'où perte de connaissance, avec refoulement du sang vers le bulbe, d'où les convulsions, et que, pour les partisans de la théorie de l'anémie cérébrale dans le sommeil, il y a légère excitation des vaso-moteurs de l'encéphale ; enfin c'est encore de l'anémie, de la vaso-constriction, qu'il y a dans le mal perforant du pied. Toutefois, dans ce cas, et aussi dans la gangrène symétrique, l'action vaso-motrice n'existe pas seule ; il s'y joint encore une action des nerfs trophiques dont la fonction est troublée, tout comme elle l'est après la section des branches nerveuses importantes, comme on peut le voir par les eschares et ulcérations qui se produisent après section du sciatique par exemple, et par les lésions du décubitus aigu dans certaines maladies. Sans doute, les troubles vaso-moteurs y jouent un rôle, mais il serait injuste de les incriminer seuls.

En pathologie donc, comme en physiologie, les vaso-moteurs ont une influence plus importante, et cela ne peut surprendre du moment où ces nerfs prennent une part aussi considérable à la régulation de la circulation et à la distribution du sang, du moment où ils complètent réellement l'appareil de l'innervation cardiaque, comme nous l'avons montré.

Circulation capillaire. — Passant des artérioles dans les capillaires, le sang pénètre dans un espace dont l'aire est plus considérable : c'est ici la base des cônes artériel et veineux. Aussi comprend-on que la vitesse du sang y soit très faible — 1 millimètre par seconde environ, d'après Volkmann, au lieu de 50 *centimètres* dans l'aorte, mille fois moindre, d'où l'on déduit que l'aire des capillaires est mille fois celle de l'aorte — et que la pression doit encore être inférieure à ce qu'elle est dans les artérioles. La vitesse peut s'observer facilement, et c'est à coup sûr un des spectacles les plus intéressants que d'observer la circulation capillaire de la langue, ou du mésentère, ou de la membrane interdigitale de la grenouille (Malpighi, 1661, Leeuwenhoek, 1695) : chez cet animal on voit admirablement les globules courant les uns après les autres en files plus ou moins serrées, et on constate que leur vitesse est d'environ un demi-millimètre par seconde. Celle-ci varie d'ailleurs au centre et à la périphérie du vaisseau : elle est plus grande au centre — comme dans les rivières — et tandis que les hématies passent principalement au milieu, les leucocytes se trouvent plus volontiers à la périphérie, dans la couche *immobile* ou adhésive comme l'a nommée Poiseuille, ou *retardée*, selon l'expression plus exacte de Marey, s'arrêtant souvent, avançant avec une vitesse dix ou quinze fois moindre, et passant souvent à travers les parois. Ces parois sont très minces d'ailleurs, extensibles, élastiques et contractiles. Leur élasticité se voit à leur aptitude à se dilater si la pression augmente dans les systèmes artériel et veineux ; leur contractilité, inhérente aux cellules endothéliales qui les constituent (ils n'ont point de fibres musculaires) peut s'observer directement, car les excitants extérieurs (Stricker, 1865) amènent un rétrécissement évident de ces vaisseaux, s'ils ne sont point trop énergiques ; les excitations fortes déterminent au contraire un relâchement, une dilatation (Marey). La contraction est lente (Henle) et paraît se faire par secousses successives. Elle se produit souvent de façon rythmique (Spallanzani, etc.), mais on ne peut en aucune façon regarder ces contractions comme venant en aide au cœur, elles ne peuvent au contraire qu'en contrarier l'action (Donders, Milne-Edwards). D'après Traube, on en reconnaîtrait bien l'action sur la pression artérielle dans les graphiques. Rétrécis, ils peuvent avoir un diamètre inférieur à celui des hématies, d'où une résistance plus grande à l'écoulement du sang, et alors celles-ci ne peuvent avancer qu'à la condition de se déformer temporairement, de s'allonger et de s'effiler, ce qui leur est d'ailleurs naturel, grâce à leur élasticité : à plus forte raison en va-t-il de même pour les leucocytes. Donc, vitesse très faible, mille fois inférieure à celle de l'aorte, dix fois inférieure à celle des artérioles (Donders) ; pression très faible que Ludwig et von Kries évaluent à 2, 4 ou 5 centimètres de mercure (évaluation par la méthode consistant à chercher quel poids suffit à faire pâlir la peau). Il faut ajouter un caractère important : écoulement absolument régulier, sans oscillations de vitesse, courant constant, uniforme ; le caractère intermittent de la progression du sang, si fort marqué dans l'aorte, et qui va s'atténuant des grosses aux petites artères, disparait totalement ici : l'élasticité artérielle a rempli sa fonction, elle a substitué un cours uniforme à un afflux intermittent, et désormais le sang coule d'une façon constante ; l'hémorragie capillaire ou veineuse est continue, et non saccadée comme celle des artères.

Chacun peut aisément vérifier l'excitabilité des capillaires. Échauffez la peau avec un corps à 50 ou 60 degrés pendant un instant : la forme du corps s'indique par une tache rouge : les capillaires sont dilatés. Frottez la peau pendant quelques secondes avec un corps mousse : il se dessine une raie pâle ; les capillaires sont contractés. Si l'excitation a été forte ; la raie est rouge, bordée de deux raies pâles ; au niveau de la raie rouge il y a dilatation, l'excitation ayant été trop forte et ayant épuisé la contractilité ; à droite et à gauche, l'excitation plus faible a déterminé une contraction. Du reste, les effets varient selon la région : aux endroits où la peau est souvent excitée, il y a accoutumance, et la contractilité s'épuise moins facilement (peau du dos de la main) ; là où les excitations sont rares (peau de l'épigastre par exemple), la ligne rouge apparaît d'emblée : l'épuisement de la contractilité y est marqué (Marey).

Il n'y a pas de pouls capillaire, normalement ; pourtant, s'il y a dilatation expérimentale ou physiologique des artérioles (Cl. Bernard), les résistances étant diminuées, le pouls artériel persiste dans les artérioles, et se propage aux capillaires et même aux veines. Le pouls capillaire peut encore se produire s'il y a obstacle à la circulation veineuse ; les capillaires acquièrent alors une tension qui permet au pouls actuel de s'y propager. Enfin le pouls capillaire existe normalement chez l'embryon (Spallanzani) et le vieillard (Marey), les artères n'ayant pas encore acquis chez l'un, et ayant chez l'autre, par l'athérome, perdu, leur élasticité.

Sur l'innervation des capillaires on ne sait pas grand'chose. On a parlé de nerfs vasculaires, mais rien n'est certain ; on a parlé encore de nerfs sensitifs (Héger), mais leur existence n'est pas prouvée : aussi convient-il de ne point faire jouer de rôle aux capillaires dans les variations de coloration de la peau qui doivent être regardées comme tout entières dues aux variations de calibre des artérioles.

Il ne faudrait pas se représenter le système capillaire comme formant dans un même organe ou dans un même membre au moins un vaste réseau où se termineraient toutes les artérioles et où prendraient naissance toutes les veinules. La pathologie, la physiologie et l'anatomie s'élèvent contre cette manière de voir, et tout indique au contraire qu'à chaque artériole fait suite un petit réseau limité, très court, de 1 ou 2 millimètres de longueur, auquel fait suite une veinule. Que deux réseaux voisins communiquent quelque peu, cela est vraisemblable, mais cette communication est restreinte, comme l'indique la localisation fort nette des troubles consécutifs à la ligature ou à l'obstruction d'une artère (quand il n'y a point d'anastomoses) ; en un mot, il y a indépendance des circulations capillaires des différentes parties.

Circulation veineuse. — Du cœur aux capillaires le sang traverse un cône dont les capillaires sont la base : des capillaires au cœur il passe par un autre cône dont ceux-ci sont encore la base, et le cœur encore le sommet ; mais au lieu de s'éloigner de ce dernier organe, il y retourne ; sa mission est en partie accomplie ; il a apporté aux tissus de l'oxygène et des aliments ; ceux-ci lui ont rendu de l'acide carbonique et des substances de désassimilation : il faut aller se débarrasser de tout cela et se purifier : ce sera l'œuvre du poumon et du rein.

Le cône veineux rappelle tout à fait le cône artériel : il en diffère toutefois beaucoup par la structure des vaisseaux. Il y a bien les deux éléments élastique et musculaire, mais le premier est bien moins abondant, et les veines n'ont point la rigidité — relative — des artères; par contre, elles sont plus dilatables, extensibles et compressibles ; elles sont contractiles d'ailleurs, comme chacun peut s'en assurer en frappant une veine superficielle, elle se rétrécit aussitôt ; certaines d'entre elles offrent des mouvements nets, parfois rythmés. Ces mouvements, signalés dès 1660 par Walœus pour les veines caves, s'observent surtout au voisinage du cœur ; on dit souvent qu'ils aident à la circulation veineuse ; mais en réalité ils y mettent obstacle autant qu'ils la favorisent. Ces veines sont remarquablement résistantes à l'état sain : Hales a vu la jugulaire supporter une colonne de sang de 148 pieds de hauteur : la veine iliaque du bélier résiste à 4 atmosphères, et la veine porte à 6 atmosphères, d'après Wintringham. Les deux cônes diffèrent encore par un autre caractère : l'aire du cône veineux est le double de l'aire artérielle ; pour une artère il y a deux veines, et ceci explique la faiblesse de la vitesse du sang (225 millimètres par seconde dans la jugulaire du chien) et de sa pression. Cette pression, qui varie entre 5 et 10 millimètres de mercure, et qui n'est que le dixième ou le vingtième de la pression dans l'artère correspondante, ne varie point avec les phases de la pulsation cardiaque : le cours du sang a été régularisé par l'élasticité artérielle, il est parfaitement régulier dans les capillaires, et dès lors comment redeviendrait-il irrégulier dans les veines ? Elle diminue à mesure qu'on se rapproche du cœur, elle diminue au point de devenir nulle, et même négative : tel est le cas, en particulier, pour les grosses veines de la poitrine où le mercure du manomètre descend au lieu de monter. A quoi tient ceci ? A la respiration. Valsalva avait déjà vu que le sang des jugulaires s'écoule plus rapidement durant l'inspiration, comme l'a montré Barry. Quand le poumon se dilate, quand l'inspiration se produit, le vide intrathoracique relatif qui se produit *aspire*, appelle le sang aussi bien que l'air. Si la cage thoracique pouvait être dilatée de force, l'accès de l'air étant absolument empêché, le sang — à supposer qu'il pût se répandre librement — remplirait tout l'espace dont cette cavité s'est augmentée. Il ne le peut, étant enfermé dans des vaisseaux résistants ; du moins il afflue plus facilement, il est attiré, mais il ne l'est pas assez vite, ou en assez grande quantité, pour faire compensation, et l'état de dépression existe chez lui tout comme dans les alvéoles pulmonaires. Cette aspiration du sang veineux par le thorax qui existe toujours, même durant l'expiration (Carson et Donders), mais est plus marquée durant l'inspiration (30-40 millimètres de Hg au lieu de 6 ou 8 en expiration), très marquée pour le sang du foie, — chassé en même temps par l'augmentation de pression abdominale due à la contraction du diaphragme (Rosapelly) — pour le sang du cerveau, etc., est même une des causes de la circulation veineuse. On remarquera toutefois que son action est limitée à la partie supérieure du corps : dans les membres inférieurs, en effet, l'inspiration ralentirait plutôt la circulation en raison de la compression exercée sur les viscères abdominaux par le diaphragme, et qui retentit nécessairement sur les veines du membre inférieur, molles, à parois non rigides. Certains accidents d'ailleurs montrent combien est réelle cette aspiration thoracique : ce sont les accidents dus à la pénétration de l'air dans les veines lors de blessures de troncs veineux du cou, de l'aisselle ou du thorax. Les chirurgiens les connaissent et doivent toujours veiller à éviter ces blessures ou à les fermer au plus tôt. Le mécanisme de ces accidents est d'une simplicité parfaite : la veine est ouverte, il s'y produit une aspiration, l'air se précipite, il se mêle au sang et forme avec lui un mélange, une écume que le cœur envoie au poumon où elle forme des embolies bientôt mortelles (Magendie, 1821) : le sang écumeux ne circulant pas dans les capillaires pulmonaires, et ne se purifiant point. L'air se précipite d'autant plus aisément dans les veines que certaines d'entre elles, au thorax (Bérard) sont entourées d'aponévroses qui les maintiennent béantes. La cause principale de la circulation veineuse toutefois, c'est la *vis à tergo*, c'est la pression du sang des capillaires, c'est donc en définitive le cœur lui-même. Sans doute ses pulsations ne se font plus sentir dans les veines, mais pour être régularisée, son impulsion existe-t-elle moins ? Comprimez une artère de façon que le sang n'y passe plus : aussitôt le cours du sang s'arrête dans la veine correspondante. Au surplus, il est aisé d'obtenir la pulsation cardiaque jusque dans les veines : il suffit de diminuer les résistances régulatrices des artérioles en en provoquant la dilatation, et voilà le pouls veineux très net.

Le pouls veineux périphérique ne doit pas être confondu avec le pouls veineux de Potain, avec le soulèvement de la veine jugulaire externe lors de la systole auriculaire, ni avec le pouls veineux pathologique attribué à l'insuffisance de la valvule tricuspide. Le pouls veineux de Potain, phénomène parfaitement normal, s'explique en admettant que la systole auriculaire réagit naturellement sur la pression du sang des veines voisines du cœur : non qu'elle fasse refluer le sang, mais elle en arrête un moment l'arrivée. Du reste, un léger reflux ne serait pas chose impossible, car nulle valvule ne s'y opposerait. Ce qui les différencie en deux pouls veineux centraux, c'est que l'un coïncide avec la systole ventriculaire, l'autre avec la systole auriculaire. Ce dernier se sent bien à la jugulaire où Potain l'a recueilli et enregistré.

Une troisième cause de la circulation veineuse est l'*aspiration* que quelques physiologistes supposent être exercée par le cœur droit (oreillettes ou ventricule ?) sur le sang veineux. Mais existe-t-elle ? Marey le croit.

Plus importante est l'action musculaire. Le muscle qui se contracte se gonfle[1] ; il comprime les vaisseaux qui le traversent ou le côtoient : il favorise donc leur déplétion. Mais cette déplétion s'effectuerait aussi bien par refoulement du sang vers les capillaires — ce qui serait une entrave à la circulation veineuse — que par refoulement vers le cœur, si les veines n'étaient pourvues de valvules de distance en distance. (Ces valvules manquent dans les veines porte et rénale, et dans les veines de l'utérus et du poumon : elles sont rares à la tête et au cou.) La compression des veines s'étend au sang, mais si elle tend à entraver le retour du sang vers le cœur, elle oblige en même temps les valvules à se rabattre vers le centre du vaisseau et à lui fermer la voie, force lui est donc de suivre le seul chemin qui lui reste, et de gagner le cœur. C'est donc grâce aux valvules découvertes par Fabrice d'Acquapendente, et dont Harvey a démontré le rôle que la contraction musculaire favorise la circulation veineuse ; les veines se vident — en partie au moins — durant la contraction, et durant le repos des muscles, la *vis à tergo* les remplit de nouveau (Poiseuille a fourni une bonne démonstration de la *vis à tergo* en montrant que le débit d'une veine donnée diminue après blessure de l'artère correspondante, blessure qui diminue la pression du sang artériel. Il semble d'ailleurs que dans certaines parties — dans les membres en particulier, d'après Braune — la contraction musculaire exerce alternativement une compression et une dilatation des veines qui, grâce à leurs valvules, toujours, jouent ainsi le rôle de pompe aspirante et foulante à la fois. Les valvules veineuses sont plus particulièrement abondantes dans les membres inférieurs. C'est là d'ailleurs qu'elles sont le plus nécessaires : car la pesanteur qui favorise la déplétion

[1] L'artère en diastole se gonfle aussi, les veines voisines des artères, étant 1 égèrement comprimées par celles-ci, la pulsation des artères en comprimant les veines favorise quelque peu le mouvement du sang veineux, dont le sens demeure toujours déterminer par les valvules ; si les valvules manquent, la pulsation des artères est un obstacle. (*Circulation par influence,* Dr Ozanam, 1881.)

des veines de la tête, et, dans quelques positions, de celles des membres supérieurs, contrarie au contraire la circulation veineuse des membres inférieurs, et c'est à l'exagération de cet obstacle — chez les personnes qui restent longtemps debout — qu'est due l'apparition des dilatations veineuses appelées *varices*, lesquelles dilatations, naturellement, contribuent à rendre moins efficace l'action des valvules.

Vis à tergo, contraction des muscles et artères, aspiration thoracique, aspiration cardiaque possible, pesanteur dans une certaine mesure, telles sont les causes de la circulation veineuse. Il semblerait qu'avec tant d'adjuvants, celle-ci devrait se faire très bien. Il n'en est rien, et on ne s'en étonnera point, en considérant que de toutes ses causes une seule — la première — est constante : les autres sont intermittentes. Aussi, comparée à la circulation artérielle, la circulation veineuse est-elle imparfaite, irrégulière et languissante. Cela est fâcheux, sans doute, mais il serait cent fois plus fâcheux que ces caractères fussent transférés à la circulation artérielle.

Les veines reçoivent évidemment des nerfs : elles sont en outre fort contractiles — voir les veines de l'oreille du lapin ou de la membrane alaire de la chauve-souris — et certaines d'entre elles sont animées de mouvements rythmiques, d'alternances de contraction et de relâchement, qui leur ont fait donner le nom de *cœurs accessoires*, chez l'anguille par exemple. On remarquera toutefois que ces contractions ne peuvent réellement favoriser la circulation que si les veines sont pourvues de valvules, et encore...

Le passage du sang dans les veines s'accompagne dans presque la moitié des sujets d'un murmure dit : *bruit de diable*, qui s'entend dans les jugulaires et surtout chez les anémiques. Il peut exister aussi si l'on comprime légèrement la veine avec le stéthoscope ; mais alors il est artificiel. Le bruit est dû au passage du sang par une partie plus étroite (Chauveau et Potain).

Circulation pulmonaire. — Dans les pages qui précèdent, nous avons eu en vue particulièrement la grande circulation, le cycle qui commence au ventricule gauche pour s'achever à l'oreillette droite. Il nous faut ajouter un mot au sujet de la petite circulation dont le cycle embrasse le ventricule droit, le poumon et l'oreillette gauche. C'est un perfectionnement que cette adjonction de la petite circulation à la grande, c'est un perfectionnement dont beaucoup d'organismes se passent, chez qui le cœur est biloculaire, l'oreillette recevant le sang du corps, et le ventricule le lui renvoyant, l'appareil pulmonaire étant interposé dans le trajet de la circulation générale soit après le ventricule — comme l'est le rein chez les animaux supérieurs, — soit avant l'oreillette, le ventricule unique suffisant à la propulsion à travers le corps et à travers l'organe respiratoire, et le cœur étant selon le cas, exclusivement veineux, ou exclusivement artériel. Ce perfectionnement a évidemment une grande valeur, en ce qu'il assure une hématose plus rapide, et une circulation plus parfaite.

Le cœur droit — le ventricule en particulier — ayant à déployer un effort moindre pour envoyer le sang au poumon si voisin, est moins épais, moins vigoureux que le gauche. La *pression* dans l'artère pulmonaire est de beaucoup inférieure à celle de l'aorte et des gros vaisseaux (trois ou quatre fois moindre : de 10 à 30 millimètre de mercure); dans les veines pulmonaires elle doit être à peu près celle des veines caves : fort peu de chose ; la *vitesse* doit être la même que dans l'aorte, et dès lors, le trajet étant plus court, une goutte donnée de sang parcourt plus vite le cycle pulmonaire que le cycle général. Jolyet et Tauziac ont montré en effet qu'il faut quatre fois moins de temps pour traverser le premier que le second, d'où l'on peut déduire que le premier contient quatre fois moins de sang que le second. Il convient de remarquer que la circulation pulmonaire s'effectue tout entière dans des conditions spéciales auxquelles la circulation générale n'est soumise qu'en partie ; elle se fait dans un milieu soumis à de perpétuelles alternances de pression, par le fait de la respiration. Quel est l'effet de ces alternances ? Durant l'inspiration, les capillaires pulmonaires se dilatent — puisqu'il y a vide relatif — et le sang y est appelé et son cours y est favorisé ; au contraire, durant l'expiration, il y a compression relative des capillaires ; mais celle-ci favorise aussi la circulation. Dans le premier cas en effet, il y a appel de sang dans le poumon : la déplétion des artères pulmonaires est favorisée, mais non celle du poumon naturellement ; dans le second l'évacuation du sang pulmonaire est favorisée, mais non son arrivée au poumon. Il en résulte que les deux actes respiratoires sont à la fois favorables et défavorables à la circulation pulmonaire.

Il faut ajouter que si la respiration agit notablement sur la circulation, celle-ci exerce aussi quelque influence sur la première. Mais cette influence est plus curieuse qu'importante. Elle consiste en ce qu'à chaque battement du cœur, il y a une légère diminution de tension de l'air pulmonaire (à cause de la *diminution* de volume du cœur). On peut enregistrer les variations de tension en bouchant une narine, et en mettant l'autre en communication avec un tambour de Marey : à chaque systole ventriculaire il y a chute de la tension de l'air, *si la glotte est ouverte.* (Il va de soi que durant l'expérience tout mouvement respiratoire est suspendu.) Si la glotte est fermée, le phénomène est différent : à chaque systole ventriculaire il y a pulsation *inverse* et augmentation de tension; dans ce cas, on enregistre le pouls nasal, l'expansion des vaisseaux de la bouche, du pharynx, et du nez lors de la systole ventriculaire. Dans les deux cas, le pouls carotidien et le pouls nasal sont synchrones ; mais ils sont inverses dans le premier, de même sens dans le second. (François Franck et Mosso, etc., *Cardio-pneumographie.*)

Circulation du fœtus. — La circulation telle qu'elle existe chez l'adulte et telle que nous venons de l'exposer n'est pas du tout celle qui existe chez l'embryon : il faut donc dire un mot de la constitution de l'appareil circulatoire chez ce dernier. Renvoyant aux traités d'embryologie pour l'évolution progressive de cet appareil, nous nous contenterons de quelques indications sommaires sur la *seconde circulation.* Deux artères ombilicales ou allantoïdiennes, apportent le sang du fœtus au placenta où il se charge d'oxygène et reçoit des matières alimentaires. Il en revient par une veine ombilicale, traverse le foie en partie, arrive

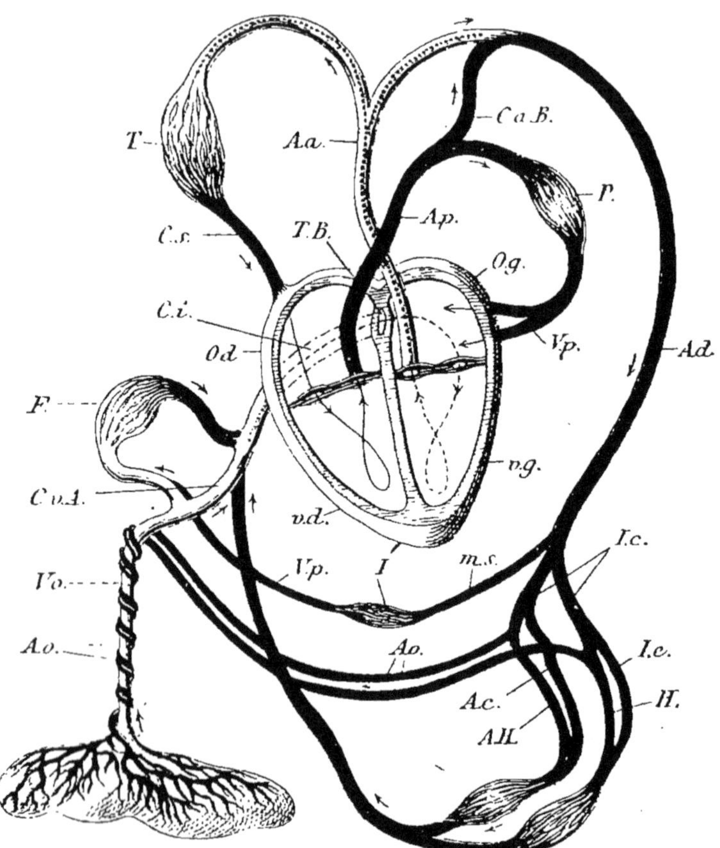

Fig. 37. — Schéma de la circulation du fœtus, d'après Preyer. (*Physiologie de l'embryon*, Alcan.)

En bas, à gauche, le placenta d'où naît la veine ombilicale (*V.o*). Le sang passe en partie par le foie (*F.*), en partie par le canal veineux d'Arantius (*C.v.A.*). Ayant reçu le sang veineux de la veine porte (*V.p.*), et des veines crurales, etc., il est déjà moins pur (tracé pointillé). Il pénètre dans la veine cave inférieure (*C.i*,), et dans le cœur, dans les deux oreillettes où celle-ci débouche. De l'oreillette, il passe dans le ventricule et dans l'aorte. Il perd encore de sa pureté, par le fait que le sang revenant du poumon se mêle à lui. Pourtant la tête (*T.*) reçoit du sang encore assez pur, qui revient à l'oreillette droite par la veine cave supérieure (*C.S.*). Le sang de l'oreillette droite passe dans le ventricule droit, et va se mélanger à celui de l'aorte (*A.a.*) par le conduit artériel de Botal (*C.a.B.*), et irrigue le poumon. Le foie reçoit donc le sang le plus pur; la tête en reçoit encore d'assez pur. *A.d.* aorte descendante; *A.p.*, artère pulmonaire; *T.B.*, trou de Botal; *I.c.*, iliaques; *M.s.*, mésaraïque supérieure; *I.e.*, iliaque externe; *A.H.* et *H.*, hypogastriques; *A.c.*, crurale; *A.o.* artères ombilicales retournant au placenta; *O.d. O.g.*, oreillettes droite et gauche; *v.d.*, *v.g.* ventricules droit et gauche.

au cœur, après avoir reçu le sang veineux de l'intestin, et passe en majeure partie dans l'oreillette gauche par le trou de Botal, qui est une des embouchures de cette veine (voy. Preyer. *Physiologie de l'embryon*, p. 78), et de là dans le ventricule gauche, qui l'envoie dans l'aorte. Une partie de ce sang mixte (artériel de la veine ombilicale, veineux des veines mésentériques) revient désoxygéné au cœur par la veine cave supérieure et l'oreillette droite ; l'autre partie va arroser la partie inférieure du corps. Il ne faut pas oublier qu'une partie du sang de l'oreillette droite passe dans le ventricule correspondant qui l'envoie au poumon, mais il en va très peu à celui-ci. A quoi bon d'ailleurs ? Et le canal artériel qui relie l'artère pulmonaire à l'aorte en conduit la majeure partie dans ce dernier vaisseau d'où il gagne le placenta par les artères ombilicales. Le sang envoyé par le cœur au corps de l'embryon est donc en partie veineux, surtout en ce qui concerne les parties inférieures du corps — et cette circulation rappelle fort celle de certains vertébrés inférieurs. Après la naissance, le poumon devenant l'organe respiratoire à la place du placenta qui disparaît, la circulation de l'adulte s'établit par oblitération du trou de Botal, atrophie du canal artériel, des artères et de la veine ombilicales. Lire attentivement la figure 37 où le sang est pur dans les vaisseaux à contours déliés ; moins pur dans les vaisseaux pointillés, veineux dans les vaisseaux noirs.

Circulation lymphatique. — Nous avons vu ce qu'est la lymphe : il nous reste à décrire ses mouvements. Elle circule dans un système spécial des vaisseaux, les lymphatiques. On a beaucoup discuté sur ces vaisseaux. Pour Sappey, ils forment un réseau vasculaire dont les portions terminales sont en relations étroites avec les capillaires sanguins ; ils naîtraient de ces capillaires mêmes avec lesquels ils communiquent largement. Pour Robin, il y aurait non pas communication, mais juxtaposition intime : supposons un vaisseau subdivisé en deux par une cloison parallèle à son grand axe : d'un côté de la cloison serait le lymphatique, de l'autre le capillaire. Enfin, pour Virchow, Recklinghausen, Ranvier, etc., il y a du vrai dans la théorie de Robin, en ce sens que les capillaires lymphatiques et sanguins sont en connexion étroite, au point qu'autour des vaisseaux sanguins il existerait souvent des *espaces périvasculaires* formés par un second vaisseau entourant entièrement ceux-ci, et rempli de lymphe. Le point le plus discuté, en ce qui concerne les lymphatiques, est celui de leur origine réelle. Les uns pensent que les capillaires lymphatiques s'ouvrent dans les lacunes du tissu conjonctif ou même dans les cellules conjonctives, alors que pour les autres ils ne communiquent qu'avec les capillaires sanguins. (Pour détails, voir un traité d'histologie.) Où est la vérité ? En réalité, il nous importe peu : qu'il y ait communication directe ou non, à la périphérie, il y a communication au centre, par les veines ; que les matières se répandent directement des capillaires lymphatiques dans les lacunes conjonctives ou qu'elles y passent par extravasation à travers les parois de ces capillaires, le fait essentiel est que la lymphe circule dans les interstices des cellules et tissus. Aux capillaires font suite les vaisseaux lymphatiques, à parois conjonctive, élastique et musculaire, avec endothélium, contractiles. Ces vaisseaux s'anastomosent entre eux, se jettent les uns dans les autres pour former des troncs plus volumineux, et finissent par aboutir à deux troncs principaux, en suivant le trajet des vaisseaux sanguins ordinairement : ces troncs sont les veines lymphatiques droites et le canal thoracique, dont la première s'ouvre dans la sous-clavière droite, et reçoit les lymphatiques de toute la partie droite de la partie sous-diaphragmatique du corps — sauf le poumon, — le second s'ouvre dans la sous-clavière gauche, ayant reçu les lymphatiques du reste du corps, y compris les chylifères ou lymphatiques de l'intestin grêle, dont nous avons parlé à propos de la digestion. Avant d'arriver à ces deux conduits principaux, les lymphatiques forment un ou plusieurs ganglions où la lymphe circule pour suivre ensuite son cours.

Les lymphatiques ont été découverts en plusieurs fois. Eustachi, en 1550, a vu le canal thoracique qu'il prit pour une veine ; Aselli en 1622 a découvert les chylifères sur un chien tué en pleine digestion, circonstance qui permet de les voir admirablement ; Pecquet, quelques années après, a montré que ces chylifères communiquent non avec le foie, comme le croyait Aselli, mais avec le canal thoracique à la partie inférieure de laquelle il a décrit le réservoir connu depuis sous le nom de citerne de Pecquet ; Rudbeck enfin, en 1654, âgé de vingt ans, a montré l'existence de lymphatiques dans les différentes parties du corps : notons que Bartholin a revendiqué aussi l'honneur de cette découverte. Les lymphatiques sont irritables, les troncs de quelque importance possèdent des fibres lisses, et sans doute aussi des nerfs vaso-moteurs. L'excitation des nerfs mésentériques détermine une constriction des chylifères (Bert et Laffont), celle des chylifères par le froid ou l'air agit de même (Vulpian). L'excitation du trijumeau agit aussi sur le calibre des lymphatiques de la lèvre ; mais en somme l'innervation du lymphatique reste à élucider.

La lymphe se meut dans les lymphatiques. Mais comment? Où est l'organe moteur ? Il y en a plusieurs. Il y a le *cœur* d'abord : le cœur qui pousse le sang à travers les artères capillaires et veines, lequel sang revient au cœur en partie par les veines, en partie par les lymphatiques. Chez quelques animaux, la couleuvre et la grenouille par exemple, il y a des *cœurs lymphatiques* spéciaux, des organes contractiles qui chassent la lymphe dont le cours est déterminé par des valvules, comme l'est le cours du sang dans les veines. Les lymphatiques eux-mêmes présentent aussi parfois des contractions rythmiques, et ici encore les valvules règlent le cours du liquide. La *contraction des muscles* aide à cette circulation, comme à la circulation veineuse ; la capillarité y concourt sans doute aussi, et si le sang veineux est aspiré au voisinage du cœur par les mouvements inspiratoires, ou par le cœur même, la lymphe doit-elle aussi être appelée, et participer à cette aspiration, le mouvement respiratoire en déterminant une propulsion plus rapide dans les veines, puisqu'elle ne saurait rétrograder. La *pression* de la lymphe est très faible (11 millimètres dans le canal thoracique et sa vitesse est de 4 millimètres par seconde à peu près

D'une façon générale il faut envisager la lymphe comme

du plasma sanguin ayant passé hors du vaisseau pour aller alimenter les tissus, et qui revient à l'appareil circulatoire après avoir rempli sa tâche. On remarquera en passant que sur chacune des trois voies de la circulation il y a interposition d'appareils spéciaux : le rein, le foie, la rate, etc., pour les voies artérioso-veineuses ; les ganglions lymphatiques pour les vaisseaux.

Nous avons indiqué les usages généraux de la circulation : elle sert à apporter aux tissus l'oxygène et les aliments de toute sorte dont ils ont besoin ; elle leur prend l'acide carbonique produit pour le porter au poumon par où il s'élimine. Elle leur prend les produits de désassimilation qui s'éliminent ensuite par différents organes, le rein en particulier. Enfin, par les variations de calibre des artérioles, elle joue un rôle considérable dans la régulation thermique, la déperdition de chaleur étant réglée en grande partie par l'état de dilatation ou de contraction de ces vaisseaux.

RESPIRATION

On peut définir la respiration comme étant l'ensemble des fonctions grâce auxquelles l'oxygène de l'air est mis à la portée des tissus et utilisé par eux, et l'acide carbonique résultant de la combustion de l'oxygène des tissus, éliminé au dehors. Il y a donc deux parties distinctes dans la respiration : il y a l'*aération*, c'est-à-dire le transport de l'oxygène aux tissus, et de l'acide carbonique au dehors, et il y a la *respiration proprement dite* par laquelle l'oxygène est utilisé, et l'acide carbonique produit. La respiration offre donc à considérer des phénomènes mécaniques ou physiques, et des phénomènes chimiques.

Les premiers varient considérablement, selon les formes animales : les derniers sont partout identiques.

Organes respiratoires. — L'organe de l'aération chez l'homme et les vertébrés terrestres supérieurs, c'est le *poumon*. Chez les animaux aquatiques, c'est la *branchie;* une troisième forme d'organe d'aération, spéciale aux insectes, est la *trachée*. La branchie est en somme un filament allongé, pourvu d'un riche réseau capillaire : le sang y est amené par un vaisseau, il s'étale dans les capillaires, à travers la paroi desquels il perd son acide carbonique et acquiert de l'oxygène ; de là il passe dans l'autre vaisseau, redevenu propre à l'entretien de la vie. La trachée est un vaisseau rameux, allongé, fin, qui s'ouvre au dehors, et au dedans pénètre dans les interstices des organes; la branchie va chercher l'air; dans la trachée l'air vient trouver les tissus. Chez les pulmonés, l'air fait une partie du chemin vers les tissus; le sang venu à sa rencontre de la part ceux-ci fait le reste du chemin et sert d'intermédiaire entre eux et le poumon, après s'être chargé d'air.

Le poumon peut être regardé comme un sac pourvu d'une ouverture unique, divisé et subdivisé en une infinité de petites cavités par des saillies nées de ses parois, de sorte que ce sac possède en définitive une surface considérable. Il est tapissé, jusque dans ses moindres subdivisions, par une membrane muqueuse qui est la surface respiratoire, le siège des échanges entre le sang et l'air extérieur.

L'épithélium pulmonaire subit certaines modifications entre le moment où il se forme, et celui où il atteint sa constitution définitive. Vers 4 mois et demi ou 5 mois, le fœtus possède un épithélium cubique, disposé en une seule couche. A terme, les cellules sont plus aplaties; mais ce n'est qu'après l'établissement de la respiration qu'elles deviennent larges, et très plates, par suite de la distension des alvéoles qui en est la conséquence. Obligées de s'étendre en largeur, les cellules sont forcées de perdre de leur hauteur.

La partie intéressante du poumon est représentée par l'épithélium alvéolaire et par les vésicules ou lobules primitifs.

Les lobules primitifs ont un volume de 1 à 2 millimètres cubes (Sappey). Ils adhèrent entre eux. De leur surface interne naissent des cloisons perpendiculaires délimitant à leur intérieur des alvéoles qui augmentent de capacité avec l'âge et qui ont : 0,05 chez le nouveau-né; 0,10 chez l'enfant de 12 à 18 mois; 0,20 chez l'adulte de 18 à 20 ans; 0,23 entre 25 et 40 ans; 0,30 entre 50 et 60 ans; 0,34 entre 70 et 89 ans.

Ceci ne veut pas dire toutefois que la surface respiratoire

augmente sans cesse ; elle augmente bien jusqu'à 35 ou 40 ans, mais elle diminue ensuite, à cause de la résorption des parois des alvéoles (emphysème).

L'épithélium est pavimenteux, aplati ; certaines cellules sont très larges et dépourvues de noyau, et d'autres plus ramassées.

D'après Ewald et Kobert, cet épithélium est parfaitement perméable, de même que le reste du poumon : les insufflations forcées font passer l'air *en nature* dans la cavité pleurale et les vaisseaux pulmonaires, ce qui expliquerait certains cas de mort subite consécutifs à des accès de toux, sans lésions apparentes, car la pression nécessaire pour produire cette infiltration n'est pas bien grande.

L'épithélium repose sur un stroma qui comprend surtout des fibres élastiques, au milieu desquelles circulent les capillaires nés du réseau périphérique des lobules primitifs. Il y a de nombreuses fibres musculaires dans les bronches et dans le parenchyme pulmonaire (Fibres de Reisseisen), et ces fibres, qui ne meurent que lentement, permettent après la mort des modifications considérables dans la forme des poumons.

La surface des lobules et des alvéoles présente, au-dessous de l'épithélium, un nombre très considérable de capillaires, par l'intermédiaire desquels le sang vient se purifier. La *surface respiratoire* est d'environ 200 mètres carrés et comme les 3/4 de la surface des alvéoles sont constitués par des capillaires sous-épithéliaux, il en résulte que la nappe sanguine pulmonaire a environ 150 mètres carrés. L'épaisseur de cette nappe est très faible, mais elle représente environ 2 litres de capacité, et se renouvelle sans cesse, de telle sorte qu'il passe dans le poumon au moins 20 000 litres de sang par vingt-quatre heures.

M. M. Sée est arrivé à un chiffre différent, à 81 mètres carrés, plus de 50 fois la superficie de la peau.

Notons en passant que la muqueuse pulmonaire est très apte à absorber non seulement les gaz mais encore l'eau et différentes substances dissoutes.

Haller avait déjà remarqué que quelques gouttes peuvent pénétrer dans cet organe sans provoquer de toux, et il serait arrivé à Desault d'injecter du bouillon dans les poumons, croyant le pousser dans le tube digestif. Goodwyn a pu expérimentalement introduire 60 grammes d'eau dans les poumons du chat ; 240 grammes dans celui du chien, et Mayer 125 chez des lapins. Chez un cheval qu'il voulait abattre, Gohier fit introduire de l'eau dans la cavité pulmonaire : il en fallut 52 litres, et l'autopsie montra que l'absorption du liquide s'était faite très rapidement. D'autres expériences, faites sur des chats, renards, etc., ont montré que du sulfate de fer et de cuivre, du prussiate de potasse, etc., injectés en solution dans le poumon, se montrent dans le système artériel au bout de cinq minutes environ, et n'apparaissent que plus tard dans le sang veineux. Colin a fait pénétrer dans les poumons d'un cheval 21 litres d'eau, à raison de 1 litre toutes les dix minutes ; à la fin de l'expérience, l'animal fut abattu ; ses poumons aussitôt examinés ne contenaient pas de liquide. Quand l'introduction est rapide, brusque, la mort peut survenir en peu de temps, par suite de la diminution trop grande de la surface respirante.

Le poumon est tout entier renfermé dans la cage thoracique ; il y forme un sac spongieux, très élastique, qui communique avec l'extérieur par un tube rigide. Est-il besoin de rappeler la conformation de la plèvre ? En ce cas, figurons-nous ce sac spongieux comme renfermé dans une caisse ayant la même forme générale, mais composé en partie d'éléments rigides, en partie d'éléments élastiques ; cette caisse est le thorax. Celui-ci est tout entier tapissé à sa face interne d'une membrane mince qui est la plèvre : et celle-ci, arrivée au point où le tube rigide traverse les parois de la caisse, se réfléchit sur ce tube et va s'étaler sur la totalité du sac pulmonaire. Il en résulte que sac et caisse sont séparés l'un de l'autre par deux feuillets de la plèvre : le feuillet pariétal et le feuillet viscéral, et nous ajouterons qu'entre ces deux feuillets, c'est le vide ; il n'y a rien, rien qu'un peu de liquide. Nous utiliserons plus tard ces données. Pour le moment, achevons la description de l'arbre respiratoire.

Les différentes vésicules pulmonaires donnent naissance à de petits conduits élastiques et contractiles, qui se joignent les uns aux autres de façon à former des canaux plus volumineux ; ce sont les bronches : et tous les conduits bronchiques de chaque poumon se fondent, en dernier lieu, en une seule grosse bronche; les deux grosses bronches se rejoignent et forment la trachée ; grosses bronches et trachée sont élastiques et pourvues d'anneaux cartilagineux qui les maintiennent béantes. A la trachée fait suite le larynx — appareil phonateur sans rôle respiratoire — au larynx, le pharynx, et au pharynx les fosses nasales, voies naturelles de l'air, tapissées d'une membrane muqueuse richement vascularisée, et formant des replis qui en accroissent la surface, grâce à laquelle l'air inspiré s'échauffe quelque peu, se charge d'humidité, s'il est sec ; et par l'olfaction enfin, cette membrane sert à protéger l'organisme contre beaucoup d'odeurs ou de gaz pernicieux. Du poumon, de l'immense surface respiratoire, aux narines, les voies respiratoires vont se rétrécissant sans cesse, formant un cône — à peu près — dont le sommet est aux narines, et la base est formée par la muqueuse pulmonaire. Trachée, larynx et narines, voilà le tube rigide dont nous parlions tout à l'heure, voilà la seule voie de communication entre le sac pulmonaire et l'extérieur.

Comment ce sac pulmonaire sert-il à la respiration? Se contente-t-il de l'air qui peut s'y rendre naturellement? Non, car si les choses étaient à l'état *naturel* le poumon ne renfermerait pas un centimètre cube d'air; son élasticité le maintiendrait ramassé sur lui-même, imperméable. Il faut donc qu'un mécanisme extérieur lui fasse violence et y fasse pénétrer l'air de force et avec assez de continuité pour les besoins des tissus. Ce mécanisme, c'est la *cage thoracique* formée par la colonne vertébrale, les côtes et le sternum, les vides entre les parties solides étant remplis par des muscles. Grâce aux articulations des côtes celles-ci peuvent s'élever et s'abaisser, et le diaphragme qui ferme le thorax par en bas peut également s'élever et s'abaisser. De la sorte le thorax peut augmenter et diminuer de capacité, et il suffit d'un mécanisme obligeant le poumon à suivre le thorax pour assurer l'aération du poumon. Ce mécanisme existe, c'est le *vide pleural*.

Inspiration. — Considérons maintenant les détails du processus, et commençons par l'inspiration. Durant celle-ci, nous voyons *augmenter tous les diamètres du thorax*. Il y a augmentation du diamètre vertical par abaissement du diaphragme ; du diamètre antéro-postérieur par projection du sternum en avant, due elle-même à l'élévation des côtes qui détermine en même temps une augmentation du diamètre transverse. L'augmentation du diamètre vertical n'offre aucune difficulté : le diaphragme, en se contractant, tend à perdre sa forme de dôme, et à devenir plan ; il comprime la masse viscérale, d'où saillie légère du ventre. Mais en même temps, comme il s'insère sur les côtes inférieures mobiles (— il n'a pas d'insertion fixe, immobile —) il peut prendre un point d'appui sur la masse viscérale, sa portion périphérique s'élève, c'est-à-dire qu'il est légèrement élévateur des côtes ; et comme la masse viscérale tend quelque peu à projeter les côtes inférieures en dehors il détermine encore un léger élargissement du diamètre antéro-postérieur (Haller, Brucke), aussi bien que l'agrandissement du diamètre transverse. Bien que ce muscle soit fort utile à la respiration, il n'est pas absolument indispensable. On peut vivre avec une paralysie du diaphragme, mais il y a une forte dyspnée. Pareillement, on peut vivre avec le diaphragme seul, les autres muscles inspirateurs cessant d'agir. Le diaphragme est innervé par le nerf phrénique : le synchronisme des contractions des deux moitiés de ce muscle est assuré par un centre régulateur commun, situé dans le bulbe, mais que l'on peut dissocier par une section longitudinale de celui-ci (Langendorff).

L'augmentation du diamètre antéro-postérieur est tout

entier dû à l'élévation des côtes, et à son retentissement sur le sternum auquel elles se relient. Les côtes sont normalement obliques à la colonne vertébrale; et lorsqu'elles se relèvent, tendant à l'horizontalité, elles doivent nécessairement augmenter le diamètre antéro-postérieur, comme le montre le schéma ci-joint, en projetant le sternum en avant et un peu

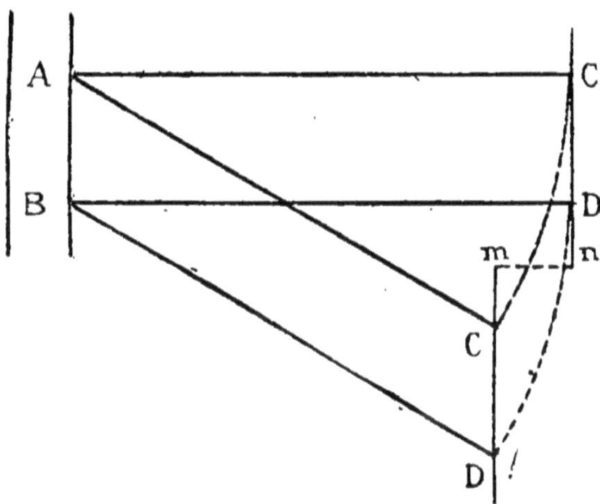

Fig. 38. — Schéma du mouvement des côtes. Leur élévation détermine l'augmentation des diamètres transversal et antéro-postérieur.

en haut. Toutes les côtes n'ayant pas la même longueur toutefois, chacune d'elles participe inégalement à cet accroissement du diamètre antéro-postérieur; ce sont les plus longues qui y coopèrent le plus (6e, 7e et 8e). C'est encore l'élévation des côtes qui détermine l'augmentation du diamètre transversal, comme montrent les figures 38 et 39 : du reste l'élévation des côtes agit encore d'une autre façon pour augmenter le diamètre transverse; elles subissent une certaine torsion, grâce auquel leur bord inférieur se dirige en dehors et en haut. En se relevant ainsi, les côtes projettent naturellement le sternum en avant et en haut, d'où accroissement du volume du thorax : ces mouvements de la cage thoracique sont dus à la contraction d'un certain nombre de muscles; les *scalènes*, les *surcostaux*, les *petits dentelés*, le *cervical descendant*, auxquels, en cas d'inspiration forcée, se joignent beaucoup d'autres muscles, comme le *sous-clavier*, le *grand dentelé*, le *grand pectoral* qui agit puissamment quand le bras est levé et fixé; le *petit pectoral*, qui agit dans les cas où l'omoplate reste immobile ; le *grand dorsal*, le *sterno-cléido-mastoïdien*, et beaucoup d'autres muscles dont les uns servent à fixer certaines parties et à permettre l'action d'autres muscles (inspirateurs *indirects*), et dont les autres peuvent prendre part à la dilatation de la cage thoracique, une fois que leur extrémité non thoracique a pu être immobilisée par l'action des muscles indirects ; ce sont des inspirateurs *directs*, comme les pectoraux, etc. [1]. Il est donc bien peu de muscles thoraciques ou thoraco-brachiaux qui ne puissent devenir inspirateurs à un moment donné et dans certaines conditions; à cet égard, l'étude du mécanisme respiratoire chez les asthmatiques est très instructif, car ils mettent en jeu toutes les puissances respiratoires disponibles.

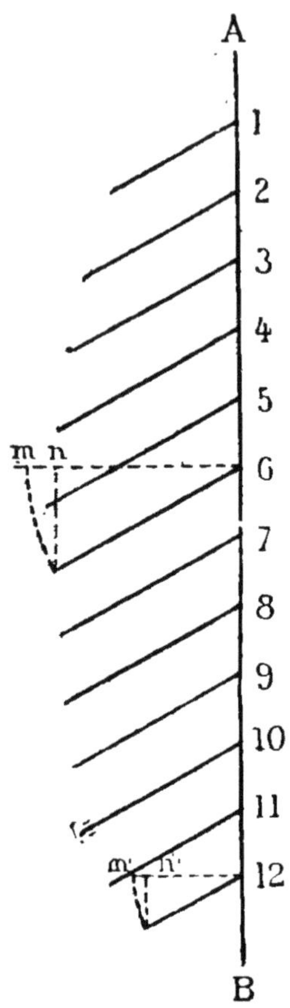

Fig. 39. — Influence de la courbure des côtes sur l'agrandissement des diamètres transversaux du thorax.

Les surcostaux et les intercostaux externes et internes jouent encore un rôle dans la respiration ; mais on a beaucoup discuté sur leur action réelle.

[1] Chabry a donné une bonne analyse des mouvements des côtes dans le *Journal* de Pouchet (1881).

Beau et Maissiat ont catalogué les opinions émises, mais cette énumération n'a qu'un intérêt historique : nous la laisserons de côté, car il paraît établi par les intéressantes recherches de Laborde sur le guillotiné Campi que les intercostaux *externes* sont *inspirateurs ;* et les *internes*, *expirateurs*, comme l'avait admis Hamberger en démontrant géométriquement le fait.

En même temps que s'opère la dilatation des trois diamètres thoraciques, d'autres phénomènes intéressants se produisent du côté des voies aériennes.

Les *ailes du nez* se dilatent ; cela est surtout marqué dans l'inspiration profonde ou forcée, et cette dilatation est nécessaire, car, sans elle, il y aurait — ce qui arrive parfois, du reste — dépression des ailes contre la cloison, lors d'une brusque inspiration, et interruption complète du passage de l'air. Le pharynx, le larynx, la trachée sont naturellement béants, en vertu de leur conformation : d'après les expériences de Garland il y aurait même une expansion, une dilatation pharyngienne nette commençant un peu avant l'inspiration, suivie d'une contraction se produisant au cours de cette dernière. Le larynx s'élèverait lors de l'expiration pour s'abaisser lors de l'inspiration (Rosenthal). Dans le larynx, les dilatateurs de la glotte se contractent, pour ouvrir mieux encore le passage à l'air (Czermak) ; enfin la trachée et les bronches restent ouvertes, grâce à leurs anneaux cartilagineux. Donc, les voies aériennes sont béantes.

A quoi sert tout ceci ? En deux mots, à *appeler l'air* dans le poumon. La cage thoracique se dilate en tous sens : entre elle et le poumon qu'y a-t-il ? La cavité pleurale ; n'est-ce pas ? mais c'est une cavité virtuelle : elle ne communique pas avec le dehors : entre les deux feuillets de la plèvre qu'y a-t-il, s'ils s'écartent, si le feuillet thoracique s'éloigne du feuillet viscéral ? Le vide, un vide faible sans doute, mais qui atteint bien 10 à 15 millimètres de mercure dans la respiration calme, et qui dans l'inspiration forcée peut atteindre de 70 à 100 millimètres, et ce vide ne peut demeurer : le poumon communique largement avec l'atmosphère, et la pression atmosphérique oblige les deux feuillets à rester accolés l'un à l'autre ; l'air envahit le poumon. Voici un schéma du poumon et de la cage thoracique : une cage rigide terminée en bas par une membrane de caoutchouc, et contenant deux vessies de caoutchouc communiquant par un tube rigide avec l'air extérieur ; abaissez la membrane de

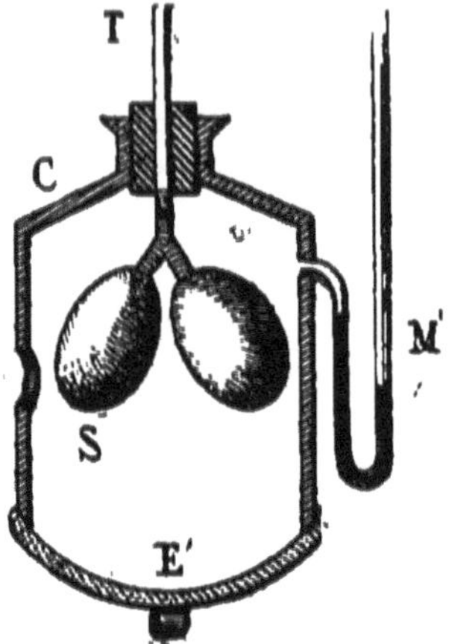

Fig. 40. — Schéma du poumon en inspiration.
(D'après Viault et Jolyet.)

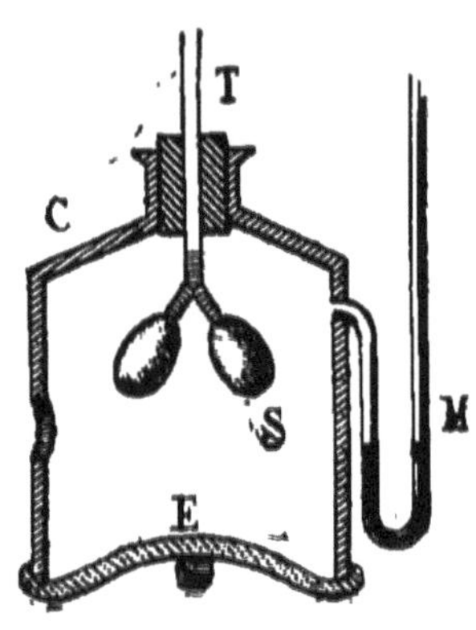

Fig. 41. — Schéma du poumon en expiration.
(D'après Viault et Jolyet.)

façon à augmenter la capacité de la cage, et naturellement il y aura tendance au vide ; l'air extérieur entrera dans les vessies et les dilatera. Il en est de même pour le poumon. La cage thoracique se dilatant, l'air qui a libre accès dans le poumon vient remplir celui-ci.

En se remplissant le poumon se dilate en tous sens comme son contenant : il descend avec le diaphragme, et s'élargit avec les côtes et le thorax. L'excursion verticale est souvent fort considérable ; le poumon qui ne descend d'habitude que jusqu'à la 6e ou 7e côte dans une inspiration ordinaire, peut aller jusqu'à la 10e en cas d'inspiration forcée. Il est facile de s'assurer de tout cela par la percussion, en comparant les limites de la matité durant l'inspiration avec celles de la matité post-expiratoire. Cette dilatation thoracique contribue encore à dilater les canaux bronchiques, ce qui facilite l'accès de l'air. On voit que la dilatation pulmonaire est *purement passive* et ne peut être que passive.

L'entrée et la sortie de l'air s'accompagne d'un bruit léger qu'on appelle le *murmure vésiculaire* ou respiratoire : on le perçoit aisément par l'auscultation des parois thoraciques. Il est dû à la pénétration de l'air dans les vésicules pulmonaires, et s'entend par conséquent à l'inspiration ; on l'attribue souvent au déplissement des parois des vésicules, et au frottement de l'air contre celles-ci. Dans la plupart des affections pulmonaires ce bruit est altéré, ou supprimé, et fait place à des bruits très différents dont la connaissance est indispensable au clinicien. Au début de l'expiration on entend un autre bruit. C'est le *souffle bronchique*, plus faible ; mais ce souffle est plus fort et s'entend durant les deux mouvements respiratoires au niveau de la trachée, du larynx, des grosses bronches. Il est dû au frottement de l'air contre les parois bronchiques.

On remarquera que l'inspiration qui appelle l'air appelle aussi le sang contrairement à ce qu'ont cru Haller, Poiseuille et Gréhant. Du moment où il y a vide relatif dans le poumon, le sang est appelé dans les capillaires de cet organe. Par contre, durant l'expiration, il y a compression relative de l'air et du sang, et tous deux sont plutôt chassés qu'attirés.

Expiration. — Passif dans l'inspiration, le poumon devient fort *actif* dans l'expiration : il est probablement *seul actif* dans l'expiration normale, tranquille ; mais souvent son action est renforcée par d'autres agents. L'élasticité des côtes, des cartilages, des articulations contribue déjà à produire le retour du thorax à son état neutre. Certains muscles, comme le *petit dentelé inférieur*, le *triangulaire du sternum*, et les muscles abdominaux peuvent agir dans le même sens. Les uns abaissent les côtes ; les autres refoulent la masse viscérale contre le diaphragme, qui est de la sorte refoulé vers la cavité thoracique. Selon toute vraisemblance, ils n'agissent que dans l'expiration forcée, dans le cri, le gémissement, et aussi dans l'effort. Le diaphragme enfin contribue à l'expiration, en se relâchant, et ce relâchement contribue à permettre à l'élasticité pulmonaire de s'exercer librement : il est favorisé d'ailleurs par la pression qu'exercent sur ce muscle les viscères abdominaux qu'il a plus ou moins comprimés durant l'inspiration. Le principal agent de l'expiration normale, tranquille, l'agent exclusif, c'est l'*élasticité du poumon*. Insufflez même faiblement un poumon extrait d'un chien, d'une grenouille — sur les oiseaux et les serpents l'expérience réussit moins bien, le poumon étant moins élastique (Bert), — et piquez la coque pulmonaire ; aussitôt l'air s'échappe. Ou bien encore ouvrons la plèvre d'un animal qui vient d'être sacrifié : le poumon s'affaisse immédiatement si les plèvres sont saines et sans adhérences. Même à l'état de repos, après l'expiration la plus profonde, le poumon n'a pas la forme à laquelle il tend ; il est violenté, il est maintenu perméable à l'air, malgré lui, par suite de la conformation même de la cage thoracique ; son élasticité n'est jamais satisfaite, si l'on peut parler ainsi, sauf chez le fœtus, qui n'a point encore respiré, ou quelque temps après la mort lorsque la décomposition a commencé. On a mesuré cette élasticité du poumon sur le cadavre, en fixant sur la trachée un manomètre, et en ouvrant ensuite un espace intercostal de chaque côté, de façon à permettre à l'air de pénétrer dans la cavité (virtuelle) de la plèvre. Le poumon, aussitôt affranchi de sa solidarité avec la cage thoracique, peut obéir à ses tendances, et satisfaire son élasticité : il revient sur lui-même en comprimant l'air qu'il renferme dans la trachée, et, d'après Carson la force d'expulsion de l'air peut faire équilibre à une pression de 30 ou 45 centimètres d'eau chez le chien[1] ou le veau ; de 15 ou 18 centimètres chez

[1] 80 ou 90 centimètres, d'après P. Bert, in *Leçons sur la Phys. comp. de la Respiration*. Donders indique 6 millimètres de mercure sur le cadavre humain.

le lapin ou le chat. Elle dure longtemps : chez l'homme, Laborde l'a constatée jusqu'au 8e jour après la mort (sur Campi) ; chez des chiens, jusqu'au 12e jour. Cette force d'expulsion mesure l'élasticité ou rétractilité du poumon ; ce n'est qu'un minimum naturellement, mais c'est un minimum constant.

A la fin de l'inspiration, il va sans dire que cette pression négative est plus considérable : elle atteint alors 10, 15, 20, et même 30 millimètres de mercure en cas d'inspiration forcée, c'est-à-dire de violence maxima faite à l'élasticité pulmonaire. On remarquera en passant que le vide thoracique ne commence à exister qu'après la naissance ; jusque-là, sans violence faite au poumon, celui-ci remplit totalement la cavité thoracique (avec les autres viscères) ; à partir de la naissance, le thorax se dilate, et désormais il ne reprendra jamais, durant la vie, son aptitude à se réduire suffisamment pour satisfaire l'élasticité du poumon. Cette élasticité est due aux nombreuses fibres élastiques répandues dans le tissu pulmonaire ; elle appartient à tous les éléments du poumon, à l'enveloppe séreuse, aux bronches, depuis les plus grandes jusqu'aux plus déliées, aux vaisseaux, et aux vésicules pulmonaires. C'est elle qui détermine l'affaissement du poumon plein d'air et abandonné à lui-même, la trachée restant libre. C'est elle qui, sur le vivant, fait le danger des blessures pénétrantes de la plèvre ; dès que la plèvre pariétale est ouverte, le poumon, obéissant à son élasticité, revient sur lui-même, l'air entre dans la cavité pleurale et la remplit, le poumon se vide à peu près de sang, et voilà un poumon inutile, qui n'obéit plus à la cage thoracique, et ne respire plus. Il faut vider la cavité pleurale d'air, et la clore hermétiquement, pour remettre les choses en l'état ; mais cela est plus facile à dire qu'à faire (Colin). Cette élasticité est l'*agent exclusif de l'expiration tranquille*, normale.

Il ne faut pas confondre cette élasticité avec la *contractilité* du poumon due à des fibres musculaires, entre autres les fibres de Reisseisen, disposées autour des bronches. Cette contractilité a été mise en lumière par Varnier, en 1779, Williams, etc., qui ont excité directement les bronches ou le tissu pulmonaire et ont vu des contractions se produire. P. Bert a repris les expériences de Williams, et, en adaptant un levier enregistreur à la trachée, il a obtenu — à condition de ne pas trop insuffler le poumon — des graphiques très nets, prouvant la contractilité de cet organe. Celle-ci est sous la dépendance du pneumogastrique : on obtient en effet le même graphique, la même contraction lente, allongée, caractéristique des fibres lisses de la vie végétative, en excitant les nerfs vagues : après section de ce nerf, la dégénérescence s'en empare, et vers le quatrième ou sixième jour l'on n'obtient plus rien par l'excitation de ces nerfs, mais la contractilité directe du poumon dure quelque temps encore pour disparaître ensuite à son tour (2 mois pour le chien ; P. Bert). Quel rôle ces fibres musculaires peuvent-elles jouer dans l'expiration ? On a pensé qu'elles pouvaient peut-être se contracter à chaque expiration : cela ferait plus de 20 000 contractions par 24 heures : c'est beaucoup pour un muscle lisse. Ce qui est plus vraisemblable, c'est que ces muscles peuvent aider à l'expiration par leur élasticité plutôt que par leur contractilité. La violence imposée au poumon par l'élargissement de la case thoracique doit avoir un contre-coup sur ces fibres musculaires ; elles se trouvent distendues, et alors peut-être leur élasticité les fait-elle se raccourcir : elles seraient les synerges des fibres élastiques. On a pensé pouvoir leur attribuer un certain mouvement péristaltique destiné « à brasser l'air » ; mais ce n'est là qu'une hypothèse. En tout cas, ils ne paraissent pas indispensables ; la section du pneumogastrique qui en amène la paralysie ne trouble pas l'intégrité du parenchyme pulmonaire ; les muscles s'atrophient et disparaissent. Si donc ils ont un rôle respiratoire, il est de peu d'importance. L'élasticité pulmonaire a été bien étudiée par d'Arsonval : *Rech. Théor. et Exp. sur le rôle de l'Elasticité des Poumons*, 1877.

En somme, durant l'expiration, le poumon, doublement élastique par ses fibres élastiques et par ses muscles, tend à reprendre sa forme.

Dans l'expiration forcée où le poumon peut vaincre des résistances allant jusqu'à 130 et 160 millimètres de Hg, il va sans dire qu'à l'élasticité se joignent différents muscles thoraciques.

Du côté du restant des voies aériennes, les phénomènes

concomitants de l'expiration sont fort simples. Les bronches, et surtout leurs terminaisons ultimes, se contractent légère-

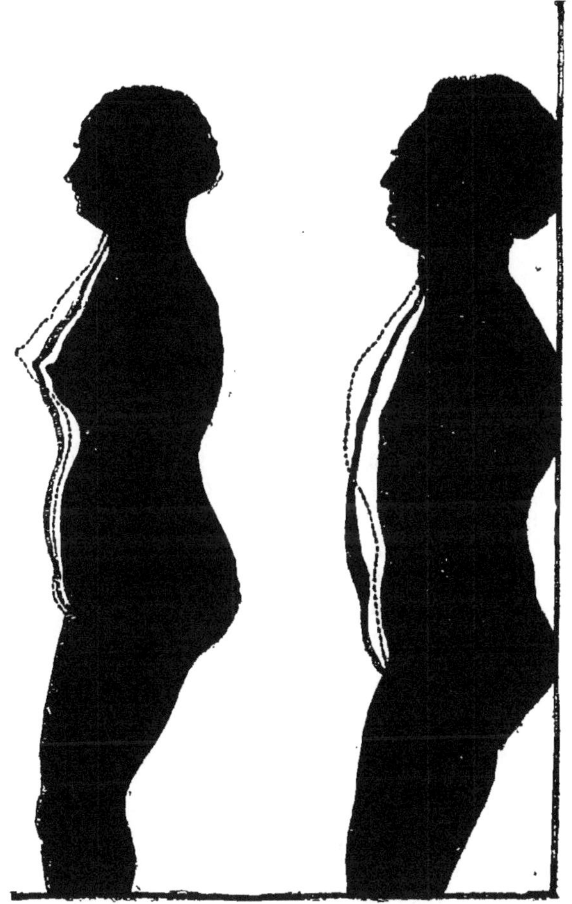

Fig. 42. — Silhouettes respiratoires de l'homme et de la femme.

ment, grâce à l'élasticité de leurs fibres musculaires et élastiques ; elles concourent donc à l'expulsion de l'air. La trachée remonte légèrement, et la glotte se rétrécit. Il résulte de ceci que les voies d'expiration sont rétrécies et moins larges que lors de l'inspiration ; le courant d'air marche plus rapidement, ce qui a pour conséquence pratique de faciliter l'expulsion des corps étrangers, poussières, mucosités, etc., des voies aériennes. Il peut s'accélérer encore dans son écoulement, c'est ce qui se passe lors de la toux, de l'éternuement.

D'autre part, les côtes et le sternum, les muscles ne se contractant plus, reprennent leur position et s'affaissent, le diaphragme se relève, etc. ; et si l'expiration est forcée, les muscles des parois abdominales en se contractant accélèrent le retour du diaphragme à sa position d'expiration, les dentelés et d'autres muscles encore contribuant à abaisser le thorax, à en diminuer la capacité.

Types respiratoires. — Nous avons vu plus haut que, dans l'inspiration, les agents actifs sont les muscles thoraciques et le diaphragme. Mais ces muscles n'agissent pas avec une même intensité, et le plus souvent tel muscle ou groupe de muscles agit d'une façon prépondérante : c'est là un fait d'observation. On a, en conséquence, établi deux types respiratoires principaux : le type *abdominal*, très fréquent chez l'homme, et où le diaphragme est le principal agent de l'inspiration ; le type *costal*, ou *pectoral*, le plus répandu chez la femme, et où les muscles thoraciques l'emportent en activité sur le diaphragme. On ne saurait guère attribuer cette différence au fait que les femmes portent le corset qui doit gêner les mouvements diaphragmatiques, car le type costal se rencontre aussi chez celles qui n'en portent pas (Beau et Maissiat). Le fait doit peut-être s'expliquer plutôt par les fonctions spéciales de la femme chez laquelle la respiration abdominale serait très malaisée durant la grossesse. Beau et Maissiat ont établi deux catégories de respiration costale : le type *costo-inférieur* où les cinq ou six premières côtes n'agissent guère ; le type *costo-supérieur* ou *claviculaire* où ce sont les côtes supérieures qui exécutent les mouvements les plus amples. D'après ces auteurs, le type abdominal prédomine chez les enfants des deux sexes jusqu'à la troisième année environ (contrairement à l'opinion de Haller qui pensait que les différences respiratoires sexuelles se manifestaient dès l'enfance. A partir de la troisième année, le type abdominal ou costo-inférieur prédomine chez les garçons, et le type costo-supérieur chez les filles. Pourtant, d'après Sibson, le type claviculaire ne deviendrait réellement prononcé chez ces dernières que vers dix ou douze ans. Le type abdominal ou costo-inférieur se rencontre chez beaucoup d'animaux :

le chien, le cheval, le chat, le lapin, etc., d'après Beau et Maissiat.

La figure 42, empruntée à Hutchinson, constitue un diagramme de la respiration chez l'homme et la femme. Le contour des silhouettes correspond à l'expiration forcée ; les contours de la ligne pleine correspondent à l'inspiration normale ; la ligne pointillée, à l'inspiration forcée.

Enregistrement des mouvements respiratoires. — Du moment où le thorax change de volume durant les actes respiratoires, on peut tenter d'enregistrer ceux-ci. Différents instruments ont été imaginés à cet effet.

Pour la *mensuration* du thorax, étude des plus intéressantes quand on s'occupe du développement et de la résistance vitale, il n'y a guère à citer que le *cyrtomètre* de Woillez, ruban métrique à pièces articulées qui gardent la forme du thorax sur lequel il a été appliqué. Les instruments destinés à *enregistrer* les mouvements du thorax sont plus nombreux. Celui de Bert consiste en un disque qui vient appuyer sur une région quelconque du thorax ; ce disque repose sur une membrane de caoutchouc qui forme un tambour en communication avec un levier inscripteur : les variations de la pression du thorax sur le disque s'inscrivent au moyen de la pression transmise de la partie enregistrante à la partie inscrivante de l'appareil. Les appareils de Fick, Brondgeest, Marey, Ransome sont tous plus ou moins similaires.

Le *Pneumographe* de Marey donne la mesure de l'expansion circonférentielle du thorax. Il consiste en un cylindre élastique formé par un ressort à boudin entouré de caoutchouc, terminé par deux disques faisant partie d'une ceinture entourant le thorax, et, par conséquent, alternativement tendu et relâché par les mouvements de celui-ci. L'inscription se fait par un levier enregistreur à air, de Marey. D'autres appareils ont été imaginés par Rosenthal, Wintrich, Quain, Sibson ; mais l'appareil de Marey est très suffisant pour les besoins ordinaires, et il rend de grands services dans la clinique et l'expérimentation. — On conçoit que, pour apprécier la part qui revient dans l'ampliation thoracique, à chacun des agents concourant à produire celle-ci, il faut enregistrer cette ampliation en divers points du thorax.

Relativement aux mouvements respiratoires, chacun sait qu'un mouvement complet consiste en une inspiration rapide et une expiration plus lente. Il existe un troisième temps, très court d'ailleurs, la *pause expiratoire*, entre l'expiration et l'inspiration. — Cette pause manque quand la respiration est rapide; elle se montre quand celle-ci est lente et profonde. Quelques auteurs y ajoutent une autre pause, entre l'inspiration et l'expiration, mais elle est beaucoup plus rare, si même elle existe. D'autres nient toute pause, pensent que celles-ci ne sont qu'apparentes. Pourtant, dans certains cas, la pause post-expiratoire est bien nette. C'est l'exagération de celle-ci qui caractérise la respiration de Cheyne-Stokes [1].

Le phénomène de Cheyne-Stokes, qui consiste en un rythme respiratoire particulier : — pause, reprise graduelle, à respirations d'abord faibles, puis amples, puis faibles de nouveau, pause, et ainsi de suite, — ne semble pas être un phénomène purement pathologique, bien qu'il accompagne certains états morbides. Traube a pensé l'expliquer par des variations d'excitabilité des centres nerveux. Si, pour un motif quelconque, il y a diminution de l'excitation respiratoire, la respiration cesse; pendant ce temps, l'acide carbonique s'accumule et l'oxygène diminue. Peu à peu, par sa quantité, l'acide carbonique agit comme excitant, et la respiration se rétablit ; mais alors l'acide carbonique s'en va et n'excite plus les mouvements respiratoires ; de là nouvelle pause. Filehne a modifié la théorie de Traube en faisant intervenir les vaso-moteurs. Mosso n'est pas partisan de la théorie de Traube : il considère le phénomène de Cheyne-Stokes comme physiologique, et dû à une *tendance au repos du centre respiratoire*. Il l'appelle *respiration périodique*. On observe celle-ci chez l'homme et chez beaucoup d'animaux dans des conditions variées.

Rythme respiratoire. — L'inspiration est d'habitude plus rapide et plus brève que l'expiration : la première est à la seconde comme 10 est à 14 (Vierordt, Ludwig, etc.).

D'après Marey, il n'est guère aisé de reconnaître un rythme respiratoire normal; celui-ci oscille entre 12 et 20 mouve-

[1] Observée en 1816 par Cheyne; étudiée avec soin en 1854 par Stokes. Le nom de respiration de Cheyne-Stokes a été donné par Traube en 1871.

ments respiratoires par minute chez l'adulte, au repos ; mais on arrive aisément à déterminer quels sont les agents susceptibles d'accélérer ou ralentir ce rythme.

D'abord la durée totale d'une respiration complète varie beaucoup : on peut l'évaluer en moyenne à 4 secondes pour la respiration très calme, ce qui donne 15 mouvements respiratoires par minute. Vierordt préfère le chiffre de 12 ; d'autres observateurs donnent des chiffres plus élevés, allant jusqu'à 24. Les différences individuelles sont considérables, et les variations résultant de l'influence de divers agents sont plus grandes encore. De là l'impossibilité de fixer un chiffre moyen, et l'inutilité de le chercher. Il y a des variations :

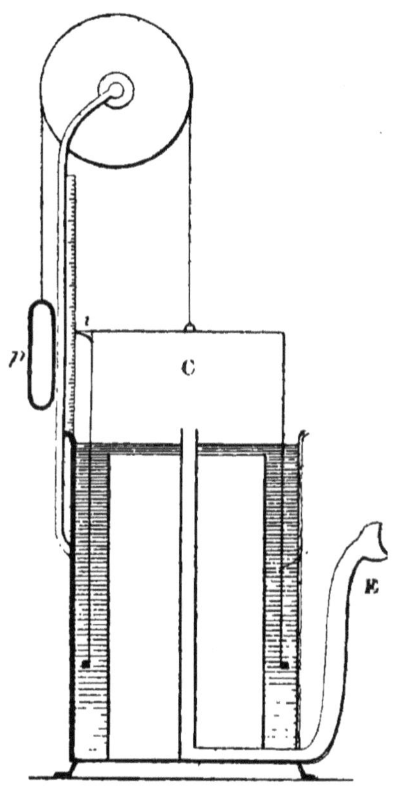

Fig. 43. Schéma du spiromètre. (D'après L. Frédéricq; *Manipulations de Physiologie.*)
C, cloche graduée. — *p*, contre poids. *i*, index. — E, embouchure.

Selon l'espèce: voici quelques chiffres empruntés à P. Bert : hippopotame, 1 ; cheval, 11 ; écureuil, 70 ; rat, 100-300 ; casoar, 2-3 ; coq, 12 ; perruche, 60 ; serin, 100 ; homme, 16 ; chien, 24 ; lapin, 40 ; souris, 150 (par minute) ; *Selon l'âge:* nouveau-né, 44 en moyenne ; 1-5 ans, 26 ; 25-30 ans, 16 (chez l'espèce humaine). *Selon l'état de veille ou de sommeil :* la respiration se ralentit durant le sommeil et l'hibernation. *Selon le repos et l'exercice :* elle devient beaucoup plus rapide avec l'exercice. *Selon l'état de santé :* elle est plus fréquente durant la fièvre, et ceci est particulièrement marqué chez les jeunes enfants. Nous ne prolongerons par cette énumération des variations de l'activité respiratoire, et il nous suffira d'indiquer une fois pour toutes, que la ventilation est *proportionnelle à l'activité chimique*, à la consommation d'oxygène.

La fréquence du rythme respiratoire peut bien nous donner quelques renseignements sur l'activité de la respiration ; mais ils sont incomplets. Pour les compléter, il faut savoir quelle *quantité* d'air est introduite à chaque inspiration, et celle-ci est fournie par l'emploi du *spiromètre* imaginé par Hutchinson (1846). C'est un réservoir gradué plein d'eau dans lequel on expire, l'air expiré chassant un volume égal d'eau (fig. 43).

Quantité d'air inspirée à chaque mouvement respiratoire. — L'évaluation du volume moyen d'air mis en mouvement par chaque inspiration ou expiration tranquille varie naturellement selon les individus en expérience, mais le chiffre généralement adopté pour l'*adulte moyen normal et sain* est de 500 *centimètres cubes*. Chaque mouvement respiratoire produit l'expulsion ou l'introduction de 500 centimètres cubes d'air, un peu plus chez les sujets de haute taille, un peu moins chez les sujets petits. En outre, chez la femme, cette quantité est sensiblement moindre que chez l'homme.

Mais ces 500 centimètres cubes ne représentent pas tout l'air des deux poumons. Après ce que nous avons dit de la violence perpétuelle à laquelle est soumis le poumon, du jour où il a commencé à respirer jusqu'à celui où il entre en décomposition, on comprend que la quantité d'air alternativement inspirée et expirée est loin de remplir à elle seule cet organe. Ce que nous aspirons et expirons n'est qu'une partie de ce que peut contenir et contient réellement le poumon, et nous savons que dans une inspiration ou une expiration *forcée*, nous aspirons ou expirons plus de 500 centimètres cubes. Mais encore même après l'expiration la plus forcée, le poumon doit contenir et contient encore de l'air. La quantité de cet air varie selon les sujets. Hutchinson a appelé *capacité vitale* la quantité d'air maxima mise en mouvement au moyen de l'expiration ou de l'inspiration la plus forcée. Elle varie beaucoup, comme l'on peut bien s'y attendre, puisqu'elle doit résulter de la valeur d'éléments fort variables : diamètres thoraciques, activité des muscles thoraciques, état du poumon, etc., facteurs qui eux-mêmes varient selon d'autres influences ; mais comme moyenne, acceptons le chiffre de 3 *litres et demi* pour l'*adulte sain, bien constitué* (Hutchinson). Nous voilà assez loin des 500 centimètres cubes du mouvement respiratoire moyen. Toutefois cette capacité vitale varie naturellement beaucoup : selon la taille, étant d'environ 3 litres chez les sujets de 1 m. 50, et de plus de 4 litres chez ceux qui atteignent 1 m. 80 ; elle varie selon la circonférence thoracique, naturellement, elle diminue avec l'âge, à partir de quarante ans ; elle est moindre chez la femme que chez l'homme, etc.

Mais cette capacité vitale, cela est évident, ne représente point encore la capacité totale du poumon : après l'expiration forcée la plus énergique, celui-ci contient toujours une certaine quantité d'air qui ne peut être expulsée. Cet air porte le nom d'*air résidual*. Et maintenant, si nous considérons des poumons dilatés au maximum, nous voyons qu'il est possible d'y distinguer différentes catégories d'air, pour ainsi dire. Nous avons :

I° L'air en excès du volume d'une inspiration normale (*air complémentaire*) ;

II° L'air équivalent à une inspiration normale (*air courant*) ;

III° L'air qui peut être expulsé par une expiration forcée seulement (*air de réserve*) ;

IV° L'air que nulle expiration, si forcée soit-elle, ne peut expulser : c'est l'*air résidual* dont il vient d'être question.

Il s'agit maintenant de connaître la valeur de ces différentes quantités. En somme, le spiromètre nous en fait connaître trois : il nous donne le chiffre de l'inspiration normale ; il nous donne la valeur de l'excédent inspiré dans une inspiration forcée, maximale ; il nous donne la quantité qui peut être expirée dans une expiration forcée. Mais il reste une dernière quantité à évaluer : celle de l'air résidual. On l'évalue facilement de la façon suivante : le sujet inspire dans une cloche contenant, par exemple, 500 centimètres cubes d'hydrogène — gaz qui n'est point absorbé par le poumon, et qui n'est point toxique, — il inspire et expire plusieurs fois dans la cloche jusqu'à ce que l'air de la cloche et celui du poumon aient une composition homogène ; il y suffit de cinq ou six mouvements respiratoires. On analyse un échantillon de cet air, et on connaît par là la proportion de l'hydrogène à l'air total, c'est-à-dire à l'air courant *plus* l'air de réserve, *plus* l'air résidual. Connaissant par le spiromètre la valeur de ces deux premières quantités, on déduit facilement celle de la troisième, qui est en moyenne d'un peu plus d'un litre.

Résumant les résultats des observations et expériences faites par les différents physiologistes, nous arrivons aux chiffres que voici :

Capacité totale.	Air complémentaire	1.670
	Air normal	500
	Air de réserve	1.600
	Air résidual	1.200

La *capacité totale* ou *respiratoire* qui représente la totalité, le maximum de la quantité d'air que peuvent renfermer les poumons est donc d'environ 5 litres.

On donne le nom de *capacité vitale*, avons-nous dit, à la quantité d'air composant une inspiration ou une expiration maximale ; on voit par là en quoi elle diffère de la *capacité totale ;* et si nous schématisons le poumon sous forme d'une pompe dont le piston peut prendre les positions variées (fig. 44), nous voyons qu'il peut occuper toute position intermédiaire entre A et B, sans jamais empiéter sur la portion comprise entre A et C, sans jamais vider totalement la pompe qui se trouve donc pourvue d'un espace nuisible assez considérable.

La méthode employée par Gréhant pour déterminer la quantité de l'air résidual a été utilisée aussi par lui pour étudier la ventilation du poumon, pour connaître la quantité d'air qui, sur le total inspiré durant une inspiration ordinaire, reste dans le poumon au lieu d'être immédiatement expulsée par l'expiration suivante, et il a trouvé que sur 500 centimètres cubes inspirés, il en ressort de suite *un tiers ;* le complément des 500 centimètres cubes expirés est formé d'air vicié à la place desquels le poumon garde une égale quantité d'air pur. Le *coefficient de la ventilation* pulmonaire (quantité d'air nouveau qui, après chaque mouvement, reste dans l'unité de volume de l'espace ventilé) est donc d'un peu plus de un dixième (0,145). Ce coefficient augmente avec le volume de l'inspiration, et ceci explique comment il est plus avantageux de substituer une inspiration profonde à deux inspirations légères, quand même la somme de l'air inspiré en deux fois serait supérieure à la quantité inspirée en une seule fois. Ainsi 18 inspirations de 500 centimètres cubes sont plus avantageuses que 36 de 300 centimètres cubes, bien que dans ce dernier cas il entre près de 11 litres au lieu de 9 litres. Le sujet anhélant respire moins que le sujet à respirations profondes ; mais en somme *jamais la respiration ne s'effectue dans un air réellement pur ;* celui-ci est toujours mélangé d'une forte proportion d'air vicié, et Gréhant trouve que l'air contenu dans le poumon renferme *au moins* 8 *p.* 100 *de* CO^2. Pour l'adulte moyen, à respiration normale, le coefficient de ventilation est d'environ 8 litres d'air par kilogramme de poids et par heure : 560 litres pour un adulte de 70 kilogrammes, par heure.

Naturellement, est-il besoin de le dire, c'est là un chiffre moyen : beaucoup de conditions le font varier, et du moment où il dépend de la profondeur et du rythme de la respiration, toutes les influences qui agissent sur ces deux élé-

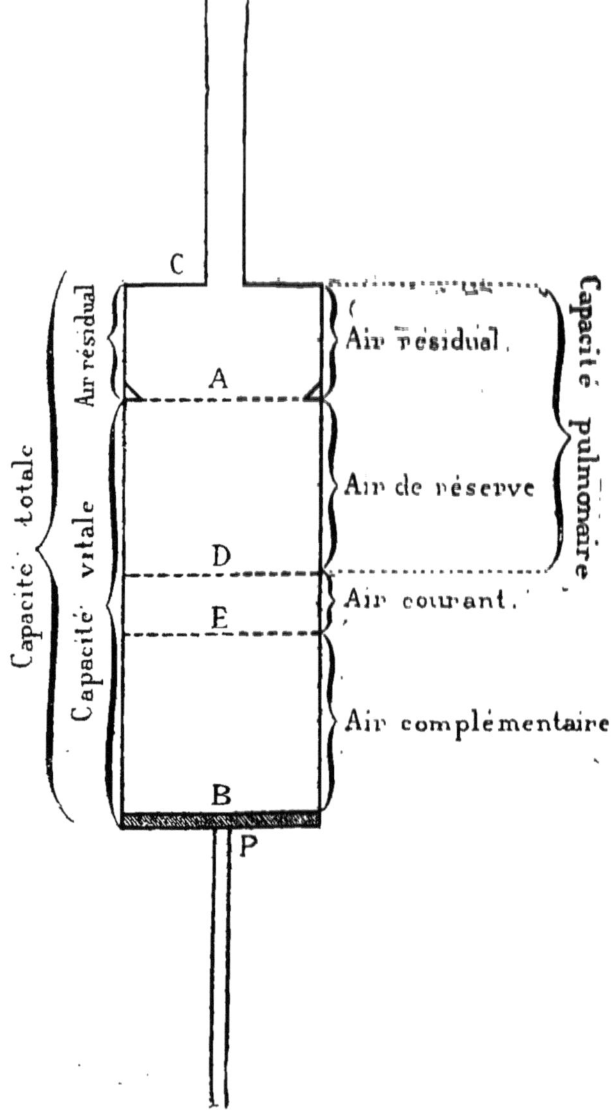

Fig. 44. Schéma de la pompe thoracique. (Viault et Jolyet.)

ments agissent aussi sur la ventilation pulmonaire.

Pression intrapulmonaire. — Ce que nous avons dit du mécanisme respiratoire nous a montré que l'air ne pénètre dans la cavité thoracique qu'en vertu de la *différence* des pressions extérieure et intérieure. Il nous faut revenir sur ce point. Quand la cavité thoracique se dilate, sous l'influence combinée des divers muscles respiratoires, la pression intrapulmonaire diminue aussitôt ; un manomètre en communication avec la trachée indique une pression négative. Celle-ci est faible lors de la respiration calme (— 1 mill. Hg), mais dans une respiration profonde elle peut atteindre jusqu'à — 57 mill. Hg. Par contre, lors de l'expiration, il y a accroissement de pression (positive) ; celle-ci est normalement de 2 ou 3 millimètres, et peut aller jusqu'à 87 millimètres durant l'expiration forcée (Donders). La pression d'expiration est donc supérieure à celle de l'inspiration : du reste, chacun sait que l'effet mécanique produit est plus grand pendant que l'on souffle que pendant l'inspiration, et le fait s'explique aisément : l'inspiration est une violence faite au poumon, dont il faut vaincre la résistance perpétuelle (résistance variant de 6 à 36 millimètres de pression de mercure ; il faut encore dilater le thorax, comprimer l'abdomen, etc.); dans l'expiration forte, au contraire, il y a coopération de l'élasticité pulmonaire et des efforts actifs.

P. Bert a donné de nombreux tracés indiquant les oscillations de la pression pulmonaire en opérant d'une façon très simple. Il enferme dans une cloche en communication avec un manomètre un animal quelconque. Si l'orifice glottique suffit au débit pulmonaire, il est évident que l'air contenu dans les poumons et l'air de la cloche auront la même pression. Mais s'il n'en est pas de même, s'il y a diminution de pression dans le thorax de l'animal par suite d'une insuffisante pénétration d'air par la trachée, il devra y avoir au contraire compression de l'air de la cloche : l'excès du volume acquis par l'animal pressera sur l'air qui l'entoure. C'est ce qui a lieu.

Valentin et Donders avaient cru la pression inspiratoire supérieure à l'expiratoire; Ewald a démontré le contraire. Le rapport de cette dernière à la première, est d'après lui, égale à $\frac{0,13}{0,10}$. Les chiffres extrêmes constatés par Carson, Donders, Hutchinson, relativement à la pression négative du poumon à l'état de repos (poumon de cadavre, après incision des cavités pleurales, et poumon de vivant, dans une inspiration forcée) sont 6 millimètres et 30 millimètres de mercure. Rosenthal en déduit que la paroi thoracique supporte au repos une pression de 10 grammes par centimètre carré, pression qui croît à mesure que se dilate le poumon, et qui ramène la poitrine à l'état initial après cessation de l'effort inspiratoire. La pression négative mesurée dans la plèvre est, d'après Jacobson et Adamkiewicz de 3, 4 ou 5 millimètres Hg. Heynsius évalue la pression intrathoracique à 4 et 7,5 millimètres Hg., chiffres extrêmes : c'est la mesure de l'action incessante de l'élasticité pulmonaire, du degré de vide que le poumon, même en expiration complète, tend à établir autour de lui : on remarquera que c'est la pression péri-pulmonaire, naturellement, et non intra-pulmonaire.

Influence des mouvements respiratoires sur la circulation. — Pendant l'inspiration, il y a *afflux sanguin* vers la cavité thoracique, diminution de pression artérielle, augmentation de pression veineuse, et il y a afflux de sang dans les veines caves. Pendant l'expiration, il y a une forte pression au sommet du cône veineux, d'où stase veineuse momentanée ; par contre, la pression expiratoire, en augmentant la pression artérielle, facilite la déplétion des vaisseaux artériels, ou tout au moins augmente fortement la pression de ceux-ci. Ces faits expliquent la stase veineuse générale qui se produit lors de l'effort (pression expiratoire forte), la fâcheuse influence qu'exerce celui-ci sur les hémorragies, anévrismes, etc. On comprend aussi que l'aspiration veineuse, due à l'inspiration thoracique, aspiration qui se propage assez loin, rend plus facile la pénétration de l'air dans les veines, pendant une piqûre de celles-ci, au cours d'une opération dans une région voisine du thorax ; et que la même inspiration thoracique exerce sur les hémorragies artérielles une influence favorable, par le retard qu'elle impose à la déplétion artérielle. Une expiration forcée peut, par la forte pression qu'elle produit, arrêter le cœur pendant quelques instants (Weber) ; dans une inspiration forcée l'action du cœur peut faiblir par suite de la difficulté qu'il éprouve à chasser tout le sang qui vient à lui, ou est retenu dans ses parois par le fait de la diminution de pression intra-thoracique.

(Il est à noter que les effets de l'inspiration et l'expiration sur les vaisseaux deviennent inverses dans le cas de respiration à type abdominal (Marey), bien que Luciani ait vu, sur des chiens il est vrai, que la pression abdominale suit les variations de la pression thoracique.)

En résumé, l'inspiration attire à la fois l'air pur et le sang qui en cherche le contact, tandis que l'expiration, chassant l'air devenu inutile, aide au cours du sang qui en a épuisé l'influence réparatrice et, pourrait-on ajouter, « oblige le sang qui n'a point encore été purifié à attendre un nouvel afflux d'air ».

Dans le poumon même, le sang est plus abondant durant l'inspiration. Haller, Poiseuille et Gréhant avaient conclu au contraire, mais ils opéraient d'une façon défectueuse : ils faisaient des insufflations trachéales ; rien d'étonnant à ce que, dans ces conditions, le poumon s'anémiât. Il faut se rappeler que, dans l'état physiologique, la dilatation pulmonaire est le résultat du vide pleural. Quand ce vide se produit, il s'établit un certain vide dans le poumon ; la pression s'y abaisse par rapport à la pression extérieure. Dès lors, le poumon en état d'aspiration représente un tissu vasculaire interposé à deux espaces à moindre pression (plèvre et cavité pulmonaire) ; à priori, le sang doit s'y porter en plus grande quantité, et ce vide relatif facilite l'expulsion de l'acide carbonique du sang. En expiration au contraire, il y a une légère compression de l'air intrapulmonaire, ce qui doit faciliter la fixation de l'oxygène.

Phénomènes chimiques de la respiration. — La respiration est un processus chimique ; c'est une oxydation ou, pour mieux dire, un ensemble de réactions exothermiques (dégageant de la chaleur) aboutissant à la formation d'acide carbonique, d'eau, et d'un certain nombre d'autres produits qui sont rejetés au dehors. Ces réactions ne peuvent se produire sans apport d'oxygène. L'aération du sang, qui s'effectue dans le poumon, fournit cet apport. Quant aux produits de la combustion et des autres réactions, ils s'éliminent en partie par le poumon (CO^2 et eau), en partie par la peau, en partie encore par le rein.

Les principaux traits de l'histoire de la découverte de la nature réelle de la fonction respiratoire peuvent se résumer ainsi qu'il suit :

Les animaux vivants ont besoin d'air pour vivre. Ce fait est constaté par Boyle, Huyghens, Derham, Bernouillé, et les physiciens de Florence.

L'air a besoin d'être renouvelé : R. Boyle.

Théorie mécanique. — L'air déplisse les poumons pour permettre la circulation du sang (iatro-mécaniciens). Hales modifie la théorie en supposant que la respiration a pour but de brasser le sang, ce qui le rend rutilant.

Théorie physique. — L'air rafraîchit le sang (Platon, Aristote, Descartes, Boerhaave) ; il condense le sang veineux, trop chaud et trop dilaté, et l'empêche de briser les vaisseaux (Helvétius).

Théorie dynamique ou vitale. — La respiration introduit des particules impondérables de l'air, qui se détruisent en nous.

Théorie chimique. — Jean Mayow découvre que le sang contient un esprit *nitro-aérien* (oxygène) qui produit la rutilance du sang et la chaleur animale : c'est cet esprit qui forme les acides en se combinant avec certains corps, la rouille en se combinant avec le fer, qui s'unit avec les corps comburés, dans la combustion, laquelle laisse derrière elle un air sans esprit nitro-aérien, impropre à alimenter la combustion ou à entretenir la vie. Black reconnaît que l'air devient irrespirable par suite de la présence de CO^2 (*acide aérien*). Priestley isole l'oxygène deviné par J. Mayow ; il reconnaît que les plantes purifient l'air vicié par la respiration ; que l'air et l'oxygène seuls rendent le sang rutilant. Lavoisier fait l'analyse de l'air ; il constate l'absorption de l'oxygène dans la respiration, et il fonde enfin la théorie chimique, celle qui subsiste aujourd'hui avec quelques modifications, dont la principale est que l'on place le siège des combustions respiratoires dans tout l'organisme, et non dans le poumon seul, comme le faisait Lavoisier (avec réserves d'ailleurs).

Toutefois on n'a commencé à formuler la théorie moderne de la respiration qu'après les beaux travaux de Magnus qui, en 1836, a méthodiquement extrait les gaz du sang, en fournissant aux physiologistes une méthode qui a sans doute été perfectionnée depuis, mais qui a été le point de départ de recherches des plus importantes. Magnus croyait à tort que l'O et le CO^2 sont simplement dissous dans le sang : Liebig pressentit et Fernet démontra qu'il y a combinaison chimique faible entre ces gaz et différents éléments du sang. Enfin, entre 1862 et 1864, Hoppe-Seyler et Stokes ont découvert le rôle de l'hémoglobine.

La respiration, au point de vue chimique, est surtout une *combustion*, une combinaison de l'oxygène de l'air avec différentes substances, avec le carbone en particulier. Cette combustion s'opère non dans le poumon, qui est simplement le siège des échanges gazeux entre l'air et le sang, et qui est l'intermédiaire entre l'air et les tissus, mais dans les tissus eux-mêmes, comme nous le verrons plus loin. Tous les êtres vivants respirent; les animaux et les plantes absorbent de l'oxygène et rejettent de l'acide carbonique; tous brûlent, selon la comparaison de Lavoisier, qui les assimilait à des corps en combustion ; de là leur chaleur propre — variable — et leur mouvement. Les uns empruntent leur oxygène à l'air ; d'autres à l'eau, et si les plantes, par la chlorophylle, décomposent l'acide carbonique de l'air en carbone qu'elles conservent et en oxygène qu'elles rejettent, il ne faut pas oublier que cette fonction de *nutrition* est parfaitement distincte de leur fonction respiratoire, identique à celle de l'animal. D'autres êtres n'absorbent pas l'oxygène en nature, ou, du moins, sont capables de se passer de celui-ci ; mais cela ne veut pas dire qu'ils ne respirent point; ils empruntent l'oxygène à des combinaisons où il se trouve : c'est ce que fait la levure de bière par exemple, qui, lorsqu'elle est privée d'oxygène, et se trouve en présence de sucre, prend à celui-ci une partie de son oxygène, et produit ainsi de l'acide carbonique et de l'alcool. Tels ferments peuvent vivre en présence de l'oxygène; mais d'autres sont *anaérobies* et meurent de l'oxygène libre ; ils en consomment pourtant, mais l'empruntent à des combinaisons oxygénées. En réalité, il y a beaucoup d'anaérobies ; les tissus des fruits sont anaérobies puisqu'ils peuvent former de l'alcool et l'acide carbonique aux dépens des sucres ; on peut dire que les tissus animaux aussi sont en quelque façon anaérobies, car ils consomment de l'oxygène combiné à de l'hémoglobine, et l'oxygène dissous leur est toxique (P. Bert).

C'est M. Pasteur qui a développé cette idée de l'anaérobiose des tissus animaux. Il fait remarquer que, si l'oxygène trouble le fonctionnement des cellules anaérobies, il leur rend pourtant des services s'il vient de temps à autre les exciter. L'O de l'air servirait d'excitant ou de condiment aux cellules du corps qui, il faut le reconnaître, auraient un bien plus grand besoin de cet excitant que ne l'ont les cellules de la levure par exemple. « Les combustions directes seraient de peu d'importance excepté peut-être dans l'état de croissance des individus, c'est-à-dire quand il y aurait multiplication des cellules. La fermentation devient, dans cet ordre d'idées, un phénomène général, universel, propre à toutes les cellules vivantes... La plupart des phénomènes physiologiques devraient être revisés à la clarté des vues que je viens d'exposer. Dans les applications qu'on en peut faire, je suis frappé de la simplicité des explications qu'elles suggèrent. Elles rendent compte des faits les plus obscurs pour la théorie de la combustion directe.

a. Un muscle en activité produit un volume de CO^2 supérieur au volume d'oxygène absorbé dans le même temps. La consommation d'oxygène n'est donc pas en rapport exact avec la production d'acide carbonique. Pour la théorie nouvelle, ce fait n'a rien que de naturel puisque l'acide carbonique produit résulte d'actes de fermentation qui n'ont aucune relation nécessaire avec la quantité d'O absorbée et fixée.

b. On sait que dans les gaz inertes, dans l'H, l'Az, CO^2, le muscle peut se contracter et qu'il produit alors CO^2. Ce fait est une conséquence obligée de la prolongation de la vie des cellules dans leur état anaérobie, sous l'influence de l'excitation qu'elles ont reçue antérieurement au contact du gaz oxygène apporté par les globules du sang. Il est inexplicable dans la théorie des combustions respiratoires.

c. Les muscles ont, après la mort et dans l'asphyxie, une réaction acide. On le comprend aisément si des actes de décomposition et de fermentation s'accomplissent et se prolongent au delà de la vie dans toutes les cellules fonctionnant comme cellules anaérobies.

d. On asphyxie un animal, et l'on constate que sur l'heure sa empérature augmente, tandis qu'elle devrait diminuer aussitôt par la suppression des combustions, si la chaleur était la conséquence de ces combustions. Quoi de plus naturel que ce fait, au contraire, si l'on considère que le corps de l'animal asphyxié est livré sans travail musculaire quelconque à des phénomènes de fermentation qui dégagent de la chaleur.

e. La fièvre, elle-même, dont l'explication est si difficile aujourd'hui, ne sera-t-elle pas envisagée dans l'avenir comme un des effets d'un trouble survenu dans le fonctionnement des cellules anaérobies du corps, d'où résulterait une exaltation des fermentations qu'elles provoquent ? »

Il convient d'ajouter toutefois que cette intéressante théorie de la fermentation substituée à celle des oxydations respiratoires n'est point généralement adoptée par les physiologistes.

Directement ou indirectement l'oxygène de la respiration vient toujours de l'air qui en est le grand réservoir naturel. On pourrait, au premier abord, supposer que si tous les êtres vivants consomment de l'oxygène, la tension (ou proportion) de ce gaz dans l'air doit diminuer sans cesse. Il n'en est rien. En quelque point qu'on analyse l'air, celui-ci présente une composition identique (O, 20, 8 ; Az. 79, 2 ; CO^2 0,028). Pourtant, connaissant le nombre des êtres humains et leur consommation d'oxygène, tenant compte des animaux et des combustions (houille, bois, etc.), on arrive à la conclusion qu'en trente ans, l'oxygène devrait passer de 20,800 à 20,799, et avec le temps, l'oxygène devrait disparaître. Il le devrait, en effet, et la chose aurait lieu si, comme il a été dit, les plantes, par leur fonction chlorophyllienne, ne *restituaient à l'air l'oxygène qui lui a été pris*, n'en déversaient sans cesse dans l'atmosphère une quantité considérable évidemment égale à celle que consomment les règnes animal et végétal, et les combustions industrielles. La plante est donc le régulateur de l'équilibre de composition de l'atmosphère ; elle y est d'ailleurs aidée par la mer, qui sert de régulateur des proportions d'acide carbonique (Schlœsing).

Dosage des produits de la respiration. — On ne peut étudier les

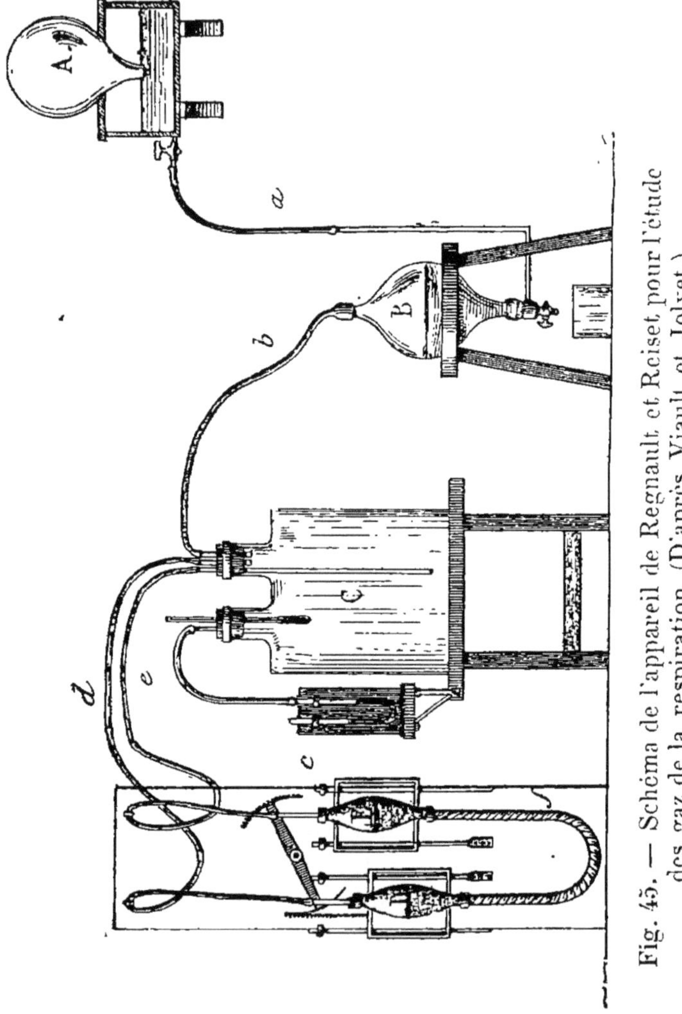

Fig. 45. — Schéma de l'appareil de Regnault et Reiset pour l'étude des gaz de la respiration. (D'après Viault et Jolyet.)

modifications imprimées à l'air respiré qu'au moyen d'appareils délicats, complexes, qui indiquent la quantité d'air qui a passé par les poumons, et les modifications qualitatives que celui-ci y a subies. Les plus connus de ces appareils sont les suivants :

App. de Regnault et Reiset. — Un animal est placé (fig. 45) dans une cloche close C communiquant avec un appareil D E où l'acide carbonique produit est absorbé par de la potasse caustique et avec un ballon B plein d'oxygène, lequel oxygène passe peu à peu dans la cloche, chassé par l'écoulement graduel qui se fait de A en B, d'une solution de chlorure de calcium. On dose l'acide carbonique par la solution de potasse, et on sait combien il a été consommé d'oxygène d'après ce qu'il en reste dans la cloche B. Cet appareil a cependant un inconvénient : l'absorption d'acide carbonique est trop lente, et l'animal respire dans un milieu contenant jusqu'à 40 fois plus d'acide carbonique que l'air normal.

App. d'Andral et Gavarret. — Il se compose de ballons où l'on a fait le vide, et où, grâce à un jeu de robinets et de soupapes, ne se rend que l'air qui a été *expiré* par l'expérimentateur : il est facile d'en faire ensuite l'analyse. L'appareil de Pettenkofer et Voit est plus complexe. Le sujet, homme ou animal, respire dans une chambre close où l'air arrive par un appareil aspiratoire. L'air de la chambre est aspiré dans un compteur à gaz et analysé ensuite. Jolyet, Bergognié et Sigalas, et d'autres encore, ont modifié cet appareil.

Enfin Hanriot et C. Richet ont imaginé un appareil (*Soc. de Biologie*, 1886), où l'acide carbonique est dosé d'une façon spéciale entre deux compteurs dont le premier indique l'air total expiré, et le second l'air *moins* l'acide carbonique (dosage en volumes).

L'emploi des appareils dont il vient d'être parlé a montré quelles modifications subit l'air dans le poumon — ou organe respiratoire quel qu'il soit, car il existe des appareils pour l'étude de la respiration aquatique (Jolyet et Regnard). — Ils montrent qu'il y a un changement de composition important.

Comparons, en effet, l'air inspiré avec l'air expiré : nous avons les chiffres suivants (en volume) :

	Air inspiré	Air expiré
Oxygène	20,9	15,4
Azote	79,1	79,3
Acide carbonique	deux ou trois *dix millièmes*.	4,3

Par conséquent, l'air, en passant par les poumons, perd de

l'oxygène, gagne un peu d'azote, et beaucoup d'acide carbonique ; en outre, il est saturé de vapeur d'eau.

Reprenons chacun de ces points [1].

L'*air expiré a perdu de l'oxygène*, c'est-à-dire que l'organisme s'en est approprié une certaine quantité. Cette quantité peut être évaluée par vingt-quatre heures, pour un cube respiratoire de 10,000 litres, à 530 litres, ou 750 grammes d'oxygène (chiffre moyen).

Cette évaluation représente une moyenne : l'absorption d'oxygène varie selon plusieurs conditions.

Selon la pression. — La pression est plus grande en inspiration qu'en expiration ; en inspiration profonde qu'en inspiration calme ; l'absorption se fait donc avec plus de puissance dans l'inspiration, et surtout dans l'inspiration profonde : les différences sont sensibles. *Selon l'état de mouvement ou de repos.* — Hirn a montré qu'avec le mouvement, on absorbe de 80 à 110 grammes d'oxygène de plus par heure que durant le repos. *Selon la température.* — L'absorption d'O augmente avec le froid. *Selon l'état de jeûne ou de digestion.* — Les chiffres suivants donnés par Lavoisier et Séguin en 1789 (d'après Longet) se rapportent aux deux conditions précédentes, et à celle que nous venons de citer : l'unité de temps est l'heure :

Homme au repos et à jeun, à 32°,5 de temp. ext., 24 litres ; ou 34 gr. 490.

Homme au repos et à jeun, à 15° de temp. ext. 26 l. 660 = 38 gr. 310.

Homme en état de digestion, 37 l. 689 = 54 gr. 159.

Homme à jeun fournissant le travail nécessaire pour élever en 15 minutes un poids de $7^{kg},343$ à $199^{m},776$: 63 litres 477 = 91 gr. 216.

Homme en digestion fournissant le travail nécessaire pour élever le même poids à $211^{m},146$: 91 l. 248 = 131 gr. 123.

Selon l'âge. — Despretz a vu que de jeunes chiens absorbent moins que des chiens âgés, mais il ne paraît pas avoir tenu compte des poids. *Selon le poids.* — Regnault et Reiset ont eu l'idée de calculer la quantité d'oxygène absorbée en la rapportant à une unité de

[1] Voy. Hanriot et Ch. Richet. *Des Echanges Respiratoires chez l'Homme* (*Ann. de Chimie et de Physique*, 1890).

poids, quel que soit le sujet, quelle que soit l'espèce considérée : cette unité est le kilogramme. Ils sont arrivés aux résultats suivants (par kilogramme d'animal et par heure) :

Lapins	0 gr. 918	Petits oiseaux	9 à 13 gr.
Canards	1 gr. 527	Grenouilles	0 gr. 063 — 0 gr. 105

Les insectes absorbent autant d'oxygène que les chiens, lapins et poules ; les vers de terre n'en prennent guère que ce que prennent les grenouilles. Ces chiffres *diminuent* encore dans l'*inanition, l'hibernation*, et chez les *sujets très gras*.

D'une façon générale, les animaux petits — parmi les homéothermes — consomment beaucoup plus d'O que les grands : le cheval brûlera 50 centigrammes d'O par heure et par kilogramme, alors que le pinson en brûlera 10 ou 14 grammes. Les petits animaux ont une surface proportionnellement plus grande, d'où déperdition thermique plus considérable. Le pinson brûle son poids d'O en 3 ou 4 jours ; les grands mammifères ont besoin pour cela de 100 ou 150 jours.

Sans prolonger l'énumération des causes qui peuvent faire varier l'absorption de l'oxygène — car ce sont celles qui agissent sur l'excrétion d'acide carbonique, et nous en parlerons plus loin à propos de ce dernier phénomène, — on peut prendre comme chiffres moyens de l'absorption d'oxygène par heure 22 litres (de 20 à 25), c'est-à-dire 530 litres par 24 heures, en poids 750 grammes. Ce chiffre a la valeur des moyennes, une valeur très relative, puisqu'il doit varier sous des influences nombreuses, dont les unes viennent d'être citées, et dont les autres vont être énumérées.

L'*air expiré contient une proportion de* CO^2 *plus considérable que l'air inspiré*, c'est-à-dire que l'oxygène perdu est en partie remplacé par de l'acide carbonique. Celui-ci est aisément révélé par le précipité (de carbonate de chaux ou de baryte), qui se forme quand on fait passer l'air expiré dans une solution de CaO ou de BaO. En moyenne, nous expirons 850 grammes (400 litres) ou 900 grammes (455 litres) de CO^2 par vingt-quatre heures.

Les plantes produisent moins de CO^2 que les animaux : les chiffres varient de 0 gr. 02 (par kilogramme et par heure) chez les graines à vie latente et lente, à 0 gr. 50 pour les fleurs chez qui la respiration est très intense : en moyenne, la production, est de 0 gr. 25 pour les parties diverses de la plante vivante en activité (fleur exceptée).

Les causes qui font varier la proportion de CO^2 sont nombreuses[1].

Age. — La proportion de CO^2 rejetée par la voie pulmonaire suit les variations suivantes d'après Andral et Gavarret, mais il est à noter qu'il s'agit ici de quantités absolues, non rapportées à une unité de poids, comme le sont la plupart des numérations de ce genre. Il s'agit de la quantité excrétée en vingt-quatre heures :

Age.	Quantité rejetée.		Age.	Quantité rejetée.	
8	440	grammes	20-40	1072	grammes
15	765	—	40-60	887	—
16	949	—	60-80	808	—
18-20	1002				

Rapportée à une unité de poids et de temps (par kilogramme et par heure) l'excrétion de CO^2 est de 30 centimètres cubes chez le fœtus, 500 chez l'enfant, 300 chez l'adulte, 250 chez le vieillard. En réalité, l'âge agit surtout par les différences de taille, c'est-à-dire aussi du rapport du poids à la surface. A poids égal, l'enfant produit plus de CO^2 que l'adulte (Scharling).

Sexe. — Le sexe masculin exhale plus de CO^2 que le féminin, d'après Andral et Gavarret, qui ne tiennent pas compte du poids. Moleschott et Schelske concluent pareillement de leurs expériences sur divers amphibiens (grenouille, crapaud, triton, salamandre), que l'exhalation de CO^2 est sensiblement moindre chez les femelles.

Espèce animale. — Voici quelques chiffres d'après Pott, Baumert, Paul Bert, Ch. Richet; CO^2 est indiqué en grammes, rapporté au kilogramme le poids de l'animal, et l'unité de temps est l'heure :

	CO^2 produit.	Poids de l'animal.
Bœuf	0,25	500 kilogrammes.
Homme	0,50	60 —
Mouton.	0,70	40 —
Chien.	1,00	10 —
Lapin	1,25	12 —
Cobaye.	2,50	0,500 grammes.
Moineau	15,00	0,025 —

On remarquera que les espèces à sang froid produisent peu d'acide carbonique, comparées aux animaux homéothermes. Pourtant les insectes font exception; ils produisent beaucoup de CO^2 parce qu'ils sont très actifs, et tels insectes produisent plus de CO^2 que tels autres animaux hétérothermes (poissons, batraciens), plus élevés dans la série animale, uniquement en raison de leur activité beaucoup plus considérable : ce n'est pas une affaire de taille.

Etat de veille ou de sommeil. — CO^2 diminue durant le sommeil (Boussingault, Pettenkoffer et Voit) : pour 100 de CO^2 en vingt-quatre heures, il y a 58 pour le jour et 42 pour la nuit; mais l'absorption d'O ne diminue pas autant que l'exhalation de CO^2 et il en résulte *une augmentation de poids* par accumulation d'O non consommé. « Qui dort dîne, » dit le proverbe : on voit qu'il renferme une vérité réelle. Ce fait a été vu par Pettenkofer et Voit, Regnault et Reiset, et confirmé par Sczelkow et Ludwig.

En léthargie hystérique les échanges s'abaissent énormément (Richet et Hanriot).

Alimentation. — Pendant l'inanition, CO^2 est éliminé en moindre quantité ; il augmente après les repas, comme l'ont montré de nombreuses expériences faites par Bidder et Schmidt sur des chats, par Pettenkofer et Voit, sur le chien. Ces derniers ont vu qu'un chien peut éliminer 300 ou 850 grammes de CO^2, selon qu'il est en inanition, ou bien alimenté. D'autres ont constaté le même fait chez le bœuf et le mouton, Ranke sur lui-même. La suralimentation (alimentation de luxe) augmente l'élimination de CO^2, et les aliments agissent d'autant plus dans ce sens qu'ils sont plus riches en carbone (hydrocarbonés) : on verra plus loin pourquoi Les corps gras et azotés augmentent très peu la production de CO^2. Les alcooliques, le thé et le café, la glycérine diminuent CO^2; les substances aisément oxydables l'augmentent.

D'après C. Richet et Hanriot, la production de CO^2 par Kg. par heure est de 0 gr. 500 à jeun et de 0. g. 580 en digestion.

Température. — Ici il y a lieu de faire une distinction importante. Chez les espèces homéothermes, le froid *augmente* la production de CO^2 (Lavoisier, etc.). Celle-ci, pour le cobaye, est augmentée de 3 ou 4 centimètres cubes par kilogramme et par heure pour un abaissement de quelques degrés (de 15 à 5 par exemple) ; l'augmentation est également bien marquée pour l'homme (Voit). Chez les espèces hétérothermes le contraire a lieu, et l'exhalation de CO^2 *diminue* d'après Regnault et Reiset, Moleschott, etc.

A 1°, la grenouille n'élimine presque pas de CO^2, alors qu'à 33 ou 35° elle en élimine autant que l'homme proportionnellement (H. Schulz); naturellement il ne s'agit ici que des variations de température compatibles avec la vie.

Les animaux à sang chaud à qui l'on a sectionné la moelle se comportent comme les animaux hétérothermes (Regnard, Pflüger), la régulation de la température ne se faisant plus.

Etat de travail ou de repos. — Influence des plus importantes : *la plus importante.* Lavoisier avait bien vu, et les recherches ultérieures ont montré, que plus l'exercice est violent, et plus les échanges sont actifs, si bien que le travail musculaire de grande intensité détermine une production d'acide carbonique 4 ou 5 fois plus grande que celle qui correspond à l'état de repos. Tétanisez une grenouille dont vous aurez préalablement mesuré les échanges respiratoires à l'état de repos : la production de CO^2 augmente énormément, beaucoup plus que n'augmente l'absorption d'oxygène, d'ailleurs. C. Richet et Hanriot ont vu que, pour un sujet donné, la production de CO^2 est de 3, 5 au repos et de 4, 6 durant le travail. Il est à noter que l'absorption de O augmente beaucoup moins que ne fait la production de CO^2 qui peut doubler et tripler (Richet et Hanriot).

A. Waller donne les chiffres que voici (par kilogramme et par heure) : sommeil, 200 centimètres cubes; repos, 250; travail modéré, 300; travail violent, 500. Les poisons convulsivants — qui par le système nerveux excitent les muscles — augmentent de même cette production. Pettenkofer et Voit ont donné les proportions suivantes de production de CO^2 chez l'homme pour vingt-quatre heures : Repos 695-1 038 grammes
Travail 1 285 —

On sera surpris au premier abord du peu de différence entre ces deux chiffres 1 038 et 1 285, mais il faut réfléchir que le repos relatif, l'absence de travail manuel suivi, n'est pas le repos absolu; ce dernier n'existe — autant qu'il peut exister — que durant le sommeil — et, d'autre part, il y a un travail énorme accompli par le cœur et les muscles inspirateurs aussi bien durant le sommeil même que durant le travail. N'avons-nous pas vu que le *quart du travail total* fourni par l'homme travaillant manuellement huit heures par jour est fourni par le cœur seul ?

Taille. — Influence surtout évidente chez les espèces homéothermes. Les petits animaux produisent — proportionnellement au poids — plus de CO^2. Il le faut bien : leur surface est proportionnellement plus grande, et la déperdition thermique se règle sur la surface : à déperdition plus grande, il faut une production thermique — une respiration — plus active.

Lumière. — Si l'on représente par 100 la proportion de CO^2 éliminée à l'obscurité, celle qui s'élimine à la lumière est 132 pour les amphibiens; 134 pour les mammifères, et 138 pour les oiseaux

(Moleschott et Fubini). Il suffit que la lumière agisse sur les yeux seuls, pour que cette augmentation se manifeste : ce qui indique que la lumière agit, en partie au moins, indirectement, par le système nerveux ; mais lorsqu'elle agit aussi sur la peau, l'effet est plus grand. Si l'on compare l'action des lumières colorées à celle de la lumière blanche, on voit que l'exhalation de CO^2 augmente sous l'influence des rayons jaunes, et diminue sous celle des rayons violets. Le vert et le bleu agissent comme le jaune, mais plus faiblement de beaucoup ; le rouge agit comme le violet, mais avec moins d'intensité (Pott, Selmi et Piacentini). Les différences sont 86 (violet), 100 (blanc), 120-170 (jaune).

Variations horaires. — Par suite de la combinaison des diverses influences ci-dessus énoncées, il y a des variations horaires assez nettes : la différence extrême est de 62 centimètres cubes par minute. Le maximum d'élimination correspond au milieu de la journée (d'après Vierordt) : pour C. Richet et Hanriot, elle va croissant de 8 heures du matin à 6 heures du soir, puis diminue.

Influence de la fièvre et de diverses maladies. — CO^2 augmente dans la fièvre, mais pas autant que l'absorption d'O : ce dernier gaz se fixe sur les produits autres que le carbone, qui s'éliminent par d'autres voies. Toutefois CO^2 augmente. Lilienfeld a vu cette augmentation atteindre les valeurs de 71 p. 100 chez des lapins, mais dès lors le quotient respiratoire (rapport de CO^2 exhalé à O absorbé) ne change pas : il insiste sur ce point. Frankel et Leyden constatent une augmentation de CO^2 de 80 p. 100 dans certains cas.

Ventilation pulmonaire. — Influence *nulle.* Les tissus ne produisent pas d'autant plus de CO^2 qu'il passe plus d'O par le poumon, ils ne consomment pas *pour le plaisir ;* ils produisent d'autant plus de CO^2 qu'ils agissent plus. Ce n'est pas la respiration qui règle les combustions ; *ce sont les combustions qui règlent la respiration ;* et ce n'est pas parce que les respirations seront plus rapides ou profondes que les tissus brûleront plus de CO^2, du moment naturellement où ils reçoivent la quantité d'O qui suffit à leurs besoins actuels. Mais quand les tissus, en activité, ont besoin d'une quantité supérieure d'O, la respiration s'accélère. En un mot, les tissus n'ont faim d'O et ne produisent de CO^2 que proportionnellement à leur activité : au repos ils ne consomment que ce qu'il leur faut exactement : ils ne savent pas « manger sans faim ». S'imaginer accroître la production de CO^2 en accélérant la respiration, c'est mettre la charrue devant les bœufs ; on n'augmente cette production qu'en activant la consommation d'oxygène par les tissus ; l'accroissement de consommation accélère la respiration. C'est dire que la ventilation demeure parallèle aux échanges, et se règle sur eux.

On remarquera que si l'air expiré est plus riche en CO^2 et plus pauvre en O, il n'y a pas autant de CO^2 produit qu'il y a d'oxygène consommé. Tout l'oxygène consommé ne sert pas en effet à former de l'anhydride carbonique : une partie combine avec de l'hydrogène et forme de l'eau. On appelle *quotient respiratoire* le rapport de CO^2 à O. Il est en moyenne de 0,75 ; c'est-à-dire que CO^2 contient 75 p. 100 de l'oxygène consommé total. Ce quotient varie d'ailleurs selon la nature des aliments, selon leur propre teneur en oxygène. Si ceux-ci sont très riches en O, comme les féculents, le quotient tend à l'unité, tout l'O absorbé se combinant avec du carbone, et l'O des aliments suffisant à la combinaison avec H. Ce quotient respiratoire peut même être supérieur à l'unité, comment l'ont vu Ch. Richet et Hanriot. Par contre, avec les aliments gras, pauvres en O, le quotient diminue : il peut tomber à 0,55 ; beaucoup de l'O absorbé se combinant avec l'hydrogène de ces aliments. Le quotient respiratoire varie donc selon l'alimentation — et selon les espèces par conséquent. — Durant l'inanition il est identique à ce qu'il est chez l'animal nourri de viande ; puisque en ce cas l'animal vit réellement de viande, la sienne propre. En résumé, le quotient respiratoire varie de 1 (alimentation très riche en féculents, riche en O) à 0,86 (alimentation mixte), à 0,76 (inanition), à 0,62 (alimentation animale), et à 0,55 (alimentation grasse).

L'exercice violent augmente le quotient respiratoire qui tend à l'unité ; c'est qu'il se consomme beaucoup de glycogène dans les muscles.

Si l'on considère que les muscles sont de tous les tissus ceux dont la respiration est la plus active — même au repos — on ne sera point surpris si toute variation d'activité réagit fortement sur la production de CO^2. Comme ces variations d'activité sont régies par le système nerveux, c'est en définitive par le système nerveux que sont réglés les échanges respiratoires. Ceci est doublement vrai : le système nerveux régit les muscles, consommateurs d'O et producteurs de CO^2 ; il régit aussi la respiration, l'apport mécanique d'air, c'est-à-dire la ventilation du poumon et des tissus. Les nerfs du poumon sont toutefois sans influence directe sur les échanges au repos ; la section des pneumogastriques ne change pas ceux-ci (Gréhant et Quinquaud).

L'air expiré contient plus d'azote que n'en renferme l'air inspiré. — Ce phénomène paraît général, bien que certains auteurs aient cru voir le contraire. Reiset a montré que cette déperdition varie selon les espèces : elle va de 0 gr. 0018 chez la truie, à 0 gr. 152 chez le dindon (par kilogramme et par 24 heures), et Muller, Seegen, etc., ont confirmé ces chiffres. L'homme en élimine de 5 à 6 grammes (4,5-5,5 litres) par jour, en moyenne. *D'où vient cet azote ?* Les uns pensent qu'il provient de la désassimilation ; il compenserait le déficit observé dans la composition des urines et excréments ; pour d'autres, il proviendrait de l'air avalé avec les aliments, et qui aurait passé du tube digestif dans le sang d'où il se dégagerait aisément n'étant pas retenu dans celui-ci par des affinités chimiques, comme CO^2 et O. Pour A. Gautier, il résulterait de la vie anaérobie des tissus, de la destruction de certains principes — les matières grasses, par exemple — sans intervention de l'oxygène, et dans les formations de ce genre l'azote se dégage en partie du moins, des matières albuminoïdes, à l'état libre : l'azote viendrait donc de dédoublements anaérobies des substances protéiques. C'est à l'azote que Hoppe-Seyler attribue les accidents de la décompression. L'azote, simplement dissous, plus aisément libéré, se dégagerait à l'état gazeux, lors de la décompression, d'où des embolies gazeuses. CO^2 et O ont moins de tendance à passer à cet état, étant retenus par leurs affinités chimiques pour le sang, étant combinés avec des sels de soude et avec l'hémoglobine.

L'air expiré est plus riche en vapeur d'eau, qu'il a empruntée au sang. La quantité d'eau ainsi retirée de l'organisme est à peu près constante, mais la proportion fournie par celui-ci dépend naturellement de celle que contient l'air inspiré. Plus l'air inspiré en renferme, et moins le poumon peut en excréter; plus l'air est sec, froid, etc., plus le poumon peut en expulser. La quantité totale exhalée par jour est d'environ 500 centimètres cubes; mais elle peut être de beaucoup supérieure. Cette excrétion d'eau par le poumon a une grande importance pour les animaux qui, comme le chien, les oiseaux, etc., ne possèdent pas de transpiration cutanée. Chez eux, en effet, le poumon joue le rôle de la peau, et quand ils ont chaud, c'est par la surface pulmonaire qu'ils transpirent : c'est pour faciliter l'accès de l'air frais, et l'expulsion de l'air chargé de vapeur d'eau, et pour se rafraîchir la gueule, que le chien ouvre largement celle-ci, quand il a chaud, et laisse pendre la langue.

En résumé, nous voyons que l'*air expiré a perdu de l'oxygène et gagné de l'acide carbonique*. C'est là le phénomène essentiel. L'oxygène conservé par l'organisme atteint environ 750 grammes (530 litres); l'acide carbonique exhalé représente 850 grammes (400 litres). Ce fait indique que la quantité d'air expiré doit être un peu moindre que la quantité inspirée. Les deux paraissent égales, mais quand on tient compte de l'accroissement de volume que l'air expiré subit, par suite de la température plus élevée à laquelle il est soumis dans l'organisme, on reconnaît que c'est là une apparence, et qu'en réalité l'air expiré est en *moindre quantité* que l'air inspiré. Parallèlement à ces modifications de l'air, examinons celles du sang qui revient du poumon, par rapport au sang qui s'y rend. Le sang artériel est plus rouge, et il est plus oxygéné ; il renferme moins d'acide carbonique ; le veineux est plus noir, moins oxygéné, et plus chargé de CO^2. En passant par le poumon, le sang se charge d'O, et se débarrasse de CO^2 ; le poumon est l'organe où se font, par l'intermédiaire du sang, les échanges gazeux entre l'atmosphère et les tissus.

Il nous faut maintenant examiner le rôle du poumon, du sang et des tissus mêmes, dans l'acte respiratoire.

Rôle respiratoire du poumon, — Le poumon, avons-nous vu, présente une surface de 200 mètres carrés environ, 90 fois celle de la peau. Les capillaires seuls représentent une surface de 150 mètres carrés et la nappe sanguine qu'ils renferment représente un volume de 2 litres de sang. Ces deux litres s'y renouvelant 10 000 fois par jour, cela fait qu'il y passe 20 000 litres de sang par 24 heures. L'intensité des échanges est favorisée par l'étendue sur laquelle ils peuvent s'opérer, et par le peu d'épaisseur des tissus interposés entre le sang des capillaires et l'air des vésicules. La propriété qu'a le poumon de faciliter les échanges gazeux entre le milieu intérieur — le sang — et le milieu extérieur — l'air — ne résulte aucunement d'un fait spécial à cet organe. La peau, le tube digestif, et toutes les surfaces naturelles ou artificielles du corps, mises en contact avec l'air, respirent avec plus ou moins d'intensité, comme nous l'allons voir. Mais, mieux que tout autre organe le poumon est adapté aux échanges gazeux par la grandeur de la surface que représentent ses vésicules, et par les alternatives de pression et de décompression que subit l'air pulmonaire.

Comment s'opère l'échange entre le sang et l'air? Comment les gaz passent-ils de l'un à l'autre? Rappelons que l'oxygène du sang s'y trouve non pas dissous mais combiné. Le sang, en effet, renferme 3 ou 4 fois plus d'oxygène qu'un égal volume d'eau ; le vide ne peut chasser cet oxygène, non plus qu'un gaz quelconque autre que ceux qui sont susceptibles de se combiner avec l'hémoglobine. C'est avec l'hémoglobine que se combine l'oxygène, c'est sous forme d'oxyhémoglobine qu'il se trouve dans le sang. Il y a bien un peu d'O dissous dans le sérum, à peu près autant que dans un égal volume d'eau, c'est-à-dire le 1/5e de la quantité totale d'oxygène du sang. Le sang qui arrive au poumon contient peu d'oxygène, 12 centimètres cubes environ par 100 centimètres cubes de sang (chien) ; et il se trouve en présence d'une atmosphère qui, si elle n'a la pureté de l'air extérieur, renferme une quantité considérable d'oxygène, 17 volumes sur 100. Si telle est sa proportion dans le mélange d'azote, d'oxygène et d'acide carbonique dont sont remplis les poumons, la tension de ce gaz — qui, à l'exemple des autres gaz en mélange [1], peut être considérée isolément, et possède une part de la pression totale du mélange proportionnelle à son volume comparé avec le volume des autres gaz (ainsi dans l'air, formé de 21 O et 79 Az, la pression de O et de Az est égale à 21 p. 100 et à 79 p. 100 de la pression totale, 760 par exemple), la tension de ce gaz dans les vésicules pulmonaires sera de 129 ou 130 millimètres de mercure. L'oxygène qui reste dans le sang possède une pression beaucoup plus faible : 25 millimètres environ. Il reste donc à l'avantage de l'O de l'air une pression de 104 millimètres, et il passe par diffusion à travers les parois des capillaires, est absorbé par le sérum du sang, et l'hémoglobine réduite des hématies s'empare de cet oxygène dissous, et s'en sature, en raison de son affinité puissante pour l'oxygène, affinité si puissante que même dans une atmosphère ne contenant que 10, 5, 2, 1 ou même 1/2 p. 100 d'O, l'hémoglobine s'empare de ce gaz (P. Bert), et que le sang renferme 3 ou 4 fois plus

[1] Voici un tableau des tensions partielles de l'oxygène et de l'acide carbonique :

	Oxygène.		Acide carbonique	
Dans l'air atmosphérique.	15	cm. Hg.	0,03	cm. Hg.
Dans l'air expiré.	12	—	2,25	—
Dans l'air des vésicules pulmonaires.	6	—	2,50	—
Dans le sang	3	—	3,00	—
Dans la lymphe	0	—	4,00	—
Dans les tissus	0	—	6,00	—

d'O, qu'un égal volume d'eau, et 82 fois plus d'O qu'un égal volume de sérum (Fernet).

De cette façon, le sang se charge d'oxygène, l'hémoglobine en absorbant une quantité fixe, invariable (160 centimètres cubes O pour 100 grammes d'hémoglobine), et le sérum en dissolvant une quantité variable, selon sa composition chimique et la pression extérieure. Voilà pour l'oxygène.

L'acide carbonique, lui, existe dans le sang, en quantité considérable : sur 100 volumes de gaz du sang veineux, il en compose 50. Une partie de ce CO^2 (1/5e du total) se trouve dans les globules, faiblement unie à l'hémoglobine; le reste (4/5e) est dissous dans le plasma, et faiblement combiné avec les sels de soude de celui-ci, avec le phosphate et le carbonate (Fernet). Dans le poumon, la partie simplement dissoute est facilement chassée; elle a une tension faible, et passe dans l'air tandis que l'oxygène prend sa place. Mais comment s'opère la dissociation des carbonates du sérum ?

Robin et Verdeil, s'appuyant sur la facile décomposition des carbonates par les acides, ont imaginé un *acide pneumique* qui décomposerait les carbonates et bicarbonates, et se trouverait dans le poumon seul, à l'état libre. « Cet acide se trouve là en petite quantité, mais il est par lui-même assez énergique ; aussi le tissu du poumon est-il acide. Il résulte en outre d'expériences présentées par l'un de nous à la Société de Biologie, que le tissu pulmonaire, au contact d'une dissolution de carbonate de soude, décompose ce sel avec dégagement d'acide carbonique. »

L'existence de l'acide pneumique n'a pas été confirmée : toutefois une idée analogue avait été proposée par Mitscherlich, et C. Bohr croit à quelque sécrétion spéciale du tissu pulmonaire [1]. Plus récemment, Preyer a émis une hypothèse analogue dans le fond à celle de Robin et Verdeil en ce qu'elle

[1] L. Garnier s'est prononcé dans le même sens en 1886, et peut-être en réalité l'échange des gaz entre le sang et l'air est-il moins mécanique qu'on ne le croit. Le tissu pulmonaire est un tissu vivant, et peut posséder quelque action spécifique.

explique le dégagement de CO^2 par l'intervention d'un acide. Elle repose sur le fait que l'oxyhémoglobine peut jouer le rôle d'un acide en présence d'une solution alcaline, et chasser CO^2. C'est probablement ce qui a lieu. En somme CO^2 est chassé des hématies par l'oxygène qui arrive pour se combiner avec l'hémoglobine, et les hématies oxygénées, probablement entourées d'une atmosphère d'oxygène agissent sur CO^2 du plasma comme les corps inertes — poudre de lycopode — revêtus d'une petite couche gazeuse, chassent CO^2 du plasma par un processus en partie chimique, en partie mécanique. C'est durant l'inspiration surtout que se fait l'expulsion de CO^2; celle-ci s'accélère avec le rythme respiratoire, jusqu'à une certaine limite après laquelle CO^2 n'augmente plus dans l'air expiré, et est d'autant moins abondant que la respiration est plus fréquente. On notera que la diffusion de CO^2 hors du sang étant bien plus un phénomène physique que chimique (alors que l'absorption d'O est surtout un phénomène chimique), cette diffusion cesse d'avoir lieu dès que la tension du CO^2 extérieur fait équilibre à celle de CO^2 sanguin ou lui devient supérieur; dans ce cas, il y a absorption et non exhalation de CO^2. Ce fait a son importance; et nous voyons en effet que si l'être vivant peut absorber jusqu'aux plus minimes quantités d'O, dans le milieu où il respire, il ne peut continuer à vivre dans un milieu où la proportion (ou tension) de CO^2 dépasse certaines limites ; l'air confiné est donc plus nuisible par la présence de CO^2 que par la diminution d'O. En outre, nous avions raison de dire plus haut que les alternatives de compression et de décompression de l'air des vésicules, produites par l'alternance des mouvements respiratoires, représentent un fait important pour les échanges gazeux. En effet la tension de l'air vésiculaire étant faible en inspiration, CO^2 se sépare plus aisément du sang ; puis l'expiration augmente la pression du même air, ce qui facilite la pénétration d'O dans le liquide sanguin d'où CO^2 vient de partir.

On sait que Lavoisier a considéré le poumon comme le siège des combustions respiratoires. Si cette manière de voir était exacte, le sang revenant du poumon devrait être le plus chaud de tout le corps (en réalité, il devait être tellement chaud que le poumon ne pourrait résister à pareille chaleur). Cl. Bernard a démontré toutefois que le sang du ventricule gauche (revenant du poumon) est celui de tout le corps dont la température est le moins élevée.

On remarquera en passant que le tissu pulmonaire ne jouit d'aucune propriété spécifique bien établie au point de vue respiratoire : il est seulement mieux adapté pour la respiration parce que sa muqueuse est très étendue, très mince, et très riche en vaisseaux. Toute membrane vivante présentant les mêmes caractères peut rendre les mêmes services : la peau de la grenouille respire (et en hiver, quand les échanges sont naturellement très restreints, cette respiration cutanée lui suffit), les muqueuses respirent, et chez certains animaux, la respiration s'effectue par la muqueuse digestive ou des appendices de celle-ci. Tel est le cas pour la loche d'étang qui avale l'air, et respire par l'intestin, et pour beaucoup d'échinodermes pourvus d'appendices respiratoires rattachés au tube digestif.

Rôle respiratoire du sang. — Le sang sert de véhicule et d'intermédiaire entre le poumon et les tissus : *il va chercher l'oxygène* dans le premier pour le rapporter à ceux-ci, et *se charger* de leur *acide carbonique* qu'il va rendre au poumon. Cependant, étant tissu vivant, il prélève sa part d'oxygène; il respire aussi bien que les autres tissus du corps, comme l'on pouvait le prévoir. La démonstration expérimentale de ce fait est fournie par cette circonstance maintes fois observée, savoir, que l'analyse des gaz artériels faite sur du sang extrait depuis quelque temps, donne une proportion d'O moindre que si elle est faite de suite : le sang a donc consommé de l'oxygène. Mais en somme il en consomme très peu (3 ou 4 centimètres cubes par heure pour 100 grammes de sang, d'après Schutzenberger), et la plus grande partie de l'oxygène qu'il emprunte à l'air — il en est à peu près saturé — est fidèlement apportée aux tissus. On le voit à la lenteur avec laquelle, à l'abri des tissus, se consomme son oxygène, à la lenteur avec laquelle il oxyde les substances les plus faciles à oxyder (Hoppe-Seyler). De même, à l'acide carbonique que ceux-ci lui abandonnent, il en ajoute une très petite quantité provenant de ses combustions particulières. En somme, *le sang est un tissu de vie très faible*. Le plus vivifiant de tous, il est, de tous, le moins vivant.

Rôle respiratoire des tissus. — Ce sont les tissus généraux qui *respirent l'oxygène* et qui *exhalent l'acide carbonique ;* ils sont le siège réel de la respiration, et la respiration *interne* dont il s'agit est la seule respiration véritable ; la respiration *externe* (fixation de l'O sur le sang) n'est qu'un phénomène d'*aération*.

La respiration des tissus se met en lumière par des expériences simples imaginées par Spallanzani qui a le premier donné la démonstration nette de ce phénomène. Il suffit d'abandonner dans une cloche contenant de l'air dont la composition est connue, des fragments de muscle, ou d'un autre tissu récemment enlevé au corps : on analyse l'air de la cloche au bout d'un certain temps, et on constate qu'il est plus riche en CO^2 et plus pauvre en O. La respiration des tissus est un phénomène général. Mais l'intensité de celui-ci varie dans des limites étendues. Spallanzani avait déjà reconnu que les tendons et la graisse ont une respiration beaucoup moins active que la substance nerveuse, et le tissu cellulaire, et que la respiration du muscle est beaucoup plus active que celle du sang. P. Bert a repris ces expériences, en donnant un grand soin aux conditions expérimentales, et voici quelques chiffres tirés de ses expériences.

Bien que les chiffres absolus puissent varier, l'hiérarchie respiratoire indiquée par ce tableau ne varie jamais.

100 grammes de	muscles	absorbent	50,8 [1]	et exhalent	56,8 CO^2
—	cerveau	—	45,8	—	42,8
—	reins	—	37,0	—	15,6
—	rate	—	27,3	—	15,4
—	testicule	—	18,3	—	27,5
—	os brisés	—	17,2	—	8,1

On a donné à cette respiration interne le nom de *respiration des tissus*, parce que ce sont bien les tissus qui absorbent l'oxygène et produisent CO^2. Ce n'est pas le sang, comme le croient encore Estor et Saint-Pierre, oubliant que la grenouille salée présente des échanges gazeux presque aussi considérables que la grenouille normale pourvue de son sang. Il est certain toutefois que l'activité respiratoire des différents tissus est très variable. Le sang absorbe fort peu d'oxygène pour lui-même, car une partie de l'O qui disparaît est consommée par les parois des vaisseaux.

On peut encore démontrer la respiration des tissus ou cellules en faisant passer du sang artériel défibriné dans une artère artificielle en baudruche plongée dans une bouillie de levure de bière : il y a réduction de l'oxyhémoglobine (Schutzenberger); ou bien examiner au spectroscope un doigt vivement éclairé avant et après arrêt de la circulation par une ligature serrée : avant, on a le spectre de l'oxyhémoglobine; après, celui de l'hémoglobine réduite (Vierordt).

D'après P. Bert, un même tissu possède une activité respiratoire variable, selon qu'il provient de tel animal ou de tel

[1] Quinquaud (*Soc. Biol.*, 1890) donne les chiffres que voici :

100 grammes de	muscles	absorbent	en 3 heures (à + 38° c.)	23	cc. oxygène.
—	cœur	—	—	21	—
—	cerveau	—	—	12	—
—	foie et rein	—	—	10	—
—	rate	—	—	8	—
—	poumon	—	—	7,2	—
—	graisse	—	—	6	—
—	os	—	—	5	—
—	sang	—	—	0,8	—

Notez la faible respiration du sang, ce messager « fidèle, probe, économique ». Voir (*ibid.*) les précautions à prendre dans les recherches de ce genre.

autre. Les muscles d'animaux à sang froid respirent moins activement que ceux des animaux à sang chaud, et on trouve encore des différences notables dans un même tissu emprunté à différents animaux d'un même groupe. Ainsi les muscles d'adulte respirent plus que ceux du nouveau-né ; ceux du canard plus que ceux du poulet. Le muscle actif respire plus activement que le muscle au repos, comme l'a vu P. Bert en comparant la respiration du muscle au repos avec celle du muscle tétanisé, et les muscles séparés des centres nerveux, ou dont les nerfs sont paralysés, ont une respiration moins active que ceux dont les relations normales avec ces centres ont persisté (Röhrig, Zuntz, Pflüger). Cl. Bernard a fait sur ce point des expériences probantes. Nous devons faire remarquer que, d'après Hermann, les modifications que la présence d'un muscle imprime à la composition du milieu gazeux, sont dues à un phénomène de *putréfaction*. Pour lui, le muscle séparé du corps est un muscle mort, fût-il encore contractile. Cette opinion est intenable, et il faut probablement, comme le propose P. Bert, supposer qu'Hermann entend dire, non que le muscle soit mort, mais que les actes physico-chimiques d'un muscle séparé du corps diffèrent de ceux d'un muscle *in situ* [1]. Cela est évident, et il est à présumer que la mesure des échanges gazeux du muscle isolé n'est point celle du muscle *in situ*. Mais il est à présumer aussi que les différences sont de degré, non de nature, et les expériences sur la respiration des tissus n'ont pas d'autre prétention que d'élucider la nature de celle-ci : l'intensité, le degré ne peuvent être appréciés pour le muscle *in situ* par des expériences sur le muscle isolé de l'organisme. On remarquera que les tissus — le muscle, par exemple — consomment d'autant plus d'oxygène qu'ils en ont une plus grande quantité à leur disposition (Spallanzani et Bert), du moins dans

[1] Quinquaud (*Soc. Biol.*, 1890) a montré qu'on peut dissocier aisément les deux phénomènes de la respiration et de la putréfaction, et insisté sur la nécessité d'opérer sur les tissus les plus frais possible.

certaines limites. Bert a vu que les combustions augmentent jusqu'à ce que la teneur d'oxygène dans l'air soit égale à 50 ou 60 p. 100; si elle augmente au delà, les combustions restent les mêmes, puis diminuent. Ceci est intéressant à noter, par opposition au fait signalé plus haut, que la ventilation pulmonaire est sans influence sur les échanges. Il semble montrer que le sang ne peut apporter aux tissus qu'une quantité d'O inférieure à celle qu'ils consommeraient volontiers.

A l'état physiologique chez les animaux pulmonés, la respiration des tissus est une véritable *respiration aquatique.* Le sang a une respiration aérienne chez l'homme et les vertébrés non branchiaux; aquatique, chez les vertébrés branchiaux et beaucoup d'invertébrés; la respiration des tissus est toujours aquatique parce qu'ils respirent dans le sang. Les insectes, toutefois, par leurs trachées qui amènent l'air jusque dans l'intimité des tissus, semblent avoir une véritable respiration aérienne.

Un phénomène curieux de la respiration des tissus consiste en ce que l'exhalation de CO^2 ne dépend pas directement de l'apport d'oxygène : des fragments de tissus et même des animaux entiers, comme la grenouille, placés dans une atmosphère absolument dépourvue d'O, dans de l'hydrogène ou azote, continuent à produire du CO^2. On en a conclu qu'il se fait dans l'organisme et les tissus des réserves d'O, réserves qui s'épuiseraient plus lentement chez les animaux à sang froid que chez les animaux à sang chaud, d'où la résistance plus grande des premiers à l'asphyxie. L'existence de ces réserves a été bien mise en lumière par Chauveau qui a mesuré la quantité d'O absorbée et de CO^2 produite par le muscle releveur de la lèvre supérieure du cheval, à l'état de repos et de travail. Pendant le travail, il s'exhale *plus* d'O (dans CO^2) qu'il n'en est absorbé : le surplus d'O consommé doit venir d'une réserve, et celle-ci doit se faire durant le repos où le muscle, tout en absorbant vingt et une fois moins d'O qu'au travail, en absorbe pourtant plus qu'il ne s'en exhale dans CO^2 ; il en absorbe un excédent qui s'emmagasine. Du reste, le même phénomène a lieu durant le sommeil : l'homme en absorbe plus qu'il n'en rend dans CO^2 ; par contre, de jour, surtout s'il travaille, il exhale plus d'O qu'il n'en absorbe, et la nuit lui sert à refaire sa provision (Voit).

On se demande naturellement où s'accumule la provision d'oxygène. Cette question n'a point encore reçu de réponse satisfaisante. Il ne semble pas que l'emmagasinement se fasse dans le sang, car si l'on *sale* une grenouille à la façon de Cohnheim en remplaçant le sang par une solution salée, on voit persister l'exhalaison de CO^2, l'animal étant placé dans une atmosphère d'azote ou d'hydrogène. L'O s'est donc accumulé ailleurs, dans les tissus naturellement, et Hermann a fondé sur les faits qui précèdent sa théorie de l'*Inogène*. Il suppose l'existence de quelque substance où l'oxygène se condenserait, pour se dégager selon les besoins des tissus.

La question de la respiration est donc moins simple qu'elle ne le paraît d'abord : l'oxygène absorbé ne se transforme pas immédiatement, directement en acide carbonique, comme on l'a cru d'abord : il y a des processus intermédiaires qui nous échappent encore.

Quels que soient ces processus, on peut néanmoins admettre que le mécanisme de la respiration véritable est à peu près le suivant. Le sang artériel, chargé d'O (tension = 10 p. 100 d'atmosphère), pauvre en CO^2 (tension = 2,8 p. 100 d'atmosphère), passe par les capillaires entourés de tissus où CO^2 est abondant, et O relativement rare. L'équilibre tend à s'établir à travers les parois des capillaires, ou par le plasma qui transsude : les tissus absorbent l'oxygène dissous dans le plasma, et l'oxygène de l'oxyhémoglobine se dissocie sous l'influence de la chaleur d'une part, et du départ de l'oxygène du plasma : il va prendre dans le dernier la place de l'oxygène absorbé par les tissus, et passe ensuite à son tour dans les tissus. Inversement, CO^2, qui a une forte tension dans les tissus, diffuse dans le plasma qui en renferme très peu ; il y suffit d'une différence de quantité, ou, ce qui est corrélatif, de tension. Du reste, on voit la diffusion de CO^2 s'opérer partout où elle est possible : on voit ce gaz se dissoudre dans les liquides formés par les tissus — alors que l'O y est très peu abondant : dans la bile où CO^2 a une tension de 6,6 p. 100 d'atmosphère, dans l'urine ($t = 9$ p. 100), la lymphe ($t = 4{,}5$-5 p. 100), le liquide péritonéal (7,8 p. 100), la salive, etc. (Plüger et Strassburg).

Nous avons parlé jusqu'ici de la respiration effectuée dans l'air normal : il sera bon d'ajouter quelques renseignements à l'égard de la respiration dans des mélanges gazeux artificiels ou dans certains gaz purs. Tout d'abord, il n'y a respiration qu'en présence de l'oxygène, et il faut que cet oxygène constitue au moins 15 p. 100 du mélange total (à la pression barométrique) et qu'il ne s'y joigne pas dans le mélange de substances ayant, comme l'oxyde de carbone, des affinités puissantes avec l'hémoglobine, affinités qui l'empêcheraient de se fixer sur celle-ci et d'être transporté aux tissus. Tout mélange gazeux privé d'oxygène est irrespirable et détermine l'asphyxie. L'oxygène pur est naturellement très propre à entretenir la vie ; les inhalations de ce gaz sont, on le sait, souvent employées en thérapeutique. On remarquera que ces inhalations ne changent rien aux échanges des tissus ; nous savons que ceux-ci ne consommait pas d'oxygène au delà de leurs besoins, et que ceux-ci sont réglés par leur degré d'activité ; aussi excercent-elles une influence bienfaisante sans doute par l'emmagasinement d'O qui se produit, par la réserve mise de côté et utilisée plus tard, au fur et à mesure des besoins. Si, au lieu de respirer dans de l'oxygène pur, la respiration se fait dans un mélange où la quantité d'oxygène varie, on constate que tandis que celle-ci s'effectue très bien dans un milieu où l'O forme 20 p. 100 du tout (air normal), il y a des troubles quand la proportion s'abaisse à 10 p. 100. Ils sont dus à l'insuffisance de l'apport d'oxygène, et sont d'autant plus marqués que l'exercice est plus actif, et que le besoin d'O est plus grand, et nous savons déjà qu'à l'état d'activité, l'apport d'oxygène est insuffisant : l'organisme consomme la réserve faite durant le sommeil et le repos. Si la proportion d'O tombe à 8, 6, 4, la mort survient rapidement pour les animaux supérieurs. Les animaux inférieurs résistent mieux : un escargot dans l'air confiné lui enlève jusqu'à ses dernières traces d'oxygène, alors qu'un mammifère ou oiseau meurt avant que la proportion d'O ait atteint 3 p. 100 (Spallanzani).

L'acide carbonique pur est naturellement impropre à l'entretien de la respiration ; mais en somme le mélange respiré peut contenir une assez grande proportion de CO^2 sans devenir toxique ; il peut en renfermer jusqu'à 20 p. 100, ce qui est considérable. Il va sans dire qu'en pareil cas, et même quand CO^2 n'existe que dans la proportion de 2, 4 ou 5 p. 100, il y a accumulation de CO^2 dans l'organisme jusqu'à équilibre entre la tension de CO^2 dans l'air et dans le sang ; il se produit une excitation des centres respiratoires et de la dyspnée, et la consommation d'oxygène augmente. Mais à 20 p. 100, CO^2 agit comme un poison narcotique et tue. Il en résulte donc que les dangers de la ventilation défectueuse doivent être attribués non à l'accumulation d'acide carbonique, mais bien au déficit d'oxygène. En d'autres termes, la vie dans une chambre non ventilée, hermétiquement close, s'éteindra par défaut d'oxygène bien avant que la proportion de CO^2 ait pu devenir mortelle, comme l'a montré P. Bert. On pratique donc la ventilation moins pour chasser CO^2 que pour favoriser l'apport d'oxygène (10 mètres cubes d'eau neuf par heure et par individu enfermé dans une chambre).

Rôle de la pression dans la respiration. — Du moment où les échanges respiratoires — entre l'air et le sang, puis entre le sang et les tissus — sont fonction de la tension des gaz, la pression barométrique — ou tension du mélange respiré, — doit jouer un rôle considérable dans ces échanges, la tension partielle de chaque gaz devant suivre les oscillations de la tension totale. Et, d'autre part, à pression égale, invariable, la tension de chaque gaz d'un mélange, du mélange *air* par exemple, — étant proportionnelle à la quantité de ce gaz dans le mélange, les variations de composition d'un mélange pourront agir exactement comme les variations de pression de celui-ci, à condition toutefois que ces variations aient quelque importance dans les limites d'*une* atmosphère. C'est ainsi que les choses se passent, en effet, et les belles recherches de Paul Bert, résumées dans sa *Pression barométrique*, ont notablement contribué à l'avancement de nos connaissances à ce sujet. Augmentez la pression atmosphérique, en comprimant l'air — c'est le cas des caissons pneumatiques où les ouvriers travaillent aux piles de pont par exemple, et où pour contre-balancer le poids de l'eau *plus* la pression atmosphérique, il faut développer une pression intérieure de 4 ou 5 atmosphères; c'est aussi le cas des scaphandres employés pour fouiller les navires coulés, et les gisements d'éponge ou de corail, — augmentez la pression atmosphérique, et la tension des gaz s'accroît proportionnellement autant que la pression de l'air; à 5, à 10 atmosphères encore il n'y a pas d'accidents. Mais, à partir de 17 atmosphères pour l'air, de 3 1/2 atmosphères pour l'oxygène pur, il se développe des phénomènes formidables, des convulsions analogues à celle de l'empoisonnement strychnique, au milieu desquelles la mort survient bientôt. L'animal et l'homme y succombent, et les plantes, et les ferments figurés eux-mêmes meurent après avoir présenté un ralentissement marqué d'activité fonctionnelle. Que s'est-il donc passé? Y a-t-il action mécanique, y a-t-il empoisonnement par CO^2? Non : il y a *empoisonnement par l'oxygène*, et ce qui le prouve c'est que les accidents arrivent d'autant plus vite, à pression égale, que l'air est plus riche en oxygène. Le gaz vivifiant par excellence est devenu poison, et c'est lui, lui seul, qui tue. Ce n'est pas là le seul danger de l'augmentation de la pression barométrique ; il en est un autre, mais qui ne surgit que lors du retour à la pression normale. Dans une cloche, contenant un oiseau, ou un petit mammifère, augmentez graduellement la pression de l'air jusqu'à 5 ou 10 atmosphères; pas d'accidents. Laissez alors sortir brusquement l'air, rétablissez vivement la communication avec l'atmosphère : l'animal meurt en quelques secondes. Pourquoi ? Parce que le sang, qui sous l'influence d'une pression plus forte avait dissous une proportion double, triple, décuple d'O, de CO^2, et surtout d'azote, restitue lors de la décompression ces gaz accumulés à l'atmosphère ; ils se dégagent du sang, et, ne pouvant instantanément traverser les tissus, ils forment des bulles dans ce liquide, et des embolies dans tout le système circulatoire, d'où la mort rapide ; les choses se passent comme si l'on avait brusquement poussé une forte injection d'air dans les artères et les veines. Pour éviter ces accidents, bien connus des scaphandriers et de tous les ouvriers qui travaillent dans l'air comprimé, il faut opérer la décompression de façon lente et graduelle ; les gaz se dégagent lentement du sang, lors du passage de celui-ci par le poumon, et les choses reviennent peu à peu à l'état normal. Ces ouvriers ont même une expression très pittoresque pour indiquer les dangers de la compression de l'air : « On ne paye qu'en sortant. » Mais c'est parce qu'on sort trop vite que l'on paye ; en sortant lentement, c'est-à-dire en passant graduellement de la pression forte à la pression normale, on ne paye rien. On peut donc dire que le véritable danger de l'augmentation de pression, dans les mesures où l'homme y est soumis, est tout entier dans la décompression. Les organismes marins en savent quelque chose. Tels d'entre eux vivent à 8 kilomètres de profondeur, à 800 atmosphères de pression : les gaz de leurs tissus et de leur sang sont naturellement soumis à cette pression. Tant qu'ils restent dans les profondeurs, tout va bien, mais s'élèvent-ils vers la surface, ils sont victimes des accidents de la décompression dont le premier, chez les poissons pourvus de vessie natatoire, est la distension de cette vessie par les gaz qu'elle renferme, et qui à pression moindre occupent un volume supérieur ; la vessie se dilate, les paralyse et les entraîne à la surface, comme le ferait un ballon, où elle éclate souvent. Du reste, il se fait en même temps un dégagement violent des gaz des tissus, qui dilacèrent ces derniers. Les tissus sont encore lésés d'une autre manière ; comme l'a montré Regnard dans ses belles expériences, où il a étudié l'influence de pressions atteignant jusqu'à 1,000 atmosphères, les tissus soumis aux pressions élevées, chez les animaux aquatiques, s'hydratent, et renferment une proportion considérable d'eau en quelque sorte condensée. Lors de la décompression, naturelle ou artificielle, cette eau est éliminée mécaniquement, et cette élimination ne va point sans léser les tissus.

Considérons maintenant le cas de la diminution de pression. Elevons-nous dans la montagne, où naturellement la pression diminue à mesure que l'altitude s'élève. A 1,000, 2,000 mètres, pas d'accidents. La respiration est légèrement accélérée, mais moins ample, et c'est tout. A 3,000 mètres, et à 4,000 surtout, il y a chez beaucoup de personnes et d'animaux, des signes de faiblesse évidents ; les muscles ont moins de force, la température baisse, et la respiration s'accélère encore. C'est que l'oxygène devient rare, ou plutôt sa tension est faible, et ce qui le prouve, c'est que ces symptômes peuvent être dissipés dans la montagne par l'inhalation d'un air plus riche en oxygène, ou déterminés à la pression normale par l'inhalation d'un air contenant peu de ce gaz. Pourtant il y a des populations qui vivent normalement et habituellement à des altitudes variant entre 3 et 4,000 mètres (hauts plateaux du Pérou, etc.). A quoi tient leur acclimatement évident ? pourquoi ne sont-elles pas elles aussi victimes de la *puna*, du mal de montagne ? Cela tient tout simplement à ce que — par un mécanisme qui nous échappe d'ailleurs — ces populations sont plus riches en hémoglobine, si toutefois, comme cela est vraisemblable, ce qui est vrai des animaux l'est aussi de l'homme. En effet, Paul Bert a vu que le sang des herbivores des hauts plateaux renferme plus d'oxygène (21 p. 100) que celui des mêmes animaux vivant dans la plaine (12-15 p. 100). Müntz a vu que le sang de lapins de chou lâchés pendant un an sur le pic du Midi devient plus riche en hémoglobine que celui des lapins vivant à des altitudes moindres ; Regnard enfin, soumettant un cobaye un mois durant à l'influence de la décompression, en le faisant vivre dans une cloche où la pression était inférieure à la pression atmosphérique (pression égale à peu près à celle qui règne à l'altitude de 3,000 mètres) a constaté que le sang de ce cobaye absorbe 21 centimètres cubes d'oxygène, au lieu que celui de cobaye vivant en liberté à côté du précédent, mais à la pression normale, n'en absorbe que de 14 à 17 centimètres cubes. Le simple fait de la décompression — ceci ressort bien de l'expérience de Regnard — suffit à déterminer une augmentation d'hémoglobine. Il y a là une adaptation remarquable, et on comprend bien que les organismes vivant dans un milieu pauvre en oxygène puissent néanmoins résister, si leur capacité d'absorption de ce gaz est accrue. Ce fait explique encore l'influence bienfaisante des *altitudes :* sous l'influence du séjour dans la montagne, l'hémoglobine augmente (*Soc. de Biologie*, 28 mai 1892, p. 470).

L'adaptation dont il s'agit ne peut toutefois pas s'opérer instantanément, et quand l'homme gravit une montagne élevée, il se produit chez lui, à partir de 3 ou 4,000 mètres, des accidents qui n'ont pas lieu chez des individus adaptés. Ces accidents consistent en le *mal des montagnes :* fatigue excessive, accélération du cœur et de la respiration, éblouissements, vertiges, hémorragies par les muqueuses, etc. Durant les ascensions aéronautiques ils ne se présentent qu'à des altitudes plus élevées (6,000 mètres). La fatigue de l'ascension à pied en hâte évidemment l'apparition. Ils sont dus à la diminution de pression de l'oxygène, à la diminution d'oxygène dans le sang, à l'*anoxyhémie*, et non à un dégagement de gaz et à des embolies gazeuses, comme cela a lieu lors du passage brusque d'une pression forte à la pression normale. Cette *anoxyhémie*, qui est naturellement plus prononcée et se présente plus vite lors de l'ascension à pied, laquelle demande des efforts musculaires exigeant une forte consommation d'O, cette anoxyhémie est uniquement le résultat de la faiblesse de pression de l'oxygène. Dans l'air normal, déprimé à 20 centimètres (au lieu de 76), de pression de Hg, l'oiseau meurt vite ; mais il vivra à une pression moindre (13 centimètres) si l'atmosphère ambiante est de l'oxygène pur. C'est à Paul Bert que nous devons la connaissance de ces faits ; il a étudié sur lui-même l'effet bienfaisant des inhalations d'oxygène durant la dépression, et il était à tel point assuré de l'exactitude de ses résultats qu'il avait remis des sacs d'oxygène à Crocé-Spinelli, Sivel, et Gaston Tissandier avant leur ascension mémorable du 15 avril 1875. Mais les deux premiers y perdirent la vie, n'ayant pas eu le temps d'atteindre ces sacs dont ils connaissaient pourtant l'utilité, l'ayant expérimentée dans une précédente ascension à 7,800 mètres. Tissandier survécut, s'étant évanoui, ayant par conséquent réduit ses échanges respiratoires à fort peu de chose : chez lui les besoins se proportionnèrent aux ressources, en quelque sorte, tandis que chez ses compagnons la mort survint, les ressources n'ayant pu être proportionnées aux besoins. On remarquera une fois de plus combien la composition et la pression peuvent être substituées l'une à l'autre : une grande quantité d'un gaz à faible pression peut produire le même effet qu'une petite quantité de ce gaz, sous pression forte.

Asphyxie. — On dit qu'il y a asphyxie toutes les fois que la respiration cesse de s'effectuer normalement. C'est dire que les causes en sont très variées. Il y a asphyxie quand la respiration s'opère dans un milieu pauvre en oxygène, dans un air vicié ; il y a asphyxie quand, par la curarisation, le système nerveux perd contact avec le système musculaire, et les mouvements respiratoires cessent de s'effectuer — d'où la nécessité de pratiquer la respiration artificielle chez les animaux curarisés — il y a asphyxie quand le chloroforme et le chloral paralysent le bulbe où est le centre régulateur de la respiration, et quand la strychnine détermine la contracture des muscles respiratoires. On peut discuter longuement sur la classification de ces asphyxies, et en cataloguer les mécanismes de façon très diverse : l'asphyxie n'en demeure pas moins un phénomène relativement simple, dû, dans des proportions variables, au défaut d'oxygène et à l'excès d'acide carbonique. On a souvent décrit l'asphyxie par l'oxyde de carbone comme une asphyxie toxique type : c'est une erreur ; car l'oxyde de carbone n'est pas toxique en lui-même, il ne tue pas par une action propre, mais simplement en prenant la place de l'O, en formant de la carboxyhémoglobine dont l'O ne peut chasser CO pour former de l'oxyhémoglobine ; le sang est dès lors absolument impropre à l'entretien de la vie, et la mort survient par le même mécanisme que dans la strangulation, ou le confinement : le sang ne renferme pas d'oxygène, la mort survient non parce qu'il renferme CO, mais parce qu'il ne contient pas O [1]. Dans le confinement, c'est en général par déficit d'O encore que se produit l'asphyxie, bien qu'il se produise en même temps excès de CO^2 ; mais ce dernier facteur n'a généralement pas le temps d'agir sérieusement, la mort survient avant. Dans la strangulation, la submersion, l'étouffement, la suffocation par corps étranger dans le larynx, c'est encore le déficit d'oxygène qui intervient et qui tue. D'ailleurs, ce qui montre

[1] Linossier (*Soc. Biol.*, 1880) croit pourtant à une action propre de CO, mais reconnaît qu'elle est faible.

bien l'unité du mécanisme de la mort, c'est la concordance des symptômes. D'abord polypnée (Ch. Richet) — accélération respiratoire — et dyspnée, cette dernière étant due à ce que le bulbe est arrosé par un sang veineux, asphyxique, riche en CO^2, et pauvre en O ; la respiration est rapide, plus ou moins convulsive, accompagnée d'angoisse. Cette phase convulsive s'accentue : l'expiration prend le caractère d'une convulsion générale, d'un spasme de tout le corps. En même temps il y a vaso-dilatation des téguments, et vaso-constriction abdomino-viscérale, d'où augmentation de pression (Ludwig et Thiry) ; la pupille est dilatée, le cœur accéléré, puis ralenti, les intestins offrent une motilité exagérée, il y a sudation et salivation excessives dues à l'excitation des centres vaso-moteurs, sudorifiques, etc., de la moelle. Puis survient brusquement la phase paralytique : il y a perte de connaissance due à l'action narcotique de CO^2 sur le système nerveux ; il y a un long arrêt de la respiration qui toutefois reprend très faiblement et irrégulièrement ; la pupille est contractée, la respiration s'arrête. Le cœur rapide et faible bat encore quelque temps, puis se ralentit et s'arrête ; le réflexe palpébral ne se produit plus ; quelques convulsions agoniques générales, et voilà la mort. Le sang ne contient plus que des traces d'oxygène, et renferme un excès de CO^2. C'est par asphyxie que l'on meurt le plus souvent : toutes les affections pulmonaires et cardiaques, qu'elles soient primitives, ou consécutives à des maladies du système nerveux, etc., tuent par asphyxie, par asphyxie lente. Dans ce cas, le cortège des symptômes est moins effrayant ; d'ailleurs il faut bien se dire que le bienfaisant CO^2 — source de toute vie animale et végétale, car sans lui les plantes ne pourraient exister, ni les animaux, naturellement, ni l'homme, du moins dans l'organisation actuelle de l'univers — vient apaiser les angoisses de la mort, en endormant la sensibilité et la conscience, comme le ferait un anesthésique.

L'asphyxie n'est pas toutefois nécessairement mortelle :

mais l'issue dépend de la cause et de la durée d'action de celle-ci. Il est à peu près impossible de lutter contre l'asphyxie par CO, en raison de la difficulté qu'il y a à chasser ce gaz, même s'il n'est présent qu'en petite quantité, de la combinaison si stable qu'il forme avec l'hémoglobine. Mais dans les autres asphyxies, tant que le cœur bat encore, on peut lutter, surtout au moyen de la respiration artificielle : chez l'homme, on la pratique tantôt en roulant le patient à terre de façon qu'il repose tantôt sur le ventre, tantôt sur le côté (de façon à déterminer successivement une expiration et une inspiration) toutes les 4 ou 5 secondes (Marshall Hall) ; tantôt en le couchant sur le dos, bouche ouverte, la langue tirée au dehors, et en amenant les bras en extension au-dessus de la tête pour provoquer une inspiration, après quoi on les ramène contre le thorax qu'on comprime légèrement, pour produire une expiration (15 fois par minute). Laborde recommande vivement de saisir la langue et de la tirer assez fortement au dehors à intervalles réguliers.

On observe de grandes différences parmi les différents êtres au point de vue de la rapidité de l'asphyxie. Les oiseaux plongeurs y résistent longtemps, comme le canard : il a plus de sang et d'hémoglobine, partant plus d'oxygène, que la poule par exemple (Bert). (Le canard résiste 7 ou 8 minutes à l'asphyxie, la poule 2 ou 3 seulement.) Il en est sans doute de même pour les cétacés, la loutre et les animaux plongeurs en général. L'animal qui se débat beaucoup asphyxie plus vite ; car il use plus vite sa provision d'oxygène. L'animal à sang froid ou hibernant, à échanges peu intenses ou réduits, résiste beaucoup plus à l'asphyxie que l'animal à sang chaud, surtout si la température est basse, car alors, nous le savons, ses échanges sont encore plus faibles que de coutume. Une grenouille, en hiver, résistera plusieurs heures. Il en est de même pour l'anguille : par contre, la sardine et d'autres poissons meurent en une minute. L'iguane résistera plusieurs heures aussi à la submersion complète, et Gratacap a montré que de nombreux insectes peuvent vivre vingt-quatre heures, et plus, dans un gaz inerte. Les animaux nouveau-nés résistent mieux que les adultes : chacun sait combien les jeunes chats luttent contre la submersion (une demi-heure ou une heure, d'après Buffon) ; cela tient à la lenteur et à la faiblesse de leurs échanges respiratoires. Chez l'homme, la syncope est favorable à la résistance aux causes d'asphyxie, car les échanges respiratoires sont alors fort réduits, les mouvements musculaires faisant défaut.

On remarquera combien l'asphyxie rappelle les phénomènes de l'anoxyhémie et de l'hémorragie ; cela n'a rien de surprenant. Dans les trois cas, il y a anoxyhémie plus ou moins prononcée : il y a déficit d'oxygène dans le sang, et c'est ici un argument de plus à l'appui de l'unité du processus asphyxique, malgré la variabilité des mécanismes qui amènent ce processus. On notera aussi la rapidité avec laquelle se présentent les symptômes asphyxiques quand la respiration est entravée, mécaniquement en particulier : cela s'explique par le fait, qu'en deux minutes, le sang a consommé *tout l'oxygène* qu'il renferme, et que l'anoxyhémie se manifeste bien avant la disparition totale de ce gaz.

On a beaucoup discuté pour savoir si, dans l'air confiné, on meurt par défaut d'O ou excès de CO^2. Si l'on fait respirer un animal dans un espace clos, confiné, où l'on fait disparaître CO^2 au fur et à mesure, l'asphyxie a lieu par défaut d'O, et elle survient quand la proportion de ce gaz tombe à 3 ou 4 p. 100 (oiseau) 2 p. 100 (mammifères) 0 (reptiles) d'après Paul Bert. Par contre si l'animal respire dans un milieu où l'on renouvelle O sans cesse sans enlever CO^2, il meurt bientôt : la tension de CO^2 dans l'air extérieur empêche qu'il ne se dégage du sang. On en conclura donc que l'animal respirant dans un espace clos meurt à la fois de l'excès de CO^2 et du défaut d'O. Paul Bert donne plus d'importance à cette dernière circonstance, toutefois, en ce qui concerne les homéothermes ; c'est l'inverse pour les hétérothermes.

Innervation respiratoire. — Galien ayant coupé la moelle dans sa partie supérieure, *post primam aut secundam verte-*

22.

bram, reconnut que cette lésion supprime incontinent la respiration et la vie : *repente animal corrumpitur*. Lorry vit le même fait, « entre la deuxième et la troisième vertèbre... l'animal mourait presque sur-le-champ... et le pouls et la respiration cessaient absolument... » quand il plongeait un stylet dans la moelle de cette région. Legallois, peu après (1811) circonscrivit mieux la région médullaire dont la blessure produit les effets susénoncés, et la plaça vers l'origine des nerfs vagues. Coupant le cerveau par tranches, d'avant en arrière, il reconnut que l'ablation ou la section n'arrête la respiration que lorsque la section comprend l'origine de ces nerfs. En 1822, Flourens localisa avec plus de précision le centre respiratoire qu'il baptisa du nom de *nœud vital*, et reconnut que l'étendue en est très restreinte : comme l'avait dit Legallois — trop souvent négligé en faveur de Flourens — ce centre est placé dans la moelle allongée, près de l'émergence des vagues, entre le centre vaso-moteur et la pointe du sinus rhomboïdal. Il est loin de posséder la simplicité que lui supposait Flourens : en réalité, il est double, formé de deux moitiés symétriques, gauche et droite (Volkmann, Schiff, Longet), capables d'agir quand bien même on les sépare l'une de l'autre ; chacun de ces centres semble encore être divisé en deux, un centre inspirateur, un expirateur, ce qui ferait quatre centres juxtaposés. Et pour couronner la complexité de la question, on est en droit de se demander s'il y a là un centre quelconque, d'après nos idées actuelles sur ces parties du système nerveux, étant donné qu'il n'y a point là d'amas cellulaire (Gierke), mais seulement un faisceau de fibres nerveuses blanches. En ce cas le centre respiratoire serait situé à petite distance dans deux amas cellulaires allant de la base à la pointe du calamus, en dedans des racines de l'hypoglosse (Mislawsky), et les faisceaux de Gierke n'auraient rien à faire avec la respiration, les voies de transmission du centre bulbaire aux organes respiratoires se trouvant en dehors de ces faisceaux. Quoi qu'il en soit de la localisation exacte du point qu'avec son emphase habituelle Flourens a inexactement nommé nœud vital, et que nous appellerons plus simplement centre respiratoire, il est certain que le bulbe renferme un amas ganglionnaire d'où partent tous les nerfs moteurs de la respiration (spinal et vague, phréniques, intercostaux, hypoglosse, facial, plexus brachial et cervical)[1].

Nous avons dit que la section longitudinale du centre est sans effet ; les mouvements persistent, concordants, à moins qu'on ne coupe aussi les pneumogastriques, auquel cas ils deviennent discordants (Langendorff). Si l'on sectionne la moelle en des points différents en allant de bas en haut, on voit que la respiration est altérée. Cela est tout naturel : à la hauteur de la septième vertèbre cervicale on a coupé et paralysé les nerfs intercostaux ; à la quatrième cervicale, on a coupé les phréniques, et enfin, si l'on coupe la moelle en arrière de la première cervicale, on ne voit persister que les mouvements respiratoires des narines, le nerf facial étant le seul nerf respiratoire resté en relations avec le centre bulbaire. Si l'on coupe le centre en travers, la respiration s'arrête net : l'inspiration ne se fait plus, et le cœur s'arrête peu après si l'on ne pratique la respiration artificielle. D'autre part, les lésions les plus étendues du cerveau et du cervelet, et de la moelle, ne troublent en rien la respiration, tant que celles-ci n'intéressent ni le centre bulbaire, ni les voies afférentes ou efférentes de ce centre, comme cela a lieu dans la décapitation des pigeons (Brown-Séquard) qui n'atteint point le centre respiratoire ; mais si l'on pique ou déchire le centre bulbaire (« coup du lapin », pendaison, piqûre expérimentale) aussitôt arrêt respiratoire. A ce centre principal, on a pensé devoir joindre quelques centres médullaires : Rokitansky, Schroff, Langendorff ont admis

[1] Gad et Marinesco (C. Rendus, sept. 1892) localisent ce centre plus profondément que ne l'ont fait Flourens et ses successeurs, près de l'hypoglosse. Ce serait là le véritable centre respiratoire.

l'existence dans la moelle de centres inspirateurs — comme il s'en trouve chez les insectes tout le long de la chaîne nerveuse ventrale — et pour eux, comme pour Brown-Séquard, le nœud vital serait non un centre respirateur, dont l'excitation détermine la respiration, mais un centre d'arrêt, d'inhibition, dont la piqûre ou la destruction déterminerait l'excitation ; ce serait un centre paralysant au lieu d'être moteur, et le prétendu nœud *vital* mériterait le nom de nœud *mortel*.

Quelle est la cause de la stimulation du bulbe en tant que centre respirateur ? Ce n'est pas la *volonté*. Sans doute, nous pouvons à volonté modifier le rythme et l'amplitude des respirations ; mais il est rare que la volonté ait une part dans cette fonction, qui persiste durant le sommeil et l'anesthésie, et après ablation des hémisphères cérébraux. Est-ce un *réflexe ?* A coup sûr, les excitations sensitives et morales même modifient le rythme respiratoire, et il semble bien que les excitations cutanées jouent un rôle marqué dans l'établissement de la respiration lors de la naissance (voir plus loin), mais voici un lapin à qui l'on a enlevé les hémisphères cérébraux, coupé la moelle épinière juste au-dessous de l'émergence du phrénique, et coupé les pneumogastriques et toutes les racines postérieures sensitives des nerfs du cou : il respire (par son diaphragme) et pourtant où sont les excitations sensitives, par où peuvent-elles passer ? Il ne reste donc qu'une hypothèse : celle de l'automatisme du centre bulbaire. Ce centre est excité, très partiellement par voie réflexe, principalement et toujours par la *qualité du sang* qui l'arrose. Le sang est-il de nature veineuse (à la fois pauvre en O et riche en CO^2, sans que l'on puisse encore dire si c'est plutôt le déficit de l'un ou l'excès de l'autre qui joue le rôle prépondérant, les deux phénomènes marchant habituellement de pair), il y a *excitation du centre respiratoire* (Rosenthal)[1]. Une

[1] C'est à cette action excitante de CO^2 que Brown-Séquard attribue les convulsions de l'asphyxie, les mouvements *post mortem* des cholériques, et que

élégante expérience de Frédéricq consiste à prendre deux chiens ou deux grands lapins disposés de telle sorte que l'animal A envoie son sang carotidien dans la tête de B, et B son sang carotidien à A, avec retour par les vertébrales, de telle sorte que chaque animal arrose la tête seule de l'autre. Si alors on fait asphyxier A en lui comprimant la trachée ou en lui faisant respirer un air pauvre en oxygène, c'est B qui présente de la dyspnée et de l'asphyxie, et non A : B en effet reçoit du sang veineux ou insuffisant, et ce sang qui n'arrose que sa tête, excite son centre bulbaire, alors que A, s'il asphyxie du corps, n'asphyxie pas de la tête — de la moelle allongée. — Cette démonstration de la nature de l'excitant normal du bulbe est tout à fait précise [1].

Le centre bulbaire est peu sensible à l'influence des anesthésiques; il résiste longuement à leur action paralysante ; on peut même le regarder comme l'élément *le plus résistant* des centres nerveux ; il conserve son activité, alors que les autres ont succcombé, alors en particulier que les parties les plus élevées du système nerveux ont cessé d'agir. Au surplus, il est bon qu'il en soit ainsi. Pour la vie animale, le cerveau est du luxe : l'essentiel est le bulbe, centre d'innervation du poumon et du cœur, bases réelles de la vie végétative, et la notion du *trépied vital* de Bichat veut être simplifiée, le cerveau n'étant plus une des bases de celui-ci, mais son couronnement.

Le centre bulbaire est donc automatique. Reçoit-il un sang insuffisamment artérialisé, le centre est excité, et fonctionne plus rapidement ; il y a *polypnée*, qui, si le sang ne devient plus satisfaisant, passe à la *dyspnée*, à la gêne respiratoire.

Cl. Bernard attribue l'hyperthermie observée chez les animaux asphyxiés (CO^2 exciterait les muscles, d'où accroissement de dégagement de chaleur) et dans plusieurs maladies (choléra encore entre autres).

[1] La quantité du sang a aussi son influence. Un chien qui a été saigné et que l'on dresse droit (d'où anémie bulbaire) meurt en quelques secondes par défaut d'irrigation du bulbe et des centres qu'il renferme (Ch. Richet, *Soc. Biol.*, 1891).

Est-il irrigué par un sang riche en oxygène, pauvre en acide carbonique, son activité n'est que faiblement excitée, ou ne l'est point du tout; la respiration n'est pas stimulée, et en l'absence de stimulus, elle s'arrête même pour un temps : c'est l'*apnée*.

Chacun peut déterminer sur lui-même l'apnée ; il suffit de faire successivement quelques inspirations profondes et rapides, le sang subit une hématose plus parfaite, et contient beaucoup d'O et peu de CO^2. Aussi la respiration s'arrête-t-elle pour ne reprendre qu'après quelques secondes, faible d'abord, puis graduellement plus efficace. On peut l'obtenir aussi sur l'animal en pratiquant une respiration artificielle énergique ; on interrompt celle-ci, et l'animal dont le sang est très artérialisé ne se met à respirer de lui-même qu'après un temps assez long (30 secondes parfois) quand le sang est devenu suffisamment veineux pour exciter l'activité du centre bulbaire. Inversement si au lieu d'artérialiser le sang, on le rend plus veineux, par inspiration dans un mélange pauvre en O, ou si l'on arrête le cours du sang en liant carotides et vertébrales, il y a non plus apnée, mais polypnée et *dyspnée:* la respiration s'accélère. La dyspnée consécutive à une course rapide ou à un exercice violent est due à cette veinosité du sang qui par le travail musculaire devient plus riche en CO^2 ; et toutes les fois que le sang perd de l'O ou s'enrichit en CO^2, quelle qu'en soit le mécanisme, il excite le bulbe et détermine de la dyspnée. On peut provoquer celle-ci expérimentalement en échauffant le sang qui baigne le bulbe (en faisant passer les carotides dans de l'eau chaude), la consommation d'O et la production de CO^2 augmentant sans doute (Ch. Richet), ou en arrêtant la circulation dans le bulbe (Kussmaul) ou en provoquant une hémorragie. Bref, toute cause déterminant une irrigation insuffisante du bulbe amène la dyspnée. L'excitation produite par le sang veineux est évidemment très forte, car la volonté ne peut y résister : on ne peut se suicider par arrêt volontaire de la respiration : il y faut un obstacle mécanique. D'ailleurs, à supposer que la volonté pût résister assez longtemps à l'excitation automatique, un des premiers effets serait une syncope, c'est-à-dire la perte de cette volonté, entre autres phénomènes, et alors la respiration reprendrait son cours.

Nous avons dit que les excitations réflexes ne sont pas sans retentir sur la respiration : il convient de s'arrêter un moment sur ce point. Qui ne connait l'arrêt respiratoire spasmodique qui accompagne généralement la douche froide ? Voilà un exemple familier de l'influence réflexe des excitations sensitives. Toute excitation un peu vive de la sensibilité, générale ou spéciale agit de même façon : excitez le sciatique — nerf mixte, — excitez le trijumeau dans ses branches sensitives, sur le chien ou le lapin, et il y a arrêt respiratoire. Frédéricq, en faisant couler un peu d'eau dans les narines d'un lapin qui respire par la trachée, détermine un arrêt respiratoire de 10 ou 20 secondes ; chez le canard l'arrêt peut durer jusqu'à 10 minutes. (Le canard a beaucoup de sang, ce qui lui permet de telles fantaisies.) Ces réflexes sont d'ailleurs très utiles : ils protègent l'organisme contre la pénétration de l'eau dans les voies respiratoires, et résistent contre cette pénétration par le mouvement expiratoire. On remarquera toutefois que cette action d'arrêt s'observe lors d'excitations fortes, et que les excitations faibles agissent en sens inverse, et accélèrent la respiration. Il semble bien, néanmoins, que les excitations fortes peuvent aussi les stimuler, car le frottement énergique auquel on soumet les noyés pour les ranimer, les claques et tapes que l'on administre parfois aux personnes en syncope, les excitations thermiques vives que l'on applique à la peau des nouveau-nés lents à se décider à respirer, la flagellation des sujets trop profondément endormis par les anesthésiques, constituent à coup sûr des excitations fortes. L'excitation agirait-elle selon l'état du centre bulbaire ? Quoi qu'il en soit, les excitations sensitives exercent une influence marquée, et celles qui sont transmises par le trijumeau (narines, face, bouche, pharynx, etc.) et le pneumogastrique (voies respiratoires inférieures et poumon) sont particulièrement actives, comme nous l'allons voir en parlant de ces nerfs.

Comme exemples de l'influence exercée par les nerfs de sensibilité générale dans la production du réflexe respiratoire, on a invoqué ce qui se passe chez les animaux enduits de vernis : la respiration se ralentit, et l'animal meurt après un refroidissement considérable, et on a dit que le stimulant cutané du réflexe a fait défaut. Le même fait s'observe chez les individus ayant une brûlure générale quoique légère (chute dans une chaudière de brasserie par exemple). M. M. Duval a observé de ces malheureux, et a vu que chez eux la respiration ne se maintient avec le rythme et l'ampleur normaux que par l'intervention de la volonté. Dès que celle-ci disparaît (sommeil), la respiration devient faible comme celle de l'animal verni, le refroidissement et la mort surviennent bientôt. La source cutanée du réflexe respiratoire aurait fait défaut. L'explication n'est pas pleinement satisfaisante toutefois, et il nous paraît qu'il y a assez de causes de mort sans en invoquer une de caractère aussi problématique. (Voir *Peau.*)

Le pneumogastrique est particulièrement important dans l'innervation des voies respiratoires. Il est en effet le nerf sensitif de celles-ci, de l'épiglotte à l'extrémité des plus petites bronches. Mais cette sensibilité varie : obtuse au-dessous de la glotte, elle est des plus vives au-dessus de celle-ci, dans le larynx en particulier. D'autre part, le vague reçoit du spinal des filets moteurs, et le nerf récurrent, né du spinal, donne l'innervation motrice à tous les muscles du larynx, sauf le crico-aryténoïdien qui est innervé par le laryngé externe, venu bien certainement du pneumogastrique, car Chauveau a constaté que l'excitation du tronc du vague, à l'intérieur du crâne, est suivie de contractions du muscle en question. La section du laryngé inférieur ou récurrent, — ou celle du spinal, — provoque une aphonie complète ; c'est donc le *nerf de la voix* (Cl. Bernard) ; elle détermine aussi des désordres dans la déglutition et dans l'effort, car le spinal préside à l'occlusion de la glotte et au maintien de la dilatation du thorax par la contraction du trapèze et du sterno-mastoïdien. La section des récurrents se manifeste encore par un autre trouble : tous les muscles du larynx, sauf un seul, étant paralysés, la glotte ne se dilate plus, et reste rétrécie, d'où dyspnée, et, comme l'ont vu Legallois et Longet, si le larynx n'est pas rigide, et ne maintient pas la béance de la glotte, la dyspnée est bientôt suivie d'asphyxie, les parties molles formant bouchon pour ainsi dire à chaque inspiration; c'est ce qui se passe en particulier chez les jeunes chats. Cet accident ne se produit pas après arrachement du spinal, la dilatation de la glotte persiste à chaque inspiration, et ceci ferait penser, avec Chauveau, que les fibres motrices du récurrent ne proviennent qu'en partie du spinal; d'autres viendraient du vague lui-même. D'ailleurs, le vague donne des filets moteurs à d'autres parties, entre autres aux bronches, c'est-à-dire à leurs muscles; il contient aussi des filets vaso-moteurs, — empruntés au sympathique, — destinés aux vaisseaux pulmonaires. — Ceci dit sur l'innervation de l'appareil respiratoire, considérons les effets des excitations et sections nerveuses.

On sectionne le *vague*, et on en excite les deux tronçons. L'excitation du *bout périphérique* ne produit guère que la contraction — très lente — des muscles bronchiques (Williams, Bert, Regnard et Loye) : c'est tout; le rôle moteur du vague est peu de chose, en ce qui concerne la respiration. Excitons alors le bout central; les choses sont différentes : mais elles varient selon le point où a porté la section. Au-dessous du point où se détache le laryngé supérieur, l'excitation détermine une accélération respiratoire, si elle est faible; forte, elle produit un tétanos du diaphragme, avec arrêt en inspiration, les muscles expirateurs étant relâchés. Au-dessus du point d'origine du laryngé supérieur, l'excitation, qui porte alors aussi sur ce nerf sensitif, détermine, selon Rosenthal et d'autres, un ralentissement respiratoire si elle est faible, et, si elle est forte, une contraction spasmodique, tétanique, des muscles expirateurs, avec occlusion de la glotte, et arrêt respiratoire en expiration; la mort peut survenir durant cette syncope (Bert). Il en résulterait que le vague renfermerait des filets accélérateurs, des filets expirateurs, ou des filets aboutissant à deux centres, l'un inspirateur, l'autre expirateur. Les filets excitant le centre expirateur passeraient par le laryngé supérieur, qui dès lors serait le *nerf modérateur* ou d'arrêt de la respiration. Bert n'admet pas cette dissociation des deux catégories de filets ; pour lui, ils existent aussi bien dans les filets pulmonaires que dans les filets laryngés ; les effets dépendent de la force de l'excitation seule ; Franck confirme en partie cette vue, et Wedenskii aussi, pour qui le résultat de l'excitation dépendrait surtout du moment, de la phase respiratoire durant laquelle se ferait l'excitation. Il est évident d'ailleurs que le dernier mot n'a pas été dit sur la question, et que l'explication généralement admise n'est pas claire.

Si maintenant nous pratiquons la *section des vagues*, simplement, que se passe-t-il? Coupons-en un seulement : il n'y a rien de bien marqué. On remarque pourtant une diminution de la respiration du côté lésé (Cl. Bernard), mais la vie n'est nullement menacée de façon sérieuse. Coupons les deux vagues; c'est autre chose. Il y a ralentissement (de moitié ou des 3/4) du rythme respiratoire qui s'établit au bout de peu de temps — non pas immédiatement — la respiration revêt un caractère spécial. L'inspiration (qui s'accompagne de tremblement général) est allongée, lente, et l'expiration rapide et brusque ; c'est l'inverse des phénomènes normaux ; et entre chaque mouvement respiratoire total, il y a une pause expiratoire prolongée. On remarquera que, si la respiration est plus rare, elle est aussi plus ample, de sorte que la quantité d'air passant par les poumons n'est *pas diminuée* (Rosenthal). Et pourtant, la mort survient en peu de temps ; elle est fatale, et arrive au bout de quatre, cinq, dix ou vingt jours chez le chien. Chez le lapin et le cobaye elle survient plus tôt encore, en quelques heures, en deux ou trois jours au plus. Rien ne montre mieux l'influence fatale de la vagotomie double que les expériences où l'on laisse s'écouler entre les deux sections un temps considérable. A la suite de la première section, l'animal continue à vivre parfaitement, mais si un mois, un an, deux ans, trois ans après, on coupe le second vague, la mort survient en quelques heures ou en quelques jours, selon l'espèce, à moins qu'il n'y ait eu régénération du nerf à la suite de la première section (fait rare, mais constaté par Philipeaux et Beaunis), auquel cas naturellement la seconde vagotomie est sans influence fatale.

Mais, si la vagotomie, simple ou double, ne change point la quantité d'air inspiré, quel peut donc être le mécanisme de la mort? A vrai dire, on ne le sait pas au juste. On a parlé d'inanition ; mais cette explication est insuffisante. On a parlé d'asphyxie ; mais il y en a trop peu pour expliquer la mort. Comme, dans la plupart des cas, il y a des altérations pulmonaires — broncho-pneumonie — Traube en a conclu que la mort est due à ces altérations, dues elles-mêmes à la pénétration de parcelles de matières alimentaires dans le poumon, le larynx étant paralysé du moment où la section porte au-dessus de l'émergence des récurrents, et ne chassant pas ces parcelles par la toux. Mais la section des récurrents eux-mêmes ne détermine pas de troubles de ce genre : elle n'est mortelle que chez les jeunes animaux à larynx peu rigide, et les animaux adultes n'en sont pas notablement incommodés. Si donc on admet la théorie de Traube, il faut convenir que quelque autre facteur contribue à produire les lésions. Est-ce la vaso-dilatation pulmonaire (Schiff)[1] ? est-ce la paralysie des muscles lisses des bronches (Longet)? On le voit, les théories sont insuffisantes : le fait de la mort est bien certain, mais son mécanisme nous échappe ; même en empêchant l'arrivée des parcelles alimentaires par un tube trachéal, la mort survient encore (Cl. Bernard).

En résumé, le rôle des pneumogastriques dans la respiration paraît être un rôle régulateur. Les voies aériennes

[1] Schiff croit que le vague renferme des vaso-constricteurs pulmonaires, ce que Vulpian nie. D'Arsonval croit à des fibres dilatatrices au contraire ; enfin Arthaud et Butte croient à des fibres constrictives venant peut-être du sympathique.

(poumon, bronches, trachée, larynx) renferment des fibres sensitives — à sensibilité très vive dans le larynx (laryngé supérieur) — dont l'excitation retentit sur le centre bulbaire. Y a-t-il des fibres expiratrices et inspiratrices, ou y a-t-il un seul ordre de fibres dont l'excitation détermine l'inspiration ou l'expiration selon la force des excitations ou selon d'autres conditions, on ne sait au juste. Il est en tout cas prouvé — par Hering et Breuer — que l'insufflation du poumon amène une expiration active coordonnée — car on observe des mouvements expiratoires des narines de l'animal soumis à la respiration artificielle. Hering et Breuer ont donc formulé une théorie qui se résume en ceci : l'inspiration et l'expiration s'appellent mutuellement. L'expiration excite les fibres inspiratrices, et l'inspiration les fibres expiratrices, moins nombreuses, moins puissantes, mais moins nécessaires en raison de l'élasticité du poumon ; la distension et la rétraction du poumon suffiraient à exciter, mécaniquement sans doute, en deux ordres de fibres.

Est-il besoin de rappeler que le vague ne joue en somme dans la respiration que le rôle d'un nerf *sensitif*, et que son action s'exerce sur la respiration par le retentissement du centre bulbaire sur les voies centrifuges de l'appareil respiratoires, que ce centre ait été excité par des impressions sensitives, ou qu'il ait subi une excitation directe due au sang qui le traverse? Ces voies centrifuges sont les nerfs moteurs des membres respiratoires. Ils sont nombreux : ce sont pour l'inspiration le phrénique (diaphragme), les plexus cervical et brachéal (scalènes et surcostaux), les nerfs intercostaux (muscles intercostaux) auxquels se joignent le spinal, les nerfs thoraciques antérieurs et postérieurs, les nerfs dorsaux et le dorsal de l'épaule, avec l'hypoglosse et le laryngé inférieur en cas d'inspiration forcée, les muscles du larynx, le trapèze, le petit pectoral, le sterno-mastoïdien, les dentelés, etc., entrant alors en jeu ; pour l'expiration forcée — l'expiration calme se faisant par l'élasticité des poumons et de la cage thoracique — ce sont encore les nerfs intercostaux, les nerfs dorsaux et le plexus lombaire (carré des lombes). Il n'y a rien de spécial à signaler au sujet de ces nerfs. Ils reçoivent à intervalles variables, à la suite d'une excitation partie du centre bulbaire et coordonnée par celui-ci, une impulsion qu'ils transmettent aux muscles, et ceux-ci se contractent. La plupart de ceux-ci échappent au contrôle de la volonté, ou pour mieux dire nous ne savons pas les faire contracter isolément ; exception doit être faite toutefois pour le diaphragme. On remarquera que ce muscle peut suffire à lui seul à la respiration : c'est le muscle inspirateur le plus important. La section du nerf phrénique ne supprime pas la respiration diaphragmatique de façon complète, d'après Schiff : celle-ci continue, quoique très affaiblie, et l'excitation du phrénique serait due à la *variation négative* dont le cœur est le siège à chaque systole. Notons que le phrénique semble contenir des fibres sensitives d'après Aurep et Cybulski.

(Pour les faits les plus récents concernant l'innervation de la respiration, voir *Les centres respiratoires*, par P. Langlois et H. de Varigny, dans la *Revue des sciences médicales*, 1889).

Le besoin de respirer; établissement de la respiration chez le nouveau-né. — Le fait que le centre respiratoire n'entre en fonctions qu'aussitôt après la naissance — sauf de rares exceptions — indique bien que l'activité respiratoire n'est pas spontanée, et qu'elle est sous la dépendance de conditions excitatrices. Ces conditions sont au nombre de deux : ce sont l'état du sang, et la présence d'excitations périphériques. Les physiologistes ont discuté pour savoir auquel de ces deux facteurs accorder le rôle principal : la question n'est guère résolue. Les uns ont attribué la part la plus importante à l'état du sang fœtal chargé d'acide carbonique (par suite de l'interruption du passage du sang, causée par les mouvements de l'accouchement). Pflüger et von Preuschen sont d'avis opposé : la respiration ne s'établit réellement, d'après eux, qu'après excitations cutanées. A ceci Rosenthal objecte que la respiration s'établit parfois chez le fœtus enveloppé dans ses membranes, et non refroidi par le contact de l'air (œuf maintenu dans de l'eau ou du lait tiède) : ce fait a été vu par Vésale ; von Preuschen conclut néanmoins que l'excitant respiratoire, chez le nouveau-né, c'est l'excitation cutanée, l'impression de froid. Quand cette impression est faible — le museau de l'animal étant seul hors des membranes — la respiration est faible. Pflüger adopte une opinion différente : c'est l'excitation produite par l'air sur les poumons qui amène l'établissement de la respiration. Comment s'introduit la première bouffée d'air qui doit jouer ce rôle important ? On ne le sait guère, et von Preuschen objecte que la section des vagues, qui doit supprimer la partie réceptrice de l'arc réflexe, ne supprime pas la respiration. Preyer arrive, lui aussi, à conclure que la respiration ne s'établit qu'à la suite d'excitations périphériques : les mouvements respiratoires intra-utérins seraient dus à « l'action des excitations extérieures », elle serait facilitée par une diminution d'oxygène dans le sang fœtal, mais l'établissement de la respiration serait réellement dû, non au refroidissement, ou au besoin d'air, mais aux excitations périphériques : on peut expérimentalement faire faire au fœtus des mouvements respiratoires par des excitations cutanées, et sans que le sang de celui-ci soit le moins du monde désoxygéné. Bunge fait aux expériences de von Preuschen et Preyer une objection assez forte : il déclare que l'on ne peut faire ces expériences (mise à découvert de l'œuf et du fœtus, sur une femelle pleine) sans troubler la circulation placentaire, et par conséquent sans placer le fœtus dans un état asphyxique, état où le centre respiratoire doit être plus excitable. D'autre part, un fœtus devenu apnéique par respiration artificielle n'exécute pas de mouvements respiratoires sous l'influence d'excitations cutanées. Rosenthal enfin pense, comme Bunge et von Preuschen, que le besoin de respirer est surtout lié à l'état du sang. Quand celui-ci est saturé d'oxygène, il y a apnée complète, et à mesure que l'oxygène diminue, les efforts dyspnéiques deviennent de plus en plus nombreux et généraux, et il s'y joint des crampes asphyxiques. Ces efforts sont provoqués par la mise en activité de centres divers, d'inégale excitabilité ; s'ils sont infructueux, les centres perdent leur excitabilité, par asphyxie, et la mort survient. En somme, on le voit, le besoin de respirer s'explique par deux théories bien différentes. La vérité est probablement qu'aucune n'est absolument exacte, et que le besoin en question est dû à une coopération des deux causes indiquées ; parfois l'une est plus puissante que l'autre, mais dans la généralité des cas, les deux agissent simultanément. Nous avons déjà vu que ni les excitations transmises par les vagues, ni celles d'origine cutanée, ne sont isolément suffisantes pour l'entretien de la respiration : le phénomène parallèle doit se rencontrer, en ce qui concerne l'établissement de cette fonction.

Respiration cutanée. — La peau est très riche en vaisseaux, et à cet égard, chez l'homme qui l'a relativement fine, elle pourrait jouer un rôle important dans la respiration si l'épiderme et le derme n'avaient encore une épaisseur assez grande. Telle qu'elle est, elle respire cependant de façon appréciable. Scharling et Hannover, en introduisant le bras ou la main dans une cloche contenant de l'air atmosphérique, renversée sur une cuve d'eau, ou en emprisonnant un membre dans un récipient bien clos, ont trouvé, par l'analyse du gaz, que la production cutanée de CO^2 est à la production pulmonaire comme 1 est à 38. Aubert est arrivé à des chiffres bien différents ; le rapport serait celui de 1 à 225 ; mais nous ne connaissons pas les différences d'âge, poids, taille, etc. Chez l'homme, la production de CO^2 serait de 8 ou 10 grammes par 24 heures (adulte jeune) ; elle varierait naturellement selon beaucoup de conditions. D'après Aubert et Lange, cette exhalation serait accrue par la lumière (par rapport à l'obscurité) par la digestion, par le régime animal (100 contre 88 ; 112 contre 100 ; 116 contre 100) ; par l'exercice musculaire (300 contre 100 d'après Gerlach), par la lumière jaune comparée avec d'autres lumières colorées (Pott) etc. Durant l'exercice, l'exhalation de CO^2 pourrait en 15 minutes dépasser celle qui se produit au repos en 24 heures. Rappelons que chez la grenouille la respiration cutanée peut avoir presque la même importance que la respiration pulmonaire. C'est à la suppression de cette respiration cutanée qu'on a parfois attribué les accidents qui suivent le vernissage de la peau ; mais cette interprétation n'est guère acceptable.

Respiration fœtale. — Le fœtus, l'embryon, ne respire point comme l'adulte ; ses poumons ne sont point aérés naturellement ; et pourtant il respire. C'est par le placenta que se fait sa respiration. Le placenta consiste en somme en un entrelacement des capillaires de la mère et de ceux de l'embryon ; ces capillaires sont juxtaposés, mais ne communiquent pas ensemble ; il faut admettre que par diffusion les gaz s'échangent entre les deux sangs. Il n'y en a pas moins là « une grosse difficulté » comme le dit Preyer (*Physiologie spéciale de l'Embryon*), car on ne voit pas trop pourquoi l'oxyhémoglobine maternelle abandonne son O à l'hémoglobine réduite du fœtus. On ne peut guère invoquer un effet de la chaleur, car la température est plus élevée dans le fœtus, et c'est le contraire qu'il faudrait.

Influence de la respiration sur la circulation. — Nous avons touché ce sujet, au chapitre de la *Circulation :* ici nous résumerons les notions acquises. En premier lieu, du moment où l'élasticité pulmonaire n'est jamais satisfaite, il faut admettre qu'il y a toujours, en apnée totale, aussi bien que pendant l'expiration et l'inspiration, une pression négative dans le thorax, une aspiration thoracique : même sur le cadavre, cette pression négative fait équilibre à une colonne de 5 millimètres de mercure. Durant l'inspiration, cette pression négative s'accroît, naturellement ; elle monte à 10, 15, 20, 30 millimètres de Hg, pour redescendre durant l'expiration. Cette pression ne devient positive que durant l'effort comme nous l'avons dit. Il en résulte que, durant l'apnée, la diastole cardiaque est favorisée, la systole plutôt entravée. A plus forte raison en est-il de même pendant l'inspiration. Pendant l'expiration, c'est le contraire. Pour la circulation pulmonaire, elle est facilitée par l'inspiration ; la circulation artérielle est plutôt ralentie, la pression étant diminuée, et l'expiration accroit cette pression. L'effort, favorable à la déplétion des artères, mais défavorable à la diastole cardiaque, est également défavorable à la déplétion des veines dans le cœur.

En résumé : l'inspiration (et l'apnée à un moindre degré) appelle le sang dans la poitrine et facilite la circulation veineuse en ralentissant plutôt la déplétion artérielle ; elle favorise la diastole, mais non la systole, elle ne favorise la circulation artérielle que vers le poumon. En expiration au contraire et surtout s'il y a effort, la déplétion des veines dans le cœur est ralentie — sauf peut-être pour les veines pulmonaires — la diastole cardiaque est entravée; la déplétion des artères thoraciques est facilitée.

On ne peut donc pas parler d'une action *in toto;* la respiration exerce sur les différentes parties de l'appareil circulatoire intra-thoracique des influences variées et de sens différent. Du reste, un élément, entre plusieurs, contribue à compliquer la question : c'est la perpétuelle variation de calibre des vaisseaux due aux variations d'activité des vaso-constricteurs et dilatateurs, variations qui se traduisent par des différences de pression formant ce qu'on appelle les périodes de Traube-Hering.

On remarquera qu'en dehors des effets mécaniques de la respiration sur la circulation, il y a un effet qui se produit par l'intermédiaire du système nerveux : l'accélération des battements cardiaques (chez le chien) durant l'inspiration, accélération qui disparaît après section des vagues.

De quelques actes respiratoires modifiés. — Il suffira de les énumérer brièvement.

Effort. — Le poumon se remplit d'air, et ceci fait, la glotte est fermée volontairement en même temps que se contractent les muscles expirateurs. Ainsi rempli d'air, le thorax a plus de solidité, et peut servir de point d'appui s'il y a un acte musculaire plus vigoureux à exécuter avec les bras, les jambes, ou le corps tout entier; chacun peut en faire l'expérience en exécutant un même travail tant soit peu considérable avec ou sans réplétion pulmonaire. Dans l'effort il y a naturellement augmentation de la pression intra-thoracique; de négative cette pression devient positive, et elle retentit

23.

sur le cœur et les vaisseaux voisins; les veines se gonflent, et en cas de lésion des artères (anévrisme, etc.), l'effort peut en déterminer la rupture. Les phénomènes pulmonaires de l'effort se font instinctivement.

Bâillement. — Inspiration profonde, la bouche ouverte, les fosses nasales fermées par le voile du palais, survenant lors de l'ennui, du besoin de sommeil, etc., sans qu'on sache pourquoi. C'est peut-être un phénomène plus nerveux que respiratoire; il est fort contagieux, comme chacun peut en faire l'expérience dans une assemblée, — et sur elle.

Hoquet. — Inspiration brusque, due à une brusque contraction du diaphragme. Le bruit est dû à la vibration des lèvres de la glotte, qui souvent va jusqu'à se fermer. Survient souvent après les repas, surtout si l'on a beaucoup mangé. On ne sait pourquoi il se produit, en réalité.

Sanglot. — Un hoquet saccadé, spasmodique, dû à des émotions.

Ronflement. — Bruit dû aux vibrations du voile du palais, lorsqu'on respire par la bouche surtout; le voile est probablement relâché et descendu.

Rire. — Bruit dû aux vibrations du voile du palais et des cordes vocales pendant une expiration entrecoupée, ou une série d'expirations très courtes et incomplètes.

Toux. — Expiration brusque, qui fait vibrer les lèvres de la glotte rétrécie : volontaire ou réflexe, ayant pour point de départ une irritation que la toux fait généralement cesser, le courant d'air violent déterminé par elle entraînant le plus souvent dans la bouche la mucosité ou le corps étranger qui irrite le poumon ou quelque autre partie des voies respiratoires (larynx, etc.). Réflexe protecteur au même titre que l'arrêt respiratoire lors d'excitation anormale des narines par exemple.

Eternuement. — Expiration brusque généralement précédée d'une inspiration profonde, due à une irritation du voile du palais ou des narines, parfois même de la peau ; on le provoque facilement en chatouillant les narines. Le spasme expiratoire (parfois très violent d'où un ébranlement général, et même des ruptures vasculaires) peut être dû à la lumière qui stimule la sécrétion lacrymale d'où écoulement de larmes dans le nez (Féré).

Haleine. — Nous n'avons parlé des modifications de l'air expiré, par rapport à l'air inspiré, qu'au point de vue chimique; il nous faut compléter ces données au moyen de quelques renseignements sur l'haleine, sur l'air expiré. Sans aller jusqu'à regarder le poumon comme une glande qui extraierait du sang ses principes volatiles ou gazeux, il faut reconnaître que l'air qui sort de cet appareil est modifié de façons variées. Il est échauffé — du moment où la température ambiante est inférieure à celle du corps ; et sa température peut atteindre 36 ou 37° ; cela dépend du temps que l'air a séjourné dans le corps et de sa température initiale. Il est à peu près saturé d'eau. Sans odeur chez l'enfant généralement, l'haleine a une odeur fade ou fétide chez l'adulte. Les principes odorants sont empruntés en partie au sang (?) et surtout aux sécrétions des voies aériennes (normales ou pathologiques) et à la décomposition des matières alimentaires logées dans l'intervalle des dents. Peut-être passe-t-il des produits organiques volatiles, des miasmes ? En tout cas, l'air où ont respiré beaucoup de personnes sent mauvais; mais il faudrait faire la part qui revient à la transpiration et à la malpropreté de la peau, ce qui est difficile. Brown-Séquard et d'Arsonval ont pensé, il y a peu de temps, pouvoir prouver la toxicité de l'haleine. Ils condensaient les vapeurs pulmonaires, et injectaient le liquide qui en résulte à des animaux, et virent se produire des accidents nombreux. Il semble toutefois qu'ils se sont trompés dans leur interprétation, et les produits toxiques venaient probablement de la bouche, etc.; les vapeurs pulmonaires pures seraient inoffensives (Dastre et Loye). Les mucosités, crachats, etc., peuvent par contre, être très dangereux; ils renferment les matières en suspension dans l'air arrêtées par le mucus des voies anciennes et expulsées avec lui par les cils vibratiles; ils renferment en outre, chez les tuberculeux, les bacilles de la tuberculose, etc.; en passant par la bouche enfin, ils peuvent recueillir nombre de micro-organismes malfaisants — d'où la toxicité de la salive.

Respiration artificielle. — Il arrive constamment en physiologie, pour conserver en vie des animaux soumis à des lésions ou à des influences qui arrêtent la respiration normale (curarisation, destruction du centre respiratoire, etc.), d'avoir recours à la respiration artificielle. On ouvre la trachée de l'animal, on y introduit une canule réliée par un tube de caoutchouc à un soufflet alternativement ouvert et fermé, et on chasse l'air dans les poumons. Pour ne point déchirer ceux-ci, on se sert d'une canule ouverte sur le côté, de sorte que la pression n'est point trop forte, l'air s'échappant en partie par cette ouverture, qui sert au retour à l'atmosphère de l'air ayant pénétré dans les poumons. Vésale (1555) fut le premier à pratiquer cette respiration, et Legallois (1812) a imaginé l'appareil communément employé dans les laboratoires. Le plus souvent on se repose sur l'élasticité pulmonaire pour l'expiration qui se produit dès que cesse l'insufflation. Mais on complète parfois l'appareil au moyen d'une trompe à air qui pratique une aspiration dans le poumon, dans l'intervalle qui sépare les insufflations. Inutile de faire remarquer combien, dans la respiration artificielle le mécanisme est différent de ce qu'il est dans la respiration normale. Dans ce dernier cas, l'air est *aspiré*, appelé dans le poumon en raison de la dilatation thoracique; dans le premier, l'air est *poussé* de force dans le poumon, et c'est par sa pression qu'il opère la dilatation en question qui, au lieu d'être le phénomène initial, ne survient que secondairement. Inutile aussi de faire remarquer que l'action de la respiration artificielle sur la circulation diffère du tout au tout de l'action de la respiration naturelle ; dans l'inspiration artificielle il y a augmentation de pression au lieu d'une diminution.

La respiration artificielle, telle qu'on la pratique sur l'homme pour ranimer les noyés par exemple, se fait par un mécanisme analogue au mécanisme normal, des forces extérieures étant toutefois substituées à la force normale, à la contraction des muscles inspirateurs ; dans les deux cas, la dilatation thoracique est le phénomène initial.

CHALEUR ANIMALE

Par ce fait même que la vie est une fonction chimique, il est indéniable que tous les phénomènes vitaux qui sont des manifestations de l'énergie, sont liés à des dégagements ou à des absorptions de calorique.

La température des animaux doit donc être plus élevée que le milieu ambiant, mais ici il faut faire deux grandes divisions dans la série animale, divisions qui correspondent à des différences très tranchées dans leur vie même.

Les mammifères et les oiseaux ont une température qui dépasse généralement la température du milieu extérieur, et cette température est pour ainsi dire fixe, c'est-à-dire qu'elle varie dans des limites très faibles pour les animaux d'une même espèce. Ce sont les animaux dits à sang chaud ou, plus exactement, animaux à température constante, les homéothermes de Bergmann.

TEMPÉRATURE DE QUELQUES MAMMIFÈRES

Cheval	38°
Singe	38°
Chien	39°25
Lapin	39°50
Cobaye	39°20
Porc	39°70
Bœuf	39°70

L'homme qui a la peau nue a une température normale relativement basse 37°. On peut dire que la température des mammifères oscille autour de 39°.

La température des oiseaux est bien plus élevée; chez eux, la température la plus basse a été de 39°, alors que les palmipèdes plongeurs ont en moyenne 40°,6, les moineaux 42 à 43°, la poule dépassant parfois 43° (Cl. Martens).

Animaux à sang froid. — Sous le nom d'animaux à sang froid, d'animaux à température variable, les poikilothermes de Bergmann, on désigne tous les animaux autres que les autres mammifères et les oiseaux.

La désignation d'animaux à sang froid est absolument erronée, et il faut garder celle d'animaux à température variable. Valanciennes cite un boa qui pendant l'incubation de ses œufs avait 41°,5, température qui serait mortelle pour l'homme.

Ce qui caractérise ces animaux, c'est l'absence d'un système régulateur de la chaleur, ils se mettent en équilibre avec la température extérieure. Par suite des processus chimiques qui se produisent incessamment dans les tissus, il existe cependant un léger excès thermique.

Excès de 0°,1 pour les mollusques.
— 0°,5 pour les poissons.
— 1° pour les reptiles.

C'est ainsi qu'on voit les poissons faire fondre la glace autour d'eux (Hunter).

Mais cet excès n'est réel que si la température du milieu extérieur n'a pas varié depuis quelque temps. Ces animaux, en effet, sont toujours en retard sur les variations extérieures. Si la température augmente, l'animal est alors plus froid, il est plus chaud si la température s'abaisse (Ch. Richet).

Chez les insectes, on note parfois une température très élevée 10° (Girard), mais elle n'est pas généralisée à tout le corps et localisée au thorax. On sait depuis les expériences de Regnault et Reiset que les insectes consomment autant d'oxygène que les animaux supérieurs.

Les animaux à température variable obéissent donc à ces trois lois :

1. Ils produisent de la chaleur ;

2. Ils ne produisent pas assez de chaleur pour maintenir leur température supérieure à celle du milieu ambiant, au delà de un degré.

3. Leur température propre peut être voisine de 0° sans qu'ils cessent de vivre, de se mouvoir et de se nourrir.

Animaux hibernants et nouveau-nés. — Certains mammifères qui, lorsque la température est suffisamment élevée, se conduisent absolument comme les êtres de leur groupe, c'est-à-dire présentent une température fixe pour des écarts marqués du milieu ambiant, présentent au contraire les caractères des animaux à sang froid quand la température descend au-dessous d'un certain degré. Ce sont les animaux hibernants tels que la marmotte, le loir, l'ours.

Les nouveau-nés des mammifères se rapprochent des animaux hibernants, ils sont incapables de lutter contre le refroidissement, et leur température baisse très rapidement si on ne les protège pas. La physiologie du nouveau-né diffère en beaucoup de points de celle de l'adulte, et il doit découler de cette notion des idées importantes pour la médecine et l'hygiène.

Des jeunes lapins baissent en une heure de 15° (W. Edwards).

Les causes du refroidissement sont multiples : petitesse du volume et, par suite, grandeur considérable de la surface rayonnante par égard au poids total ; absence de fourrure ou de poils protecteurs ; enfin et surtout, absence d'un système nerveux régulateur de la chaleur.

Ces notions sont importantes, elles nous indiquent que le nouveau-né qui sort brusquement d'un milieu voisin de 38°, est un animal à sang froid, mais un animal à sang froid qui a besoin d'avoir chaud. Chez les nouveau-nés avant terme, cette tendance est encore plus marquée, aussi n'est-ce qu'en les conservant dans des couveuses à 38° que l'on est parvenu à faire vivre ces petits êtres (Tarnier).

On peut subdiviser les animaux suivant leur fonction thermo-physiologique en deux groupes, avec des subdivisions (Richet).

Animaux à température invariable :	Oiseaux . . . . 42° Mammifères (en moyenne) . . . 39° Homme . . . . 37°
Animaux à température variable. Quand leur température est inférieure à 20° :	Meurent : Mammifères et oiseaux nouveau-nés. S'engourdissent : Hibernants. Sont encore actifs : Reptiles, batraciens, poissons, mollusques.

Mesure des températures. Thermomètre. — On peut chercher la température au moyen de deux sortes d'appareils : le thermomètre, de beaucoup le plus employé, les aiguilles thermo-électriques, utilisées seulement pour des recherches délicates.

Les thermomètres peuvent être faits soit à l'alcool, soit au mercure. On préfère ces derniers pour les mesures exactes.

Un bon thermomètre doit répondre à plusieurs indications dont l'une est essentielle et constante, et les autres contingentes. Etre *exact ;* par suite du travail du verre, les données d'un thermomètre, bonnes au moment de sa graduation, deviennent fausses ensuite ; il est donc nécessaire de le vérifier, soit avec d'autres appareils, soit par une vérification directe avec l'eau bouillante et la glace fondante si la longueur de l'échelle le permet ; être *sensible* pour donner rapidement la température cherchée ; enfin, suivant les mesures que l'on veut prendre, présenter une course assez longue de la colonne mercurielle entre chaque degré pour qu'on puisse lire les dixièmes et quelquefois même les cinquantièmes de degrés.

Les thermomètres médicaux vont généralement de 35 à 44°. Un trait rouge indiquant le point de 37°,50, quelques-uns sont à maxima.

Sur l'homme on prend presque toujours la température axillaire. Il est nécessaire pour avoir des données comparables de s'assurer que les parois de l'aisselle ne sont pas humides, que le contact est parfait, enfin de faire plusieurs lectures, le thermomètre restant en place pour s'assurer que la ménisque du mercure reste stationnaire. Un thermomètre médical, demande souvent dix minutes pour arriver à l'état d'équilibre et donner par suite un chiffre exact[1]. Un procédé assez commode est de chauffer le thermomètre en le plongeant dans l'eau chaude à 42° environ, de l'essuyer et de l'appliquer ensuite. Cette méthode dite *per descensum* est un peu plus rapide, mais il ne faut l'employer qu'avec des thermomètres munis d'une chambre supérieure pour éviter le bris de l'instrument si l'eau était à une température supérieure à 45°, il va de soi qu'on ne peut utiliser pour ce procédé un thermomètre à maxima.

Les thermomètres à température locale constitués par des cuvettes aplaties de formes diverses que l'on applique sur la peau ne peuvent que donner des résultats inexacts.

Claude Bernard, Heidenhain ont employé des thermomètres à cuvettes très minces, protégées par une garniture métallique terminée en pointe qui permettait d'introduire ces appareils dans les masses musculaires. Enfin Kronecker et Meyer ont utilisé de minuscules thermomètres à maxima renfermés dans une capsule métallique et qu'ils faisaient avaler aux animaux; quelques-uns même ont été introduits dans les vaisseaux et transportés ainsi dans le torrent circulatoire.

Appareils thermo-électriques. — On sait que lorsque deux fils ou deux lames de métaux différents sont soudés en deux points de manière à fermer un circuit, il se produit une variation de

[1] Bien qu'à l'heure actuelle, le thermomètre centigrade soit presque seul employé, il est utile de connaître les graduations des autres thermomètres employés, le Réaumur et le Fahrenheit.

Thermomètre Réaumur. — Il comprend 80 divisions entre les points fixes identiques à ceux du thermomètre centigrade : glace fondante et eau bouillante.

Thermomètre Fahrenheit. — Le 0 correspond à la température d'un mélange par parties égales de neige et de sel marin ; le point supérieur fourni par l'eau bouillante est marqué 212. Le 100 correspond à la chaleur de la bouche de l'homme. Le 32 au 0 du centigrade. L'équation suivante permet de faire les calculs :

$$\frac{tC}{5} = \frac{tR}{4} = \frac{tF - 32}{9}$$

Ainsi pour 37° centigrades on aurait :

$$37^\circ\ C = 37 \times \frac{4}{5} = 29^\circ 6\ R$$

$$37^\circ\ C = \frac{(37 \times 9) + (32 \times 5)}{5} = 98,6\ F$$

Pour ramener en mesures centigrades il suffit de multiplier par $\frac{5}{4}$ le degré Réaumur et par $\frac{5}{9}$ le degré Fahreinheit, après avoir retranché 32 du chiffre lu.

potentiel électrique. Chaque fois que les soudures sont soumises à des variations thermiques, et pour des variations assez faibles, l'intensité des courants ainsi formés est proportionnelle à la différence de température des deux soudures, si l'une d'elles est maintenue dans un bain à température constante, il est alors facile par une lecture galvanométrique de connaître les variations de température de l'autre.

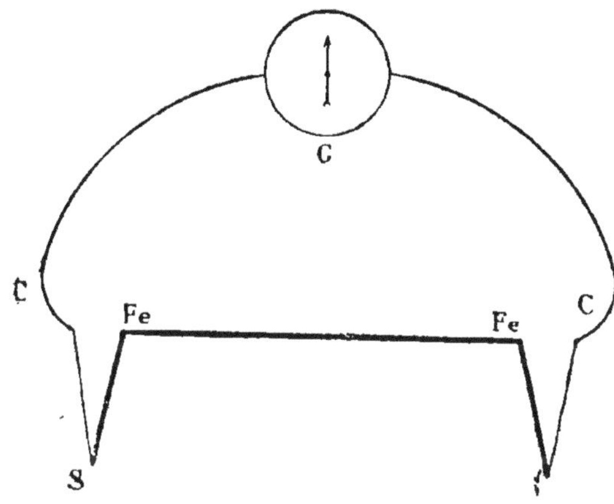

Fig. 46. — Schéma d'un circuit thermo-électrique.

C, fil de cuivre. — F, fil de fer réuni par deux soudures S, S. — G, galvanomètre.

Les aiguilles affectent des formes variables. Utilisées pour la première fois, par Becquerel en 1837, elles ont été modifiées depuis, et l'on emploie surtout les aiguilles à soudure cylindrique de d'Arsonval avec le galvanomètre apériodique du même auteur, ce qui permet de mesurer des différences de température supérieure à un cinq millième de degré. Outre l'exquise sensibilité, cette méthode a surtout l'avantage de donner des résultats instantanés, il n'existe pas de temps perdu appréciable comme avec les thermomètres même les plus sensibles.

Topographie thermique. — La température de la peau est bien inférieure à la température centrale ; elle est du reste fort variable, et très souvent diffère pour deux régions symétriques : Davy donne les chiffres suivants, qui ne peuvent être pris qu'à titre d'indication :

Plante du pied	32°,26
Jambe en avant.	33°,05
Mollet	33°,05
Creux poplité.	35°

Il est plus important de connaître les différences de température des régions profondes et notamment des diverses parties du système circulatoire. Claude Bernard et d'Arsonval ont poursuivi cette recherche et déterminé ces températures avec une profonde précision, en utilisant, soit des thermomètres à mercure à petite cuvette que l'on pouvait introduire dans les vaisseaux du chien, soit encore avec des sondes thermo-électriques qui permettent une plus grande précision.

Les sondes thermo-électriques étant placées l'une dans l'aorte abdominale, l'autre dans la veine cave inférieure, on constate une différence d'un demi-degré en faveur du sang artériel, mais si l'on pousse plus loin les deux sondes, cette différence diminue pour devenir nulle à la hauteur des veines rénales, il y a alors égalité de température entre le sang artériel et le sang veineux. Plus près encore du cœur, au-dessus des veines sus-hépatiques, le sang veineux présente un excès d'un demi-degré sur le sang artériel, c'est à ce niveau que le sang atteint sa température maximum 39°,7. Dans le cœur même, la différence, faible il est vrai, est en faveur du cœur droit qui présente un léger excès de deux dixièmes de degré environ. On peut diviser au point de vue de la température, le territoire vasculaire en trois zones.

1° Zone périphérique. = Le sang veineux, par suite de son passage à la périphérie est plus froid que le sang artériel.

2° Zone centrale depuis les veines rénales jusque et y compris le cœur, le sang veineux est plus chaud que le sang artériel.

3° Zone pulmonaire. = Le sang artérialisé des veines pulmonaires, refroidi avec son contact avec l'air, est plus froid que le sang noir des artères.

Température de l'homme. — La température de l'homme est la plus basse de tous celles des mammifères : 37°.

L'étude de la température chez l'homme sain montre qu'il existe des variations assez considérables sous l'influence de causes multiples que nous allons étudier.

Si l'on prend la température d'un homme un certain nombre de fois dans la journée, on trouve pour cet individu une moyenne qui est constante pour chaque syclinaire (période de vingt-quatre). Cette moyenne qui est chez l'un de 37°,02, chez un autre de 37°,16 peut être désignée sous le nom de coefficient thermométrique.

La température ne peut être convenablement mesurée que dans le rectum ; les températures prises dans le creux axillaire, dans la bouche en ayant soin de placer le réservoir du thermomètre sous la langue pour éviter l'action du courant d'air froid de l'inspiration, dans le jet d'urine au mo-

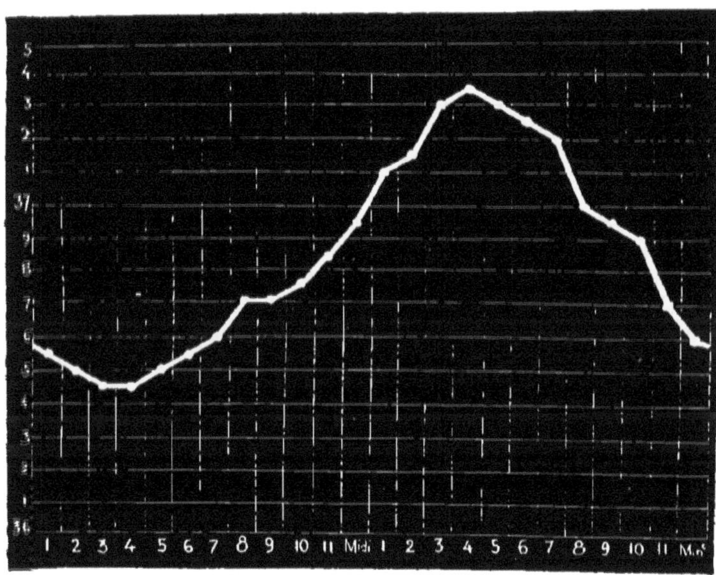

Fig. 47. — Courbe moyenne quotidienne.

Cette courbe est construite d'après les moyennes des températures centrales (rectale-urine) et périphériques (axillaire). — Elle peut être prise comme type des variations de sa température chez l'homme dans les vingt-quatre heures. (D'après M. Ch. Richet. *Revue scientifique*, 1er semestre, 1885, p. 125.)

ment de la miction offrent des causes d'erreur trop grandes.

Les auteurs qui se sont occupés avec le plus de soin des températures de l'homme donnent les chiffres moyens suivants :

Jurgensen	37°,87
Wunderlich.	37°,35
Jaeger.	37°,13

Soit un chiffre moyen de 37°,50.

Variation horaire. — Un individu normal, adulte, en bonne santé, présente dans les vingt-quatre heures des différences de température importante, d'un degré environ. La courbe suivante, calculée d'après les courbes de la température rectale (Jurgensen) de l'urine (Richet) de la température axillaire (Billet, Barensprung), montre qu'il existe vers 4 heures du matin un minimum, et que l'ascension est ensuite régulière jusqu'à 4 heures du soir, point où la courbe atteint son maximum pour redescendre plus rapidement qu'elle n'était montée.

Cette variation régulière ne tiendrait pas, d'après Richet, ni à la digestion, ni à l'augmentation de chaleur extérieure, ni au travail musculaire, elle serait due à une sorte de *périodicité rythmique* des systèmes nerveux. Toutefois on ne saurait nier l'influence exercée par les divers facteurs précités.

Influence du travail musculaire. — De tous les tissus, c'est le tissu musculaire qui est le siège des combustions interstitielles les plus actives, c'est lui qui produit le plus de chaleur. (Voir plus loin : *Chaleur et travail.*

Tout travail musculaire énergique augmente la température chez un chien immobile sur la table d'expérience et dont la température reste stationnaire, il suffit de quelques mouvements violents pour voir la température s'élever immédiatement d'un dixième de degré. L'exercice musculaire élève la température, elle peut déterminer une augmentation de 1°,2, mais ensuite, même si l'exercice est prolongé, la température reste stationnaire (Jurgensen). Il n'en est pas de même, quand, au lieu de contractions volontaires, on détermine chez un animal un état tétanique durable par la strychnine ou les excitations électriques. La température s'élève alors graduellement et peut atteindre chez le chien 45°7 (Ch. Richet), température incompatible avec la vie, la mort survenant immédiatement dans ce cas. Instinctivement nous utilisons cette contracture pour faire de la chaleur, et le frisson n'est autre qu'une manifestation de l'organisme dans sa lutte contre le froid.

Alimentation. — L'alimentation ne joue pas un rôle aussi important qu'on pourrait le supposer tout d'abord, sur les oscillations de la température. Il est curieux de noter que le repas de midi seul paraît influer sur la température, et que le repas du soir n'arrête pas la courbe de descente commencée vers 4 heures. Chez les animaux soumis à l'inanition, on constate que la température après avoir baissé après les trois ou quatre premiers jours reste ensuite stationnaire, et que ce n'est que dans les derniers moments qui précèdent la mort, qu'il se produit alors une chute thermique brusque et forte.

Influence de l'âge et du sexe. — La température du fœtus est un peu plus élevée que celle de l'utérus (2 à 3 dixièmes de degré) et l'enfant au moment même de la naissance présente un léger excès de température par rapport à l'organisme maternel (Roger).

TEMPÉRATURE AXILLAIRE	
de l'enfant	de la mère
37,75	36,75
36,75	36,25

Le fœtus, dans l'utérus, n'est exposé à aucune cause de refroidissement, il est donc naturel que sa température s'augmente de la chaleur résultant de ses combustions interstitielles, mais immédiatement après la naissance, la température des nouveau-nés baisse très vite et, malgré les précautions prises pour protéger l'enfant, elle tombe rapidement à 35° dans les vingt-quatre premières heures, pour remonter ensuite.

Quant à la température des vieillards, elle ne diffère pas sensiblement de celles de l'adulte : 37°,2 à 37,°5 (Charcot). Le sexe n'a aucune influence, il en est de même de la race.

Influence de la température extérieure. — L'influence de la température du milieu ambiant est réelle, quoique d'une faible importance. Dans les grands voyages sur mer, la température a été prise exactement. Davy, en 1814, note une élévation progressive de la température à mesure que l'on s'avance dans les contrées chaudes. Il admet que la différence sur les mêmes individus entre Londres et Ceylan est de 2°. Un tel écart ne paraît pas prouvé et les nombreuses mesures prises (Brown-Sequard, Jousset, Maurel) donnent une différence beaucoup plus faible.

Température dans les maladies et les intoxications. — Les variations de température étudiées jusqu'ici ne se rapportent qu'à l'homme sain, placé dans des conditions physiologiques normales, et les écarts sont peu considérables. Mais chez l'homme ou les mammifères malades ou placés dans des conditions physiologiques tout à fait anormales, les variations thermiques présentent un écart beaucoup plus important, et la température peut ainsi osciller pour l'homme entre les limites de 44 à 34° soit 10°.

Les températures au-dessus de 38° sont dites *fébriles*, celles au-dessous de 36° *algides*.

Au point de vue étiologique, on peut grouper les causes qui amènent ces perturbations thermiques en quatre groupes.

I Insolation. Température extérieure exagérée.

II. Contraction musculaires tétaniques.

III. Lésions traumatiques des centres céphalo-rachidiens.

IV. Maladies infectieuses.

Les températures les plus élevées, observées pendant la vie, nous ne disons pas compatibles avec la survie, ont été de 44°. Ces chiffres très élevés ont été notés dans le

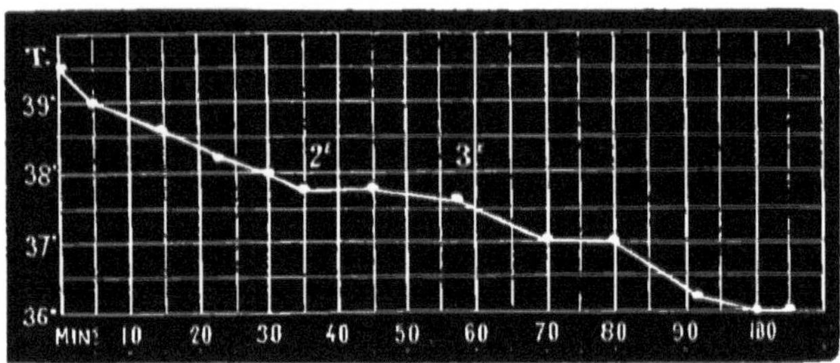

Fig. 48. — Chien de 7 kilogrammes. Injection de 4 centigrammes de morphine. Courbe de la température (Pachon).

Sur l'ordonnée verticale de la courbe sont inscrites les températures ; l'ordonnée horizontale représente le temps exprimé en minutes.

tétanos 44°,75 (Wunderlich), dans les fractures de la colonne vertébrale, quelquefois dans les fièvres infectieuses. Il existe des observations en petit nombre qui indiquent des guérisons après avoir observé une température de 42°,6. Après des coups de chaleur, en général on peut dire qu'une température qui dépasse 42° est presque toujours mortelle. Mais il faut tenir compte dans les fièvres, de la variation dans l'hyperthermie. Une ascension de 41° momentanée suivie d'une chute brusque, présente un pronostic moins grave qu'une élévation permanente de la température entre 39 et 40°.

Il faut se rappeler en effet que la fièvre constitue un véritable cercle vicieux, l'élévation de température déterminant les tissus à produire plus de chaleur, la fièvre en un mot tend à augmenter la fièvre et on conçoit l'indication formelle dans les pyrexies de lutter par tous les moyens contre l'élévation thermique : médicaments antithermiques, bains froids, etc.

Action des poisons. — Les poisons agissent sur la température, les uns déterminant une hyperthermie, les autres, au contraire, de l'hypothermie, les premiers sont ceux qui stimulent l'activité musculaire : la strychnine, la vératrine, la cocaïne. Les convulsions déterminées par ces substances toxiques amènent une élévation thermique qui peut atteindre (45°,6, Rondeau et Richet). Les poisons peuvent-ils agir directement sur la température sans l'intermédiaire de la contraction musculaire. Cette thèse a été soutenue par U. Mosso, qui a vu la température monter chez des chiens curarisés, auxquels on injectait de la cocaïne. Cette élévation a été contestée depuis.

Il existe en outre une corrélation importante entre l'activité des substances toxiques et la température interne de l'animal. Si la température d'un animal est élevée artificiellement au-dessus de la normale : tétanos, bains chauds, étuves, soleil et muselière, etc., la dose des substances convulsivantes, telles que la cocaïne, la cinchonine, les sels de lithium, etc., nécessaire pour déterminer l'attaque clonique peut être diminuée de moitié (Richet et Langlois). Il est nécessaire de songer à ce fait quand on ordonne certains médicaments actifs à des individus pyrétiques.

Les poisons qui déterminent un abaissement de la température sont, par contre, tous ceux qui dépriment le système nerveux ou le système musculaire : les anesthésiques, chloral, chloroforme, la morphine, le curare et les poisons curariformes. C'est surtout en diminuant, en supprimant même les contractions musculaires, que ces agents agissent sur la température centrale, mais il faut y ajouter également leur action sur le système nerveux, quelquefois également sur le système vaso-moteur, de sorte que la température s'abaisse par suite d'une double cause : diminution des échanges chimiques, et par suite diminution dans la production de chaleur; dilatation des vaisseaux périphériques, d'où perte par rayonnement plus intense.

THERMOGÉNIE ET CALORIMÉTRIE

La notion de température est insuffisante pour se rendre compte de l'activité des échanges qui se produisent dans l'organisme. Les variations dans la température peuvent être dues en effet soit à une modification dans l'intensité des échanges, soit à une perturbation dans le rayonnement du calorique, il est donc indispensable dans l'étude de la chaleur animale de se rendre compte également de la quantité de chaleur produite et de la quantité de chaleur dégagée. Si un animal se maintient pendant un certain temps à une température constante, la quantité de chaleur qu'il aura dégagée sera forcément égale à celle qu'il aura produite. La mesure de la chaleur dégagée peut donc permettre d'étudier la production de chaleur, la thermogénèse. C'est sur cette mesure qu'est fondée la calorimétrie animale.

Dans tous les calculs sur la chaleur, il faut pour obtenir des résultats comparables entre eux les ramener à des unités constantes ; il s'agira donc toujours des quantités de chaleur dégagée par un kilogramme d'animal dans une heure [1].

[1] On appelle Calorie la quantité de chaleur nécessaire pour élever de 1 degré 1 kilogramme d'eau. En physiologie, on emploie comme unité la microcalorie, c'est-à-dire la quantité de chaleur nécessaire pour élever de 1° un gramme d'eau. C'est cette dernière unité que l'on désigne même pour simplifier sous le nom de calorie. Bien que le système métrique soit universellement adopté, quelques

L'étude de la chaleur animale date de Lavoisier. « Il était réservé à l'homme qui venait de renverser la théorie surannée du phlogistique de poser les bases inébranlables de la théorie de la respiration et de la calorification, de cette même main qui traçait en caractères ineffaçables l'immortelle monographie de l'oxygène. » (Gavarret.)

Depuis Lavoisier de nombreux travaux ont été entrepris pour déterminer la quantité de chaleur produite par les animaux.

Ces recherches peuvent être rangées en trois groupes suivant la méthode suivie.

On désigne, sous le nom de méthode directe, celle employée par Lavoisier, Dulong, Desprets, Regnault et Reiset, Andral et Gavarret, Liebermeister, Fredericq, etc., ayant pour objet de calculer la chaleur produite par l'être vivant d'après la quantité d'acide carbonique exhalée.

M. Regnault fait ainsi la critique de cette méthode : « L'acide carbonique exhalé n'est pas seul à mesurer l'énergie des oxydations de l'organisme. On ne peut par ce moyen se rendre compte de la chaleur produite. Le phénomène est beaucoup plus complexe : tout mouvement se traduit par de la chaleur, toute action chimique donne de la chaleur ou du froid, tout passage dans le sang des aliments qui se liquéfient change encore la température. Il ne faut donc pas chercher une mesure de la chaleur engendrée dans le calcul de l'acide carbonique formé.

La deuxième méthode, dite indirecte a été employée par Boussingault, Liebig et Barral. Cette méthode consiste à prendre un animal, soumis à un ration d'entretien telle que son poids reste sensiblement constant pendant toute la durée de l'observation et à noter exactement la quantité de calo-

savants anglais s'obstinent à conserver les mesures britanniques. La British Heat Unity (B.H.U.) correspond à la quantité de chaleur employée pour élever de 1° Fahrenheit une livre d'eau anglaise, elle vaut 0.252 calorie kilogramme. Les Allemands emploient fréquemment la calorie-seconde.

ries représentée par ses ingesta d'une part, ses excreta de l'autre. La différence indiquant le nombre de calories utilisées par l'animal pour maintenir sa température constante.

Ce procédé soulève encore de nombreuses objections.

Le coefficient de chaleur spécifique des aliments et des produits excrémentitiels est loin d'être établi d'une façon rigoureuse. Les chiffres donnés par Frankland, Zuntz, Danilewsky, ne concordent pas entre eux [1].

Mais il est difficile de réaliser la valeur d'entretien, de maintenir exactement un état d'équilibre parfait, enfin, on ne connaît pas les réactions chimiques exactes auxquelles donnent lieu les aliments une fois ingérés, il se produit dans l'organisme une série de réactions : réduction, déshydratation, fermentation, toutes accompagnées d'un dégagement ou d'une absorption de chaleur et dont les produits peuvent en se substituant à d'autres, se fixer définitivement.

Le troisième procédé, qui mériterait mieux que le premier la désignation de calorimétrie directe, consiste dans la mesure de la chaleur dégagée. La première tentative est due à Crawford en 1779 ; un an après (1780), Lavoisier et Laplace communiquaient leur expérience de calorimétrie faite sur un cochon d'Inde. L'animal était placé dans une enceinte

[1] Frankland a trouvé comme quantité de chaleur produite par la combustion complète

1000	grammes	de graisse	9 069	calories
—	—	fécule	3 936	—
—	—	d'albumine	4 998	—
—	—	urée	2 206	—

Or, en admettant comme ration d'entretien pour un homme adulte les chiffres donnés par Ranke pour 24 heures :

Albumine	100	grammes	426 300	calories
Graisse	100	—	906 900	—
Fécule	240	—	944 640	—
			2,227,080	calories

On trouve ainsi 2,227,000 calories en supposant que toutes les graisses et les féculents ont été brûlés complètement et réduits en eau et acide carbonique et que les albuminoïdes ont subi pour un tiers la transformatien en urée.

remplie de glace. Le poids de la glace fondue indiquait la quantité de chaleur fournie par l'animal, étant connu la chaleur de fusion de la glace. En 10 heures, le cochon d'Inde détermina la fusion de 13 onces de glace (397gr,8), mais Lavoisier reconnut que ce chiffre était trop fort « parce que les extrémités du corps de l'animal se sont refroidies dans la machine, et les humeurs que la chaleur a évaporées, ont fondu, en se refroidissant, une petite quantité de glace et se sont réunies à l'eau qui s'est écoulée dans la machine ». Lavoisier et Laplace évaluent à 2 onces la correction nécessaire, ce qui fait 322gr,7 la quantité de glace fondue par le cobaye.

Dans les mesures calorimétriques, les auteurs ont cherché à calculer la quantité de chaleur émise en mesurant soit l'élévation de l'eau du calorimètre (Dulong, Despretz, Senator, Wood), ou du bain (Liebermeister, Kernig, Hattwig), soit en prenant le poids de glace fondue (Lavoisier et Laplace). La chaleur spécifique de l'eau étant relativement considérable, une erreur même faible dans la lecture des températures entraîne une erreur assez forte dans l'évaluation des calories dégagées ou fournies par l'animal. L'air, au contraire, a une chaleur spécifique très faible, et il était très naturel d'utiliser cette propriété dans les mesures calorimétriques.

Aussi a-t-on substitué à ces méthodes, la calorimétrie à air (d'Arsonval, Richet, Rosenthal) qui a surtout l'avantage d'être très simple et qui repose sur le principe suivant :

Si un animal est enfermé dans une enceinte à double paroi, la chaleur rayonnante émise par lui va échauffer la double paroi qui l'entoure ; alors l'air qui est contenu va s'échauffer et par conséquent se dilater. De sorte que pour mesurer la chaleur émise, il suffira de mesurer la dilatation de l'air contenu dans la double enceinte.

L'appareil consiste donc en une double enveloppe métallique variant de forme avec les auteurs, l'animal est placé au centre, et la chaleur émise par lui échauffe le matelas d'air sontenu dans la double paroi. On peut faire passer à travers ce serpentin dans cette double paroi, l'air échauffé par la respiration, il y abandonne sa chaleur ainsi que celle de

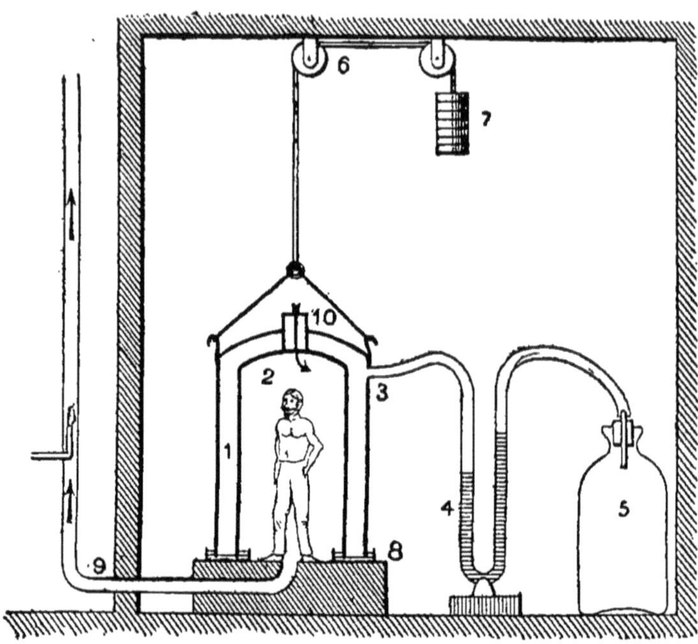

Fig. 49. — Calorimètre à air de D'Arsonval.

condensation de la vapeur d'eau; les méthodes pour mesurer la dilatation de l'air variant avec les auteurs : manomètres, appareils à siphon cloche.

Quantité de chaleur dégagée à l'état normal. — Bien que les animaux à sang froid dégagent certainement de la chaleur, il n'existe aucun chiffre exact sur leur radiation calorique.

Quant aux animaux homéothermes, la radiation dépend d'un grand nombre de circonstances, si l'on tient compte de l'espèce. On trouve les chiffres suivants par kilogramme-heure.

Moineaux	36,000
Cobaye de 150 grammes	12,500
Pigeon de 300 grammes	10,500
Cobaye de 700 grammes..	6,600
Lapin adulte.	4,000
Enfant de 7 kilogrammes.	4,000
Chien de 10 kilogrammes.	3,200
Homme	1,500

De toutes les influences la plus importante est la taille, et la nature des téguments, si réelle qu'elle soit, est masquée par la première de ces causes. Il existe toutefois un moyen de mettre en évidence ces autres causes, c'est de calculer la radiation thermique non plus par unité de poids d'animal mais par unité de surface.

Il est difficile de calculer la surface d'un organisme aussi irrégulier que le sont les êtres vivants, on peut néanmoins l'évaluer approximativement d'après la formule qui donne la surface d'une sphère en fonction du poids ou du volume.

On peut admettre que la densité du corps humain est égale à celle de l'eau (exactement 1,080) P = V. On aura donc pour le rayon de la sphère équivalente au volume du corps

$$R = \sqrt[3]{\frac{3\,P}{4\,\pi}}$$

et la surface sera obtenue facilement

$$S = 4\,\pi\,R^2.$$

Les chiffres donnés plus haut sont alors très modifiés, les écarts tendent à disparaître et l'influence du tégument apparaît nettement.

		Calories par unité de surface.
Animaux à fourrures épaisses.	Lapins. . .	10
Peau nue	Enfants . .	16,2
Animaux à fourrure maigre. .	Chiens. . .	14,4
Animaux à plumes.	Oie	11
— —	Canards. .	12

Le tégument exerce également son action sur la température du corps elle-même. C'est ainsi que les oiseaux peuvent avoir une température de 42° parce qu'ils sont admirablement défendus par leur enveloppe de plume. L'homme au contraire qui a la peau nue n'a que 37°,5. Pour se maintenir à 42° avec une surface rayonnante semblable, il lui faudrait des combustions intérieures considérables. Les mammifères marins qui sont exposés à un refroidissement intense par leur contact immédiat avec l'eau souvent glacée ne maintiennent leur température de 36°,4 à 37° que grâce à leur enveloppe de graisse si fortement athermane et à leur masse considérable qui fait que la surface rayonnante est très faible comparée à la masse du corps.

Influence de la température extérieure. — Parmi les causes extérieures à l'individu qui peuvent modifier en lui les fonctions de la thermogénèse, une des plus importantes est sans contredit la température extérieure. Vivant dans une atmosphère d'une température ordinairement inférieure à la sienne propre, l'animal émet constamment une certaine quantité de chaleur, mais cette quantité de chaleur émise est-elle exactement proportionnelle à la différence constatée entre la température de l'animal et celle du milieu ambiant ; suit-elle, en un mot, la loi de Newton ?

Le raisonnement et l'observation indiquent que pour les animaux supérieurs, ceux appelés justement animaux à température constante, la loi du refroidissement n'est pas applicable. Ces animaux, grâce à un système spécial dit système régulateur ne présentent pour des écarts considérables de la température extérieure, que de très faibles différences de température.

Ce rôle de la régulation de la chaleur est dévolue en partie à l'appareil vaso-moteur, qui agit sur la déperdition du calorique.

On démontre en physique que la radiation thermique varie suivant la température de la surface rayonnante. Or, chez l'homme la surface rayonnante n'est autre que la surface cutanée, les oxydations qui s'y produisent sont peu intenses, et la peau n'a véritablement pas de chaleur propre, la température du tégument tient donc à la circulation plus ou moins active de son riche réseau vasculaire. Par suite, si l'action vaso-constrictive de l'appareil régulateur amène un resserrement des vaisseaux cutanés, elle déterminera en même temps un abaissement dans la température de la peau et une diminution dans la radiation thermique, l'inverse se produisant dans la dilatation des vaisseaux périphériques. L'influence exercée par la circulation sur les sécrétions de la

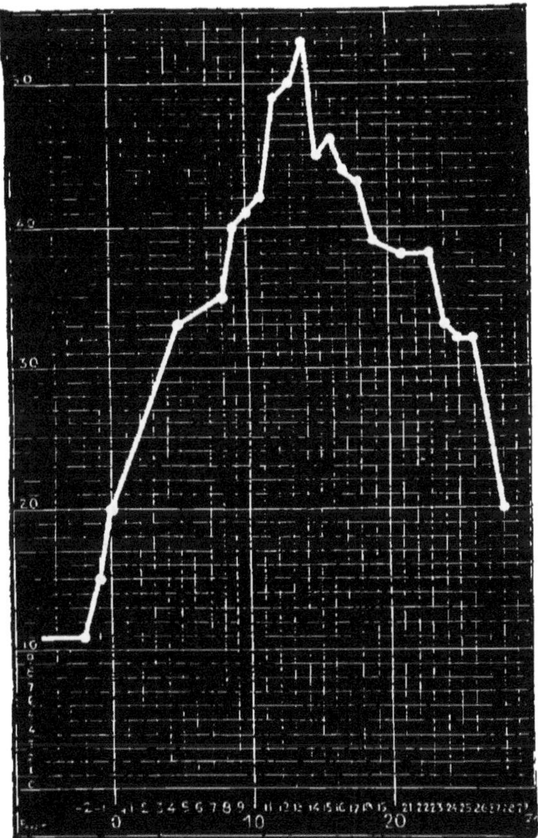

Fig. 50. — *Courbe indiquant la quantité de chaleur produite en une heure par un kilogramme de lapin.* — Sur l'ordonnée inférieure sont marquées les températures. — Sur l'ordonnée latérale sont indiquées les quantités de chaleur produite, représentée en centimètres cubes d'eau (1 cc. = 83 calories). — On voit nettement qu'il y a pour la radiation calorique un optimum qui répond à 14°. — D'après M. Ch. Richet. *Arch. de Physiologie* (1885, fig. 2).

peau, source puissante de refroidissement, vient augmenter les résultats obtenus par l'irrigation des tissus. La régulation de la chaleur est encore obtenue par la voie pulmonaire ; l'échauffement de l'air expiré et la vaporisation de la vapeur d'eau exhalée absorbant chez un homme de constitution moyenne et dans les conditions normales, 15 650 calories par heure. Il suffit d'augmenter le nombre des respirations et par suite la quantité d'air qui va s'échauffer dans les poumons pour faire accroître ce chiffre.

La régulation de la température s'obtient encore et simultanément par une modification dans les phénomènes chimiques de combustion interstitielle. Presque tous les observateurs depuis Lavoisier ont constaté que les échanges respiratoires augmentent d'intensité, quand la température s'abaisse. Pfluger admet qu'il y a un maximum de production de chaleur à la température la plus basse compatible avec le maintien de la température interne, et un minimum de production à la température la plus haute possible dans les mêmes conditions.

Cette courbe régulière n'est pas admise par tous cependant, Page et Fredericq admettent qu'il existe pour chaque animal un minimum dans l'activité thermogénétique, minimum qu'il fixe pour l'homme habillé à 18°, 25° pour le chien (Page).

Toute température supérieure ou inférieure aurait pour effet d'augmenter les combustions internes. Si dans la lutte contre le froid, l'organisme peut lutter en produisant plus de calorique; dans la lutte contre la chaleur, il n'aurait pas la ressource de restreindre cette production, et il ne pourrait lutter qu'en suractivant les causes de déperdition : évaporation cutanée et pulmonaire, dilatation du système vasculaire périphérique, etc. Les résultats obtenus avec la méthode calorimétrique sont loin d'être concordants. Loin de trouver un minimum concordant avec les mesures des échanges respiratoires, les méthodes calorimétriques dans les mains de Richet, de Langlois, de Sigalas, ont donné un maximum dans la radiation vers 14° pour le lapin, 11° pour le cochon d'Inde, 18° pour l'enfant.

Par quel mécanisme cette régulation est-elle obtenue? On sait que les tissus consomment d'autant plus d'oxygène que leur température est plus élevée (P. Bert, Regnart). Pour expliquer la suractivité de la thermogénèse par le froid, il faut admettre, nécessairement, une action réflexe ayant pour point de départ les terminaisons sensitives thermiques de la peau et retentissant sur les centres nerveux (Pfluger).

La fièvre. — L'élévation de la température au-dessus de la normale suffit pour spécifier et définir la fièvre (Jaccoud). Nous avons vu plus haut à quelle température pouvaient s'élever les fébricitants.

Mais si tous les autenrs admettent, avec quelques modifications que la fièvre est caractérisée spécialement par une élévation durable de la température, les opinions varient beaucoup lorsqu'il s'agit d'expliquer cette élévation thermique.

La constance de la température normale tient à l'équilibre établi par l'appareil régulateur entre la production de calorique par rayonnement ou évaporation. — Dans la fièvre, il y a rupture de cet équilibre, l'observation thermométrique l'indique clairement, mais les variations sont-elles dues à une diminution dans la déperdition ou à une exagération dans la production.

Ces deux opinions ont été soutenues, et on peut réunir en trois groupes les hypothèses et les théories construites pour expliquer l'hyperthermie.

1° La production de chaleur reste normale, mais les pertes qui se produisent par les surfaces pulmonaires et cutanées sont diminuées. — C'est la théorie par rétention.

2° Les pertes de chaleur ne sont pas modifiées, mais la production de calorique est notablement accrue.

3° Une troisième théorie éclectique admet l'augmentation simultanée, mais inégale, de la production et de la déperdition de calorique, de telle sorte que les pertes même augmentées ne suffisent plus à maintenir l'équilibre de la température.

M. Traube, s'arrêtant principalement sur le premier

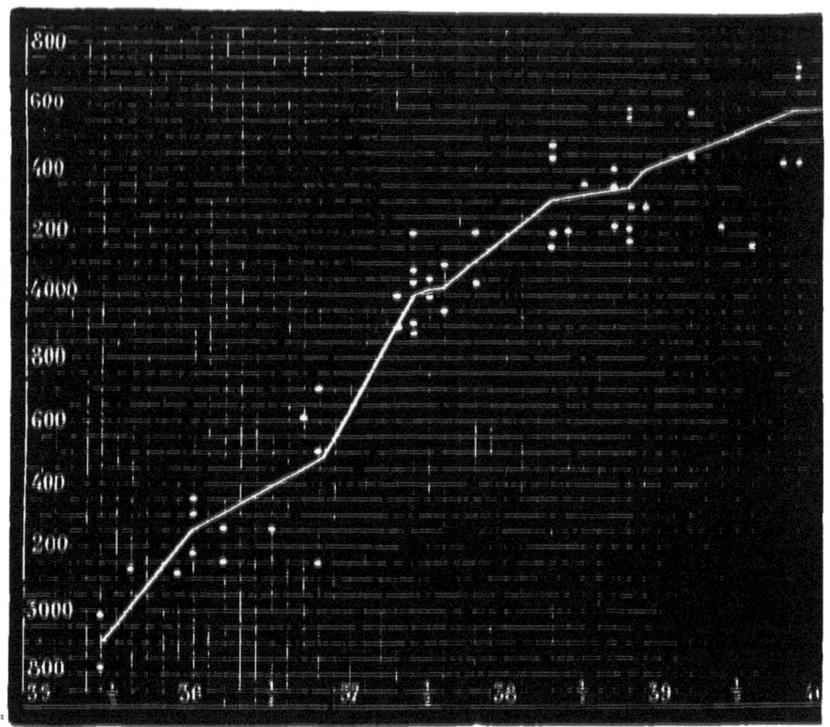

Fig. 51. — *Mesures calorimétriques se rapportant à des enfants sains ou malades de température différente.* — Sur l'ordonnée inférieure sont marquées les températures rectales correspondantes, 35,5 à 40,5 — Sur l'ordonnée latérale, les quantités de calories produites par kilogramme. La courbe a été tracée d'après la moyenne arithmétique de ces différents points disposés en groupes homogènes (P. Langlois).

stade de la fièvre, le *frisson*, explique la fièvre par une rétention, une accumulation de la chaleur normale. Sous l'influence de la cause pyrétogène et par l'intermédiaire du système nerveux, il se produit une constriction des vaisseaux périphériques, diminuant la quantité de sang qui circule sous la surface cutanée amenant le refroidissement de cette surface et par suite une diminution du rayonnement externe.

Or, la quantité de chaleur produite restant constante, il doit se produire une élévation thermique centrale « d'autant plus forte, dit Traube, qu'à la diminution dans la perte par rayonnement vient s'ajouter la suppression de l'évaporation cutanée, source puissante de déperdition de calorique ».

Senator admet une faible augmentation dans la production de calorique, mais l'élévation thermique est pour lui due à des diminutions périodiques dans la perte de chaleur.

Cette théorie de la fièvre par rétention de chaleur a, contre elle, beaucoup d'observations faites à l'aide de méthodes différentes chez les fébricitants.

L'absorption de l'oxygène est augmentée ainsi que la production d'acide carbonique, mais ce dernier dans des proportions moindres, de sorte que le quotient respiratoire $\frac{CO^2}{O^2}$ au lieu du chiffre normal 0,8 descend à 0,5 (Regnard).

D'après les mesures calorimétriques faites sur l'homme par la méthode des bains, en plaçant le malade dans un bain d'une température connue, la perte du calorique pourrait atteindre le triple de la normale (Libermeister). Avec le calorimètre de Richet, Langlois a trouvé que, chez les enfants, l'hyperthermie s'accompagnait d'une augmentation dans la radiation du calorique et que, par suite, dans la fièvre, l'élévation thermique, loin d'être due à une rétention permanente de calorique, provient d'une augmentation dans les combustions industrielles. A 40°,5 l'augmentation dans la radiation atteint 15 p. 100 du chiffre normal.

Nerfs et centres thermiques. — Le système nerveux est certainement chargé de la régulation de la chaleur, mais existe-t-il à proprement parler des centres thermiques, et des nerfs régulateurs. Quelques physiologistes ont admis qu'outre les fibres sensitives motrices, vaso-motrices, il existait dans les nerfs des fibres nerveuses qui agiraient sur les processus thermogènes de l'organisme (Claude Bernard). Il y aurait, d'après Claude Bernard, une fonction physiologique de la calorification, et le grand sympathique entre autres, ne serait pas seulement un nerf vaso-constricteur mais encore un nerf frigorifique. Partant de cette idée, Cl. Bernard expliquait la fièvre par une paralysie du grand sympathique. Les nerfs moteurs étaient des nerfs calorifiques, mais dans ce cas il ne s'agit pas d'une action spéciale du nerf, c'est la contraction musculaire qui s'accompagne d'une production de chaleur, et quand le muscle est enraciné, l'excitation du nerf n'amène plus d'élévation thermique. La conception des fibres thermiques n'est du reste plus admise (Vulpian). A côté des fibres thermiques, il faut placer la question des centres thermiques. Il est certain que le système cérébro-spinal agit sur la production de la chaleur animale, dont il est le principal régulateur. Une piqûre du cerveau suffit pour amener une hyperthermie considérable. Tscherchichin, Gérard, qui s'accompagnent d'une augmentation manifeste dans la radiation calorique (Arronsohn et Sachs, Richet). La détermination exacte des centres nerveux qui, lésés, détermineraient soit de l'hyperthermie, soit de l'hypothermie est encore trop imparfaite et très discutée. La section de la moelle épinière amène une diminution rapide de la température (Tscherchichin, Pochoy), et cette diminution dans la température est due essentiellement à la radiation exagérée, car au début au moins la production de chaleur n'est généralement pas diminuée (Langlois).

Production du froid par l'organisme. — D'après les recherches de Fredericq, les mammifères à sang chaud dans leur lutte contre la chaleur ne peuvent maintenir leur température qu'en augmentant leur perte de calorique, sans pouvoir réduire la production.

Nous avons vu plus haut l'action des vaso-moteurs périphériques modifiant la température et par suite le rayonnement de la surface cutanée. Quand il s'agit de s'opposer à l'élévation de la température centrale, la dilatation des vaisseaux de la périphérie amène à la surface réfrigérante une masse considérable de sang, qui retourne ensuite refroidi vers le centre.

Mais cette cause de refroidissement est beaucoup trop faible, et c'est surtout en évaporant de l'eau que l'organisme fait du froid.

Rôle de la sueur. — Evaporation.

Cette évaporation se produit soit par la surface cutanée (sueur), soit par la surface pulmonaire.

Il existe une transpiration insensible qui, au point de vue thermique, a une importance réelle. L'eau enlevée à la peau et vaporisée absorbe pour passer à l'état gazeux une quantité de calories énormes. Un gramme d'eau absorbe pour se vaporiser à 38 degrés 575 calories. Or l'on peut admettre que, dans les conditions ordinaires, un homme adulte élimine, dans les vingt-quatre heures, 6 à 800 grammes d'eau représentant une absorption de 350 000 à 470 000 calories [1].

La production de la sueur, presque insensible dans les basses températures, augmente à mesure que la température interne s'élève.

C'est grâce à elle que l'homme très bien doué à cet égard peut résister à des températures extérieures très élevées, pourvu que le milieu soit sec. Dans une atmosphère humide, la saturation se fait immédiatement et l'évaporation ne peut se produire. Un individu peut rester une heure sans être trop incommodé dans une étuve sèche à 60°, on pourrait même résister quelque temps dans une étuve à 140° ; au contraire, dans l'air humide ou dans un bain, il est impossible de dépasser 44°. On considère comme un fait exceptionnel, le cas de M. Bonnal restant quinze minutes dans un bain à 46°.

C'est par action réflexe que se produit la mise en jeu de l'activité sudorale. Les recherches de Adamkiewiecz, de Vulpian, de Navvrocki, ont démontré que les glandes sudoripares étaient sous la dépendance du système spinal. Luchsinger a même pu localiser ces centres et montrer que s'ils entrent généralement en activité à la suite d'une excitation périphérique, ils peuvent être excités directement par une élévation de leur température ou du sang qui les irrigue, la sueur apparaissant même après section des racines postérieures. L'expérience de chaque jour montre l'évidence de l'action réflexe ; en entrant dans une étuve, la sueur apparait immédiatement avant que l'on ne soit incommodé par la chaleur ; on peut par une expérience fort simple déterminer la sécrétion sudorale par action centrale ; il suffit de respirer de l'air chaud ; en se plaçant dans une enceinte à température plutôt basse, 15°, on voit apparaître rapidement la sueur consécutive à l'élévation thermique centrale.

Rôle de la déperdition pulmonaire. — Polypnée thermique.

Beaucoup d'animaux ne transpirent pas (chien), ou n'ont que de rares glandes sudoripares. Chez eux le refroidissement se fait

[1] Les vases connus sous le nom d'alcarazas peuvent donner une idée de cette influence de l'évaporation insensible à la surface du corps sur la température centrale. Ces vases en terre poreuse laissent filtrer lentement l'eau à travers les parois. L'eau arrivée à la surface s'évapore, prenant à l'eau du vase la chaleur nécessaire pour se transformer en vapeur ; aussi l'eau est-elle d'autant plus fraîche que l'évaporation est plus active.

encore par évaporation de l'eau, mais presque uniquement alors par la voie pulmonaire.

L'air que nous expirons est saturé de vapeur d'eau et on peut admettre d'après des ouvrages nombreux que pour un adulte, en vingt-quatre heures, l'évaporation par la voie pulmonaire atteint 600 grammes (Valentin, Barral). En admettant que l'air expiré soit à 35°, on voit que cette quantité d'eau représente une perte de 350 000 calories [1]. On conçoit que l'exhalation d'eau soit proportionnelle à l'activité respiratoire. L'air expiré sortant toujours saturé de vapeur d'eau, Richet appelle l'attention sur ce fait, qui tout excès d'acide carbonique dans le sang, étant un excitant de rythme respiratoire, amène par cela même un refroidissement plus rapide.

Polypnée thermique.

Quand la température interne s'élève au-dessus de la normale, cette accélération de la respiration se manifeste avec une intensité remarquable et elle devient le facteur prépondérant dans la lutte contre la chaleur.

Ackerman, Goldstein, Gad, avaient désigné cette accélération du rythme sous le nom de *dyspnée thermique*, auquel Richet a préféré celui de *polypnée thermique ;* la respiration dans ce cas ne paraissant ni difficile, ni laborieuse. Le nom de *tachypnée* conviendrait également, il serait l'analogue de celui de *tachycardie* employé pour désigner l'accélération anormale des battements du cœur.

Cette polypnée thermique peut, comme la sudation, être d'origine réflexe ou d'origine centrale. Il suffit d'exposer un chien à un soleil très vif pour le voir accélérer immédiatement sa respiration ; bien que, et grâce à cet acte, sa température ne varie pas. Les pneumogastriques ne jouent aucun rôle dans la conduction de ce réflexe, car la polypnée s'établit après leur double section et ce sont les nerfs cutanés qui paraissent être les conducteurs principaux.

A côté de cette polypnée réflexe, il existe une polypnée centrale, qui se produit par suite de l'excitation des centres bulbaires par le sang chauffé. C'est quand l'animal atteint 41°,5 que brusquement cette polypnée se montre. On peut vérifier facilement ce chiffre en tétanisant un animal, ou encore en déterminant cette hyperthermie par intoxication cocaïnique. Dans l'intervalle des attaques, si l'animal n'est pas trop épuisé on voit la respiration franchement polypnéique s'établir.

[1] M. D'Arsonval a proposé d'appeler coefficient de partage thermique le rapport de la chaleur perdue par la peau et de la chaleur perdue par le poumon. Le coefficient se rapprocherait de 15 p. 100.

CHALEUR ET TRAVAIL

La source unique de la chaleur animale réside nécessairement dans les phénomènes chimiques qui se produisent dans les tissus, or il est facile de démontrer que *le système musculaire est l'appareil chimique producteur de la majeure partie de la chaleur animale.*

Envisagés en effet au point de vue du poids uniquement, les calculs montrent que le tissu musculaire forme les 48 p. 100 du poids total du corps. Les évaluations faites par Liebig donnent seulement 42 p. 100, mais, dans ce chiffre, on néglige les fibres musculaires de la peau et des viscères : cœur, et vaisseaux, poumons, intestin, et en corrigeant cette heure, le chiffre de 48 indiqué par Ch. Richet ne parait pas exagéré.

D'autre part, les recherches faites depuis Spallanzani sur la respiration élémentaire, sur la consommation en oxygène ou sur la production d'acide carbonique montrent que de tous les tissus, c'est le muscle dont l'activité chimique et par suite l'activité thermique est la plus intense. Un kilogramme de muscle produit en une heure 568 centimètres cubes de CO^2, alors que le cerveau n'en produit que 438 (P. Bert).

La quantité d'acide carbonique excrétée par les différents tissus en tenant compte de leur poids respectifs et de leur activité chimique peut être établie ainsi (Ch. Richet) :

Muscles	77,0
Cerveau	3,0
Viscères	6,5
Sang	3,0
Graisse	5,5
Squelette	5,0

On voit que les muscles de l'organisme contribuent pour les trois quarts à l'activité chimique ou thermique.

Chez un homme adulte de 70 kilogrammes, qui excrète par conséquent 840 grammes d'acide carbonique dans les vingt-quatre heures : ($0^{gr},50 \times 70 \times 24$); 630 grammes sont fournis par les muscles et le reste 210 grammes par les autres tissus, et cette proportion est encore trop faible, car elle suppose les muscles à l'état de repos complet, condition qui ne se réalise pas dans la vie normale par suite du tonus musculaire.

Or, l'expérience démontre :

1° Qu'un muscle au repos, mais relié aux centres nerveux par les nerfs moteurs, autrement dit en état de tonicité, dégage plus de chaleur qu'un muscle paralysé et séparé des centres nerveux ;

2° Qu'un muscle contracté a des actions chimiques et par conséquent thermiques plus actives qu'un muscle au repos ;

3° De cette seconde loi il est facile de prévoir que la chaleur produite par un animal en activité musculaire est plus grande que celle que dégage un animal au repos.

Le fait qu'un muscle en se contractant devient un producteur de chaleur a été démontré primitivement par Becquerel et Breschet, puis par Helmholtz et enfin par Béclard. Becquerel et Breschet employaient les aiguilles thermo-électriques introduites dans le biceps de l'homme, Helmholtz a poursuivi ses recherches sur le muscle de la grenouille, les mesures thermiques de Béclard étaient obtenues au moyen d'un thermomètre très sensible dont la cuvette était fixée au bras par une bande de laine. Cette méthode a été reprise récemment par Chauveau. (Voir *Muscle*, p. 100.) L'élévation thermique locale peut dans ces cas atteindre un chiffre assez élevé jusqu'à un degré (Becquerel)[1].

Cette élévation thermique est-elle due entièrement aux phénomènes chimiques qui se produisent dans le muscle ?

D'après les dernières recherches de Waller, ce facteur serait secondaire, et l'élévation constatée proviendrait surtout des phénomènes circulatoires (vaso-dilatation), qui se produisent dans l'organe en activité. Si l'on arrête en effet la circulation dans le bras, au moyen d'une bande de caoutchouc roulée à la partie supérieure du bras, on constate qu'il ne se produit presque plus d'élévation thermique. (Waller, Congrès de Liège, 1892.)

Il faut tenir compte cependant de l'élévation de température générale du corps quand on soumet les muscles à un travail excessif : tétanos électrique rapporté plus haut, et de l'augmentation considérable de l'excrétion de l'acide carbonique.

On a comparé l'organisme vivant à une machine à vapeur, le muscle à un moteur thermique auquel on peut appliquer les lois de la thermo-dynamique.

Suivant ces idées, les combustions chimiques produites dans l'organisme donnent lieu à une production de calorique dont une partie servirait directement à l'échauffement de l'individu, l'autre serait transformée en travail, suivant les données acquises de la conservation de l'énergie.

La quantité de chaleur disparue ainsi devant correspondre au travail effectué ; il résulte de cette donnée qu'un muscle qui se contracte en soulevant un poids, qui exécute un travail mécanique, doit s'échauffer moins qu'un muscle qui se contracte sans produire de travail.

[1] La quantité de chaleur maximum qu'un gramme de muscle peut développer dans une contraction est d'environ 3,1 microcalories, correspondant à la combustion de 8 milligrammes d'hydrocarbone ou de 3 milligrammes de graisse (Fick).

Il est nécessaire de rappeler ici la définition du mot travail en mécanique rationnelle ; c'est le produit de la force f par le chemin parcouru suivant la direction de cette force, D'après cette définition, un muscle qui soutient un poids P fait un effort, produit de la force, mais si ce poids P ne change pas de place par rapport à la terre, le muscle ne fait aucun travail. C'est le cas de la contraction statique. Il en est de même encore si le muscle imprime à un poids un mouvement alternatif et égal d'ascension et de descente. Le travail positif de l'ascension est annulé par le travail négatif égal de la descente. Chauveau désigne sous le nom de contraction stérile ces efforts musculaires dans lesquels le travail final est égal à zéro.

Ces faits théoriques ont été vérifiés par Béclard, qui a montré que, lorsque la contraction musculaire exécute un travail mécanique, il se produit dans le muscle une quantité de chaleur plus faible que lorsqu'une contraction de même mesure n'est pas accompagnée d'effets mécaniques. D'après Béclard, le thermomètre donnait des indications identiques quand le bras maintenait le poids (contraction statique ; on l'élevait et l'abaissait successivement), ce qui est conforme à la théorie, le travail étant nul dans les deux cas.

Dans le cas d'une contraction stérile, l'énergie mise en œuvre doit se disperser totalement en chaleur sensible. Deux équations représentent cette transformation de l'énergie. Dans la conception thermo-dynamique on doit écrire :

$$\text{Energie chimique} = \text{chaleur} = \left\langle \begin{array}{l} \text{chaleur} = \text{travail physiologique} \\ \text{chaleur immédiatement dissipée} \end{array} \right.$$

La formule de Chauveau est plus simple

$$\text{Energie chimique} = \text{travail physiologique} = \text{chaleur.}$$

La première formule implique une double transformation, l'énergie chimique se transformerait totalement en énergie thermique qui, elle, se changerait ensuite en travail suivant la loi de l'équivalence (426 kilogrammètres par grande calorie disparue).

Pour Chauveau, l'énergie chimique se transforme directement en une force nouvelle : l'élasticité de contraction, qui dans le cas de contraction stérile reparaît ensuite en totalité sous forme de chaleur et partiellement quand la contraction a donné lieu à un travail efficace.

Cette conception est générale et s'applique à tous les tissus; pour Chauveau, dans l'énergie biologique, la chaleur n'est pas un but, elle est un résultat, elle n'est pas au commencement de la série des transformations de l'énergie, mais à la fin, et c'est le travail physiologique des éléments qui est l'intermédiaire entre la force vive chimique et la chaleur résultante.

La théorie thermo-dynamique a contre elle une grave objection, qui s'appuie sur l'étude même des principes essentiels de cette théorie qui a été présentée ainsi par M. Gauthier.

On sait, d'après le célèbre théorème de Carnot relatif à la transformation de la chaleur en travail dans un cycle fermé, que la quantité de chaleur Q apte à se transformer en travail T, pour une source de chaleur donnée, est fournie par l'équation

$$T = 425 \ Q \frac{t^i - t_f}{273 + t^i}$$

où t_i représente la température de la source avant le travail et t_f celle qu'elle acquiert après le travail ; donc :

$t^i - t^f =$ *Refroidissement de la source.* Or pour que le travail extérieur T fût au travail absolu (ou 425 kilogrammes $\times$ Q, qui répondrait à la totalité de chaleur produite) comme 1 : 3, rapport entre le travail et la chaleur répondant à la consommation des aliments et tissus, rapport établi par nos expériences et par celles de Fick, il faudrait que l'on eût :

$$\frac{T}{425^{kgr} \times Q} = \frac{t^i - t^f}{273 + t^i} = \frac{1}{3}$$

Si dans cette équation, nous faisons t_i égal à la température initiale des muscles avant la contraction, soit 38° environ, nous aurons :

$$\frac{1}{3} = \frac{38° - tf}{273° + 38°}$$

d'où

$$tf = 38° - \frac{273 - 38}{3}, = -65°,$$

ce qui veut dire qu'en admettant, d'après la théorie thermodynamique, que le travail produit par le muscle provienne, comme le pensaient Robert Mayer et Hirn, d'une transformation de la chaleur intra-musculaire, il faudrait que la température finale t_f de ce muscle après le travail fût de 65° au-dessous de zéro, ce qui est absurde et contraire à toutes les observations. Cette température finale devrait encore être de 39°,7 *au-dessous de zéro*, si l'on admettait qu'un quart seulement de la chaleur se transformât en travail, et de — 24° si l'on acceptait qu'un cinquième seulement de la chaleur disponible produise le travail, en prenant ici les chiffres les plus faibles donnés par Helmholtz pour le rendement de la machine animale[1]. Il est donc évident, d'après ces observations, que la chaleur ne se change pas en travail dans le muscle, et que ce n'est pas par cet intermédiaire que le potentiel chimique produit la force et l'énergie mécaniques. (Gautier, *Traité de chimie biologique*.)

[1] Le rendement de la machine animale, c'est-à-dire le rapport entre le travail chimique et le travail mécanique produit a été évalué différemment : pour Fick un tiers, pour Helmholtz un cinquième. Les dernières recherches de Katzenstein, de Zuntz, de Lœwy tendent à admettre que ce rendement est d'un quart, alors que le travail utile accompli par une machine à vapeur, représente à peine le dixième de l'énergie thermique fournie.

Mais il ne faut pas oublier que le muscle n'est pas seulement un instrument de travail qu'il sert encore à entretenir la température de l'animal et que les 3/4 de l'énergie que l'on ne trouvent pas dans le travail mécanique ne sauraient être considérés comme de l'énergie perdue, puisque finalement elle est utilisée sous forme de calorique. Si le rendement mécanique était augmenté, ou, par hypothèse s'il était parfait, toute l'énergie chimique étant transformée en travail, l'animal à sang chaud ne pourrait plus entretenir sa température et mourrait de froid.

GLANDES VASCULAIRES SANGUINES

SÉCRÉTION INTERNE DES GLANDES

Foie, pancréas, rate, glande thyroïde, capsules surrénales, thymus. — A côté des organes glandulaires dont le rôle est mis en évidence par une sécrétion déversée soit dans le tube digestif pour concourir au processus de l'acte digestif, soit en dehors comme déchets de l'organisme, il existe une série d'organes richement vasculaires et qui ne présentent aucun conduit excréteur. Tels le thymus, le corps thyroïde, la glande pituitaire, la rate, les capsules surrénales. Ces organes ont été désignés pendant longtemps sous le nom de glandes vasculaires sanguines, leur situation sur le trajet des vaisseaux faisant supposer qu'ils concouraient plus spécialement à la formation du sang, mais jusque dans ces dernières années leur rôle fonctionnel était réellement inconnu.

Les recherches récentes de la physiologie conduisent désormais à considérer dans les glandes deux formes au moins d'activité fonctionnelle, l'une ayant pour objet de former des produits de sécrétions éliminés par leur appareil excréteur, c'est la sécrétion externe (le tube intestinal étant considéré comme constituant un milieu externe, ainsi du reste que permet de le concevoir son développement), l'autre ayant pour but de modifier certains éléments du sang, de les transformer, pour les reverser ensuite dans le torrent circulatoire. C'est la sécrétion interne dont l'importance a été mise en évidence surtout par Brown-Séquard.

Les glandes sans conduits excréteurs agissent donc par leur sécrétion interne; nous verrons plus loin, en les étudiant séparément, ce que nous savons aujourd'hui de leur action, mais les glandes à sécrétion externe possèdent elles aussi une sécrétion interne, souvent des plus actives et des plus essentielles, et c'est l'étude même de l'une d'elles, le foie, qui a conduit à cette notion de l'action des appareils glandulaires sur les éléments du sang. Parmi ces glandes, deux surtout dominent la question. Le foie par sa fonction glycogénique et le pancréas. Les autres organes glandulaires possèdent sans doute des propriétés analogues, l'effet des injections du suc testiculaire exposé par Brown-Séquard et d'Arsonval conduit à admettre que la glande mâle produit des substances qui introduites dans le sang exercent une action tonique sur le système nerveux et par suite sur l'organisme tout entier.

Foie. — La première étude sur les glandes à sécrétions internes est le travail mémorable de Claude Bernard sur la formation du sucre dans le foie, travail commencé en 1840 et poursuivi jusqu'à sa mort par l'illustre savant.

Le foie, en effet, est une de ces glandes à fonctions complexes qui présentent simultanément une sécrétion externe et une ou plusieurs sécrétions internes. Le rôle du foie comme sécréteur de la bile a été étudié plus haut. Nous n'étudierons ici que son rôle comme modificateur du sang. Ce rôle, autant que nos connaissances actuelles permettent de l'établir, est multiple. Il y a lieu en effet d'envisager le foie dans ses fonctions diverses :

1° *Fonction glycogénique*, transformateur des éléments contenus dans le sang en sucre;

2° *Fonction hématopoiétique*, formateur et destructeur des globules;

3° *Fonction antitoxique*, modification ou rétention des substances toxiques introduites dans l'organisme ou fabriquées par ce dernier.

4° *Fonction adipogénique*, dédoublement des hydrocarbories en graisses;

5° *Fonction uréopoiétique*, etc.

I. *Fonction glycogénique*. — La présence du sucre dans le sang a été signalée pour la première fois par Willis, en 1674, chez les diabétiques, mais longtemps après Willis on admettait encore que le sucre était un élément anormal du sang, ayant une provenance extérieure à l'organisme, c'est Claude Bernard en 1849 qui, après avoir constaté la présence dans le sang du sucre à l'état normal, établit que ce sucre se formait dans le foie [1].

Claude Bernard démontra tout d'abord que le tissu du foie renferme du sucre en proportion notable, surtout si on ne traite cet organe que quelque temps après la mort, il montra, en outre, que le sang qui sort du foie par la veine cave inférieure contient du sucre en quantité appréciable, alors que le sang qui arrive au foie par la veine porte n'en contient que des traces. Dans des recherches ultérieures, l'illustre physiologiste, revenant sur son idée première que le foie fabrique directement le sucre aux dépens du sang

[1] Les chiffres donnés par les auteurs sur la teneur en sucre du sang de divers animaux est assez variable. Cl. Bernard admet pour le chien : sang artériel, 1,30 ; sang veineux, 1,20. Mering donne des chiffres plus élevés, jusqu'à 2 gr. 40. Bouchard, calculant chez l'homme, d'après la teneur du sang veineux en sucre (1.20 à 2.40), admet (sans données expérimentales et d'après les chiffres de Bernard sur le chien), 1 gr. 73 à 3 gr. 46 pour le sang artériel. En admettant même que le déficit du sang artériel au sang veineux soit seulement de 0 gr. 20 par litre de sang, on arrive à ce résultat qu'un homme de 64 kilogrammes perd 1 gramme de sucre à chaque révolution totale du sang, soit 1,850 grammes en 24 heures (en admettant une révolution totale, etc.). Comme l'homme ne consomme guère plus de 850 grammes d'oxygène correspondant à l'oxydation de 800 grammes de sucre. On voit qu'une partie du sucre est assimilée ou modifiée.

Le sucre apparait dans l'urine dès que le sang en renferme 4 grammes par litres, 5 grammes d'après Becker.

seul, reconnut que la fabrication du sucre par le foie n'est pas directe, mais qu'il existe une phase de transformation intermédiaire, le foie ne faisant du sucre qu'aux dépens de cette substance sacchariflable, le glycogène. Cette matière glycogène se forme, en partie du moins, dans le foie, non seulement aux dépens des collagènes et de la dextrine des aliments, comme le soutinrent Colin, Figuier et Sanson, mais même par le dédoublement des albuminoïdes [1]. Nous reviendrons sur la formation du glycogène. Le glycogène est transformé ensuite dans le foie en glycose, soit directement, soit, comme le soutient Von Mering, en passant d'abord à l'état de maltose. Cette transformation se fait incessamment aux dépens du glycogène fixé dans des cellules hépatiques, si on lave le foie en effet jusqu'à ce que le liquide de lavage ne présente plus de trace de sucre, il suffit de laisser reposer l'organe, pendant quelques heures, pour retrouver ensuite du sucre dans l'organe. Mais si l'on porte le foie à l'ébullition, si on le traite par le tannin, la transformation ne s'opère plus, il existe donc une substance analogue aux diastases qui transforment l'amidon végétal en glucose, et qui reste fixe dans les cellules hépatiques, puisque le lavage est impuissant pour le faire disparaître.

Le ferment diastasique dont Cl. Bernard admettait la présence dans le foie n'a pu être isolé. Ce ferment est encore admis par Salkowski, alors que Dastre qui n'a pu parvenir à l'isoler, rejette l'intervention de la diastase, pour faire intervenir l'activité vitale des cellules hépatiques dans la transformation du glycogène en glycose.

La conception de Claude Bernard, de la transformation passagère du sucre du sang de la veine porte en glycogène

[1] Le glycogène $n\,(C^6 H^{10} O^5)$ est un isomère de l'amidon végétal, il se forme par déshydratation du sucre, suivant une réaction inverse de celle qui donne naissance au sucre dans l'intestin.

$$\frac{C^{12} H^{22} O^{11}}{\text{maltose}} = 2\,\frac{(C^6 H^{10} O^5)}{\text{glycogène}} + H^2 O$$

avant de se transformer de nouveau en sucre, avait été mise en doute (Seegen-Kratschmer). Le sucre du foie dérivant d'après ces auteurs, non du glycogène hépatique, mais des matériaux azotés : peptones et albumines. Les recherches de Pavnomow, de Dastre, de Girard, ultérieures aux travaux ci-dessus, sont venues confirmer les idées de Cl. Bernard. Si l'on étudie la formation du sucre qui se poursuit dans le foie enlevé à l'animal, on voit que la quantité de sucre formé est proportionnelle à la destruction du glycogène (Girard). On avait déjà vu que le foie des animaux à jeun ou très fatigués qui ne possède plus de glycogène, ne présente plus la propriété de former du sucre après la mort.

Origine du glycogène. — Les féculents introduits dans le tube digestif sont transformés en glycose, et cette glycose [1] que l'on trouve en quantité variable dans la veine porte, se transforme en glycogène dans le foie, chargé ensuite de déverser le sucre transformé de nouveau d'une façon constante et régulière. Quand la quantité de matières sucrées digérées est considérable, une partie du sucre peut traverser le foie sans passer par le stade glycogène et entrer ainsi dans la circulation générale en élevant momentanément la teneur du sang en sucre, et déterminant une hyperglycène passagère alimentaire.

Dans certaines affections du foie, les cellules hépatiques étant dans l'impossibilité de fixer le sucre, on peut provoquer facilement

[1] Carlwoit classe les différences sucres en trois groupes au point de vue de leur transformation possible en glycogène.

1° Sucres transformés directement par les cellules hépatiques en glycogènes : *Dextrose Lévulose*. L'introduction de ces sucres dans le sang, même en dehors de la voie digestive, produit un abondant dépôt de glycogène hépatique.

2° Sucres nécessitant leurs transformations préalables par les sucs digestifs : *Sucre de canne*, *Maltose*. Injectés directement dans le sang, ils sont sans action sur la teneur du foie en glycose.

3 Sucres qui ne sont pas transformables. *Lactose galactose.*

cette hyperglycémie en donnant aux malades du sucre de raisin. Elle se distingue de l'hyperglycémie hépatique par son caractère transitoire.

Mais Cl. Bernard avait montré en outre que le sucre peut dériver d'autres aliments que les féculents, des albuminoïdes entre autres.

Il nourrissait des chiens uniquement avec de la viande, et le sucre ne s'en formait pas moins dans le foie. On pouvait objecter à cette expérience, que la viande donnée aux chiens renfermait encore du glycogène ou du sucre ; mais le résultat a été le même avec une nourriture composée de fibrine, de caséine, d'albumine de blanc d'œuf (Külz).

Quant à savoir si le glycogène peut se former également aux dépens de la graisse. C'est là un point totalement inconnu.

Le glycogène ne quitte le foie que sous forme de glycose en s'hydratant de nouveau ; on ne trouve pas en effet de glycogène dans le sang, alors que le sucre s'y rencontre constamment.

Le foie peut être considéré comme un laboratoire de réserves alimentaires où viennent s'emmagasiner les matières fournies d'une façon intermittente par l'alimentation et qui doivent être dépensées d'une manière régulière et continue par l'organisme pour assurer le renouvellement des tissus et les dépenses d'énergie : la dépense des réserves se fait suivant les besoins. C'est ainsi que la glycose est versée plus abondamment dans le sang et que l'on voit le glycogène diminuer parallèlement dans le foie, quand un ou plusieurs appareils d'organes fonctionnent activement (Chauveau).

Influence du système nerveux sur la glycogénèse. — Le système nerveux exerce une action très marquée sur la glycogénèse. Claude Bernard a montré dans une expérience célèbre et qu'il est facile de reproduire, qu'en piquant le bulbe avec une aiguille lancéolée sur la ligne médiane du plancher du quatrième ventricule, exactement au milieu de l'espace compris entre l'origine des nerfs auditifs et pneumogastriques, on détermine l'apparition rapide du sucre dans les urines (en moins d'une heure), mais cette glycosurie est passagère. On peut toutefois rendre ce diabète persistant en répétant plusieurs fois la lésion (Laborde). Si le piqûre est faite plus haut, le sucre peut manquer et il y a polyurie avec albuminurie. Au contraire, si la piqûre porte un peu au-dessous du premier point, la glycosurie existe sans polyurie.

Par quel mécanisme et quelle voie l'excitation bulbaire produit-elle le diabète ?

Cl. Bernard, après avoir reconnu que la section des pneumogastriques fait disparaître le sucre dans le foie, avait attribué à ces derniers nerfs un rôle centrifuge. Les pneumogastriques auraient été les nerfs excréto-sécrétoires du foie, mais il vit plus tard que la piqûre du quatrième ventricule détermine la glycosurie chez les animaux à pneumogastriques sectionnés, les voies centrifuges ne passaient donc pas par ces nerfs.

Quand on pique le quatrième ventricule, on constate une congestion intense du foie, et l'hyperproduction de sucre paraît être liée à cette congestion. D'après Cl. Bernard et surtout Laffont, cette hyperhémie n'est pas due à une paralysie des vaso-constricteurs, mais à l'excitation des vaso-dilatateurs, dont le centre serait dans le bulbe et qui passant par les filets sympathiques joueraient vis-à-vis du foie, le rôle que la corde du tympan exerce sur la glande sous-maxillaire. La glycosurie nerveuse est donc un phénomène actif et non paralytique.

En temps normal, la fonction glycogénique est placée sous l'influence d'un centre réflexe, dont l'axe sensitif serait formé par les branches pulmonaires du pneumogastrique. (La section des pneumogastriques abdominaux étant sans action sur la formation du sucre, alors que leur section au cou amène un arrêt dans la glycogénie, Cl. Bernard avait placé dans la surface pulmonaire le point de départ du réflexe) et peut-être également par la plupart des nerfs et des centres sensitifs, car on a vu la glycosurie se produire à la suite de l'excitation du sciatique (Schiff, Laffont) du nerf de Cyon (Filehne), du pont de Varole, etc.

Quoi qu'il en soit, les mutations centripètes sont perçues au centre bulbaire du plancher du quatrième ventricule, centre qui paraît être plutôt vaso-moteur que secrétoire proprement dit, et les incitations centrifuges cheminent ensuite (nerfs dilatateurs) par la moelle jusqu'à la hauteur des premières paires dorsales, passent par l'anneau de Vieussens au sympathique, puis aux nerfs splanchniques pour arriver au foie (François Franck).

La piqûre du bulbe ou le traumatisme des différentes parties du système nerveux, les névrites des pneumogastriques (Arthaud et Bute) ne sont pas les seuls moyens pour obtenir le diabète expérimental. On observe encore l'apparition du sucre dans les urines après l'ingestion de certaines substances (diabète toxique) ; curare, chloroforme, acide lactique, strychnine. La phlorhydzine surtout détermine une glycosurie intense et durable (Von Mering), mais sans glycémie. Mais dans ce dernier cas, le foie ne paraît pas devoir être mis en cause, car on obtient le diabète chez des grenouilles privées de leur foie.

II. *Fonction uréopoiétique.* — Dès 1864, Meissner, remarquant que le foie renferme des proportions considérables d'urée, surtout si on compare les chiffres avec ceux de l'urée trouvée dans les muscles, avait admis que c'est dans le foie que se produit la plus grande partie de l'urée de l'organisme. Dans une série de recherches, comparables à celles employées par Cl. Bernard pour le sucre, Cyon a trouvé que le sang des veines sus-hépatiques est plus riche en urée que le sang de la veine porte.

Les observations cliniques conduisent aux mêmes conclusions. Dans la cirrhose atrophique, dans l'ictère grave, on voit le chiffre de l'urée diminuer et être considérablement inférieur à celui d'un individu au foie sain et soumis à un régime alimentaire identique (Brouardel). Dans les cas, au contraire, où l'activité du foie paraît augmenter, et tel serait, pour un grand nombre de pathologistes, le mécanisme du diabète hépatique, on constate que l'urée suit une marche parallèle avec le sucre. En même temps qu'il y a glycosurie, il y a également azoturie, toutefois cette constatation ne saurait être suffisante, car, dans le cas du diabète pancréatique expérimental, cette azoturie se présente également, et il est fort possible que l'excès de ces deux produits dans le sang soit dû à une perturbation de la nutrition générale.

III. *Fonction antitoxique.* — Le foie joue contre les intoxications un rôle des plus importants, et il arrive à ce résultat par trois procédés différents :

1° En retenant certaines substances toxiques pour les déverser ensuite lentement dans la circulation, en rendant ainsi leurs effets moins rapides et moins intenses, ou même en les rejetant au dehors par l'excrétion biliaire.

2° En transformant certains poisons venus du dehors ou ayant pris naissance dans l'organisme.

3° En diminuant l'intensité des fermentations intestinales, grâce à l'action antiseptique de la bile.

Certaines substances sont simplement retenues par le foie sans subir de modification de composition. Tels les poisons minéraux : mercure, cuivre, antimoine, arsenic. Une partie de ces poisons sont éliminés par la bile, le reste est déversé lentement dans l'économie et les effets toxiques sont ainsi annihilés en partie.

Il en est de même de la plupart des alcaloïdes. Une expérience due à Schiff est très démonstrative à cet égard. On tue un chien en lui injectant sous la peau une goutte de nicotine, or une dose double reste sans effet, si l'injection est faite dans l'intestin ou encore dans les ramifications de la veine porte, c'est-à-dire quand la nicotine doit passer ensuite par le foie avant d'entrer dans la circulation générale. Il s'agit ici de tout autre chose que d'une simple fixation de la substance par les cellules du foie, mais d'une transformation chimique, sans doute, car il suffit de triturer ensemble une dose mortelle de nicotine avec un morceau de foie, pour supprimer son pouvoir toxique. Schiff avait montré en outre, qu'après la ligature de la veine porte, le sang de l'animal ainsi opéré devient toxique pour des grenouilles à une dose bien supérieure au sang normal. Il arrivait ainsi à cette conclusion que le foie détruit les substances toxiques formées dans l'organisme ou introduites du dehors.

Le fait de l'innocuité relative du curare pris par la voie digestive, alors que ce poison est si actif quand il est injecté sous la peau, s'explique désormais par l'action du foie, il est arrêté par ce dernier (Roger).

Les alcaloïdes, ainsi que l'avaient déjà signalé Heger puis Schiff, ne sont pas seulement arrêtés ou éliminés par le foie, ils subissent une transformation.

Sur ce point il règne encore bien des incertitudes, plusieurs points néanmoins sont désormais établis. L'action antitoxique du foie est intimement liée à sa richesse en glycogène. Quand le foie est privé de cette substance, les poisons organiques passent directement dans les veines sus-hépatiques, et si l'on vient à charger de nouveau le foie de glycogène, on voit l'action antitoxique reparaître. Peut-être faut-il chercher une explication dans ce fait que l'ammoniaque et les alcaloïdes chauffés en vase clos, en présence de la glycose subissent des modifications qui les rendent inactifs ou du moins qui diminuent leurs propriétés toxiques (trois fois moins pour l'atropine).

Au point de vue clinique, il est un fait dont l'importance ne saurait échapper. Nous venons de voir que l'action antitoxique du foie est liée à la richesse de cet organe en glycogène. Or, sous l'influence seule de la fièvre, le glycogène disparaît, le foie cesse alors de jouer son rôle tutélaire et les auto-intoxications se produisent alors, les substances toxiques produites par l'organisme lui-même et par les microbes pathogènes n'ayant plus de barrière, envahissent plus facilement l'organisme et retentissent sur lui.

Le rôle antitoxique du foie est encore mis en évidence par les phénomènes connus sous le nom de coma diabétique. Souvent chez les diabétiques on observe une série de symptômes nerveux : agitation, dépression, troubles psychiques, dyspnée, qui présentent tous les caractères d'une auto-intoxication. Quelle que soit l'incertitude qui règne sur la nature de la substance toxique formée ou acculée dans ce cas : acétone acide, diacétique, etc. Il n'en est pas moins évident que l'on se trouve en présence d'un empoisonnement déterminé par un arrêt de fonctionnement de la glande vasculaire hépatique.

IV. *Fonction adipogénique.* — Il parait établi aujourd'hui qu'une partie des féculents de l'alimentation peut servir à fabriquer de la graisse dans l'organisme. Bien que des expériences suffisamment probantes manquent encore pour établir que c'est en partie dans le foie que se produisent ces dédoublements, il y a tout lieu de supposer que c'est dans cet organe qu'une partie du sucre amenée par la veine porte s'y transforme sur place en graisse. On sait que les cellules hépatiques se chargent de graisse après un repas copieux et que cette graisse disparaît pendant le jeûne. La graisse formée dans le foie serait très oxydable, « graisse de l'huile de foie de morue, utile par suite à la thermogénèse, surtout quand l'oxygénation est faible ». L'anatomie comparée montre en effet que les animaux à respiration faible ont un foie volumineux, tandis que ceux à respiration active (oiseaux) ont un organe très réduit. Les observations cliniques montrent la fréquence de la dégénérescence graisseuse du foie, et dans certaines conditions physiologiques (grossesse, allaitement), le foie se charge de graisse en quantité notable.

V. *Fonction hématopoiétique.* — L'existence dans la bile de dérivés de l'hémoglobine (bilirubine) indique qu'il doit se produire une certaine destruction des globules sanguins. On considère donc le foie comme un centre de destruction des globules, mais il est possible, très admissible même, que de nouveaux éléments figurés prennent naissance dans cette glande. Le fer perdu par l'hémoglobine transformé en bilirubine ne passe pas dans la bile en quantité appréciable, il doit donc être fixé dans des globules de nouvelle formation. Lehmann en étudiant le nombre et surtout la morphologie des globules rouges de la veine sus-hépatique, a trouvé qu'il existait un grand nombre de jeunes éléments.

THYMUS

Le thymus est très développé pendant la vie fœtale, il continue à se développer pendant les premiers temps de la vie, pour s'atrophier ensuite et subir la dégénérescence graisseuse, sauf chez les reptiles où il persiste toute la vie.

Quant à ses fonctions, elles sont totalement inconnues. Sa texture le rapproche des glandes lymphatiques; il est probable qu'il joue un rôle modificateur pour le sang analogue aux autres glandes à sécrétions internes, mais ce rôle n'est sans doute pas spécifique, car le seul fait observé après son extirpation chez les jeunes animaux est un trouble dans la nutrition. Les animaux opérés, tout en mangeant beaucoup, paraissent être arrêtés dans leur développement, mais cet arrêt est momentané, la suppléance se produisant ensuite.

CORPS PITUITAIRE

La situation même du corps pituitaire rend son étude fort difficile. Une expérience de Gley conduirait à admettre pour ce corps une certaine analogie fonctionnelle avec le corps thyroïde qu'il pourrait suppléer au besoin. Chez un lapin qui avait survécu à la destruction du corps thyroïde, Gley a vu les troubles caractéristiques de cette opération se produire après la destruction du corps pituitaire.

CAPSULES SURRÉNALES

Les fonctions des capsules surrénales sont restées longtemps inconnues. Leur riche vascularisation, autant que l'ignorance où l'on était de leur fonction, les a fait ranger dans le groupe des glandes vasculaires sanguines; d'autre part, leurs connexions intimes avec le plexus solaire et les ganglions semi-lunaires les ont fait considérer comme des organes se rattachant au système nerveux.

Deux faits dominent leur histoire.

Addison, en 1855, établit une relation entre une maladie caractérisée par une pigmentation anormale de la peau, et un état de faiblesse extrême, la *maladie bronzée* ou maladie d'Addison et les lésions des capsules surrénales. L'année suivante, en 1856, Brown-Séquard, dans un mémoire remarquable, montre que la destruction des deux capsules surrénales entraîne nécessairement et dans un temps fort court (neuf heures en moyenne) la mort de l'animal. Brown-Séquard avait signalé, après l'ablation, une augmentation de pigment dans le sang. Le rôle essentiel des capsules a été nié par un certain nombre d'expérimentateurs qui auraient vu des survies prolongées après destruction totale de ces deux organes (Philippeau, Nothnagel, Tizzoni). D'après ce dernier auteur, dans les cas heureux on n'observerait aucun trouble, ni dans la nutrition, ni dans le nombre des éléments du sang : hématies et leucocytes, il admet seulement une perturbation dans la distribution du pigment, et il aurait même réalisé une maladie bronzée expérimentale [1].

[1] Il existe quelquefois des capsules surrénales accessoires qui peuvent entrer en suppléance après la destruction des glandes principales. Les recherches de Stilling ont montré avec quelle facilité une glande peut s'hypertrophier quand l'autre est détruite.

Tizzoni rattache les capsules surrénales au grand sympathique et, par suite, au système nerveux de la vie organique. Les expériences de Jacobi l'ont conduit à voir dans les capsules surrénales, sinon un centre au moins un point de passage des nerfs d'arrêt des mouvements de l'intestin, ainsi que de la sécrétion urinaire.

Dans des expériences récentes, Abelous et Langlois ont confirmé les travaux de Brown-Séquard et ont attribué aux capsules surrénales une fonction précise.

D'après leurs recherches, l'animal meurt par asphyxie, par suite de la paralysie des plaques terminales motrices. Il y a là une véritable curarisation. Le sang des animaux privés de capsules (grenouilles et cobayes) devient toxique, injecté à d'autres animaux de même espèce, il détermine des symptômes curariformes, d'où leur conclusion que les capsules surrénales sont des glandes à sécrétion interne ayant pour fonction d'élaborer des substances que peuvent modifier, neutraliser ou détruire des poisons fabriqués sans doute au cours du travail musculaire et qui s'accumulent dans l'organisme après la destruction de ces glandes [1].

PANCRÉAS

Les recherches de Valentin, de Corvisart, de Claude Bernard, avaient fait connaître le rôle joué par le suc pancréa-

[1] Dans la maladie bronzée, les malades accusent presque toujours une grande lassitude qui n'est pas en rapport avec leur état général. Ils sont incapables d'un effort soutenu. Les traces avec l'appareil de Mosso (Ergographe) montrent que la fatigue survient très rapidement. Ce qui concorde avec la conception d'une intoxication curariforme par des substances produites au cours de la contraction musculaire. Albanese en Italie a montré récemment que chez les animaux privés de capsules surrénales, la mort arrivait plus rapidement si on déterminait les contractions musculaires. Il faut signaler encore ce fait que la maladie d'Addison peut exister sans lésion des capsules et que très souvent alors l'asthénie, le sentiment de lassitude, a manqué.

tique dans la digestion. Mais si importante que fût cette fonction, il en existe une autre qui a été signalée pour la première fois en 1889 par Méring et Minkowski. Ces auteurs ont vu que l'ablation complète du pancréas chez un chien détermine la glycosurie.

Avant eux, les cliniciens avaient déjà constaté que chez certains diabétiques on trouvait une lésion du pancréas. Bouchardat, dès 1845, appelait l'attention sur ce point : « Chez les diabétiques, disait-il, il ne faut pas perdre de vue le pancréas qui joue le rôle principal dans la digestion des féculents. » En 1880, Lancereaux, dans ses leçons cliniques, décrit le diabète maigre caractérisé par un amaigrissement rapide et une excrétion de sucre énorme de 300 à 800 grammes en vingt-quatre heures et qu'il rattache aux lésions du pancréas. Mais les observations cliniques étaient incapables d'établir scientifiquement le rôle joué par la glande pancréatique dans les troubles observés.

Le fait le plus frappant des expériences de Minkowski et Von Mering, et qui permettait d'expliquer les divergences signalées par les cliniciens, c'est la nécessité de la destruction *totale* de l'organe. Une faible partie du pancréas laissée dans l'opération suffit, en effet, pour que l'on observe pas le passage du sucre dans les urines. Cette petite partie est-elle enlevée dans une seconde opération ? Immédiatement la glycosurie apparaît.

Diabète expérimental. — L'apparition du sucre (glycose) dans les urines, se produit quatre à six heures environ après l'ablation totale et la quantité augmente graduellement pendant les deux premiers jours, pouvant atteindre 11 p. 100 ; l'animal présente alors tous les symptômes cliniques du diabète : soif et faim intense, polyurie considérable, un litre par jour pour un chien de 7 kilogrammes, amaigrissement rapide, aucune tendance de cicatrisation pour les plaies, et ils meurent au bout de six à huit semaines.

La glycosurie peut être intermittente, mais il y a souvent une élimination énorme d'azote. Il y a là une analogie évidente avec le diabète insipide des cliniciens caractérisé par une déperdition considérable d'azote par les urines, mais sans sucre.

Quelle que soit l'action du suc pancréatique sur les féculents, cette action ne joue aucun rôle dans cette expérience. Claude Bernard avait déjà vu du reste que la ligature des canaux excréteurs n'amène pas la glycosurie, mais une atrophie lente de l'organe.

Plusieurs hypothèses ont été émises pour expliquer l'augmentation du sucre dans le sang après l'extirpation du pancréas.

Théorie nerveuse. — L'apparition du sucre ne serait pas due à la suppression d'une fonction glandulaire pancréatique, mais à l'altération des filets nerveux et notamment des fibres du plexus solaire, qui sont en rapports intimes avec le pancréas, ou encore à l'altération des organes nerveux contenus dans son parenchyme.. Néanmoins les expériences de Hédon, de Gley, dans lesquelles le sucre s'est montré après la destruction de la glande, sans lésions des nerfs environnants (injection de suif dans le canal de Wirsung) paraît répondre à ces objections [1].

Théorie de la sécrétion interne. — L'action de la glande peut se produire sous deux formes :

Dans la première hypothèse, qui est totalement abandonnée, on admet que l'hyperglycémie n'est pas due à un défaut de destruction du sucre, mais à une hyperproduction, provenant de la transformation exagérée des substances forma-

[1] Il faut signaler en outre les expériences de Minkowsky, Gley, Hedon, Thiroloix, qui ont greffé sous la peau le pancréas extrait de l'abdomen : la glycosurie ne s'est pas produite, malgré un traumatisme aussi complet que, dans l'ablation complète de l'organe, mais le sucre apparait aussitôt après la suppression de la glande greffée.

trices du sucre et de la désassimilation plus active des tissus, déterminé par la présence dans le sang d'une substance (ferment) qui normalement serait détruite par le pancréas.

Dans la seconde ; le pancréas produit une substance qui, déversée dans le sang, détruit ? le sucre d'une façon régulière et constante.

Gley a montré qu'en liant toutes les veines pancréatiques à leur confluent dans la veine splénique, on déterminait de la glycosurie. Mais quelle est cette ou ces substances qui agissent ainsi sur le sucre ? Pour Lépine et Barral, il s'agit du *ferment glycolytique*, découvert par eux. Ce ferment que l'on rencontrerait normalement dans le sang et qui a pour effet de détruire constamment le sucre qui y est contenu, proviendrait des cellules pancréatiques. Chez les animaux rendus glycosuriques et chez l'homme diabétique, ces auteurs ont observé une diminution dans le pouvoir glycolytique du sang. Malheureusement ce ferment n'a pu encore être isolé du pancréas, et l'existence même de la glycolyse chez l'animal vivant a été mise en doute récemment (Arthus).

CORPS THYROÏDE

Le corps thyroïde qui, chez l'homme, est placé au-devant des premiers anneaux de la trachée, existe chez tous les animaux.

Les nombreux vaisseaux qu'il reçoit, ses variations de volumes importantes, avaient fait supposer que cet organe jouait surtout un rôle régulateur de la pression sanguine (Magnus). On a admis également une certaine relation entre le corps thyroïde et les organes génitaux, la glande se gonflant au moment de la menstruation (Liégeois).

Vers 1856, Schiff avait vu que les chiens ne survivaient pas à l'ablation du corps thyroïde, mais l'attention sur l'importance fonctionnelle de cet organe ne fut appelée que par le travail des Reverdin, qui montrait que chez les personnes auxquelles on enlevait totalement le corps thyroïde, on observait dans la suite une altération générale et profonde de l'organisme. Le malade indiquait une lassitude profonde, des douleurs et des tiraillements dans les muscles; puis les bras, les membres, la face, augmentaient de volume, les traits s'effaçaient, la peau devenait rugueuse. Enfin le tout s'accompagnait de phénomènes nerveux graves : vertiges, syncopes, suffocation, convulsions.

Tous ces symptômes étaient ceux d'une maladie récemment décrite sous le nom de *myxœdème* ou de *cachexie strumipive*, par Ord en 1878, mais que l'on n'avait pas rattaché à une lésion fonctionnelle de la glande thyroïde, bien que des altérations de ce corps (atrophié) aient été signalées.

Depuis cette époque, de nombreuses recherches expérimentales ont été poursuivies sur le rôle de la glande thyroïde (Schiff, Horsley, Gley).

La destruction totale de la glande thyroïde chez le chien amène fatalement la mort, en déterminant une cachexie profonde et des phénomènes convulsifs. Mais alors que chez l'homme, après la thyroïdectomie, les troubles trophiques dominent tout le syndrome, chez le chien, ce sont les phénomènes convulsifs.

Chez le lapin, l'ablation des deux corps thyroïdes n'est généralement pas mortelle, mais cette anomalie n'est qu'apparente, ces animaux possèdent, outre ces deux corps, deux petites glandules accessoires qui peuvent entrer en suppléance. Quand on a soin de les enlever également, les accidents décrits se produisent (Gley).

Il est probable que chez l'homme, dans les cas où la thyroïdectomie en apparence totale n'a pas amené le myxœdème, il existait des glandules accessoires, qui ont suffi à assurer la fonction thyroïdienne.

Théorie nerveuse. — Comme pour le pancréas, on a émis l'opinion que les troubles observés étaient dus au traumatisme, aux lésions nerveuses du voisinage (Munk, Arthaud et Mayer). Ces objections ont été complètement réfutées par les expériences de Fano et Fuhr, qui ont montré que toutes les lésions, qui accompagnent ordinairement l'ablation de la glande, sont impuissantes à produire les troubles caractéristiques si on laisse cette dernière avec ses connexions vasculaires et nerveuses, alors au contraire qu'il suffit de comprendre la glande entre deux ligatures abolissant ainsi ses fonctions, pour voir les accidents éclater. Enfin expérience plus démonstrative encore de la fonction antérieure de cette glande : si l'on greffe un corps thyroïde dans la cavité abdominale d'un chien, on peut ensuite lui faire la thyroïdectomie sans le tuer (Schiff). La nécessité d'enlever les glandes accessoires chez le lapin est encore une preuve.

Théorie vasculaire. — Le rôle hématopoiétique attribué jusqu'ici sans preuve expérimentale aux glandes vasculaires sanguines en général, à la glande thyroïde en particulier, n'a pas reçu de confirmations nouvelles ; néanmoins Albertoni et Tizzoni, ayant constaté une grande diminution dans la teneur en oxygène du sang chez les animaux thyroïdectomisés, admettent que les globules rouges, dans leur passage par la glande thyroïde, acquièrent ou augmentent leur puissance fixatrice de l'oxygène. C'est là une simple hypothèse discutée déjà (Herzen, Michaelsen). La théorie aujourd'hui qui paraît se concilier avec les résultats expérimentaux est celle qui admet le rôle antitoxique de la glande thyroïde (Golz, Fano, Schiff, Gley). Les animaux opérés présentent tous les symptômes d'une véritable intoxication, et leur urine ou leur sang injectés à d'autres animaux, détermine l'apparition chez ces derniers de symptômes analogues (Gley). D'autre part, l'injection du liquide thyroïdien fait cesser les symptômes d'intoxication, et récemment ces données ont eu leur application thérapeutique. Chez des myxœdémateux typiques, les symptômes classiques décrits plus haut, la sensation de fatigue, de froid, le gonflement des membres, l'état de la peau, ont été très amendés par des injections de liquide thyroïdien (Charrin et Gley).

L'effet des injections permet de pousser plus loin nos connaissances sur les fonctions de la glande thyroïdienne. La destruction des substances toxiques ne se ferait pas dans la glande par un processus vital direct, mais les cellules thyroïdiennes sécréteraient des substances qui neutraliseraient les poisons produits dans l'organisme, ou encore agiraient sur les éléments nerveux, en les rendant réfractaires à l'action de ces mêmes substances toxiques.

RATE

La texture même de la rate fait ranger cet organe dans le système lymphatique, et elle a pu être désignée sous le nom de glande lymphatique sanguine.

L'enveloppe fibreuse qui l'entoure, accompagnant les vaisseaux, fournit dans l'intérieur de l'organe des prolongements nombreux (trabécules spléniques) constitués par du tissu conjonctif fibrillaire, mêlés de fibres élastiques et de fibres musculaires lisses, qui forment un réticulum complet renfermant, dans ses mailles, la substance propre de la rate ou pulpe, et des corpuscules rappelant les follicules lymphatiques isolés (corpuscules de Malpighi).

Les vaisseaux de la rate, une veine et une artère de fort diamètre, ne communiquent pas directement entre eux par un système de capillaires, mais le sang passe de l'un à l'autre à travers les mailles du réticulum dans des canaux dépourvus de parois propres, étant en contact direct avec le tissu adénoïde qui constitue la pulpe de la rate (Steida,

Klein). Billroth admet cependant l'existence d'un endothélium propre.

Changement de volume. — La rate peut présenter des changements importants et rapides de volume. L'existence des fibres élastiques et des fibres musculaires expliquent ces changements.

Sous l'influence de l'augmentation de tension sanguine, la rate augmente de volume. Quand le sang est chassé des autres organes de la cavité abdominale, il reflue vers la rate qui se distend. Aussi a-t-on considéré la rate comme une sorte de réservoir, régulateur de la circulation des organes de la digestion.

D'autre part, sous l'influence du système nerveux, les fibres musculaires de la rate se contractent et entraînent la diminution du volume de l'organe. L'excitation du splanchnique gauche, du grand sympathique, de la moelle, du bout central du pneumogastrique et des nerfs sensitifs en général (voie réflexe), amène cette contraction. Dans ce cas, on voit le foie augmenter de volume, c'est lui qui joue alors le rôle de régulateur. La quinine, le camphre, la strychnine, agissent dans le même sens.

Extirpation de la rate. — L'extirpation de cet organe (opération facile) n'entraîne pas la mort des animaux opérés. Cette opération a été faite plusieurs fois chez l'homme avec succès, et les phénomènes observés ne permettent pas d'accorder un rôle précis et unique à cet organe. L'opinion qui ne voit dans la rate qu'une glande lymphatique très développée explique la suppléance qui doit s'établir nécessairement par les organes de même nature, quand on a enlevé la rate.

On a noté en effet, une diminution des globules blancs (Mosler), du fer (Maggiovani), des globules rouges (Picard et Malassez), une augmentation de l'urée (Friedleben), mais en somme, rien de saillant et de précis. Il existerait généralement après l'extirpation de la rate, une hypertrophie compensatrice des autres organes lymphatiques, certaines même arriveraient à prendre le rôle de rates accessoires (Tizzoni).

Parmi les fonctions attribuées à la rate, nous étudierons successivement :

L'action de la rate sur les éléments, figure du sang : formation de globules blancs, formation ou destruction des globules rouges.

Globules rouges et rate. — Deux opinions complètement opposées sont en présence : *La rate est un organe formateur des globules rouges* (Funke, Picard et Malassez, Phisalix) ; *La rate est un organe destructeur des globules rouges* (Ecker, Béclard).

Les partisans du rôle destructeur des globules invoquent plusieurs résultats expérimentaux :

1° Le sang de la veine splénique est moins riche en globules que le sang des autres veines, de la jugulaire (entre autres) et surtout que le sang de l'artère splénique (Béclard, Gray) ;

2° L'inanition qui diminue la proportion des globules rouges dans le sang, diminue l'action destructive de la rate. La différence dans le nombre des globules du sang de la veine splénique et de l'artère tend à devenir nulle ;

3° Les animaux dératés supportent plus facilement l'inanition que les animaux normaux et engraissent rapidement (Stinstra) ;

4° La pulpe splénique renfermerait des globules rouges en voie de destruction (Kölliker).

Des expériences contradictoires sont invoquées par les physiologistes qui, comme Malassez et Picard, admettent un rôle formateur des globules rouges dans la rate.

Déterminant la suractivité de la glande par la section de son système d'innervation vaso-motrice, ils ont vu dans ces conditions le sang veineux devenir plus riche en hématies et en hémoglobine (augmentation de la capacité respiratoire).

Enfin le sang des animaux dératés présenterait une diminution dans le nombre des globules et dans la capacité respiratoire.

Quant à la présence du fer en quantité considérable dans la rate, elle a été invoquée par les partisans des deux hypothèses. Tandis que le sang normal renferme 0gr,50 à 1 gramme de fer par litre au maximum, on trouve dans le sang qui imprègne le système lacunaire de la rate jusqu'à 2gr,4 (Nasse). Dans la théorie destructive, le fer et le reliquat abandonné par les globules détruits, pour la théorie formatrice au contraire, c'est une réserve destinée à être répartie dans les globules de néoformation. A l'appui de cette idée, il faut citer ce fait que la proportion de fer dans la pulpe splénique diminue après une période d'activité de la glande et pourrait descendre au chiffre normal du sang.

Si les expériences physiologiques ne permettent pas encore de trancher la question, les études d'embryologie semblent conduire à des résultats plus nets. La transformation des éléments spléniques en globules du sang a été constatée par Physalix et Laguesse au moins à l'époque du développement.

Formation des globules blancs. — Le rôle de la rate dans la formation des globules blancs est moins discuté. La numération des leucocytes dans l'arbre et dans la veine splénique montre que la proportion des leucocytes par rapport aux globules rouges qui est de 1 à 225 dans le sang artériel, atteint 1 à 60 (His) et même 1 à 5 (Vierordt) dans le sang de la veine. Les recherches histologiques montrent également la formation directe des leucocytes dans le tissu splénique.

Formation de l'urée et de l'acide urique. — Bien que la formation de l'urée et de l'acide urique doive être considéré comme un processus général de tous les tissus, on a attribué à certains organes, le rein, le foie, un rôle prépondérant. Gscheidlen, trouvant plus d'urée dans le tissu de la rate que dans le sang, avait admis que cet organe joue un rôle important dans la formation de cette substance de désassimilation. Il en serait de même pour l'acide urique; d'après Horbaczewski, des fragments de rate extraits du corps et mis en contact avec du sang frais forment des quantités notables d'acide urique. Il faut noter cependant que l'on ne trouve pas de diminution de l'acide urique dans l'urine des animaux dératés (Cl. Bernard).

On a signalé également (Béclard, Funke) une augmentation et même une modification dans la fibrine du sang de la veine splénique.

L'influence de la rate sur la formation du ferment pancréatique a été examinée plus haut (voir *Digestion*).

La **moelle osseuse** joue également un rôle important dans l'hématopoièse d'après Neumann, Bizzozero, Malassez. Mais il y a lieu de distinguer la moelle osseuse rouge du fœtale de la moelle graisseuse. La première joue seul un rôle actif. On trouve dans ces tissus des cellules désignées sous le nom de médulocelles qui ne seraient autres que des globules blancs se chargeant d'hémoglobine. Par fragmentation, et non par segmentation, cette cellule hématoblastique donnerait naissance aux hématoblastes.

SÉCRÉTION RÉNALE

Nous avons déjà, en parlant de la nutrition, signalé l'abondance des produits de désassimilation qui sont entraînés dans les urines, et à propos de la respiration, insisté sur l'importance du poumon en tant qu'organe excréteur d'autres produits de désassimilation. C'est par le poumon, en effet, que s'échappe la plus grande partie de l'acide carbonique de l'organisme, c'est-à-dire du carbone qui a servi à l'entretien du corps. Le carbone a pénétré avec les aliments par le tube digestif. Avec lui, et dans les mêmes aliments, a encore pénétré un autre élément non moins essentiel à l'entretien de la machine animale : c'est l'azote ; mais cet azote s'élimine, lui aussi, et c'est par les reins que se fait cette élimination, sous forme d'urée principalement. Le poumon et le rein sont donc deux organes d'excrétion, ayant chacun son rôle propre, et un rôle des plus importants au point de vue de la nutrition ; il est aussi indispensable à une ville d'évacuer rapidement et facilement ses détritus et ses eaux d'égout, que de recevoir commodément chaque jour la quantité d'aliments et d'eau pure dont ont besoin ses habitants, et à cet égard, il n'y a point de différence entre l'organisme individuel et l'organisme social. Le rein est donc un organe d'évacuation et d'élimination, et c'est à l'élimination des matières azotées qu'il est surtout consacré. — Quelques mots d'abord, pour rappeler la structure de cet organe important.

Anatomie du rein. — La partie essentielle, au point de vue de la production de l'urine, est le *glomérule de Malpighi.* Ce glomérule se trouve dans la partie corticale du rein, sous forme de points rougeâtres ; il y en aurait 500,000 environ dans chacun des reins de l'homme. Le glomérule consiste essentiellement en un petit sac sphérique qui se continue par un tube de diamètre sensiblement moindre, lequel tube, après s'être contourné, forme dans les pyramides une anse (de Henle), décrit encore quelques sinuosités à son retour dans la substance corticale, et enfin constitue un tube droit (de Bellini) qui vient s'ouvrir dans le bassinet. Dans le petit sac qui constitue le glomérule, nous voyons arriver un rameau de l'artère rénale qui se subdivise en nombreux capillaires, en une pelote de capillaires, pour ainsi dire, qui occupent la plus grande partie du sac, et les capillaires se continuent par un certain nombre de vaisseaux qui finissent par n'en former qu'un seul, lequel sort du glomérule à côté du point où est entré le rameau artériel (fig. 52). Est-ce là une veine? — Non : ce vaisseau a plutôt la structure des artères, et, en outre, il présente ce caractère très particulier de former un *système porte.* En effet, les vaisseaux sortis des glomérules, les vaisseaux efférents, au lieu de se réunir en troncs progressivement plus rares et plus volumineux, comme cela a lieu d'habitude, sont plus étroits que les vaisseaux efférents, et se ramifient après un court trajet ; formés de la réunion de capillaires, *ils se résolvent en un nouveau réseau capillaire* qui entoure les tubes contournés issus des glomérules. Le vaisseau efférent du glomérule, interposé entre deux systèmes capillaires, forme donc un véritable système porte. Les capillaires du second réseau se comportent selon l'usage, formant des veinules qui contribuent à la constitution de la veine rénale. La partie corticale du rein renferme donc deux systèmes capillaires, et le premier a reçu le nom de système porte artériel du rein. Le nom de système porte veineux serait inexact, car le sang qui passe dans les glomérules est

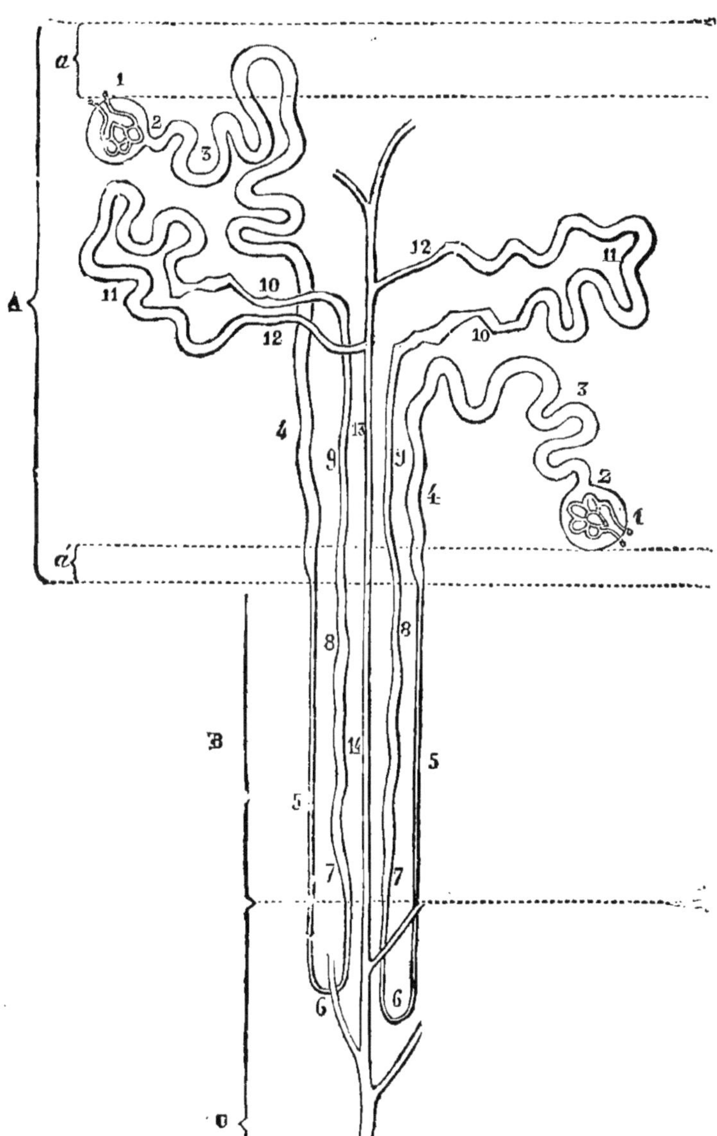

Fig. 52. — Schéma du trajet des tubes urinifères du rein (Klein).

A, substance corticale. — a, couche sous-capsulaire sans glomérules. — a', couche interne sans glomérules. — B. C. substance médullaire. — 1, capsule de Bowman. — 2, collet de la capsule. — 3, tube contourné. — 4, portion spirale. — 5, partie descendante de l'anse de Henle. — 6, l'anse. — 7, 8, 9, sa partie ascendante. — 10, tube irrégulier. — 11, tube intermédiaire contourné. — 12, commencement du tube collecteur. — 13, 14, tube collecteur plus large (dans la papille) allant s'unir à d'autres pour former le conduit excréteur.

artériel, naturellement, et en ressort artériel, *sans avoir servi à la nutrition*. Il convient de remarquer encore que le vaisseau efférent du glomérule ayant un calibre inférieur à celui du vaisseau afférent, la pression est *plus forte dans le glomérule* que dans les capillaires généraux ; par contre, dans le réseau capillaire qui entoure les tubes contournés, la pression est plus faible que dans les capillaires du reste de l'organisme. Nous verrons à utiliser plus tard ces faits dans l'étude du mécanisme de la sécrétion urinaire.

Caractères physiques des urines. — Chez l'homme, l'urine est un liquide d'une *couleur* jaune citron, très peu mousseux, sauf au cas où il renferme de l'albumine ou du mucus, ou bien possède la réaction alcaline, de *saveur* salée, un peu amère, à odeur légèrement aromatique, qui devient avec le temps ammoniacale en raison de la fermentation de l'urée (sous l'influence du *Micrococcus ureæ* et d'autres microrganismes) et de sa transformation en carbonate d'ammoniaque. L'urine des carnivores ressemble à celle de l'homme, mais celle des herbivores est de couleur plus brune, et présente l'aspect trouble ; ce dernier est dû à des précipités de phosphate et de carbonate de chaux ; celle des reptiles et oiseaux, enfin, mélangée aux excréments, dans le cloaque où aboutissent l'intestin et les uretères, forme une bouillie avec ceux-ci. Chez l'homme même, l'urine varie souvent de couleur : celle du matin est plus concentrée, et par cela même plus foncée (urine de sang) ; celle du repas (*urina cibi*), moins colorée que la précédente, l'est beaucoup plus que celle qui est excrétée à la suite de l'ingestion abondante de boissons (*urina potus*). Elle est toujours transparente, au moment de la miction, à l'état normal ; mais ne tarde pas à se voiler d'un nuage très léger, formé surtout de mucine, d'acide urique et d'urates, qui se précipitent. Un trouble plus considérable est de nature pathologique : l'urine contient alors des sédiments, des pigments de la bile ou du sang, des débris d'épithélium, du pus, etc.

La *quantité* expulsée par vingt-quatre heures varie beaucoup selon le régime, l'abondance des boissons, l'activité de la fonction sudorale, etc. En France, elle est de 1,250 ou 1,450 centimètres cubes par vingt-quatre heures ; en Angleterre, de 1,400 ou 1,500 ; en Allemagne, de 1,600 environ. Mais un même sujet peut, en s'abstenant de boissons, n'expulser qu'un litre d'urine au plus, et le lendemain, en buvant copieusement, en produire plus de 3 litres. La femme en produit moins que l'homme, en général. Le maximum de sécrétion a lieu dans l'après-midi, le minimum le matin, de 2 à 4 heures.

La *densité* de l'urine varie sans cesse : elle peut tomber à 1,003 (qui est le chiffre normal chez les enfants très jeunes : 1,003 à 1,006), par exemple, si l'on boit abondamment sans faire d'exercice, et, dans les conditions opposées, s'élever à 1,040 ; elle est en moyenne de 1,020, en prenant toute l'urine des vingt-quatre heures. Certaines maladies — le diabète — la rendent plus dense encore ; elle peut aller jusqu'à 1,060 si le sucre est très abondant. Comme la coloration et la concentration, la densité varie avec le régime alimentaire, comme l'ont vu Cl. Bernard et d'autres physiologistes : plus l'eau entre pour une large part dans les *ingesta*, et plus la densité de l'urine est faible. Aussi l'urine excrétée le matin au lever est-elle généralement plus dense.

La *réaction* de l'urine fraîche est *acide* chez les carnivores et l'homme, alcaline souvent chez la femme par le mélange de sécrétions vaginales ; alcaline chez les herbivores et chez l'homme au régime purement végétal ; toutefois elle devient acide chez les herbivores soumis au régime de la viande. Cette alcalinité, qui accompagne le régime herbivore, s'explique par la quantité des sels de potasse et de soude renfermés dans les aliments végétaux, qui alcalinisent le sang et naturellement les urines. Au surplus, chez un même sujet, à régime constant, la réaction des urines présente des variations marquées; elle est le plus acide le matin au réveil; elle est encore très acide deux ou trois heures après les repas; pendant la digestion, l'acidité est peu marquée, (Bence Jones, Gley) et on explique ceci par le fait que le sang s'alcalinise pendant le maximum de production d'acide chlorhydrique dans l'estomac, comme on peut le voir en notant la réaction de l'urine chez un chien à fistule gastrique, après en avoir lavé l'estomac pour entraîner le suc stomacal. L'acidité de l'urine humaine normale est due non à un acide libre, mais à différents sels, à des acides hippurique et urique unis à des phosphates (Liebig) et peut-être aussi à d'autres substances; l'acidité augmente après l'émission, parce que l'acide carbonique de l'air met en liberté une certaine quantité d'acide urique, et l'urine semble contenir aussi de l'acide hippurique libre et du phosphate acide de sodium. Il arrive souvent qu'elle fournit la réaction *amphotère*, réagissant à la fois comme acide et comme base, sans que l'on puisse expliquer cette particularité. L'acidité normale de l'urine humaine correspond à celle d'une solution de 2 grammes d'acide oxalique, et souvent à 3 ou même 4 grammes pour 1,000.

Enfin l'urine renferme quelques *gaz*, qui sont surtout de l'azote et de l'acide carbonique; l'oxygène ne se présente qu'en très petites quantités et fait souvent défaut.

Composition chimique de l'urine. — Nous empruntons les éléments du tableau que voici à M. A. Gautier : ce tableau se rapporte à de l'urine humaine normale d'une densité de 1,020, et les chiffres sont rapportés au kilogramme d'urine : pour avoir ces chiffres pour vingt-quatre heures, il suffit de multiplier par le nombre de kilogrammes d'urine excrétés.

Eau.	956 grammes	Eau, 956 grammes.
Urée	25,37	Matières organiques, 28 ou 30 grammes.
Acide urique	0,40	
— hippurique . .	0,50	
Créatinine et créatine.	0,80	
Xanthine	0,04	
Matières colorantes .	4,50	
Autres produits : acides gras, oxalique, phénols, indols, scatols, glycose, mucus, pepsine, etc.	très peu	
Chlorure de sodium.	10,5	Matières minérales, 16-17 grammes.
Sulfates alcalins.	3,1	
Phosphate de chaux.	0,31	
— de magnésie. . .	0,45	
— alcalins	1,43	
Sels ammoniacaux.	0,70	
Acides silicique et azotique. .	traces	

En somme, l'*urée* et le *chlorure de sodium* sont les éléments principaux de l'urine.

Remarquons que les chiffres précédents donnent la composition moyenne, chez l'homme sain, en France : en Allemagne, où l'on boit plus, il faudrait multiplier ces chiffres par 1,015 ; chez la femme, il faudrait multiplier par un chiffre inférieur à 1, c'est-à-dire diminuer toutes les valeurs ; enfin, il faut tenir compte de l'influence du mode d'alimentation, de l'exercice, de la température, etc. Ceci dit en passant, considérons maintenant les principaux des éléments qui composent l'urine normale.

Voici d'abord l'*urée ;* c'est la matière azotée la plus importante de l'urine, l'homme en excrète de 25 à 40 grammes par vingt-quatre heures. L'enfant en excrète, proportionnellement à son poids, plus que l'adulte, et l'adulte plus que le vieillard. Au point de vue chimique, c'est du *cyanate d'ammoniaque* ($CO\ Az^2\ H^4$).

Signalée pour la première fois par Rouelle le Jeune en 1773, qui la nomma *extrait savonneux* de l'urine, elle reçut en 1799 de Fourcroy et Vauquelin le nom qu'elle porte actuellement ; et ces deux chimistes constatèrent sa transformation en ammoniaque. En 1828, Woehler effectua la synthèse de l'urée en opérant l'union de l'acide cyanique et de l'ammoniaque : ce fut là une découverte importante, la première des synthèses artificielles d'un produit organique. L'urée pure est formée de longs prismes aplatis, incolore, de saveur analogue à celle du salpêtre, neutre, très soluble dans l'eau ; sous l'influence de la chaleur, elle se décompose (entre 150 et 170° C.) en ammoniaque et acide cyanurique. Elle forme des sels avec différents acides, avec l'acide nitrique, avec l'acide oxalique, etc., à condition que ceux-ci ne soient pas concentrés ; autrement ils la décomposent. On a pu encore obtenir du phosphate d'urée, mais non du sulfate, de l'hippurate ou du lactate.

Pour mettre en évidence la présence de l'urée dans l'urine, on peut suivre la méthode de Fourcroy et Vauquelin, qui évaporent l'urine à consistance sirupeuse (après précipitation des albuminoïdes s'il y en a, par l'alcool et l'acide azotique) et traitent ensuite par l'alcool concentré.

On peut évaporer l'urine à chaud, au 10° de son volume, refroidir avec de la glace ou de la neige, et ajouter deux volumes d'acide nitrique refroidi lui aussi : il se forme un dépôt abondant de lamelles d'azotate d'urée qu'on filtre et exprime fortement ; on triture avec du carbonate de baryum jusqu'à ce qu'il ne se dégage plus d'acide carbonique ; on dessèche la bouillie obtenue qu'on traite par l'alcool ; cet alcool est filtré, puis évaporé : il reste de l'urée qu'on purifie en la traitant encore à l'alcool.

Quand il s'agit de doser l'urée, il faut d'autres procédés. Nous ne décrirons pas ici toutes les méthodes qui ont été imaginées ; il nous suffira d'en indiquer une qui est facile à appliquer en clinique. La base de la méthode de Knop et Hüfner, modifiée par Yvon — comme des procédés de Millon et d'autres encore — est le fait que l'urée est décomposée par diverses substances en azote, eau et acide carbonique. De la quantité d'azote obtenue on déduit la quantité d'urée existant, ou ayant existé dans le liquide analysé. Soit donc un tube de verre gradué, comme celui que représente la figure 53, en centimètres et dixièmes de centimètre cube. On plonge cet *uréomètre* dans une éprouvette de mercure et comme le robinet en est ouvert, le mercure remplit tout l'appareil, et on ferme le robinet. Dans la partie supérieure, émergeante, on introduit une solution titrée d'urée à 1 centigramme par 5 centimètres cubes d'eau ; on en introduit une quantité donnée que l'on mesure au moyen de la graduation existant sur cette partie supérieure. Une fois mesurée, on la laisse pénétrer dans la partie inférieure en ouvrant le robinet, et en maintenant la partie inférieure au niveau voulu au-dessus de la surface du mercure dans l'éprouvette. La solution titrée entre donc dans la chambre barométrique, au-dessous du robinet, et on ferme celui-ci. Puis on lave la partie supérieure avec un peu de lessive de soude étendue qu'on laisse ensuite pénétrer dans la chambre barométrique, et enfin, on y envoie 5 ou 6 centimètres cubes d'une solution d'hypobromite de soude. (Solution formée de : eau distillée 140 grammes; brome 5 centimètres cubes; lessive de soude, 50 grammes.) On agite un peu l'uréomètre, pour faciliter le mélange des liquides. L'hypobromite commence aussitôt à décomposer l'urée ; l'azote et l'acide carbonique se dégagent, mais le premier seul reste libre : l'acide carbonique se combine avec la soude. L'azote se rassemble naturellement dans la partie supérieure de la chambre barométrique, et pour que la décomposition soit complète, il faut qu'il y ait un excès d'hypobromite et que le liquide soit jaune et clair. Le dégagement de gaz ayant cessé, on porte l'uréomètre dans une éprouvette d'eau, en empêchant avec un doigt le liquide et les gaz de s'échapper, l'hypobromite, plus dense, s'écoule, et on fait la lecture du volume de gaz. Supposons qu'il y ait 40 divisions d'azote, et nous disons que 1 centigramme d'urée donne 4 centimètres cubes d'azote. On recommence aussitôt l'opération avec l'urine à analyser : on prend de cette urine, on l'étend de 4 fois son volume d'eau, et on introduit dans l'uréomètre quelques centimètres cubes du mélange en opérant en tous points comme avec la solution titrée. Si un centimètre cube d'urine (5 centimètres cubes de mélange d'urine, et eau, 4) nous donne 88 divisions d'azote, par exemple, nous raisonnons :

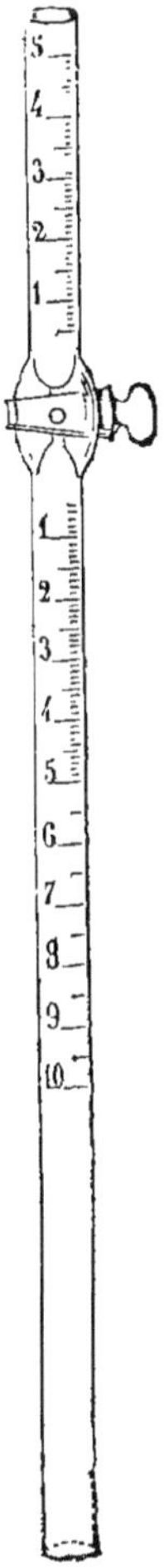

	40	divisions	=	1 centigramme d'urée
donc	88	—	=	x — —
et	x	—	=	$\frac{88}{40} = 2.2$ centigr.

Fig. 53. Uréomètre.

Un litre de cette urine renferme donc 1000 fois plus d'urée, ou 22 grammes.

L'essai préalable — ou subséquent — avec la solution titrée, est nécessaire pour éviter les corrections de température et de pression qui, autrement, seraient nécessaires.

Il est avantageux de diluer l'urine dans de l'eau sucrée, d'après M. Méhu, parce qu'en présence du glucose le dégagement d'azote est plus complet qu'en présence de l'eau distillée simple.

Il faut remarquer que ce procédé si simple est entaché d'une erreur : en effet, l'hypobromite décompose non seulement l'urée, mais les urates, l'acide urique, la créatine et la créatinine, et l'uréomètre nous donne l'*azote total* de l'urine, ce qui n'est pas la même chose que l'azote de l'urée. Toutefois, dans les observations où une rigueur absolue n'est pas indispensable, on peut se contenter du procédé d'Yvon, en diminuant de 4,5 p. 100 le chiffre d'urée calculé. Yvon a reconnu en effet que de la proportion d'azote fournie par les substances azotées autres que l'urée n'est guère que 4,5 p. 100 de l'azote.

Kjeldahl opère autrement. Il fait dissoudre 200 grammes d'acide phosphorique anhydre dans 1 kilogramme d'acide sulfurique ordinaire, et verse 20 centimètres cubes du mélange dans un ballon contenant 5 centimètres cubes d'urine. Bain de sable à ébullition jusqu'à coloration jaune claire et transparence (30 minutes à peu près). Refroidir et ajouter de l'eau, et, avec précaution, un excès de soude caustique avec un peu de zinc : on chauffe, il se forme de l'ammoniaque qu'on reçoit dans de l'acide sulfurique titré, et de la différence du titre avant et après, on déduit l'ammoniaque, donc l'azote correspondant. (A. Gautier. *Cours de Chimie*, t. III, p. 656.)

On peut encore doser l'urée par le procédé de Millon, en la décomposant par le nitrate nitreux de mercure en CO^2 et Az ou par le procédé colorimétrique de Liebig.

Qu'est-ce que l'urée, au point de vue physiologique, et quelle est son origine ? Ici, les incertitudes abondent, et les théories pullulent. Un fait semble bien certain, toutefois, c'est que l'urée est *le principal produit de désassimilation des matières albuminoïdes,* et qu'elle dérive de celles-ci indirectement, c'est-à-dire qu'elle est le dernier terme d'une série de transformations de ces substances. Les albuminoïdes donneraient naissance non pas à de l'urée, mais à d'autres produits (acides carbonique et cyanique, ammoniaque, acide urique, créatine, créatinine, leucine, tyrosine, glycocolle, etc.), qui, par des modifications successives, deviendraient de l'urée. C'est ainsi qu'en donnant de la leucine et du glycocolle à un chien, on détermine chez lui une augmentation d'urée, et on ne retrouve ni la leucine ni le glycocolle (Schultzen et Nencki). C'est ainsi encore que l'ingestion d'acide aspartique détermine une augmentation de l'urée (Knieriem) ; il en est de même pour l'ingestion de carbonate d'ammoniaque (Salkowski et Schmiedeberg). Il est certain que les substances dont il vient d'être question peuvent se former dans l'organisme aux dépens des albuminoïdes, et que ces substances sont aptes à se transformer en urée. D'autre part, il paraît établi, aussi, que le *dédoublement* des albuminoïdes par simple hydratation donne naissance à de l'urée, et A. Gautier pense que c'est ainsi que se forme la majeure partie de l'urée, bien que l'urée puisse dériver de modifications de l'acide urique, de la guanine, de l'allantoïne, de la créatine, de la xanthine, etc., qui sont déjà des produits de désassimilation. Quoi qu'il en soit — l'avenir nous dira quelle est l'interprétation exacte, — il demeure certain que l'urée est l'excrément des albuminoïdes principalement, comme l'acide carbonique est l'excrément des hydrates de carbone et des composés carbonés en général. Elle se forme non seulement par la décomposition des matières alimentaires (les diabétiques polyphages en excrètent jusqu'à 100 grammes par jour), mais *aussi aux dépens des substances azotées de nos tissus*. Faites jeûner un chien pendant plusieurs jours, en effet ; il sera impossible de faire disparaître l'urée de ses urines, et cette urée ne peut venir que des tissus, ou plutôt ne peut se former qu'à leurs dépens. D'autre part, soumettez ce même chien alternativement à un régime très azoté, à une ration mixte moyenne, à un régime végétal ; l'urée augmentera beaucoup dans le premier cas ; dans le second, elle représentera presque exactement l'azote irrigué ; dans le troisième, la production d'urée tombera au-dessous de la normale.

Comme l'urée se rencontre dans tous les tissus, sang, foie,

rate, et reins surtout — peu dans les muscles et les nerfs — on en a conclu qu'elle se forme un peu partout dans l'organisme, et non pas d'une façon spéciale dans le rein. Prévost et Dumas ont démontré qu'il en est bien ainsi, du moins en ce qui concerne la partie négative de cette conclusion, en montrant, en 1822, qu'après la néphrotomie il y a accumulation d'urée dans le sang et accumulation équivalente à l'excrétion qui se serait produite si l'opération n'avait point eu lieu. L'*urée ne se forme donc pas* spécialement *dans les reins*, et von Schröder a confirmé ce point en établissant une circulation artificielle dans un rein extirpé ; il ne s'est pas formé d'urée, bien qu'il eût ajouté au sang du carbonate d'ammoniaque ; par contre, l'extirpation des reins n'empêche pas la formation d'urée. L'urée se produit-elle dans les muscles, comme l'admet Voit ? Cela n'est guère probable : Schröder a établi la circulation artificielle dans le train postérieur d'un chien, et bien que la vitalité de cette portion de l'animal soit restée parfaite (excitabilité, contraction, etc.), il ne s'est pas produit la moindre trace d'urée. En réalité, c'est dans les viscères abdominaux — le rein excepté — que semble se former l'urée : c'est dans le sang de l'intestin (Gréhant et Quinquaud), dans la rate (Gscheideln), et dans le foie (Brouardel etc.). Ce dernier organe semble jouer à cet égard un rôle prépondérant : le sang qui y entre s'y enrichit en urée et en appauvrit le foie ; et si l'on extirpe un foie de chien par exemple, pour y pratiquer une circulation artificielle, comme l'a fait Schröder, on voit que la proportion d'urée dans le sang devient double ou triple de ce qu'elle était au début de l'expérience, cinq ou six heures auparavant. Il est très intéressant de noter que la production d'urée n'a lieu que si le foie et le sang proviennent d'animaux en digestion, ou si l'on ajoute du carbonate d'ammoniaque au sang : du reste, Picard avait déjà conclu de ses expériences que l'urée ne se produit dans le foie qu'au moment de la digestion. Mais comment le foie produit-il de l'urée ? Se fait-elle aux dépens du tissu de cet organe, ou aux dépens des globules rouges détruits ? On ne sait encore.

Nous avons dit plus haut que les muscles ne produisent pas d'urée. C'est là un point important à signaler. L'exercice musculaire n'accroît en effet la proportion d'urée que s'il y a accroissement d'alimentation comme dans le cas du coureur américain étudié par Pavy ; autrement, la proportion d'urée n'est augmentée que dans de très faibles proportions, comme l'ont montré Fick et Wislicenus dans leur ascension du Faulhorn, à jeun d'aliments azotés depuis dix-sept heures avant l'ascension et pendant les seize heures durant et après celle-ci. Non seulement il n'y a pas eu augmentation d'urée : il y a eu diminution. Ceci ne peut surprendre, puisque le muscle qui travaille consomme surtout des aliments dits respiratoires (hydrates de carbone ou graisses). Pourtant si l'exercice est excessif, et détermine la fatigue marquée, il y a augmentation de l'urée : dans ce cas, le muscle serait atteint dans son organisation, et subirait une désassimilation plus considérable qu'à l'état normal, et c'est là probablement une des causes du résultat relevé dans le cas de Pavy.

On a beaucoup écrit sur les variations de l'urée sous l'influence de différents agents : on a dit que le travail cérébral augmente l'urée et que le sommeil la diminue ; que le chlorure de sodium, la quinine, l'iodure de potassium, l'opium, le tabac, le thé, le café la diminuent ; mais le contraire a été affirmé également. Inutile donc de s'arrêter à ces points douteux. Signalons cependant le fait que l'excrétion d'urée est considérablement *accrue durant la fièvre* et diminuée, ou même presque supprimée dans certaines maladies du foie, et notons que l'ingestion d'eau n'augmente pas la production absolue de l'urée ; par contre, l'eau sucrée, injectée dans le sang détermine un accroissement (C. Richet et Moutard-Martin).

En somme, l'urée se produit par la décomposition des

matières albuminoïdes et des tissus, et c'est l'excrément azoté par excellence. La toxicité de cet excrément n'est toutefois pas aussi considérable qu'on l'a cru : Picard, Gréhant et Quinquaud ont montré qu'il faut des doses fortes d'urée pour amener la mort. Il semble donc que l'urémie et les accidents urémiques ont une cause autre que la rétention de l'urée seule. Du reste, l'urémie n'est pas seulement la rétention de l'urée ; c'est celle de l'urine tout entière, c'est-à-dire d'un grand nombre de produits de toute sorte ; et dès lors de quel droit mettre tous les accidents au compte de l'urée ? Au surplus, les oiseaux qui n'ont pas d'urée — celle-ci est remplacée chez eux par de l'acide urique — peuvent devenir urémiques, et ceci trancherait la question.

L'*acide urique*, nous l'avons vu plus haut, ne forme qu'une petite partie de l'urine (de 0^{gr}, 5 à 0^{gr},8 par vingt-quatre son importance est bien moindre que celle de l'urée, chez l'homme et les carnivores, où il se présente sous forme d'urates surtout. Mais, chez d'autres animaux, il joue un rôle considérable ; *il remplace l'urée chez les oiseaux, et en partie chez les reptiles*, chez les myriapodes et insectes, et chez certains gastéropodes pulmonés (Marchal).

On le considère généralement comme un produit de désassimilation moins oxydé que l'urée. Sa formule est $C^5H^4Az^4O^3$: ajoutez-y H^2O et O^3 et vous aurez 2 $CO^3 Az^2 H^4$ (urée) plus 3 CO^2 (acide carbonique). Découvert par Scheele en 1775, il abonde dans l'urine des oiseaux et reptiles ; chez l'homme il forme les concrétions articulaires et les calculs des goutteux, et dans l'urine normale, il se dépose sous forme d'urate acide de soude rougeâtre presque toujours mélangé d'urate de potasse. A l'état pur, il est inodore, insipide, peu soluble (1 dans 1900 d'eau bouillante et 15000 d'eau froide), sauf dans les alcalis, la lithine surtout — d'où l'emploi des eaux lithinées contre la goutte et la gravelle urique. Il forme des urates avec les bases, généralement insolubles, sauf les urates de potassium, de sodium et de lithium. L'examen à l'œil nu suffit le plus souvent à reconnaître la présence de l'acide urique : chacun connaît les cristaux jaunâtres ou rouges qu'il forme dans l'urine, et dont la coloration est due à la fixation des matières colorantes de l'urine. Ces cristaux ont la forme de prismes rectangulaires et de losanges à bords courbes parfois réunis en rosaces, ou étoiles, ou encore ils affectent la forme de fer de lance, etc. L'examen chimique consiste à évaporer l'urine à siccité, après avoir éliminé l'albumine s'il y en a ; on enlève l'urée par l'alcool ; on enlève les sels par l'acide chlorhydrique, on chauffe le reste avec une goutte d'acide nitrique et on volatise. Le résidu rougeâtre, humecté d'une ou deux gouttes d'ammoniaque étendue, ou exposé aux vapeurs ammoniacales, prend une belle couleur pourpre due à la formation de purpurate d'ammonium ou de *murexide*, qui passe au bleu pourpre par la potasse. Si le liquide à analyser est peu abondant (sérosité d'un vésicatoire), on opère en mélangeant 2 ou 3 centimètres cubes avec deux ou trois gouttes d'acide acétique cristallisable, et on y laisse baigner vingt-quatre heures au frais un fil de lin : l'acide urique se dépose sur le fil (procédé de Garrod). Pour doser l'acide urique de l'urine, on commence par précipiter l'albumine s'il y en a par la chaleur, et on filtre ; il peut être bon aussi de concentrer l'urine si elle est pauvre. On ajoute quelques gouttes d'acide acétique, on filtre, on prend 200 ou 300 centimètres cubes d'urine, on ajoute 6 ou 9 centimètres cubes d'acide chlorhydrique, et, au bout de vingt-quatre heures au frais et au repos, tout l'acide urique est précipité : on le pèse après lavage à l'eau jusqu'à cessation de la réaction acide, et lavage à l'alcool pour entraîner les matières colorantes, et enfin dessiccation à l'étuve.

L'acide urique est 40 ou 50 fois moins abondant dans l'urine que l'urée. Son abondance varie selon le régime ; elle augmente avec le régime animal (jusqu'à 1 gramme ou 1 gr. 5 par jour) et diminue avec le régime végétal (jusqu'à 0 gr. 3) ; elle augmente avec la fièvre, le rhumatisme, le diabète, la dyspnée, diminue dans la goutte sauf pendant les excès où il y a élimination abondante. On n'a guère de conclusions exactes au sujet du rapport entre ses variations et celles de l'urée ; mais elles ne semblent pas parallèles. Il manque chez les herbivores et est remplacé par l'acide hippurique. Introduit dans l'organisme, il se transforme par hydratation en urée et acide dialurique, qui lui-même se transforme en urée et acide tartronique.

Il semble que la production exagérée d'acide urique (chez l'homme) est due à un vice de nutrition. Les oiseaux qui ont une respiration très active ne produisent que de l'acide urique ; et même l'ingestion d'urée détermine chez eux une augmentation considérable de production d'acide urique sans apparition d'urée. Il y a là un point de physiologie obscur et fort curieux, et tant qu'il ne sera pas élucidé, on ne pourra guère se prononcer sur les rapports de l'acide urique avec la nutrition. Peut-être dérive-t-il de substances difficiles à dédoubler ou oxyder ; Horbaczewski et A. Gautier pensent qu'il dérive de la nucléine des globules blancs, et sa production semble en partie liée à l'activité de la peau : il s'en forme plus là où la peau fonctionne peu ou mal. Le café et le chocolat en augmentent notablement la production à cause de l'acide oxalique qu'ils renferment ; mais ceci n'explique point la diathèse urique, la tendance de l'organisme à l'accumulation de l'acide urique dans le sang et les tissus, avec formation de calculs ou de graviers (rhumatisants, tophus des goutteux, etc.), cela ne justifie pas l'opinion que l'acide urique représente partout et toujours un état d'oxydation imparfaite.

L'acide urique semble se former dans le foie, au moins chez les oiseaux (Schröder et Minkowski) ; la ligature des vaisseaux ou l'extirpation de cet organe amène une diminution très marquée de l'acide urique dans l'urine qui ne renferme que 2 ou 3 p. 100 d'acide urique au lieu de 50 ou 60, chez l'oie (Minkowski) ; du sang circulant artificiellement dans un foie extirpé s'y charge d'acide urique ; l'extirpation des reins n'arrête pas la production de cet acide, comme le croyait Garrod.

L'*acide hippurique* (de 0 gr. 3 à 1 gramme par 24 heures) est abondant chez les herbivores chez qui il remplace l'urée. Il augmente par l'alimentation végétale, et se forme sans doute par l'union de l'acide benzoïque introduit avec certains aliments, ou dérivé de quelques-uns d'entre eux, avec le glycocolle qui, on le sait, se forme dans l'organisme. En fait, c'est un benzoate de glycocolle. Aussi l'ingestion d'acide benzoïque accroît-elle la production d'acide hippurique (Wöhler, 1824). Cette combinaison de l'acide benzoïque avec le glycocolle ne se fait pas dans le foie, comme le pensent Kühne et Halwachs, mais *dans le rein* (Bunge et Schmiedeberg); le rein extirpé, irrigué artificiellement par du sang contenant de l'acide benzoïque et du glycocolle, excrète de l'acide hippurique, et l'animal ayant du glycocolle et de l'acide benzoïque dans le sang ne produit point d'acide hippurique si les reins ont été liés. Cela est vrai du moins pour le chien : mais la grenouille et le lapin fabriquent de l'acide hippurique, malgré l'extirpation des reins. Ajoutons que le rein ne produit cet acide qu'à la condition d'être encore vivant, et que le concours des globules rouges est nécessaire, car le sérum circulant seul dans le rein extirpé est impuissant à déterminer la production d'acide hippurique, quand même il renferme le glycocolle et l'acide benzoïque nécessaires, et la question n'est nullement éclaircie, tant s'en faut, par le fait, à signaler en passant, qu'en broyant avec de la glycérine le rein frais, on en extrait un ferment soluble (*histozyme*), qui jouit de la propriété de dédoubler l'acide hippurique en ses deux éléments constitutifs.

Au sujet des autres éléments de l'urine, nous avons le droit d'être plus bref.

La *créatinine* (0 gr. 6 à 1 gr. 3 par jour) manque chez les oiseaux, augmente avec le travail musculaire et le régime animal, elle provient elle aussi de la désassimilation des albuminoïdes, et en particulier de la créatine ; elle ne se trouve que dans l'urine, semble-t-il, et ne paraît pas concourir à former l'urée.

La *xanthine*, que l'on trouve dans presque tous les tissus, est un produit de désassimilation comme les précédents ; il en est de même de l'*hypoxanthine* ou *sarcine* et de la *guanine*, de l'acide *phénol-sulfurique*, de l'acide *succinique*, de l'acide *oxalurique*, qui a des affinités avec l'alloxane et l'acide urique, de l'acide *salicylurique* ou *oxyhippurique*, de l'acide *oxalique* dérivé de l'acide urique, de la *pyrocatéchine*, du *scatol*, etc.; ces corps, peu abondants d'ailleurs, sont encore peu connus au point de vue de leur rôle physiologique.

Avant d'en finir avec les matières organiques de l'urine normale, un mot sur sa matière colorante et sur quelques principes d'un ordre différent.

L'urine contient deux pigments principaux : l'un est l'*urochrome* qui la teint en jaune, et qui est presque identique à l'urobiline, et provient de la bilirubine, par conséquent de l'hématine et de l'hémoglobine ; c'est de la bilirubine hydrogénée, et elle se présente sous forme d'une poudre rouge brun. L'autre est l'acide *indoxylsulfurique*, ou *indogène*, ou *indican* (qu'il ne faut pas confondre avec l'indican de l'indigo, du pastel, etc.), avec une série de produits d'oxydation variable; ces différents produits donnent à l'urine sa coloration rougeâtre. L'indican est un acide *sulfo-conjugué* formé d'indol dérivant de la décomposition des albuminoïdes, et d'acide sulfurique.

Pour déceler l'indican, chauffer à l'ébullition 30 centimètres cubes d'urine additionnés de 30 centimètres cubes de HCl avec une ou deux gouttes d'acide azotique. Le mélange devient brun avec reflet rouge violet s'il y a de l'indican, et refroidi, agité avec de l'éther, il se colore en rose, en cramoisi ou en violet, avec mousse bleue.

Enfin l'urine renferme des matières extractives d'origine organique, des *ptomaïnes* et *leucomaïnes* toxiques, particulièrement étudiées par Bouchard, Pouchet, etc.[1]. Elles tuent

[1] Il a été publié de nombreux travaux sur la toxicité de l'urine. Féré (*Soc. Biol.*, 1890) trouve l'urine des épileptiques (convulsivantes) 13 fois plus toxiques avant l'accès qu'après ou à l'état normal. Mairet et Bosc (*ibid.*, 1890) établissent que la toxicité normale de l'urine humaine varie entre 45 à 90 centimètres cubes par kilogramme de lapin; il est de 100 environ pour le kilogramme de chien. Comme Bouchard, ils trouvent les urines de nuit convulsivantes, les urines de jour somnifères. D'après les mêmes auteurs (*ibid.*, 1891) la toxicité est accrue dans la manie; accrue et modifiée dans la manie avec agitation; accrue dans la stupeur; accrue et modifiée dans la lypémanie; diminuée dans la démence; ils admettent des aliénations mentales par trouble de nutrition. D'après Chambre-

par paralysie, et déterminent un rétrécissement marqué de la pupille. Dans les urines de malades, la toxicité s'accroît fortement. Elle varie selon les espèces, et est 10 fois plus forte chez le lapin et le cobaye que chez l'homme ; elle diminue avec l'inanition et le régime lacté, mais on ne sait si ces produits toxiques sont formés par l'organisme même ou par les microrganismes qu'il héberge toujours. Il convient d'ajouter qu'une grande partie de la toxicité de l'urine est due aux sels de potasse qu'elle renferme (75-80 p. 100 de la toxicité totale, d'après Charrin et Roger). Notons enfin la présence, rare et occasionnelle (Stadelmann), d'un peu de pepsine, de peptones, d'un ou même deux ferments diastasiques (Selmi), d'une petite proportion d'albumine (84 fois sur 100 sujets ; C. Finot, Capitan, de la Celle de Chateaubourg), de *kyestéine* (est-ce une matière albuminoïde ou bien du phosphate-ammoniaco-magnésien mélangé à des champignons ?) qu'on a à tort crue spéciale aux urines des femmes enceintes, et venons-en aux substances minérales.

La principale est le *chlorure de sodium*. Nous en excrétons de 10 à 15 grammes par jour, et il provient de l'alimentation. Il continue à s'excréter, quoique en quantité faible, durant l'inanition, et dans ce cas provient de l'organisme tout entier où on le retrouve du reste aisément. Les *phosphates* sont moins abondants (2 à 4 grammes d'acide phosphorique par 24 heures) ; ce sont surtout des phosphates de chaux et de magnésie. Ils précipitent par la chaleur, comme l'albumine,

lent et Demont, le coefficient urotoxique est diminué chez les femmes enceintes : il en serait de même, d'après Bosc, dans l'attaque d'hystérie (*Soc. Biol.*, 1892) ; la diminution serait très considérable, et on observerait en même temps accroissement d'acide urique, mais diminution d'urée, de chlorures, d'azote, etc. ; on pourrait par les urines différencier l'épilepsie de l'hystérie (Bosc). Roger et Gaume (*Soc. Biol.*, 1889) trouvent les urines moins toxiques durant la période fébrile de la pneumonie. A. B. Griffiths (1892, *C. R.*) trouve une leucomaïne ($C^{12} H^{16}, Az^5 O^7$) dans l'urine des épileptiques. Aducco (*Arch. Ital.*, X) a trouvé dans l'urine normale une base azotée voisine des alcaloïdes, toxique, accrue par la fatigue. Gabriel Pouchet (1880) a trouvé dans l'urine un corps voisin du venin de Cobra-Capello, très toxique (curarisant).

mais se dissolvent dans l'acide azotique, ce que ne fait point celle-ci. Il est à noter que le rapport entre l'urée et les phosphates semble constant ; il est comme 10 est à 1. La nourriture animale, le travail musculaire, les excitants, le travail cérébral et les maladies cérébrales augmenteraient l'élimination de phosphates (Mairet : épilepsie et démence) ; il en serait de même pour les excès de coït. Il est certain que la *phosphaturie* (élimination excessive de phosphates) indique un état pathologique ; elle est l'indice d'un trouble profond de la nutrition, et se lie souvent au diabète sucré ; elle est fréquente dans la tuberculose, et différents états morbides généraux, et elle joue souvent un rôle fâcheux en chirurgie, en retardant la consolidation du col des fractures (Verneuil).

Enfin l'homme excrète par jour 2 ou 3 grammes de sulfates, sulfates de soude et de potasse surtout ; mais il y a aussi un peu de soufre combiné à des substances organiques, comme la cystine et d'autres encore ; on se tromperait en croyant connaître la quantité de soufre éliminée, si l'on s'en tenait au dosage des sulfates ; mieux vaut opérer le dosage du soufre total par les méthodes appropriées. C'est l'abondance des phosphates et sulfates qui rend les urines des herbivores et parfois de l'homme, troubles ou *jumenteuses*.

Les éléments dont il vient d'être question sont ceux de l'urine normale. Il nous faut ajouter quelques mots sur les variations pathologiques de l'urine, et sur les produits qu'elle renferme occasionnellement à l'état de maladie.

Parmi ces produits, l'*albumine* et le *sucre* sont particulièrement importants. Ils se montrent presque toujours dans l'urine dès que la pression sanguine s'élève ; ils s'y présentent aussi dans certains cas pathologiques. Il y a *albuminurie* quand l'urine renferme de l'albumine en quantité appréciable. Mais ne peut-elle pas en renfermer à l'état normal ? La question a été souvent débattue et le sera quelque temps encore sans doute. En réalité, elle est d'un intérêt secondaire si l'on n'a, au préalable, résolu cette autre question ; l'albuminurie est-elle ou non un phénomène nécessairement pathologique, indiquant nécessairement un trouble de l'organisme, une lésion rénale? En attendant qu'il y soit répondu, nous tiendrons pour probable le fait que l'*albumine peut passer dans l'urine* chez des sujets qui semblent *en bonne santé*. On a vu des cas d'albuminurie légère et passagère se produire à la suite de l'ingestion excessive d'albuminoïdes, à la suite de boissons exagérées (d'où augmentation de la pression sanguine), après des marches forcées, etc., et peut-être y a-t-il chez chacun de nous une légère albuminurie alimentaire.

Quoi qu'il en soit, il arrive souvent qu'à la suite de lésions rénales, l'urine renferme une proportion notable d'albumine. Ce peut être de l'albumose, mais en général la globuline, et surtout la sérine domine. Ce peut être aussi de la peptone. Dans ce dernier cas, il y a *peptonurie*. Il semble exister une peptonurie normale, très légère ; il y a encore une peptonurie pathologique, accompagnant différentes maladies (pneumonie, rhumatisme articulaire aigu, tuberculose, méningite), et particulièrement les suppurations osseuses (Wassermann). La peptone ne précipite pas par les procédés habituellement employés pour mettre l'albuminurie en lumière ; il y faut une méthode très délicate.

Pour l'albumine, il suffit d'acidifier *légèrement* l'urine avec un peu d'acide acétique dans un tube à essai : on chauffe ensuite la partie supérieure du tube et si celle-ci reste limpide, il n'y a pas d'albumine : s'il y en a, le liquide se trouble plus ou moins. On peut encore coaguler l'albumine par les acides azotique, picrique ou phénique : en versant l'acide goutte à goutte, on observe un trouble qui ne doit pas disparaître par la chaleur. Quand il y a du sucre dans l'urine, on dit qu'il y a *glycosurie* ou *diabète sucré*. La glycosurie s'accompagne généralement de polyurie, le sucre étant un excitant de la sécrétion urinaire. La présence du glycose se décèle aisément au moyen de la liqueur de Fehling. (Eau 200 grammes avec sulfate de cuivre pur, cristallisé, 34 gr. 65, d'une part; tartrate de potasse et de soude 173 grammes, dans lessive de soude pure, à 1,33 de densité, 300 grammes, d'autre part ; on verse la seconde solution dans la première, et on ajoute de l'eau pour faire un litre. Conserver à l'abri de la lumière.) L'emploi de cette liqueur est basé sur le fait que le glycose réduit certains sels de cuivre et les précipite à l'état d'oxyde, et voici comment on opère. Dans un tube à essai, on verse de la liqueur (3 ou 4 centimètres cubes), et on la fait bouillir : elle doit rester bleue, inaltérée; si elle se réduisait, elle ne vaudrait rien. Après ébullition, on ajoute l'urine en la faisant couler le long des parois, doucement, de façon qu'elle ne se mélange pas avec la liqueur et surnage : s'il y a du sucre, il se forme à la zone de séparation une couche verdâtre qui devient jaune, puis orangé et même rouge... Si la réaction est peu marquée, on peut chauffer encore jusqu'à ébullition. La liqueur étant titrée, on peut l'utiliser pour un dosage exact. Chaque centimètre cube doit être théoriquement réduit par 5 milligrammes de glycose. Prenons donc 20 centimètres cubes de cette liqueur et faisons-la bouillir. Tandis qu'elle bout, introduisons l'urine, en vidant peu à peu une burette graduée renfermant de l'urine diluée au dixième, et arrêtons-nous une fois la décoloration atteinte : il suffit de lire sur la burette la quantité d'urine diluée qui a réduit les 20 centimètres cubes de liqueur; ce volume correspond à 10 centigrammes de sucre. Il en a fallu 40 centimètres cubes, c'est-à-dire 4 centimètres cubes d'urine non diluée; ces 4 centimètres cubes renfermaient 10 centigrammes; 100 centimètres cubes en renfermeront donc 2 gr. 5 décigrammes.

L'urine normale renferme un peu de glycose : de 10 à 50 milligrammes par litre (Pavy) : il y a donc une *glycosurie normale* (Quinquaud, Schilder, etc.).

On peut employer d'autres méthodes encore pour doser le sucre : le polarimètre et la fermentation par la levûre de bière ou encore la *phénylhydrazine :* on fait chauffer un peu d'urine avec de la phénylhydrazine et de l'acétate de soude, et par refroidissement on a des aiguilles jaunes, microscopiques de phénylglucosazone (Réactif de Fischer).

En dehors du sucre et de l'albumine, on peut trouver souvent des éléments divers dans l'urine, des pigments biliaires (bilirubine et biliverdine) provenant de troubles hépatiques ou sanguins (*cholurie*); des leucocytes et du pus, du mucus, des cellules épithéliales, du sang (*hématurie*), des globules rouges, de l'hémoglobine (*hémoglobinurie*), bien distincte de l'hématine et provenant de quelque trouble des hématies), des tubes urinaires (cylindres muqueux, graisseux, etc.), des corps gras, etc. ; dans tous ces cas, il y a troubles pathologiques. Il en est de même quand le sédiment déposé par l'urine acquiert quelque importance ; il est composé de cristaux divers (urates, phosphates, etc.), et les

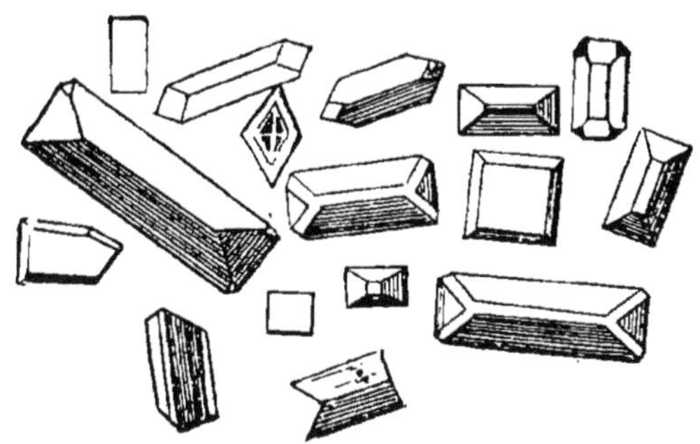

Fig. 54. — Phosphate ammoniaco-magnésien.

calculs ne sont que des agglomérations de ces cristaux ; les uns se forment dans le rein (urines acides), les autres dans la vessie (urine alcaline) ; tels sont purement organiques (urates, xanthine, etc.), tels contiennent des éléments inorganiques, calculs d'oxalate de chaux, de carbonate de chaux, de phosphate ammoniaco-magnésien. Il est facile de les distinguer par leurs réactions chimiques.

L'urine normale ne contient pas de germes, ou de microrganismes (Bastian, Pasteur), et pourtant elle fermente. Cette fermentation est due à la présence de certains ferments figurés qui déterminent la production d'ammoniaque aux dépens de l'urée. Ces microrganismes (*Micrococcus ureæ*, *Bacillus ureæ*, et un *Bacterium*) sécrètent un ferment soluble (isolé par Musculus) qui transforme l'urée ; la muqueuse stomacale jouirait de la propriété d'opérer cette transformation d'après Ch. Richet ; il y a aussi une fermentation acide ; l'une et l'autre sont dues à des microrganismes spécifiques capables de pénétrer dans la vessie.

Par ses troubles, par les variations de ses éléments normaux, par la présence d'éléments anormaux, figurés ou solubles, l'urine constitue un indice précieux au point de vue de la séméiotique. Aussi la surveille-t-on de près dans les cas de maladie; beaucoup d'indications utiles s'y rencontrent. Il est bon de savoir que de nombreuses substances médicamenteuses ou autres l'altèrent aisément, pour n'être point induit en erreur : beaucoup de sels y pénètrent, sans modifications, et aussi différents alcaloïdes (strychnine, curare, caféine), beaucoup de matières colorantes (de cerise, rhubarbe, santonine, etc.), les sels d'or, d'argent, de mercure (mais non ceux de plomb), la quinine, l'iodure de potassium, le fer, l'acide salicylique, etc. ; quelques-unes passent très vite, en quelques minutes, dans l'excrétion urinaire. Abandonnée à elle-même l'urine devient plus foncée et acquiert plus d'acidité en raison d'une *fermentation acide* qui donne naissance à des acides lactique et acétique ; plus tard se produit sous l'influence d'autres micro-organismes la fermentation ammoniacale qui a lieu parfois dans la vessie même, quand des germes y pénètrent du dehors : l'urée se transforme en carbonate d'ammoniaque. L'urine en repos laisse déposer des sédiments cristallisés et amorphes : d'acide urique, d'oxalate de chaux et d'urates dans les urines acides ; d'urates et de phosphates dans les urines alcalines.

Fonction des reins. — La fonction des reins est de sécréter l'urine : voilà qui n'est point douteux, et l'urine est un excrément — toxique comme tous les excréments — dont il importe que l'organisme soit promptement débarrassé, mais dont une partie au moins n'est point réellement excrémentitielle : je veux parler de l'eau. Aussi n'affirmerons-nous pas que l'urine n'est point en partie récrémentitielle, qu'une partie au moins de l'eau dont elle est composée n'est pas réabsorbée après avoir passé dans les glomérules ou dans les tubes urinaires. Toutefois, à supposer que cette hypothèse soit exacte, on ne pourrait faire de l'urine un produit récrémentitiel vrai, comme le suc gastrique, et, en partie, la bile, car l'eau seule serait reprise, et non les produits auxquels elle sert de véhicule. L'importance du rein se mesure à sa constance dans tous les animaux supérieurs. Il ne manque chez aucun vertébré, et tous les invertébrés supérieurs possèdent quelque organe similaire ou homologue.

Les cœlentérés et échinodermes eux-mêmes ont certainement un semblant de rein, peut-être très diffus, où l'on trouve une sorte de guanine, comme chez différents vers; les crustacés ont la *glande verte* qui, si elle ne renferme point d'acide urique ou d'urée, comme on l'avait affirmé, contient du moins un liquide où se trouve de l'azote, et qui est rejeté au dehors à intervalles; les myriapodes ont leurs tubes de Malpighi par lesquels ils excrètent de l'acide urique, comme les insectes; les lamellibranches ont l'organe de Bojanus où se trouvent de l'urée, de la créatinine, etc., et dans le même organe, chez les gastéropodes, on trouve de l'acide urique; les céphalopodes en présentent aussi. C'est assez dire que la fonction rénale se présente dans toute la série animale, sauf chez les êtres inférieurs à différenciation moins avancée.

D'autre part, on mesure encore l'importance du rein à la gravité des effets consécutifs à son extirpation. Prévost et Dumas ont fait cette expérience en 1825, en enlevant les deux reins sur un animal; Gréhant l'a répétée avec soin, et le résultat est constant : l'animal meurt un ou deux jours après la néphrotomie. Même résultat, d'ailleurs, si au lieu d'enlever les reins on en supprime l'afflux sanguin par la ligature des artères rénales, ou si l'on lie les uretères. Comme, dans ces cas, l'urée s'accumule dans le sang, on en a conclu que la néphrotomie (ou la cessation de la fonction rénale) tue par *urémie*, c'est-à-dire par accumulation de l'urée dans le sang, et on a établi un parallèle entre cette urémie expérimentale et l'urémie pathologique, qui s'observe dans certaines maladies du rein. Nous avons déjà dit que cette interprétation est contestable. Sans doute, l'injection d'urée dans le sang d'animaux néphrotomisés hâte l'apparition des accidents urémiques, mais, d'autre part, on peut injecter à un animal normal des doses considérables d'urée sans le tuer (20 et 30 grammes, par exemple, à un chien de 10 kilogrammes), et ceci indique que l'urémie ne tue probablement point par l'urée en tant qu'urée. Aussi beaucoup de physiologistes adoptent-ils plutôt l'interprétation proposée par Frerichs et Stannius, qui attribuent les accidents urémiques à l'*ammoniémie*, à la présence dans le sang de carbonate d'ammoniaque, fabriqué aux dépens de l'urée par des ferments du tube digestif. Les sels d'ammoniaque sont en effet très toxiques, et les symptômes urémiques offrent une grande analogie avec ceux de l'empoisonnement par l'ammoniaque[1]. Il convient de se rappeler en outre que l'urée n'est pas le seul produit que contiennent les urines : elles en renferment beaucoup, comme nous venons de le voir, et sur la toxicité desquels on n'est pas bien fixé, sans compter ceux qu'on sait être très toxiques (leucomaïnes, ptomaïnes). Dans ces conditions, il sera peut-être plus sage d'attribuer les accidents de la néphrotomie — et des états pathologiques qui lui sont comparables — à la rétention des principes urinaires *in toto* et à leur action toxique, plutôt qu'à celle de tel d'entre eux à l'exclusion des autres.

Théories de la sécrétion urinaire. — Comme toute glande, le rein ne fonctionne qu'à la condition d'un afflux sanguin suffisant, et cet afflux est fourni par l'artère rénale qui, chez l'homme, apporte 150 litres de sang (peut-être des centaines de litres, d'après Poiseuille) environ (à 130 millimètres de pression), par vingt-quatre heures. Le sang qui est venu par l'artère rénale passe par le système porte dont il a été parlé plus haut, avant de se jeter dans la veine rénale, et, comme il arrive en pareil cas, il est peu veineux, c'est-à-dire que, n'ayant point servi à la nutrition comme il le fait dans les capillaires généraux, il est plus rutilant que le sang veineux.

[1] Lauder Brunton (*Introd. to Mod. Therap.*) croit plutôt l'urémie due à l'accumulation d'un corps voisin de l'acide oxalique, l'*oxaléthylène*.

En outre, il est plus concentré, plus pauvre en eau, et renferme très peu de fibrine (Brown-Séquard croit que celle-ci se détruit dans le rein), sa température est plus élevée que celle du sang artériel et il contient moins d'urée. C'est ce sang qui a produit l'urine. Mais comment? Il n'est guère possible de répondre d'une façon satisfaisante.

La plupart, avec Bowman, considèrent les *glomérules comme filtrant l'eau* et quelques sels très solubles, et les produits urinaires spécifiques, comme *l'urée*, *l'acide urique*, etc., *seraient excrétés par l'épithélium* des tubes contournés. D'autres, avec Ludwig, admettent que le glomérule est un filtre à travers lequel passe une urine très diluée, très aqueuse, mais cependant *complète :* elle se concentrerait dans les tubes contournés, par résorption d'eau. Les uns font donc de la sécrétion urinaire un processus vital, un processus d'activité cellulaire ; les autres un phénomène purement physique et mécanique. A l'appui de la théorie de Bowman, il y a des faits importants à citer. Injectez du sulfindigotate de soude, ou de l'urate de soude dans le sang : vous ne le retrouverez que dans l'épithélium des tubes contournés, et non dans les glomérules ; mais l'eau filtrée par les glomérules entraîne ces substances, et quand, par la cautérisation ou autrement, on a préalablement détruit les glomérules, on voit les pigments rester dans l'épithélium. Ceci prouve bien l'activité de l'épithélium ; et, du reste, c'est dans celui-ci, et non dans les glomérules, que l'on trouve l'acide urique normal, et qu'on retrouve bien d'autres substances expérimentalement injectées dans le sang. A ces faits, mis en lumière par Heidenhain principalement, on pourrait joindre ceux de Nussbaum si des expériences plus récentes d'Adami n'en avaient démontré l'erreur ; mais Adami lui-même confirme en certains points l'idée d'un processus épithélial actif ; et je signalerai en particulier le fait que dans un rein où la sécrétion aqueuse est totalement supprimée, par ligature des uretères (les glomérules étant pris entre deux pressions égales) ou par une chute considérable de la pression sanguine (section de la moelle), l'épithélium *continue à exercer son action élective* sur les substances citées plus haut, contenues dans le sang. En somme, la théorie de Bowman nous parait la plus acceptable des deux. Il y a pourtant un fait très net qui plaide en faveur de l'idée de Ludwig, mais il ne contredit en rien l'hypothèse de Bowman. Ce fait, c'est l'influence de la pression artérielle sur la sécrétion urinaire. Plus la pression est forte dans l'artère rénale et plus l'urine est abondante — à condition naturellement que la pression intra-rénale demeure normale, c'est-à-dire faible. Ainsi, après ingestion copieuse d'eau, ou injection d'eau dans le système circulatoire, la tension artérielle augmente, et l'urine est plus abondante — mais plus diluée — il passe proportionnellement plus d'eau ; et par contre la sudation excessive qui diminue la proportion d'eau dans le sang, la saignée, la section de la moelle allongée ou de la moelle cervicale qui diminue la pression, diminue aussi la sécrétion urinaire. Le rétrécissement des vaisseaux — par le froid par exemple — augmente la pression et la sécrétion ; il en est de même pour l'accélération du cœur. L'*oncomètre* et l'*oncographe* de Roy, qui permettent de mesurer et d'enregistrer les variations de volume — de réplétion et de tension sanguine — du rein *in situ* en même temps qu'on mesure la sécrétion urinaire, montrent nettement le rôle de la pression artérielle. Enfin, l'effet de la ligature de la veine rénale, qui est d'arrêter toute sécrétion, plaide en faveur des deux théories qui supposent toutes deux la filtration de l'eau par les glomérules.

Il convient de rappeler une troisième théorie, celle de Küss, pour qui le glomérule laisse filtrer du sérum sanguin, c'est-à-dire de l'*urine plus de l'albumine*, laquelle albumine est reprise par les tubes contournés.

C'est en somme la théorie de Ludwig, *compliquée de l'hypothèse d'une albuminurie normale*, d'une excrétion d'albumine, et nécessitant l'hypothèse d'une résorption de cette dernière. Cette théorie n'a guère cours : il nous suffira de la citer en passant, en faisant remarquer que la simple résorption de l'albumine d'un sérum *alcalin* ne saurait rendre celui-ci *acide*, et que cette résorption même paraît bien difficile à admettre.

Résumons ces vues sous forme de tableau :

D'APRÈS :	LE GLOMÉRULE	LES TUBES CONTOURNÉS
BOWMAN	fournit l'eau et quelques sels.	excrètent l'urée et les produits spécifiques de l'urine.
LUDWIG	fournit *toute* urine, très diluée.	résorbent l'eau.
KÜSS	fournit *toute l'urine plus de l'albumine.*	résorbent l'albumine et eau.

Quelle que soit la théorie que l'on adopte, il est clair que le rein ne fabrique pas l'urine, mais ne fait que l'extraire du sang. Cette extraction ne peut se produire qu'à trois conditions principales. Il faut une *pression artérielle* relativement élevée, et on comprend dès lors que tout ce qui augmente la pression artérielle (ou diminue la pression des canaux urinaires) ou la diminue (ou augmente la pression des canaux) accroisse ou diminue la sécrétion, et du moment où la pression artérielle a autant d'importance, on comprend l'influence considérable de toute oscillation de la pression sanguine générale, et de l'innervation. Il faut un *sang* contenant les éléments dont se compose l'urine normale, et les contenant dans certaines proportions minima, sans quoi elles ne passent point dans l'urine. Il faut enfin un *épithélium rénal* actif et sain. Rien ne montre mieux l'importance et la réalité du rôle sécrétoire de cet épithélium que l'expérience qui consiste à faire passer dans un rein d'abord du sang totalement privé d'urée — il ne sécrète rien — puis du même sang additionné d'urée ou d'un diurétique; aussitôt il sécrète (Abeles). Ajoutons que l'épithélium rénal semble jouer un rôle dans la sécrétion du phosphate de soude qui détermine l'acidité de l'urine. On remarquera l'importance des conditions vasculaires ; la nécessité d'une pression artérielle élevée, *supérieure* à 40 ou 50 millimètres de Hg, et d'une irrigation rapide démontrée par l'augmentation de l'urine lors de la vaso-dilatation rénale, la diminution lors de la vaso-constriction, lors de l'oblitération partielle de l'artère rénale, ou de celle de la veine correspondante.

On conçoit que le système nerveux, qui agit si fortement sur le système vasculaire, ait une influence marquée sur la sécrétion urinaire. Cette influence est bien certaine. Mais elle est encore mal débrouillée. Les quelques faits positifs dont nous disposons sont les suivants :

Tout d'abord, on ne connaît pas de nerfs sécrétoires spécifiques ; le système nerveux semble n'agir que par les vasomoteurs. La section du grand splanchnique augmente la production d'urine parce qu'il y a vaso-dilatation du rein et afflux sanguin plus considérable (Vulpian) ; l'excitation de son bout périphérique détermine l'action inverse, parce qu'elle provoque la vaso-constriction. L'excitation du vague détermine une vaso-constriction rénale (Arthaud et Butte). La section de la moelle arrête la sécrétion (par abaissement de la pression artérielle), et d'une façon générale toute opération qui augmente la pression et produit la vaso-dilatation rénale, augmente la sécrétion urinaire ; toute opération inverse produit l'effet contraire. Aussi comprend-on que le froid extérieur, en diminuant le calibre des vaisseaux cutanés, accroisse la sécrétion urinaire (hiver), et que le ralentissement, ou l'affaiblissement du cœur, ou la diminution de pression due aux sueurs abondantes (accompagnées de vaso-dilatation cutanée) produise le résultat contraire. Notons enfin que la piqûre du plancher du 4e ventricule détermine de la *polyurie* (avec glycosurie ou albuminurie, selon le point lésé, Cl. Bernard), sans que l'on sache au juste comment, et que la section des nerfs du rein abolit la fonction de cet organe. Il y a aussi *hydurie* ou polyurie après section des nerfs du rein.

Nous avons dit plus haut que la quantité d'urine varie selon beaucoup de conditions. Chacun sait que plus il boit. et plus il urine. Chacun sait aussi que plus il transpire, et moins il urine ; la peau est capable de remplacer les reins jusqu'à un certain point — au moins en ce qui concerne l'élimination d'eau ; elle peut même y suppléer en ce qui concerne l'élimination d'urée, car on a trouvé des cristaux d'urée sur la peau dans des cas pathologiques. Il semble d'ailleurs que le bon fonctionnement de la peau soit nécessaire à la santé du rein : on sait les troubles urinaires des rhumatisants et de ceux dont la peau fonctionne mal et transpire difficilement. En dehors des variations physiologiques et faciles à expliquer, dans la production de l'urine, il en est qui méritent une mention en passant : il s'agit de l'augmentation de sécrétion rénale due aux *diurétiques*. Certains d'entre eux agissent localement sur les éléments sécrétoires ; tel est le cas pour la glycérine, l'urée, le sucre, la pilocarpine, la caféine ; d'autres ont une action générale, comme la digitale qui est diurétique par l'augmentation de pression qu'elle détermine. En réalité, le nombre des diurétiques est grand si l'on considère comme telles toutes les substances qui, du sang, passent dans l'urine. L'urée est un diurétique excellent. Sous l'influence des diurétiques, la quantité d'urine produite s'accroît notablement, et il en est de même dans le diabète insipide ; par contre, elle diminue avec la fièvre, et avec certains états nerveux (anurie hystérique) ;

du reste, au cours de la journée, il y a des variations que chacun a pu noter : est-ce l'influence de l'activité nerveuse? est-ce le fait que l'on boit moins durant la nuit que le jour? toujours est-il que l'urine est plus abondante de jour que de nuit.

Excrétion urinaire. — L'urine se produit constamment, en quantité variable. A cet égard, il y a de curieuses variations d'un rein à l'autre, chacun d'entre eux présentant une activité plus grande tour à tour, l'un travaillant plus pendant que l'autre prend un repos relatif. A mesure qu'elle se forme, la *vis à tergo*, qui est considérable et équivaut à la pression de 6 centimètres de mercure, la refoule dans les canalicules, et de là dans le bassinet et l'uretère, d'où, comme on le voit aisément chez l'animal à vessie ouverte, ou chez l'homme en cas d'extrophie vésicale, elle tombe goutte à goutte dans la vessie, poussée par les contractions de l'uretère dont les fibres lisses sont excitées par le contact du liquide. Ces contractions semblent indépendantes de toute innervation d'après Engelmann, et se succèdent à quelques secondes d'intervalle, progressant du rein à la vessie avec une rapidité de 20 ou 30 millimètres par seconde, même si l'uretère est séparée du corps (Luchsinger). L'urine dilate graduellement la vessie où la pression atteint et dépasse celle de *un* centimètre de mercure. Elle ne peut refluer vers le rein en raison du mode oblique de pénétration des uretères, et l'urine vésicale contribue à se fermer à elle-même cette route ; du côté de l'urèthre, la vessie est close par le sphincter de la vessie et surtout par la prostate qui est élastique et musculaire à la fois. En effet, l'incision de la partie membraneuse (sphincter de la vessie) ne suffit pas à déterminer l'incontinence, alors que celle-ci est constante après incision de la prostate, dont l'hypertrophie, au contraire, détermine si souvent chez le vieillard la rétention d'urine. Pourtant, le sphincter joue son rôle ; chez la femme, qui n'a point de prostate, il est seul à lutter contre la pression de l'urine. Il est vrai qu'il lutte mal, car le rire et l'effort font souvent échapper quelques gouttes d'urine, ce qui n'arrive pas chez l'homme, généralement ; mais en somme il peut résister à une pression de 3 centimètres de mercure. Tant que la vessie ne contient qu'une quantité modérée d'urine — et cette quantité est très variable, ce qui est modéré pour l'un devant être excessif pour l'autre : mettons 500 ou 750 centimètres cubes, — le besoin de la miction ne se fait pas sentir. Mais si cette quantité augmente, il y a excitation des filets sensibles de la vessie par la distension de ses parois, et le muscle creux dont elle est formée est incité à la contraction. La contraction détermine le passage de quelques gouttes d'urine dans la partie prostatique de l'urèthre, et de ce contact naît le besoin d'uriner. Si l'on n'y cède, il est besoin maintenant d'un effort de volonté pour retenir l'urine (à moins que la contraction vésicale ne cesse, auquel cas la tonicité du sphincter et de la prostate suffisent) et chacun de nous a conscience de cet effort, de cette contraction du sphincter et du bulbo-caverneux. En l'absence de ces efforts, l'urine s'écoule jusqu'à vacuité de la vessie, et, s'il y a effort, l'urine peut s'échapper avec une pression considérable équivalente à celle de 10 ou 12 centimètres de Hg. Küss prétend que *toute* miction est précédée d'un léger effort (avec occlusone de la glotte), d'une légère compression de la vessie par la presse abdominale : cela paraît exagéré, et quand la vessie est bien pleine, aucun effort n'est nécessaire ; la contraction des parois vésicales, et la cessation de la lutte *volontaire* du sphincter (fibres *striées*) suffisent. A la fin de la miction, il y a un léger effort abdominal, joint à la contraction des fibres circulaires de l'urèthre et du bulbo-caverneux, et c'est à ces influences qu'est due l'expulsion des dernières gouttes.

En somme, le besoin d'uriner est dû à la distension de la vessie et à la pénétration de quelques gouttes dans l'urèthre, déterminant une sensation qu'à tort, mais naturellement, nous objecterons dans la partie terminale de la verge ; et la résistance à la miction, réflexe et involontaire tant que le besoin d'uriner ne s'est pas produit, devient volontaire une fois que celui-ci existe. Il faut remarquer que ce besoin ne se présente pas d'emblée permanent; il se produit, puis disparaît, puis revient, et ainsi de suite, la vessie passant par des phases alternatives de contraction et de relâchement relatif.

On s'est souvent demandé si dans la vessie saine l'urine subit une modification quelconque, si elle s'y dilue, ou si elle s'y concentre (par exhalaison ou par résorption d'eau à travers les parois vésicales). La question n'est nullement tranchée, mais il semble que l'épithélium sain et vivant soit absolument imperméable et hors d'état d'absorber quoi que ce soit des principes de l'urine (urée) ou des substances qu'on a pu y ajouter expérimentalement, comme la belladone, le ferrocyanure de potassium, etc. Par contre, si l'épithélium est altéré, la résorption devient possible. Telle est la manière de voir de Küss et Susini de Cazeneuve et Livon ; mais, pour être juste, il faut ajouter que l'opinion opposée a été adoptée par Treskin, Lépine, et d'autres encore qui croyent à une absorption par l'épithélium sain.

La miction possède un centre nerveux au niveau de la 4e lombaire (Marius, Budge), et les filets efférents et afférents passent par les nerfs sacrés pour aller au sphincter uréthral. Il y a aussi des fibres venant du cerveau et y allant, mais on en ignore le trajet exact. La section transversale de la moelle au-dessus de l'origine de la 3e paire sacrée détermine une dilatation vésicale par rétention d'urine, en raison de l'excitation du sphincter uréthral et de l'absence d'inhibition de ce réflexe. On remarquera que la contraction de la vessie ne peut être opérée volontairement; on peut la comprimer par un effort, mais non la contracter à volonté, de sorte que, même dans la miction volontaire qui n'est pas déterminée par un besoin d'uriner, il y a un élément réflexe important : la vessie se contracte parce qu'il passe un peu d'urine dans l'urèthre (Landois).

Généralités sur les sécrétions. — Il ne saurait entrer dans le plan d'un ouvrage de ce genre de consacrer à l'étude de la sécrétion en général de longs détails, étant donné qu'il a fallu donner ces détails déjà à propos des principales glandes, à mesure que nous avons dû les considérer dans leurs rapports avec d'autres fonctions. Aussi nous contenterons-nous ici d'indiquer les faits généraux, les caractères d'ordre principal.

Définition. — Dans toute sécrétion, il y a élaboration par des cellules spéciales, groupées en glande de forme variable. de principes préexistant dans le sang, ou créés par l'activité propre de ces cellules : lesdits principes étant extraits du sang et de la lymphe, ou fabriqués aux dépens de corps qui se trouvent dans ces liquides. On remarquera que ce travail, auquel se livrent les cellules glandulaires, a pour but non le bien de celles-ci en particulier, mais le bien de l'organisme dans son ensemble. La sécrétion suppose donc deux facteurs : des cellules douées d'activité, et la présence de sang capable de fournir les matériaux sur lesquels s'exerce cette activité. Chacun sait en effet, et cela ressort assez de ce qui a été dit à propos des glandes salivaires, gastriques, rénale, etc., que l'activité glandulaire s'accompagne d'une hyperhémie locale qu'on a à tort considérée, au début, comme la cause de l'activité glandulaire : cette hyperhémie est une condition de celle-ci, mais ce n'en est pas la cause (Ludwig).

Théorie de la sécrétion. — C'est un acte de nutrition, c'est-à-dire d'élaboration, d'assimilation et de désassimilation des cellules glandulaires. En effet, une glande qui fonctionne dégage de la chaleur (Ludwig a vu le sang de la glande salivaire plus chaud de 1°,5 C. à sa sortie qu'à son entrée); elle dégage de l'électricité ; elle est le siège d'une activité chimique plus considérable ; mais la nature intime du processus nous échappe ; nous ne savons pas au juste comment la cellule, aux dépens d'éléments communs, fabrique des éléments différents (dans les cas où elle en fabrique, car il est des cas où elle se borne à monopoliser certains éléments, simplement). Nous savons mieux comment se fait le passage des produits de l'activité glandulaire hors des glandes dans les parties où elles doivent se rendre (canaux, conduits, etc.). D'après Robin, Heidenhain et bien d'autres, on peut distinguer deux cas. Dans les cellules dites *holocrines*, par Ranvier, à fonte cellulaire totale, il y a destruction ; les cellules, après s'être chargées de produits, gonflent, crèvent, et se dissocient, leurs fragments s'écoulent, et leur vie est achevée ; tels ces invertébrés chez qui les œufs contenus dans la femelle se gonflent et se développent, et un beau jour font éclater les parois du corps maternel, — simple sac à œufs, en vérité — qui se déchire et meurt. Exemple : les glandes sébacées qui se chargent peu à peu de gouttelettes graisseuses, et éclatent à la surface, mêlant leurs débris à leur contenu ; les glandes muqueuses. Dans les glandes *mérocrines*, il en va autrement ; la cellule ne meurt pas en abandonnant son contenu : celui-ci sort de la cellule, en traverse les parois ; mais ne détruit pas celles-ci ; la cellule garde son individualité et sa vie ; elle s'est débarrassée d'une partie de son contenu, et voilà tout ; elle est prête à recommencer, amoindrie il est vrai, mais plus active peut-être. Exemple : les cellules sudoripares.

A la vérité, il semble exister encore un type de cellules sécrétantes intermédiaires (Nicolas, 1892) ; elles ne sont ni holocrines, ni mérocrines, mais elles sont l'un et l'autre à la fois ; elles se détruisent en partie, et ce qui reste suffit à reconstituer une cellule qui vit un certain temps. Il est souvent difficile de dire exactement quel est le mode d'opération d'une cellule glandulaire donnée : au premier abord, les cellules des glandes sous-maxillaires semblent holocrines, et en réalité elles sont mérocrines.

Influence du système nerveux. — Nous l'avons vu, le système nerveux agit de deux façons : sur les vaisseaux des glandes, en les dilatant ou resserrant, en augmentant ou diminuant l'afflux sanguin, l'afflux des matériaux dont la cellule glandulaire s'approvisionne pour travailler ; sur les cellules même, par un mécanisme encore inconnu en les excitant au travail ; cela ressort nettement des belles expériences de Ludwig sur l'appareil salivaire. Normalement donc, selon toute probabilité, le système nerveux agit en stimulant l'activité de la cellule et en augmentant la quantité de matériaux dont elle dispose. Vous voulez un meuble, de la farine, un outil : bien ; donnez à l'ouvrier du bois, du blé, ou de l'acier, autrement malgré toute l'habileté de celui-ci votre ordre demeurera stérile.

Rôle des sécrétions. — Très varié : mécanique, pour protéger une surface (sécrétion sébacée) ou englober les aliments (salive) ; chimique, (digestion) ; dépurateur ou éliminateur (urine, bile, principes toxiques ou de désassimilation normaux, etc.). Mais, parmi les sécrétions d'élimination, il en est d'*excrémentitielles*, où le produit est éliminé en totalité (dans ses parties essentielles au moins, mais ces parties varient, les unes étant normales, les autres se trouvant accidentellement dans l'organisme et étant éliminées avec la sécrétion normale) comme l'urine : d'autres sont récrémentitielles, et réabsorbées en partie comme le suc gastrique et la bile, etc.

Quantité. — Très variable : foie, 1,000 grammes par 24 heures ; mamelles, 1,350 ; reins, 1,400 ; pancréas, 250 (?) ; glandes salivaires, 900 ; sueur, 1,500-2,000 grammes.

Caractères chimiques. — Variables : neutres comme la bile ; alcalins comme la salive et le suc pancréatique ; acides comme la sueur, le suc gastrique et l'urine. Leur composition est très variable aussi. (Voir *Sueur*, *Bile*, *Lait*, *Urine*, etc.)

Caractères physiques. — Tantôt tout à fait fluides comme l'eau, tantôt filants et même demi-solides (sécrétion sébacée).

Influence des agents extérieurs. — Les excitations des nerfs excito-sécrétoires et vaso-dilatateurs ou constricteurs agissent sur la sécrétion. Certains corps agissent aussi, les uns comme excitants — tel est le cas pour le jaborandi et son alcaloïde, la pilocarpine, et pour la muscarine ; les autres comme fréno-sécrétoires, comme arrêtant la sécrétion, comme la morphine et surtout l'atropine et la duboisine. Mais chacune de ces substances n'agit pas nécessairement sur toutes les cellules sécrétantes ; généralement elle n'agit que sur certaines d'entre elles.

Spécificité de la sécrétion. — C'est une notion courante qu'il suffit de rappeler ; chaque catégorie de cellules glandulaires produit une sécrétion sensiblement constante et identique à elle-même : chaque catégorie a son activité propre ; au sang elle prend les mêmes substances pour en fabriquer (ou en soustraire) les mêmes produits.

Classification des sécrétions. — On les a distinguées en *internes* et *externes*, séparant par là les glandes dont les produits restent, pour un temps au moins, dans l'organisme (voir *Glandes vasculaires*), et celles dont les produits sont en totalité ou en partie, expulsés de l'organisme ; mais à ce compte nous préférerions la classification en glandes *récrémentitielles* (à sécrétion interne), *récrémento-excrémentitielles* et *excrémentitielles.* La division en sécrétions *continues* et *intermittentes* est trop artificielle pour qu'on s'y arrête. Beaunis divise les sécrétions de la façon que voici : sécrétions par *filtration*, où la cellule glandulaire ne fait qu'absorber, puis excréter des substances préexistantes dans le sang et la lymphe (urine, sueur, larmes) ; sécrétions *avec production de principes nouveaux*, où l'activité glandulaire est d'un ordre plus élevé (salive, suc gastrique) ; sécrétions par *desquamation glandulaire*, par altération de la cellule qui se détruit ; mais ce cas se rattache en partie au premier ; *sécrétions morphologiques* où la cellule fabrique une cellule ou un dérivé de cellule ; mais ici il n'y a pas de sécrétion vraie.

On remarquera que les classifications précédentes ne s'excluent pas mutuellement ; mais elles sont basées sur des points de vue différents.

PEAU ET ÉPITHÉLIUM

Peau. — Le tégument externe du corps remplit des fonctions très variées qui en font un tissu des plus importants.

La peau sert d'organe de *protection* pour les tissus sous-jacents, qu'elle entoure et maintient dans leurs rapports réciproques : elle les protège contre les chocs, contre l'électricité, étant mauvaise conductrice, contre les modifications chimiques, étant peu perméable et absorbant faiblement : notez encore que la plupart des organes de défense de l'animal, cornes, griffes, ongles, écailles, dents, carapace, etc., sont d'origine cutanée, et que les poils et plumes nées de la peau, sont des protecteurs contre le froid. C'est un organe *sensitif* des plus importants pour la sauvegarde de l'organisme : ce côté de sa physiologie sera envisagé au chapitre des *Organes des sens*. C'est un *organe sécrétoire* qui fournit la sueur, la matière sébacée, et le lait, car la glande mammaire n'est qu'une dépendance de la peau ; c'est un tissu riche en nerfs, et par là même un point de départ de *réflexes* nombreux ; c'est un *tissu très vasculaire*, qui a par là un rôle très appréciable dans l'absorption, et dans la régulation de la chaleur ; enfin, de même qu'elle est le point de départ de nombreux réflexes, elle représente le tissu sur lequel viennent agir des réflexes nés de divers points de l'organisme.

Examinons sommairement ces diverses fonctions.

Absorption et respiration cutanées. — La peau saine, intacte, absorbe différents gaz. On connaît l'expérience classique de Bichat qui s'enferma dans une salle contenant des cadavres en putréfaction, respirant de l'air du dehors pour empêcher l'absorption pulmonaire, et constata l'odeur cadavérique dans ses gaz intestinaux. Cette odeur évidemment n'avait pu être absorbée que par la peau. Chaussier et Collard de Martigny opérèrent sur des animaux dont ils placèrent le corps dans de l'hydrogène sulfuré, ou l'acide carbonique, la tête seule sortant à l'air pur, et ils constatèrent des symptômes toxiques caractéristiques. Ces expériences et d'autres encore ont mis hors de doute l'existence de l'absorption des gaz par la peau.

La peau absorbe probablement les liquides. On a mis la chose en relief, de manières très diverses, pour la peau de l'homme, sans arriver toujours à donner des preuves bien concluantes. Pour les animaux inférieurs, les invertébrés surtout, cette absorption est des plus nettes. Pour l'homme, l'on cite divers faits. On indique, par exemple, le fait de naufragés soulageant leur soif en se trempant dans l'eau de mer : mais il est plus que douteux ; Séguin pèse ses sujets avant et après le bain, et trouve une augmentation de poids après ; mais celle-ci ne peut-elle être due à la simple imbibition des couches cornées de l'épiderme ? Collard de Martigny renverse sur la peau un verre de montre plein d'eau, et voit qu'au bout de quelque temps l'eau disparaît ; ou encore, il pose sur la peau un entonnoir plein d'eau, bouché à l'autre extrémité : au bout de quelque temps, la peau se soulève comme sous une ventouse. D'autres expérimentateurs opèrent en plongeant le corps dans un bain médicamenteux, et en recherchant dans l'urine les substances qui ont fait partie du bain : prussiate de potasse (Westrumb), cyanure de fer et de potassium (Colin), iodure de potassium (O. Henry, Demarquay, Dechambre, Kopf), etc., mais le fait le plus probant est dû à Aubert. On sait que la perspiration cutanée a été amenée par lui à se photographier (par l'emploi d'un papier et de réactifs spéciaux) : or si, avant d'exposer le papier à l'action de la peau, on a lavé celle-ci avec de l'atropine, la zone ainsi traitée ne donne naissance à aucune empreinte : la sudation n'a pas eu lieu, par suite de l'absorption de l'atropine. Ce fait nous paraît péremptoire, bien qu'il ne prouve pas que *toute* substance puisse être absorbée par la peau : il est certain que la peau intacte absorbe avec une rapidité et dans des proportions très variables, bien que la peau plus ou moins frottée, et par conséquent, plus ou moins privée d'épiderme, de la couche épithéliale la plus extérieure qui est desséchée et morte, puisse absorber maints médicaments [1].

La peau respire : elle absorbe de l'oxygène et exhale de l'acide carbonique. Chez certains animaux (beaucoup d'invertébrés en particulier), elle constitue seule l'organe respiratoire, et chez beaucoup la branchie n'est qu'un appendice cutané un peu plus vasculaire que le reste du tégument. On sait que chez les vertébrés inférieurs encore, la peau représente un appareil respiratoire fort développé : tel est le cas pour les batraciens, à qui l'on peut enlever les poumons sans tuer l'animal, surtout en hiver : la peau compense suffisamment l'absence de l'organe respiratoire.

Chez l'homme, la respiration cutanée est faible, mais la surface cutanée aussi est peu de chose (15,000 *centimètres* carrés), en regard de la surface pulmonaire (150-200 *mètres* carrés). D'après Beaunis, la quantité d'oxygène absorbée par la peau représente le 127e de celle qui est absorbée par les poumons. L'acide carbonique éliminé représente 6 ou 7 grammes par vingt-quatre heures. La respiration cutanée est plus active à la lumière qu'à l'obscurité (Moleschott, Platen, Fubini et Ronchi), pendant la digestion, à une température élevée, sous l'influence du régime végétal (Fubini et Ron-

[1] Voir l'*Absorption cutanée*, par H. de Varigny, dans le *Bulletin Médical* du 28 août 1887.

chi), quand l'on stimule la peau, et quand celle-ci est plus vasculaire.

Réflexes d'origine cutanée. — Par sa riche innervation, et sa connexion avec les centres nerveux, la peau représente un des lieux d'origine les plus importants des arcs réflexes. Aussi n'est-il pas étonnant que les excitations de la peau agissent sur la respiration, la circulation, etc.

On sait combien le froid et le chaud, et en particulier les douches, agissent sur la respiration : une douche froide provoque une sorte d'arrêt respiratoire spasmodique qui présente parfois par sa violence et sa durée de réels dangers. On connait encore le rôle important attribué par certains auteurs aux excitations réflexes d'origine cutanée, dans l'établissement de la respiration au début de la vie. (Voir sur ce point les théories de Preyer, Preuschen, Pflüger, au chapitre *Respiration* : Innervation Respiratoire, où il est question aussi des troubles respiratoires chez les sujets qui ont été ébouillantés).

Pour la circulation, on sait, d'une façon générale, que les excitations faibles accélèrent le cœur : les moyennes ralentissent, puis accélèrent ; les fortes ralentissent beaucoup et mettent la vie en danger. Ceci est vrai de toute excitation cutanée, qu'elle soit due à une variation de température, à un caustique, à des coups, etc.

Agissant sur la circulation et la respiration, les excitations cutanées agissent nécessairement aussi sur la calorification dans le réglage de laquelle la peau joue un rôle considérable ; mais il a été parlé de ceci au chapitre de la *Chaleur Animale*. D'après K. Müller, les excitations cutanées, dues au froid et au chaud, accroissent la sécrétion urinaire.

Les frictions et les sinapismes n'agiraient en aucun sens, d'après le même auteur. Wolkenstein, qui a étudié l'action des irritants appliqués sur la peau (iode, croton, acides divers. potasse, moutarde, moxas, etc.), a vu, par contre, la quantité d'urine diminuer, en même temps qu'augmenterait la production d'urée, avec albuminurie. Les excitations électriques augmentent la quantité d'urine et d'urée, avec albuminurie légère. Du reste, l'albuminurie accompagne, semble-t-il, quoiqu'à des degrés très différents, toute excitation cutanée (Mihram). Ces faits, très précis, sont importants à signaler en tant qu'indications de méthodes thérapeutiques pour les différents systèmes sur lesquels retentissent les réflexes d'origine cutanée.

Rôle de la peau dans le réglage de la calorification. — Malgré tout l'intérêt du sujet, nous devons nous contenter de donner ici quelques indications sommaires. Si les vaisseaux cutanés sont dilatés, et si en même temps la température extérieure est froide, le sang se refroidit. Si la température est élevée, il y a sudation, et nécessairement refroidissement. Si les vaisseaux cutanés sont resserrés, au contraire, la déperdition de chaleur sera faible. C'est par ces alternatives de resserrement et de dilatation des vaisseaux que s'opère le réglage cutané de la calorification. Bien que la graisse et l'épiderme soient de fort mauvais conducteurs de la chaleur, la déperdition de calorique par la peau peut être assez considérable. Elle est plus grande à la joue, à la région du cœur, aux omoplates qu'à la rotule par exemple, à la peau reposant sur des couches musculaires qu'à celle qui repose sur des plans osseux; elle augmente avec le mouvement des muscles sous-jacents, avec l'irritation : d'après Pflüger, elle n'augmente pas chez les fébricitants; elle est plutôt diminuée. Winternitz estime que les variations dans la déperdition sont telles qu'elle peut, par rapport à la normale, augmenter de 92 p. 100 et diminuer de 60 p. 100, ce qui représenterait le triple de la valeur des variations dans la production de la chaleur. Ceci donne une idée de l'extrême importance de la peau en tant qu'organe jouant un rôle dans la calorification.

En dehors de ce rôle régulateur qui tient aux variations de la vascularisation cutanée, la peau exerce un rôle dans la production de la chaleur, par son action sur la circulation et la respiration qui sont deux des importants facteurs de la calorification. Mais on conçoit combien l'étude de ce rôle est chose difficile, en considérant que les excitations qui agissent sur ces deux fonctions agissent aussi sur l'état de vascularisation de la peau, et que cette simultanéité d'action compromet l'interprétation des faits. Je me bornerai à rappeler les études de Quinquaud, montrant combien, sous l'influence d'excitations cutanées thermiques, les phénomènes intimes de la respiration varient considérablement en intensité.

En somme, par les variations de la déperdition cutanée, par les différentes influences réflexes qu'exercent les excitations cutanées sur la respiration et la circulation, la peau représente un organe des plus importants dans le réglage de la chaleur animale, en présence des excitations tant cutanées que d'origine non cutanée.

On comprend, étant donnée la multiplicité des fonctions cutanées, qu'une entrave au libre exercice de celles-ci constitue un grave danger. Et pourtant on ne s'explique pas encore le mécanisme des accidents qui surviennent lorsque, par exemple, l'on enduit le tégument d'un vernis imperméable. L'expérience a été bien des fois répétée depuis Fourcault, qui fut un des premiers à la faire : on a pu examiner mieux les phénomènes qui en résultent, mais l'opinion sur la cause des accidents n'est pas encore faite. Pour Senator, le *vernissage de la peau* chez l'homme est exempt d'inconvénients, dans la mesure où il a pu le pratiquer, et dans les cas (pathologiques) où il l'a exécuté. Mais Senator est seul de son avis. Tous les expérimentateurs qui ont opéré sur les animaux ont vu se produire de graves accidents, même quand la surface vernie est faible (un sixième de la surface totale), avec les symptômes suivants : dyspnée, hypothermie, ralentissement cardiaque et respiratoire, paralysie et convulsions, congestions internes nombreuses. Quelle est la cause de la mort ? On a parlé de la suppression de la perspiration cutanée et d'un empoisonnement consécutif. Pourtant le sang n'est pas toxique : on peut le tranfuser impunément à un animal sain. Edenhuizen croit à un empoisonnement par l'ammoniaque, qui normalement se dégagerait par la peau, Lang à une intoxication urémique par obstruction des canalicules urinifères dus à ce que les poumons ne suffiraient plus à l'élimination de l'eau. Enfin, divers expérimentateurs attribuent les accidents observés à l'augmentation de la déperdition de calorique, augmentation qui existe réellement (258 au lieu de 100, d'après Krüger). Ce qui le prouverait, c'est qu'en entourant l'animal verni de ouate, on sauverait celui-ci, d'après Laschkevitsch et Lomikosky. Pourtant Socoloff conteste cette influence bienfaisante de la chaleur artificielle, et aussi celle des inhalations d'oxygène. D'autre part, il y a quelques analogies entre les symptômes présentés par les animaux vernis et ceux des animaux exposés au froid, et il est certain que les premiers subissent une énorme déperdition de calorique.

Fonctions sécrétoires de la peau. — Sueur. — La sueur, excrétée par les glandes sudoripares (deux ou trois millions), forme tantôt un liquide appréciable à la vue, tantôt une vapeur qui résulte de l'évaporation de ce liquide lorsqu'il est sécrété en petite quantité. La singulière opinion qui a eu cours, non seulement aux époques anciennes, mais même il y a soixante ans (William Edwards, Milne-Edwards), sur la différence de la sueur et de la perspiration insensible, n'est plus acceptée aujourd'hui, où l'on n'admet entre elles que des différences de degré, leur nature restant essentiellement la même. M. Aubert, de Lyon, dans un travail trop ignoré, a fourni la démonstration expérimentale de deux faits : il a montré qu'en dehors des glandes sudoripares il n'existe pas de glandes appréciables à la surface de la peau : il a prouvé par sa méthode qui consiste à faire photographier par la sueur même sur un papier imbibé de nitrate d'argent l'orifice des glandes sudoripares (grâce à l'action des chlorures de la sueur sur le nitrate qu'ils transforment en chlorure impressionnable à la lumière) que toute la sécrétion cutanée provient bien des glandes sudoripares.

On prend une feuille de papier blanc ordinaire, et on l'applique étroitement sur la peau, qu'elle paraisse sèche, ou qu'elle transpire : au bout d'un temps qui varie de 30 à 180 secondes, on retire le papier, et on le trempe dans une solution de nitrate d'argent à 0,50 pour 200, et on expose à la lumière ou aux rayons solaires. Il se forme alors, par la transformation du nitrate d'argent en chlorure, dans les points où il y a eu de la sueur, des taches minuscules dues à l'action de la lumière sur le *chlorure* d'argent, et l'ensemble de ces taches forme un pointillé abondant. Si la peau est en sueur, au lieu d'un pointillé, on obtient des empreintes linéaires dues à ce que la sueur s'est étalée le long des crêtes papillaires dont l'empreinte reproduit la forme [1].

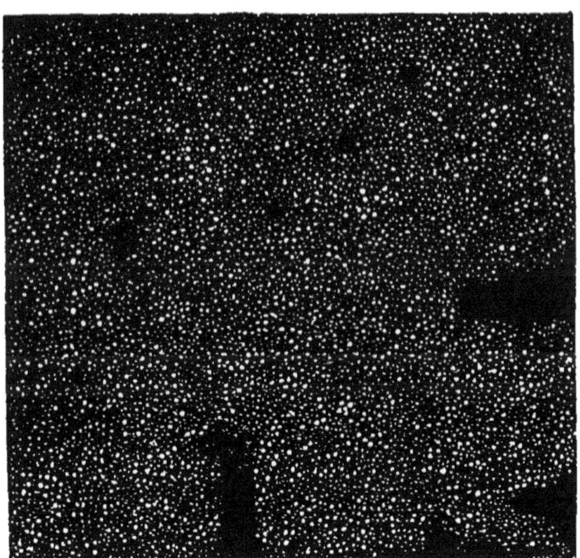

Fig. 55. — Empreinte sudorale pointillée normale recueillie sur le dos de la main en dehors de toute sudation appréciable (réaction des chlorures de la sueur sur le nitrate d'argent). (D'après Aubert.)

La sudation proprement dite et la transpiration insensible, avec l'état de moiteur intermédiaire aux deux précédents,

[1] F. Galton a publié un mémoire important, et un volume intitulé *Finger-Prints* (Londres, Macmillan, 1892), sur les empreintes digitales qu'il a réussi à classer en un certain nombre de groupes, et sur lesquelles il s'est livré à des recherches très curieuses. Voir un résumé par H. de Varigny dans la *Revue Scientifique*, du 2 mai 1891 ; voir aussi une note de C. Féré. (*Soc. Biol.*, 1891.)

constituent donc des degrés différents d'un seul et même phénomène.

Au point de vue chimique, la sueur est intéressante à étudier. Elle renferme de 980 à 995 p. 1000 d'eau. Les parties

Fig. 56. — Empreinte sudorale linéaire normale recueillie en appliquant la face palmaire des doigts sur une feuille de papier imbibée de la solution de nitrate d'argent. La sueur étant étalée à la surface de la peau le long des crêtes papillaires, on a une empreinte de lignes continues au lieu de l'empreinte pointillée. (D'après Aubert.)

solides sont des sulfates, chlorures, des acides (lactique, formique, acétique, butyrique, caproïque) faiblement combinés avec des bases (l'acide *sudorique* de Favre est problématique) ; des graisses (suint de mouton), de l'urée (1/2 p. 100 d'après Favre), des sels minéraux comme les chlorures de sodium, et de potassium. Schématiquement la sueur renferme : 990 eau ; 5 matières extractives dont 1/2 ou 1 d'urée, 5 sels minéraux, dont 4 de NaCl.

On dit couramment que la sueur est un liquide *acide*. Ceci n'est pas tout à fait exact. Dès 1844, Donné montrait que la sueur axillaire est alcaline ; Robin et Andral suivaient l'exemple de Donné peu après. Robin et Bernard, après Favre montrèrent que la sueur d'abord acide devient souvent neutre, puis alcaline, ce qu'on expliquait en attribuant l'acidité de la sueur à un acide volatil qui disparaît rapidement. En 1878, Trumpy et Luchsinger virent que la sueur du chat est alcaline : ils étendirent leurs recherches à l'homme et conclurent que, chez lui aussi, elle est alcaline : son acidité initiale serait due à des acides gras de la matière sébacée. Vulpian et d'autres confirment le fait pour l'homme, le chat, le chien, le cheval. Tandis que Trumpy et Luchsinger invoquent les acides gras de la matière sébacée pour expliquer l'acidité de la sueur, Andral et Donné expliquent l'alcalinité de la sueur axillaire par des principes alcalins, que fourniraient ces mêmes glandes. En somme, la question n'est pas tranchée, mais de toutes façons on ne peut dire que la sueur est invariablement acide.

On a étudié l'influence de diverses conditions sur la réaction de la sueur. Lorsque la sueur est *abondante*, elle est d'abord acide, puis alcaline. L'*alimentation* n'a pas d'influence, ainsi que l'ont vu Bernard, puis Moriggia, Fubini et Ronchi : elle en a, on le sait, sur la réaction de l'urine. Les *médications* alcalines, au contraire, agissent beaucoup, sans doute, par élimination d'une plus grande proportion de sels alcalins. La sueur varie d'acidité selon les *sujets*, d'où la différence souvent frappante de l'odeur de chacun, car en même temps que l'acidité varie, la peau excrète en proportion diverse des acides sudoraux nombreux : formique, butyrique, caproïque, acétique, et l'acide sudorique hypothétique de Favre. (La sueur ne renferme guère de gaz ; cependant on y trouve de l'acide carbonique : nous avons parlé plus haut de cette exhalation, peu importante d'ailleurs.) Dans quelques cas l'odeur de la sueur est due à de la putréfaction de l'épithélium desquamé, à des médicaments (copahu, térébenthine, cubèbe), à une insuffisance de l'excrétion urinaire (odeur urineuse), à des états pathologiques (suette, rhumatisme, typhus, etc.) ; à l'alimentation (ail, oignons), au milieu, à l'habitat (palefreniers). Enfin il existe souvent des cas de sueur fétide localisée. On ne sait à quoi attribuer ce phénomène. Les uns invoquent la décomposition du cuir des chaussures (pour la sudation des pieds) ; d'autres, la présence de valérianates (d'où viennent-ils, et pourquoi ?) ; d'autres encore des matières grasses, etc. Quelques auteurs regardent cette affection comme héréditaire : il en est aussi qui croient dangereux de supprimer ces émonctoires, et recommandent de ne pas chercher à guérir cette infirmité.

La sueur contient parfois des *matières colorantes* (chromhidrose). Les unes sont dues à une transsudation sanguine, d'autres à des affections cutanées, à des microbes divers. Diverses matières *minérales* et organiques sont éliminées par la sueur. Tels sont l'arsenic, le mercure, le plomb (?), des graisses, de l'urée (dont la proportion varie de 1/2 à 2 1/2 et plus p. 1000, sous l'influence de la pilocarpine, ce qui est un fait singulier) (non les urates, ni l'acide urique), l'ipéca, le camphre, les éthers, l'opium, l'acide tartrique, la quinine, etc. Il est à noter que la pilocarpine, agent sudorifique par excellence, ne passe pas dans la sueur.

La sueur renferme des *bactéries*, mais elles ne viennent pas de la sueur ; elles viennent du dehors, de l'air, de l'eau, de toutes choses, par exemple des pièces de monnaie sur lesquels elles se trouvent en grande quantité. Il en est vraisemblablement de même pour les microbes pathogènes. Pourtant Fr. Franck semble enclin à admettre la possibilité de l'élimination microbienne par la sueur, ce qui, comme il le fait observer justement, donnerait alors « une signification positive à la doctrine des crises, dans certains cas de maladies infectieuses. »

Beaucoup de personnes croient encore à la toxicité de la sueur. Rohrig a bien vu la sueur normale injectée dans les veines, provoquer certains accidents. Mais Cl. Bernard a vu la même chose en injectant à un animal de son propre sérum extrait quelques heures auparavant. Y a-t-il un commencement de décomposition à invoquer pour expliquer ces accidents? Cl. Bernard le croit, et Fr. Franck se range à son avis. En tout cas, la sueur normale n'est pas toxique de par sa composition chimique : les sueurs morbides, ou qui contribuent à éliminer des médicaments doivent l'être, par contre. Mais si la sueur n'est pas toxique, à quelle cause attribuer les accidents provoqués par le *vernissage des animaux*, pratique reconnue si nuisible par Fourcault et tous ceux qui l'ont suivi? Nous avons énuméré plus haut les diverses explications. Ajoutons celle de Bouley qui croit à une asphyxie par rétention de CO^2. Mais les inhalations d'oxygène n'entravent pas le processus (Sokoloff). Admettre une intoxication par l'urée est difficile, bien que ce produit soit toxique. Fr. Franck croit plutôt que le vernissage tue par le retentissement qu'il exerce (comme les brûlures) sur les centres nerveux. Le mécanisme des lésions médullaires que provoque très réellement le vernissage est obscur (paralysie réflexe des vaisseaux), mais le fait de ces lésions est positif. Les lésions médullaires feraient qu'il y aurait moindre production de chaleur (comme l'avait vu Cl. Bernard) en même temps que déperdition excessive (Laschkewitsch et Lomikovsky), d'où l'hypothermie considérable notée par tous les observateurs.

La quantité de sueur excrétée par vingt-quatre heures varie beaucoup selon des conditions nombreuses parmi lesquelles je ne rappellerai que la température extérieure, et l'état hygrométrique de l'air, l'exercice ou le repos, l'exhalation pulmonaire, la sécrétion urinaire, l'hydratation du sang. Ch. Robin l'évalue à 40 ou 42 grammes par heure, 1,000 pour vingt-quatre heures, Franck donne comme moyenne 1,794 grammes; comme maximum 10 *kilogrammes*.

Les variations de la sécrétion sudorale peuvent donc être fort considérables. Un des points les plus intéressants dans l'histoire de cette fonction est le *balancement physiologique* existant entre les fonctions sudorale et urinaire. On a calculé que la masse des glandes sudoripares forme le quart de l'appareil rénal. Cette considération a peu d'importance : elle est du reste inexacte, car la totalité des glandes sudoripares ne répond nullement à la totalité de la partie sécrétante de ces glandes : une partie restreinte de chaque glandule a seule une fonction sécrétoire. Et d'ailleurs la comparaison des *volumes* n'est point faite pour donner une idée de l'*activité* comparée. Quoi qu'il en soit, il y a un balancement très net entre les fonctions urinaire et sudorale : la première augmente alors que l'autre diminue, et réciproquement (influence des saisons : on urine moins en été qu'en hiver, à cause de l'abondance de la sueur). Cette suppléance a des avantages sérieux, si l'on considère que certains produits excrémentitiels (urée et uréides) sont éliminés en assez grande proportion par la peau. Il y a encore un certain balancement entre la sécrétion sudorale et l'élimination par l'intestin. On a même cru que la suppression des sueurs des tuberculeux pouvait amener un accroissement de sécrétion intestinale.

On a souvent dit que la sécrétion sudorale varie selon l'état hygrométrique de l'air. C'est une erreur. Que le corps soit plongé dans une atmosphère sèche ou humide, la *sécrétion* sudorale reste la même. Ce qui change, c'est l'intensité avec laquelle s'effectue l'*évaporation* de la sueur. Il est évident que, dans un milieu saturé de vapeur d'eau, l'évaporation de la sueur ne doit pas se faire : elle se fait au contraire d'autant mieux que le milieu est plus éloigné de la saturation. Ce qui rend la chaleur humide si déplaisante, c'est non une diminution de sécrétion, mais une *diminution d'évaporation*, et, *par conséquent, de réfrigération*, ce qui est tout différent. C'est là un point à ne pas oublier, et que, d'ailleurs, des expériences directes ont bien mis en relief. Est-il besoin de rappeler que la sécrétion sudorale augmente à mesure que s'élève la température, et que l'évaporation s'accroît à mesure que le renouvellement d'air est plus actif (en vertu des lois mêmes de l'évaporation) ?

Pour terminer, un mot sur les conséquences de la sudation pour le sang. Du moment où de l'eau est soustraite à l'organisme, par quelque voie que ce soit, il se produit un état de déshydratation du sang, et par cela même, de l'organisme. Or, cette déshydratation ne va pas sans danger : Maas a montré que la déshydratation rapide altère les globules, et provoque même une dissolution de l'hémoglobine (hémoglobinurie avec albuminurie chez le cheval après sudation abondante). Ceci indique qu'il ne faut pas abuser de la sudation comme moyen thérapeutique (obésité, entraînement).

Le rôle essentiel de la sueur, c'est la *réfrigération du corps*, l'abaissement de la température de celui-ci, quand, par suite d'une exercice violent (combustions organiques) ou du séjour dans un milieu à température élevée (cette température peut décupler la sécrétion sudorale) la chaleur de l'organisme devient plus grande. La sudation pare aux dangers qui résulteraient de cette hyperthermie : la sueur amenée à la surface du corps s'évapore, par le fait de la non-saturation de l'air ambiant, et cette évaporation s'accompagne d'une soustraction de calorique, ce qui tend à rétablir l'équilibre. Cette soustraction est d'autant plus forte que l'air est plus sec, plus fréquemment renouvelé, et plus chaud, et que la pression est plus faible, parce que ces conditions sont toutes favorables à l'évaporation. La sudation est donc le principal agent de la régulation de la température, et si nous considérons que l'élévation thermique de l'organisme a pour conséquence la dilatation des vaisseaux cutanés (d'où augmentation de la déperdition par rayonnement), en même temps que l'accroissement de l'excrétion sudorale, nous voyons que la peau représente l'organe par excellence de cette régulation si nécessaire. Là où la sudation fait défaut l'animal se refroidit autrement : il se refroidit — le chien par exemple — par l'accélération de la respiration, par la *polypnée* (Ch. Richet) qui favorise l'expulsion de la vapeur d'eau par les poumons.

Innervation des glandes sudoripares. — L'innervation des glandes sudoripares représente l'une des parties les plus intéressantes de la fonction qui nous occupe en ce moment.

C'est d'ailleurs un sujet tout moderne, dans lequel les principales découvertes se sont faites ces dernières années, de 1875 jusqu'en 1883, grâce aux travaux d'Adamkiewicz, Luchsinger, Nawrocki, Ostroumoff et Vulpian principalement. Il résulte de ces recherches, dont on trouvera une excellente analyse dans les articles de Strauss (*Revue* de Hayem, 1880) et François Franck (article SUEUR du *Dictionnaire encyclopédique*) qu'il existe des nerfs sudoripares dont l'excitation provoque la sudation, : ce sont les *nerfs excito-sudoraux* de Goltz (1875) et Vulpian, qui agissent sur les éléments glandulaires, en dehors des vaso-dilatateurs, au point qu'ils déterminent la sudation même sur un membre privé de sang (Adamkiewicz). On a déterminé ces nerfs dans le sciatique, le cubital, le médian, le nerf sous-orbitaire. Les filets excito-sudoraux sont d'origine sympathique : pour Vulpian, il y en aurait de médullaires (racines sacrées, lombaires, dorsales, et dernières cervicales). Vulpian a encore admis l'existence de *fréno-sudoraux*, qui seraient aux excito-sudoraux des nerfs d'inhibition, ce que les vaso-dilatateurs sont aux vaso-constricteurs, mais il a abandonné cette manière de voir que François Franck a quelque peine à rejeter : elle explique fort bien en effet certains phénomènes. Du reste, ce point appelle de nouvelles recherches. (Notons, en passant, que les organes sudoraux ont la même innervation que les glandes salivaires, entre autres ; il y a des nerfs excito-sécrétoires indépendants des nerfs vaso-dilatateurs. Voir le paragraphe consacré à ces glandes.)

On met bien en lumière les excito-sudoraux en excitant le sciatique par exemple du chat (Luchsinger) : on voit perler la sueur sur les pulpes digitales, même s'il y a vaso-constriction en ce moment (Vulpian) ou anémie (en opérant 3/4 d'heure après la mort, Adamkiewicz) [1].

[1] Dans la sueur froide, il y a excitation des nerfs excito-sudoraux, sans vaso-dilatation concomitante, ce qui montre bien l'indépendance des deux phénomènes.

L'étude de l'innervation des glandes sudoripares fait penser que les nerfs dont l'excitation provoque la sécrétion sudorale aboutissent à divers centres médullaires, bulbaires et encéphaliques. Le centre médullaire est fort diffus : « en réalité tout l'axe gris de la moelle joue le rôle de centre pour les nerfs sudoraux » (Fr. Franck). Pour le centre bulbaire il n'est guère mieux défini, et le centre cérébral l'est moins encore. Il y a certainement action de la moelle, du bulbe, et peut-être du cerveau sur la fonction sudorale, mais les centres d'où partent les impulsions sont encore inconnus.

La sudation peut reconnaître trois ordres de causes.

1° *Influences agissant à la périphérie.* — Parmi celles-ci nous citerons les excitations *centrifuges* dues aux névrites, névralgies, etc., qui agissent comme les excitations expérimentales; celles qui suivent la section d'un nerf (phase d'hyperexcitabilité précédant l'inexcitabilité finale et irréparable : pourtant cette phase semble durer plus longtemps pour les nerfs excito-sudoraux que pour les moteurs). Il y a encore à citer les excitations excito-sudorales dues aux matières sudorifiques à action locale : la pilocarpine, alcaloïde du jaborandi est le type de celles-ci. Son action est purement locale; elle s'opère au point de l'injection, sur l'animal dont le sciatique a été coupé ; il n'y a là rien de réflexe. Elle agit sur les *extrémités périphériques des nerfs* (Vulpian) plutôt que sur les cellules glandulaires (Gubler admet pourtant ce dernier mode d'action) : elle n'agit plus quand la dégénérescence des nerfs excito-sudoraux est complète (Luchsinger, Vulpian, Ott, etc.), sauf dans des cas exceptionnels (Marmé, Luchsinger). La muscarine est excito-sudorale comme la pilocarpine : Ott croit qu'elle agit sur les éléments glandulaires. Par contre, l'atropine (préconisée par Vulpian contre les sueurs des tuberculeux), la duboisine, la piturine sont des fréno-sudoraux, à action également locale (Heidenhain). M. Aubert a, au moyen de ses empreintes sudorales, donné de bonnes représentations graphiques de cette action de l'atropine sur la sécrétion sudorale. Dans la figure ci-jointe,

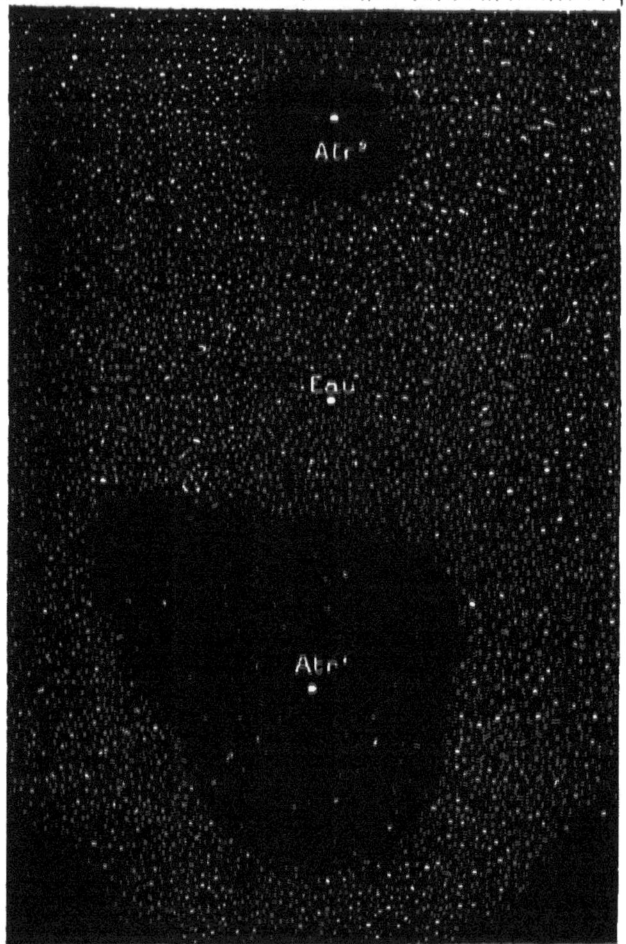

Fig. 57. — Empreinte sudorale pointillée montrant l'influence suspensive locale de l'atropine sur la sécrétion sudorale.

La partie Atr' au niveau de laquelle a été appliquée une éponge imbibée d'une solution d'atropine apparaît dépourvue d'empreinte sudorale, de même que la partie Atr qui a été recouverte d'un petit emplâtre de belladone. Au niveau de la partie centrale (Eau) une éponge imbibée d'eau pure n'a pas modifié la sécrétion. (D'après Aubert.)

on voit que, dans les zones marquées *Atr* [1] et *Atr* [2], le pointillé fait défaut : cela tient à ce que la région correspondante de la peau a été préalablement recouverte d'un peu d'atropine ou de belladone. Il y a eu absorption de ces principes, et action locale. Au point correspondant à celui où est écrit *Eau* l'on avait mis une éponge mouillée, et l'action en a été nulle. Il y a entre la pilocarpine et l'atropine antagonisme évident, et probablement complet, car il est présumable que ces deux substances agissent sur les mêmes éléments. Parmi les influences périphériques, citons encore les variations de température, de circulation périphérique (il convient de noter que, si la fonction sudorale est indépendante des nerfs vaso-dilatateurs, il y a, dans la pratique, une étroite connexion — par simultanéité des excitations — entre l'action des glandes et l'état des vaisseaux). Citons aussi comme causes centrifuges les actions centrales (état asphyxique du sang, température du sang; action de poisons excito-sudoraux à influence centrale : picrotoxine, nicotine, strychnine : Luchsinger a cru à une action centrale de la pilocarpine).

2° *Actions réflexes excito-sudorales.* — Ces actions ont pour point de départ la peau (excitations électriques, thermiques, etc.), ou des nerfs de sensibilité spéciale ; le cœur (angine de poitrine), les poumons, la lèvres, l'estomac, le péritoine, etc. A l'état normal, les réflexes cutanés sont les plus répandus.

3° *Actions centrales.* — Ce sont les émotions, et les excitations dont nous avons parlé plus haut : état asphyxique, température du sang, action des poisons excito-sudoraux centraux.

Le mécanisme de la sécrétion sudorale est inconnu. On suppose qu'il y a une *filtration* et non une *fonte* de cellules. et Ranvier en fait un type de glandes *mérocrines*. L'excrétion se fait par la *vis à tergo*.

Phénomènes électriques de la peau. — J. de Tarchanoff (*Soc. Biol.*, juillet 1889) a montré que l'excitation de la peau (chatouillement) est suivie, après une période latente de 1-3 secondes, du développement d'un courant électrique appréciable par le galvanomètre, les parties riches en glandes sudoripares devenant négatives par rapport aux parties moins pourvues de glandes. Ce courant persiste quelques minutes après l'excitation. Il n'est pas besoin d'une excitation actuelle, présente, pour développer ces courants : l'idée d'une sensation, une émotion, etc., peuvent déterminer le même phénomène ; le travail intellectuel agit pareillement. La contraction musculaire provoque une déviation du galvanomètre à distance (à la main, alors que c'est l'orteil qui se contracte) et on peut conclure que tout acte nerveux ou psychique s'accompagne de phénomènes électriques cutanés.

Glande mammaire. (Voyez au chapitre *Reproduction*.)

Glandes sébacées. — Les glandes sébacées se trouvent dans la presque totalité de la peau : elles manquent toutefois à la paume des mains et à la plante des pieds.

Ce sont de petites glandes en grappe, simples, dont l'orifice débouche généralement dans un follicule pileux, et l'appareil sébacé est en réalité une dépendance du système pileux. Le premier peut pourtant exister là où le dernier fait défaut, par exemple à la face interne du prépuce.

Le produit des glandes sébacées varie beaucoup, en quantité, selon les individus, mais personne, à notre connaissance, n'a fourni à cet égard de chiffres précis. Il n'est guère apparent, d'ailleurs; on ne le découvre nettement que sur le front, le nez, les joues, sous forme d'un enduit huileux. Si l'on racle cet enduit, on y trouve de la graisse (palmitine et oléine), un albuminoïde voisin de la caséine, des savons, de la cholestérine, des phosphates terreux.

Le *cérumen* du conduit auditif externe est de la matière sébacée qui contient une substance très amère, de nature encore peu connue. Le *smegma préputial*, le *vernix caseosa* du fœtus sont aussi, essentiellement, de la matière sébacée. Du reste, les glandes sébacées subissent des différenciations profondes ; c'est d'elles que dérivent les glandes mammaires, et chez les animaux, certaines glandes odorantes comme les glandes à musc, à castoréum, etc. La réaction de la matière sébacée est alcaline.

L'excrétion s'en fait par rupture des cellules où se sont accumulées les matières grasses (glande holocrine). Ce processus ne marche pas toujours régulièrement, et il peut y avoir rétention de ces cellules et matières grasses. On a alors les *comédons*, petits boudins vermiformes qu'on fait sortir en pressant, ou pinçant la peau des ailes du nez, surtout, dont l'extrémité dirigée vers l'extérieur est généralement noirâtre (par accumulation de poussières, et aussi du bleu qui sert à empeser le linge, d'après Unna), et à l'intérieur desquels on trouve un acarien parasitaire, le *Demodex folliculorum*. L'*acné* est une affection cutanée due également à une altération de la sécrétion sébacée : il y a inflammation des glandes. Enfin, les *loupes*, qui s'observent surtout à la tête sont des tumeurs formées par accumulation de matière sébacée.

La sécrétion sébacée semble avoir principalement pour but de lubréfier les poils et la peau qu'elle tient souples et imperméables.

Les phénomènes intimes en sont peu connus : on ne sait comment se forme la matière grasse dans les cellules de sécrétion. Est-ce aux dépens du sang, ou bien y a-t-il transformation d'albuminoïdes sur place ? Toujours est-il que les cellules en question se chargent progressivement de gouttelettes d'huile, à mesure que la cellule est plus âgée, et enfin la cellule se rompt, mettant en liberté son contenu, se brisant, et se détachant du corps. Il y a là fonte cellulaire bien caractérisée.

Epithéliums. — Les épithéliums constituent la *peau interne*, la peau des parties creuses qui ne sont pas en rapport direct et immédiat avec l'extérieur. Nous voyons, aux lèvres, au nez, aux organes génitaux externes, la peau faire place aux épithéliums, à mesure que nous considérons des parties plus intérieures. L'épithélium peut être simple ou stratifié, selon qu'il est formé d'une ou plusieurs couches superposées; la forme de ces cellules varie beaucoup, comme leurs dimensions d'ailleurs; les unes sont nues, les autres portent des cils vibratiles (voir les Traités d'histologie), mais elles forment une couche à peu près continue, et il en résulte que rien ne peut pénétrer dans l'organisme sans traverser la peau extérieure ou la peau intérieure ou épithélium. A peu près continu, disons-nous, car il semblerait que les cellules épithéliales sont souvent séparées par des espaces intercellulaires.

Ces cellules ne constituent pas seulement le revêtement des cavités internes, poumon, intestin, bouche, estomac, vessie, etc., elles forment encore les éléments sécrétoires des glandes, et les cellules glandulaires sont des cellules épithéliales plus ou moins modifiées.

Il ne faut pas oublier que la peau elle-même possède une couche épithéliale; c'est la couche superficielle, épaissie à un haut degré dans certaines parties comme à la peau du talon, autour des ongles, sur les organes soumis aux chocs (callosités professionnelles, cors, durillons) et *morte*. Cette couche, tout comme l'épithélium infiniment plus délicat du tube digestif, par exemple, se détache à mesure qu'elle vieillit, et s'en va, les couches plus profondes prenant sa place. Elle forme des débris qu'on appelle le *furfur* ou la *couche furfuracée;* ce sont des cellules épithéliales desséchées et mortes. La vie des épithéliums est généralement courte; il y a une mue perpétuelle, une incessante desquamation souvent précédée d'une accumulation de graisse dans les cellules : raclez la peau de l'avant-bras, de la poitrine, de la jambe, etc., et vous verrez sous vos ongles un amas grisâtre, onctueux, formé de cellules épithéliales détachées de la peau, chargée, de graisse, mortes en un mot. Il n'y a pas à s'inquiéter de ce trépas, d'ailleurs, car les couches sous-jacentes prennent la place de la couche morte, et mourront à leur tour, plus tard; l'épithélium se régénère sans cesse du premier au dernier jour de la vie.

Comme la peau, les épithéliums internes jouent un rôle de protection; ils jouent aussi un rôle considérable dans l'absorption et dans l'élimination, diverses substances pouvant les traverser soit des tissus vers les cavités, soit des cavités vers les tissus; tels les gaz (poumon, intestin), telles les liquides (intestin encore et poumon), telle encore la graisse qui passe de la cavité intestinale dans les chylifères.

Comme organes d'élimination, les épithéliums jouent un rôle très actif : toutes les glandes étant formées de cellules épithéliales. (Voir *Sécrétion*.)

PHYSIOLOGIE GÉNÉRALE ET SPÉCIALE
DES MUSCLES

Chacun sait ce qu'est un muscle : c'est une masse généralement plus longue que large, le plus souvent de coloration rouge — chez les animaux supérieurs — formant la *viande* des animaux de boucherie, et douée, à l'état vivant, de la propriété de revenir sur elle-même, de se raccourcir de telle façon que les points sur lesquels s'attachent les deux extrémités du muscle se rapprochent l'un de l'autre, d'où un mouvement généralement amplifié par le fait qu'une de ces extrémités s'insère sur un *levier* osseux ; le raccourcissement n'est guère que de 1/5e de la longueur totale sur le muscle, *in situ ;* mais le muscle tétanisé sur le myographe peut se raccourcir des 2/3. Il y a des mouvements très rapides comme il en est de très lents ; il y a des muscles de différentes sortes, mais en somme leur propriété caractéristique, la *contractilité*, présente partout un certain nombre de traits communs généraux.

Cils vibratiles, mouvements des végétaux. — Le mouvement est propre à tous les êtres vivants ; mais il présente des degrés. Les jeunes cellules, et même beaucoup de cellules fortement différenciées, présentent souvent une motilité très marquée. Les plantes ont une certaine motilité propre, témoin les vrilles de la vigne, par exemple, et les plantes volubiles et grimpantes. Mais, chez elles, le mouvement est effectué non par des muscles rudimentaires, non par des contractions, mais par la turgescence de tissus érectiles. Chez la sensitive, l'*Hydysarum gyrans*, les cynarées, il y a un tissu érectile spécial dont la turgescence détermine, selon les cas, un allongement de la partie à la base de laquelle il est placé, un abaissement ou une élévation, selon que la moitié supérieure ou inférieure du *pulvinus* se gonfle. Il est très intéressant de noter que ces organes de mouvement ont des sortes de nerfs, et que le protoplasma des fibres du liber est un excellent conducteur d'excitations comme l'a vu Dutrochet ; on sait depuis peu d'ailleurs (Gardiner) que le protoplasma est continu d'une cellule à une autre, et qu'il y a communication et continuité directe par des fils protoplasmiques qui passent à travers les parois cellulaires. Les mouvements des plantes, si intéressant, si curieux que soit leur mécanisme, ne nous présentent rien qui rappelle le mouvement musculaire, et pour apercevoir les origines de celui-ci, il faut nous adresser, non aux plantes, qui sont des organismes déjà élevés dans l'échelle biologique — bien que représentant une direction d'évolution très différente à maints égards de celle des animaux — mais aux organismes animaux ou végétaux élémentaires, au règne mixte des protistes (Hæckel) à ces organismes unicellulaires ou composés de plusieurs cellules à peine différenciées qui sont à la base des règnes animal et végétal. Considérons une amibe : c'est une petite masse protoplasmique, incolore, granuleuse, probablement dépourvue d'enveloppe ; nous voyons que ce protoplasma (ou *sarcode* comme l'appelait Dujardin en 1835) change sans cesse de forme : il s'allonge en filaments épais, en prolongements courts, de forme et de direction très variées ; il se déplace au moyen de ces pseudopodes, le protoplasma qui remplit la masse principale venant se déverser tout entier dans tel ou tel de ceux-ci. Chacun a pu observer ces mouvements que Rosel de Rosenhoff (1755) semble avoir été le premier à signaler. Voilà donc un organisme des plus simples, doué de motilité, et le protoplasma dont il est composé accomplit toutes les fonctions vitales : il respire, il absorbe, il désassimile, il se meut. Il est fort rudimentaire au point de vue musculaire, comme aux autres d'ailleurs, et ce caractère rudimentaire de toutes les fonctions est commun à tous les organismes chez qui la division du travail ne s'effectue point, chez qui l'on n'observe pas différentes catégories de cellules spécialisées en vue de fonctions différentes, des cellules glandulaires, nerveuses, osseuses, musculaires, etc.; ces organismes accomplissent toutes les fonctions, mais par cela même que leur unique cellule subvient à toutes, ils ne peuvent pousser bien loin aucune de celles-ci : étant « propres à tout », ils perdent nécessairement en force ce qu'ils gagnent en étendue. Ce caractère est commun à tous les organismes unicellulaires : on le constate chez les amibes, chez les leucocytes (dont Wharton Jones a signalé, en 1846, la motilité propre), chez les rhizopodes et radiolaires où les pseudopodes épars sont remplacés par de longs filaments minces, chez beaucoup de microbes doués d'une motilité très nette (mouvement oscillatoire), chez le protoplasma de nombre de cellules de végétaux élevés (*Nitella syncarpa*, *Tradescantia virginica*), et on constate que ces mouvements ont des relations définies avec les excitations thermiques.

Il en va de même pour les cellules à cils vibratiles qui sont des cellules d'organisation très simple encore, mais dont la motilité est certainement d'ordre supérieur. Découvertes par Antoine de Heide en 1683 sur le manteau des moules communes, ces cellules consistent en une petite masse munie de parois propres, cylindrique, dont une extrémité est allongée en pointe et rattachée à l'organisme, l'autre étant pourvue d'un plateau, ou épaississement, sur lequel sont insérés de 6 à 10 cils ou filaments courts, homogènes, doués d'un mouvement généralement très rapide. On trouve de ces cellules sur le corps de beaucoup d'invertébrés aquatiques ; on trouve des cils vibratiles sur beaucoup d'organismes inférieurs — les infusoires ciliés par exemple, les paramécies que chacun connaît — et le nombre de ces cils varie considérablement : il n'y en a parfois qu'un seul, comme chez les spermatozoïdes des animaux et chez les anthérozoïdes de beaucoup d'algues ; il y en a deux chez les zoospores de l'*Hæmatococcus pluvialis* (algue), quatre chez les zoospores d'*Ulothrix*, etc. Pour étudier les cils vibratiles, on peut employer la membrane buccale ou pharyngienne, ou encore l'œsophage d'une grenouille récemment tuée : la paroi interne de ces membranes est couverte de cellules à cils, et si l'on fixe l'œsophage ouvert sur une planchette, et si l'on place ensuite sur cet œsophage quelques grains de vermillon ou de charbon, on voit ces grains se déplacer dans un sens constant (vers l'estomac). On peut encore introduire dans l'œsophage une tige en verre mouillée avec un peu d'eau salée, et si celle-ci n'est ni trop mince ni trop épaisse, on voit se déplacer l'œsophage le long de la tige, poussé par ses cils vibratiles qui prennent un appui sur elle, ou bien, on peut faire la *limace artificielle* de M. Duval : on dépose un fragment de cet œsophage sur une surface humide, les cils étant du côté inférieur, en contact avec cette surface : le fragment se déplace. Chez les mammifères, il y a des cellules à cils dans la trachée, les bronches, la pituitaire, l'utérus, la trompe de Fallope, les canaux biliaires, lacrymaux, etc. ; il y en a plus encore chez l'embryon (ventricules cérébraux et le canal central de la moelle). Le mouvement des cils s'effectue toujours dans le même sens, avec un rythme régulier, et ce mouvement rappelle celui d'un champ dont les blés sont inclinés par le vent ; il est parfois si rapide (plus de 1 000 par minute) qu'on ne distingue guère qu'une légère ondulation comme celle d'un courant d'eau qui s'écoulerait sur la surface examinée. L'inclinaison des cils se fait successivement : le mouvement gagne de proche en proche (Ranvier) ; le mouvement sert tantôt à la locomotion (Paramécies, larves de mollusques, etc.), tantôt à la respiration en renouvelant l'eau qui est au contact du corps, et ailleurs à l'expulsion des poussières, mucosités, etc., (homme) ou à la déglutition (grenouille). On a distingué différentes sortes de mouvement ciliaire : en crochet, comme un doigt qui s'étend et se replie tour à tour : infundibuliforme, le cil oscillant de façon à dessiner un cône dont sa base d'attache forme le sommet ; pendulaire, où le cil oscille d'un côté à l'autre ; d'inclinaison, etc. La vitalité des cellules ciliées est très grande : on en trouve encore en activité dans le cadavre putréfié. Les mouvements cessent si les cils sont séparés du plateau, mais non si le plateau avec ses cils est séparé du reste de la cellule. La chaleur accroît la motilité jusqu'à + 40° centigrades ; le chloroforme et l'éther la suspendent temporairement ; les courants faibles ou moyens sont sans action ; les courants forts paralysent ; CO^2 ralentit ; à dose faible les acides et alcalins accélèrent, à dose forte ils arrêtent le mouvement. Calliburcès, Ranvier et Engelmann ont imaginé des appareils enregistreurs du mouvement ciliaire ; ils consistent essentiellement en un corps léger posé sur la surface vibratile, et fixé de façon à pouvoir tourner sur lui-même, mais non se déplacer : on amplifie le mouvement de rotation au moyen d'une aiguille qui se meut le long d'un cercle gradué.

Le mouvement ciliaire est un mouvement protoplasmique ; il n'y a pas là le moindre muscle. Engelmann le croit dû à des changements de forme de particules élémentaires qu'il appelle des *inotagmes*, et qui au repos seraient allongées, et dans la contraction sphériques.

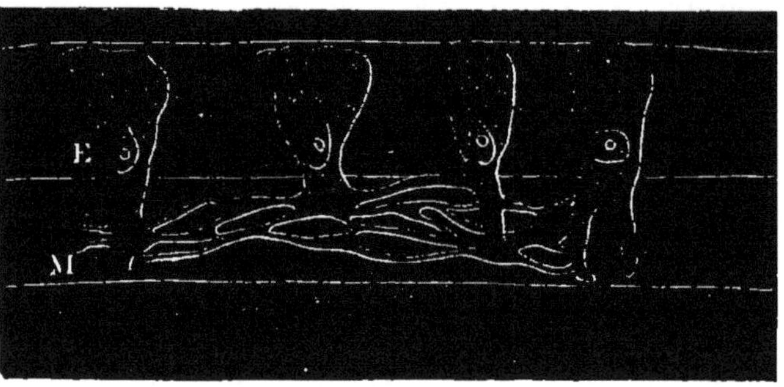

Fig. 58. — Cellules neuro-musculaires de l'hydre d'eau douce. E, ectoderme renfermant la partie protoplasmique, et M, mésoderme renfermant la partie filamenteuse de ces cellules.

Cellules neuro-musculaires. — Un commencement de différenciation de cellules spécialement motrices, et mieux appropriées à une véritable fonction musculaire s'observe dans les *cellules neuro-musculaires* découvertes par Kleinenberg chez l'hydre d'eau douce : on y voit un passage entre la cellule « bonne à tout faire » et celle qui est spécialisée pour le mouvement, la cellule musculaire vraie. Elles comprennent une masse cellulaire, arrondie, formant peau ou ectoderme, et un certain nombre de filaments allongés, contractiles, naissant de la partie profonde de ces cellules, et plongeant dans le mésoderme. Elles doivent leur nom au fait que l'excitation de la masse principale, cutanée, est suivie d'une contraction des fibres situées dans le mésoderme; la masse principale serait conductrice d'excitation nerveuse, en quelque sorte, et les filaments seraient en quelque sorte musculaires. Entre ces cellules neuro-musculaires et la véritable cellule musculaire, toutefois il y a encore des différences : peut-être décrira-t-on quelque jours des formes intermédiaires qui ont jusqu'ici échappé à l'attention? Il est temps d'en venir aux fibres musculaires proprement dites. Elles sont de deux sortes, et nous résumerons brièvement leurs caractères, renvoyant pour plus amples détails aux traités d'histologie.

Fibres lisses et striées. — La fibre musculaire lisse (muscle de la vie de nutrition) a une longueur qui varie entre 6 et 13 centièmes de millimètre et un maximun de 4 centimètres; elle est effilée, homogène ou légèrement granuleuse, et contient un noyau : elle présente quelquefois, et surtout après l'emploi de certains réactifs, un léger indice de striation transversale. Rouget pense qu'en réalité elle est composée de fibrilles très fines, onduleuses, juxtaposées. Ces sortes de fibres abondent dans les parois du tube digestif, de la vessie et des uretères; on en trouve dans les poumons, les artères, la peau : c'est-à-dire dans les organes de la vie végétative. Chez beaucoup d'invertébrés, ce sont les seuls muscles que l'on rencontre, mais tandis qu'ils conservent leurs caractères physiologiques spéciaux, — la lenteur de la contraction, entre autres — dans les organes de la vie végétative, ils acquièrent des caractères très supérieurs dans les organes de la vie de relation (de Varigny), sans qu'on ait indiqué de différences essentielles de structure. Mais nous reviendrons plus loin sur ce point. Les muscles striés (muscle de la vie de relation) ont une structure beaucoup plus complexe. Ces fibres se rencontrent dans les muscles soumis à l'influence de la volonté, muscles des membres, du tronc, etc. Elles ont de 12 à 20 millièmes de millimètre de diamètre, présentent une striation transversale très marquée, et sous la membrane (sarcolemme ou myolemme), qui les entoure, on reconnaît la présence d'un grand nombre de fibrilles distinctes, d'où une apparence striée manifeste dans le sens longitudinal. Ces fibrilles semblent formées de courts segments alternativement clairs et foncés placés bout à bout, et comme ces segments occupent le même niveau dans l'ensemble des fibrilles ils déterminent l'aspect strié de la fibre dans le sens transversal ; quand on parle de la striation de cette sorte de fibres, c'est à la striation transversale qu'on fait allusion. L'emploi des réactifs détermine dans ces fibres striées des dissociations sur lesquelles il a été beaucoup épilogué, et on est arrivé à y voir des éléments variés. Il semble, d'après Engelmann et les nombreux histologistes qui se sont attaqués à la question, que la fibre musculaire est composée de segments ou disques placés bout à bout, alternativement isotropes et anisotropes, ces disques se subdivisant d'ailleurs en des éléments divers. Il faut convenir que les résultats sont peu satisfaisants et peu intelligibles, et l'histologie a beaucoup à faire encore dans cette étude. Signalons pourtant, pour mémoire, l'idée de Rouget qui considère les fibrilles comme des filaments enroulés en spirale : les stries correspondraient aux bords des filaments, et les espaces clairs entre les stries correspondraient à l'intervalle entre deux tours de spire. Si donc la fibre musculaire est de nature cellulaire — et il faut bien l'admettre — on devra convenir que c'est une cellule très profondément modifiée, quelle que soit l'hypothèse à laquelle on se rattache au sujet de sa structure intime.

Innervation des muscles. — Chaque fibre reçoit au moins une fibre nerveuse : dans les régions où les muscles paraissent le plus richement innervés (muscles de l'œil), il y a un filet pour de trois à dix fibres musculaires se subdivisant en autant de filets plus petits ; dans les muscles des membres, il y a un filet pour de quarante à quatre-vingts fibres musculaires. On ne connait pas au juste la relation entre les éléments musculaires et nerveux : on sait bien que le nerf s'épanouit en se ramifiant dans une sorte de masse granuleuse au-dessous du sarcolemme (colline de Doyère) en perdant sa myéline, et en formant la *plaque motrice* terminale (Rouget), mais la nature du rapport intime entre le muscle et le nerf échappe. Il semble qu'il n'y ait pas continuité d'après Kühne, et on ne peut faire que des conjectures au sujet de la façon dont une impulsion nerveuse vient exciter la fibre musculaire et l'amener à se contracter. Chaque filet se subdivise en filets plus petits qui vont aboutir aux fibres musculaires, chacune de celles-ci possédant au moins une terminaison nerveuse. Il en résulte que l'excitation d'un même filet nerveux, à moins d'opérer sur les subdivisions ultimes, met en mouvement un plus ou moins grand nombre de fibres musculaires. On comprendra sans peine que plus le nombre des filets nerveux est considérable par rapport aux fibres musculaires, plus les mouvements pourront être variés. C'est ce qui a lieu pour les muscles de l'œil : il y a presque autant de filets nerveux que de fibres ; les filets nerveux se subdivisent peu, et chacun d'eux n'innerve guère plus de deux ou trois fibres, aussi les mouvements de l'œil sont-ils infiniment variés en raison des contractions partielles qui sont rendues possibles par la subdivision — physiologique — de chaque muscle en une infinité

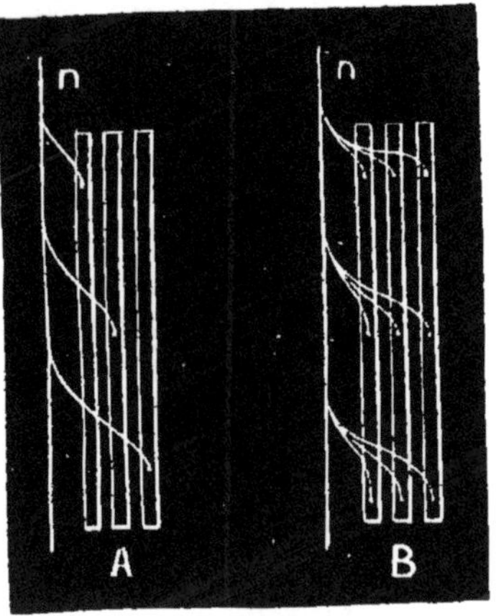

Fig. 59. — Schéma représentant la distribution des nerfs aux faisceaux primitifs des muscles longs.

A distribution simple, plaque unique. — B distribution complexe, plaques multiples et étagées. (D'après M. A. Chauveau.)

de petits muscles. Dans une grande mesure, en effet, un muscle où chaque fibre reçoit un filet spécial doit être considéré comme un faisceau de muscles indépendants.

Les histologistes admettent que, dans les muscles courts, chaque faisceau primitif reçoit une seule terminaison nerveuse. M. Chauveau s'est récemment (*Arch. de Physiol.*, 1889, p. 1) demandé s'il en est de même pour les muscles longs. Deux hypothèses se présentent : elles sont schématisées dans la figure 59. L'anatomie ne pouvant guère répondre à la question — car il est difficile de suivre des faisceaux ayant jusqu'à 30 et 40 centimètres de longueur — M. Chauveau a eu recours à une méthode très ingénieuse dont voici le principe. Considérez les schémas ci-joints. Si on coupe le nerf *n* après qu'il a abandonné le premier filet, ou le premier trio de filets, que se passera-t-il ? Il y aura dans l'hypothèse A affaiblissement autrement considérable que si l'innervation est conforme à l'hypothèse B, et en outre, avec A, il y aura affaiblissement général, alors qu'avec B, il y aura paralysie de la partie inférieure, du muscle, et persistance intégrale de la contraction de la partie supérieure. M. Chauveau a donc étudié par la méthode graphique la contraction du muscle sterno-mastoïdien partiellement énervé, et les faits lui ont montré que c'est l'hypothèse B qui est exacte.

Contraction musculaire. — Et maintenant, venons-en à l'étude de la fonction propre des muscles, à sa contraction [1].

Contractez votre biceps par exemple en soulevant un poids, ou à blanc en contractant aussi ses antagonistes : il se produit

[1] Ce qui suit s'applique également aux muscles lisses et aux muscles striés à de petites différences près. Il n'y a pas entre les deux ordres de fibres de différences essentielles. Chez les animaux supérieurs sans doute, les fibres lisses ont une contraction lente, et sont soustraites à l'action de la volonté (bien que l'iris et le muscle ciliaire des mammifères aient des fibres lisses et, que leur contraction soit rapide, alors que le cœur, à fibres striées, est soustrait à l'influence de la volonté), mais chez les invertébrés les fibres lisses sont souvent les agents des mouvements volontaires, et chez certains d'entre eux (céphalopodes) ces fibres ont une contraction rapide, plus rapide que celle de beaucoup de muscles striés d'invertébrés (crustacés divers). Dès lors, il n'y a pas lieu de séparer l'étude des uns de celle des autres : il suffira de dire que chez les vertébrés la fibre lisse est généralement plus lente à se contracter, qu'elle se rencontre surtout dans les *appareils de la vie organique* (Bichat), et qu'elle est plus thermosystaltique que la fibre striée. Le curare semble ne point agir sur elle comme sur cette dernière, mais ceci peut tenir à une différence d'innervation.

un changement de forme manifeste, le muscle devient plus court, et sa partie moyenne prend une forme globuleuse, et augmente de volume en même temps que de consistance. Disons-le de suite, cette augmentation de volume, très réelle pour une partie du muscle, n'existe pas si l'on considère celui-ci dans sa totalité. Barzellotti a démontré, en effet, en 1796, que si l'on place une patte de grenouille dans un vase plein d'eau, surmonté d'un bouchon en verre creux, de calibre très étroit, également plein d'eau, dont le niveau s'abaisserait et s'élèverait notablement pour le moindre changement de volume de l'eau du vase, ce niveau ne change aucunement pendant la contraction. Si le muscle gagne en volume en certains points, il perd de sa longueur : le volume demeure invariable. On peut faire la même expérience en remplaçant la patte de grenouille par une anguille vivante (C. Richet) ; que l'anguille s'agite ou demeure tranquille, le niveau de l'eau reste le même. Le volume total du muscle ne change donc pas [1].

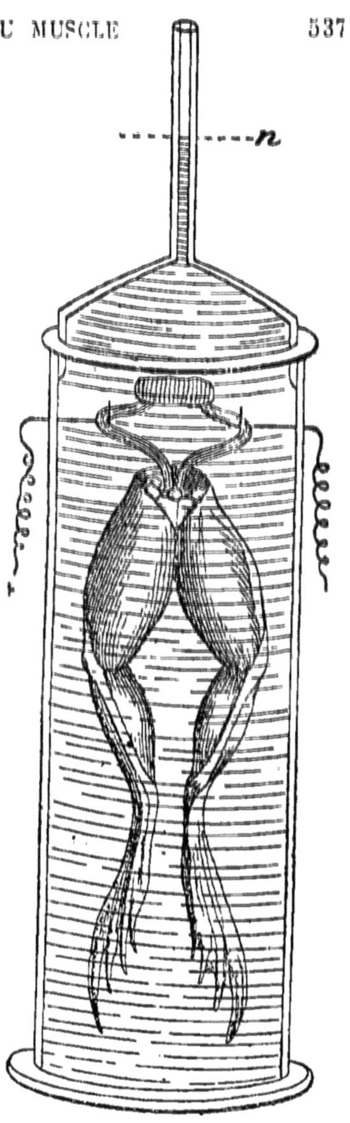

Fig. 60. — Expérience de Barzellotti montrant que le niveau d'eau (n) ne change pas durant sa contraction des muscles de la grenouille lors du passage du courant.

[1] Erman affirme pourtant que le niveau de l'eau baisse, et que par conséquent le muscle en se contractant *diminue* de volume.

Mais le volume de certaines parties de celui-ci change, et sa longueur varie aussi. On ne peut pas étudier ces variations de longueur et de volume, non plus du reste que l'ensemble

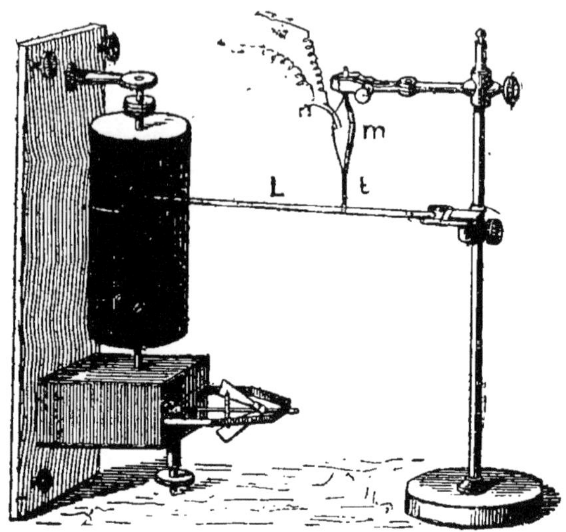

Fig. 61. — Schéma du myographe de Helmholtz : *m*, muscle auquel aboutissent les fils électriques. — *t*, attache du muscle sur le levier L dont les oscillations verticales s'inscrivent sur le cylindre vertical pivotant sur lui-même.

de la physiologie du muscle sans appareils appropriés, et c'est de ce besoin qu'est née la *myographie*, la méthode actuellement usitée pour l'enregistrement de la secousse musculaire.

Myographie. — Le premier myographe date de **1850**; il est dû à Helmholtz. On ne l'emploie guère en France où celui de Marey a pris sa place, étant plus facile à employer. Ce dernier consiste essentiellement en une tige légère dont une extrémité, fixe, forme pivot, l'autre étant libre et mobile. Si à cette tige, vers le milieu de sa longueur, ou mieux, à petite distance du point fixe, on attache un fil relié à un muscle tendu dont l'autre extrémité est fixée, immobile, à chaque contraction du muscle, on aura un mouvement du levier, et, à contraction égale, le mouvement sera d'autant plus ample que l'insertion du fil se fera en un point plus rapproché du pivot. Ce mouvement, il est facile de l'inscrire, par la méthode graphique, sur un cylindre revêtu de papier enfumé (ou sur une plaque) animé d'un mouvement régulier. Le myographe ressemble absolument au bras et à l'avant-bras ; le levier, c'est l'avant-bras pivotant autour de l'extrémité inférieure de l'humérus ; le pivot, c'est l'articulation du coude, l'humérus étant immobilisé, et le muscle en expérience, c'est le biceps, inséré, on le sait, très près de l'articulation ; aussi le mouvement de l'avant-bras sur le bras est-il très ample, comparé au raccourcissement réel du biceps. Pour obtenir de bons tracés myographiques, il importe que le muscle soit légèrement tendu, surtout s'il repose à plat, car autrement, il ne reviendrait que lentement et imparfaitement à sa position première, après la contraction. Dans le myographe de Helmholtz, le fil qui relie le muscle au levier supporte en même temps un petit poids qui contribue à détendre le muscle, à le ramener à sa position allongée, une fois qu'il ne se contracte plus ; dans celui de Marey, un poids s'enroule au milieu du pivot et tend à entraîner le levier en sens inverse du muscle (on gradue le poids selon la force du muscle) ou bien, le levier est maintenu ou ramené en place par un ressort léger, comme dans le myographe à ressort ; mais le myographe à poids vaut mieux, la résistance qu'offrent le levier et le poids étant constante, tandis que celle du ressort est variable.

On se sert généralement de l'électricité pour exciter les muscles, et surtout des courants induits ; on varie l'intensité de ceux-ci à volonté, et comme piles on emploie de préférence les Daniell, plus régulières et constantes que les piles au bichromate ; et comme il est nécessaire de connaître le moment où le muscle a été excité, on intercale un signal de Desprez sur le trajet de l'appareil excitateur au muscle, de telle sorte qu'au moment où le muscle est excité, et tant qu'il demeure soumis à l'action de l'électricité, la plume inscrivante de ce signal — qui est un petit électro-aimant — change de position. Si l'on a soin de bien placer l'extrémité du levier inscripteur et de la plume du signal sur la même ligne, il est facile d'opérer différentes mensurations et comparaisons, surtout au point de vue du temps : connaissant la vitesse du cylindre, ou mieux inscrivant en même temps que le graphique musculaire et le signal des excitations, les vibrations d'un diapason donnant le 1/100e ou le 1/200e de seconde, on peut voir exactement combien il s'écoule de temps entre l'excitation et la réaction, etc.

Voici un muscle — un gastrocnémien de grenouille par

exemple, c'est le muscle classique en pareil cas, — disposé sur le myographe. Il n'est point trop tendu, et pour empêcher le desséchement on l'humecte d'eau de temps à autre, ou bien on le recouvre d'une petite cage de verre, ne laissant passer que le fil allant au levier. A ses deux extrémités aboutissent deux électrodes, ou encore, le sciatique a été conservé et repose sur celles-ci. Levier et signal sont rapprochés, les

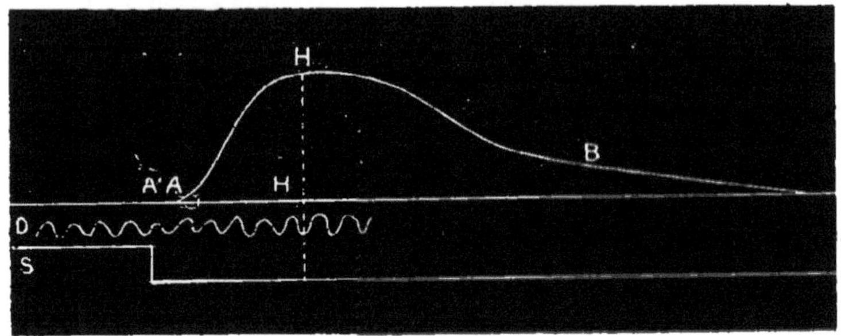

Fig. 62. — Secousse musculaire, muscle de grenouille tendu par un poids faible. Vitesse maxima du cylindre. (D'après C. Richet.)

plumes étant rigoureusement au même niveau ; un diapason inscrit ses vibrations, et on excite le nerf ; aussitôt le muscle se contracte, puis il se relâche, et sur le cylindre nous avons un graphique du genre de celui qui est figuré ici. Il s'agit d'interpréter ce graphique. Il y a là trois éléments à considérer : le temps écoulé entre l'excitation et la réaction, ou *période latente ;* la période *d'ascension* ou de *raccourcissement ;* la période de descente ou de retour à l'état premier, la période de *relâchement*.

Période latente. — Cette période (fig. 62) est d'environ un centième de seconde. Il semble toutefois que ce chiffre soit plus faible en réalité; il serait de 8,6, peut être même *4 millièmes* de seconde ; mais il ne faut pas oublier que pour le même muscle la période latente a des durées très variables selon différentes conditions : en effet la période latente est plus courte si le courant est fort, si le muscle est frais, si le poids qu'il supporte est faible, et s'il fait chaud, que dans les conditions inverses : les différences peuvent être du simple au double ou au triple ; la période latente a encore une durée variable selon le moment où l'on excite le muscle

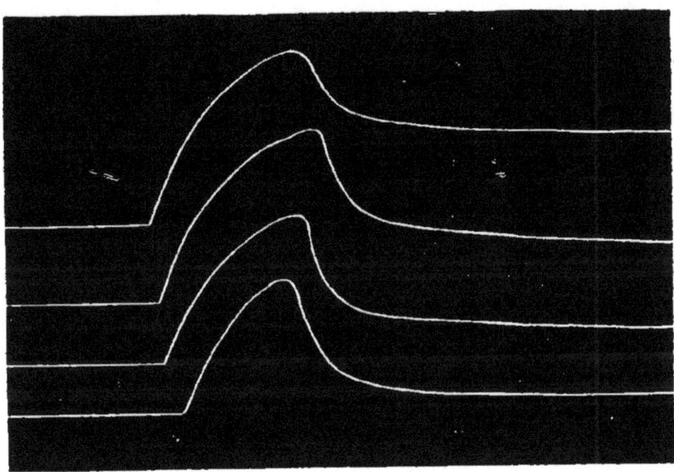

Fig. 63. — Tracé de *Pagurus Prideaxii* montrant l'influence des variations du poids sur la forme de la contraction. Le poids = successivement 5 grammes (ligne supérieure), 10, 15 et enfin 20 grammes (ligne inférieure. (A lire de gauche à droite.)

si on l'excite pendant qu'il est déjà en voie de contraction, la période latente est plus courte que lors de l'excitation survenant durant le repos, — elle peut n'être que de 0s,002 ou 0s,003 — ou durant la décontraction.

Il y a des variations sensibles dans la durée de la période latente chez les muscles striés de différents animaux, à conditions extérieures comparables ; elle peut osciller entre 0s,002 et 0s,07. Chez les muscles lisses de la vie végétative, la période latente est très longue, et se chiffre par secondes entières ; mais chez les muscles lisses de la vie de relation de nombreux invertébrés, elle est assez courte, comme l'a montré de Varigny ; elle peut n'être que de deux ou trois cent vingtièmes de seconde pour les muscles du manteau de la Seiche et du Poulpe, alors qu'elle est dix et vingt fois plus longue pour le jabot, le rectum, l'œsophage des mêmes animaux. Pourtant chez la plupart des invertébrés les muscles lisses de la vie de relation demeurent très lents : tels ceux de l'escargot ou de la limace, des holothuries, etc., mais encore, même chez ceux-ci, la période latente reste inférieure à une demi-seconde. On remarquera

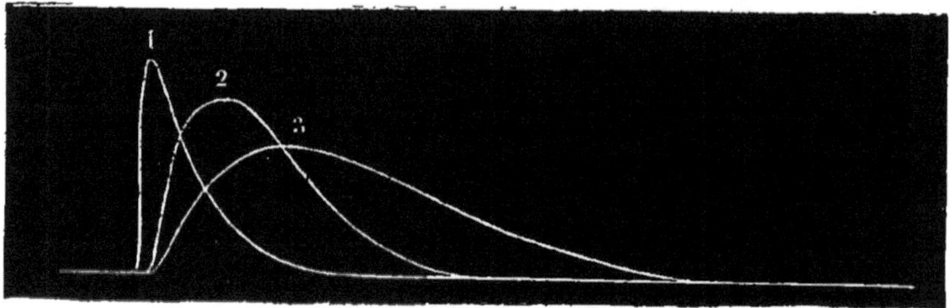

Fig. 64. — Graphique du même muscle frais (1), un peu fatigué (2), et plus fatigué encore (3).

en passant que les muscles striés des invertébrés ont une période latente généralement plus longue que celle des mêmes muscles chez les vertébrés supérieurs; elle est de deux cent-vingtièmes de seconde au moins[1]. Au surplus on observe dans les muscles lisses ou striés des invertébrés les mêmes variations que chez les muscles striés des vertébrés, sous les mêmes influences : force de l'excitation, fatigue, etc., etc.

Forme de la secousse. — Relativement à l'amplitude de la secousse musculaire, on remarquera l'absence de plateau entre les deux périodes d'ascension et de descente, et la longueur plus grande de la période de descente qui dure deux ou trois fois plus longtemps que la période d'ascension. Du reste la forme du graphique varie énormément selon les conditions expérimentales. Plus l'excitation est forte, et plus la secousse est haute; plus le poids est lourd, moins le graphique a de hauteur; et on peut dire d'une

[1] Voir H. de Varigny : *Recherches Expérimentales sur la Contraction Musculaire chez les Invertébrés*, 1880.

façon générale que toutes les causes capables d'agir sur l'activité musculaire, la température, l'anémie, la fatigue, etc., retentissent sur la forme de la secousse : un muscle fatigué par des excitations trop nombreuses, un muscle anémié, — ceci est surtout le cas pour les muscles des vertébrés supérieurs, homéothermes — un muscle qui soulève un poids lourd, ou qui est refroidi, fournit un tracé moins ample que le muscle dans les conditions opposées : la période d'ascension au lieu d'être brusque, rapide, est lente, allongée, et la hauteur est moindre.

Contracture. Contraction idio-musculaire. Onde secondaire. — Quand, au lieu d'exciter un muscle de façon modérée, on lui envoie une excitation très forte, on voit se produire dans le graphique une modification très marquée : la période de descente se fait en deux temps, le premier assez rapide, séparé souvent du second, qui est très lent, par un plateau, une période d'arrêt dans la décontraction : on donne à ce second temps le nom de *contracture* (fig. 65). Ce phénomène est commun aux muscles lisses et striés, et il en est de même pour un autre qui s'en rapproche peut-être, la contraction *idio-musculaire* (Schiff). Celle-ci s'observe admirablement sur les muscles des holothuries, sur ceux du *Stichopus regalis* par exemple, mais on peut la constater sur tous les muscles lisses ou striés que l'on excite mécaniquement et localement en les rayant transversalement avec le dos d'un scalpel par exemple; on voit se former une sorte de nœud ou de gonflement qui persiste quelque temps sans se propager ni déplacer, et qui offre la forme d'une raie ou d'un monticule, selon que l'on a rayé le muscle ou qu'on en a touché un point très limité : chez le *Stichopus* la raie ou le monticule peut durer jusqu'à dix minutes, s'il fait froid ; mais même à 25° C., il persiste quelques minutes.

Chez la Seiche ou l'Élédone, la raie disparaît très vite, en quelques secondes au plus (Frédéricq, de Varigny).

Un phénomène qui a plus de rapports que le précédent avec la contracture est celui qui porte le nom d'*onde secondaire* (C. Richet). On dit qu'il y a onde secondaire quand le muscle, après avoir été excité, et s'être relâché en totalité

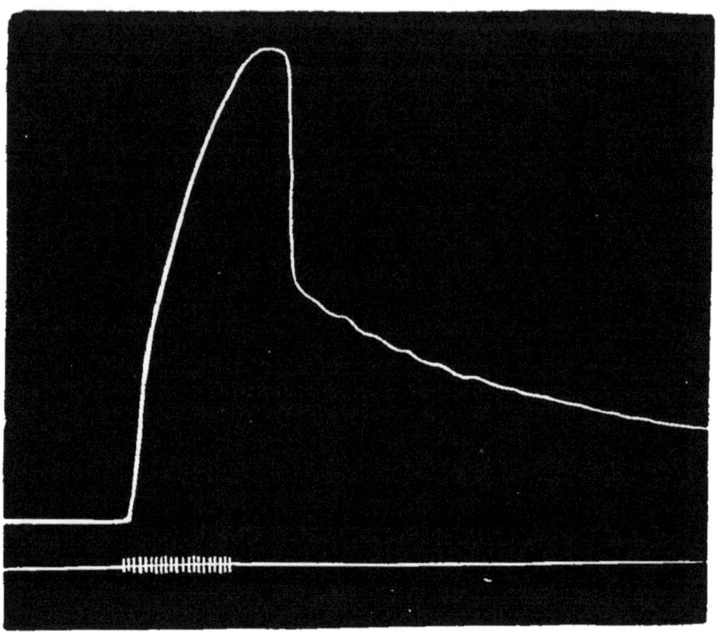

Fig. 65. — Tracé d'*Eledone moschata* indiquant la forme du graphique correspondant à la contracture.

ou en partie « se contracte de nouveau par saccades, comme par ondées, en sorte qu'il regagne à peu près la position qu'il avait acquise pendant son tétanos. Il reste ainsi contracturé durant un temps variable, puis il se relâche de nouveau et retourne graduellement, très lentement, à son point de départ[1] ». Pour observer cette onde il faut un muscle frais, point fatigué, soulevant un poids faible, et des excitations

[1] C. Richet. *Physiologie des Muscles et des Nerfs*, Alcan, 1882, p. 80-81.

assez fortes (fig. 66). La contracture n'est peut-être due qu'à une onde secondaire insuffisante pour déterminer une con-

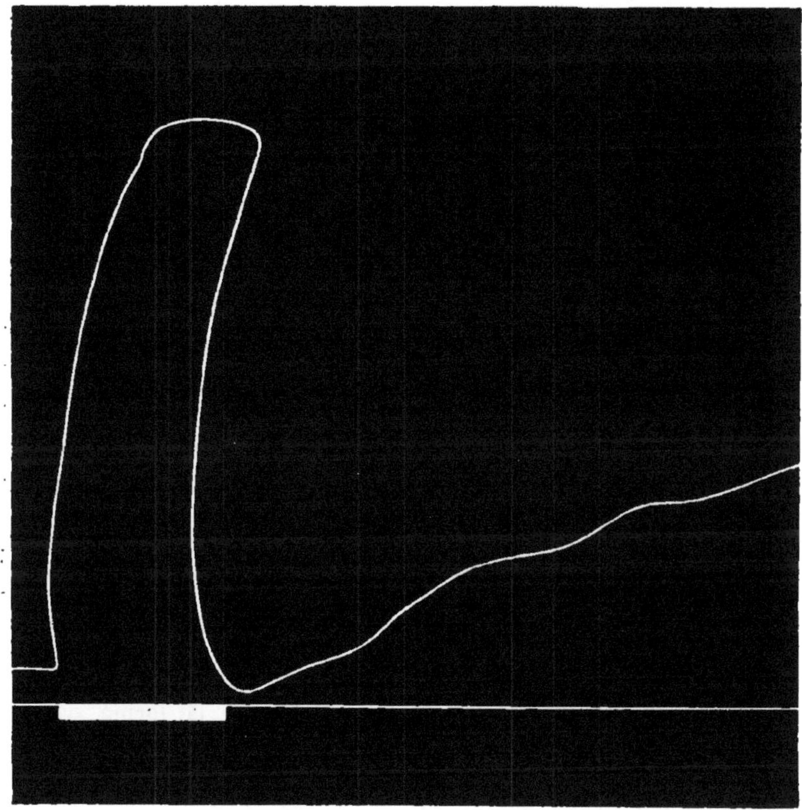

Fig. 66. — Onde secondaire (d'après C. Richet). La ligne inférieure indique les excitations électriques qui ont provoqué un tétanos. On voit qu'immédiatement après le tétanos le muscle est devenu plus extensible qu'avant l'excitation. Puis sa courbe remonte graduellement par saccades successives (muscle d'écrevisse).

traction nouvelle, mais suffisante pour arrêter la décontraction ; on observe en effet des formes de passage très nettes de l'une à l'autre. En tout cas les deux phénomènes nous montrent qu'à la suite d'une excitation il se fait dans le muscle une série de modifications plus ou moins durables qui peuvent certainement demeurer cachées, mais qui peuvent aussi se manifester nettement.

On voit de la sorte que la forme de la secousse musculaire peut varier considérablement.

Néanmoins, on peut dire d'une façon générale que, dans des conditions moyennes, la contraction des muscles striés est rapide, brève, et que celle des muscles lisses est d'ordinaire longue, lente, sauf pour les muscles lisses de la vie de relation de certains invertébrés. Même entre muscles striés d'ailleurs il y a des différences non seulement d'une espèce à une autre, mais chez la même espèce, les muscles pâles du lapin se contractant plus vite que les muscles rouges du même animal (Ranvier), les muscles striés de la queue de l'écrevisse et du Bernard-l'hermite ayant une contraction plus brève que celle du muscle de leur pince (C. Richet et de Varigny). Peut-on aller jusqu'à admettre avec Cash que chaque muscle possède sa courbe propre ? Cela est assez problématique, car il est bien difficile d'égaliser les conditions proportionnellement, et sans cette égalisation on ne peut obtenir de résultats comparables.

Différents poisons modifient plus ou moins la forme de la secousse musculaire ; le chloroforme en diminue la hauteur, le curare aussi, et beaucoup d'autres substances ; mais nulle n'agit de façon plus caractéristique que la vératrine étudiée récemment avec beaucoup de soin par M. Rondeau. Le muscle empoisonné par cette substance se contracte normalement ; mais sa décontraction est très particulière ; elle s'accompagne d'une onde secondaire d'autant plus prononcée que l'empoisonnement est plus intense, et qui ralentit énormément la période de décontraction.

Addition latente. Tétanos musculaire. — Nous n'avons considéré jusqu'ici que les effets d'une excitation unique, modérée; il nous faut voir maintenant comment se comporte le muscle excité plusieurs fois de suite à intervalles rapprochés. Excitons donc un muscle deux fois de suite, en succession rapide, de façon que la seconde excitation l'atteigne pendant qu'il commence à se contracter : nous obtenons une secousse unique, mais plus forte, plus ample que la secousse déterminée par une seule excitation (Helmholtz). Ceci ne nous surprend point, car nous savons qu'une excitation forte produit un effet plus considérable qu'une excitation faible, et nous comprenons que deux excitations ont plus de force qu'une seule. Mais en étudiant le phénomène de plus près, nous constatons qu'il y a quelque chose d'autre qui du reste contribue à expliquer l'influence considérable de la seconde

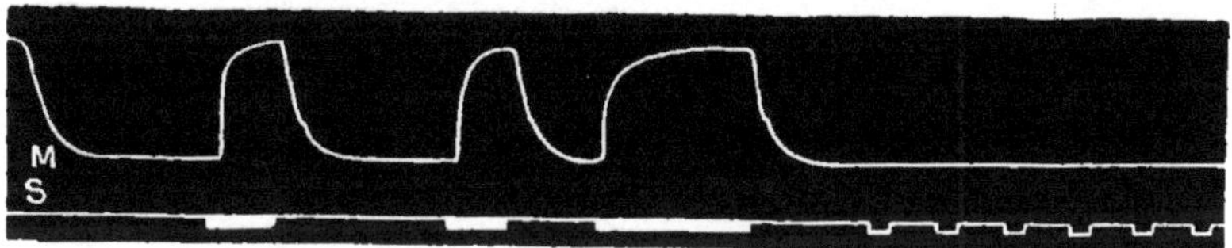

Fig. 67. — Addition latente (d'après C. Richet). Excitations d'intensité égale, mais de rythme variable. A droite de la figure, elles sont espacées et ne provoquent pas de mouvements, tandis qu'à gauche elles sont fréquemment répétées et provoquent un tétanos. Muscle d'écrevisse.

excitation. Excitons encore un muscle, mais en graduant la force du courant de telle façon qu'il soit trop faible pour déterminer une contraction. Nous excitons ; pas de mouvement ; nous excitons de nouveau, rien ; nouvelle excitation, rien encore, et de la sorte, trois, quatre, cinq ou six excitations passent inefficaces.

Puis tout à coup, sans que rien ait été changé au courant, voilà les excitations qui déterminent une contraction ; celle-ci est d'abord faible, mais à mesure que les excitations se succèdent, la contraction devient plus forte, et finit par atteindre une amplitude qui demeure constante. Puisque rien n'est changé au courant, il ne peut y avoir eu de modification que dans le muscle : l'excitabilité de celui-ci s'est accrue sous l'influence des excitations successives, et on dit qu'il y a *addition latente* (Ch. Richet) ou sommation. Cette addition latente s'observe d'ailleurs aussi bien quand la première excitation est suivie d'une contraction que dans le cas où elle demeure inefficace, mais pour bien l'observer, il faut opérer avec des courants faibles, tout juste suffisants — ou insuffisants — pour la production d'une contraction. Maintenant

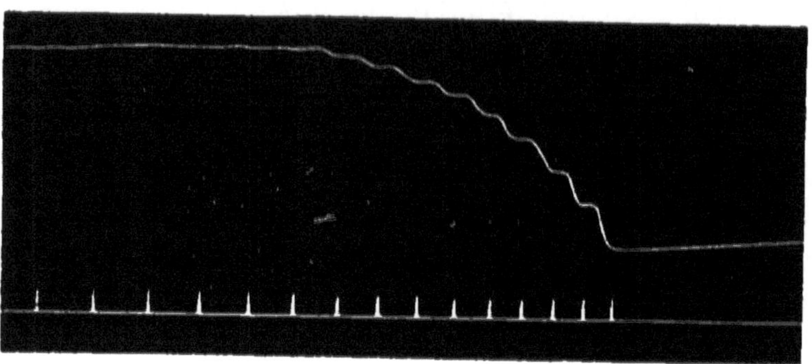

Fig. 68. — Tétanos d'abord incomplet, puis complet du muscle caudal du *Pagurus callidus*. Il n'y a pas de différence réelle dans le rythme des excitations, mais le cylindre tourne plus lentement au début.

excitons le muscle, en employant des courants faibles toujours, mais suffisants pour provoquer une contraction moyenne, et excitons-le plusieurs fois de suite, à intervalles tels que chaque excitation atteigne le muscle après qu'il s'est relâché (cet intervalle variera selon le muscle, selon la durée de sa secousse). Le rythme des excitations étant peu fréquent, nous aurons une série de contractions isolées, naturellement. Accélérons maintenant le rythme : chaque excitation atteignant le muscle avant qu'il n'ait pu se relâcher, il n'y aura plus qu'une décontraction incomplète, et le tracé nous montrera que le muscle est en état permanent de contraction, avec de légers accroissements de contraction lors des excitations : le tracé est ondulé. Le muscle est alors en tétanos physiologique (Helmholtz), mais incomplet : pour avoir un tétanos complet, il nous suffira d'accélérer encore le rythme des excitations. Ce rythme nécessaire varie selon les muscles, naturellement ; pour obtenir le tétanos complet, il est nécessaire et suffisant que le muscle soit excité avant d'avoir commencé à se relâcher, et comme la durée de la période d'ascension varie *selon les muscles* et *selon les conditions expérimentales*, le rythme variera selon le muscle et

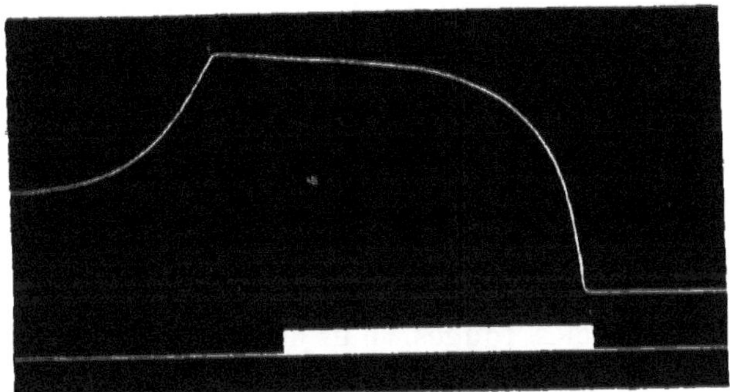

Fig. 69. — Tétanos complet d'emblée du muscle caudal du *Pagurus callidus*.

selon les conditions expérimentales aussi ; il variera selon les différents muscles à conditions égales ; il variera pour le même muscle, selon qu'il est fatigué ou non, selon que l'irrigation sanguine est bonne ou non, selon la température, selon le poids à soulever, en un mot selon toutes les conditions aptes à modifier la durée de la période de raccourcissement. Opérons sur des muscles différents, dans des conditions aussi égales que possible, et nous voyons que pour obtenir le tétanos complet il faut un rythme de 300 excitations par seconde pour les insectes, de 100 pour les oiseaux, de 60 pour le cobaye, de 40 pour l'homme, de 30 pour la grenouille (gastrocnémien, car pour l'hyoglosse 15 suffisent), de 3 pour la tortue et de 0,1 pour l'escargot (C. Richet). Pour différents crustacés (crabes, Bernard-l'Hermite, etc.), il faut de six à huit excitations doubles par seconde, en hiver ; pour les muscles lisses d'invertébrés, les chiffres varient énormément : l'intervalle entre les excitations pouvant être de six ou huit secondes, chez certains mollusques, ou seulement de un dixième de seconde (de Varigny). Il est intéressant de noter — et c'est là une confirmation du fait énoncé plus haut de la variabilité de la secousse selon le muscle considéré, chez le même animal — que pour produire le tétanos il est besoin de rythmes parfois très différents quand on opère sur différents muscles du même animal. Ainsi un rythme qui suffira à produire le tétanos dans le muscle de la pince de l'écrevisse ou du Bernard-l'Hermite sera insuffisant si l'on s'adresse au muscle abdominal des mêmes crustacés, ce dernier possédant une contraction beaucoup plus brève et rapide, et les mêmes différences s'observent quand on considère différents muscles d'une même grenouille, d'un même lapin (muscles pâles, rapides, et muscles rouges, plus lents, Ranvier), ou d'un même insecte. Il est également intéressant de remarquer combien le rythme nécessaire à la production du tétanos varie pour un même muscle individuel selon son état, c'est-à-dire selon les conditions intérieures ou extérieures. Si le muscle est échauffé, sa contraction est plus rapide, et alors il faut un rythme plus rapide ; s'il est fatigué, il se contracte plus lentement, et alors il suffit d'un rythme plus lent, comme dans le cas du muscle refroidi ou anémié.

Le tétanos une fois établi, que se passe-t-il si les excitations continuent à se produire ? Le tétanos va-t-il durer tant que durera l'excitation ? Cela dépend du muscle. Tel restera longtemps en état de tétanos, jusqu'à sa mort (pince de l'écrevisse détachée du corps) ; tel autre, au bout d'un temps parfois très court, s'épuise et se relâche (muscle abdominal du même animal). Dans le premier cas, la rigidité cadavérique fait suite au tétanos, et ceci justifie, dans une certaine mesure, l'opinion d'Hermann qui voit dans la contraction et la rigidité cadavérique deux états très analogues. Dans le second, il y a une perte évidente de l'excitabilité. Perte temporaire, sans doute, puisque le repos permet à l'excitabilité de se rétablir, comme il est facile de s'en assurer en excitant au bout de quelque temps de repos un muscle devenu inexcitable à force d'avoir été irrité, mais perte manifeste, et qui se traduit par un relâchement plus ou moins rapide,

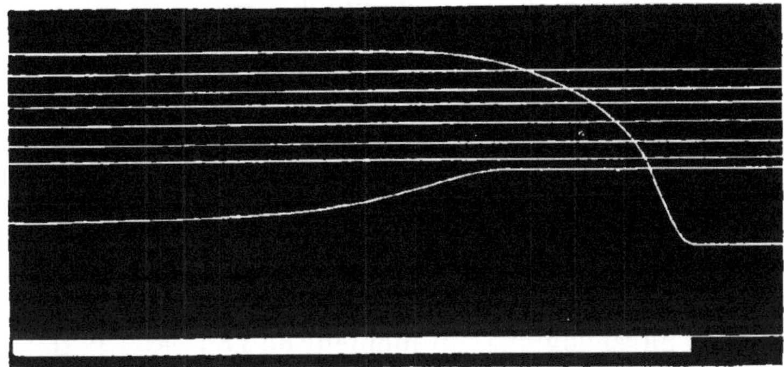

Fig. 70. — Tracé d'*Eledone moschata* : tétanos prolongé. Chaque ligne correspond à un tour du cylindre (tour se faisant en une minute environ). Bien que l'excitation persiste le muscle se relâche peu à peu. Le relâchement bruque de la dernière ligne de descente est dû à la cessation de l'excitation.

mais bientôt complet, du muscle. Le temps au bout duquel cette inexcitabilité survient est variable : Ch. Richet l'évalue à une minute pour le muscle caudal de l'écrevisse, et à 90 minutes pour le muscle de la pince, d'autres muscles présentant des chiffres intermédiaires. Mais il s'agit ici de muscles séparés du corps, et pour des muscles restés dans leurs connexions normales, recevant le sang dont ils ont besoin, le tétanos doit durer beaucoup plus longtemps : un chien peut recevoir en deux heures plus de 100,000 secousses sans que ses muscles perdent leur excitabilité.

On remarquera souvent au début du tétanos physiologique la *contraction initiale* de Bernstein : une contraction forte et vive, suivie d'un tétanos complet ou incomplet. Cette contraction initiale indique un état d'excitabilité plus grand, et dépend manifestement de celui-ci. Aussi arrive-t-il souvent que cette contraction se produit non au début même de la tétanisation, mais après un certain temps. Dans le premier cas, l'excitabilité est maxima au début, et va décroissant ; dans le second, elle est relativement faible au début, et va croissant — jusqu'à un certain moment — sous l'influence des excitations mêmes, ce qui revient à dire que l'excitation tantôt accroît, tantôt diminue l'excitabilité. Ce fait peut sembler paradoxal, mais il est très net, très facile à mettre en évidence, et quiconque a quelque pratique de la myographie a rencontré de très nombreux exemples de l'accroissement et de la diminution de l'excitabilité sous l'influence des excitations mêmes. Il est moins aisé de s'expliquer la *contraction finale*, la contraction assez forte qui s'observe parfois à la fin du tétanos physiologique, au moment où l'on cesse l'excitation ; aussi nous contenterons-nous de la signaler simplement[1]. Il se passe là un phénomène analogue à ce qui a lieu lors de la rupture d'un courant de pile ; mais on sait qu'à la rupture, il y a une excitation forte, tandis qu'on ne voit guère comment la cessation d'une excitation par des courants induits peut constituer une excitation forte ou faible.

Secousse latente. — On remarquera que les variations d'excitabilité dont les signes sont évidents dans les tracés de contractions successives existent au même degré dans le cas où la secousse demeure latente, dans le cas où par un artifice on empêche le raccourcissement de se produire. Voici un muscle que nous excitons faiblement, avec un courant insuffisant, et si tout d'abord nous n'observons pas de contraction, il s'enproduit après 4, 6, 10 excitations, comme cela a été dit plus haut. Varions l'expérience, et envoyons dès le début une excitation suffisante : il y a contraction dont nous noterons les caractères, la période latente, la forme, etc. Puis,

[1] Voyez Beaunis. *Rech. sur la forme de la contraction musculaire* (1884).

au poids léger qui tend le muscle, substituons un poids lourd, et excitons : le muscle ne se raccourcit pas. Pourtant ces excitations produisent leur effet, car si après avoir excité trois ou quatre fois le muscle dans ces conditions, nous l'excitons en permettant à la contraction de se traduire au dehors (par substitution du poids faible au poids fort), il y a raccourcissement, et le tracé indique une augmentation évidente d'excitabilité : la période latente est plus courte, la contraction est plus ample, ou bien le phénomène est inverse

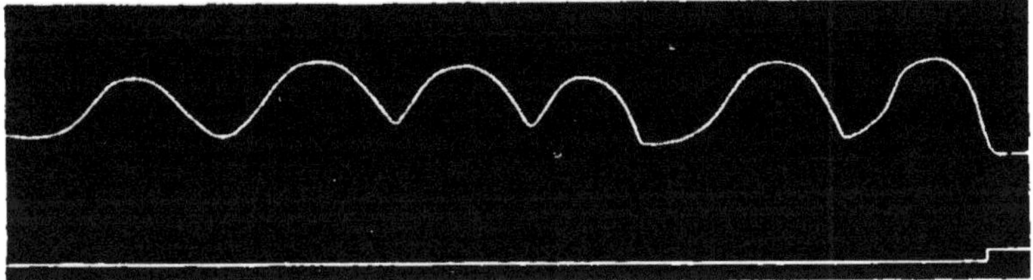

Fig. 71. — Tracé d'*Eledone moschata* montrant la production du tétanos rythmique durant le passage de courants galvaniques.

selon que l'excitabilité a été accrue ou diminuée. Le fait que les secousses ont été latentes ne change donc rien au processus : c'était là le point à établir. La contraction latente peut donc être rapprochée de l'addition latente en ce sens que dans les deux cas il y a des modifications intimes dans le muscle qui ne se manifestent pas au moment où elles se produisent, par un effet visible.

Tétanos rythmique. — L'étude des tracés de tétanos physiologique, — bien distinct, est-il besoin de le dire, de l'affection nerveuse qui porte aussi le nom de tétanos — nous montre qu'il y a plusieurs formes de ce phénomène : il peut être incomplet ou complet ; il peut s'accompagner ou non de contraction initiale et finale ; il peut diminuer rapidement ou au contraire se maintenir assez longtemps, augmentant, fixe, ou diminuant (tétanos ascendant, horizontal ou descendant. A ces formes on en doit joindre une autre, connue sous le nom de *tétanos rythmique*. Voici un muscle qui reçoit des excitations suffisantes, très nombreuses. Il devrait, semble-t-il, se contracter fortement et rester en tétanos. Cela arrive, en effet, mais il peut arriver aussi que ce muscle se met à se contracter et à se relâcher alternativement, le relâchement étant d'ailleurs complet ou incomplet, et, sans qu'il y ait la moindre relation avec le rythme des excitations, ces alternances sont rythmées, régulières. Ce phénomène est facile à observer avec les muscles de l'écrevisse, du Bernard-l'Hermite, des méduses, l'Élédone (mollusque céphalopode), etc. Que se passe-t-il donc, et pourquoi le tétanos n'est-il pas complet ? Ce qui ce passe, c'est probablement que le muscle traverse des phases successives d'excitabilité et d'inexcitabilité, comme il les traverse lors d'excitations isolées et successives. Du moment où il est inexcitable, il se relâche malgré la continuité de l'excitation ; dès qu'il est redevenu excitable, il se contracte à nouveau. Il faut croire que le rythme de cette alternance est souvent très régulier, car on voit ce tétanos revêtir dans certains cas une régularité remarquable qui s'observe particulièrement chez les muscles dont la contraction normale est rythmique. On peut citer comme exemples à l'appui la musculature de l'ombrelle des méduses (Rhizostome de Cuvier) et le muscle cardiaque. Faites passer un courant de pile, ou une série d'excitations d'induction très rapprochées dans un fragment de muscle de l'ombrelle, et il se produira une série de contractions d'abord faibles, mais qui vont graduellement croissant, et dont le rythme est parfaitement marqué (de Varigny) ; excitez la pointe du cœur de la grenouille séparée du reste de l'organe — sans ganglions par conséquent — et ici encore c'est une série de contractions que l'on observera (Bowditch, Ranvier). Il y a évidemment des muscles à qui la contraction rythmée est naturelle ; mais y a-t-il quelque chose de plus que des alternances d'excitabilité et d'inexcitabilité, voilà ce qu'on ne saurait encore déterminer avec exactitude. A ce propos, on remarquera toutefois que la systole du cœur paraît bien être une secousse simple, comme l'ont admis Marey, Vulpian, Ranvier, et beaucoup d'autres, et non un tétanos, une réunion de secousses simples comme le dit Frédéricq. On peut bien obtenir le tétanos du cœur, mais c'est un phénomène tout différent de la systole normale. Toutefois la question prête encore à la discussion, et n'est point définitivement tranchée.

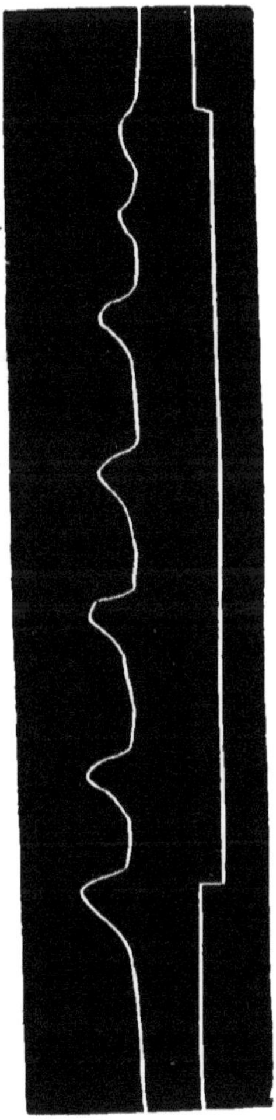

Bruit musculaire. — Pendant que le muscle se contracte l'on perçoit un certain bruit qui est produit par celui-ci; ce *bruit musculaire* est le résultat des vibrations du muscle : il a été l'objet d'études particulières de Wollaston (1810) et de Helmholtz, qui a montré que ce bruit correspond à 35 ou 40 vibrations par seconde à l'état normal, mais qu'il varie selon le nombre des excitations quand à l'excitant normal, la volonté, on substitue un excitant artificiel, comme l'électricité. Excitez le muscle 50, 500 ou 1 000 fois par seconde, et le bruit musculaire sera le son correspondant à 50, à 500 ou à 1000 vibrations. C'est là un fait de grande importance, car il est permis d'en conclure que si le bruit musculaire normal répond à 30 ou 40 vibrations, c'est sans doute que le muscle vibre 30 ou 40 fois, et peut-être reçoit 30 ou 40

Fig. 72 — Tracé de *Rhizostoma Cuvieri*, montrant le tétanos rythmique durant le passage d'un courant galvanique.

excitations nerveuses. Peut-être, car il n'y a là rien de bien précis, et en réalité il semble que le nombre des vibrations nerveuses soit sensiblement inférieur d'après d'autres recherches exécutées sur la moelle par Lovèn. Quoi qu'il en soit, le bruit du muscle excité par la volonté — et par les irritants chimiques (Bernstein) — correspond à 30 ou 40 vi-

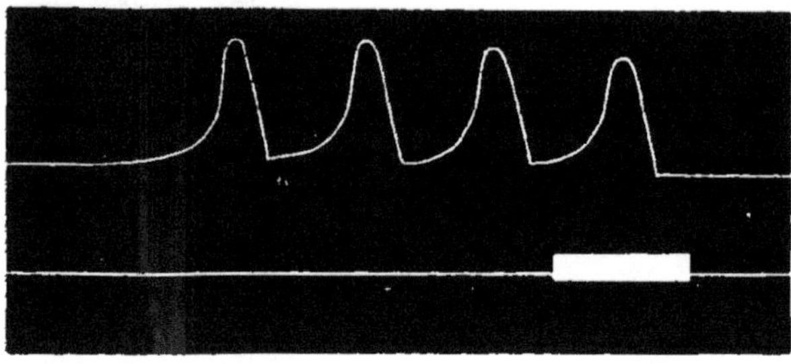

Fig. 73. — Tracé de *Rhizostoma Cuvieri* montrant l'influence persistante exercée par une excitation tétanisante sur un muscle très excitable. Malgré la cessation de l'excitation, le muscle continue à se contracter.

brations par seconde : parfois il s'abaisse à 20 vibrations; par contre il peut s'élever considérablement quand le muscle développe un effort considérable ou supporte un poids : il est en rapport avec l'intensité de la contraction (Marey). On entend aisément le bruit musculaire sur soi-même, en contractant fortement, dans un silence profond, les paupières ou les masséters, ou en auscultant le biceps en contraction normale ou en contracture. Même en dehors de toute contraction, on perçoit un certain bruit qui semble avoir une origine musculaire, et qui se renforce lors de la contraction, comme on peut le constater au moyen des appareils microphoniques spéciaux. Le curare supprime le bruit musculaire, et celui-ci disparaît aussi à la mort, d'où l'idée de se servir de ce fait pour distinguer la mort réelle de la mort apparente. Le signe serait bon s'il n'était très délicat et difficile à percevoir.

Le bruissement ou bourdonnement que l'on entend quand on s'introduit un doigt dans l'oreille, semble être également un bruit musculaire. Collongues l'a beaucoup étudié, inventant un *dynamoscope* pour ausculter ce son, et montrant que celui-ci n'est pas dû à la circulation.

Phénomènes microscopiques de la contraction. — Il n'est pas difficile d'isoler des fibres musculaires encore fraîches, et d'observer au microscope les modifications dont elles sont le siège quand on les excite ; les fibres d'insectes se prêtent particulièrement bien à ce genre de recherches, mais encore convient-il qu'elles ne soient pas trop fraiches, car alors les modifications sont trop rapides pour pouvoir être constatées nettement. Une fibre musculaire ainsi examinée laisse voir les faits suivants.

Elle se raccourcit et augmente de diamètre. Cette augmentation se présente sous forme d'un épaississement de la fibre, épaississement qui, né du point où se trouve la plaque terminale, va se déplaçant de proche en proche, onde contractile véritable, qui passe par tous les points de la fibre, cette dernière reprenant ses dimensions normales graduellement et ne présentant plus traces de l'onde à une distance variable du point où celle-ci se trouve au moment considéré. Si l'on use d'un fort grossissement, permettant de bien voir ce qui se passe dans les disques isotropes et anisotropes, on constate que les premiers s'amincissent beaucoup et que le disque anisotrope semble augmenter d'épaisseur, en absorbant la substance isotrope qui est surtout composée d'eau : ceci explique la disparition de cette dernière. Engelmann a donc considéré la contraction comme une absorption de la substance isotrope par l'anisotrope : la réfringence de la première augmente, celle de la dernière diminue, mais on peut encore distinguer les deux substances l'une de l'autre, à la lumière polarisée ; leurs rapports réciproques ne changent pas ; elles ne changent pas de place par rapport l'une à l'autre. La substance anisotrope est seule active ; l'isotrope est passive, mais sert peut-être à conduire l'excitation à la première.

Contraction volontaire. — Nous avons considéré jusqu'ici la contraction provoquée artificiellement : il convient maintenant de considérer la contraction naturelle, telle qu'elle s'opère chez l'homme, par exemple sous l'influence de la volonté.

Le nombre des mouvements volontaires que nous pouvons exécuter par seconde est en somme fort restreint : il ne semble pas que sous l'influence de la volonté un même muscle puisse se contracter plus de huit ou dix fois par seconde, comme chacun peut s'en assurer en cherchant, à l'exemple de Brücke, le nombre maximum des points que l'on peut tracer sur le papier avec un crayon, en un temps donné. On ne dépasse guère dix par seconde, et il ne semble pas que les pianistes les plus habiles fassent plus. D'autre part, ces mêmes muscles, — les fléchisseurs des doigts dans le cas présent, — peuvent donner un nombre plus considérable de contractions distinctes sous l'influence des excitations électriques : ils peuvent en donner vingt par seconde. Pourquoi n'en donnent-ils que dix sous l'influence de la volonté ? Ce n'est évidemment pas par inaptitude musculaire, c'est sans doute que le système nerveux est hors d'état de fournir plus de dix excitations isolées par seconde aux muscles dont il s'agit. Il n'en fournit d'ailleurs guère plus aux muscles qui sont probablement les plus rapides de l'organisme, les muscles phonateurs, car on ne peut prononcer plus de dix ou douze syllabes par seconde, même en y mettant toute la rapidité possible. D'autre part, si l'on compare la durée de la contraction volontaire à celle de la contraction provoquée par l'électricité, on voit que la première est à la seconde comme 3 est à 2, que la contraction volontaire est sensiblement plus longue. Ce sont là des différences importantes et qui montrent combien l'excitant volonté et l'excitant électricité sont dissemblables, et combien le premier possède un rythme plus lent. En présence de ce résultat, on s'est demandé s'il n'en faut pas conclure qu'en réalité la contraction volontaire est constituée non par une secousse unique, mais par une suite de secousses fusionnées, par une sorte de tétanos physiologique : c'est la question qui, plus haut, s'est posée à propos du cœur.

Il est bien difficile de répondre. On a interrogé la méthode des *contractions induites*, en appliquant une patte galvanoscopique sur un muscle en contraction, et comme la patte répond invariablement par une secousse unique, et non par un tétanos, on pourrait conclure que la contraction volontaire est, elle aussi, une secousse unique et non un tétanos. C'est en effet la conclusion adoptée par la majorité des auteurs. Frédéricq s'est pourtant élevé contre cette manière de voir, et considère la contraction musculaire normale — volontaire ou réflexe, — comme un tétanos vrai. En ce cas, peut-être conviendrait-il, pour expliquer l'absence de tétanos de la patte galvanoscopique, de se rappeler que le nombre des filets nerveux étant inférieur à celui des fibres musculaires, l'excitation doit passer des fibres innervées à celles qui ne le sont pas, ce qui peut prendre un certain temps, et même à supposer — ce qui n'est pas démontré, — que l'excitation des fibres innervées se fasse simultanément, il est probable que celle des autres fibres se fait graduellement, d'où il résulterait que les différentes fibres offriraient en même temps des variations d'état électrique différentes, se neutralisant plus ou moins, de telle sorte que, même s'il y avait réellement tétanos, la patte galvanoscopique n'en pourrait rien dire. Ce qu'il faut retenir de ceci, c'est que la question n'est point résolue : on ne peut dire encore si la contraction volontaire est une simple secousse ou un tétanos. Et d'ailleurs la secousse ne saurait guère être absolument simple, si les fibres se contractent successivement : on pourrait même concevoir la secousse volontaire comme une collection de petites secousses uniques de fibres différentes, se faisant les unes après les autres, mais ceci n'en ferait toujours pas un tétanos véritable, bien qu'à la rigueur il fût possible, dans ces conditions, d'obtenir certains signes de cet état.

Onde musculaire. — Nous avons dit plus haut que le muscle, en se contractant, se gonfle localement, sans que sa totalité toutefois occupe un volume supérieur. Ce gonflement est visible et intense sur le muscle excité par la volonté, et sur le muscle artificiellement excité par l'électricité, quand celle-ci le traverse dans sa longueur. Mais quand, au lieu de poser les électrodes sur les deux bouts du muscle, on les place sur la même extrémité, le gonflement est moins intense, et on le voit se propager de proche en proche de l'extrémité excitée à l'extrémité non excitée : on voit passer l'*onde musculaire*, dont il est possible d'enregistrer l'épaississement aussi bien que le raccourcissement, et mesurer la vitesse de propagation : il suffit, pour cela, de poser deux leviers enregistreurs sur le muscle, d'exciter celui-ci, et de mesurer l'intervalle de temps qui s'écoule entre le soulèvement des deux leviers : connaissant ce temps et la longueur qui sépare les deux leviers, on déduit aisément la rapidité de propagation de l'onde dans le segment de muscle considéré. Aeby, puis Marey et d'autres ont mesuré cette vitesse : les chiffres ont varié, Aeby trouvant un mètre par seconde pour la grenouille (chiffre confirmé par Marey, von Bezold, etc.), mais il convient de remarquer que les expériences sont faites sur des muscles fatigués ou anémiés, ce qui en diminue la valeur. Bernstein et Steiner, opérant sur des muscles de grenouille *in situ* (mais curarisés) ont obtenu 4 et 5 mètres ; Hermann, en inscrivant, non plus l'onde même, mais les variations électriques, arrive à 10, 12 ou 13 mètres (chez l'homme). Peut-être faut-il adopter le chiffre de 2, 3, ou 4 mètres pour la grenouille et les mammifères, mais avec réserves, naturellement. On remarquera que, dans la contraction normale, volontaire, l'onde ne part pas d'une extrémité du muscle pour se rendre à l'autre : l'excitation naissant généralement au milieu de la longueur du muscle où aboutissent la plupart des filets nerveux, il y a onde double partant du centre vers les deux extrémités. Peut-être ces ondes, parvenues à celles-ci, reviennent-elles ensuite sur leurs pas, affaiblies ; cela paraît vraisemblable, mais le fait n'est pas prouvé. Schiff pense que non seulement elles reviennent au centre, mais se propagent dans la moitié où elles n'ont pas pris naissance, sans se neutraliser en se croisant.

Élasticité du muscle. — Le muscle n'est pas seulement contractile : il est encore élastique, et comme l'a montré Marey, cette élasticité est d'un grand secours pour l'organisme, en ce sens qu'elle économise du travail : sans elle les muscles, en travaillant plus, produiraient moins, comme un cheval tirant sur des traits rigides dépense plus de force qu'il ne le fait quand les traits sont élastiques : l'élasticité joue dans le système musculaire le même rôle que dans le système circulatoire. On sait que les physiciens considèrent un corps comme parfaitement élastique quand il reprend exactement sa position première : c'est le cas de la bille d'ivoire qui, déprimée par un choc, reprend sa forme sphérique, c'est celui du caoutchouc ; ce n'est pas le cas du beurre qui est par conséquent imparfaitement élastique. En outre l'élasticité de l'ivoire est forte, car il faut un effort considérable pour en changer la forme ou la position ; celle du beurre et du caoutchouc est faible, car il suffit d'un effort faible. Toutefois, il est préférable d'employer le mot d'extensibilité : il est plus exact, et nous dirons que le caoutchouc est très extensible et très rétractile, au lieu de dire qu'il est faiblement élastique. Le muscle est extensible et rétractile. Tendez un muscle par un poids faible, et notez sa longueur — il est facile d'enregistrer celle-ci par la méthode graphique —

puis augmentez le poids progressivement : le muscle s'étend, s'étire. Il s'étire même très longuement : il faut un temps parfois assez long — quinze ou vingt minutes — pour qu'il prenne une position, une longueur fixe, et cette extensibilité lente a reçu de Rosenthal le nom d'extensibilité supplémentaire. Celle-ci va croissant avec la charge soutenue. Pour l'extensibilité proprement dite, elle est d'autant plus petite pour une même différence absolue de poids, que l'on opère avec des poids plus lourds. Si l'extension est de 15 millimètres quand le poids passe de 5 à 10 grammes, elle n'est que de 2 ou 1 millimètres, quand le poids de 90 grammes remplace celui de 85 grammes. La courbe de l'extensibilité est donc une hyperbole. Si on continue à augmenter le poids, le muscle finit par se rompre après s'être considérablement étiré ; si l'on diminue les poids, on constate l'existence de la rétractilité, et aussi d'une rétractilité supplémentaire. Mais cette dernière est en quelque sorte indéfinie : il semble que le muscle tend toujours à se rétracter de plus en plus : et pourtant, si le poids maximum dépasse une certaine limite (100 ou peut-être 50 grammes pour le gastrocnémien de grenouille), le muscle ne revient pas à sa longueur initiale, comme le montre la figure. Les faits qui précèdent concernent le muscle au repos ; il est plus difficile de connaître les variations de l'élasticité du muscle en travail. Weber a été le premier à les étudier, il opéra en mesurant l'élasticité d'un même muscle, chargé des mêmes poids, au repos, et durant la tétanisation, et constata ce fait paradoxal — d'où le nom de paradoxe de Weber — que le muscle tétanisé s'allonge plus que le muscle non tétanisé, pour un même poids ; il arrive même qu'un muscle chargé d'un poids lourd, au moment de la tétanisation, s'allonge au lieu de se contracter. Le fait a été contesté d'abord ; mais il est absolument exact ; on l'observe particulièrement bien sur certains muscles d'invertébrés (lisses ou striés) avec les courants de pile (C. Richet, de Varigny), mais son interprétation est difficile, étant donné que l'on admet d'une façon générale que la contraction est un changement d'élasticité du muscle et qu'il y a création soudaine de force élastique[1]. L'élasticité a donc des rapports intimes avec la contraction, et ceci suffit à nous expliquer pourquoi le poids a tant d'influence sur la forme et les différents caractères de la contraction, et pourquoi, avec des poids différents, un même muscle donne des tracés si dissemblables. D'autre part, il y a aussi une relation entre l'intensité de l'excitation et le changement d'élasticité qui constitue la contraction, et ceci explique pourquoi, à poids égal, les tracés myographiques varient

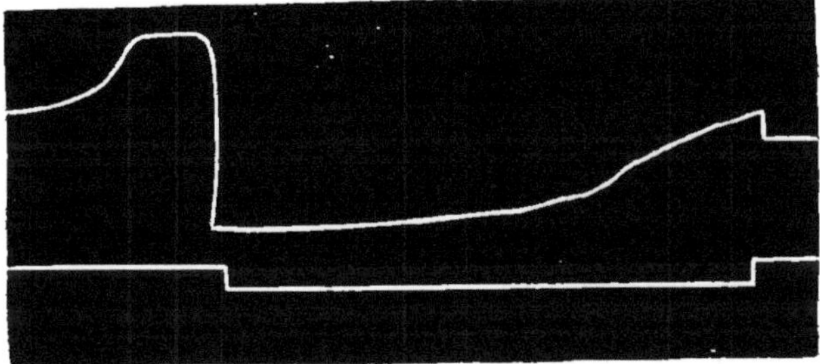

Fig. 74. — Tracé de *Pagurus callidus* (muscle caudal), montrant une des formes du paradoxe de Weber. La faible contraction lors de la clôture du circuit est suivie d'un relâchement qui, à la rupture, fait place à une contraction forte.

si considérablement selon l'intensité de l'excitation électrique, la contraction pouvant, selon le cas, demeurer latente, ou au contraire se produire avec beaucoup de vivacité et d'ampleur.

Travail du muscle. — Tout muscle qui se contracte exécute un travail, quand même il se contracte à vide : il soulève au moins une partie de son poids, ou en tire vers l'extrémité

[1] On consultera sur cette question l'important travail de M. A. Chauveau : *Le travail musculaire et l'énergie qu'il représente*, dont M. Laulanié a donné un bon résumé dans la *Revue scientifique* du 27 juin 1891.

fixe une fraction. La force dont il dispose pour ce faire est, comme l'a montré Weber, proportionnelle au nombre de ses fibres, mais la détermination exacte de cette force est difficile. Weber estime que la force maxima du muscle est atteinte quand, lors de l'excitation, il se relâche, au lieu de se contracter : par cette méthode il a obtenu certaines données, mais elles sont si discordantes entre elles, et, par rapport aux chiffres obtenus avec d'autres procédés, qu'elles sont manifestement entachées d'erreur. Du reste la force du muscle varie sous plusieurs influences : une excitation isolée permettra à une patte de grenouille de supporter un poids de 400 grammes : avec des excitations nombreuses ou plus fortes, elle supportera jusqu'à 1,000 grammes (Rosenthal). Si l'on rapporte ce poids à la surface de section du muscle, on voit qu'un centimètre carré de muscle (en surface de section) supporte 3 kilogrammes chez la grenouille. Chez l'homme, Weber arrivait au chiffre très faible de 1 kilogramme : mais des recherches plus récentes ont montré qu'on peut accepter un chiffre cinq fois plus élevé, si ce n'est plus encore. Admettons donc qu'un centimètre carré de muscle a la force de 5 kilogrammes en moyenne. Il est malaisé de mesurer exactement la force musculaire chez l'homme, le mouvement le plus simple en apparence étant souvent complexe et dû à la coopération — parfois peu visible — de muscles nombreux, et la surface de section du ou des muscles en expérience n'étant pas exactement connue. Le dynamomètre ne fournit donc que des indications générales — tout comme l'ergographe [1] — mais ces indications sont utiles. Elles permettent de suivre chez le même sujet les variations de la force d'un groupe musculaire quelconque, et il serait à souhaiter qu'en clinique l'observation de la force fût utilisée tout comme celle de la température, des urines, etc. Il faut bien le dire,

[1] L'ergographe de Mosso est un appareil fort simple au moyen duquel on inscrit le travail effectué par un doigt qui se contracte en soulevant un poids. (Voir *Arch. Ital. de Biol.*, XIII, p. 124, 1890.)

ces indications ne devraient pas être interprétées comme signes des variations de la force musculaire seule; en réalité les variations correspondent moins à des variations de force musculaire qu'à des variations de force nerveuse. La première ne varie que médiocrement — et dans des limites qu'il serait d'ailleurs difficile de préciser, — la seconde varie beaucoup d'un moment à l'autre, selon que la volonté est forte ou faible, ainsi qu'on peut le voir au déploiement de force qui accompagne la colère, le désespoir, ou la surexcitation de l'amour-propre, phénomènes nerveux au premier chef.

On conçoit bien que la force et le travail du muscle sont choses fort différentes, le dernier étant toutefois le résultat de l'activité de la première. Le travail s'évalue en multipliant le poids soulevé par la hauteur, dans l'unité de temps : encore ne faut-il pas s'en tenir à la lettre de cette formule, car un muscle qui se contracte, mais supporte un poids trop lourd pour être soulevé ou déplacé, exécute un travail physiologique réel, bien que celui-ci ne soit point apparent. Il y a manifestement un rapport entre le poids soulevé et l'excitation dont le muscle est le siège, mais on remarquera que l'effet utile maximum ne se produit pas dans toutes les conditions. Par exemple, il ne faut pas croire qu'on obtient plus de cet effet en augmentant à la fois le poids et l'excitation. En réalité, il faut opérer avec un poids moyen et une excitation moyenne. Rosenthal a montré que, pour la grenouille, l'effet utile maximum — le maximum de travail — se produit avec une charge de 100 ou 150 grammes ; avec des charges plus légères ou plus lourdes, le travail tel qu'il a été défini plus haut est moindre : de 700 ou 750 il tombe à 450 ou 400. Il convient d'ajouter que le travail dépend aussi dans une forte mesure de l'intensité de l'excitation : pour une excitation faible, tout juste suffisante, le travail sera médiocre, au lieu qu'avec une excitation forte, il pourra être beaucoup plus considérable, le poids demeurant invariable. Un instrument qui est fort employé dans ces questions de travail musculaire est le *collecteur de travail* de Fick, qui permet d'enregistrer le travail exécuté au cours de plusieurs contractions successives, et c'est en particulier au moyen de ce collecteur qu'on reconnait la concordance du maximum de l'effet utile avec les conditions moyennes de poids et d'excitation, et qu'on a étudié la quantité de travail que peut fournir le muscle avant d'être épuisé. C'est ainsi qu'un muscle de grenouille peut soulever jusqu'à 2,700 fois de suite un poids de 20 grammes (Kronecker) : d'ailleurs, on est souvent surpris de la force des muscles de certains animaux, et il est certain que les animaux de petite dimension, les insectes, les fourmis, etc., ont une force considérable. Un hanneton peut soulever 67 fois le poids de son corps ; ce que nul de nous ne peut faire, ni le cheval non plus qui ne peut porter que les deux tiers de son poids ; c'est sans doute peu de chose à côté de la citrouille, qui peut, en se développant, soulever jusqu'à 2,500 kilogrammes, mais on remarquera que la turgescence et la contraction sont choses différentes. On a calculé que 40,000 hannetons ont autant de force qu'un cheval, autant de force de traction, car individuellement et proportionnellement chaque hanneton est 100 fois plus fort que le cheval, et si nous avions sa force, nous devrions jongler avec des poids de 6,000 kilogrammes (L. Frédéricq). Les mollusques possèdent également une force considérable : l'adducteur de leurs valves peut supporter 400 ou 500 fois le poids de l'animal ; une huître peut supporter 17 kilogrammes ; un crustacé, le crabe commun peut, avec sa pince, déployer une force de plus de 2 kilogrammes [1].

[1] Camérano (*Arch. Ital.*, XVII, p. 212), étudiant la force absolue du muscle (poids maximum soulevable rapporté au centimètre carré de section), obtient les chiffres suivants, en moyenne : Homme, 7902 grammes ; mollusques lamellibranches 4545 ; grenouille 2000 ; crustacés 1841. La force des invertébrés n'est donc supérieure à celle des vertébrés que par rapport au poids du corps ; elle est inférieure, absolument.

Tonicité du muscle. — Pour terminer l'étude des phénomènes relatifs à l'élasticité musculaire, il convient de signaler la tonicité des muscles, qui n'est peut-être qu'une modification de l'élasticité. Cette tonicité, c'est l'état d'excitation faible, permanent, où se trouve le muscle en relation avec les centres nerveux, et cet état dépend de fibres afférentes motrices et de fibres efférentes, sensitives, car si l'on coupe les racines postérieures ou les racines antérieures de la moelle, les muscles innervés par les nerfs de ces racines perdent leur tonicité. La section des nerfs de la patte par exemple, surtout si la moelle a aussi été coupée est suivie d'une perte marquée de la tonicité (Brondgeest). On en a conclu que la tonicité est un phénomène réflexe, et que l'état de demi-activité du muscle est dû à des excitations motrices réflexes dont l'origine se trouve dans de petites excitations sensitives nées dans le muscle ou même le tendon (de Cyon, Tschiriew, Anrep). Réflexe ou non, d'ailleurs, la tonicité ne peut exister si le système nerveux n'est pas intact : coupez le nerf reliant un muscle à la moelle, et le muscle s'allonge : il s'allonge et perd sa tonicité toutes les fois qu'on le sépare d'une manière quelconque de la moelle, par destruction de celle-ci, par curarisation, etc. Par contre, tant que dure la connexion normale, le muscle garde sa tonicité, et est dans un état constant d'activité faible ; il n'est jamais absolument relâché. Cette tonicité s'exagère dans certains cas pathologiques, dans la contracture des hystériques, dans la contracture du somnambulisme.

Irritabilité musculaire. — L'irritabilité du muscle, c'est l'aptitude qu'a celui-ci à réagir aux excitations, en dehors de toute intervention des nerfs. « L'irritabilité, a dit Cl. Bernard, est la propriété de l'élément vivant d'agir suivant sa nature sous une provocation étrangère. » Et comme le muscle ne peut réagir qu'en se contractant, on mesure son irritabilité à sa motilité. Mais, pour bien constater l'irritabilité du muscle, il importe d'opérer sur un muscle privé de ses nerfs, car autrement on pourrait croire que l'excitation porte sur ceux-ci et non sur le tissu musculaire lui-même. Au surplus, qu'y aurait-il de surprenant à ce que la fibre musculaire fût irritable, même privée de nerfs? Les cellules vibratiles, les amibes, les leucocytes ne sont-ils pas irritables et contractiles? La pointe du cœur, qui n'a point de nerfs, n'est-elle pas irritable? N'en est-il pas de même pour l'extrémité du muscle couturier de la grenouille, qui est privée de nerfs (Kühne), pour le cœur de l'embryon du poulet dès le deuxième jour de son existence à une époque où il ne renferme pas pas une fibre nerveuse, pour le cœur de l'escargot, également privé de nerfs, pour l'allantoïde (Vulpian), et plusieurs autres tissus ou organes qui se contractent bien que dépourvus de nerfs? Toute cellule a son irritabilité propre, ou sa manière de répondre aux excitations, et le muscle n'est pas moins irritable que les autres cellules ; la contractilité est sa façon de réagir à l'irritation, c'est l'expression de son irritabilité.

Aux faits qui précèdent et qui démontrent l'irritabilité du muscle, on en peut joindre deux autres de grande importance. Le premier est que, si l'on coupe les nerfs moteurs d'un ou de plusieurs muscles, comme Longet le premier l'a fait, on voit disparaître peu à peu l'excitabilité des segments périphériques des nerfs, et ceux-ci subissent une dégénérescence complète au bout de quelques jours ou de quelques semaines : on les excite en vain, le muscle demeure immobile. Ces muscles sont donc pratiquement privés de nerfs, et pourtant, si on les excite directement, ils se contractent : leur irritabilité n'a pas été modifiée par la disparition des nerfs ; elle est donc la propriété des fibres musculaires elles-mêmes ; en un mot, ces fibres sont irritables. Mille fois répétée, cette expérience classique a toujours donné les mêmes résultats, et l'objection qu'on a faite en disant que, comme la dégénérescence marche de la section vers la périphérie, il se peut qu'au moment de l'excitation d'où l'on déduit l'irritabilité du muscle, la dégéné rescence n'ait pas encore envahi les terminaisons ultimes des nerfs, ne peut se soutenir, et il est invraisemblable qu'après des mois et des années la dégénérescence ne soit point complète.

La seconde preuve de l'irritabilité des muscles a été fournie par Cl. Bernard qui, au moyen du curare, a montré que cette irritabilité est indépendante des filets nerveux. Le curare, à dose moyenne, n'altère point le muscle lui-même, mais il opère en quelque sorte la dissociation du nerf et du muscle, il altère les terminaisons nerveuses du premier qui cesse de pouvoir agir sur le dernier : excite-t-on le nerf, le muscle demeure immobile : excite-t-on le muscle même, directement, il réagit parfaitement. La localisation de l'action du curare sur les plaques terminales nerveuses n'est pas un phénomène isolé ; nous avons déjà vu combien l'oxyde de carbone se fixe volontiers sur l'hémoglobine du sang ; mais, à vrai dire, on ne comprend pas bien cette élection caractéristique qui pourtant semble parfaitement démontrée.

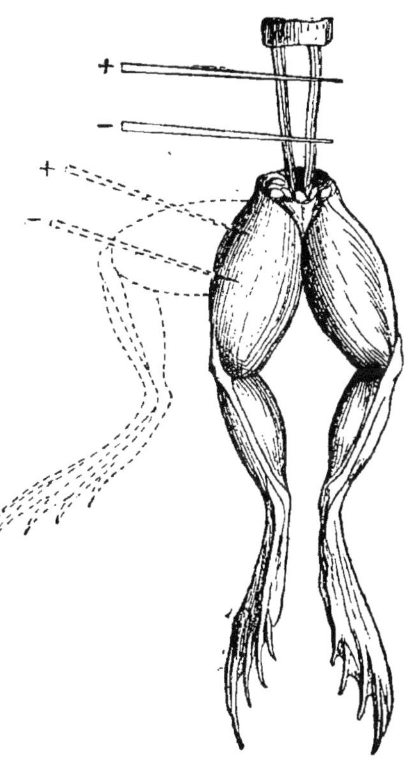

Fig. 75. — Arrière-train de grenouille curarisée. Excitez les nerfs et le muscle reste immobile ; excitez celui-ci directement, et il se contracte (Viault et Jolyet).

On sait que le curare n'agit que sur les parties avec lesquelles il entre en contact ; injecté dans une partie seulement d'un animal — dans l'arrière-train d'une grenouille, avec ligature des vaisseaux naturellement — il n'empoisonne que cette partie : les nerfs des autres parties de l'organisme conservent leur activité. Injecté dans le système circulatoire, sans ligature pour en localiser la diffusion, il tue par asphyxie : les muscles respiratoires ne reçoivent plus l'excitation qui les fait se contracter, ils sont dans l'état où les mettrait la section des nerfs ; c'est une paralysie absolue, et la mort survient par asphyxie, si l'on ne pratique pas la respiration artificielle. Le curare paralyse le mouvement en soustrayant les muscles à l'influence des nerfs moteurs ; mais il respecte la sensibilité.

On peut invoquer encore le fait que le muscle dont le nerf est rendu inexcitable par un courant constant ascendant fort, demeure irritable (Eckhard), et aussi le phénomène de la contraction idio-musculaire dont il a été déjà parlé, phénomène qui s'observe sur le muscle à nerf coupé et paralysé, et qui, par suite, doit s'expliquer par une excitation non des terminaisons nerveuses mais du tissu musculaire même.

L'irritabilité musculaire est donc indépendante de l'innervation : elle est propre à la fibre elle-même, et s'il fallait quelques preuves encore, il suffirait de faire remarquer que les excitants chimiques du muscle ne sont pas les mêmes que ceux du nerf, que les fibres isolées, reconnues absolument dépourvues de nerfs, sont contractiles, et que dans la mort des tissus, la mort des muscles se produit bien après celle des nerfs. Nous n'insisterons pas davantage sur ces preuves.

L'irritabilité du muscle est naturellement en rapport avec sa vie : elle disparaît à la mort, et tout ce qui porte atteinte à la vitalité du muscle retentit sur son irritabilité. Aussi conçoit-on que l'anémie, ou la cessation de la circulation fasse disparaître l'irritabilité. Il est pourtant à noter que celle-ci ne s'en va que lentement. Les cils vibratiles restent vivants, quelque temps, dans un cadavre : de même le muscle reste irritable alors que beaucoup de fonctions ont cessé, sur le cadavre presque complètement refroidi, ou dans le membre détaché du corps. Les muscles des animaux à sang froid — la grenouille, la plupart des invertébrés — gardent leur irritabilité plusieurs jours après avoir été séparés du corps, surtout si on les ménage, si on les garde humides, sans trop les exciter; cette irritabilité peut durer cinq jours pour la grenouille, s'il ne fait pas trop chaud. Ceci revient à dire qu'il y a une certaine indépendance entre l'irrigation sanguine et l'irritabilité : le muscle de la grenouille, ou de l'holothurie, etc., conservé quatre ou cinq jours après avoir été enlevé du corps, ne renferme guère de sang en effet [1]. Alors, que signifie l'expérience de Sténon ? Cette expérience, on le sait, consiste à lier l'aorte, et le résultat, disait-on, c'est que les muscles ainsi anémiés sont paralysés ; il y a paraplégie par anémie du train postérieur, la ligature se faisant dans l'abdomen. La paraplégie existe, cela est incontestable, mais elle ne prouve pas que les muscles aient perdu leur irritabilité : la preuve en est que, malgré l'absence de motilité volontaire, les muscles sont irritables directement, comme l'avait remarqué Lorry. Ce qui se passe, c'est probablement une paralysie des terminaisons des nerfs : l'anémie les atteint, et elles ne fonctionnent plus : les impulsions volontaires ne peuvent plus être transmises aux muscles. Le sang revient-il, au bout de une, deux, trois heures, par suppression de la ligature, la motilité volontaire reparaît, mais durant la ligature l'irritabilité musculaire n'avait pas disparu, et celle-ci est, dans une certaine mesure, indépendante de l'irrigation sanguine : une suspension temporaire de la circulation ne lui porte point d'atteinte, comme chacun peut le vérifier sur soi-même en opérant

[1] Brown-Séquard (*Sur des actions inconnues ou à peine connues des muscles après la mort*, *Archiv. de Physiol.*, 1889, p. 726) dit : « Il y a dans les muscles, après la mort, une vitalité spéciale absolument indépendante de toute action sur eux du sang ou du système nerveux, et capable de durer jusqu'à la cessation de la rigidité cadavérique. Cette vitalité peut se manifester par de la contracture, par un état cataleptiforme, par des mouvements de contracture ou d'allongement, et enfin par des tremblements. » Se reporter à ce mémoire pour faits à l'appui.

la ligature d'un membre par la bande d'Esmarch : le bras ou la jambe est pâle, exsangue ; la volonté n'a plus d'empire sur les muscles, et pourtant ceux-ci sont excitables directement : leur irritabilité n'a pas été atteinte, et l'impotence n'est pas due à l'affaiblissement de celle-ci ; l'irritabilité des muscles des grenouilles salées, enfin, vient à l'appui des faits qui précèdent. Il en résulte qu'on ne sait pas, en réalité, à quoi est due la cessation de l'irritabilité des muscles. A la longue, le muscle anémié cesse d'être irritable, mais pourquoi ? Est-ce par défaut d'oxygène ? Mais l'eau des vaisseaux de la grenouille salée en renferme si peu. Est-ce par intoxication, par rétention de substances nuisibles, acide lactique, acide carbonique, créatine[1]. Assurément, le sang veineux, plus riche en ces substances, est moins propre à entretenir l'irritabilité musculaire, que le sang artériel. Mais il est difficile de se prononcer. Il est certain toutefois que l'injection de sang défibriné dans un muscle en rigidité cadavérique, et qui a perdu toute irritabilité, fait reparaître celle-ci, non pas invariablement, mais dans certaines limites de temps. Chez le chien on peut ressusciter l'irritabilité six heures après qu'elle a disparu ; chez le pigeon on ne le peut que pendant une heure après cette disparition. Cette intéressante expérience ne résoud cependant pas le problème, et ne nous indique pas la cause véritable de la mort des muscles. Contentons-nous donc une fois encore de signaler l'indépendance relative de l'irritabilité et de l'irrigation.

Un agent qui exerce une influence considérable sur la première est la température : l'irritabilité dure beaucoup plus longtemps à température basse qu'à température élevée : pour des muscles d'animaux à sang froid elle durera 2 heures à 42° par exemple, et 200 heures à 0°. Il en va de même pour les muscles d'animaux à sang chaud, d'ailleurs : ils gardent

[1] Les muscles ayant travaillé sont plus riches en créatine ou créatinine que les muscles au repos, et plus pauvres en glycogène et acide lactique, d'après Monari. (*Arch. Ital.*, XIII, p. 21.)

plus longtemps leur irritabilité par une température basse que par une température élevée : c'est là un fait constant et classique. L'origine même du muscle a aussi de l'importance : les muscles conservant plus ou moins bien leur irritabilité, à conditions égales, selon l'espèce à laquelle ils ont été pris. Les murénides conservent leur irritabilité plus longtemps

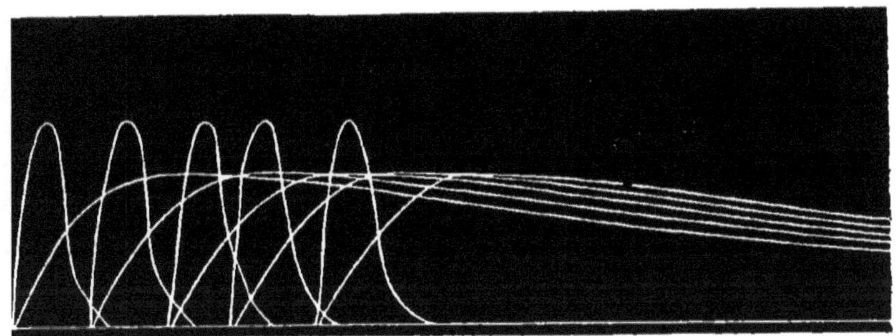

Fig. 76. — Influence de la chaleur d'après Marey. Muscle de grenouille. Les secousses allongées et moins hautes sont celles du muscle refroidi.

que les autres poissons. Les muscles de la tortue et de la grenouille la conservent huit ou dix jours après avoir été séparés du corps, en hiver : l'homme ne la garde que cinq ou dix heures après la mort. D'autre part, chez la même espèce, l'irritabilité dure plus longtemps dans certains muscles que dans d'autres ; le muscle de la pince de l'écrevisse et des pagures reste irritable bien plus longtemps que le muscle caudal (C. Richet et de Varigny), et Nysten a constaté chez l'homme que la perte de l'irritabilité se fait dans l'ordre suivant : ventricule gauche du cœur; tube digestif (45 ou 55 minutes après la mort), vessie ; ventricule droit (1 heure), œsophage (1 h. 1/2), iris; muscles des membres ; les oreillettes, et en particulier l'oreillette droite, l'*ultimum moriens*, comme le faisait remarquer Harvey. L'oreillette droite peut survivre fort longtemps; près de 100 heures chez le chien (Vulpian), 27 heures chez une femme guillotinée. Cette persistance dans la vitalité du cœur est d'autant plus curieuse que l'oblitération de l'artère coronaire détermine l'arrêt rapide de cet organe chez le chien du moins; mais aussi, selon toute probabilité, la ligature de la coronaire tue moins par anémie musculaire que par anémie des ganglions cardiaques, et en particulier des ganglions moteurs, ganglions très sensibles et délicats et que l'électrisation foudroie instantanément (Panum et Vulpian).

S'il est incontestable que la cause exacte de la mort du muscle anémié nous échappe, il est certain pourtant que l'anémie ne peut tuer que de deux façons, par la privation d'oxygène et de matériaux assimilables, et par l'accumulation des substances de désassimilation. Durant son activité le muscle modifie profondément le sang, et le rend plus veineux que cela n'a lieu durant son repos : c'est ce qui ressort en particulier des nombreuses expériences faites par la méthode des circulations artificielles imaginée par Ludwig, et qui consiste à faire passer par l'artère d'un muscle donné un liquide sanguin connu qu'on recueille ensuite par la veine correspondante. Cette méthode montre également l'influence défavorable de substances de désassimilation dans le liquide nourricier, le muscle perdant de sa vigueur et de son irritabilité. Un fait qui montre bien, d'ailleurs, combien l'irrigation est nécessaire au bon fonctionnement du muscle est le suivant, qu'a remarqué Ludwig : c'est que, durant la contraction, il y a vaso-dilatation intra-musculaire : le muscle renferme plus de sang, et ce dernier s'écoule plus rapidement qu'au repos; l'*excitation du nerf moteur*, — et même l'excitation directe du muscle curarisé, — produit une *dilatation des artérioles* musculaires. Le mécanisme de cette vaso-dilatation n'est toutefois pas bien clair[1].

[1] Cette question a été récemment reprise par M. Kaufmann (*Rech. exp. sur la circulation dans les muscles en activité physiologique. Arch. de physiol.*, 1892, p. 279). Il a vu que la contraction musculaire s'accompagne de vaso-dilatation locale et d'une accélération du cœur, d'une suractivité circulatoire très

Si donc l'irritabilité du muscle est chose qui est propre au tissu musculaire, et si cette irritabilité persiste encore après énervation, et en l'absence de l'irrigation sanguine, il n'en est pas moins certain que l'irrigation entretient cette irritabilité, et lui est nécessaire.

Excitants du muscle. — Nous avons vu, en passant, que le muscle peut être excité indirectement, par le nerf correspondant, ou directement, en l'absence de nerfs. Il sera bon de compléter ici les notions relatives aux excitants du muscle.

L'*excitant nerveux* est celui qui entre seul en jeu — ou à peu près seul — durant l'état normal, à l'état physiologique, et chacun de nos mouvements est déterminé par une excitation partie du cerveau ou de la moelle et transmise au muscle par le nerf correspondant. En quoi consiste cette excitation ? Les hypothèses sont peu satisfaisantes, et la plus répandue est celle de Du Bois-Reymond pour qui la variation négative qui se produit dans le nerf excité atteint les plaques terminales, de sorte qu'en réalité le muscle serait excité par de l'électricité. Mais remarquez combien cette électricité est habilement dosée, pour ainsi dire, et combien la quantité ou l'intensité de l'excitation est proportionnée au but à atteindre ; il y a là un rare degré de perfection dans l'adaptation des moyens à la fin.

Excitant électrique. — C'est celui qu'on emploie le plus dans l'expérimentation ; on emploie l'excitation directe (celle du muscle même), et l'excitation indirecte (celle du nerf de ce muscle) ; on peut d'ailleurs combiner les deux modes, en plaçant une électrode sur le nerf et l'autre sur le muscle. Cl. Bernard a montré que l'excitabilité indirecte du muscle est plus grande que son excitabilité directe ; il y suffit d'une excitation sensiblement moins vive. Les électrodes, on le sait, sont les pôles du circuit électrique ; l'anode est le pôle positif ; le cathode est le pôle négatif. Les courants usités sont relativement forts, car la résistance du tissu musculaire est très considérable ; sa conductibilité est très faible ; elle est 115 millions de fois inférieure à celle du cuivre (Ranke). Aussi n'est-il pas indifférent dans l'excitation directe de placer les électrodes à telle ou telle distance l'une de l'autre : à 5 centimètres

marquée. La vaso-dilatation débute avec l'activité et cesse graduellement au repos ; elle s'accompagne d'un abaissement de pression artérielle, et d'une élévation de pression veineuse. Il en résulte que l'activité musculaire soulage les artères, mais dilate les veines, mais le mécanisme de la vaso-dilatation échappe encore.

par exemple, la résistance sera telle — pour un courant donné — que nulle excitation ne pourra se produire : à 3 ou 2 centimètres, il y aura excitation et mouvement. Les chiffres qui précèdent s'appliquent à la résistance longitudinale ; la résistance transversale est trois fois plus forte d'après Hermann. Il est quelques points curieux à noter dans l'excitabilité des muscles par les courants de pile. Vulpian remarqua en 1858 que le pôle négatif peut être actif alors que le positif est sans action, et, en 1860, Chauveau confirma le fait en ajoutant que le pôle négatif possède certainement une action prédominante. D'autre part, on a reconnu que la période latente est plus longue pour les courants de pile que pour les courants d'induction (0,05 au lieu de 0,01, d'après von Bezold, 1861) et que pour un courant de pile moyen, la contraction est plus forte à la clôture qu'à la rupture du courant ; avec un courant faible, la contraction de rupture peut manquer totalement, et, chose curieuse, la contraction de clôture est suivie d'un relâchement du muscle qui se trouve plus long qu'il n'était avant le passage du courant ; il se passe là un phénomène analogue à celui qui a été noté plus haut sous le nom de Paradoxe de Weber. Enfin, avec un courant fort, il y a contraction de clôture et de rupture, et entre les deux contractions, tout le temps que passe le courant, le muscle est en tétanos ; les muscles lisses se comportent à cet égard tout comme les muscles striés. Ces faits sont d'autant plus dignes d'attention que les courants induits agissent de façon différente : tout d'abord le courant induit agit beaucoup plus vite que le courant de pile, et il n'est pas besoin d'une application aussi longue, et d'un autre côté, la contraction de rupture est plus forte que celle de clôture qui manque avec les courants faibles. Les courants induits se développent rapidement, et brusquement ; les courants de pile se développent lentement, si bien que, si l'on applique à un muscle un courant de pile faible, inefficace, on peut, en augmentant graduellement son intensité arriver à le rendre très fort — plus fort qu'il ne le faudrait pour produire le tétanos) si le changement était brusque — sans déterminer la moindre contraction (Du Bois-Reymond). Les courants de pile déterminent dans le muscle des modifications qu'on a désignées sous le nom d'électrotonus — mais nous en parlerons plus loin — et d'après Heidenhain, ces mêmes courants moyens peuvent rétablir l'excitabilité d'un muscle fatigué, mais ce rétablissement est temporaire ; par contre, les courants forts diminuent l'excitabilité. En outre des différences signalées plus haut entre les courants de pile et les courants induits, il convient de faire remarquer que ces derniers ont une tension plus forte que la première, mais que la quantité d'électricité est moindre ; dans un cas nous avons un jet mince, mais à pression forte ;

dans l'autre, une bouche qui donne beaucoup d'eau, mais sous pression très faible.

On notera que les courants induits ne peuvent agir que dans certaines conditions. S'ils sont très fréquemment interrompus, ils sont inactifs, comme Masson l'a signalé il y a plus de 40 ans, et comme d'Arsonval l'a montré de nouveau (*Soc. Biol.*, 1891, p. 283) en employant des courants interrompus jusqu'à *mille millions* de fois par seconde. Ces courants sont incapables d'exciter un nerf

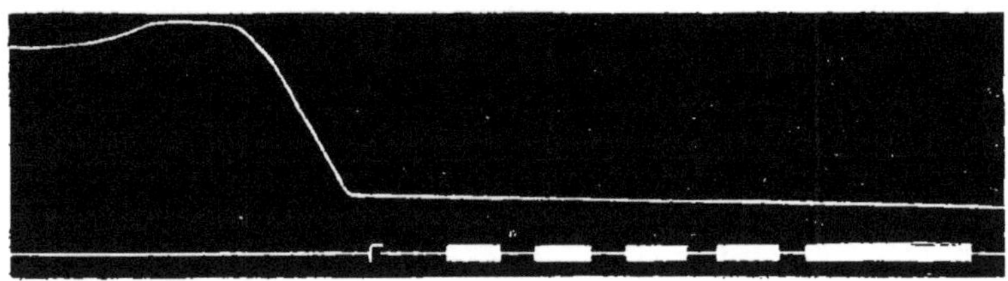

Fig. 77. — Inexcitabilité du muscle (*Stichopus regalis*) pour les courants courts et rapides, alors qu'il réagit parfaitement à une excitation simple de même intensité.

ou muscle de grenouille. Des courants interrompus incomparablement moins souvent peuvent encore être inefficaces : cela dépend des muscles. La figure 77 montre que le muscle de *Stichopus regalis* qui réagit parfaitement à des excitations isolées, ne réagit plus quand ces excitations sont fréquentes (60 ou 100 par seconde) ou réagit faiblement (d'après de Varigny qui a, à tort, pris le fait dont il s'agit pour un phénomène d'inhibition : en réalité, il faut admettre que, lors de courants très brefs, le muscle n'a pas le temps d'être impressionné par eux).

Excitant thermique. — Les membres sont sensibles aux variations thermiques, mais on croyait, il n'y a pas bien longtemps encore, que l'excitabilité thermique n'existait que chez les muscles lisses, nommés pour cette raison thermosystaltiques. En réalité, elle existe aussi chez les muscles striés, mais est plus prononcée chez les muscles lisses. L'estomac et l'intestin sont très excitables par les variations de température : on peut employer avec avantage le jabot de l'élédone pour l'étude du thermosystaltisme, en raison de sa grande vitalité. On remarquera toutefois que les variations thermiques, qui se traduisent toujours d'abord par une contraction, n'agissent que si elles sont relativement rapides : un changement de température lent ne détermine point de réaction immédiate. Pourtant, lent ou rapide, il agit toujours à la longue en ce sens qu'un jabot d'élédone qui se contracte plus ou moins régulièrement, une fois rempli d'eau, se contracte plus et plus fort si l'eau où il baigne est échauffée, et se contracte moins et moins souvent, si cette eau est refroidie.

Excitant mécanique. — Nous avons vu plus haut que l'excitation mécanique du muscle donne naissance à une contraction généralement limitée, la contraction idio-musculaire, et d'une façon générale, toute excitation mécanique, de quelque intensité, amène une manifestation de l'irritabilité musculaire, comme chacun peut le voir en faisant l'autopsie d'un animal mort depuis peu. Un instrument curieux a été imaginé par Rood pour montrer que les excitations mécaniques peuvent amener la tétanisation des muscles chez l'homme : c'est une excentrique qui, mue rapidement par une manivelle, donne à la main de celui qui la tient, une crampe tétanique dès que le mouvement est assez rapide pour pouvoir donner aux muscles de 40 à 60 extensions par seconde. Mais y a-t-il là bien une excitation purement mécanique : n'est-il pas d'excitation réflexe d'origine musculaire ? L'interprétation proposée par Rood, l'idée qu'il y a excitation mécanique des muscles, pure et simple, semble bien hasardée.

Excitant chimique. — Tout ce qui nuit à la vie du muscle en provoque la contraction ; et de la sorte le nombre des excitants chimiques est très considérable. L'eau additionnée d'un peu de sel ou de sucre, d'urée, de cholestérine, n'est pas excitante ; mais l'eau pure, distillée, l'est à un haut degré. Les bases affaiblissent l'irritabilité avant de la détruire ; les acides l'exaspèrent d'abord. Presque tous les acides à 1 p. 1000 sont constants (Kühne), sauf les acides boriques et arsénieux. Les sels neutres à faible dose (de 0,25 à 1,5 pour 100) entretiennent l'irritabilité qu'ils détruisent à dose plus élevée. Il est intéressant de remarquer que les excitants du muscle ne sont pas les mêmes que ceux du nerf. L'acide chlorhydrique excite le muscle à 1 p. 1000 : il n'excite le nerf qu'à 100 p. 1000. La glycérine excite fortement le nerf, mais pas du tout le muscle ; il en est de même pour le sulfate de cuivre et le perchlorure de fer.

Excitant lumineux. — Un œil d'anguille, plusieurs jours après avoir été enlevé au poisson, conserve la motilité de l'iris : un rayon lumineux, tombant sur ce muscle, en détermine la contraction. Il y là une action directe sur le muscle, car les nerfs sont complètement morts, et l'action est bien due à la lumière, car en arrêtant les rayons calorifiques avec des verres appropriés, on n'empêche point la contraction de se faire. La lumière, ou pour mieux dire les variations de lumière exercent aussi une action très marquée sur le siphon d'un mollusque, la Pholade dactyle : R. Dubois, de Lyon, a montré qu'il suffit parfois de variations très faibles dans l'éclairage pour amener une brusque contraction du siphon, même si l'organe est détaché de l'animal, et privé de ganglions nerveux. D'Arsonval (*Soc. Biol.*, 1890, p. 308) a montré que tous les muscles sont excitables par la lumière, en les excitant de façon intermittente, en projetant sur eux un rayon lumineux rendu intermittent par un diapason, ou par une roue percée de trous équidistants. Dans ces conditions ils se contractent, faiblement il est vrai, mais assez pour rendre un son au téléphone, son dont la hauteur correspond exactement aux oscillations du faisceau lumineux.

De quelque excitant que l'on se serve, chacun peut constater qu'il ne suffit point d'une intensité quelconque pour obtenir une réaction. Il y a des excitations trop faibles pour exciter la contraction, il y a des excitations suffisantes; il en est aussi d'excessives. Aussi convient-il dans toute étude de l'excitabilité de bien savoir graduer les excitations, et en particulier de savoir trouver le *seuil de l'excitation*, l'intensité minima requise pour obtenir une réaction définie. Cela n'est d'ailleurs pas difficile : on agit d'abord avec un courant électrique — puisque c'est de l'électricité que l'on se sert le plus souvent — très faible, et si le muscle ne réagit pas on continue à tâtonner, en employant à chaque reprise une excitation un peu plus forte, soit avec la graduation empirique des bobines d'induction, soit, ce qui est mieux, avec les instruments perfectionnés qui permettent de graduer l'électricité avec toute la précision possible. On appelle seuil de l'excitation l'intensité d'excitation minima à laquelle le muscle répond, et la détermination de ce seuil est précieuse pour l'étude de la marche générale de l'excitabilité. C'est par ce procédé, et d'autres encore qui s'y rattachent, qu'on a pu obtenir des mesures suffisantes de l'excitabilité : non des mesures absolues, d'ailleurs assez inutiles, mais des mesures comparées, qui seules nous intéressent. On a reconnu de la sorte que l'excitabilité s'accroît après la mort. Le fait peut surprendre, mais il est bien réel, M. Faivre a vu que, pendant quelques heures (de 7 à 20) après la mort, le muscle de grenouille conserve son excitabilité, sans modifications, alors que celle des nerfs, d'abord augmentée, diminue et disparait. Une fois l'excitabilité nerveuse disparue, l'excitabilité du muscle s'accroît considérablement, et atteint son maximum, si bien qu'il se produit souvent alors des mouvements spontanés ou semblant tels, de véritables convulsions parfois. Il n'est guère croyable que ces convulsions soient réellement spontanées, et sans cause extérieure : il arrive probablement que les petites excitations multiples qui existent à tout moment agissent à ce moment en raison de l'état d'excitabilité plus grande, alors qu'auparavant, elles atteignaient un muscle trop peu excitable pour en être affecté. Ces mouvements *post mortem* s'observent parfois chez l'homme, surtout quand la mort a été due au choléra et à la fièvre jaune (Bennett-Dowler), et on voit les cadavres exécuter des gestes bizarres, très étendus, ou des grimaces qui ne laissent pas d'impressionner ceux qui en sont témoins. Ces mouvements se produisent même dans les membres détachés. Comme la mort, l'anémie augmente l'excitabilité du muscle : tout agent de destruction commence par accroître celle-ci avant de la supprimer. On peut constater cette influence de l'anémie au moyen de l'expérience de Sténon, comme l'a fait Schmoulevitch ; mais comme il peut toujours se faire une certaine circulation supplémentaire, il est préférable d'opérer l'amputation d'une patte, par exemple, sans sectionner le nerf (C. Richet), et alors, en cherchant le seuil de l'excitabilité avant et après l'opération, on constate qu'il suffit, après, d'une intensité bien moindre pour produire la même réaction : l'excitabilité a été accrue par l'anémie. L'anémie agit-elle par accumulation de CO^2 qui est certainement un excitant des muscles, comme le pense Brown-Séquard ? Cela est évidemment vraisemblable. Nous avons déjà dit que l'excitation même augmente ou diminue l'excitabilité selon que la première est faible ou forte : le seuil de l'excitation sera plus reculé pour un muscle qui vient d'être excité modérément que pour un muscle resté au repos, et il n'y aurait pas lieu de revenir sur ce point si l'électrisation violente ne déterminait une mort rapide du muscle, comme l'ont vu Masson et Longet. Mais ici, il convient de remarquer qu'il y a empoisonnement du muscle : l'animal meurt par asphyxie, et ses tissus sont chargés d'acide carbonique. Si l'on pratique la

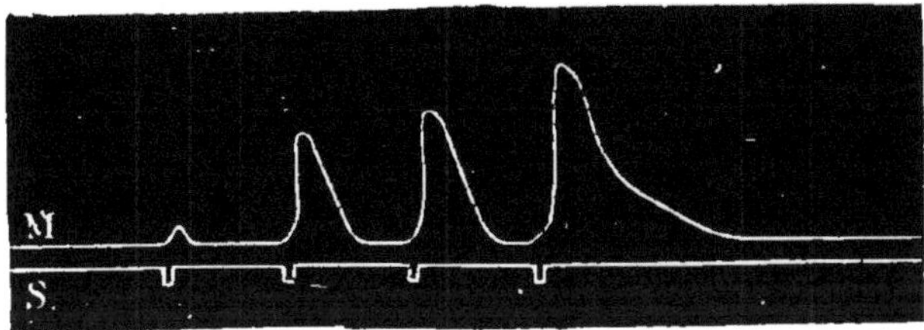

Fig. 78. — Contractions de plus en plus fortes (accroissement de l'excitabilité) chez un muscle d'écrevisse successivement excité par des courants d'égale intensité. (D'après Ch. Richet.)

respiration artificielle, les muscles conservent leur irritabilité. On sait que les muscles des animaux *forcés* à la course deviennent très vite rigides, en perdant leur excitabilité : leur sang est également très riche en CO^2. Aussi ne convient-il pas de dire d'une façon absolue que l'excitation électrique augmente l'excitabilité : cela n'est vrai que pour les courants faibles et moyens, et dans certaines conditions, car l'excitation fréquente, réitérée, diminue l'excitabilité au lieu de l'accroître. La chaleur augmente l'excitabilité, mais encore faut-il bien spécifier les limites, car, en général, le muscle meurt vers 35 ou 45° — cela dépend des espèces, et il y a à cet égard une certaine variabilité, — mais d'ordinaire un muscle se contracte mieux à 20° centigrades qu'à 2 ou 5° ou même 10°, et un muscle d'animal à sang chaud a besoin d'une température plus élevée que celui d'un hétérotherme. Par contre un muscle, quel qu'il soit, conservera plus longtemps son irritabilité par une température basse que par une température élevée, et généralement parlant, plus son irritabilité sera élémentaire, plus il la conservera longtemps : ce sont les muscles les moins excitables qui gardent le plus longtemps leur irritabilité : les plus excitables la conservent peu de temps : au surplus, ceci est vrai de la plupart des tissus et non des muscles seulement.

D'une façon générale, le muscle au repos, non excité du dehors ni du dedans, demeure immobile, ou à peu près immobile : il n'est le siège que de contractions fibrillaires isolées, très faibles, localisées, successives, et qui ne se traduisent au dehors que par le bruit musculaire. Le muscle ne semble pas pouvoir se contracter spontanément. Les mouvements des cadavres de cholériques sont sans doute dus à de l'acide carbonique ; ceux des muscles curarisés au curare, etc. Et pourtant il y a une apparence de spontanéité chez certains muscles, chez les muscles à contraction normalement rythmique, comme le diaphragme et le cœur, chez les muscles de l'ombrelle du Rhizostome, etc. A vrai dire, on a émis passablement de suppositions sur la cause du rythme : mais il n'en est point de satisfaisante. Voici la pointe du cœur excisée : excitée, elle se contracte, et elle se contracte plusieurs fois de suite. On en conclut que l'excitation provoque la première contraction après laquelle le muscle fatigué se relâche : durant le repos il se répare, et alors il se contracte de nouveau, le mouvement amenant le repos, et le repos le mouvement. S'il en est ainsi, pourquoi tous les muscles ne font-ils pas de même? Il y a sans doute dans ces muscles à contractilité rythmique un *ignotum aliquid* qui nous échappe ; il y a une cause réelle, qui deviendra quelque jour tangible, et qui nous expliquera en même temps les curieux mouvements des veines de l'aile de la chauve-souris, des artères de l'oreille du lapin, et des veines à leur embouchure dans l'oreillette droite ; pour le moment, cette cause nous échappe.

Sensibilité musculaire.— Les muscles ont la sensibilité aussi bien que le mouvement; ils reçoivent des filets sensitifs aussi bien que des filets moteurs. Ces filets sensitifs, découverts par Sachs il n'y a pas bien longtemps (1874), sont l'origine de réflexes nombreux. Excitez un muscle de grenouille par l'électricité ou une substance chimique, et il se produit des mouvements plus ou moins étendus dans tout le corps, des réflexes plus ou moins généralisés qui sont accrus si l'animal a été strychnisé, c'est-à-dire mis en un état d'excitabilité plus vive, et qui disparait si l'on coupe la racine sensitive du nerf innervant le muscle irrité. Normalement cette sensibilité des muscles ne nous fournit que peu de sensations : mais si nous faisons un effort inusité, les muscles intéressés nous fournissent des sensations assez vives, douloureuses, et que chacun connait (courbature, etc.) ; si la contraction musculaire est très forte, nous pouvons sur le moment même éprouver une douleur assez forte, et c'est ce qui a lieu dans la contraction et la crampe : nul ne peut douter de la sensibilité musculaire. Celle-ci se manifeste d'ailleurs de façons très variées. Vulpian et Charcot ont décrit sous le nom de *trépidation épileptoïde* un tremblement très fort qui se produit dans le pied tenu fortement fléchi, et que la volonté est impuissante à arrêter. Ce tremblement est réflexe : son origine est dans les fibres sensitives des muscles du pied, mais il ne peut se produire que dans les cas où il y a exagération de la sensibilité médullaire. Le réflexe rotulien — relèvement de la jambe croisée sur l'autre, libre, dont on frappe le tendon rotulien d'un coup sec — est encore un réflexe dont le point de départ est dans les nerfs sensitifs des muscles : mais l'intensité du réflexe varie selon l'état de la moelle, et c'est ainsi qu'il fournit des données précieuses au clinicien ; il est exagéré dans les cas d'hypéresthésie médullaire. La fatigue musculaire est encore un phénomène de sensibilité musculaire, bien plus que d'impotence du muscle. Toutefois, il faut remarquer qu'il y a plusieurs éléments en jeu. Sans doute, il n'existe pas de fatigue dans les nerfs, mais il existe une fatigue périphérique, puisque, comme Maggiora l'a si bien montré, le massage restaure de façon remarquable le muscle individuel fatigué : et il existe aussi un élément central, puisque le muscle hors d'état de se contracter sous l'influence de la volonté se contracte parfaitement bien lorsque l'excitation est artificielle et porte sur le nerf ou le muscle même; il semble en somme, d'après les recherches récentes de A. Waller, que la fatigue est normalement surtout centrale, et que la fatigue centrale précède toujours la fatigue périphérique et agit comme un frein qui empêche l'organisme d'aller jusqu'au point où la fatigue périphérique se produirait [1]. Les nerfs sensitifs des muscles sont encore, comme nous l'avons dit, un élément de la tonicité musculaire : celle ci disparaît dès que l'on détruit l'une ou l'autre voie de l'arc réflexe, la voie sensitive aussi bien que la voie motrice, et rien ne montre mieux l'importance de ces nerfs que l'étude des phénomènes consécutifs à leur lésion. Coupez les racines postérieures de la moelle, par où passent les filets sensitifs de la peau et des muscles, comme l'a fait Cl. Bernard, et la coordination des mouvements est très imparfaite ; elle l'est plus encore dans l'ataxie locomotrice, maladie de la moelle où la substance conductrice de la sensibilité est seule atteinte, et dans cette affection où la motilité demeure intacte, c'est chose curieuse de voir que le symptôme objectif le plus évident est un trouble de la locomotion, l'incoordination, l'ataxie. Ce trouble est dû à ce que la sensibilité musculaire n'existant plus, il n'y a plus cette proportion délicate entre le but à atteindre et les moyens employés; la dépense de force n'est plus réglée par la sensibilité, et elle est le plus souvent

[1] Sur cette question importante de la fatigue musculaire, consulter en particulier les travaux de Mosso (*Arch. Ital.*, XIII, p. 123) et de Waller (*Brain*, 1892). La fatigue semble être surtout un phénomème central (cérébral), mais il s'y joint un élément périphérique localisé peut-être dans les plaques motrices.

exagérée (Duchenne, de Boulogne). Il y a donc une sensibilité musculaire : y a-t-il un sens musculaire spécial ? Il est difficile de répondre à cette question, car il y a beaucoup d'éléments différents dans notre connaissance de nos mouvements. Nous avons conscience d'un effort variable : mais ce sentiment d'effort est-il d'origine purement musculaire, et la peau n'y joue-t-elle pas un rôle considérable ? Pourtant la sensibilité musculaire peut persister malgré une anesthésie superficielle complète, et si dans beaucoup de circonstances la sensibilité cutanée contribue fortement à nous renseigner sur ce que nous faisons, il semble acquis que la sensibilité propre des muscles est mise en jeu par la contraction de ceux-ci, et renseigne ainsi les centres nerveux supérieurs. Du reste, il est vraisemblable qu'un troisième élément se présente : c'est la notion de l'effort qui s'accomplit, le sens de l'innervation dont il est d'ailleurs assez difficile de se faire une idée, et dont l'indépendance par rapport aux deux autres facteurs n'est pas bien claire, mais qui semble à M. Bernhardt constituer à lui seul le sens musculaire. Il est de fait que lors de l'électrisation directe du muscle — sans effort volontaire — le sujet ne distingue pas un poids fort d'un poids faible : et pourtant il semble que la sensibilité des muscles et de la peau devrait indiquer la différence. Quoi qu'il en soit de la théorie, il est bien constant que la sensibilité musculaire existe : c'est elle qui nous fournit en partie notre sensation de bien-être ou de mal-être ; elle est souvent vive et désagréable : la crampe, la contracture, le tour de reins et les sensations souvent très douloureuses résultant de la pratique d'un exercice, même modéré, auquel on n'est point accoutumé, en sont des preuves quotidiennes. Il y a entre les mouvements et la conscience un lien singulier, qui existe du reste aussi entre les attitudes et la conscience. Chacun a pu remarquer l'influence de l'attitude sur les rêves, sur lui-même ; chacun a pu voir combien l'attitude imposée à un somnambule lui suggère les passions ou émotions en rapport avec cette attitude. Il nous suffira de signaler le fait, qui est très intéressant, et qui donne lieu à beaucoup de réflexions sur l'harmonie entre le physique et le moral (et sur la possibilité d'agir peut-être très fortement par le premier sur le second de façon en quelque sorte mécanique) et qui nous montre une fois de plus combien est intime le lien entre le mouvement et la sensibilité, tandis que la pathologie nous indique à quel point il est essentiel, par les troubles moteurs qui surviennent lors des affections purement sensitives, et les troubles sensitifs qui accompagnent communément les lésions de la motilité.

Nerfs trophiques des muscles. — Nous avons vu plus haut que certains nerfs apportent aux muscles les incitations parties des centres nerveux, et que d'autres nerfs portent à ceux-ci les sensations dont les muscles sont l'origine. Il semble que le rôle des nerfs ne s'arrête point là, et qu'ils jouent encore un rôle important dans la nutrition du muscle. Encore, pour être exact, faut-il dire centres nerveux plutôt que nerfs. Coupez le nerf moteur de tel muscle : ce dernier vivra et conservera son irritabilité bien que s'atrophiant plus ou moins, en raison de son inaction (Longet, etc.). Coupez le nerf *mixte* (moteur et sensitif, contenant fibres motrices et fibres sensitives) d'un muscle, et les troubles sont plus prononcés : l'atrophie est plus profonde. Mais produisez certaines lésions dans le système nerveux central, et les choses seront pires encore ; l'atrophie sera rapide et intense. C'est ce qui a lieu dans l'atrophie musculaire progressive de Duchenne (de Boulogne), et en particulier dans la paralysie glosso-labio-laryngée dont la lésion siège dans les racines ou cornes antérieures, ou les noyaux du bulbe. On a conclu, de ces faits, à l'existence de nerfs *trophiques* qui agiraient sur la nutrition. Vulpian s'est fortement élevé contre cette hypothèse qui fait de l'atrophie un processus non de paralysie, mais d'irritation, et pour lui, si l'atrophie des cornes antérieures détermine l'atrophie musculaire rapide, c'est que seule la première détermine une paralysie absolue du nerf, que la section de ce dernier ne suffit point à produire. Les lésions des cornes antérieures ne provoquent pas seulement des atrophies : elles sont souvent suivies d'autres lésions musculaires : hypertrophies ou dégénérescences. Les atrophies peuvent se produire en dehors des lésions de la moelle ou des nerfs moteurs : il y a des atrophies réflexes, mais le mécanisme en demeure obscur.

Constitution chimique des muscles. — La composition chimique des muscles varie considérablement selon les espèces, et, chez la même espèce, selon les âges. Le tableau que voici donne des chiffres moyens pour les mammifères en général : il est donc schématique.

Eau.	750	Graisses	10
Albuminoïdes .	200	Sucres	10
Sels minéraux.	15	Mat. extractives.	15 (p. 1000).

Les *albuminoïdes* constituent évidemment la partie la plus importante du muscle : ce sont eux qui forment le *plasma musculaire*, la substance liquide qui est contenue dans le sarcolemme. Kühne, en 1859, a, le premier, isolé cette substance : après avoir chassé tout le sang d'un certain nombre de muscles, au moyen d'une injection d'eau salée à 6 p. 1000, il a pilé ces muscles, en les congelant, puis il les a filtrés sous pression, et a obtenu un liquide alcalin, légèrement opalescent, non filant, légèrement jaunâtre, qui, en présence de la chaleur se coagule, même à zéro degrés centigrades; le coagulum est la *myosine* de Kühne, c'est un corps blanchâtre, gélatineux, qui, au point de vue chimique, doit être rangé parmi les globulines, et le liquide non coagulé est du sérum musculaire. La myosine serait, d'après Halliburton, formée de deux albuminoïdes, myosinogène et paramyosinogène, dont le premier serait le plus abondant, et formerait la presque totalité du coagulum sous l'influence de quelque ferment qui n'a guère d'action sur la seconde de ces substances. Sous l'influence de la chaleur, cette myosine se transforme en une sorte de fibrine musculaire, ou syntonine, soluble dans les liqueurs acides diluées. Le sérum musculaire renferme trois sortes d'albumine, d'après Kühne : de la musculine, une sorte de caséine, et une sorte de sérine analogue à celle du sang ; il renferme aussi de l'hémoglobine, et la viande est blanche ou noire (c'est rouge qu'il faudrait dire), selon qu'elle renferme peu ou beaucoup d'hémoglobine. Celle-ci paraît unie à la substance même des muscles ; mais pour Mac Munn qui a récemment étudié les pigments musculaires-le muscle contiendrait non de l'hémoglobine, mais de la myohéma, tine, substance en somme très voisine, et présentant ce caractère de pouvoir être alternativement réduite et oxygénée : Gautier la rapproche de l'hémochromogène.

Les *éléments minéraux* du muscle sont : la potasse, la soude, la chaux, le chlore, le phosphore, un peu de fer et du soufre. Les matières extractives sont très variées : ce sont de la créatine, de la créatinine, de l'acide urique, de la xanthine et de l'hypoxanthine, de l'urée, de la taurine, de l'acide inosique ; mais toutes se présentent en très faible quantité.

Il semble exister certains *ferments* dans la substance musculaire ; Brücke a cru à l'existence d'un ferment analogue à la pepsine ; mais cela n'est pas prouvé ; par contre, il semble bien y avoir un ferment amenant la coagulation de la myosine, un ferment analogue à la ptyaline ou à la pancréatine (soupçonné par Magendie) et un ferment déterminant la production d'acide lactique. Mais en somme tout cela est bien hypothétique.

Les matières sucrées consistent principalement en *glycogène,* comme Cl. Bernard l'a montré ; mais ce glycogène se transforme très rapidement en dextrine et en glycose, si bien qu'il est difficile d'évaluer la quantité totale de glycogène. Il y a encore un autre sucre, l'*inosite;* mais il n'a été trouvé jusqu'ici que dans le muscle cardiaque. Du reste, il est très difficile d'opérer des analyses chimiques bien satisfaisantes du muscle, en raison de la rapidité avec laquelle les substances se transforment et se modifient lors de la mort du muscle ; les unes se coagulant, les autres se transformant totalement, comme le glycogène, exactement comme le sang tiré hors des vaisseaux subit des altérations profondes. On remarquera en passant combien le bouillon, ce prétendu extrait de viande, est réellement pauvre en matières alimentaires. Il ne renferme en effet que les matières solubles du muscle, et en définitive elles sont très peu nombreuses : un litre de bouillon renferme 980 d'eau, 9 de sels minéraux, 9 de matières azotées solubles (matières extractives sans valeur nutritive) et 2 d'albumine. Il n'y a de véritablement alimentaire que les sels minéraux : le reste peut exciter la digestion, et favoriser la sécrétion des sucs digestifs, mais à quoi cela sert-il si l'on ne donne rien à digérer à ces sucs? L'extrait de viande de Liebig — et des autres — est dans le même cas : c'est surtout un amas de sels minéraux et de matières de désassimilation, et, comme le dit A. Gautier, « ce serait abuser de la bonne foi et de l'ignorance du public que de dire ou de laisser croire que cet *extrait* puisse remplacer une substance alimentaire, et la moindre quantité de viande bouillie ou rôtie ». Remarquez d'ailleurs que les sels sont surtout des sels de potasse, dont la toxicité est bien connue, après les nombreuses recherches faites ces dernières années : nul n'ignore que c'est en raison de la toxicité de la potasse qu'on substitue souvent — dans les médications prolongées — les sels de sodium aux sels de potassium. Roger (*Soc. Biol.*, 1891, p. 727) a montré que l'extrait de muscle jouit d'une certaine toxicité.

Le muscle, neutre au repos, devient acide par l'activité (acide lactique qui, d'après Janowski, se présenterait en quantité décuple).

Respiration et nutrition du muscle. — Ce point a été touché au chapitre *Respiration*, mais nous donnerons ici quelques détails complémentaires sur cette fonction, en même temps que sur la relation entre la respiration et le travail du muscle.

Un muscle frais — comme tout autre tissu vivant d'ailleurs — abandonné dans une atmosphère contenant de l'oxygène, s'empare de ce gaz, et dégage de l'acide carbonique. P. Bert a montré que le muscle est le tissu dont la respiration est la plus active, et qu'il absorbe d'autant plus d'oxygène qu'il en a une plus grande quantité à sa disposition, dans certaines limites du moins, car dans une atmosphère contenant 50 ou 60 p. 100 d'oxygène le muscle atteint sa production maxima de CO^2 : il est inutile d'augmenter la teneur en oxygène, l'excrétion de CO^2 diminue. L'activité de la respiration varie avec la température ; elle augmente de 0 à 50° et surtout de 20 à 50° ; au delà de 50° et parfois même de 40° la respiration est moins active (Regnard). Cette absorption d'O et le dégagement de CO^2 ne sont pas les seuls signes de l'activité vitale du muscle : Helmholtz a cherché à doser les matières extractives du muscle au repos et du muscle en activité, et il a obtenu des chiffres qui semblent très précis, mais différant fort peu en somme (1,33 de matières extractives dans le muscle actif, contre 1 dans le muscle au repos). Ce résultat a toutefois son importance, car il prouve que durant l'activité du muscle celui-ci ne consomme guère de matières albuminoïdes (d'où dérivent les matières extractives) : c'est une erreur de croire que l'exercice appelle une alimentation très azotée. En effet, comme l'a montré Voit, la production d'urée — dernier terme de la désassimilation des albuminoïdes — n'est pas accrue par l'exercice musculaire : qu'est-ce donc qu'une différence de 0,01 entre le repos et l'exercice, et qui tirera quelque conclusion du fait qu'au repos l'excrétion d'azote est — dans une des expériences de Voit et Pettenkofer — de 12,26, et de 12,27 durant l'exercice ? Au surplus, la teneur des phosphates et sulfates est sensiblement la même au repos et durant l'activité, et si, pendant l'activité, il y avait consommation notable d'albumine, l'excrétion de ces sels devrait être manifestement accrue. Enfin, remarquez que les herbivores, qui agissent pourtant et produisent beaucoup de travail, n'excrètent guère d'azote (Traube), et surtout, considérons la célèbre expérience de Fick et Wislicenus qui prouve que le travail dégagé durant leur ascension du Faulhorn est bien supérieur à celui que représente l'urée excrétée par eux. Donc, ce ne sont pas — comme le voulait Liebig — les matières albuminoïdes qui brûlent durant la contraction musculaire. Pourtant, il est certain que le travail musculaire s'accompagne d'une légère augmentation dans la production de l'urée; Parkes, Ritter, Pavy, d'autres encore l'ont constatée, tout en notant qu'elle est faible, et surtout qu'elle n'est pas proportionnelle au travail exécuté. L'opinion qui nous paraît la plus acceptable, en ce qui concerne l'interprétation de ce fait, est celle de Hermann, d'après qui l'urée n'est produite en plus grande quantité que si le muscle est épuisé et se détruit en partie ; si l'exercice n'est pas de nature à épuiser le muscle, la production d'urée ne s'accroît point. D'autre part, il faut bien remarquer que les expériences relatives à la production de l'urée, pendant le repos et pendant l'exercice, n'ont de valeur que si le régime azoté est le même ; car on sait que la consommation d'une plus grande quantité d'albuminoïdes à elle seule suffit à déterminer une excrétion d'urée plus considérable. En somme, il nous paraît que — à régime identique — le muscle ne produit guère plus d'urée durant le travail qu'à l'état de repos — à moins que le travail ne soit excessif : l'urée ne peut être regardée comme un déchet des substances *brûlées* par le muscle : le muscle consomme autre chose que des albuminoïdes.

Cet « autre chose », c'est de l'oxygène et du sucre. Lavoisier a le premier constaté que l'absorption de l'oxygène devient, durant le travail, le double et le triple de ce qu'elle est au repos, et les nombreux expérimentateurs qui ont repris cette étude n'ont pu que confirmer leur devancier : variée de toutes les façons imaginables, l'expérience a invariablement prouvé que plus l'organisme est actif, plus il consomme d'oxygène et exhale de CO^2. (Durant le tétanos l'exécution de CO^2 est quadruplée, la ventilation n'étant que doublée d'après Richet et Hanriot.) Elle a encore prouvé qu'entre l'absorption d'O et l'exhalaison de CO^2 il y a un rapport ; mais ce rapport n'est pas invariable, et ce point mérite d'attirer notre attention. Le quotient respiratoire $\left(\frac{CO^2}{O}\right)$ n'est pas le même au repos et durant le travail ; au repos il peut être de 0,7, 0,8 par exemple : durant le travail il tend à devenir égal ou supérieur à 1, c'est-à-dire qu'au repos le muscle absorbe plus d'oxygène qu'il n'en exhale dans CO^2, au lieu que, durant le travail, il exhale plus d'O dans CO^2 qu'il n'absorbe d'O. Aussi le moindre effort musculaire détermine-t-il aussitôt l'accélération de la respiration, et quand cette accélération ne peut avoir lieu, ou ne peut être efficace, dans le cas d'asphyxie, en particulier, on conçoit que les mouvements doivent augmenter l'asphyxie, puisqu'ils augmentent la production de CO^2 sans que l'absorption de O puisse être accrue. D'ailleurs il y a asphyxie chaque fois que la ventilation pulmonaire ne s'accroît pas en même temps qu'augmentent les échanges respiratoires, tant qu'il n'existe pas une certaine proportion entre la première et les derniers, et si l'on remarque que le travail musculaire accroît la somme des échanges dans une proportion considérable, doublant, triplant et quintuplant ceux-ci — cela dépend du travail — on comprend qu'il faille un accroissement notable de ventilation pour maintenir les choses dans l'ordre et en équilibre suffisant. Certaines expériences montrent surabondamment combien est grande l'influence du mouvement musculaire sur les échanges respiratoires : telles sont en particulier celles où, par la tétanisation ou la strychnisation, on met le système musculaire en état d'hyperactivité. Dans l'un et l'autre cas le sang devient rapidement impropre à l'entretien de la vie ; dans les artères même il est violacé, analogue au sang veineux, il est pauvre en O, riche en CO^2, en raison de la consommation et de la production énormes des muscles qui — on se le rappellera — représentent bien la moitié du poids total du corps, et la vie est fort menacée, car en même temps que les échanges augmentent considérablement la ventilation a plutôt diminué [1]; aussi pour sauver l'animal strychnisé ou tétanisé, faut-il pratiquer la respiration artificielle vigoureusement, ou par le curare ou le chloroforme supprimer l'agitation musculaire : il faut accélérer la ventilation ou diminuer la consommation d'O et la production de CO^2. Il convient de signaler en passant l'opinion émise par Ludwig et Schmidt, et Hermann, d'après qui les échanges gazeux du muscle ne seraient pas accrus par la contraction, ou ne le seraient que faiblement. En présence des résultats énumérés plus haut, cette opinion ne nous paraît guère acceptable ; mais, d'autre part, ils invoquent des expériences, et Minot déclare que durant les contractions il n'y a pas augmentation de production de CO^2. La question appelle de nouvelles expériences, mais il nous paraît douteux que celles-ci puissent renverser la théorie qui a cours, et beaucoup de faits appuyent l'opi-

[1] Pas assez toutefois pour produire l'asphyxie rapide qui s'observe : un lapin tétanisé meurt beaucoup plus vite qu'un lapin à trachée liée.

nion que l'absorption d'O et l'excrétion de CO^2 sont proportionnelles au travail du muscle.

Nous avons dit que le muscle consomme de l'oxygène et du sucre. Nasse et Weiss ont vu diminuer le glycogène par les exercices musculaires, et le curare et la section des nerfs moteurs qui amoindrissent la vitalité du muscle, déterminent une accumulation de glycogène dans ce tissu : le glycogène n'étant pas consommé se présente en plus grande abondance que cela n'a lieu normalement [1]. Ce sucre, comme Chauveau l'a montré au cours d'études qui se sont prolongées depuis la découverte du glycogène jusqu'à une date très récente, ce sucre se détruit sans cesse dans les capillaires, dans les tissus, d'où dégagement de chaleur, mais c'est surtout dans les organes en activité, comme on les voit en étudiant le sang qui revient de ces organes, que la destruction de glycogène est considérable. « Pendant le travail qui s'accomplit dans les organes en état d'activité physiologique, la quantité de glycose qui disparaît dans le système capillaire devient plus considérable ; elle est proportionnée à la suractivité des combustions excitées par la mise en jeu des organes, c'est-à-dire qu'il y a peu de sucre consommé en plus dans les organes où ces combustions sont peu augmentées, comme dans les glandes, et qu'il y en a beaucoup dans les organes, comme les muscles, où la suractivité des combustions est grande. » (Chauveau : *Le Travail musculaire et l'Energie qu'il représente*, 1891.)

[1] Du moment où le sucre est l'aliment par excellence du muscle, on comprend que tout travail musculaire exagéré demande une consommation plus considérable de sucre ou d'hydrocarbonés. On comprend aussi, étant donnée la faible valeur alimentaire de l'alcool, que Bunge ait écrit les lignes suivantes : « On voit donc quelle folie c'est de la part de l'homme que de jeter les hydrates de carbone du raisin et du grain en pâture aux cellules de la levure pour absorber leurs excréments. Leurs fruits, les baies, le lait sont dénaturés de cette manière. On n'a pu sauver un seul hydrate de carbone des mains avides des spéculateurs d'alcool... Croit-on vraiment que l'homme civilisé et le champignon de la levure soient liés par les liens de la symbiose pour que l'un se nourrisse des excréments de l'autre? » (Bunge : *Cours de Chimie Biologique*, 353.)

Et c'est un corollaire bien intéressant de l'énoncé précédent que cette conclusion que « le foie est le collaborateur indirect des muscles dans l'exécution des mouvements » (*loc. cit.*, p. 259). Il convient d'ajouter, — et ceci est important à propos des objections de Hermann, Ludwig et Schmidt, dont il vient d'être parlé — que Chauveau a bien démontré par ses expériences auxquelles a collaboré Kauffmann, sur le muscle releveur de la lèvre et sur le masséter chez le cheval, que le muscle en travail reçoit plus de sang que le muscle au repos, et que l'activité des échanges respiratoires est plus considérable chez le premier que le second. Au repos, le releveur de la lèvre reçoit par heure 10,5 fois, en sang, le poids du muscle; en travail, il reçoit 51 fois son poids de ce liquide (il reçoit donc 4 fois plus de sang); au travail il absorbe 20 fois plus d'O qu'au repos; et il exhale 100 fois plus de CO^2. Durant le travail, le muscle excrète plus d'O (par CO^2) qu'il n'en absorbe; au repos, il en absorbe plus qu'il n'en exhale ; et cet O en excès s'accumule sans doute sous forme de matériaux qui brûleront lors du travail; c'est ce qui explique l'excès d'O excrété sous forme de CO^2 durant le travail par rapport à l'absorption d'O. Ce sont là des faits d'une haute importance ; et si de ce fait, que les combustions respiratoires sont, durant le travail, le triple de ce qu'elles sont au repos, on rapproche cet autre fait que la quantité de glycose disparue du sang est triple durant le travail, par rapport à ce qu'elle est au repos, on arrive à la conclusion que le glycogène et le glycose sont bien les substances dont se nourrit et que brûle le muscle. Mais on remarquera que le muscle brûle surtout le glycose du sang : le glycogène contenu dans le muscle même est brûlé dans une proportion bien moindre. En somme, la plus grande partie de la chaleur et de l'énergie produites par un muscle en activité provient de la combustion du glycose apporté par le sang; la plus petite provient de la combustion du glycogène musculaire. Le sucre est l'aliment musculaire par excellence, car, nous l'avons dit, les albuminoïdes ne servent pour ainsi dire pas à nourrir les muscles : ils servent à les réparer, ce qui est toute autre chose.

La combustion du glycose ou du glycogène ne s'opère pas d'une façon directe ; il n'y a pas combustion directe par l'oxygène apporté par le sang aux muscles ; il y a plutôt là un phénomène de fermentation, selon la conception de Pasteur.

Du moment où les muscles représentent la moitié du poids total du corps, et que ce sont les parties de l'organisme dont la respiration est la plus active, on est fondé à conclure que c'est chez eux que la plus grande partie des échanges respiratoires s'opère. En fait, on peut évaluer la combustion propre aux muscles à 75 p. 100 des combustions totales, durant le repos, et en raison de la grande augmentation des échanges durant l'exercice, la part afférente des muscles doit être évaluée à 95 p. 100 du total, durant l'activité musculaire. La chaleur étant liée aux combustions des tissus, il s'en suit que toute cause qui stimule la contraction doit stimuler la production de chaleur, la contraction s'accompagnant de combustions plus actives : et c'est bien effet ce qui arrive : les poisons qui déterminent des convulsions appellent l'hyperthermie. On remarquera que l'action de ces poisons est indirecte ; ils n'agissent que par le système nerveux, et si l'on empêche l'action du système nerveux sur les muscles, il n'y a pas d'hyperthermie.

Le système nerveux agit de façon marquée sur les phénomènes de nutrition du muscle : il préside à une sorte de *tonus chimique*. Les échanges sont maxima dans le muscle actif, moyens dans le muscle au repos, mais si l'on coupe le nerf, ils deviennent très faibles, presque nuls. Le tonus chimique serait réflexe et dépendrait d'excitations sensitives générales.

Rigidité cadavérique. — L'animal, quelque temps après la mort, devient rigide : ses muscles sont durs, tendus, et ont perdu leur flexibilité, d'où la raideur de tout le cadavre. C'est un phénomène constant : il ne semble pas qu'elle manque jamais. Elle débute d'habitude deux ou trois heures après la mort chez l'homme, dans les conditions normales, mais les petits poissons de mer, — les sardines par exemple, — deviennent rigides à peine morts, à peine tirés du filet, et à la guerre on voit souvent la rigidité survenir d'une façon foudroyante surtout chez les soldats fatigués, tués brusquement, c'est au point qu'ils restent rigidifiés dans la position où la mort les a surpris, debout ou à genoux, dans l'attitude de la vie la plus active. On peut se demander toutefois si, dans ce cas, la rigidité est le phénomène primitif, et si elle est réellement survenue d'emblée, ou si elle n'est pas plutôt secondaire et ne succède pas à quelque autre phénomène, comme la rigidité cadavérique peut faire suite à la contraction du tétanos expérimental. Quoi qu'il en soit, c'est au bout de deux heures environ que la rigidité commence à se montrer. Elle se manifeste d'abord dans les muscles de la mâchoire, d'habitude, puis ceux du cou, pour finir par les membres ; du reste, la marche de la rigidité n'est pas invariable : son début est presque toujours le même, mais son extension se fait de façons variées.

Il suffit généralement de deux heures pour que le corps soit devenu tout entier rigide ; la rigidité est le plus souvent complète quatre heures après la mort (Rondeau, Niderkorn) ; elle dure plusieurs heures, et les muscles qui l'ont présentée les premiers sont d'habitude les premiers à la perdre. Les membres rigidifiés prennent généralement une attitude caractéristique due à la prédominance des fléchisseurs sur les extenseurs ; le pouce est replié dans la paume de la main et recouvert par les autres doigts, les mâchoires fortement contractées, les membres à demi fléchis ; le pied par contre est en extension forcée. Par des mouvements forcés de flexion et d'extension on peut déroidir temporairement un membre ; au repos il se roidit de nouveau ; mais à force de multiplier les mouvements, il vient un moment où le muscle ne se rigidifie plus (Brown-Séquard). Chez les animaux la rigidité est constante; mais elle se présente plus ou moins tôt; elle est d'autant plus lente à s'établir que les muscles conservent plus longtemps leur irritabilité; elle tarde plus chez les invertébrés et la grenouille que chez l'oiseau et le mammifère.

Certaines conditions extérieures exercent une influence marquée sur la rigidité cadavérique. La température propre du corps n'en a guère, toutefois; on voit des cadavres encore fort chauds, totalement rigides : rigidité et frigidité sont deux phénomènes sans connexion nécessaire, et on sait que l'animal forcé à la chasse devient rigide alors que sa température n'a pour ainsi dire pas changé : du reste, on sait que le refroidissement du corps se fait très lentement — parfois le cadavre se réchauffe après la mort, dans le choléra, la rage, le tétanos, etc. — et la rigidité apparaît au contraire en peu de temps. Pourtant la mort déterminée par la chaleur est souvent suivie d'une rigidité très rapide : un lapin tué par la chaleur (étuve à 70°) se rigidifie en quelques minutes, alors qu'un lapin tué par le froid le fait beaucoup plus lentement (Cl. Bernard, Ch. Richet); le premier d'ailleurs perd très vite sa rigidité, et le second la conserve longtemps, et on peut dire d'une façon générale que le froid ralentit la production de la rigidité, mais en augmente la durée. La privation de sang accélère la rigidité : on voit celle-ci se produire dans l'expérience de Sténon, si l'anémie est complète, et sur le mourant la rigidité peut envahir certains muscles, alors que le cœur bat encore (Brown-Séquard, Rochefontaine); par contre, en injectant du sang oxygéné dans un muscle rigide, on peut lui rendre sa souplesse. La fatigue exerce une grande influence : l'animal fatigué — tétanisé par exemple, ou forcé à la course, ou tué par la strychnine qui est convulsivante, ou par l'ammoniaque qui exerce la même action, — devient plus vite rigide que l'animal mort au repos. Aussi peut-on admettre que le soldat qui se rigidifie instantanément quand il a été tué dans le feu de la bataille, présente la rigidité vraie. C'est pour éviter cette rigidité rapide qu'on laisse reposer l'animal qui va être sacrifié pour la consommation. Il est naturel, si la fatigue accélère la rigidité, que la paralysie de quelque durée ralentisse au contraire l'apparition de celle-ci, et Eiselsberg et Bierfreund ont vu en effet que la rigidité se manifeste plus lentement dans les muscles dont le nerf moteur a été coupé quelque temps avant la mort que dans les muscles normaux. Avec tout cela, nous ne possédons point de théorie satisfaisante de la rigidité cadavérique. A quoi est-elle due, en quoi consiste-t-elle au juste? nous ne saurions l'affirmer. Il ne semble pas qu'elle puisse être due directement et uniquement à une augmentation de température — qui n'existe d'habitude pas dans la mort, — et probablement l'état asphyxique joue-t-il un rôle. Mais il y a bien des choses dans cet « état asphyxique » du sang : il y a pénurie d'O, excès de CO^2, et sans doute excès de matières de désassimilation : quel est le facteur principal de la rigidité là dedans? On a beaucoup parlé de l'acidité du muscle, et c'est un fait réel que l'acidification du muscle qui travaille, mais rien ne prouve la corrélation de l'acidité et de la rigidité : du reste, on peut tuer un animal par les alcalins, et la rigidité n'en apparait pas moins. Excluons donc le facteur acidité ; alors la rigidité parait due à la pénurie d'O et à l'excès de CO^2. Le sang oxygéné s'oppose évidemment à la rigidité, il l'écarte, ou il la supprime même. Peut-être, en somme, la rigidité est-elle due au défaut d'oxygène : contentons-nous de cette hypothèse jusqu'à ce qu'il s'en offre une meilleure. Quant à la nature même de la rigidité, nous savons que le phénomène essentiel est la coagulation de la myosine ou du myosinogène (Kühne) ; mais la cause de cette coagulation nous échappe. La rigidité présente de l'intérêt pour le médecin ; elle permet de diagnostiquer la mort réelle, et, dans certaines limites et conditions, d'évaluer le temps qui s'est écoulé depuis celle-ci, ce qui est important en médecine légale. Il faut toutefois ne pas confondre la rigidité cadavérique avec un certain état pathologique des muscles, qui tient de la catalepsie et de la contracture, et dont les relations avec celui-ci sont moins obscures; il ne faut pas non plus la confondre avec la contracture ; mais l'auscultation des muscles suffira à dissiper toute hésitation ; le muscle vivant fait entendre le bruit musculaire, même en catalepsie, et réagit aux courants électriques, alors que le muscle mort est silencieux et immobile.

Phénomènes thermiques de la contraction. — Le muscle qui se contracte brûle du glycogène en formant de l'acide lactique et du CO^2, et cette combustion — probablement indirecte — s'accompagne d'une absorption d'O plus considérable, mais toutefois non adéquate à l'exhalation de CO^2. Directe ou indirecte, cette combustion s'accompagne, dans les conditions normales, d'un dégagement triple : de travail, de chaleur et d'électricité.

Chacun sait que, s'il court, il a chaud ; qu'au repos la température est moindre qu'au travail ; que durant le sommeil elle est moindre encore ; que l'insecte qui vole présente plusieurs degrés de plus que le même insecte au repos ; que la chaleur du corps s'élève dans les affections convulsives (42°-45° cent. dans le tétanos), l'élévation étant générale si les convulsions sont générales, mais demeurant locale si l'hyperactivité est locale, tandis que la température du membre paralysé s'abaisse. Le chien qui se débat sur la table d'opérations, dans l'appréhension justifiée d'ailleurs des événements prochains, s'échauffe ; il en est de même de l'animal soumis à l'influence d'un poison convulsivant, strychnine, ou produit de la série cinchonique ; les convulsions s'accompagnent d'hyperthermie, et ce qui prouve la corrélation entre les deux phénomènes, c'est le fait que la curarisation, qui empêche les manifestations convulsives de se produire, empêche l'augmentation de température. La tétanisation électrique détermine aussi l'hyperthermie (Leyden, Ch. Richet), et c'est par cette hyperthermie que la tétanisation entraîne la mort, car si l'on tétanise l'animal en l'empêchant de s'échauffer trop — par immersion dans un bain froid, — il résiste, il survit, et sa température ne s'élève point autant, à beaucoup près, puisqu'il est refroidi en même temps qu'il s'échauffe. La contre-partie de ces expériences démontrant l'échauffement consécutif à l'activité musculaire, c'est le fait, facile à constater, de l'abaissement de température durant l'immobilité, le repos, le sommeil. L'homme et l'animal endormi ont une température inférieure à celle qu'ils ont durant l'activité normale de la veille : il suffit d'immobiliser un animal, lapin ou chien, en l'attachant ou en le stupéfiant (chloral), pour voir aussitôt s'abaisser sa température (à moins qu'il ne se débatte, ce qui est le cas général pour le chien, alors que le lapin reste immobile, et dans ce cas, le chien s'échauffe, le lapin se refroidissant) ; ou encore, coupez-lui la moelle : il se refroidit, les muscles étant paralysés (Cl. Bernard) ; électrisez alors ces mêmes muscles, ils se contractent et la température se relève. Tous ces faits et d'autres encore qui pourraient être cités en grand nombre ont une même signification et se doivent interpréter d'une même manière ; ils montrent tous que la température propre de l'organisme des animaux est en rapport avec leur activité musculaire ; elle s'élève durant l'exercice musculaire et proportionnellement à celui-ci ; elle s'abaisse avec le repos, l'immobilité, quelle qu'en soit la cause. L'observation clinique et l'expérimentation sont complètement d'accord sur ce point. Aussi est-il naturel que l'on ait cherché à déterminer le moyen de mesurer expérimentalement l'augmentation de température qui accompagne la contraction musculaire.

Dès 1835, Becquerel et Breschet ont attaqué ce problème. Ils employaient des aiguilles thermo-électriques introduites dans le muscle biceps chez l'homme, et ils ont constaté que la contraction détermine une déviation du galvanomètre correspondant à une élévation de température de 1° C. Chez la grenouille, d'après Helmholtz, la production de chaleur est plus faible : 0°,18, et Heidenhain plus récemment a constaté qu'une seule secousse du gastrocnémien du même animal détermine un accroissement de température variant entre un et cinq centièmes de degré. On peut opérer autrement, et, comme l'a fait Meade Smith, comparer la température du sang de l'artère et de la veine d'un même muscle au repos et en activité. Normalement, il y a une différence en faveur du sang veineux, mais cette différence s'accroît considérablement quand le muscle travaille :

	TEMPÉRATURE DU SANG	
	artériel	veineux
Muscle en repos	37,60	37,80
Muscle tétanisé.	37,60	38,18

Il n'est, du reste, pas besoin d'instruments de précision pour enregistrer l'hyperthermie qui accompagne l'activité musculaire : Cl. Bernard, plongeant un thermomètre dans la masse musculaire d'une cuisse de chien tétanisée, a vu le mercure monter d'un degré, et Chauveau, tout récemment, a vu le mercure osciller très sensiblement dans un thermomètre appliqué contre le biceps de l'homme (ne pas oublier que, si le thermomètre est fixé fortement contre la peau, la pression exercée par le gonflement du muscle comprime le verre et imprime un mouvement mécanique au mercure). Il est intéressant — et embarrassant — de noter que, d'après Brissaud et Regnard, la température des muscles contracturés est non pas plus élevée, mais plus basse, et qu'elle s'élève quand cesse la contracture. En admettant que le fait soit exact — et peut-être serait-il à vérifier — on ne le comprend guère ; mais à coup sûr, s'il est exact, il doit y avoir quelque influence en jeu, que l'on ne connaît point, car il est invraisemblable qu'un muscle en contraction soit plus froid qu'un muscle au repos, si la contraction dont il s'agit n'est accompagnée de quelque phénomène qui nous échappe encore.

Le tissu musculaire étant le plus actif des tissus, celui qui respire et consomme le plus, et celui qui dégage le plus de chaleur, on en devra conclure que c'est le tissu qui contribue le plus — étant d'ailleurs le plus abondant, 50 p. 100 de l'organisme, en poids — à la production de la chaleur propre de l'organisme. C'est le producteur de chaleur par excellence ; plus il est actif, et plus la température est élevée (petits oiseaux, petits mammifères, généralement si actifs) ; plus il est apathique, indolent, et moins la chaleur est élevée. C'est aussi, en partie, un régulateur de la température, mais on remarquera que chez l'animal normal, la régulation de la température est principalement sous la dépendance du système nerveux, qui ordonne ou n'ordonne pas le mouvement, et agit sur les vaso-moteurs, dont le rôle dans la sudation, dans le rayonnement et la déperdition thermique est considérable, et enfin qui règle la respiration.

Rapports entre la chaleur dégagée et le travail produit. — J. Béclard, en 1861, a été le premier à se demander quelle relation il y a entre le travail produit par un muscle et la quantité de chaleur dégagée par le même muscle au cours de ce travail. Tout d'abord, il est certain que tout travail s'accompagne d'un dégagement de chaleur, mais celui-ci est variable. Le muscle chargé, travaillant plus, dégage moins de chaleur que le muscle se contractant à vide, sans exécuter de travail : chaleur et travail varient en raison inverse l'un de l'autre.

Mais il y a travail et travail. Mathématiquement le travail $T = \frac{P \times H}{t}$, P représentant le poids, H la hauteur, et t le temps, la durée du soulèvement. Mais prenons le cas où le muscle est occupé non plus à soulever le poids, mais à le *maintenir* soulevé, sans mouvement, sans contraction supplémentaire. Mathématiquement, il n'y a pas de travail ici : il serait absurde toutefois d'accepter cette conclusion, et nous opposerons le travail dont il s'agit ici au travail dynamique, en lui donnant le nom de travail statique. Or, si l'on compare la chaleur dégagée au cours de la contraction dynamique à celle qui est dégagée pendant la contraction statique, on voit qu'elle est plus considérable dans le second cas. Ici encore, plus il y a de travail et moins il y a de chaleur ; moins il y a de travail, et plus il y a de chaleur.

Heidenhain, en opérant autrement, en faisant exécuter à un même muscle des travaux différents (soulèvement de poids différents à la même hauteur) est arrivé à la conclusion opposée : la chaleur augmente en même temps que le travail effectué ; mais avant de conclure à une opposition entre ses expériences et celles de Béclard, il faudrait savoir si les combustions chimiques ont été identiques dans les deux cas, et si elles ont été différentes, ce qui est vraisemblable, la comparaison ne pourrait se faire sans une correction d'ailleurs difficile. (On remarquera en passant que pour un même muscle exécutant le même travail à deux reprises consécutives, le dégagement de chaleur est plus considérable lors de la première contraction ; et le muscle frais, à travail égal, dégage plus de chaleur que le muscle fatigué, ce qui n'est pas très facile à comprendre.)

Les observations de Béclard toutefois ont été confirmées par Fick, avec son collecteur de travail : il a vu, lui aussi, que la chaleur augmente quand le travail diminue : et, phénomène d'ailleurs très logique, il a confirmé le fait, observé par Béclard encore, que le travail négatif (relâchement du muscle qui a préalablement soulevé un poids) s'accompagne d'un dégagement de chaleur plus considérable que le travail positif. Le phénomène est logique, étant parallèle à ceux qui viennent d'être énumérés et de même sens : le travail du muscle qui se relâche est moindre que celui du muscle qui se contracte. Du reste, Fick a aussi remarqué que la chaleur dégagée par le muscle, au cours de secousses isolées suivies chacune de relâchement complet (travail positif suivi de travail négatif) est plus considérable que celle qui est dégagée par le même muscle tétanisé qui se relâche peu ou ne se relâche point (travail positif et travail statique sans travail négatif, ou avec travail négatif très faible, n'annulant qu'une petite proportion du travail positif). Toutefois, il ne faut pas oublier que la chaleur dégagée durant le tétanos varie selon que les excitations sont rares ou fréquentes : plus elles sont fréquentes et plus la chaleur dégagée est abondante (travail statique considérable et combustions interstitielles plus fortes). M. Danilewsky a confirmé les faits qui précèdent en y ajoutant celui-ci, en montrant que la contraction peut dans certains cas non plus dégager, mais absorber de la chaleur, et produire un refroidissement, par conséquent. Cela n'a rien d'illogique; le travail accompli peut être supérieur à l'énergie chimique dégagée, et s'il y a réellement équivalence entre le travail et la chaleur, et les autres forces d'ailleurs (Carnot, Mayer, Joule, 1827-1843), l'excédent de travail peut être effectué par un emprunt de chaleur au tissu musculaire. Le même expérimentateur a encore vu que le muscle épuisé, incapable de se contracter et d'effectuer un travail, s'échauffe quand on l'excite : ses forces chimiques se transformant en chaleur seule, et non en travail et chaleur.

Que peut-on conclure de tout ceci?

La théorie courante admet que, lorsqu'un muscle se contracte, le premier effet de la contraction est un dégagement de chaleur dont, aussitôt, si le muscle exécute un travail, une partie est transformée en travail, selon la loi de l'équivalence et de la constance des forces d'après laquelle la quantité de chaleur nécessaire pour élever d'un degré la température d'un kilogramme d'eau peut, sous forme de travail, produire 425 kilogrammètres, le travail nécessaire pour élever 1 kilogramme à 425 mètres de hauteur. On comprend très bien, dans ce cas, qu'il y ait une relation inverse entre la chaleur et le travail, et que l'échauffement soit moindre là où le travail est plus grand, puisque le travail ne peut s'effectuer qu'aux dépens de la chaleur dont une partie se transforme en ce travail. On comprend aussi que le muscle en travail produise plus de chaleur qu'au repos, et le muscle au repos plus de chaleur que le muscle paralysé, puisque le travail chimique, la respiration, la consommation de glycogène et la circulation sont plus actifs dans le muscle agissant que dans le muscle inactif. Mais est-il nécessaire d'admettre que l'énergie chimique se transforme totalement en chaleur, dont une partie se transforme ensuite en travail? MM. A. Chauveau et A. Gautier ne le pensent pas. Partant de ses nombreuses et délicates recherches sur le travail et la chaleur des muscles, M. Chauveau formule les propositions suivantes :

Le travail physiologique a pour origine les réactions chimiques intérieures du tissu qui travaille et est équivalent à celles-ci : et « tout travail physiologique (dans le cas présent, c'est la mise en jeu ou en activité de la contractilité) aboutit à une restitution totale au monde extérieur, de l'énergie que ce travail lui a empruntée. Cette restitution s'effectue intégralement sous forme d'une quantité de chaleur sensible qui représente l'équivalence exacte du travail physiologique quand celui-ci reste tout à fait intérieur. Si le travail physiologique s'accompagne de travail mécanique extérieur, la quantité de chaleur sensible qu'il produit est diminuée dans une proportion exactement équivalente à la quantité du travail mécanique ». Mais, si le principe de la conservation de l'énergie est exact, il ne saurait y avoir anéantissement de l'énergie : et quand le muscle se relâche, celle-ci se dissiperait sous forme de chaleur rayonnante. En un mot, la chaleur serait non le début, mais la fin de l'opération ; au lieu d'engendrer le travail, elle le suivrait, elle en serait l'excrétion. « La chaleur, dit M. Chauveau, n'apparaissant jamais que comme une fin, dans la série des transformations de l'énergie, chez les êtres vivants, on ne saurait considérer, au moins dans les conditions normales, la chaleur sensible des tissus comme étant apte à redevenir directement du travail physiologique. Elle affecte, au contraire, le caractère d'une excrétion. Cette chaleur sensible, transformation finale du travail physiologique, est suffisante pour maintenir constante dans toutes les conditions du repos et de l'activité, la température du corps chez les animaux à sang chaud. La calorification n'a donc pas besoin d'exister, et n'existe peut-être pas en tant que fonction spéciale. Elle apparaît généralement comme une conséquence du travail physiologique », ou encore, comme le dit M. Laulanié, « la chaleur produite par les animaux n'est pas un but, mais seulement un résultat. La production de la chaleur ne porte donc pas en elle-même sa finalité et sa raison d'être ». (Laulanié : *Revue scientifique*, 27 juin 1891, résumé du livre de M. Chauveau sur le *Travail musculaire*.)

La différence fondamentale entre la conception de M. Chauveau et celle de ses devanciers se peut résumer en réduisant les deux hypothèses en formule. Dans la conception thermo-dynamique, l'équation est :

Energie chimique = chaleur = ⟨ chaleur = travail physiologique = chaleur. + chaleur imméd. dissipée.

Pour M. Chauveau :

Energie chimique = travail physiologique = chaleur.

D'autre part, M. A. Gautier arrive à la même conclusion en montrant que si l'on applique le théorème de Carnot, en tenant compte du fait que 33 p. 100 environ de l'énergie développée par les combustions intra-musculaires, apparaissent sous forme de travail, et le reste sous forme de chaleur, on arrive à des résultats absurdes, en ce sens que si le travail provenait d'une transformation de chaleur, le muscle devrait être le siège d'un refroidissement intense (jusqu'à — 65° C. !) On fera bien de se reporter à son argumentation (*Chimie biologique*, p. 317-18), et on comprendra qu'il conclue « qu'il est évident que la chaleur ne se change pas en travail dans le muscle, et que ce n'est pas par cet intermédiaire que le potentiel chimique produit la force et l'énergie mécaniques ».

Remarquez en passant qu'une étude comparée des muscles d'animaux à sang chaud et à sang froid au point de vue spécial des rapports du travail et de la chaleur serait particulièrement intéressante. Pourquoi le muscle d'hétérotherme produit-il si peu de chaleur ?

En somme la contraction musculaire est suivie d'un dégagement de chaleur ; d'où l'importance du système musculaire pour la calorification, d'où l'adage, vieux comme le monde, qu'il faut « marcher pour se réchauffer ». Quant au rapport entre le travail mécanique et le travail chimique, l'homme ne fait pas mauvaise figure à côté des machines industrielles. Les bonnes machines ont au plus un rendement de 10 p. 100, c'est-à-dire qu'elles ne transforment que le 1/10e de leur énergie chimique en travail : le reste se perd en chaleur. Chez l'homme il y a transformation d'un bon quart et chez les animaux à sang froid la proportion est peut-être beaucoup plus forte, car ils produisent peu de chaleur, et peut-être chez eux l'énergie chimique se transforme-t-elle surtout en travail ; ceci expliquerait la force proportionnellement énorme des insectes et d'autres invertébrés. Notons cependant que si le rendement en travail est de 25 p. 100 pour Helmholtz, il n'est que de 12 p. 100 pour Ch. Richet et Hanriot.

Phénomènes électriques de la contraction. — Le muscle qui se contracte produit de la chaleur et du travail, avons-

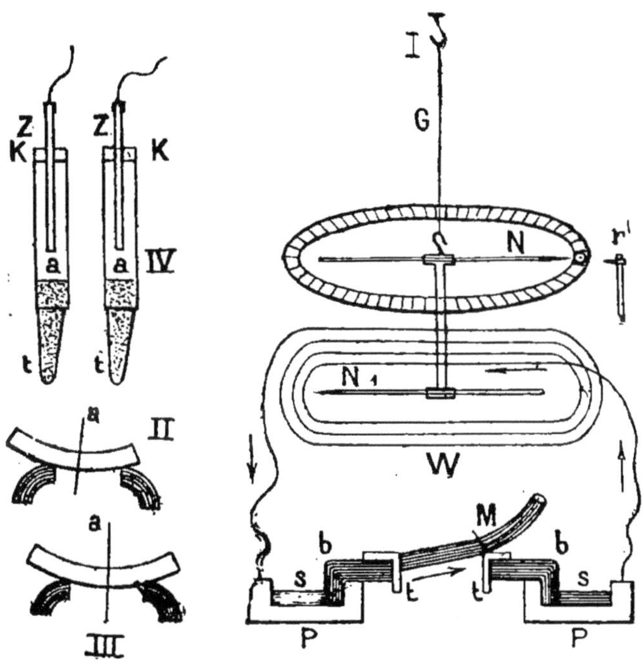

Fig. 79. — Représentation schématique des électrodes impolarisables PP, placées dans le circuit galvanométrique W, formé par un muscle reposant sur ses surfaces transversales longitudinales ; *tt* coussinets des électrodes. II, III, autres dispositions du muscle. IV, Electrodes à pointes.

nous vu ; il produit encore de l'électricité. Isolez un gastrocnémien de grenouille, avec son nerf : amenez le bout coupé du nerf au contact du muscle, et le muscle se contracte : un courant électrique dont le muscle est le siège a excité le nerf, d'où contraction du muscle (Galvani). Ou bien encore, prenez un muscle frais, coupez-le en travers et reliez la surface de section et la surface longitudinale par deux fils avec un galvanomètre ; il se produit une déviation indiquant le passage d'un courant. Si au galvanomètre on substitue un téléphone (Hermann), la plaque de ce dernier entre en vibration, d'où un son. Il faut toutefois faire observer que, si ces cou-

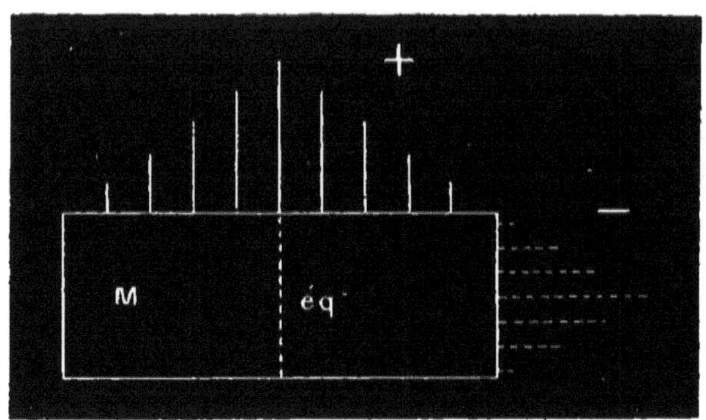

Fig. 80. — Schéma des tensions électriques du muscle, M, cylindre musculaire. Les lignes verticales indiquent les tensions positives (+) de la surface longitudinale ; les lignes pointillées horizontales indiquent la tension négative (—) de la surface transversale de section. Les courants sont d'autant plus forts qu'on relie les points des deux surfaces correspondant aux lignes les plus élevées (l'équateur de la surface longitudinale au centre de la surface transversale) et d'autant plus faibles qu'on relie les points donnant naissance aux lignes les moins élevées.

rants électriques existent réellement on n'est point d'accord sur les conditions de leur production. Hermann déclare nettement qu'ils ne s'observent point sur le muscle intact, normal, mais n'existent que si celui-ci est lésé, et dans ce cas la surface longitudinale est toujours positive, et la surface lésée, négative. Par contre Du Bois-Reymond pense que ces courants existent toujours dans le muscle tant intact que lésé.

Ni l'une ni l'autre surface ne sont également positive ou négative en tous les points. La tension est plus forte pour la surface positive à l'équateur du muscle, sur la ligne circulaire à égale distance des deux surfaces de section (étant donné que nous considérons un rhombe musculaire, un tronçon découpé dans la longueur du muscle) et la tension négative est d'autant plus forte que l'on se rapproche plus du centre de la surface transversale. Il y a donc un courant continu allant de la surface longitudinale à la surface transversale et, sur une même surface, du point le plus central ou le plus équatorial, à celui qui l'est le moins, quand on les relie par un conducteur : par contre, il n'y a pas de courant entre deux points symétriques. L'intensité des courants est maxima au centre et à l'équateur : de ce point et de ce plan, ils vont diminuant vers l'extrémité des deux surfaces. Il y a entre ces courants et l'excitabilité du muscle lui-même une corrélation importante ; l'intensité du courant et l'irritabilité marchent de pair, et dans le même sens, augmentant ou diminuant simultanément, disparaissant avec la mort. Les courants peuvent donc dans une certaine mesure servir à apprécier l'excitabilité du muscle en expérience : ils représentent en quelque sorte le *coefficient de vitalité* de celui-ci.

Si nous considérons maintenant un muscle en activité, nous voyons que les courants existent toujours ; mais ils sont moins forts, et parfois de sens opposé : l'aiguille du galvanomètre oscille autour du zéro, et le franchit même en sens opposé : c'est ce que Du Bois-Reymond a appelé la *variation négative ;* on pourrait mieux l'appeler *courant d'activité ;* c'est un affaiblissement considérable du courant de repos, mais il est douteux qu'il y ait un renversement réel de celui-ci.

Le courant d'activité présente les caractères suivants :

Il est d'autant plus prononcé que le courant de repos (ou de lésion, car le muscle sur le myographe est lésé, et plus il est lésé et plus le courant de repos, qui n'existe probablement pas sur le muscle intact, est prononcé) est plus fort. Il *précède la contraction visible* du muscle (Helmholtz et Bernstein), et ne se manifeste pas de façon totale et simultanée sur tous les points de la surface, *il se propage* de proche en proche, *avec la même vitesse que l'onde musculaire* (3 mètres par seconde), et *coïncide avec la période latente.* On en conclut que durant celle-ci il se passe dans le muscle excité des actions chimiques qui se manifestent d'abord par une modification — une diminution — d'électricité, puis par du mouvement. Une expérience élégante met bien en lumière cette antériorité de la variation négative : prenez un cœur à contraction lente (Tortue) et appliquez-y une patte galvanoscopique : la variation négative précédant la contraction du cœur déterminera un mouvement de la patte,

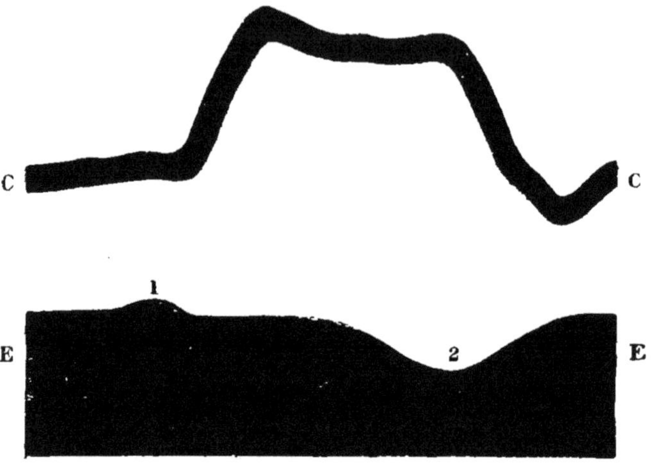

Fig. 81. — CC, cardiogramme. EE, tracé électrométrique. (D'après A. Waller, *British medical Journal*, 1888.)

une contraction induite, avant que le cœur ne batte, la patte se contractant plus vite.

Chaque excitation d'un muscle détermine une variation négative unique. En effet, si sur un muscle on pose le nerf d'une patte galvanoscopique, à chaque excitation du muscle, il y a contraction de la patte, *contraction induite* (Matteucci), contraction unique due à l'excitation du nerf par le courant d'activité ; si on tétanise le muscle, la patte galvanoscopique entre aussi en tétanos. Quand on étudie le courant d'activité sur un muscle plutôt lent, comme un cœur de grenouille, on constate — à l'aide de l'électromètre de Lippmann par exemple — que l'onde négative est en réalité double. Considérons deux points très voisins A et B situés de telle sorte que la propagation se fasse de A vers B ; ils sont isoélectriques, surtout si nous opérons sur un muscle non lésé, sur le cœur par exemple ; il n'y a pas de courant de repos, et l'électromètre demeure immobile. Excitons alors le cœur : A devient négatif — il y a variation négative — le restant étant positif par rapport à lui ; puis B devient négatif, A le demeurant encore ; enfin B est encore négatif alors que A ne l'est plus. La variation est donc *diphasique*, c'est-à-dire que chaque point au repos, où passe la variation, est d'abord négatif, puis positif : il n'y a pas passage direct de l'état négatif à l'état neutre. La variation diphasique s'observe bien sur

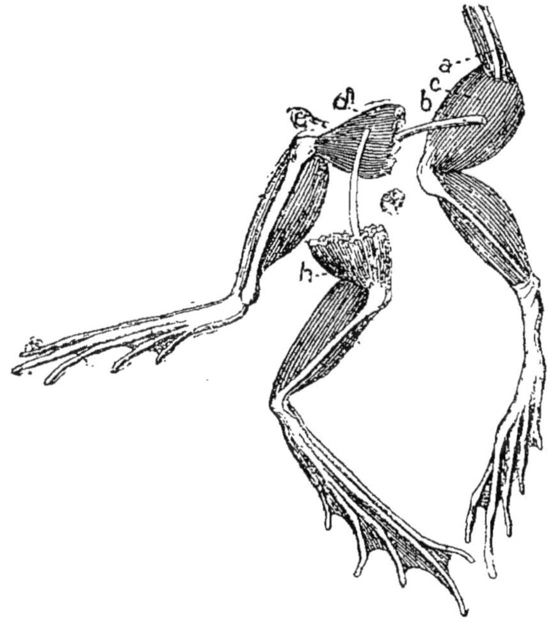

Fig. 82. — Pattes galvanoscopiques disposées pour la contraction induite : *a-b-c* est inducteur pour *d-e*, qui est à son tour inducteur pour *h*.

le cœur : ajoutons que, d'après Bayliss et Starling, la variation négative est même en réalité triphasique. A. Waller (1890) a longuement étudié les phénomènes électriques qui accompagnent la contraction du cœur chez l'homme et l'animal. Si l'on plonge les deux mains dans deux vases d'eau acidulée en connexion avec un électromètre, on constate des mouvements du mercure à chaque battement du cœur. En effet, soient B et A représentant la base et la pointe du cœur : le cœur se contracte, il y a variation négative et l'état électrique de A et B est différent, et cet état se propage à tout le corps (le bras droit et la tête étant comme B, et le reste du corps comme A). Il suffira donc de réunir un point *a* et un point *b* quelconques avec l'électromètre pour obtenir une indication ; il sera inutile de réunir deux points *a* ou deux points *b*, et, en cas de transposition des viscères B et A et les points *a* et *b* seront également transposés (chez le chien et les animaux à cœur parallèle à l'axe du corps, B s'irradie dans toute la moitié antérieure du corps et A dans toute la moitié postérieure). Avec ce procédé Waller a reconnu que, lors de la systole normale, spontanée, B est d'abord négatif par rapport à A, puis A négatif par rapport à B, ce qui, soit dit en passant, montre bien que la contraction cardiaque commence à la base. Relativement à la *contraction induite*, nous ajouterons qu'on peut l'obtenir dans toute une série de pattes galvanoscopiques convenablement disposées, comme l'indique la figure ci-jointe, chaque patte induite étant inductrice pour la suivante.

La variation négative (ou courant d'activité, opposé au courant de repos, si toutefois celui-ci existe réellement sur le muscle intact) est donc un phénomène bien réel. Du Bois-Reymond l'a mis en lumière chez l'homme en plongeant les deux mains dans deux vases d'eau acidulée, reliés à un électromètre : à chaque pression de l'un des fils (contraction musculaire) il a vu osciller le mercure. Hermann a objecté que le courant pouvait être dû aux glandes de la peau dont l'activité s'accompagne d'un dégagement d'électricité, comme on l'a montré, et ce qui tendrait à prouver que Du Bois-Reymond commet une erreur d'interprétation, c'est le fait qu'en électrisant le sciatique d'un chat atropinisé, on n'a pas de déviation dans le galvanomètre relié aux deux extrémités digitales de celui-ci, l'atropine paralysant la sécrétion, alors que sur le chat curarisé il y a déviation, bien que le curare paralyse les muscles (mais non les glandes). Toutefois Hermann lui-même ne va pas jusqu'à nier la production d'une déviation par les contractions musculaires, et du reste tout indique qu'une variation électrique accompagne celle-ci, non seulement chez le muscle lésé (diminution du courant), mais chez le muscle intact (variation, dégagement d'électricité au lieu de l'état isoélectrique), et, comme l'ont montré les expériences déjà anciennes de Becquerel, chez tous les tissus vivants, sans doute en raison de leur activité chimique, origine de toute chaleur, de tout travail, et de toute électricité des organismes.

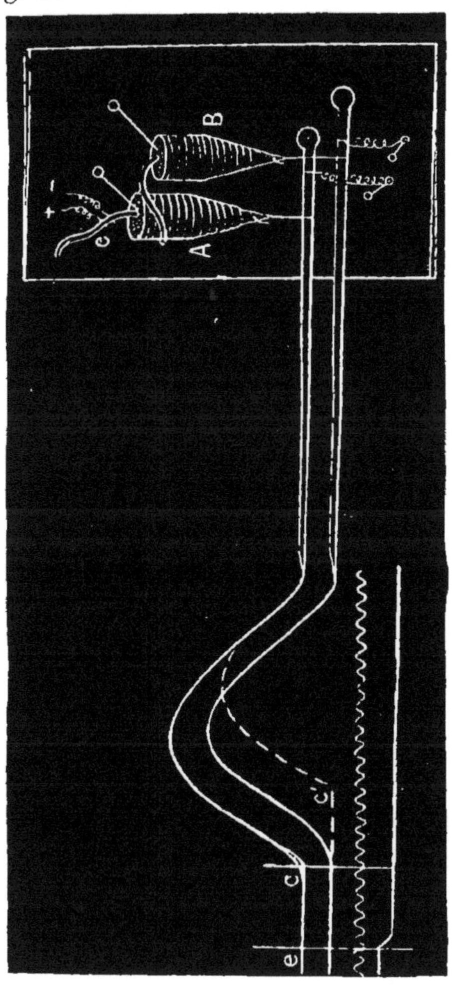

Fig. 83. — Méthode de Helmholtz pour montrer que la variation négative précède la contraction. Deux pattes galvanoscopiques sont disposées sur le myographe double et on en prend le temps perdu qui est de 1 centième de seconde. Puis on dispose le nerf de B sur le muscle A, comme cela est figuré et on excite le nerf de A. B se contracte aussi, mais le retard étant de 0,011 secondes au lieu de 0,020 on conclut que la variation négative de A qui excite B a une durée de 0,001 de seconde et prouve la contraction accompagnant l'excitation.

Animaux électriques. — Différents animaux jouissent de la propriété de produire des quantités d'électricité considérables, appréciables sans instruments spéciaux, et capables de donner la mort. Tels sont les silures, les raies, les gymnotes, les torpilles. Walsh (1762) a le premier montré l'identité entre les commotions de la torpille et celle de l'électricité. De nombreux expérimentateurs ont montré que ces animaux sont pourvus d'appareils spéciaux recevant des nerfs considérables, et formés de prismes gélatineux séparés les uns des autres (500-1200 prismes par organe électrique chez la torpille) par des cloisons. Certains insectes semblent posséder aussi des appareils électriques, mais le gymnote, la torpille ont les appareils les plus développés, et la commotion en est formidable : elle peut paralyser un cheval. La décharge électrique se fait sous l'influence de la volonté ; elle diminue d'intensité avec la répétition, et augmente par le repos. On peut la provoquer en excitant le bout périphérique du nerf coupé, et même en excitant un point quelconque du corps par un réflexe qui échappe, car il persiste quand les centres nerveux ont été enlevés. Si l'on isole les fibres nerveuses du nerf, on constate que l'excitation de chacune d'elles détermine une décharge limitée à certaines parties de l'organe ; pour avoir une décharge totale, il faut exciter la totalité du nerf. D'après Marey, il semble que la décharge de la torpille consiste en une série de décharges élémentaires dont le nombre diminue à mesure que l'animal s'épuise, ou dont la force décroit. Il y a un temps perdu d'un centième de seconde environ entre l'excitation et la décharge. L'activité de l'organe électrique diminue avec le froid et augmente avec la chaleur ; la strychnine détermine une série de décharges en quelque sorte convulsives ; le curare ne semble paralyser l'organe que tardivement et difficilement. Grehant et Jolyet ont vu que la décharge double ou triple la production d'urée dans l'organe électrique. Il est curieux de noter que la décharge des poissons électriques qui tue les autres poissons, — et c'est à paralyser leur proie que leur sert leur organe, — est sans action sur l'individu qui décharge son appareil et sur les individus de même espèce. Cette immunité n'a pas encore été expliquée d'une façon satisfaisante. On remarquera les analogies qui existent entre les muscles et l'appareil électrique ; mais elles ne suffisent pas à nous indiquer comment ce dernier a pris naissance.

Animaux lumineux. — Chez certains animaux l'excitant nerveux détermine non un mouvement, ou un dégagement d'électricité, mais un dégagement de lumière. Il ne s'agit point ici de la phosphorescence des poissons morts par exemple, due à des microorganismes, mais de celle de certains insectes (femelles des lampyres, élatères, etc.), qui possèdent des appareils spécialement destinés à la production de lumière. L'excitation de l'animal peut diminuer ou accroître la phosphorescence, et celle-ci, à l'état normal, est intermittente, à renforcements et affaiblissements successifs. Peters a compté de 80 à 100 éclairs par minute chez le lampyre. On peut séparer l'organe lumineux du corps sans qu'il perde sa propriété : les excitations diverses (mécaniques, thermiques, électriques) augmentent ou provoquent la phosphorescence. Celle-ci s'épuise par la répétition des excitations ; elle disparaît dans un milieu dépourvu d'oxygène, mais est très vive dans l'oxygène pur. R. Dubois, étudiant la phosphorescence du *Pyrophorus noctilucus*, a examiné la structure de l'organe lumineux. Il a vu que la production de lumière existe déjà dans l'œuf, que la lumière donne un spectre continu de la raie B à la raie F, qu'elle renferme assez de rayons chimiques pour permettre de faire de la photographie, et quelques rayons calorifiques, et qu'elle disparaît par la privation d'eau ; il pense que la substance photogène est un albuminoïde qui dégage la lumière quand il est attaqué par une diastase. La photogénie serait donc un phénomène physico-chimique sous la dépendance de l'excitation nerveuse.

On sait que plusieurs méduses et cœlentérés (Béroés) sont phosphorescents, surtout quand on les excite ou agite, et la main qui a touché une méduse phosphorescente reste quelque temps lumineuse. La substance, quelle qu'elle soit, qui produit la lumière peut donc être enlevée du corps et rester lumineuse un certain temps. Les pyrosomes, pholades, pennatules, etc., présentent aussi des phénomènes de phosphorescence.

Mécanique animale. — Les muscles sont les agents de la locomotion en général : ils peuvent chez certains animaux être remplacés ou aidés par le mouvement ciliaire; mais chez les animaux quelque peu élevés en organisation, qu'ils marchent, rampent, volent ou nagent, les muscles seuls sont les agents de mouvement. Ils ne produisent leur maximum d'effet qu'à la condition qu'il y soit joint un squelette, une série de pièces osseuses, mobiles, mais rigides, intérieures comme chez les vertébrés, ou extérieures comme chez les invertébrés (coquille, carapace des mollusques, insectes, crustacés, etc.), pièces sur lesquelles les muscles peuvent prendre un point d'appui, de telle sorte, si elles sont fixes et rigides, que les pièces non fixes auxquelles s'insèrent les mêmes muscles peuvent être mises en mouvement par la contraction. Dans la mécanique humaine, le crâne et le tronc représentent les parties fixes (os du crâne, colonne vertébrale, os du bassin), et les parties mobiles sont la mâchoire inférieure et les os des membres : encore beaucoup d'os des membres sont-ils fixes comme ceux du corps et du tarse, ou ne sont que faiblement mobiles. Les parties mobiles elles-mêmes, cependant, ne le sont que dans certaines limites : tout os est articulé avec un autre, ou deux autres, et c'est autour de l'articulation comme pivot que s'exécute le mouvement. Il n'y a pas lieu d'insister sur ces notions, d'ailleurs, qui sont du ressort de l'anatomie. Celle-ci nous montre aussi que tout mouvement est nécessairement limité, de façon et dans des proportions variables, par la configuration même de l'articulation; l'olécrane empêche l'avant-bras de se fléchir sur le côté dorsal du bras, etc. Les os mobiles, mis en mouvement par les muscles, sont autant de leviers, grâce auxquels le déplacement de l'extrémité relativement libre est rendu plus ample et est multiplié par rapport au raccourcissement réel du muscle : exemple le mouvement très ample de l'avant-bras sur le bras, pour un raccourcissement relativement peu considérable du biceps ; en outre, ils changent la forme du mouvement, de sorte qu'un raccourcissement se

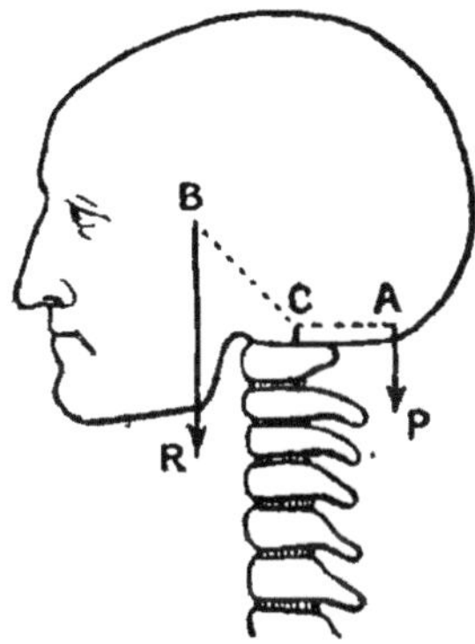

Fig. 84. — Equilibre de la tête sur la colonne vertébrale.
B R, résistance. — C, occipito-atloïdienne. — A P, puissance (muscles de la nuque). — B, centre de gravité de la tête. (Viault et Jolyet.)

trouve se traduire au dehors par des mouvements de forme très variée, selon les combinaisons musculaires concomitantes, selon les contractions opérées simultanément dans d'autres muscles. Il suffit de signaler ce point en passant.

Ces léviers osseux se groupent en trois catégories, qui seront brièvement énumérées.

Levier du premier genre. — Le point d'appui est entre la puissance et la résistance. Exemple : l'équilibre de la tête : le point d'appui est à l'articulation occipito-atloïdienne; la résistance, c'est le poids de la tête qui tend à basculer en avant; la puissance est représentée par les muscles de la nuque qui s'insèrent sur l'occipital et luttent contre la pesanteur. Et encore : extension de l'avant-bras sur le bras : A est au coude; R est le poids de l'avant-bras; P à l'olécrane (insertion du triceps). Ce levier est celui de la station.

Levier du deuxième genre. — La résistance est placée entre A et P. Exemple le pied, dans l'acte de se dresser sur

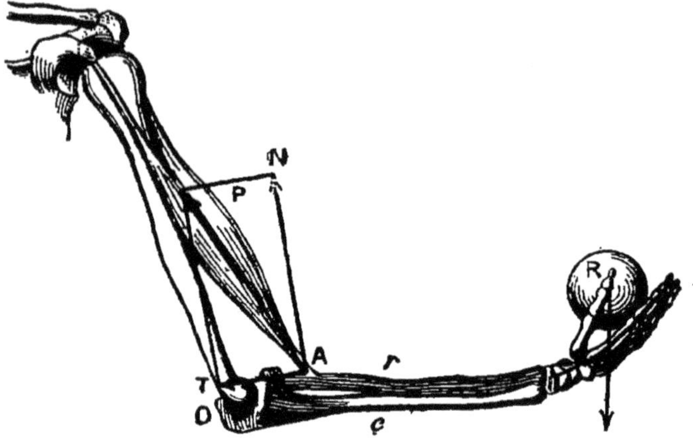

Fig. 85. — Action du biceps (levier du troisième genre).
A, puissance. — R, résistance. — T, appui (articulation du coude).

les pointes. A est au bout de la plante du pied; R est à l'articulation tibio-tarsienne; P est au calcanéum où s'insère le tendon d'Achille émané des muscles du mollet. Ce levier est un levier de force.

Levier du troisième genre. — P est entre A et R. Exemple, l'avant-bras et le bras. A est à l'articulation du coude; R est le poids de l'avant-bras; P est à l'insertion du biceps sur l'avant-bras. C'est le levier de la vitesse, le plus répandu dans l'économie.

Grâce à ces leviers, l'animal se meut et se déplace à sa volonté, exécutant ainsi un travail mécanique parfois très considérable, et des mouvements très variés en raison de l'aptitude que lui confère son organisation de mobiliser ou d'immobiliser à volonté par des contractions combinées de muscles coopérateurs, ou antagonistes, divers segments osseux, et de transformer ceux-ci en tiges alternativement rigides et non rigides dans des attitudes diverses.

Le travail mécanique ainsi effectué peut se mesurer au dynamomètre, ou à l'ergographe de Mosso. Le *dynamomètre* le plus usité consiste en un ressort élastique ovale sur lequel on agit par pression ou par traction, et qui a été gradué préalablement, en kilogrammes : il est accompagné d'un cadran le long duquel se dévie une aiguille ; on peut faire la lecture directe de l'effort. Celui-ci est au maximum, pour l'adulte moyen, de 70 kilogrammes pour la pression et de 140 environ pour la traction. Nous avons eu déjà l'occasion de noter combien l'homme est inférieur aux insectes, au point de vue de la force, et il n'y a pas lieu d'y revenir ici : contentons-nous d'indiquer que le travail de l'ouvrier ordinaire est représenté par 6 ou 7 kilogrammètres par seconde ; mais comme le travail ne dure qu'une partie de la journée et n'est pas toujours également soutenu, l'ouvrier ne produit pour les 24 heures, travail et repos, qu'une moyenne de 2, 3 kilogrammètres par seconde. Les animaux domestiques en fournissent beaucoup plus, même en ramenant à l'unité de poids : par seconde, et par kilogramme de poids, les chiffres sont en kilogrammètres : 0,157 pour l'homme ; 0,172, bœuf ; 0,178, âne ; 0,222, mulet ; 0,261, cheval (moyenne pour les 24 heures).

L'*ergographe* de Mosso consiste en un appareil ou la main et l'avant-bras sont immobilisés horizontalement : le médius porte un anneau où est attaché une corde qui est réfléchie sur une poulie et supporte un poids ; on enregistre le travail exécuté par le médius lors de sa flexion qui soulève le poids.

Avec les notions d'anatomie courante, chacun peut aisément se faire une idée exacte du mécanisme des principaux actes et gestes du corps. Mais pour comprendre le mécanisme de la station et de l'équilibre, il est besoin de quelques notions complémentaires. Dans la station verticale, les muscles de la nuque maintenant la tête, et la transformant en un tout en quelque sorte rigide, il faut, pour que le corps demeure debout et droit, deux conditions. La première est que les membres inférieurs soient rigides et que le bassin ne vienne pas fléchir sur les cuisses, ou les cuisses sur les genoux, etc.; ceci s'obtient au moyen de la contraction de muscles appropriés, maintenant l'extension, ou produisant de la flexion, car il est à noter que les deux groupes de muscles antagonistes sont actifs, comme l'a dit Duchenne, de Boulogne; un mouvement quelconque est toujours la résul-

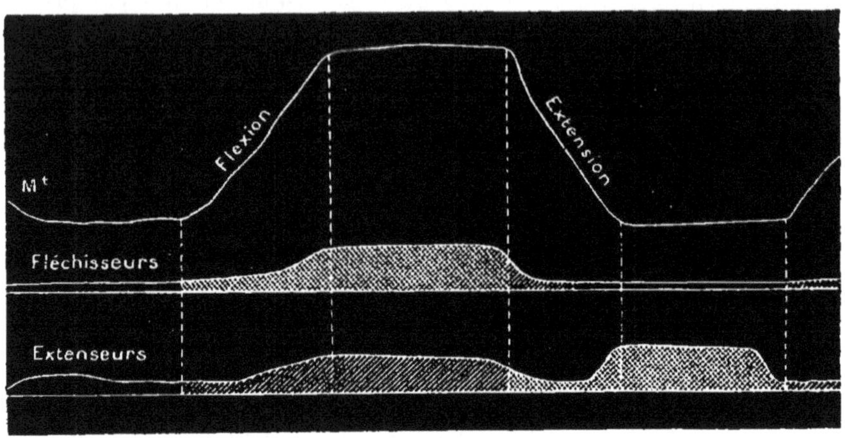

Fig. 86. — Mouvement uniforme de flexion et d'extension de l'avant-bras. On voit, par le graphique des fléchisseurs et extenseurs que les muscles antagonistes entrent en jeu dans les deux cas. (G. Demeny.)

tante des actions qui se passent en même temps dans les muscles antagonistes : les fléchisseurs ne sont pas inactifs dans un mouvement d'extension, et vice versa (Beaunis)[1]. La seconde condition, c'est que la verticale passant par le centre de gravité du corps, qui est dans le bassin au niveau du promontoire ou de la deuxième vertèbre sacrée, tombe dans la base de sustentation formée par les pieds, ayant ceux-ci pour côtés, et les deux autres côtés étant figurés par les lignes reliant

[1] Voir aussi G. Demeny : *Du rôle mécanique des muscles antagonistes dans les actes de locomotion.* (*Arch. de Physiol.*, 1890.)

les talons et les orteils. Comme on peut disposer les pieds dans un grand nombre de positions, les rapprochant, les écartant, les déplaçant en avant ou en arrière, à droite ou à gauche, on donne à la base de sustentation la forme la plus variée, en même temps qu'on l'accroît et la diminue à volonté. Sauf le cas où l'on se tient en équilibre sur la pointe d'un seul pied, dans la station normale, la base est minima dans le cas où les deux pieds sont parallèles et contigus : le quadrilatère est bien petit. Mieux vaut écarter les pointes : cela augmente la base. Si les deux pieds sont parallèles, mais quelque peu écartés, la base est bonne, surtout si l'équilibre est menacé de rupture par une force extérieure venant de côté : elle est médiocre si la force peut venir de devant ou de derrière, le champ où peut se déplacer le centre de gravité étant limité par la longueur des pieds. Aussi, pour résister à une force venant de devant ou de derrière avance-t-on un pied : on gagne en résistance dans ce sens, sans perdre beaucoup de la résistance à une force latérale. On remarquera que la station *hanchée* où la base de sustentation est très petite en apparence, est celle que l'on prend le plus souvent : on s'appuie sur une jambe principalement, et l'autre sert à maintenir l'équilibre au moyen de petits mouvements instinctifs. Cette station est moins fatigante que la station symétrique; mais naturellement elle entraîne des modifications dans l'attitude de toutes les parties musculaires du corps, ou peu s'en faut.

Durant la locomotion, surtout chez les bipèdes, l'équilibre est très instable : à tout moment la base de sustentation change de forme et d'étendue, et quand un pied seul pose sur le sol, elle est réduite à bien peu de chose : aussi une force extérieure fait-elle souvent tomber plus facilement le sujet en marche que le sujet immobile. L'étude de la locomotion, des mouvements qui la constituent, a été faite avec beaucoup de soin par M. Marey, et M. Carlet, et les résultats de cette étude sont tout autres que ceux des recherches des frères

Weber qui avaient dit que le mouvement de la jambe qui s'avance pour faire un pas, est un mouvement passif, une oscillation passive nécessitée par l'extension de la jambe immobile qui s'élève (sur la pointe du pied) et par là oblige la jambe restée en arrière et qui va se porter en avant, à quitter le sol. D'après eux, on devrait considérer la marche comme une série de chutes successives arrêtées par le pied passif qui oscille en avant à la distance où il se trouvait en arrière, en se fléchissant légèrement — comme le fait d'ailleurs tout pendule formé de deux articles — ce qui explique comment le pied ne butte pas contre le sol; l'agent actif de la marche était non la jambe en mouvement, mais la jambe immobile qui, en soulevant le corps, projetterait en avant le bassin (d'où le détachement de la jambe en arrière).

Cette théorie a régné longtemps; mais Carlet déjà avait montré que la jambe qui oscille se contracte — elle n'est donc pas passive — quand Marey entreprit l'étude de la locomotion par la méthode graphique, et la chronophotographie.

Les appareils enregistreurs de Marey consistent en une *chaussure exploratrice* qui sert à enregistrer la pression du talon et de la pointe du pied sur le sol, au moyen de deux chambres à air qu'on fait communiquer avec un tambour inscripteur; un *explorateur des excursions verticales*, un tambour à levier, horizontal, dont le levier porte une petite masse de plomb : quand le corps s'élève, la masse tend, par son inertie, à résister, et à peser plus sur le tambour, et le contraire a lieu quand le corps s'abaisse brusquement : un tambour enregistreur communique avec cet explorateur; et enfin les indications de ces deux instruments s'inscrivent sur un cylindre enregistreur portatif, que le coureur ou marcheur porte à la main, ou sur un *odographe*, autre appareil enregistreur. Enfin, pour photographier l'homme dans les différentes attitudes de la course ou de la marche, etc. M. Marey a eu recours d'abord à un fusil photographique pouvant prendre douze images par seconde, puis il s'est servi d'un procédé différent consistant à prendre, sur une même plaque, la photographie d'un marcheur ou d'un coureur, à intervalles connus (50, 70 ou plus par seconde) en simplifiant la photographie pour que celle-ci ne soit point confuse, par exemple en habillant le coureur de blanc du côté exposé à l'objectif et de noir du côté opposé, ou mieux encore, en l'habillant tout en noir et ne photographiant que des raies blanches tracées sur le bras et la jambe : c'est par ce procédé qu'a été obtenue la figure ci-jointe qui représente les oscillations de la jambe d'un homme en marche.

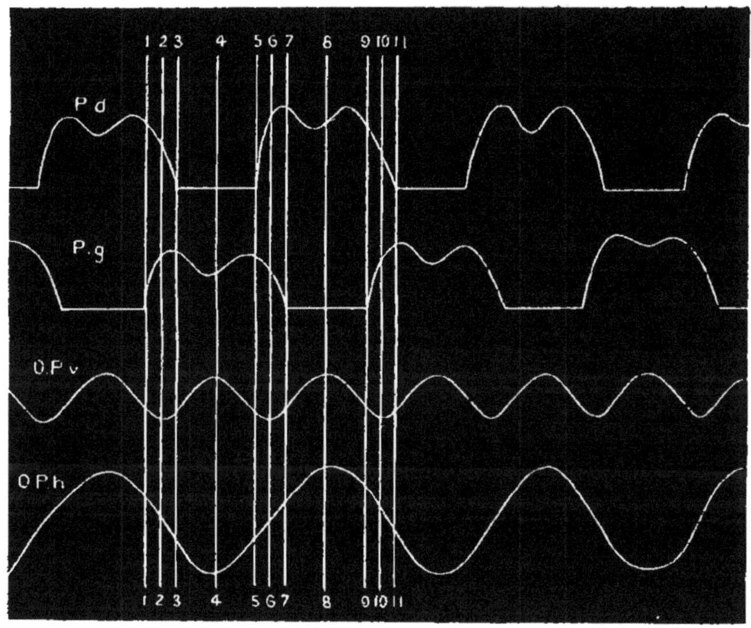

Fig. 87. — Graphique représentant les mouvements des deux pieds et les mouvements oscillatoires du pubis pendant la marche.

P *d* et P *g*, pieds droit et gauche. — O P *h*, O P *v*, oscillations horizontales et verticales du pubis. (D'après Carlet.)

Par l'emploi de ces méthodes, M. Marey a pu reconnaître un certain nombre de faits importants qu'il suffira de résumer.

Le pied pose sur le sol d'abord par le talon, et c'est par la pointe qu'il le quitte : le temps qui s'écoule entre le moment où le talon pose sur le sol et celui où la pointe le quitte (après le talon) s'appelle une *foulée* ou un temps d'appui, et Carlet a bien montré que la pression du pied qui se pose sur le sol est plus forte (de 20 kilogrammes au plus) que celle du pied durant la station : il y a donc une part de vérité dans la chute qu'implique la théorie des Weber. Le tableau qui suit résume les faits inscrits dans le graphique précédent emprunté à Carlet :

DOUBLE PAS			
PAS		PAS	
Temps de double appui.	Temps d'appui unilatéral.	Temps de double appui.	Temps d'appui unilatéral.
1	2	3	4
Pied droit. Appui de la pointe.	Lever.	Appui du talon.	Appui.
Pied gauche. Appui du talon.	Appui.	Appui de la pointe.	Lever.

et ainsi de suite.

Marey a constaté que le pas est plus long quand le tronc s'abaisse plus et pour les jambes longues : pour faire un grand pas, il faut en effet abaisser le tronc; en même temps l'appui de la pointe augmente d'intensité : elle presse plus fort sur le sol. Comme l'avait dit Weber, le pas est d'autant plus long que la vitesse est plus grande : tous deux croissent et diminuent en même temps. Par contre, la *durée* est en raison inverse de la longueur et de la vitesse : aussi la durée des pas diminue à mesure que s'accroît la vitesse; mais en aucun cas un pied ne se détache du sol avant que l'autre s'y soit posé. En examinant ce qui se passe du côté des jambes, on constate que la jambe active (celle qui est en avant) se redresse peu à peu de façon à devenir droite, tandis que l'autre, étendue en arrière, allongée, touche le sol par la pointe étendue et pousse le corps en avant, se détache, oscille en avant en se fléchissant, puis s'allonge de nouveau et aborde le sol par le talon sur lequel elle tombe. Mais ce mouvement est uniforme pendant sa durée : il n'a pas le caractère d'une oscillation de pendule, comme le croyaient les Weber; ce n'est pas un acte purement passif; il est d'autant plus actif que la marche est plus rapide, et chacun peut s'en assurer en se livrant au pas accéléré : s'il n'y est point accoutumé, il ressentira une fatigue spéciale de la cuisse due

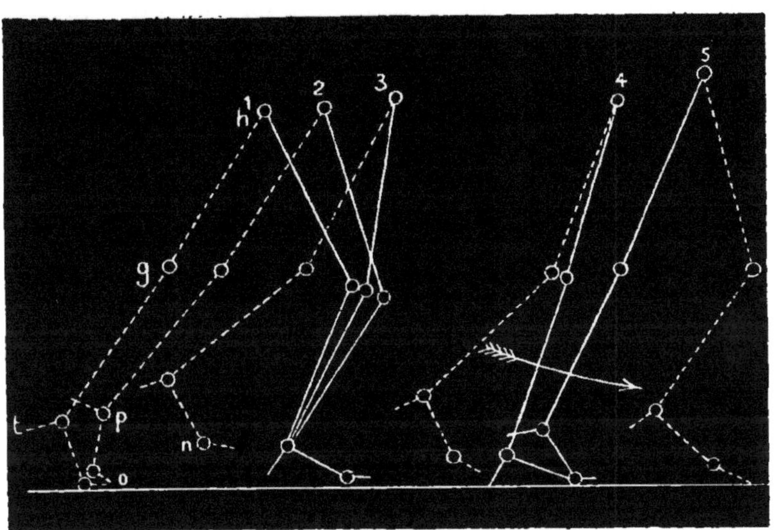

Fig. 88. — Phases de la marche.

(Les lignes pleines représentent la jambe active, les lignes pointillées la jambe passive.)

h, articulation de la hanche. — *g*, genou. — *p*, articulation tibio-tarsienne. *t*, talon. — *o*, orteil. (D'après Landois.)

au travail plus considérable des muscles qui fléchissent celle-ci sur le bassin.

Pendant la course, les phénomènes sont similaires, avec cette différence qu'il y a un temps durant lequel le corps ne touche plus le sol, grâce au saut exécuté sous l'influence d'une poussée plus forte de la jambe d'arrière qui est aussitôt après tirée avec force en avant pour recevoir le poids du corps au pas suivant.

Avec la même méthode M. Marey a fait d'intéressantes études sur la locomotion de différents animaux, quadrupèdes, oiseaux, etc. ; il a pu prendre d'admirables photographies d'oiseaux au vol, montrant comment se décomposent les mouvements des ailes. Ces études ont révélé nombre de faits intéressants, en particulier à l'égard des différentes espèces de vols (ramé, à voile, plané) et du rôle du vent dans la seconde de celle-ci. Il ne saurait toutefois en être question ici, et nous renverrons au beau livre de M. Marey : *le Vol des Oiseaux* (Masson, 1890).

LARYNX ET PHONATION

Définition. — Les animaux possédant un appareil respiratoire pulmonaire émettent tous, à quelques exceptions près, des sons, grâce à un appareil spécial disposé sur le passage de l'air : le larynx. Mais chez l'homme, le fonctionnement de cet appareil atteint un perfectionnement remarquable et l'étude de la phonation ne peut se faire réellement que sur lui.

L'appareil phonateur destiné à former le langage articulé, est constitué par le larynx, partie principale et par une série d'organes qui sont nécessaires pour modifier les sons émis par la langue : cavité buccale, langue, arcades dentaires, lèvres, etc.

Le larynx n'est que la continuation de la trachée, mais il présente des modifications pour faciliter et amplifier les mouvements vibratoires qui constituent le son.

En ce point, en effet, l'air expulsé par le mouvement expiratoire de la cage thoracique, rencontre trois rétrécissements successifs, les cordes vocales inférieures, les cordes vocales supérieures, les replis aryténo-épiglottiques. Ces rétrécissements déterminent entre eux des espaces qui jouent le rôle de résonnateur.

Mais de ces trois rétrécissements, un seul joue un rôle essentiel dans la production du son, ce sont les cordes vocales inférieures de la glotte : les lèvres vocales de Mandl.

Ces cordes vocales inférieures qui s'insèrent par un point d'attache commun sur le cartilage thyroïde, et divergeant ensuite sur les cartilages aryténoïdes, constituent avec ces dernières, un espace losangique : la glotte.

Cet espace lui-même, doit, au point de vue physiologique, être divisé en deux parties, l'une antérieure, comprise entre les cordes vocales et nommée glotte interligamenteuse ou vocale, qui constitue la partie phonétique, l'autre postérieure, comprise entre les cartilages, fixée dans ses dimensions et dans sa forme, c'est la glotte intercartilagineuse ou respiratoire, elle a pour but, en effet, par sa béance permanente d'assurer le passage de l'air nécessaire à la respiration.

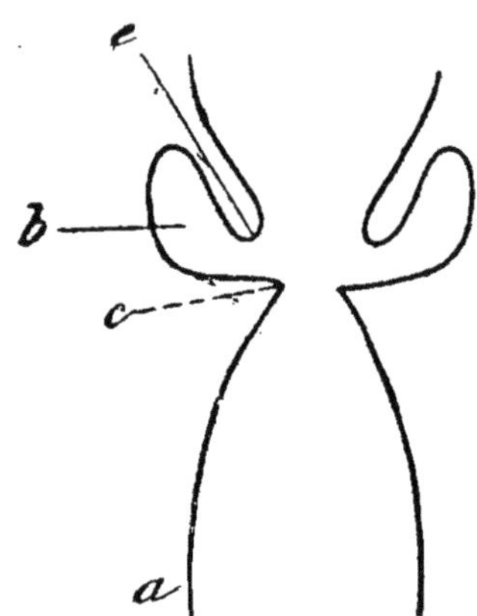

Fig. 89. — Profil de la cavité du larynx.

a, trachée. — *c*, rétrécissement formé par les cordes vocales inférieures. — *e*, rétrécissement des cordes supérieures. — *b*, ventricule de Morgagni.

Les cordes vocales, dont les vibrations vont produire les sons, sont deux replis membraneux de la muqueuse laryngée, présentant un bord libre en saillie. Ces cordes sont constituées par un faisceau de fibres élastiques, recouvert de la muqueuse elle-même, qui n'est plus revêtue comme dans la trachée, par un épithélium cylindrique à cils vibratils, mais bien par un épithélium pavimenteux. Enfin en dessous du faisceau élastique et le bordant, un muscle, le muscle thyro-aryténoïdien. Quant aux cordes vocales supérieures, elles sont constituées par un simple repli de la muqueuse et ne jouent qu'un rôle absolument secondaire dans la phonation.

Les muscles intrinsèques du larynx pourraient être considérés comme la continuation de la couche musculaire de la trachée, toutefois il existe une différence fondamentale due à leurs fonctions mêmes. Destinés à desservir un organe de relation, à donner des contractions rapides et volontaires, les muscles du larynx, sont des muscles striés, alors que les muscles de la trachée sont à fibres lisses.

On a cru que le son produit par l'émission de l'air expiré était dû uniquement aux vibrations de l'air. Le son étant modifié par le degré plus ou moins grand du rétrécissement de l'orifice glottique; que l'appareil phonateur pouvait se comporter en un mot comme un sifflet.

Mais il est démontré aujourd'hui, que si les vibrations de la colonne d'air peuvent entrer en ligne de compte, il faut faire jouer le rôle principal dans l'émission du bruit aux vibrations des cordes vocales, déterminées par le passage de cette colonne d'air; le larynx, en un mot, ne se comporte pas comme un sifflet, mais comme un tuyau à anche vibrante.

L'air ne peut faire entrer en vibration les cordes vocales que si l'espace qui lui donne passage présente un rétrécissement et le son ne pourra être émis que si les cordes vocales sont tendues. La hauteur différente des sons émis dépendant ainsi qu'on le démontre en acoustique, de la tension et de la longueur des cordes vibrantes; il y a donc lieu d'étudier dans le larynx : 1° le mécanisme qui détermine la tension des cordes vocales; 2° celui qui modifie l'ouverture glottique.

Tension des cordes vocales. — La tension des cordes vocales est déterminée essentiellement par le muscle même qui est compris dans le repli de la muqueuse, le thyro-aryténoïdien, accessoirement par le crico-thyroïdien.

On faisait jouer autrefois le premier rôle à ce dernier muscle, qui, s'insérant sur le cartilage cricoïde d'une part, sur le thyroïde de l'autre, en se contractant, fait basculer ce dernier et détermine ainsi un *allongement*, une tension passive des cordes vocales (Müller). Sans nier une certaine influence au crico-thyroïdien notamment sur la fixation du thyroïde pour donner un point d'insertion fixe au thyro-aryténoïdien quand il se contracte, il est difficile de lui accorder le rôle prépondérant étant donné :

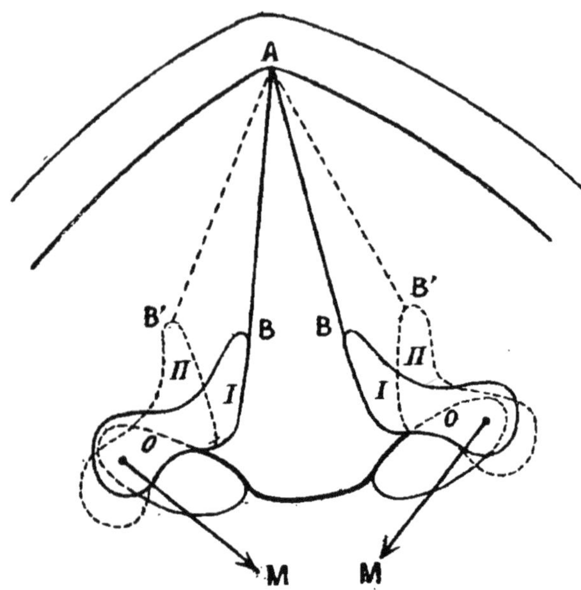

Fig. 90. — Action des muscles crico-aryténoïdiens postérieurs.

I, Position des cartilages aryténoïdes avant la contraction;
II, Position des mêmes cartilages après la contraction;
MM, Direction suivant laquelle s'effectue le raccourcissement musculaire;
AB, Cordes vocales avant la contraction. — AB', Cordes vocales après la contraction.
o, Centre de rotation.

1° Que l'examen direct au laryngoscope ne montre pas un allongement des cordes pendant l'émission d'un son.

2° Que la section du nerf moteur de ce muscle (branche externe du laryngé supérieur) n'amène pas de modification appréciable dans l'émission des sons;

Le thyro-aryténoïdien est, au contraire, le muscle tenseur des cordes vocales. C'est par une contraction active qu'il détermine le degré de tension de ces cordes vibrantes. Le faisceau élastique qui le borde n'ayant pour rôle que de maintenir la muqueuse et de s'opposer à ses plissements lors de la contraction du muscle. Le thyro-aryténoïdien est donc le muscle d'accommodation de la voix (Mandl).

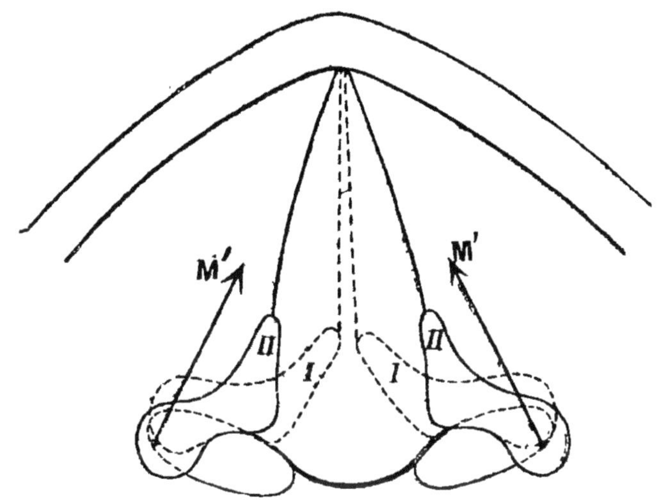

Fig. 91. — Action du muscle crico-aryténoïdien latéral.

I, Position des cartilages avant la contraction ;
II, Position des cartilages après la contraction.

Modification de l'espace glottique. — Les cordes vocales s'insèrent par un point commun et fixe à la face interne du cartilage cricoïde. Leur autre extrémité a son point d'attache mobile constituée par l'apophyse interne de la base des cartilages aryténoïdes. Or ces cartilages, sollicités par plusieurs muscles, sont très mobiles et susceptibles de mouvements variés, ils peuvent se rapprocher l'un de l'autre, tourner sur leur axe, basculer en dehors et en arrière, entraînant ainsi les cordes vocales et déterminant soit leur éloignement, soit leur rapprochement.

Le cryco-aryténoïdien postérieur, s'insérant d'une part à la face postérieure du cricoïde, de l'autre à l'apophyse externe de l'aryténoïde, fait basculer ce dernier sur son axe, déterminant l'éloignement des deux apophyses externes et par suite l'écartement des cordes vocales. C'est donc le muscle dilatateur de la glotte, chargé d'ouvrir cette dernière

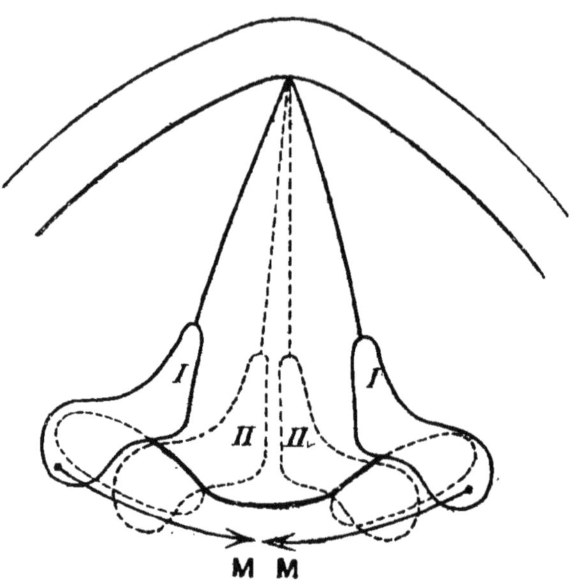

Fig. 92. — Action du muscle ary-aryténoïdien.

I, Position des cartilages avant la contraction;
II, Position des cartilages après la contraction.

lors de l'inspiration. Il appartient à l'appareil respiratoire et non au larynx phonateur, et cette distinction physiologique est confirmée par cette considération anatomique, que son innervation est faite par des filets du nerf respiratoire, du pneumogastrique, alors que les autres muscles laryngiens reçoivent leurs filets nerveux du spinal. Le crico-aryténoïdien latéral, étendu du bord supérieur du cricoïde (partie latérale, à l'apophyse externe de l'aryténoïde est l'antagonisme du précédent, par un mécanisme de bascule identique, l'axe de pivot étant le même. Il est donc const ricteur du larynx et détermine l'occlusion de la glotte interligamenteuse.

L'*ary-aryténoïdien*, réunissant les deux aryténoïdes, rapproche en se contractant ces deux cartilages et complète ainsi l'occlusion totale de la glotte en fermant la glotte intercartilagineuse.

Tous les muscles du larynx à l'exception d'un, le crico-aryténoïdien postérieur, déterminent par leur contracture la fermeture du larynx ; ce sont des muscles constricteurs.

Innervation. — A l'exception du crico-thyroïdien, muscle extrinsèque du larynx qui reçoit ses filets nerveux du laryngé supérieur, tous les autres muscles du larynx sont innervés par le nerf récurrent ou laryngé inférieur.

La section du laryngé supérieur en amenant la paralysie du crico-thyroïdien modifie peu, ainsi que nous l'avons vu, la phonation. Cette dernière est simplement altérée par le fait que le thyroïde n'est plus immobilisé quand les thyro-aryténoïdiens (cordes vocales) se contractent, mais cette section peu importante au point de vue de la motricité amène une perturbation profonde dans la sensibilité de la muqueuse laryngée. C'est la branche interne du laryngé supérieur, en effet grâce à ses anastomoses avec le récurrent (anastomose de Galien) qui donne la sensibilité à toute la muqueuse du larynx.

Par suite de l'insensibilité consécutive à la section du nerf laryngé supérieur, les corps étrangers peuvent s'introduire dans le larynx et de là dans les poumons et déterminer des accidents asphyxiques immédiats, ou tout au moins, une inflammation de la muqueuse pulmonaire et une pneumonie consécutive.

Le nerf laryngé inférieur innerve les autres muscles du larynx. Mais ce nerf qui paraît se détacher du pneumogastrique renferme surtout des fibres motrices du nerf spinal. Cl. Bernard a montré que la section intracranienne du spinal rend l'animal aphone. Ce sont finalement les fibres du spinal qui vont aux muscles phonateurs. Ainsi qu'il l'a déjà été signalé, le crico-aryténoïdien postérieur qui ne joue aucun rôle dans l'émission de la voix reçoit lui par la même branche des fibres du pneumogastrique.

L'étude des centres moteurs cérébraux confirme cette distinction. Il n'existe pas de centre cortical pour le crico-aryténoïdien postérieur alors que les muscles phonateurs peuvent être mis en jeu par une excitation portant sur le pied de la circonvolution frontale ascendante, immédiatement en arrière de l'extrémité inférieure du sillon précentral. Une excitation faite sur la partie antérieure de cette région détermine le rapprochement des cordes vocales (Horsley et Semon). Ce centre existerait également chez l'homme au pied des circonvolutions frontales et pariétales ascendantes (Déjerine).

Technique. — Les vivisections n'ont pas apporté à l'étude du larynx beaucoup de lumières. Les traumatismes nécessités pour mettre à nu la glotte déterminent déjà un trouble considérable et d'autre part, les sons qu'émettent les animaux ne peuvent que donner des résultats approximatifs pour l'étude de cette fonction de la phonation qui atteint chez l'homme un tel degré de perfectionnement.

L'examen des larynx de cadavre, les considérations anatomiques qui se déduisent du mode d'insertion des différents muscles laryngés, enfin les essais de soufflerie faite sur des larynx dont on déterminait la tension des muscles par des poids (Ferrein, Müller, Merkel) ont permis toutefois d'étudier un certain nombre de points, il en est de même des larynx artificiels.

Mais on doit mentionner spécialement le laryngoscope qui rend chaque jour de grands services dans les maladies du larynx et a permis d'élucider un certain nombre de faits mal expliqués, par l'observation directe sur l'homme.

Un chanteur, Garcia (1854), eut le premier l'idée d'examiner les mouvements de son larynx au moyen d'un petit miroir plan porté au fond de la gorge. Les rayons d'une source lumineuse sont réfléchis par le miroir convenablement incliné

Fig. 93. — Examen laryngoscopique.

sur la glotte qu'ils éclairent et dont l'image vient se former sur le miroir. Tel est le laryngoscope simple auquel on a fait subir de nombreux perfectionnements. Garcia, en reproduisant l'image du miroir laryngé sur une autre glace placée devant lui, étudiait les mouvements de son propre larynx et faisait de l'auto-laryngoscopie. On parvient, en dirigeant bien le miroir à voir les cordes vocales masquées plus ou moins par les cordes vocales supérieures. Dans la respiration forcée, les cordes sont étendues, et la glotte apparaît béante, si l'on fait alors prononcer la voyelle *a*, on voit les cordes vocales se rapprocher l'une de l'autre, entrer en

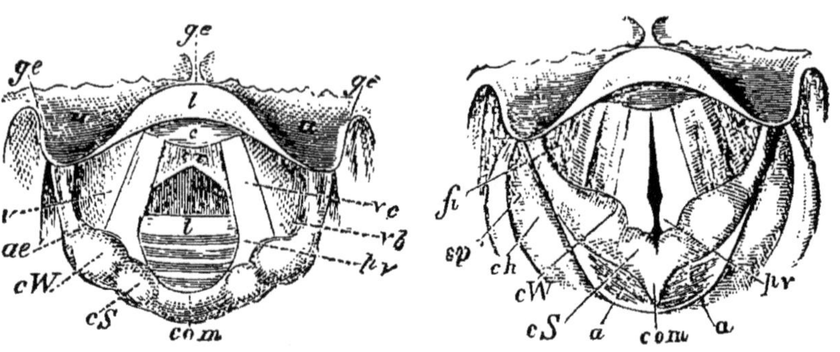

Pendant la respiration forcée. Pendant la phonation.

Fig. 94. — Images laryngoscopiques.

vibration, et l'orifice glostique est réduit à l'état de fente (fig. 94).

Qualités des sons. — Il y a lieu de distinguer, dans les sons, trois qualités différentes : la hauteur, l'intensité, le timbre.

Hauteur. — La hauteur d'un son dépend du nombre des vibrations des parties vibrantes, c'est-à-dire un peu de la colonne d'air expirée et surtout des cordes vocales.

Les conditions qui influent sur le nombre des vibrations c'est-à-dire sur la hauteur du son, sont la longueur, la largeur et la tension des cordes vocales. La plus grande hauteur (sons aigus) sera donc atteinte par l'action synergique des thyro-aryténoïdiens (tenseur direct des cordes vocales), et des crico-thyroïdiens et crico-aryténoïdiens qui augmentent leur longueur.

La force du courant d'air, quoique sans grande importance, peut néanmoins forcer la hauteur (Mandl).

La disposition du larynx permet à la voix humaine d'émettre une série de sons de hauteurs variables. La limite dans laquelle chaque voix peut s'étendre est environ de deux octaves dans le chant. Car dans la parole causée, la limite est beaucoup plus restreinte, une demi-octave environ. Mais l'étendue moyenne des deux octaves peut correspondre à des points différents de l'échelle musicale. Les limites extrêmes admises, sont en bas le $Mi_1 = 163$ vibrations et en en haut l'$Ut_3 = 2112$ vibrations.

Suivant les régions où se trouvent les voix, on a fait plusieurs groupes au point de vue musical.

Parmi les voix de femmes toujours plus hautes :

La soprano de si_3 au sol_4
La mezzo soprano du sol_2 au mi_4
La contralto. . . . . mi_2 a ut_4

Puis les voix d'hommes de plus en plus basses :

Le ténor . . . . . . ut_2 au la_3
Le baryton . . . . . la_1 à fa_2
La basse . . . . . . fa_1 à $ré_3$

Ces limites ne sont qu'approximatives et variables d'un individu à l'autre.

Parmi les variations de timbres qu'une personne peut réaliser, il y a lieu de signaler, les modifications désignées sous le nom de voix ou registre de poitrine, de voix ou registre de tête de fausset. Ces appellations viennent de ce qu'en apparence pour ce registre de poitrine la voix est pleine avec résonnance des parois thoraciques, tandis que, dans le second cas, ce sont les parties supérieures de l'appareil vocal qui entraient surtout en vibrations. D'après Mandl, dans la voix de tête ou de fausset, les lèvres de la glotte interligamenteuse n'entrent en vibration, que sur une partie de leur longueur, la glotte intercartilagineuse est effacée par suite du rapprochement des deux cartilages aryténoïdes. Dans la voix de poitrine au contraire les cordes vibrent dans toute leur longueur. Une autre théorie (Lehfeldt, Müller) explique ces deux voix, non par des différences dans la longueur, mais dans la partie qui entre en vibration : Dans le registre de poitrine, la corde vibre dans toute son épaisseur dans le registre de tête, le bord libre de la corde entre seul en vibration. Chez l'enfant, la glotte intercartilagineuse n'existant pas, tous les sons rendus sont aigus. C'est à l'époque de la puberté que la glotte intercartilagineuse venant à se développer, le registre de la voix s'abaisse : chez les garçons, d'une octave environ ; chez les filles, de deux à trois tons seulement. On dit alors que la voix *mue*. Chez le vieillard, le registre s'abaisse au-dessous du diapason de l'adulte, les cartilages du larynx subissant avec l'âge une ossification plus ou moins complète, les cordes vocales ne peuvent plus vibrer avec la même facilité. Il est probable aussi que la diminution de l'élasticité des cordes vocales, qui arrive avec l'âge, rend la voix plus grave.

Intensité. — L'intensité du son dépend de l'amplitude des vibrations, dans le cas des sons émis par le larynx, elle dépend surtout de la vitesse de la colonne d'air expirée et par suite de la force des muscles expirateurs et de l'amplitude de la cage thoracique.

Timbre. — On sait que des sons ayant même intensité et même hauteur peuvent encore être distingués entre eux par une différence qui constitue le timbre.

Deux chanteurs donnant la même note pourront être distingués l'un de l'autre. C'est Helmholtz qui a fait voir en quoi réside le timbre des sons. Il a démontré que la plupart des sons qui nous paraissent simples, c'est-à-dire produits par une seule espèce de vibrations, sont en réalité composés d'un *son fondamental* auquel viennent se surajouter des sons accessoires appelés *harmoniques*. Or, c'est précisément de la combinaison des harmoniques avec le son fondamental que résulte le timbre d'un son.

Helmholtz et Kienig ont démontré que c'est précisément la voix humaine qui est la plus riche en harmoniques; d'où cette grande diversité de timbre des différentes voix humaines. Les harmoniques se forment en partie sur les cordes vocales elles-mêmes. Celles-ci, mises en branle sous l'influence du courant d'air expiré, donnent naissance à des vibrations d'espèces différents; il existe des timbres divers du son glottique. Mais ce sont surtout les cavités situées au-dessus de la glotte, pharynx, cavité buccale, etc., qui concourent par la formation d'harmoniques nouvelles à donner une si grande variété de timbres, on distingue dans l'étude du chant, le timbre clair du timbre sombre, mais les différences de mécanismes de ces variétés n'ont pas encore été suffisamment établies.

Parole. — L'appareil laryngé est capable d'émettre des sons, mais pour que ces sons deviennent articulés, se transforment en parole, il faut l'aide des autres parties qui constituent l'appareil phonateur.

Ce sont les parties sus-laryngiennes, la bouche, la langue, les lèvres, l'arcade dentaire qui, outre les modifications de timbres déjà indiquées, transforment le son laryngien en son articulé, en parole.

L'intervention des cordes vocales n'est pas indispensable pour la parole; dans le chuchotement, dans le parler à voix basse, la glotte interligamenteuse reste fermée et l'air passe par la glotte intercartilagineuse, et ce sont les organes supérieurs qui déterminent seuls le son perçu. Mais comme cet effet ne peut être obtenu que par une dépense considérable d'air, le chuchotement est fatigant. Toutefois les auteurs n'admettent pas tous une passivité complète des cordes vocales. Czermack soutient au contraire que ces cordes contribuent à l'émission des sons dans la voix basse.

Voyelles et consonnes. — La parole se compose essentiellement de voyelles et de consonnes. Il suffira de rappeler quelques-unes des définitions qui ont été données pour indiquer les caractéristiques de chacune d'elles.

Les voyelles sont des sons, les consonnes sont des bruits.

Les voyelles peuvent être émises seules, les consonnes exigent le concours des voyelles. On peut se rattacher à la définition physiologique suivante :

Les voyelles sont des sons, produits par les vibrations des cordes vocales, renforcées et modifiées par des harmoniques formées dans les parties supérieures du tube phonateur.

Les consonnes sont des bruits qui prennent naissance dans les parties supérieures du tube phonateur et sont renforcées par les vibrations laryngées.

Voyelles. — Dans l'émission des voyelles, le larynx et la cavité buccale apportent chacun leur concours. Helmholtz, qui est le créateur de la science physiologique de la parole, a montré qu'en plaçant une série de diapasons devant la bouche au moment de la prononciation des différentes voyelles, à chacune d'elles correspond la vibration d'un diapason donné. Ce qui signifie que pour chaque voyelle, les cordes vocales présentent un nombre de vibrations différent, c'est-à-dire une hauteur de son différente [1]. Mais le larynx donne le son fondamental avec une série de sons partiels provenant de la formation de nœuds dans les cordes vocales; c'est la cavité buccale qui, en se modifiant, présentant ainsi une série de résonnateurs différents, modifie les harmoniques. On conçoit en effet que les différentes formes données à la bouche par les mouvements des lèvres et la langue, donnent lieu à

[1] A l'aide d'appareils spéciaux nommés résonnateurs, Helmholtz a montré que si l'on a une série de résonnateurs et qu'on les approche d'un diapason en vibration, on trouve pour l'un des résonnateurs un renforcement du son supérieur à ceux donnés par les autres. C'est que ce résonnateur est *accordé* pour le son émis par le diapason.

une série de résonnateurs différents, qui ne sont accordés que pour certains sons, soit fondamentaux, soit partiels.

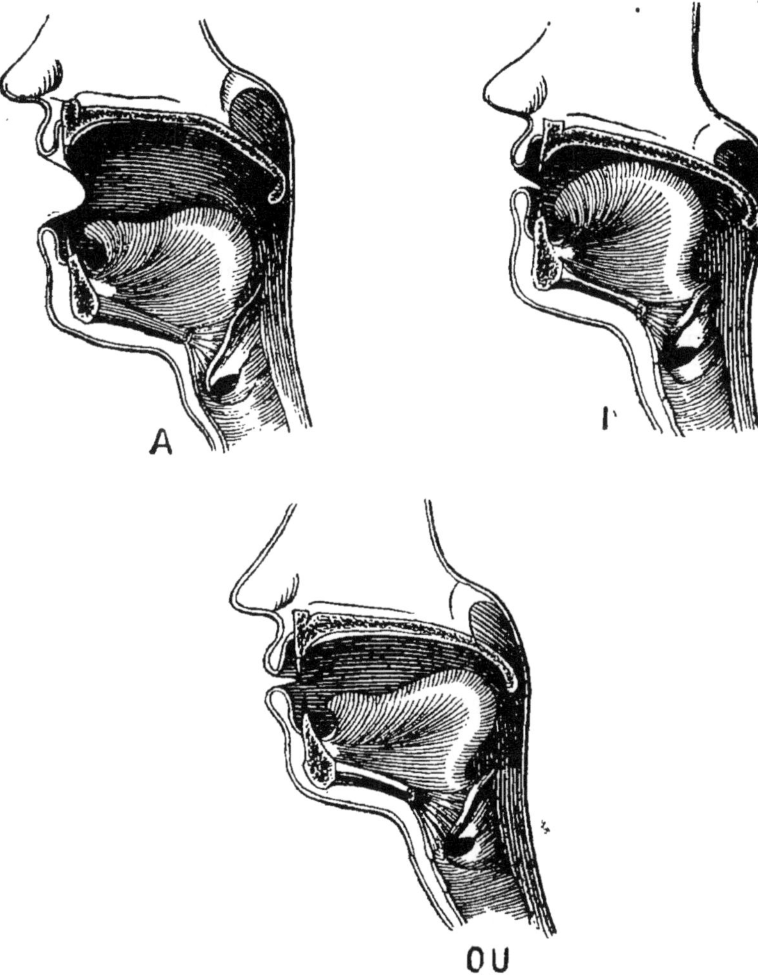

Fig. 95. — Modification de la cavité buccale dans la prononciation des voyelles.

Au point de vue phonétique, voyelles et diphtongues doivent être confondus, et on peut ainsi admettre six voyelles :

OU O A É I U. Ainsi, dans l'OU, l'orifice buccal est étroit, la cavité allongée, la langue légèrement aplatie en avant. Dans l'I, les lèvres sont encore peu ouvertes, mais la cavité raccourcie par ce fait que la langue vient se coller au palais. Dans l'A que l'on considère comme la voyelle primitive et l'observation du premier langage des enfants tend à le prouver, les lèvres sont écartées, la langue complètement effacée.

Consonnes. — Les consonnes sont des bruits, qui ne peuvent se faire entendre distinctement par eux-mêmes, il faut donc le concours d'une voyelle, c'est-à-dire d'un son. Ce qui caractérise la formation des consonnes, c'est qu'elles sont produites grâce au passage de l'air dans une partie rétrécie de la région phonatrice supérieure. Certaines parties de cette région, la langue en se portant sur la voûte palatine, ou sur les arcades dentaires, les lèvres en se rapprochant forment de véritables glottes temporaires susceptibles de rendre un bruit sous l'influence du courant d'air expiré.

On a groupé les consonnes suivant leur processus de formation en *gutturales*, *linguales* et *labiales* et suivant que l'émission de l'air se fait avec explosion, par un courant continu ou avec tremblement, on a obtenu la classification suivante :

Labiales.	Explosives	*b p*
	Continues	*f v m*
	Tremblotante	*r*
Gutturales.	Explosives	*h a*
	Continues	*j ch*
	Tremblotantes	*r f*
Linguales.	Explosives	*t d*
	Continues	*s n l*
	Tremblotante	*r*

La consonne *r* a surtout pour caractéristique le tremblotement ou la vibration. Les consonnes *m*, *n*, pourraient être groupées à part, car dans leur formation, la cavité nasale entre en jeu par suite de l'abaissement du voile du palais, et elles constituent le groupe des consonnes nasales : nasale gutturale N, G, nasale labiale M, nasale linguale M.

Technique. — L'étude des sons articulés a été faite au moyen de plusieurs procédés.

Marey et Rosapelly ont enregistrés simultanément les vibrations du larynx, les mouvements des lèvres et les mouvements du voile du palais. Quant aux mouvements de la langue, on n'a pu encore les inscrire par suite de leur variété, on peut simplement se rendre compte des points ou des régions qui viennent toucher la voûte palatine, en recouvrant la langue d'un enduit coloré qui laisse une trace sur les points correspondants touchés (procédés des empreintes colorées).

Le phonautographe de Scott permettait d'inscrire les vibrations produites en parlant devant une membrane tendue possédant un stylet inscripteur. Le phonographe d'Edison, le graphophone sont des perfectionnements de cet appareil primitif, qui permettent non seulement d'inscrire les vibrations produites, mais de reproduire la parole, en déterminant les vibrations d'une membrane.

Les *flammes manométriques de Kœnig* permettent de rendre visibles les vibrations de l'appareil phonateur pour les différents sons. L'opérateur parle dans un entonnoir et les ondulations viennent agir sur une petite flamme qui subit ainsi des oscillations, on recueille l'image de cette flamme sur un miroir tournant avec une certaine vitesse. On voit alors que chaque son, chaque voyelle détermine une image lumineuse spéciale, qui est sa caractéristique.

SYSTÈME NERVEUX EN GÉNÉRAL

L'organisme est constitué par une infinité d'organites, de cellules différenciées, qui doivent être en relation, en connexions intimes les uns avec les autres. Or, cette relation est établie par le système nerveux qui est essentiellement un appareil d'harmonisation et de régulation.

C'est grâce à ce système que toutes les fonctions retentissent l'une sur l'autre, que tous les éléments d'un même corps vivant sont intimement unis, et qu'*une cellule retentit sur toutes les autres et toutes les autres retentissent sur elle* (Ch. Richet).

La complexité de cet appareil est forcément en rapport avec la complexité même et la différenciation que présentent les individus. Au bas de l'échelle, chez les êtres à cellules non différenciées, il ne saurait y avoir de système nerveux, mais aussitôt que l'évolution des cellules pour des fonctions différentes se manifeste, on voit apparaitre cet appareil. Dans l'hydre d'eau douce, par exemple, constituée par deux feuillets cellulaires accolés, on distingue des cellules ectodermiques, disséminées dans le feuillet superficiel et qui paraissent jouer à la fois le rôle de cellules sensitives et de cellules contractiles.

Ces cellules, dites neuro-musculaires (Kleinenberg), sont le premier indice de différenciation. Les deux grands appareils de la vie de relation : système nerveux et système musculaire, sont encore confondus ; mais si l'on s'élève plus haut, chez les autres cœlentérés même, la distinction est désormais établie. Les cellules nerveuses disséminées d'abord dans l'ectoderme tendent à se grouper, à se relier entre elles par des fibres commissurales.

Du groupement de ces cellules résultent des amas ganglionnaires qui, peu à peu, abandonnant la région ectodermique d'où elles dérivent, iront former de véritables centres nerveux. Chez les astéries, les échinodernes, on trouve autour de l'orifice buccal un anneau nerveux avec des renflements ganglionnaires. Chez les mollusques, ces renflements ganglionnaires tendent à se rapprocher pour constituer chez quelques-uns de ces êtres, chez les céphalopodes en particulier, des masses nerveuses, qui, par leur volume, leur complexité, peuvent être comparées aux centres nerveux des animaux supérieurs. Nous ne pouvons ici suivre l'évolution du système nerveux dans la série des êtres, il nous faut renvoyer aux traités d'anatomie comparée. Ce qu'il importe de retenir, c'est la formation d'un axe central, de plus en plus central et perfectionné que l'animal est plus élevé, et la prépondérance de plus en plus marquée de la partie supérieure de son axe, jusqu'au terme ultime *actuellement* : l'appareil cérébro-spinal de l'homme.

Structure du système nerveux. — Le système nerveux se compose essentiellement de deux appareils élémentaires : la cellule nerveuse et la fibre nerveuse.

Dans les centres nerveux, les amas de cellules nerveuses en connexion avec les fibres constituent la substance grise, alors que l'agglomération des fibres nerveuses forment dans ces centres la substance blanche. Ces éléments sont maintenus et fixés dans un substratum constitué par un tissu connectif spécial : la névroglie.

Cellules nerveuses. — La cellule nerveuse est constituée par une masse protoplasmique chargée de pigment contenant un noyau avec nucléoles[1]. La forme est des plus variables, elle émet un ou plusieurs prolongements qui permet de les distinguer en cellules unipolaire, bipolaire, multipolaires. La cellule apolaire n'existe pas, on ne conçoit pas d'ailleurs une cellule nerveuse isolée totalement. Ces prolongements se ramifient et se résolvent en un réseau fibrillaire, (réseau nerveux de Gerlach), à l'exception de l'un, qui reste simple, et va se continuer avec une fibre nerveuse. C'est le prolongement cylindraxe ou prolongement de Deiters. Mais, d'après Golgi, le prolongement de Deiters ne donnerait pas toujours lieu à la formation d'une fibre nerveuse, dans certains cas, il se ramifie et se disperse en fines branches comme les autres prolongements. On a supposé que ces derniers avaient pour objet de réunir les cellules nerveuses entre elles ; les recherches histologiques ne permettent pas d'être affirmatif.

Les cellules nerveuses ont des dimensions assez variables. Petites généralement, elles atteignent, dans certaines régions des cornes antérieures près d'un dixième de millimètre et on peut les distinguer alors sans le secours du microscope. La dimension des cellules nerveuses dépendrait a-t-on dit, de la longueur du filet nerveux qui est en continuité avec son cylindraxe. Les cellules des cornes antérieures de la moelle qui sont volumineuses, celles qui correspondraient aux nerfs des extrémités des membres.

Myélocytes. — A côté des cellules nerveuses, on trouve d'autres éléments cellulaires, plus petits, désignés par Robin sous le nom de myélocytes, constitués presque en totalité par un noyau que recouvre une mince couche de protoplasma. Ces éléments ont été considérés comme des cellules nerveuses embryonnaires.

[1] Nous renvoyons ici aux traités d'histologie pour l'étude de la constitution du protoplasma et du noyau des cellules nerveuses. Les recherches récentes ont démontré dans ces deux éléments l'existence d'un réticulum fibrillaire dont la constitution est loin d'être élucidée. (Flemming, Ranvier, Schultze.)

Fibres nerveuses. — Les fibres ou tubes nerveux se composent dans le tronc nerveux de trois parties : une membrane d'enveloppe, renfermant une substance grasse, la myéline, enfin un cordon axial, le cylindraxe. La partie essentielle, caractéristique de la fibre nerveuse, c'est le cylindraxe. Il constitue à lui seul la fibre dans la substance grise ; dans la substance blanche, on le voit entouré de myéline, mais sans membrane ; enfin, près de sa terminaison dans le muscle, c'est la myéline qui seule disparaît. On rencontre dans le système sympathique, un grand nombre de fibres pâles que l'on avait confondu autrefois avec les fibres connectives et qui ne sont autres que des fibres nerveuses sans myéline (fibres pâles ou de Remak).

Pour Golgi, la formation du cylindraxe aurait lieu par un processus différent, suivant que ce cylindraxe doit transmettre des incitations motrices ou des impressions sensitives. Dans le premier cas, le cylindraxe est la continuation directe du prolongement de Deiters ; dans le second, il se forme par une réunion nouvelle des ramifications provenant de ces prolongements de Deiters, qui semblent se résoudre en réseau.

La membrane de Schwann, présente une série d'étranglements qui vont jusqu'au cylindraxe, séparant la fibre nerveuse en une série de segments interannulaires qui correspondent chacun à une cellule, ayant son noyau accolé à la gaine de Schwann et baigné dans une mince couche de protoplasma. Ce dernier forme autour du cylindraxe une gaine spéciale (la gaine de Mauthner). La myéline n'est qu'une partie accessoire. Quant au cylindraxe c'est le prolongement de la cellule nerveuse qui pénètre dans la cellule sans se confondre avec elle et traverse successivement chacune d'elle, par un bourgeonnement successif continu (Ranvier). Cette théorie est confirmée par une expérience de van Lair qui, remplaçant un segment de nerf par un fragment d'os décalcifié, a vu la régénération nerveuse se reproduire, le cylindraxe ayant passé par les canaux du tissu osseux, pour gagner l'autre extrémité nerveuse.

Les fibres nerveuses réunies en tronc constituent les nerfs, mais pour assurer plus de résistance et de ténacité à ces conducteurs, elles sont entourées de tissu conjonctif. Ce sont les gaines lamelleuses de Ranvier, le périnèvre de Robin, qui protègent et soutiennent les faisceaux secondaires, le tronc nerveux lui-même étant entouré du névrilème qui reçoit des filets nerveux (*nervi-nervorum*) et des vaisseaux sanguins (*vasa-nervorum*) (Sappey).

Terminations nerveuses. — A la périphérie, les nerfs se modifient pour aboutir aux organes auxquels ils sont destinés. On a décrit pour les terminaisons nerveuses motrices différents appareils, tantôt comme chez les mammifères ce sont des plaques terminales, tantôt comme chez les grenouilles, des ramifications en buisson. Les terminaisons sensitives sont encore plus différenciées, c'est l'organe de Corti pour l'audition, les cônes et les bâtonnets pour la vision, les corpuscules de Paccini, de Krause pour le tact, etc. Nous aurons à exposer en détail ces terminaisons en traitant des organes des sens.

La plupart de ces terminaisons nerveuses, sinon toutes, aboutissent à des cellules nerveuses périphériques et les nerfs ne sont en réalité que des conducteurs mettant en relation les cellules nerveuses centrales avec les cellules nerveuses périphériques.

Distinction des nerfs sensitifs et moteurs. — Si l'on excite un nerf dans sa continuité, le nerf sciatique d'une grenouille par exemple, on observe simultanément des phénomènes moteurs dans le membre innervé et une réaction générale de l'animal avec des signes évidents de sensibilité.

Un tronc nerveux transmet donc à la fois les excitations de la périphérie vers les centres nerveux et les impulsions motrices qui vont de ces centres à la périphérie. Il y a, en un mot, conduction centripète ou sensitive, et conduction centrifuge (motrices, sécrétoires, etc.). L'étude histologique ne permet pas de déterminer s'il existe des fibres différentes pour ces deux conductions, mais les expériences physiologiques permettent d'établir cette dissociation et de montrer qu'il existe des fibres centripètes ou sensitives et des fibres centrifuges, réunies dans un même tronc nerveux, mais qui à l'origine de ce tronc peuvent être distinguées.

La gloire de cette démonstration revient à Ch. Bell et à Magendie.

Les nerfs rachidiens prennent naissance dans la moelle par deux racines, issues de la substance grise et qui à leur sortie de la moelle, mais non immédiatement, se réunissent pour fermer un tronc commun. La racine postérieure ou dorsale présente sur son trajet un renflement ganglionnaire constitué par un îlot de substance grise que l'on doit considérer comme en relation intime avec la substance grise médullaire.

Or Charles Bell, le premier, a montré que l'excitation des racines antérieures des nerfs rachidiens déterminait des mouvements dans la région innervée par ces nerfs, alors que l'excitation des racines postérieures n'amenait pas ces mouvements, tel est le fait important signalé par Ch. Bell en 1811. Mais c'est en 1822 seulement que Magendie établit nettement la distinction fonctionnelle des deux racines et qu'il pose ce principe désigné à tort ainsi que l'a démontré Vulpian, sous le nom de loi de Ch. Bell et que doit porter celui de loi de Magendie : *Que les racines antérieures conduisent les incitations motrices, les racines postérieures les impressions sensitives.*

Sensibilité récurrente. — Toutefois l'expérience primitive de Magendie ne pouvait permettre de conclure que les racines antérieures étaient uniquement motrices. On constatait en effet, dans certaines expériences, par l'excitation des racines antérieures une certaine sensibilité.

Longet vit que, dans ces conditions, il suffisait de couper la racine postérieure pour voir la sensibilité disparaître dans la racine antérieure, et Magendie désigna ce phénomène sous le nom de sensibilité récurrente. Mais c'est Claude Bernard qui établit nettement le mécanisme de la sensibilité récurrente. Il montra tout d'abord que si la sensibilité manquait souvent quand on excitait la racine antérieure (Magendie n'avait pu reproduire de nouveau cette manifestation), c'est qu'il était nécessaire de s'entourer de précautions importantes et d'attendre que l'animal fût remis du traumatisme opératoire. Puis, partant de ces faits, 1° que la section de la racine postérieure abolit la sensibilité; 2° qu'il en est de même si l'on fait porter la section du tronc nerveux immédiatement après la jonction des deux racines, il montra que de la racine postérieure partent des fibres sensitives qui, après un certain trajet dans le tronc nerveux, remontent ce tronc et passent par la racine antérieure pour regagner la moelle. L'excitation d'une racine antérieure ou de son bout périphérique correspond donc (au point de vue sensitif) à l'excitation du bord central de la racine postérieure centripète.

La sensibilité récurrente paraît être une disposition assez générale du système nerveux, on la trouve en effet dans la plupart des nerfs qui présentent des anastomoses, tels pour les nerfs craniens, le facial, le spinal, l'hypoglosse, dont l'excitation du bout périphérique est suivie de manifestation de la sensibilité.

Chez le chien, il suffit de laisser intact un des quatre nerfs collatéraux de la patte pour voir persister la sensibilité à la douleur sur tous les doigts (Arloing et Tripier).

Chez l'homme, la section du nerf médian n'amène pas l'insensibilité de la région innervée par ce nerf et le bout périphérique du nerf reste sensible. Ce qui ne peut guère s'expliquer que par des filets récurrents provenant des anastomoses avec les autres nerfs sensitifs (A. Richet).

Citons pour mémoire l'hypothèse admise par Béclard pour expliquer les phénomènes observés sans faire intervenir la sensibilité récurrente. L'excitation motrice déterminant la contraction musculaire deviendrait dans le muscle même le point de départ d'une sensation douloureuse. Mais ce spasme n'existe généralement pas.

Dégénérescence wallérienne. — Si l'on sectionne un nerf, on constate que très rapidement il se présente une altération de structure considérable, caractérisée par une segmentation de la myéline et du cylindraxe, qu'il subit ce que l'on appelle la dégénérescence.

Si l'on fait porter la section sur les racines rachidiennes à la sortie même de la moelle, on constate des effets différents. Suivant que la section porte sur l'une ou l'autre des racines. Si l'on sectionne la racine antérieure, le bout central de cette racine reste intact alors que le bout périphérique dégénère. C'est l'inverse que l'on observe avec la racine postérieure, quand l'instrument tranchant a porté à la sortie immédiate de la moelle. Mais si la section, au lieu d'être faite près de la moelle, porte sur la racine postérieure, plus extérieurement en laissant le ganglion dans le bout central, cette partie continue à se nourrir alors que tout le nerf dégénère. Ainsi le centre qui préside à la nutrition du nerf, le centre trophique se trouve donc dans la moelle pour la racine motrice, dans le ganglion pour la racine sensitive.

La dégénérescence nerveuse a été dans les mains d'Augustus Waller un précieux instrument d'investigation. On peut par elle suivre le trajet des fibres anastomotiques dans un tronc nerveux, et se rendre compte ainsi de conduction sensitive dans un nerf que l'anatomie montrait comme essentiellement moteur et inversement.

Cette méthode n'est pas seulement applicable aux troncs nerveux, elle permet encore de reconnaître les trajets des différentes fibres ou cordons nerveux dans le centre cérébro-spinal, nous verrons plus loin le parti que l'on a pu en tirer dans l'étude des différentes voies nerveuses.

De la vibration nerveuse. — La vibration nerveuse est inconnue dans son essence, elle est déterminée par l'excitation du nerf, mais il faut se contenter d'étudier les lois qui la régissent.

Il existe trois lois fondamentales :

I. Loi de l'intégrité de l'organe;
II. Loi de la conductibilité isolée;
III. Loi de la conductibilité dans les deux sens.

Loi de l'intégrité de l'organe — Un nerf ne peut exercer des fonctions que si ces éléments anatomiques sont intacts. Tout ce qui modifie la constitution du nerf, la chaleur, le froid, les caustiques, les dégénérescences pathologiques, la ligature, s'oppose à la conduction du nerf. Le simple fait qu'une ligature suffit à arrêter la vibration nerveuse dans le nerf, montre qu'on ne saurait identifier cette dernière avec l'électricité, comme la comparaison a été soutenue jadis.

Si au lieu d'une ligature on exerce sur le nerf une certaine compression, on peut amener un simple arrêt dans la conductibilité nerveuse et quand la compression n'a pas été assez forte pour désorganiser les tissus, on voit revenir, en la faisant cesser, la conductibilité dans le nerf. Hunter utilisant cette donnée avait conseillé, alors que les anesthésiques chimiques étaient encore inconnus, de comprimer le nerf sciatique dans l'amputation de la cuisse.

Loi de la conduction isolée (J. Muller). — Chaque filament nerveux conduit l'excitation isolément, sans qu'il y ait confusion ou anastomose avec les autres filaments nerveux.

La vibration nerveuse ne se transmet donc pas pendant tout le trajet, aux fibres environnantes, il y a isolement parfait.

Loi de la conduction dans les deux sens. — La conduction nerveuse se fait indifféremment dans les deux sens.

Si les deux premières lois sont faciles à vérifier et admises sans conteste, il est loin d'en être ainsi de la troisième. La vibration nerveuse se propage-t-elle indifféremment dans les deux sens ? Une excitation motrice est-elle toujours et forcément centrifuge, une excitation sensitive toujours centripète.

Plusieurs expériences tendent à faire admettre que les excitations peuvent suivre un trajet inverse.

Expérience de Kuhne. — Le muscle couturier de la grenouille peut être divisé en deux bandelettes qui reçoivent chacune un filet moteur émané d'un même tronc nerveux. Si après avoir séparé le tronc nerveux des centres cérébro-spinaux on excite mécaniquement une des fibres motrices, on constate la contraction des deux bandelettes, il y a donc eu conduction centrifuge dans la branche excitée.

Expérience de P. Bert. — On greffe l'extrémité de la queue d'un rat dans le tissu cellulaire dorsal et quand la greffe est prise, on sectionne la queue à la base, le pincement du tronçon de queue ainsi greffé détermine des réactions douloureuses, les filets sensitifs ont donc conduit les sensations en suivant une voie opposée à celles suivies dans les conditions normales.

Les physiologistes ont cherché à savoir ce que l'on obtenait en soudant un nerf sensitif à un nerf moteur. Malheureusement les nerfs purement sensitifs ou purement moteurs n'existent pour ainsi dire pas, et l'expérience que l'on croyait pouvoir tenter en soudant le lingual, nerf sensitif, avec l'hypoglosse, nerf moteur, n'a pu être concluante, par ce fait que le nerf lingual renferme des filets moteurs venant de la corde du tympan et l'hypoglosse reçoit de nombreuses anastomoses sensitives. Vulpian qui avait réalisé l'expérience et constaté après la soudure des mouvements dans la langue par l'excitation du lingual et des manifestations de la sensibilité par l'excitation de l'hypoglosse, a montré lui-même qu'on ne saurait pour les raisons citées, interpréter cette expérience en faveur de la conduction de la sensibilité dans les nerfs moteurs et inversement.

Progression de la vibration nerveuse. — Dans son trajet dans le nerf, soit centrifuge, soit centripète, la vibration nerveuse varie constamment d'intensité.

Pfluger admet que cette intensité va en croissant comme une avalanche (phénomène de l'avalanche). Cette opinion discutée par Rosenthal et Vulpian est aujourd'hui généralement acceptée. Les procédés d'inscriptions graphiques montrent nettemement que la secousse musculaire provoquée par l'excitation d'un nerf moteur est d'autant plus haute que le nerf est excité plus loin du muscle (Hallstein).

Il faut distinguer dans un nerf l'irritabilité et la conductibilité, qui sont deux fonctions indépendantes. Un nerf qui n'est plus excitable en une partie donnée de son parcours, soit par suite d'une excitation prolongée, d'une modification légère dans sa texture, d'une intoxication locale en quelque sorte peut néanmoins transmettre les excitations qui viennent d'un autre point excité.

S'il est difficile de déterminer si les nerfs sensitifs et les nerfs conducteurs sont susceptibles d'une conductibilité indifférente, la question est plus obscure encore quand il s'agit de la conduction des diverses sensations. Existe-t-il des fibres susceptibles de transmettre uniquement des sensations de chaleur, de douleur, de pression. Il est à supposer que la différenciation ne se produit pas dans les nerfs eux-mêmes mais dans les cellules nerveuses centrales et peut-être aussi dans les cellules du système périphérique (voir *Tact*).

Vitesse de la vibration nerveuse. — La vibration nerveuse se propage le long des nerfs avec une vitesse que l'on a pu apprécier.

En excitant un nerf assez long sur deux points placés à

des distances différentes de son insertion dans le muscle, on peut en notant la différence entre les deux temps perdus de la contraction musculaire, calculer le temps nécessaire à la vibration pour parcourir le tronçon compris entre les deux points excités. Méthode d'Helmholtz.

Helmholtz a trouvé 30 mètres par seconde ou plus exactement $27^m,25$.

M. Chauveau a trouvé pour les grands mammifères une vitesse beaucoup plus grande, 65 mètres pour les nerfs de la vie de relation; pour les nerfs, au contraire, qui se rendent aux muscles lisses, tels que le pneumogastrique, la vitesse tomberait à 8 mètres.

Mais il est loin d'être établi que la vibration nerveuse procède avec une vitesse égale, les recherches de Munk, de Chauveau, conduisent à penser au contraire que cette vitesse n'est pas uniforme, qu'elle est essentiellement variable, peut-être même présentant un mouvement retardé. Cette vitesse enfin varie suivant une série de facteurs : l'intensité des excitants, la température, l'état physiologique du nerf, etc.

Vitesse du courant nerveux sensitif. — La vitesse du courant nerveux sensitif a fait l'objet de nombreux travaux imités de ceux de Schelske. Or, il a été prouvé péremptoirement (Ch. Richet, A. M. Bloch) que la méthode de Schelske est erronée. Cette méthode consiste à mesurer le temps qui sépare une excitation cutanée d'un mouvement volontaire, toujours le même, signalant la sensation. En portant l'excitation sur des régions différentes du corps, Schelske et ses imitateurs raisonnaient ainsi : rien n'a changé dans les diverses épreuves, sauf les longueurs des nerfs centripètes, donc, les différences observées mesurent le temps du transport nerveux centripète. Cette conclusion est fausse, les temps des réactions cérébrales varient suivant les régions excitées.

M. Bloch a employé une méthode tout autre, basée sur la persistance des sensations tactiles. Il a donné 132 mètres par seconde pour la vitesse du courant nerveux sensitif. Ses expériences contestées, mais non réfutées n'ont pas été infirmées expérimentalement, et ses résultats numériques demeurent seuls debout, car tous les autres, sans exception, relèvent de la méthode de Schelske.

La différence considérable qui existe entre la vitesse de la vibration nerveuse et celle de la vibration électrique dans les fils métalliques, a été invoquée pour différencier ces deux vibrations. Mais cette écart est loin d'être aussi considérable qu'on le supposait, la conduction électrique dans les conducteurs organiques est très lente (Beaunis), et l'on peut arriver à ralentir considérablement la propagation de l'électricité (d'Arsonval).

De l'irritabilité et de l'excitabilité du nerf. — Nous n'avons pas à revenir ici sur la différence entre l'irritabilité et l'excitabilité.

L'irritabilité est la propriété fondamentale du nerf comme de tout tissu vivant ; l'excitabilité est la mesure du degré de l'activité nerveuse.

Sur beaucoup de points, les nerfs se conduisent comme les les muscles. Il est donc inutile d'insister et de répéter ce qui a été dit à propos des muscles.

Le nerf est irritable par lui-même, indépendamment du sang qu'il contient et de ses connexions avec toute autre partie du système nerveux.

Quand on coupe un membre, on peut constater que, pendant un certain temps, les filets nerveux de ce membre, excités par un courant électrique déterminent des contractions musculaires. Chez les animaux à sang chaud, cette résistance du nerf est assez courte. Brown-Séquard a vu chez les lapins la sensibilité persister environ vingt-deux minutes, trente-deux minutes chez le chien, quarante-cinq minutes chez le cobaye (deux heures même chez le lapin Richet). On peut observer cette insensibilité en faisant sur soi-même l'anémie d'un membre au moyen de la bande d'Esmarch, si employée en chirurgie dans l'amputation des membres. Quand la bande de caoutchouc a été fortement appliquée depuis l'extrémité périphérique du membre et que le lien constricteur est établi solidement, la sensibilité et la motilité volontaire disparaissent au bout d'une demi-heure. Mais cette expérience est réellement douloureuse, car les nerfs, obéissant en cela à une loi générale avant de perdre leur excitabilité, passent par une phase d'hyperirritabilité, quand on sectionne un nerf, ou quand, comme dans le cas précédent, on anémie ce nerf.

Le nerf répond alors à des excitations plus faibles que lorsqu'il était dans les conditions normales, et le fait est constant, qu'il s'agisse de nerfs des animaux à sang chaud, ou des animaux à sang froid ; la durée des phases seule varie. Quand la cause destructive agit lentement, comme dans les lésions pathologiques des nerfs, les mêmes faits sont observés, l'hyperesthésie, que l'on constate chez quelques malades, n'est souvent que le prodrome d'une paralysie consécutive, mais il faut tenir compte, dans ce cas, de l'irritation du tronc nerveux par le processus morbide.

Chez les animanx à sang froid, la vitalité du nerf peut persister plusieurs jours ; cette durée est fonction de la température. En été, le nerf de la grenouille cesse d'être excitable au bout de quelques heures ; en hiver, cette excitabilité persiste trois et même quatre jours. Ici encore nous retrouvons cette loi générale :

La durée de la résistance d'un tissu est certainement liée à la plus ou moins grande activité chimique. Quand la température est basse, les échanges interstitiels sont ralentis, la vie persiste plus longtemps. Au contraire, quand la température est élevée, l'intensité des échanges amène vivement la mort des éléments.

Les nerfs moteurs et les nerfs sensitifs présentent quelques différences :

Cl. Bernard avait admis que le nerf anémié ou sectionné

meurt dans le sens de sa conduction, c'est-à-dire que l'excitabilité (indice de la vie du nerf) va en disparaissant le long du trajet du nerf sensitif de la périphérie aux centres, et inversement pour le nerf moteur. Cette question est loin d'être élucidée. Il faut tenir compte, dans ces recherches, des variations importantes de l'excitabilité que l'on rencontre sur le nerf vivant dans tout son trajet.

Le nerf moteur meurt avant le nerf sensitif. Le fait est facile à établir. Si l'on sectionne la patte d'un lapin en laissant le nerf sciatique seul en connexion avec l'animal, on voit que rapidement l'excitation du tronc nerveux ne donne plus lieu à aucune contraction dans les muscles qu'il innerve, mais que les mouvements généraux de l'animal indiquent que l'excitation centripète est arrivée aux centres. Toutefois, il est fort possible, fort probable même, que, dans ce cas, ce n'est pas la conductibilité du nerf moteur qui est atteinte, mais les terminaisons nerveuses motrices, plaques ou buissons terminaux. Il se produit ainsi une véritable curarisation.

Si l'anémie n'est pas prolongée trop longtemps, l'irritabilité nerveuse pen reparaître. Brown-Séquard a montré dans de nombreuses expériences, que l'on pouvait pousser très loin l'anémie, jusqu'à la perte complète de l'irritabilité et faire revenir le muscle en rétablissant le cours du sang, soit quand l'anémie a eu lieu par compression des vaisseaux, en cessant cette compression, soit sur un membre séparé, en faisant une circulation artificielle avec du sang oxygéné.

On constate généralement, au moment du retour du sang, une hyperexcitabilité surtout de la sensibilité. Il est facile de constater cette phase dans l'expérience citée plus haut de la bande d'Esmarch.

Infatigabilité des nerfs. — Quand on étudie la marche de l'excitabilité d'un nerf au moyen du myographe, on constate après un laps de temps variable avec l'intensité de l'excitation, la durée de la température, que la contraction musculaire diminue pour disparaître ensuite. Il est évident que le muscle se fatigue ; en est-il de même du nerf? Ici encore il faut tenir compte de la plaque terminale motrice, qui paraît, elle, être susceptible de se fatiguer. Quant au conducteur, son infatigabilité paraît démontrée par plusieurs expériences.

On curarise un animal, avec la dose minima, en le maintenant vivant par la respiration artificielle et pendant tout le temps que dure la curarisation, on excite, par une série de secousses, un nerf moteur ; quand le curare commence à s'éliminer, on voit les contractions musculaires se produire dans les muscles innervés par le tronc nerveux qui vient de recevoir pendant plusieurs heures des excitations incessantes (Boroditch). Une autre expérience est due à Heidenhain. On excite les deux nerfs sciatiques d'une grenouille par un courant induit, mais sur l'un des nerfs A on arrête la conductibilité par la *section physiologique*. (Nous verrons plus loin que ce procédé consiste à faire passer sur une partie du trajet d'un nerf un courant continu, qui détermine, dans cette portion, un état spécial, dit électrotonique, qui le rend non conducteur). Le gastrocnémien de la patte B non traversée par le courant continu entre en tétanos, et bientôt apparaissent tous les indices de la fatigue. On ouvre alors le courant continu et le gastrocnémien A se contracte immédiatement, bien que son nerf ait reçu jusqu'ici les mêmes excitations que l'autre nerf.

Wedensky a cherché également par des expériences très ingénieuses, si le nerf est absolument infatigable ou si l'on peut saisir le développement lent de cette fatigue. Cette recherche est fort importante, car il faudrait, dans le premier cas, admettre qu'il n'y a pas de dépense de forces vives et que le nerf n'est qu'un simple conducteur. Si, au contraire, un nerf en activité meurt plus vite qu'un nerf au repos, ce serait une preuve de l'activité essentielle du nerf.

Chez un animal à sang chaud on prend le nerf sciatique, on le lave à 3)° avec une solution saline à 1 p. 100. Le nerf est transporté à diverses températures dans une chambre humide, avec des électrodes impolarisables pour électriser le nerf et recueillir le courant d'action du nerf par le téléphone ou le galvanomètre.

A mesure que le nerf meurt, le son téléphonique perd sa netteté et présente des bruits différents. On détermine le *seuil* d'irritation, et l'on étudie par le téléphone la vitalité du nerf excité et du nerf témoin.

La vitalité des nerfs *excités* varie de six à quatorze heures, cela dépend de la température à laquelle on opère, de la narcotisation faite sur l'animal avant l'extirpation des nerfs, et enfin et surtout (c'est le facteur le plus important) du nombre de coupes transversales que l'on fait sur le nerf.

Or, le nerf témoin, qui ne reçoit que des excitations passagères, nécessaires pour constater au téléphone, de temps en temps, sa vitalité, présente le même temps de survie que le nerf qui reçoit des excitations continuelles.

On doit ajouter que lorsque la vitalité commence à s'affaiblir, on ne constate aucune reprise si on laisse le nerf se reposer.

Tous ces faits montrent bien « l'infatigabilité » des conducteurs nerveux.

Influence de la température. — Il a été question plus haut de l'influence de la température sur la durée de la vitalité des nerfs privés de l'apport de sang oxygéné. Mais il est important également de voir quelle influence exerce la température sur l'excitabilité des nerfs vivants. Un premier fait établi, c'est qu'une variation brusque de température constitue un excitant du nerf, un corps froid à 5°, ou un corps chaud à 50° appliqué sur le tronc nerveux détermine une contraction brusque. Sur la grenouille, le nerf parait atteindre son maximum d'excitabilité vers 20°, mais on peut dire que chez ces animaux la vie du nerf est possible entre 0 et 40°.

Le froid amène l'anesthésie, mais il agit sans doute et surtout sur les plaques terminales. Avant l'emploi de la cocaïne, on utilisait fréquemment le froid produit par l'évaporation de l'éther pour obtenir une anesthésie locale (A. Richet) ; toutefois les expériences de Waller, de Romberg montrent que le tronc nerveux peut être aussi touché par le froid. En plongeant le coude dans l'eau glacée, on refroidit le tronc du nerf cubital très superficiel à cet endroit et après une certaine phase douloureuse (hyperexcitabilité) on observe l'anesthésie de la région innervée. On a invoqué la même origine pour les paralysies *a frigore* du facial, du radial.

M. Gotch a tout récemment (congrès de Liège, 1892) signalé des différences très remarquables de l'excitabilité des nerfs, quand on place simplement le tronc nerveux en contact avec un corps à températures différentes.

Sur un chat anesthésié, on sectionne le sciatique, puis on place le bout périphérique de ce nerf sur un tube de verre dans lequel on fait passer alternativement un courant d'eau à 20° et à 5° ; suivant la nature de l'excitant, on observe des excitabilités variables pour des températures différentes. C'est ainsi qu'avec un courant d'induction, les mouvements, très nets à 20°, disparaissent quand le nerf est refroidi à 5°. Le phénomène inverse se produit pour les courants galvaniques. Il en est de même pour les excitations mécaniques. En employant des excitants chimiques appliqués directement sur le nerf, on observe une contraction tétanique à la température de 5°, alors que le nerf ne réagit pas quand l'eau qui passe dans le tube de soutien est à 20°.

Excitants chimiques. — En règle générale les troncs nerveux sont peu excitables par les excitants chimiques, mais il n'en est pas de même des terminaisons nerveuses.

Une goutte d'acide dilué appliquée sur la peau d'une grenouille donne lieu à des réactions douloureuses très nettes tandis que mise sur le tronc nerveux, on n'observe aucun phénomène. L'air qui ne parait pas agir sur le tronc nerveux, est un excitant douloureux des terminaisons cutanées, quand elles ne sont plus protégées par l'épiderme : brûlures, vésicatoire, etc.

Excitants mécaniques. — Un choc brusque, un pincement sur un tronc nerveux détermine une contraction, et en multipliant le choc on peut obtenir le tétanos du muscle. Le *tétanomoteur* de Heidenhain est constitué par un marteau actionné par une roue dentelée qui frappe rapidement le nerf.

En employant des poids tombant d'une hauteur différente sur le nerf, Hallsten a pu montrer que la secousse musculaire obtenue à la suite de chaque excitation était proportionnelle à la hauteur de chute, c'est-à-dire à l'intensité de l'excitation.

L'inflammation est un des facteurs qui augmentant de plus l'excitabilité des nerfs. Certains nerfs mêmes ne sont sensibles que lorsqu'ils sont atteints par ce processus morbide, tels les nerfs viscéraux.

Electricité nerveuse. — Les phénomènes électriques que l'on observe dans les nerfs, présentent une grande analogie avec ceux décrits dans les muscles, nous n'insisterons donc que sur les caractères spéciaux.

Quand on relie la surface d'un nerf avec sa section au moyen d'un circuit galvanométrique, on constate, comme pour le muscle que le courant va de la périphérie à la section, que cette dernière est négative par rapport à la première, le point de savoir si ce courant persiste quand le nerf est au repos a soulevé les mêmes controverses que pour le muscle, inutile de les répéter ici. La force électromotrice des courants observées est plus faible que celle des muscles. Pour les muscles on a trouvé 0,035 à 0,075 volts et pour les nerfs 0,022 à 0,016 volts.

On a signalé l'existence d'un courant nerveux à l'état de repos toujours dirigé dans le sens de la conduction nerveuse ces courants seraient extrêmement faibles (Mendelsohn).

Chaque fois que l'on excite le nerf, son courant électrique propre change de sens, c'est la variation négative de Dubois Raymond, déjà étudiée pour le muscle, ou courant d'action.

L'oscillation négative peut être mise en évidence sur les nerfs comme sur les muscles. Quand on excite un nerf, on voit apparaître immédiatement l'oscillation négative, et, fait important, cette oscillation se transmet dans les deux sens. Or en supposant que l'oscillation négative est déterminée, ou tout au moins est en rapport étroit avec l'état d'activité du nerf, on trouve dans ce fait une nouvelle preuve de la conductibilité du nerf dans les deux sens.

On peut encore étudier ces courants en utilisant le téléphone.

On réunit en faisceau deux ou trois nerfs sciatiques de grenouilles et on les met en relation par une extrémité avec un téléphone Siemens, tandis que l'autre extrémité est excitée par un courant induit à oscillations très rapides. Le téléphone permet de percevoir les vibrations du courant d'action propre au nerf, qui varie lui-même suivant l'intensité de l'excitation, mais si l'excitation devient trop forte, les sons téléphoniques cessent de se produire. Si, alors, on fait passer dans le nerf, entre deux points donnés, un courant constant, on peut distinguer les modifications qu'apporte l'action électrotonique au nerf excité. Le catélectrotonus renforce l'intensité des courants d'action alors que l'anélectrotonus la diminue.

Si le nerf est tué par des vapeurs d'ammoniaque, immédiatement tous les phénomènes auditifs disparaissent ; avec des courants très forts, le téléphone permet encore de distinguer les actions unipolaires qui sont caractérisées par un timbre spécial du son téléphonique. On peut constater ces courants d'action chez l'homme. Le sujet en expérience plonge les deux mains dans deux baquets contenant une solution conductrice, les baquets sont reliés à deux téléphones appliqués aux deux oreilles de l'observateur. Chaque fois que le sujet ferme énergiquement l'un ou les deux poings, on entend dans le téléphone un bruit rappelant le son que l'on perçoit par l'auscultation directe du muscle. (Wedensky.)

Electrotonus. — Quand on fait passer un courant continu dans un nerf, on n'observe pas pendant le passage du courant de contraction dans le muscle innervé, le nerf est cependant le siège de phénomènes spéciaux qui ont été désignés sous le nom d'électrotoniques et qui sont caractérisés par : 1° des modifications de l'excitabilité ; 2° des manifestations électriques.

Dans la région qui avoisine le pôle négatif ou *cathode* (région intrapolaire et extrapolaire), il y a augmentation de l'excitabilité ou suivant l'expression employée catélectrotonus ; la région correspondante au pôle positif ou *anode* est au contraire moins excitable (anélectrotonus).

Le meilleur procédé pour vérifier ce fait est celui de la recherche du seuil d'excitation, c'est-à-dire de l'excitation minima qui suffit pour déterminer une contraction. Après avoir fixé les deux électrodes d'un courant de pile sur le trajet du nerf, on excite les différents points du nerf, à l'aide d'électrodes reliés à une bobine d'induction, avant, pendant et après le passage du courant continu. On peut voir ainsi que pendant le passage du courant (période électrotonique,) il faut pour obtenir la plus faible contraction rapprocher la bobine induite (augmenter la tension) dans la région positive (anélectrotonisée), l'écarter au contraire dans la région négative (catélectrotonisée).

Au moment de la rupture du courant continu, il se produit un phénomène inverse : augmentation de l'excitabilité au pôle positif, diminution au pôle négatif, mais cette dernière est peu durable et elle est suivie d'une augmentation, de sorte qu'après le passage du courant tout le nerf serait finalement plus excitable.

Eulenbourg et Erb ont voulu appliquer ces résultats à l'homme, mais la nécessité où l'on se trouve alors d'agir à travers la peau, de former ainsi des courants de diffusion, rendent les recherches presque impossibles et il n'y a pas lieu de s'étonner des résultats contradictoires observés. Erb soutenant que les lois de l'électrotonus sont vérifiables chez l'homme, Eulenbourg affirmant le contraire. La logique nous conduit à donner raison à Erb.

Un courant continu n'amène pas seulement une modification dans l'excitabilité, mais encore dans la conductibilité du nerf électrisé. Avec un courant fort la conductibilité peut être supprimée. Cette méthode d'arrêt est connue sous le nom de section physiologique.

Il se produit en même temps des modifications électriques dans le nerf électrisé : augmentation du potentiel dans la région extra-polaire du pôle positif, diminution dans la région extra-polaire du pôle négatif. Cette variation peut se constater en appliquant sur cette région deux électrodes exploratrices reliées à un galvanomètre. Les courants ainsi produits sont beaucoup plus intenses que les courants de repos et se forment dans le même sens que le courant continu (polarisant).

Contraction paradoxale. — L'électrotonus seul permet

d'expliquer le phénomène désigné sous le nom de contraction paradoxale. Si l'on excite un nerf moteur par un courant électrique, on voit les autres muscles innervés par des branches nerveuses qui partent du nerf excité en dehors des deux électrodes, mais à une faible distance se contracter également. Or il ne s'agit pas ici de variation négative, car une excitation mécanique portée sur la région comprise entre les deux électrodes ne détermine aucune réaction, l'électrotonus peut seul être invoqué, sa formation et sa disparition agissant comme la fermeture et la rupture d'un courant.

Il ne faut pas confondre l'électrotonus avec la variation négative. Ils sont tous deux des variations du courant électromoteur des nerfs vivants, mais le premier ne se produit que sous l'influence du courant électrique et dans une portion limitée du nerf, celles voisines des électrodes, tandis que la variation négative a lieu chaque fois que le nerf entre en activité quelle que soit l'excitant mis en jeu et elle se propage dans tout le trajet du nerf.

Onde de fermeture et de rupture des courants. — Lorsque l'on fait passer un courant continu dans un nerf soit en appliquant les deux pôles sur le trajet du nerf (méthode bipolaire), soit en appliquant un pôle sur un point quelconque du corps (électrode indifférente), l'autre électrode sur le nerf lui-même, ou dans son voisinage, sur la peau quand il s'agit de l'homme (méthode unipolaire), on obtient des effets différents au moment de la fermeture et de la rupture du courant suivant l'intensité du courant employé et la direction du courant ; le courant étant dit ascendant quand le pôle positif est le plus éloigné des centres nerveux. Pfluger a étudié ces différentes influences et les résultats qu'il a obtenu ont été désignés sous le nom de lois de Pfluger ou lois des secousses que l'on peut résumer dans le tableau suivant :

INTENSITÉ DU COURANT		COURANT ASCENDANT	COURANT DESCENDANT
Faible.	Fermeture.	Contraction.	Contraction.
	Ouverture.	Repos.	Repos.
Moyen.	Fermeture.	Contraction.	Contraction.
	Ouverture.	Contraction.	Contraction.
Fort.	Fermeture.	Repos.	Contraction.
	Ouverture.	Contraction.	Repos.

Il résulte de ce tableau et des observations faites avec la méthode unipolaire, que l'excitation de fermeture naît au pôle négatif, celle d'ouverture au pôle positif, d'où cette loi générale. L'action excitante du courant galvanique ne se produit qu'aux pôles eux-mêmes et en émane.

Cette loi se trouve vérifiée facilement sur le muscle en prenant des tracés de l'onde musculaire en deux points éloignés d'un muscle à fibres longitudinales. La première secousse observée est conforme à la loi. Pour le nerf, Von Bezold en a donné une démonstration ingénieuse. Il constate que le temps de l'excitation latente n'est pas le même à la rupture et à la fermeture; la différence entre les deux temps perdus correspondant au temps calculé pour la transmission nerveuse d'une électrode à l'autre.

En électrothérapie, on emploie une annotation spéciale. Ka = Kathode, pôle négatif. An = Anode, pôle positif. SS'S" = secousses musculaires plus ou moins fortes. Te = contraction tétanique. F = Fermeture. O = ouverture du courant. D. persistance du courant, le signe — aucune réaction. Un nerf sain avec la méthode unipolaire donne les réactions suivantes :

Courant faible.	Moyen.	Fort.
Ka F S	Ka F S'	Ka F Te
Ka D —	Ka D —	Ka D Te
Ka O —	Ka O —	Ka O S
An F —	An F S	An F S
An D —	An D —	An D —
An O —	An O S	An O S'.

Ces réactions peuvent être utilisées pour porter un diagnostic sur l'état d'intégrité d'un nerf. Erb a montré en effet que les courants électriques agissaient différemment sur le muscle et sur le nerf, quand ce dernier était touché par une lésion : c'est la réaction de dégénérescence, que l'on désigne parfois sous l'abréviation DR. Elle est caractérisée par la diminution ou la perte de l'excitabilité faradique et galvanique des nerfs et de l'excitabilité faradique des muscles, l'excitabilité galvanique de ces derniers restant stationnaire ou subissant des variations quantitatives déterminées. Au point de vue du muscle, on obtient une secousse plus grande à la fermeture sur l'anode qu'à la fermeture sur la cathode, ce qui est anormal et peut s'écrire :

$$\text{An FS} > \text{Ka FS}$$

SYSTÈME CÉRÉBRO-SPINAL

MOELLE ÉPINIÈRE

La moelle épinière joue un double rôle au point de vue des fonctions générales. Elle conduit et transmet les sensations et les ordres du cerveau à la périphérie elle est, en un mot, un conducteur, et d'autre part elle renferme des centres propres d'innervation qui donnent lieu aux mouvements réflexes.

Systématisation de la moelle épinière. — Le trajet des fibres nerveuses dans la moelle est en partie connu, grâce aux procédés multiples mis en usage pour faire cette étude.

Sur une coupe on voit à la périphérie une substance blanche et au centre une substance grise en forme de H.

Deux sillons longitudinaux, l'un antérieur, l'autre postérieur, séparent non complètement la moelle en deux moitiés symétriques, réunies en avant par une commissure de substance blanche, en arrière par une commissure grise. Les parties renflées de substances grises antérieures constituent les cornes antérieures, les parties postérieures les cornes postérieures. Au centre de la commissure grise on voit la section du canal épendymaire vestige du canal du tube médullaire de l'embryon.

La substance blanche qui entoure l'H de substance grise est divisée elle-même en plusieurs colonnes ou cordons sur lesquels nous reviendrons.

Le rapport existant entre la masse de substance grise et celle de substance blanche n'est pas constant. Sauf dans la région dorsale, la substance grise est plus abondante que la substance blanche; cette prédominance atteint son maximum dans la région lombaire.

La substance grise se compose d'un stroma constitué par des cellules enchevêtrées les unes dans les autres par des prolongements effilés, ce sont les cellules de la névroglie. Dans les espaces intercellulaires, on trouve les cellules ganglionnaires munies de pro-

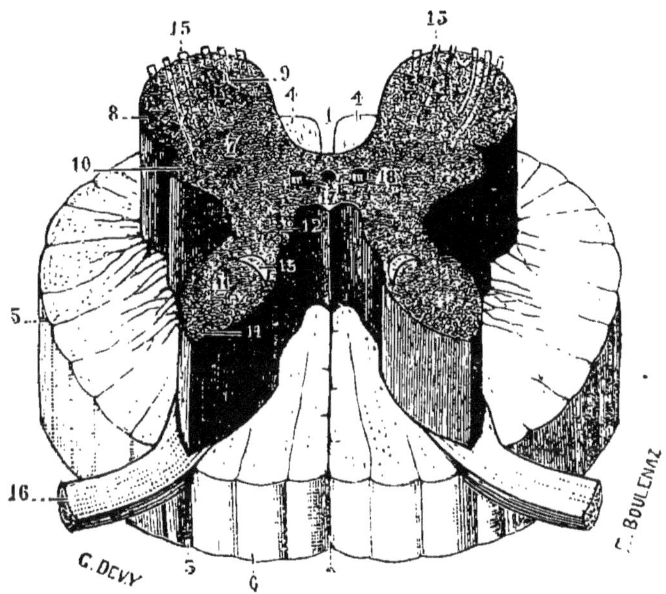

Fig. 96. — Figure schématique montrant la substance grise dégagée de la substance blanche périphérique. (Testut, *Anatomie*.)

1, sillon médian antérieur. — 2, sillon médian postérieur. — 3, sillon collatéral postérieur. — 4, cordon antérieur de la moelle. — 5, cordon latéral. — 6, cordon postérieur. — 7, corne antérieure avec 8, son noyau antéro-interne, 9, son noyau antéro-externe, 10, son noyau postéro-externe, occupant la corne latérale. 11, corne postérieure avec 12, colonne vésiculaire de Clarke. — 13, faisceau longitudinal de la corne postérieure. — 14, substance gélatineuse de Rolando. — 15, racines antérieures. — 16, racines postérieures. — 17, canal de l'épendyme. 18, veines de la commissure grise.

longements et les fibres nerveuses qui proviennent des racines de la moelle et des cordons de la substance blanche.

Les cellules glanglionnaires des cornes antérieures sont grandes, pourvues de prolongement cylindraxile qui peut être suivi jusque dans les racines nerveuses antérieures, il est à supposer que parmi les autres prolongements dont on ne peut suivre le trajet un certain nombre sont en connexion avec les racines postérieures.

Les cellules ganglionnaires de la moelle forment trois groupes assez distincts, un interne, un externe et enfin un troisième dans la région de la corne latérale.

Les cellules des cornes postérieures sont plus petites, disséminées au lieu d'être groupées. Au point de convergence des cornes antérieures et postérieures, à la limite interne de la substance grise existe un groupe de cellules ganglionnaires rondes, entouré d'un mince faisceau de fibres nerveuses parallèles à l'axe longitudinal de la moelle, c'est la *colonne vésiculaire* ou colonne de Clarke, nettement délimitée, du renflement cervical au renflement lombaire.

A l'extrémité de la corne postérieure, surtout dans la moelle cervicale supérieure et la moelle lombaire, on trouve des masses névrogliques, qui constituent la substance gélatineuse de Rolando. On trouve encore cette névroglie réunie en masse à la périphérie du canal épendymaire, *substance gélatineuse centrale*, enfin à la périphérie de la moelle épinière elle-même, *couche corticale gélatineuse.*

La substance blanche est constituée par des fibres nerveuses, suivant en majorité l'axe longitudinal de la moelle, un certain nombre suivent une direction oblique, venant des racines nerveuses, quelques-unes enfin perpendiculaires à l'axe allant de la substance grise aux faisceaux blancs. Ces fibres manquent de gaine de Schwann. Enfin la névroglie constituant le stroma, se transforme partiellement en tissu connectif dans lequel on rencontre les vaisseaux qui irriguent la moelle. Par l'entrée des racines et par les sillons longitudinaux la moelle est divisée en une série de cordons distincts ayant leur individualité propre et leur rôle spécial. L'examen microscopique d'une moelle saine et adulte ne permettrait pas d'établir ces différenciations, mais en combinant une série de procédés, on arrive à établir ces dissociations :

1° Par l'étude du dévelopement de la moelle. Flechsig a montré en effet que les fibres nerveuses du système cérébro-spinal, s'entouraient de myéline à des époques variables;

2° Après les lésions soit dans la substance corticale du cerveau (méthode de Gudden), soit dans le cerveau lui-même, on observe que certains faisceaux dégénèrent depuis le cer-

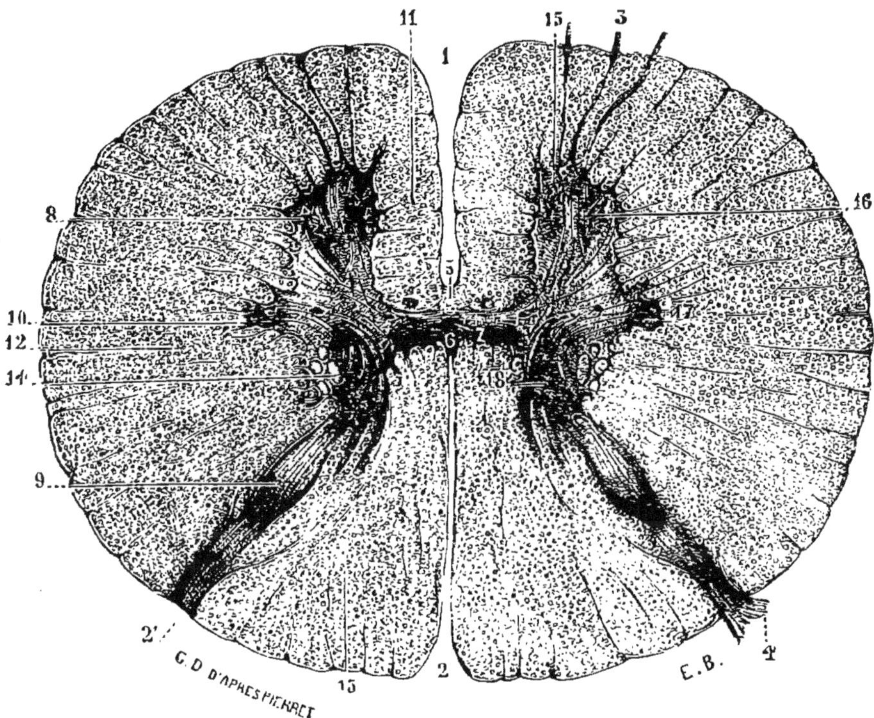

Fig. 97. — Coupe transversale de la moelle épinière (partie moyenne de la région dorsale Pierret). (Testut, *Anatomie.*)

1, sillon médian antérieur. — 2, sillon médian postérieur. — 2', sillon collatéral postérieur. — 3, racines antérieures ou motrices. — 4, racines postérieures ou sensitives. — 5, commissure blanche. — 6, commissure grise. — 7, canal central ou canal de l'épendyme. — 8, corne antérieure. — 9, corne postérieure. 10, corne latérale. — 11, cordon antérieur. — 12, cordon latéral. — 13, cordon postérieur. — 14, formation réticulaire. — 15, 16, groupes cellulaires antéro-interne et antéro-externe de la corne antérieure. — 17, cellules sympathiques de la corne latérale. — 18, cellules de la colonne vésiculaire de Clarke.

veau jusqu'à la moelle, c'est la méthode de dégénération secondaire descendante de Türck;

3° Si l'on fait la section de la moelle, Schieferdecker a montré que la dégénérescence se manifestait dans certaines fibres au-dessous de la section, dans d'autres au-dessus de cette section. Dégénération secondaire ascendante ou descendante.

Substance blanche (fig. 98). — Dans la substance blanche, l'existence des racines rachidiennes permet de faire trois divisions primitives, le cordon antérieur, le cordon latéral et le cordon postérieur.

Le *cordon antérieur* présente deux faisceaux distincts, le faisceau pyramidal direct et le faisceau radiculaire du cordon antérieur.

Le faisceau pyramidal direct ou de Turck (1) se présente sous l'aspect d'une bande étroite bordant le sillon médian antérieur. Ces fibres, qui viennent des centres supérieurs, sans subir de croisement, se décussent peu à peu le long de la moelle, les fibres de droite passant par la commissure qu'elles contribuent à fermer pour aboutir aux cellules de la corne antérieure du côté opposé (cellule motrice). Ces fonctions physiologiques l'ont fait encore dénommé. *Tractus moteur, conducteur de incitations volontaires.* Il subit la dégénérescence descendante, quand il est lésé ou sectionné, soit dans le bulbe, soit même plus haut dans l'encéphale. Le faisceau pyramidal direct, qui forme un coin dans la moelle disparaît vers la fin de la région dorsale.

Le *faisceau radiculaire du cordon antérieur* (3) est constitué par des fibres issues des racines motrices ou encore par des fibres commissurales longitudinales, qui relient les différents étages de l'axe gris de la moelle et assurent la généralisation des mouvements réflexes.

Cordon latéral.

Cinq systèmes.

Le faisceau cérébelleux direct.

Le faisceau pyramidal croisé.

Le faisceau latéral mixte.

Le faisceau ascendant antéro-latéral dit de Gowers.

Le faisceau restant du cordon latéral.

Le *faisceau cérébelleux direct* (4) qui forme une bande superficielle sur les régions latérales de la moelle réunit les fibres de la colonne vésiculeuse de Clarke au cervelet. Sa terminaison médullaire, sa dégénérescence qui se fait de bas en haut tend à le faire considérer comme un faisceau centripète. Il ne se différencie qu'à la hauteur de la huitième dorsale.

Le *faisceau pyramidal croisé* (2) situé en dedans du précédent, volumineux, unit les centres supérieurs aux cornes motrices, transmet par suite les incitations volontaires; nous retrouverons ce faisceau dans le bulbe : dégénérescence descendante comme le faisceau pyramidal direct.

Le *faisceau latéral mixte* (6, 6′) situé entre la substance grise et le faisceau pyramidal croisé, en relation avec toutes les parties de

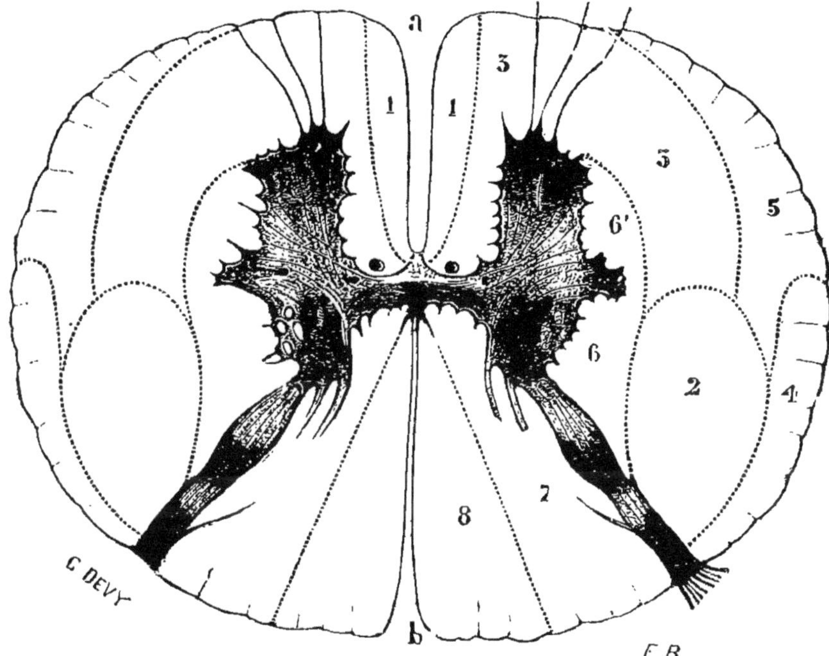

Fig. 98. — Systématisation de la moelle épinière. (TESTUT, *Anatomie*.)

a, sillon médian antérieur. — *b*, sillon médian postérieur. — 1, faisceau pyramidal direct. — 2, faisceau pyramidal croisé. — 3, faisceau radiculaire antérieur. — 4, faisceau cérébelleux direct. — 5, faisceau ascendant de Gowers. — 6, 6′, faisceau latéral mixte renfermant en 6 des fibres sensitives et en 6′ des fibres motrices et vaso-motrices. — 7, faisceau de Burdach. — 8, faisceau de Goll.

la substance grise, reçoit des fibres de tout genre, motrice, vaso-motrice, sensitive. Ces dernières ont toutefois une tendance à se systématiser pour former dans la région postérieure un véritable *faisceau sensitif latéral* (6) qui accompagnera dans des étages supérieurs le faisceau pyramidal.

Le *faisceau ascendant antéro-latéral ou de Gowers* (5) situé sur la région externe et antérieure du cordon, paraît jouer un rôle analogue au faisceau sensitif latéral, mais le trajet de ses fibres serait direct, dégénérescent de bas en haut.

Le *faisceau restant du cordon latéral*, faisceau radiculaire antérieur de Pierret, établit comme son homonyme du cordon antérieur avec lequel il se confond, les connexions entre les divers étages de la moelle par des fibres commissurales longitudinales.

Cordon postérieur.

Deux systèmes.

1° Faisceau interne ou de Goll :

2° Faisceau externe ou de Burdach.

Le *faisceau de Goll* (8), faisceau grêle, homologue du faisceau de Turk, occupe le bord du sillon médian postérieur, constitué par de longues fibres longitudinales, qui uniraient à distance les différents étages des cornes postérieures (d'après M. Duval), et dont un certain nombre se continuent jusqu'au bulbe.

Le *faisceau de Burdach*, *faisceau cunéiforme*, *zone radiculaire postérieure* (7), comprend plusieurs groupes de fibres, des fibres commissurales longitudinales qui réunissent, comme les fibres du cordon de Goll, les différents étages sensitifs de la moelle, puis des fibres sensitives qui, émanées des colonnes vésiculaires de Clarke après un court trajet dans le cordon postérieur, traversent obliquement la substance grise de la corne postérieure du même côté, ou passent par la commissure postérieure dans l'autre moitié de la moelle pour se confondre avec les fibres du faisceau sensitif latéral. Les recherches récentes (Tooth, His, Déjerine) ont montré que ces cordons postérieures se développaient aux dépens des ganglions spinaux. Les fibres des racines postérieures forment dans la moelle deux groupes, l'un vers le bord interne de la corne postérieure, confondu avec le faisceau de Burdach, l'autre sur bord externe, en rapport avec le faisceau latéral zone : de Lissauer.

Rôle conducteur de la moelle. — Les fibres nerveuses contenues dans la moelle sont chargées d'une double fonction conductrice. D'une part la conduction de l'innervation consciente ou automatique (centrifuge ou centripète), c'est-à-dire des phénomènes dont l'élaboration a lieu dans les centres supérieurs : cerveau, mésencéphale et bulbe, et d'autre part d'assurer la conduction des mouvements réflexes qui ont leurs centres dans la moelle elle-même.

Méthodes de recherches. — Deux méthodes, applicables à toutes les parties du système nerveux doivent être employées pour étudier le rôle joué par un centre ou un cordon nerveux : la destruction ou la section et l'excitation.

Excitation. — Le mode d'excitation le plus généralement employé en physiologie est l'excitant électrique. Or, pour la moelle, cet excitant paraît agir peu énergiquement et c'est à l'excitant mécanique piqûre ou pincement, qu'il faut recourir. Un premier fait facile à constater, c'est que le pincement ou la piqûre de la moelle d'une grenouille décapitée, fait grossièrement, détermine des mouvements dans le tronc. La moelle est donc excitable. En portant l'analyse plus loin, nous verrons quelles sont les régions de la moelle qui réagissent ainsi et sous quel mode (moteur ou sensitif) cette réaction se produit. L'exposé des résultats obtenus dans l'excitation et la destruction doivent être faits simultanément pour chacune des parties : cordons différents et substance grise.

Section des diverses parties de la moelle. — Cette section peut être faite soit expérimentalement chez l'animal, soit par suite d'un travail pathologique (sclérose, dégénérescence) qui amène la destruction d'une région de la moelle chez l'homme. Les difficultés opératoires sont considérables, on conçoit qu'il est difficile de faire porter uniquement le traumatisme sur une région déterminée, aussi dans la physiologie de la moelle, les observations cliniques, confirmées par l'anatomo-pathologie sont-elles des plus précieuses. Elles sont d'autant plus intéressantes et utiles que les lésions sont fréquemment systématiques, c'est-à-dire qu'elles n'atteignent qu'une région déterminée, colonne grise, cordons, etc. Les cliniciens purs ont cependant trop souvent négligé, ou plutôt méprisé les données de l'observation expérimentale.

Cordons postérieurs. — *Excitation.* L'excitation même légère des cordons postérieurs détermine des réactions douloureuses violentes, le fait décrit par Magendie a été reconnu par tous les expérimentateurs, mais l'interprétation a varié. Pour les uns, Stilling, Brown-Séquard, il s'agit d'une sensibilité d'emprunt, ce sont les fibres des racines postérieures qui reçoivent alors et transmettent l'excitation. Pour Longet, Cl. Bernard, Chauveau, Schiff, etc., les cordons postérieurs ont une sensibilité propre. Schiff en isolant ces cordons sur une longueur de 5 à 6 centimètres, Giannuzzi en déterminant la dégénérescence des fibres radiculaires par une section préalable des racines postérieures avant leur ganglion, ont établi nettement cette excitabilité propre.

Section. — Quand on fait porter la section uniquement sur les cordons postérieurs (faisceaux de Goll et faisceaux de Burdach), les mouvements volontaires et la sensibilité ne sont pas complètement détruits, mais la sensibilité tactile est diminuée (Schiff) et l'on observe une incoordination dans les mouvements.

Dans l'ataxie locomotrice que l'on observe fréquemment chez l'homme et qui est caractérisée par une diminution de la sensibilité au toucher et par une incoordination sans paralysie réelle des muscles, ce sont précisément ces cordons postérieurs et notamment le cordon de Burdach qui sont atteints par la sclérose. Les altérations limitées au faisceau interne (faisceau de Goll) entraînent simplement des troubles dans la station, mais nullement les troubles de la sensibilité caractéristiques des lésions du faisceau externe (de Burdach). Au sujet de ces troubles dans l'équilibre, il faut rappeler que l'on admet que certaines fibres du faisceau de Goll se rendent au cervelet, ou du moins sont en connexions indirectes avec cet organe (Becchterew).

Les phénomènes observés sont dus à des lésions des fibres des racines postérieures qui remontent sur une certaine étendue ces cordons avant de se perdre dans la substance grise des cornes postérieures ou de gagner le faisceau de Goll (Déjerine.)

Substance grise. — La destruction expérimentale de la substance grise n'entraine pas la disparition des mouvements volontaires. Quant à la sensibilité elle est certainement touchée, mais dans quelle limite et quelle sensibilité. Quand on sectionne à la fois les cordons postérieurs et tout l'axe gris, toute conduction sensitive est supprimée, mais si l'on réussit à conserver les cornes postérieures d'après Schiff, la sensibilité tactile serait conservée, la sensibilité à la douleur aurait seule disparu et il est probable qu'il en est de même de la sensibilité thermique.

Le rôle conducteur, sensitif ou moteur de la substance grise, nié complètement par Ott Meade, Weiss, très atténué, au moins en ce qui concerne la sensibilité par Schiff paraît cependant être réel, ainsi que l'a démontré, dans un grand nombre d'expériences Vulpian. Il suffit de laisser une faible partie de substance grise, avec section des cordons postérieurs pour observer encore de la sensibilité dans les membres postérieurs. Le fait même que la section peut être considérable, répétée même à diverses hauteurs et suivant des régions différentes, montre qu'il existe, au moins dans la substance grise une conductibilité indifférente, que la systématisation fonctionnelle, généralement admise dans les cordons blancs n'est pas applicable à la substance grise. Aussi Vulpian a-t-il expliqué ces résultats en admettant que la substance grise n'agit pas ici comme simple conductrice, que les impressions sensitives en arrivant jusqu'à elle sont perçues par les cellules médullaires, élaborées par elles, puis renvoyées, modifiées, transformées peut-être, soit directement alors, soit par des relais successifs jusqu'aux centres supérieurs.

Cordons antéro-latéraux. — *Section.* Après la section des cordons latéraux, en laissant intactes les autres parties de la moelle, on observe la disparition des mouvements volontaires et une diminution de la sensibilité générale. Si au contraire on sectionne toute la moelle à l'exception des cordons latéraux, on voit persister les mouvements volontaires.

On admet donc que les cordons latéraux renferment (chien et lapin) presque toutes les voies centrifuges ou centripètes qui relient le cerveau à la périphérie (Ludwig, Weiss). Disons toutefois que pour Schiff la sensibilité est conservée. Pour cet auteur il n'existerait pas de fibres sensitives dans le cordon latéral. Cette opinion est contredite par les recherches histologiques qui montrent qu'une partie des fibres du cordon de Burdach après avoir traversé les cornes postérieures vont constituer dans la partie profonde des cordons latéraux un faisceau sensitif: faisceau sensitif latéral; qui suit le même trajet que le faisceau pyramidal moteur. Le faisceau de Gowers paraît être également sensitif, mais cette opinion ne s'appuie jusqu'ici que sur la direction de la dégénérescence (ascendante) observée après la lésion de ce faisceau. Nous en dirons autant du faisceau cérébelleux direct, qui transmettrait les impressions sensitives au cervelet.

Excitation. — L'excitabilité des cordons antéro-latéraux avait été mise en doute par Flourens, Calmeil, Chauveau, Huizinga, mais les recherches de Vulpian, de Fick, Bechterew, de Laborde ont mis en évidence cette excitabilité. La piqûre des faisceaux antérieurs ou mieux leur pincement, même quand on a supriмé les faisceaux postérieurs et une partie des faisceaux latéraux, détermine des mouvements violents dans le tronc, surtout dans le membre correspondant au côté excité. Sur une section transversale fraîche, il suffit d'un simple attouchement avec une pointe mousse, de la surface des cordons pour observer des effets moteurs (Laborde).

Résumé synthétique. — L'étude séparée des différents cordons, permet d'établir ainsi les différentes voies suivies par les impressions sensitives ou les incitations motrices.

La sensibilité existe sous des formes multiples qui ne sont

pas seulement des différences de degrés et qui suivent dans la moelle des voies différentes. Il y a lieu de distinguer la sensibilité tactile, la sensibilité à la douleur, enfin la sensibilité thermique.

Les résultats acquis montrent que la sensibilité tactile, la sensibilité générale en y comprenant la sensibilité musculaire suivent les cordons postérieurs (Schiff), et en partie, d'après Ludwig et Woroschiloff, le faisceau sensitif latéral du cordon latéral.

La sensibilité à la douleur suivrait une tout autre voie : l'axe gris médullaire, la destruction de ces régions produisant l'analgésie sans anesthésie.

Les fibres sensitives de la moelle passeraient presque immédiatement dans la moitié opposée de la moelle. Brown-Séquard reprenant une expérience de Galien montre qu'une section longitudinale de la moelle amène l'insensibilité dans les deux côtés conservés. Cette donnée est contredite, au moins en ce qu'elle a d'absolue, par Vulpian et Woroschilof.

Les faisceaux pyramidaux qui passent, partie (faisceau direct, cordon de Turck) dans le cordon antérieur, partie (faisceau croisé) dans les cordons latéraux, transmettent les incitations motrices conscientes. La décussation du faisceau pyramidal se faisant au-dessus de la moelle, toute section des cordons latéraux amène une paralysie du côté lésé.

Les cordons latéraux servent encore de conducteurs aux actes inconscients qui ont leur origine dans le mésencéphale : actes respiratoires, action vaso-motrice, cilio-spinales, etc.

On a admis que les incitations pour les mouvements épileptiques convulsifs passaient par la substance grise. C'est là un point fort discuté.

A côté de la transmission motrice nous devons signaler l'action d'arrêt. Nous verrons plus loin que les centres supérieurs jouent vis-à-vis des centres inférieurs médullaires un rôle modérateur, frénateur ou inhibiteur. C'est par l'intermédiaire des cordons antérieurs que cette action inhibitrice s'exercerait d'après quelques auteurs.

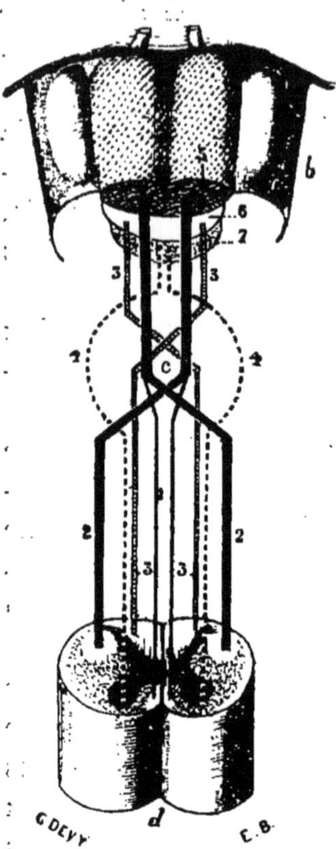

Fig. 99. — Entre-croisement des pyramides. — Schéma représentant le passage des faisceaux de la moelle dans la pyramide bulbaire. (TESTUT, *Anatomie.*)

a, protubérance annulaire. — *b*, bulbe, vu par sa face antérieure. — *c*, entre-croisement des pyramides. — 1, faisceau pyramidal direct. — 2, faisceau pyramidal croisé. — 3, faisceau sensitif. — 4, faisceau commissural longitudinal. — 5, plan antérieur de la pyramide (moteur). — 6, plan moyen (sensitif). — 7, plan postérieur (commissural).

Les centres médullaires. — Action réflexe. — Les cellules de la masse nerveuse médullaire constituent des centres, capables de transformer les sensations sensitives en excitations motrices. La moelle est le siège par excellence des actions dites réflexes. C'est donc ici qu'il faut étudier cette action.

Définition de l'acte réflexe. — Une excitation périphérique d'un nerf sensible qui détermine un mouvement de réponse.

Par définition même on voit que dans une action réflexe, il faut envisager trois termes : 1° l'excitation extérieure qui par l'intermédiaire des nerfs sensitifs va exciter les centres nerveux ; 2° l'excitation des centres nerveux qui reçoivent l'ébranlement puis le transforment, le modifient et par l'intermédiaire des nerfs moteurs le communiquent aux muscles ; 3° la contraction des muscles.

Dire qu'un réflexe est un mouvement accompli sans qu'on ait conscience de ce mouvement est une définition évidemment fausse. S'il en est ainsi en effet de la plupart des actes réflexes, quelques-uns qui rentrent cependant dans ce cadre sont nettement perçus tel l'éternuement, la toux, la déglutition, le frisson.

Historique. — Descartes (1640), le premier, a conçu le mécanisme de l'action réflexe, et, dans une figure curieuse, il schématise la marche des esprits animaux, en montrant le mouvement que fait un homme qui se brûle.

Willis, en 1699, prononce le mot de réflexion, mais les données scientifiques sont encore trop vagues, et il faut arriver à Prochaska, en 1784, pour trouver une théorie générale des actions réflexes, que Haller n'avait pas vue.

Legallois, en 1811, montre enfin que c'est dans la moelle qu'il faut chercher le centre de ces mouvements involontaires qui persistent après la séparation d'avec les centres supérieurs; mais il est toujours guidé par les idées de centres volontaires, et il faut arriver à Flourens pour trouver une différenciation fondamentale entre le cerveau, centre des mouvements volontaires et la moelle épinière qui préside aux mouvements réflexes.

Marshall-Hall et J. Muller, en 1833, établissent d'après les faits connus la doctrine des actions réflexes, enfin Volkmann, Pflugers, Donders, Vulpian et tant d'autres multiplient les expériences et posent les lois des actes réflexes.

Généralité des réflexes. — Les actions réflexes sont un des phénomènes les plus généraux de la physiologie, et presque tous les mouvements se rattachent au mécanisme réflexe. Les fonctions intellectuelles elles-mêmes ne sont que des modalités de l'axe réflexe simple; presque tous les actes vitaux en effet ne sont que la transformation d'une impression sensitive en un mouvement, tels pour les phénomènes de la nutrition : la déglutition, le péristaltisme des intestins; pour la circulation : les différents phénomènes vaso-moteurs.

Les organes des sens également n'entrent en jeu que sous l'influence d'une excitation.

Chez tous les animaux on constate des réflexes, soit que ces derniers aient pour centre un système central nettement défini comme chez les animaux supérieurs, soit que ces centres soient disséminés en de petites masses ganglionnaires. Chez les animaux inférieurs, les actions purement réflexes sont les seules appréciables, tels les mouvements perçus sur des tronçons de lombrics, d'annélides, des fragments de méduse.

Siège de l'action réflexe. — Robert Whyte avait déjà indiqué que la transformation du sentiment en mouvement se fait dans la moelle épinière, en montrant que, si après la décapitation, on obtient encore des mouvements chez une grenouille dont on excite la patte, ces mouvements disparaissent qaund on détruit toute la moelle au moyen d'un stylet fin.

La moelle renferme de la substance blanche et de la substance grise. La première est essentiellement conductrice, c'est dans la substance grise qu'il faut chercher les centres des actes réflexes. Entrevue par Legallois, démontrée par Grainger en 1837, elle a été mise en évidence chez les mammifères par Brown-Séquard.

Toute la colonne grise n'est pas susceptible cependant de produire des mouvements réflexes, la partie terminale ne paraît pas posséder de centres. C'est du moins ce qu'établirait une expérience de Sanders-Ezn qui montre qu'après la section de la moelle chez la grenouille, à la hauteur de la première dorsale, on n'observe plus de réflexe, bien qu'il reste encore une certaine quantité de substance grise.

Les centres cérébro-spinaux sont capables d'engendrer des actes réflexes. Claude Bernard avait cru pouvoir démontrer l'existence de centres réflexes également dans les ganglions du grand sympathique, notamment dans le ganglion sous-maxillaire. L'excitation du nerf lingual sur la corde du tympan passerait normalement par le bulbe, mais il avait montré que cette action persistait quand on coupait les deux filets nerveux centrifuges et centripètes près du bulbe. Schiff et Eckhard ont montré qu'il existe dans l'extrémité du lingual des filets récurrents qui appartiennent à la corde du tympan et que par suite, dans l'expérience de Cl. Bernard, c'étaient ces filets, c'est-à-dire la corde du tympan elle-même, qui était directement excitée.

L'action tonique exercée par les cellules ganglionnaires du sympathique, si bien mise en évidence par Vulpian pour l'iris, semble cependant permettre de concevoir l'idée de l'existence d'une action réflexe dans les amas ganglionnaires.

Excitant des réflexes. — *Excitants mécaniques*. — L'excitation mécanique, choc, pincement, quelquefois un simple contact, détermine l'apparition des mouvements réflexes. Sur une grenouille décapitée, si on lui a injecté une dose très faible de strychnine, le moindre contact sur la peau fait naître un mouvement réflexe très net.

Souvent même, chez un animal dont les centres cérébraux (centres modérateurs) sont supprimés, on voit une excitation mécanique produire des phénomènes réflexes vaso-moteurs, alors même que cette excitation serait trop faible pour déterminer une sensation sur un animal intact (Freusberg).

Il y a lieu de remarquer que l'intensité des mouvements déterminés par les excitations mécaniques ne croît pas avec l'intensité de ces dernières. Chez la grenouille décapitée, le simple attouchement fera autant que le pincement énergique de la patte. Au contraire on est conduit à admettre que les excitations tactiles (mécaniques faibles) excitent mieux la moelle que les excitations douloureuses (mécaniques fortes).

Excitants chimiques. — Toutes les substances caustiques

sont susceptibles de déterminer des mouvements réflexes. Plus facilement que pour les impressions tactiles, on peut graduer leur intensité en employant par exemple des solutions à des degrés de dilution différente. On voit ainsi que pour une substance donnée, il faut un certain degré de concentration pour obtenir un réflexe, que ce mouvement réflexe est d'autant plus énergique et qu'il se produit d'autant plus vite que la solution est plus concentrée. Le mouvement réflexe, dans ce cas d'excitation chimique, est généralement double. Le premier mouvement est rapide, précoce, limité à un groupe de muscles, puis il est suivi d'un second mouvement plus généralisé, tétanique et durable (Sanders-Ezn).

Excitants thermiques. — La chaleur comme le froid détermine des mouvements réflexes, sur la grenouille les réactions seraient plus nettes avec le froid qu'avec la chaleur (Tarchanoff). Les excitants thermiques énergiques, telle qu'une forte chaleur ne paraissent pas jouir d'un grand pouvoir d'excitation sur la moelle. Une brûlure n'amène pas un mouvement plus énergique qu'un simple pincement. Notons toutefois que chez certains malades atteints d'affection de la moelle (paraplégiques, ataxiques), le contact d'un corps chaud fait apparaître des mouvements réflexes plus énergiques que ceux obtenus par le pincement.

Excitants électriques. — L'excitation électrique présente pour l'étude des réflexes un certain nombre d'avantages. Il est facile de la régler, soit en augmentant le nombre des piles, en intercalant des résistances, variations de l'intensité, de la tension, s'il s'agit de courants de piles, soit en rapprochant la bobine induite de la bobine inductrice quand on emploie les courants induits. Il est facile en outre d'enregistrer le moment où l'excitation est produite et par suite le retard, le temps perdu du mouvement réflexe occasionné. Sur le tronc nerveux, un choc d'induction unique est généralement insuffisant pour provoquer un réflexe, il est nécessaire de multiplier les excitations qui deviennent efficaces, même avec des intensités moindres.

Il est plusieurs règles qui s'appliquent à tous les excitants des réflexes.

1° L'excitation directe sur les troncs nerveux est souvent inefficace, alors que l'excitation des terminaisons périphériques éveille l'activité de la moelle. C'est comme s'il y avait aux extrémités nerveuses des appareils de renforcement.

2° C'est le changement dans l'intensité de l'excitation, la variation brusque de l'énergie de l'excitation qui détermine le mouvement réflexe. La grenouille décapitée que l'on trempe dans un bain dont on élève progressivement la température de 15 à 45° ne retirera pas sa patte, alors qu'elle le ferait si on la plongeait brusquement dans le bain à 45°. De même si on ajoute lentement de l'acide à un bain d'eau ordinaire, ou encore si on augmente sans secousse et lentement l'intensité d'un courant électrique ou sa tension.

Tonicité et spontanéité de la moelle. — La moelle peut-elle déterminer des mouvements spontanés, existe-t-il en un mot une spontanéité de la moelle, ou bien tous les mouvements observés sont-ils occasionnés par une excitation sensitive.

Cette question est loin d'être résolue. Il est évident que alors même qu'aucune excitation apparente n'existe, il part de la moelle des incitations qui ont pour effet d'entretenir le tonus musculaire. La séparation complète du muscle avec les centres médullaires faisant disparaître immédiatement l'état tonique du muscle. Mais on peut objecter qu'il existe toujours à l'état normal une série d'excitations qui, pour ne pas être appréciables à nos moyens d'études, n'en existent pas moins : excitation par l'air, par les contacts, par les mouvements et les réactions chimiques internes, etc. De sorte que le tonus ne serait qu'un phénomène réflexe.

On peut encore admettre que les changements quantitatifs

et surtout qualitatifs du sang qui irrigue les cellules nerveuses de la moelle constituent un excitant. C'est ainsi que l'on a expliqué l'action des centres bulbaires sur la respiration. Ce n'est plus là, il est vrai, un mouvement réflexe, l'excitation centripète faisant défaut, mais il n'est pas permis non plus, dans ce cas, de parler de spontanéité au sens rigoureux du mot.

Tonicité du système vaso-moteur. — L'action tonique de la moelle ne s'exerce pas seulement sur le système musculaire de la vie de relation, mais encore sur le système vasculaire. La moelle entretient une certaine tonicité de l'arbre vasculaire. Si l'on sépare les centres supérieurs du bulbe, on constate par suite du traumatisme une diminution dans la pression artérielle, mais la pression présente encore une certaine hauteur alors qu'elle tombe très bas quand on fait porter la section au-dessous du bulbe (Goltz). Cette expérience montre bien qu'il part du bulbe une influence nerveuse tonique qui maintient un tonus vasculaire marqué.

Il ne faudrait pas cependant conclure de cette expérience à un centre tonique unique, localisé dans le bulbe. La pression, déjà basse, baisse encore si, après avoir supprimé le bulbe, on détruit toute la moelle, en employant par exemple le procédé de Gley : injection d'eau chaude sons pression dans le canal médullaire, il existe donc encore dans la moelle des cellules nerveuses qui agissent sur la tonicité du système vasculaire ; en poussant plus loin cette étude analytique, on voit que l'action tonique est encore plus générale, que toutes les cellules nerveuses en dehors de celles de l'axe cérébro-spinal possèdent une certaine activité tonique. On obtient encore en effet des variations de pressions chez des animaux dont l'axe cérébro-spinal est complètement détruit, par l'action de certaines substances (Gley).

Lois des réflexes. — On appelle lois des réflexes les conditions principales suivant lesquelles peuvent s'exercer ces mouvements.

Ces lois sont connues sous le nom de loi de Pfluger. Suivant M. Ch. Richet, on peut admettre deux lois fondamentales et deux lois accessoires.

Loi de la localisation. — Si l'on excite une région sensible, le premier mouvement réflexe qui se produit porte sur les muscles voisins de la région excitée.

Une excitation légère sur la patte d'une grenouille décapitée détermine un mouvement réflexe localisé dans la patte excitée.

Un grand nombre de réflexes restent ainsi localisés : Le réflexe palpébral, mouvement du muscle orbiculaire de la paupière quand la conjonctive est touchée; réflexe gastrique, l'excitation de la muqueuse de l'estomac détermine simplement la secrétion gastrique.

Loi de l'irradiation. — Si l'excitation est plus intense, ou si la moelle est plus excitable (par la strychnine par exemple) le mouvement ne reste plus localisé dans la région excitée, il y a irradiation vers les autres régions. Toutefois cette irradiation semble suivre certaines lois.

C'est ainsi que pour une excitation modérée, il y a mouvements réflexes dans les muscles homologues du côté opposé. La grenouille décapitée, après une excitation plus forte que dans le cas précédent relèvera d'abord la patte touchée, puis ensuite la patte correspondante de l'autre côté.

Dans certains cas d'affections médullaires où la moelle est très excitable, un mouvement réflexe déterminé par l'excitation d'un membre peut être accompagné ou suivi d'un même mouvement du membre homologue (Vulpian).

Si l'excitation est plus forte, le mouvement se propage dans les autres régions et il y a d'abord irradiation transversale, mouvement dans les parties homologues, puis irradiation longitudinale, mouvement dans les parties situées sur le même côté.

Loi de la coordination. — Les mouvements réflexes semblent être appropriés à un but, ce sont en définitive des mouvements de défense : occlusion de la paupière, toux consécutive à l'irritation pharyngée, etc.

Une expérience classique de Pfluger, modifiée par Auerbach, montre cette coordination et soulève le grand problème physiologique de la conscience médullaire.

Sur une grenouille décapitée, on dépose avec un agitateur une goutte d'acide acétique en haut de la cuisse, près de l'anus. Le membre postérieur se contracte et le pied vient ainsi toucher, frotter le point irrité. On coupe la patte, l'animal contracte encore le tronçon, puis après quelques efforts, l'autre patte entre en mouvement et le pied vient toucher l'endroit attaqué par l'acide, ce sont bien là des mouvements coordonnés et défensifs.

Aussi devant ces faits, Vulpian fait-il remarquer que l'opération physiologique qui donne lieu aux mouvements réflexes ne se borne pas à une simple transmission de l'excitation centripète aux cellules motrices : il y a quelque chose de plus compliqué. Mais quoi !

Robert Whytt, Pfluger, Auerbach, Talma arrivent à admettre une certaine conscience vague dans la moelle. Legallois voyait dans la moelle un deuxième centre volontaire.

Un certain nombre de mouvements réflexes coordonnés, les syncinésies réflexes de Vulpian peuvent s'expliquer, par l'ébranlement de centres moteurs médullaires communs qui mettent en mouvement les groupes musculaires correspondant à ce centre, mais cette conception n'explique pas les mouvements d'adaptation, mouvements qui paraissent exiger un certain raisonnement si vague et si faible soit-il.

Loi de l'ébranlement prolongé. — Une excitation isolée peut provoquer non seulement un mouvement réflexe unique ou généralisé, mais encore une série de mouvements qui se répètent pendant un certain temps.

Chez une grenouille décapitée une forte excitation électrique de la moelle donne lieu à une série de secousses irrégulières qui tendent à prendre la forme du tétanos (Marchand).

Si la grenouille a reçu de la strychnine, une excitation très légère produit les mêmes résultats. On voit dans ce cas que l'ébranlement communiqué à la moelle se continue, longtemps après que l'excitation a cessé d'agir. C'est ce que M. Ch. Richet caractérise par le vieil adage modifié : *sublata causa, non tollitur effectus.*

Quelquefois, on note chez les malades des effets analogues, le choc prérotulien détermine une série de mouvements réflexes de la jambe, qui peuvent même aller en s'exagérant et prendre le caractère de la trépidation épileptoïde.

Vitesse des actions réflexes. — Helmholtz, le premier, a mesuré la vitesse des actions médullaires, il a trouvé que cette vitesse était douze fois moindre que celle de la transmission dans les troncs nerveux. Wundt a cherché quel était le temps perdu de l'action réflexe dans la moelle. Son principe est le suivant. On excite une racine sensitive et on enregistre la contraction du muscle. Le temps qui s'écoule entre l'excitation de la racine sensitive et la contraction du muscle se compose de deux facteurs A + B. L'un peut être déterminé par une expérience ultérieure ou antérieure. C'est le temps perdu dépendant de la transmission motrice et de la contraction du muscle. Si l'on déduit du temps perdu observé, cette donnée, on obtient le temps perdu de l'action réflexe.

Elle serait de 0''008 à 0''015 par seconde chez la grenouille (Wundt), de 0''05 chez l'homme (Exner). La durée de l'irradiation transversale serait plus longue que celle de l'irradiation longitudinale.

Cette vitesse est d'ailleurs très variable, elle est proportionnelle à l'intensité de l'excitant et à l'excitabilité de la moelle. La strychnine diminue le temps perdu, dans l'ataxie au contraire il est considérablement augmenté et il est même appréciable sans appareil (1").

Influence des centres nerveux supérieurs. — Les centres nerveux supérieurs exercent une action modératrice sur les centres médullaires, ils agissent en diminuant l'excitabilité de la moelle et par suite les mouvements réflexes. Ce sont des centres modérateurs (Seæchenoff).

Une expérience simple démontre nettement cette action modératrice. Une excitation électrique ou autre qui, chez une grenouille normale, n'amène aucune réaction dans la région excitée, déterminera au contraire un mouvement réflexe énergique si l'on décapite l'animal.

Chez l'homme les réflexes se produisent mieux pendant le sommeil alors que l'activité psychique est endormie. La volonté enfin, c'est-à-dire les centres supérieurs, peuvent s'opposer à la réalisation d'un mouvement réflexe, tels que la toux, l'éternuement. L'irritation de la moelle par suite même de la section bulbaire a été invoquée pour expliquer l'irritabilité exagérée de la moelle après la décapitation, mais cette excitabilité persiste longtemps après l'opération et quand les effets dus aux phénomènes inflammatoires ont dû disparaître (Schiff). L'hémisection de la moelle détermine une exagération de la sensibilité (hypéresthésie) et des mouvements réflexes dans le côté opposé (Brown-Séquard).

Suivant la théorie des centres modérateurs encéphaliques, on devrait constater une diminution de l'excitabilité médullaire quand on détermine l'activité de ces centres.

Les résultats obtenus sont loin d'être probants, nous en dirons autant des expériences de Langendorff, de Bœttcher, qui tendraient à faire admettre que les excitations sensitives en maintenant les centres nerveux cérébraux dans un certain état de tonicité, retentissent ainsi sur la moelle et modèrent ses effets. La section des nerfs optiques, la destruction du tympan, chez la grenouille, permettrait d'observer un croassement (réflexe laryngé) que l'on n'observe que sur les grenouilles décapitées.

L'absence des centres modérateurs céphaliques chez les nouveau-nés expliqueraient leurs réflexes faciles et leurs convulsions spinales ?

Les adversaires des centres modérateurs céphaliques expliquent l'accroissement de l'irritabilité médullaire par le traumatisme (voir plus haut), par une diminution dans le retard des transmissions intra-centrales, les impressions sensitives ne passant plus dans le cerveau, se réfléchissent immédiatement sur les cellules motrices de la moelle (Yon).

On peut observer une diminution de l'activité réflexe de la moelle dans d'autres conditions. Une excitation périphérique forte suffit pour amener l'arrêt ou la diminution des autres réflexes.

Le conseil vulgaire de pincer fortement la queue d'un chien pour lui faire lâcher immédiatement ce qu'il tient dans la gueule, repose sur ce fait.

Des conditions qui modifient les actions réflexes. — *Influence de la circulation sanguine.* — La moelle peut conserver ses propriétés après la séparation avec les centres supérieurs, cette constatation facile à faire avec des animaux à sang froid (grenouilles et tortues), peut être réalisée également avec des mammifères. Des chiens ont survécu plusieurs années après une section de la moelle.

Mais l'apport sanguin est nécessaire. Chez les animaux à sang froid, la suppression complète du sang (grenouilles chez lesquelles on a remplacé tout le sang par une solution d'eau salée à 10 p. 1000 dites grenouilles salées), n'amène pas immédiatement la suppression de l'activité médullaire, mais celle-ci disparaît néanmoins assez rapidement. Chez les animaux supérieure la disparition de l'activité médullaire est beaucoup plus rapide.

L'expérience de Stenon est classique. On fait la ligature ou mieux on comprime l'aorte abdominale, très rapidement, en moins de cinq minutes, on note une faiblesse, puis une paralysie du train postérieur, alors que les muscles entrent encore en contraction par une excitation directe, ce qui prouve que c'est le système nerveux qui est touché le premier.

La même expérience peut être faite, en comprimant l'aorte thoracique après avoir ouvert le thorax et assuré l'hématose par une respiration artificielle. Au bout de quatre secondes, le réflexe conjonctival est aboli, puis l'on observe des convulsions passagères sur lesquelles nous reviendrons et enfin une résolution générale. Si à ce moment, la vingtième seconde environ, on laisse le sang reprendre son cours, la vie se manifeste de nouvean et la moelle reprend son activité, mais une période plus longue entraîne généralement la mort définitive.

Il faut toutefois faire une exception pour les animaux nouveau-nés ou les mammifères refroidis à une température très basse. Nous avons déjà vu que ces deux catégories d'êtres à propos de la chaleur animale établissent un point de transition entre les animaux à sang froid et les animaux à sang chaud. Il en est de même pour les réflexes. Chez les nouveau-nés, après la section du cœur, les réflexes peuvent persister un quart d'heure (dix-sept minutes chez un fœtus de chat à terme). Il en est de même chez les animaux que l'on amène à une température centrale inférieure à 30°.

Action stimulante de l'anémie sur les réflexes. — L'anémie, avant d'amener l'inexcitabilité de la moelle, détermine d'abord une phase d'hyperexcitabilité ; c'est là un phénomène général et non particulier à la cellule médullaire.

C'est ainsi que dans l'expérience citée plus haut, du lapin au tronc aortique comprimé, on voit dans les 15 à 18 premières secondes éclater ces mouvements convulsifs généralisés. Dans la mort par hémorragie, on observe également ces convulsions. L'excitabilité plus grande des chlorotiques pourrait trouver son explication dans cette donnée de la physiologie expérimentale.

Brown-Séquard explique l'épilepsie réflexe observée sur les cobayes à moelle sectionnée par une anémie médullaire.

Influence de la fatigue, de la chaleur. — L'activité de la moelle s'épuise après une phase très active. C'est ainsi qu'après une attaque tétanique on voit souvent survenir une attaque clonique constituée par de grandes secousses espacées. La moelle est alors incapable de maintenir constante ses incitations, elle se repose entre chaque contraction. Il est souvent impossible après une violente attaque d'en déterminer immédiatement une nouvelle, il faut donner à la moelle le temps de se reposer. Fait curieux, cette récupération peut se faire même indépendamment de la circulation, chez les animaux à sang froid bien entendu.

Action des substances toxiques sur la moelle. — Certaines substances augmentent primitivement le pouvoir réflexe médullaire, telles la strychnine, la brucine, la picrotoxine; d'autres ne produisent cet effet qu'à dose énorme et après avoir déterminé à dose plus faible des réactions différentes, telle la morphine, qui, en très grande quantité, devient un convulsivant médullaire.

Les substances qui, au contraire, diminuent l'activité médullaire sont surtout des poisons généraux qui n'ont pas une action élective sur la cellule nerveuse médullaire, mais sur toutes les cellules nerveuses en général, tels le chloroforme, le chloral, les bromures.

Centres médullaires. — On a décrit dans la moelle une série de centres fonctionnels qui présideraient à certains groupes de mouvements coordonnés (syncinésies de Vulpian). Il nous suffira de les citer brièvement.

Centre cilio-spinal (Walter, Chauveau). — S'étend de la

sixième vertèbre cervicale à la deuxième dorsale. Préside à la dilatation de l'iris par l'intermédiaire des filets moteurs du sympathique cervical.

Centre cardiaque (Cl. Bernard). — Entre la partie inférieure de la région cervicale et la première partie de la région dorsale. Accélérateur du cœur par les fibres sympathiques qui émergent de la moelle avec les racines du ganglion cervical inférieur.

Centre ano-spinal (Masius). — Au niveau de la sixième vertèbre lombaire chez le lapin. Présiderait à la tonicité et à la contraction du sphincter anal. Gluge admet que ces deux actions sont soumises à deux centres différents.

Centre vésico-spinal (Gannuzzi). — Entre les troisième et quatrième vertèbres lombaires. Préside à la contraction des muscles vésicaux.

Centre génito-spinal (Budge). — Vers la quatrième lombaire. Déterminerait la contraction des canaux déférents et des vésicules séminales chez le mâle et de l'utérus chez la femelle.

Avec Vulpian, M. Ch. Richet n'admet pas le terme de centre pour ces régions médullaires. Ces régions sont le point de départ des nerfs qui, étant affectés à une même fonction, peuvent avoir des racines réelles très rapprochées et en relations étroites entre elles.

BULBE RACHIDIEN

Topographie. — Le bulbe rachidien, moelle allongée (médulla oblongata), est, comme ce dernier nom l'indique, la continuation de la moelle. Il forme l'intermédiaire entre cette dernière et l'encéphale proprement dit. On ne saurait lui indiquer de limites précises. Les fonctions du bulbe sont nombreuses, et son étude est une des plus importantes et des plus délicates de la physiologie, il forme en effet une sorte de carrefour où s'entrecroisent tous les filets conducteurs qui relient l'encéphale à la moelle et il possède, en outre, des centres importants.

Pour étudier la constitution anatomique du bulbe, il est nécessaire de distinguer :

1° Les parties qui sont les prolongements de la moelle ;

2° Les parties nouvelles ou propres au bulbe.

Comme pour la moelle, il faut étudier le bulbe en tant que simple conducteur et en tant que possédant des centres spéciaux-autonomes, à fonctions déterminées.

1° *Parties qui sont les prolongements de la moelle.* — Les groupements d'éléments nerveux qui existent dans la moelle, présentent en arrivant dans le bulbe, même avant ou après leur passage, des modifications importantes et complexes.

Comme pour la moelle, il est nécessaire d'étudier séparément les faisceaux de substances blanches et les masses grises.

Substance blanche. — *Faisceaux pyramidaux.* — *Faisceau pyramidal direct.* — Les fibres de ce faisceau s'entre-croisent ou suivant l'expression se décussent, avant leur arrivée au bulbe, par la commissure grise antérieure. Dans le bulbe ils n'ont donc pas à subir de nouvel entre-croisement et vont constituer une partie de la pyramide antérieure du même côté.

Faisceau pyramidal croisé. — Ce faisceau ne subit la décussation qu'au niveau du bulbe, ces fibres s'inclinant en dedans passent par lames successives du côté opposé, en décapitant la colonne antérieure qu'ils séparent totalement de la masse grise centrale, et vont en s'élevant constituer la masse superficielle des pyramides antérieures, la partie profonde étant constituée par le faisceau pyramidal direct. Les pyramides antérieures constituent donc le passage des incitations motrices.

Quant à la décussation elle est finalement complète, puisqu'elle se fait, immédiatement dans le bulbe pour le faisceau croisé, plus bas dans la moelle pour le faisceau improprement appelé (au point de vue de ses fonctions physiologiques) direct.

On comprend que si une lésion pathologique frappe le faisceau pyramidal croisé au-dessous du bulbe, on ne doit avoir qu'une hémiplégie incomplète, alors que cette dernière sera complète et croisée si elle frappe le faisceau pyramidal dans son intégrité, avant sa séparation en deux faisceaux : croisé et direct [1].

Faisceau sensitif latéral. — Ce faisceau se comporte exactement comme le faisceau pyramidal croisé, la décussation ayant lieu à un niveau supérieur (Sappey et Duval).

Faisceau radiculaire antérieur (ou faisceau intermédiaire du bulbe). — Ces faisceaux présentent un simple écartement constituant une espèce de *boutonnière* (Testut) par où passent le faisceau pyramidal croisé et le faisceau sensitif latéral, mais ne subissent pas d'entre-croisement et gagnent directement le pédoncule cérébral.

Faisceau de Gowers. — Il en est de même de ce faisceau, qui va former la partie externe de la couche du ruban de Reil.

Faisceau cérébelleux direct. — Ainsi que l'indique sa désignation, ne s'entrecroise pas et se rend au vermis supérieur du cervelet, par des fibres directes et par des fibres au trajet plus compliqué (Monakow).

Cordons postérieurs. — Les cordons postérieurs (faisceau

[1] On a signalé pour le faisceau pyramidal des anomalies curieuses :

1° Le faisceau direct, normalement beaucoup plus petit que le faisceau croisé, peut devenir le principal, au point de vue du volume ;

2° Ce faisceau direct peut manquer, la décussation étant complète au niveau du bulbe. L'anomalie portant sur les deux faisceaux ou sur un seul ;

3° La décussation n'a pas lieu.

de Burdach et faisceau de Goll) ne subissent qu'une décussation partielle. Parmi les fibres du faisceau de Burdach, les fibres sensitives qui tirent leur origine des colonnes de Clarke passent à travers la corne postérieure qu'ils décapitent comme les cordons antéro-latéraux avaient fait pour les cornes antérieures, et vont avec ces cordons latéraux décussés constituer la partie profonde des pyramides antérieures. Les autres fibres se terminent par un trajet direct dans les noyaux gris bulbaires qui constituent le noyau restiforme et le noyau post-pyramidal. Les fibres du cordon de Goll après avoir constitué les pyramides postérieures aboutissent en partie dans le noyau post-pyramidal.

Le diagramme suivant de Testut résume la constitution des pyramides bulbaires.

Plan superficiel. Faisceau moteur volontaire.	Faisceau pyramidal direct. Faisceau pyramidal croisé.
Plan moyen. Faisceau sensitif.	Faisceau sensitif latéral croisé et fibres sensitives du faisceau de Burdach.
Plan profond. Faisceau commissural moteur.	Faisceau radiculaire antérieur. (Direct.)

Le plan superficiel constitué par les faisceaux pyramidaux antérieurs, continuant son trajet ascendant à travers la protubérance en s'incurvant va constituer l'étage inférieur (moteur) des pédoncules cérébraux, pour aller former ensuite les couches blanches des corps striés. Le plan moyen, qui constitue les faisceaux postérieurs (pyramides sensitives) (Sappey, Duval), va constituer l'étage supérieur des pédoncules cérébraux. Ces fibres sensitives se rendant en partie aux couches optiques.

Substance grise. — Le passage des fibres du cordon latéral en se décussant et de celles des fibres sensitives du cor-

[1] La dégénérescence des cordons postérieurs, dégénérescence ascendante, respecte les corps restiformes.

don de Burdach en gagnant les fibres du cordon latéral, à travers les cornes grises antérieures et postérieures et déter-

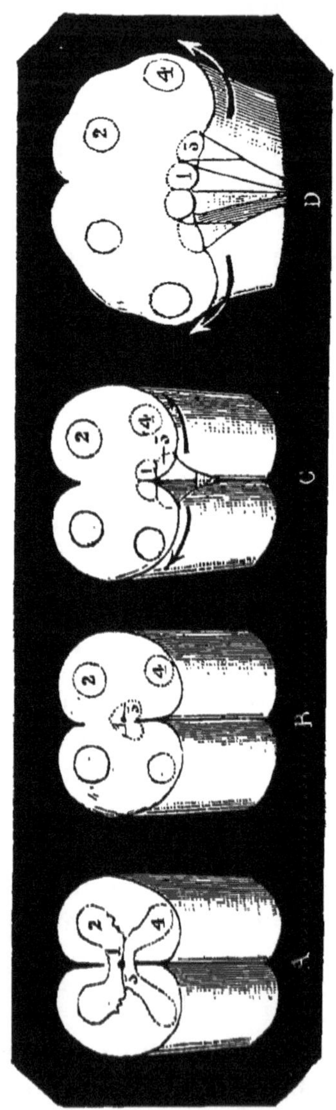

Fig. 100. — Schéma représentant les modifications subies par la colonne grise centrale en passant de la moelle dans le bulbe (TESTUT, *Anatomie*).

A, la colonne grise au-dessous de l'entre-croisement des pyramides. — B, décapitation des cornes antérieures et des cornes postérieures (d'où quatre colonnes grises). — C, les cordons postérieurs et les deux colonnes sensitives se déjettent en dehors au moment où le canal de l'épendyme va s'élargir et s'étaler pour former le quatrième ventricule. — D, la situation nouvelle qu'occupent les quatre colonnes grises lorsque la formation ventriculaire est complètement effectuée.

1, base des cornes antérieures. — 2, tête des cornes antérieures. — 3, base des cornes postérieures. — 4, tête des cornes postérieures.

minant la décapitation de ces cornes, sépare la masse grise en quatre noyaux de chaque côté.

L'ouverture du canal épendymaire, pour donner naissance au quatrième ventricule, fait que les noyaux dérivant des bases des cornes se trouvent placés sur ce plancher, le noyau basilaire des cornes antérieures près de la ligne médiane, celui des cornes postérieures, contigu mais en dehors du premier ; quant aux noyaux céphaliques ils sont rejetés plus en dehors (fig. 100).

Il existe ainsi dans chaque côté quatre noyaux ou colonnes distinctes ; deux motrices, deux sensitives. Mais ces noyaux vont être séparés eux-mêmes en un certain nombre de plus petits par les fibres arciformes qui viennent du corps restiforme.

Ces noyaux ainsi divisés constituent les racines réelles d'un certain nombre de nerfs que l'on peut grouper dans le diagramme suivant, les racines se formant à des étages différents.

Noyau basilaire de la corne antérieure (colonne motrice postérieure), partie interne du plancher du IVe ventricule.	Noyau de l'hypoglosse, noyau commun du facial et du moteur oculaire externe ; noyau du pathétique et du moteur oculaire commun.
Noyau céphalique de la corne antérieure (colonne motrice antérieure).	Noyau antéro-latéral de Stilling, Spinal et fibres motrices du pneumogastrique et du glosso-pharyngien. Noyau accessoire de l'hypoglosse. Noyau inférieur du facial. Noyau moteur du trijumeau.
Noyau basilaire de la corne postérieure. Colonne sensitive postérieure ; partie externe du plancher du IVe ventricule.	Noyau du nerf auditif, des fibres sensitives du pneumogastrique, de l'hypoglosse, faisceau du trijumeau.
Noyau céphalique de la corne postérieure (colonne sensitive antérieure).	Noyau bulbaire du trijumeau.

Les corps restiformes occupent dans le bulbe la place des cordons postérieurs et forment les limites latérales du quatrième ventricule. C'est la continuation des pédoncules cérébelleux inférieurs, venant du cervelet, ils se résolvent dans le bulbe en une série de fibres en éventails, fibres arciformes qui déterminent la division des noyaux gris ainsi qu'il a été

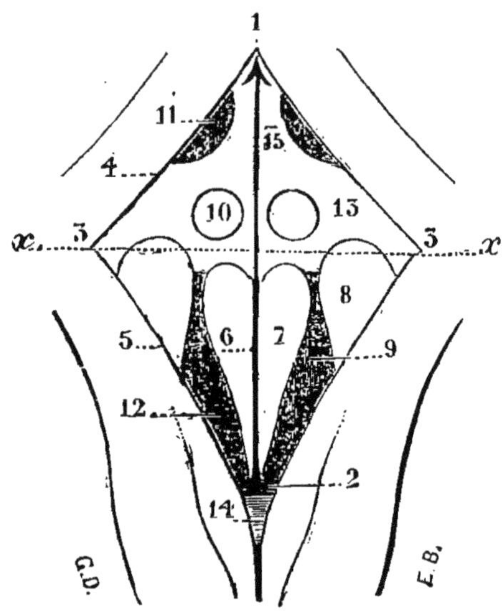

Fig. 101. — Schéma du plancher du quatrième ventricule.

xx, limites séparatives du triangle bulbaire et du triangle protubérantiel. — 1, angle antérieur. — 2, angle postérieur. — 3-3, angles latéraux. — 4, bords antérieurs. — 5, bords postérieurs. — 6, tige du calamus. — 7, aile blanche interne. — 8, aile blanche externe. — 9, aile grise. — 10, eminentia teres. — 11, locus cœrulleus. — 12, fovea inferior. — 13, fovea superior. — 14, verrou. — 15, flèche dirigée vers l'aqueduc du Sylvius.

dit plus haut. Le noyau restiforme que l'on trouve dans l'épaisseur des corps du même nom paraît être un prolongement des cornes postérieures, il en est de même du noyau des cordons grêles ou post-pyramidal situé dans la pyramide postérieure et où vient se perdre en partie, le cordon de Goll.

Fonctions du bulbe rachidien. — *Excitabilité.* — L'excitabilité des faisceaux divers du bulbe est encore très discutée.

L'excitation des pyramides antérieures, des faisceaux pyramidaux antérieurs, comme l'anatomie devait le prévoir, provoque des phénomènes moteurs (Longet). Leur excitation détermine presque constamment aussi des manifestations de sensibilité, mais cette sensibilité paraît être due aux pyramides sensitives, qui leur sont intimement accolées (Laborde).

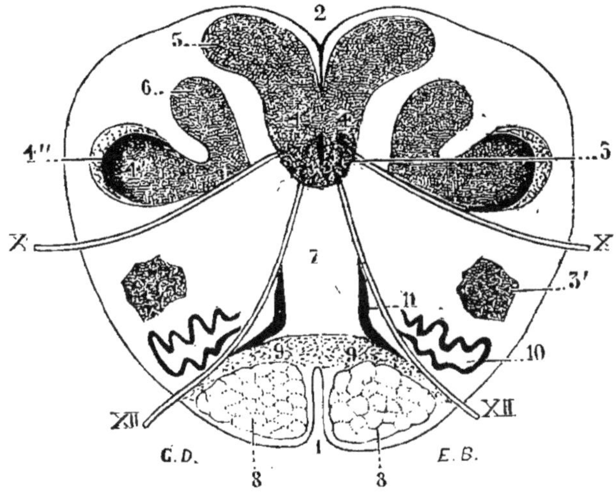

Fig. 102. — Coupe du bulbe rachidien au niveau de l'extrémité supérieure des olives (d'après M. Duval). (Testut, *Anatomie*.)

1, sillon antérieur. — 2, sillon médian postérieur. — 3, base des cornes antérieures. — 3', leur tête. — 4, base des cornes postérieures. — 4', leur tête. — 5, noyaux postpyramidaux. — 6, noyau des corps restiformes. — 7, raphé formé en grande partie par l'entre-croisement des faisceaux sensitifs. — 8, portion motrice des pyramides. — 9, portion sensitive des pyramides. — 10, olive. — 11, noyau juxta-olivaire antéro-interne. — X, nerf pneumogastrique (portion sensitive). — XII, nerf grand hypoglosse.

Le faisceau moyen des pyramides antérieures étant la continuation des cordons postérieurs de la moelle, considéré par Schiff comme conducteurs de la sensibilité tactile, a été désigné par MM. Duval et Sappey sous le nom de pyramides sensitives en s'appuyant essentiellement sur cette considération anatomique. Laborde a obtenu l'hémianesthésie croisée en piquant les pédoncules cérébraux, et en intéressant les fibres du faisceau moyen (faisceau pyramidal postérieur de Sappey et Duval).

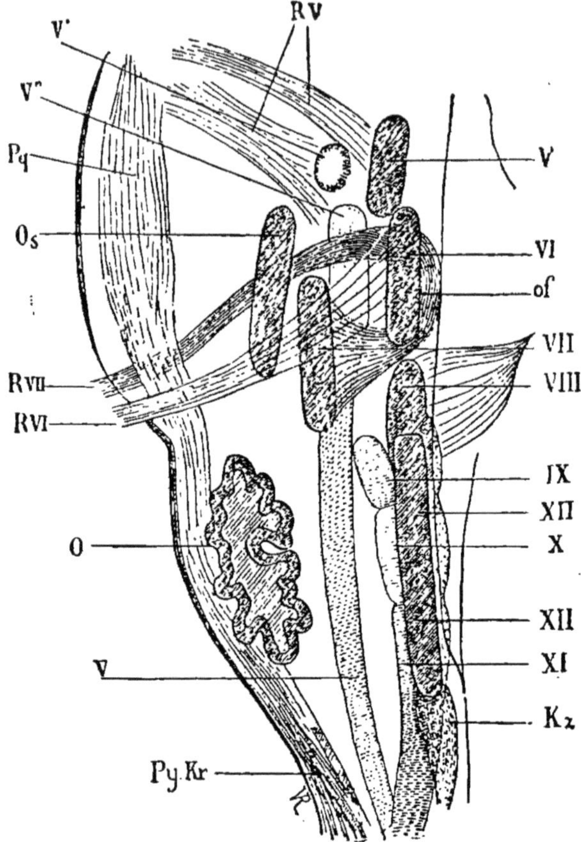

Fig. 103. — Coupe verticale et antéro-postérieure du bulbe (Erb).

V, VI, X, etc., les chiffres romains indiquent par leur numéro d'ordre, le noyau d'origine des nerfs craniens. — RV, racine du trijumeau. — RVI, de l'oculomoteur externe. — RVII, du facial. — *Pq*, faisceau pyramidal. — *Py Kr*, décussation des pyramides. — O, olive. — *Os*, olive supérieure.

Faisceau intermédiaire. — Pyramides postérieures. — Le faisceau intermédiaire du bulbe ou faisceau sous-olivaire, constitué par la partie des cordons latéraux qui échappent à la décussation (faisceau radiculaire antérieur, faisceau de Gowers, faisceau cérébelleux direct) n'a pu être étudié directement. Ch. Bell et Longet accordaient à ce faisceau un rôle important dans les phénomènes de la respiration; sa destruction amenant d'après Longet l'arrêt immédiat de la respiration.

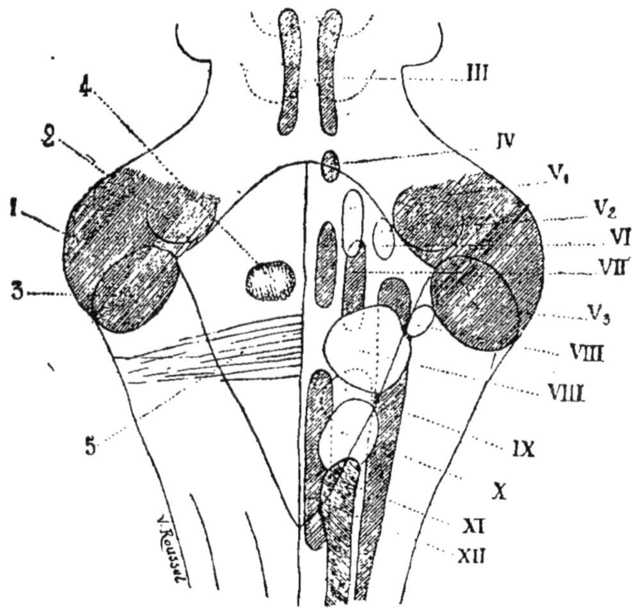

Fig. 104. — Face postérieure du bulbe (Erb et Aeby).

1-2-3, coupe des pédoncules moyen, supérieur et inférieur. — 4, *eminentia teres*, genou du facial. — 5, stries médullaires, racine de l'auditif. – III-IV-VI, etc., nerfs craniens. — V_1, noyau moteur du trijumeau. — V_2, noyau médian. — V_3, noyau sensitif.

Les pyramides postérieures, continuation des cordons de Goll, donnent lieu par leur excitation à des manifestations de vives douleurs.

Les *corps restiformes* sont doués d'excitabilité sensitive et excito-motrice. Leur excitation détermine des manifestations douloureuses d'une vive sensibilité, avec une déséquilibration motrice généralisée (Longet, Vulpian, Laborde). Brown-Séquard a contesté cette sensibilité, d'après lui après la section des cordons postérieurs au niveau du bec du calamus, l'excitation des corps restiformes ne déterminerait plus de phénomènes de sensibilité.

Les corps olivaires. — Leur excitation déterminerait des troubles excito-moteurs (?) (Magendie) qui peuvent s'expliquer par leurs connexions avec le cervelet.

Transmission dans le bulbe. — *Transmission des impressions sensitives.* — Il est absolument impossible de localiser dans la région bulbaire les fibres conductrices des impressions sensitives. Il est encore impossible d'affirmer si la transmission est directe ou croisée, l'anatomie montre en effet que toutes les fibres médullaires ne subissent pas la décussation et l'hémisection expérimentale n'abolit pas complètement la sensibilité. Il en est de même si l'on fait une section longitudinale sur la ligne médiane du bulbe.

Transmission des incitations motrices. — Bien que l'on puisse admettre que les incitations motrices passent par les faisceaux pyramidaux et les cordons qui constituent le faisceau intermédiaire du bulbe, il règne également une grande incertitude sur le chemin parcouru par les incitations motrices, comme pour la transmission des impressions sensitives. Ni la section longitudinale du bulbe, ni l'hémisection transversale n'amènent une hémiplégie complète (Vulpian et Philippeaux). On note seulement que l'animal tourne dans le sens opposé à la lésion dans le cas d'hémisection latérale.

Les observations cliniques montrent que l'atrophie totale d'une ou même des deux pyramides antérieures, n'avait pas entraîné d'hémiplégie ou de paralysie complète.

Dans un cas cité par Vulpian, il existait une sclérose complète des deux pyramides antérieures, et cependant, si les jambes étaient paralysées, les bras avaient conservé toute leur motilité. Laborde signale des faits analogues d'altération des faisceaux pyramidaux antérieurs consécutifs à des lésions centrales de la protubérance, sans paralysie marquée.

Les centres nerveux bulbaires. — Les noyaux gris bulbaires sont des centres réflexes ou automatiques, dont quelques-uns sont essentiels à la vie de l'organisme (nœud vital). Comme ils ont été étudiés en même temps que la fonction à laquelle ils président, nous nous contenterons d'une simple énumération renvoyant aux chapitres précédents pour les détails.

Centre respiratoire. Pointe du V du calamus scriptorius au niveau des origines des pneumo-gastriques.

Centre cardiaque (noyau accessoire de l'hypoglosse et des nerfs mixtes).

Centre vaso-moteur. En avant du bec de calamus (Owsyannikow), p. 304.

Centre dilatateur de la pupille.

Centre des mouvements de déglutition. — Noyaux des nerfs facial, hypoglosse, etc.

Centre de phonation. — Olives bulbaires (?) d'après Schroder van der Kolk.

Centre glycogénique, p. 449.

Centres sudoripares, p. 521.

Le bulbe renfermant en outre une grande partie des noyaux des nerfs craniens, moteurs ou sensitifs, on peut dire qu'il existe dans cette région une série de centres, présidant aux fonctions dont ces nerfs sont chargés : centre de la mimique, noyau du facial ; centre sensitif de la face, noyau du trijumeau, etc.

PROTUBÉRANCE

Topographie. — La protubérance annulaire, pont de Varole, mésencéphale, est le prolongement du bulbe rachidien;

il établit, en outre, la connexion entre les lobes du cervelet entre eux et avec le cerveau. Son volume est en rapport avec celui du cervelet : très développée chez l'homme, elle diminue de volume chez les autres mammifères, notamment chez les rongeurs, pour disparaître chez tous les autres vertébrés qui n'ont pas de lobes latéraux du cervelet.

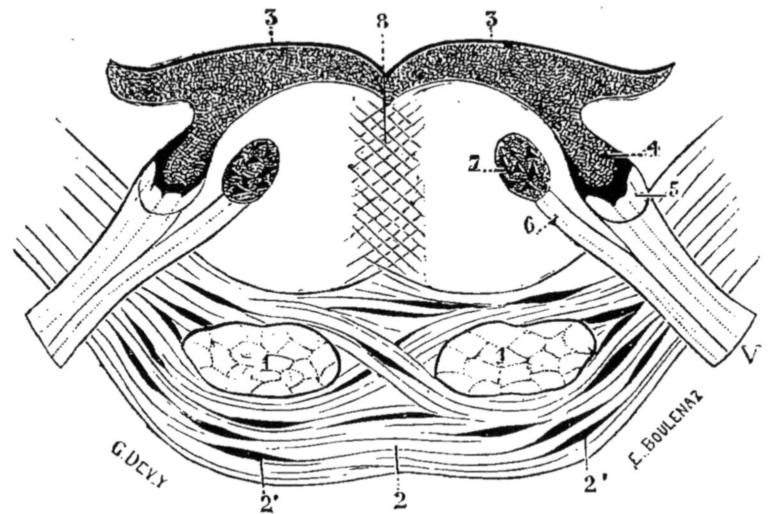

Fig. 105. — Coupe vertico-transversale de la protubérance au niveau de l'émergence de la cinquième paire. (Schéma d'après M. Duval.) (Testut, *Anatomie.*)

V, nerf trijumeau à son émergence. — 1, faisceaux longitudinaux provenant des pyramides antérieures. — 2, fibres transversales de la protubérance. — 3, substance grise du plancher du quatrième ventricule (*locus cœruleus*). — 4, substance gélatineuse de Rolando, tête de la corne postérieure. — 5, racine inférieure ou bulbaire du trijumeau. — 6, petite racine du trijumeau (branche masticatrice). — 7, son noyau d'origine. — 8, raphé.

Substance blanche. — Elle comprend trois ordres de fibres :

1° Les fibres d'origine bulbaire ou longitudinales, constituées en partie par les trois plans de fibres des pyramides antérieures du bulbe déjà décrits, auxquelles s'ajoutent des fibres du *faisceau géniculé*. C'est un faisceau moteur volontaire mais qui s'arrête dans les noyaux des nerfs moteurs facial : grand hypoglosse et masticateurs (centres de la motilité de la langue et de la face).

2° A ces deux groupes de fibres, il faut encore signaler deux faisceaux longitudinaux. La *couche du ruban de Reil* qui, sur une coupe, sépare les fibres pyramidales des fibres transversales; — la bandelette longitudinale postérieure, petit faisceau situé près du plancher du quatrième ventricule et encore mal connu (rôle connectif entre les différents noyaux du bulbe et de la protubérance ?).

Les fibres cérébelleuses ou transversales formant l'étage inférieur de la protubérance et réunissant les deux lobes du cervelet, une partie de ces fibres s'infléchissent suivant l'axe longitudinal pour remonter dans les hémisphères cérébraux.

3° Les fibres arciformes (formation réticulaire) à directions diverses et dont les connexions sont encore obscures.

Substance grise. — On retrouve les noyaux déjà signalés dans le bulbe :

Noyau commun du facial et du moteur oculaire externe;
Noyau propre du facial ;
Noyau du pathétique;
Noyau du moteur oculaire commun ;
Noyau masticateur.

La masse grise (locus cœruleus) d'où émergent quelques fibres du trijumeau.

On trouve en outre des masses grises particulières à la protubérance, disséminées entre les fibres blanches, et qui sont en relation avec le cervelet et les fibres du faisceau pyramidal, car l'atrophie de ces deux régions amène leur dégénérescence. Un noyau mieux déterminé constitue au milieu de la protubérance l'olive supérieure et est en connexion avec le cervelet et les noyaux du moteur oculaire externe et de l'auditif.

Physiologie. — *Excitabilité.* — L'excitation de la région latérale de la protubérance par la faradisation ou mieux par la piqûre, détermine des mouvements de rotation de l'animal sur son axe même. Ce sont les pédoncules cérébelleux moyens qui sont alors touchés. C'est par l'excitation que l'on peut déterminer les différents centres d'innervation qui se trouvent dans la protubérance.

La protubérance comme conductrice. Transmission sensitive. — Les impressions centripètes passent par les faisceaux sensitifs des pyramides antérieures prolongées. D'après Brown-Séquard, toutes les impressions sensibles (tactiles, thermiques, musculaires, etc.) passeraient par les parties centrales, ce qui confirme l'anatomie systématique. Une lésion unilatérale amène l'anesthésie du côté opposé.

Transmission motrice. — Les incitations motrices passent par la partie antérieure (faisceau moteur des pyramides antérieures). Une lésion expérimentale ou pathologique de la protubérance détermine une paralysie des membres du côté opposé, par suite de la décussation plus bas des faisceaux pyramidaux, mais on observe en même temps une paralysie soit du facial, soit du moteur oculaire externe du côté de la lésion; des noyaux de ces nerfs partent en effet des fibres à trajet direct qui sont touchées dans ce cas. On connaît en clinique des paralysies alternes dont la pathogénie s'explique ainsi (Gubler).

Centres fonctionnels. — Les centres moteurs de la protubérance sont les noyaux d'origine des différents nerfs craniens. C'est ainsi que l'on a décrit : un centre de l'expression faciale, un centre de la mastication, de la succion, du mouvement des paupières et du clignement, des mouvements des yeux. Il est seulement utile d'insister sur ce dernier centre, car les recherches de Duval et Laborde ont montré qu'il existe dans la protubérance un véritable centre d'association des mouvements des yeux qui explique les mouvements conjugués des deux appareils optiques nécessaires.

pour la vision binoculaire. Le noyau de chaque nerf moteur oculaire externe est en connexion avec les noyaux du pathétique et du moteur oculaire commun, et l'excitation par piqûre d'un seul noyau détermine la déviation *conjuguée* des deux yeux.

Centres de la station et de la locomotion. — L'ablation complète du cerveau en ne respectant que la protubérance, qui peut se réaliser facilement en enlevant la masse encéphalique par un jet d'eau chaude, permet encore à l'animal de se maintenir debout et même de marcher si on le pousse, car il a perdu tout mouvement spontané (Vulpian), tandis que si la destruction comprend le pont de Varole, la station debout et les mouvements coordonnés deviennent impossibles. Signalons l'opinion de Lussana et de Lemoigne qui admettent l'existence d'un *centre de recul* dans la protubérance.

Centre sensitif. — Chez un animal auquel on a enlevé le cerveau en respectant la protubérance, on observe, quand l'on fait un bruit autour de lui, une réaction généralisée, un soubresaut brusque, ou bien si on le pince, ou le brûle à une partie sensible du corps, de véritables cris plaintifs qui se distinguent nettement du cri réflexe, que l'on peut entendre chez l'animal n'ayant plus que son axe bulbo-médullaire. Longet et Gerdy admettaient dans la protubérance un centre de perception sensitive, un sensorium commune.

Pédoncules cérébraux et tubercules quadrijumeaux — *Anatomie.* — Les pédoncules cérébraux partent de la protubérance en deux gros faisceaux divergents, qui gagnent les corps opto-striés ; ils relient le mésocéphale au cerveau proprement dit.

Une coupe (fig. 107) permet de reconnaître un certain nombre de parties venant du mésocéphale. Le pédoncule est divisé en deux étages de dimension inégale par une bande de substance grise pigmentée, le locus niger, dont les connexions ne sont pas établies.

L'étage supérieur ou calotte, supportant les tubercules quadrijumeaux, est constitué par trois faisceaux principaux. Le pédoncule cérébelleux supérieur *i* du côté opposé, qui a subi une décussation antérieure, et qui en relation avec un amas de cellules grises multipolaires à teinte rougeâtre (le noyau rouge de Stilling 6) gagnerait ensuite la couche optique; la couche du ruban de Reil *f*, faisceau commissural qui serait, d'après des travaux récents, le véritable faisceau sensitif, continuation des fibres venant des noyaux bulbo-protubérantiels des cordons de Goll et de Burdach, et reliant ces derniers aux centres corticaux.

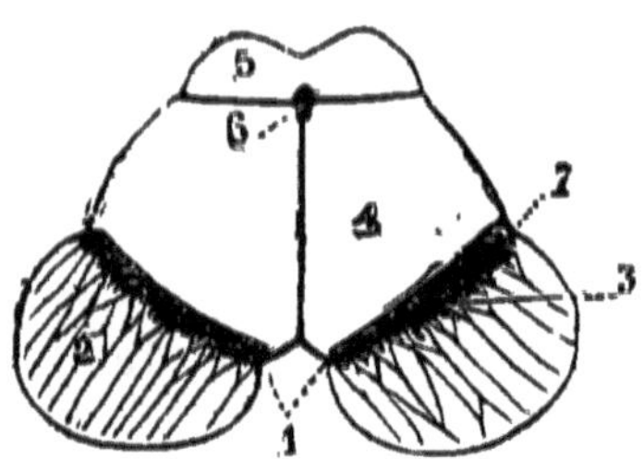

Fig. 106. — Coupe transversale du pédoncule cérébral (Testut).

1, espace interpédonculaire. — 2, pied du pédoncule. — 3, locus niger. — 4, calotte. — 5, tubercules quadrijumeaux. — 6, aqueduc de Sylvius. — 7, sillon latéral de l'isthme.

L'étage inférieur ou pied, qui comprend cinq faisceaux :

1° Le faisceau externe, appelé faisceau sensitif *e*, qui relie les parties postérieures du cerveau au bulbe. Ses fibres n'iraient pas jusqu'à la moelle ;

2° Le faisceau pyramidal *d* (plan superficiel de la pyramide bulbaire) qui unit les centres moteurs corticaux aux cornes antérieures de la moelle ;

3° Le faisceau géniculé, *c* déjà signalé dans la protubérance et qui se termine dans les noyaux moteurs bulbo-protubérantiels, après décussation ;

4° Plus en dedans, un très petit faisceau *b* (faisceau de l'aphasie), en relation avec la circonvolution de Broca ;

5° Enfin tout à fait interne, le faisceau psychique ou frontal *a* en connexion avec les circonvolutions antérieures, dont la terminaison inférieure n'est pas connue.

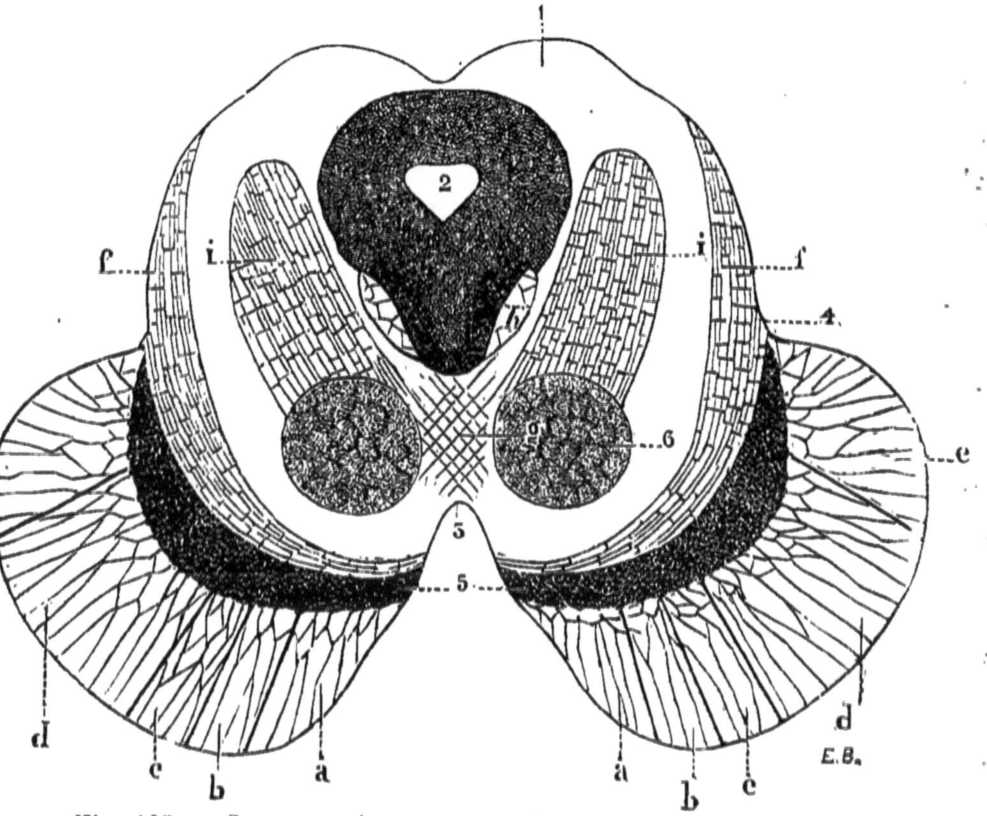

Fig. 107. — Coupe vertico-transversale du pédoncule cérébral. (TESTUT, *Anatomie.*)

1, tubercules quadrijumeaux. — 2, aqueduc de Sylvius. — 3, espace interpédonculaire. — 4, sillon latéral. — 5, locus niger. — 6, noyau rouge de Stilling. — *a*, faisceau psychique. — *b*, faisceau de l'aphasie. — *c*, faisceau géniculé. — *d*, faisceau pyramidal. — *e*, faisceau sensitif. — *f*, couche du ruban de Reil. — *g*, raphé. — *h*, bandelette longitudinale postérieure. — *i*, pédoncule cérébelleux supérieur.

Les tubercules quadrijumeaux 1, situés au-dessus des pédoncules, forment quatre saillies grises entourées de substance blanche. Elles sont en connexion avec les centres et nerfs optiques et le ruban de Reil, continuation du faisceau de Gowers de la moelle.

Physiologie. — L'excitation des pédoncules cérébraux provoque des manifestations de douleur.

La piqûre d'un pédoncule détermine chez l'animal un *mouvement de manège* irrésistible et permanent. La rotation s'accomplit dans le sens même du côté lésé, c'est-à-dire de droite à gauche si c'est le pédoncule droit. Le rayon du cercle parcouru étant d'autant plus court que la lésion se rapprocherait du bord antérieur de la protubérance.

En même temps que ce phénomène moteur, on observe une perte presque complète de la sensibilité générale du côté opposé à la lésion. Dans cette expérience on touche forcément le pédoncule cérébelleux supérieur.

Transmissions sensitives. — On voit par l'expérience citée plus haut que les impressions sensitives cérébrales passent par les pédoncules, en grande partie par le ruban de Reil de la calotte, et peut-être par le faisceau externe du pied (?).

La sensibilité très obtuse qui persiste est expliquée par l'action des centres secondaires de la protubérance (p. 709).

Transmission motrice. — La section d'un pédoncule amène la perte des mouvements volontaires dans le côté opposé pour le corps, on observe en même temps une chute de la paupière et un strabisme externe de l'œil du côté lésé, avec dilatation pupillaire (section des fibres ascendantes du moteur oculaire commun qui prend son origine un peu plus bas dans la région bulbo-protubérantielle. On observe donc une hémiplégie alterne analogue à celle constatée dans les lésions de la protubérance.

D'après Meynert, le pied de la protubérance, par où passent les fibres en connexion avec les centres cérébraux supérieurs donnerait passage aux incitations volontaires et aux impressions conscientes, tandis que les mouvements réflexes qui s'étendent jusqu'aux ganglions cérébraux opto-striés passeraient par la calotte. L'anatomie comparée montre, en effet, que le volume du pied du pédoncule est en corrélation directe avec le développement des circonvolutions cérébrales.

Les fonctions du faisceau de l'aphasie et du faisceau psychique ou frontal sont inconnues, C'est la disposition anatomique qui leur a fait donner ce nom et le fait pour le second que sa dégénérescence constatée chez l'homme n'avait été signalée pendant la vie par aucun phénomène moteur ou sensitif.

Centres pédonculaires. — Les fonctions du locus niger cette masse de cellules nerveuses qui sépare les deux étages du pédoncule, sont inconnues. Budge, Valentin et Schiff ont vu dans les pédoncules une sorte de motorium commune, qui agirait sur les organes, tels que l'estomac, l'intestin?

Tubercules quadrijumeaux. — L'excitation de cette région donne lieu à divers mouvements combinés des yeux et de l'iris, et même du corps (Adamuk, Ferrier), mais tous ces mouvements seraient dus à la propagation de l'excitation au pédoncule cérébral et aux fibres des nerfs oculc-moteurs (Knoll-Bechterew). Il en est de même de la dilatation pupillaire et de la disparition des réflexes oculo-pupillaires après leur destruction. L'extirpation unilatérale des tubercules amène chez le lapin une cécité complète de l'œil du côté opposé. Chez le chien, où l'entre-croisement des fibres optiques est incomplet, il y a hémianopsie (Voir *Vision*), c'est-à-dire perte de la vision dans la moitié homologue de chaque œil, il doit en être de même chez l'homme. L'extirpation totale amène la cécité complète. Les tubercules quadrijumeaux constituent *peut-être* un premier relai perceptif des sensations visuelles. Quant à leur rôle comme centre coordinateur des mouvements généraux (Serres), il est plus que douteux.

CERVELET

Connexions anatomiques. — La structure du cervelet est analogue à celle du cerveau, mais les circonvolutions y sont réduites à des lamelles de substances grises corticales, renfermant de grosses cellules globuleuses ou fusiformes : cellules de Purkinje qui sont les homologues des cellules pyramidales de l'écorce cérébrale.

Le cervelet est réuni au névraxe par trois paires de cordons désignés sous le nom de *pédoncules cérébelleux inférieurs, moyens et supérieurs.* Les inférieurs se dirigent vers le bulbe, pour aboutir aux corps restiformes, ils se résolvent en une série de fibres arciformes déjà décrites. A côté de ce pédoncule, il faut signaler les fibres du faisceau cérébelleux direct, qui réunissent le cervelet à la moelle. Les pédoncules moyens se rendent à la protubérance, d'où leurs fibres vont gagner soit le cerveau, soit le côté homologue du cervelet, en décrivant une anse complète, ou bien encore se perdent dans la protubérance. Quant au pédoncule supérieur, après s'être entre-croisé sous les tubercules quadrijumeaux, il va former le noyau rouge de la calotte pour se porter ensuite, après avoir contourné la partie postérieure de la couche optique, vers les couches corticales, suivant un trajet encore mal connu. Un point important à retenir, c'est que les fibres qui font communiquer le cervelet avec le bulbe et la moelle sont directes, ne subissant pas d'entre-croisement.

L'historique de nos connaissances sur le rôle physiologique du cervelet peut, comme pour la plupart de toutes les fonctions physiologiques, se diviser en deux grandes périodes. L'une, la première, comprenant toutes les opinions hypothétiques fondées sur de simples vues de l'esprit et sans aucune critique, expérimentale ou clinique sérieuse. C'est dans cette période préparatoire que nous rangerons l'opinion de Willis, plaçant dans le cervelet l'origine de la vie organique et des mouvements involontaires. Cette opinion s'appuyait sur une observation physiologique mal interprétée : la mort subite par section des pneumogastriques, et sur un fait anatomique complètement erroné : les nerfs pneumogastriques ayant leur origine dans le cervelet. Pourfour Dupetit, Saucerotte et plus tard Foville et Dugues crurent, en s'appuyant principalement sur des observations cliniques, pouvoir faire du cervelet un foyer de sensibilité. Nous verrons que Lussana a repris, en partie tout au moins, cette opinion.

Mais de toutes les théories émises, une des plus célèbres est, sans contredit, celle de Gall qui, dans son système ultra-fantaisiste des localisations cérébrales, plaçait dans le cervelet le siège de l'instinct de la propagation et du penchant à l'amour physique, ce qu'il appelait, dans son langage tout spécial : de l'amativité. Les raisons évoquées par le phrénologiste allemand ne résistent pas à un examen sérieux. Le cervelet ne se développerait qu'au moment de la puberté ; or, son développement comparé à celui du cerveau, atteint son maximum vers quatre à cinq ans.

La castration, contrairement encore à l'assertion de Gall, ne détermine aucune atrophie de cet organe ; bien au contraire, le cervelet des chevaux hongres présenterait un poids supérieur à celui des étalons et des juments (Lélut). Les observations cliniques, quand on a soin d'éliminer les cas dans lesquels il pouvait y avoir excitation bulbo-protubérantielle, n'indiquent nullement un état spécial de l'appareil génital. Enfin, l'ablation totale de l'organe laisse persister l'instinct de la propagation (Flourens).

Exposons maintenant les recherches expérimentales poursuivies pour déterminer le rôle physiologique de cet organe. Il faut étudier successivement les effets obtenus : 1° par l'excitation de l'organe ; 2° par les lésions destructives ou l'ablation totale ; 3° enfin les faits cliniques.

Excitation. — Olivier et Leven, puis Nothnagel avaient déjà signalé l'existence de mouvements de rotation de la tête, à la suite d'excitation du cervelet. Mais les recherches les plus complètes et les plus précises sur l'excitation du cervelet sont dues à Ferrier. Le physiologiste anglais a appliqué au cervelet la méthode de recherches employée pour déterminer les localisations cérébrales : excitations, par un courant induit faible, de points très circonscrits à l'aide d'électrodes impolarisables. Les expériences ont porté sur un grand nombre d'animaux d'espèces distinctes : chiens, chats, singes, lapins. Les effets les plus marqués ont été constatés principalement sur les mouvements des globes oculaires. L'excitation du lobe médian, si elle a lieu exactement sur la ligne médiane, détermine l'élévation ou l'abaissement des deux yeux, suivant que les électrodes sont appliquées à la partie supérieure ou postérieure ; mais si l'on porte les excitations sur les points latéraux, on observe une déviation des deux yeux du même côté que le point excité, il n'y a donc pas entrecroisement. L'excitation des deux lobes latéraux détermine également une rotation des yeux du même côté avec mouvement d'élévation. Ces mouvements ne sont pas localisés aux muscles oculaires, la tête obéit aux mêmes impulsions. Le rejet de la tête en arrière coïncidant avec l'élévation des yeux, et l'inclinaison de la tête entre les pattes antérieures correspondant à l'abaissement des globes oculaires, il en est de même des mouvements de latéralité qui sont associés aux changements de direction imprimés aux organes de la vision. Ferrier a noté, en outre, quelques mouvements spasmodiques des pattes, mais dont le caractère est très mal défini et qui ne peuvent être assimilés à des convulsions cloniques véritables, analogues à celles observées par l'excitation des centres corticaux moteurs du cerveau.

L'excitation du cervelet détermine encore du côté de l'appareil de la vision une contraction pupillaire qui s'observe aux deux yeux, mais est bien plus intense et surtout plus durable pour l'œil correspondant au côté excité. Dans un certain nombre d'expériences citées par Ferrier, l'excitation reste quelque temps sans produire ses effets, puis après un laps de temps variable, les phénomènes que nous venons de décrire brièvement se manifestent avec une grande netteté. Ferrier n'a pu rattacher ces variations à aucune cause plausible et constante; elles expliquent les résultats divergents obtenus par d'autres expérimentateurs. Notons, en passant, que, bien que son attention fût attirée de ce côté, Ferrier n'a jamais observé aucun indice d'excitation de l'appareil génital. Hitzig a entrepris des recherches analogues, mais sur l'homme même, en appliquant les deux électrodes d'une pile derrière les oreilles dans la région mastoïdienne. L'individu ainsi soumis au courant galvanique éprouvait une sensation de vertige, les globes oculaires se tournant du côté d'application du pôle positif, et les objets environnants semblant tourner en sens opposé aux mouvements des yeux, de droite à gauche par exemple, si le pôle positif était appliqué à l'apophyse mastoïde droite. Mais quand le sujet en expérience venait à fermer les yeux, il croyait tourner lui-même en sens contraire, éprouvant une certaine sensation de vide du côté du cathode, comme si de ce côté le contact de la base de sustentation était disparu. Les mouvements associés des yeux et de la tête ayant toujours lieu du côté où le pôle positif est appliqué, paraissent établir que l'excitation ne se produit qu'à l'anode, et aussi ce procédé de recherches peut-il être comparé à une excitation directe et localisée du point d'application du pôle positif.

Aussi Ferrier, s'appuyant sur ses propres recherches et sur celles d'Hitzig, considère-t-il le cervelet « comme constitué par un arrangement complexe de centres individuellement différenciés qui, en agissant ensemble, règlent les diverses adaptations musculaires nécessaires au maintien de l'équilibre du corps ; chaque tendance au déplacement de l'équilibre autour d'un axe horizontal, vertical ou intermédiaire, agissant comme un excitant pour le centre particulier qui met en jeu l'action compensatrice ou antagoniste.

Destruction. — Si, par l'excitation, Ferrier est arrivé à reconnaître dans le cervelet un centre de coordination des mouvements volontaires, cette fonction avait déjà été reconnue par les méthodes destructives. Les premières tentatives de destruction du cervelet paraissent avoir été entreprises par Rolando, mais les conclusions de ce grand chercheur, beaucoup plus anatomiste que physiologiste, sont absolument erronées. Rolando, en effet, considère le cervelet comme la source et l'origine de tous les mouvements. C'est par les belles recherches de Flourens que nous avons pu avoir une notion vraie du rôle joué par le cervelet dans l'organisme. Ces expériences sont restées classiques et les recherches plus récentes ne sont venues que confirmer, en partie du moins, les faits observés par Flourens.

En enlevant couche par couche le cervelet sur des mammifères et des oiseaux, mais principalement sur ces derniers (pigeons) chez lesquels l'opération est beaucoup plus facile et, par suite, moins dangereuse pour l'animal, Flourens vit que l'ablation des premières couches de l'organe déterminait une légère faiblesse et surtout un manque d'harmonie dans les mouvements. Ce défaut d'harmonie va en s'accentuant à mesure que l'on avance dans la destruction de l'organe, et quand cette destruction est complète, toute position d'équilibre devient impossible. Chez les animaux qui survivent à cette opération, on peut remarquer que l'intelligence est complètement conservée, ainsi que toutes les impressions sensorielles. L'animal voit l'objet qui le menace, entend le bruit que l'on peut faire autour de lui, et s'en effraye ; il essaie de fuir le danger dont il a conscience, mais il ne le peut, non par suite d'une paralysie de ses organes de mouvements, mais parce que, malgré ses efforts dont l'énergie n'est nullement diminuée, il ne peut coordonner l'ensemble de ses mouvements pour arriver à un résultat utile. Il existe donc une différence considérable entre les phénomènes présentés à la suite de l'ablation des hémisphères cérébraux et ceux résultant de la destruction du cervelet. Dans le premier cas, en effet, l'animal a perdu toute volonté ; il ne paraît ni voir, ni entendre, n'est susceptible d'aucun mouvement volontaire, mais si on remplace les déterminations volontaires, si on le pousse, par exemple, il continuera sa marche en avant, régulièrement, sans trouble d'équilibre, tandis que dans l'ablation du cervelet, ce sont ces troubles d'équilibre qui existent seuls. Aussi Flourens a-t-il été amené à conclure que dans le cervelet réside une propriété dont rien ne donnait l'idée en physiologie et qui consiste à coordonner les mouvements voulus par certaines parties du système nerveux. Le cervelet est le siège exclusif du principe qui coordonne les mouvements de locomotion.

Flourens, que nous avons tenu à citer textuellement, est trop affirmatif quand il affirme que le cervelet est le siège exclusif de la fonction coordinatrice. La protubérance, le bulbe et la moelle également jouissent, dans une certaine mesure, de cette fonction. Quoi qu'il en soit, les faits constatés par Flourens ayant été constamment vérifiés par tous les expérimentateurs, reste à expliquer le mécanisme même de la perturbation ainsi produite. On a voulu distinguer tout d'abord la coordination, de l'équilibration (Béclard) ; les mouvements coordonnés, qui résultent principalement de l'association fonctionnelle de groupes musculaires antagonistes, ne seraient pas atteints par les lésions partielles ou totales du cervelet, mais il y aurait simplement rupture d'équilibre. A cette théorie de Béclard nous croyons pouvoir rattacher dès maintenant une opinion nouvelle qui fait jouer un grand rôle aux connexions du nerf auditif avec le cervelet. On sait, en effet, que les lésions des canaux semi-circulaires déterminent des désordres d'équilibration remarquables, etc.

Pour d'autres physiologistes (Lussana), l'animal privé de cervelet présenterait ces troubles d'incoordination parce qu'il aurait perdu le sens musculaire. Nous avons, en effet, une conscience, très obtuse il est vrai, de l'effort produit par chacun de nos muscles qui entrent en contraction. Comment se fait cette perception ? C'est là un point absolument inconnu, pour lequel plusieurs théories ont été données et qui sera traité ultérieurement dans un autre passage. Quoi qu'il en soit, Lussana émet l'opinion toute hypothétique que le siège du sens musculaire résiderait dans le cervelet ; la destruction de cet organe amènerait la disparition de cette sensation et, dès lors, l'animal n'ayant plus conscience ni de l'effort produit, ni de la résistance éprouvée, serait dans l'impossibilité de régler ces mouvements, d'où une ataxie cérébelleuse présentant une grande analogie avec l'ataxie que l'on constate chez certains myélitiques. Cette hypothèse, tout acceptable qu'elle soit, ne repose que sur des données trop vagues, principalement quelques observations cliniques, pour être reçue sans de grandes réserves.

Reprenant l'idée ancienne de Rolando, Luys considérait le cervelet comme une source d'innervation constante, comme l'appareil dispensateur de cette force nerveuse spéciale (sthénique) qui se dépense, en quelque point que ce soit de l'économie, chaque fois qu'un effet moteur volontaire se produit. Les recherches de Luciani sont venues confirmer, en partie du moins, cette manière de voir ; si l'on constate, en effet, une véritable incoordination dans la période qui suit l'ablation du cervelet et dure jusqu'à la guérison de la plaie opératoire, dans la période consécutive, on voit peu à peu l'incoordination disparaître et il ne reste plus que quelques mouvements cloniques des membres pendant la marche, avec une grande faiblesse des mouvements généraux. Il y a alors une ataxie toute particulière, caractérisée par le manque d'équilibre et le tremblement, et que l'on désigne sous le nom d'*astasie* (α. στασις, équilibre). C'est la diminution du tonus musculaire et de l'énergie du système nerveux moteur qui serait le symptôme le plus persistant de l'ablation du cervelet, l'incoordination disparaissant, par suite peut-être d'une suppléance d'autres centres : protubérance et bulbe.

Borgherini a repris ces études en 1888, en cherchant à élucider cette question : le cervelet est-il un organe capable d'engendrer de la force ou ne sert-il qu'à coordonner les mouvements ? Chez un chien dont le cervelet avait été totalement extirpé, il put constater que les symptômes étaient nettement ceux de l'ataxie locomotrice, semblable à l'ataxie spinale de l'adulte, intéressant en plus de cette dernière le cou et la tête. Quant à la force musculaire, elle semblait normale, et le chien revenait dans sa position primitive quand on déplaçait ses membres. Borgherini élimine également toute idée de suppression du sens musculaire. Chez le chien ayant survécu à l'ablation totale du cervelet, Borgherini n'a constaté aucune particularité du côté des globes oculaires et de la mastication ; c'est une observation intéressante quand on se rappelle les résultats si nets et si précis obtenus par Ferrier avec l'excitation électrique des lobes de ces organes et que nous avons relatés plus haut.

Les observations cliniques sur les lésions du cervelet sont assez nombreuses, mais elles n'ont apporté que fort peu de données à la physiologie de cet organe par suite de la divergence des symptômes observés et de l'extrême rareté des cas où il était permis de ne considérer que le cervelet comme exclusivement levé. Dans le cas de Combette d'une jeune fille ayant une absence congénitale du cervelet, on n'a pu signaler aucun symptôme caractéristique pendant la vie.

Les observations de Duchenne (de Boulogne) sur les malades atteints de lésions cérébelleuses pures concordent avec la théorie de Flourens. Au lit le malade peut exécuter tous les mouvements, mais quand il se lève, il perd l'équilibre, sa démarche est saccadée. Chez un chien, qui pendant la vie avait présenté tous les symptômes de l'ataxie locomotrice, Borgherini a trouvé une atrophie diffuse de la substance cérébrale cérébelleuse.

On peut résumer la fonction du cervelet, en disant qu'il est à la fois sthénique et coordinateur, c'est-à-dire qu'il renforce l'énergie musculaire et qu'il contribue à assurer l'association régulière des contractions musculaires pour obtenir des effets déterminés et précis.

Pédoncules cérébelleux. — La lésion des pédoncules cérébelleux, ou leur excitation détermine une perte d'équilibre et des mouvements de manège, de roulement, du rayon de roue, variable avec le pédoncule touché.

La lésion du pédoncule supérieur produit un mouvement de manège du côté opposé. Dans une lésion droite, l'animal tourne en allant à gauche. Le pédoncule cérébral est alors touché également. Pour le pédoncule moyen, l'animal tourne sans se déplacer, son train postérieur formant pivot (rotation en rayon de roue), le sens de la rotation variant suivant le point touché ; du côté lésé, si c'est la partie postérieure, du côté opposé si c'est la partie antérieure, avec le pédoncule inférieur, l'animal s'incurve en arc du côté lésé.

L'interprétation de ces faits est loin d'être élucidée. Est-ce un phénomène de paralysie, d'inhibition ou d'excitation ?

HÉMISPHÈRES CÉRÉBRAUX

Corps striés et couches optiques. — Le corps strié est constitué de chaque côté par deux noyaux séparés par un faisceau de fibres blanches pédonculaires (la capsule interne), un noyau interne, ou noyau caudé, un noyau externe, ou noyau lenticulaire. Ces noyaux sont reliés au pédoncule cérébral par des fibres descendantes et à l'écorce cérébrale par des fibres ascendantes. Au point de vue histologique, Marchi insiste sur la présence de cellules à prolongements nerveux très ramifiés, cellules qui, suivant l'opinion de Golgi sont des cellules sensitives. (Ce fait est important à signaler, étant donné les fonctions motrices que l'on attribue plus volontiers au corps strié.)

L'excitation des corps striés détermine des phénomènes purement moteurs : contraction généralisée du côté opposé du corps (pleurosthotonos) (Ferrier, Carville et Duret). La destruction amène une paralysie motrice croisée (Laborde et Lemoine), et un mouvement de manège par pivotement sur les pattes paralysées. Mais ici encore il faut tenir compte du voisinage et par suite des lésions inévitables des fibres pédonculaires.

Il semble résulter de toutes les recherches que les noyaux striés ont une fonction motrice, peut-être, comme l'a avancé Nothnagel, qu'ils constituent des centres automatiques secondaires, c'est-à-dire qu'ils continuent à commander les mouvements combinés qui après avoir commencé sur une incitation volontaire continuent ensuite automatiquement, et cette conception trouve sa confirmation dans les données embryologiques, qui nous montrent que le corps strié est un ilot de substance grise corticale du cerveau qui s'est détaché du manteau cortical pour se développer dans la profondeur (M. Duval).

L'analogie fonctionnelle des corps striés et de la zone corticale a été soutenue encore par Baginsky et Lehmann, qui voient dans ces organes une partie intégrante des appareils ganglionnaires de l'écorce cérébrale.

Les troubles moteurs observés, si l'on tient compte du traumatisme forcé que l'on fait subir à la capsule interne et des désordres qui en résultent fatalement, sont analogues à ceux consécutifs aux lésions de l'écorce, et il en est de même des troubles thermiques : élévation de la température dans les deux cas.

Couches optiques. — Les deux couches optiques (*Thalamus*) sont constituées par deux noyaux gris volumineux, situés de chaque côté du ventricule moyen, en connexion, d'une part avec le pédoncule cérébral et, d'autre part, avec la zone corticale du cerveau.

La fonction des couches optiques est encore complètement inconnue, et les opinions émises à leur sujet sont tout au moins hypothétiques, ainsi qu'il est facile de le voir d'après les résultats obtenus par les divers expérimentateurs.

L'excitation portée directement sur les couches optiques n'a déterminé aucune manifestation douloureuse ou motrice (Nothnagel), ou encore les troubles moteurs observés (incoordination, mouvements de flexion latéraux) (Schiff), aussi bien que ceux, très variables d'ailleurs, que l'on a signalé après leur excision ou leur destruction peuvent se rattacher aux lésions des pédoncules cérébraux dont les fibres passent au-dessous des couches optiques.

Les troubles de la vue. presque constants, s'expliquent de même par la blessure des fibres optiques qui passe au-dessus de la couche optique.

L'observation clinique et l'anatomie pathologique n'ont pu jusqu'ici donner d'indications précieuses. Les hémorragies ou les ramollissements des noyaux centraux n'étant jamais localisées aux couches optiques. Laborde et Lemoine en déterminant des hémorragies localisées (par injection directe de sang dans les régions indiquées) ont vu une hémianesthésie se produire immédiatement. Pour eux, les couches optiques sont des centres de sensibilité.

Nous donnerons les hypothèses de Meynert et de Luys appuyées surtout par des considérations d'ordre morphologique.

Pour Meynert, les cou-

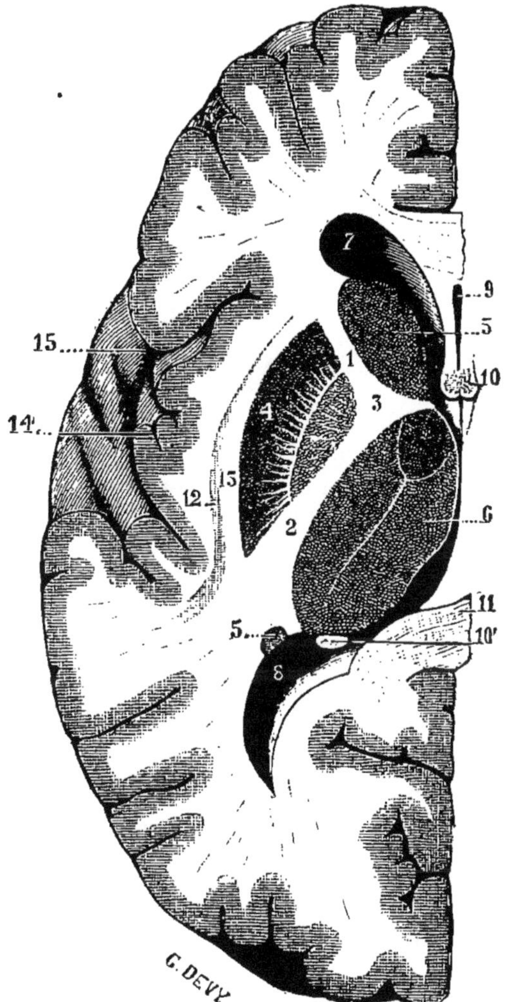

Fig. 108. — Coupe horizontale de Flechsig (hémisphère gauche). (TESTUT, *Anatomie.*)

1, segment antérieur de la capsule interne. — 2, segment postérieur. — 3, genou. — 4, noyau lenticulaire. — 5, noyau caudé. — 6, couche optique. — 11, corps calleux. — 12, avant-mur. — 13, capsule externe. — 14, lobe de l'insula. — 15, scissure de Sylvius.

ches optiques sont des centres moteurs réflexes supérieurs. Les mouvements combinés sont des associations réflexes irradiées de ces centres.

Des couches optiques à travers la couronne rayonnante passeraient des incitations qui, se rendant aux couches cérébrales supérieures, donneraient naissance à la sensation du mouvement exécuté. Les couches optiques sont donc doublement coordinatrices : comme centre des mouvements réflexes combinés, comme point de passage des incitations donnant lieu au sens musculaire. Cette théorie a pour elle l'opinion de Nothnagel et de Wundt.

Fig. 109. — Face interne de l'hémisphère gauche. (TESTUT, *Anat.*)

x-x, direction de la section pour obtenir la coupe de Flechsig. — y-y, coupe de Brissaud.

Pour Luys, la couche optique est un centre de réception et d'élaboration métabolique (?) des diverses impressions sensitives. Les impressions sensitives y subiraient une nouvelle élaboration, pour se rendre plus assimilables pour les opérations cérébrales ultérieures et devenir ainsi progressivement les agents *spiritualisés* de l'activité des cellules cérébrales. Et, partant de données purement hypothétiques, il établit une série de centres récepteurs pour les sensations olfactives, gustatives, acoustiques, de sensibilité générale, etc.

Capsule interne. — La capsule interne est constituée par l'épanouissement du pédoncule cérébral après son passage entre les ganglions centraux du cerveau, corps opto-striés et le noyau lenticulaire, d'où sa désignation de portion interganglionnaire des pédoncules. On doit donc retrouver dans la capsule les divers faisceaux que nous avons signalés dans le pédoncule. Mais, outre ces faisceaux qui constituent les fibres *cortico-pédonculaires* ou directes, il existe encore deux

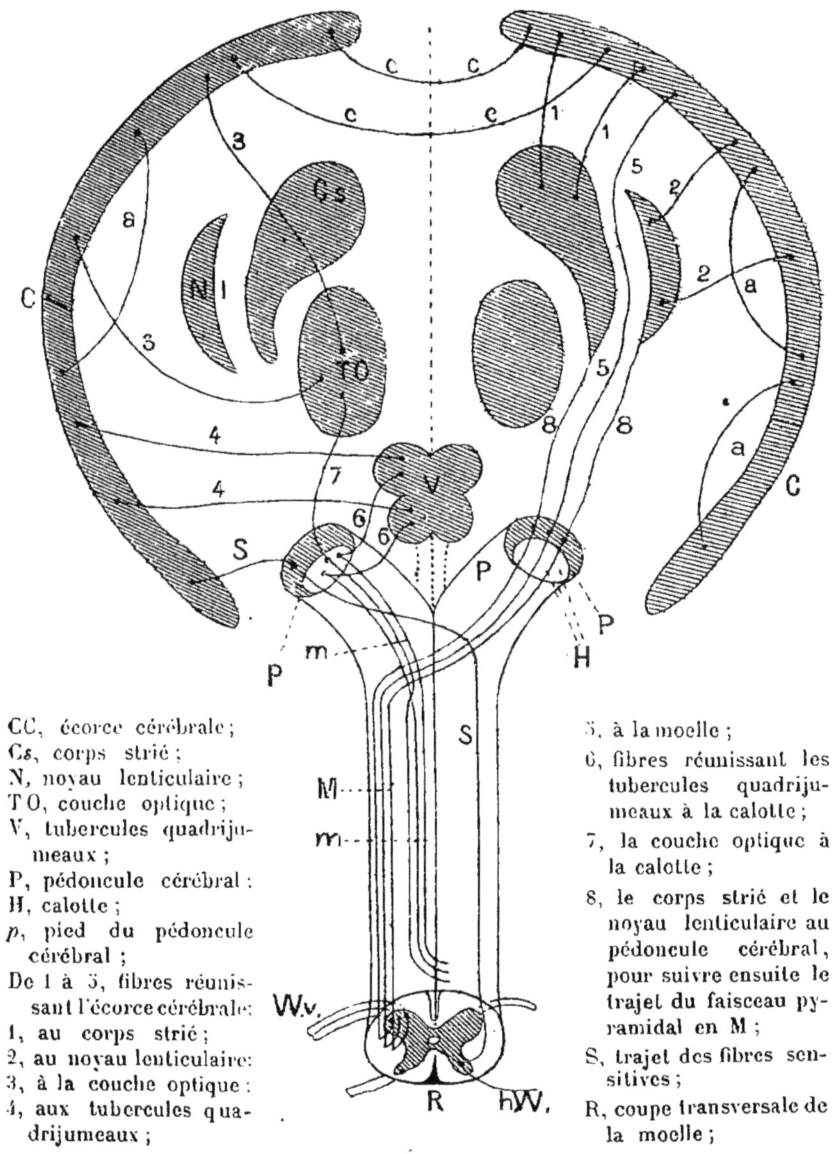

CC, écorce cérébrale ;
Cs, corps strié ;
N, noyau lenticulaire ;
TO, couche optique ;
V, tubercules quadrijumeaux ;
P, pédoncule cérébral ;
H, calotte ;
p, pied du pédoncule cérébral ;
De 1 à 5, fibres réunissant l'écorce cérébrale :
1, au corps strié ;
2, au noyau lenticulaire ;
3, à la couche optique ;
4, aux tubercules quadrijumeaux ;
5, à la moelle ;
6, fibres réunissant les tubercules quadrijumeaux à la calotte ;
7, la couche optique à la calotte ;
8, le corps strié et le noyau lenticulaire au pédoncule cérébral, pour suivre ensuite le trajet du faisceau pyramidal en M ;
S, trajet des fibres sensitives ;
R, coupe transversale de la moelle ;

Wv, hW, racines antérieures et postérieures. — àa, fibres d'association. — cc, fibres commissurales.

Fig. 110. — Schéma des conductions nerveuses, d'après Meynert.

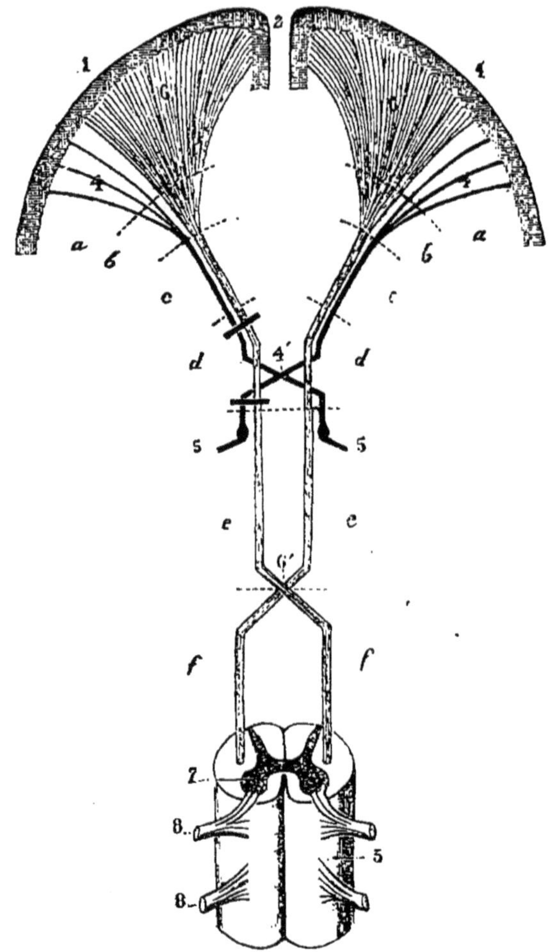

Fig. 111. — Trajet des fibres motrices de la couche corticale à la moelle. (TESTUT, *Anatomie.*)

1, écorce cérébrale. — 2, zone motrice. — 3, tronçon de moelle épinière vue par sa face antérieure. — 4, fibres motrices bulbaires (faisceau géniculé). — 5, noyau bulbaire avec le nerf qui en émane. — 6, fibres motrices rachidiennes (faisceau pyramidal). — 6', leur décussation à la partie inférieure du bulbe. — 7, cornes antérieures de la moelle. — 8, nerf rachidien. — *a*, centre ovale. — *b*, capsule interne. — *c*, pédoncule cérébral. — *d*, protubérance. — *e*, bulbe. — *f*, moelle épinière.

Les lésions en *b*, *c*, *d*, donnent lieu à une hémiplégie croisée complète. Les lésions portant plus bas (trait noir inférieur) après la décussation du faisceau bulbaire déterminent une paralysie directe pour la face (nerfs des noyaux bulbaires) et croisée pour le reste du corps (paralysie alterne).

variétés de fibres : les fibres *ganglio-pédonculaires* et les fibres *cortico-ganglionnaires*.

Les observations anatomo-pathologiques et les recherches expérimentales ont permis d'établir à quel ordre d'incitations chaque région de la capsule servait de conducteur.

On a divisé ainsi la capsule interne en deux régions : l'une antérieure, comprise entre la couche optique et le noyau lenticulaire, *région lenticulo-striée*, essentiellement motrice; l'autre postérieure, entre la couche optique et le corps lenticulaire, *région lenticulo-optique*, surtout sensitive.

La méthode expérimentale a été appliquée pour la première fois par Veyssière, qui employait un stylet à ressort. Après avoir déterminé aussi exactement que possible les points de repère et la profondeur nécessaire pour toucher telle région de la capsule, Veyssière introduisait par un trou de trépan un fin trocard creux jusqu'au niveau voulu, puis il faisait saillir un stylet, ou un simple ressort de montre, qui opérait la section cherchée. Par un procédé que nous avons déjà signalé, Laborde et Lemoine ont déterminé des hémorragies artificielles dans ces régions, par l'injection de sang sous pression normale. Enfin et surtout ce sont les observations cliniques suivies d'autopsie qui ont aidé puissamment à la systématisation de la capsule interne.

Quand la lésion, de quelque nature qu'elle soit, porte sur la région antérieure (les deux tiers antérieurs de la capsule interne), lenticulo-striée, il existe une hémiplégie complète du côté opposé à la lésion. De toutes les hémiplégies de natures cérébrales, c'est l'hémorragie de la capsule interne qui produit les hémiplégies les plus complètes et aussi les plus durables. Par suite même de la disposition rayonnante des fibres, on conçoit que pour une lésion de même étendue, les troubles observés seront d'autant plus généraux que la lésion est plus inférieure, portant par suite sur un plus grand nombre de fibres. Le faisceau le plus important, dont les fonctions au moins sont le mieux connues, est le faisceau pyramidal qui transmet les impulsions motrices de l'écorce cérébrale aux cornes antérieures de la moelle. Le faisceau géniculé est également moteur, mais son trajet est plus court, puisqu'il se termine dans les noyaux moteurs bulbo-protubérantiels du côté opposé. Quant aux faisceaux plus antérieurs, de l'aphasie et frontal, et qui constituent la partie lenticulo-striée proprement dite, on ignore encore réellement ses fonctions.

La région postérieure (lenticulo-optique) qui est constituée par le faisceau sensitif, est destinée uniquement à la conduction des impressions sensitives; sa lésion amène une hémianesthésie complète du côté opposé. Le fait, constaté en clinique par Turck, a été confirmé depuis par de nombreuses nécropsies, montrant la destruction du tiers postérieur de la capsule interne, quand pendant la vie on avait constaté une hémianesthésie totale.

Substance des hémisphères proprement dits. — Dans les hémisphères cérébraux, il y a lieu de considérer encore la substance blanche et la substance grise, cette dernière formant l'écorce même de la masse cérébrale.

Quant à la substance blanche, son rôle est toujours d'être conductrice, mais au point de vue de la physiologie on doit envisager les différents faisceaux de fibres blanches sous deux groupes.

D'une part, les fibres qui, partant de la couche corticale, conduisent les sensations ou les volitions aux centres situés plus bas, corps opto-striés, centres bulbo-protubérantiels, centres médullaires. Ce sont ces fibres qui constituent la couronne rayonnante de Reil.

D'autre part, il faut tenir compte des fibres nerveuses propres de l'écorce grise, des *fibres nerveuses d'associations*, qui mettent en rapport toutes les parties du cerveau les unes avec les autres, et qui constituent le substratum anatomique qui nous permet de comprendre les associations multiples d'idées, de souvenirs, de sensations, de mouvements.

Substance grise corticale. — La partie superficielle du cerveau est constituée par de la substance grise; il est donc permis de conclure à priori qu'elle doit constituer une série de centres, soit moteurs, soit sensibles, soit encore psychiques.

Nous ne pouvons donner ici la description anatomique même succincte du cerveau.

L'écorce cérébrale présente à peu près, sur toute la convexité du cerveau, une structure identique. Ce sont des cellules ganglionnaires et des fibres nerveuses inégalement réparties, noyées dans une masse névroglique.

Les histologistes ont divisé la substance grise en plusieurs couches; très schématiquement, on peut résumer ainsi cette constitution, en allant de la périphérie au centre : une couche de fibres nerveuses fines à myéline, une couche de petites cellules pyramidales, une zone translucide, une couche de grosses cellules pyramidales, enfin une quatrième (ou cinquième si l'on compte la zone translucide) constituée par des cellules polymorphes et des petites granulations. Cette dernière est en contact avec la substance blanche, dont les fibres ou ramifications pénètrent la substance grise jusqu'aux petites cellules pyramidales ; les fibres nerveuses restent longtemps sans myéline.

Golgi a divisé les cellules nerveuses en cellules motrices et cellules sensitives, suivant qu'elles ont un ou plusieurs prolongements. Or, l'étude histologique du cerveau montre que ces deux sortes de cellules se rencontrent simultanément dans toutes les régions de l'écorce, mais qu'il existe néanmoins une prédominence des cellules d'une catégorie sur celles de l'autre, précisément pour les régions que l'expérimentation et la clinique montrent chargées de fonctions distinctes : motrices ou sensorielles. Mais il faut rappeler que cette distinction topographique n'est pas absolue, ainsi que pouvait le faire prévoir la coexistence des deux sortes de cellules dans toute la région corticale.

Ablation plus ou moins complète du cerveau. — Pour déterminer les fonctions du cerveau, on a essayé de détruire en partie du moins cet organe. Chez les animaux inférieurs, cette opération est facile, chez les animaux à sang chaud elle présente quelques difficultés, surtout, point essentiel si l'on veut obtenir la survie de l'animal. On ne peut songer, en effet, à conclure des faits observés immédiatement après l'opération, car il se produit alors un choc traumatique trop important. Les expériences les plus intéressantes à cet égard ont été faites par Goltz qui a pu faire vivre un chien après l'ablation des deux hémisphères pendant plusieurs mois. Cette survie établit déjà que le cerveau n'est pas un organe essentiel à la vie, que son influence sur les autres fonctions n'est pas indispensable, quoique réelle, mais, d'après Goltz, non seulement les fonctions de la vie végétative continuent à s'exercer, mais encore, et c'est ici que la question devient intéressante, le chien répondrait encore à certaines excitations, notamment les excitations auditives.

Chez l'oiseau, l'excérébration partielle n'agit que peu. Le canard privé de l'écorce cérébrale ne diffère que très peu du canard normal ; pour atteindre l'intelligence de cet oiseau, il faut réellement enlever les hémisphères (Ch. Richet). En tous cas, quand on les enlève, et quand le premier choc est passé, voici ce que l'on observe. L'animal reste debout, il n'est point paralysé, il marche un peu, puis s'arrête, reste immobile, s'assoupit, repliant parfois sa tête sous son aile. Il reste là indéfiniment. Si un bruit se produit, si on le touche, il se remet à marcher, parfois avec rapidité, puis il s'arrête de nouveau. Jetez-le en l'air et il volera un peu, non au hasard, mais en évitant les obstacles. Il reste là où il est. Mettez du grain devant lui, il n'y touche pas, mettez-en dans son bec, il l'avale, parce que l'on a déterminé l'apparition du réflexe de la déglutition ; mais jamais il ne s'alimente de lui-même. La spontanéité, l'intelligence, l'interprétation des choses extérieures, comme des sensations internes, ont disparu. Comme le dit Vulpian, « il ne *regarde* plus, n'*écoute* plus, ne *flaire* plus, ne *goûte* plus, ne *touche* plus ; mais il *voit*, il *entend* encore ; il sent les odeurs et les saveurs, il a encore des sensations tactiles ». Il y a bien sensation et perception, mais il n'y a plus formation d'idées. Au point de vue de la motilité, la spontanéité a disparu : l'animal réagit réflexement aux excitations externes ou internes, par des mouvements simples ou provoqués par association préalable. Pendant toute la survie de l'animal, qui peut être de mois et d'années, si on le nourrit et le soigne, cet état persiste sans modifications. Rien n'est changé chez l'oiseau excérébré, si ce n'est qu'il a perdu l'intelligence et la spontanéité.

La grenouille privée de son cerveau reste immobile tant qu'on ne l'excite point ou tant que la peau ne se dessèche pas, car la dessiccation produit une excitation déterminant un peu de locomotion. Mise sur le dos, elle se redresse, puis reste tranquille. Jetée à l'eau, elle nage vers les bords du bassin, et reste là... Mais elle ne prendra d'elle-même aucun aliment ; nourrie artificiellement, elle vivra des mois et des années. Elle y voit clair, car elle évite les obstacles (Goltz) ; elle garde son équilibre, car, mise sur une planchette que d'horizontale on fait devenir verticale, puis de nouveau horizontale (face supérieure devenant inférieure), l'animal se déplace légèrement et sait prendre les mesures nécessaires. (Expérience acrobatique de Goltz.) Le sens sexuel persiste. Bref, tous les réflexes continuent à s'exécuter, la sensibilité, la motilité restent intactes, mais ici encore la spontanéité, l'intelligence ont disparu. Seulement, comme le rôle de celles-ci est peu apparent dans la vie de l'animal, leur absence est moins facile à saisir.

Chez le poisson, les troubles sont encore moins marquées, et il est évident que les désordres observés sont d'autant moindres que l'on descend l'échelle des êtres. La sensibilité persiste, en ce sens que l'animal répond aux excitations ; il voit, entend, sent, etc. ; la motilité persiste, puisqu'il se déplace et exécute des mouvements parfois fort complexes ; mais il lui manque l'intelligence, la spontanéité, la mémoire, la volonté. Il n'interprète plus les images visuelles par exemple ; il voit le danger sans émoi, il n'a plus l'*idée* du mal. Il est dans l'état où nous serions si nous étions transportés dans un monde où rien ne ressemblerait, même du plus loin, à ce que nous connaissons ; nous ne saurions rien interpréter ; des images nouvelles se produiraient par des sens nouveaux, inimaginables, et n'évoqueraient aucune idée en nous, sauf celle-ci, cependant, qui manque à l'animal excérébré, en présence du monde terrestre, celle de l'étonnement. Nous comprendrions que nous ne comprenons pas, et lui ne le peut. Comme le dit Ferrier, l'animal excérébré, c'est une chambre noire sans plaque sensible. Il ne faut pas s'étonner de la complexité parfois grande de la réaction réflexe de l'animal privé de ses hémisphères cérébraux. Ce n'est toujours qu'un réflexe ; les centres coordinateurs des mouvements si complexes du vol, de la natation, du maintien de l'équilibre, etc., se trouvent non dans les hémisphères, mais, l'expérience le démontre, dans le cervelet, le mésocéphale et la base du cerveau, comme celui des mouvements cardiaques et respiratoires, dans le bulbe. Il suffit d'une excitation venue par l'œil, l'oreille, la peau ou les muscles même (sens musculaire) pour que l'activité spéciale, si complexe qu'elle soit, de ces centres, se manifeste. Malgré leur précision, leur complexité et leur caractère parfois en apparence si raisonné, si spontané, si voulu, les mouvements en question sont de simples réflexes quoique n'étant point des réflexes simples. Une fois que le réflexe a été satisfait, une fois qu'il a été obéi à l'excitation, l'animal reste immobile, sans passions, sans volonté, sans intelligence, sans mémoire, jusqu'au moment où une nouvelle excitation se produira. En l'absence d'excitations, rien ne sera changé à cet état d'anéantissement de toute intelligence. Tel est l'enseignement fourni par les résultats de la méthode des ablations cérébrales.

Centres corticaux. – Flourens avait posé en principe la non-systématisation des facultés intellectuelles dans tout le cerveau. Il admettait que le cerveau peut subir des pertes considérables sans troubles permanents. « Toutes les facultés de l'âme, occupant la même place dans le cerveau, dès qu'une d'elles disparaît, par la lésion d'un point donné du cerveau proprement dit, toutes disparaissent ; dès qu'une revient par la guérison de ce point, toutes reviennent [1]. »

Brown-Séquard et Goltz rejettent toujours la doctrine des fonctions localisées dans des territoires parfaitement délimités du cerveau, qui est généralement acceptée aujourd'hui par les physiologistes et les cliniciens. La doctrine de Flourens a dû, même pour ceux qui la défendent encore, devant l'évidence des faits perdre une partie de sa rigueur.

[1] Flourens. *Recherches expérimentales sur les propriétés et les fonctions du système nerveux.*

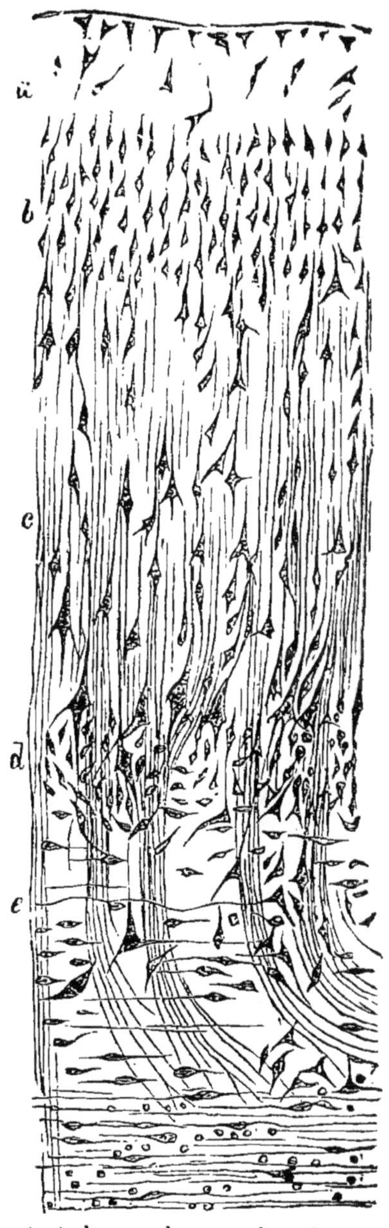

Fig. 112. — Coupe verticale de la substance grise d'une circonvolution cérébrale (d'après Meynert).

a, couche externe, claire à petites cellules et à fibres à myéline. — *b*, couche de petites cellules pyramidales. — *c*, couche de grosses cellules pyramidales; au contact de ces deux couches, la zone translucide. — *d*, cellules polymorphes. — *e*, fibres de la substance blanche rayonnant jusqu'à la périphérie. (Testut, *Anatomie*.)

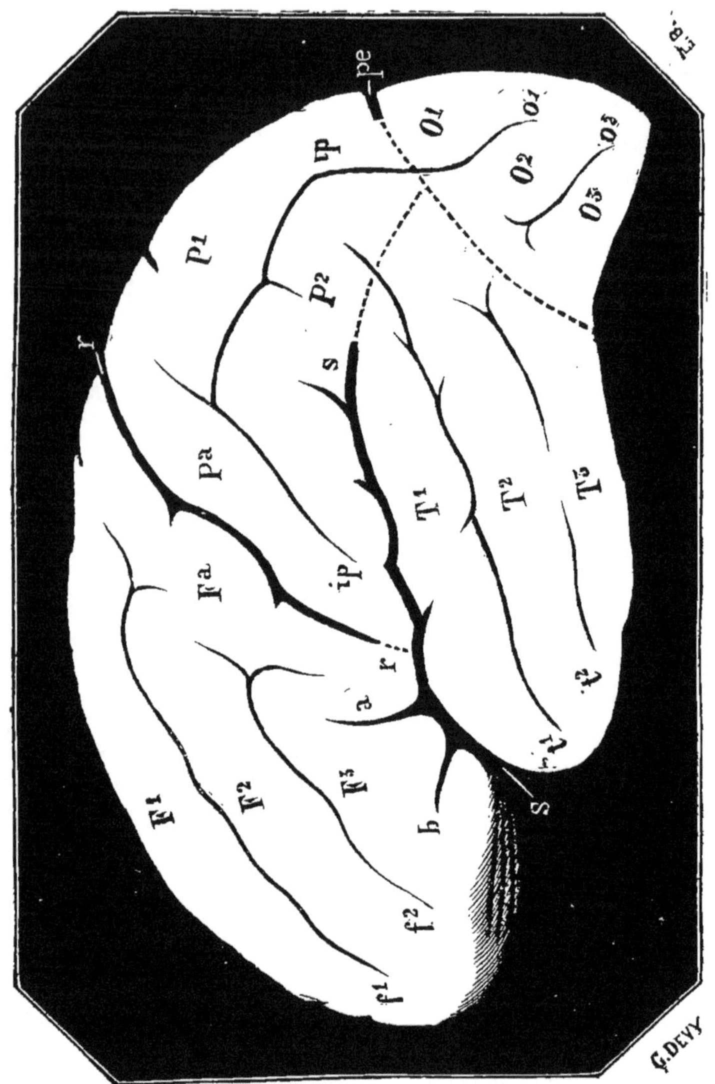

Fig. 113. — Schéma des circonvolutions (hémisphère gauche). (TESTUT, *Anatomie.*)

s, scissure de Sylvius. — *a*, sa branche ascendante. — *b*, sa branche horizontale. — **r**, scissure de Rolando. — *pe*, scissure perpendiculaire externe. — f^1, sillon frontale supérieur. — f^2, sillon frontale inférieur. — *ip*, sillon interpariétal. — t^1, sillon temporal supérieur. — t^2, sillon temporal inférieur. — O^1, sillon occipital supérieur. — O^2, sillon occipital inférieur. — F^1, F^2, F^3, F^a, circonvolutions frontales. — P^1, P^2, P^a, circonvolutions pariétales. — T^1, T^2, T^3, circonvolutions temporales. — O^1, O^2, O^3, circonvolutions occipitales.

Le célèbre système phrénologique de Gall peut être considéré comme la première tentative de localisations des diverses fonctions attribuées au cerveau. Mais la médecine allemande était partie d'une idée radicalement fausse : l'analogie complète de forme entre la boîte cranienne et le cerveau qu'elle renferme.

Excitation de la couche corticale. — Si à l'aide d'un courant faradique d'une certaine intensité (courant bien sensible à la pointe de la langue) on excite les différentes régions de la surface cérébrale d'un animal mammifère adulte, on n'observe aucun phénomène appréciable sur l'animal, quand les électrodes sont promenés à la surface de l'écorce occipitale ou temporale. Mais vers le tiers antérieur, dans la partie que contourne le sillon de Rolando ou son homologue chez les animaux (sillon crucial chez le chien), l'électrisation donne lieu à des phénomènes moteurs, et si les électrodes sont très rapprochées, le courant d'une intensité donnée, on n'observe que des mouvements localisés dans une région et toujours identiques pour un même point excité.

Tel est le fait indéniable, démontré pour la première fois par les belles expériences de Fritsch et Hitzig (1870) : l'excitation électrique de certaines zones de l'écorce cérébrale détermine des mouvements caractérisés et constants pour la zone excitée. Les auteurs concluaient qu'il existe des centres circonscrits, possédant des fonctions différentes et qu'il en était vraisemblablement ainsi pour toutes les fonctions psychiques.

Nous reviendrons plus loin sur la discussion et sur l'interprétation des faits, mais il faut d'abord établir les points acquis, hors de conteste, quelle que soit la théorie admise, et qui ont été étudiés par Ferrier, Horsley, etc.

Deux méthodes permettent d'aborder la question : l'excitation électrique ou autre (chimique, mécanique) des régions, leur extirpation.

La localisation des mouvements est d'autant plus nette que l'on s'avance dans l'échelle animale, encore ne s'agit-il ici que des mammifères, car l'excitation du cerveau des autres

Fig. 114. — Schéma du cerveau de chien (Fritsch et Hitzig).

Le triangle indique le centre des muscles du cou, la croix, le centre des muscles extenseurs et adducteurs de la patte antérieure, la hachure, le centre pour les membres postérieurs, le cercle pour la face.

vertébrés n'a donné que des résultats nuls ou trop incertains.

Sur le chien on peut circonscrire très nettement les mouvements de flexion, d'abduction des membres, des yeux. Mais c'est surtout sur le singe que la systématisation des centres a pu être faite avec précision.

En avant et en arrière de l'extrémité inférieure de la scissure de Rolando se trouve la zone des mouvements de la face, au centre des circonvolutions pariétales et frontales, la zone du membre antérieur, comprenant une série de centres très nettement différenciés.

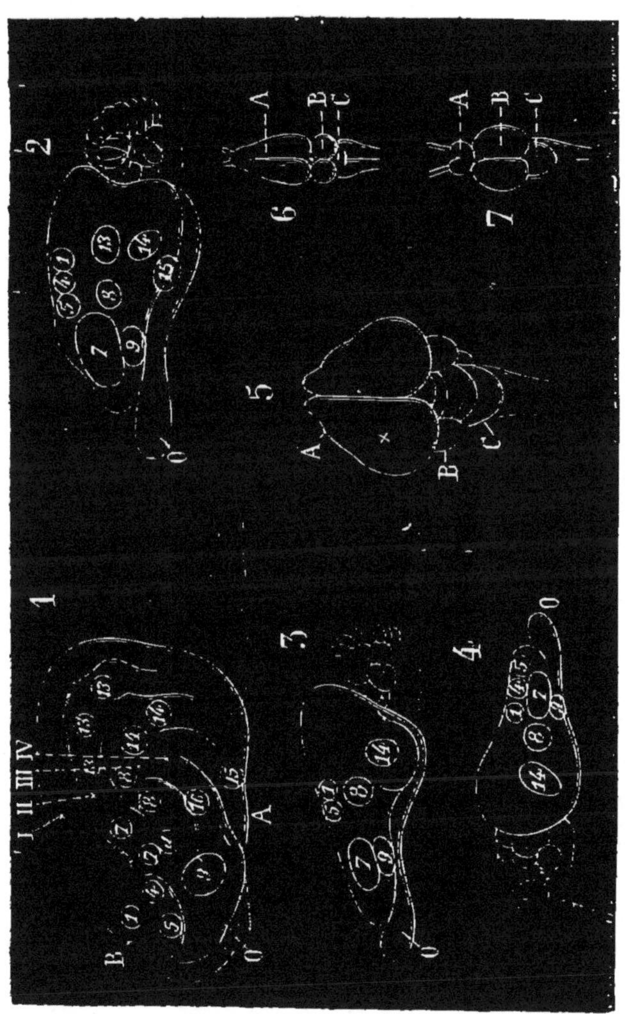

Fig. 115. — Schéma montrant la décroissance des zones corticales motrices des vertébrés supérieurs aux vertébrés inférieurs (Ferrier).

1, chat. — 2, lapin. — 3, cobaye. — 4, rat. — 5, pigeon. — 6, grenouille. — 7, poisson.

A côté de ces mouvements primaires, il existe des mouvements combinés ayant leurs centres dans la partie postérieure du milieu de la circonvolution frontale (Horsler et Beevor).

D'après Munk, c'est dans le lobe frontal que résideraient les centres des mouvements du tronc et il explique le faible développement de cette région frontale chez la plupart des mammifères par le peu de mobilité même de leur tronc.

François Franck a émis, mais comme simple hypothèse que les régions antérieures dont l'excitation reste sans effet seraient surtout modératrices, par le faisceau frontal, accolé au faisceau pyramidal, elles exerceraient une action frénatrice sur les centres inférieurs.

A cette hypothèse peut se rattacher une autre conception. Les enfants, les nouveau-nés en général, présentent très souvent des convulsions. Or Soltman, puis Setschenof ont montré que chez l'animal nouveau-né, la zone motrice n'était pas excitable ; les recherches histologiques montrent également que les zones motrices n'acquièrent leur constitution complète qu'un certain temps après la naissance.

Or si la zone motrice n'est pas excitable, il doit en être de même de la zone frénatrice, et c'est ainsi que l'on peut expliquer la fréquence des mouvements convulsifs chez les enfants.

Epilepsie corticale. — Quand l'excitation électrique portée sur la zone motrice atteint une certaine intensité et une certaine durée, au lieu d'un mouvement simple, on observe une série de mouvements convulsifs qui au début sont localisés dans le membre correspondant à la région excitée, puis se généralisent et peuvent occuper tout le corps. Le mouvement convulsif est dans sa première phase, tonique, c'est-à-dire que la région convulsée est en contracture et le graphique qui dans ces conditions indique une ligne ascentionnelle, puis un plateau plus ou moins ondulé, suivant que la contracture tétanique est plus ou moins complète, à cette phase tonique succède la phase clonique constituée par des secousses d'intensité et de rapidité variable. L'attaque épileptique persiste un certain temps après l'excitation, avec un fort courant, et si l'on applique les électrodes un temps très court, elle peut ne se produire qu'après le retrait des électrodes. Nous reviendrons plus loin sur les conditions spéciales.

Destruction partielle de la couche corticale. — Si l'excitation électrique des régions cérébrales a permis d'indiquer l'existence de points excitables correspondant à des mouvements déterminés, la destruction de ces mêmes régions peut donner des indications sur leur fonctionnement. Il n'est pas inutile de rappeler que la première localisation cérébrale, le centre du langage articulé, a été démontrée grâce à l'observation de lésions de la troisième frontale gauche.

Plusieurs méthodes ont été employées pour détruire les régions étudiées. Goltz, de Strasbourg, employait un jet d'eau violent, lancé par un trou pratiqué dans la boîte crânienne (*Durchspülungsmethode*). Il obtenait ainsi de vastes lésions destructives de la substance grise corticale, mais ces lésions n'étaient point localisées, pouvaient s'étendre même jusqu'aux corps opto-striés. Il est préférable d'employer soit la cautérisation au thermo-cautère, soit le bistouri qui permet de localiser mieux encore la région. L'hémorragie produite par l'incision s'arrête rapidement avec une plaque d'amadou, et il est important de noter avec quelle facilité les animaux opérés (quand la lésion n'est pas trop profonde). se remettent facilement, si l'on a pris les précautions antiseptiques nécessaires.

Si sur un chien on extirpe à l'aide du bistouri la zone motrice de la patte antérieure, zone située en avant du sillon crucial et qu'il est facile de reconnaître par l'excitation préalable avec un courant faradique, on observe après le réveil de l'animal une paralysie incomplète de la patte antérieure du côté opposé à la lésion. L'animal peut se tenir debout, marcher. mais sa démarche est chancelante et, signe caractéristique et constant, il appuie cette patte sur sa face dorsale et non sur sa face plantaire. De tous les symptômes observés, celui-ci est peut-être le plus constant.

Goltz insiste surtout sur la disparition des mouvements intentionnels. Les mouvements automatiques tels que la marche peuvent encore se faire, mais il n'en est plus de même de certains mouvements où la volonté intervient plus directement. Si l'animal avait été dressé à donner la patte, il ne donnera plus celle du côté opposé à la lésion quand on la lui demandera, il ne s'en servira plus pour maintenir l'os qu'il veut ronger, etc.

Chez le singe, les zones motrices étant mieux circonscrites, les mouvements des membres plus compliqués, mieux définis, l'étude est encore plus intéressante et les recherches de Ferrier, de Luciani, de Tamburini, de Horsley ont montré que les paralysies obtenues par la destruction partielle de la région circum-rolandique étaient beaucoup plus complètes et surtout plus durables que chez le chien.

Outre la perte de la motricité, il existe également des troubles de la sensibilité tactile (Tripier, Munk, Seppili).

Plusieurs hypothèses ont été émises pour expliquer les troubles fonctionnels observés :

Les centres corticaux sont purement moteurs et commandent directement les mouvements musculaires (Ferrier).

Les centres moteurs corticaux sont le siège des images ou représentations motrices qui précèdent toujours l'accomplissement d'un mouvement volontaire et sont nécessaires pour l'exécution de ces mouvements. Les centres idéo-moteurs étant supprimés, les images motrices sont perdues, d'où la paralysie (Charcot).

François-Franck et Gley y voient surtout des centres de représentation ou d'associations volontaires des divers mouvements, déterminant ceux-ci de la même manière que se produisent les actions réflexes : ils sont moteurs parce qu'ils commandent *par une action psychique* à des appareils moteurs.

Pour Munk, la région connue sous le nom de zone motrice doit être appelée également zone sensitive et, de même que Schiff, il admet que c'est la disparition de la sensibilité tactile qui entraine les désordres moteurs observés.

Hitzig et Nothnagel expliquent l'incertitude des mouvements par la perte du sens musculaire.

Les troubles moteurs observés à la suite de la destruction d'une partie du la zone motrice sont souvent passagers. Quand la lésion a été circonscrite en surface et en profondeur, on voit assez rapidement, chez le chien au moins, les troubles moteurs s'amender, la marche redevenir régulière, assurée, la patte ne se fléchit plus et les mouvements intentionnels eux-mêmes reparaissent dans le côté touché.

Chez le singe, les accidents, ainsi que nous le disions plus haut, persistent au contraire et les observations cliniques montrent qu'il en est de même chez l'homme.

Cette restitution fonctionnelle, même chez le chien, n'est jamais absolument complète (Goltz et Luciani). Un examen délicat montre qu'il persiste toujours une certaine incertitude dans les mouvements voulus et ce retour à l'intégrité des fonctions n'a lieu que pour de faibles lésions.

Pour expliquer cette restitution fonctionnelle, plusieurs hypothèses ont été émises :

1° *Restitution par réparation partielle de la lésion.* — Cette hypothèse repose sur le fait des régénérations de substance cérébrale observées par Philippeaux chez la salamandre, par Mathias Duval et Laborde chez la poule, après l'ablation du cervelet. Les connaissances histologiques actuelles ne permettent pas jusqu'ici de lui accorder une importance réelle.

2° *Suppléance par la zone motrice du côté opposé* (Ferrier, Soltman, Broadbent). — Cette hypothèse ne saurait être admise, étant donné que si sur un chien primitivement opéré du côté droit, et chez lequel on a observé la restitution fonctionnelle, on extirpe la zone motrice correspondante du côté gauche, on n'observe aucune paralysie nouvelle dans le côté primitivement paralysé (côté gauche), mais les phénomènes caractéristiques dans le côté droit, c'est-à-dire correspondant à la nouvelle zone touchée (Carville et Duret).

3° *Suppléance par les corps striés* (Ferrier). — Les corps striés remplissent les fonctions dont s'acquittaient les centres moteurs avant leur destruction. Pour Ferrier, en effet, les couches optiques et les corps striés constituent un mécanisme sensorio-moteur, représentant à l'état rudimentaire les centres corticaux supérieurs. Il existerait un premier cercle d'actions excito-motrices automatiques, constituant le *petit circuit* de Ferrier, alors que le *grand circuit* constitué par les centres corticaux est destiné essentiellement à l'élaboration des sensations conscientes. Chez les animaux au cerveau moins développé que le singe et l'homme, le petit circuit pourrait suffire et suppléer au besoin la zone corticale, alors que chez l'homme et le singe il serait insuffisant, d'où les paralysies durables observées chez ces derniers.

4° *Suppléance par les centres médullaires* (Marique). — Cette hypothèse se rattache à la précédente. Elle a été émise par François, Franck et Pitres et reprise par Marique. La moelle possédant à l'état latent la capacité d'assurer les mouvements associés, et quand les centres supérieurs font défaut, cette capacité peut se développer par l'éducation mais sans pouvoir donner naissance néanmoins à des mouvements compliqués véritablement volontaires. François, Franck et Pitres attirent l'attention sur l'importance du rôle joué par le faisceau pyramidal dans les troubles moteurs consécutifs aux lésions corticales. Ces troubles sont proportionnels au développement du faisceau pyramidal. Nuls chez les animaux qui n'ont pas de faisceau pyramidal distinct, ils sont légers et passagers chez les animaux au faisceau pyramidal grêle ou incomplet, graves et permanents chez les sujets dont le faisceau pyramidal est volumineux (singe, homme).

5° *Suppléance par les régions voisines* (Goltz). — Carville et Duret, admettant la théorie de Flourens, de Vulpian sur la suppléance des différentes régions du cerveau, émirent l'opinion que la guérison des troubles moteurs s'explique par la formation de nouveaux centres fonctionnels dans des points voisins de l'écorce grise motrice du même côté, à mesure qu'on les détruit. — Cette théorie ne résiste pas à la critique expérimentale. Si, quand les troubles ont disparu, on détermine de nouvelles lésions dans les zones non excitables, mais voisines des centres moteurs, on ne fait pas reparaître les troubles constatés lors du premier traumatisme, ce qui devrait se produire cependant si ces régions avaient acquis désormais le rôle moteur des parties primitivement détruites, de même l'excitation électrique des zones voisines ne détermine jamais les réactions motrices observées quand on excite la zone entourant le gyrus (Lussana et Lemoigne).

Action inhibitrice. — L'action des centres nerveux corticaux a été expliquée par Brown-Séquard par un procédé spécial, ou plutôt par un mécanisme que l'on rencontrerait fréquemment, d'après l'éminent physiologiste, dans l'étude des fonctions nerveuses : l'inhibition. La lésion nerveuse produit des symptômes, non pas à cause de la destruction d'un organe auquel étaient dévolues certaines fonctions spéciales, mais en raison de l'irritation de certaines parties qui ne sont pas détruites, mais qui entourent celles qui l'ont été. Cette irritation, partant d'un point, s'irradie dans d'autres parties et arrête leur action, de la même façon que la galvanisation du nerf vague arrête l'activité des cellules nerveuses qui animent le cœur (Brown-Séquard, 1876).

Cette théorie est générale, en ce qui concerne plus spécialement la zone corticale du cerveau. Brown-Séquard, visant surtout les effets des lésions observées en clinique, formule ainsi ses conclusions : Les symptômes dans les affections organiques de l'encéphale n'ont leur origine, ni dans la perte d'une fonction appartenant exclusivement à la partie lésée, ni dans l'effet direct d'une manifestation de propriété spéciale de cette partie. On conçoit, dans cette hypothèse, comment il est facile d'expliquer la disparition des troubles observés après la destruction de ces régions. Il n'y a plus de suppléance à invoquer, les phénomènes d'inhibition ou d'arrêt, qui peuvent, suivant Goltz, persister très longtemps, s'amendent quand la lésion irritative se guérit, mais il est plus difficile d'expliquer les troubles durables, les phénomènes que Goltz appelle encore phénomène de déficit; le caractère, en effet, des effets inhibitoires est d'être passagers.

Excitabilité corticale. — La doctrine des localisations cérébrales motrices repose essentiellement sur les résultats obtenus en excitant la zone corticale, ou en détruisant la zone.

Il est un point hors de conteste, c'est que l'excitation électrique portée sur certains points détermine des mouvements localisés dans telle région. Mais l'excitation met-elle en jeu l'appareil cortical lui-même ou bien l'excitation ne donne-t-elle lieu à des mouvements que par une propagation aux organes nerveux situés plus profondément.

Les adversaires des localisations cérébrales ont invoqué la diffusion du courant électrique jusqu'au centre ovale et par là jusqu'aux ganglions inférieurs.

A cette objection, les localisateurs, les phrénologistes actuels, suivant l'expression ironique de Goltz, répondent par une série d'arguments et de démonstrations expérimentales :

L'excitation mécanique de la zone motrice détermine des effets semblables à l'excitation électrique, quoique moins énergiques dans le côté opposé du corps (Luciani, Couty). On observe également des réactions douloureuses. On peut même obtenir les réactions épileptiformes comme avec l'excitation électrique.

Mais les effets obtenus par ce procédé sont toujours beaucoup plus faibles qu'avec l'excitation électrique, il faut des conditions d'excitabilité toutes spéciales pour obtenir les effets moteurs, encore ces derniers sont-ils très passagers. Cette disparition rapide de l'excitabilité mécanique est même invoquée par les partisans de l'excitabilité corticale, contre ceux qui, comme Vulpian, Couty, ne voient même dans l'excitation mécanique qu'une irritation transmise aux fibres blanches sous-certicales. L'excitation mécanique reste sans effet sur cette substance blanche quand on a enlevé la zone corticale.

Contre l'excitabilité électrique on a invoqué la diffusion possible des courants à haute tension comme les courants faradiques généralement employés, soit que la transmission ait lieu simplement à travers la substance grise corticale, ou par l'intermédiaire de conducteurs inertes au point de vue fonctionnel : vaisseaux et nerfs de la première.

Première objection : les excitations corticales traversent, comme elles le feraient d'un corps bon conducteur quelconque, toute la masse encéphalique et vont agir sur les organes basilaires. Cette opinion est contredite par une série de faits :

1° Les courants qui arrivent à la substance blanche sont très faibles puisqu'ils ne peuvent être décelés par la méthode téléphonique, en introduisant des électrodes reliés à un téléphone dans la substance blanche, on ne perçoit en effet aucun son quand on excite la substance corticale par un courant induit. Or le téléphone indique des variations de potentiel qui sont insuffisantes pour agir sur le sciatique d'une grenouille (d'Arsonval et Dupuy).

2° La section pratiquée dans l'épaisseur du centre ovale (Pulnam, Braun), dans la capsule interne (Carville et Duret), qui permet la conductibilité électrique, mais non la conduction physiologique, suffit pour supprimer les effets moteurs de l'excitation de la zone motrice.

Si l'excitation électrique ne peut gagner par diffusion les centres opto-striés, elle peut néanmoins atteindre les couches blanches immédiatement sous-jacentes, et c'est à cette excitation que certains physiologistes, et non des moindres, Vulpian entre autres, attribuent les réactions motrices observées lors de l'excitation corticale. Contre cette opinion, François-Franck a répondu en montrant que les réactions motrices sont différentes quand l'écorce est comprise dans le circuit d'excitation ou quand elle est rendue indépendante.

4° La substance grise est plus excitable que la substance blanche (Carville et Duret, François Franck, de Varigny). Cette affirmation a été contredite par Vulpian, qui sans détruire la zone corticale, introduisant une électrode isolée jusque dans le centre ovale, l'autre étant appliqué sur la muqueuse nasale, a vu que les réactions motrices étaient obtenues avec des courants plus faibles que lorsqu'on excitait la surface du gyrus. François Franck objecte à cette expérience que dans ces conditions le lobe antérieur du cerveau tout entier est traversé par le courant et que par suite la substance corticale se trouve traversée par des courants beaucoup plus denses que lorsqu'on applique les électrodes à la surface du cerveau.

Enfin, et c'est là un point capital, le tétanos que l'on obtient par l'excitation de l'écorce diffère complètement de celui obtenu en excitant directement la substance blanche. Après l'excitation du centre ovale on constate une descente brusque dans le graphique, alors que l'excitation de la zone corticale est toujours suivie d'un tétanos secondaire.

Une autre preuve en faveur du rôle actif de l'écorce, c'est la comparaison des retards du mouvement réactionnel suivant que les excitations portent sur l'écorce ou sur la substance blanche. Après l'ablation de la couche de substance grise qui recouvre le centre ovale, le retard de la secousse musculaire sur l'excitation diminue de un quart ou de un tiers en moyenne (Heidenhain et Bubnofe. François Franck).

L'accès épileptiforme observé après l'excitation de la zone corticale est-il nécessairement fonction de ce centre, peut-on l'obtenir par l'excitation des couches sous-jacentes ? Vulpian affirme le fait. L'excitation des faisceaux blancs sous-jacents au gyrus sygmoïde chez le chien, par le procédé déjà décrit de l'électrode isolé, enfoncé en ce point, suffirait, même avec un courant plus faible, pour obtenir l'accès épileptiforme, et l'on obtient encore le même résultat quand la zone corticale a été détruite au thermo-cautère.

François Franck, au contraire, affirme que la substance blanche hémisphérique, soit dans le centre ovale, soit même au niveau de la capsule interne, est sans influence épileptogène, tandis que la couche corticale jouit seule de cette propriété.

Les critiques faites à la méthode de Vulpian et exposées plus haut persistent pour le cas particulier en question, puisque la méthode est la même, et même quand l'écorce est enlevée, ce qu'il est difficile de réaliser complètement, on peut, dans la méthode à large diffusion de Vulpian, évoquer l'excitation de la zone homologue du côté opposé.

Centres du langage. — La première démonstration d'un centre fonctionnel localisé dans le cerveau est due à un clinicien français, à Bouillaud, qui établit que chez certains malades qui avaient perdu la faculté de parler, on trouvait une lésion intéressant le lobe frontal. Aussi n'hésite-t-il pas à faire de cette région le siège du langage articulé, l'organe législateur de la parole. Les indications de Bouilland étaient très vagues. Les Dax, père et fils, resserrent de plus près la question, en indiquant que la lésion porte dans ce cas dans le voisinage de la scissure de Sylvius et dans l'*hémisphère gauche*.

Enfin Broca, après une étude très serrée, donne le siège exact de la lésion. Dans l'*aphasie*, c'est-à-dire dans la perte partielle ou totale de la mémoire de l'articulation des mots, dans la majorité des cas, on trouve une lésion occupant le tiers postérieur de la troisième circonvolution frontale.

Mais depuis la découverte de Broca, la question de l'aphasie s'est compliquée, et il en est peu qui ont été aussi étudiées et qui ont permis de mieux comprendre la complexité des fonctions psychiques.

Le pied de la troisième circonvolution frontale gauche est le siège de la mémoire de l'articulation des mots, le fait est établi ; mais il existe chez certains malades d'autres troubles du langage (langage parlé ou langage écrit) qui ne constituent pas l'aphasie proprement dite, qui ne sont pas d'ordre moteur, mais d'ordre sensoriel. C'est ainsi qu'il peut exister.

De la surdité verbale. — Le sujet ne comprend plus le sens des mots, bien qu'il en perçoive le son, la direction, l'intensité ; il a perdu en un mot la *mémoire auditive des mots*. Il peut lire, écrire, parler même, mais les paroles qu'on prononce devant lui n'éveillent plus aucune idée. Ayant perdu le sens auditif des mots, les phrases qu'il prononce lui-même ne correspondent pas à sa propre pensée ; il dit un mot pour un autre, il est paraphasique (παρὰ, à côté ; φάσις, parole). Les observations cliniques tendent à faire admettre dans la partie postérieure de la première circonvolution temporale gauche le siège de cette faculté.

De la cécité verbale. — Le malade, dans ce cas, voit les objets, distingue les lettres, les caractères, mais il ne peut leur donner leur signification. Un O au tableau noir est un grand cercle, un A un chevalet ; il ne peut lire, les signes conventionnels de l'écriture n'ayant plus pour lui aucun sens et constituant de véritables hiéroglyphes indéchiffrables ; il a donc perdu la mémoire visuelle des mots. Le sujet qui est dans l'impossibilité de lire une lettre, peut néanmoins l'écrire sans pouvoir la relire, la faculté de la reproduire est alors conservée, la lésion ne porte pas alors sur un des centres du langage, mais sur les centres visuels eux-mêmes sur le centre visuel des mots écrits. Les autopsies montrent qu'il existe dans ce cas une lésion dans la partie postérieure de la deuxième circonvolution pariétale gauche.

De l'agraphie. — Le sujet comprend quand on lui parle, peut reconnaître les caractères et même lire, mais il est dans l'impossibilité de reproduire lui-même ces caractères, de les copier même, au moins en tant que lettre, car dans certains cas, il arrive à les dessiner, mais en suivant exactement alors le modèle indispensable qu'il a sous les yeux. Si ce sont des caractères imprimés, il ne pourra, par exemple, copier en écriture cursive. Il y a donc perte de la mémoire des mouvements de l'écriture, c'est ce trouble fonctionnel qui a été désigné sous le nom d'*aphasie de la main*, mais à tort, car la main ne joue ici aucun rôle spécial. Un individu normal peut tracer des caractères avec son pied, avec un crayon dans la bouche, l'agraphique ne le peut pas. On admet comme siège le pied de la seconde circonvolution pariétale.

Il est évident que les cas ne se présentent pas toujours avec cette netteté de caractères, qu'ils sont souvent mélangés; néanmoins, on voit qu'envisagée dans son sens le plus large, l'intégrité complète du langage ne saurait exister sans l'intégrité d'un certain nombre de centres, et il est certain que les recherches ultérieures découvriront d'autres conditions encore.

FONCTION	SIÈGE ANATOMIQUE	CONSÉQUENCE DE LA LÉSION
Mémoires des mouvements de l'articulation de la voix.	Pied de 3. F. G.	Aphasie motrice.
Mémoire des mouvements de l'écriture	Pied de 2. P.	Agraphie.
Mémoire auditive des mots.	1 T G	Surdité verbale.
Mémoire visuelle des mots.	2. P. G. partie postérieure.	Cécité verbale.

Centres corticaux des sens spécifiques. — Chacun de nos sens spéciaux possède dans l'écorce cérébrale un ou vraisemblablement plusieurs centres dans lesquels s'élaborent les sensations auxquelles donnent lieu l'excitation des nerfs spéciaux par leurs excitants physiologiques : lumière pour l'œil, son pour l'oreille, etc.

C'est ainsi que l'on est conduit à admettre l'existence de

centres psycho-optique, psycho-acoustique, psycho-gustatifs, et psycho-olfactifs.

Centre psycho-optique. — Lorsque sur un chien on détruit la région moyenne ou pariétale de la deuxième circonvolution externe occipitale, on constate que la vision est abolie du côté opposé à la lésion, en partie du moins, et que la cécité est complète si les deux régions homologues sont détruites. La même expérience peut être faite sur le singe.

Les animaux sont alors frappés de *cécité psychique*, c'est-à-dire que le fonctionnement de l'appareil optique reste intact, la rétine continue à être impressionnée par la lumière, le nerf optique transmet ces impressions, mais le centre où s'établissent ces impressions, où elles sont transformées est détruit. Toutefois un point délicat était soulevé entre Munk et les physiologistes italiens Tamburini et Luciani.

Alors que Munk admet que l'ablation corticale détermine une amaurose cérébrale, c'est-à-dire la perte des sensations visuelles, Luciani soutient au contraire qu'il n'y a qu'une cécité psychique, c'est-à-dire que le centre cortical de la vision ne préside qu'à l'élaboration psychique des sensations visuelles, ces dernières ayant pour siège les noyaux inférieurs : corps optiques et tubercules quadrijumeaux.

Après la destruction de la région pariéto-occipitale d'un seul côté, la cécité psychique n'est pas totale pour l'œil du côté opposé et la vue est également touchée pour le second. Tous les observateurs ont vu qu'il y avait *hémianopsie bilatérale homonyme*, c'est-à-dire que la cécité porte sur les images reçues par les deux tiers internes de la rétine de l'œil du côté opposé et le tiers externe de la rétine de l'œil du côlé correspondant. La décussation partielle des fibres optiques permet d'expliquer ce symptôme. Pour Munk, chaque élément rétinien est en relation directe avec un centre d'idéation corticale, et l'ablation de ce point détermine sur la rétine un véritable punctum cœcum nouveau, permanent.

Cette manière de voir n'est pas partagée par les physiologistes italiens, qui n'admettent pas cette systématisation absolue des fibres rétiniennes et des centres corticaux. Pour eux, au contraire, ils s'appuient surtout sur ce fait que la cécité psychique est presque toujours transitoire, même après de larges extirpations du lobe occipital; on ne saurait localiser exactement le centre de la vision dans la zone occipito-pariétale. Ce centre est en relation avec les autres centres cortico-frontaux par exemple; il existe, suivant l'expression de l'auteur, un véritable *engrenage* des sphères sensorielles et psycho-motrices. Cette idée de l'engrenage des centres cérébraux est du reste une idée générale qui domine l'école italienne, il est évident qu'il existe des connexions nombreuses entre les différents centres, que l'élaboration d'une idée implique la mise en jeu d'une série de cellules diversement placées. Il découle encore de ces faits qu'une lésion psychique peut se produire sans que le centre même soit touché; il suffit que les connexions, réunissant un centre donné à ceux dont le fonctionnement est indispensable pour l'élaboration de l'image, soient détruits. C'est ce que Déjerine a montré dans un cas de cécité verbale. Le pli courbe, centre des images optiques des lettres, était intact, le centre visuel commun également; mais la lésion siégeant au cuneus interrompait les relations nécessaires entre les deux centres. Ici encore la clinique a précédé l'expérimentation. C'est Panizza, en 1855, qui appelait l'attention sur la cécité consécutive à la lésion des circonvolutions postérieures. Depuis, le cas d'hémianopsie bilatérale homonyme, consécutive à la lésion des lobes occipitaux, a été souvent constatée et certaines hallucinations visuelles ont pu être expliquées ainsi. (Voir *Nerfs optique.*)

Centre psycho-auditif. — Le centre psycho-auditif est localisé par Luciani dans le lobe temporal.

Les deux sphères sensorielles auditives et optiques n'ont

pas de limites déterminées ; elles s'engrènent, suivant l'expression de Luciani, l'une dans l'autre. Les expériences sur les animaux, déjà si difficiles quand il s'agit de la cécité psychique, sont plus obscures encore quand on veut étudier les troubles de l'audition.

Après l'ablation d'une région auditive, on observe une diminution de l'acuité auditive, mais non une surdité complète, puis les troubles s'atténuent. Et on admet que l'animal ne comprend plus la signification des sons, qu'il ne répond plus à son nom, bien qu'il continue à entendre le son.

Comme pour le centre optique, Luciani admet que le centre auditif cortical est destiné à l'élaboration des images acoustiques, les sensations elles-mêmes étant reçues dans les centres inférieurs.

En clinique, on a pu étudier de nombreux cas de surdité verbale, dans lesquels le malade ne comprénait plus le sens des mots (amnésie verbale), et l'autopsie a souvent montré des altérations des première et seconde temporales. On a même, en s'appuyant sur une observation, établi que la première temporale gauche était le siège de la perception acoustique des mots, tandis que les deuxième et troisième auraient pour fonction de conserver les images acoustiques verbales nécessaires à l'expression des idées (Seppilli).

Centres psycho-olfactif et psycho-gustatif. — Le centre olfactif, chez le chien, siégerait en avant et au-dessous de la scissure de Sylvius et sur la corne d'Ammon.

Contrairement à ce que l'on constate pour les sens de la vue et de l'ouïe, l'innervation ne serait pas croisée (Ferrier), ou du moins la partie subissant la décussation serait très faible, comparée aux fibres directes (Luciani). Chez l'homme il existerait autour de la scissure de Sylvius une région en rapport avec l'odorat. Perte de l'odorat (anosmie) de la narine gauche correspondant à une embolie de la sylvienne (Notta). Hallucination de l'odorat avec lésions de la corne d'Ammon (Frigerio).

Quant au centre du goût, les notions acquises à ce sujet sont trop vagues jusqu'ici pour permettre une localisation : base et face interne des hémisphères.

Centres corticaux de l'homme. — Dans le courant de cette étude sur les centres corticaux, il a été souvent question des troubles observés sur l'homme.

L'analogie de configuration qui existe entre le cerveau du singe et celui de l'homme permet d'établir une première topographie des centres cérébraux en concluant du singe à l'homme, mais cette topographie ne peut devenir définitive que lorsque les observations cliniques et anatomo-pathologiques viennent confirmer les déductions primitives. C'est, ainsi qu'on l'a vu plus haut, ce qui s'est produit généralement.

La constatation d'attaque d'épilepsie partielle, localisée à un membre, ou même à un segment de membre, et qui a été décrite par Hugling Jackson, d'où son nom d'épilepsie jacksonnienne, est totalement assimilable aux épilepsies obtenues chez l'animal par l'excitation d'une zone motrice ; l'autopsie montre, dans la majorité des cas, qu'il existe alors une lésion de la zone motrice correspondante, et la connaissance exacte de ces zones, des points de repère pour y arriver, a permis au chirurgien de pénétrer jusqu'à la cause du mal et souvent de la détruire. La chirurgie cérébrale repose désormais sur une base scientifique précise grâce aux recherches des physiologistes et qu'il est utile d'indiquer brièvement.

Centres psycho-moteurs. — La zone motrice chez l'homme se trouve répartie autour du sillon de Rolando, principalement sur la frontale ascendante, sur la pariétale ascendante et sur le lobule paracentral.

Les hémiplégies totales d'origine corticale indiquent une lésion étendue de ces centres ; quand la paralysie est partielle, on peut au contraire localiser la lésion.

Le *centre moteur du bras* se trouve dans la région supérieure et moyenne de la frontale ascendante.

Le *centre pour la jambe*, dans la partie supérieure de la pariétale ascendante.

Le *centre facial* occupe la partie inférieure de la frontale ascendante et la région postérieure des deuxièmes et troisièmes frontales.

Le *centre du cou et de la nuque*, dans la partie postérieure de la deuxième frontale.

Nous avons donné plus haut les centres du langage : aphasie, agraphie, surdité verbale, cécité verbale.

Les centres psycho-sensoriels, ainsi qu'il a été dit plus haut, occupent la région occipitale, dans les environs du pli courbe.

Cette topographie est loin d'être définitivement arrêtée ; les physiologistes et les cliniciens ne sont pas d'accord sur les limites précises à assigner à ces divers centres. L' « engrenage », qu'ils présentent entre eux, suivant l'expression de Luciani, entraîne forcément un défaut de précision dans ces déterminations.

Conditions de la vie du cerveau. — Après avoir étudié la physiologie spéciale des différentes parties qui constituent le cerveau, il y a lieu de passer à l'examen des lois générales qui régissent la vie des cellules cérébrales. Ces lois n'ont pas de caractères qui les distinguent spécifiquement de celles qui régissent la substance nerveuse en général ; elles méritent néanmoins, par suite de la délicatesse même et de la place supérieure que le cerveau occupe dans l'échelle des organes, d'être étudiées séparément.

Circulation cérébrale. — L'apport du sang au cerveau est largement assuré par les deux carotides et les deux vertébrales, en communication directe par l'hexagone de Willis. En sorte que, théoriquement, la ligature de trois de ces vaisseaux ne peut amener l'anémie localisée d'une région du cerveau. En fait, chez le chien, la ligature des quatre vaisseaux est même insuffisante pour amener cette anémie, les artères de la moelle épinière par leurs anastomoses avec les spinales assurant une irrigation suffisante (Duret).

Chez l'homme, la ligature d'une seule carotide a quelquefois suffi pour déterminer la syncope.

La disposition du réseau artériel qui se subdivise en un lacis complet dans la pie-mère a pour objet de modérer, de régulariser l'afflux du sang dans le cerveau.

A propos du système vasculaire de retour, il n'y a pas lieu de signaler la protection accordée par la dure-mère au sinus veineux pour empêcher leur aplatissement.

Mouvement du cerveau. — Le cerveau, comme tous les organes, éprouve au moment de la systole cardiaque, par suite de l'afflux du sang, une augmentation de volume, c'est le pouls total.

On peut observer des oscillations sur les fontanelles des nouveau-nés, mieux encore, chez les individus ayant subi un traumatisme du crâne.

Les graphiques obtenus dans ces conditions montrent que les courbes sont influencées par trois causes : 1° les pulsations cardiaques qui donnent lieu à une oscillation isochrone avec la systole; 2° des oscillations plus étendues dépendant de la respiration qui agit surtout en arrêtant le retour du sang veineux pendant l'expiration en accélérant au contraire le cours de ce sang pendant l'inspiration ; 3° des ondulations affectant la courbe et qui seraient dues à des modifications dans la tonicité des vaisseaux (courbes de Traube).

Rôle du liquide céphalo-rachidien. — Tous les organes, par suite même de leur irrigation, présentent des changements de volume, mais le cerveau enfermé dans une sphère inextensible comme la boite cranienne se trouve dans des conditions particulières qui appellent un mécanisme spécial pour éviter la compression rythmique de ses cellules.

C'est au liquide céphalo-rachidien qu'est dévolu ce rôle protecteur. Ce liquide qui remplit le vide compris entre la masse cérébro-spinale et la boite osseuse qui l'enferme, oscille continuellement de la cavité cranienne à la cavité spinale. Magendie évalue sa quantité à 60 grammes, mais il se reproduit très rapidement après une ponction.

Quand le sang arrive au cerveau, il reflue vers la moelle ; la cavité spinale n'est pas absolument inextensible. En effet, à chaque articulation vertébrale se trouvent des lames fibreuses qui peuvent se laisser distendre, permettant ainsi au cerveau de se dilater sans éprouver de compression. Ce mécanisme indiqué très nettement par A. Richet, en 1857, n'a pas été admis par tous les physiologistes.

Rochefontaine, Mosso n'admettent pas le reflux du liquide céphalo-rachidien vers la moelle ; pour Mosso c'est le sang du système veineux qui au moment de l'afflux artériel s'échapperait du cerveau pour éviter la compression de cet organe.

De l'anémie cérébrale. — L'anémie cérébrale peut se réaliser expérimentalement par plusieurs procédés : la décapitation, la ligature des gros vaisseaux, l'injection d'air ou de poudre inerte dans les vaisseaux.

Quand l'anémie est absolue, la perte des fonctions cérébrales a lieu immédiatement et toutes les légendes qui ont été rapportées sur les mouvements conscients observés sur des têtes de décapités sont absolument fausses.

Mais dans ce grand traumatisme, plusieurs facteurs entrent en jeu. Il n'y a pas seulement que l'anémie cérébrale; il faut ajouter encore les phénomènes d'inhibition produits par la section de la moelle (P. Loye).

Quand on injecte une certaine quantité d'air par la carotide (bout périphérique), on voit l'animal présenter un spasme tétanique généralisé auquel succède bientôt la résolution complète et la mort. On connait en chirurgie de nombreux cas de morts qui ont été attribués à l'introduction de l'air dans le cerveau à la suite de l'ouverture des veines de la région cervicale.

L'anémie cérébrale entraîne immédiatement la disparition des manifestations vitales, mais il n'en résulte pas que les cellules cérébrales soient alors et irrémédiablement frappées de mort. Elles conservent encore leur vitalité à l'état latent, et il suffira d'un nouvel apport de sang oxygéné pour ramener la vie dans l'organe cérébral. Astley Cooper puis Brown-

Séquard ont réalisé cette expérience en arrêtant la circulatation encéphalique, puis, après avoir constaté la mort apparente de la tête, ils ont vu, quand on laissait se rétablir la circulation, toutes les fonctions cérébrales reparaître (après dix-sept minutes d'anémie).

Sur un chien décapité, Brown-Séquard, injectant par les troncs artériels du sang oxygéné, a fait revenir les mouvements spontanés des yeux et des muscles de la face, résultat que Legallois avait déjà prédit en 1812.

Hayem et Barrier, en pratiquant la circulation artificielle immédiatement après la décollation, auraient constaté non seulement des mouvements spontanés, mais encore des mouvements volontaires : mouvements du globe oculaire, redressement des oreilles à l'appel de la voix, efforts de lappement quand on approche une écuelle d'eau près de la gueule.

Un jeune physiologiste, enlevé trop tôt à la science, P. Loye, a repris cette étude avec une grande précision et une grande sûreté de méthode.

Il n'a pu reproduire les mouvements volontaires signalés par les auteurs précédents, mais il s'est attaché surtout à montrer combien il était difficile de distinguer un mouvement réellement volontaire, raisonné, d'un mouvement spontané, automatique. Décapitant des animaux plongés dans le sommeil chloroformique, il a vu, en effet, se produire certains mouvements, des yeux, de la langue, qu'il est impossible de considérer comme volontaires cependant, étant donnée l'action du narcotique.

Pour lui, on peut réveiller les centres bulbo-protubérantiels non les centres conscients; peut-être ajouterons-nous les centres opto-striés, ces centres des mouvements automatiques, plus élevés déjà que les centres de la protubérance, mais dont la sensibilité est moindre sans doute que les centres de l'écorce grise elle-même.

Phénomènes vaso-moteurs. — Comme tous les systèmes

vasculaires, les vaisseaux du cerveau présentent des phénomènes vaso-moteurs qui sont sous la dépendance du grand sympathique.

Toute excitation, du grand sympathique et par suite de ses connexions, de tous les nerfs sensibles, retentit sur la circulation cérébrale. C'est ainsi que Cl. Bernard a montré que l'excitation du cordon cervical en même temps qu'elle amène la pâleur de l'oreille du lapin détermine aussi l'anémie du cerveau.

Mosso qui a particulièrement étudié la circulation cérébrale, a montré combien les émotions vives augmentaient les pulsations cérébrales, alors que le repos du cerveau, le sommeil particulièrement, amenait leur affaiblissement. Mais même pendant le sommeil, les excitations extérieures peuvent modifier ces oscillations, et il est hors de doute que sous l'influence des rêves, des hallucinations, la circulation cérébrale subit de nouvelles modifications en corrélation avec le travail cérébral qui s'accomplit.

L'influence du cerveau sur la circulation générale est évidente, on sait qu'à la suite d'une émotion violente. même d'une évocation de souvenirs pénibles, on peut éprouver soit des phénomènes d'excitation : palpitations, contractions des vaisseaux amenant la pâleur des téguments ; soit au contraire des phénomènes d'arrêt : syncope, dilatation des vaisseaux, d'où la rougeur.

Le travail intellectuel exerce une influence réelle sur la circulation, le rythme du cœur s'accélère et cette accélération serait en raison directe de l'intensité même du travail cérébral (Gley), l'artère carotide se dilate, le pouls carotidien devient dicrote, tandis que par un phénomène de compensation le pouls radial devient plus petit et moins ample.

Il existe une action réciproque entre le fonctionnement cérébral et le fonctionnement cardiaque. Il y a un échange mutuel d'influences : le cerveau modifie la circulation, la circulation modifie la fonction du cerveau (Ch. Richet).

Certaines affections d'origine nerveuse ont été rattachées à des névroses vaso-motrices du cerveau, telle la migraine considérée par d'aucuns comme déterminée par la constriction des vaisseaux cérébraux à la suite des excitations du grand sympathique.

Symptômes de l'anémie cérébrale. — La loi générale que nous avons citée pour les nerfs se retrouve ici.

Avant de disparaître par suite de la suppression de l'apport du sang, l'excitabilité cérébrale passe par une phase d'exagération passagère.

Chez les animaux qui ont subi une hémorragie abondante, on constate une exagération de la sensibilité à la douleur (Schiff). Il en est de même chez l'homme à la suite de grandes hémorragies. On note fréquemment des hallucinations des sens, notamment du sens de l'ouïe, bourdonnement, bruit de chemin de fer, sifflement, qui doivent se rattacher à une hyperexcitabilité des centres psycho-sensoriels. De même les troubles aphasiques passagers peuvent se rattacher souvent à l'ischémie des centres du langage.

Mais l'anémie cérébrale se complique souvent de l'anémie bulbaire et il est difficile alors de faire la part du rôle dû à chacune de ces régions.

On est autorisé cependant à rattacher à l'ischémie cérébrale les troubles psychiques : vertige, perte de mémoire, etc., alors que les troubles moteurs, convulsions, vomissements seraient d'origine bulbaire.

L'hyphérémie cérébrale, la congestion du cerveau produit des phénomènes analogues à l'anémie ; en effet, l'encéphale réagit toujours d'une façon identique : hyperexcitabilité suivie d'une diminution plus ou moins rapide de l'excitabilité. La mort d'un organe, quelle qu'en soit la cause immédiate, se fait toujours suivant les mêmes phases physiologiques (Ch. Richet).

Sommeil. — Tous les organes présentent une alternative d'activité et de repos. Chez certains, les phases alternent rapidement, tel le cœur qui se repose après chaque contraction. Les organes nerveux encéphaliques obéissent à la même loi, avec une périodicité moins régulière,il est vrai, mais dont ils ne peuvent cependant s'affranchir. C'est l'état de veille alternant avec l'état de sommeil. Forster a donné une excellente comparaison, en disant que le sommeil est la diastole du battement cérébral, dont la veille représente la systole.

Pendant le sommeil, les centres supérieurs cessent de fonctionner d'une manière consciente, la mémoire disparaît, mais toutes les autres fonctions subsistent, les centres bulbo-médullaires continuent à assurer le fonctionnement rythmique de tous les autres organes : respiration, circulation, nutrition. On a comparé le sommeil à l'état de l'animal auquel on a enlevé les hémisphères supérieurs et qui continue à vivre de la vie purement végétative. Le sommeil n'entraîne cependant pas la disparition absolue de la vie cérébrale; aussi, quand on a décrit l'état de l'animal excérébré a-t-on dû ajouter, c'est un sommeil mais un sommeil sans rêve.

Broussais allait trop loin, quand il disait : « Le sommeil se manifeste par la *cessation* des fonctions des sens, de celles des muscles soumis à la volonté et par l'*abolition* des facultés intellectuelles et affectives », et les vues de Cabanis sont plus justes : « Le sommeil n'est pas un état purement passif, c'est une fonction particulière du cerveau, qui n'a lieu qu'autant que, dans cet organe, il s'établit une série de mouvements particuliers, et leur cessation ramène la veille. » Mais il ne faut pas prendre à la lettre le terme « fonction particulière du cerveau ».

Le sommeil ne survient pas brusquement ; il est tout d'abord annoncé par un besoin de dormir, que, suivant l'heureuse expression de Lassègue, on peut appeler, l'*appétit* du sommeil, car cette sensation est comparable à celle de la faim ou de la soif.

Ce besoin s'annonce par un certain nombre de sensations : lourdeur des paupières, picotement de la conjonctive, engourdissement de la sensibilité générale et des sens spécifiques, puis lassitude générale, l'intelligence s'obscurcit et à un moment qu'il est impossible de préciser, par une graduation insensible, le sujet passe de l'état de veille à l'état de sommeil.

La cause réelle du sommeil est loin d'être déterminée, de nombreuses théories ont été émises. Telles celles d'Alcméon, d'Héraclite, Anaxagore, Empédocle, Leucippe, Démocrite. Alcméon (il y a 2,500 ans) expliquait le sommeil par une stase du sang dans les vaisseaux voisins du cœur, l'état de veille étant caractérisé par le fait que le sang se répand dans tout le corps. Empédocle invoque un refroidissement partiel du sang, et les vues d'Hippocrate, de Platon, d'Aristote, d'Asclépiade, de Pline, de

Galien n'ont guère plus d'exactitude, ou du moins ne réussissent guère plus à satisfaire nos exigences modernes. Nous passerons aussi sur Avicenne, puis sur les théories d'Erasme, Darwin, Galien, Reil, Madaï, Haller.

C'est à une modification dans l'irrigation cérébrale que l'on a attribué le sommeil. La congestion cérébrale, invoquée par les anciens auteurs, défendue encore par Gubler et Langlet, a dû être complètement abandonnée devant les observations de Durham, d'Hammond, de François Franck, de Mosso, qui ont vu, étudiant la circulation cérébrale des animaux et même de l'homme grâce à une destruction de la boite cranienne, que les vaisseaux sanguins se rétrécissent pendant le sommeil naturel ou provoqué par les anesthésiques. Claude Bernard a signalé également cette anémie cérébrale.

Mais est-on en droit de considérer ce rétrécissement des vaisseaux comme une cause du sommeil plutôt qu'un effet même de la diminution de l'activité cérébrale?

Preyer a expliqué le sommeil par une sorte de narcose due à différents produits de désassimilation fabriqués durant la veille, et résultant de l'activité même de l'organisme. Parmi ces produits, l'acide lactique et les lactates engendrés par l'activité des muscles et autres organes joueraient le rôle principal. Errera se rattache à Preyer en ce sens qu'il explique aussi le sommeil par l'accumulation de produits de désassimilation, de leucomaïnes, et Ch. Bouchard donne quelque appui à cette manière de voir en montrant que l'urine excrétée durant le jour est narcotique, au lieu d'être convulsivante comme l'est l'urine expulsée durant la nuit. Une tout autre explication consiste à invoquer une diminution d'oxygène. Mais elle paraît mal fondée. Il semble, en effet, que durant la veille l'homme et l'animal absorbent moins d'oxygène qu'ils n'en excrètent en combinaison avec le carbone (acide carbonique), au lieu que, durant la nuit, le processus inverse se produit, l'absorption d'oxygène l'emportant sur l'excrétion de ce gaz. Pettenkofer et Voit, en particulier, ont mis ce fait en lumière, et d'après eux le quotient respiratoire $\left(\frac{CO^2}{O^2}\right)$ diminue durant le sommeil, une certaine proportion d'oxygène semblant s'accumuler dans les organes, et cet oxygène étant éliminé durant l'état de veille pendant lequel l'excrétion d'oxygène l'emporterait sur l'apport de ce gaz. On respirerait donc, durant la nuit, pour le jour, et sans cet excès d'oxygène absorbé de nuit, l'activité de la veille serait moindre. Regnault et Reiset avaient, du reste, entrevu ce fait quand ils notèrent que les marmottes en sommeil hivernal augmentent de poids; plus récemment, Sczelkow et Ludwig ont montré que, à l'état de veille, en repos absolu, l'absorption d'oxygène l'emporte sur l'excrétion de ce gaz. C'est là une singulière justification du proverbe « Qui dort dîne » : qui dort, en effet, augmente de poids. Toutefois, la justification n'est qu'apparente, car le sommeil ne peut remplacer le repas ; à la longue il faut des aliments pour l'entretien de la machine animale. Il nous paraît donc que la théorie d'après laquelle le sommeil est dû à un manque d'oxygène est erronée, à moins qu'on ne puisse prouver que la respiration diurne suffisant absolument à l'exercice et au travail, l'excès d'oxygène emmagasiné de nuit est employé à quelque besogne inconnue, à l'oxydation de matières de désassimilation, par exemple, ou de substances *ponogènes* (substances fatigantes ou narcotiques), comme quelques-uns le supposent.

D'après Rosenbaum, il ne s'agit plus d'oxygène, ni de congestion ou d'anémie du cerveau. Pour lui, le sommeil est dû à ce fait que les matières de désassimilation des tissus nerveux, et en particulier des centres supérieurs, matières produites durant la veille et en conséquence de l'activité normale, s'éliminent graduellement en passant dans le sang, et sont remplacées par un liquide séreux, les tissus nerveux devenant de la sorte plus riches en eau. L'accumulation d'eau dans les tissus des organes nerveux produit donc le sommeil ; plus il y a d'eau dans ceux-ci et plus leur activité est faible. Durant le sommeil provoqué par cette accumulation d'eau, l'eau s'élimine peu à peu, rentrant dans le courant sanguin et s'exhalant par les poumons, tandis que les nerfs et centres nerveux reprennent leur constitution normale.

Action des poisons. — Les poisons du cerveau sont les mêmes que ceux de la moelle et du bulbe ; cependant, certaines substances agissent plus spécialement sur le cerveau, en ce sens que les cellules cérébrales plus sensibles sont influencées par ces substances alors que le bulbe et la moelle ne présentent encore aucune réaction.

En premier lieu, les anesthésiques : l'éther, le chloroforme, l'alcool. On note tout d'abord une phase d'excitation, une phase d'ivresse caractérisée non seulement par une surabondance d'idées, mais aussi par une incoordination réelle de la pensée. On pourrait peut-être expliquer cette exagération, non seulement par l'excitation des cellules des centres psycho-moteurs et des centres psycho sensoriels (hallucinations auditive et optique), mais encore par ce fait que les zones frontales auxquelles on a fait jouer, ainsi qu'il a été dit précédemment, un rôle modérateur, sont atteintes dans leur activité avant les autres centres. Ce que l'on peut concevoir facilement si l'on admet qu'elles occupent une place supérieure dans la hiérarchie nerveuse, c'est qu'elles doivent par suite être plus sensibles aux agents toxiques.

La première des facultés qui disparaît dans l'intoxication avec ces poisons c'est la mémoire; elle peut disparaître seule si l'empoisonnement n'est pas porté trop loin. L'individu sous l'empire de l'ivresse peut agir, parler, mais il perd le souvenir de ses actes et après la disparition de l'ivresse ne se rappelle plus ce qu'il a fait.

Enfin si l'intoxication augmente, tous les phénomènes psychiques disparaissent; seuls, les centres automatiques ou réflexes continuent. C'est le sommeil complet; les centres supérieurs sont supprimés, la vie organique seule subsiste. La moelle se prend à son tour, les réflexes disparaissent et le bulbe continue seul à fonctionner. Si ce dernier est atteint, la mort arrive fatalement.

Parmi les poisons psychiques, il faut signaler spécialement ceux qui, comme le haschisch, la morphine, agissent presque essentiellement sur les facultés intellectuelles, leur action sur les centres inférieurs étant beaucoup moins marqués que celle du chloroforme, de l'éther, du chloral.

NERFS CRANIENS

CLASSIFICATION

On désigne sous le nom de nerfs crâniens les rameaux nerveux qui s'échappent par des orifices spéciaux de la boîte crânienne et qui tirent leur origine apparente, soit de l'encéphale, soit de la région bulbo-protubérantielle. Plusieurs classifications ont été proposées, Willis, le premier, en avait proposé une purement anatomique, les classant suivant la succession des orifices crâniens eux-mêmes. Cette classification comprend dix paires en y faisant entrer les nerfs sous-occipitaux. Depuis, Vic-d'Azyr, procédant à des dédoublements rendus nécessaires par les nouvelles recherches anatomiques et surtout physiologiques, a admis douze paires de nerfs crâniens et c'est cette classification qui est actuellement adoptée. Il est important d'en connaître l'ordre, car les nerfs sont souvent désignés par leur numéro d'ordre. Exemples : nerf de la Ve paire (trijumeau). Ire paire, nerfs olfactifs; IIe paire, nerfs optiques: IIIe paire, nerfs moteurs oculaires communs; IVe paire, nerfs pathétiques; V[e] paire, nerfs trijumeaux; VIe paire, nerfs moteurs oculaires externes; VIIe paire, nerfs faciaux; VIIIe paire, nerfs auditifs ou acoustiques; IXe paire, nerfs glosso-pharyngiens; X[e] paire, nerfs pneumogastriques; XIe paire, nerfs accessoires ou spinaux;

XIIe paire, nerfs grands-hypoglosses. Considérés à un point de vue général, ils peuvent suivant leurs fonctions, être divisés en trois groupes : 1° les nerfs de sensibilité spéciale, se rendant aux organes des sens, nerfs olfactifs, Ire paire ; nerfs optiques, IIe paire ; nerfs acoustiques, VIIIe paire. Ces trois nerfs émanent de la substance même de l'encéphale, dont ils ne sont qu'un prolongement, ainsi que l'indiquent l'embryogénie et leur constitution : absence de périnèvre, mollesse extrême, etc. ; 2° les nerfs moteurs : moteurs oculaires communs, IIIe ; pathétiques, IVe ; moteurs oculaires externes, VIe ; faciaux, VIIIe ; spinaux, XIe paire, et hypoglosses, XIIe paire. Ces nerfs ont une origine commune : la colonne centrale grise du bulbe, et quittent le bulbe à la hauteur du quatrième ventricule ; ils ne possèdent aucun ganglion sur leurs trajets et se terminent exclusivement dans les muscles striés ; 3° les nerfs mixtes : trijumeaux V^e, glosso-pharyngiens IXe, et pneumogastriques X^e, ont une grande analogie avec les paires rachidiennes, ils naissent par une double racine plus ou moins apparente dans la substance grise de la paroi inférieure du 5e ventricule et possèdent tous des ganglions comme la racine sensitive des nerfs rachidiens.

Parmi les douze paires crâniennes, le plus grand nombre sont rattachées à des fonctions spéciales et ont été étudiées ou le seront dans les chapitres qui traitent de cette fonction, c'est ainsi que le nerf optique, avec les nerfs destinés au muscle de l'œil, III, IV, VI, se rattachent à l'étude de la vision ; le nerf olfactif doit être étudié avec l'olfaction, l'acoustique avec l'audition, et les fonctions si complexes du pneumogastrique ont été exposées aux chapitres : *Respiration*, *Circulation*, etc.

Nerf trijumeau. — Le nerf trijumeau (trifacial) est la fois sensitif et moteur, il tient sous sa dépendance la sensibilité de toute la face et la motilité des muscles masticateurs, quant à ses fonctions sécrétrice, trophique, vaso-motrice, il y a lieu d'étudier si elles lui appartiennent en propre ou si elles sont dues à des filets anastomotiques.

Le nerf trijumeau sort de la protubérance par deux racines. Une grosse racine, racine sensitive qui prend son origine dans les noyaux bulbo-protubérantiels, continuation des cornes postérieures (fig. 103) ; quelques fibres proviennent en outre du locus cœruleus. La petite racine, ou racine motrice prend son origine dans le prolongement des cornes antérieures.

Ces deux racines se réunissent en un tronc commun qui, avant de se diviser en trois branches principales, présente un renflement ganglionnaire, le renflement de Gasser. Les trois branches du trijumeau sont le nerf ophtalmique, le nerf maxillaire supérieur, le nerf maxillaire inférieur.

1° L'*ophtalmique* donne la sensibilité au front, au sourcil, à la racine, au dos et à la pointe du nez, à la paupière supérieure, peau, muqueuse et glandes, à la partie antérieure de la pituitaire, aux parties molles de l'orbite, la glande lacrymale comprise, et à la conjonctive, à la cornée, à la rétine (sensibilité générale) par le nerf central de la rétine.

2° Le *maxillaire supérieur :* aux dents de la mâchoire supérieure, aux parties latérales du nez, à la lèvre supérieure, peau et muqueuse, à la joue, peau et muqueuse, à la muqueuse pituaire et à ses prolongements dans les sinus, aux gencives de la mâchoire supérieure, à la muqueuse de la voûte palatine et du voile du palais, à la muqueuse de la partie supérieure du pharynx, à l'ouverture de la trompe d'Eustache, et aux glandes de ces diverses régions. Les fibres motrices qui vont à l'azygos de la luette et au péristaphylin interne sont des anastomoses du facial par le nerf vidien.

3° Le *maxillaire inférieur ;* aux dents de la mâchoire inférieure, au menton, à la lèvre inférieure, peau et muqueuse, aux gencives de la mâchoire inférieure, à la muqueuse du plancher de la bouche, à la muqueuse linguale, excepté à celle du tiers postérieur de la face dorsale de la langue.

La branche motrice qui suit le trajet du maxillaire inférieur et constitue le nerf masticateur anime les muscles temporal, masséter, ptérygoïdien interne, ptérygoïdien externe, le ventre antérieur du digastrique le mylo-hyoïdien, et le muscle interne du marteau.

Action sécrétoire. — La sécrétion de la glande lacrymale est sous l'influence de l'ophtalmique. L'excitation du bout périphérique du nerf lacrymal détermine une secrétion abondante, après sa section, on observe également une sécrétion continuelle (paralytique !). Les voies réflexes centripètes se trouvent également dans le nerf trijumeau, car l'excitation d'un rameau quelconque de l'ophtalmique détermine la sécrétion, celle-ci ne se produit plus si l'on sectionne le lacrymal. Le maxillaire supérieur possède des fibres sécrétoires pour les glandes nasales et palatines, quant à l'influence du maxillaire inférieur sur la sécrétion des glandes salivaires, elle est toute d'emprunt, le rameau lingual n'agissant sur cette secrétion que par les fibres de la corde du tympan qu'il renferme (voir p. 770).

Action trophique. — Après la section du trijumeau, on observe, outre l'insensibilité de la face, quelque temps après l'opération, des troubles de la cornée, de la conjonctive et de l'iris, la cornée s'opacifie, s'ulcère, et se perfore, la tension du globe de l'œil diminue. Snellen explique ces troubles par la perte de la sensibilité de l'œil et de ses annexes, les corps étrangers n'étant plus chassés par les paupières et les larmes, déterminent l'inflammation du globe oculaire. Cette assertion repose sur ce fait que si l'on protège l'œil d'un lapin à trijumeau sectionné avec l'oreille dont la sensibilité est restée intacte, ces altérations ne se produisent plus. Cependant les altérations de la sensibilité et les troubles trophiques semblent être indépendantes, la section du trijumeau entre le ganglion de Gasser et le crâne n'amènent pas les troubles trophiques, tout en faisant disparaître la sensibilité d'après Magendie. Les fibres trophiques viendraient dans ce cas du ganglion lui-même ou des anastomoses sympathiques qu'il reçoit, mais le fait de Magendie est aujourd'hui controuvé par les recherches de M. Duval qui a vu les altérations se produire après section intra-bulbaire de la grosse racine du trijumeau. Cette racine possède donc dès son origine des fibres trophiques.

Action sur l'iris et la pupille. — L'action sur l'iris des nerfs ciliaires sera étudiée à propos de l'œil. Le trijumeau ne joue ici que le rôle sensitif par la branche qu'il envoie au ganglion ophtalmique, les fonctions motrices, constrictives, dilatatrices, vaso-motrices sont assurées par les deux autres rameaux qui aboutissent à ce ganglion et proviennent du moteur oculaire commun et du sympathique.

Action vaso-motrice. — Les effets vaso-dilatateurs observés en excitant les différentes branches du trijumeau, sont dus à des fibres d'emprunt, provenant du sympathique.

On a attribué au nerf trijumeau une intervention directe dans la transmission des impressions olfactives et gustatives. Nous verrons ce qu'il fallait penser de l'opinion de Magendie sur la sensibilité olfactive du trijumeau; quant au rôle dans la gustation, il nous parait fort hypothétique si nous rattachons les fibres gustatives du lingual à la corde du tympan suivant les théories de Lussana et de Duval. Il n'en est pas moins vrai qu'en assurant la sensibilité générale des appareils récepteurs des sensations, il joue un rôle accessoire, mais important pour l'intégrité de la perception des sensations. Rappelons à ce propos que le muscle interne du marteau, le tenseur de la membrane du tympan, reçoit son innervation motrice d'un rameau du maxillaire inférieur.

Nerf facial. — Le facial est un nerf moteur, qui tire ses origines réelles des parties latérales du bulbe qui font suite aux cornes antérieures de la moelle par deux noyaux, l'un qui lui est spécial, noyau inférieur (noyau céphalique de la corne antérieure), l'autre qui lui est commun avec le moteur oculaire externe et l'hypoglosse. (Voy. fig. 103., VII, VII, et RVII.)

Le facial est un nerf moteur, mais par suite de ses anastomoses avec le nerf Wrisberg, avec le trijumeau par le grand nerf pétreux superficiel, avec le pneumogastrique par le rameau auriculaire, il renferme des fibres sensitives, gustatives, vaso-motrices. Le facial est le nerf moteur des muscles peauciers de la face et du cou ; c'est lui qui commande par conséquent à tous les mouvements d'expressions de la face à la physionomie, en un mot. Après la section du facial ou dans sa paralysie, que l'on observe assez fréquemment, la moitié de la face paralysée est immobile, suivant les mouvements de la partie intacte et les traits sont déviés du côté sain. L'œil ne peut se fermer par suite de la paralysie de l'orbiculaire; le releveur restant contracté, il y a absence de clignement et larmoiement. Les lèvres sont flasques et se soulèvent à chaque expiration (expression du fumeur de pipe). Chez le cheval, qui ne respire que par le nez, les narines s'appliquent sur les orifices des fosses nasales, la respiration devient impossible et l'animal meurt asphyxié si l'on fait la section des deux faciaux. Quant à la sensibilité du facial, elle ne saurait être mise en doute, mais cette sensibilité est due aux anastomoses que ce nerf reçoit du trijumeau et du pneumogastrique à sa sortie du crâne; la partie intercrânienne est en effet insensible.

Nous étudierons ici la corde du tympan, que l'anatomie macroscopique rattache encore au facial, et qui a fait attribuer à ce nerf des fonctions sécrétoires et gustatives qui ne lui appartiennent pas en propre.

On lui a donné ce nom à cause des dispositions anatomiques qu'elle présente dans l'oreille moyenne. La dissection apprend que ce rameau quitte le facial à la hauteur du trou stylomastoïdien pour gagner par un conduit particulier l'oreille moyenne; là il pénètre dans la membrane du tympan et chemine entre la couche interne et la couche moyenne, à la manière d'une corde qui sous-tendrait le tiers supérieur de sa circonférence, d'où son nom. Il quitte ensuite l'oreille par un nouveau conduit, pour aller rejoindre le nerf lingual, après avoir décrit dans son trajet total une courbe parabolique complète. Mais si la dissection la plus fine ne permet pas de poursuivre plus avant son origine et sa terminaison, il n'en est pas de même des recherches physiologiques. L'étude du rôle de la corde du tympan est une de celles qui ont soulevé le plus de discussions et suscité le plus de recherches. A elle se rattache les noms de Cl. Bernard, de Vulpian, de Schiff, etc. Les fonctions de ce filet qui se sépare d'un nerf moteur (facial) pour aller se confondre avec un nerf sensitif (le lingual, branche du trijumeau) sont multiples. Il résulte des expériences faites en sectionnant et excitant les deux extrémités de la corde du tympan qu'elle doit renfermer : 1° des fibres vaso-dilatatrices agissant sur les vaisseaux de la glande sous-maxillaire et de la langue; 2° des fibres glandulaires qui se rendent aux glandes sublinguales et sous-maxillaires; 3° des fibres gustatives qui vont avec le lingual à la moitié correspondante de la pointe de la langue. Une expérience célèbre de Cl. Bernard démontre les deux premiers effets : vaso-dilatation et hypersécrétion. Sur un chien on introduit une canule fine dans le canal excréteur de la glande sous-maxillaire (canal de Wharton), la salive s'écoule à peine, mais si l'on vient à électriser le bout périphérique du filet nerveux qui se rend à la glande et qui provient lui-même de la corde du tympan, on voit de nombreuses gouttes de salive s'échapper de la canule, en même temps la circulation dans la glande devient beaucoup plus active, tous les vaisseaux se dilatent; la veine, dont le sang devient rouge comme le sang artériel, est animée de battements rythmiques comme une artère, il y a donc une vaso-dilatation. Lorsqu'on cesse l'électrisation, l'écoulement salivaire s'arrête, les vaisseaux s'affaissent et le sang redevient noir. Vulpian a montré que ses phénomènes de vaso-dilatation se produisaient également dans la moitié de la langue innervée par le nerf lingual. Or, cette action vaso-dilatatrice est bien due aux fibres émanées de la corde du tympan, car on les obtient en excitant directement la corde avant son anastomose avec le lingual, tandis qu'ils n'existent plus si on excite ce dernier nerf avant sa jonction avec la corde ou après la dégénérescence de ses fibres propres, déterminée par une section antérieure. L'exagération de la sécrétion avait été attribuée à la vaso-dilatation elle-même, mais des recherches nouvelles ont montré que ces deux fonctions pouvaient être indépendantes et qu'il existe des fibres vaso-dilatatrices et des fibres excito-sécrétrices distinctes (Jolyet).

L'action gustative de la corde du tympan entrevue par Bellingeri a été démontrée encore par Cl. Bernard guidé par des observations cliniques. Il avait remarqué en effet que dans la paralysie du facial, beaucoup de malades se plaignaient d'une altération du goût; or la corde du tympan est le seul nerf qui établisse une communication anatomique entre le facial et la langue. Les mêmes troubles du goût observés sur les chiens après section de la corde dans la caisse du tympan sont venus confirmer cette vue, mais pour Cl. Bernard et Vulpian, il ne s'agirait pas de fibres gustatives spéciales, l'action de la corde n'agit qu'en modifiant la circulation ou la contractilité des papilles, et par suite les sensations qui seraient transmises uniquement par le lingual; pour Schiff et Lussana, il existerait des filets essentiellement gustatifs. Les recherches de François-Franck et de Gley ont confirmé cette opinion, en démontrant que l'excitation du bout central de la corde du tympan, exactement comme celui du lingual, détermine une sécrétion salivaire réflexe du côté opposé. Pour expliquer ces actions diverses d'un filet nerveux qui paraît être issu d'un nerf purement moteur, plusieurs hypothèses ont été émises sur son origine réelle : la corde du tympan, par ses fonctions vaso-motrices et excito-sécrétoires rappelle les filets sympathiques, elle naîtrait du nerf intermédiaire de Wrisberg qui ne serait lui-même qu'une racine bulbaire du sympathique (Cl. Bernard). Pour ceux qui envisagent surtout sa sensibilité spéciale, elle aurait pour origine, soit encore le nerf de Wrisberg, considéré comme la racine sensitive du facial (Lussana) ou du glosso-pharyngien (Duval), soit le glosso-pharyngien lui-même par l'intermédiaire du nerf de Jacobson (Duchesne), soit enfin le trijumeau (Schiff). On voit combien de questions controversées soulève cette étude de la corde du tympan, questions importantes parce qu'ellés se rattachent intimement à la physiologie générale.

Nerf glosso-pharyngien. — Le nerf glosso-pharyngien est un nerf mixte. L'étude de ces origines bulbaires confirme les faits expérimentaux. Il possède en effet un noyau sensitif (noyau basilaire de la corne postérieure et un noyau moteur situé dans les parties antéro-latérales du bulbe (noyau céphalique de la corne antérieure). (Voy. fig. 908.) Il est à la fois sensitif, moteur, vaso-dilatateur et enfin constitue le nerf spécifique de la gustation, par le nerf intermédiaire de Wrisberg qu'il faudrait rattacher au glosso-pharyngien. (V. p. 865.)

C'est lui qui donne la sensibilité à une partie de la langue en arrière et y compris le V lingual, et au pharynx. Il est le conducteur centripète des réflexes de déglutition.

L'action motrice du glosso-pharyngien est circonscrite au pharynx, aux muscles des piliers, quant au voile du palais, il ne paraît recevoir aucune innervation motrice de ce nerf, mais uniquement des terminaisons sensitives. Le glosso-pharyngien renferme des vaso-dilatateurs pour la base de la langue (Vulpian), mais ces fibres proviennent du rameau carotidien du ganglion cervical supérieur du sympathique.

Grand hypoglosse. — Le nerf grand hypoglosse a ses origines réelles dans le noyau basilaire des cornes antérieures, à la partie inférieure de ce noyau, mais il a également d'autres racines dans le noyau des nerfs mixtes et dans le noyau de l'accessoire de l'hypoglosse.

C'est un nerf moteur de la langue et des muscles sus-hyoïdiens; après sa section, la langue pend inerte entre les mâchoires, l'animal se mord et ne peut relever la langue, bien que le lingual branche du trijumeau assure la sensibilité de l'organe. Le grand hypoglosse reçoit de nombreuses anastomoses du plexus cervical profond, et Morits Holl avait même soutenu, guidé par la dissection anatomique, que le grand hypoglosse innervait simplement les muscles de la langue, les muscles hyoïdiens recevant leurs fibres motrices des paires rachidiennes; cette assertion a été contredite par les observations expérimentales de Wertheimer, au moins en ce qui concerne le chien et le lapin : chez ces animaux les fibres motrices sus-hyoïdiennes viennent bien de l'hypoglosse.

Mathias Duval en s'appuyant sur les observations microscopiques faites sur le bulbe d'un sujet atteint de paralysie labio-glosso-laryngée chez lequel les mouvements de déglutition avaient été conservés pendant la vie, tend à admettre que le noyau principal sert aux mouvements de la parole et le noyau accessoire aux mouvements de la déglutition. Dans le cas cité, ce dernier noyau seul présentait des cellules à peu près normales.

Nerf spinal. — Le nerf spinal est un nerf moteur, qui prend naissance à la fois sur le bulbe et dans la moelle par une série de racines. Ses origines réelles sont essentiellement motrices; néanmoins la présence de cellules nerveuses sur ses racines (Vulpian), l'existence de véritables ganglions (Hyrtl) pourraient faire croire à la présence de fibres sensitives dès son origine, la physiologie ne confirme pas cette conception anatomique. — Le nerf spinal est essentiellement *le nerf* *phonateur*, sa branche externe qui innerve le sterno-cléido-mastoïdien et le trapèze contribue, par l'intermédiaire de ces muscles, à assurer l'émission régulière de l'air dans l'appareil laryngé. Sa branche interne, qui s'accole au pneumogastrique, va en partie au larynx par le nerf récurrent. Cl. Bernard a montré que si la section des nerfs spinaux était fort délicate, l'arrachement était beaucoup moins dangereux.

L'arrachement du spinal et même des deux spinaux n'entraîne pas la mort. La plaie de l'opération se cicatrise dès le quatrième ou le cinquième jour, et l'animal continue à vivre. Mais des troubles apparaissent du côté du larynx, du pharynx, du sterno-mastoïdien et du trapèze. L'animal sur lequel on pratique cette opération présente une altération de la voix, de la difficulté de la déglutition et de l'essoufflement dans les grands mouvements et dans les efforts.

Si l'animal est au repos, tous les phénomènes précédents semblent ne pas exister.

Si l'on arrache un des spinaux, on constate l'immobilité de la moitié correspondante de la glotte, la corde vocale de ce côté est à peu près immobile, tandis que celle du côté opposé continue à exécuter les mouvements normaux. Si l'animal crie, sa voix est rauque, parce que le courant d'air de l'expiration franchit une ouverture à moitié fermée, d'un côté par un ligament tendu, de l'autre par un ligament relâché.

Si l'on arrache les deux spinaux, la glotte ne peut plus se fermer. Lorsque l'animal veut pousser un cri, les cordes vocales, flasques et écartées, ne peuvent se rapprocher, et il ne parvient à faire entendre qu'un souffle expirateur ; il y a aphonie. Mais la glotte reste ouverte et la respiration est libre.

Dans ce cas, les muscles du larynx sont paralysés, à l'exception du crico-aryténoïdien postérieur, qui est animé par le pneumogastrique. (V. *Larynx*, p. 633.)

Après l'arrachement des spinaux, la déglutition n'est pas abolie, et le bol alimentaire passe du pharynx dans l'estomac ; mais l'occlusion du larynx n'étant pas complète, il passe des aliments dans la trachée. Ces troubles se produisent surtout lorsqu'on irrite les animaux et qu'on provoque chez eux des mouvements d'inspiration au moment où la déglutition s'effectue.

GRAND SYMPATHIQUE

Le grand sympathique (nerf tris-splanchnique, système nerveux ganglionnaire, système nerveux de la vie végétative) est constitué par une double chaîne ganglionnaire, dont chaque cordon occupe un des côtés de la colonne vertébrale, et présentant un certain nombre de ganglions (théoriquement, il devrait en exister une paire par vertèbres), qui émettent un certain nombre de filets établissant des connexions entre eux et avec l'appareil nerveux de la vie de relation. Le sympathique se continue dans le crâne, que l'on a pu assimiler à des vertèbres modifiées. Les ganglions que l'on trouve en connexions avec les nerfs crâniens (ganglions otiques, sphéno-palatins, ophthalmique, etc., se rattachent ainsi facilement au système sympathique général.

Bichat considérait le système nerveux de la vie végétative comme distinct et indépendant du système cérébro-spinal, il n'en est rien, par les nombreuses connexions qui relient ces deux systèmes (rami communicantes); il existe des rapports intimes entre eux.

La caractéristique des branches sympathiques qui partent des ganglions pour se rendre aux viscères, c'est leurs tendances à se séparer, puis à se réunir, pour former, au lieu de tronc unique, des *plexus* et d'autre part de présenter le long de leurs trajets si irréguliers des amas ganglionnaires, les uns volumineux comme le ganglion semi-lunaire que Bichat appelait le *cerveau abdominal*, d'autres au contraire microscopiques comme les ganglions des plexus d'Auerbach et de Meisner dans le tube intestinal.

Le grand sympathique renferme des fibres centripètes et des fibres centrifuges : motrices, sécrétoires, vaso-motrices, fibres qui sont utilisées dans la production des actes réflexes qui président aux fonctions végétatives. Mais l'arc réflexe peut-il se produire uniquement dans la sphère sympathique? Les ganglions du système sympathique sont-ils en un mot des centres? Cette question est loin encore d'être jugée; nous avons vu (p. 682) que l'expérience dans laquelle Cl. Bernard avait cru pouvoir démontrer l'existence d'un centre réflexe dans le ganglion sous-maxillaire était criticable. D'autre part, Vulpian, puis François-Franck admettent l'action réflexe du ganglion ophtalmique sur les mouvements de l'iris.

Le fibres centripètes jouissent d'une sensibilité fort obtuse, ce n'est que dans le cas d'inflammation, d'irritation, que nous avons conscience d'une innervation sensitive de nos viscères et c'est en quelque sorte beaucoup plus des sensations douloureuses que des sensations tactiles dont nous avons ainsi conscience. L'excitation directe des ganglions viscéraux est du reste manifestement douloureuse.

Quant aux fibres centripètes, elles renferment une série d'éléments : moteur, vaso-constricteur, vaso-dilatateur, trophique, sécrétoire.

L'existence des fibres motrices est hors de doute, l'excitation des ganglions solaires augmente les mouvements péristaltiques de l'intestin, les différents excitants sont applicables ici, sauf cependant l'excitant physiologique par excellence, la volonté, qui n'exerce aucune action sur les fibres du grand sympathique.

Quant aux autres fonctions du grand sympathique, elles ont été étudiées en d'autres chapitres : l'étude des nerfs vaso-moteurs ayant été faite au chapitre *Circulation*, des nerfs sécréteurs, aux différentes sécrétions : glandes maxillaires, sécrétion sudoripare, etc.

Au point de vue de la répartition des fibres sympathiques, Morat a posé des lois générales :

1° Pour une région donnée de l'organisme, les origines des nerfs sympathiques qui s'y rendent sont en général bien distinctes et souvent éloignées de celles des nerfs sensitivo-moteurs de cette région ;

2° Par contre, tous les filets sympathiques destinés à cette région, quel que soit leur mode d'activité, qu'ils soient constricteurs, dilatateurs, sécréteurs, sont très semblables entre eux par leur origine, leur trajet, leur disposition morphologique.

ORGANES DES SENS

CONSIDÉRATIONS GÉNÉRALES

Des sensations. — Les sensations sont des états de conscience particuliers déterminés par des excitations provenant soit de l'extérieur, soit de notre propre corps (Beaunis). La sensation indique tout ébranlement de la sensibilité soit conscient, soit inconscient (Ch. Richet). Envisagées sous ce ce point de vue général, les sensations sont donc les manifestations de toute la sensibilité, et tous les organes doués de sensibilité sont susceptibles de nous fournir des sensations.

Aussi est-il nécessaire de faire une première distinction entre les sensations déterminées par des excitations extérieures sensations externes et les sensations produites par des excitations intérieures, sensations internes qui nous avertissent simplement et très vaguement des modifications de nos organes : la faim, la soif, etc.

Les premières qui nous donnent la notion du monde extérieur, sont reçues par des organes spécialisés, ce sont les organes des sens.

Chacun des appareils des sens comprennent trois parties.

1° Un organe récepteur, situé à la périphérie constitué par des terminaisons sensitives particulières destinées à recevoir un certain ordre d'impression ;

2° Un conducteur, cordon nerveux ;

3° Un organe percepteur, central, où s'élaborent les sensations.

Un point essentiel et qu'il importe de mettre immédiatement en relief, c'est que la partie terminale des organes des sens provient toujours de la même partie de l'embryon, du feuillet ectodermique. Le fait est évident pour les organes disposés dans la peau (sens tactile) facile à démontrer pour les terminaisons gustatives ; quant aux autres organes, ce sont des dérivés du système nerveux qui n'est lui-même qu'une production ectodermique.

Mécanisme général des organes des sens. — Dans l'étude des organes des sens, il y a lieu de considérer la nature de l'excitant, et la terminaison nerveuse excitée.

Parmi les irritants eux-mêmes, il y a lieu de distinguer les irritants généraux et les irritants spécifiques. Il est évident que si on se place au point de vue de la physique générale, l'irritant est un, les modalités seules diffèrent.

Les irritants sensoriels généraux peuvent être ramenés à quatre groupes : mécaniques, électriques, thermiques, chimiques. Les irritants sensoriels spécifiques sont au nombre de deux, la lumière, le son. Faut-il faire ranger les excitants saveurs et odeurs qui agissent sur les organes de la gustation et de l'olfaction comme des excitants spécifiques? malgré l'autorité de Wundt nous ne croyons pas qu'il doit en être ainsi.

Si l'on envisage les sensations au point de vue de l'unité de l'énergie, on peut admettre que si la sensation est variable c'est que l'élément impressionnable est constitué de telle sorte qu'il n'est impressionné que par des vibrations d'un nombre donné et de longueurs d'ondes données. Les terminaisons nerveuses de l'appareil auditif sont impressionnées par des vibrations au nombre de 20 à 40,000, alors que les terminaisons optiques n'entrent en fonction que sous une excitation déterminée par 450 à 795 billions de vibrations.

Quant à la transformation de l'énergie externe en énergie interne, de l'énergie physique en énergie psychique, il faut se contenter de poser le problème. Les données actuelles ne permettent pas de résoudre la question. Peut-être un jour, grâce aux progrès de la chimie et de la physique appliquées à l'étude de la cellule vivante, arrivera-t-on à connaître les phénomènes de métabolisme qui se passent dans le protoplasma vivant. Peut-être un jour déterminera-t-on l'équivalent psychique comme nous connaissons l'équivalent thermique; mais aujourd'hui tout n'est qu'hypothèse. La psyché, la force vitale des uns, l'âme des autres échappent encore à nos investigations.

Quoi qu'il en soit, on peut ranger les sens en deux grands groupes suivant la nature de leur excitant. Les sensations tactiles : contact, traction, pression, sont certainement dues à des excitations mécaniques. Il en est de même des impressions auditives. C'est sous l'influence des ondes sonores que les éléments auditifs de l'oreille interne sont excités.

Pour les autres sens au contraire, il se produit une réaction chimique. Les terminaisons nerveuses des organes de l'olfaction et de la gustation ne sont excités que par des corps solubles, liquides ou gazeux; les modifications chimiques du pourpre rétinien permettent bien de penser qu'il y a dans la rétine une réaction chimique déterminée par l'action des rayons lumineux, enfin le sens thermique dont il nous faut faire une entité distincte du sens tactile a pour excitant les modifications chimiques apportées par les variations de la température.

D'où cette classification :

Sens mécaniques	Tact Audition
Sens chimiques	Olfaction Gustation Vision Sens thermique

Loi psycho-physique. — L'intensité de la sensation dépend de deux facteurs : 1° la force ou l'intensité de l'excitant; 2° le degré d'irritabilité de l'organe sensoriel.

On conçoit que ce second facteur est essentiellement variable, il y a lieu en effet de tenir compte non seulement de l'irritabilité des terminaisons sensitives, mais encore de celle de l'élément conducteur qui n'est peut-être pas aussi indifférente que certains le supposent, enfin de celle des cellules centrales. Nous avons vu les causes qui peuvent agir sur la vitalité et par suite sur l'excitabilité des nerfs et des centres cérébraux : anémie, intoxication, fatigue, etc. Ce sont les mêmes qui agissent sur les cellules terminales. Mais à excitabilité égale l'intensité de l'excitation présente un rapport constant avec la puissance de l'excitant. C'est ce rapport qui est exprimé par la loi psycho-physique, loi de Fechner et qui s'énonce ainsi : *La sensation croît comme le logarithme de l'excitation* et se traduit par la formule

$$S = K \log. \frac{F}{a}$$

dans laquelle S est la sensation, F la force extérieure excitatrice, K une constante, a la quantité minimum de force qui est capable de mettre en jeu la sensation.

Plus simplement on peut dire que lorsque l'excitation croît suivant une progression géométrique 1, 2, 4, 8, la sensation croît suivant une progression arithmétique 1, 2, 3, 4. Si, par exemple, dans l'obscurité on projette des rayons lumineux successivement de 1 puis de 8 bougies, la seconde sensation lumineuse sera seulement quatre fois plus forte.

La valeur a de la formule de Fechner, qui indique le minimum d'excitation nécessaire pour provoquer une sensation est désignée également sous le nom de minimum perceptible du seuil de l'excitation. Ce minimum varie nécessairement, néanmoins on a donné pour chaque sens des valeurs que nous croyons utile de reproduire ici d'après Beaunis.

Tact : Pression de 0 gr. 002.

Sens thermique : Un huitième de degré, la peau étant à 18°4.

Audition : Balle de liège de 1 milligramme tombant de 1 millimètre sur une plaque de verre à 91 millimètres de l'oreille.

Sens musculaire : Raccourcissement de 0^{mm},004 du droit interne de l'œil.

Vision : Eclairage d'un velours noir par une bougie située à 0^{m},50.

Quant à la sensation maxima, il est difficile, sinon impossible de la déterminer pour certains sens au moins. Pour les sens optiques, on peut admettre que les rayons infra-violets forment la limite supérieure perceptible à la rétine, pour le sens auditif les vibrations au-dessus de 41 000. Quant au tact on a proposé d'admettre la transformation de la sensation de tact en sensation douloureuse. On conçoit combien peut être vague cette limite.

Temps de réaction des sensations. — Quand une excitation a été produite, il suit une réaction du sujet, mais cette réaction ne se produit qu'après un certain intervalle nécessaire à l'élaboration des différents processus nerveux.

Il y a lieu de tenir compte, du :

1° Temps d'excitation des appareils périphériques.
2° — de transmission dans les nerfs sensitifs.
3° — — dans la moelle.
4° — — dans le cerveau.
5° Transmission motrice dans la moelle.
6° — — dans le nerf.
7° Excitation latente du muscle.

Nous avons vu que l'on avait mesuré la vitesse de la transmission sensitive et motrice, ainsi que la transmission dans la moelle et on a trouvé alors pour le quatrième temps 15 centièmes de seconde environ, quand le temps global était de un septième de seconde.

Ce temps de réaction très variable avec les individus est raccourci par l'attention, et est augmenté par la fatigue, l'alcool, le haschisch.

VISION

La sensation visuelle a pour objet de nous faire connaître certains mouvements spéciaux du milieu ambiant, qui constituent la lumière. La perception de la lumière qui, chez la plupart des animaux, se fait au moyen d'appareils nerveux différenciés et adaptés à ce but, ne manque pas chez les êtres inférieurs, chez les êtres monocellulaires, par exemple, chez lesquels toutes les fonctions, quoique obscures, sont accomplies par la cellule unique ou non différenciée. A mesure que l'on s'élève dans l'échelle zoologique, l'appareil destiné à percevoir les mouvements de l'éther en tant que mouvements lumineux se perfectionne. La tache pigmentaire qui constitue chez les êtres inférieurs le rudiment de l'appareil optique se complique peu à peu, elle s'entoure d'une série de dispositifs qui ont surtout pour objet de rendre la vision distincte. Il est probable que, dans l'œil rudimentaire, la sensation de lumière est seule perçue, que les images ne se forment pas, au moins quand les objets sont à une certaine distance, sur l'élément nerveux. Mais nous étudierons ici spécialement la vision chez l'homme, où l'appareil dioptrique atteint un perfectionnement remarquable.

De l'œil en général. — Le globe oculaire se présente sous l'aspect d'une sphère, il est constitué par une série de milieux réfringents, entourés de membranes destinées à les contenir, les nourrir et les protéger. Ces milieux réfringents sont, en allant d'avant en arrière : la cornée, l'humeur aqueuse, le cristallin, le corps vitré. Le tout formant un appareil de dioptrique destiné à concentrer les rayons lumineux sous forme d'image sur un écran sensible : la rétine.

Dioptrique. — Les milieux transparents de l'œil sont limités par des surfaces convexes que l'on peut considérer comme sphériques et homocentriques, c'est-à-dire dont les centres sont situés sur un même axe (*axe optique*). Pour l'étude de la marche des rayons lumineux dans l'œil, il est plus simple d'admettre cette hypothèse, nous verrons plus loin que ces deux conditions ne sont pas rigoureusement vraies. Nous rappellerons ici quelques notions d'optique sur les surfaces et les lentilles biconvexes pour permettre de se rendre compte de la marche des rayons lumineux dans l'œil[1].

Un rayon placé sur l'axe optique, arrivant perpendiculairement à la surface sphérique ne subit pas de réfraction (rayon principal), mais tous les autres rayons qui partent de cet axe et viennent frapper sous un certain angle la surface sphérique, subissent la réfraction à leur passage dans cette surface. Cette réfraction a pour effet de le ramener vers l'axe optique.

Sans entrer dans l'exposition des phénomènes de réfraction pour l'étude desquels nous renvoyons aux traités de physique, il suffit de rappeler la marche des rayons lumineux et la formation des images dans les surfaces sphériques et plus spécialement dans les lentilles biconvexes, l'œil pouvant être ramené schématiquement à ce dernier appareil comme on le verra plus loin.

Une lentille biconvexe est constituée par deux surfaces sphériques convexes, qui ont pour objet de faire converger les rayons qui les traversent en une série de points nommés foyers, suivant la distance de la source lumineuse.

Pour des rayons parallèles à l'axe optique de la lentille, et c'est le cas quand le point lumineux est situé à l'infini (dans la pratique il suffit d'une certaine distance pour considérer

[1] Il est indipensable toutefois pour étudier le fonctionnement de l'appareil visuel, de bien connaître les lois élémentaires de la réfraction, que l'on trouve exposées en détail dans tous les traités de physique.

les rayons comme parallèles), le lieu de leur rencontre, toujours le même pour une lentille donnée, s'appelle le *foyer principal*. La distance du foyer principal au centre de la lentille s'appelle la distance focale principale.

Pour les rayons non parallèles, c'est-à-dire situés à une distance donnée de la lentille, le foyer est d'autant plus éloigné de la lentille que le point lumineux est proche, ces foyers qui sont en nombre infini sont appelés les foyers conjugués, et quand le point lumineux est situé à une distance égale à celle du foyer principal, les rayons en sortant de la lentille sont parallèles et ne se rencontrent plus.

Tout rayon qui passe par le centre d'une lentille biconvexe (centre optique), sort de la lentille parallèlement à lui-même, il se comporte comme s'il avait traversé un corps réfringent à face parallèle. Rappelons ici que le centre optique n'est pas nécessairement le milieu de l'épaisseur de la lentille, sa place est déterminée par le rayon de courbure des deux surfaces sphériques qui constituent la lentille et il est plus rapproché de la surface dont le rayon de courbure est plus petit [1].

Formation des images dans les lentilles sphériques. — Un point lumineux qui n'est pas situé sur l'axe optique, et placé au delà du plan focal principal, peut toujours être considéré comme envoyant deux rayons au moins, l'un passant par le centre optique de la lentille, sortant par conséquent sans déviation. Ce rayon constitue l'axe optique secondaire. L'autre rayon passant par le foyer principal et par suite sortant ensuite de la lentille parallèlement à l'axe principal, le point d'intersection des deux rayons ainsi menés constitue

[1] Le centre optique ainsi défini est mathématiquement faux, en réalité il y a deux centres optiques (points nodaux d'une lentille) un pour chaque surface de courbure, mais si les deux rayons de courbures sont peu différents, les deux points nodaux sont très rapprochés l'un de l'autre et peuvent en pratique être confondus en un seul point optique.

le point focal secondaire, où se formera l'image du point lumineux. Si, au lieu d'un point, on a un objet, une ligne par exemple, il suffit de construire les points focaux secondaires de quelques points de cette ligne pour obtenir l'image donnée par la lentille. On voit que cette image, dans le cas où l'objet est en deçà du foyer principal antérieur, est réelle et renversée. Dans le cas où l'objet est au delà du foyer principal elle est droite et virtuelle.

Le pouvoir réfringent d'une lentille, c'est-à-dire l'intensité avec laquelle une lentille réfracte la marche des rayons lumineux est fonction directe de la courbure des surfaces sphériques, et de l'indice de réfraction de la substance employée. Il va de soi que la distance focale d'une lentille est d'autant plus petite que sa réfringence est plus forte, et l'on exprime la force réfringente par la distance focale principale.

Marches des rayons lumineux dans l'œil. — On peut comparer l'œil à une chambre obscure munie d'un appareil dioptrique ayant pour objet d'assurer la formation des images sur la face postérieure de cette chambre constituée par la membrane sensible de l'œil, la rétine.

Les rayons lumineux traversent trois surfaces réfringentes dans l'œil : la cornée, la face antérieure du cristallin, la face postérieure de cet organe et d'autre part trois milieux également réfringents, l'humeur aqueuse, la substance cristallinienne, l'humeur vitrée.

La *cornée* est un milieu transparent, à face convexo-concave, mais non régulièrement sphérique ; sa forme, en effet, se rapproche de celle d'un segment d'ellipsoïde de révolution en mouvement autour de son axe. La courbure de la cornée peut être ramenée à une courbe dans laquelle tous les méridiens passant par le centre ont une forme à peu près elliptique et dans laquelle le rayon de courbure au sommet de chaque ellipse est à peu près constant $7^{mm},5$, tandis que dans l'excentricité des ellipses, la distance des deux points focaux est variable.

L'indice de réfraction de la cornée est de 1,33 à 1,35, il est le même que celui de l'humeur aqueuse, aussi peut-on considérer le système cornée-humeur comme un tout dioptrique continu.

On admet que les rayons lumineux, par suite de leur réfraction dans la cornée seule, iraient former leur image à 10 millimètres en arrière de la rétine.

Cristallin. — Le cristallin qui constitue une véritable lentille est l'appareil dioptrique par excellence de l'œil.

Son indice de réfraction moyenne est supérieur à celui du système précédent; il y a donc nécessairement réfraction dans le même sens que dans l'appareil cornéen; enfin l'humeur vitrée étant d'un indice plus faible, la réfraction, à la sortie, tend encore à faire converger les rayons. Les milieux de l'œil forment donc un système dioptrique a effet positif (système collecteur), puisque toutes ces surfaces rendent les rayons homocentriques plus convergents.

Les surfaces de la lentille cristallinienne ne sont pas régulièrement sphériques; d'après Krause, la surface antérieure appartiendrait à un ellipsoïde de révolution aplati, et la face postérieure à un paraboloïde de révolution. Le rayon de courbure de la face postérieure (6 millimètres) est plus petit que celui de la face antérieure (10 millimètres).

Le cristallin ne saurait être considéré comme une lentille homogène, il est constitué par une série de couches dont l'indice de réfraction est différent, augmentant de la périphérie (1,405) au centre (1,454) (Krause). Nous verrons plus loin que ces variations ont pour conséquence de remédier en partie du moins à certains défauts inhérents aux lentilles : aberration du sphéricite, etc. D'autre part la courbure du cristallin, pour répondre aux nécessités physiologiques de l'accommodation, varie sans cesse, et par suite la longueur focale de l'appareil optique.

Les données optiques de l'œil sont les suivantes, d'après Helmholtz :

	Millim.
Rayon de courbure de la cornée	7,829
Epaisseur de la cornée au centre	0,9
Distance des surfaces antérieures de la cornée et du cristallin	3,6
Rayon de courbure de la face antérieure du cristallin.	10,0
Rayon de courbure de la face postérieure du cristallin.	6,0
Epaisseur du cristallin.	3,6
Indice de réfraction de la cornée, de l'humeur aqueuse et du corps vitré	1,3365
Indice total du cristallin	1,4371

L'ensemble de ces données constitue ce qu'on appelle l'œil schématique.

Les données précédentes permettent aussi de calculer la position des foyers et des points nodaux de l'œil assimilé à un système centré.

Les deux foyers principaux se trouvant l'un dans l'air, l'autre dans l'humeur vitrée, les deux distances focales doivent être différentes Le premier foyer est à 13^{mm},74 en avant de la cornée, le second à 22^{mm},82 de la même surface, ou à 15^{mm},6 en arrière de la face postérieure du cristallin. Les points nodaux sont situés à 6^{mm},9685 et 7^{mm},3254 en arrière de la cornée. Le premier est donc dans le cristallin à 0^{mm},2 en avant de la face postérieure, et le second dans le corps vitré à 0^{mm},1254 en arrière du cristallin. Enfin les plans principaux sont à 1^{mm},75 et 2^{mm},11 en arrière de la cornée.

Œil réduit de Listing. — Les deux points nodaux étant très rapprochés l'un de l'autre (0^{mm},35), on peut supposer confondus en un seul ces deux points nodaux, ainsi que les deux plans principaux. On peut alors expliquer tous les phénomènes de réfraction de l'œil en le supposant formé d'une substance unique d'indice convenable, limitée par une seule surface sphérique, et ne considérer qu'une seule réfraction de la lumière.

Le système très simple ainsi obtenu est ce qu'on appelle l'*œil réduit* : il a été imaginé par Listing, qui en a calculé les données d'après celles de l'œil schématique. Donders a encore simplifié le calcul en supprimant les fractions, des chiffres de Listing. Voici les données actuellement admises :

Rayon de la surface sphérique.	5	millimètres.
Première distance focale.	15	—
Seconde distance focale.	20	—
Indice de réfraction (celui de l'eau).	1,333	—

La construction géométrique des images qui viennent se former sur le fond de l'œil, sur la rétine, dont nous verrons plus loin le rôle physiologique comme membrane sensible, indique que cette image est réelle et renversée.

On peut constater la formation de cette image sur un œil artificiel, ou mieux encore sur un œil de bœuf qu'on vient d'extirper de l'animal vivant. On enlève les couches superficielles de la sclérotique pour la rendre translucide; on dispose l'œil au centre d'un écran opaque, la cornée dirigée vers une lampe, dans une chambre obscure, et l'on voit très nettement l'image renversée de la lampe sur le fond de l'œil. On peut encore faire la même expérience sans aucune préparation avec un œil de lapin albinos, dont la choroïde est exempte de pigment (Magendie).

La grandeur de l'image rétinienne est déterminée uniquement par la valeur de l'angle AOB sous lequel nous voyons l'objet; par conséquent elle dépend à la fois de la grandeur de cet objet et de sa distance à l'œil. Un objet de grandeur *ab* pourra donner une image égale à celle d'un objet plus grand A'B', s'il est placé plus près et vu exactement sous le même angle. Un même objet AB, de grandeur invariable, sera d'autant plus grand qu'il sera placé plus près de l'œil. Aussi lorsque nous voulons examiner les détails d'un objet, nous le plaçons le plus près possible, afin d'augmenter les dimensions de l'image rétinienne. Un observateur est d'autant plus apte à observer les petits détails que sa vue lui permettra de rapprocher davantage les objets.

Il est facile de déterminer la grandeur de l'image rétinienne, connaissant la grandeur de l'objet et sa distance du centre optique de l'œil. Soit G la grandeur de l'objet, D sa distance au centre optique, D′ la distance de la rétine au même point qui peut être estimée égale à 15 millimètres, la grandeur de l'image rétinienne I s'obtient par la formule simple :

$$I = \frac{G + 15}{D}$$

L'image rétinienne, pour être perçue en tant qu'image, doit occuper une certaine surface, c'est-à-dire que l'objet doit se présenter sous un angle visuel minimum, au-dessous duquel on n'a plus les sensations des différents points ceux-ci se confondant en un seul. Cet angle visuel minimum est de 60 secondes; le calcul permet d'établir qu'il correspond à une image rétinienne de $0^{mm},004$, grandeur d'un élément rétinien.

Membranes de l'œil. — Les enveloppes de l'œil sont au nombre de trois, en allant de dehors en dedans : la sclérotique, la choroïde, la rétine.

La sclérotique. — La sclérotique ou membrane externe de l'œil, en forme la coque ; c'est essentiellement une membrane de protection, fibreuse chez les mammifères et qui s'incruste de sels calcaires chez les sauropsides. Sur elle viennent s'insérer les différents muscles qui coopèrent aux mouvements du globe oculaire.

En avant la sclérotique est continuée par la cornée.

La choroïde. — La membrane irido-choroïdienne qui est située entre la tunique fibreuse et la tunique nerveuse, est surtout vasculaire, aussi a-t-elle été appelée quelquefois membrane nourricière de l'œil. Il y a lieu de distinguer, tant au point de vue physiologique qu'anatomique, une région postérieure, la choroïde proprement dite, une région moyenne, la région ciliaire et une région antérieure, l'iris, qui est l'homologue de la cornée par rapport à la sclérotique.

Comme tunique vasculaire, la choroïde a sous sa dépendance la pression des liquides intra-oculaires. Elle forme en outre, grâce à sa circulation intense, une véritable chambre chaude pour la membrane rétinienne, condition excellente pour l'activité physiologique des éléments nerveux de cette dernière membrane.

Sa face interne est tapissée de cellules pigmentaires à forme hexagonale, ce pigment choroïdien a pour effet de transformer la chambre de l'œil en une véritable chambre noire qui assure la netteté des images, en arrêtant la réverbération irrégulière des rayons lumineux. On constate, en effet, que les individus qui ne possèdent pas ce pigment (les albinos) ne peuvent supporter l'action de la lumière vive.

Toutefois ce rôle du pigment est loin d'être bien connu, et il est fort probable que la couche pigmentaire ne consiste pas uniquement en un rôle purement passif, mais que ces cellules interviennent activement dans le mécanisme de la vision. L'embryogénie montre d'ailleurs que cette couche doit être rattachée à la rétine (dixième couche).

La zone ciliaire, zone moyenne, qui occupe la partie comprise entre l'iris et l'équateur de l'œil est surtout une zone musculaire; elle comprend le muscle ciliaire en avant, les procès ciliaires en arrière. Ces muscles jouent le rôle mécanique principal dans l'accommodation, en modifiant les courbures du cristallin. Le muscle ciliaire (de Brucke), tenseur de la choroïde, se compose de deux sortes de fibres lisses (chez l'homme du moins, car chez les oiseaux on signale des fibres striées), des fibres longitudinales, radiées et des fibres circulaires formant un véritable anneau : muscle de Rouget,

Les fibres longitudinales prennent leur point d'insertion au niveau du canal de Schlemm, à l'union de la cornée et de la sclérotique et d'autre part se perdent dans le stroma choroïdien. En se contractant, elles tirent en avant le sac choroïdien et la zonula, zone de Zinn, dont la tension maintient l'aplatissement du cristallin, la zonula n'étant plus tendue, le cristallin, par le fait de son élasticité propre, se bombe.

Les procès ciliaires forment autour du cristallin une sorte de collerette vasculaire dont les vaisseaux viennent du grand cercle artériel de l'iris.

Nous reviendrons plus loin sur le rôle de la zone ciliaire dans l'accommodation et sur les causes qui la mettent en action.

Iris. — L'iris est un diaphragme dont l'ouverture centrale (pupille) est susceptible de varier de dimension.

Cette membrane qui n'est que la continuation de la choroïde, en a la structure, on y rencontre des vaisseaux, des cellules pigmentaires constituant une couche postérieure et des fibres musculaires.

C'est de la coloration de l'iris que dépend la couleur des yeux, elle est généralement en harmonie avec celle des cheveux, les iris d'une teinte claire s'observant chez les blonds, l'iris d'une teinte foncée chez les bruns. En France les yeux bleus seraient dans la proportion de 45 p. 100.

Le rôle essentiel de l'iris est de ne laisser passer dans l'œil que la quantité de lumière proportionnelle à la sensibilité de la rétine. Quand l'éclairage est faible, la pupille s'agrandit, elle se resserre au contraire avec une lumière vive. L'iris est donc contractile, mais le phénomène de dilatation comme celui de raccourcissement se produit-il par le même mécanisme ?

Tous les anatomistes et les physiologistes admettent l'existence de fibres musculaires lisses circulaires qui constituent un sphincter pupillaire et sont les agents actifs du rétrécissement.

Mais pour expliquer la dilatation de la pupille, un système de fibres radiées paraît nécessaire, la présence de ce muscle dilatateur de la pupille est loin d'être démontrée, chez l'homme du moins; son existence admise par Henle, Kölliker, Iwanoff a été niée par Grünhagen, et récemment encore par Boé, par Retterer. Pour ce dernier, les prétendues fibres radiées ne sont que les éléments cellulaires des cordons nerveux. Nous reviendrons plus loin sur l'innervation de l'iris.

Membrane sensible ou rétine. — La rétine constitue essentiellement l'appareil sensitif de la vision. C'est elle qui reçoit l'impression des rayons lumineux.

C'est une membrane nerveuse constituée anatomiquement par l'épanouissement du nerf optique tapissant le fond de l'œil et s'avançant jusqu'à l'équateur du globe oculaire, jusqu'à la zone de Zinn, elle est directement appliquée sur la choroïde.

On distingue sur la rétine, suivant l'axe optique de l'œil une dépression désignée sous le nom de fossette centrale, que circonscrit une zone jaunâtre, la tache jaune ou macula lutea qui a 2 millimètres de large environ: Enfin plus en dedans et sur un plan un peu inférieur se voit la papille du nerf optique, d'où irradie les terminaisons du nerf optique et les vaisseaux rétiniens.

La constitution histologique de la rétine est des plus complexe et ne saurait être comprise sans avoir recours à l'embryologie.

C'est ainsi que les auteurs indiquent de 7 à 10 couches à la rétine (fig. 116) : 1° membrane limitante interne; 2° couche des fibres des nerfs optiques; 3° couche de cellules nerveuses multipolaires; 4° couche granulée interne appelée encore plexus cérébral, par suite de son analogie de structure avec la substance grise cérébrale; 5° couche granuleuse interne ou des cellules unipolaires; 6° la couche intergranuleuse, plexus

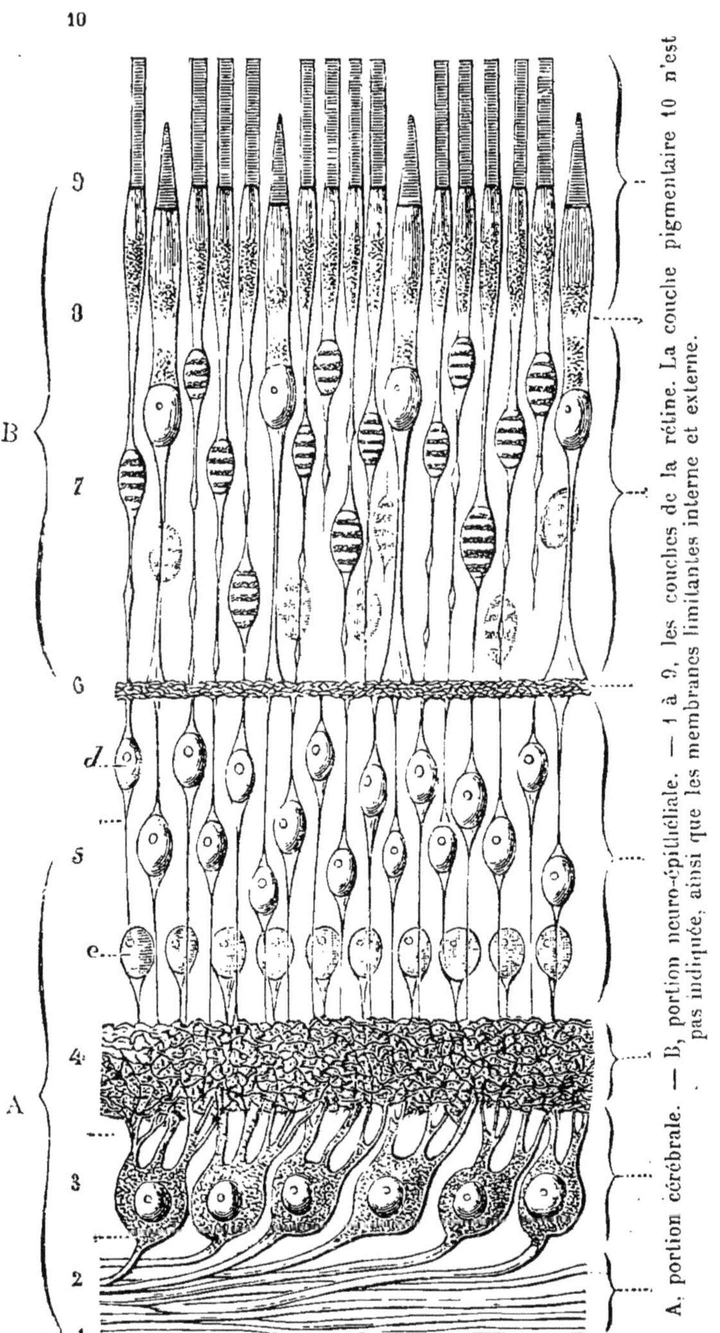

A, portion cérébrale. — B, portion neuro-épithéliale. — 1 à 9, les couches de la rétine. La couche pigmentaire 10 n'est pas indiquée, ainsi que les membranes limitantes interne et externe.

Fig. 116.—Coupe de la rétine. (D'après Schultze.) (Testut, *Anatomie*).

basal; 7° la couche granuleuse externe, cellules bipolaires; 8° la membrane limitante externe; 9° la membrane de Jacob, ou couche des cônes et des bâtonnets; 10° enfin la couche épithéliale ou pigmentaire, rattachée à tort à la choroïde.

Il est facile de se rendre compte de cette complexité, si l'on se rappelle que la rétine n'est qu'une portion de l'écorce cérébrale primitive, détachée du centre encéphalo-médullaire, le nerf optique étant considéré comme une simple commissure cérébrale. On peut alors envisager la rétine comme constituée par deux parties, l'une répondant par son développement et sa structure aux circonvolutions cérébrales (portion cérébrale), composée comme ces dernières par une alternance de cellules nerveuses et de plexus (2, 3, 4 et 5e couche), l'autre correspondant aux couches épithéliales de l'épendyme du canal central, et aux appareils périphériques sensoriels des autres organes des sens : gustation, olfaction, tact, etc. (portion neuro-épithéliale), (6, 7, 9 et 10e couche). Tous ces éléments nerveux ou épithéliaux sont maintenus par des éléments conjonctifs, éléments de soutient, analogues à ceux de la névroglie, disséminés dans toute l'épaisseur et constituant les membranes limitantes, 1 et 8.

De toutes ces couches la plus importante est celle des cônes et des bâtonnets. Chacun de ces corps est constitué par deux segments, le segment interne finement granuleux, présentant parfois quelques stries longitudinales, étroit dans les bâtonnets, élargi au contraire dans les cônes; le segment externe qui offre des structures transversales et qui, dans les bâtonnets, renferme une matière colorante rouge : le pourpre rétinien.

Mais les cônes et les bâtonnets ne sont que les prolongements différenciés des véritables cellules nerveuses, qui se trouvent dans la couche granuleuse externe et constituent les cellules terminales de l'appareil optique, assimilables aux cellules gustatives et olfactives et qui ont été appelées pour cette raison, les cellules visuelles. Ces cellules sont constituées par de gros noyaux : grains de cônes ou grains de bâtonnets qui se continuent d'une part avec le cône ou le bâtonnet et d'autre part par un prolongement : fibres de

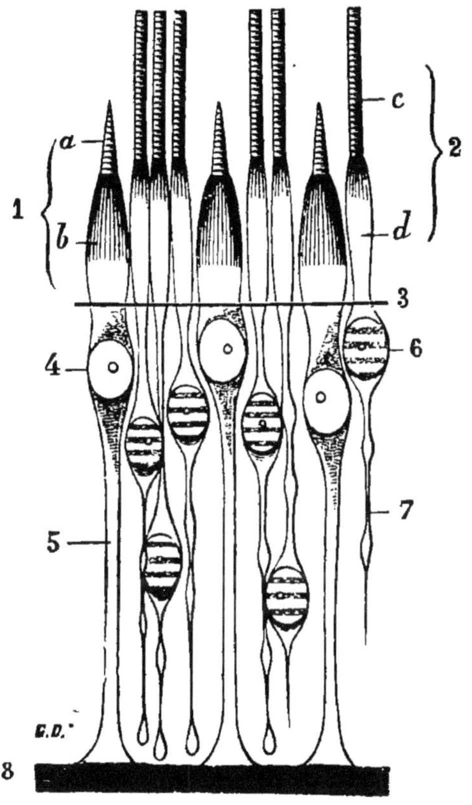

Fig. 117.
Les grains de cônes et les grains de bâtonnets. (D'après Schultze.)
(TESTUT, *Anatomie.*)

1, cône avec *a* son article externe. — *b*, son article interne. — 2, bâtonnet avec *c* son article externe et son article interne. — 3, limitante externe. — 4, grains de cônes avec 5 leur prolongement interne. —6, grains de bâtonnet avec 7 leur prolongement interne. — 8, couche intergranuleuse avec le plexus basal.

cônes ou de bâtonnets en connexion par l'intermédiaire de deux réseaux nerveux successifs, *plexus basal* dans la couche granuleuse externe, *plexus cérébral* dans la couche granulée interne, avec les grosses cellules nerveuses multipolaires de la troisième couche, qui sont en relation directe avec les fibres du nerf optique (deuxième couche).

Les cônes et les bâtonnets sont inégalement répartis sur toute la surface rétinienne, la présence simultanée de ces deux éléments différenciés ne paraît pas nécessaire à la vision, on ne trouverait que des cônes chez les sauropsides : reptiles et oiseaux, tandis que les animaux nocturnes n'auraient que des bâtonnets.

La fovea centralis où l'acuité est si intense, est constituée essentiellement par des cônes, puis le nombre des cônes va en diminuant jusqu'à l'ora serrata, occupée presque uniquement par les bâtonnets. A la partie moyenne de la rétine, on compte environ un cône pour trois ou quatre bâtonnets.

Une expérience due à Purkinge établit que c'est dans cette zone que l'image est perçue (fig. 118).

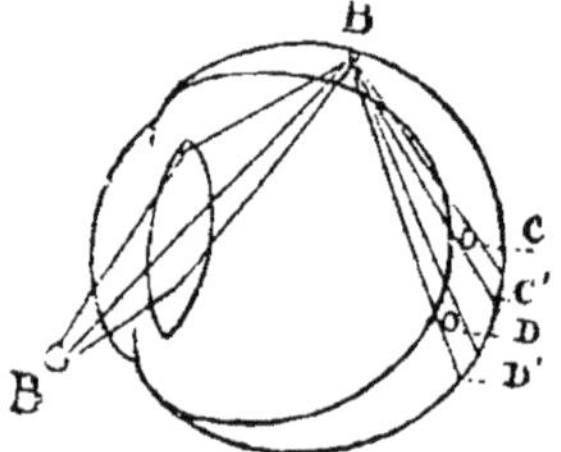

Fig. 118. — Expérience de Purkinje.

B, bougie placée sur le côté de l'œil. — B', source lumineuse intérieure formée par les rayons lumineux que le cristallin concentre sur la partie latérale de la rétine. — C, D, vaisseaux rétiniens. — C', D', ombre de ces vaisseaux. L'épaisseur de la rétine est exagérée intentionnellement.

Les vaisseaux de la rétine sont situés uniquement dans les couches antérieures. Leur ombre est donc portée sur les couches postérieures, c'est uniquement par le fait de l'habitude que nous ne la percevons pas. Mais si nous projetons ces ombres sur les régions qui ne les recoivent pas normalement, l'œilles perçoit alors. On voit dans le champ visuel une arborisation très marquée.

Helmholtz, puis Muller calculant la distance qui sépare les

vaisseaux rétiniens de la surface impressionnable, avaient trouvé $0^{m},17$ à $0^{m},36$. Or la distance entre la zone vasculaire et l'extrémité postérieure des cônes oscille entre 0,20 et 0,30.

Excitabilité des diverses régions rétiniennes. — La rétine n'est pas également excitable dans toute sa surface. Ainsi que devait le faire supposer sa constitution même, la papille ne l'est pas.

La papille a été appelée également punctum cœcum, terme approprié puisque toute image qui vient se former en ce point n'est pas perçue par elle, il suffit de se rappeler que les éléments impressionnables de la rétine sont les cônes et les bâtonnets, or ils manquent totalement à ce niveau.

Expérience de Mariotte. — Sur une feuille de papier noir, on colle un rond blanc et on dessine à gauche une croix à $0^{m},05$ du bord de ce rond. En fixant l'œil droit (l'œil gauche étant fermé) sur la croix, on aperçoit les deux marques mais si on fait varier la distance de l'œil à la carte, il arrive un moment où le rond cesse d'être perçu et ne reparaît que si l'on fait varier en plus ou en moins la distance. C'est vers $0^{m},30$ avec un œil sain que le rond disparaît. L'expérience inverse peut être faite avec l'œil gauche fixant le rond. La croix disparait vers la même distance. Le calcul permet d'établir que l'image du second point doit venir alors sur la papille de la rétine.

La preuve directe a été donnée par Donders. A l'aide de l'ophtalmoscope on projette l'image d'une flamme exactement sur la papille. A ce moment le sujet cesse de percevoir cette image.

Cette lacune est inconsciente. On conçoit qu'il y a correction dans la vision binoculaire; mais dans la vision monoculaire, chez les borgnes, l'explication est plus difficile et il faut admettre que par suite des mouvements incessants de l'œil, nous ne nous rendons pas compte de cette absence.

Tache jaune. — La tache jaune est le point où l'acuité visuelle atteint son maximum, on sait que les cônes seuls y représentent la membrane de Jacob, les bâtonnets font défaut. Elle est située sur l'axe antéro-postérieur de l'œil, présentant une dépression centrale, la fovea centralis, elle affecte la forme d'une ellipse au grand axe horizontal ($D = 0^m008$, d vertical $= 0,8$). C'est dans cet espace fort petit, qu'est concentrée pour ainsi dire toute l'acuité du champ visuel, encore faut-il ajouter que l'acuité atteint son maximum surtout dans la fovea centralis. C'est la fovea qui constitue la région visuelle par excellence, car la tache jaune n'a été constatée que chez l'homme et les anthropoïdes. Ainsi l'angle dans lequel est compris le champ visuel qui permet de voir avec netteté atteint-il à peine 12'. Quand on lit, toute la page est vue, mais quelques lettres seulement sont perçues avec netteté, et c'est par un mouvement continuel de l'œil que l'on remédie à la petitesse de l'angle d'acuité réelle.

Une expérience permet de se rendre compte de cette étendue. On fixe dans l'obscurité la page d'un livre, et avec les poudres au magnésium si usitées actuellement pour les photographies instantanées, on éclaire brusquement la page et l'on note le mot ou les mots et par suite le nombre des lettres que l'on a pu percevoir dans ce court espace de temps.

Le reste de la rétine est sensible à la lumière, mais la netteté des impressions diminue à mesure que l'on s'éloigne de la fossette centrale pour devenir presque nulle en avant de l'équateur de l'œil. Instinctivement quand nous fixons un point, nous faisons en sorte que son image vienne se former sur la tache jaune.

On a pu déterminer ainsi l'acuité visuelle des diverses parties du champ rétinien. On fixe deux fils parallèles très fins et que l'on approche l'un de l'autre à la limite du moment où les deux fils peuvent encore être perçus. Si en imprimant à l'œil des mouvements divers, on fait porter l'image sur des points divers de la rétine, on voit que pour que les deux fils paraissent séparés il faut les éloigner plus ou moins, cet écart atteint cent cinquante fois l'intervalle primitif dans la région équatoriale.

Accommodation. — Dans l'œil normal, les rayons lumineux venus d'un point situé à l'infini, c'est-à-dire les rayons parallèles viennent former leur image sur la rétine. Mais si le pouvoir réfringent de l'appareil dioptrique oculaire restait fixe, on conçoit que les objets placés à une distance assez rapprochée de l'œil ne formeraient plus leur image sur l'écran rétinien, ou tout au moins qu'ils donneraient lieu à une image diffuse. Les rayons lumineux en cheminant dans l'œil forment en effet, ainsi que l'indique la construction géométrique, un cône dont le sommet se trouve sur la rétine pour l'œil normal, tandis que cette dernière coupe le cône primaire ou secondaire dans les autres conditions, il en résulte des cercles de diffusion.

L'existence des cercles de diffusion explique pourquoi il est impossible de voir avec netteté simultanément deux objets situés à des distances différentes.

Expérience de Scheiner. — On prend une carte de visite que l'on perce de deux trous situés à une distance inférieure au diamètre de la pupille et l'on regarde une épingle placée perpendiculairement à la direction de la ligne réunissant les deux trous, en tâtonnant, on trouve une distance où elle apparait simple, tandis qu'à une distance plus courte, on voit l'image double. Il en est de même encore si l'on regarde en même temps un objet plus éloigné. Il est facile par l'examen de la figure 119 de se rendre compte de ce phénomène. L'épingle donne lieu à deux faisceaux lumineux qui pour une distance donnée a viennent s'entre-croiser sur un point unique de la rétine a'. Au contraire, pour une distance plus longue *b*, les deux faisceaux arrivent sur la rétine après leur intersection *b*'', *b*'', d'où deux régions de la rétine impressionnées simultanément et deux sensations optiques, toutefois et par suite de la dimension des trous pratiqués dans la carte, ces deux images, formées de minces faisceaux lumineux, sont nettes et c'est la raison pour laquelle l'œil ne modifie pas de lui-même son appareil d'accommodation.

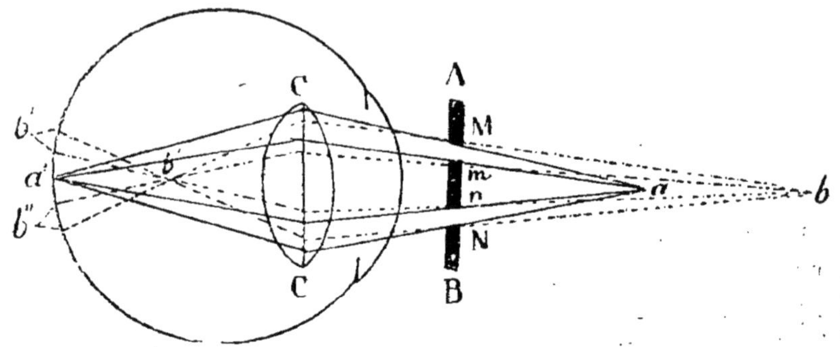

Fig. 119. — Expérience de Scheiner.

Mais, si au lieu de regarder simultanément deux objets situés à des distances différentes, on les observe successivement, les deux objets sont alors distinctement perçus. Ce résultat ne peut être obtenu que par une modification de l'appareil dioptrique, un changement dans son pouvoir de réfraction tel, que les images de chaque objet viennent se faire sur l'écran rétinien. Théoriquement on peut concevoir plusieurs procédés optiques qui permettraient aux images de se former toujours sur la rétine.

L'œil pourrait s'allonger ou se raccourcir par suite de variation dans la pression intra-oculaire, ou par la compression des muscles extrinsèques de l'œil.

Les milieux transparents changer d'indices de réfraction.

La cornée varier de courbure.

Le cristallin s'avancer, reculer, ou varier de courbure.

L'expérimentation a montré que c'est par ce dernier

processus, variation de la courbure de la lentille cristallinienne que l'accommodation optique est obtenue.

Expérience de Purkinje. — Lorsqu'on place un objet lumineux, une bougie, par exemple, devant l'œil d'une personne, et que l'on regarde latéralement cet œil, on peut distinguer trois images dans l'œil, deux droites et une renversée. Des images droites, l'une petite, très éclairée est formée sur la face convexe de la cornée, la seconde, plus grande, moins éclairée se produit sur la face antérieure

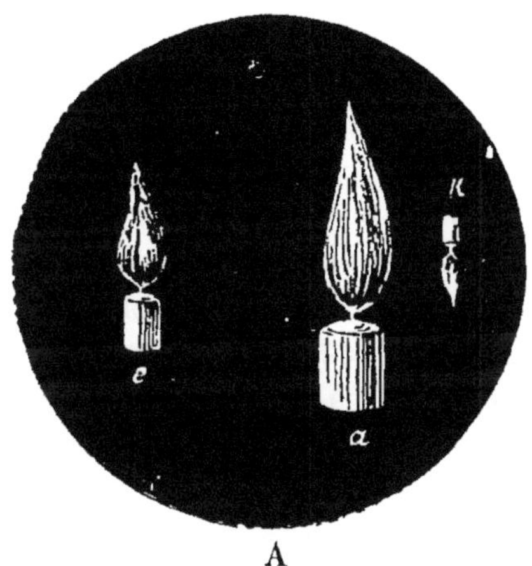

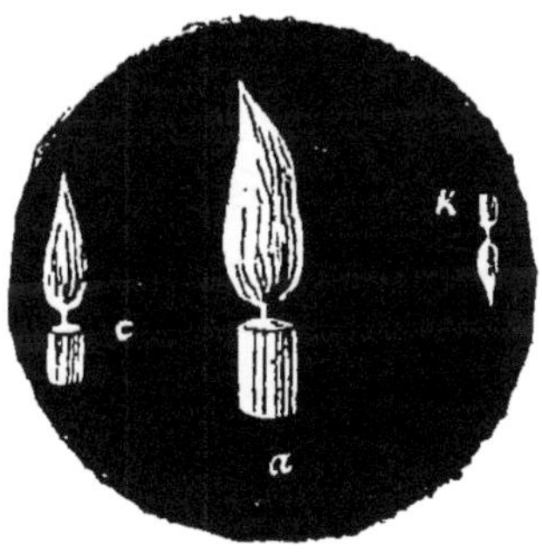

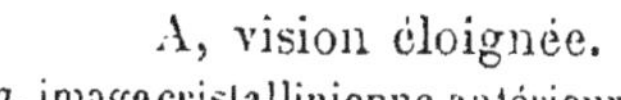

A — A, vision éloignée.

B — B, vision rapprochée.

a, image cristallinienne antérieure. — *k*, cristallinienne postérieure. — *c*, cornéenne.

Fig. 120. — Images de Purkinje.

convexe du cristallin, enfin la troisième, renversée, se forme sur la face postérieure concave du cristallin[1].

Or, si l'on fait regarder successivement un objet rapproché, puis brusquement un objet éloigné, on voit que l'image cornéenne ne se modifie pas, tandis que les images cristalli-

[1] On peut observer une quatrième image qui se forme sur la face postérieure de la cornée, théoriquement, il doit se former dans l'œil sept images (Tscherning).

niennes deviennent plus grandes pour la vision éloignée. Or, l'on sait que la grandeur d'une image dépend du rayon de courbure des surfaces réfléchissantes, il en résulte donc qu'il se produit dans l'accommodation un changement dans les rayons de courbure des deux faces du cristallin : le cristallin se bombe pour les objets rapprochés (image plus petite), s'aplatit pour la vision éloignée (image plus grande).

Helmholtz a pu, à l'aide d'un appareil nommé ophtalmomètre, calculer les différentes variations de courbure du cristallin, cette variation est surtout marquée pour la face antérieure.

Mécanisme de l'accommodation.—Par quel procédé le cristallin est-il modifié dans sa courbure? Cette modification ne peut en effet qu'être due à une cause extrinsèque, le cristallin ne renfermant aucune fibre musculaire. Or, deux appareils voisins présentent seuls des fibres musculaires : l'iris et le muscle ciliaire. L'absence d'iris n'empêche pas l'accommodation, il faut donc récuser ce premier appareil dont l'action a été invoquée autrefois par Cramer; reste le muscle ciliaire qui est, en effet, le véritable muscle accommodateur de l'œil.

A l'état de repos, quand l'accommodation n'intervient pas, le cristallin est maintenu aplati par la tension de la membrane conjonctive qui entoure la zonula, par suite pour la vision éloignée, aucun phénomène actif n'intervient.

Pour la vision approchée, au contraire, le muscle ciliaire se contracte en prenant son point fixe sur l'angle irido-cornéen amenant le relâchement de la zonula par la traction qu'il exerce sur le bord antérieur de la choroïde qu'il attire en avant, grâce à son élasticité propre le cristallin se bombe alors autant que le permet le relâchement de son anneau tenseur.

Quant au rôle que l'on a voulu faire jouer aux fibres musculaires circulaires des procès ciliaires dans le bombement du cristallin, il paraît bien problématique, étant donné le petit nombre de ces fibres.

D'après Rouget, les organes vasculaires désignés sous le nom de procès ciliaires, prendraient une part plus ou moins active à l'accommodation. La contraction du muscle ciliaire

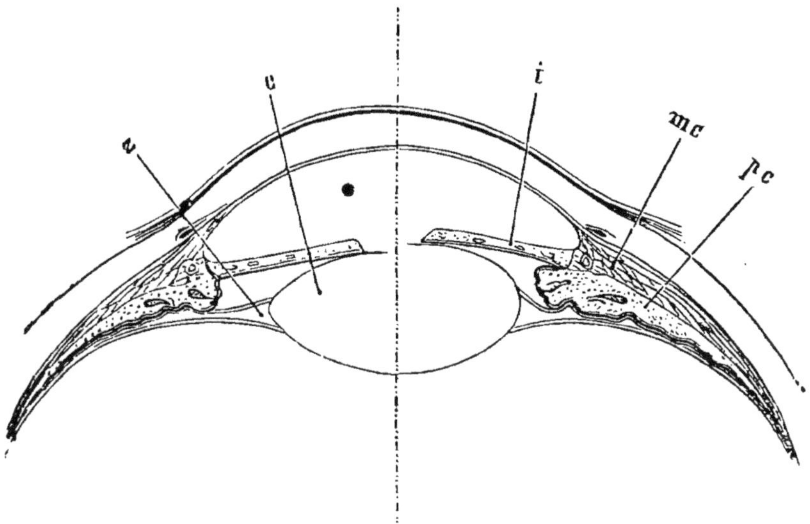

Fig. 121. — Schéma de l'accommodation.
me, muscle ciliaire. — *pe*, procès ciliaire. — I, iris. — *c*, cristallin. — Z, zonula.

amènerait leur turgescence, et ils viendraient exercer une compression régulière sur le cristallin. Mais les observations ophtalmoscopiques faites sur des iridectomisés et des albinos ont montré que à aucun moment de la vision les procès ciliaires ne viennent en contact immédiat avec le cristallin (Berlin).

Innervation. — Le muscle ciliaire est innervé directement par un centre ganglionnaire, le *plexus ciliaire*, qui reçoit lui-même ses nerfs de deux sources différentes : le moteur oculaire commun et le grand sympathique.

L'excitation du moteur oculaire commun amène l'augmentation de courbure du cristallin, par le mécanisme que nous venons d'indiquer. Quant à l'excitation du sympathique, elle déterminerait au contraire une diminution dans ce rayon de courbure (Morat et Doyon). L'aplatissement serait obtenu non par une contraction musculaire, les dispositions anatomiques connues ne permettent pas cette hypothèse, mais par suite d'une action inhibitrice sur le muscle ciliaire, amenant le relâchement de ce muscle et par suite permettant l'augmentation de tension de la zonula.

D'après ces données, le nerf moteur oculaire commun est le nerf accommodateur pour la vision approchée, tandis que le sympathique est le nerf accommodateur de la vision éloignée.

L'amplitude de l'accommodation ou le pouvoir accommodateur varie d'un individu à l'autre, mais il se modifie surtout avec l'âge, et, point curieux, cette diminution est en quelque sorte continue pendant la durée de la vie ; le pouvoir accommodateur commence à s'affaiblir en effet dès l'âge de dix ans pour devenir nul vers soixante-dix ans. Cette diminution qui, lorsqu'elle atteint un certain degré, est désignée sous le nom de presbytie, étant générale et normale, doit être considérée « non comme une maladie, mais comme un état physiologique, aussi physiologique que l'apparition de la barbe à un certain âge » (Nuel).

Cette diminution dans le pouvoir accommodateur ne viendrait pas d'un défaut d'activité du muscle ciliaire, mais tiendrait à des modifications intérieures et graduelles du cristallin, qui perdrait peu à peu son élasticité.

Les calculs théoriques sur l'œil schématique de Listing, ainsi que l'observation montrent qu'un œil normal n'a pas lieu d'accommoder pour tout objet situé au delà de 65 mètres. A partir de cette distance, en effet, les images formées sur la rétine ne peuvent subir qu'un déplacement suivant l'axe, inférieur à $0^{mm},005$ de la couche sensible rétinienne, et se trouvent par suite toujours sur cette couche. En effet, deux objets situés au loin et à des distances différentes sont perçus simultanément avec netteté.

En deçà de cette limite l'œil doit accommoder, mais l'amplitude d'accommodation a nécessairement une limite et à une certaine distance très rapprochée de l'œil les objets ne sont plus distincts, cette distance minimum constitue le *punctum proximum*, qui pour un œil normal est de 22 centimètres. Pour ce même œil, le point le plus éloigné de la vision distincte est à l'infini, mais dans la plupart des yeux, cette vision cesse à une certaine distance, ce point est le *punctum remotum*.

Imperfections de l'appareil optique. — L'œil normal, ou emmétrope (εὖ μέτρον, en mesure) existe rarement. La distance de la limite de la vision distincte, c'est-à-dire la distance du *punctum remotum* au centre optique varie avec les yeux. Il y a lieu de distinguer parmi les yeux anormaux, ou amétropes, trois variétés : le myope, l'hypermétrope et l'astigmate. La presbytie doit être classée à part, résultant d'un défaut dans l'accommodation.

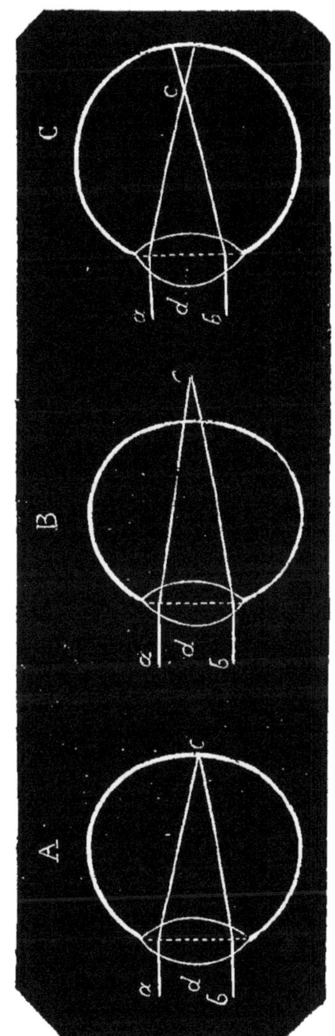

Fig. 122. — Rapport entre les dimensions du globe de l'œil et la fonction visuelle.

A, œil emmétrope. — B, œil hypermétrope (trop court). — C, œil myope (trop long). Les deux rayons lumineux *a* et *b*, venus de l'infini après avoir traversé la lentille *d* (œil réduit de Listing), donnent un cône dont le sommet tombe sur la rétine dans l'œil emmétrope A, en arrière de la rétine dans l'œil hypermétrope B, en avant de la rétine dans l'œil myope C.

L'*œil myope* est optiquement caractérisé par ce fait que les rayons parallèles viennent former leur foyer en avant de la rétine ; il en résulte que seuls les rayons divergents, c'est-à-dire partant d'une distance finie, donnent une image nette. Chez le myope sont donc seuls vus distinctement les objets rapprochés, le *punctum remotum* est plus du moins approché, suivant le degré de la myopie. La myopie peut tenir à un excès de réfraction : diminution du rayon de courbure des surfaces réfringentes, augmentation du pouvoir réfringent des milieux, ou encore à un raccourcissement de l'œil suivant son axe (myopie axile), c'est le cas le plus fréquent.

Dans l'*œil hypermétrope*, c'est l'inverse qui se produit, les images vont se peindre au delà de la rétine. La rétine ne reçoit que des rayons convergents, c'est-à-dire émanés d'objets éloignés. La vision de près est diffuse. Le *punctum remotum* est alors négatif en arrière de la rétine. L'hypermétropie est due aux causes inverses de la myopie.

On remédie à ces anomalies par des verres concaves (divergents) pour le myope, convexes (convergents) pour l'hypermétrope. On mesure l'amétropie en prenant le pouvoir réfringent d'une lentille qui rend cet œil emmétrope. La distance focale du verre qui corrige l'amétropie est égale à la distance du *punctum remotum* Les anciennes mesures des opticiens donnaient cette distance en pouces; on a pris aujourd'hui comme unité la *dioptrie*, c'est la puissance réfringente d'une lentille dont le foyer principal est à un mètre ? Un verre de dix dioptries est celui dont la réfringence est dix fois plus forte, c'est-à-dire dont la distance focale est 0,10.

La caractéristique d'une lentille est donc donnée par l'inverse de sa distance focale. C'est ainsi que pour l'œil normal dont la seconde distance focale est de 20 centimètres, on trouve 5 dioptries.

Pour transformer en dioptries le numéro d'une lentille ancien système, on divise 40 par ce nombre l, c'est la formule de Javal :

$$D = \frac{40}{l}$$

En réalité, les verres du commerce portent des numéros indiquant en pouces leur rayon de courbure ; pour avoir en centimètres la distance focale l, d'une telle lentille, il faut employer la formule de Sous :

$$F = \frac{5}{2}\, l$$

La distance focale des lentilles s'obtient à l'aide d'instruments désignés sous le nom phacomètres.

Le phacomètre de Snell en est fondé sur ce faitque lorsque l'objet se trouve à une distance double de la distance focale, pour une lentille convergente, l'image est égale, renversée et située à une égale distance derrière la lentille. L'instrument se compose d'une règle graduée au milieu de laquelle on place le verre à examiner, et l'on fait mouvoir de chaque côté sur la règle deux verres portant une même gravure et dont l'un est éclairé ; l'une des gravures est renversée et quand l'image de l'autre coïncide exactement avec elle on n'a plus qu'à lire l'intervalle qui est égal à *quatre fois la distance focale.* Dans la pratique on arrive à cette détermination plus rapidement en employant une *boîte d'optique*, c'est-à-dire une collection de lentilles convergentes et divergentes dont les puissances sont connues. On accole à la lentille dont on cherche la puissance une lentille de nature opposée, telle que le système ainsi constitué ait une puissance nulle, ce que l'on constate en regardant un objet, en déplaçant le système de lentille ; si la compensation est exacte, la grandeur de l'objet doit rester invariable.

Astigmatisme. — Si l'on regarde avec soin les barreaux d'une fenêtre, ou les rayons d'une roue, on constate que les différentes lignes ne sont pas vues avec la même netteté. Le trouble peut être plus ou moins accusé, mais il est constant et théoriquement il doit en être ainsi. Dans l'étude optique de l'œil, en assimile toujours les surfaces réfringentes à des segments sphériques, et nous avons vu qu'en réalité, ce sont des segments d'ellipsoïdes de révolution, que par suite les différents méridiens de l'œil ont une réfraction inégale, et que nécessairement dans ce cas les différents rayons d'une image, en traversant un appareil à réfractions variables viendront former l'image à des distances variables sur la rétine. C'est cette aberration de sphéricité de l'œil qui est désigné sous le nom d'astigmatisme. Dans la plupart des yeux, elle est trop faible pour nuire à la vision et elle est suffisamment corrigée par les mouvements des globes oculaires. On remédie à l'astigmatisme quand il est trop accentué par des verres cylindriques dont l'axe est perpendiculaire au méridien défectueux.

Chromatisme. — A côté de l'aberration de sphéricité, il

faut signaler l'*aberration de réfrangibilité de l'œil*. L'œil n'est pas un appareil achromatique parfait. Dans les conditions ordinaires il est difficile de s'en apercevoir, car si les rayons des différentes couleurs du spectre ont une réfrangibilité *f* variable, elle est assez faible néanmoins pour qu'à la distance de la vision nette, l'intervalle focale des rayons rouges et des rayons violets n'atteignent pas $0^{mm},5$.

Pour se rendre compte de ce chromatisme, il suffit de fixer un objet délicat, éclairé par de la lumière rouge, puis de changer brusquement la couleur de l'éclairage (lumière violette), l'objet n'est plus vu aussi nettement et il faut l'écarter pour retrouver la netteté de l'image.

Des excitants de la rétine. — La vibration lumineuse est l'excitant spécifique de la rétine; comme toutes les terminaisons nerveuses nettement différenciées, la rétine donne pour tous les autres excitants, la sensation lumineuse seule. Magendie piquant chez un malade le fond de l'œil avec une aiguille détermina la sensation d'une vive lumière, mais sans aucune douleur. Le nerf optique dans sa continuité se comporte de même.

Il est facile d'établir l'action exercée par un excitant mécanique ou électrique. La rupture et la fermeture d'un courant de faible intensité, quand les électrodes sont appliquées aux tempes, donnent lieu à la sensation d'une lumière dont l'éclat varie avec l'intensité du courant. Un coup violent sur l'œil fermé « fait voir trente-six chandelles ». Enfin une pression localisée et légère, exercée sur un des points du globe de l'œil fait apparaître des images lumineuses persistantes, quoique variant de forme, que l'on appelle les phosphènes. Par suite du renversement des images rétiniennes, on a la sensation que le phosphène se produit au côté opposé du point comprimé.

L'examen méthodique de l'apparition des phosphènes permet quelquefois d'explorer le champ de la sensibilité rétinienne.

Czermack a décrit sous le nom de phosphène d'accommodation la brusque apparition d'un cercle lumineux à la périphérie du champ visuel, quand, dans l'obscurité, l'œil étant accommodé pour la vision rapprochée, on regarde subitement l'infini.

Il est nécessaire de rappeler ici très brièvement quelques notions fondamentales sur la composition de la lumière.

La lumière naturelle c'est-à-dire la lumière solaire est une lumière composée. On peut en effet à l'aide d'un prisme décomposer la lumière blanche en une série de couleurs qui constituent le spectre et qu'on peut ramener à sept fondamentales, classées ainsi suivant leur degré de réfrangibilité : rouge, orangé, jaune, vert, bleu, indigo, violet.

Ces variations sont dues à des différences dans le nombre des vibrations lumineuses et de la longueur d'onde.

Le nombre des vibrations lumineuses qui est de 450 billions à la seconde pour le rouge atteint 790 billions pour le violet, tandis que la longueur d'onde qui est de 5,878 cent millièmes de millimètre pour le rouge est de 3,928 pour le violet. En deçà de ces limites, il existe encore des rayons, les rayons ultraviolets, possédant une grande action chimique d'où leur désignation de rayons chimiques et les rayons ultra-rouges, qui sont des rayons caloriques; mais notre œil ne perçoit que les rayons compris entre les chiffres cités pour le rouge et le violet. Sans doute parce que les terminaisons sensitives (sans rien préjuger) ne sont modifiées que par des rayons compris entre ces chiffres, comme les terminaisons auditives ne perçoivent les sons qu'entre certaines limites. On a supposé également que les rayons infra-rouges et ultra-violets étaient absorbés par les milieux réfringents de l'œil et ne parvenaient pas jusqu'à la rétine.

La sensation lumineuse au point de vue de la qualité dépend de trois grandeurs variables : le ton ou qualité des couleurs qui dépend de la longueur d'onde ; le degré ou saturation, qui relève du mélange de lumières de longueur d'ondes différentes ; enfin l'intensité, liée à l'amplitude des vibrations.

Parmi les couleurs du spectre, les physiologistes ont distingué des couleurs principales qui seraient perçues au détriment des autres, quand on regarde simultanément un spectre entier. Mais ils sont loin d'être d'accord sur le nombre et la désignation de ces couleurs principales. Helmholtz admet quatre couleurs : le rouge, le vert, le bleu, le violet. Pour Wundt ce serait le rouge, le vert le bleu et le jaune.

Dans le mélange des couleurs, on obtient une série de sensations, qui sont les couleurs résultantes, sans qu'on puisse distinguer les couleurs simples composantes.

Avec trois couleurs suffisamment éloignées entre elles dans le spectre, on peut obtenir toutes les combinaisons imaginables, seulement aucune de ces couleurs n'est évidemment saturée, elles sont toutes plus ou moins pâles. Ces trois couleurs, dites *fondamentales*, peuvent être prises arbitrairement, on peut du moins choisir à volonté deux d'entre elles, car la troisième est alors imposée. Avec le rouge et le vert, il faudra nécessairement le violet.

On appelle complémentaires les couleurs qui, mélangées dans un certain rapport, donnent le blanc. Parmi les couleurs du spectre, on obtient le blanc avec le rouge et le bleu verdâtre — l'orange et le bleu de Prusse — le jaune et le bleu indigo — le jaune vert et le violet. Le vert n'a pas de couleur complémentaire simple, mais il en a une composée, le pourpre.

Pourpre rétinien. — Nous ignorons encore complètement comment la vibration lumineuse agit sur l'élément nerveux de la rétine ; dire qu'il y a en cet endroit une transformation de l'énergie lumineuse en énergie nerveuse n'est pas résoudre la question. Les segments externes des cônes et des bâtonnets sont sans doute les appareils où cette transformation s'opère; et il est certain d'autre part qu'il se produit dans cette région des réactions chimiques qui doivent intervenir dans cette transformation.

Il existe dans l'article externe des bâtonnets une matière colorante rouge qui, sous l'influence de la lumière, se décolore.

Cette substance, l'érythropsine de Kuhne, le rouge rétinien, se régénère très vite, aussi longtemps que la rétine est en contact avec l'épithélium pigmenté. La lumière blanche et les divers rayons colorés, à l'exception des rayons jaunes, agissent sur elle.

Les expériences de Boll et de Kuhne sont très curieuses à cet égard. Le pourpre rétinien se conserve intact dans la rétine, si l'œil enlevé à l'obscurité ou dans la lumière jaune est porté dans une solution d'alun.

Si on place un animal, lapin ou grenouille, devant une fenêtre vivement éclairée, puis que l'on sacrifie rapidement l'animal, qu'on enlève l'œil en opérant sous la lumière jaune on voit sur la face de la rétine traitée par l'alun, l'image fixée de la fenêtre; les parties éclairées de la fenêtre sont incolores, les barreaux, les parties obscures sont restés rouges. Cet *optographe* montre bien que seul, le pourpre des bâtonnets, impressionné par les rayons lumineux, a été modifié.

Si importante que soit cette transformation du pourpre rétinien, elle ne suffit pas à expliquer les phénomènes psycho-optiques. La vue est continue, tandis que la rénovation de l'érythropsine ne paraît pas se faire immédiatement. Objection plus grave, cette substance n'existe que dans les bâtonnets, les cônes en sont dépourvus; or ce sont eux précisément qui constituent la tache jaune, le lieu de la vision distincte. Peut-être ces derniers renferment-ils d'autres substances photo-esthésiques encore inconnues et qui subissent des modifications analogues à celles du pourpre rétinien.

La lumière détermine encore dans la membrane sensible d'autres modifications encore mal connues, mais qui jouent peut-être un rôle dans la transformation de l'énergie.

C'est ainsi que Kuhne a montré que sous l'influence de la lumière, les cellules pigmentées envoient des prolongements filiformes jusqu'à la limitante externe, isolant en quelque sorte chaque cône ou bâtonnet et jouant le rôle que le pigment joue vis-à-vis de la rétine totale.

Les articles internes des cônes s'allongent dans l'obscurité, se raccourcissent à la lumière, et l'écart est considérable, la longueur varie du simple au quadruple (Engehlmann).

D'après Angelucci, les parties constituantes de la couche neuro-épithéliale réagissent d'une manière toute particulière à toute excitation lumineuse ou colorée, soit par des mouvements protoplasmiques, soit par l'altération du pourpre rétinien, ou de la lutéine. Les mouvements de la couche des cônes, des bâtonnets et des prolongements protoplasmiques intercalés sont d'autant plus accentués que l'intensité lumineuse est plus grande. Au point de vue des couleurs du spectre, l'activité de ces mouvements serait inversement proportionnelle à la longueur d'onde de chaque couleur. Le violet est par suite le plus actif. Les sensations de couleurs seraient donc déterminées par les mouvements de ces éléments rétiniens, et la sensation négative de l'obscurité s'expliquerait par le repos de ces mêmes éléments.

Il faut rappeler en outre les travaux de Holmgren, de Dewar, de Chatin sur les phénomènes de variation négative observés dans le nerf optique de la grenouille, toutes les fois que la rétine est impressionnée par un rayon lumineux. Dubois, dans ses belles recherches sur la vision dermatoptique de la pholade, a vu également ces déviations électriques se produire sous l'influence des rayons lumineux.

Hypothèses de Young. — Partant de cette donnée que le mélange de trois couleurs élémentaires suffit pour obtenir toutes les sensations visuelles, Young a émis une théorie sur l'excitabilité de la rétine qui a été reprise et développée par Helmholtz, et qui peut se résumer ainsi :

Chaque élément rétinien possède trois fibres élémentaires, ayant chacune une énergie spécifique et étant excitable à des degrés divers par les trois couleurs fondamentales : le rouge, ou ce qui revient au même, les rayons lumineux à grandes longueurs d'ondes et à petit nombre de vibrations, exciteraient spécialement l'une de ces fibres, une autre répondrait surtout aux rayons à petite longueur d'onde et à vibrations nombreuses, c'est-à-dire au violet, tandis que la troisième serait adaptée pour les rayons verts, qui tiennent le milieu entre les deux précédents. La sensation de couleur blanche est perçue quand ces trois fibres sont excitées également, le rouge quand la première espèce est spécialement excitée, etc. Les variations infinies que peuvent présenter les excitations, donnent lieu aux nuances multiples.

Toutefois, dans la théorie de Young, il ne s'agit pas pour chaque fibre d'une énergie spécifique complète, c'est-à-dire que les rayons rouges n'impressionnent pas seulement une des fibres, mais ils agiraient également, quoique plus faiblement, sur les deux autres, donnant lieu forcément à une sensation mélangée. Nous ne connaîtrions donc pas le rouge pur, le rouge saturé suivant l'expression admise; on peut toutefois approcher très près de cette sensation du rouge saturé, en fatiguant les deux autres fibres, en épuisant leur excitabilité par une longue excitation vert bleuâtre. Si, en effet, l'on regarde la bande rouge d'un spectre après avoir fixé longtemps la zone vert bleuâtre, le rouge paraît beaucoup plus intense qu'avant cette fixation, cette fatigue rétinienne.

Cette théorie permet encore d'expliquer un autre phénomène très facile à réaliser; si l'on fixe pendant un certain temps une lumière ou une surface rouge vivement éclairée, et que l'on regarde ensuite une surface blanche, on *voit* vert, c'est-à-dire la couleur complémentaire du rouge. La lumière blanche qui excite également toutes les fibres au repos, n'agit plus alors que sur les fibres non épuisées, l'excitation rouge fait donc défaut et la couleur complémentaire seule est perçue.

Théorie d'Héring. — Pour Héring, la sensation visuelle est déterminée par le métabolisme de la substance visuelle (sehsubstanz). Comme toute substance vivante, l'élément rétinien présente des phénomènes de désassimilation et d'assimilation, la sensation de blanc, de clair correspondrait à une phase de désassimilation, de décomposition; la sensation de noir, d'obscur à la phase d'assimilation, de restitution. La sensation de blanc résulte donc de la décomposition de la substance par suite de l'action des vibrations de l'éther sur l'élément rétinien, l'intensité de la sensation dépendant de l'intensité des phénomènes chimiques.

Les sensations colorées s'expliquent de même, le rouge et le jaune ayant une action décomposante, le bleu et le vert une action reconstituante. Héring admet alors qu'il existe trois modes différents de la substance visuelle, celle se rattachant : 1° aux sensations de clair et d'obscur; 2° aux sensations de bleu et de jaune; 3° aux sensations de rouge et de vert. Les rayons du spectre agiront en déterminant la désassimilation de la première substance (sensation lumineuse), et suivant le cas, la désassimilation (rayons rouge et jaune) ou l'assimilation (rayons vert et bleu) des deux autres substances; la sensation de la lumière mélangée non colorée (disques rotatifs) tient à ce qu'il y a égalité absolue entre les phénomènes de décomposition et d'assimilation des deux substances colorées, et que par suite la première seule donne lieu à des phénomènes de déficit.

Daltonisme. — La théorie de Young-Helmholtz nous rend également compte des aberrations observées chez certaines personnes au sujet de la sensation colorée. Dans certains cas, très rarement observés, il existe une cécité de couleurs (achromatopsie). Les sujets n'ont aucune sensation de couleurs, ils ne perçoivent que le clair et le sombre et les différents degrés, mais dans les cas observés il s'agissait presque toujours d'une lésion cérébrale et il y a tout lieu de penser que ce n'était pas la sensation qui était troublée, mais la perception centrale. La cécité pour une seule couleur est au contraire assez fréquente, le mot cécité est même mauvais, car le sujet perçoit l'objet coloré, mais il lui assigne une couleur autre que celle qui lui est attribuée par un œil normal, nous ne disons pas que l'objet a réellement, car la désignation des couleurs est absolument arbitraire et suggestive. L'achromatopsie partielle la plus fréquente est celle pour le rouge, on la désigne souvent sous le nom de Daltonisme, parce qu'elle a été surtout bien étudiée par le physicien anglais Dalton qui en était atteint lui-même. Les daltoniques voient les objets rouges colorés en vert. Cette affection serait, d'après les travaux récents très fréquente : trois millions de daltoniques (en France seulement), ou plus exactement de dyschromatopsiques, car on rencontre, quoique moins souvent, la cécité pour les autres couleurs (Favre), Holmgren, sur 40,000 examens chromatiques, donne 2 p. 100. On signale le cas d'un peintre, Van Lov, qui dut renoncer à son art; il peignait rouge les feuilles des arbres.

Avec la théorie de Young, ces phénomènes peuvent s'expliquer facilement. Chez les dyschromatopsiques, une des fibres ne serait plus excitable, et les deux autres seules transmettraient leur excitation aux centres cérébraux.

Mais en suivant toujours l'opinion de Young, on est conduit à admettre que les trois sortes de fibres à énergie spéciale sont inégalement réparties dans les cônes eux-mêmes. Landolt a montré, en effet, que les différentes régions de la rétine présentent une excitabilité différente pour chaque couleur.

La couleur blanche n'est pas perçue par toute la surface de la rétine, et on peut établir que le champ visuel, dessiné sur une projection du champ de l'œil, présente une surface ellipsoïde dont le grand axe est incliné de 45° sur le diamètre horizontal, et dont le centre optique constitue le foyer interne. Mais si au lieu de la lumière blanche, on emploie une lumière colorée (dans l'expérience de Landolt, il s'agit de papier de différentes couleurs que l'on promène devant l'œil immobile), on constate que pour chaque couleur, l'ellipse se rétrécit. Le bleu présentant le champ le plus étendu, puis le jaune, l'orange, le rouge, le vert.

L'hypothèse de Young permet, on le voit, d'interpréter une série de faits optiques intéressants; malheureusement, elle manque de base anatomique certaine, bien qu'il soit à peu près établi aujourd'hui que les communications entre les cônes et le réseau nerveux soient assurées, non par une fibre unique, mais par une série de fibrilles.

Les mêmes faits peuvent s'expliquer de même avec la théorie de Hering, il suffit d'admettre que les trois substances visuelles sont inégalement réparties dans les éléments rétiniens des diverses régions.

Persistance des impressions lumineuses. — La durée de l'excitation lumineuse sur la rétine peut être très courte, l'étincelle électrique est nettement perçue, mais il y a lieu d'admettre pour la rétine un temps perdu entre le moment où le rayon lumineux frappe la rétine et le moment où la sensation se produit, et cette dernière se produit pendant un certain temps en suivant une période d'excitation décroissante. Plateau a cherché à établir que la durée totale d'une excitation lumineuse de moyenne intensité était de 0,35 de seconde. Cette persistance de l'impression lumineuse varie avec l'intensité, et lorsque les excitations lumineuses se succèdent avec une rapidité suffisante, il se produit dans la rétine une série de sensations contiguës et même confondues que l'on peut comparer au tétanos physiologique du muscle électrisé. C'est ainsi qu'un corps lumineux passant rapidement devant l'œil, donne la sensation d'une trainée lumineuse, qu'une roue évidée tournant rapidement donne la sensation d'une roue pleine. En faisant passer rapidement devant l'œil une série de dessins représentant les différentes phases d'un moteur en mouvement, oiseau volant, cheval au trot, on ı la sensation des mouvements exécutés. C'est sur ce principe que repose le phénakisticope. Les photographies nstantanées, prises d'un homme sautant, d'un cheval au rot, nous étonnent tout d'abord, car par suite de la persis-ance des images, nous ne percevons jamais la situation exacte à un moment précis, mais l'ensemble d'une série de nouvements.

Si l'on fait tourner rapidement un disque divisé en secteurs successivement blancs et noirs, on éprouve la sensation de gris ; avec un disque constitué par les différentes couleurs du spectre, on obtient la sensation de blanc ; enfin, en faisant varier les couleurs et les surfaces proportionnelles qu'elles recouvrent, on peut obtenir toute une série de sensations coloriées.

Images consécutives ou accidentelles, positives et négatives. — Si après avoir fixé un objet vivement éclairé, on ferme les yeux ou si l'on fixe un fond noir, on perçoit encore pendant un certain temps l'image de l'objet fixé telle qu'elle était vue précédemment, et la persistance de l'impression rétinienne explique facilement cette image dite positive par apposition à une seconde image qui se produit ensuite quand on ouvre les yeux ou que l'on regarde une surface faiblement éclairée, mais qui est une image négative, en ce sens qu'il y a inversion dans la sensation visuelle, les parties claires de l'image positive paraissent sombres et vice versâ.

L'image négative s'explique par la fatigue des éléments rétiniens. Les éléments nerveux qui ont été vivement excités au moment de la fixation de l'objet lumineux, ont perdu leur excitabilité, les autres éléments, au contraire, réagissent à la lumière aussitôt qu'elle vient frapper la rétine et donne lieu à une image négative comparable à celle observée sur le cliché négatif obtenu par la photographie.

On désigne sous le nom de contrastes lumineux, les modifications de teintes observées quand on regarde un objet à dessins blanc et noir ou diversement colorés. Tel un carré blanc sur un fond coloré donnera lieu à la sensation de la couleur complémentaire du fond, il est fort probable qu'il s'agit là d'un phénomène de propagation dans les éléments rétiniens.

Irradiation. — Une surface blanche placée sur un fond noir paraît toujours plus grand que la même surface, mais noire placée sur un fond blanc, et d'autre part, dans le premier cas, si les contours sont rectilignes, on éprouve la sensation de lignes curvilignes à sommet intérieur. Une surface

Fig. 123.

partagée également par une série de barres blanches et noires, paraît contenir plus de parties blanches. Ces erreurs de jugement sont dus aux phénomènes d'irradiation qu'Helmholtz explique ainsi.

L'accommodation n'est jamais parfaite, il se produit toujours autour de l'image des cercles de diffusion formant une sorte de pénombre et on rattache cette pénombre à la surface éclairée.

Une autre théorie explique l'irradiation par l'ébranlement par propagation des éléments rétiniens voisins de ceux directement excités par le rayon lumineux.

Vision binoculaire. — Quand on fixe un objet avec les deux yeux, condition normale de la vision, on a la sensation d'une image unique, bien qu'en réalité il se forme deux images, et deux images différentes, par suite de l'écartement des deux yeux. Mais cette image n'est simple que parce qu'elle vient se peindre sur des points symétriques des deux rétines, sur la fovea, par le fait même que nous fixons un objet, nous faisons évoluer notre œil de telle façon que son image vienne se former en ce point. Si ces images ne se forment pas sur des points symétriques, on perçoit deux images.

Il suffit par exemple de prendre deux règles, placées à des distances différentes. Si nous fixons l'une d'elle, l'autre sera vue double, si l'on ferme l'œil gauche une de ces images disparaîtra, ce sera l'image de gauche si la règle fixée est plus près que la seconde règle, les images sont alors *directes ou homonymes,* si au contraire la règle fixée est plus loin, ce sera l'image droite qui sera supprimée, images croisées.

Pour expliquer que la vision est simple quand les images viennent se former sur des points identiques, on suppose que les éléments rétiniens des deux points identiques sont en connexion avec des fibres nerveuses qui se fusionneront au niveau du chiasma et donneront lieu à une sensation unique. La démonstration anatomique manque à cette hypothèse comme nous le verrons plus loin.

On donne le nom d'horoptre ou d'horoptère à l'ensemble des points du champ visuel qui vont former leur image sur des points correspondants de la rétine, l'horoptère varie suivant la position des yeux.

L'existence d'images doubles doit donc être presque constante dans les champs visuels, toutes les parties qui viennent se peindre en dehors de l'horoptre constitué habituellement par la tache jaune doivent donner lieu à des images doubles.

L'observation courante montre cependant que nous n'avons pas conscience de ces dédoublements, de cette *diplopie binoculaire.* En réalité, le mouvement continuel des yeux fait que les images viennent se former successivement sur la macula et d'autre part l'habitude nous supprime cette sensation.

Dans certaines conditions les images formées sur des points symétriques peuvent donner lieu à une double sensation, c'est ce que démontre l'expérience de Wheastone.

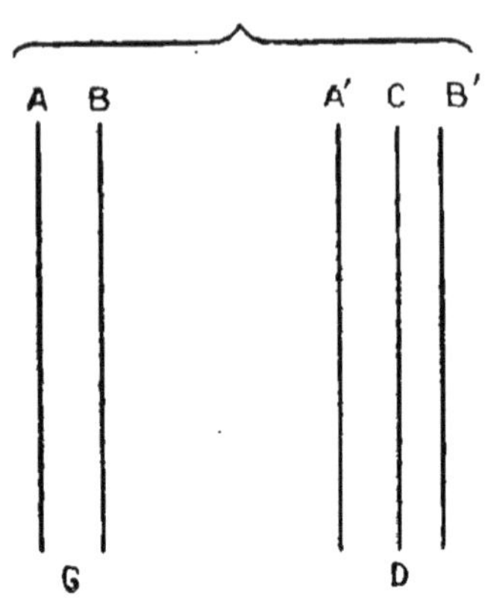

Fig. 124.

On regarde dans un stéréoscope les deux systèmes de lignes parallèles AB, A'CB, AB et A'C étant à égale distance l'une de l'autre. Si l'on fixe A et A', ces deux lignes se fusionnent en une seule ligne, de même pour B et B', tandis que C paraît isolément. Ainsi B et C sont vues doubles quoique leurs images se fassent sur des points correspondants de la rétine.

Pour expliquer la vision binoculaire donnant une image simple, deux théories sont en présence. Cette question se rattache nécessairement à celle de la notion de l'espace.

La théorie nativistique (Muller, Hering), la théorie empirique (Helmholtz).

Théorie nativistique. — Les éléments correspondants des deux rétines constituent un couple qui possède la propriété *innée* d'unifier les deux excitations causées par un même point extérieur.

La *théorie empirique* ou *théorie de la projection* ne se préoccupe que de la projection de la rétine en dehors par les moyens expliqués et des données acquises par l'expérience.

Mouvement du globe oculaire. — Lorsque l'œil est immobile, le champ de la vision distincte est très limité, puisque les images qui viennent se former sur la tache jaune sont les seules vues avec netteté, mais cette limitation est corrigé par les mouvements associés des yeux qui font que l'œil se déplace constamment, permettant ainsi d'agrandir dans des proportions énormes le champ visuel.

L'espace parcouru par l'appareil optique dans ses positions successives, la tête étant immobile constitue le *champ du regard*, par opposition au *champ visuel* qui correspond à l'espace vu par l'œil fixé.

Au point de vue du mouvement, on peut considérer le globe oculaire comme constituant une articulation énarthroïdale à surface articulaire sphérique.

Lorsque l'œil, suspendu dans la cavité orbitaire exécute des mouvements, il se meut autour de ses divers diamètres ou axes, en tournant sur lui-même sans jamais se déplacer dans aucun sens. Il en résulte qu'il existe au milieu de cet organe, lorsqu'il est normal, un point central où se croisent tous les axes. Ce point est dit *centre de rotation* du globe oculaire. Il est situé immédiatement en arrière du cristallin, à 1 millimètre et demi en arrière du *centre optique* de l'œil, à 11 millimètres de la cornée et 10 millimètres de la sclérotique, cette différence tient à l'incurvation plus prononcée de la région cornéenne.

Les mouvements de l'œil peuvent se faire autour d'un nombre infini de diamètres; mais, pour l'étude de ces mouvements, on a l'habitude de prendre les trois diamètres ou axes principaux : l'*antéro-postérieur*, le *vertical*, le *transversal*.

La *ligne du regard* est la droite qui joint l'objet fixé au centre de rotation; le *plan du regard*, le plan passant par les deux lignes du regard.

La *position primaire* de l'œil est l'état dans lequel la pupille regarde directement en avant, aucun muscle n'étant plus contracté que les autres. Dans cet état les axes

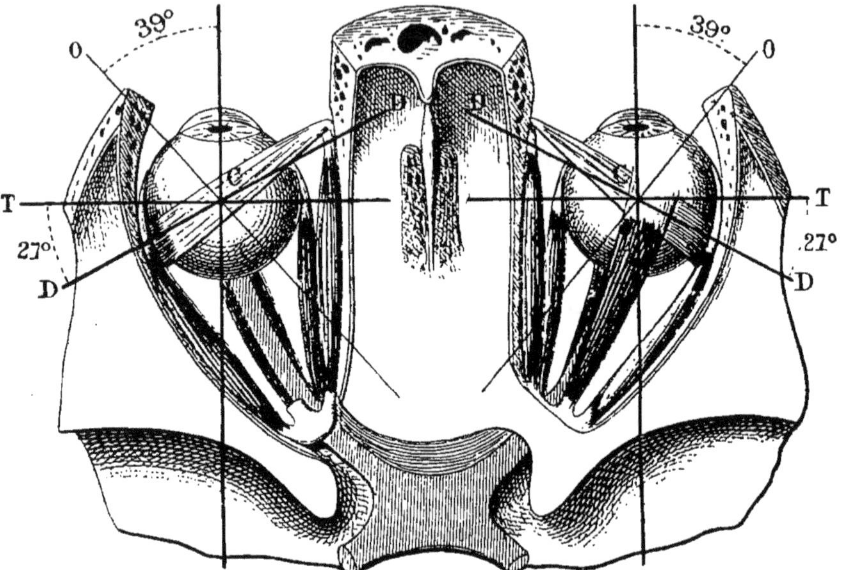

Fig. 125. — Coupe schématique montrant l'action des muscles de l'œil. (Cours de M. Gley.)

optiques sont presque parallèles, le regard est dirigé vers l'infini.

La *position secondaire* est l'état de mouvement de l'œil autour du diamètre vertical ou du diamètre transversal. Si l'œil, en position secondaire, se meut autour de l'axe transversal, l'axe optique fait avec celui de la position primaire un angle dit *angle de déplacement vertical*. L'*angle de déplacement latéral* est celui que forment l'axe optique de la position primaire et celui de la position secondaire, lorsque l'œil tourne autour de son axe vertical, il est positif quand la ligne visuelle se dirige à droite, négatif quand elle se dirige à gauche.

Enfin les *positions tertiaires* sont les mouvements de l'œil autour de son axe antéro-postérieur. L'*angle de rotation ou de torsion* est celui que fait le plan du regard avec le plan transversal.

Six muscles viennent agir sur le globe oculaire pour imprimer les divers mouvements. On peut résumer ainsi leur action :

Abduction de la pupille : droit externe.
Adduction de la pupille : droit interne.

Elévation de la pupille : droit supérieur, petit oblique.

Abaissement de la pupille : droit inférieur, grand oblique.

Regard en haut et en dedans : droit interne, droit supérieur, petit oblique.

Regard en haut et en dehors : droit externe, droit supérieur, petit oblique.

Regard en bas et en dehors : droit interne, droit inférieur, grand oblique.

Regard en bas et en dehors : droit externe, droit inférieur, grand oblique.

On voit que deux mouvements de l'œil, l'abduction et l'adduction peuvent être déterminés chacun par un seul muscle, dans tous les autres cas plusieurs muscles doivent intervenir, c'est que les axes de rotation des droits internes et externes sont les seuls qui soient situés dans le plan équatorial et coïncident par suite avec l'axe vertical de l'œil.

Les nerfs qui innervent les muscles de l'œil sont au nombre de trois. Le *moteur oculaire commun* innerve tous les muscles, sauf le droit externe et le petit oblique, il joue également un rôle dans l'accommodation et les mouvements de l'iris. Quand il est paralysé, la pupille est dilatée et tournée en dehors (strabisme externe), par suite de l'action non compensée du droit externe.

Le *moteur oculaire externe* innerve le droit externe : strabisme interne dans sa paralysie, l'action du droit interne n'étant plus compensée ; enfin le nerf *pathétique* actionne le grand oblique. Dans sa paralysie, la pupille est tournée en haut et en dehors par l'action du petit oblique. Tous ces nerfs qui partent de la base du crâne, ont leur origine dans les noyaux moteurs bulbo-protubérantiels. Il existe en ce point des connexions intimes qui expliquent la coordination des mouvements des muscles de l'œil.

Notions de la grandeur, du relief. — Les moyens qui permettent, avec le concours de l'expérience, d'arriver à reconnaître la forme des objets dans l'espace, peuvent être ramenés à quatre : 1° l'angle visuel ; 2° la conscience de l'effort d'accommodation des yeux ; 3° les mouvements des yeux ; 4° la différence stéréoscopique des deux images rétiniennes (Wundt).

1° L'angle visuel est l'angle sous lequel est vu un objet, c'est-à-dire l'angle formé au centre optique de l'œil par les rayons partis des extrémités de l'objet, il correspond à la grandeur de l'image rétinienne. Il est évident qu'il ne peut donner qu'une idée incomplète de la grandeur et de la distance de l'objet, puisque ces deux quantités sont ici facteurs l'une de l'autre. Le même objet étant vu sous un angle visuel différent, suivant sa distance au centre optique.

2° *Conscience de l'effort d'accommodation.* — La notion de distance peut être acquise par la perception de la sensation de l'effort d'accommodation qui varie avec cette distance même. Dans le même ordre d'idées, il faut faire intervenir :

3° *Les mouvements des yeux.* — Il y a, en effet, une convergence des deux yeux plus ou moins grande, suivant que l'objet est plus ou moins rapproché ; il y a donc un effort fait. Ces deux notions qui se rattachent essentiellement aux sens musculaires sont généralement trop vagues, trop confuses pour que nous les percevions nettement, mais cette conscience n'en existe pas moins.

4° *Différence des deux images rétiniennes.* — Enfin, la différence qui existe entre les deux images rétiniennes est sans doute le procédé le plus simple et le plus net qui nous donne la notion de la distance, de la grandeur et de la forme. Chaque œil, en effet, a une image rétinienne propre de l'objet, et chaque image diffère de l'autre, parce que les deux yeux n'occupent pas la même position dans l'espace, et les différences sont d'autant plus sensibles que les objets sont plus rapprochés. Pour une distance éloignée, quand on peut considérer les deux axes optiques comme parallèles, la différence devient nulle et la notion de la distance impossible.

Ce procédé est encore applicable à la vision avec un seul œil; il suffit de déplacer la tête pour obtenir deux images différentes, mais il donne des notions moins nettes par suite de la non-simultanéité des deux perceptions.

Tous ces procédés réunis ne nous donneraient qu'une notion très confuse de la distance, si l'expérience ne venait faire l'éducatiou du sens de la vue et nous permettre d'établir un jugement sur les sensations perçues. C'est ainsi que l'aveugle-né que l'on vient d'opérer, ne peut, au début, se faire une idée exacte de la distance, qu'il en est de même de l'enfant à la naissance.

La sensation de relief n'est autre que la sensation de la distance des différents points d'un objet. Les impressions de la rétine ne peuvent donner, au point de vue de la forme, que des notions de surface; nous ne voyons véritablement que la projection plane des différentes surfaces d'un objet, et c'est le jugement seul, s'appuyant sur les mémoires acquises par le toucher, qui nous donne l'idée de la forme, du relief, de la solidité.

Le sens de le vue seul, on ne saurait trop le répéter, ne

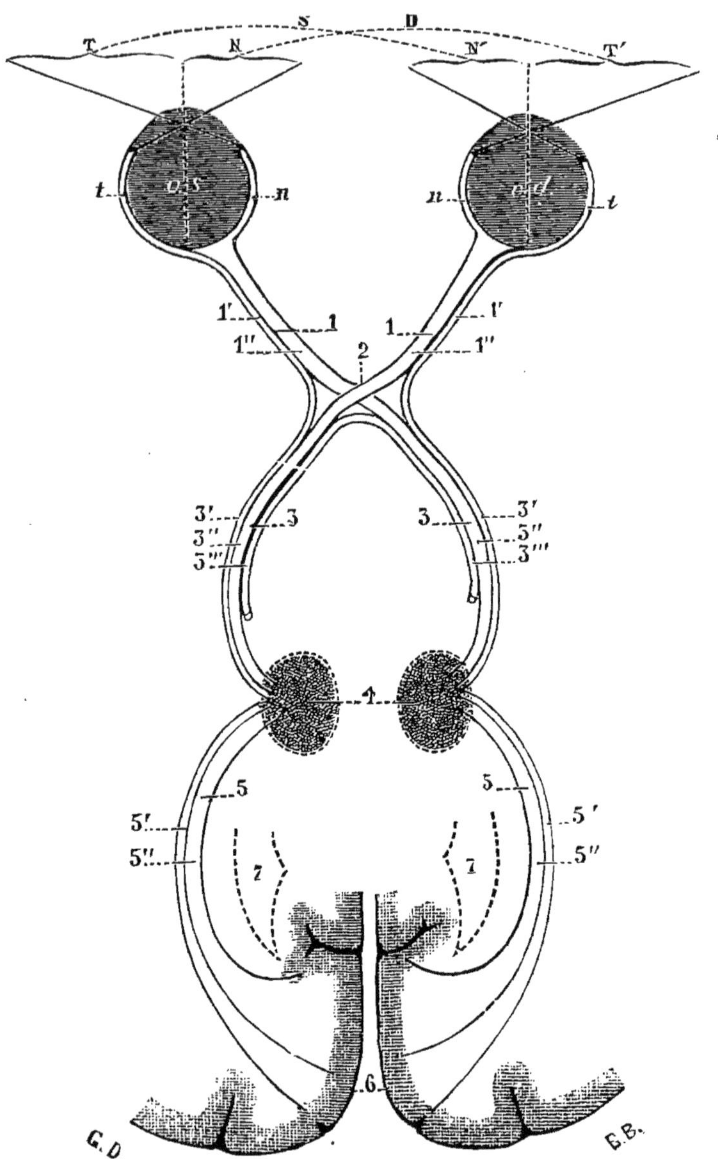

Fig. 126.

Schéma indiquant le trajet des fibres optiques depuis la rétine jusqu'à l'écorce cérébrale. (TESTUT, *Anatomie.*)

o, s, œil gauche, *od*, œil droit. — *t*, zone temporale de la rétine. — *n*, sa zone nasale. — T N, portion temporale et portion nasale du champ visuel pour l'œil peut donner des notions que sur deux dimensions, non sur trois. Pour lui, les volumes n'existent pas, il n'y a que des surfaces.

Nerf optique. — Le nerf spécifique de la vision n'est pas comparable aux autres nerfs, il est, ainsi que nous l'avons déjà vu en parlant de la rétine, une expansion du cerveau, un prolongement du névraxe.

Le nerf optique est entouré de trois gaines, qui sont des dépendances de la dure-mère, de l'arachnoïde et de la pie-mère. Les fibres nerveuses se distinguent des fibres des autres nerfs, en ce qu'elles sont dépourvues de gaine de Schwann et ne présentent pas les étranglements annulaires de Ranvier. On trouve des fibres de grosseurs différentes et, d'après Gudden, il existerait deux variétés ayant des fonctions différentes, les fibres fines servant à la vision des objets, les grosses jouant le principal rôle dans le réflexe pupillaire. Krause évalue à 400,000 le nombre total de ces fibres.

Les deux nerfs optiques s'accolent et se croisent en un chiasma, mais comment se fait ce croisement? est-il total ou partiel? Chez les poissons, la croisement est complet, un nerf passant par une boutonnière de l'autre. Mais chez l'homme il est certainement incomplet et l'anatomie comparée avait conduit Johannes Muller à énoncer cette loi, que chez l'homme et les animaux dont une partie du champ visuel est binoculaire l'entre-croisement des fibres optiques dans le chiasma n'est que partiel, tandis que chez les animaux où chaque œil a son champ visuel distinct, où la vision n'est pas binoculaire l'entre-croisement des fibres est total.

gauche. — T' N', les mêmes pour l'œil droit. — D, moitié droite et S, moitié gauche du champ visuel. — 1, nerf optique avec 1' son faisceau direct, 1'' son faisceau croisé. — 2, chiasma. — 3, bandelette optique avec 3', son faisceau direct; 3'', faisceau croisé; 3''', commissure de Gudden. — 4, noyau d'interruption des fibres optiques (corps genouillés externes et tubercules quadrijumeaux antérieurs). — 5, faisceau optique intra-cérébral avec 5' ses fibres directes; 5'', ses fibres entre-croisées. — 6, écorce cérébrale (région interne du lobe occipital. — 7, prolongement occipital du ventricule latéral.

Les faits qui établissent la non complète décussation sont nombreux.

Nicati sectionne le chiasma suivant l'axe longitudinal chez des jeunes chats, en passant par la voûte palatine, et l'animal n'a pas totalement perdu la vue dans les deux yeux. Mais ce sont surtout les phénomènes de dégénérescence observée soit sur l'homme, après avoir constaté pendant la vie des troubles spéciaux dans les deux yeux, soit chez les animaux après l'ablation de l'œil.

A la suite de la destruction de l'œil, le nerf optique dégénère et l'étude de cette dégénérescence a permis de poursuivre l'étude des origines réelles de ce nerf.

On observe en effet, en suivant les fibres du nerf de l'œil extirpé, que la dégénérescence franchit le chiasma et que dans les deux bandelettes optiques qui sont la continuation, ou mieux l'origine des nerfs optiques, il existe des fibres dégénérées, et par suite un faisceau direct et un faisceau croisé. Nous avons vu que chez le poisson, le faisceau croisé existe seul, il en est de même chez l'oiseau, plus développé chez le chien que le faisceau direct, il serait moins important chez le singe et surtout chez l'homme.

Chez l'homme, la lésion d'une seule bandelette optique entraîne la perte de la sensibilité rétinienne de la moitié externe de la rétine de l'œil du côté de la lésion, et de la moitié interne de la rétine de l'autre œil : hémianopsie. En d'autres termes, chaque bandelette se rend à la moitié homonyme des deux rétines. Mais comme les rayons lumineux s'entrecroisent dans l'appareil réfracteur, il en résulte une hémianopsie homonyme latérale du côté opposé à la lésion.

La bandelette optique contourne ensuite les pédoncules cérébraux et se divise au niveau de la partie inférieure de la couche optique en deux racines, la petite racine, racine externe qui va au corps genouillé interne, puis dans le tubercule quadrijumeau postérieur, la grosse racine, racine interne qui se rend au corps genouillé externe, puis au tubercule quadrijumeau antérieur et enfin à la partie postérieure de la couche optique. Or, dans la dégénérescence observée à la suite de l'ablation de l'œil, la racine interne présente seule des altérations ainsi que les régions où elle se rend : corps genouillé externe et tubercule quadrijumeau antérieur, qui doivent être considérés comme jouant le rôle de centres optiques primaires. De ce premier relai, partent des fibres (radiations optiques de Gratiolet, faisceau optique intra-cérébral de Wernicke, qui vont aux centres optiques corticaux (cuneus et circonvolution de la pointe occipitale) en passant par la partie la plus postérieure de la capsule interne. Ce faisceau contient en outre des fibres directes qui ne passent pas par les relais ganglionnaires. On peut suivre ce trajet, en observant la dégénérescence consécutive aux lésions des centres corticaux en question.

Le centre visuel est relié par des connexions encore inconnues avec son homologue du côté opposé et avec les centres psychiques divers que nous avons étudiés antérieurement. La destruction unilatérale soit des centres corticaux visuels, soit des conducteurs, entraine une hémianopsie homonyme que les connaissances anatomiques expliquent facilement, mais il existe quelques cas où une lésion unilatérale des centres cérébraux a amené la perte de la vue dans un seul œil, celui du côté opposé (amblyopie croisée).

Pour expliquer ce fait, Charcot admettait que les fibres directes qui n'ont pas subi la décussation dans le chiasma, se croisent dans les tubercules quadrijumeaux ; mais si cette opinion purement hypothétique permet d'expliquer l'amblyopie croisée d'origine cérébrale, comment la concilier avec les faits d'hémianopsie bien plus fréquemment observés ?

Lannegrace émet une hypothèse plus plausible. Les différences observées dans les symptômes dépendent du siège de la lésion cérébrale. Il y aurait hémianopsie, quand la lésion porte sur le centre des impressions visuelles, sur le centre psycho-optique, et amblyopie croisée quand la lésion atteint les régions corticales qui président aux mouvements de l'œil et à sa sensibilité générale. Les fibres qui relient ces centres aux noyaux bulbaires des nerfs moteurs de l'œil et du trijumeau subissent en effet l'entre-croisement total, d'où les troubles visuels croisés observés.

Innervation de l'iris. — L'innervation de l'iris ne peut être exposée qu'après l'étude complète de l'œil. On sait que l'iris constitue un sphincter, destiné à régler la quantité de lumière arrivant sur la rétine. L'iris est un diaphragme à diamètre mobile, qui devient d'autant plus petit que l'intensité lumineuse augmente, mais cette intensité n'entre pas seule en jeu, le diaphragme irien joue encore un rôle dans l'accommodation, l'orifice irien, la pupille se dilate en effet dans la vision à distance, pour assurer aux objets éloignés un éclairage intense, se rétracte au contraire dans la vision approchée.

Sous quelle influence et par quel mécanisme se fait cette dilatation et cette contraction ?

Il faut tout d'abord établir un premier point fort important : l'iris séparé de toute innervation centrale se contracte sous l'influence d'une lumière vive. Ce fait a été constaté nettement par Brown-Séquard et contrôlé depuis. On prend le segment antérieur de l'œil d'une anguille, et quarante-huit heures après la mort, on peut encore constater la contraction de l'iris en l'exposant à une lumière vive. L'autonomie du système irien ne saurait être mise en doute, mais tel n'est pas le mécanisme principal et le plus commun. Il s'agit en général d'un phénomène réflexe. La rétine impressionnée transmet par le nerf optique l'impression lumineuse, et les nerfs centrifuges amènent la contraction ou la dilatation du sphincter. Les fibres nerveuses constrictrices passent par le nerf moteur oculaire commun : l'excitation de ce nerf amène la constriction de l'iris, sa section la dilatation. Les fibres musculaires circulaires entrent en jeu. Pour la dilatation, l'explication est plus difficile, les fibres dilatatrices passent par le grand sympathique : l'excitation de ce nerf et du ganglion cervical supérieur amène la dilatation, leur section, la constriction. Fr. Franck a montré que les fibres irido-dilatatrices partaient de la moelle par les quatre dernières paires cervicales et les six premières dorsales (centre cilio-spinal) pour suivre le ganglion thoracique, le cordon cervical, le ganglion de Gasser, la branche ophtalmique du trijumeau, le ganglion ophtalmique et les nerfs ciliaires. Vulpian admet qu'outre ces fibres sympathiques, il en existe d'origine cérébrale suivant le trijumeau depuis son origine. Mais par quel mécanisme se fait cette dilatation, si l'existence de fibres radiées était prouvée, rien ne serait plus facile, mais, dans le cas contraire, il faut admettre que la dilatation est due à une action d'arrêt sur le muscle constricteur.

Appareils protecteurs de l'œil. — La cavité osseuse de l'orbite protège le globe oculaire, sauf dans sa partie antérieure, et elle renferme un coussinet graisseux qui favorise les mouvements de l'œil. En avant le rôle protecteur est dévolu aux paupières ; ces deux voiles musculo-membraneux reliés à l'œil par la muqueuse conjonctivale ont pour double fonction de protéger la surface de l'œil contre les corps étrangers et la lumière trop vive et en outre par leurs mouvements incessants d'humecter continuellement de larmes la surface de la cornée. L'exquise sensibilité que la conjonctive doit au trijumeau a pour effet de déterminer le mouvement réflexe des paupières, quand un corps étranger vient toucher l'œil, ou que la cornée n'est pas suffisamment lubréfiée. Chez l'embryon, et même chez quelques mammifères nouveau-nés (chat, lapin) les paupières ne sont pas encore ouvertes et constituent un lambeau cutané continu. Cette disposition persiste toute la vie chez les poissons, la peau devient transparente, mais il n'y a pas de fente palpébrale.

La contraction réflexe des paupières, quelquefois volontaires, est déterminée par le muscle orbiculaire que constitue un véritable sphincter qu'innerve un rameau du facial, enfin il existe un releveur de la paupière supérieure qui reçoit ses nerfs du moteur oculaire commun.

Les larmes ont pour but de laver et d'humidifier la cornée ; c'est une solution très diluée de NaCl avec un peu de mucine. Elles sont sécrétées par la glande lacrymale développée dans l'angle externe du cul-de-sac conjonctival. Quand la sécrétion n'est pas très abondante, elles s'écoulent par l'appareil lacrymal (papilles lacrymales, canalicules lacrymaux, sac lacrymal et canal nasal) vers le nez. Cet appareil constitue une véritable pompe aspirante et foulante, avec des valvules, qui s'opposent au refoulement vers l'œil.

La sécrétion lacrymale est un réflexe déterminé par l'excitation de la surface de l'œil par l'air ou l'évaporation des larmes, les nerfs centripètes étant le nerf lacrymal, branche du trijumeau, et le nerf centrifuge, le sympathique (Wolferz).

AUDITION

L'ouïe ou sens de l'audition nous donne la notion du son, c'est-à-dire des ondes sonores qu'émettent les corps en vibration.

L'oreille constitue l'organe de réception de ces ondes sonores, elle présente chez l'homme et les mammifères une complexité qui a pour objet d'assurer le perfectionnement de ce sens. Nous verrons en effet que l'oreille ne donne pas seulement la notion du son, qu'elle contribue encore, comme tous les sens d'ailleurs, à la notion de l'espace, de la direction, de la distance. Enfin il existe dans l'oreille un appareil annexe qui joue un rôle important dans notre équilibration : les canaux semi-circulaires.

L'oreille n'est donc pas un organe essentiellement spécifique, et le nerf auditif ne saurait lui non plus être considéré comme constitué par un nerf spécial, destiné uniquement à la transmission des sons, il présente une dualité remarquable telle qu'on doit considérer en lui physiologiquement deux nerfs distincts, l'un essentiellement auditif, l'autre sensitivo-moteur qui jouerait un rôle dans le sens de l'équilibre.

L'oreille se compose de trois parties : l'oreille externe, l'oreille moyenne et l'oreille interne, cette dernière seule essentielle à l'audition, les deux premières parties n'étant que des organes de perfectionnement qui manquent chez un certain nombre d'êtres.

Oreille externe. — L'oreille externe comprend le pavillon et le conduit auditif externe.

Le *pavillon* offre de grandes variétés de formes, en forme de cornet allongé chez un grand nombre de mammi-

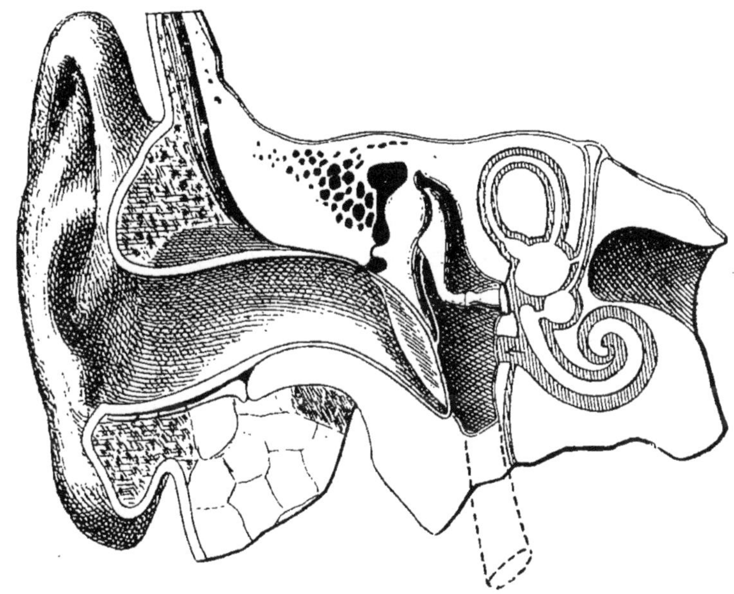

Fig. 127.

Coupe schématique de l'appareil auditif. (Cours de M. Gley.)

Les ondes sonores, recueillies par la conque, traversent le conduit auditif externe, suivent, en passant par la membrane du tympan, la chaine des osselets, arrivent à la fenêtre ovale, puis de là dans les canaux de l'oreille interne, pour ressortir par la fenêtre ronde.

fères, il présente en outre chez ces animaux une grande mobilité grâce aux trois groupes musculaires, antérieur, supérieur et postérieur. On sait comment les animaux à longue oreille dirigent rapidement la concavité du pavillon, dans la direction des bruits.

Chez l'homme le pavillon est beaucoup moins développé,

il est presque immobile, bien que certains individus peuvent le faire mouvoir à volonté. Les saillies et les dépressions que l'on remarque sur le pavillon sont disposées de telle sorte qu'elles font converger vers le fond de la conque, vers le conduit auditif les ondes sonores. Le pavillon est donc un *collecteur* des sons. On diminue l'audition en effaçant les anfractuosités avec de la cire molle (Steiner).

On désigne sous le nom de champ auditif la zone de l'espace où les ondes sonores peuvent être recueillies par le pavillon. Cette portion de l'espace est limitée par une surface tronconique.

Le pavillon sert en outre à nous donner la notion de la direction du son. Si l'on place les deux extrémités d'un tube de caoutchouc dans les conduits auditifs externes et que l'on dispose une montre sur ce tube, le sujet ayant les yeux fermés, on peut déplacer le tube et la montre d'arrière en avant, et inversement sans que le sujet puisse indiquer l'emplacement de l'objet sonore par rapport à lui (Gellé).

Le *conduit auditif externe* en partie cartilagineux, en partie osseux est clos à sa partie interne par la membrane oblique du tympan, il affecte la forme d'un S. C'est le trajet que doivent suivre les ondes sonores pour arriver à la membrane du tympan. Elles se réfléchissent en partie sur ses parois, ou elles abandonnent une partie de leur force vive. Les ondes de retour sortent également par le conduit, et quand le conduit est bouché soit par un corps étranger soit par un dépôt de la matière sébacée que sécrète continuellement la muqueuse qui le tapisse (cérumen), on observe l'exagération des sons transmis par les parois osseuses et des bourdonnements souvent intenses.

Oreille moyenne. — *Membrane du tympan.* — La membrane tympanique est constituée par une membrane élastique non extensible, épaisse d'environ un dixième de millimètre et présentant une surface elliptique de 50 millimètres carrés, elle est fixée dans un cercle osseux à l'extrémité interne du méat, formant avec la direction de ce dernier un angle qui varie avec l'âge et qui chez l'adulte est d'environ 40°, elle présente une certaine convexité externe.

La membrane du tympan reçoit les ondes sonores qui pénètrent par le conduit auditif, et sous leur influence entre en vibration.

On démontre en acoustique qu'une membrane vibrante n'entre en vibration que pour un son déterminé, qui est le son fondamental, ou pour un multiple simple de ce son, c'est-à-dire l'octave. Si la membrane du tympan était immuable, il en serait ainsi et elle ne répondrait qu'à un son déterminé, mais on sait que cette membrane est susceptible de vibrer pour une grande variété de sons. Il se produit dans l'appareil auditif ce que nous avons étudié pour l'appareil optique, un système d'adaptation, d'accommodation, qui permet à la membrane de transmettre les vibrations sonores à l'appareil chargé de la transformation de l'énergie acoustique en énergie nerveuse, comme les variations de courbure du cristallin assurent la formation de l'image sur la rétine, quelle que soit la distance des objets

Cette propriété de la membrane du tympan, cette faculté d'accommodation est due à ce que sa tension peut être modifiée grâce à un dispositif spécial. Si la membrane du tympan est fixée au cercle tympanique de telle sorte que sa circonférence ne puisse être modifiée, elle peut, par un changement dans sa courbure, augmenter ou diminuer sa tension. Cette modification est obtenue par l'action d'un muscle, le muscle du marteau qui agit par l'intermédiaire de ce petit os. Par sa contraction, il tire en dedans le manche du marteau. Quand la contraction cesse ou diminue, la membrane par son élasticité propre et celle de la chaine des osselets reprend sa position d'équilibre. Elle se tend dans les sons aigus, se détend dans les sons graves.

Cette accommodation est si rapide que nous percevons distinctement deux sons qui se succèdent rapidement et qui ont une hauteur très différente, mais dans quelques cas pathologiques, on observe un retard très marqué dans la perception nette du second son, il y a un retard d'accommodation (Gellé).

Chaîne des osselets. — La chaîne des osselets qui occupent la chambre moyenne est constituée par quatre petits os : le marteau, l'enclume, l'os lenticulaire et l'étrier, soutenus par une série de ligaments qui déterminent l'axe des mouvements totaux de la chaîne. Cette chaîne constitue une sorte de tige articulée dont l'une des extrémités adhère au tympan par le manche du marteau et l'autre à la membrane de la fenêtre ovale par la base de l'étrier. Chaque fois que la membrane tympanique vibre, ses vibrations sont transmises par cette tige jusqu'à la fenêtre ovale d'où compression du liquide de l'oreille interne, toutefois il ne faudrait pas considérer cette tige comme rigide, et les recherches de Politzer, de Burck ont montré que chacun des osselets présente des mouvements oscillatoires d'amplitude différente.

Si l'on tient compte que la surface de la membrane du tympan est trente fois plus grande que celle de la fenêtre ovale, on voit que chaque oscillation de la première doit déterminer une plus forte oscillation de la seconde, mais par suite de la différence de longueur de la longue branche de l'enclume et du bras du marteau, les oscillations arrivent diminuées d'amplitude à la fenêtre ovale. Mais ce qu'elles perdent en amplitude, elles le gagnent nécessairement en force.

Muscles des osselets. — Bien que l'on ait décrit trois muscles pour le marteau, on peut admettre au point de vue physiologique qu'il n'existe pour la chaîne des osselets que deux muscles : le muscle du marteau et le muscle de l'étrier, l'enclume ne reçoit aucune fibre musculaire et ces mouvements sont des mouvements communiqués.

On a comparé les mouvements ainsi transmis au mouvement de sonnette.

Le muscle du marteau en prenant son insertion fixe sur la portion cartilagineuse de la trompe d'Eustache et sur le temporal et le sphénoïde, attire en dedans en se contractant le manche du marteau, déterminant par ce fait un mouvement de bascule de toute la tige, telle que l'étrier est également

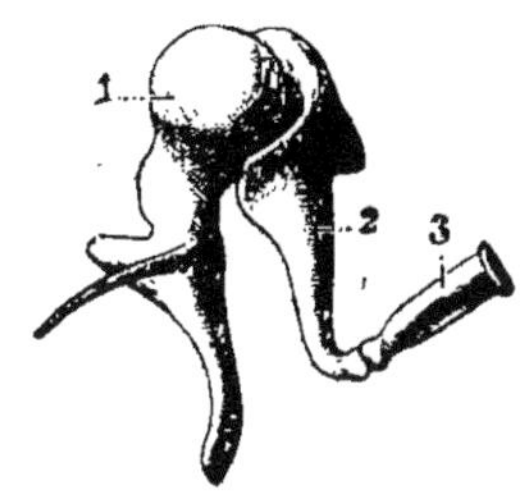

Fig. 128. — Chaîne des osselets.

1, marteau. — 2, enclume. — 3, étrier.

attiré en dedans, d'où simultanément action sur la membrane du tympan et compression du liquide du vestibule.

Le muscle de l'étrier est l'antagonisme du précédent, il fait basculer l'étrier, amenant son déplacement en dehors d'où décomposition du liquide vestibulaire et en même temps imprime à toute la chaîne un mouvement de bascule en sens inverse tel que le manche du marteau est porté en dehors. On peut donc résumer l'action de ces deux muscles en disant : le muscle du marteau tend la membrane tympanique, augmente la pression intra-vestibulaire, le muscle de l'étrier produit précisément les effets contraires.

Le muscle de l'étrier a donc pour but de mettre l'oreille dans les meilleures conditions pour percevoir les faibles vibrations, c'est le muscle qui écoute, le muscle du marteau au contraire atténue la sensibilité de l'appareil de transmission, c'est le muscle qui protège le nerf auditif contre les bruits intenses (Toynbée).

Innervation. — Le muscle de l'étrier est innervé par une branche du facial, l'excitation du facial détermine une diminution de tension du liquide de l'oreille interne (Politzer), et la paralysie de ce nerf est parfois accompagnée d'une hyperacuité auditive qui s'explique par le rôle attribué à ce muscle.

Le muscle du marteau reçoit un nerf du ganglion otique, mais ce dernier a deux racines motrices, l'une provenant du facial (petit nerf pétreux), l'autre du trijumeau (branche masticatrice).

La méthode Wallérienne a permis d'élucider cette question. Les fibres nerveuses du muscle interne qui restent intactes après la section du facial, subissent la dégénérescence quand on sectionne la racine motrice du trijumeau (Vulpian). Fick et Poitzer ont trouvé également que l'excitation de cette branche augmenterait la tension du liquide vestibulaire. Les deux muscles de la chaîne des osselets ont donc une innervation d'origine différente.

Fenêtres de l'oreille moyenne. — La face interne de la caisse du tympan présente deux orifices, la fenêtre ovale sur laquelle vient s'adapter la base de l'étrier qui transmet au liquide de l'oreille interne les vibrations de la chaîne des osselets, et la fenêtre ronde fermée par une membrane et à laquelle on a attribué deux fonctions :

1° La transmission au liquide labyrinthique des vibrations propagées dans l'air de l'oreille moyenne, par les oscillations de la membrane du tympan. Cette fonction, si elle existe, est bien secondaire, les vibrations par l'air se propageant fort mal en comparaison de leur transmission par la chaîne solide des osselets.

2° La régulation de la pression labyrinthique. Chaque fois que l'étrier vient comprimer la fenêtre ovale, la fenêtre ronde bombe dans le sens contraire, c'est-à-dire vers la caisse, il en résulte dans le liquide du labyrinthe une série d'oscillations, qui ne pourraient avoir lieu s'il n'existait pas dans l'oreille interne en un point une paroi extensible.

Caisse du tympan. — La caisse du tympan est remplie d'air, à la pression atmosphérique, grâce à un canal spécial, la trompe d'Eustache, qui met cette caisse en communication avec l'atmosphère. A la caisse du tympan sont annexées des cavités creusées dans l'apophyse mastoïde : cavités mastoïdiennes, auxquelles on a attribué plusieurs rôles : caisse de résonnance, appareil d'orientation ; il est probable que ces cavités n'ont pour effet que d'augmenter la capacité de l'oreille moyenne et d'atténuer ainsi les effets des augmentations très rapides de la pression dans la caisse, quand le jeu de la trompe d'Eustache ne se fait pas immédiatement. L'égalité de pression dans la caisse est indispensable pour assurer l'audition distincte. Quand cette égalité n'est pas réalisée (obstruction de la trompe d'Eustache), la membrane tympanique vibre mal, et par suite, d'autre part, des modifications de tension qui se produisent dans l'oreille interne, on observe des bruits subjectifs, bourdonnements, etc., provenant de l'excitation des terminaisons nerveuses auditives et que l'on peut comparer aux phosphènes de l'appareil optique.

Trompe d'Eustache. — La trompe d'Eustache est constituée par un conduit ostéo-fibro-cartilagineux qui s'étend de la caisse du tympan au pharynx, c'est par excellence l'appareil de ventilation de la caisse tympanique. Nous venons de signaler l'importance de l'équilibre de pression sur les deux faces de la membrane tympanique. Cet équilibre est réalisé par ce conduit.

Mais la paroi externe de ce conduit, dans la région pharyngienne, est membraneuse et mobile, elle vient s'appliquer sur la paroi interne cartilagineuse et fixe, il faut donc une intervention active pour que le tube soit ouvert. Ce rôle est dévolu aux muscles péristaphylins, principalement au péristaphylin externe (Gellé).

Toutefois cette fonction du péristaphylin est en quelque sorte accessoire, elle ne se produit que lorsque ce muscle entre en jeu pour une autre fonction : la déglutition. Il en résulte qu'il est nécessaire que nous exécutions continuellement des mouvements de déglutition pour assurer l'équilibre de tension dans la caisse du tympan, et c'est en effet ce qui se produit. Les mouvements de déglutition sont incessants, même pendant le sommeil, et la sécrétion continuelle de la salive a surtout pour but d'assurer la régularité de ces mouvements, car on sait que la déglutition est un phénomène réflexe qui ne peut se produire à vide, d'où cette conclusion qui pourrait paraître étrange tout d'abord, la sécrétion permanente de la salive est un phénomène nécessaire au bon fonctionnement de l'audition.

Oreille interne. — Des trois parties de l'oreille, l'oreille interne est le seul organe essentiel, l'oreille externe et

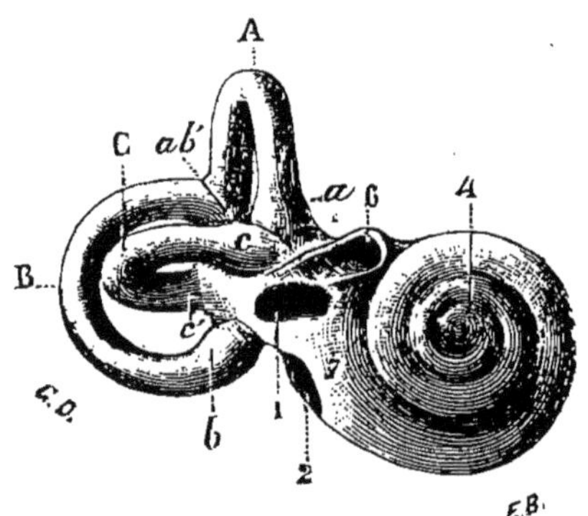

Fig. 129. — Labyrinthe osseux, isolé, face externe.

A, canal demi-circulaire. — *a*, son ampoule. — B, canal postérieur. — *b*, son ampoule. — *ab*, partie commune. — C, canal externe. — 1, fenêtre ovale. — 2, fenêtre ronde. — 3, vestibule. — 4, limaçon. — 6, aqueduc de Fallope.

l'oreille moyenne ne sont que des appareils de perfectionnement destinés à rendre l'audition plus nette et plus précise.

Une courte étude de l'anatomie comparée de cet organe permet mieux de comprendre l'appareil si compliqué qui constitue l'oreille interne des animaux supérieurs.

Chez quelques êtres (araignées), l'oreille est réduite à une simple dépression ectodermique garnie de poils (soies auditives) en communication avec des filets nerveux.

Les mollusques présentent un appareil auditif qu'on peut

considérer comme un véritable schéma naturel de l'oreille. Une utricule (capsule auditive) tapissée à son intérieur de cellules à poils vibratiles et renfermant un ou plusieurs corpuscules calcaires, libres dans la cavité; les cellules à poils vibratiles étant en connexion avec des filets nerveux. Chez les crustacés cette utricule (otocyste) présente des particularités

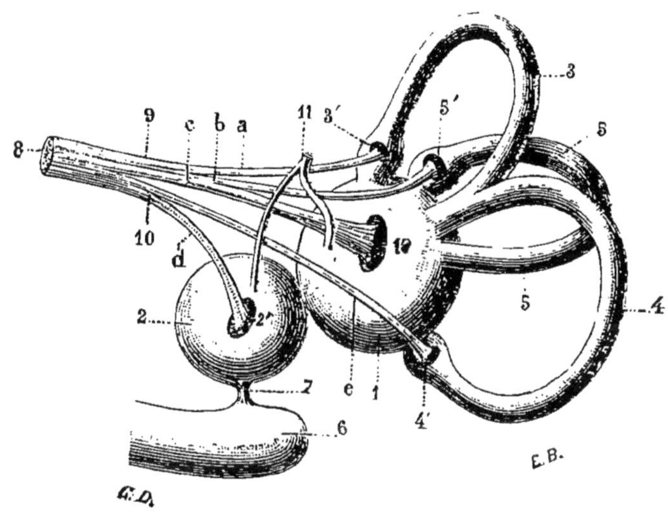

Fig. 130. — L'utricule, la saccule et les canaux semi-circulaires, vus par leur face interne. (TESTUT, *Anatomie.*)

1, utricule ; 1', sa tache acoustique. — 2, saccule ; 2', sa tache acoustique. — 3, 4, 5, canaux demi-circulaires ; 3', 4', 5', leur crête acoustique. — 6, canal cochléaire. — 7, canal de Hensen. — 8, branche vestibulaire de l'auditif. —9, nerf vestibulaire supérieur. — *a*, *b*, nerfs ampullaires supérieurs et externes. — *c*, nerf utriculaire. — 10, nerf vestibulaire inférieur. — *d*, nerf sacculaire. — *e*, nerf ampullaire postérieur. — 11, canal endolymphatique coupé au-dessus de ses deux racines.

remarquables au point de vue de la conception de l'appareil auditif, les cils vibratils sont remplacés par des fibres de longueur différente et qui vibrent séparément pour des sons différents (Herzen).

Avec ces notions sommaires nous pouvons aborder l'étude de l'oreille interne de l'homme. L'otocyste primitif s'est considérablement développé et différencié.

L'otocyste est logée dans une cavité creusée dans le rocher et baignée par un liquide clair, la périlymphe, elle se présente elle-même sous l'aspect d'un sac membraneux rempli d'un liquide, l'endolymphe, mais ce sac présente des divisions et des diverticules : l'utricule en relation avec les canaux semi-circulaires, la saccule communiquant avec le canal

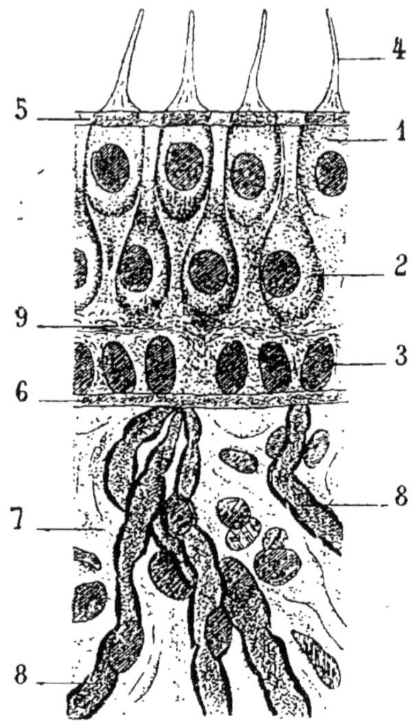

Fig. 131.

Coupe perpendiculaire d'une tache acoustique du lapin (Ranvier). (TESTUT, *Anatomie.*)

1, cellules sensorielles. — 2, cellules de soutien. — 3, cellules basales. — 4, cils des cellules sensorielles. — 5, cuticule interne. — 6, membrane basilaire. — 7, chorion connectif de la saccule. — 8, fibres nerveuses se dépouillant de leur myéline en traversant la membrane basale pour aller former le plexus basal 9.

cochléaire. La saccule et l'utricule étant réunies elles-mêmes par le canal de Bottcher.

Le vestibule reçoit cinq branches du nerf vestibulaire, division postéro-supérieure du nerf auditif.

Utricule. — L'utricule qui a 3 à 4 millimètres de diamètre présente les cinq orifices des trois canaux semi-circulaires et reçoit le nerf utriculaire, au point d'arrivée du nerf, l'épithélium plat de l'utricule se différencie pour former la macule auditive. On y trouve deux sortes de cellules, les unes cylindro-coniques, les autres fusiformes. Les premières ne sont que des cellules de soutien; les secondes, au contraire, terminées par un prolongement effilé, rigide, sont les véritables cellules auditives, elles sont en connexion avec un filet nerveux qui est relié à un plexus nerveux.

Au-dessus du prolongement de la cellule auditive, on trouve une sorte de substance granuleuse, véritable poussière de carbonate de chaux, maintenue en suspension dans une masse gélatineuse, c'est l'*otoconie* (κονια, poussière).

Les canaux semi-circulaires sont au nombre de trois, deux verticaux et un horizontal, ils s'abouchent dans l'utricule par cinq ouvertures seulement, parce que les deux canaux verticaux ont une ouverture commune, ils présentent à l'une des extrémités un petit renflement (*extrémité ampullaire*).

Chaque ampoule reçoit un filet nerveux (branche ampullaire), qui se divise en deux dans le canal en laissant au milieu un espace saillant, désigné sous le nom de *crête acoustique*. L'épithélium interne présente des dispositions analogues à celles de l'utricule.

Saccule. — La saccule plus petite que l'utricule présente les mêmes dispositions anatomiques : nerf sacculaire, macule auditive, etc., elle est en communication avec le canal cochléaire.

Canal cochléaire. — Canal cochléaire ou limaçon, ainsi

désigné parce qu'il offre l'aspect d'un escargot; il est constitué par un tube (lame des contours), qui s'enroule autour d'un noyau conique ou *columelle* et décrit trois tours de spire. L'extrémité supérieure est fermée. Ce tube est divisé dans tout son parcours par une lamelle osseuse et membraneuse (*lame spirale*), qui détermine ainsi la formation de deux chambres en spirales : les *rampes du limaçon.* La rampe inférieure répond à la fenêtre ronde, d'où son nom de rampe tympanique, tandis que l'autre, placée au-dessus de la cloison et qui s'ouvre dans le vestibule, constitue la rampe vestibulaire. Les deux rampes communiquent entre elles au sommet par un orifice de la lame spirale l'*hélicotrème* (ἕλιξ, limaçon; τρῆμα, trou).

La rampe tympanique ne présente rien de spécial; il n'en est pas de même de la rampe vestibulaire. Celle-ci renferme dans sa cavité spiroïde le canal cochléaire, diverticulum de la saccule et qui est séparé du reste de la rampe vestibulaire par une membrane conjonctive : la membrane de Reissner. Le canal cochléaire, ou limaçon membraneux, est fermé à son extrémité supérieure.

Le canal cochléaire offre une section triangulaire, sa base reposant sur la lame spirale par l'intermédiaire d'une membrane basilaire. Celle-ci est recouverte d'un épithélium différencié, qui constitue l'organe le plus délicat de l'appareil auditif: l'organe de Corti. La membrane basilaire est formée d'une partie interne et lisse, et d'une externe, striée dans le sens radial, constituée par des fibres élastiques, capables, d'après Nuel, de vibrer isolément et dont la longueur augmente progressivement depuis la base du limaçon jusqu'au sommet.

Organe de Corti. — L'organe de Corti se compose (fig. 132) :

1° D'une série d'arcades : arcades de Corti, constituée par deux cellules écartées à leur base et désignées sous le nom de piliers externe et interne. Il y a 10,000 piliers environ qui s'étendent sur tout l'axe spiral, formant ainsi un tunnel spiroïde;

tunnel de Corti. Chaque pilier possède un noyau à sa base ;

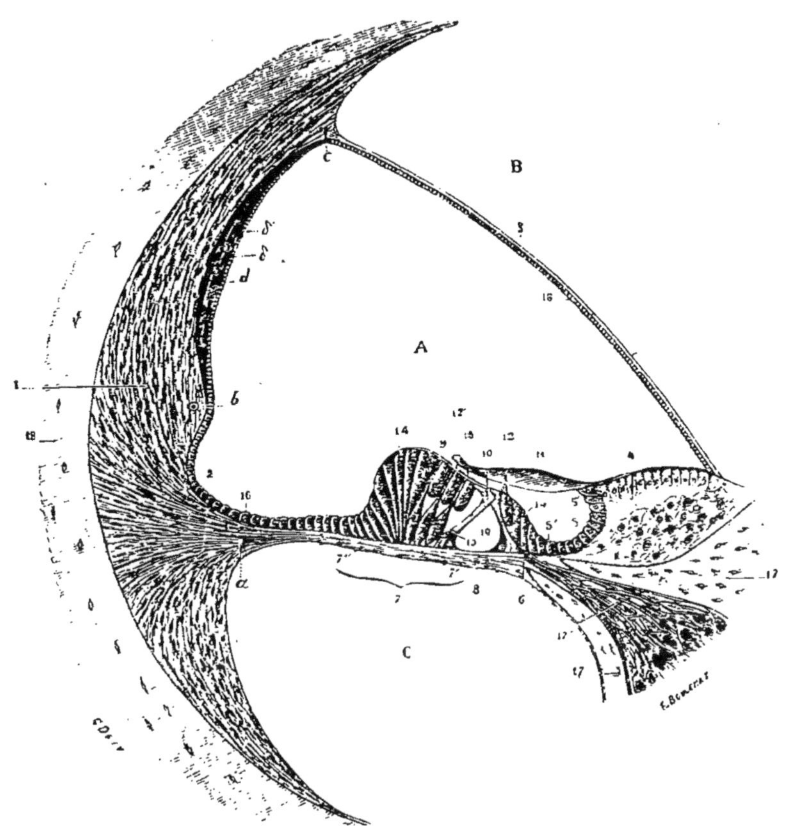

Fig. 132. — Coupe transversale du canal cochléaire pour montrer les cellules épithéliales de l'organe de Corti. (TESTUT, *Anatomie.*)

A, canal cochléaire. — B, rampe vestibulaire. — C, rampe tympanique. — 1, ligament spinal avec *a*, crête d'insertion de la membrane basilaire. — *b*, bourrelet du ligament spiral. — *c*. crête d'insertion de la membrane de Reissner. — *d*, strie ou bande vasculaire avec ses deux couches ; *d'*, épithéliale ; *d''*, conjonctive. — 2, sillon spiral externe. — 3, membrane de Reissner. — 4, bandelette sillonnée. — 5, sillon spiral interne avec ses lèvres vestibulaires 5' et tympaniques 5''. — 6, foramen nervinum. — 7, membrane basilaire avec 7' sa zone lisse et 7'' sa zone striée ou pectinée. — 8, vaisseau spiral. — 9, organe de Corti avec 10. une de ses arcades ; 10'. son tunnel. — 11, sa membrana tectoria. — 12, cellules auditives internes ; 12', cellules auditives externes. — 13, cellules de Deiters. — 14, 14', cellules de Clausius. — 15, membrane réticulaire. — 16, épithélium de revêtement du canal cochléaire. — 17, lame spirale osseuse. — 18, lame des contours.

2° De cellules, les unes sensorielles, les autres de soutien. Les cellules sensorielles sont ciliées. Les éléments cellulaires sont en relation directe avec des fibrilles nerveuses du rameau cochléaire, toutefois ces fibrilles formeraient une série de plexus (plexus spiraux externes), analogues aux

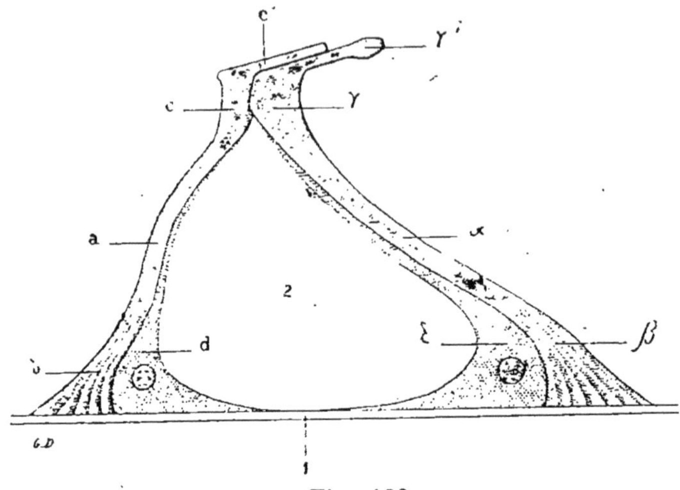

Fig. 133.

Les deux piliers interne et externe de l'organe de Corti.
(TESTUT, *Anatomie.*)

1, membrane basilaire. — 2, tunnel de Corti. — *a*, corps du pilier interne — *b*, base. — *c*, tête. — *d*, masse protoplasmique du pilier avec le noyau. α, β, γ, ε, même signification pour le pilier externe.

plexus de la rétine avant de prendre leur myéline et de constituer le nerf cochléaire. Les cellules de soutien (cellules de Deiters) présentent des prolongements supérieurs de forme variée ; en s'éloignant des cellules ciliées, on voit peu à peu les cellules épithéliales revenir à leur type normal (cellules de Hensen, de Clausius);

3° La membrane réticulaire, membrana tectoria, est une mince cuticule recouvrant directement les éléments précédents et présentant une série d'ouvertures par où passent les cils des cellules sensorielles et les prolongements des cellules de Deiters.

Perception des vibrations. — Les vibrations transmises par la chaîne des osselets à la fenêtre ovale se propagent dans la périlymphe, en suivant la rampe tympanique, la rampe vestibulaire, pour aboutir à la fenêtre ronde et par contiguité à l'endolymphe.

Quel est le rôle, dans la sensation auditive, des différentes parties de la vésicule auditive?

Les animaux qui ne possèdent que cette forme primitive de la vésicule percevant les bruits qui se passent autour d'eux, il est hors de doute qu'elle constitue un organe de perception. C'est ce que la description anatomique fait prévoir: présence des cellules sensorielles et otocolithes. Gellé a montré que la destruction du limaçon n'entraîne pas la perte immédiate de l'audition. Mais il est probable que l'audition réduite à la saccule et à l'utricule est confuse, que l'on peut avoir la perception des bruits, de leur intensité, mais non de leur hauteur, de leur timbre. Cette fonction perfectionnée est dévolue au limaçon, à l'organe de Corti.

Helmholtz avait admis que les arcades de Corti vibraient synchroniquement avec les oscillations de l'endolymphe et venaient frapper des filets nerveux, comme les touches d'un piano frappent les cordes vibrantes. Mais le rôle si important des piliers dut être abandonné quand Hasse démontra que les oiseaux, dont l'ouïe est si fine, le sens musical si développé, ne possèdent pas de piliers.

C'est alors que l'on a fait intervenir les fibres radiées de la membrane basilaire, ces fibres que Hensen compare à des cordes, ont, comme nous l'avons vu, des longueurs variables, elles seraient accordées chacune pour un son déterminé (il y en aurait 60,000, d'après Nuel). Par suite, un son de hauteur donnée ne ferait vibrer qu'une seule de ces cordes, celle accordée pour ce nombre de vibrations. Leurs oscillations se transmettraient aux cellules sensorielles èt de là au centre nerveux.

Chaque fibre nerveuse, ébranlée par les vibrations des

fibres radiales, possède une sensibilité spéciale ; et les différences dans les qualités des sons, la hauteur et le timbre, se trouvent rapportées à la diversité des fibres touchées; pour chacune d'elles isolément, il n'existe de différences que dans l'intensité de l'excitation.

Mais ce rôle principal accordé aux fibres radiales dans la

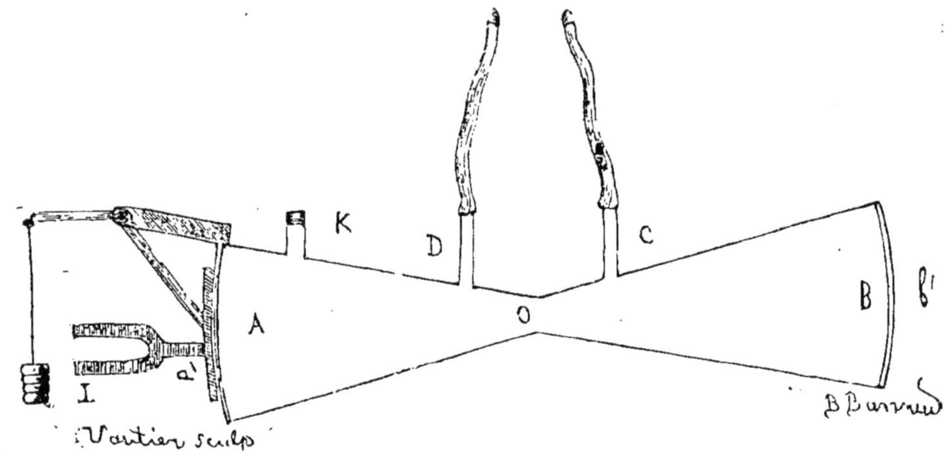

Fig. 134. — Limaçon schématique de Gellé.

transmission de la vibration reçue, aux cellules sensorielles, est fort hypothétique.

On ne peut admettre, en effet, qu'un rôle de transmission, car les fibres radiales ne reçoivent pas de filets nerveux; or, elles ne sont en rapport direct qu'avec le pied des piliers externes de l'arcade de Corti et elles n'ont que des rapports assez indirects avec les cellules fusiformes, les cellules sensorielles.

Aussi Gellé a-t-il émis l'opinion que les ondes développées dans le liquide du labyrinthe viennent agir directement sur les prolongements ciliés des cellules auditives, prolongements qui traversent la membrana tectoria. Les ondulations que subit cette dernière serviraient à augmenter l'action oscillatoire.

La disposition des deux branches du limaçon, communiquant par leur extrémité supérieure, aurait pour effet, d'après Gellé, de concentrer les ondes sonores apportées par la platine de l'étrier dans la rampe sensorielle ou vestibulaire et d'affaiblir au contraire les vibrations venues de la fenêtre ronde. On peut, en effet, comparer le limaçon à deux cônes accolés et communiquant par le sommet, par l'hélicotrême.

Jugements acoustiques. — Nous projetons en dehors l'image qui vient se faire sur la rétine; il en est de même pour les sensations auditives. Quand un son frappe l'oreille, nous en rapportons l'origine vers un point projeté sur l'horizon, déterminé par la direction de l'axe du conduit auditif, au moment où la sensation auditive est la plus intense. Cette notion de la direction nous serait donnée par plusieurs causes. Pour Béclard, il s'agirait surtout de la conscience des mouvements de la tête et du corps à la recherche de l'intensité sonore maximum; pour Kuss et Duval, il faut faire intervenir en outre la sensibilité de la peau du pavillon de l'oreille; enfin Gellé insiste sur la sensibilité spéciale de la membrane du tympan, mise en jeu par le courant vibratoire frappant dans une direction déterminée.

Toutefois cette notion de la direction est certainement acquise par l'expérience; il en est de même de la distance de l'objet sonore, et cette dernière est toujours très obscure.

L'acuité auditive. — L'intensité dépend de l'amplitude des vibrations; elle est proportionnelle au carré de l'amplitude des vibrations; il est difficile d'établir le minimum d'intensité du son perceptible pour l'oreille; il existe d'ailleurs de nombreuses différences individuelles. On a donné cependant comme minimum le son produit par une balle de liège de 1 milligramme tombant de 1 millimètre (Schafhault), sur une plaque de verre à 9 centimètres de l'oreille. En clinique, pour mesurer l'acuité, on utilise le plus communément le tic tac de la montre. Une bonne oreille entend ce bruit à 1^m,20 environ. L'cudiomètre de Hugues donne des résultats plus comparables ; il consiste dans un téléphone en communication avec une bobine induite, placée entre deux bobines inductrices. On peut, en modifiant les rapports entre la bobine secondaire et les bobines primaires, modifier l'intensité des vibrations, par suite du son, et même l'éteindre complètement.

Il faut se rappeler que l'intensité du son est encore inver sement proportionnelle au carré de la distance du point sonore à l'oreille.

Limite des perceptions auditives. — Un son n'est perçu par l'oreille que s'il est compris dans des limites déterminées. Dans les sons graves l'oreille distingue encore 33 vibrations (*do* de la contre-octave) par seconde, et dans les sons aigus 41,000, soit un intervalle de 11 octaves et demi. En deçà et en delà, les vibrations des corps ne seraient plus perçues par l'oreille. Ce chiffre de 41,000 vibrations est un maximum rarement atteint et la limite normale est environ de 35,000. La disposition de l'oreille moyenne a pour effet d'offrir une réelle résistance à la propagation des notes très aiguës ; aussi est-ce dans le cas de destruction de cette partie que l'on a noté la perception de son correspondant au chiffre extraordinaire de 80,000 vibrations (Blake). Certains animaux ont une acuité auditive remarquable, le chat entre autres.

L'acuité auditive s'affaiblit avec l'âge, les femmes auraient une acuité supérieure, mais qui présenterait un certain affaiblissement pendant la menstruation. Quelques cas pathologiques, notamment la néphrite interstitielle, s'accompagneraient dès le début d'une diminution dans l'acuité auditive (Dieulafoy).

Sensibilité auditive. — Il y a lieu de distinguer l'acuité et la sensibilité auditive ; pour la première, l'intensité du son intervient seule ; pour la sensibilité, il faut ajouter la hauteur et le timbre. La sensibilité de l'ouïe nous permet de distinguer deux sons l'un de l'autre. Une oreille musicale distingue nettement des différences de 1/500 ; on arriverait même à 1/1000 dans quelques cas, mais cette sensibilité n'est pas la même dans la limite des sons perceptibles. Elle diminue aux deux extrémités, sons graves et sons aigus, pour atteindre son maximum vers la région du *fa* $_5$ au *si* $_5$, c'est-à-dire pour un nombre de vibrations oscillant entre 2,800 et 3,800. Ce maximum est peut-être dû à ce que le son propre du conduit auditif externe correspond à cette hauteur de 3,800 vibrations. Plus encore que pour l'acuité, on constate pour la sensibilité des différences individuelles considérables. Certaines personnes « n'ont pas d'oreille », c'est-à-dire qu'elles ne peuvent distinguer des sons différents entre eux d'un nombre considérable de variations.

Certains sujets ne perçoivent pas des sons d'une hauteur déterminée; ce sont des *daltoniens auditifs*. Il y a tout lieu de penser que chez ces individus il existe une altération de la région de l'organe de Corti accommodée pour ces hauteurs.

Sensations subjectives de l'ouïe. — Comme pour l'œil, il existe pour l'oreille des sensations subjectives. C'est ainsi qu'un bruit longtemps prolongé laisse souvent après lui une sensation auditive durable.

Les bourdonnements d'oreilles peuvent être attribués à plusieurs causes. Souvent il s'agit d'une variation de pression dans la caisse tympanique, tantôt d'une irritation directe des terminaisons nerveuses du nerf auditif, d'autres fois encore ces bourdonnements peuvent avoir pour origine des troubles des centres nerveux; la quinine, le salicylate de soude, déterminent souvent des bourdonnements, ainsi qu'un affaiblissement de l'acuité auditive. L'atropine à dose extrêmement faible, insuffisante pour amener la dilatation de l'iris, exagérait l'acuité auditive, il en serait de même de la strychnine.

La fatigue de l'oreille. — A la suite d'une audition prolongée, la sensibilité auditive s'affaiblit, mais cet affaiblissement porte sur le son ou la série des sons qui, par leur répétition, ont déterminé la fatigue des cellules accordées pour ce ou ces sons, il y a là encore une analogie remarquable avec la vision.

Les hallucinations de l'ouïe sont fréquentes, très variées, mais elles sont presque toujours d'origine centrale.

Audition colorée. — Chez quelques individus, la sensation d'un son est accompagnée d'une sensation lumineuse, une couleur particulière est associée à un son articulé, à une voyelle par exemple La voyelle A pour certains sujets s'accompagne d'une sensation de couleur rouge, la voyelle E d'une sensation colorée verte, etc. (Dalton). Il faut ajouter que la couleur associée à une voyelle varie avec chaque auditif coloriste, c'est ainsi que le poète A. Rimbaud écrit :

A noir, E blanc, I rouge, U vert, O bleu, voyelles,
Je dirai quelques jours, vos naissances latentes.

Ces phénomènes d'audition colorée, encore mal connus, ne paraissent guère pouvoir s'expliquer que par des connexions exceptionnelles entre les centres cérébraux, expériences qui président aux sensations auditives et visuelles; la théorie italienne de l'engrenage des centres psycho-sensoriel peut être ici invoquée.

CANAUX SEMI-CIRCULAIRES

Le système des canaux semi-circulaires qui fait partie intégrante de l'appareil auditif joue cependant un rôle tout spécial. Flourens, en 1824, a montré que la lésion des canaux semi-circulaires provoquait des désordres moteurs, des phénomènes de déséquilibration. Il vit que ces troubles étaient en rapport avec la direction des canaux touchés. Quand on pique ou sectionne le canal horizontal, il y a tournoiement de la tête sur le plan horizontal. S'il s'agit du canal postérieur, on observe des phénomènes de culbute en arrière; en avant, si c'est le canal antérieur qui est lésé. Après la section des trois canaux, la perte de l'équilibre est totale; il y a incoordination complète. Tous les expérimentateurs n'ont fait que confirmer les recherches de Flourens. Lussana a précisé davantage, en démontrant que c'était bien à l'irritation des crêtes ampullaires, et non du canal même, que les accidents doivent être rapportés.

Mais il existe plusieurs théories pour expliquer ces désordres moteurs.

Interprétation de Flourens (1824). — Les canaux semi-circulaires représentent les organes modérateurs des mouvements. Quand un canal est détruit, il y a mouvement irrésistible de ce côté et il y a dans les canaux autant de force modératrice que de direction principale.

Théorie de Cyon (1873). — Les canaux semi-circulaires servent à nous donner la notion de notre situation dans l'espace. Aussi de Cyon appelle-t-il la branche ampullaire du nerf acoustique *le nerf de l'espace.* Cyon évoque un nouveau sens qui aurait son centre d'idéation dans le cervelet.

Théorie de Goltz. — Les canaux semi-circulaires sont des organes qui nous font connaître la position de la tête. Quand la tête se déplace, l'endolymphe comprime plus énergiquement l'une des ampoules (la plus inférieure), d'où excitations des cellules ciliées, et c'est là le point de départ d'une excitation qui, transformée en sensation, nous donne la notion de déplacement de la tête. Quand les canaux sont lésés, l'animal ne peut plus se rendre compte de la position de sa tête, d'où vertige. Delage a repris cette théorie; pour lui les canaux semi-circulaires, en nous donnant des indications sur la position de la tête, provoqueraient par voie réflexe les mouvements des yeux, compensateurs de ceux de la tête et les contractions musculaires correctrices, pour assurer notre équilibre.

Le rôle attribué à l'action de l'endolymphe ou de l'otoconie a été nié par Cyon, qui a montré qu'en donnant issue au liquide de l'oreille interne par l'arrachement de l'étrier, on produit bien la surdité, mais sans déterminer de troubles d'équilibration. Quant à l'idée de Flourens qu'il y a dans les canaux autant de forces modératrices que de directions principales, il est difficile de la concilier avec ce fait d'anatomie comparée que certains poissons (cyclostomes) n'ont que deux canaux.

Remarquons encore que le choc de l'endolymphe sur les terminaisons nerveuses n'est qu'un phénomène consécutif aux mouvements voulus. Ce mouvement volontaire, l'effort nécessaire pour l'accomplir, nous est connu par un ensemble complexe de sensations : sens musculaire, toucher, etc., et il suffit de rappeler les nombreux cas de perte du sens de l'équilibre sans altération de l'oreille : ataxie locomotrice, paralysie hystérique, etc.

Flourens avait déjà émis cette opinion que le nerf auditif comprenait deux sortes de fibres, les unes à fonctions spécifiques, uniquement destinées à la transmission des impressions auditives (branche cochléaire), les autres excito-motrices (branche ampullaire). Brown-Séquard et Laborde ont également insisté sur cette différenciation.

Gellé admet avec Laborde que chaque branche ampullaire est en rapport avec un centre nerveux spécial : le cervelet, le cerveau, la région bulbo-protubérantielle; il explique ainsi la diversité des symptômes cliniques observés chez les malades atteints du mal de Menières par une lésion de l'une de ces branches.

Mais cette action excito-motrice des filets ampullaires jouerait un rôle important dans le mécanisme de l'audition, un rôle de protection et d'accommodation. Elle donnerait naissance par voie réflexe à une série de mouvements qui ont pour objet de protéger l'oreille : la contraction de l'appareil musculaire intra-tympanique, qui diminue l'étendue des vibrations sonores et s'oppose aux ébranlements du labyrinthe; les mouvements de rotation ou d'inclinaison de la tête, pour écarter le conduit auditif de la direction d'un courant sonore trop fort, etc.

GUSTATION

Le sens du goût est beaucoup plus mal connu que la vision et l'audition. En effet, si tout le monde comprend la signification du mot saveur, on est loin d'en avoir une idée scientifique bien nette. A quoi correspond objectivement le phénomène de notre conscience? Il ne s'agit plus évidemment ici de sensations provoquées par les vibrations de fluides élastiques, et d'autre part la cause physique qui détermine, en agissant sur certaines extrémités nerveuses, ces sensations d'un mode spécial, est encore entourée de mystères. « Il a été impossible de déterminer physiquement ou chimiquement la nature des saveurs. » Or cette absence de critérium physique s'est fait très défavorablement sentir quand on a voulu étudier scientifiquement la sensibilité gustative.

Classification des saveurs. — Il a été impossible notamment d'établir une classification des saveurs à l'abri de tout reproche. Il a fallu se contenter des renseignements obscurs et incomplets que nous fournit notre conscience, en un mot on a dû se contenter d'un point de départ subjectif et non objectif. Aussi ne faut-il pas s'étonner des divergences des auteurs en face de phénomènes aussi peu nettement déterminés. Ce qu'il importe tout d'abord d'éviter dans cette étude des saveurs, c'est d'attribuer au goût ce qui appartient aux autres sens. Il est bien évident que les saveurs dites farineuses et gommeuses sont dues à des sensations de contact, et qu'elles sont engendrées par un état physique spécial des corps en rapport avec la langue. La sensation de fraîcheur de nos aliments relève du sens thermique. Le fumet des viandes, le bouquet des vins sont de véritables parfums qui sont perçus par la muqueuse. D'autre part, les corps âcres, astringents, agissent sur la sensibilité générale. Ce qui a pu tromper les auteurs des siècles derniers, c'est que les sensations gustatives se mêlent d'une façon très complexe avec ces phénomènes sensitifs d'un autre ordre, et que ceux-ci, d'autre part, prennent, à cause de l'exquise sensibilité de la langue, un caractère spécial qu'on ne remarque pas sur d'autres points du corps. Faut-il dépouiller encore le sens du goût des saveurs salées et acides. Valentin et Mathias Duval penchent pour l'affirmative; Von Vintsgau, Gley admettent au contraire que ce sont de véritables saveurs. Von Vintsgau et Fick ont en effet admis que la localisation des sensations acides ou salées serait la même que celle des saveurs amères ou sucrées, qui appartiennent incontestablement au goût, et du reste ils ont fait remarquer que les corps salés ou acides n'agissent sur les nerfs de sensibilité générale qu'à dose concentrée, et qu'alors même ce ne serait que de la douleur ou du picotement et non le phénomène sensitif bien connu du salé ou de l'acide.

Ronget émet une opinion intermédiaire; il croit qu'il s'agit ici de *pseudo-saveurs*, c'est-à-dire de sensations de contact exquises, particulières à la langue.

Mais tout le monde est d'accord pour attribuer au goût les saveurs amères et sucrées. Celles-ci sont assez uniformes, bien qu'avec l'exercice on arrive à sentir des différences entre les diverses sensations sucrées ou amères. Ainsi la sensation sucrée due à la saccharine, au glycose, aux sels de plomb est très sensible et diffère surtout par son intensité et d'autres phénomènes sensibles accessoires, qui n'appartiennent pas au goût proprement dit. Celui-ci, par lui-même, ne nous donnerait donc que des sensations assez monotones.

Intensité des saveurs. — L'absence de critérium physique empêche également d'avoir une idée suffisamment nette sur l'intensité de telle ou telle saveur que nous fait percevoir le dépôt d'un corps sapide sur la langue. Nous n'avons point ici d'instruments de mesure pour graduer la sensation gustative. Cependant on peut dire que l'intensité d'une saveur dépend de plusieurs facteurs :

Nature du corps sapide, abondance de ce corps sapide dans la salive qui l'a dissous.

Si on examine, en effet, les résultats comparatifs fournis par la saccharine et le sucre ordinaire, on voit que la sensation sucrée déterminée par la saccharine est 100 fois plus forte qu'avec le sucre de canne ou de betterave. Celle-ci est notablement plus intense que celle du glycose, etc. La sensation d'amertume déterminée par l'aloès est plus forte que celle que produit la rhubarbe. Il est évident aussi que plus le titre d'une solution renfermera de substance sapide et plus la sensation gustative sera énergique, mais il n'y a pas proportion exacte entre le titre et la sensation gustative. Pour que celle-ci ait lieu on peut dire qu'il y a un minimum de quantité de substance sapide, au delà duquel il n'y a plus de sensation de saveur et ce minimum varie suivant le corps sapide qu'on expérimente. Les corps dits amers agissent à dose bien plus faible que les corps dits sucrés.

Mais il y a encore d'autres causes qui augmentent l'intensité d'une saveur, c'est l'étendue de la surface sensible qui est affectée par le corps sapide. A ce point de vue les mouvements incessants de la langue pendant la mastication ou la déglutition sont très utiles, car ils font diffuser sur une vaste étendue de la muqueuse linguale la substance sapide à percevoir. D'après Valentin, on ne perçoit aucune saveur après avoir déposé du sucre finement pulvérisé sur la base de la langue si l'on immobilise complètement celle-ci. On savait du reste depuis longtemps en clinique que les personnes atteintes de paralysie de la langue et des joues perçoivent mal les saveurs. Il semble aussi que la compression de la substance sapide entre la langue et la voûte palatine soit très utile pour augmenter l'intensité des saveurs. En effet, l'imbibition des papilles gustatives est ainsi mieux assurée. Il faut remarquer aussi que le corps sapide, pour être complètement perçu, ne doit pas glisser trop rapidement dans la cavité buccale. Même si le corps est liquide, il faut qu'il soit retenu dans la bouche assez longtemps pour que l'imbibition nécessaire à l'exercice de ce sens puisse se faire. Le gourmet, par exemple, avale sans précipitation; il promène plusieurs fois la langue sur la voûte palatine, de façon à renouveler les mêmes sensations, et il arrive à percevoir des saveurs qui échappent à un contact plus rapide. En avalant avec précipitation il est d'observation vulgaire que nous pouvons jusqu'à un certain point éviter de goûter les liquides dont la saveur nous déplaît.

Le froid et le chaud ont une action indiscutable sur le fonctionnement du goût comme sur celui des autres organes des sens, Weber a prouvé qu'en plongeant la langue pendant une demi-minute dans de l'eau à 40° Réaumur on ne perçoit plus ensuite la saveur sucrée; la glace pilée tenue dans la bouche, c'est-à-dire 0° degré environ, produit les mêmes résultats.

Enfin, il faut invoquer l'influence personnelle encore fort obscure du sujet en expérience qui varierait peut-être suivant l'idiosyncrasie personnelle, le sexe et l'âge.

Localisation du goût. — Le sens du goût a son siège dans la bouche, mais les expériences qui ont permis de localiser le sens du goût sont des plus délicates et entichées de causes d'erreurs assez nombreuses. Aussi bien que les physiologistes soient d'accord pour les résultats en gros, il y a cependant entre eux quelques discordances. Pour explorer la sensibilité gustative, on se sert de petites éponges supportées par de minces tiges en baleine (Vernière, 1827), de petits pinceaux, de petits tubes contenant la substance sapide et retenant les liquides par capilarité (von Vintsgau), etc. La cause d'erreur presque inévitable, c'est la diffusion de la substance sapide sur les points voisins. Il faut reconnaître aussi, bien que la chose paraisse assez extraordinaire que la localisation du goût semble varier légèrement suivant les individus. Quoi qu'il en soit, il résulte des expériences d'une foule d'observateurs que la pointe, les bords et la base de la langue, les piliers antérieurs du voile du palais et une partie circonscrite du voile du palais sont le siège du goût, et que la face inférieure de la langue, les parties centrales de sa face supérieure, la muqueuse du plancher de la bouche, des lèvres et de la voûte palatine ne donnent point lieu aux sensations spéciales auxquelles on a donné le nom de saveurs. Du reste, comme le fait remarquer Béclard, « le siège du goût est surtout placé à l'arrière-bouche, et il forme au niveau de l'isthme du gosier une sorte d'anneau complet constitué en bas par la base de la langue sur les côtés par les piliers antérieurs du voile du palais et en haut par la partie correspondante du voile du palais ». Et en effet, les saveurs sont surtout appréciées au moment du passage des aliments à travers l'isthme du gosier, c'est-à-dire pendant le premier temps de la déglutition.

Les expériences de Horn, Picht, Guyot, von Vintsgau semblent démontrer que toutes les saveurs ne sont pas perçues indifféremment en tous les points où est localisé le sens du goût. D'après Guyot, les saveurs acides sont en général mieux appréciées par la pointe et par les bords de la langue. Les sels auraient une saveur acide en avant, amère, nauséeuse en arrière. Etendant l'hypothèse de Yong au sens du goût, von Vintsgau dit que ces phénomènes ne s'expliquent guère que par l'existense de quatre nerfs gustatifs correspondant aux quatre saveurs fondamentales : doux, amer, acide et salé. Mais comme on l'a fait pour les autres sens, il semble préférable et plus exact d'attribuer cette spécificité non aux nerfs ou aux extrémités nerveuses, mais bien aux centres nerveux.

Nature de l'excitation gustative. — Mais comment est mis

en action le fonctionnement des nerfs gustatifs ? Il est très probable qu'il s'agit ici d'un phénomène chimique. En effet, il résulte d'expériences de Ch. Richet, continuées ensuite avec Gley et qui ont porté sur les saveurs que déterminent les métaux alcalins, que ces saveurs sont égales et proportionnelles non au poids absolu, mais au poids moléculaire de leurs sels. Il faut un certain temps pour qu'un corps sapide agisse sur la muqueuse linguale, ce temps est certainement pris par l'imbibition nécessaire et préalable du goût, c'est-à-dire par les papilles caliciformes et corolliformes. Cette imbibition est absolument nécessaire et c'est pourquoi l'intensité d'une saveur est en partie liée au degré de solubilité du corps ; il faut, en effet, que le corps solide devienne en quelque sorte liquide pour impressionner le sens du goût. La nature est arrivée à assurer cette dissolution du corps sapide d'une façon automatique et pour ainsi dire

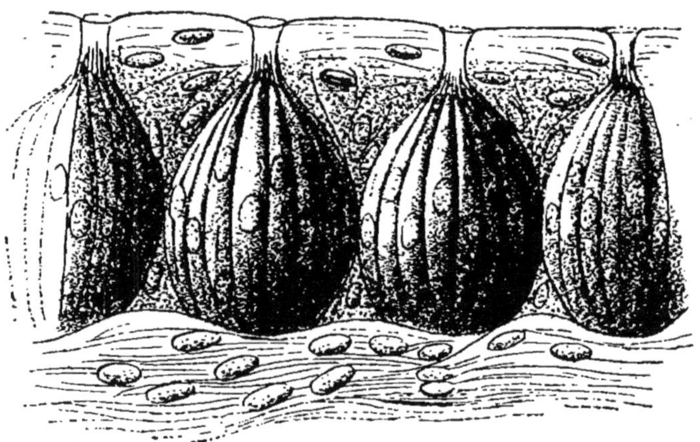

Fig. 135. — Corpuscule du goût de l'organe latéral du lapin. (D'après Engehlmann.) (TESTUT, *Anatomie*.)

inévitable. Nous avons déjà décrit la nature de ce phénomène (voir *Glande sous-maxillaire*). Il semble que si les gaz agissent sur le goût, ce qui est encore contesté, c'est en se dissolvant dans le liquide buccal.

Extrémités nerveuses. — La dissolution sapide qui imbibe de temps à autre les papilles du goût est l'excitant ordinaire normal des sensations gustatives, mais celles-ci peuvent aussi être mises en action par des courants électriques, très faibles qui peuvent nous donner la sensation d'une saveur sucrée en avant, amère en général à la base de la langue, c'est-à-dire en arrière. C'est que pas plus que l'odorat, la vision, l'audition, la saveur n'a un caractère, une existence vraiment objectifs, il ne s'agit en définitive que d'un phénomène subjectif dû à la structure spéciale et à la nature des éléments qui constituent le cerveau.

Les papilles gustatives (corolliformes et surtout caliciformes) renferment les extrémités nerveuses dont l'excitation produit chez nous la sensation de saveur. Les bourgeons gustatifs situés dans la couche épithéliale de la langue ressemblent à des bouteilles au ventre renflé, dont le col débouché a la surface libre de la muqueuse par un orifice nommé pore gustatif. Par le pore, s'échappe un bouquet de cils, les cils gustatifs. Les bourgeons sont constitués par des cellules gustatives et des cellules de soutien. Les cellules gustatives ou sensorielles ressemblent beaucoup à celles de l'odorat et aux cônes et bâtonnets de la rétine, ou même aux extrémités nerveuses qui se rencontrent dans le vestibule de l'oreille, c'est toujours une cellule épithéliale nerveuse plus ou moins allongée et fusiforme d'où part à son extrémité externe le cil gustatif et où se termine, au niveau du noyau, un petit filet nerveux qu'on peut mettre en relief avec le chlorure d'or (Ranvier). La cellule gustative est protégée par des cellules épithéliales aplaties (cellules de soutien), qui lui forment une sorte de carapace. Autour des papilles existent de nombreuses glandes muqueuses, qui sécrètent un liquide séreux destiné à faciliter les sensations gustatives, soit en favorisant la dissolution des substances sapides, soit en lavant le champ gustatif après chaque sensation (Ebner).

Les nerfs gustatifs. — Plusieurs nerfs entrent en jeu pour assurer la gustation. Mais il y a lieu de distinguer les nerfs accessoires et les nerfs essentiels du goût : les premiers, hypoglosse, facial, pneumogastrique, n'exercent qu'une action indirecte, soit comme les deux premiers qui sont essentiellement moteurs, en assurant par les mouvements des muscles qu'ils innervent un contact plus parfait et plus intime avec les cellules gustatives, soit comme le dernier en étant le conducteur centrifuge par le laryngé supérieur de l'acte réflexe qui détermine le mouvement de la déglutition.

Les nerfs essentiels sont le glosso-pharyngien, le lingual et la corde du tympan ; chacun de ces nerfs est indispensable au bon fonctionnement du goût, il paraît donc à première vue que, à l'opposé des autres sens spéciaux, le goût n'est pas un nerf spécifique unique.

Dès 1834, Panizza, après avoir constaté la disparition du goût après la section du glosso-pharyngien, concluait que ce nerf était le nerf spécifique du goût. Cette opinion à laquelle nous nous rattacherons fut vivement attaquée. Muller, puis Longet montrèrent en effet que la section des glosso-pharyngiens n'entraînent que l'insensibilité de la base de la langue. Les phénomènes de dégénérescence des papilles calciformes, après la section de ce nerf, en sont une preuve éloquente.

Magendie en 1839, refusant le rôle de nerf gustatif au glosso-pharyngien, l'accordait au lingual, branche du maxillaire inférieur. Après la section intra-cranienne du trijumeau, la sensibilité gustative est abolie sauf à la base de la langue. Pour expliquer ce dernier point, Magendie admettait l'existence d'anastomoses de la Ve paire par le ganglion sphéno-palatin.

Prevost, sectionnant les deux glosso-pharyngiens et les cordes du tympan, voit la sensibilité persister et cette dernière ne disparaît qu'après la section des linguaux. Dans une expérience analogue, François-Franck sectionne les glosso-pharyngiens et les linguaux, la langue ne reçoit plus que des fibres de la corde du tympan et la sensibilité persiste. Le maintient de l'un quelconque de ces conducteurs suffit donc pour maintenir non dans son intégrité, mais d'une façon suffisante la sensibilité gustative.

Mais cette complexité n'est qu'apparente. D'où proviennent en effet les fibres gustatives de la corde du tympan. Lussana admet en effet que les fibres gustatives de la corde du tympan viennent du nerf intermédiaire de Wrisberg et il considère ce dernier comme la racine sensitive du facial. M. Duval admet comme le physiologiste italien que la corde du tympan provient du nerf de Wrisberg, mais ses recherches par coupes lui font considérer le nerf de Wrisberg comme une des racines du glosso-pharyngien. Bigelow en coupant le nerf de Wrisberg derrière le ganglion géniculé a amené la perte du goût dans les deux tiers antérieurs de la langue.

La conception de M. Duval est des plus séduisante, puisqu'elle nous ramène à cette notion d'un nerf unique conducteur de la sensation gustative. Toutefois la question ne saurait être considérée comme jugée définitivement. Vulpian n'a-t-il pas vu, après la section intra-cranienne du facial et du nerf de Wrisberg, la corde du tympan restée intacte, alors qu'elle dégénérait quand on sectionnait le trijumeau et il faut le rappeler ici, c'est au trijumeau que, d'après Schiff, la corde emprunterait sa sensibilité gustative.

OLFACTION

On donne le nom d'olfaction au sens qui nous fait percevoir les odeurs.

Des odeurs. — L'étude de ce sens est resté aussi vague que celui du goût et du reste pour la même raison : le manque de critérium physique précis sur lanature des phénomènes qui le mettent en action.

Malgré de nombreuses tentatives faites, pour dissiper les obscurités qui règnent sur cette question aussi ardue qu'intéressante, on en est presque au même point qu'à l'époque où Cloquet faisait cette aveu :

« On a beaucoup et longtemps discuté sur la nature intime des odeurs, et nous trouvons dans les auteurs une foule de détails à ce sujet.

« Cependant la matière n'a point été rendue plus claire par l'effet du choc des opinions, et nous devons nous réduire à savoir seulement que beaucoup de corps ont reçu la faculté d'agir sur le sens de l'odorat à l'aide de certaines particules extrêmement ténues qui se répandent continuellement dans l'air. »

Ce sont en effet à ces notions sommaires que se réduisent essentiellement nos connaissances sur la cause matérielle des sensations dites olfactives.

Cependant on ne saurait nier non plus les progrès de détails qui ont été accomplis depuis Cloquet et qui sont dus principalement aux patientes et ingénieuses recherches de Bened, Prévost, Venture et Liégeois.

Un fait paraît tout d'abord ressortir nettement des nombreuses expériences faites pour éclaircir la nature physique des odeurs, c'est la matérialité de l'agent qui leur donne naissance. Il semble bien que nous ne soyions plus ici en présence de ces ondulations vibratoires de milieux élastiques, comme dans la vision et l'audition. On a objecté contre cette idée que certaines substances telles que l'ambre gris, le musc ont pu, sans diminution apparente de poids, émettre pendant fort longtemps des odeurs. Un chimiste anglais Piesse s'appuyait même sur ce fait pour prétendre que « la meilleure manière de comprendre la théorie des odeurs est de les considérer comme des vibrations particulières qui affectent l'œil, comme les sons affectent l'oreille ».

Spécieuse en apparence, cette théorie ne soutient pas cependant l'examen. En effet, il n'est point vrai d'abord que la perte de poids des corps odorants soit toujours insensible. Elle est très marquée pour certains corps tels que le camphre. Quant au musc et à l'ambre gris, rappelons que Valentin a calculé que nous pouvons encore percevoir l'odeur de 2 millièmes de milligramme de musc.

Et d'autre part, comment expliquer, par l'hypothèse vibratoire, ce fait de connaissance vulgaire, que les linges placés près de corps odorants peuvent s'imprégner de leur parfum et le conserver assez longtemps après qu'on les ait éloignés. Il faut donc expliquer l'exception apparente que nous offrent certains corps odorants tels que le musc par une divisibilité excessive de leurs particules matérielles.

Divers phénomènes viennent à l'appui de cette hypothèse. En effet si à l'exemple de Romieu on met un morceau de camphre sur de l'eau, ce dernier se met à tourner avec une rapidité très grande. Or on peut constater que pareil aux gouttelettes d'eau surchauffée il ne touche pas l'eau. Comme dans la caléfaction il doit donc s'échapper un fluide élastique qui imprime au corps odorant ses mouvements. L'expérience suivante de Bertholet est encore plus probante. Il plaçait un morceau de camphre dans un tube barométrique rempli de mercure; au bout de quelque temps, on voyait le niveau du mercure baisser dans la longue branche et monter dans la branche libre. Les recherches de Liégeois ont appris que ce qui se dégage d'un corps odorant mis sur l'eau, ce n'est pas précisément un gaz, mais une huile essentielle qui, en s'échappant, pousse les corps dont elle se dégage dans une direction opposée à son propre écoulement.

Les corps odorants pourraient diffuser leurs molécules avec la même facilité que la goutte d'huile projetée sur de l'eau contenue dans un vase de surface assez large. « On distingue, dit Liégeois, une vaste tache irrégulière sur ses bords et qui présente presque aussitôt après un étalement une série de couches concentriques colorées des nuances les plus vives de l'arc-en-ciel, puis au bout de quelques secondes les cercles les plus excentriques se donnent sous forme d'une poussière sèchement fine dont la couleur prend une teinte jaunâtre et ces fines molécules se dispersent séparément à la surface de l'eau pour renvahir tout l'espace sur lequel l'huile a été projetée. A une distance donnée on ne les aperçoit plus sur de vastes pièces d'eau, mais on peut affirmer qu'elles ont envahi la surface tout entière, car le camphre ne tourne plus à l'extrémité opposée du point où l'huile a été versée, alors que quelques instants auparavant son mouvement était très manifeste. » L'examen microscopique a fait reconnaître dans cette eau des globules graisseux d'un millième de millimètre et moins en quantité très considérable. Or ces granulations huileuses si petites, et par cela même si légères, sont très facilement entravées dans l'atmosphère par la vapeur d'eau. C'est ce qu'a démontré Liégeois en examinant l'eau d'un verre de menthe contenant de l'eau pure, qu'il avait placé à 2 centimètres d'un vase où il avait projeté une goutte d'huile sur de l'eau. Les expériences de Tyndall sont encore plus précises et plus élégantes. Elles sont basées sur ce principe que la chaleur rayonnante ne perd pas de son intensité en traversant un espace vide. Mais si on place un gaz sur le trajet de ce rayon calorique, une partie de ceux ci se trouve absorbée.

Un tube est fermé à ses deux extrémités par des plaques de sel gemme, substance absolument athermale. On fait le vide, et on lance dans cet espace les rayons caloriques d'une source de chaleur, telle qu'un tube de cuivre rempli d'eau maintenue en ébullition, et on note l'état du galvanomètre. L'échauffement de l'air atmosphérique desséché dévie le galvanomètre d'un degré. Cet air sec, en se chargeant de parfum, produit une nouvelle déviation de l'instrument de mesure. « Les odeurs et les effluves, a dit Tyndall, ont longtemps occupé l'attention des observateurs, on a pris plaisir à leur demander la démonstration la plus frappante de la divisibilité indéfinie de la matière. Aucun chimiste n'a osé essayer de peser le parfum d'une rose, mais nous avons dans la chaleur rayonnante un moyen d'épreuve plus délicat que toutes les balances. » L'essence de patchouli intercepterait 30 fois, l'essence de rose 37 fois, celle de thym 60 fois, de lavande 355 fois, d'anisette 372 fois, la quantité de rayons caloriques détournés par l'air sec.

Conditions physiques favorisant le développement des odeurs. — L'influence de la *chaleur* est incontestable sur la démonstration et l'intensité des parfums. Toutes les personnes qui ont voyagé dans les régions tropicales s'accordent à dire que les fleurs répandent dans ces pays privilégiés des effluves odorants dont se font difficilement une idée les habitants des climats plus froids ; l'île de Ceylan décèle, paraît-il, sa présence au navigateur par les parfums que sa flore exhale longtemps avant qu'elle apparaisse à la vue. Certains corps échauffés, d'inodores qu'ils étaient à froid répandent une odeur spéciale, tels le soufre, la résine et certains métaux. Mais une température très élevée a la même action qu'une température trop basse ; elle supprime plus ou moins complètement les odeurs.

L'*état hygrométrique* favorise beaucoup la dissémination des parfums. Il est facile de se l'expliquer, à la suite des expériences de Liégeois sur la goutte d'huile projetée sur l'eau. L'air se charge surtout de particules odorantes après la pluie, ou le matin, après la rosée. D'autre part, les chasseurs savent que sur un terrain sec les chiens perdent facilement la piste du gibier, tandis qu'il n'en est point ainsi quand la terre est un peu humide.

L'influence de la *lumière* est également incontestable. La majorité des fleurs n'exhalent leurs parfums que pendant le jour, mais il en est qui ne sont odorants que dans la nuit. C'est le cas du genet d'Espagne, qui est surtout odorant le soir. Il s'agit ici d'une action indirecte tenant à l'activité vitale de la plante, à un épanouissement, etc.

Chose curieuse, les *couleurs* des objets semblent avoir une certaine action sur l'imprégnation d'un corps par les odeurs. D'après

Stark d'Edimbourg, le noir et le bleu seraient les couleurs les plus absorbantes, puis viendraient le vert, le rouge, le jaune, et enfin le blanc qui n'absorbe presque rien.

La *nature* des corps odorants semble un facteur de premier ordre. Certains parmi ceux-ci émettent des odeurs très fortes, d'autres paraissent absolument inodores. C'est le cas en général pour les corps simples, sauf pour le chlore, le brome, l'iode, le phosphore, l'étain quand il est frotté, etc. Mais deux corps simples inodores peuvent en se combinant développer une odeur très prononcée tel par exemple l'hydrogène sulfuré! Une simple différence en proportion de ces deux corps donne parfois le même résultat, le bioxyde d'azote en donnant à l'air humide de l'acide hypoazotique répand une forte odeur. Par contre, l'acide sulfureux, quand il devient de l'acide sulfurique, n'émet plus de puanteur.

En définitive, il faut accepter sur cette question de corps odorants ou inodores la sage réserve de François-Franck. On ne doit pas « considérer comme nécessairement inodore une substance qui n'impressionne pas notre appareil olfactif. On arrivera peut-être à cette conception déjà émise par Théophraste, que tous les corps de la nature sont odorants. «

Rappelons en terminant que les fonctions sexuelles ont une influence considérable sur l'intensité des parfums qu'émettent les corps vivants : les animaux notamment présentent une odeur très forte au moment du rut.

Classification des odeurs. — Comme pour les saveurs, on en est réduit, faute de critérium physique, à l'empirisme le plus grossier. On pourrait encore, comme Haller, diviser les odeurs en agréables, indifférentes et désagréables. Malheureusement l'idyosyncrasie intervient ici pour troubler les résultats. Tel parfum agréable à l'un est désagréable à l'autre. On peut donner comme exemple la classification de Linné en sept classes ; 1, aromatiques ; 2, fragrantes ; 3, ambrosiaques ; 4, alliacées ; 5, fétides ; 6, vireuses ; 7, nauséeuses.

Appareil olfactif. — L'appareil destiné à nous donner les sensations odorantes est disposé, dans la partie supérieure des cavités nasales, sur le passage de l'air qui traverse les narines pour pénétrer dans le poumon.

La muqueuse qui tapisse les fosses nasales, la pituitaire est molle, vasculaire, présentant de nombreux replis qui augmentent la surface de ces cavités ; elle renferme de nombreuses

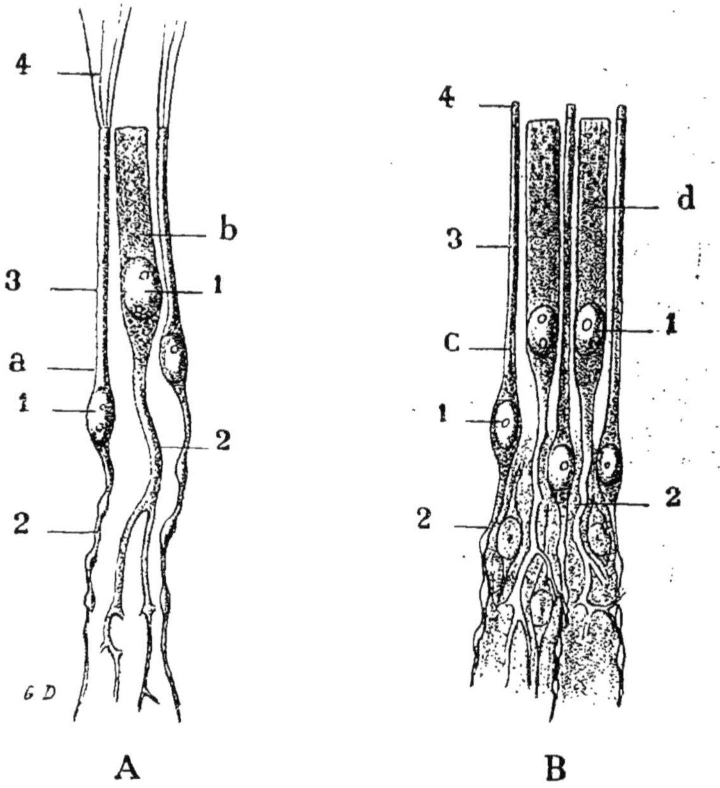

Fig. 136. — Cellules de la région olfactives. (D'après Schultze.) (TESTUT, *Anatomie*.)

A, chez la grenouille. — B, chez l'homme.
a, *c*, cellule sensorielle avec 1 son noyau. — 2, son prolongement central. — 3, son prolongement périphérique. — 4, son bâtonnet terminal chez l'homme, ses cils chez la grenouille. — *b*, *d*, cellule épithéliale avec 1 son noyau. — 2, son extrémité centrale.

glandes (glandes en épi de Sappey), dont les produits de sécrétion ont pour but de maintenir constamment humide la surface des cavités nasales. L'épithélium qui recouvre le chorion est constitué, dans la partie inférieure ou partie respiratoire, par des cellules cylindriques à cils vibratils et plus profondément par des cellules plates, étoilées, cellules basales. Dans la partie supérieure ou partie olfactive, on trouve outre,

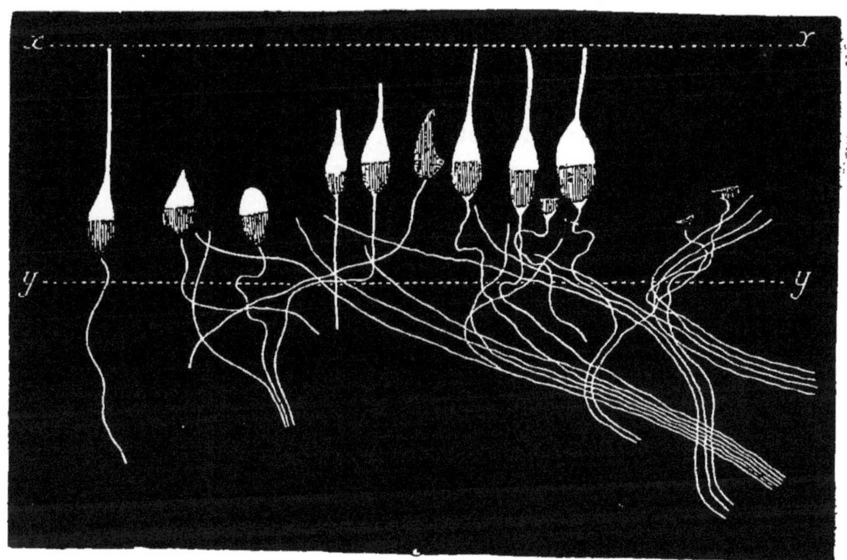

Fig. 137. — Coupe verticale de la muqueuse olfactive montrant la continuité des fibrilles nerveuses avec le prolongement central des cellules sensorielles. (D'après van Gehuchten.) (TESTUT, *Anatomie.*)

x x, surface libre de la muqueuse. — *y y*, limite de l'épithélium et de la couche dermique.

ces mêmes éléments cellulaires, d'autres cellules à gros noyaux, présentant un prolongement externe en forme de bâtonnet et un prolongement interne, qui s'enfonce dans le chorion et rappelle, par son aspect, les ramifications terminales des tubes nerveux ; ce sont les *cellules sensorielles*, cellules olfactives ou de Schultze. Les recherches de Schultze, confirmées par Rémy, Grassi, Ramon y Cajal, montrent que ces cellules sont en connexions avec les ramifications du nerf olfactif, ramifications qui sont dépourvues de myéline.

L'existence d'un plexus nerveux intermédiaire entre les cellules sensorielles et les terminaisons du nerf olfactif, admise par Exner et Ranvier, est contestée par Ramon y Cajal et van Gehuchten.

Nerfs de l'olfaction. — Les fosses nasales reçoivent les terminaisons de deux nerfs sensitifs, l'un de sensibilité générale, le trijumeau, dont les terminaisons s'étendent à toute la muqueuse, l'autre de sensibilité spéciale, le nerf olfactif, dont les ramifications restent localisées à la région de l'olfaction.

Claude Bernard ayant constaté à l'autopsie, en 1858, l'absence de nerf olfactif chez un sujet qui, pendant la vie, n'avait pas manifesté de troubles marqués de l'olfaction, Magendie attribua au nerf de la cinquième paire la fonction de transmettre au cerveau les impressions odorantes.

Chez un certain nombre de sujets privés de l'odorat (anosmie), on a trouvé à l'autopsie une absence congénitale de la bandelette olfactive et du bulbe olfactif (Rosenmuller, Pressat). Deux cas analogues à celui de Cl. Bernard ont été signalés depuis (Lebec, 1883, Testut, 1890). Mais dans le premier cas, M. Duval a montré, par un examen attentif, qu'il n'y avait là qu'une prétendue absence, une simple réduction du nerf et qu'il existait réellement des filets olfactifs dans la muqueuse pituitaire et de véritables moignons d'implantation des nerfs olfactifs sur le cerveau. Quant à l'idée de la suppléance possible des filets du trijumeau, émise timidement par Testut, elle nous paraît fort hypothétique, d'autant mieux que le même auteur nie l'existence des anastomoses entre le trijumeau et l'olfactif, que Fischer avait décrites.

Le trajet suivi par les impressions sensitives jusqu'à l'écorce cérébrale est encore bien mal déterminé. Le nerf olfactif, après avoir traversé la lame criblée de l'ethmoïde, se continue par le bulbe olfactif et la bandelette olfactive, qui doivent être considérés comme faisant partie intégrante du cerveau. Chez beaucoup d'animaux, chez les poissons notamment, le bulbe olfactif constitue un véritable lobe, le *lobe olfactif*, et il faut signaler que dans le bulbe olfactif il existe, intercalés sur le trajet de fibres nerveuses, des amas de cellules nerveuses qui autorisent à considérer cette région comme un premier centre d'élaboration des sensations olfactives; quant aux bandelettes olfactives, elles sont simplement conductrices et donnent naissance à trois racines : la racine blanche externe, qui pour Luys irait jusqu'à la couche optique ? (centre olfactif de Luys), la racine blanche interne qui se termine dans l'extrémité antérieure de la circonvolution du corps calleux, la racine grise qui gagne la tête du corps strié. Ces fibres qui paraissent les plus importantes subissent dans le cerveau un entre-croisement, un véritable chiasma olfactif avant de gagner la zone corticale. Il existe en outre de nombreuses fibres commissurales.

Nous avons vu que l'on avait localisé le centre psychique de l'olfaction dans la région pariétale. Cette localisation est encore fort hypothétique.

Conditions physiologiques qui président à l'olfaction.

Pour que les particules odorantes impressionnent l'appareil olfactif qui, comme on le sait, est localisé aux parties supérieures des cavités nasales, il faut que l'air qui les porte soit doué d'un certain mouvement et que le courant d'air produit se dirige de bas en haut. Or nous pouvons, suivant notre volonté, changer le type de nos mouvements respiratoires, pour accomplir l'acte de *flairer*. On ferme la bouche afin que l'air ne s'introduise plus que par les fosses nasales et n'exécute une série de petites inspirations saccadées et rapides, puis on chasse brusquement l'air qui s'est ainsi introduit successivement dans la poitrine.

Les narines prennent une grande part au phénomène sous l'influence du muscle propre du nez, les narines se dilatent au niveau de leur orifice inférieur et se rétrécissent en même temps au niveau de l'orifice supérieur qui se resserre par la traction en dedans que subit le bord inférieur du cartilage latéral du nez, le courant d'air pénètre ainsi facilement à travers l'orifice inférieur dilaté et subit un redoublement de vitesse en se condensant au niveau de l'orifice supérieur rétréci. Ce rétrécissement de l'orifice supérieur se constate facilement sur soi-même à l'aide d'un miroir (François Franck). Ainsi introduit dans le nez, l'air s'échappe facilement par les orifices postérieurs des fosses nasales, sinon l'olfaction est considérablement entravée; c'est ce qu'on observe dans les polypes nasopharyngiens. L'olfaction s'exerce pendant l'inspiration. Comme cet acte de flairer demande une certaine concentration d'esprit, le jeu des autres organes semble se supprimer, les yeux errent dans le vague ou se ferment, le corps reste immobile, etc.

La muqueuse nasale privée d'humidité ne perçoit pas les odeurs. Les expériences de Wolff nous rendent assez bien compte de cette particularité en nous faisant entrevoir qu'il se forme entre le mucus de la pituitaire et les particules odorantes des actions chimiques; celles-ci mettraient seules en action le sens de l'odorat; « les globules du mucus pituitaire fixent la substance odorante, ils se meuvent avec la rapidité de l'éclair dans la même direction que l'on fait suivre à l'instrument odorant ». Suivant cet auteur, le gaz odorant et la pituite formeraient une combinaison chimique sur laquelle nous n'avons aucune notion. Mais on sait que par le desséchement la perception du goût est visiblement retardée.

SENS DU TACT

Le sens du tact ou du toucher qui paraît à première vue le sens primitif par excellence, et le plus simple dans son mécanisme, présente au contraire une réelle complexité, quand on étudie le rôle sensoriel de la peau et des muqueuses.

Ces régions, en effet, nous font connaître le monde extérieur par une série de sensations plus ou moins différenciées : sensations de contact, de pression, de douleur, de variations thermiques, etc. On a cru longtemps que toutes ces impressions diverses étaient transmises aux centres nerveux par des appareils récepteurs et conducteurs communs : les nerfs et les terminaisons périphériques de la sensibilité générale, mais les études récentes tendent à montrer que chacune de ces sensations a un appareil propre, spécifique ; et l'on peut en effet observer, ainsi qu'on le verra plus loin, des dissociations complètes des diverses sensibilités transmises par la peau et les muqueuses.

Structure générale de la peau. — La peau est essentiellement constituée par deux couches principales : une couche superficielle, l'épiderme dérivant du feuillet externe du blastoderme; une couche profonde, le derme dérivant du feuillet moyen.

L'*épiderme* se divise en cinq couches : la couche cornée, la couche transparente, la couche granuleuse, la couche de Malpighi, la couche basilaire.

C'est un épithélium pavimenteux stratifié.

La couche cornée est constituée par des éléments cellulaires dont le noyau très atrophié, entouré d'une coque de kératine et fort difficile à colorer (Retterer).

Cette couche cornée est très développée à la paume des pieds et de la main.

Entre la couche cornée et la couche de Malpighi se trouve le *stratum lucidum* et au-dessous le *stratum granulosum*.

Dans le stratum lucidum on trouve une substance cellulaire, qui a une grande affinité pour le carmin ; cette substance, l'*éléidine* de Ranvier, existerait dans les cellules qui perdent leur noyau.

Dans le stratum granulosum, on trouve aussi de l'éléidine, mais les cellules ont encore leur noyau, qu'elles sont sur le point de perdre.

Le corps muqueux est constitué par des cellules complètes, protoplasma et noyau, réunies entre elles par des ponts intercellulaires de protoplasma.

Dans la région profonde de cette couche on trouve des éléments chargés de pigment. La couche basilaire est constituée par une rangée unique de cellules à gros noyaux. Tous ses éléments sont incessamment en action, c'est la partie la plus vivante de l'épiderme, celle d'où dérive les cellules des autres couches épidermiques, aussi l'a-t-on appelée *génératrice* (Rémy).

Le derme : Le derme est essentiellement constitué par du tissu conjonctif qui forme l'élément prédominant des fibres musculaires lisses, muscles redresseurs des poils, des fibres élastiques et de la graisse ; sa face superficielle présente des éminences coniques qui pénètrent dans l'épiderme ; ce sont les papilles, renfermant soit des vaisseaux (papilles vasculaires), soit des vaisseaux et des terminaisons nerveuses (papilles nerveuses). Entre les papilles viennent s'ouvrir les glandes sudoripares. La peau est très richement irriguée. Il y a même des parties de la peau qui reçoivent une irrigation sanguine intense. Et Farabœuf attache une importance toute physiologique à cette disposition dans certaines régions. C'est aux fonctions sensitives de la peau qu'est destinée cette riche irrigation sanguine. Tous les éléments sensitifs de la peau si importants ont besoin d'être fortement irrigués.

Terminaisons nerveuses. — Les nerfs abordent le tissu conjonctif sous-cutané avec tous leurs éléments, gaine de Schwann, myéline, cylindraxe.

Mais, peu à peu, ils s'épuisent en s'enfonçant dans la peau.

Tout à fait dans la profondeur on trouve des corpuscules de Pacini et plus extérieurement sous l'épiderme, dans les papilles mêmes, les corpuscules de Meissner, et enfin des filets nerveux épidermiques.

Les corpuscules de Pacini (1840), déjà observés en 1741 par Vater, sont des corps de figures ovalaires, de 1 à 5 millimètres de longueur, c'est-à-dire visibles à l'œil nu.

On trouve ces éléments surtout au voisinage des nerfs collatéraux des doigts et des orteils, dans les ligaments interosseux, au niveau des articulations. Golgi les a décrits au niveau de l'union des muscles et des tendons ; dans toutes les régions, en un mot, où s'exercent des pressions.

On les trouve aussi dans le mésentère, et on sait que l'abdomen ressent les plus légères pressions.

Ils sont constitués par une capsule périphérique formée d'une série de lames conjonctives emboîtées étroitement.

Au centre existe une cavité, remplie d'une substance dite granuleuse, dans laquelle le cylindraxe se termine en bouton ou par une arboration terminale.

Les corpuscules de Meissner qui siègent surtout dans les papilles présentent une structure un peu différente. Le bec du canard est surtout favorable pour leur étude.

Le nerf aborde les cellules, la gaine s'épanouit sur la capsule, le cylindraxe pénètre dans la cellule où il se termine par un disque (disque tactile), en disjoignant deux cellules limitrophes dites cellules tactiles ; ces cellules tactiles ne sont pas des cellules nerveuses, elles dérivent du mésoderme et sont essentiellement des organes de protection.

Le protoplasma est strié, et cette striation joue peut-être un rôle dans l'élaboration de l'impression.

On a signalé également des terminaisons nerveuses intra-épidermiques ; ce sont des cellules nerveuses terminales qui se terminent par des petits boutons (cellules de Langerhans) ou ménisques tactiles. Enfin on a décrit sur les muqueuses d'autres organes tactiles sous le nom de corpuscules de Krause.

Il existe aussi des terminaisons nerveuses dans les poils. Les poils tactiles des chats jouent un grand rôle. Le grand nombre des corps de Meissner à l'extrémité des doigts indique leur importance dans la notion du tact.

La sensibilité est une des principales fonctions de la peau.

Tous les appareils terminaux constituent des appareils de renforcement, la peau en effet est plus sensible que le nerf.

Impressions tactiles. — Il y a trois questions à étudier : La *nature de l'impression tactile;* les *conditions des sensations;* les *caractères des sensations.*

Au point de vue de la nature de l'impression tactile, il faut d'abord se demander quel est le mode d'action et de transmission des excitations mécaniques aux centres nerveux.

Agissent-elles par simple pression ou sont-ce des oscillations analogues à celles qui agissent sur les terminaisons auditives. Cette question n'est pas élucidée.

On distingue néanmoins les sensations de contact et les sensations de pression.

Ces deux sensations ne paraissent pas perçues par les mêmes éléments.

Dans un tissu cicatriciel, la sensation de simple contact ne peut plus se produire alors que la sensation de pression peut encore avoir lieu. On admet que ce sont les corpuscules de Paccini qui sont les agents de transmission des sensations de pression, ceux de Meissner étant destinés aux sensations de contact. Golscheider a trouvé des points de la peau qui ne sont sensibles qu'à la pression : points de pression. En même temps que lui, Magnus Blix, d'Upsal, découvrait ces mêmes points. Il y a donc des organes nerveux particuliers destinés à recevoir uniquement chacune de ces sensations.

Peut-on établir une distinction avec les sensations de traction. Peut-être sont-elles transmises par les terminaisons nerveuses intra-épidermiques. Toutes ces sensations s'exercent par les appareils nerveux terminaux, non par les filets sensitifs.

Conditions des sensations. — Il faut distinguer celles relatives aux excitants et celles relatives aux organes. Le contact diffère de nature suivant la nature même du corps. Il y a là une différence qualitative : impression de rude et de lisse. Mais peut-on la comparer au timbre des sons.

Les impressions de contact varient suivant l'intensité des

sensations, mais ici l'échelle est très faible, car on arrive rapidement à la sensation de pression. La température joue cependant un rôle, un poids chauffé paraît plus lourd qu'un poids non chauffé.

Pour explorer la sensibilité tactile, on utilise le compas de Weber et les différents esthésiomètres (αἴσθησις, Sensibilité). Ces appareils sont constitués généralement par deux branches que l'on rapproche plus ou moins et on cherche le minimum d'écartement avec lequel le sujet perçoit la sensation des deux pointes. Cet écart varie avec les régions.

Pointe de la langue	1mm
Paume de la main.	2
Dos de la main	42
Région dorsale du corps.	50
Cuisse.	67

On appelle aire de sensation l'étendue de la surface de la peau, où il n'existe qu'une seule sensation pour la pression des deux pointes.

On admet généralement que la sensibilité tactile augmente de la racine des membres à leur extrémité. Vierordf a précisé cette donnée en montrant que la sensibilité tactile varie en raison de la distance de l'aire examinée à l'articulation qui se trouve immédiatement au dessus.

Aubert de Rostock a cherché le minimum nécessaire de pression pour déterminer une sensation de contact agissant sur une même surface cutanée.

Peau du front, des tempes, du nez, des joues. .	2	milligr.
— de la main.	3	—
— des paupières, des lèvres, du ventre. . . .	5	—
— de la face palmaire, de l'index.	15	—

La sensibilité à la pression est beaucoup plus développée, d'après les recherches de Blocq.

Il y a des régions de la peau qui seraient sensibles à un cinquième de milligramme.

Conduit auditif, pointe de la langue, ailes du nez.	1/10 à 1/68 de milligr.
Paupière, sclérotique, lèvre inférieure, paume de la main	1/5 à 1,5 —
Dos des orteils, du pied.	3 à 6 centigrammes.

Blocq a attiré l'attention sur l'importance des poils ; les régions velues sont plus sensibles à la pression que les régions glabres, soit naturelles, soit rasées.

Sensation de traction. — Blocq a étudié ces sensations. Elles s'exercent sur toute la peau, mais elles sont bien moins sensibles.

Peau du front.	5	centigrammes.
Tempes.	5	—
Lèvre inférieure.	50	—
Face dorsale de la 1re phalange.	2	grammes.
Face dorsale de la 2e phalange.	4	—
Orteil.	8	—
Jambe et cuisse . . . . . 17 à	18	—

La peau de la muqueuse du gland et du clitoris, peu sensible au contact, est très sensible à certains frôlements.

L'attention et l'exercice exercent une influence considérable sur la sensibilité tactile, et les sensations de contact ou de pression qui sont souvent très vagues, très diffuses, tant au point de vue de la surface touchée que de la qualité du corps en contact, peuvent atteindre une finesse extrême. (Le tact chez les aveugles.) C'est le système nerveux central, qui dans ces cas amène ce perfectionnement, non dans la sensation, mais dans la perception. Il suffit de développer la sensibilité d'une main par exemple pour voir celle de l'autre main se développer également, ce qui montre encore le rôle du système nerveux central.

Intervalle de temps. — Deux sensations tactiles doivent être séparées par un certain intervalle pour être distinctes.

Une roue dentée, donnant 640 tours à la minute, ne donne lieu qu'à une sensation fusionnée à l'extrémité des doigts. Sur l'épaule, 60 tours suffisent pour amener la fusion.

La durée de la sensation dépasse celle de l'application, surtout si le contact a été prolongé; ce sont alors des sensations subjectives qui expliquent comment nous croyons sentir encore le contact d'un objet après qu'il a été enlevé : c'est ainsi que l'individu habitué à porter un lorgnon continue à éprouver la sensation de pression du ressort, même quand il l'a enlevé.

Sensations douloureuses. — Toute excitation violente d'un nerf sensitif provoque de la douleur. Toutefois une question se pose : la sensation douloureuse ressentie à la suite d'une excitation violente, telle qu'un pincement, qu'une coupure, n'est-elle que la sensation tactile exagérée. Les observations cliniques répondent négativement à cette question. Certains sujets, tout en percevant les sensations de contact, n'ont point la sensation douloureuse, ils sont analgésiques (α. αλγεσις, *douleur*), mais non anesthésiques. D'autre part, certains organes, tels que les viscères, paraissent être doués presque exclusivement d'une sensibilité à la douleur, qui elle-même ne se développe que sous l'influence d'un état anormal : inflammation.

En ce qui concerne la sensation de douleur perçue par les surfaces douées de la sensibilité tactile, il est impossible d'affirmer qu'il existe une indépendance des organes nerveux périphériques destinés à ces deux sensations. Il est certain que les sensations douloureuses suivent le trajet des racines postérieures, l'excitation de ces dernières donne lieu manifestement à des réactions douloureuses, mais arrivée dans la moelle, il paraît se produire une dissociation dans le trajet suivi par ces sensations diverses.

Les sensations tactiles passent par les cordons postérieurs, les sensations douloureuses par les colonnes grises. Telle est la conclusion de l'expérience célèbre de Schiff qui, sectionnant la moelle à l'exception des cordons postérieurs, a vu la sensibilité tactile persister, tandis que la sensibilité douloureuse avait disparu.

En 1880, Danilewski a confirmé les données de Schiff. Toutefois, cette systématisation est sans doute trop absolue. Brown-Séquard a vu en effet que la section des cordons postérieurs n'abolissait pas totalement la sensibilité tactile ; Ludwig et Borrochinof ont admis que cette sensibilité passait en partie dans le faisceau latéral de Gowers. Il faut donc admettre plusieurs voies suivies par les sensations tactiles, et que ces voies s'entre-croisent sur toute la longueur de la moelle, car deux sections faites à des hauteurs inégales sur les segments latéraux opposés n'amènent pas l'anesthésie complète, mais simplement un affaiblissement de la sensibilité.

On ne peut songer à faire porter l'expérience sur le bulbe, mais plus haut le trajet de ces impressions a pu être poursuivi de nouveau.

Dans les pédoncules cérébraux et la capsule interne, les impressions sensitives paraissent suivre le faisceau externe de l'étage inférieur et son homologue de l'étage supérieur. L'expérimentation et la clinique montrent qu'il y a anesthésie croisée, quand la destruction porte sur le tiers postérieur du segment postérieur de la capsule interne. Quant aux centres corticaux où viennent s'élaborer ces sensations, ce seraient les centres psychomoteurs.

Sensations thermiques. — La sensation de chaleur ou de froid est à priori fort différente de la sensation tactile; toutes deux cependant, paraissent être fournies par les mêmes organes et la distinction entre un sens thermique et un sens tactile est une acquisition physiologique récente.

Les observations cliniques ont montré que certains sujets avaient complètement perdu la sensibilité thermique, qu'ils étaient dans l'impossibilité de différencier un corps chaud, même susceptible de produire une brûlure, d'un corps froid et cela alors que la sensibilité tactile était complètement conservée. Généralement dans ce cas la sensibilité à la douleur, quelle qu'en soit la cause : coupure, piqûre, est abolie également. Les observations cliniques montrent bien la dissociation du sens thermique et du sens tactile.

L'anatomie pathologique montre qu'il s'agit dans ces cas d'une altération centrale de la moelle (gliome, etc.) détruisant ou comprimant la substance grise médullaire (syringomyélie) et laissant intacts les cordons postérieurs. Dans l'ataxie locomotrice il peut au contraire substituer le sens de contact seul (observation de Landry).

Le trajet médullaire des sensations douloureuses et thermiques se trouve donc dans les colonnes grises, alors que les sensations tactiles cheminent, en partie du moins, par les cordons postérieurs.

Mais s'il existe des voies différentes dans la moelle, existe-t-il aussi des appareils de réception périphériques spéciaux, distincts des appareils de la sensation tactile. Les recherches de Herzen, de Blix, de Goldscheider ont montré que non seulement cette différenciation existait, mais qu'elle était poussée au point qu'il existait des terminaisons spéciales et pour la sensation de chaleur et pour la sensation du froid.

Herzen, en comprimant le nerf sciatique, avait vu que la sensibilité tactile et la sensibilité au froid disparaissait alors que la sensibilité à la douleur et au chaud persistait.

Il concluait donc à une dissociation entre les sensations de chaleur et de froid, mais admettait que les sensations de froid suivaient les mêmes voies nerveuses que les sensations tactiles, tandis que les sensations de chaud étaient associées aux sensations douloureuses.

Blix a montré qu'une même cause pouvait, suivant le point où elle agissait, donner lieu à une sensation thermique différente, qu'il existait des points de chaud et des points de froid. C'est ainsi qu'une électrode promenée sur différentes parties du corps donne lieu pendant le passage du courant à des sensations de chaleur ou de froid, suivant la région. Le menthol appliqué sur le front fait naître une sensation de fraîcheur (crayon anti-migraine), sur le coude ou au poignet on éprouve au contraire une sensation de chaud (Goldscheider).

La surface du gland, du clitoris ne perçoit pas le froid (Gley), alors que ces régions ont une sensibilité au frôlement très développée.

Envisagée en général, la sensibilité thermique suit une loi de répartition précisément inverse de le sensibilité tactile, elle augmente de la périphérie vers le tronc.

Autre preuve de l'indépendance des sensations tactiles et thermiques : la cocaïne, qui détermine l'anesthésie locale, laisse intacte les sensations thermiques (Donaldson).

L'indépendance complète des sensations de chaud et de froid ne permet plus d'accepter l'opinion de Héring, qui admettait un appareil nerveux unique pour le sens thermique ; les terminaisons nerveuses de cet appareil réagissant de telle sorte qu'il existait pour elle un point zéro de température, au-dessus de ce point, elles donnaient la sensation de chaud, au-dessous la sensation de froid. Ce point zéro devait être essentiellement variable.

En réalité, le mécanisme intime de cette transformation de l'énergie nous échappe. On peut penser, dit Gley, que certains excitants déterminent l'élévation ou l'abaissement de la température propre d'un appareil nerveux spécial, produisant ensuite dans cet appareil un changement d'état plus ou moins analogue à une modification de l'équilibre chimique du protoplasma, à la suite de laquelle naît et se développe l'excitation physiologique qui dans le cerveau détermine la sensation : l'élévation thermique excite les appareils pour le chaud et l'abaissement thermique les appareils pour le froid. (E. Gley. *La sensibilité thermique*, Médecine moderne, 21 février 1890, p. 189.)

Sens musculaire. — Quand nous exécutons un mouvement, nous avons la notion de ce mouvement par suite d'une sensation spéciale, obtuse, mais réelle néanmoins. C'est cette sensibilité que l'on désigne sous le nom de sensibilité musculaire, à laquelle on a fait jouer un grand rôle dans tous les phénomènes d'équilibre et de coordination des mouvements. Nous avons vu, en étudiant le cervelet, les centres psychomoteurs, la moelle même, que les troubles moteurs observés à la suite des lésions de ces organes ont souvent été attribués à la perte du sens musculaire.

Cl. Bernard avait déjà différencié la sensibilité musculaire de la sensibilité cutanée en montrant que, si l'on sectionne les nerfs cutanés d'un membre pour anesthésier la peau, on voit persister la marche, alors que l'assurance dans les mouvements disparaît si l'on sectionne les racines postérieures, par où passeraient les fibres de la sensibilité musculaire. Mais cette théorie de Cl. Bernard, adoptée par des cliniciens tels que Axenfeld, Landry, est loin d'être acceptée universellement. Pour Wundt, le siège des sensations des mouvements n'est pas dans les muscles eux-mêmes, mais dans les cellules grises des centres nerveux nous n'avons pas en effet la sensation d'un mouvement réellement exécuté, mais aussi celle d'un mouvement simplement voulu.

Cette théorie explique les hallucinations motrices de certaines personnes qui croient exécuter des mouvements, alors que le membre ou l'organe (il s'agit le plus souvent de la langue) restent immobiles (Tamburini). D'après Gley, le prétendu sens musculaire n'est autre qu'un ensemble de sensations provenant de la peau, des articulations, de la contraction des muscles. La disparition de la sensibilité superficielle et profonde amène la perte du sens musculaire. La sensation de fatigue a été étudiée à propos du muscle (p. 583).

GÉNÉRATION

Nous avons étudié jusqu'ici les fonctionnements des organes qui ont pour objet la vie de l'individu, il nous reste à étudier ceux qui ont pour but la reproduction de l'espèce.

Dans le règne animal, il y a, chez les animaux, deux formes de reproduction : la reproduction asexuée, qui n'intéresse que les animaux inférieurs, peut se faire par spore, par bourgeonnement ou par différenciation des métamères, par fissiparité, et la reproduction sexuée, les éléments mâles et femelles pouvant être réunis sur le même individu, ou engendrés par des êtres séparés.

Nous n'étudierons ici que la reproduction telle qu'elle a lieu chez l'animal supérieur, chez l'homme. Toutefois, les phénomènes primitifs de la fécondation se produisant suivant une loi générale à tous les êtres vivants (animaux ou plantes), il faut, pour saisir les premiers stades de l'évolution, les étudier chez les êtres plus inférieurs et chez lesquels seuls l'observation peut se faire.

Quant à l'embryologie proprement dite, le développement atteint par cette science ne permet pas de la faire rentrer comme un chapitre annexe d'un manuel de physiologie, et nous renvoyons aux traités spéciaux.

Appareil génital de l'homme. — L'appareil génital mâle, que nous n'étudierons que chez l'homme, se compose essentiellement de deux parties : une glande chargée de l'élaboration des éléments mâles, du sperme; un ensemble de canaux excréteurs disposés et organisés pour permettre de faciliter, grâce à des appareils annexes, l'apport du liquide fécondant en contact avec l'élément femelle contenu dans les organes de la femme.

Testicules. — La glande testiculaire chargée d'élaborer le sperme et constituée par une grande quantité de tubes tortueux, *tubes séminifères*, qui commencent par des cœcums, des culs-de-sac, et convergent vers la partie supérieure de la coque fibreuse qui enveloppe la pulpe testiculaire (*tunique albuginée*) en s'anastomosant. Au moment où ils atteignent la tunique albuginée, ils deviennent à peu près parallèles, *canalicules droits*, et forment par leurs anastomoses, dans l'épaisseur de cette membrane, en un point épaissi appelé *corps d'Higmore*, un véritable réseau connu sous le nom de *rete vasculosum testis*. A partir de ce point, le sperme sécrété pénètre dans les voies spermatiques.

Les tubes ou conduits séminifères ont un diamètre de 100 à 200 μ, et nous verrons plus loin les caractères spéciaux que présente l'épithélium de ces tubes en vue de la spermatogénèse [1].

Le liquide sécrété par les tubes séminifères se mélange dans son parcours avec d'autres produits, ayant tous pour but de concourir d'une façon accessoire à l'acte de la fécondation.

Le sperme sécrété par les tubes séminifères parcourt les voies spermatiques, c'est-à-dire les cônes efférents du testicule, qui font suite au *rete testis*, les nombreux replis du

[1] Les récentes recherches de Brown-Séquard sur l'action de l'extrait de la glande testiculaire montrent qu'outre sa fonction spermatique, le testicule doit être encore considéré comme jouant un rôle analogue aux glandes vasculaires sanguines. Bien que les expériences physiologiques rigoureusement conduites manquent encore pour préciser le mécanisme de cette fonction, les résultats thérapeutiques nombreux paraissent démontrer qu'il s'agit d'une action essentiellement tonique s'étendant sur tout l'organisme.

canal de l'épididyme, le canal déférent, et arrive aux vésicules séminales, où il est recueilli et se mélange au liquide produit par ces réservoirs.

Les contractions péristaltiques du canal déférent et de l'épididyme concourent faiblement à la progression de ce liquide; il n'en serait pas de même, d'après Godart, des appareils musculaires qui environnent le testicule, tel que le dorsal et les crémasters, auxquels il fait jouer un rôle très actif dans l'excrétion du sperme.

Pendant l'érection et pendant le coït, la compression du testicule par les muscles qui l'entourent (dartos et crémaster) et la congestion de l'organe activent singulièrement la sécrétion du sperme et son ascension dans les voies spermatiques.

Les tubes séminifères, l'épididyme et le canal déférent sont toujours remplis de sperme. Il en est de même des vésicules séminales, excepté au moment de l'émission du sperme. Après cette émission, les vésicules séminales se remplissent assez rapidement, non pas de sperme, mais du liquide qui leur est particulier. Les vésicules séminales qui proviennent des cœcums latéraux du corps de Wolff ne sont pas seulement des réservoirs pour le sperme ; ils sont encore des organes à sécrétions spéciales, sécrétion destinée à rendre le sperme plus fluide. Chez quelques animaux, ce sont uniquement des glandes et non des réservoirs. Elles manquent chez le chien.

Le sperme est retenu dans les vésicules séminales. La rétention du sperme est due probablement à la disposition suivante : les deux canaux éjaculateurs, étendus des vésicules séminales à l'urèthre, sont séparés par un cul-de-sac en forme de doigt de gant, l'utricule prostatique ; l'utricule est toujours pleine d'un mucus qni distend ses parois et comprime les deux canaux éjaculateurs et vide l'utricule par compression. Les vésicules séminales reçoivent leur innervation du grand sympathique par un rameau que Remy a décrit sous le nom de nerf éjaculateur. Son excitation amène la contraction énergique des vésicules, sa section, leur dilatation.

Le sperme, sous l'influence des contractions musculaires diverses, arrive des canaux déférents à l'urèthre en traversant la prostate par les canaux dits éjaculateurs. Contrairement à ce que pourrait le faire croire leur nom, ces canaux ne jouent le rôle que de simples conduits, presque dépourvus de faisceaux musculaires ; ils n'ont aucun rôle actif dans l'émission du sperme.

Erection. — La nécessité de porter le liquide spermatique à une certaine profondeur de l'appareil femelle fait que l'appareil mâle doit présenter une certaine rigidité.

L'appareil érectile mâle est formé par la verge, constituée par les corps caverneux et la portion spongieuse de l'urèthre avec le bulbe et le gland. La verge est ordinairement molle et flasque ; les parois du canal uréthral accolées l'une contre l'autre.

Pendant l'érection, le pénis est gorgé de sang. Du reste. c'est l'accumulation et la rétention du sang dans la verge qui produit l'érection. La turgescence de cet organe est parfaitement visible à l'œil nu dans la région du gland, dont la muqueuse est d'un rouge violacé, et à la surface du pénis, dont la peau est soulevée par des veines sous-cutanées gorgées de liquide.

Pendant l'érection, le gland est soulevé par saccades ; sa surface, auparavant un peu plissée, devient brillante et tendue. Ces saccades sont dues à des contractions cloniques du bulbo-caverneux, qui chasse le sang contenu dans les aréoles du bulbe et les pousse vers le gland. L'ischio-caverneux agit d'une manière analogue en chassant le sang des racines des corps caverneux vers leur extrémité antérieure.

On a comparé ces deux muscles à des cœurs périphériques assurant les mouvements vasculaires dans cet organe.

Le tissu érectile, qui permet cette turgescence, est constitué, en fait, par des capillaires très dilatées n'ayant, comme les capillaires, pour paroi qu'un simple endothélium. L'étude du développement des organes érectiles montrent d'ailleurs qu'ils passent d'abord par un stade capillaire et que la dilatation ne se produit qu'ensuite. Les artérioles et les veinules sont donc en communications presque directes par l'intermédiaire de ces espaces caverneux. La disposition spéciale des artères contournées en spirales (artères hélicines) avaient attiré l'attention des physiologistes, qui cherchaient à attribuer à cette disposition un rôle important dans l'érection ; elle paraît destinée simplement à permettre aux artérioles de suivre sans tiraillement les variations de volume de l'organe et les allongements qui en résultent forcément.

Quant au mécanisme même de l'érection, si depuis de Graaf on admet qu'elle est due à une accumulation de sang dans le tissu érectile, le procédé par lequel cette accumulation est obtenue est encore obscur. Il faut d'abord éliminer la rétention du sang veineux par compression des veines de retour (Bœckel). Eckhard a montré que la ligature des veines du pénis n'amenait aucune tension. On a évoqué, pour cette théorie de l'érection passive, la turgescence que l'on observe le matin quand, la vessie étant pleine, les plexus veineux de Santorini sont comprimés par cette dernière.

Il est bon de faire remarquer que des causes nerveuses, des réflexes en un mot, doivent certainement entrer en jeu. Il faut considérer l'érection comme un phénomène actif, dû à une vaso-dilatation actuelle. Ce sont des filets des sympathiques, les *nervi erigentes* de Eckhard, qui déterminent cette vaso-dilatation.

A ces deux causes : gêne ou arrêt dans la circulation de retour ; appel du sang artériel par vaso-dilatation, il faut en ajouter une troisième qui explique la rigidité : la contraction des trabécules musculaires lisses. Quand cette contraction fait défaut, on peut obtenir encore la turgescence, mais non la rigidité.

L'érection est un phénomène réflexe et c'est l'excitation de la muqueuse du gland, qui agit avec le plus d'intensité dans l'apparition de cette manifestation. Ces réflexes sont transmis par le nerf dorsal de la verge. Une autre région est encore un point de départ spécial de cette action réflexion, c'est la région prostatique uréthrale. L'arrivée du sperme sur ce point contribue, non à faire naître, mais à amener à son extrême degré de puissance l'érection. Il est inutile d'insister sur l'influence que les centres cérébraux supérieurs peuvent avoir sur l'érection : phénomènes d'excitation ou, au contraire, d'inhibition.

Nous avons signalé, à propos des centres réflexes médullaires, la localisation faite par Budge du centre génito-spinal à la hauteur de la quatrième lombaire chez le chien.

Dans les maladies de la moelle, l'érection est souvent supprimée, ou tout au moins temporaire et insuffisante pour permettre le coït.

Quant aux voies nerveuses centrifuges, Rouget les classe en deux groupes : les nerfs caverneux et spongieux, nerfs vaso-dilatateurs; les nerfs musculaires allant aux trabécules.

Ejaculation. — Au moment de l'érection le canal de l'urèthre devient béant, mais il n'est pas vide néanmoins, car il est rempli par la sécrétion des diverses glandes qui s'y déversent : glandes de Cowper, de Littre, de Méry, de la prostate. Toutes ces glandes, comme les vésicules séminales, ont pour fonction de fournir un liquide capable de diluer, de liquéfier le sperme presque solide lorsqu'il quitte le canal déférent.

Nous avons signalé déjà la sensibilité spéciale de la région prostatique. L'arrivée du sperme sur cette région, en même temps qu'elle augmente l'érection, détermine par voies réflexes une série de contractions spasmodiques qui entraînent l'expulsion par brusques saccades du sperme et l'éjaculation.

Si le point de départ du réflexe de l'éjaculation à la région prostatique est admis, il n'en est pas de même du mode de mécanisme par lequel l'action motrice de l'acte réflexe se termine.

Les émissions du sperme ont été attribuées aux contractions cloniques du muscle bulbo-caverneux. Mais il est difficile de se rendre compte comment ce muscle séparé de l'urèthre par toute l'épaisseur du bulbe turgescent peut agir sur le sperme. Sa situation même, très en avant de la prostate, ne permet pas de lui donner le premier rôle dans l'éjaculation. Il peut simplement accélérer, renforcer le jet du liquide quand l'éjaculation est commencée (M. Duval).

Pour M. Duval, c'est le muscle de Wilson qui est le nerf régulateur de l'éjaculation, nous ne disons pas le nerf éjaculateur. Le sperme chassé par la contraction des muscles lisses du canal déférent des vésicules séminales et des muscles qui comprennent le testicule (Dartos cremaster), s'accumulerait dans la portion du canal de l'urèthre comprise entre le verumontanum qui, subissant lui aussi l'érection, s'oppose à sa pénétration dans la vessie, et le sphincter uréthral ou muscle de Wilson. Si ce muscle se relâche, le sperme retenu sous tension s'échappe avec force, mais le muscle de Wilson se relâche rythmiquement, jouant le rôle d'une écluse livrant par saccades passage au liquide retenu en arrière d'elle (M. Duval). D'après Rémy, la contraction des vésicules séminales est sous la dépendance d'un filet du grand sympathique (nerf éjaculateur). L'excitation de ce filet détermine l'excrétion du sperme, mais sans érection ni spasme.

Sperme. — Le sperme est une substance demi-liquide, plus ou moins gélatineuse, filant à la manière de l'albumine de l'œuf.

Sa *couleur* est blanchâtre ; il présente une odeur *sui generis*. Sa *réaction* est légèrement alcaline. Abandonné au contact de l'air, le sperme se dessèche et donne au linge qui en est imprégné une consistance semblable à celle que lui communique l'empois. Il contient une matière albuminoïde, la spermine, sur la constitution et le rôle de laquelle on n'est pas encore fixé, enfin des éléments figures spéciaux. Les spermatozoïdes se présentent sous la forme de filaments munis d'un renflement céphalique, tête du spermatozoïde, ayant 50 μ de longueur et animés de mouvements très vifs de translation.

Le *sperme* pur, pris dans le canal déférent, est une matière pâteuse, d'un blanc mat, constituée dans ses neuf dixièmes par des spermatozoïdes.

Dans les vésicules séminales, il devient plus liquide par son mélange avec un liquide grisâtre très abondant, qui donne au sperme éjaculé sa fluidité et qui facilite les mouvements des spermatozoïdes. Ce mucus prostatique se mêle ensuite au sperme, et comme ce mucus est blanc, il redonne au sperme la couleur blanche primitive, qu'il avait perdue dans les vésicules séminales. — Le liquide visqueux des glandes de Littre et de Cowper lui communique en partie sa viscosité.

Spermatogénèse. — La spermatogénèse est le but essentiel de la glande testiculaire, le spermatozoïde est le produit d'excrétion de la glande mâle; il existe toutefois une différence fondamentale entre cette excrétion et celle des autres glandes; il ne s'agit pas ici, comme dans les autres excrétions que nous avons étudiées, d'une élimination partielle de chaque cellule, ce n'est pas une particule de la cellule qui se détache, c'est une cellule tout entière, qui est excrétée en totalité et doit être en totalité remplacée (Prenant).

L'endothélium des canaux séminifères présente, si on les examine suivant une coupe transversale, une série de cellules différenciées, qui ne sont que des stades différents de leur évolution. Au centre touchant à la lumière du tube, on trouve les spermatozoïdes; puis, en s'éloignant vers la périphérie, les cellules spermatiques ou spermatides, qui sont les cellules filles de cellules plus extérieures, les spermatocytes provenant elles-mêmes par division cellulaire des cellules les plus extérieures : les spermatogonies.

Toutes ces cellules (cellules germinatives de Benda) sont constamment en travail, en voie d'évolution et de segmentation. A côté de ces cellules il en existe d'autres auxquelles

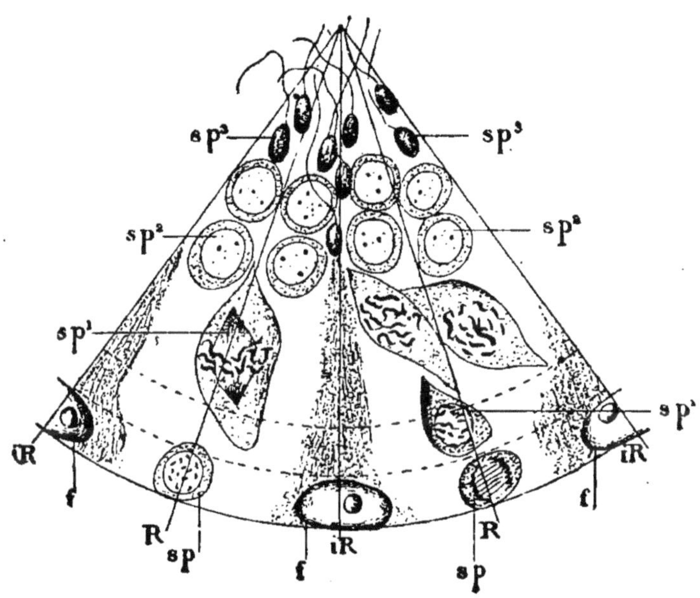

Fig. 138. — Segment d'une coupe demi-schématique du tube séminifère, d'après Prenant. (*Revue générale des Sciences*, octobre 1891.)

R, rayons. — *i R*, inter-rayons. — *S*, spermatoblastes ou cellules fixes de Sertoli. Dans les rayons la lignée séminale est représentée de dehors en dedans par les spermatogonies *sp*, les spermatocytes sp^1, les spermatides sp^2, et les spermatozoïdes sp^3.

on avait fait jouer jadis le rôle essentiel dans la spermatogénèse et que l'on avait appelées pour cette raison les spermatoblastes. La constance de leur structure les a fait appeler depuis cellules fixes (Sertoli), cellules végétatives (Benda). Quant à leur rôle, il est encore inconnu : cellules de soutien, ou cellules nutritives pour les éléments actifs ?

Cette évolution des cellules germinatives est plus évidente encore dans le testicule de certains êtres. Dans le tube séminifère de l'ascaride du cheval, on peut ainsi distinguer une série de région ne renfermant qu'un stade.

C'est ainsi que la région germinative ne renferme que les spermatogonies, ou cellules séminales primordiales, qui, se multipliant par division, donnent naissance aux spermatocytes. Plus bas (zone d'accroissement), les spermatocytes s'accroissent mais sans se diviser. C'est dans une troisième, zone (zone de division ou de maturation) qu'elles donnent

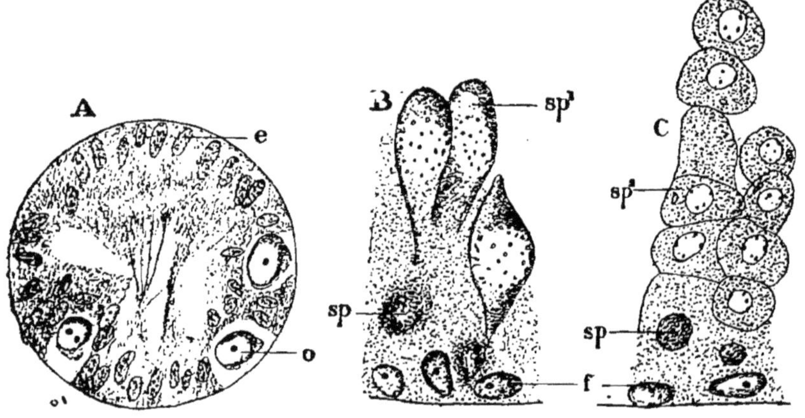

Fig. 139. — Coupe ou portion de coupe du tube séminifère d'un mammifère à différentes périodes de son développement. Prenant. (*Revue générale des Sciences*, octobre 1891.)

A, cobaye de quinze jours, cellules épithéliales *e* et œufs primordiaux *o*.
H, jeune rat, a la périphérie, cellules fixes *f*; spermatogonies *sp*; spermatocytes *sp'*.
C, jeune rat, *f. sp. sp'*., comme ci-dessus, *sp²* spermatides dont quelques-unes sont en voies de dégénérescence.

naissance par deux divisions successives aux spermatides (4 spermatides). Enfin de chacune de ces dernières naîtra un spermatozoïde.

L'excrétion du sperme ne se produit qu'au moment de la puberté, la glande testiculaire fonctionne déjà cependant avant cette époque. Il existe une période préspermatogénique (Prenant) caractérisée par une évolution progressive des cellules séminales. Tout d'abord l'évolution n'aboutit qu'à la spermatogonie; plus tard, on trouve des spermatocytes, puis des spermatides. Mais tous ces éléments formés successivement ne peuvent continuer leur évolution, ils sont frappés de dégénérescence jusqu'au jour où la maturité sexuelle de l'animal est atteinte.

Passage de la cellule spermatique ou spermatozoïde. — La spermatide donne naissance directement, sans division nouvelle au spermatozoïde, toutes les parties constituantes de la cellule « spermatide » entrant dans la formation du nouvel élément. Cette manière de voir n'a pas pour elle tous les embryologistes. Kolliker, Niessing admettaient que le spermazoïde dérivait uniquement du noyau, d'autres au contraire soutenaient que le protoplasma seul était appelé à jouer un rôle actif. Des recherches de Platner établissent que l'on retrouve dans le spermatozoïde tous les éléments de la cellule « spermatide ». Le noyau s'allonge et se condense, entraînant le protoplasma à prendre une forme analogue. C'est lui qui paraît former, en partie tout au moins, la gaine du filament axile, peut-être avec le centrosome. Quant à la tête, elle dérive du corpuscule polaire et du noyau. Pendant un certain temps, les spermatozoïdes issus d'un groupe de spermatides restent accolés en formant un faisceau, et ce n'est qu'au niveau de l'épididyme qu'ils apparaissent isolés dans le sperme.

Appareil génital de la femme. — L'appareil génital de la femme se compose, comme celui de l'homme, de deux appareils, l'un glandulaire, chargé de l'élaboration de l'élément femelle, de l'ovule; l'autre multiple, complexe, devant être considéré comme l'appareil excréteur, mais présentant des dispositifs spéciaux pour permettre la fécondation et le développement ultérieur de l'œuf fécondé : trompes, utérus, vagin.

Ovaire. — L'ovaire situé dans le repli postérieur des ligaments larges, dérive comme le testicule du corps de Wolf. Les tubes de Pflüger, en s'étranglant en chapelet, vont constituer de petites vésicules closes, tapissées par conséquent par l'épithélium germinatif et qui vont former les vésicules de de Graaf ou ovisacs.

Les vésicules de de Graaf furent considérées comme de vrais œufs jusqu'à l'époque de la découverte de l'ovule par de Baër ; chaque ovule est contenu dans une vésicule de de Graaf.

Cette vésicule, ovisac, a un diamètre de 40 μ chez la femme. Sa paroi propre est mince, transparente, résistante, de nature conjonctive et parsemée de petites cellules spéciales, dites cellules de l'ovisac. Autour de la paroi, le tissu ovarien est un peu condensé, de sorte qu'on pourrait le considérer comme une membrane extérieure. Cette paroi est pourvue d'un riche réseau vasculaire.

En un point, l'épithélium s'épaissit pour constituer le disque proligère, et une des cellules du disque proligère en se développant va former l'ovule.

Les ovisacs ne fonctionnent qu'au moment de la puberté ; c'est alors que se produisent des modifications importantes. Chaque ovisac contenant un œuf est chargé de rejeter, d'excréter cet œuf. Pour que cette expulsion se fasse, il faut que l'ovisac se rompe.

Chaque mois, un ou deux ovisacs entrent en activité, ils augmentent rapidement de volume, leur vascularisation devient plus active, ainsi que celle de tout l'ovaire ; l'ovisac ainsi augmenté de volume est repoussé peu à peu jusqu'à la périphérie.

La paroi de la vésicule, distendue outre mesure, et ne pouvant plus résister, éclate tout à coup ; son contenu (ovule, disque proligère, liquide) est lancé par le retrait brusque des parois élastiques de l'ovisac rompu, soit dans le péritoine, soit dans la cavité de la trompe, qui adapterait son pavillon à la surface de l'ovaire par suite d'un mouvement que nous étudierons plus loin.

La rupture de l'ovisac coïncide avec le milieu ou la fin de l'écoulement menstruel ; elle se fait spontanément. Il peut arriver cependant qu'une chute, un coup, le coït, un ébranlement quelconque, la provoquent.

Ordinairement une seule vésicule de de Graaf se rompt ; mais il peut se faire que deux ou trois arrivent à maturité au même moment. On a vu rarement deux ovules dans un seul ovisac (d'où les grossesses doubles).

La cicatrice laissée par la rupture de l'ovisac est remplacée par une petite tache jaunâtre, dont la coloration est due au pigment sanguin résultant de la petite hémorragie qui accompagne la rupture de la vésicule. Mais cette tache jaune disparait rapidement si l'ovule n'étant pas fécondé traverse les conduits excréteurs sans subir de fécondation. Si au contraire la fécondation a eu lieu, si les organes annexés entrent en activité, l'évolution que subit l'ovisac est tout autre. Il se produit une hypertrophie considérable de la membrane propre de la vésicule, qui arrive à couvrir sous la forme d'une tache jaune une grande partie de l'ovaire. Les cellules de la vésicule augmentent en grand nombre, se chargent de granulations graisseuses que leur donne la coloration jaunâtre et cette activité se maintient pendant les trois ou quatre premiers mois de la grossesse, pour diminuer ensuite, au moment où le fœtus arrive à terme ; le corps jaune est encore très nettement visible.

Trompe de Fallope. Utérus. — Les canaux excréteurs dérivent des conduits de Muller, dont la partie supérieure va constituer la trompe de Fallope et la partie inférieure en se soudant à celle du côté opposé, l'utérus [1].

La trompe de Fallope, dont l'extrémité supérieure s'élargit en forme de pavillon, est un conduit mobile, contractile

[1] Au point de vue embryologique, l'utérus a deux origines, le segment supérieur provenant du conduit de Muller, le segment inférieur (segment vulvaire), provenant du cloisonnement du sinus urogénital (Retterer).

et érectile. On a admis que, par suite d'un acte sympathique ou réflexe au moment où l'ovisac se rompt, la trompe entre en turgescence, se raproche de l'ovaire et que son pavillon vient entourer cet organe pour recevoir l'ovule au moment même de la rupture. M. Duval, s'appuyant sur l'anatomie et la physiologie comparée, rejette la théorie de l'*adaptation tubaire* et fait jouer le rôle le plus important, sinon unique, aux mouvements des cils vibratiles du péritoine. Chez la grenouille, par exemple, le pavillon de la trompe est fixe, rattaché très haut près du péricarde et ne peut venir coiffer l'ovaire, tandis que l'examen du péritoine montre qu'il existe des stries de cils vibratiles péritonéaux dont les mouvements tendent à porter les corps vers les orifices tubaires. Or, l'existence de cils vibratiles est sinon évidente, au moins fort probable sur le ligament tubo-ovarique de la femme. Bruzzi a montré qu'un ovule né sur l'ovaire d'un côté peut pénétrer dans l'utérus par la trompe du côté opposé. Il enlève l'ovaire gauche et la trompe droite à une lapine, la fait couvrir, et deux fœtus se développèrent dans l'utérus; il faut admettre dans ce cas une migration intra-péritonéale de l'ovule fécondé.

Menstruation. — L'hémorragie menstruelle, qui se produit tous les mois chez la femme (tous les 28 jours en moyenne), coïncide généralement avec la chute de l'ovule.

Au moment où la vésicule ovarienne arrive à maturité, la muqueuse utérine, par suite de cette sympathie qui relie tous les organes de l'appareil reproducteur, présente des modifications spéciales. Elle s'hypertrophie, ses vaisseaux se dilatent énormément, puis se rompent partiellement, donnant lieu à une hémorragie, l'épithélium cylindrique vibratile, qui la recouvre, tombe alors, par suite du travail vasculaire qui se fait en dessous.

Dans certains cas pathologiques, la desquamation utérine se fait tout d'une pièce, ou par larges morceaux (dysménorrhée membraneuse exfoliante).

La quantité du sang des règles est variable. Elle est en moyenne de 250 grammes. Quelques femmes ne voient que quelques gouttes de sang, tandis que d'autres ont une véritable hémorragie. Certaines emmes perdent pendant la période menstruelle et mensuellement jusqu'à un litre de sang. L'hémorragie par l'utérus s'appelle *métrorrhagie*, mais lorsque cette hémorragie peut être considérée comme une prolongation des règles, on lui donne le nom de *ménorrhagie*. La durée des règles varie ordinairement de 2 à 5 jours, mais peut atteindre 8 jours.

Quelques femmes n'ont jamais été réglées. L'absence des règles constitue l'*aménorrhée*. Quoique la fécondation n'ait pas ordinairement lieu pendant l'aménorrhée, cependant des femmes ont pu devenir enceintes sans avoir jamais été réglées. Il est encore impossible aujourd'hui d'affirmer les rapports de cause à effet qui unissent l'ovulation et la menstruation. On sait en effet que l'ovariatomie double ne supprime pas fatalement la menstruation.

Insémination. — Chez quelques êtres inférieurs, la réunion des éléments sexuels, se produit dans l'intérieur même de l'organisme hermaphrodite, chez d'autres animaux unisexués, il n'existe aucun rapprochement entre les deux sexes, les poissons femelles pondent leurs œufs non fécondés en un endroit quelconque et les mâles viennent déposer ensuite sur ces œufs, les éléments mâles, la laitance. C'est sur cette particularité qu'est fondée toute une branche d'industrie, la pisciculture. Chez les batraciens, les rapports commencent à être plus intimes, au moment de la ponte; le mâle saisit la femelle, et reste placé sur elle jusqu'à l'évacuation des œufs, qu'il féconde à mesure qu'ils sortent du corps de la femelle. Enfin chez un grand nombre d'animaux de toutes les classes, la fécondation n'a lieu que par copulation directe, une partie appropriée de l'appareil mâle pénétrant dans une partie de l'appareil femelle.

Nous avons décrit plus haut le mécanisme de l'érection, qui assure à l'organe mâle la rigidité nécessaire pour porter le sperme jusque dans les profondeurs du conduit vaginal, et enfin l'éjaculation, qui détermine la projection du liquide fécondant.

Lieu de la fécondation. — Les spermatozoïdes, introduits à la suite du coït dans le vagin, doivent rejoindre l'ovule, ils doivent donc pénétrer dans l'utérus, puis dans les trompes, où ils rencontreront l'ovule en voie de migration.

Pour expliquer l'ascension des spermatozoïdes on a évoqué : — une aspiration par contraction de l'appareil utérin au moment du spasme copulateur; — des phénomènes de capillarité, les parois utérines étant accolées l'une à l'autre; — les mouvements des cils vibratiles, surtout dans les trompes; — enfin les mouvements propres des spermatozoïdes.

C'est ce dernier facteur qui paraît devoir être surtout mis en cause. L'orgasme utérin constaté dans quelques cas exceptionnels ne paraît pas être un phénomène constant, et les spermatozoïdes restent souvent un temps très appréciable dans le canal vaginal avant de pénétrer dans l'utérus. On ne peut expliquer, en évoquant les phénomènes de capillarité, comment il se fait que les spermatozoïdes seuls, et non les autres parties du liquide spermatique sont trouvés dans les trompes après un coït. — Quant aux mouvements des cils vibratiles il suffit de rappeler qu'ils sont dirigés précisément en sens contraire, pour conduire l'ovule vers l'utérus.

C'est dans la partie externe de la trompe et même quelquefois sur l'ovaire, dans la cavité péritonéale que se produit la rencontre des deux éléments. L'existence des grossesses tubaire et péritonéale est une preuve évidente que la fécondation peut avoir lieu dans ces régions, les recherches expérimentales le démontrent également : sur une chienne qui venait d'être couverte, on lie trois jours plus tard les trompes, et au bout de quelque temps, on a trouvé deux fœtus dans la partie de la trompe qui se trouvait en dehors de la ligature (cité par Budin). On a même pu constater des migrations intra-péritonéales de spermatozoïdes. Dans des cas où une trompe était oblitérée, les spermatozoïdes passant par la trompe libre ont pu aller féconder un ovule sur l'ovaire de l'autre côté, et cet ovule s'est développé dans la cavité de la trompe oblitérée.

Non seulement la rencontre des deux éléments peut se produire près de l'ovaire, mais encore la fécondation ne peut avoir lieu que dans cette région ; l'ovule en effet, à mesure qu'il s'avance dans la trompe, s'entoure d'une couche d'albumine qui s'oppose à la pénétration des spermatozoïdes

(Coste). L'idée ancienne de la fécondation dans l'utérus même doit donc être abandonnée.

Ovule. — Au moment où l'ovule se détache de l'ovisac, elle est constituée par une cellule (de 200 μ de diamètre chez l'homme) ayant une membrane d'enveloppe (zone pellucide, membrane vitelline) d'un contenu protoplasmique granuleux (vitellus) renfermant un noyau (vésicule germinative de Purkinje), noyau renfermant lui-même un nucléole (tache germinative de Wagner). On a signalé, en outre, un autre corps nucléiforme, la vésicule embryogène de Milne-Edwards qui se trouverait dans le vitellus.

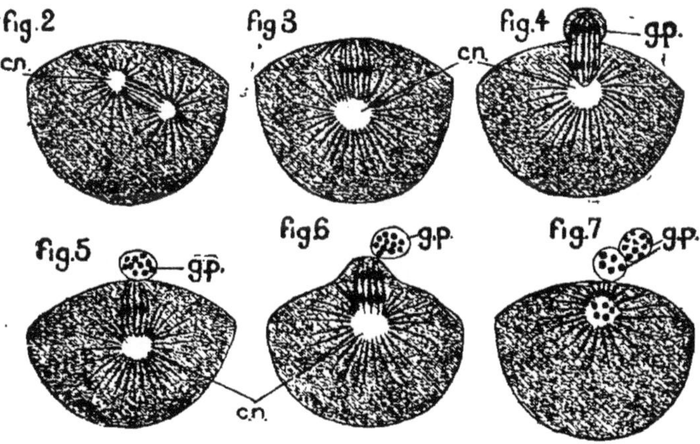

Fig. 140. — Formation des globules polaires chez l'oursin (d'après Hertwig), Kœhler. (*Revue générale des Sciences*, 15 août 1892.)

gp, globules polaires. — *cn*, centrosomes.

Cl. Bernard dans ses leçons admettait que cette vésicule embryogène constituait l'élément essentiel de l'œuf, la vésicule germinative disparaissant.

L'ovule telle qu'elle est constituée ainsi n'a pas encore terminé son évolution, elle n'est pas encore mûre pour recevoir l'élément mâle, le spermatozoïde.

Formation des globules polaires. — Robin avait signalé

la disparition de la vésicule germinative, mais c'est H. Fol et Hertwig qui ont montré, étudiant les ovules des Echinodermes, comment se faisait cette disparition.

La vésicule germinative renferme des éléments chromatiques, ou chromosomes, qui, par suite d'un processus karyokinétique, se dédoublent et s'éloignent en constituant avec les fibres achromatiques qui les réunissent, un fuseau (l'amphiaster) dont l'extrémité est constituée par la plaque formée par les chromosomes (aster). L'aster le plus périphérique se détache, sort de l'œuf, c'est le premier globule polaire. Immédiatement après, les chromosomes constituant l'aster restant

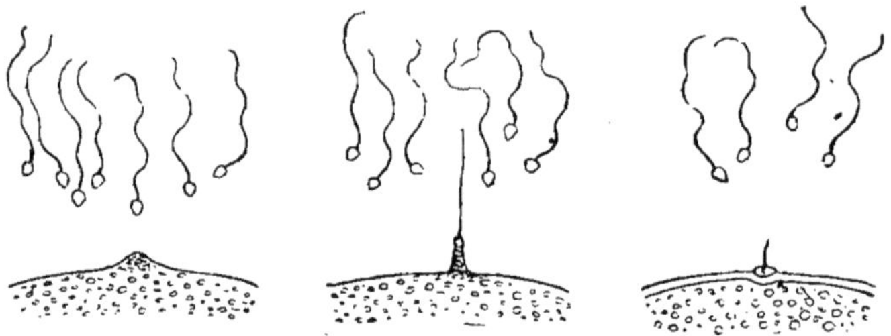

Fig. 141. — Copulation de l'œuf et du spermatozoïde chez l'oursin.

se dédoublent de nouveau, forment un nouvel amphiaster, dont l'une des extrémités va subir le même sort que dans le premier stade pour former le second globule polaire. Le noyau ainsi considérablement réduit de sa matière chromatique est désormais apte à la fécondation ; c'est le pronucleus femelle.

Fécondation. — Si l'on examine sous le champ du microscope un mélange d'œufs et de spermatozoïdes d'un échinoderme, on peut voir le spermatozoïde pénétrer dans la muqueuse qui enveloppe l'œuf, le vitellus se soulever, le spermatozoïde disparaître dans l'œuf, où il réapparaît sous la forme d'un noyau clair entouré de stries rayonnantes. C'est désormais le pronucleus mâle. On est donc en présence en ce moment de deux pronucleus d'origine différente, l'un mâle, l'autre femelle.

Chacun de ces pronucleus renferme deux chromosomes, et se portent l'un vers l'autre. Les chromosomes subissent chacun un dédoublement longitudinal, donnant naissance à deux groupes chromatiques comprenant chacun deux anses mâles et deux anses femelles. Ce sont les deux premières cellules embryonnaires, elles renferment ainsi une quantité égale de substance chromatique mâle et femelle.

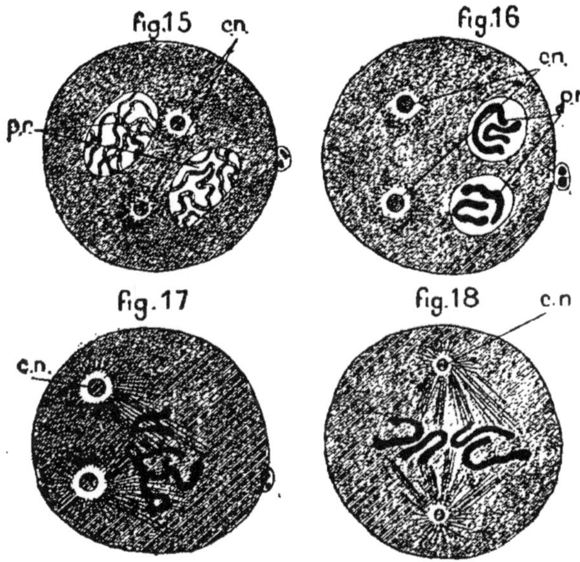

Fig. 142. — Formation de deux pronucleus *pr*, et de la plaque équatoriale (d'après Boveri), Kœhler. (*Revue générale des Sciences.*)

Mais cette formation des deux premières cellules, ce groupement des chromosomes suivant une direction précise est lié à un autre ordre de phénomènes attractif, à l'action d'autres éléments dont l'existence a été démontrée à la fois chez les plantes par Guignard, chez les animaux par M. Fol : *les sphères directrices* ou *centrosomes*. Dans le protoplasma des cellules existent des éléments constitués par un corps central ou centrosome entouré d'une zone périphérique, protoplasmique également. Ces éléments sont avant tout des centres d'attraction. Le premier stade de la division cellulaire est le dédoublement du centrosome souvent unique de cette cellule. Chacun des nouveaux centrosomes formés entraîne avec lui une

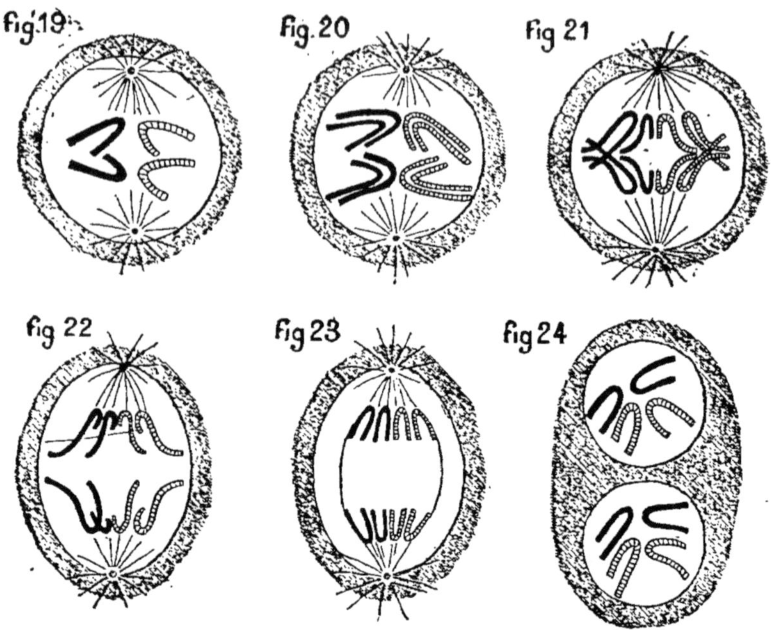

Fig. 143. — Schéma de la division karyokynétique que subit l'œuf fécondé pour donner naissance aux noyaux des deux premières cellules embryonnaires. — Les chromosomes mâles sont en traits pleins; les chromosomes femelles en traits hachés.

partie du protoplasma, et les anses chromatiques du noyau vont, dans leurs transformations en plaques équatoriales, se grouper de telle sorte que les plaques soient perpendiculaires à l'axe qui relie les deux sphères directrices.

Hermann Foll (1891) a suivi le rôle de ces centrosomes dans la fécondation, et a décrit sous le nom « quadrilles des centres » leurs évolutions successives ; le centrosome mâle ou spermocentre, le centrosome femelle ou ovocentre accompagnent leurs pronucleus, ils se dédoublent et chaque moitié, marchant vers l'autre moitié d'origine différente (demi-spermocentre vers demi-ovocentre), va se confondre pour donner naissance à deux centres nouveaux (astrocentres) ayant une double origine. Sous l'influence des astrocentres se forment alors les cellules résultant de la conjugaison des pronucleus.

Le trait le plus caractéristique dans les phénomènes de la fécondation, c'est la diminution de la richesse chromatique des deux éléments primordiaux mâle et femelle, l'évolution si rapide, sans période de repos, ne permettant pas la répa-

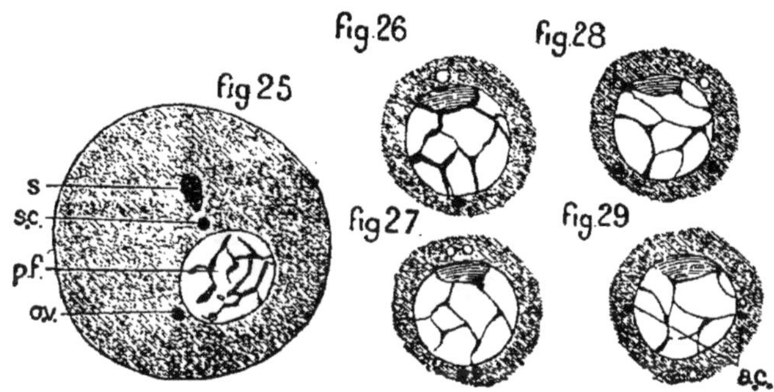

Fig. 144. — Quadrilles des centres. — Les spermocentres *sc* sont représentés par des cercles foncés, les ovocentres par des cercles clairs (d'après H. Fol). *S*, spermatozoïde ; — *pf*, pronucleus femelle. Kœhler. (*Revue générale des Sciences.*)

ration possible d'une partie des chromosomes des nouveaux éléments du noyau. Les pronucleus qui en résultent ne sont donc que des demi-noyaux, destinés par leur conjugaison nouvelle à reformer un noyau. Comme deux noyaux d'un corps de la série aromatique, saturés d'abord, qui élimineraient une partie de leurs éléments, pour pouvoir se combiner entre eux.

Les cellules issues de la conjugaison des chromosomes des deux sexes vont continuer à se dédoubler. On a décrit une série de stades se rapportant à la division successive de ces cellules, de l'une d'elles, désignée sous le nom d'épiblastique ou ectodermique, naîtra une série de globes épiblastiques, qui, se divisant plus rapidement que les cellules issues de la deuxième cellule primitive (globe hypoblastique ou endodermique), entoureront ces derniers.

Les cellules hypoblastiques ne remplissent pas complètement la cavité formée par l'épiblaste. Le vide rempli de liquide (liquide blastodermique) constitue la vésicule blastodermique.

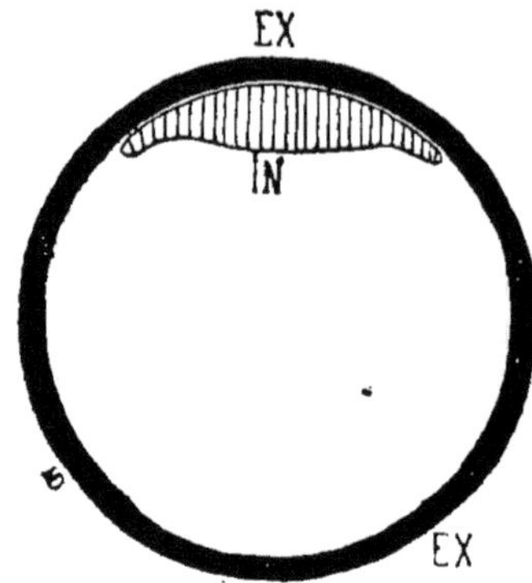

Fig. 145. — Schéma de l'œuf de la lapine à la fin du quatrième jour (d'après M. Duval), Retterer. (*Revue générale des Sciences*, 30 juillet 1892.)

EX, ectoderme. — IN, endoderme.

L'hypoblaste, au point de contact avec l'épiblaste, se différencie encore en une troisième couche moyenne, le mésoblaste. De sorte qu'en un point de la vésicule blastodermique, il existe trois couches de cellules différentes. C'est l'aire embryonnaire, le point de départ du futur embryon.

L'aire embryonnaire, constituée d'abord par une tache circulaire, prend une forme allongée. Il existe donc en cette région trois zones ayant un, puis deux, puis trois feuillets. L'aire embryonnaire, constituée par les trois feuillets, prend une forme allongée. Il se forme un épaississement sur le bord (ligne primitive présentant au milieu une partie plus foncée) : la gouttière primitive, déterminée par un enfoncement de l'ectoderme.

Dans la partie antérieure de la tache embryonnaire existe

deux bourrelets parallèles limitant un sillon : sillon dorsal, commencement de l'invagination nerveuse.

A mesure que la tache embryonnaire augmente de longueur et d'épaisseur, elle se renfle à l'une de ses extrémités pour donner naissance à la tête de l'embryon ; l'autre extrémité forme l'extrémité inférieure du tronc de l'embryon. La première est l'*extrémité céphalique*, l'autre s'appelle *extrémité caudale* de l'embryon.

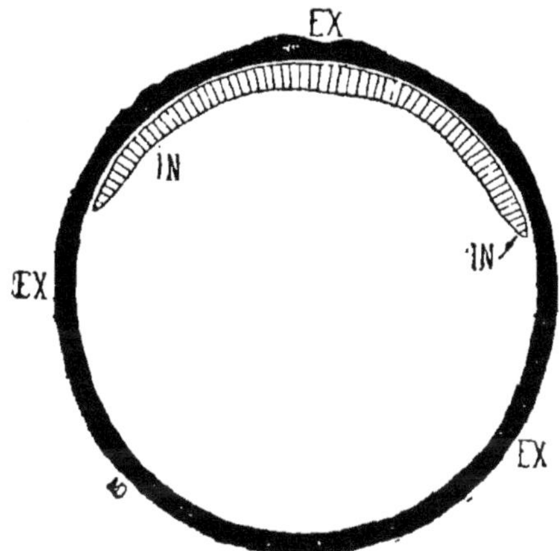

Fig. 146. — Schéma de l'œuf au sixième jour. (D'après M. Duval.)
L'endoderme IN double seulement l'ectoderme EX, de l'hémisphère supérieur.

Cette plaque, étalée entre les deux feuillets du blastoderme, est pourvue de deux bords qui relient les extrémités de l'embryon ; ces bords constituent les *lames ventrales* de l'embryon.

Membranes de l'œuf. — Quand, après la fécondation, l'œuf suit la trompe pour arriver dans l'utérus, il n'est pas en contact intime avec les parois maternels. Il se développe cependant, mais uniquement par des phénomènes d'inhibition à travers sa membrane vitelline, qui se recouvre de villosité et constitue le premier *chorion*.

Puis, à mesure que l'œuf se développe, cette membrane

vitelline se résorbe, et c'est l'ectoblaste doublé du mésoblaste qui va constituer l'enveloppe extérieure de l'œuf, c'est le second chorion (chorion blastodermique) qui, lui, subsiste pendant toute la vie fœtale.

Un troisième chorion se développera plus tard, transformant le second chorion en chorion vasculaire dont fait partie le placenta.

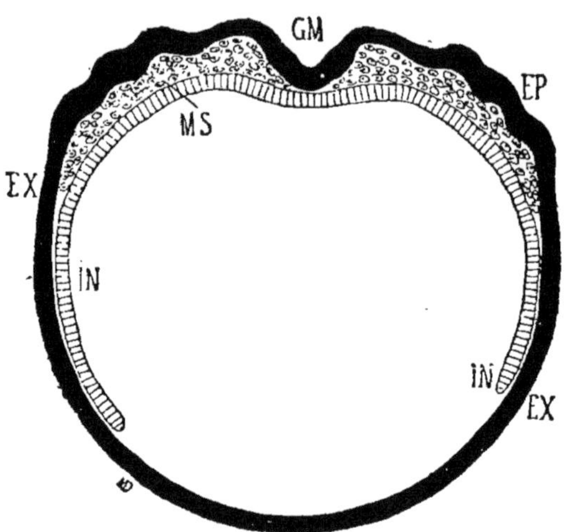

Fig. 147. — Schéma de l'œuf au septième jour (d'après M. Duval), Retterer. (*Revue générale des Sciences.*) Mêmes lettres que précédemment.

MS, mésoderme. — GM, gouttière médullaire. — EP, lame ectoplacentaire.

Vésicule ombilicale. — A mesure que l'aire embryonnaire se développe, il se produit, dans l'intérieur même de la vésicule blastodermique, une incurvation des bords de l'épaississement hypo-mésoblastiques, qui se rapprochent l'un de l'autre ; cette incurvation détermine la formation dans la vésicule blastodermique de deux cavités secondaires, l'une constituée par l'aire embryonnaire et ses replis, c'est la cavité intestinale primitive ; l'autre, beaucoup plus grande, par le reste de la vésicule blastodermique. Cette seconde partie constitue la vésicule ombilicale. L'orifice de communication entre les deux cavités étant le conduit omphalo-mésentérique, ou conduit vitellin, qui diminuant peu à peu formera l'ombilic.

Le contenu de la vésicule ombilicale est constitué par le vitellus nutritif. C'est un réservoir où puise l'embryon dans son premier temps d'évolution. Chez les ovipares, cette réserve doit servir jusqu'au développement complet de l'em-

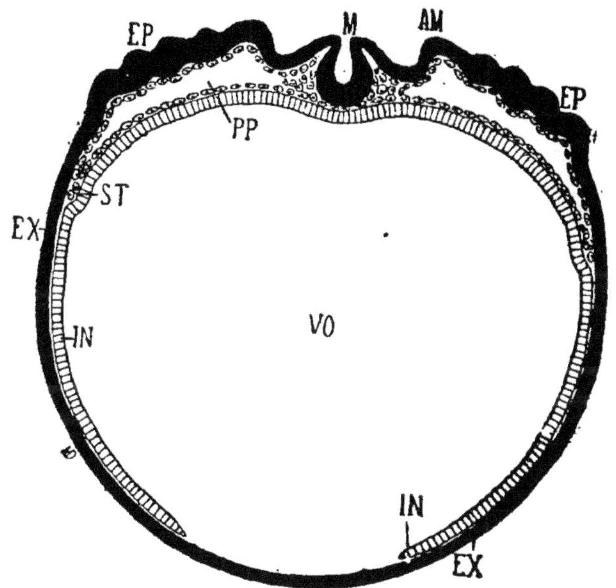

Fig. 148. — Schéma de l'œuf au neuvième jour (d'après M. Duval). AM, amnios en voie d'occlusion. — ST, sinus terminal. — PP, cavité pleuro-péritonéale.

bryon. C'est elle qui renferme le jaune de l'œuf des oiseaux; on la voit chez les jeunes alevins persister longtemps encore après l'éclosion sous forme d'un petit sac appendu dans la ligne centrale. Si elle n'est pas apparente chez l'oiseau au moment de la naissance, elle n'en persiste pas moins, enfermée dans la cavité abdominale, elle contribue encore au développement du jeune être pendant quelque temps après la naissance.

Chez les mammifères, son rôle n'est que transitoire. Rapidement en effet, l'œuf va entrer par le placenta en contact avec l'organisme maternel et puiser directement dans le sang de ce dernier les aliments dont il a besoin pour poursuivre son évolution. Aussi la vésicule, rapidement épuisée disparaît-elle définitivement avant l'évolution complète (vers le cinquième mois chez l'homme).

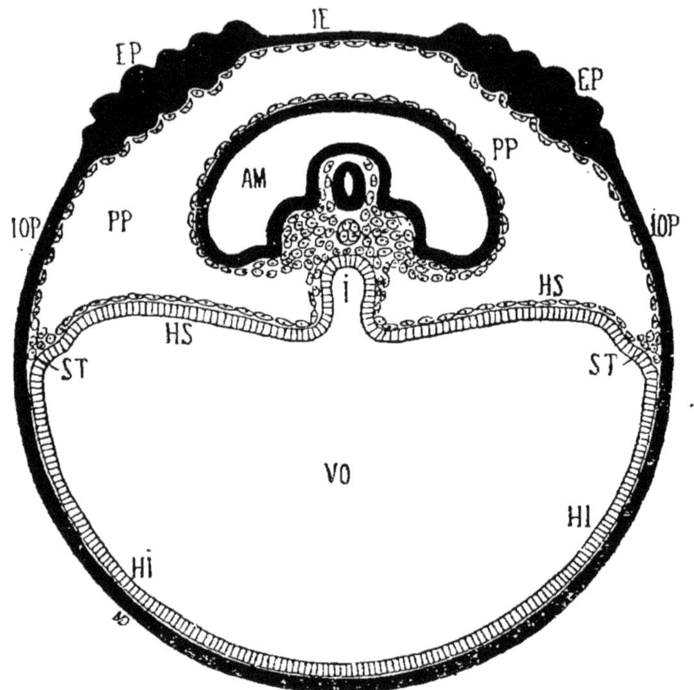

Fig. 149. — Schéma de l'œuf au dixième jour (d'après M. Duval).
IE, lame qui relie les deux ébauches ectoplacentaires. — IOP, lame qui relie la vésicule au placenta. — I, intestin.

Amnios. — Pendant que se forme la vésicule ombilicale, par le développement du feuillet interne du blastoderme. Les cellules du mésoblaste prolifèrent et se séparent en deux couches, l'une doublant l'épiblaste (ectoderme) pour former la lame fibro-cutanée, ou somatopleure, l'autre doublant l'hypoblaste (endoderme) pour constituer la lame fibro-intestinale ou splanchnopleure. Entre les deux lames se trouve la cavité pleuro-péritonéale ou cœlome. Le feuillet externe (somatopleure) va s'incurver dans tous les sens, pour former en arrière, le repli caudal, en avant le repli

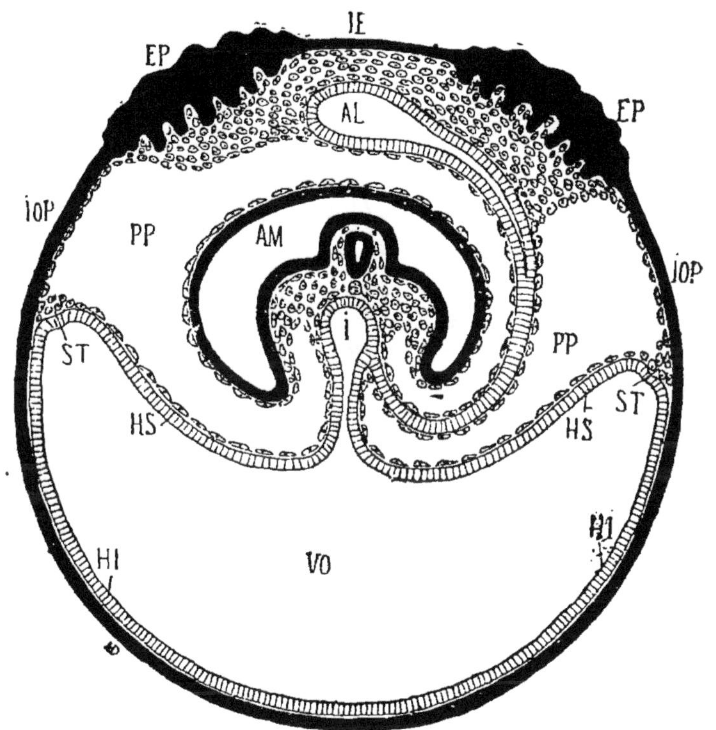

Fig. 150. — Schéma de l'œuf au douzième jour (d'après M. Duval), Retterer. (*Revue générale des Sciences.*)

AL, Allantoïde. Les autres lettres comme ci-dessus.

céphalique, sur les bords, les replis latéraux. Ces différents replis, continus d'ailleurs, constituent une véritable gouttière dont les bords tendent à se fermer. L'amnios, sorte de sac entourant complètement l'embryon, est alors constitué. Désormais la séparation entre la vésicule formée par l'épiblaste et l'embryon avec ses annexes, vésicule ombilicale (formation de la splanchnopleure) et amnios (formation de la somatopleure) est complète. Cette vésicule après avoir absorbé la membrane vitelline ou premier chorion, se substitue à cette dernière pour constituer le second chorion, chorion permanent cette fois.

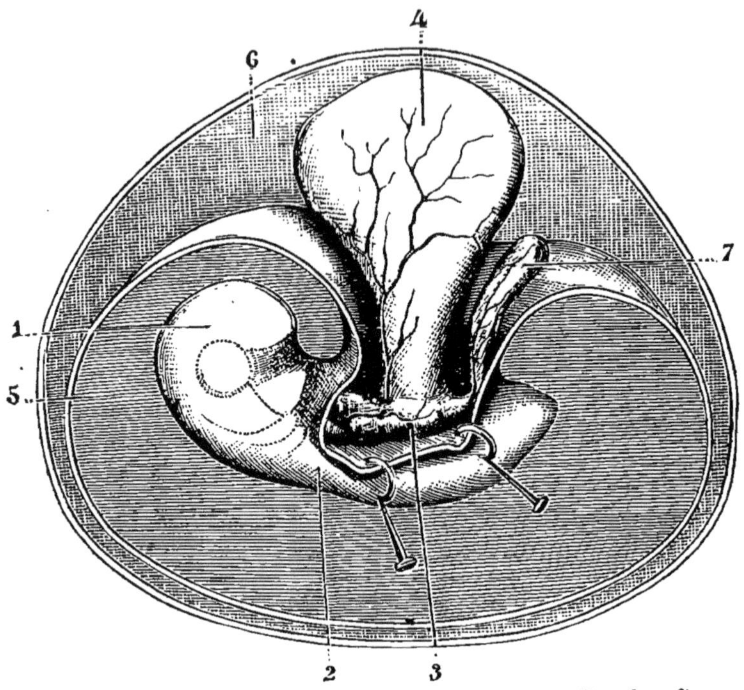

Fig. 151. — Embryon vu de profil (d'après Farabeuf), Budin et Crouzat, *Accouchements*.

1, embryon. — 2, dos. — 3, intestin et splanchnopleure. — 4, vésicule ombilicale. — 5, amnios. — 6, tissu réticulé. — 7, allantoïde.

La paroi amniotique présente une certaine complexité de texture. Il existe à sa face interne une couche épithéliale d'origine épiblastique ; mais, dans la couche moyenne dérivant de la somatopleure, on trouve des éléments musculaires lisses, peut-être des nerfs, en tout cas des vaisseaux (Dastre).

L'embryon, dans la cavité amniotique est plongé dans le liquide amniotique, ce liquide, solution saline, légèrement albumineuse, augmente graduellement jusqu'à la grossesse. Dans les cas normaux, la quantité au moment de l'accouchement est de un litre environ. C'est lui qui forme « les eaux des accoucheurs ». Son rôle principal est d'amortir les chocs et les inégalités de pression dont pourrait souffrir le fœtus.

Allantoïde. — Quand l'embryon puise sa nourriture uniquement dans la réserve vitelline, il ne se produit pas d'autres modifications extérieures, mais chez les mammifères, il faut qu'une communication vasculaire s'établisse entre la mère et le fœtus. C'est par l'intermédiaire d'une nouvelle vésicule, la vésicule allantoïde, que cette communication va se faire. Pour l'étude de la formation de cette vésicule, nous devons suivre M. le professeur Mathias Duval.

L'allantoïde est un bourgeon creux de la partie inférieure du tube intestinal. La cavité intestinale présente une invagination. L'hypoblaste qui la tapisse pénètre et repousse devant lui le mésoblaste de la splanchnopleure, côtoyant le conduit omphalo-mésentérique, s'allonge successivement pour arriver jusqu'au deuxième chorion, sous lequel elle s'étale sous forme de membrane chargée de villosités externes. L'allantoïde est richement vascularisée par les ramifications des artères allantoïdiennes ou ombilicales, et les villosités pénétrant le second chorion, se substituant en partie à lui pour former une nouvelle membrane enveloppante arrivent jusqu'au contact avec la membrane caduque, organe maternel par où vont se faire les échanges. Mais cette vascularisation ne reste pas généralisée à toute la membrane, une partie des vaisseaux s'atrophient et il ne reste qu'une région limitée où la vascularisation persiste, c'est là que s'organise le placenta.

On désigne sous le nom de caduque la muqueuse utérine, modifiée par suite du travail physiologique qui se produit pendant la grossesse. Au point même où l'œuf est en contact avec la muqueuse utérine, il se forme sur cette muqueuse des bourgeons qui, en se développant entourent finalement

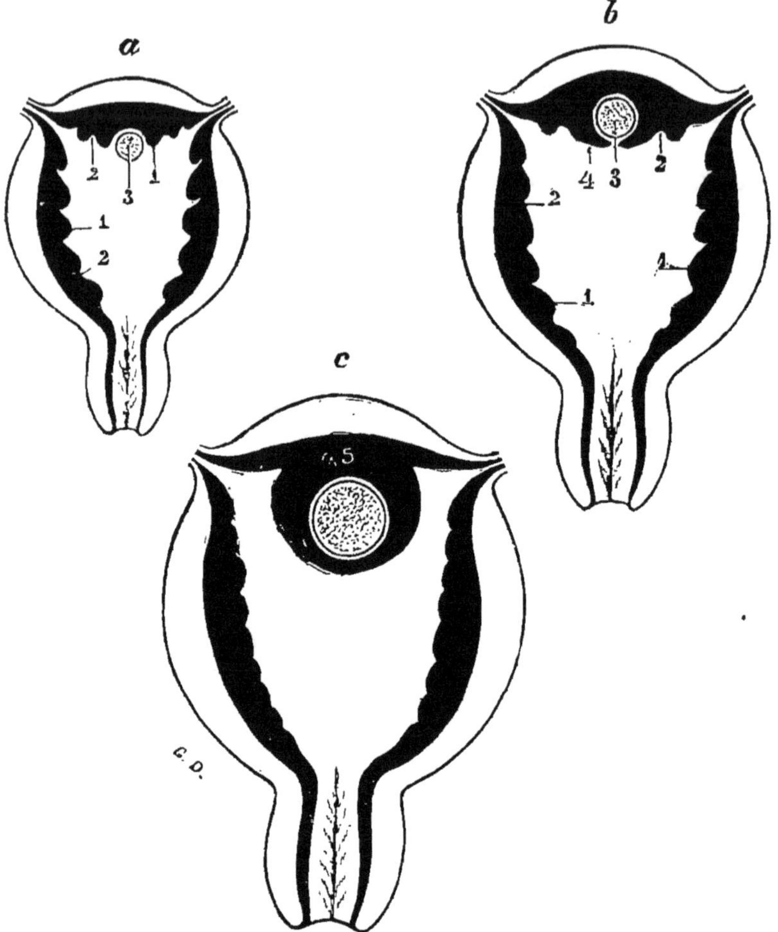

Fig. 152. — Formation des caduques. (BUDIN et CROUZAT, *Accouchement.*)

a, *b*, *c*, évolutions successives de la muqueuse utérine, — 1, bourgeons que forme la muqueuse (caduque utérine après la fécondation). — 2, dépressions qui séparent ces bourgeons. — 3, œuf logé dans une de ces dépressions. — 4, formation de la caduque péri-ovulaire. — 5, caduque sérotine ou inter-utéro-placentaire.

l'œuf. C'est la caduque péri-ovulaire, mais, par suite de l'accroissement de l'œuf, cette caduque vient en contact avec toute la muqueuse utérine ou caduque vraie, se confond avec elle et il n'y a à proprement parler qu'une seule caduque. Quant à la caduque sérotine des anciens auteurs, ou caduque inter-intéro-placentaire, elle se trouve au point de contact primitif de l'œuf avec la muqueuse utérine et c'est là où le placenta se développe.

Placenta. — Le placenta est l'organe par l'intermédiaire duquel s'établissent les échanges entre la mère et le fœtus. Nous avons vu plus haut comment les vaisseaux allantoïdiens se substituant au deuxième chorion, arrivent en contact avec la muqueuse utérine modifiée (muqueuse utéro-placentaire).

Des villosités allantoïdiennes recouvertes d'un épithélium cylindrique provenant de l'ectoderme modifié, lames ecto-placentaires de M. Duval, forment des masses dites cotylédons qui pénètrent dans les dépressions (cupules) de la muqueuse utérine et jusque dans le système caverneux vasculaire de cette muqueuse. Il n'existe pas en effet d'anastomose directe entre les vaisseaux fœtaux et maternels. Les villosités allantoïdiennes viennent baigner dans le sang maternel (directement car l'endothélium des vaisseaux maternels a disparu, et les lacunes sangui-maternelles n'ont plus pour parois que les éléments ectodermiques de l'embryon et les échanges se font par osmose). Les globules rouges du fœtus sont en effet différents de ceux de la mère (globules nucléés chez le fœtus). On a prétendu que les microorganismes pathogènes ne pouvaient passer de la mère au fœtus, étant arrêtés par le filtre placentaire, mais cette dernière opinion est fort controversée. L'étude des modifications que subit l'utérus, l'organisme maternel pendant la grossesse ainsi que les phénomènes qui accompagnent l'expulsion du fœtus, doivent être étudiés dans les traités d'accouchements, et le développement complet du fœtus dans les traités d'embryologie.

LACTATION

La lactation doit nécessairement être étudiée avec l'ensemble des fonctions qui ont pour but la propagation de l'espèce, elle est intimement liée aux phénomènes qui se passent dans l'appareil de la génération et n'apparaît que comme un phénomène ultime de l'acte générateur.

Structure de la glande mammaire. — Les glandes mammaires au nombre de deux chez la femme, en nombre plus considérable chez les animaux appartiennent au groupe des glandes en grappe. Elles sont constituées par de petits grains plus ou moins arrondis d'un quart de millimètre à 2 millimètres après l'accouchement. Ce sont les acini formés eux-mêmes par des culs-de-sac arrondis ou ovoïdes d'un diamètre moyen de $0^{mm},060$. A chaque acinus fait suite un canalicule excréteur.

Les acini se groupent de manière à constituer des lobules, ceux-ci à leur tour se réunissent pour constituer des lobes, et la glande mammaire est formée par la réunion de 10 à 14 lobes.

A chacun de ces lobes fait suite un canal qui porte le nom de canal galactophore. Enfin, ces canaux galactophores ou lactifères convergent vers le mamelon pour s'ouvrir à l'extérieur par autant d'orifices distincts.

L'élément important à étudier dans la glande mammaire c'est l'acinus et plus particulièrement le cul-de-sac glanduleux. La structure de ces culs-de-sac varie suivant qu'on les étudie pendant le sommeil de la glande ou pendant la lactation. Ces culs-de-sac sont formés par une paroi propre tapissée à l'intérieur par un épithélium. C'est à l'activité spéciale des cellules de cet épithélium qu'est due la sécrétion du lait.

Pendant le repos de la glande, cet épithélium est formé par

des cellules polyédriques ordinaires. Pendant le travail de la sécrétion, ces cellules subissent des modifications qui ont été très bien étudiées récemment par Partsch et Heidenhain.

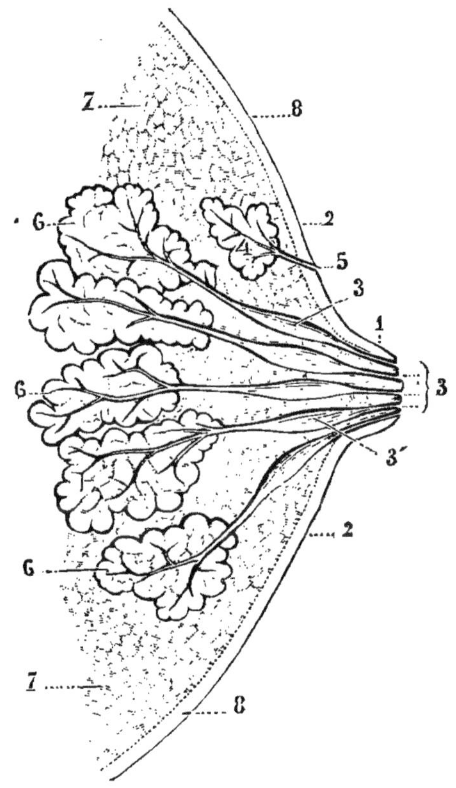

Fig. 153. — Mamelle. — Coupe antéro-postérieure.

1, mamelon. — 2, aréole. — 3, canaux galactophores et leurs ouvertures. — 4, petite glandes mammaires dont on voit l'ouverture en 5. — 6, acini. — 7, tissu cellulo-adipeux.

Les recherches de ces deux auteurs ont notablement modifié les idées qui régnaient jusqu'alors sur le processus histologique de la sécrétion laiteuse.

Jusqu'alors en effet, on identifiait au point de vue des

modifications histologiques, la sécrétion lactée et la sécrétion des glandes sébacées. On croyait que tout se passait dans les culs-de-sac de la glande mammaire comme dans ceux des glandes sébacées, c'est-à-dire de la façon suivante.

Au moment de la lactation, les cellules polyédriques s'infiltraient de graisse. Cette graisse, augmentant sans cesse, se substituait au protoplasma et au noyau de la cellule, et finalement celle-ci était réduite à une masse de graisse entourée d'une membrane d'enveloppe. Cette membrane se déchirait à son tour et la graisse devenue libre s'échappait avec les débris de la cellule dans la lumière de l'acinus. Pendant que la cellule épithéliale subissait ainsi la dégénérescence graisseuse, elle était remplacée par une nouvelle cellule qui à son tour dégénérait et était remplacée par une autre et ainsi de suite.

Les recherches de Partsch et Heidenhain ont montré que les choses ne se passent pas d'une façon aussi simple.

Ces auteurs ont étudié sur la chienne la sécrétion du colostrum et la sécrétion du lait.

Pendant la sécrétion du lait, les cellules polyédriques se gonflent, deviennent plus claires, leurs noyaux se multiplient et, en même temps, on voit apparaitre des gouttelettes de graisse dans l'intérieur du protoplasma. Ces gouttelettes entourées de protoplasma font saillie du côté de la lumière du cul-de-sac. Cette portion de la cellule devient de plus en plus saillante et finalement se détache : le protoplasma se dissout et la graisse est mise en liberté. La partie superficielle de la cellule se détruit aussi pour fournir le produit de la sécrétion et, pendant cette fonte partielle, la partie profonde de la cellule s'accroissant, régénère la cellule épithéliale attirée.

On voit que la description de Partsch et Heidenhain diffère de la description ancienne par ce fait : que la cellule épithéliale ne se détruit pas complètement pendant le travail sécrétoire.

Mais avant d'être le siège de ce travail sécrétoire, la glande mammaire prélude à la sécrétion de lait par la sécrétion du colostrum. A cette période du travail glandulaire, Heidenhain et Partsch ont montré qu'un certain nombre de cellules glandulaires augmentent de volume, deviennent sphériques et transparentes, les noyaux se multiplient et c'est de ces cellules que proviennent les globules de colostrum, c'est-à-dire des éléments formés par de la graisse entourée d'une membrane d'enveloppe à l'intérieur de laquelle se trouve un noyau.

Colostrum. — Au début du travail physiologique de la glande mammaire, le colostrum diffère beaucoup du lait, mais peu à peu ses caractères se modifient et, par une transition insensible, le produit de l'élaboration cellulaire devient le lait véritable.

Le tableau suivant, montre les différences qui existent entre le colostrum et le lait véritable.

<table>
<tr><th>POUR 1000 PARTIES</th><th>3 JOURS AVANT TERME</th><th>2 JOURS APRÈS LA NAISSANCE</th><th>4 JOURS APRÈS</th><th>LAIT NORMAL</th></tr>
<tr><td>Eau</td><td>858.00</td><td>867.00</td><td>879.85</td><td>874.6</td></tr>
<tr><td>Parties solides</td><td>142.00</td><td>133.00</td><td>120.15</td><td>124.8</td></tr>
<tr><td>Caséine</td><td>»</td><td>21.82</td><td rowspan="2">35.33</td><td>9.8</td></tr>
<tr><td>Albumine</td><td>80.00</td><td>trace</td><td>»</td></tr>
<tr><td>Beurre</td><td>30.00</td><td>48.63</td><td>42.97</td><td>47.5</td></tr>
<tr><td>Lactos.</td><td>43.00</td><td>60.99</td><td>41.18</td><td>52.1</td></tr>
<tr><td>Sels minéraux</td><td>5.40</td><td>indéterminée</td><td>2.09</td><td>1.1</td></tr>
</table>

Le colostrum est légèrement acide, d'une coloration jaune qui devient blanche vers le quatrième jour. Il est visqueux et sa densité est de 1056 en moyenne. Il contient de l'albumine et coagule par la chaleur. Cette albumine disparaît peu à peu. Au début, le colostrum ne contient que très peu de caséine, cette caséine augmente peu à peu au fur et à mesure que l'albumine disparait. Le beurre est en quantité variable, le lactose est d'abord en très faible quantité, puis atteint peu à peu un taux normal. Enfin, on trouve une plus forte proportion de sels que dans le lait.

Enfin, le colostrum ne donnerait pas de coagulum sous l'influence de la présure.

D'après les recherches récentes de MM. Arthus et Pages, le colostrum ne contiendrait pas d'albumine et serait caséifié sous l'action du labferment.

« En effet ce colostrum donne à froid par l'acide acétique « un abondant précipité. Si on sépare ce précipité par le « filtre, le filtrat porté à l'ébullition ne coagule pas. Or, la « coagulation devrait avoir lieu s'il contenait de l'albumine, « car si on a ajouté au colostrum un peu d'albumine de « l'œuf et si on le traite de même par l'acide acétique à froid « le filtrat donne une coagulation par l'ébullition. »

En outre, le colostrum qui ne coagule pas par le lab additionné d'un sel de chaux, coagule rapidement sous l'influence du lab seul.

En résumé, comme on le voit, on n'est pas encore bien fixé sur la nature et les propriétés chimiques du colostrum.

Du lait pendant la lactation. — Le lait n'a pas la même composition pendant toute la période de la lactation : la caséine et le beurre augmentent jusqu'au deuxième mois et diminuent, la caséine à partir du dixième mois, le beurre à partir du second. Le sucre diminue dans le premier mois et augmente à partir du huitième. Enfin, les sels augmentent dans les cinq premiers mois et diminuent ensuite progressivement.

La quantité de lait sécrété vingt-quatre heures est variable, elle s'élève progressivement pendant les premiers mois de l'allaitement, pour atteindre un chiffre qui dépasse rarement 1^{l},500. Le lait de vache renferme jusqu'à 40 grammes de caséine et seulement (40 grammes de sucre). Il est nécessaire de le couper et de le sucrer avec du sucre de lait si possible, pour l'alimentation des nouveau-nés. Le lait d'ânesse est celui dont la composition se rapproche le plus du lait de la femme.

Origine des divers principes du lait. — Pendant le travail de la glande mammaire, nous assistons à la formation de la matière grasse. Cette graine est donc un produit de l'élaboration du protoplasma cellulaire. Aux dépens de quelles substances se forme-t-elle? C'est là une question difficile. Ce qui est certain, c'est que d'une part le lait peut contenir plus de graisse qu'il n'y en a dans les aliments absorbés, et ceci est vrai surtout pour les herbivores et, d'autre part, la graisse augmente par une alimentation azotée. Il semble donc naturel de conclure que la graisse du lait se forme aux dépens des matières albuminoïdes.

Mais aucune observation précise, aucune expérience ne démontre la réalité de ce fait. Le fait que de la graisse pourrait se former dans les fromages aux dépens de la caséine, fait annoncé par Hoppe-Seyler et par Blondeau, a été contesté par Brassier et Duclaux.

Suivant Voit, toute la graisse du lait ne pourrait être formée dans la glande, et il serait à peu près certain qu'une partie de cette graisse est apportée par la circulation.

Caséine. — La caséine qui est la matière albuminoïde spécifique du lait n'existe pas dans le sang. Elle se forme donc dans la glande. Suivant la plupart des auteurs, ce serait aux dépens de l'albumine du sang. Il paraîtrait même qu'on pourrait constater cette formation de caséine aux dépens de l'albumine dans le lait lui-même, et cette transformation serait l'œuvre d'un ferment que Dahnhardt aurait isolé.

En faisant digérer de l'albumine avec du carbonate de

soude et de la glande mammaire fraiche de cobaye, Dahnhardt aurait obtenu une substance analogue à la caséine.

Sucre de lait. — Il est probable que le sucre de lait se forme aux dépens du glucose. Mais ce n'est encore qu'une hypothèse, bien que les recherches de Bert et Schutzenberger la rendent très plausible.

En résumé, la sécrétion du lait est le résultat de l'activité spéciale des éléments épithéliaux de la glande mammaire. Les cellules élaborent dans leur protoplasma les matériaux qui composent le produit de sécrétion, et cette élaboration porte sur des substances fournies par le sang. Aussi la circulation de la mamelle devient-elle très active pendant la lactation. Les vaisseaux augmentent considérablement de volume et, en même temps, on observe un développement exagéré, une véritable hypertrophie de la glande.

Influence du système nerveux. — Les recherches de Ludwig, d'Heidenhain et d'autres physiologistes nous ont appris que le travail glandulaire est commandé par le système nerveux qui agit à la fois sur les éléments sécrétoires et sur les éléments vasculaires de la glande. On sait maintenant que ces deux affections : action sécrétoire et action vaso-dilatatrice sont concomitantes, mais indépendantes. En d'autres termes, que dans la plupart des glandes étudiées on a pu démontrer l'existence de fibres nerveuses sécrétoires proprement dites agissant sur les cellules glandulaires, et des fibres vaso-motrices agissant sur l'appareil circulatoire de la glande.

En est-il ainsi pour la glande mammaire ? Il faut avouer que les notions que nous possédons touchant l'influence du système nerveux sur la sécrétion lactée sont encore peu nombreuses. On sait évidemment depuis longtemps que la sécrétion lactée est soumise à l'influence nerveuse. On sait qu'il existe des relations étroites, des sympathies, comme on disait autrefois, entre l'appareil génital et la glande mammaire.

Mais la dissection physiologique des actions nerveuses, sécrétoires et vaso-motrices n'a pas encore été faite.

Cependant on possède un certain nombre de faits et d'expériences intéressantes.

Les premières expériences remontent à Cl. Bernard qui, à la suite de la section des nerfs de la mamelle, n'observa pas de modifications sensibles dans la sécrétion lactée.

Eckhard, en 1855, sectionna sur une femelle en lactation les nerfs originaux et lombaires et n'observa aucun fait anormal.

Rohrig, en 1876, étudia l'influence du système nerveux sur la sécrétion lactée chez la chèvre. Chez cet animal, le nerf spermatique externe fournit trois sortes de rameaux : des filets vasculaires ; un filet au mamelon-rameau papillaire, et des rameaux à la substance glandulaire.

Quand on sectionne le rameau papillaire, la sécrétion n'est pas modifiée mais le mamelon se relâche; il s'érige, au contraire, quand on sectionne le bout périphérique du même nerf. Si on excite son bout central, on observe une augmentation réflexe de la sécrétion.

Quand on sectionne les filets glandulaires, la sécrétion se ralentit. Leur excitation l'accélère.

La sécrétion est très augmentée par la section des rameaux vasculaires. L'excitation de leur bout périphérique la diminue au contraire. Rohrig considère qu'il y a un rapport intime entre la sécrétion et la pression sanguine. En d'autres termes, il ne croit pas qu'il y ait des nerfs sécrétoires proprement dits.

En 1879, M. Laffont, dans une note à l'Académie des sciences et à la Société de biologie, exposa les faits suivants :

En excitant le nerf mammaire fourni par le cordon d'union entre la 4e et la 5e paires lombaires chez la chienne, et en enregistrant la pression sanguine dans l'artère mammaire, il a vu que l'excitation du nerf intact provoque d'abord une légère élévation de pression suivie d'un abaissement prolongé très notable. En même temps, la mamelle devient turgide, le mamelon s'érige.

L'excitation du bout périphérique du nerf coupé produit un abaissement de pression immédiat en même temps que la congestion de la mamelle. Si on comprime en ce moment le mamelon, le lait jaillit en abondance.

Le nerf agissait donc en somme à la fois sur le tissu glandulaire comme nerf excito-sécréteur et sur les vaisseaux comme nerf vaso-dilatateur.

Mais, comme on le voit, toutes ces expériences ne comportent pas de conclusions précises sur l'action du système nerveux au point de vue sécrétoire et vasculaire.

FIN

TABLE DES MATIÈRES

A

B

C

D

E

F

G

H

I

N

O

P

T

U

V

W X Y Z

TABLE DES CHAPITRES

ÉVREUX, IMPRIMERIE DE CHARLES HÉRISSEY

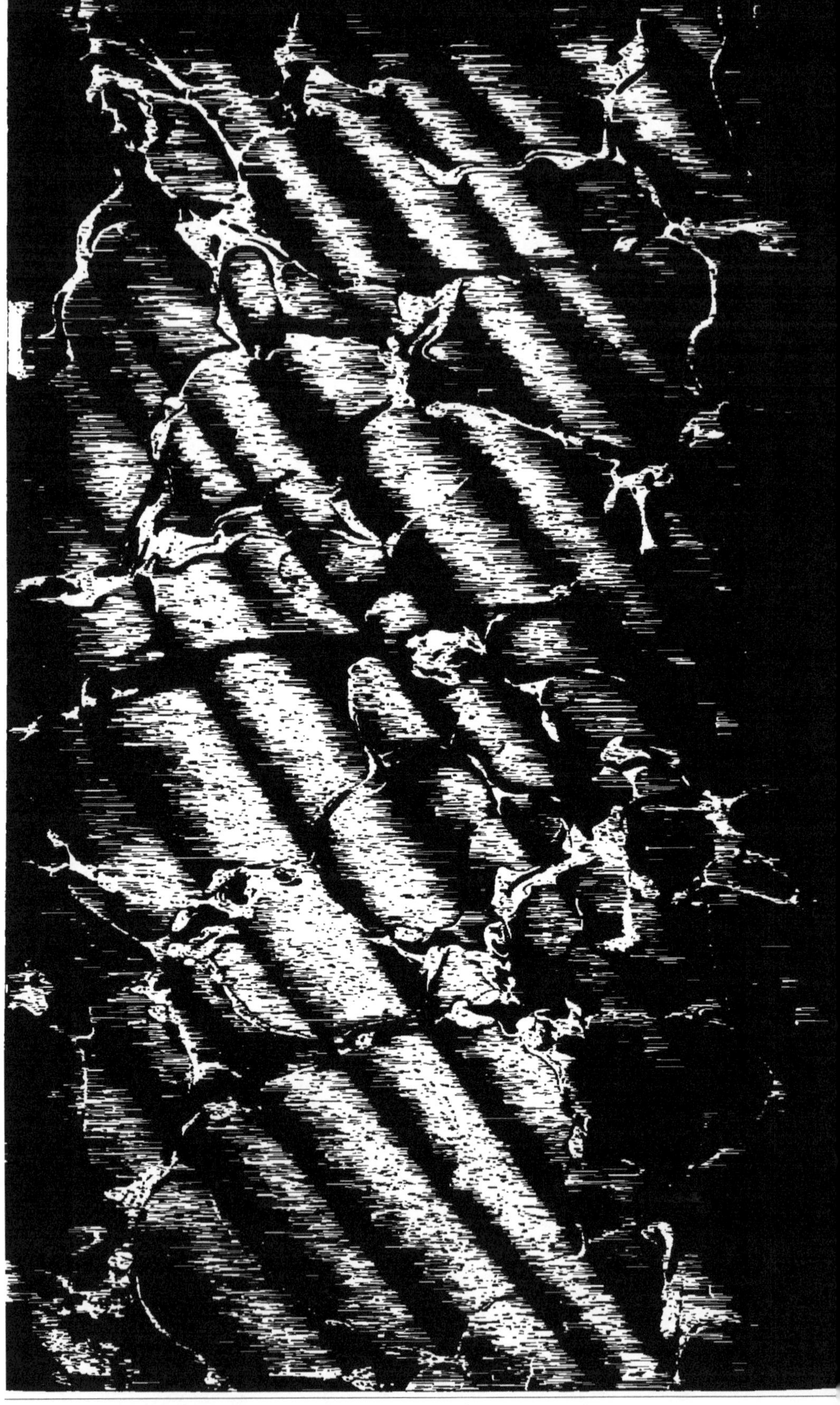

www.ingramcontent.com/pod-product-compliance
Ingram Content Group UK Ltd.
Pitfield, Milton Keynes, MK11 3LW, UK
UKHW020146250726
13967UKWH00002B/890